www.shj.co.kr

Digital Electronics

디지털전자회로

任黃彬 著

SHJ 도서출판 신화전산기획
SHIN-HWA JUNSAN KIHOEK

머 리 말

디지털 전자회로는 전기, 전자 및 통신 분야의 기초가 되는 학문으로서 정보 무선 통신기술의 발전과 더불어 그 응용 범위가 점점 확대되어 가고 있다. 디지털 전자회로는 고도의 정보화 사회로 발전해감에 따라 대부분의 시스템은 정밀도나 신뢰도 면에서 우수한 회로 시스템으로 전환이 이루어지고 있다. 본서는 관련 분야에 종사하는 분들뿐만 아니라 통신 전자공학을 공부하는 분들이 필수적으로 이해하고 있어야 할 학문 분야 중의 하나라고 할 수 있다.

본서의 구성을 보면, 1장은 반도체의 특성을 이해하기위한 반도체 이론, 2장은 정류회로의 종류 및 특성을 이해하기위한 전원 회로, 3장은 트랜지스터 저주파증폭회로, 제4장은 전계효과 트랜지스터 증폭기, 제5장은 증폭기의 주파수 응답 및 다단 증폭기, 제6장은 고주파 증폭회로, 제7장은 궤환 증폭기의 개요를 설명한다. 제8장은 차동 증폭기와 각종 연산 증폭기의 특성을 이해하기위한 연산 증폭기 편, 제9장은 대신호 전력 증폭기를 제10장은 발진 회로, 제11장은 변복조회로, 제12장은 펄스회로, 제13장에서 제15장은 기본 논리 회로와 순서 논리 회로 그리고 그 응용 논리 회로 등에 대해 중요 이론을 체계적으로 다루었다.

특히 이 책은 정보통신, 무선설비, 방송통신, 전파전자 기사 및 산업기사에 응시하고자하는 분들의 편의를 위하여 각 장마다 각 항목에 대한 문제를 풍부하게 수록하였다. 부록으로는 실제 출제되었던 기출 문제를 다수 수록하였다.

따라서 이 디지털 전자회로 교재를 충분히 활용하여 문제를 해결하는 능력을 터득함과 아울러 자신의 능력을 측정하고 보완하기를 바랍니다. 끝으로 본 교재가 출간되기까지 고생하신 출판사 임직원 여러분께 진심으로 감사드립니다.

저자 씀

Contents

제 5 장 증폭기의 주파수 응답 및 다단증폭기

제 6 장 고주파 증폭 회로

제 7 장 궤환 증폭기의 개요

제 8 장 연산 증폭 회로

제 9 장 대신호 증폭기(전력 증폭기)

제 10 장 발진 회로

제 11 장 변 · 복조 회로

제 12 장 펄스 회로

제 13 장 기본 논리 회로

제 14 장 조합 논리와 순서 논리 회로

제 15 장 응용 논리 회로

부 록 과년도 기출 문제

1장 반도체 이론

1·1 대역 이론

1·1·1 에너지 밴드 구조

(1) 절연체(Insulator)

절연체의 에너지 갭(E_g)은 너무 넓기 때문에 가전자대의 전자가 전도대로 올라갈 수 없어 전류가 흐르기 어렵다.

● 절연체의 에너지 갭 E_g는 일반적으로 $E_g > 5$ [eV] 이다.

(2) 반도체(Semiconductor)

에너지 갭이 좁고 가전자대의 전자가 비교적 용이하게 전도대로 올라갈 수 있어 전류가 흐를 수 있다.

● Si 의 경우 $E_g = 1.1$ [eV], Ge 의 경우 $E_g = 0.67$ [eV] 정도의 값을 갖고 있다.

(3) 도　체(Conductor)

가전자대와 전도대가 서로 겹쳐져 있으므로 외부 에너지의 작용이 없이도 항상 많은 전도 전자가 존재한다.

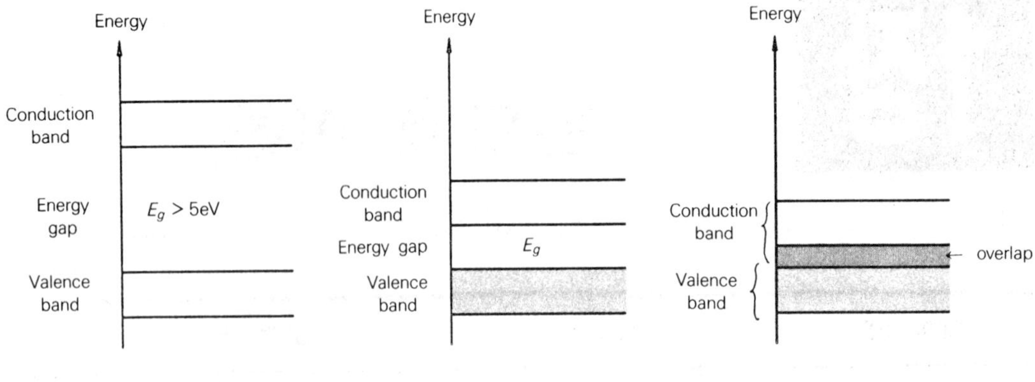

(a) Insulator (b) Semiconductor (c) conductor

〈그림 1-1〉 에너지 밴드 구조

다음은 도체, 반도체, 절연체의 저항률(고유저항)을 보인 것이다.

- 도 체 ……… Ag, Au, Al $\rho = 10^{-8} \sim 10^{-6}$ [Ω · m]
- 반도체 ……… Ge, Si, Se $\rho = 10^{-4} \sim 10^{6}$ [Ω · m]
- 절연체 ……… 석영, 유리, 파라핀 $\rho = 10^{12} \sim 10^{18}$ [Ω · m]

저항률이 도체와 절연체의 중간에 해당되는 물질이 반도체라고 하며 가장 대표적인 것으로 실리콘(Si), 게르마늄(Ge)이 있다.

1·1·2 진성 반도체

제 4 족인 원소 Ge 또는 Si 의 순수 결정을 진성 반도체라 한다.

(1) 전자 농도(n_0)와 정공 농도(p_0)

$$n_0 = N_c \, \varepsilon^{-(E_c - E_f)/kT} \; m^{-3}$$
$$p_0 = N_v \, e^{-(E_f - E_v)/kT} \; m^{-3}$$

(2) 진성 반도체의 페르미 준위

전도대의 전자는 모두 가전자대로부터 올라온 것이므로, 전자와 정공의 수가 같아 ($n_0 = p_0$) 페르미 준위는 금지대의 중앙에 있게 된다.

$$E_f = \frac{E_c + E_v}{2}$$

- 진성 반도체의 페르미 준위는 온도에 관계없이 금지대의 중앙에 있다.

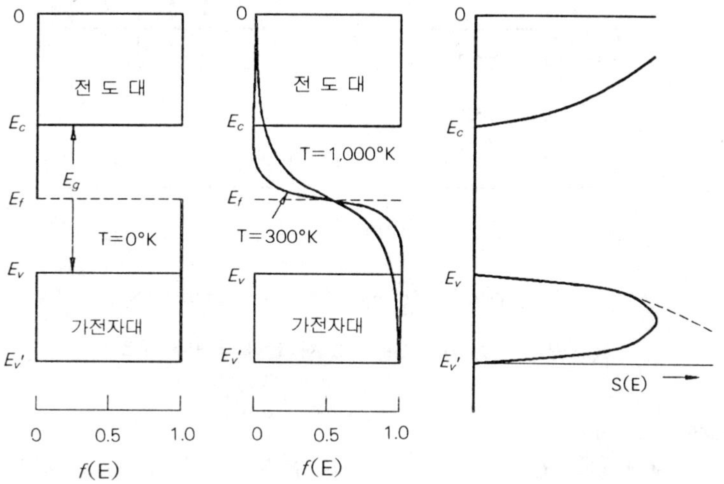

〈그림 1－2〉 진성 반도체의 에너지대 구조 및 상태분포함수

1·1·3 n형과 p형 반도체

(1) 도핑(Doping)

순수 반도체 속에 불순물(n형과 p형)을 첨가하여 Si 과 Ge 의 저항을 변화시키는 과정으로,

① 캐리어가 증가하므로 전도성이 증대된다.

② 저항률은 감소된다.

(2) n형 반도체

진성 반도체에 비소(As), 인(P) 그리고 안티몬(Sb)과 같은 5가의 불순물을 넣은 것을 n 형 반도체라고 한다.

진성 반도체의 페르미 준위(E_f)는 금지대의 중앙에 있으나, 이 n 형 반도체에서는 〈그림 1－3〉과 같이 전도대 아래 도너의 이온화 에너지 만큼 떨어진 금지대안에 도너 준위(E_d)가 있고, E_b 바로 아래에 페르미 준위 (E_f)가 있다.

● n 형 반도체는 5 가 불순물 원자(As, sb 또는 P 등)로 도핑되었다.

이 n 형 반도체에서 5 가의 불순물를 도너(doner)라고 하며 이 5 가 원자는 정(＋)의 이온으로 된다.

① 5가의 불순물을 도너(doner)라고 한다.

② 다수 캐리어 : 자유 전자, 소수 캐리어 : 정공

③ 도너 원자는 (＋) 이온을 띤다.

④ 도너 준위 : 전도대 보다 약 0.01 [eV](Si에서는 약 0.04 [eV]) 만큼 낮은 레벨

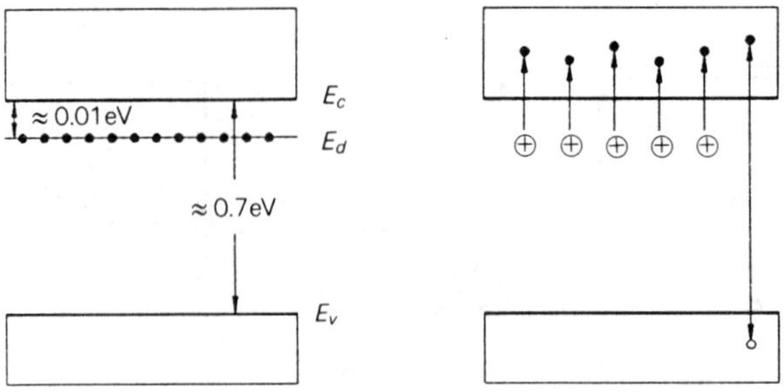

(a) 0°K (b) T°K

〈그림 1－3〉 n형 Ge 반도체의 에너지대 구조

(3) p형 반도체

진성 반도체에 갈륨(Ga)이나 인듐(In)과 같은 3가의 불순물을 첨가하여 부족전자 상태를 만든다.

① 3가의 불순물을 억셉터(acceptor)라고 한다.

② 다수 캐리어 : 정공, 소수 캐리어 : 자유 전자

③ 억셉터 원자는 (－)이온이다.

④ 억셉터 준위 : 가전자대 보다 0.01 [eV](Si에서는 0.05 [eV])만큼 높은데 있는 레벨

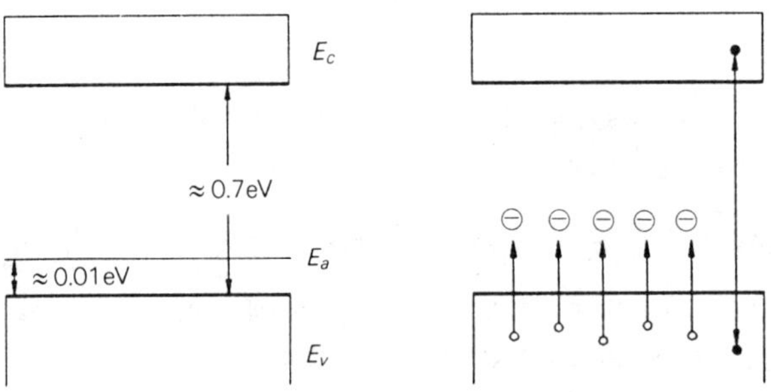

(a) 0°K (b) T°K

〈그림 1－4〉 p형 Ge 반도체의 에너지대 구조

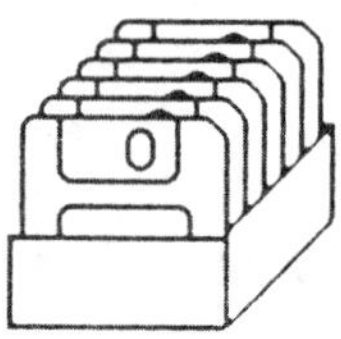

1·1·4 캐리어 농도 사이의 관계

(1) *n* 형 반도체에서의 평형 캐리어 농도

① 다수 캐리어 : $n_{no} \approx N_d$

② 소수 캐리어 : $p_{no} \approx n_i^2/N_d$

(2) *p* 형 반도체에서의 평형 캐리어 농도

① 다수 캐리어 : $p_{po} \approx N_a$

② 소수 캐리어 : $n_{po} \approx n_i^2/N_a$

여기서 N_a 는 액셉터 농도, N_d 는 도너 농도를 나타낸다. *n* 형 반도체의 자유전자 농도는 거의 도너 농도 같으며, 정공 농도는 N_d 에 반비례 한다.

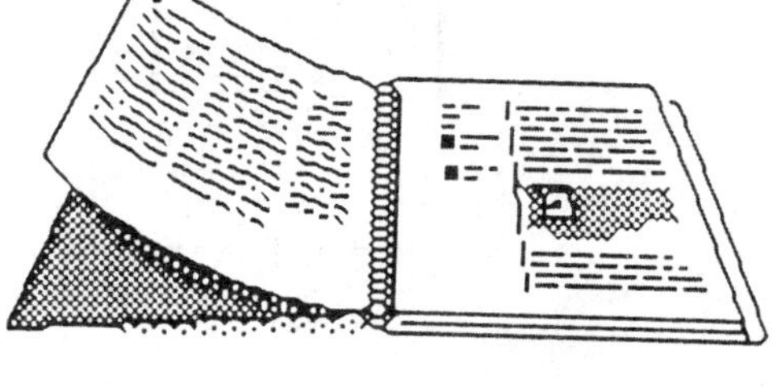

1·2 다이오드(Diode)

1·2·1 PN 접합

(1) 바이어스되지 않은 다이오드

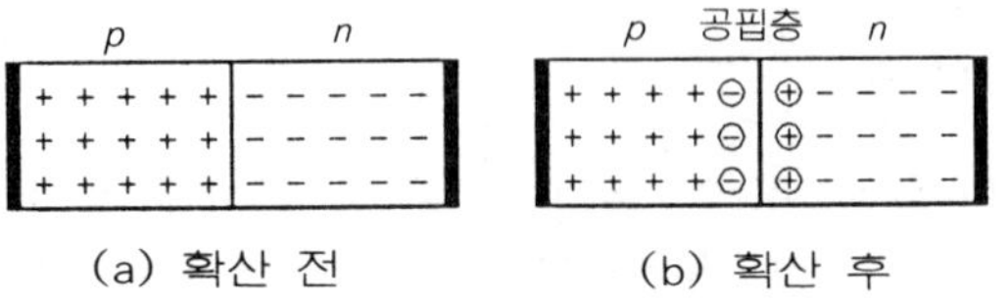

〈그림 1－5〉 Bias되지 않은 다이오드

*P*와 *N*을 접합하면 확산에 의해 접합면 근처에서 자유전자와 정공이 소멸되는 영역을 공핍층(Depletion layer) 또는 공간 전하층이라 한다.

(2) 순방향 바이어스(Forward bias)

캐리어의 이동을 도와주는 방향으로 가해주는 바이어스이며, *P*형 쪽에 (＋), *N*형 쪽에 (－)를 걸어준다.

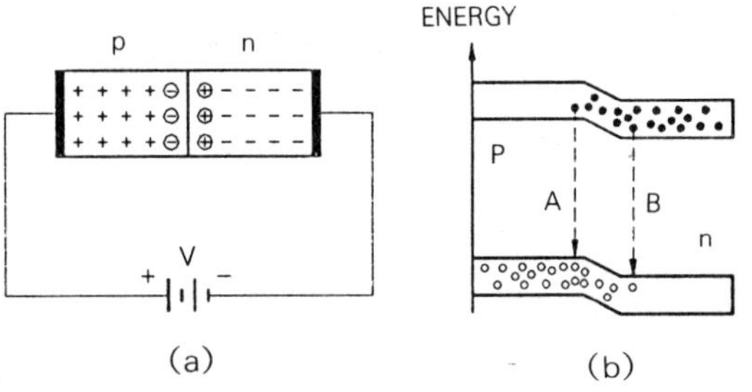

〈그림 1－6〉 순방향 바이어스와 에너지대

(3) 역방향 바이어스(Reverse bias)

캐리어의 이동을 방해하는 방향으로 가해지는 바이어스이며, *P*형 쪽에 (－), *N*형 쪽에는 (＋)를 걸어준다.

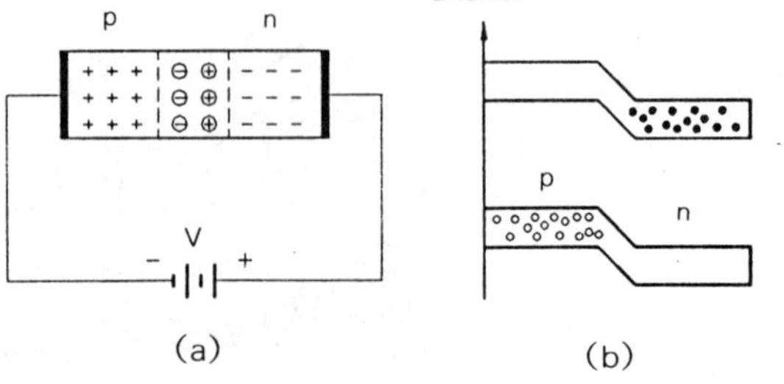

〈그림 1－7〉 역방향 바이어스와 에너지대

1·2·2 PN 다이오드의 정특성

이상적 PN 다이오드에서 바이어스 전압 V를 걸 때 흐르는 다이오드 전류 I는 다음과 같다.

$$I = I_0 [e^{eV/kT} - 1]$$

단, I_0는 역포화 전류이다.

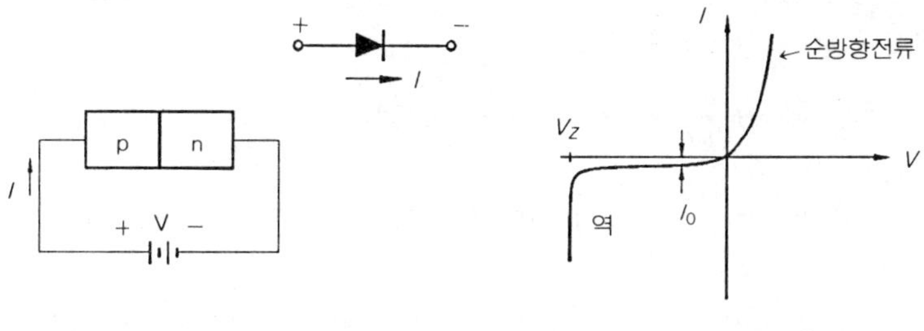

(a) (b)

〈그림 1−8〉 다이오드의 정특성

(1) 순바이어스 전류

$V > 0$일 때 전류 I는 바이어스 전압 V의 증가에 따라 급속히 증대한다.

$$I \approx I_0 \, \varepsilon^{eV/kT} \quad 단,\ V \gg kT/e$$

즉 순방향 바이어스를 걸면 전류는 전압에 따라 지수함수적으로 증가한다.

(2) 역바이어스 전류

$V < 0$이며 $|V| \gg kT/e$인 경우(큰 역바이어스를 걸어줄 경우) 바이어스 전압에 관계없이 일정하며 포화 상태를 나타낸다.

$$I \approx -I_0 \qquad 단,\ I_0 : 역바이어스\ 포화전류$$

즉 역방향 바이어스를 걸면 전류는 전압에 관계없이 일정하며 포화특성을 나타낸다.

예제 1-1 ***pn* 다이오드의 V-I 특성**

pn 접합 다이오드에서
전압 V를 걸었을 때 전류 I는

$$I = I_0 \left[exp\frac{eV}{kT} - 1 \right]$$

로 주어진다.
〈그림 1-9〉를 간단히 설명하라.

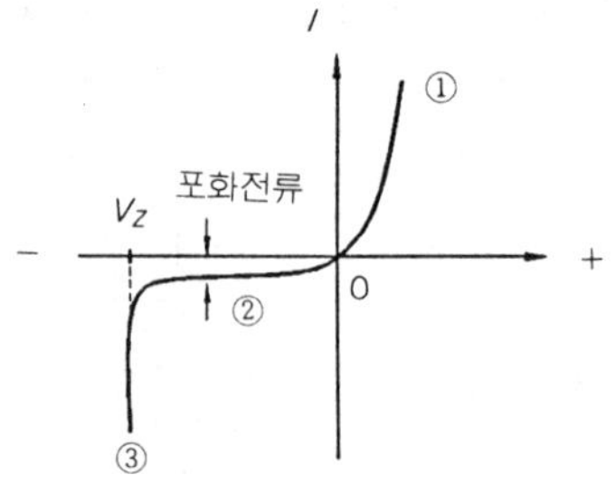

〈그림 1-9〉

풀이 (1) 순방향 전류

이상적 *pn* 다이오드의 특성식에서

$V = 0$일 때 $exp\frac{eV}{kT} = 1$이 되어 $I = 0$ (열평형 상태)

$V > 0$일 때 $exp\frac{eV}{kT} \gg 1$이 되어 I는 지수 함수적으로 증가한다.

이 때의 ($V > 0$) 순방향 전류 I_f는 상온(300°K)에서 다음과 같다.

$$I_f \approx I_0\, exp\frac{eV}{kT} \approx I_0\, exp\frac{V}{0.026} \approx I_0\, exp\,(40V)$$

(단, 상온에서 $V_T = kT/e = 0.026$)

즉 전압 V가 0.026 [V] 상승할 때마다 전류 I는 e배, 즉 2.7배가 되고 전압을 약간 증가하기만 하면 전류는 급격히 증대하여 〈그림 1-9〉의 ①과 같다.

(2) 역방향 전류

이상적 *pn* 다이오드의 특성식에서

$V < 0$일 때 $exp\frac{-eV}{kT} \approx 0$이 되어 $I \approx -I_0$가 된다.

즉 역방향에서는 전압 V에 관계없이 일정 전류(포화 전류)가 흐른다. 이것이 〈그림 1-9〉의 ② 의 영역이다. 역방향 전압이 크게 되어서 항복 전압 부근에 달하면 전류는 급격히 증가하여 〈그림 1-9〉의 ③ 과 같다. 따라서 *pn* 접합은 정류 작용이 있음을 알 수 있다.

(3) 역포화 전류 I_0의 온도 변화

역포화 전류 I_0는 열전류로서 온도에 민감하다. 실제에 있어서 역포화 전류 I_0는 온도가 10°C 증가할 때마다 크기가 거의 2배가 된다. 온도 t_1에서의 전류 I_0를 I_{01}이라 하면 t_2에서의 전류 I_0는

$$I_0 = I_{01}\ 2^{(t_2 - t_1)/10}$$

또 전류를 일정하게 유지할 때 온도 1[°C] 증가에 대하여 전압은 2.5 [mV] 씩 감소된다.

$$\left.\frac{dV}{dT}\right|_{I\,:\,\text{일정}} = -2.5\ [\text{mV}/°\text{C}]$$

↑—— 상온에서 다이오드의 온도계수

> ● 실제의 Si 및 Ge 다이오드에서 실험 결과에 따르면 역포화 전류 I_0는 온도가 10 [°C] 상승하면 약 2 배가 된다고 한다.

> ● 다이오드 전류 I가 일정할 때 온도 1 [°C] 증가에 대하여 순방향 전압은 약 2.5 [mV] 씩 감소된다.

따라서 온도가 1[°C] 증가할 때마다 약 2.5 [mV] 씩 전압을 낮추면 전류는 일정하게 된다. 〈그림 1－10〉에서와 같이 온도가 높아짐에 따라 왼쪽으로 옮겨진다.

예제 1－2 역포화 전류 I_0와 순전류의 온도 변화

(1) Si 다이오드에 역전압 30 [V] 를 걸어 전류를 측정하였더니 주위 온도 25 [°C] 에서 1 [nA] 이었다. 주위 온도 100 [°C] 에서 측정할 때의 역포화 전류를 구하라.

풀이 $I_0\ (100°\text{C}) = 2^{(100-25)/10} \times 1\ [\text{nA}]$

$= 2^{7.5} \approx 180\ [\text{nA}]$

(2) 온도가 10 [°C] 변화하였다고 할 경우 순방향 전류를 일정하게 유지하기 위해서는 순방향 전압을 몇 [mV] 정도 낮추어야 하는가?

풀이 온도가 1 [°C] 상승할 때 마다 2.5 [mV] 씩 낮추어 주면 전류를 일정하게 유지할 수 있다.

$$\left.\frac{dV}{dT}\right|_{I\,:\,\text{일정}} = -2.5\ [\text{mV}/°\text{C}]$$

$$\frac{dV}{10} = -2.5 \qquad \therefore\ dV = -25\ [\text{mV}]$$

(4) 다이오드의 cutin 전압

〈그림 1－10〉 (a)에서 Si 다이오드는 약 0.7 [V], Ge 다이오드는 약 0.3 [V] 이상에서 전류가 급격히 증가하는데 이 전압을 다이오드의 cutin 전압 또는 문턱 전압(threshold voltage)이라고 한다. 이 때 역포화 전류 I_0 는 Ge 의 경우 μA 정도이며 Si 의 경우 nA 정도이다. 실제 다이오드에서는 차단전류가 0 이 되는 것이 바람직하므로 이런면에서 볼 때 Si 이 Ge 다이오드보다 훨씬 우수하다.

> ● 역포화 전류 I_0 는 Ge 의 경우 μA 정도이고, Si 의 경우는 nA 정도이다.

> ● Si 다이오드의 cutin 전압은 약 0.7 [V] 이고, Ge 다이오드의 cutin 전압은 약 0.3 [V] 이다.

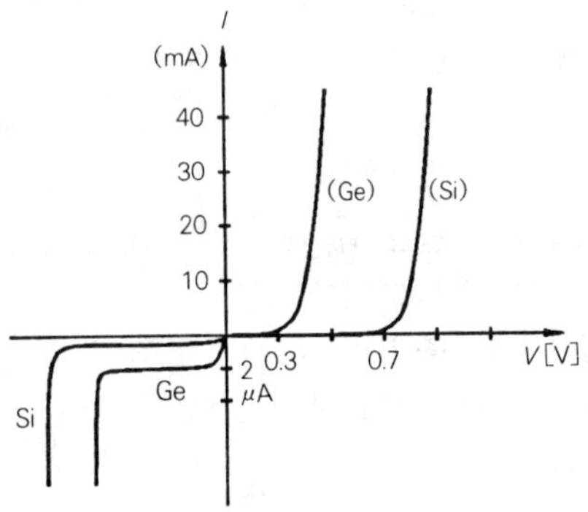

(a) Ge 과 Si 의 특성

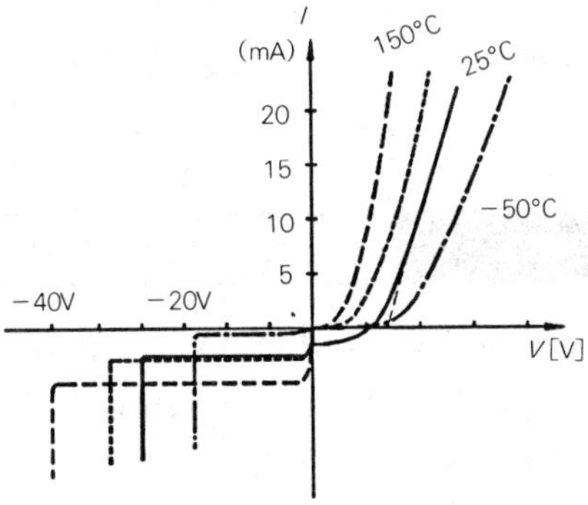

(b) 온도에 따른 변화

〈그림 1－10〉 다이오드의 특성

1·2·3 애벌란치 항복과 제너 항복

실제 다이오드에서 역전압이 어떤 임계값 V_Z에 달하면 전류가 갑자기 증대하기 시작하여 특성은 거의 수직이 되는데 이러한 현상을 항복(break down) 이라고 한다. 이 때 V_Z를 항복 전압이라 한다. 이러한 접합의 항복이 일어나는 물리적 원인이 다음 2가지가 있다.

(1) 애벌란치 항복(Avalanche breakdown)

이온화 충돌에 의한 항복 현상으로 항복 전압은 6 [V]이상이다.

$$\text{증배계수} \quad M = \frac{1}{1-p} \quad \text{단, } p = (V / V_Z)^n$$

여기서 n은 반도체의 종류에 관계되는 상수, V는 역바이어스 전압, V_z는 항복 전압이다.

이 애벌란치 항복 전압은 불순물 농도에 따라 넓은 변화를 나타내며, 또 온도 상승에 따라 약간 증대되는 경향이 있다.

(2) 제너 항복(Zener breakdown)

터널(tunnel) 효과에 의한 항복 현상으로 항복 전압을 6 [V] 이하이다.

- ***PN*** 접합면에서 불순물의 분포가 극격히 변화할 때 먼저 제너 항복을 나타내며 변화가 비교적 완만할 때 애벌란치 항복을 나타낸다.

1·2·4 다이오드 저항과 공간 전하 용량

(1) ***DC*** 저항(또는 정저항)

특정한 동작점(operating point)에서의 다이오드 저항을 *DC* 저항 또는 정(static) 저항이라 한다.

$$R_{dc} = \frac{V_D}{I_D} [\Omega]$$

이상적인 다이오드에서는 $V_D = 0$ 이므로 $R_{dc} = 0 [\Omega]$ 이고, Si 다이오드의 경우 $V_D = 0.8$ 이라고 한다면(이때 순방향 전류가 20 mA 라고 가정한다.) $R_{dc} = V_D/I_D = 0.8/20\text{ mA} = 40 [\Omega]$ 이다.

(2) ***AC*** 저항(또는 동저항)

일정 *dc* 바이어스가 걸린 상태에서 소신호 전압, 전류가 중첩되는 경우 다음 식을 *ac* 또는 동(dynamic) 저항이라 한다.

$$r_{ac} = r_d = \frac{dV}{dI} \approx \frac{kT}{e} \cdot \frac{1}{I_D} = \frac{26\,[\mathrm{mV}]}{I_D\,[\mathrm{mA}]} \qquad \text{(상온에서 Ge, Si)}$$

● 다이오드의 정적 저항(또는 직류 저항)은 다만 동작점에 의하여 결정되고, 동적 저항(또는 교류 저항)은 곡선의 모양에 의하여 정해진다.

(3) 공간 전하 용량

N 형 쪽이 P 형 쪽보다 훨씬 강하게 도핑되어 있는 pn^+ 접합의 경우($N_d \gg N_a$) 공간 전하 용량 C_T는 다음과 같다.

$$C_T \approx A\sqrt{\frac{\varepsilon e N_a}{2}} \cdot \frac{1}{\sqrt{|V_D|}} \qquad \text{(단, } |V_D| \text{ : 직류 bias 역전압 } < 0\text{)}$$

이 식에서와 같이 C_T 가 $|V_D|^{1/2}$ 에 반비례한다. 또 약하게 도핑되어 있는 쪽의 불순물 농도에 의해 C_T가 결정된다.

1·2·5 다이오드 모델

다이오드는 원래 〈그림 1－11〉(a)와 같이 심한 비선형 특성을 나타내지만 그림 (b)～(d)와 같이 직선으로 근사시키는 방법이 있다. 이를 절선 선형(piecewise linear) 등가 회로라 한다.

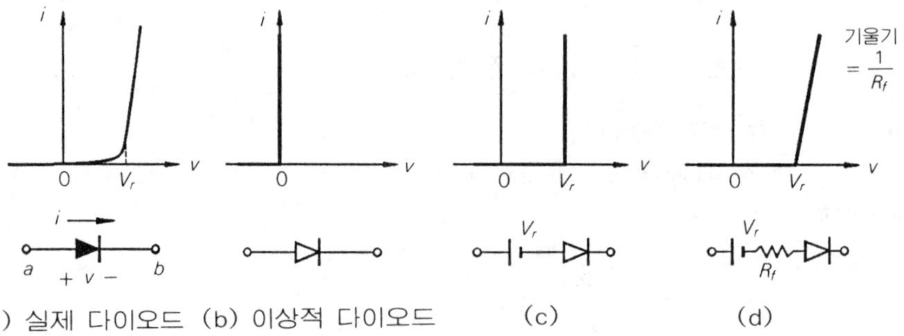

(a) 실제 다이오드 (b) 이상적 다이오드 (c) (d)

〈그림 1－11〉 다이오드 모델(등가 회로)

예제 1-3 Si 다이오드의 모델 결정

〈그림 1-12〉에 주어진 회로망에 대한 가장 적당한 Si 다이오드 모델을 그리고 저항 R에서의 전압과 전류를 구하라.

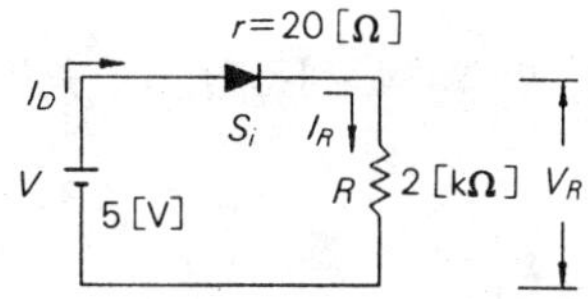

〈그림 1-12〉

풀이 저항 R이 r보다 훨씬 크므로 생략하고 cutin 전압 V_T는 V의 14[%]이므로 포함시킨다.

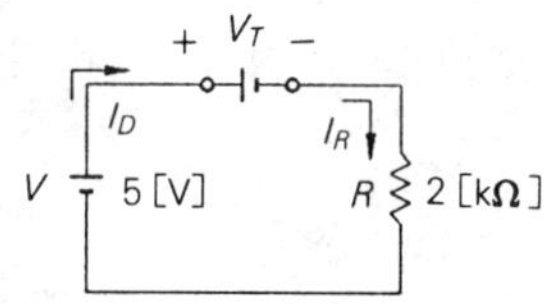

〈그림 1-13〉

$$V_R = V - V_T = 5 - 0.7 = 4.3\,[\mathrm{V}]$$

$$I_D = I_R = \frac{V_R}{R} = \frac{4.3}{2[\mathrm{k\Omega}]} = 2.15\,[\mathrm{mA}]$$

1·2·6 다이오드의 스위칭 동작

다이오드 회로에서 입력 전압 v_i가 갑자기 순방향에서 역방향으로 변화하는 경우가 〈그림 1-14〉(b)이다.

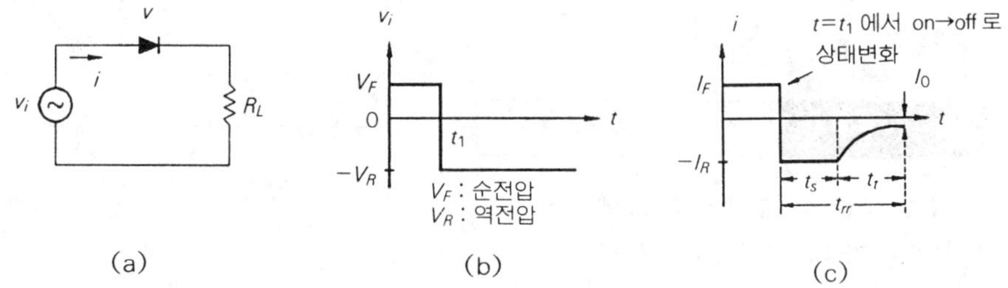

〈그림 1-14〉 역방향 회복 시간의 정의

이 때 〈그림 1-14〉(c)와 같이 다이오드는 역바이어스 되어도 순간적으로 off 되지 않고 어떤 시간동안 역방향 전류가 흐르고 그 다음 시간의 경과에 따라 역전류가 감소해간다. 이 역전류가 순방향 전류의 10[%]의 값이 되기 까지의 시간을 역방향 회복 시간(t_{rr}, reverse recovery time)이라고 한다.

(1) **축적 시간(t_s : storage time)** : 매우 큰 일정한 역전류 ($I_R = -V_R/R_L$)가 흐르는 기간(소수 캐리어 축적 효과이다.)

(2) **전이 시간(t_t : transition time)** : 역전류가 점차 감소해 가는 기간($I_R = -V_R/R_L$ 에서 정상상태로 이르기 까지의 기간이다.)

(3) **역방향 회복 시간(t_{rr})** : 축적 시간과 전이 시간의 합이다.

$$t_{rr} = \text{축적 시간}(t_s) + \text{전이 시간}(t_t)$$

1·2·7 제너 다이오드

제너 다이오드(zener diode)는 전압 포화 특성을 이용하기 위해서 설계된 다이오드이며, 전압을 일정하게 유지하기 위한 전압 제어 소자로 널리 이용되고 있다.

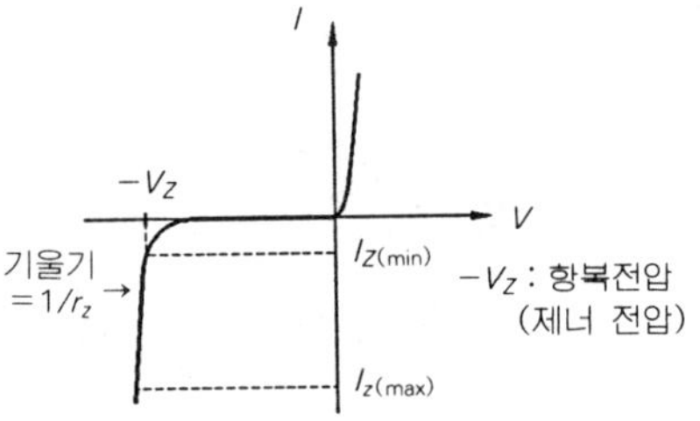

(a)

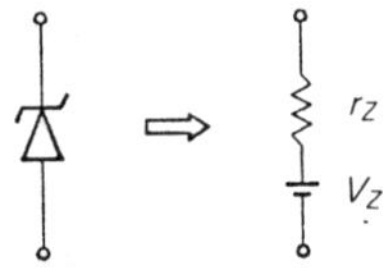

(b) 모델

〈그림 1－15〉 제너 다이오드의 특성

예제 1－4 정전압 회로(1)

〈그림 1－16〉의 정전압 회로에서 전원전압 V가 22～28 [V]로 변화할 때 출력 전압 V_L이 18 [V]로 유지될 수 있도록 저항 R의 값을 구하라. 단, 제너다이오드의 전류 범위는 100 [mA]～2 [A], 항복 전압은 18 [V]이다.

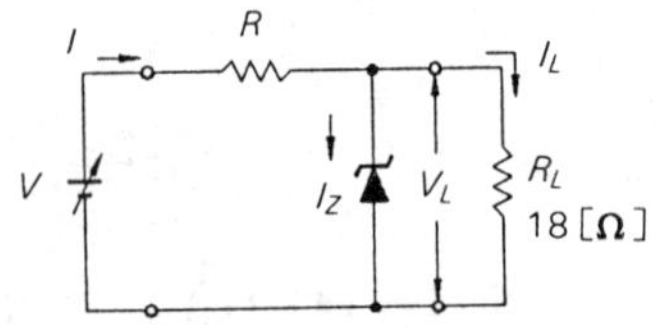

〈그림 1－16〉

풀이 V가 28 [V]일 때 I_Z가 2 [A](최대값)가 되도록 R을 구한다.

$I_L = 18\,V/18\,\Omega = 1\,[\text{A}]$, $I_Z = 2\,[\text{A}]$

$$\text{R} = \frac{V - V_Z}{I} = \frac{28 - 18}{I_L + I_Z} = \frac{10}{3} = 3.33\,[\Omega]$$

예제 1－5 정전압 회로(2)

〈그림 1－17〉와 같은 정전압 회로에서 $V = 13 \sim 16$ [V] 의 범위에서 변화하고, 또 부하 전류 $I_L = 10\sim 85$ [mA] 의 범위에서 변화한다. 제너다이오드의 최소 전류는 15 [mA] 이다. 항복 전압은 10 [V] 로 할 때 R 의 최대값을 구하라.

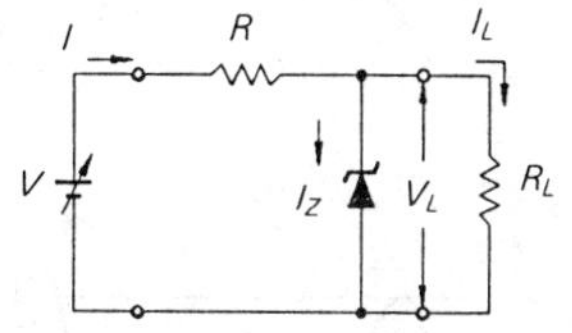

〈그림 1－17〉

풀이 R 의 최대값 구하려면 $V = 13$ [V] (최소값), $I_L = 85$ [mA] (최대값), $I_Z = 15$ [mA] (최소값)일 때의 값을 구한다.

$$R = \frac{V - V_Z}{I} = \frac{V - V_Z}{I_Z + I_L} = \frac{13 - 10}{(15 + 85)[\text{mA}]} = 30\,[\Omega]$$

예제 1－6 정전압 회로(3)

〈그림 1－18〉의 정전압 회로에서 제너 전압이 12 [V] 일 때 제너 다이오드에 흐르는 전류 I_Z 를 구하라.

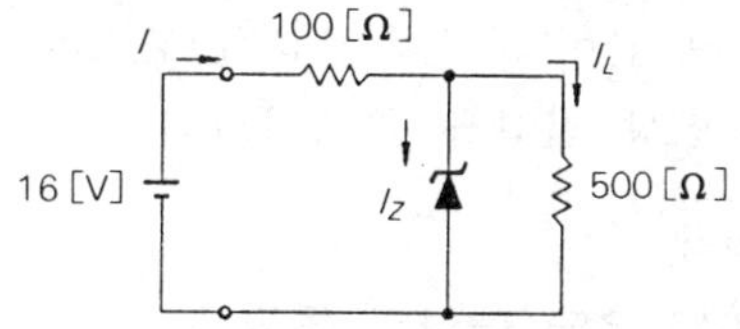

〈그림 1－18〉

풀이 제너 전압이 12 [V] 이므로

$$I = \frac{V - V_Z}{R} = \frac{16 - 12}{100} = 0.04\,[\text{A}]$$

$$I_L = \frac{V_Z}{R_L} = \frac{12}{500} = 0.024\,[\text{A}]$$

$$I_Z = I - I_L = 0.04 - 0.024 = 0.016\,[\text{A}]$$

1·2·8 터널 다이오드(tunnel diode)

불순물 농도를 대단히 크게 하면($10^{19}cm^{-3}$ 이상) 공간 전하 영역의 폭은 줄어들어 캐리어의 터널이 일어난다.(터널 효과) 이러한 특성을 나타내는 pn 다이오드를 터널 다이오드라 한다. 일명 Esaki 다이오드라고도 한다.

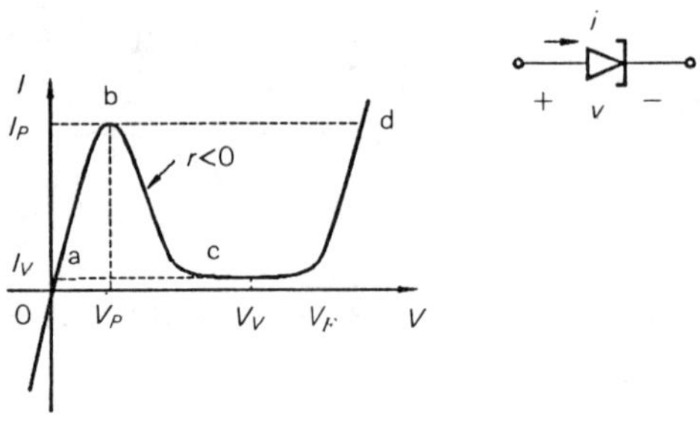

I_V : valley 전류
V_V : valley 전압
V_F : 전류가 다시 I_P로 되는 전압으로 피크 순전압

〈그림 1－19〉 터널 다이오우드의 특성

공간 전하 영역(공핍층)이 매우 좁기 때문에 약간의 순방향 전압을 걸면 〈그림 1－19〉의 점 a－b 와 같이 터널링 전류가 흐르며 점 b 에서 순방향 전압은 장벽을 형성하기 시작하고 더욱 순방향 전압을 증가시키면 전류는 감소하기 시작하는데 이 영역을 **부성저항영역**이라고 한다.

〈터널 다이오드 특성의 특징〉

① 역바이어스 상태에서 훌륭한 도체이다.
② 작은 순바이어스 상태에서 저항은 대단히 작다.
③ 부성 저항(dV/dI<0)을 나타낸다.
④ 응　용 : 고속 스위칭 회로, 마이크로 웨이브 발진기 등.

1·2·9 배리스터(Varistor : variable resistor)

비직선적인 전류 전압 특성을 가진 소자를 저항으로 사용하는 경우 이를 배리스터라 한다.

① 2개의 다이오드를 병렬 또는 직렬로 연결하여 대칭적인 특성을 갖도록 만든다.
② 배리스터는 낮은 전압에서 큰 저항을 나타낸다.
③ 응　용 : 통신 선로의 피뢰침, 전자기기의 충격 전압 흡수기, 과전압 보호 소자 등으로 이용.

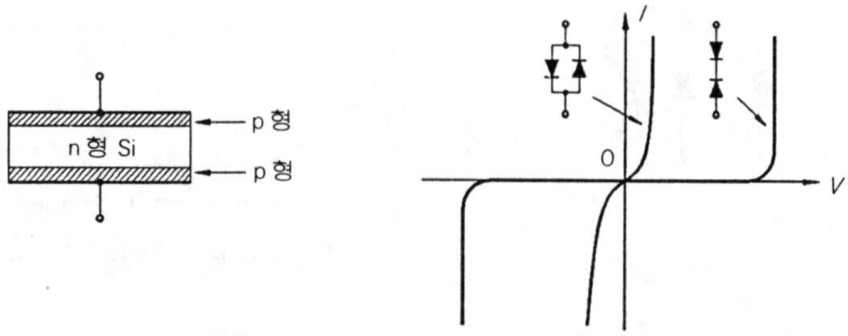

(a) Si 배리스터 (b)

〈그림 1－20〉 배리스터의 특성

이 배리스터의 인가 전압 V와 전류 I간의 관계식은 다음과 같다.

$$I = kV^n \qquad \text{단, } k : \text{상수, } n = 5 \sim 7$$

여기서 n은 바리스터의 재료, 형식에 의해 정해지는 정수로 n가 크면 비오옴성이 현저함을 의미한다.

1·2·10 그밖의 반도체 소자

(1) 배랙터 다이오드(Varactor diode)

배랙터 다이오드는 접합 용량이 역바이어스 전압에 따라 변하기 때문에 가변정전용량(VVC ; voltage variable capacitance) 다이오드라고도 한다.

역 바이어스 전압을 증가시키면 공핍층의 폭이 넓어지고 결과적으로 정전용량은 감소한다.

● 배랙터 다이오드는 역 방향 바이어스 조건하에서 가변 캐패시터로 작용한다.

이 배랙터 다이오드에서 역 바이어스 전압을 V_r, 무릎 전압을 V_T라고 할 때 정전용량 C_T는 다음과 같이 주어진다.

$$C_T = \frac{K}{(V_T + V_r)^n} \qquad (K : \text{상수})$$

여기서, n은 합금 접합에서 1/2 이고, 확산 접합에서 1/3 이다.

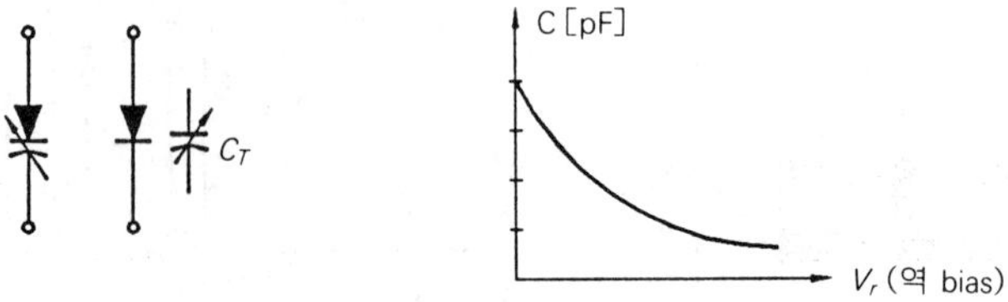

(a) 기호 (b) 배랙터 특성

〈그림 1－21〉 배랙터 다이오드의 특성

① **배랙터의 정전 용량** : 배랙터 다이오드는 전형적으로 수 pF에서 수백 pF 범위이다.

② **응용 분야** : 동조 회로, FM변조기, 자동주파수제어기, 조정 가능한 대역통과필터, 파라메트릭 증폭기 등에 이용된다.

(2) 쇼트키 다이오드(schottky diode) : 핫－캐리어(hot carrier) 다이오드

쇼트키 다이오드는 주로 고주파용, 고속 스위치용으로 이용된다.

① **동 작** : 다수 캐리어 만으로 동작하며 소수 캐리어가 없어 바이어스의 변화에 대하여 빠른 속도로 응답할 수 있다.

② **구 조** : 이 쇼트키 다이오드는 도핑된 반도체(거의 n 형) 영역에 금, 은, 백금, 몰리브덴과 같은 금속을 결합하여 만든 금속－반도체 접합이다.

③ **응 용** : 초고주파 신호의 정류, 고속 스위칭용, 레이다, shottky TTL 회로 등의 디지탈회로 등에 사용된다.

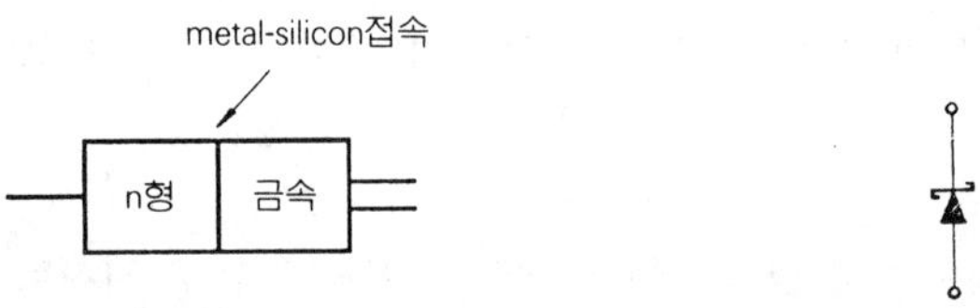

(a) (b) 기호

〈그림 1－22〉 쇼트키 다이오드

(3) 발광 다이오드(LED)

발광 다이오드(light-emitting diode)는 에너지가 가해질 때 가시광선을 발생하는 다이오드이다. LED 가 순바이어스 되었을 때 전자는 pn 접합 구조내의 접합 근처에서 정공과 재결합한다. 이 재결합이 발생할 때 전자는 열과 빛을 방출한다. 전기적 에너지를 가함으로써 빛을 발하는 과정을 전기루미네슨스(electro luminescense)라고 한다.

● 순방향 바이어스일 때 LED는 빛을 방출한다.

① LED 에 사용되는 반도체 재료 : G_aA_sP (gallium arsenide phoshide), G_aP(gallium phoshide), G_aA_s 등

② 방출색 : G_aA_s LED 는 적외선, G_aA_sP 는 적색이나 황색빛, G_aP 는 적색 또는 초록빛을 방출한다.

③ 응 용 : 7−세그먼트 등의 표시소자로 이용된다.

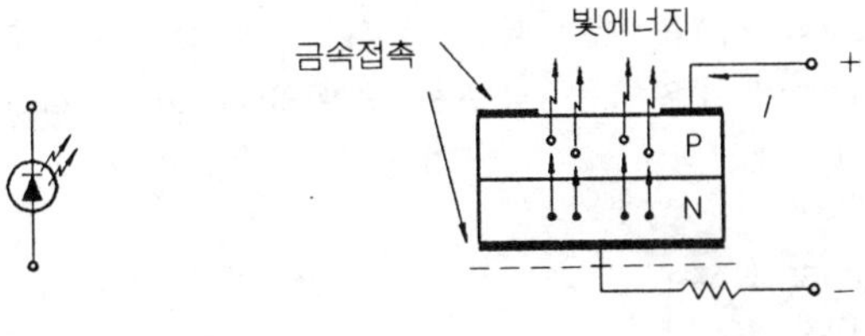

(a) 기호 (b) 전계발광

〈그림 1−23〉 LED 에서의 루미네슨스

(4) 액정 표시기(LCD)

LCD(liquid-crystal display)는 LED 보다 낮은 전력으로 동작한다.(수 μW 범위) 그러나 LCD 는 내부 또는 외부의 광원을 필요로 하고 0~60°C 까지의 온도 범위로 제한되는 문제점이 있다.

① LCD 는 LED 보다 응답시간(turn-on, off)이 느리다.
(LED 는 100ns, LCD 는 100~300ns 이다.)

② LCD 는 LED 보다 전력이 낮다.
(LED 는 mW, LCD 는 μW 범위에 있다.)

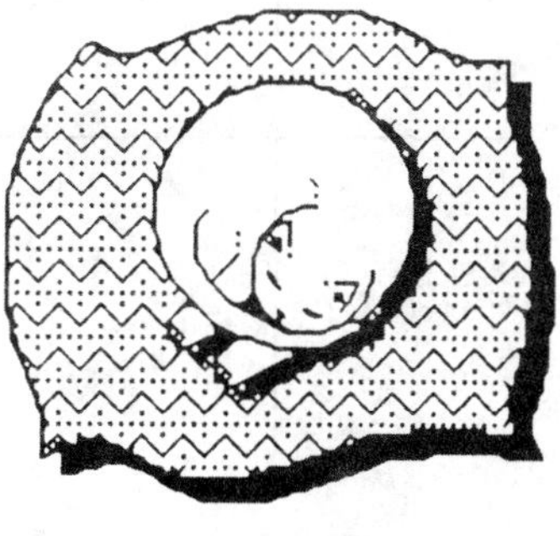

1·3 트랜지스터(BJT)

1·3·1 트랜지스터의 구조

트랜지스터는 3층 반도체 디바이스로써 npn 형 트랜지스터와 pnp 형 트랜지스터가 있다. BJT(bipolar junction transistor)는 전자와 정공의 두개의 캐리어를 사용한다는 것을 의미한다. 오직 한 캐리어만이 사용되는 경우는 유니폴라(unipoliar) 디바이스이다.

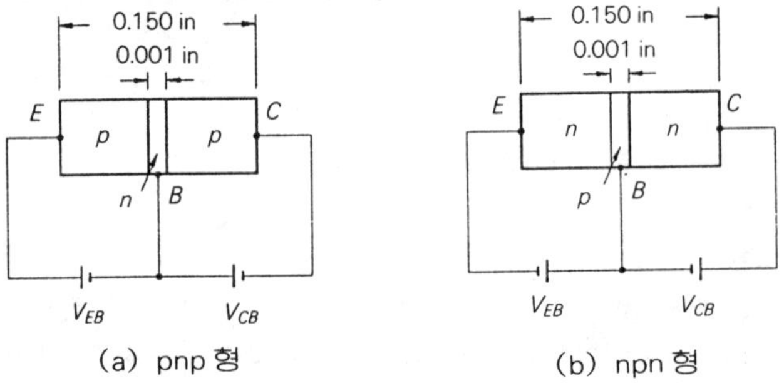

〈그림 1−24〉 트랜지스터의 형태

그림에서 E는 에미터(emitter), C는 콜렉터(collector), B는 베이스(base)를 나타내는 대문자로 표시되어 있다.

1·3·2 트랜지스터의 작용

트랜지스터의 동작 상태는 다음 네가지로 구분된다.

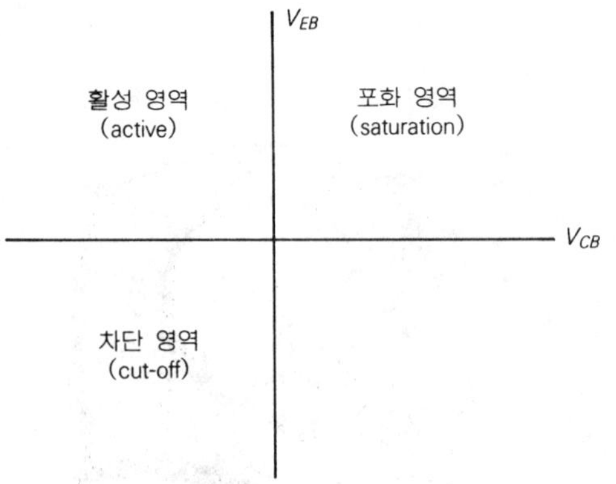

〈그림 1−25〉 pnp의 경우

(1) 트랜지스터의 동작 상태

① 포화 상태 : *EB* 접합 순바이어스, *CB* 접합 순바이어스

② 활성 상태 : *EB* 접합 순바이어스, *CB* 접합 역바이어스

③ 차단 상태 : *EB* 접합 역바이어스, *CB* 접합 역바이어스

④ 역활성 상태 : *EB* 접합 역바이어스, *CB* 접합 순바이어스

(2) 동작 상태의 이용

① 포화 영역과 차단 영역 : 펄스·스위칭 전자 회로에서 응용된다.

② 활성 영역 : 증폭기로 사용할 때의 동작 상태

트랜지스터를 증폭기로 사용할 때의 동작상태는 능동 또는 활성 영역(active region)이며, 포화 영역과 차단 영역에서의 동작을 펄스 스위칭 전자 회로에서 응용된다. 여기서 역활성 영역은 실제 사용되지 않는다.

● 활성 영역에서 콜렉터 접합면은 역바이어스되고, 에미터 접합면은 순바이어스된다.

■ BJT 의 동작 영역

동 작 모 드	EB 접 합	CB 접 합
활 성 상 태	순 바이어스	역 바이어스
차 단 상 태	역 바이어스	역 바이어스
포 화 상 태	순 바이어스	순 바이어스
역활성 상태	역 바이어스	순 바이어스

1·3·3 트랜지스터의 전류 성분

에미터가 순바이어스, 콜렉터가 역바이어스되어 있을 때 PNP 트랜지스터의 전류 성분은 〈그림 1－26〉과 같다.

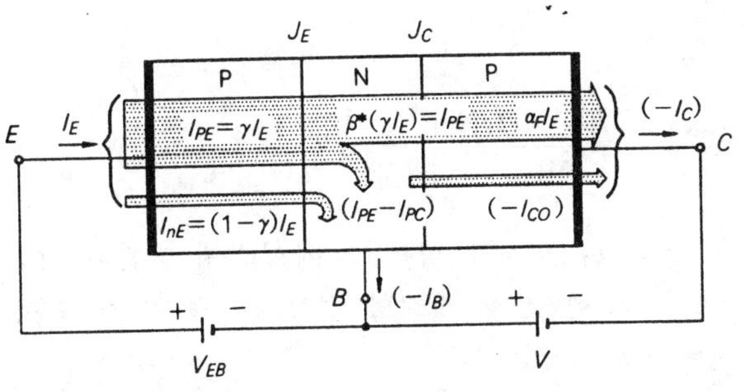

〈그림 1－26〉 pnp 트랜지스터에서의 전류 성분

(1) 에미터 전류

〈그림 1-26〉에서 에미터 전류(I_E)는 전자전류성분(I_{nE})과 정공전류성분(I_{pE})으로 되어 있다. 에미터 효율(enitter efficiency) γ는 다음 식으로 주어진다.

$$I_E = I_{nE} + I_{pE} \approx I_{pE}$$

$$\gamma \equiv \frac{I_E \text{의 정공전류성분}}{\text{에미터 전류}} = \frac{I_{pE}}{I_E} = \frac{I_{pE}}{I_{nE} + I_{pE}}$$

이 γ를 높이려면 I_{nE}를 줄여주어야 한다. 베이스 영역을 확산해가는 주입 정공의 재결합은 트랜지스터 작용을 감소시킨다. 베이스 수송계수(transport factor) β^*는 다음과 같이 정의된다.

$$\beta^* = \frac{\text{컬렉터 접합까지 확산해간 정공 전류}(I_{pc})}{\text{베이스에 주입된 정공전류}(I_{pE})}$$

(2) 콜렉터 전류

$I_{PC} = \beta^*(\gamma I_E)$이므로 컬렉터 전류 I_C는 다음과 같다.

$$\begin{aligned} I_C &= -I_{PC} + I_{CO} \\ &= -\beta^*(\gamma I_E) + I_{CO} \\ &= -\alpha I_E + I_{CO} \\ &\approx -\alpha I_E \end{aligned}$$

위 식으로 부터 파라미터 α를 정의하면

$$\alpha = \frac{\text{에미터에서부터 콜렉터로 주입된 전류}(I_{pc})}{I_E} = \gamma\beta^*$$

이고, 이를 전류 증폭률이라고 한다. 이 α는 실질적으로 $-I_C / I_E$로 표시된다. 이때 α는 1보다 작으며 보통 0.9~0.995의 범위이다.

(3) 베이스 전류

베이스 전류 I_B는

$$I_B = -(\underbrace{\mathrm{I_{NE}}}_{①} + \underbrace{I_{PE} - I_{PC}}_{②} + \underbrace{I_{CO}}_{③})$$

로써 ① 에미터 전류의 전자 확산 전류 성분 ② 베이스에 주입된 정공과 재결합하여 소멸되는 전자를 보충하기 위한 전자 재결합 전류 ③ 역바이어스된 콜렉터 접합을 흐르는 전류 I_{CO}의 성분으로 구성된다.

1·3·4 실제 트랜지스터에서의 문제점

(1) Early 효과 : 베이스폭 변조

콜렉터 역바이어스의 증가에 따라 베이스폭이 감소되어 나타나는 효과이다.

① 베이스폭이 감소하면 베이스 영역에서 콜렉터를 확산해가는 정공들이 재결합하는 기회가 적어져 β^*가 증대하여 결국 α가 증대한다.

② 베이스 영역에서의 정공농도의 기울기가 증대하여 콜렉터 전류 및 에미터 전류를 증대시킨다.

(2) 펀치 드루우(punch-through)

콜렉터 역바이어스를 계속 증대시키면 콜렉터 접합의 공간 전하층이 베이스 영역단으로 퍼져가며 마지막에는 에미터 접합의 공간 전하층과 닿게되어 베이스 중성 영역이 없어지는 현상이다.

1·3·5 공통 베이스 회로(CB)

베이스가 에미터와 콜렉터 단자에 공통으로 연결되어 있으므로 공통 베이스(common-base) 회로라고 한다.

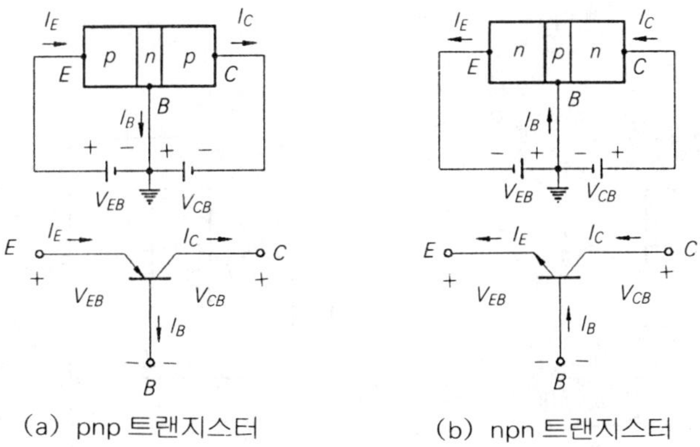

(a) pnp 트랜지스터　　(b) npn 트랜지스터

〈그림 1－27〉 공통 베이스 회로

(1) 에미터 전류 : $I_E = I_C + I_B$

(2) 컬렉터 전류 : $I_C = \alpha I_E + I_{Co}$

(3) ***CB*** 의 전류 증폭률(α) : $\alpha = \left.\frac{\Delta I_C}{\Delta I_E}\right|_{V_{CE}} \simeq 0.95 \sim 0.99$

(4) 출력 저항($\boldsymbol{R_o}$) : $R_o = \left.\frac{\Delta V_{CB}}{\Delta I_C}\right|_{I_E} \simeq 1\,[\mathrm{M\Omega}]$

(5) 입력 저항($\boldsymbol{R_i}$) : $R_i = \left.\frac{\Delta V_{EB}}{\Delta I_E}\right|_{V_{CB}} \simeq 15\,[\Omega]$

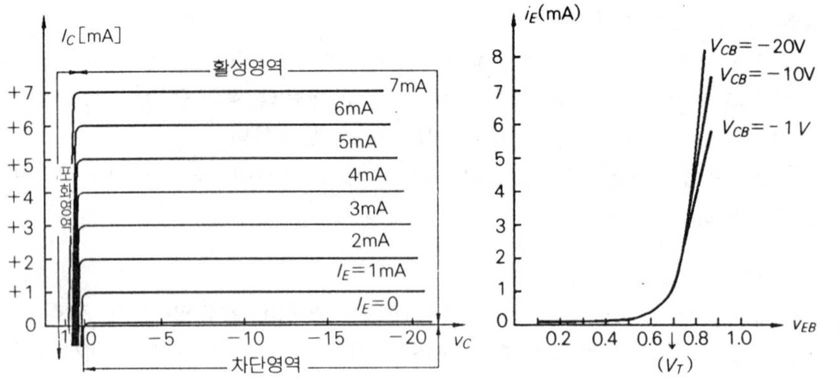

(a) 콜렉터 특성　　　　(b) 에미터 특성

〈그림 1－28〉 ***CB*** 회로(pnp 형)의 특성

1·3·6 공통 에미터 회로(CE)

에미터가 베이스와 콜렉터 단자에 공통으로 연결되어 있으므로 공통 에미터형(common-enitter) 회로라고 한다.

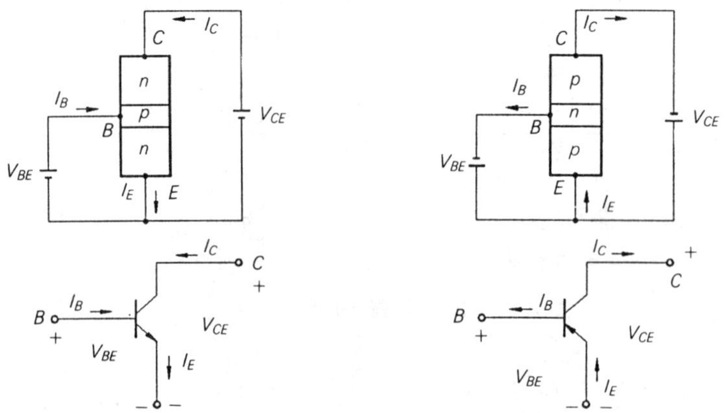

(a) npn 트랜지스터　　　　(b) pnp 트랜지스터

〈그림 1－29〉 공통 에미터 회로

(1) 에미터 전류 : $I_E = I_C + I_B$

(2) 콜렉터 전류

CB 에서 $I_C = \alpha I_E + I_{CO}$ 의 식에서

$$I_C = \alpha(I_C + I_B) + I_{CO} = \alpha I_C + \alpha I_B + I_{CO}$$
$$I_C(1-\alpha) = \alpha I_B + I_{CO}$$

따라서

$$\boxed{I_C = \left(\frac{\alpha}{1-\alpha}\right) I_B + \left(\frac{1}{1-\alpha}\right) I_{CO}}$$

여기서

$$\beta \equiv \frac{\alpha}{1-\alpha}$$

$$I_{CEO} = (1+\beta)\, I_{CO} = (1+\beta)\, \mathrm{I_{CBO}} = \left(\frac{1}{1-\alpha}\right) I_{CO} \Big|_{I_B=0}$$

I_{CEO} 는 $I_B = 0$ (베이스 단자 개방)일 때의 CE 차단전류이다. 이 I_{CEO} 는 I_{CO} 는 약 β 배가 된다. 보통 Si 의 경우 I_{CEO} 는 수 μA, Ge 에서는 수 백 μA 정도이다.

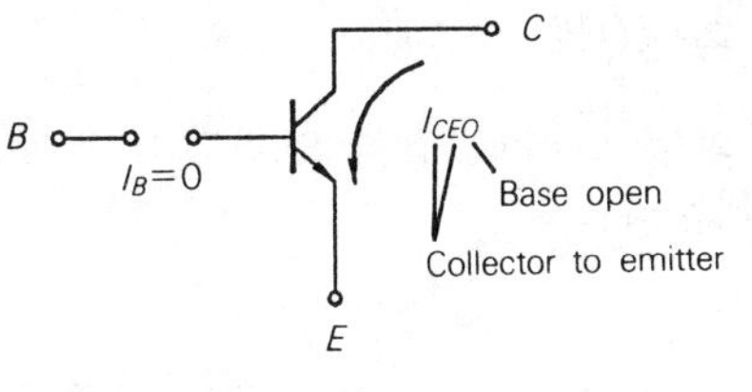

〈그림 1−30〉 I_{CEO} 의 이해

즉 컬렉터 전류 I_C 는

$$I_C = \beta I_B + I_{CEO}$$
$$= \beta I_B + (1+\beta)\, I_{CBO}$$

(3) **CE 의 전류 증폭율(β)** : $\beta = \dfrac{\Delta I_C}{\Delta I_B}\Big|_{V_{CE}} \simeq 20 \sim 99$

(4) **출력 저항(R_O)** : $R_O = \dfrac{\Delta V_{CE}}{\Delta I_C}\Big|_{I_B} \simeq 50\ [\mathrm{k\Omega}]$

(5) 입력 저항($\boldsymbol{R_i}$) : $R_i = \left.\dfrac{\Delta V_{BE}}{\Delta I_B}\right|_{V_{CE}} \simeq 600\,[\Omega]$

(6) α 와 β 와의 관계

$\beta = \dfrac{\alpha}{1-\alpha}$ 의 식에서 $\beta(1-\alpha) = \alpha$

$$\therefore \ \alpha = \frac{\beta}{1+\beta}$$

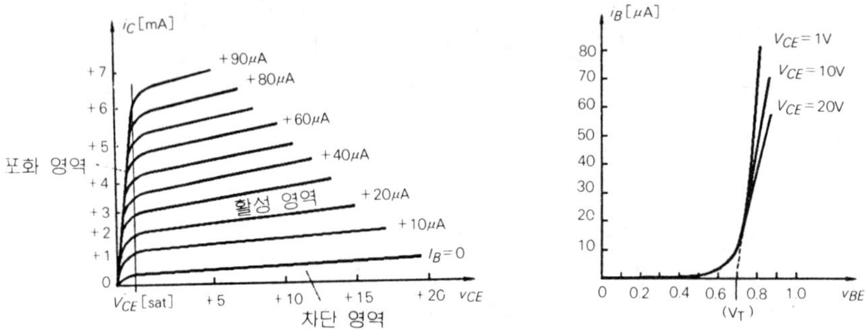

(a) 콜렉터 특성　　　　(b) 베이스 특성

〈그림 1－31〉 ***CE*** 회로(pnp 형)의 특성

1·3·7 공통 콜렉터 회로(CC)

공통 콜렉터 회로는 *CB* 와는 반대로 입력 임피던스가 낮고 출력 임피던스가 낮아 임피던스 정합을 목적으로 사용된다.

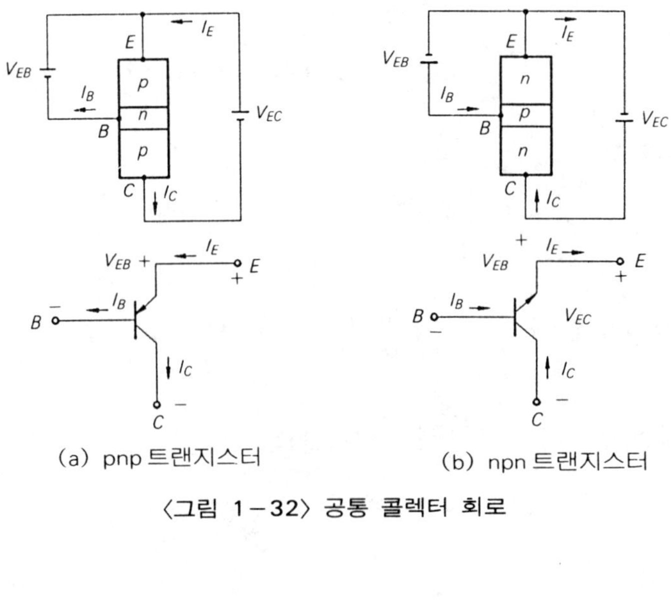

(a) pnp 트랜지스터　　　　(b) npn 트랜지스터

〈그림 1－32〉 공통 콜렉터 회로

出 題 豫 想 問 題

1. 다음은 고체의 대이론(帶理論)이다. 맞지 않는 것은?

가. 양도체에서는 전도대와 가전자 대역이 중첩되어 부분적으로 채워진 대역이 형성된다.

나. 절연체에서는 대구조가 특성화된다.

다. 반도체는 금속과 절연체의 중간적인 전도성을 가지나 절연체에 가깝다.

라. 전자가 전도대를 점유하면 자동적으로 가전자대에 정공을 남기는 것은 반도체와 금속과 같다.

해설 반도체는 절연체와 도체와의 중간적인 전도도를 가진 물질이다.

2. 반도체에 있어 금지대의 에너지 갭(energy gap)은?

가. 가전자대 바로 밑에 있다.

나. 가전자대와 전도대 사이에 있다.

다. 가전자대를 금지대로 부르기도 한다.

라. 전도대 위에 있다.

해설 절연체의 에너지 갭은 전형적으로 5[eV] 이상이다. 반도체의 경우 Si은 1.1[eV], Ge은 0.67[eV]이다.

3. 반도체에 있어서 다음 설명 중 옳지 않은 것은?

가. 전도대의 전자는 비어 있는 에너지 준위가 있기 때문에 전계에 의해서 가속될 수 있다.

나. 금지대의 에너지폭이 넓으면 열에 의한 영향을 그만큼 크게 받는다.

다. 금지대의 에너지폭은 가전자의 구속에너지 정도를 나타낸다.

라. 과잉 소수 캐리어는 열평형 상태보다 과잉된 소수 캐리어이다.

해설 금지대의 폭이 넓으면 그 만큼 적게 받는다. Si은 1.1[eV]이고 Ge은 0.67[eV] 정도이므로 온도 특성은 Si이 더 우수하다. 그러나 캐리어의 밀도는 그 반대이다.

4. 진성 반도체에서 페르미 준위(Fermi level)는 온도에 어떠한 영향을 받는가?

가. 온도가 상승하면 전도대 쪽으로 접근한다.

나. 온도가 하강하면 가전자대 쪽으로 접근한다.

다. 온도가 상승하면 도우너 준위에 접근한다.

라. 온도에 관계없이 금지대 중앙에 위치한다.

해설 페르미 준위의 이동

(1) 진성 반도체 : 온도에 관계없이 금지대 중앙 $(E_c + E_v)/2$에 위치한다.

(2) n형 반도체 : 온도가 상승하면 금지대의 중앙으로 접근하고, N_d가 증가하면 E_c로 접근한다.

(3) p형 반도체 : 온도가 상승하면 금지대의 중앙으로 접근하고, N_a가 증가하면 E_v로 접근한다.

해답 1. 다 2. 나 3. 나 4. 라

5. 한 전자계의 어느 두 전자도 동일한 한 양자상태에 속할 수 없다는 이론을 무엇이라 하는가?

가. Pauli의 배타율
나. Paschen의 법칙
다. Langmuir−Child 법칙
라. Heisenberg의 불확정성 원리

6. 페르미 준위에 대한 설명으로 옳지 못한 것은?

가. 일함수의 기준으로 사용한다.
나. 절대 온도 0[°K]에서 전자의 점유 확률이 1이다.
다. 절대 온도 100[°K]에서 전자의 점유 확률이 1/2이다.
라. 온도에 무관하게 전자 점유 확률이 1인 에너지 준위이다.

해설 페르미 다이락 분포 함수

$$f(E) = \frac{1}{1 + exp\,(E - E_f\,)/kT}$$

(1) $E = E_f$: $f(E) = 1/2$ (단, $T > 0$ [°K])
즉 T 가 0[°K] 이상에서의 페르미 준위란 전자의 점유 확률이 1/2 이다.

(2) $E > E_f$: $f(E) = 0$ (단, $T = 0$ [°K])
즉, $T = 0$ [°K] 에서 페르미 준위 이상에서는 전자는 존재하지 않는다.

(3) $E < E_f$: $f(E) = 1$ (단, $T = 0$ [°K])
즉, $T = 0$ [°K] 에서 페르미 준위 이하의 준위는 전자로 충만되어 있는 상태를 의미한다.
따라서 $T = 0$ [°K] 에서 E_f 가 최고 점유 에너지 준위이다.

7. 진성 반도체는 절대온도 0[°K]에서 어떻게 되는가?

가. 절연체와 같다.
나. 도체와 같다.
다. 다수의 전자를 갖는다.
라. 다수의 정공을 갖는다.

해설 0[°K] 에서 전자가 가전자대에 충만되어 있어 움직일 수 없는 상태가 된다.
즉 0[°K] (절대영도)에서 반도체 재료의 모든 가전자들은 가전자대에 존재한다.

8. 진성 반도체에 관한 설명 중 적합하지 않은 것은?

가. 실제 소자로 사용되고 있는 대부분의 반도체이다.
나. 절대온도 0[°K] 에서는 거의 절연체와 같다.
다. 절대온도 0[°K] 에서 가전자는 전부 가전자대에 충만해 있다.
라. 페르미 준위는 온도에 관계없이 금지대의 중앙에 위치한다.

9. 진성 반도체 내에서 캐리어 농도란?

가. 열평형 상태에서 농도를 말한다.
나. 열교란 상태에서 농도를 말한다.
다. 절대온도 300[°K] 에서 농도를 말한다.
라. 절대온도 0[°K] 에서 농도를 말한다.

해설 진성 반도체의 캐리어 농도는 열생성률과 재결합률의 평형을 이룬 정상상태에서의 농도이다.
이것은 온도에 따라 지수함수적으로 증대한다.

해답 5. 가 6. 라 7. 가 8. 가 9. 가

10. 진성 반도체의 고유저항을 ρ, 전자 농도를 n 이라 하면 다음 중 옳은 것은?

가. $\rho \propto n$　　나. $\rho \propto n^2$　　다. $\rho \propto \frac{1}{n}$　　라. $\rho \propto \frac{1}{n^2}$

해설 도전률 $\sigma = ne\mu = ne(\mu_p + \mu_n)$
저항률 $\rho = 1/\sigma = 1/ne\mu$

11. 절대온도 0[°K]에서 진성 반도체의 모든 가전자는?

가. 전도대에 존재한다.　　나. 금지대에 존재한다.
다. 가전자대에 존재한다.　　라. 전도대와 가전자대에 공존한다.

해설 전도대로 올라갈 만큼의 energy를 외부로부터 얻지 못한다.

12. 반도체에서의 질량 작용(Mass action)법칙은? (단, n, p 는 캐리어(전자와 호올)의 농도, n_i 는 진성(Intrinsic)반도체의 캐리어 농도임)

가. $p/n = n_i^2$　　나. $n/p = n_i^2$
다. $np = n_i^2$　　라. $np = n_i$

해설 열평형 상태 $G = R$

13. 다음 중 P 형 불순물 반도체에서 전자의 농도를 나타낸 것은?
(단, N_a 는 억셉터의 농도, n_i 는 진성 반도체에서 캐리어 농도)

가. $\frac{n_i^2}{N_a}$　　나. $\frac{N_a^2}{n_i}$
다. $N_a - n_i^2$　　라. $N_a + n_i$

해설 P 형 반도체에서의 캐리어 농도
$P_{PO} \simeq N_a$　$n_{PO} \simeq n_i^2/N_a$

14. P 형 불순물은?

가. 과잉전자를 만든다.
나. 5개의 가전자만을 갖는다.
다. acceptor 불순물이라 한다.
라. Si 에 첨가할 수 있으나 Ge 에는 첨가할 수 없다.

해설 P 형은 Ge 이나 Si 에 3가인 불순물 붕소(B), 갈륨(Ga), 인듐(In) 등의 원소들을 첨가하여 만든것으로 첨가된 불순물을 억셉터(acceptor)라고 한다.

15. 아래는 반도체에 관한 설문이다. 틀리게 설명된 것은?

가. 반도체에는 진성반도체와 불순물 반도체가 있다.
나. 진성 반도체는 성질에 따라 P 형 반도체와 N 형 반도체가 있다.
다. N 형 반도체를 만들기 위해 첨가하는 불순물을 도너라 한다.
라. P 형 반도체를 만들기 위하여 첨가하는 불순물을 억셉터(acceptor)라 한다.

해답 10. 다　11. 다　12. 다　13. 가　14. 다　15. 나

16. 반도체내에 있어서 캐리어의 이동도 μ와 확산계수 D 사이의 관계식은? (단, k : Boltzmann의 상수, T : 절대온도, e : 캐리어의 전하이다.)

가. $\dfrac{D}{\mu} = \dfrac{kT}{e}$　　나. $\dfrac{D}{\mu} = \dfrac{e}{kT}$

다. $\dfrac{D}{\mu} = ekT$　　라. $\dfrac{D}{\mu} = kT$

17. 밀도 N_d인 N형 반도체에 다시 밀도 N_a의 acceptor 불순물을 도우핑하여 P형 반도체가 되기 위한 필요조건은?

가. $N_d > N_a$　　나. $N_d \geqq N_a$

다. $N_d < N_a$　　라. $N_d = N_a$

18. 전자에 의한 확산 전류는?
(단, n은 전자밀도이고 x 방향 성분만 생각한다.)

가. $\dfrac{\partial n}{\partial x}$ 에 비례　　나. $\dfrac{\partial n}{\partial x}$ 에 반비례

다. $\dfrac{\partial^2 n}{\partial x^2}$ 에 비례　　라. $\dfrac{\partial^2 n}{\partial x^2}$ 에 반비례

19. n형 불순물 반도체의 *Hall* 농도는?

가. N_d　　나. $\dfrac{N_d}{n_i^2}$　　다. $\dfrac{n_i^2}{N_d}$　　라. $\dfrac{n_i}{N_d^2}$

20. Si 다이오우드에 30 [V]의 역전압을 걸고 전류를 측정하니 주위온도 25 [°C]에서 1 [nA]이었다. 주위온도 100 [°C]에서 일정하다면 역포화 전류는 몇 [nA]인가?

가. 127 [nA]　　나. 135 [nA]

다. 181 [nA]　　라. 192 [nA]

해설 $I_0(T_2) = 2^{(T_2 - T_1)/10} I_0(T_1)$

21. PN 접합 다이오우드의 접합부 정전 용량(junction capacitance)은 역바이어스 전압에 어떠한 관계를 갖는가?

가. 비례한다.　　나. 반비례한다.

다. 평방근에 비례한다.　　라. 평방근에 반비례한다.

해설 공간 전하 용량 C_T는 역바이어스 전압의 제곱근에 반비례한다.

$C_T \approx B/\sqrt{|V|}$ (B는 상수, 역바이어스)

이 공간 전하 용량은 공핍층 용량, 장벽 용량, 접합 용량 등으로 불리어진다.

해답 16. 가　17. 다　18. 가　19. 다　20. 다　21. 라

22. 전위 장벽(potential barrier)에 대한 설명 중 **옳은** 것은?
가. *PN* 접합 사이의 접촉 전위차의 값
나. 다이오우드에 인가할 수 있는 최대 전압
다. 다이오우드에 인가할 수 있는 최소 전압
라. 다이오우드 파괴 전압

23. *PN* 접합에서 전류가 0이란 의미는?
가. 접합면을 지나는 다수 반송자가 없다.
나. 접합면을 지나는 소수 반송자가 없다.
다. 접합면을 지나는 다수 반송자와 소수 반송자가 동일하다.
라. 접촉전위차가 0이다.

24. 다음 *PN* 접합에 순방향으로 바이어스 되었을 때의 설명으로 **맞는** 것은?
가. 다수 캐리어가 서로 다른 쪽에 주입된다.
나. *P* 형쪽 전자만이 *N* 형 영역으로 들어간다.
다. *P* 형 영역의 정공만이 *N* 형쪽으로 주입된다.
라. 어떤 전류도 흐르지 않는다.

25. *PN* 접합에 순방향 바이어스를 인가할 경우 **틀린** 것은?
가. 전위 장벽이 낮아진다.
나. 공간 전하 영역의 폭이 열평형상태 때와 같다.
다. 전류는 전압에 따라 지수함수적으로 증가한다.
라. 전장이 약해진다.

해설 *PN* 접합에 순바이어스($V > 0$)가 전압이 걸린 경우
① 전위 장벽이 낮아진다.
② 공간 전하 영역의 폭이 좁아진다.
③ 전장이 약해진다.

또, 역바이어스($V < 0$) 된 경우
① 전위 장벽이 높아진다.
② 공간 전하 영역이 넓어진다.
③ 전장이 강해진다.

26. *pn* 접합 다이오드의 역방향 전류는 무엇인가?
가. 다수캐리어에 의한 전류이다.
나. 역전압의 상승에 따라 증가하다가 곧 포화된다.
다. 역전압의 상승에 따라 지수함수적으로 증가한다.
라. 역전압의 상승에 따라 진선적으로 증가한다.

해설 *PN* 접합에서 *N* 형 쪽이 *P* 형 쪽에 대하여 (+)가 되도록 가해질 때를 역바이어스가 걸렸다 고하며 이때 미약한 역(방향) 전류가 흐르며 낮은 전류에서 곧 포화되므로 역포화 전류라고 한다.

해답 22. 가 23. 다 24. 가 25. 나 26. 나

27. PN 접합에 관한 다음의 설명 중 옳은 것은?

가. 접합 용량은 역방향 바이어스가 증가하면 커진다.

나. 접합 용량은 불순물 농도가 증가하며 감소한다.

다. 공간 전하 영역은 역방향 바이어스가 커지면 증가한다.

라. 공간 전하 영역은 불순물 농도에 비례하여 커진다.

해설 PN 접합에 역방향 전압을 걸어주면 전위 장벽이 높아지고 공간 전하 영역은 증가하고 정전 용량은 작아진다.

28. 그림과 같은 PN 접합 다이오우드의 전류 I와 전압 V와의 관계는?

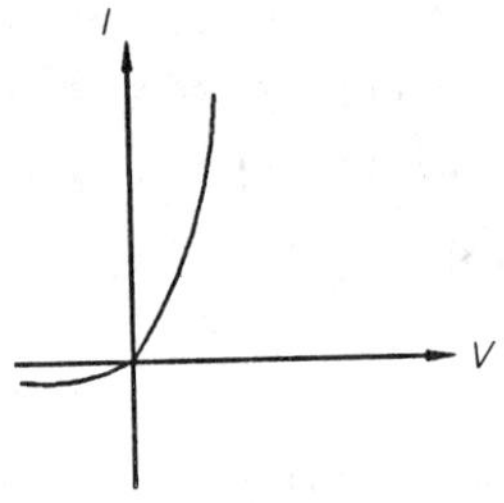

가. $I = I_0(e^{-kT/eV} - 1)$

나. $I = I_0(e^{eV/kT} - 1)$

다. $I = I_0(1 - e^{-kT/eV})$

라. $I = I_0(e^{kT/eV})$

해설 이상적 PN 다이오드의 특성식 I 에서

(1) $V = 0$: $e^{eV/kT} = 1$ 이 되어 $I = 0$ 열평형 상태가 된다.

(2) $V > 0$: $e^{eV/kT} \gg 1$ 이 되어 I는 지수함수적으로 증대한다.

(3) $V < 0$: $e^{eV/kT} \approx 0$ 이 되어 $I = -I_0$ 로 역포화 전류만 흐른다.

29. 불순물을 많이 포함하고 있는 PN접합에서는 공간전하층의 폭이 좁아서 역방향의 전압이 증가하여 전계가 커지면 가전자대의 가전자가 금지대를 통과하여 N형 반도체의 전도대에 튀어 들어가는데 이러한 현상을 무엇이라 하는가?

가. 에디슨 효과 　　나. 쇼트기 효과

다. 터널 효과 　　라. 광전 효과

30. PN 접합면의 공핍층의 두께 t는 역바이어스 전압 V_r와 어떤 관계가 있는가?

가. V_r에 비례 　　나. V_r^2에 비례

다. $V_r^{\frac{1}{2}}$에 비례 　　라. V_r에 반비례

31. 그림의 다이오우드 회로에서 (a) 입력 파형에 대한 전류 그림 (b)와 같을 때 t는?

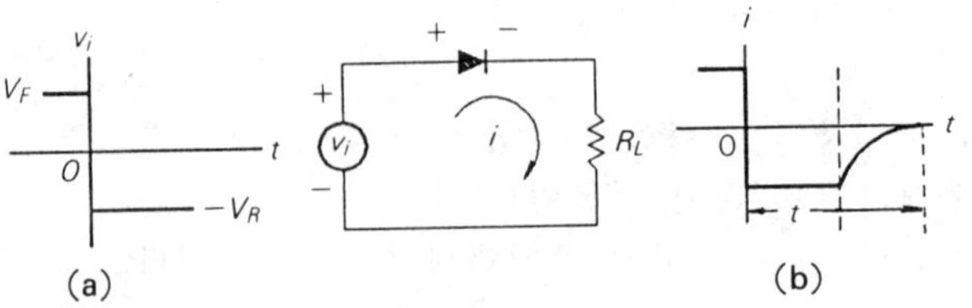

(a) 　　(b)

가. 전이 시간(transition time) 　　나. 축적 시간(storage time)

다. 역방향 회복 시간 　　라. 순방향 회복 시간

해설 n 형 중성 영역의 과잉정공이 P 형쪽으로 완전히 소멸될 때까지 전류 $-I_F$가 흐르며 이때까지 시간을 축적 시간이라 하며, t_s 부터 정상 상태에 이르기까지의 시간을 전이 시간이라 한다.

해답 27. 다 28. 나 29. 다 30. 다 31. 다

32. 다이오우드에서 순방향 바이어스 전류는 어느 캐리어(carrier)에 의하여 운반되는가?

가. 소수 반송자(minority carrier)　　나. 다수 반송자(majority carrier)

다. 전자(electron)　　라. 정공(hole)

33. 제너 다이오드를 사용한 다음의 회로에서 출력 파형은? 단, 각 제너 다이오드의 순방향 바이어스 전압은 0.7 [V] 임을 고려한다.

가.
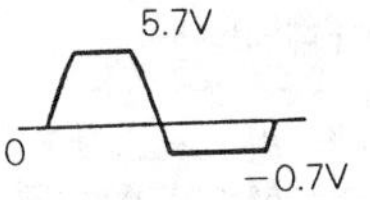

나.
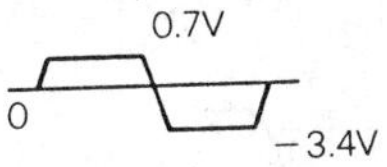

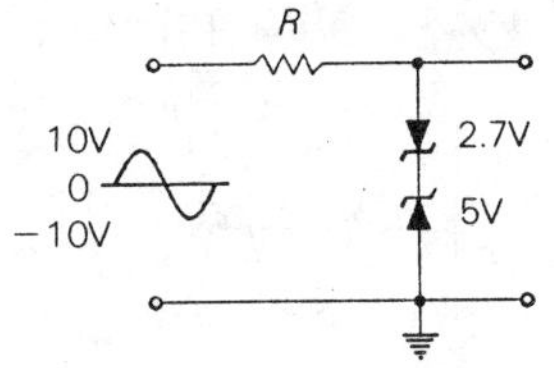

다.
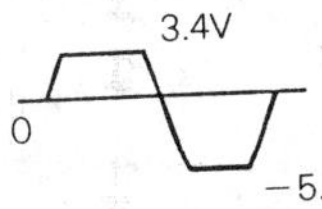

라.
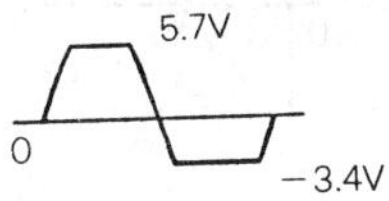

해설 제너다이오드의 제한 작용

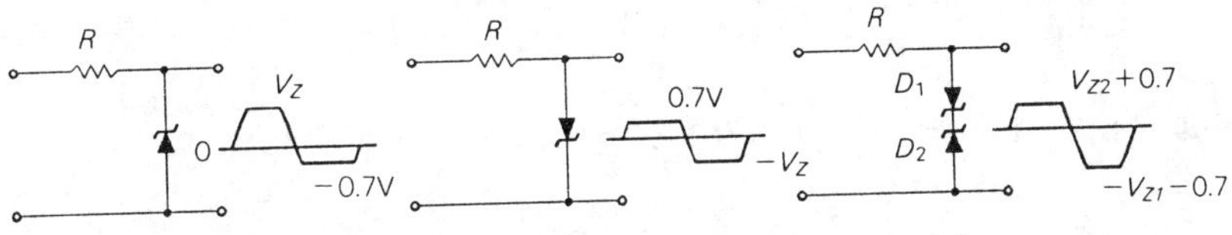

(a)　(b)　(c)

그림(c)에서와 같이 2개의 반대방향의 제너 다이오드는 두 첨두를 제너전압과 0.7 [V] 의 합으로 제한된다. 정(+)의 반주기동안에 D_2 는 제너 리미터로 D_1 은 종래의 순방향 바이어스된 다이오드로서의 역할을 한다.

34. 전원 전압을 안정하게 유지하기 위해서 사용하는 다이오우드는?

가. 본드형 다이오우드　　나. 터널 다이오우드

다. 제너 다이오우드　　라. 바랙터 다이오우드

35. 그림에서 D 가 8 [V] 제너 다이오드일 때 D 를 흐르는 전류는?

가. 1.2 [mA]

나. 4 [mA]

다. 10 [mA]

라. 18 [mA]

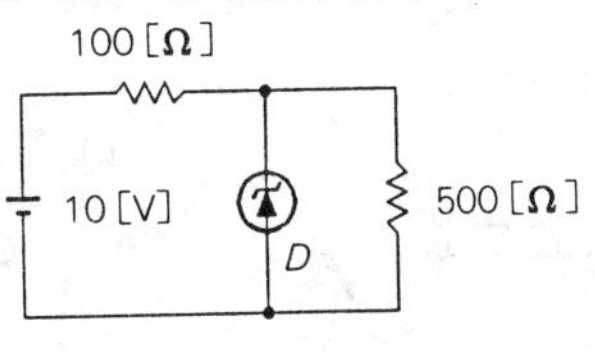

해설 저항 $R = 100\,[\Omega]$ 에 흐르는 전류 I_R 은

$$I_R = \frac{V_i - V_Z}{R} = \frac{10 - 8}{100} = 0.02 = 20\,[\text{mA}]$$

또 부하 $R_L = 500\,[\Omega]$ 에 흐르는 전류 I_L 은

$$I_L = \frac{V_Z}{R_L} = \frac{8}{500} = 0.016 = 16\,[\text{mA}]$$

따라서 제너다이오드 D 에 흐르는 전류 I_Z 는 다음과 같다.

$$I_Z = I_R - I_L = 20\,[\text{mA}] - 16\,[\text{mA}] = 4\,[\text{mA}]$$

해답 32. 나　33. 라　34. 다　35. 나

36. 제너 다이오우드는 다음에서 어느 것과 관계가 가장 깊은가?

가. 고속 펄스 발생회로의 발진 소자로 쓰인다.

나. 특수 증폭 작용에 쓰인다.

다. 정류 회로에서 정전압을 유지하고자 정전압 다이오우드로 쓴다.

라. *FM* 변조 소자로 쓴다.

37. 제너 다이오드를 사용한 그림의 회로에서 정현파가 가해질 때 출력 파형은?(단, V_{Z1}, V_{Z2}는 항복전압이고, 각 제너 다이오드는 이상적이다.)

가.

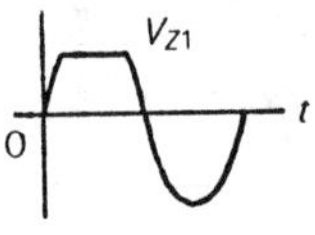

나.

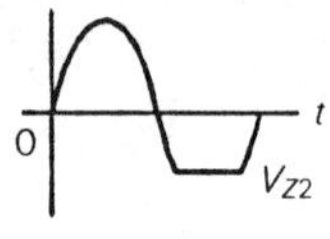

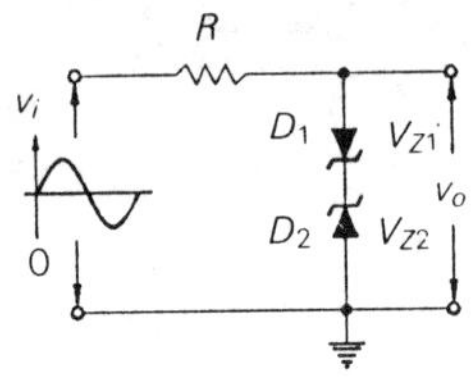

다.

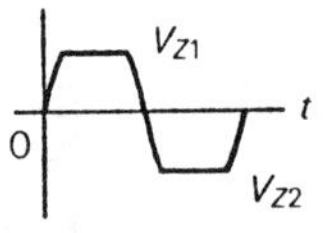

라.

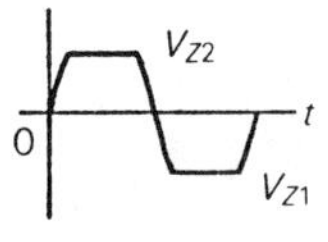

해설 다음은 제너 다이오드의 등가회로이다.

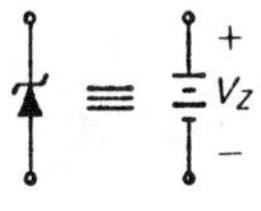

(a) 이상적 등가회로

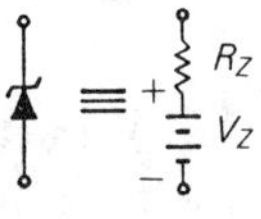

(b) 실제적인 등가회로

문제에서 (+)반파시 $v_i < V_{Z2}$일 때 D_2에 의해 차단되어 $v_o = v_i$가 된다. $v_i > V_{Z2}$일 때 D_2가 도통되어 $v_o \approx V_{Z2}$가 된다. (−)반파시 $v_i < V_{Z1}$일 때 D_1에 의해 차단되어 $v_o = v_i$이나 $v_i > V_{Z1}$일 때 D_1에 의해서 도통되어 $v_o \approx -V_{Z1}$이 나타난다.

38. 제너 다이오드를 사용한 다음의 회로에서 출력 파형은? 단, 각 제너 다이오드는 이상적이다.

가.

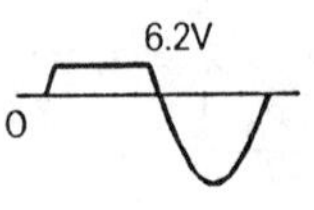

나.

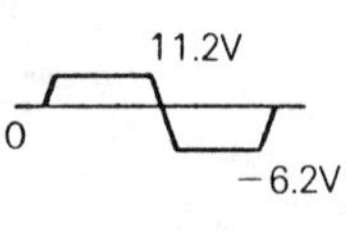

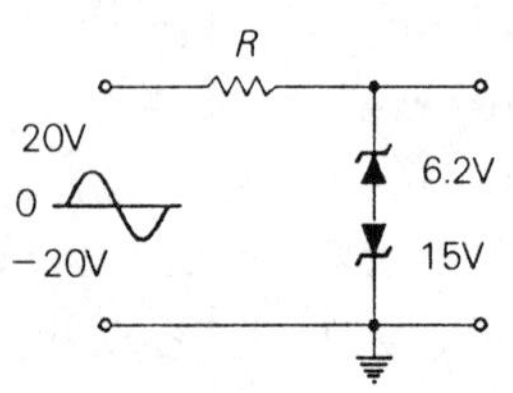

다.

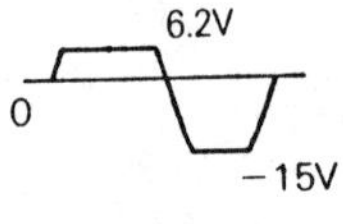

라.

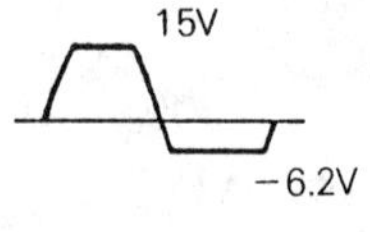

해답 36. 다 37. 라 38. 다

39. 다음 그림의 직렬 다이오드회로에서 다이오드에 흐르는 전류 I_D 는? 단, Si 과 Ge 의 문턱 전압은 각각 0.7 [V], 0.3 [V] 이다.

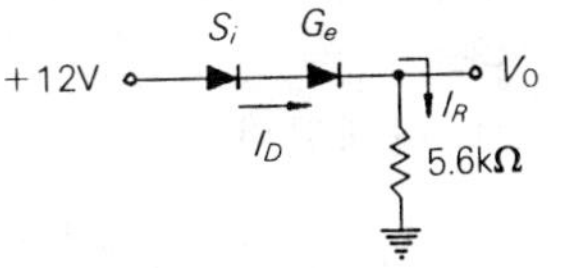

가. 0.73 [mA]
나. 1.96 [mA]
다. 2.5 [mA]
라. 3.32 [mA]

해설 5.6 [kΩ] 에 걸리는 전압 V_o

$$V_o = E - V_{T1} - V_{T2} = 12 - 0.7 - 0.3 = 11\,[\mathrm{V}]$$

$$\therefore\ I_D = I_R = V_R / R = V_o / R = 11/5.6\,[\mathrm{k\Omega}] \approx 1.96\,[\mathrm{mA}]$$

그런데, Si 과 Ge 다이오드를 역으로 직렬 연결할 때 다이오드에 흐르는 전류 I_D는 0 [A] 이다. 즉 단락회로와 개방회로가 직렬접속된 경우이다.

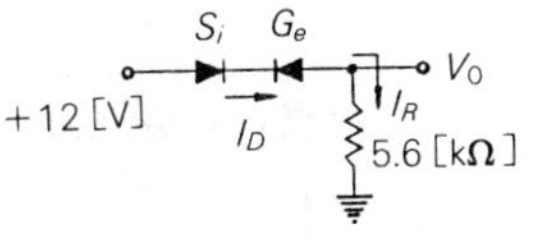

40. 회로에서 다이오우드 D_1, D_2 의 전류 전압 특성이 그림과 같을 때 D_1, D_2 의 병렬 특성을 나타낸 것은 다음 중 어느 것인가?

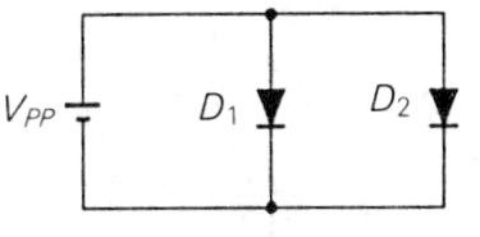

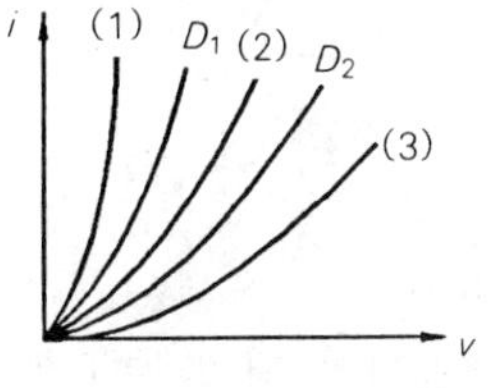

가. (3)의 특성이다.
나. D_1 의 특성과 같다.
다. (2)의 특성이다.
라. (1)의 특성이다.

41. 역방향 바이어스 전압에 따라 접합 정전용량이 가변되는 성질을 이용하는 다이오우드는?

가. 제너 다이오우드(Zener diode)
나. 바랙터 다이오우드(varractor diode)
다. 터널 다이오우드(tunnel diode)
라. 광 다이오우드(photo diode)

42. 다이오우드의 종류에 따른 관계 사항이다. 상호 관계가 되지 않는 항은?

가. 터널(Tunnel) 다이오드－증폭 작용
나. 임패트(Impatt) 다이오드－정류 작용
다. 제너(Zener) 다이오드－정전압 특성
라. 바렉터(Varactor) 다이오드－FM 변조 특성

해설 임패트 다이오드는 큰 부성저항 특성이 있으며 극초단파용 발진소자로 사용한다. 일명 리이드 다이오드라고 한다. 이외에 마이크로파용 발진소자로 터널 다이오드와 건(gumn) 다이오드등이 있다.

해답 39. 나 40. 가 41. 나 42. 나

43. *PN* 접합 다이오우드의 접합부 정전용량(junction capacitance)은 역바이어스 전압에 어떠한 관계를 갖는가?

가. 비례한다. 라. 반비례한다.

다. 평방근에 비례한다. 라. 평방근에 반비례한다.

44. 바리스터의 주된 용도는?

가. 온도 보상

나. 전압 증폭

다. 출력 전류 조절

라. 서어지(surge) 전압에 대한 회로 보호용

45. 다음 중 바리스터(varistor)의 전압－전류 특성이 아닌 것은?

가.

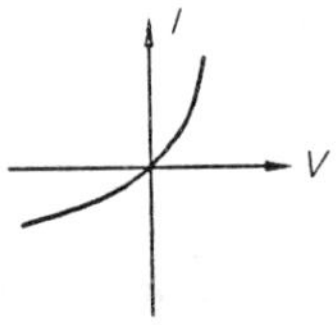

나.

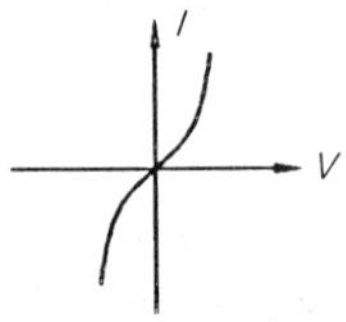

다.

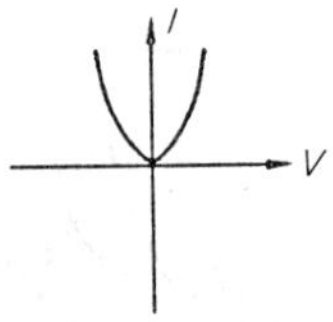

라.

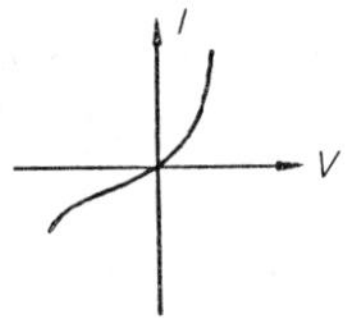

46. 다음 다이오우드의 특성을 설명한것 중 그 특성이 맞는 것은?

가. 바리콘 대신 동조회로의 일부에 넣어 직류전압에 의해 동조주파수를 변화시키는 다이오우드는 가변용량 다이오드이다.

나. 검파용 소신호 다이오우드, 정류형 다이오우드로 쓰이는 *Si* 다이오우드는 *PN* 접합 다이오드 이다.

다. 전류가 변하여도 전압이 불변하는 정전압 성질을 가진 다이오우드는 터널다이오우드이다.

라. 단색광에 가까운 저전압 저전류의 점광원을 가진 다이오우드는 발광다이오우드이다.

해설 바랙터(varactor)는 공진 회로에서 가변 커패시터로 동작하며 공진주파수를 가변전압레벨로 조정할 수 있도록 한다. 이 다이오우드는 바리캡(varicap), VVC(voltage variable capacitance), 튜닝(tuning) 다이오우드라고도 한다.

47. 터널 다이오우드가 부성저항 영역을 갖는 이유는?

가. *PN* 접합의 용량 변화 때문에

나. *PN* 의 높은 불순물 농도 때문에

다. *PN* 양단의 온도에 따른 팽창 때문에

라. *PN* 접합의 주울열 때문에

해답 43. 라 44. 라 45. 다 46. 가 47. 나

48. 터널 다이오우드에서 부성저항이 일어나는 경우 ? (단, V_P 와 V_V 는 각각 피이크전압 및 곡전압(valley voltage)이다.)

가. V_P 보다 낮은 전압
나. V_P 와 V_V 사이의 전압
다. V_V 보다 높은 전압
라. 역바이어스 전압

49. 다음 중 터널 다이오우드(tunnel diode)의 전압－전류 특성을 나타낸 것은 ?

가.

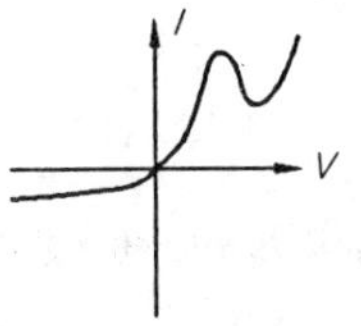

나.

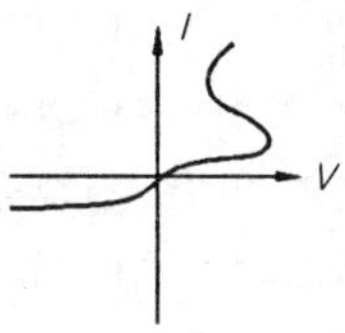

다.

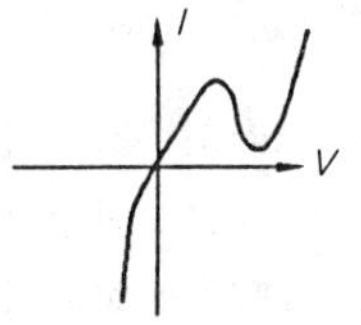

라.

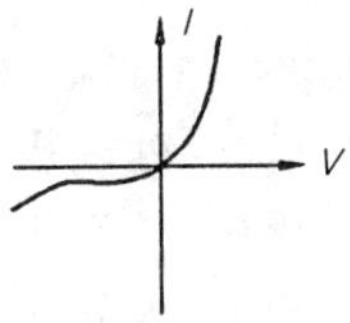

50. 다음 그림은 Tunnel Diode 의 전류 특성 곡선이다. 발진이 일어날 수 있는 영역은 어느 부분인가 ?

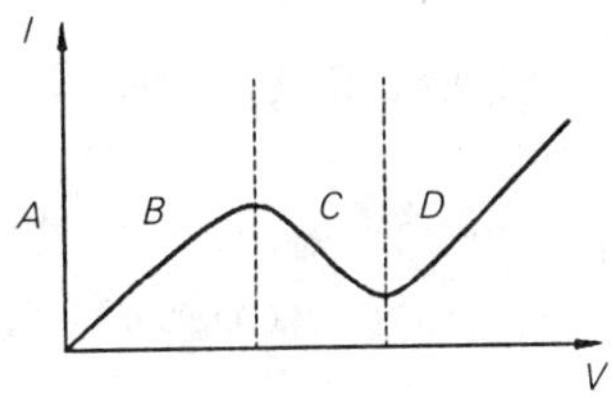

가. B
나. A
다. D
라. C

51. 터널 다이오우드의 특징이다. 맞지 않는 것은 ?

가. 역 바이어스 상태에서 훌륭한 도체이다.
나. 작은 순바이어스 상태에서 저항은 대단히 크다.
다. 부성저항 특성을 갖는다.
라. 펄스회로 및 계수회로에 유익하게 응용된다.

해설 작은 순바이어스 상태(*Ge* 에서 50 [mV] 까지)에서 저항은 대단히 작다.(5 [Ω] 정도)

52. 트랜지스터 표시에서 화살표는 다음 중 어느 것을 의미하는가 ?

가. 에미터 영역에서 전자의 흐름을 방향으로 표시한다.
나. 에미터 영역에서 정공의 흐름을 방향으로 표시한다.
다. 콜렉터 영역에서 다수 캐리어의 흐름을 방향으로 표시한다.
라. 콜렉터 영역에서 소수 캐리어의 흐름을 방향으로 표시한다.

해답 48. 나 49. 다 50. 라 51. 나 52. 나

53. *NPN* 형 접합 트랜지스터를 사용한 증폭기에서 콜렉터의 전위를 베이스로 기준으로하면 무슨 전위가 되는가?

가. 정전위　　나. 부전위

다. 영전위　　라. 동전위

해설 베이스(*P* 형)와 콜렉터(*N* 형)는 역방향으로 바이어스를 인가해 주어야 한다.

54. 정상동작 상태로 bias 된 *PNP* 트랜지스터에 대한 설명으로 옳은 것은?

가. 단지 정공만이 콜렉터 접합을 통과 한다.

나. 단지 다수 캐리어만이 콜렉터 접합을 통과 한다.

다. 콜렉터 접합은 낮은 저항을 갖고 있다.

라. 에미터 접합은 순 바이어스, 콜렉터 접합은 역 바이어스 되어 있다.

55. 특정한 D·C전압이 인가될 때 흐르는 전류 I_{CBO} 는?

가. 콜렉터가 단락된 회로서 에미터 접합에 순방향으로 흐르는 전류이다.

나. 콜렉터가 단락된 회로서 에미터 접합에 역방향으로 흐르는 전류이다.

다. 에미터가 단락된 회로서 콜렉터 접합에 순방향으로 흐르는 전류이다.

라. 에미터가 단락된 회로서 콜렉터 접합에 역방향으로 흐르는 전류이다.

56. I_{CEO} 는 어떠한 전류 성분인가?

가. I_{CBO} 와 같다.

나. 베이스 전류는 영(0)으로 갖는 에미터 접지 회로의 콜렉터 전류이다.

다. 베이스 전류는 영(0)으로 갖는 콜렉터 접지 회로의 에미터 전류이다.

라. 에미터 전류는 영(0)으로 갖는 콜렉터 접지 회로의 콜렉터 전류이다.

해설 I_{CEO} 란 베이스 개방, 에미터 접지 트랜지스터의 콜렉터 전류를 말한다.

57. 정상 동작 상태로 바이어스된 *NPN* 트랜지스터에서 콜렉터 접합을 통과하는 주된 전류는?

가. 확산 전류이다.　　나. 드리프트 전류이다.

다. 정공 전류이다.　　라. 베이스 전류와 같다.

해설 베이스 영역을 지나는 전류는 캐리어 농도 구배에 의해 확산전류이나 이 캐리어가 콜렉터 접합의 공간 전하층에 이르면 여기에 가해진 역 바이어스에 의한 전계에 의하여 콜렉터로 흘러 들어가게 된다.

58. 트랜지스터에서 콜렉터 역포화 전류는 어떻게 되는가?

가. 콜렉터에서 베이스내로 흘러 들어간다.

나. 베이스에서 콜렉터로 흘러 나온다.

다. 에미터 전류가 0 일 때만 흐른다.

라. 에미터 전류가 흐를때만 흐른다.

해답 53. 가　54. 라　55. 라　56. 나　57. 나　58. 가

59. 트랜지스터의 I_{CBO} 에 대한 다음 설명 중 맞지 않은 것은?

가. 콜렉터에 있는 소수캐리어의 이동이다.

나. 그 값이 작을수록 좋다.

다. 온도가 높아지면 증가한다.

라. 베이스 개방일 때 콜렉터와 이미터사이에 흐르는 전류이다.

60. 트랜지스터가 차단상태에 있을 때 접합면에 걸리는 전압은?

가. 에미터 접합면에 순방향 전압, 콜렉터 접합면에 순방향 전압

나. 에미터 접합면에 순방향 전압, 콜렉터 접합면에 역방향 전압

다. 에미터 접합면에 역방향 전압, 콜렉터 접합면에 순방향 전압

라. 에미터 접합면에 역방향 전압, 콜렉터 접합면에 역방향 전압

61. 다음의 트랜지스터 동작 상태 중 활성 영역에 속하는 것은?

가. EB 접합 → 순 바이어스 CB 접합 → 순 바이어스

나. EB 접합 → 역 바이어스 CB 접합 → 순 바이어스

다. EB 접합 → 순 바이어스 CB 접합 → 역 바이어스

라. EB 접합 → 역 바이어스 CB 접합 → 역 바이어스

62. 접합 트랜지스터(junction transistor)에서 α(베이스 접지전류 증폭정수)와 β(에미터 접지 전류 증폭정수)와의 사이에는 ——과 같은 관계가 있다.

가. $\beta = \alpha$　　　　나. $\beta = \dfrac{1-\alpha}{\alpha}$

다. $\beta = \dfrac{\alpha}{1-\alpha}$　　　　라. $\beta = \dfrac{\alpha}{1+\alpha}$

63. PNP 접합형 트랜지스터를 베이스 접지시켜 콜렉터 접압을 일정하게 유지하면서 에미터 전류를 1 [mA] 변화시켰을 때 콜렉터 전류가 0.93 [mA] 변화했다. 이 트랜지스터의 α는 얼마인가?

가. 0.89　　나. 0.9　　다. 0.93　　라. 0.98

64. 그림과 $\beta = 100$ 인 PNP Tr 을 바이어스 시키기 위한 전류 전압의 부호는?

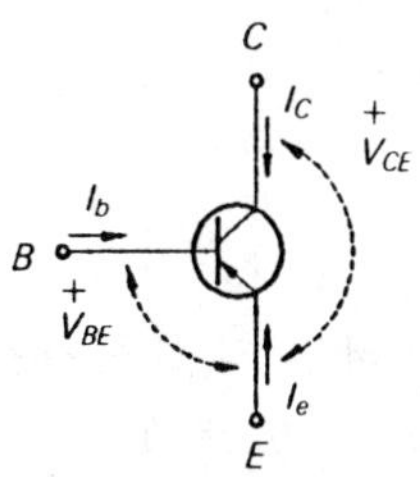

가. $I_e = I_b =$ 양(+),
　$V_{CE} = V_{BE} =$ 양(+)

나. $I_b = I_c =$ 음(−),
　$V_{BE} = V_{CE} =$ 음(−)

다. $I_b = I_c =$ 음(−),
　$V_{BE} = V_{CE} =$ 양(+)

라. $I_b = I_c =$ 양(+),
　$V_{BE} = V_{CE} =$ 음(−)

해답 59. 라 60. 라 61. 다 62. 다 63. 다 64. 나

65. 트랜지스터를 활성 영역에서 동작시키기 위한 바이어스를 거는 방법이 **잘못된** 것은 ?

가.

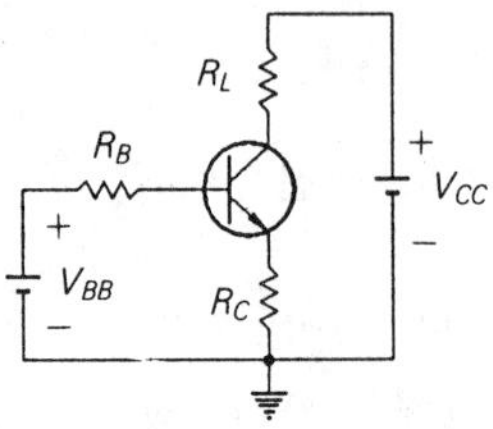

나.

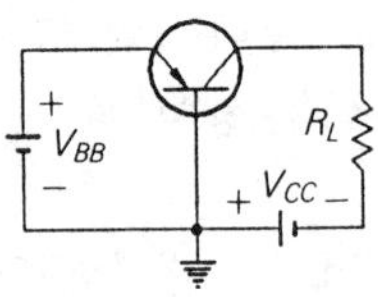

다.

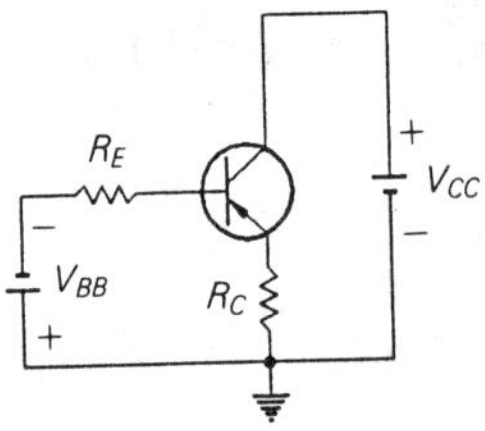

라.

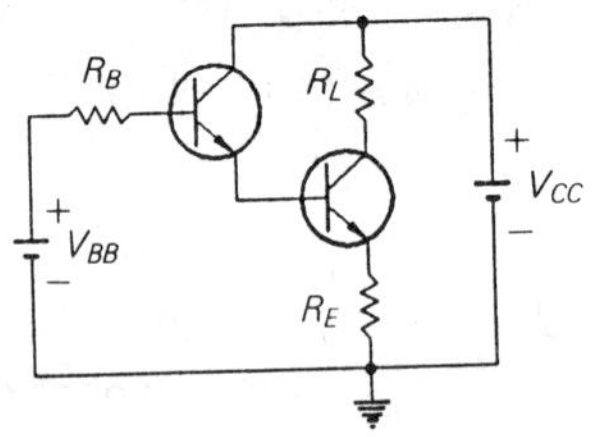

66. 그림 *NPN Ge* 트랜지스터의 $I_C - V_{BE}$ 특성이다. 차단 영역은 어느 것인가 ?

가. ⓐ
나. ⓑ
다. ⓒ
라. ⓓ

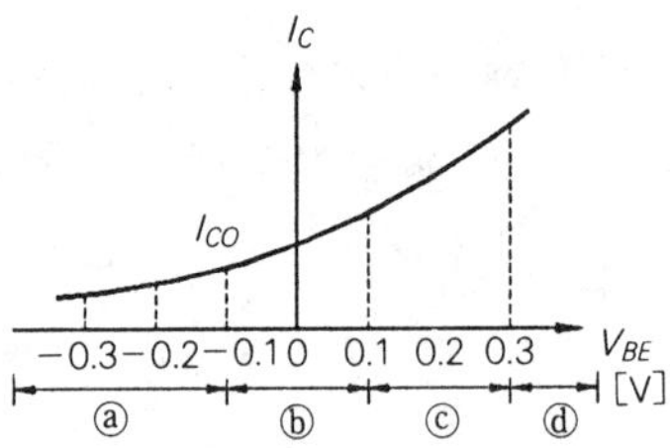

67. 이상적인 트랜지스터인 경우 α의 값은 ?

가. 무한대 　나. 0 　다. 1 　라. 100

68. 에미터 접지 트랜지스터 회로에서 베이스를 개방한 경우 콜렉터의 포화 전류를 I_{CO}, $\alpha = 0.9$ 라 할 때 콜렉터 전류 I_{CEO}는 ?

가. $I_{CEO} = I_{CBO}$
나. $I_{CEO} = 10\,I_{CO}$
다. $I_{CEO} = 0$
라. $I_{CEO} = 0.9\,I_{CO}$

해설 $I_C = \beta I_B + I_{CEO}$
$= \beta I_B + (1+\beta)\,I_{CBO}$ (CE의 경우)
$\therefore\ I_{CEO} = (1+\beta)\,I_{CBO} = I_{CBO}/(1-\alpha)$

69. 에미터 접지 증폭기에서 $\alpha = 0.9$, 에미터 전류가 10 [mA], 콜렉터 누설 전류가 0.1 [mA]라면 콜렉터 전류는 얼마인가 ?

가. 9.0 [mA] 　나. 9.1 [mA] 　다. 9.4 [mA] 　라. 9.9 [mA]

해설 $I_C = \alpha I_E + I_{CO}$

해답 65. 다 66. 가 67. 다 68. 나 69. 나

70. 에미터 접지형 증폭기에서 베이스 접지 때의 전류 증폭류 α가 0.9, I_{CO}가 0.1 [mA] 이고, I_B는 0.5 [mA]일 때 콜렉터(Collector) 전류 I_C는?

가. 4.5 [mA]　　나. 5.0 [mA]　　다. 5.5 [mA]　　라. 45 [mA]

해설 $I_C = \beta I_B + (1+\beta) I_{CO},\ \beta = \frac{\alpha}{1-\alpha}$

71. 다음 그림에서 V_{CE}가 -5 [V]일 때 I_C는 -5 [mA], I_B는 -40 [μA]이다. 이때 I_E는 얼마인가?

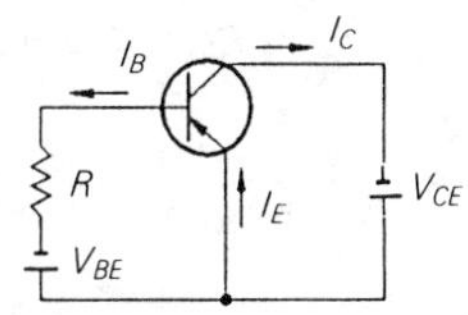

가. 5.04 [mA]

나. -5.04 [mA]

다. 10.08 [mA]

라. 4.96 [mA]

해설 $I_E = I_C + I_B = (-5 \times 10^{-3}) + (-40 \times 10^{-6})$

72. 그림은 에미터 접지 트랜지스터 회로의 $V_{CE} - I_C$ 정특성 곡선이다. 포화 영역에 해당하는 것은?

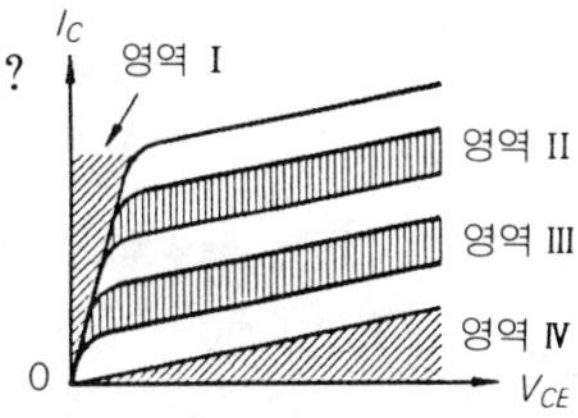

가. 영역 I

나. 영역 II

다. 영역 III

라. 영역 IV

73. 트랜지스터의 컬렉터 전류 I_C를 에미터 전류 I_E의 함수로 나타내면

$$I_C = -0.98 I_E + 10^{-6} \text{[mA]}$$

이었다. 이를 베이스 전류 I_B의 함수로 나타내면?

가. $I_C = 49 I_B + 50 \times 10^{-6}$ [mA]　　나. $I_C = 49 I_B + 10^{-6}$ [mA]

다. $12 I_C = 50 I_B + 10^{-6}$ [mA]　　라. $I_C = 50 I_B + 50 \times 10^{-6}$ [mA]

해설 $I_C = -\alpha I_E + I_{CBO}$ (CB)

$I_C = \beta I_B + I_{CEO} = \beta I_B + (1+\beta) I_{CBO}$ (CE)

$I_B + I_C + I_E = 0$

문제에서 $\alpha = 0.98$ 이므로 $\beta = \alpha/(1-\alpha) = 49$ 이고

$I_{CEO} = (1+\beta) I_{CBO} = 50 \times 10^{-6}$ [mA]

$\therefore\ I_C = \beta I_B + I_{CEO} = 49 I_B + 50 \times 10^{-6}$ [mA]

74. 그림의 회로에서 콜렉터 전류 [mA]는?

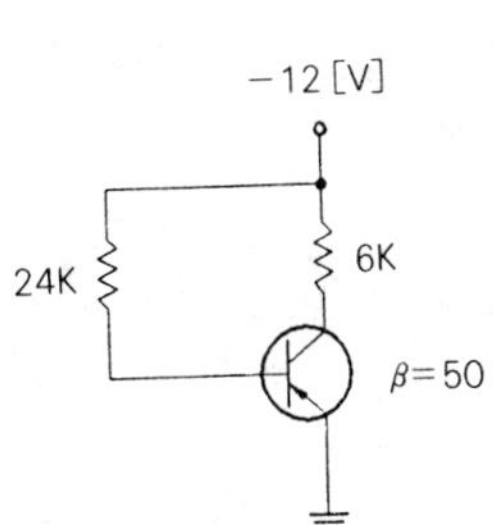

가. 0.25　　나. 2.5

다. 25　　라. 250

해설 $I_B = \frac{12}{24 \times 10^3} = 0.5 \times 10^{-3}$ [A]

$\therefore\ I_C = \beta I_B$

해답 70. 다　71. 나　72. 가　73. 가　74. 다

75. 그림의 Si 트랜지스터 회로에서 I_C를 구하면?

단, $\alpha = 0.975$, $I_{CBO} = 1\,[\mu\text{A}]$이다.

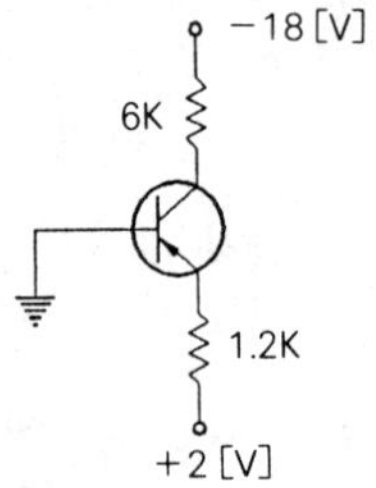

가. 1 [mA]　　나. 1.14 [mA]

다. 1.4 [mA]　　라. 1.42 [mA]

해설 Si 트랜지스터에서 $V_{BE} \approx 0.6\,[\text{V}]$이므로

$$I_E = \frac{2\,[\text{V}] - 0.6\,[\text{V}]}{1.2\,[\text{k}\Omega]} = 1.17\,[\text{mA}]$$

$$\therefore\ I_C = \alpha I_E + I_{CBO} = 0.975 \times 1.17\,[\text{mA}] + 0.001\,[\text{mA}]$$

해답 75. 나

2장 전원회로

2·1 정류 회로

2·1·1 정류 회로의 특성

(1) **정류 회로의 기본 구성** : 정류회로는 교류를 정류해서 맥류성분을 얻는 정류부와 맥류로부터 직류분을 취하는 평활부로 구성된다.

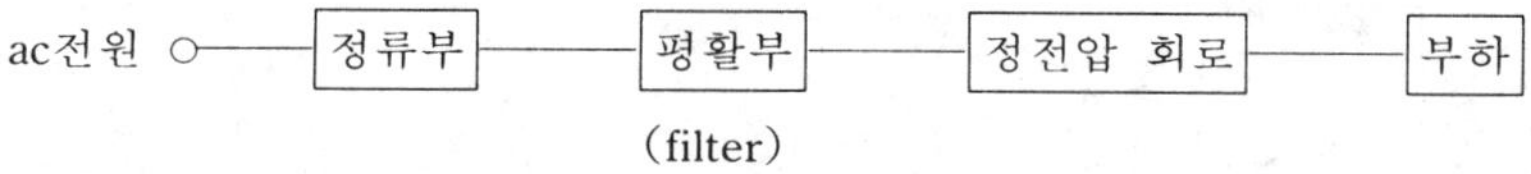

〈그림 2-1〉 정류 회로의 기본구성

(2) 정류 회로의 특성

① **리플률(ripple factor)** : 부하에 걸리는 맥동전압의 최대치와 최소치의 차 ΔV와 직류분 전압 V_{dc}와의 비를 리플률(맥동율)이라고 한다.

$$r = \frac{\text{맥동전압의 최대치와 최소치의 차}}{\text{직류분 전압}} = \frac{\Delta V}{V_{dc}}$$

② **정류 효율** : 직류 출력 전력 P_{dc}와 교류 입력 전력 P_{ac}와의 비를 정류효율이라고 한다.

$$\eta = \frac{\text{직류 출력 전력}}{\text{교류 입력 전력}} = \frac{P_{dc}}{P_{ac}}$$

③ **전압 변동률(Voltage regulation)** : 무부하시의 직류분 전압 V_{NL}와 부하시의 직류분 전압 V_{FL}의 차를 부하시의 직류분 전압으로 나눈 값으로 정의된다.

$$\% \text{ regulation } \Delta V = \frac{V_{NL} - V_{FL}}{V_{FL}} \times 100\,[\%]$$

예제 2-1 **리플률, 전압 변동률**

(1) 어떤 정류기의 부하 양단 평균전압이 2000 [V]이고 맥동률이 5 [%]라고 한다. 교류분을 구하라.

(2) 정전압 전원장치에서 무부하 전압이 12 [V]이고 전부하시 전압이 10 [V]이었다. % 전압 변동률을 구하라.

풀이 (1) 리플률 $r = \Delta V / V_{dc}$ 에서 ΔV를 구한다.

$\Delta V = r \cdot V_{dc} = 0.05 \times 2000 = 100$ [V]

(2) % 전압 변동률

$$\% r = \frac{V_{NL} - V_{FL}}{V_{FL}} \times 100 [\%] = \frac{12-10}{10} \times 100 [\%] = 20 [\%]$$

2·1·2 반파 정류 회로(Half-wave rectifier)

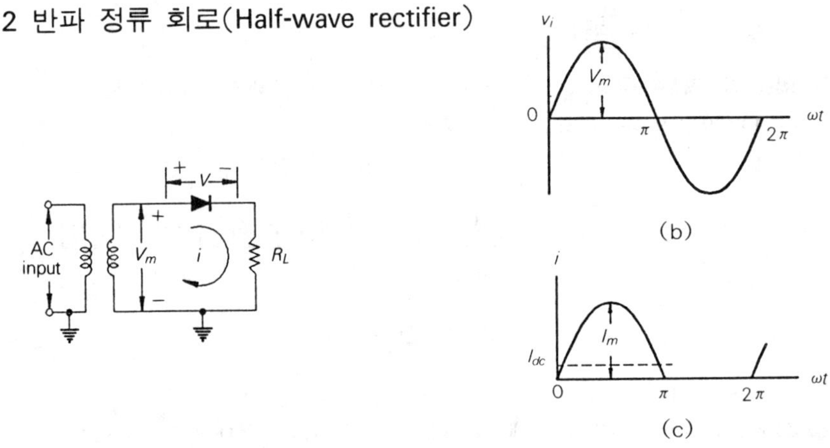

〈그림 2-2〉 반파 정류 회로

(1) 다이오드 및 부하 R_L을 흐르는 전류

$i = I_m \sin \omega t$ ·················· $0 < \omega t < \pi$

$i = 0$ ·················· $\pi \leqq \omega t \leqq 2\pi$

여기서, $I_m = V_m / (R_f + R_L)$

R_f = Diode 순방향 저항

$v_i = V_m \sin \omega t$ (전원 전압)

(2) 출력 전류 및 전압의 직류분(평균값)

$$I_{dc} = \frac{1}{2\pi}\int_0^{2\pi} i \, d(\omega t) = \frac{1}{2\pi}\int_0^{\pi} I_m \sin \omega t \, d(\omega t) = \frac{I_m}{2\pi}[-\cos \omega t]_0^{\pi} = \frac{I_m}{\pi}$$

$$V_{dc} = R_L I_{dc} = \frac{I_m}{\pi} R_L = \frac{V_m R_L}{\pi(R_f + R_L)}$$

(3) 실효치(root mean square value) : I_{rms}

$$I_{rms} = \sqrt{\frac{1}{2\pi}\int_0^{2\pi} i^2 \ d(\omega t)} = \sqrt{\frac{1}{2\pi}\int_0^{\pi} I_m^2 \sin^2 \omega t \ d(\omega t)}$$

$$= \sqrt{\frac{I_m^2}{2\pi}\int_0^{\pi} \frac{1-\cos 2\ \omega t}{2} d(\omega t)} = \sqrt{\frac{I_m^2}{2\pi}\left[\frac{\omega t - 1/2 \ \sin 2\theta}{2}\right]_0^{\pi}} = \frac{I_m}{2}$$

(4) 최대 역전압 PIV

다이오드에 걸리는 역방향 전압의 최대값을 최대 역전압 PIV(peak inverse voltage) 라 한다.

● 반파 정류 회로의 경우 PIV = Vm (전원 전압의 최대값)

(5) 맥동률 (ripple factor) : r

$$r = \frac{\text{출력 전류(또는 전압)의 교류성분의 실효값}}{\text{출력 전류(또는 전압)의 직류성분(평균값)}} = \frac{I'_{rms}}{I_{dc}} = \frac{V'_{rms}}{V_{dc}}$$

$$= \sqrt{\left(\frac{I_{rms}}{I_{dc}}\right)^2 - 1} \times 100(\%)$$

반파 정류파의 교류성분의 실효값 I'_{rms}를 구하면

$$I_{rms}^2 = I_{dc}^2 + I'^2_{rms} \qquad \therefore \ I'_{rms} = \sqrt{I_{rms}^2 - I_{dc}^2}$$

이므로 리플률 r을 구하면 다음과 같다.

$$r = \frac{I'_{rms}}{I_{dc}} = \frac{\sqrt{I_{rms}^2 - I_{dc}^2}}{I_{dc}} = \sqrt{\left(\frac{I_{rms}}{I_{dc}}\right)^2 - 1}$$

$$= \sqrt{\left(\frac{I_m/2}{I_m/\pi}\right)^2 - 1} = \sqrt{\frac{\pi^2}{4} - 1} = 1.21 \quad (121[\%])$$

● 반파 정류 회로의 경우 $r = \sqrt{\left(\frac{I_m/2}{I_m/\pi}\right)^2 - 1} = 1.21$

(6) 전압 변동률 (voltage regulation)

$$\text{regulation } \Delta V = \frac{\text{무부하시 전압} - \text{부하시 전압}}{\text{부하시 전압}} \times 100[\%]$$

$$= \frac{V_{no\ load} - V_{full\ load}}{V_{full\ load}} \times 100[\%]$$

여기서 $V_{no\ load}$는 무부하($I_{dc}=0$)일 때, $V_{full\ load}$는 규정된 부하를 걸었을 때 ($I_d = I_{full\ load}$)의 직류 출력 전압이다.

(7) 정류 효율 (rectification efficiency) : η

$$\eta = \frac{\text{부하에 공급된 직류 전력}}{\text{교류 입력 전력}} \times 100(\%) = \frac{P_{dc}}{P_i} \times 100(\%)$$

● 반파 정류 회로의 경우 $\eta = \dfrac{Pdc}{Pi} = \dfrac{R_L\ Idc^2}{(Rf+R_L)\ Irms^2} = \dfrac{0.406}{1+Rf/R_L}$

① η는 $R_L \to \infty$ 일 때, 이론적 최대 효율은 40.6 [%]이다.
② 직류 출력 전력이 최대가 되기 위한 조건은 $R_L = R_f$ 이며 이때 정류 효율 $\eta = 20.3$ [%] 이다.

예제 2-2 반파 정류 회로에 관한 문제

순방향 저항이 20 [Ω]의 다이오드로 구성된 반파정류기가 1500 [Ω]의 부하저항에 전력을 공급하고 있다. 입력 전압의 실효값은 110 [V]이며 여파회로(filter)는 없다고 한다. 다음을 구하라.

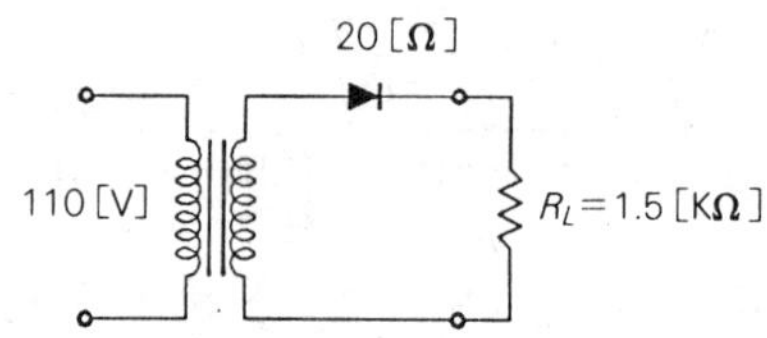

〈그림 2-3〉

(1) R_L에 흐르는 전류의 최대치(I_m)
(2) 직류 부하전류(평균값) I_{dc}
(3) 교류 부하 전류의 실효값(I_{rms})
(4) 입력 전력 P_i

풀이 입력 전압의 최대값을 V_m, 다이오드의 순방향 저항을 R_f, 부하저항을 R_L 이라고 한다.

(1) $I_m = \dfrac{V_m}{R_L+R_f} = \dfrac{110\sqrt{2}}{1500+20} \approx 102.3\times10^{-3} \approx 102.3$ [mA]

(2) $I_{dc} = \dfrac{I_m}{\pi} = \dfrac{102.3}{3.14} \approx 32.58$ [mA]

(3) $I_{rms} = \dfrac{I_m}{2} = \dfrac{102.3}{2} \approx 51.15$ [mA]

(4) $P_i = I_{rms}^2(R_L+R_f) = (51.15\times10^{-3})^2(1500+20) \approx 3.98$ [W]

예제 2－3 반파 정류 회로에서의 전압 변동률 ①

반파 정류 회로에서 순방향 저항이 20 [Ω]이고 부하저항이 1000 [Ω]일 때 % 전압 변동률은 얼마인가?

풀이 반파 정류 회로에서 % 전압 변동률은

$$\Delta V = \frac{V_{no\ load} - V_{full\ load}}{V_{full\ load}} \times 100\,[\%] \qquad ①$$

여기서 $V_{no\ load}$는 $R_L = \infty$ 일 때의 부하 단자 직류 전압, 즉 입력 전압의 평균값이이므로

$$V_{no\ load} = \frac{V_m}{\pi} \quad (R_L = \infty \text{일 때}) \qquad ②$$

$V_{full\ load}$는 R_L에서의 직류 출력 전압이므로

$$V_{full\ load} = I_{dc} R_L = \frac{R_L}{R_f + R_L}\frac{V_m}{\pi} = \frac{V_m}{\pi} - R_f I_{dc} \qquad ③$$

위 ②, ③을 식 ①에 대입하면

$$\Delta V = \frac{R_f}{R_L} \times 100\,[\%]$$

$$= \frac{20}{1000} \times 100 = 2\,[\%]$$

예제 2－4 반파 정류 회로에서의 전압 변동률 ②

10 [V], 100 [mA]의 전원 장치가 있다. 변압기의 2차 권선의 저항을 20 [Ω]이라고 할 때 % 전압 변동률은? 단, 다이오드의 순방향 저항은 무시한다.

풀이 무부하시 전압 $V_{no\ load} = 10\,[\text{V}]$이고, 전부하시의 전압 $V_{full\ load} = \frac{V_m}{\pi} - R_f I_{dc}$

$= 10 - 20 \times 0.1 = 8\,[\text{V}]$ 이므로 전압 변동률 ΔV는 다음과 같이 계산된다.

$$\Delta V = \frac{10-8}{8} \times 100 = 25\,[\%]$$

예제 2－5 전압 변동률에 의한 부하저항 구하기

무부하시 출력전압이 12[V], 다이오드의 순방향 저항 R_f가 20[Ω]인 반파정류기의 부하전류의 규격값을 100[mA]로 하고자 한다. 이 때 부하저항 R_L의 값은?

풀이 직류 출력 전압 V_{dc}는

$$V_{dc} = \frac{V_m}{\pi} - R_f I_{dc} = 12 - 20 \times 100 \times 10^{-3} = 10\,[\text{V}]$$

전압 변동률 $\varDelta V$는

$$\varDelta V = \frac{12-10}{10} \times 100 = 20\,[\%]$$

〈예제 2－3〉의 **풀이**에서

$$\varDelta V = \frac{R_f}{R_L} \times 100\,[\%]$$

$$\therefore \text{ 부하저항 } R_L = \frac{R_f}{\varDelta V} = \frac{20}{0.2} = 100\,[\Omega]$$

예제 2－6 직류 출력 전력이 최대가 되기 위한 조건

반파 정류 회로에서 $R_L = R_f$일 때 직류 출력 전력 P_{dc}가 최대가 됨을 증명하라.

풀이 직류 출력 전류를 I_{dc}, 입력 전압의 최대값을 V_m이라고 한다. 직류 출력 전력 P_{dc}는

$$P_{dc} = I_{dc}^2 R_L = \left[\frac{V_m}{\pi(R_f + R_L)} \right]^2 R_L$$

이 P_{dc}의 최대값은 $dP_{dc}/dR_L = 0$일 때이다.

$$\frac{dP_{dc}}{dR_L} = \frac{V_m^2}{\pi^2} \left[\frac{(R_f + R_L)^2 - 2(R_f + R_L)R_L}{(R_f + R_L)^4} \right] = 0$$

윗 식에서 다음 관계식을 얻는다.

$$R_L = R_f$$

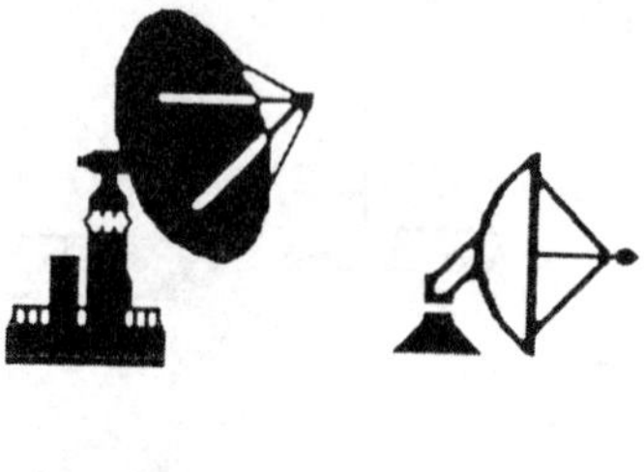

예제 2-7 정류효율 공식의 이해

반파 정류 회로의 순방향 저항을 R_f, 부하저항을 R_L이라고 할 때 정류 효율이 다음식으로 주어짐을 증명하라.

$$\eta = \frac{0.406}{1+\dfrac{R_f}{R_L}} \times 100\,[\%]$$

또 부하에서 최대 직류 전력을 얻을 때의 정류 효율은 얼마인가?

풀이 직류 출력 전류를 I_{dc}, 교류 전류의 실효값을 I_{rms}라고 한다.

$$\eta = \frac{P_{dc}}{P_i} = \frac{I_{dc}^2 R_L}{I_{rms}^2 (R_f + R_L)} = \left(\frac{I_{dc}}{I_{rms}}\right)^2 \cdot \frac{1}{1+\dfrac{R_f}{R_L}}$$

$$= \left(\frac{I_m/\pi}{I_m/2}\right)^2 \cdot \frac{1}{1+\dfrac{R_f}{R_L}} = \left(\frac{2}{\pi}\right)^2 \cdot \frac{1}{1+\dfrac{R_f}{R_L}}$$

$$= \frac{0.406}{1+\dfrac{R_f}{R_L}} = \frac{40.6}{1+\dfrac{R_f}{R_L}}\,[\%]$$

또 직류 출력 전력이 최대기 되기 위한 조건은 $R_f = R_L$이므로 이때 정류 효율 $\eta = 20.3\,[\%]$이다.

2·1·3 전파 정류 회로(Full-wave rectifier)

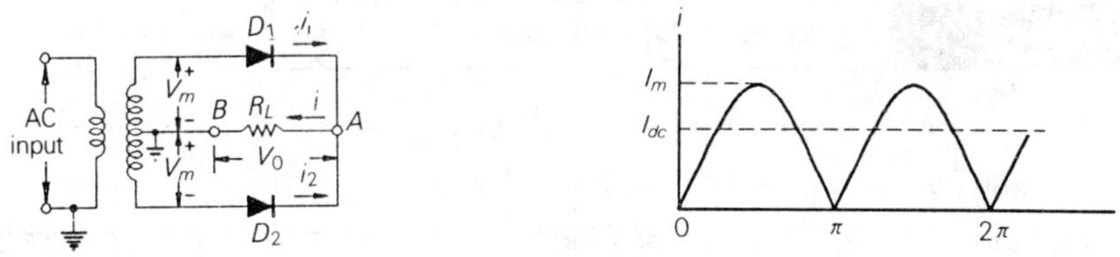

(a) 전파 정류 회로 (b) 부하 전류 i의 파형

〈그림 2-4〉 전파 정류 회로

(1) 부하 전류의 평균값과 실효값

$$I_{dc} = \frac{2}{\pi} I_m = \frac{2}{\pi} \frac{V_m}{R_f + R_L}$$

$$I_{rms} = \frac{I_m}{\sqrt{2}} = \frac{1}{\sqrt{2}} \frac{V_m}{R_f + R_L}$$

(2) 정류 효율

$$\eta = \frac{P_{dc}}{P_i} \times 100 = \frac{R_L I_{dc}^2}{(R_f + R_L) I_{rms}^2} = \frac{81.2}{1 + R_f / R_L} \, [\%]$$

(3) 맥동률

$$r = \sqrt{\left(\frac{I_{rms}}{I_{dc}}\right)^2 - 1} = \sqrt{\left(\frac{1/\sqrt{2}}{2/\pi}\right)^2 - 1} = 0.482$$

(4) 최대 역전압 PIV

$D2$ off, $D1$ on 상태일 때 $D2$에 걸리는 역전압은 $(V_m \sin \omega t) - (-V_m \sin \omega t) = 2V_m \sin \omega t$이다. $\omega t = \pi/2$일 때 최대값 $2V_m$에 이르게 된다.

- 전파 정류 회로의 직류 출력 전력이 반파 정류 때의 4배이다.
- 정류 효율은 반파 정류 때의 2배이다.

(5) I_{dc}의 변화에 따른 V_{dc}의 변동

$$V_{dc} = R_L I_{dc} = \frac{2}{\pi} V_m - R_f I_{dc}$$

예제 2-8 전파 정류 회로의 직류 출력 전력

〈그림 2-5〉에서 중간탭과 단자사이의 교류전압이 280 [V] (r. m. s)이다. 순방향 저항 $R_f = 500\,[\Omega]$이고 부하저항 $R_L = 1\,[\mathrm{k\Omega}]$일 때

(1) 직류(DC) 부하 전류(I_{dc})

(2) 직류 출력 전압(V_{dc})

(3) 직류 출력· 전력(P_{dc})

를 구하라.

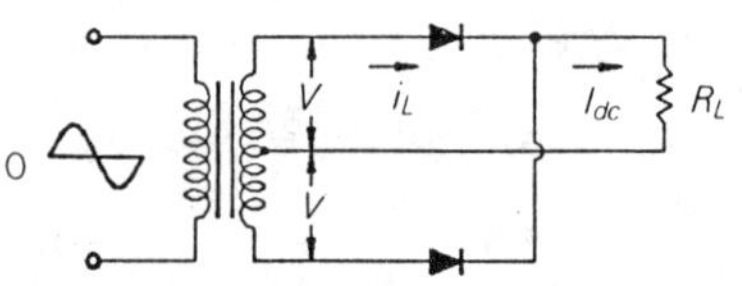

〈그림 2-5〉

풀이 (1) 직류(DC) 부하 전류

주어진 2차 전압(중간탭과 단자사이)의 최대치는

$V_m = 280\,[\mathrm{V}] \times \sqrt{2} = 395.92\,[\mathrm{V}]$

전파 정류된 출력의 직류 부하 전류(평균 전류)는

$$I_{dc} = \frac{1}{\pi}\int_0^\pi \frac{V_m}{R_L + R_f}\sin \omega t \, d(\omega t) = \frac{2V_m}{\pi(R_L + R_f)} = \frac{2}{\pi} I_m$$

$$\therefore\ I_{dc} = \frac{2V_m}{\pi(R_L + R_f)} = \frac{2 \times 395.92}{3.14(1000 + 500)} \approx 0.168\ [\text{A}]$$

(2) 직류 출력 전압

$$V_{dc} = I_{dc} R_L = \frac{2V_m R_L}{\pi(R_L + R_f)} = \frac{2}{\pi} V_m - R_f I_{dc}$$

$$\approx 0.168 \times 1000 = 168\ [\text{V}]$$

(3) 직류 출력 전력

$$P_{dc} = I_{dc}^2 \times R_L = 0.168^2 \times 1000 = 28.2\ [\text{W}]$$

예제 2−9 전파 정류 회로의 전압 변동률

〈그림 2−6〉의 회로에서 $R_f = 500\ [\Omega]$, $R_L = 2\ [\text{k}\Omega]$이다. 2차측의 한쪽에 걸리는 전압의 실효치가 140 [V]이다.

(1) 각 Diode에 걸리는 PIV

(2) % 전압변동률

을 구하라.

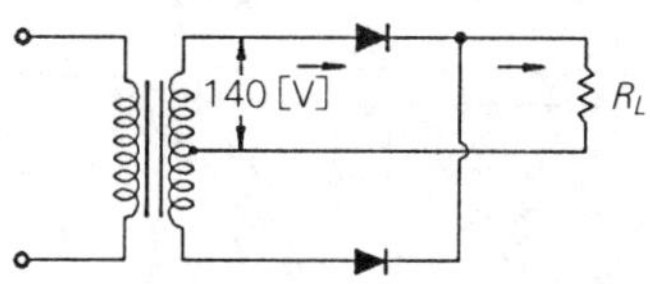

〈그림 2−6〉

풀이 (1) 각 Diode에 걸리는 ***PIV***

$$PIV = 2V_m = 2 \times \sqrt{2} \times 140 \approx 396\ [\text{V}]$$

(2) % 전압 변동률

$$\Delta V = \frac{R_f}{R_L} \times 100 = \frac{500}{2000} \times 100 = 25\ [\%]$$

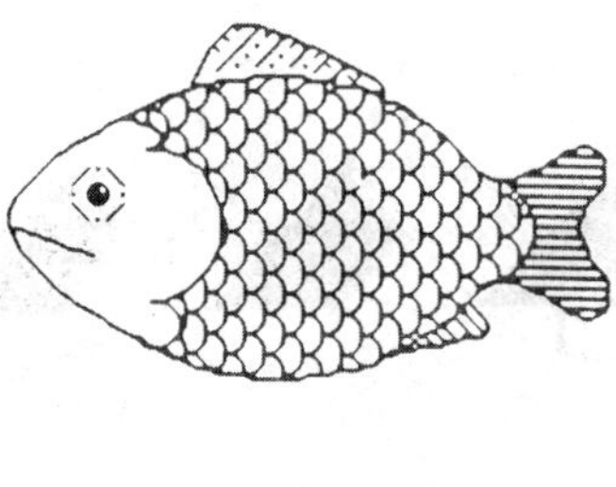

예제 2-10 전파 정류 회로의 직류 출력 전압

〈그림 2-7〉의 정류 회로에서 $v = 35$ [V]일 때 부하 양단에 걸리는 전압의 평균치는? 단, 정류소자의 전압강하는 무시하며 v는 실효치이다.

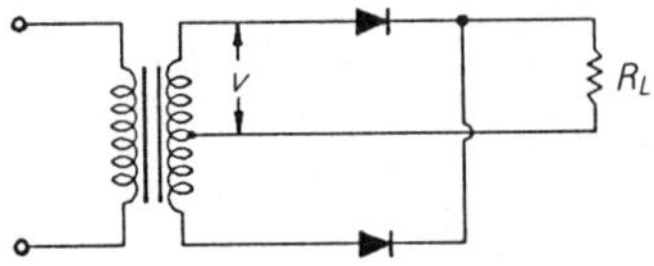

〈그림 2-7〉

풀이 직류 출력 전압은

$$V_{dc} = I_{dc}R_L = \frac{2}{\pi}V_m - R_f I_{dc}$$

여기서 정류소자의 전압강하 $R_f I_{dc}$를 무시하면

$$\therefore\ V_{dc} = \frac{2}{\pi} \cdot V_m = \frac{2}{\pi} \times 35 \times \sqrt{2} \approx 31.5\,[\mathrm{V}]$$

2·1·4 여러가지 정류 회로

(1) 브리지형 정류 회로 : 전파 정류 회로

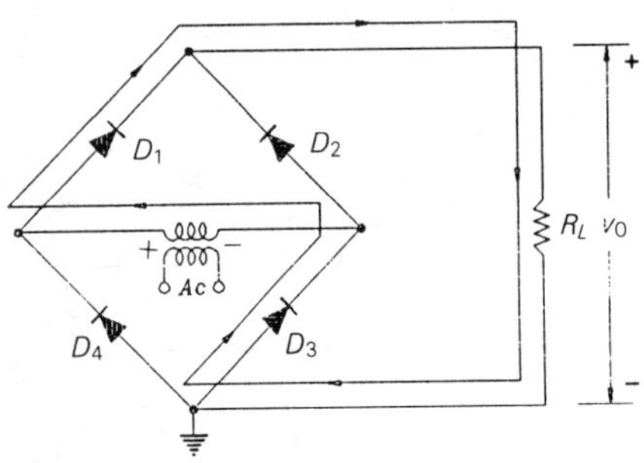

← 전원 전압의 극성이 그림과 같으면 $D1$과 $D3$가 *on* 상태이며 화살표와 같이 부하 R_L을 거쳐 전류가 흐른다.

〈그림 2-8〉 브리지형 정류 회로

※ 브리지 정류 회로의 특징

① 전원 변압기의 2차 코일에 중간 탭이 필요하지 않다.

② 각 정류 소자에 대한 $PIV = V_m$이다.

③ 고압 정류 회로에 적합하다.

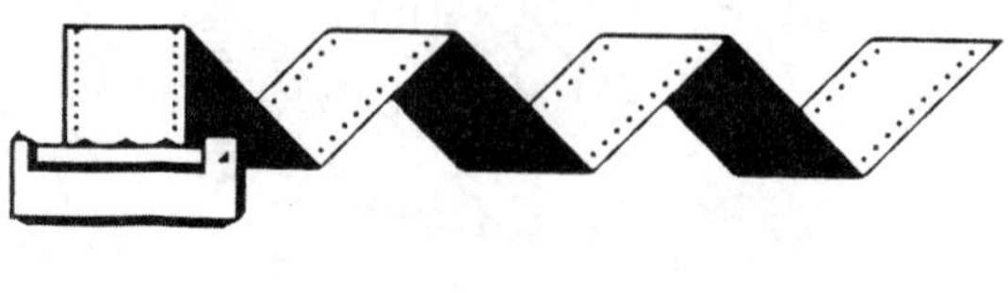

예제 2－11 브리지 정류 회로에 관한 문제

〈그림 2－9〉의 브리지 정류 회로에서 평균 직류 출력 전압이 1 [kΩ]의 부하에 10 [V]이었다.

다음을 계산하라.

(1) 이상 변압기 2차전압의 최대치

(2) 한 정류소자에 흐르는 피크 전류값

(3) 각 소자에 걸리는 피크 역전압

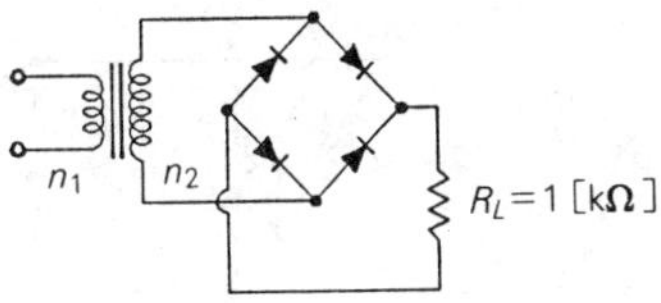

〈그림 2－9〉

풀이 (1) $V_{dc} = \frac{2}{\pi} V_m$ 의 식에서 V_m 을 구한다.

$$\therefore \ V_m = \frac{\pi}{2} \cdot V_{dc} = \frac{\pi}{2} \times 10 = 5\pi \,[\mathrm{V}]$$

(2) $I_m = \frac{V_m}{R_L} = \frac{5\pi}{1\times 10^3} = 5\pi \,[\mathrm{mA}]$

(3) $PIV = V_m$ 이므로 5π [V]이다.

(2) 배전압 브리지 정류 회로

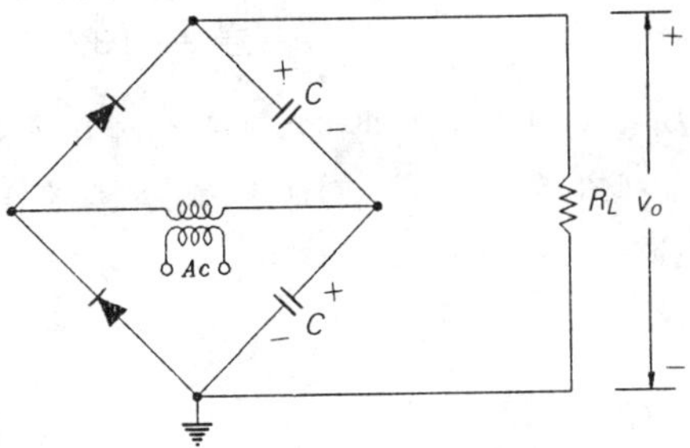

← 부하 R_L이 대단히 크고, 컨덴서의 용량이 충분히 크다고 할 때 출력 전압은 대략 $2V_m$ 정도를 유지한다.

〈그림 2－10〉 배전압 정류 회로

교류 전원 전압 $V_m \sin \omega t$ 의 최대값 V_m 의 약 2배의 직류 전압을 얻는다.

(3) 반파 배전압 회로와 전파 배전압 회로

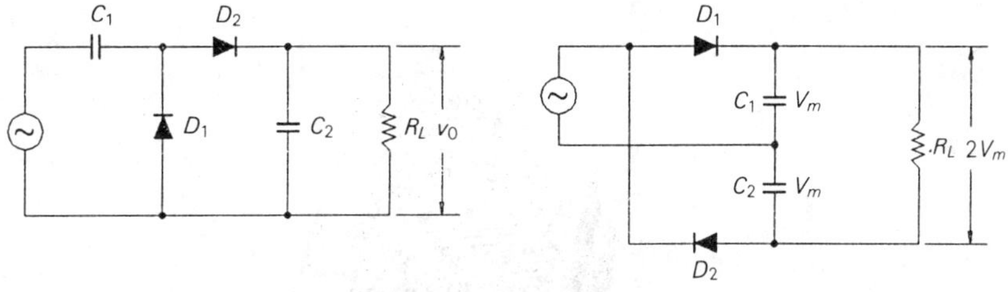

(a) 반파 배전압　　(b) 전파 배전압

〈그림 2－11〉 반파 및 전파 배전압기(doubler)

(4) 3배 전압기와 4배 전압기

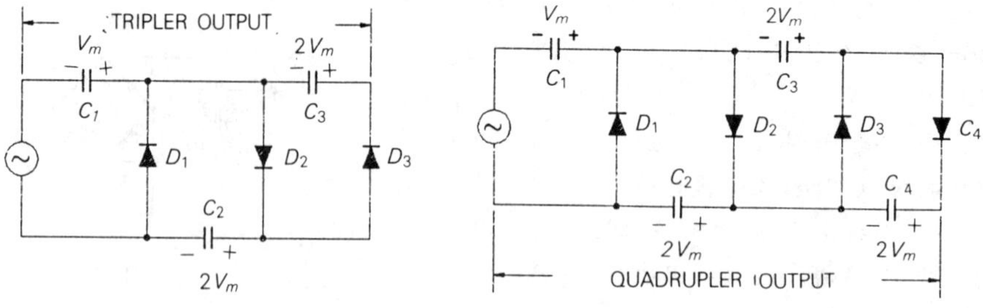

(a) 3배 전압기　　　　(b) 4배 전압기

〈그림 2－12〉 3배(tripler) 및 4배(quadrupler) 전압기

예제 2－12　반파 배전압 정류 회로의 충전 전압

〈그림 2－13〉의 회로에서 입력 전압은 $V_m \sin \omega t$이고, 변압기의 권선비는 1이다.

(1) C_1, C_2의 충전전압의 최고값은?

(2) D_1, D_2의 역내전압은?

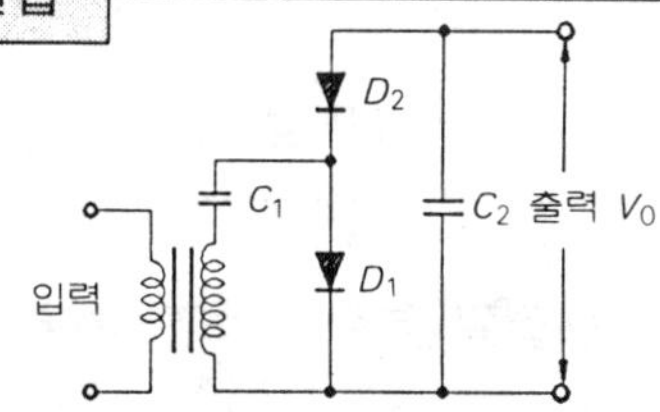

〈그림 2－13〉

풀이 (1) C_1, C_2의 충전 전압의 최고값

교류 입력 전압 (＋) 반파시 C_1은 D_1을 통해 정류 전압의 최대치 V_m까지 충전하고, (－)반파시 C_2도 D_2를 거쳐서 V_m까지 충전하는 동시에 C_1의 충전 전압도 방전하여 C_2(용량이 충분히 클 것)는 $-2V_m$까지 충전된다.

C_1의 충전 전압 : $V_{C1} = V_m$

C_2의 충전 전압 : $V_{C2} = V_o = 2V_m$

(2) D_1, D_2의 역내전압

D_1의 역내전압 : $2V_m$

D_2의 역내전압 : $2V_m$

2·2 평활 회로(Smoothing circuit)

2·2·1 인덕터 필터(Inductor filter)

(1) ***L* 필터를 넣은 반파 정류 회로**

인덕터(inductor)를 부하 R_L과 직렬로 넣으면 부하전류의 맥동(ripple)이 적게 된다.

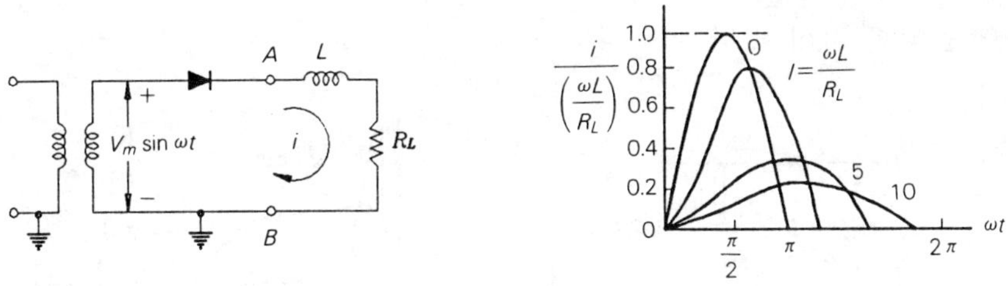

(a) 반파 정류 회로 (b) 평활 특성

〈그림 2－14〉 L 필터를 넣은 반파 정류 회로

이 그림에서와 같이 L을 크게할수록 전류의 맥동이 적어진다.

(2) L 필터를 넣은 전파 정류 회로

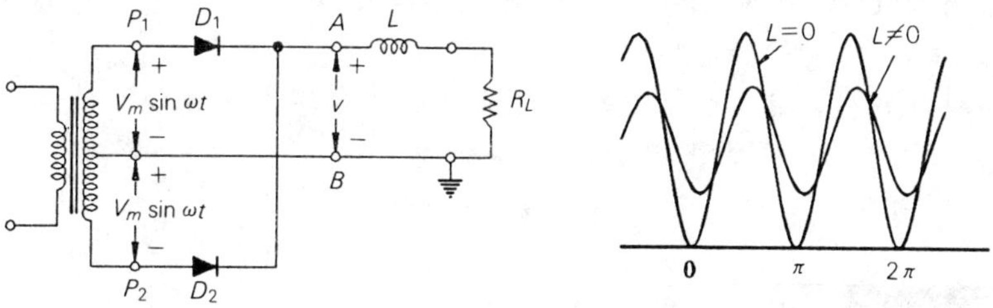

(a) 인덕터 필터를 갖는 전파 정류 회로 (b) 평활 특성

〈그림 2－15〉 인덕터 필터

① **맥동률**

$$r = \frac{2}{3\sqrt{2}}\ \frac{1}{\sqrt{1+(2\omega L/R_L)^2}} \approx \frac{1}{3\sqrt{2}}\ \frac{R_L}{\omega L}$$

리플은 L에 반비례 한다. 또, 부하 R_L이 작을수록, 즉 부하 전류가 클수록 리플이 적어진다.

② **전압 변동률** : 입력에 $V_m \sin \omega t$ 를 가할 때 직류 출력 전류의 증가에 따라 감소한다.

$$V_{dc} = \frac{2}{\pi} V_m - RI_{dc}$$

단, R : 부하를 제외한 모든 저항을 표시한다.

2·2·2 컨덴서 필터(Capacitance filter)

(1) 컨덴서 필터를 가진 반파 정류 회로

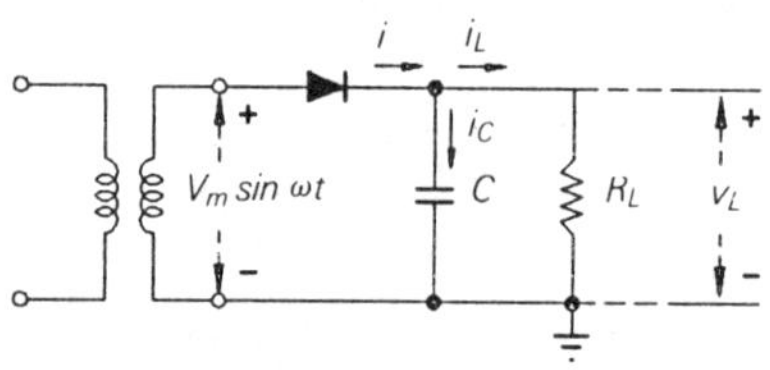

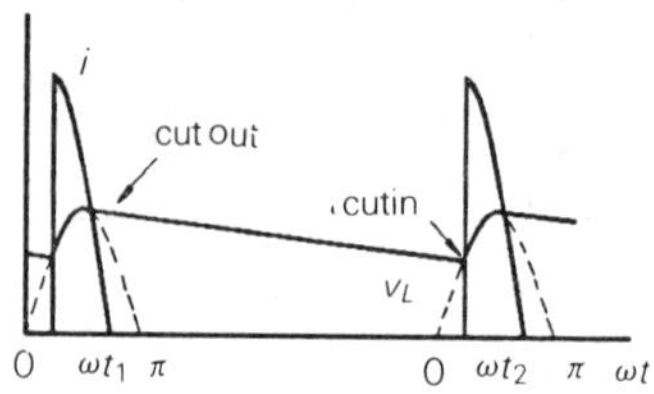

(a) 컨덴서 필터를 넣은 반파 전류 회로 (b) 다이오드 전류 i와 출력 전압 V_L의 파형

〈그림 2－16〉 컨덴서 필터

부하에 병렬로 컨덴서를 연결하면 필터로서 작용한다. 다이오드에 에너지가 공급될 때 저장해 두었다가 차단 상태일 때 부하에 에너지를 공급한다.

① 컨덴서 용량 C를 크게 할수록 다이오드 전류가 흐르는 기간이 짧아진다. 그대신 펄스 전류의 크기는 증대한다.

② 컨덴서 필터를 사용시 다이오드의 정격 용량에 주의한다.(다이오드는 큰 펄스 전류를 흘릴 수 있을 만큼 충분한 용량을 가져야 한다.)

③ C를 크게 할수록 출력 전압의 맥동은 적어진다.

예제 2－13 컨덴서 C의 충전 전압

〈그림 2－17〉의 회로에서 스위치 S를 사용하여 부하 저항을 단락한 경우 컨덴서 C의 양단에 충전된 전압을 구하라. 단, 변압기는 이상적인 변압기라 한다.

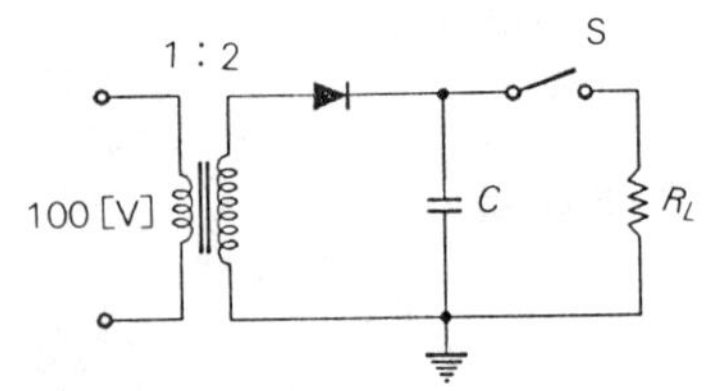

〈그림 2－17〉

풀이 〈그림 2－17〉의 회로에서 컨덴서 C는 변압기 2차측 전압의 최대치까지 충전한다.

$$\therefore\ 200 \times \sqrt{2} \approx 283\,[\text{V}]$$

이다. 단, 다이오드의 순방향 저항 성분은 무시한 것이다.

(2) 컨덴서 필터를 가진 전파 정류 회로

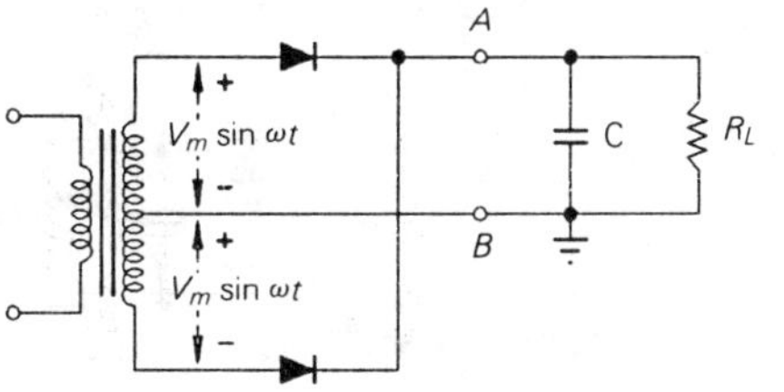

(a) 전파 정류 회로

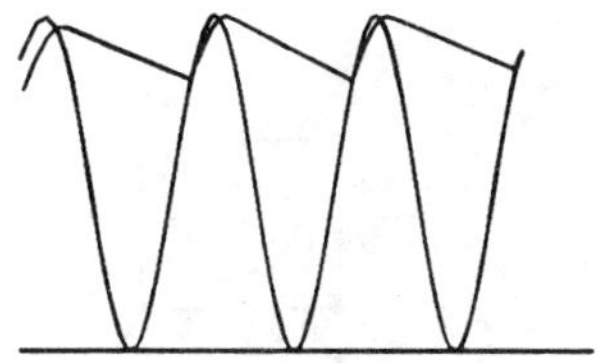

(b) 평활 특성

〈그림 2－18〉 컨덴서 필터를 가진 전파 정류 회로

① **출력 전압** $V_{dc} = V_m - \dfrac{I_{dc}}{4fC}$

② **맥동률** $r = \dfrac{\pi}{2\sqrt{3}} \cdot \dfrac{X_C}{R_L} = \dfrac{1}{4\sqrt{3}fCR_L}$

예제 2－14 **컨덴서 필터의 맥동률 계산**

〈그림 2－19〉의 전파정류 회로에서 $C = 100[\mu F]$, $R_L = 500[\Omega]$일 때 맥동율 r을 구하라.

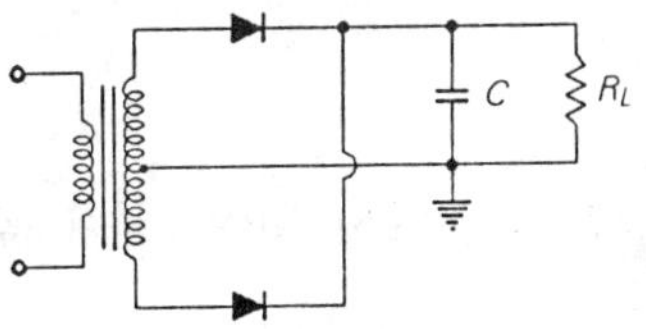

〈그림 2－19〉

풀이 맥동률 r은

$$r = \frac{1}{4\sqrt{3}fC R_L} = \frac{1}{4\sqrt{3}\times 60\times 100\times 10^{-6}\times 500} \approx 4.8[\%]$$

맥동률은 부하 저항 R_L와 컨덴서 용량 C에 반비례한다. 맥동률을 좋게하기 위해서는 큰 컨덴서(수십 μF 이상)를 넣어야 한다.

③ **컨덴서 필터가 가져야 할 특성** : 부하 R_L이 클 때 리플이 작고 출력 전압이 높아야 한다.

④ **결 점** : 변동률이 좋지 않고, 부하전류가 크면 리플이 커지며, 다이오드에 흐르는 순간 전류의 최대값이 대단히 크다.(펄스 파형)

2·2·3 L입력형 필터와 C입력형 필터

(1) L 입력형 필터

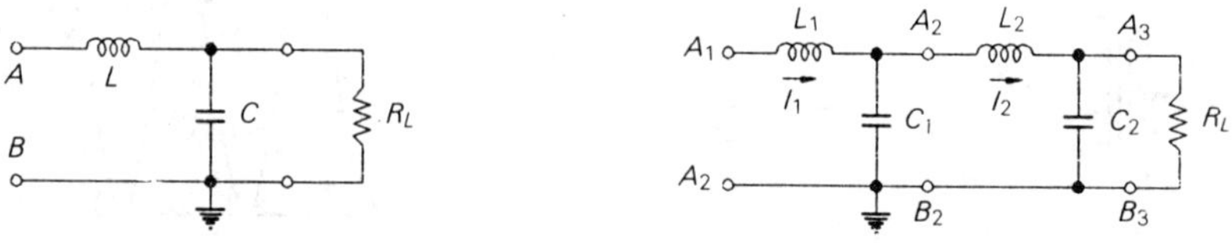

(a) L입력형 필터 (b) 2단 L입력형 필터

〈그림 2－20〉 인덕터 입력형 필터

① L 형 필터의 맥동률 r

$$r=\frac{\sqrt{2}}{3}\cdot\frac{X_C}{X_L}=\frac{\sqrt{2}}{3}\cdot\frac{1}{2\omega C}\cdot\frac{1}{2\omega L}$$

② L 형 필터를 n 단 접속시 맥동률 r

$$r=\frac{\sqrt{2}}{3}\left(\frac{X_C}{X_L}\right)^n$$

(2) C입력형 필터 : π 형 필터

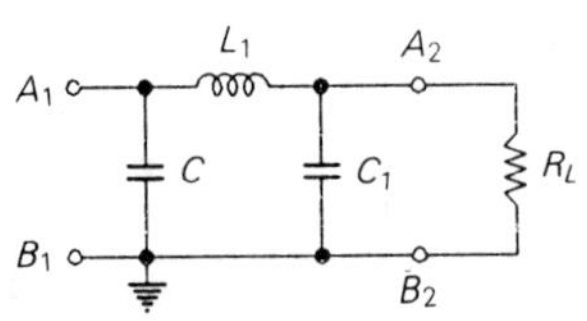

〈그림 2－21〉 C입력형 필터

이 회로는 전원 변압기가 주어졌을 때 L 입력형 보다 높은 출력 전압과 적은 맥동이 요구되는 경우에 쓰인다.

맥동률 $$r=\frac{V'_{rms}}{V_{dc}}=\frac{V'_{rms}}{R_L\ I_{dc}}=\frac{\sqrt{2}}{R_L\ (2\ \omega C)\ (2\ \omega C_1)\ (2\ \omega L_1)}$$

(3) L을 저항으로 바꾼 π형 필터

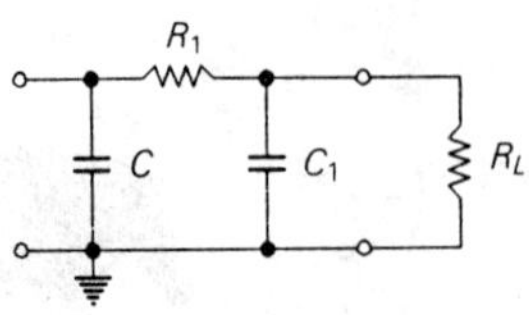

〈그림 2－22〉 저항을 사용한 π형 필터

π형 필터에서 L_1은 R_1으로 바꾼 것이다.

맥동률 $$r = \frac{\sqrt{2}}{R_L\ (2\omega C)\ (2\omega C_1)\ R_l}$$

① L_1의 리액턴스와 같은 값의 저항은 사용하면 맥동률은 변하지 않다.
② R_1에서의 전력손실이 허용하는 소전력용 정류 회로에서는 무겁고 크다.
③ 값비싼 초오크를 사용하는 것보다 유리하다.

예제 2−15 역내전압 구하기

〈그림 2−23〉의 회로에서 1000 [V]의 직류를 얻었다. 이 정류다이오드에 인가된 역내전압을 구하라. 단, 다이오드의 순방향 전압은 무시한다.

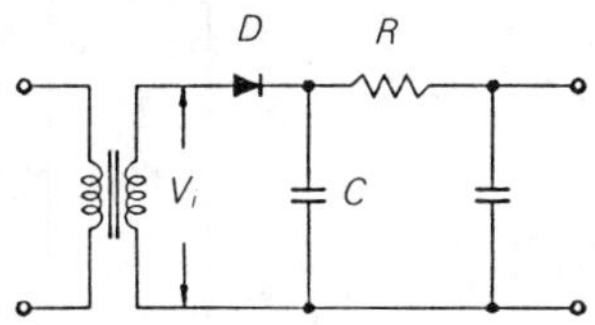

〈그림 2−23〉

풀이 평활 회로는 콘덴서 입력형이다.
다이오드에 걸리는 역전압은 콘덴서 C에 충전된 전압과 V_i의 역전압과의 합이다.

$$\therefore\ 1000 + \sqrt{2} \times 1000 = 2410\ [\text{V}]$$

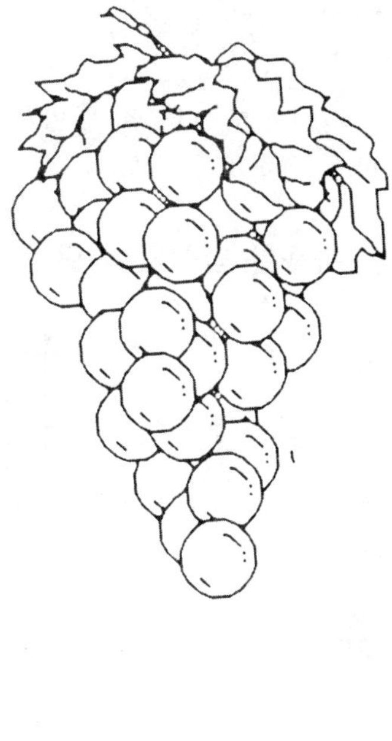

2·3 전원 안정화 회로

2·3·1 정전압 회로의 파라미터

(1) 출력 전압의 변화 ΔV_L

① 출력 직류 전압 : $V_L = f(V_S, I_L, T)$

② 출력 전압의 변화 : $\Delta V_L = \dfrac{\partial V_L}{\partial V_S}\Delta V_S + \dfrac{\partial V_L}{\partial I_L}\Delta I_L + \dfrac{\partial V_L}{\partial T}\Delta T$

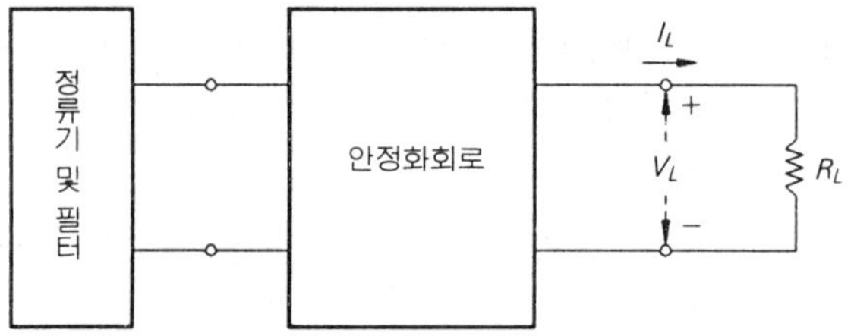

〈그림 2－24〉 전원 안정화 회로

(2) 정전압 전원의 안정도를 나타내는 파라메터

① 전압 안정 계수 : $S_V \equiv \dfrac{\partial V_L}{\partial V_S} = \dfrac{\Delta V_L}{\Delta V_S}\Big|_{\Delta I_L = \Delta T = 0}$

② 온도 안정 계수 : $S_T \equiv \dfrac{\partial V_L}{\partial T} = \dfrac{\Delta V_L}{\Delta T}\Big|_{\Delta V_L = \Delta I_L = 0}$

③ 출력 저항 : $R_O \equiv -\dfrac{\partial V_L}{\partial I_L} = -\dfrac{\Delta V_L}{\Delta I_L}\Big|_{\Delta V_S = \Delta T = 0}$

이 식들로 부터 출력 전압의 변화 ΔV_L 을 나타내면 다음과 같다.

$$\Delta V_L = S_V \Delta V_S + S_T \Delta T - R_O \Delta I_L$$

2·3·2 제너 다이오드를 사용한 정전압 회로

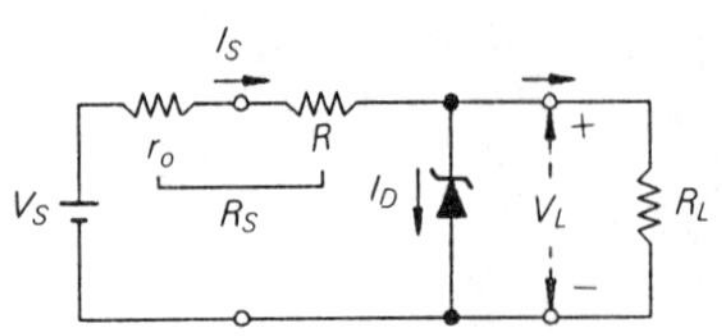

(a) 간단한 정전압 회로

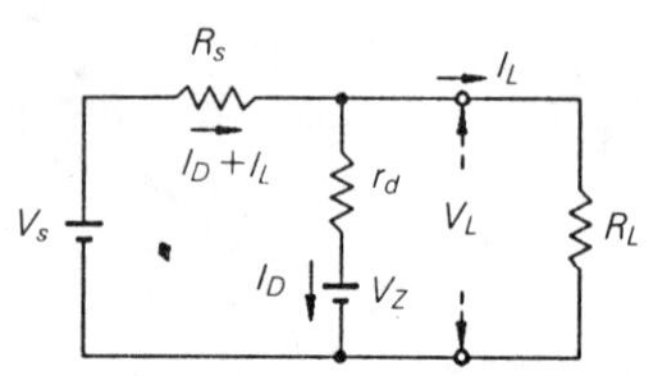

(b) 등가 회로

〈그림 2－25〉 제너·다이오드를 사용한 정전압 회로

(1) 정전압 특성 이용

가장 간단한 정전압 회로로서 역 바이어스된 다이오드의 정전압 특성(다이오드 전류에 관계없이 전압이 일정하게 유지되는 특성)을 이용하였다.

(2) 안정 계수 구하기

〈그림 2-15〉(b)에서

$$V_L = r_d I_d + V_z$$

$$V_s = R_s(I_D + I_L) + r_d I_D + V_Z$$

위 두 식에서 I_D를 소거하여 V_L에 대하여 풀면 다음 식을 얻는다.

$$V_L = \frac{r_d}{r_d + R_s} V_s - \frac{r_d R_s}{r_d + R_s} I_L + \frac{R_s}{r_d + R_s} V_z$$

① 전압 안정 계수 : $S_V = \frac{r_d}{r_d + R_s} \simeq \frac{r_d}{R_s}$

② 출력 저항 : $R_O = \frac{r_d R_s}{r_d + R_s} \simeq r_d$

③ 온도 안정 계수 : $S_T = \frac{R_s}{r_d + R_s} \frac{dV_Z}{dT} \simeq \frac{dV_Z}{dT}$

여기서 $r_d \ll R_s$로 가정하였다.

예제 2-16 제너 다이오드를 사용한 정전압 회로(1)

〈그림 2-26〉의 정전압 회로에서 $r_d = 2$ [Ω], $R_s = 500$ [Ω]이다. 입력이 ±6 [V] 변화할 때 출력 전압의 변화는 얼마인가?

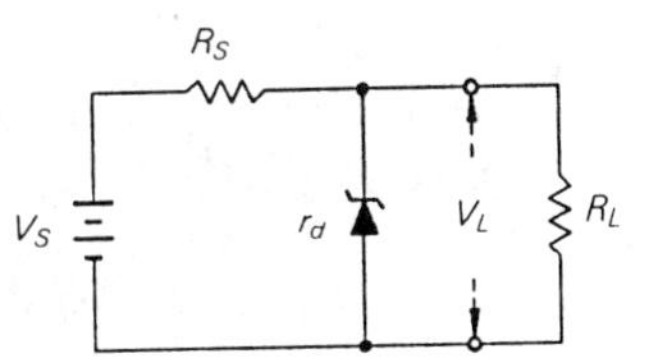

〈그림 2-26〉

풀이 전압 안정 계수 S_V는

$$S_V = \frac{r_d}{r_d + R_s} \approx \frac{r_d}{R_s} = \frac{2}{500} = 0.004$$

$S_V = \Delta V_L / \Delta V_s$의 식에서 ΔV_L을 구한다.

$$\therefore \Delta V_L = S_V \cdot \Delta V_s = 0.004 \times (\pm 6) = \pm 24 \text{ [mV]}$$

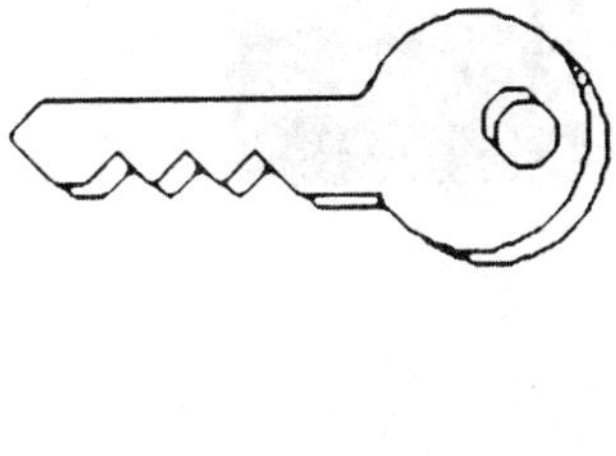

예제 2-17 제너 다이오드를 사용한 정전압 회로(2)

〈그림 2-27〉의 정전압 회로에서 $r_d = 2$ [Ω], $R_s = 500$ [Ω]이다. 출력 전류가 ±3 [mA] 변화할 때 출력 전압의 변화는 얼마인가?

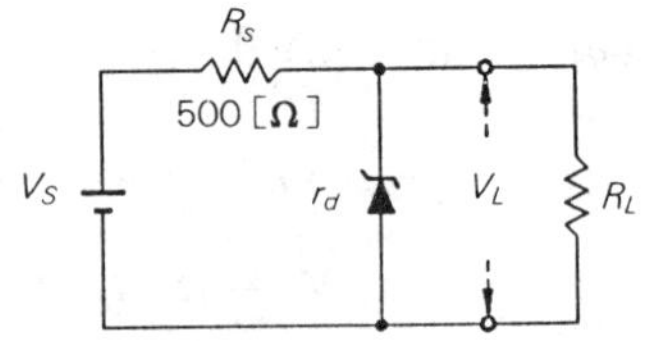

〈그림 2-27〉

풀이 출력 저항 R_o는

$$R_o = \frac{r_d R_s}{r_d + R_s} \approx r_d = 2\,[\Omega]$$

$R_o = \Delta V_L / \Delta I_L$의 식에서 ΔV_L을 구한다.

$$\therefore\ \Delta V_L = R_o \cdot \Delta I_L = 2 \times (\pm 3) \times 10^{-3} = \pm 6\,[\text{mV}]$$

예제 2-18 제너 다이오드를 사용한 정전압 회로(3)

〈그림 2-28〉의 회로의 제너(zener) 다이오드에 흐르는 전류를 구하라. 단, 제너 다이오드의 파괴 전압은 10 [V]이다.

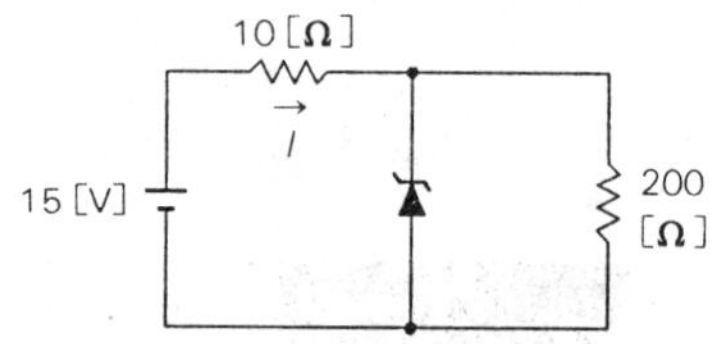

〈그림 2-28〉

풀이 $V_z = 10$ [V]이므로

$$I = \frac{15-10}{10} = 0.5\,[\text{A}]$$

200 [Ω]에 흐르는 전류 $I_L = 10/200 = 0.05$ [A] 이므로 제너 다이오드에 흐르는 전류 I_Z는 다음과 같이 구한다.

$$I_Z = I - I_L = 0.5 - 0.05 = 0.45\,[\text{A}]$$

2·3·3 직렬형 정전압 회로

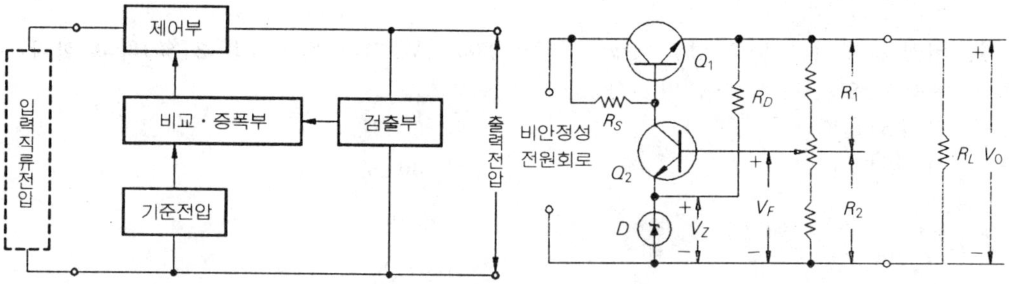

(a) 기본 구성 (b)

〈그림 2－29〉 직렬형 정전압 회로

Q_1 : 제어용 트랜지스터

Q_2 : 비교용 증폭기

V_Z : 기준 전압(정전압 다이오드 D 양단의 전압)

〈그림 2－29〉는 직렬형 정전압 회로이다. 기준전압의 발생은 제너 다이오드를 사용한다. Q_2는 검출·증폭용 트랜지스터이고 출력전압 V_o의 변화에 의해서 콜렉터 전류가 변하고 그 결과 제어용 트랜지스터 Q_1의 베이스 전압을 변화시켜 직류 내부저항을 조정한다.

(1) 궤환율 : $\beta \approx \dfrac{R_2}{R_1+R_2}$

(2) 폐루프 이득 : $A \approx \dfrac{1}{\beta} = 1+\dfrac{R_1}{R_2}$

(3) 궤환 전압 : $V_F = \beta V_o = V_Z + V_{BE}$

(4) 출력 전압 : $V_o = (V_Z + V_{BE}) / \beta = A(V_Z + V_{BE})$

여기서 V_{BE}는 트랜지스터 Q_2의 base-emiter간의 전압이고 V_Z는 제어 전압이다.

出 題 豫 想 問 題

1. 어떤 정류기의 부하 양단 평균 전압이 2000 [V] 이고 맥동률은 2 [%]라고 한다. 교류분은 얼마 포함되어 있는가 ?

가. 60 [V]　　나. 50 [V]
다. 40 [V]　　라. 30 [V]

해설 $r = \dfrac{\Delta V}{V_d} \times 100\,[\%]$

2. 직류 출력 전압이 250 [V] (무부하시), 전부하시 출력 전압이 225 [V]였다. 전압 변동률은 ?

가. 10 [%]　　나. 21 [%]　　다. 11.1 [%]　　라. 15 [%]

해설 $\Delta V = \dfrac{V_N - V_f}{V_f} \times 100\,[\%]$

단, V_f : full load, V_N : no load시 전압이다.

3. 다음 정류회로에서 출력 전류가 흐르지 않는 범위는 ? (단, $v_i = V_m \cos \omega t$ 이다.)

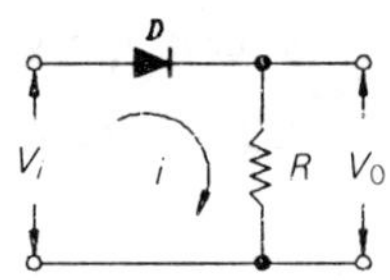

가. $0 < \omega t < \dfrac{\pi}{2} \sim \dfrac{\pi}{2} < \omega t < 2\pi$

나. $\dfrac{\pi}{2} < \omega t < \dfrac{3\pi}{2}$

다. $0 < \omega t < \dfrac{\pi}{2}$

라. $\dfrac{\pi}{2} < \omega t < 2\pi$

4. 그림 (a)와 같은 회로를 써서 그림 (b)에 보인 전류－전압 관계 특성을 얻고자 한다. 다이오우드는 이상적인 것으로 가정하면 R 의 값은 얼마이면 되겠는가 ?

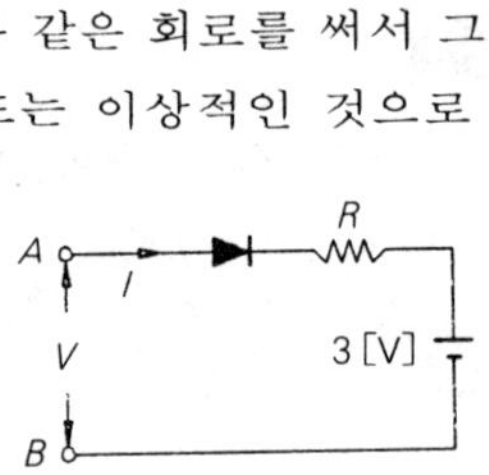

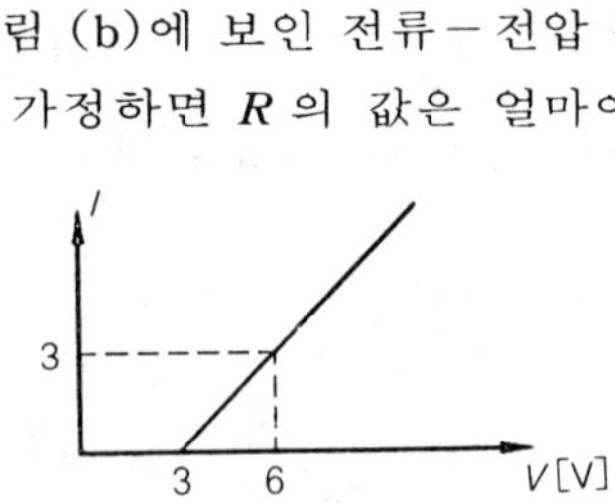

가. 1 [Ω]　　나. 1/2 [Ω]
다. 2 [Ω]　　라. 0 [Ω]

해설 $V = IR + 3,\ I = \dfrac{V-3}{R}$

해답 1. 다　2. 다　3. 나　4. 가

5. 무부하시 직류 출력전압이 12 [V], 다이오우드의 순방향 저항 r_f가 20 [Ω]인 반파 정류기의 부하전류의 규격값을 100 [mA]로 하고자 한다. 부하저항은 얼마로 하여야 하는가?

가. 50 [Ω]　　나. 100 [Ω]　　다. 150 [Ω]　　라. 200 [Ω]

해설 부하저항 $R_L = \dfrac{r_f}{\varDelta V}$

직류 출력전압 $V_{dc} = \dfrac{V_m}{\pi} - I_{dc}\, r_f = 12 - 100\times10^{-3}\times20 = 10\,[\mathrm{V}]$

전압 변동률 $\varDelta V = \dfrac{12-10}{10}\times100 = 20\,[\%]$

6. 정류회로에서 맥동률 r은? (단, I_{dc} : 직류 출력 전류, I_{rms}는 출력 전류의 실효치이다.)

가. $r = \dfrac{I_{rms}}{I_{dc}}$

나. $r = \sqrt{\left(\dfrac{I_{rms}}{I_{dc}}\right)^2 - 1}$

다. $r = \sqrt{\left(\dfrac{I_{dc}}{I_{rms}}\right)^2 - 1}$

라. $r = \sqrt{\left\{2\left(\dfrac{I_{rms}}{I_{dc}}\right)^2 - 1\right\}}$

7. 반파 정류회로에서 출력의 직류 전류 평균치를 I_o, 정류전류 실효치를 I_e, 리플 전류를 I_r이라면 이들의 상호관계는?

가. $I_r = I_e^2 + I_o^2$

나. $I_r = \sqrt{I_e^2 - I_o^2}$

다. $I_r = \sqrt{I_e^2 + I_o^2}$

라. $I_r = I_e^2 - I_o^2$

해설 i의 교류성분 실효치 I_r

$$I_r = \sqrt{\frac{1}{2\pi}\int_0^{2\pi}(i - I_o)^2\, d\omega t}$$

$$= \sqrt{I_e^2 - I_o^2}$$

8. 그림과 같이 2 [kΩ]의 저항과 실리콘 다이오우드의 직렬 회로에서 다이오우드 양단의 전압은 얼마인가?

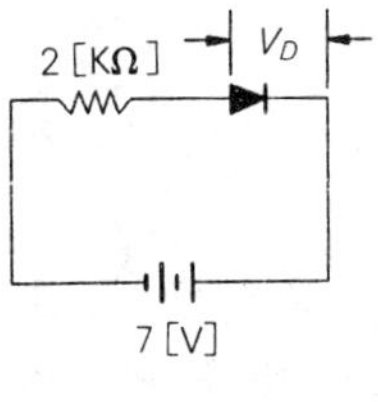

가. 0 [V]

나. 1 [V]

다. 5 [V]

라. 7 [V]

해설 diode는 역 bias되어 있어 차단상태에 있다.

9. 그림의 회로에서 diode에 $v_i = 200 \sin \omega t$ [V]의 입력이 인가시 최대 역전압(*PIV*)은?

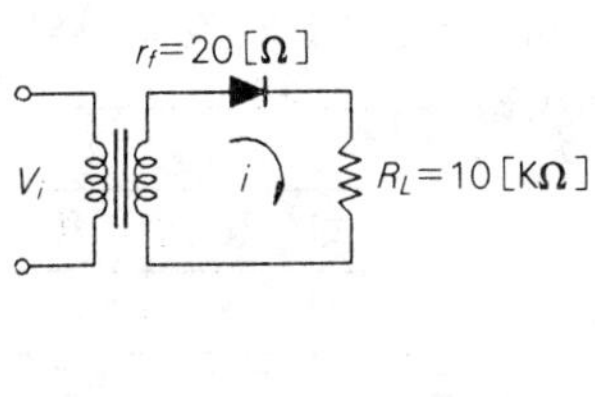

가. 100 [V]　　나. 282 [V]

다. 200 [V]　　라. $400\sqrt{2}$ [V]

해설 $PIV = \mathrm{V_m}$

해답 5. 나　6. 나　7. 나　8. 라　9. 다

10. 단상 반파 정류회로에서 전압 변동율은? (단, diode 순방향 저항 $r_f = 20\,[\Omega]$이다.)

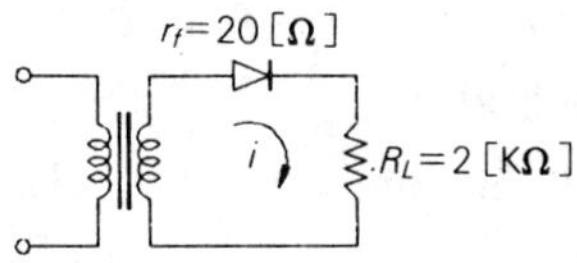

가. 1 [%] 나. 2 [%]
다. 3 [%] 라. 4 [%]

해설 $\%\ \text{regulation} = \dfrac{r_f}{R_L} \times 100\,[\%]$

11. 그림에서와 같은 정류회로에서 부하 R_L에서의 전압변동율은? (단, $R_L = 200\,[\Omega]$, Diode의 순방향 저항은 $r = 5\,[\Omega]$ Diode의 역방향 저항은 무한대이다.)

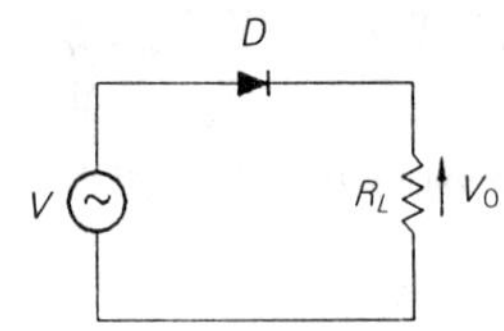

가. 1.25 [%]
나. 2.5 [%]
다. 5 [%]
라. 12.5 [%]

12. 단상 반파 정류회로에서 정류기의 순방향 저항과 부하저항이 같을 때 이론적 최대 효율은 몇 [%] 정도인가?

가. 20.3 [%] 나. 40.6 [%] 다. 60.9 [%] 라. 81.2 [%]

해설 $\eta = \dfrac{P_{dc}}{P_i} = \dfrac{0.406}{1 + \dfrac{r_f}{R_L}} \times 100\,[\%]$

13. 그림의 반파정류회로에서 다이오드 순방향저항 $R_f = 20\,[\Omega]$, $R_L = 1\,[\text{k}\Omega]$, $V_i = 100$ V[rms]이다.
최대 역전압은 얼마인가?

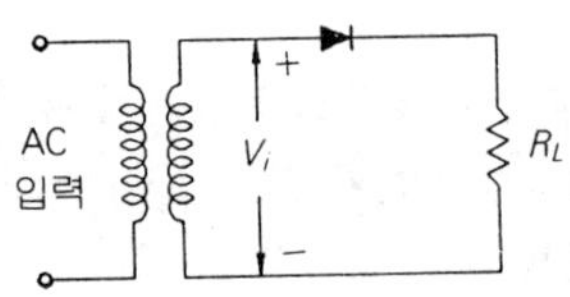

가. 100 [V]
나. 141 [V]
다. 200 [V]
라. 50 [V]

14. 정류 회로의 설명 중 틀린 것은?

가. 단상 전파 정류 회로의 이론적 최대 정류 효율은 81.2 [%]이다.
나. 단상 반파 정류 회로의 이론적 최대 정류 효율은 40.6 [%]이다.
다. 단상 전파 정류기의 맥동률은 2.42이다.
라. 단상 반파 정류기의 맥동률은 1.21이다.

해설

	최대정류효율	맥 동 률(r)
단 상 반 파	40.6 [%]	1.21
단 상 전 파	81.2 [%]	0.482

해답 10. 가 11. 나 12. 가 13. 나 14. 다

15. 반파 정류회로에서 직류 출력 전압을 계산하면 몇 [V]가 되는가? (단, $R_L = 1$ [kΩ], $C = 200$ [μF], $e_{in} = 40\sin(2\pi\times60)t$ [V]이다.)

가. 28.4 [V]
나. 38.4 [V]
다. 48.4 [V]
라. 58.4 [V]

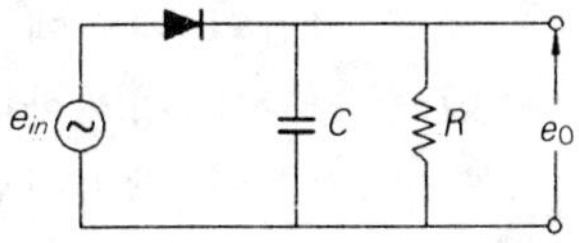

16. 그림의 단상 반파정류 회로에서 정류효율 η는 얼마인가? (단, 다이오우드의 순방향저항은 20 [Ω])

가. 25.6 [%]
나. 32.8 [%]
다. 39.8 [%]
라. 42.6 [%]

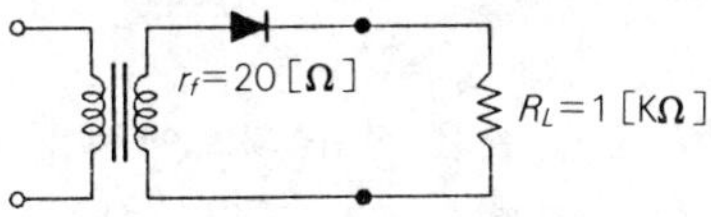

17. 단상 반파정류회로에 있어서 직류전압 평균치 E_{do}와 직류 전류 평균치 I_{do}는 얼마인가? (단, 전압은 $e = \sqrt{2}\cdot 100\ \sin\ 50\times 2\pi t$ [V]이고, 저항은 $R = 10$ [Ω]이다. 그리고 정류소자의 전압강하는 무시한다.)

가. $E_{do} = 25$ [V], $I_{do} = 1.5$ [A]
나. $E_{do} = 35$ [V], $I_{do} = 3.5$ [A]
다. $E_{do} = 45$ [V], $I_{do} = 4.5$ [A]
라. $E_{do} = 55$ [V], $I_{do} = 6.5$ [A]

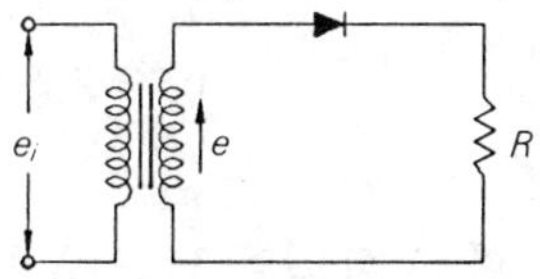

18. 그림과 같은 회로에서 C의 용량이 ∞라면 R 양단에 어떤 전류가 나타나는가?

가. 직류
나. 저주파
다. 고조파
라. 고주파

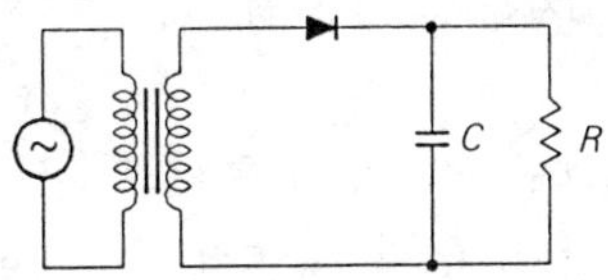

19. 아래 그림과 같은 반파 정류회로에 스위치 S를 사용하여 부하저항을 절단한 경우 콘덴서 C에 충전된 AB간의 전압은 얼마인가?
(단, 다이오드와 변압기는 이상적인 경우이다.)

가. $100\times 1/\sqrt{2}$ [V]
나. $100\times\sqrt{2}$ [V]
다. $100\times\pi$ [V]
라. $100\times 2\pi$ [V]

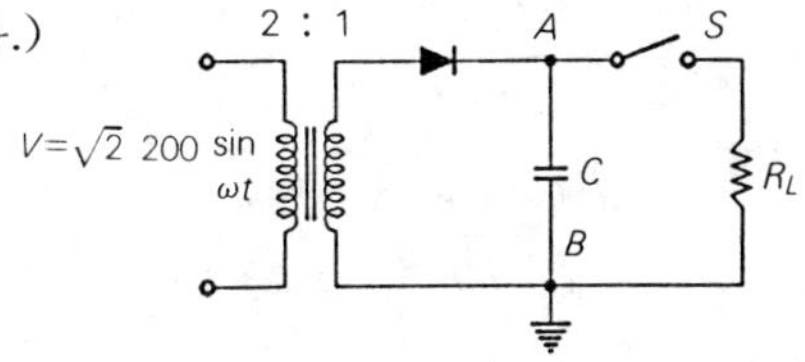

해답 15. 나 16. 다 17. 다 18. 가 19. 나

20. 그림과 같은 단상 반파 정류 회로에서 출력 전력은?
(단, $v_i = V_m \sin \omega t$)

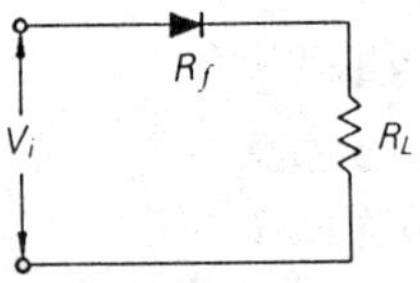

가. 입력 전압의 자승에 비례한다.
나. 입력 전압에 비례한다.
다. 부하 저항에 반비례한다.
라. 부하 임피던스와 관계없다.

해설 $I_{dc} = I_m/\pi = \dfrac{V_m/\pi}{R_f + R_L}$

$$P_{dc} = I_{dc}^2 R_L = \left(\frac{V_m/\pi}{R_L + R_f}\right)^2 R_L$$

21. 그림과 같은 정류 회로에서 $V = 35$ [V] 일 때 부하 양단에 걸리는 전압의 평균치는? (단, 정류소자의 전압강하는 무시하며 V는 실효치이다.)

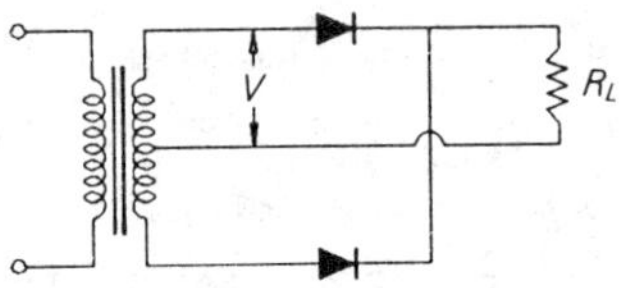

가. 30 [V]
나. 31.5 [V]
다. 33 [V]
라. 35 [V]

해설 전파 정류회로이다.

$$V_d = \frac{2}{\pi} \cdot V_m = \frac{2}{\pi} \cdot 35\sqrt{2} \simeq 31.5 \text{ [V]}$$

22. 다음 회로의 V_{out} 파형으로 옳은 것은?

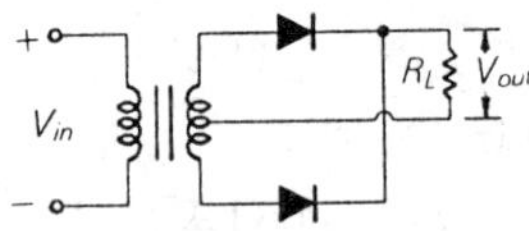

가.
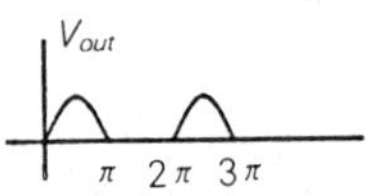

나.
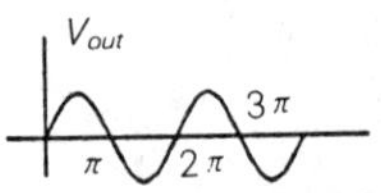

다.
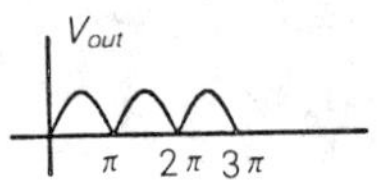

라.
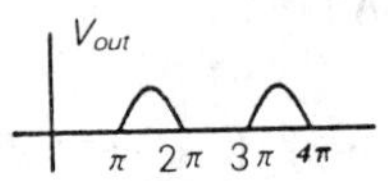

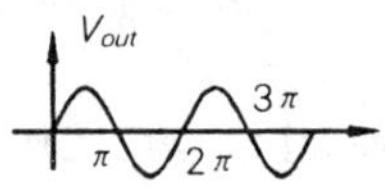

해설 전파 정류 회로이다.

23. 그림과 같은 정류회로에서 다이오드의 저항을 r, 부하저항을 R_L, 부하 전류를 I_L이라 한다. I_L의 평균치 및 실효치를 각각 I_d및 I라 하면 정류 능률은 어떻게 되는가?

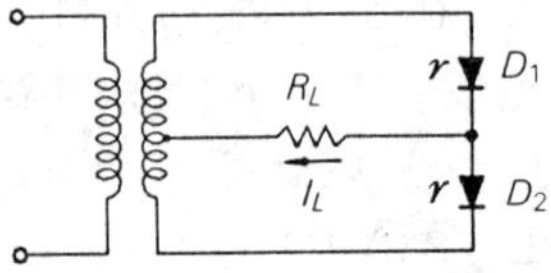

가. $\dfrac{I_d^2 R_L}{I^2 (R_L + r)}$

나. $I^2 (R_L + r) - I_d^2 R_L$

다. $I_d^2 R_L - I^2 r$

라. $\dfrac{I^2 (R + r)}{I_d^2 R_L}$

해답 20. 가 21. 나 22. 다 23. 가

24. 단일 위상 전파 정류기에서 교류 100 [V] 입력을 가할 때 출력전압의 평균치는? (단, 권선비는 1 : 3이다.)

가. $\frac{300}{\pi}$　　나. $\frac{300}{\sqrt{3}}$　　다. $\frac{600\sqrt{2}}{\pi}$　　라. $\frac{600}{\sqrt{2}\,\pi}$

해설 $V_{dc} = \frac{2}{\pi} V_m$

25. 그림과 같은 전파 정류 회로의 각 다이오우드에 걸리는 최대 역전압의 크기는 얼마인가? (단, $n_1 = n_2$이다.)

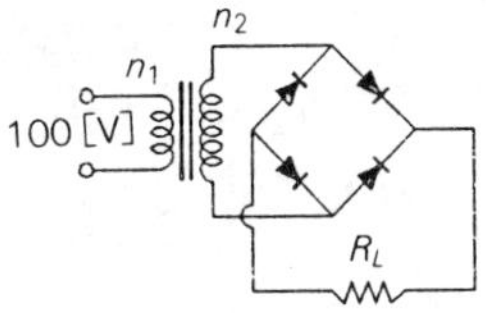

가. 100 [V]　　나. 141 [V]
다. 200 [V]　　라. 282 [V]

해설 변압기 2차측 전압은 실효치이다.

26. 다음 회로에서 다이오우드에 인가되는 역내 전압은? (단, E_{dc} = 100 [V]이다.)

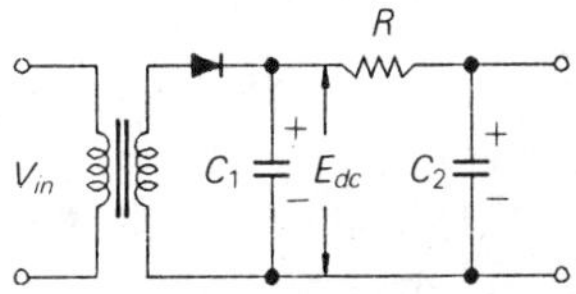

가. 140 [V]
나. 240 [V]
다. 280 [V]
라. 320 [V]

해설 $PIV = V_m$

27. 그림과 같은 정류회로에서 콘덴서 C_f의 리드가 단선되었을 때 출력전압의 파형은 어떤 상태가 되는가? 단, 입력 v_i에는 정현파가 가해진다.

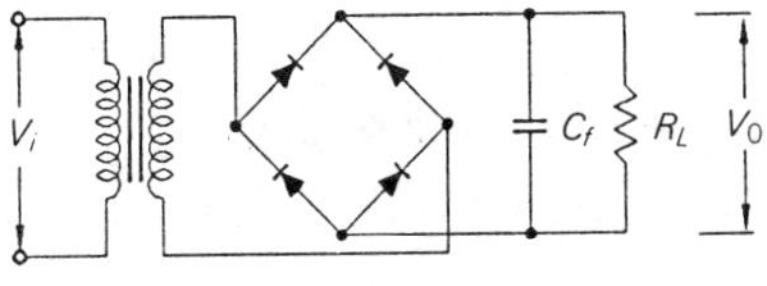

가.
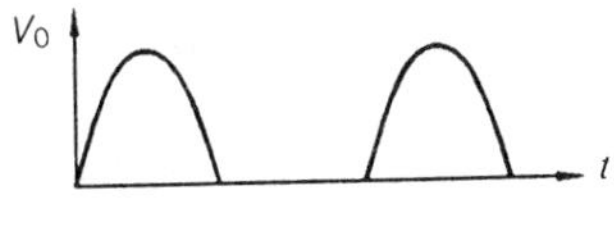

나.
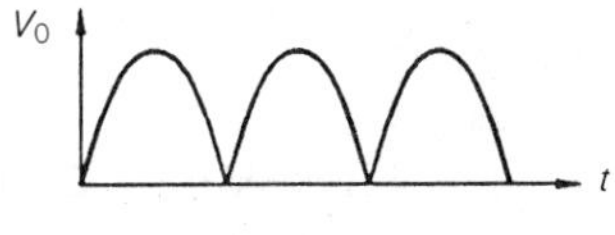

다.
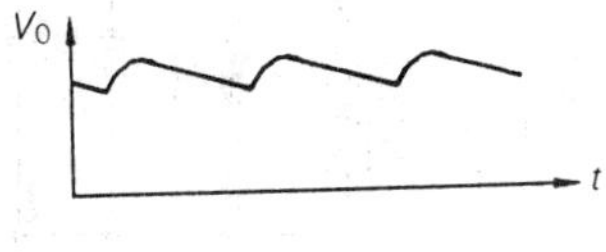

라.
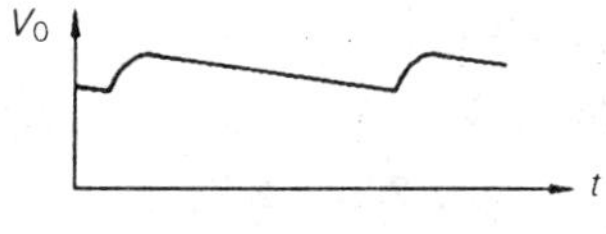

해답 24. 다 25. 나 26. 라 27. 나

28. 그림과 같은 브리지형 정류회로에서 직류 출력전압이 10 [V] 부하가 5 [Ω]이라고 하면 각 정류소자에 흐르는 첨두 전류값은?

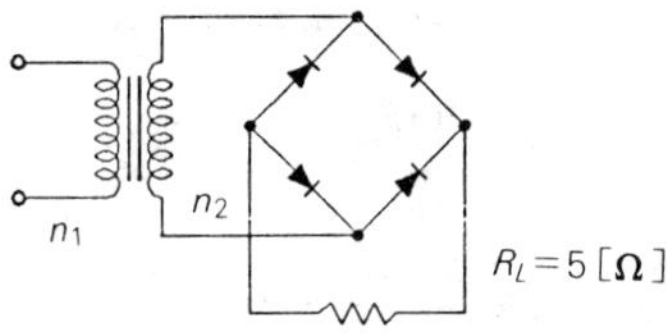

가. 3.14 [A]
나. 6.28 [A]
다. 3.14/2 [A]
라. 1/3.14 [A]

해설 필터가 없는 브리지 정류회로이다. 먼저 소요되는 이상 변압기 2차 전압의 최대치를 구한다.

$$V_{dc} = \frac{2}{\pi} V_m$$

$$V_m = \frac{\pi}{2} \cdot V_{dc} = 10 \times \frac{\pi}{2} = 5\pi\,[\text{V}]$$

따라서 첨두 (peak) 전류값 I_{max}를 계산하면

$$I_{max} = V_m / R_L = 5\pi / 5 = \pi\,[\text{A}]$$

또, 각 소자에 걸리는 첨두 역전압을 정류회로의 입력전압과 같다. 즉

$$PIV = V_m = 5\pi\,[\text{V}]$$

29. 그림의 정류회로의 출력 V_0는?
(단, 입력 $v_i = V_m \sin \omega t$ 이다.)

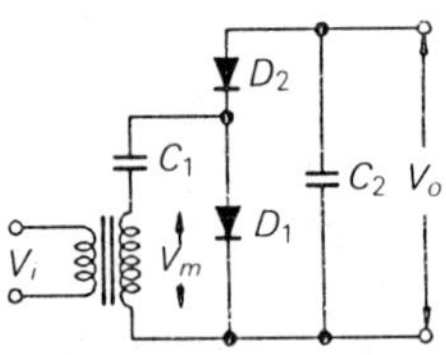

가. $V_0 = V_m$
나. $V_0 = -V_m$
다. $V_0 = +2V_m$
라. $V_0 = -2V_m$

해설 (+) 반파시 C_1은 D_1을 통해 V_m 충전되고, (－) 반파시에는 C_1이 방전되어 C_2는 $-2V_m$ 까지 충전된다.

30. 그림과 같은 회로의 C_2 양단의 전압은? (단, C_1 양단의 전압 V_{C1}, C_2양단 간의 전압 V_{C2})

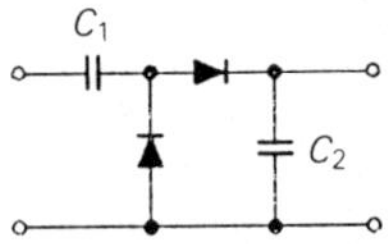

가. $V_{C2} = V_{C1}$　　나. $V_{C2} = 2V_{C1}$
다. $V_{C1} = 2V_{C2}$　　라. $V_{C2} = \frac{1}{2} V_{C1}$

31. 다음과 같은 정류 회로에서 C_1, C_2양단의 최대 전압과 D_1, D_2의 최대 역전압을 구하면? (단, 입력 전압의 최대치는 V_m이다.)

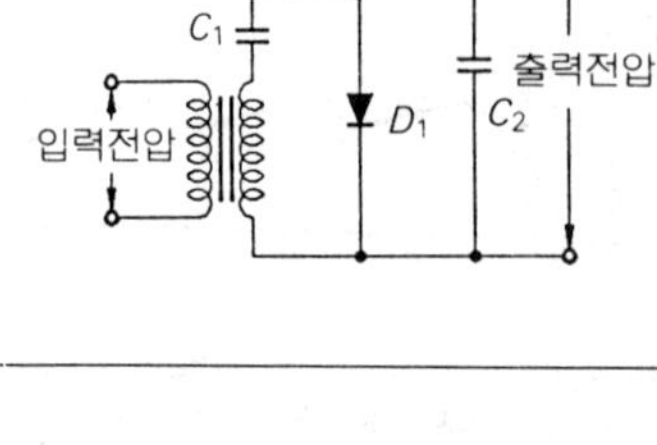

가. V_m, $2V_m$, $2V_m$, $2V_m$
나. $2V_m$, V_m, V_m, $2V_m$
다. V_m, V_m, $2V_m$, $2V_m$
라. $2V_m$, V_m, V_m, V_m

해답 28. 가 29. 라 30. 나 31. 가

32. 다음은 무슨 회로인가?

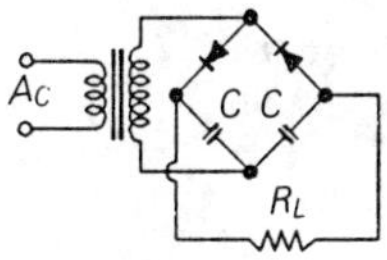

가. 배전압 정류회로
나. 다이오우드 특성 측정회로
다. 전파(全波) 정류회로
라. 반파 정류회로

33. 그림과 같은 회로의 명칭은?

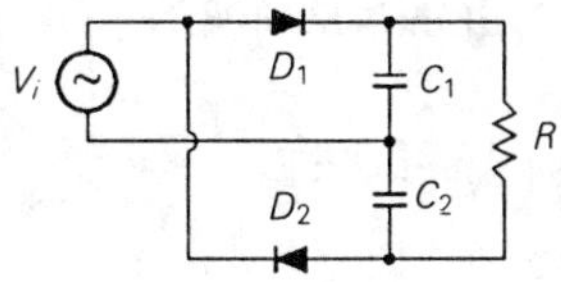

가. 전파 정류회로
나. 반파 정류회로
다. 전파 배전압 회로
라. 반파 배전압 회로

34. 그림과 같은 회로에서 AC 단자에 $E_m \sin \omega t$ 를 인가했을 때 AB 양단에서 얻을 수 있는 전압의 크기는?

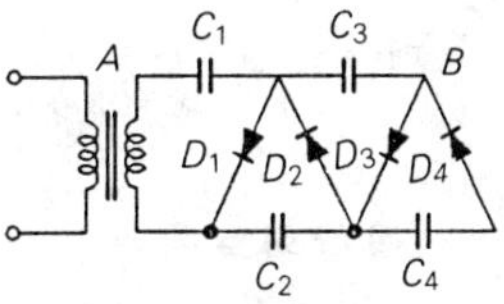

가. $2E_m$ 나. $3E_m$
다. $4E_m$ 라. $5E_m$

35. 그림과 같은 회로에서 AC 단자에 $E_m \sin \omega t$ 를 인가했을 때 AB 양단의 전압은?

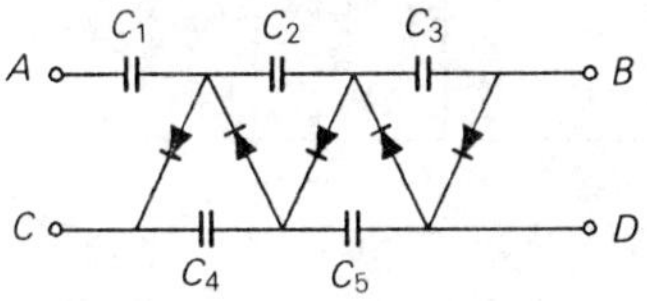

가. $2E_m$ 나. $3E_m$ 다. $4E_m$ 라. $5E_m$

36. 배전압 정류회로에서 AB단자에 나타나는 전압은 얼마인가? 단, V_{in} 은 입력 전압의 최대치이다.

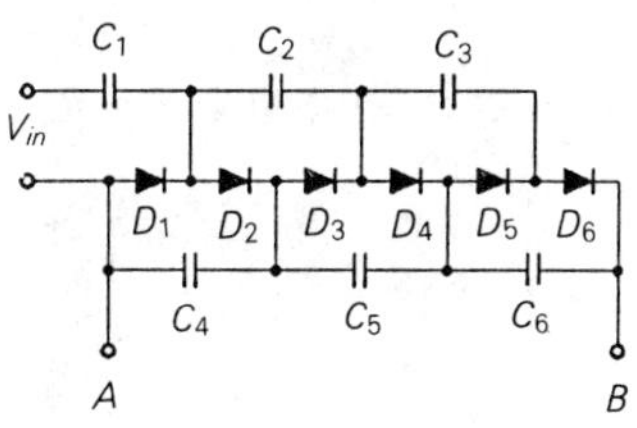

가. 약 $4V_m$
나. 약 $6V_m$
다. 약 $5V_m$
라. 약 $7V_m$

37. 정류기의 평활 회로는 다음 중 어느 것을 이용한 것인가?

가. 저역 필터 나. 대역 저지 필터
다. 고역 필터 라. 대역 통과 필터

해답 32. 가 33. 다 34. 나 35. 라 36. 나 37. 가

38. condenser filter 를 갖는 단상 전파정류 회로의 전원용 주파수를 f, 부하를 R_L 이라고 할 때 맥동률 r 은?

가. $r \propto \dfrac{1}{fCR_L}$　　나. $g \propto \dfrac{C}{fR_L}$

다. $r \propto \dfrac{R_L}{f \cdot C}$　　라. $r \propto f \cdot C \cdot R_L$

39. 그림과 같은 filter회로에서 ripple 함유율을 작게 하는 방법으로 옳지 못한 것은?

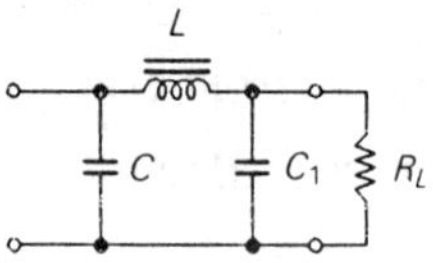

(π형 filter)

가. L 을 크게 한다.
나. C 를 크게 한다.
다. 주파수를 낮게 한다.
라. R_L 을 크게 한다.

해설 콘덴서 입력형 필터(π형 filter)이다.

$$\text{맥동률} \quad r = \frac{\sqrt{2}}{R_L(2\omega C)\ (2\,\omega C_1)\ (2\,\omega L_1)}$$

40. π형 평활회로에서 맞는 것은?(단, C_1, C_2 는 평활 콘덴서 CH는 저주파 초오크 코일이다.)

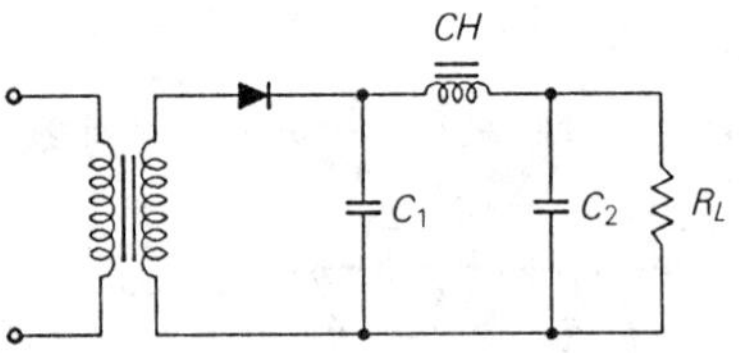

가. C_1 C_2 의 용량이 증가하면 리플 함유량이 커진다.
나. C_1 C_2 의 용량이 감소하면 전압 변동률이 커진다.
다. C_1 C_2 의 용량이 증가하면 차단 주파수가 커진다.
라. CH 의 인덕턴스가 증가하면 차단 주파수가 높아진다.

41. 그림과 같은 정류회로에서 C_2가 단락 되었을 때 발생하는 현상으로 거리가 먼 것은?

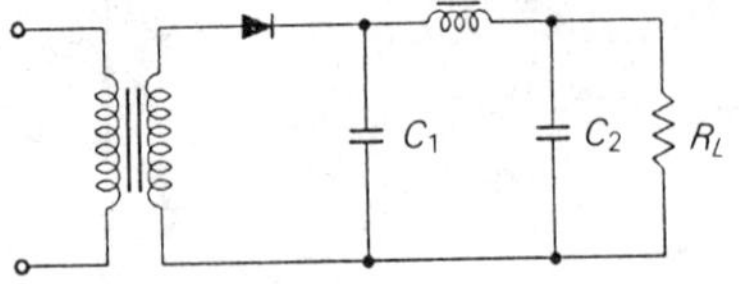

가. 변압기가 과열하게 된다.　　나. CH가 과열 또는 소손한다.
다. 출력 전압이 나오지 않는다.　　라. 맥동률이 급격히 증대한다.

해설 C_2가 단락하면 과대한 전류가 흐른다.

해답 38. 가　39. 다　40. 나　41. 라

42. 다음은 *RC* 필터 회로에서 리플 함유율을 작게 하려면 ?

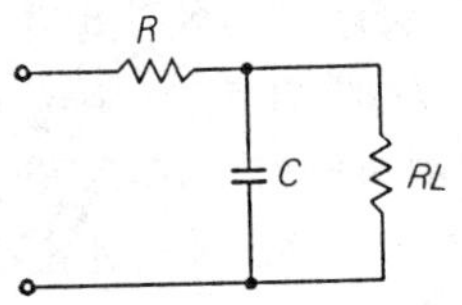

가. *R*을 크게 한다.

나. *C*를 크게 한다.

다. 주파수를 낮게 한다.

라. *R*과 *C*를 크게 한다.

43. 다음 필터 중 맥동율(r)이 부하저항 R_L에 비례하는 것은 ?

가. 인덕터 필터　나. π 형 필터　다. 캐패시터 필터　라. L 형 필터

해설 $r = \dfrac{R_L R}{3\sqrt{2}\ \omega L} \propto R_L$

44. 다이오우드를 여러 개 병렬로 접지시키면 ?

가. 과전압으로부터 보호할 수 있다.

나. 과전류로부터 보호할 수 있다.

다. 정류기의 역방향 전류가 감소한다.

라. 부하출력에서의 맥동률을 감소시킬 수 있다.

해설 정류 회로에서 부하전류를 증가시켜 주기 위해서는 병렬로 다이오우드를 추가하여 접속한다.

45. 평활회로에서 초오크 입력형의 특징은 ?

가. 부하의 전류 변화에 대해 전압 변동이 작다.

나. 정류기에 가해지는 역전압이 크다.

다. 평활효과가 적다.

라. 부하전류의 평균값이 적다.

해설 choke 입력형과 condenser입력형 필터의 특성 비교

비교 ＼ 평활방식	condenser 입력형	choke 입력형
직류출력전압	높다	낮다
전압변동률	크다	작다
역전압	높다	낮다
맥동률	적다	부하전류가 작을수록 크다

46. 다이오우드를 사용한 정류회로에서 여러 다이오우드를 직렬로 연결하여 사용할 때 맞게 설명된 것은 ?

가. AC 전원으로 부터 많은 전력을 공급 받을 수 있다.

나. 부하 출력의 백동률을 감소 시킬 수 있다.

다. 과전압으로 부터 보호할 수 있다.

라. 과전류로 부터 보호할 수 있다.

해답 42. 라　43. 가　44. 나　45. 나　46. 다

47. 다음 그림과 같은 캐패시터 입력형 정류회로의 특성을 설명한 것이다. 잘못된 것은?

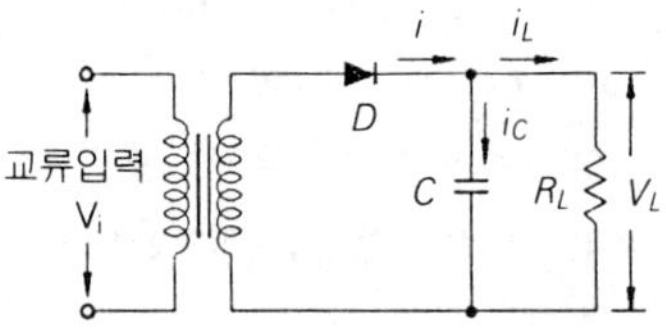

가. 캐패시터의 정전용량 C가 클수록 다이오드 D에 전류가 흐르는 시간이 짧아진다.

나. 캐패시터의 정전용량 C가 클수록 다이오드 D에 흐르는 전류가 감소한다.

다. 캐패시터의 정전용량 C가 클수록 출력전압의 맥동률은 적어진다.

라. 다이오드에 흐르는 전류는 펄스(PULSE)파 이다.

해설 용량 C를 크게 할수록 다이오드 전류가 흐르는 기간이 짧아지나 펄스 전류의 크기는 증대한다.

48. 다음 회로에서 그림(b)와 같은 전압을 입력측에 인가할 때 정상상태에서의 출력전압 V_o는?

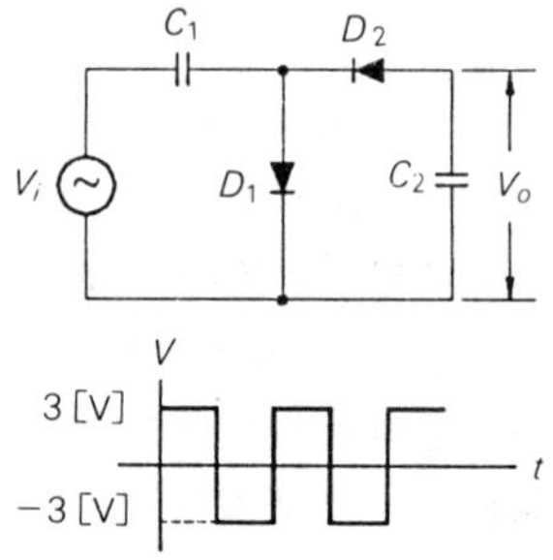

가. 3 [V]의 진폭을 갖는 부(負)의 펄스

나. 3 [V]의 진폭을 갖는 정(正)의 펄스

다. −6 [V]의 직류 전압

라. +3 [V]의 직류 전압

해설 배전압 정류회로이다. 정(+)의 반주기 동안 D_1이 도통하여 C_1이 충전되고 부(−)의 반주기동안 D_2가 도통하여 C_1의 방전전압과의 합이 출력에 나타난다.

49. 그림은 emitter follower 정전압 회로이다. 전압 안정계수는? (단, h_{ie} = 1 [kΩ], h_{fe} = 50 이고 zener 동작저항 r_d = 20 [Ω]이다.)

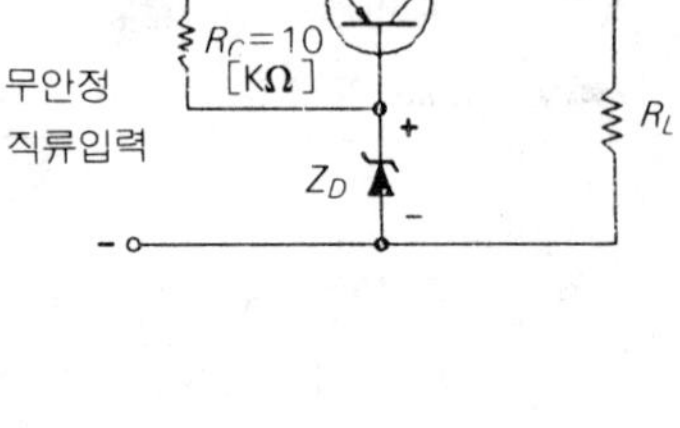

가. ≃ 0.02　　나. ≃ 0.04

다. ≃ 0.002　　라. ≃ 0.004

해설 $S_v \simeq \dfrac{r_d}{(r_d + R_C)}$, $R_o = \dfrac{h_{ie} + r_d}{1 + h_{fe}} = \dfrac{10^3 + 20}{1 + 50} = 20$ [Ω]

50. 그림의 정전압회로에서 V가 25~28 [V]의 범위에서 변동한다. zener diode 전류 I_D의 변화는? (단, R_L = 1 [kΩ], V = 28 [V], V_L = 20 [V]이다.)

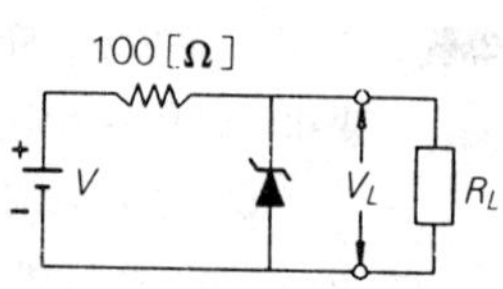

가. 30~50 [mA]

나. 30~60 [mA]

다. 10~50 [mA]

라. 10~60 [mA]

해설 ① V = 25 [V]일 때

$I = \dfrac{25-20}{100} = 50$ [mA], $I_L = \dfrac{20}{1000} = 20$ [mA]

$\therefore I_D = 50 - 20 = 30$ [mA]

② V = 28 [V]일 때

$I = \dfrac{28-20}{100} = 80$ [mA]

$I_D = I - I_L = 80 - 20 = 60$ [mA]

해답 47. 나　48. 다　49. 다　50. 나

51. 그림의 정전압 다이오우드 회로에서 입력이 ± 5[V] 변화할 때 출력전압의 변화는 얼마인가? (단, $r_d = 2[\Omega]$, $R_s = 400[\Omega]$이다.)

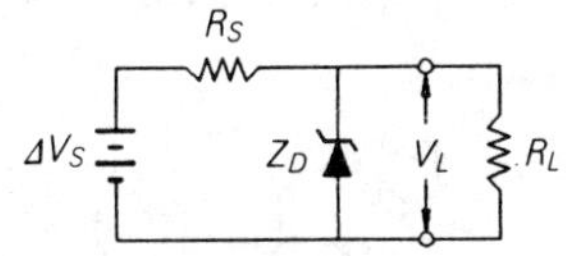

가. ±10[mV]　　나. ±15[mV]
다. ±25[mV]　　라. ±30[mV]

해설 전압 안정계수 $S_V \simeq \frac{r_d}{R_S} = \frac{2}{400} = 0.005$　∴ $\Delta V_L = 0.005 \times (\pm 5) = \pm 25[\text{mV}]$

52. 실리콘 제어 정류소자(SCR)의 전압－전류 특성 곡선은?

가.
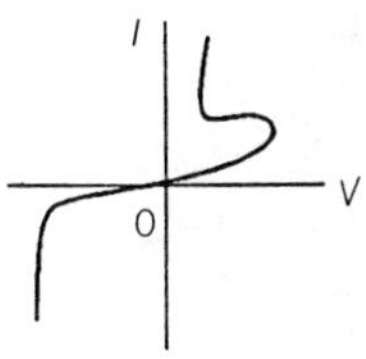

나.
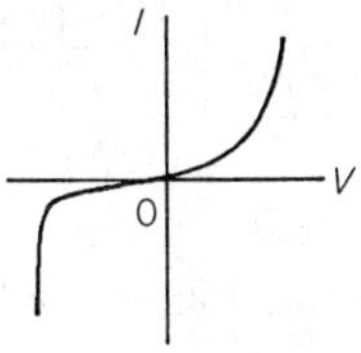

다.
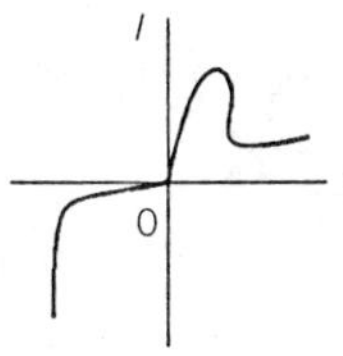

라.
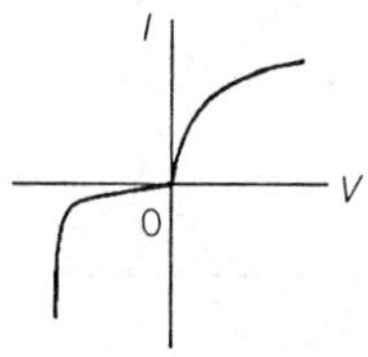

해설 on 상태에 있을 때 전류를 감소시켜가면 순 전류가 어떤 임계값(holding current ; I_H)이하로 내려갈 때 갑자기 off 상태로 옮겨간다.

53. SCR에 대한 설명중에서 옳은 것은 어느 것인가?

가. 게이트 신호 전류가 끊어지면 단락상태가 차단된다.
나. 단락상태에서 애노우드 전압의 극성을 반대로 하면 전류는 차단된다.
다. 게이트 전류의 크기로 단락전류를 제어할 수 있다.
라. 단락상태에서 전원전압을 감소하면 전류가 차단된다.

해설 브레이크 오버전압은 SCR이 on(도전) 상태로 들어가는 전압이다. 이 브레이크 오버전압은 게이트 전류가 크면 클수록 낮아진다. $I_g = 0$일 때에도 브레이크 오버전압만 증가할 뿐 off 상태로 되지는 않는다.

54. SCR의 양극전류가 20[A]일 때 게이트(Gate) 전류 I_g를 반으로 줄이면, 양극전류는 얼마로 되는가?
(단, 어느 경우나 도전 상태라고 한다.)

가. 0[A]　　나. 10[A]　　다. 20[A]　　라. 40[A]

해설 SCR이 일단 on 상태가 되어 동작하면 게이트 전압의 변화에는 관계없이 계속 동작한다. 양극전압이 0이거나 역 bias를 걸어야만 양극전류가 차단된다.

※ SCR을 turn off 시키는 방법
① 애노드 전압이 0이거나 부(−)가 되도록 한다.
② 애노드(A)와 캐소우드(K)간의 전류를 bypass 시킨다.
③ 애노드 전류 I_A를 끊는다.

해답 51. 다　52. 가　53. 나　54. 다

55. 다음 중 SCR의 Transistor 등가회로 중 옳은 것은?

가. 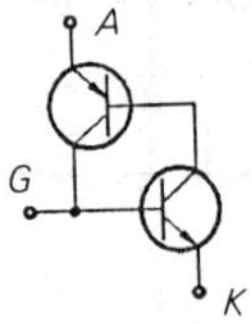

나. 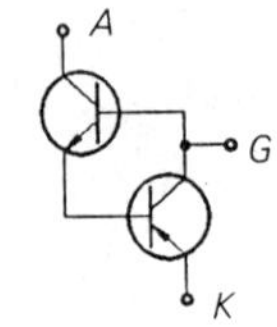

다. 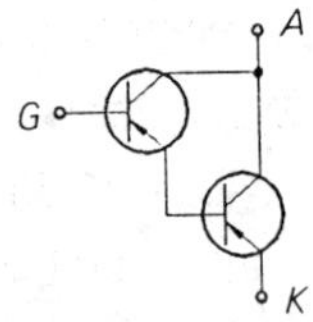

라. 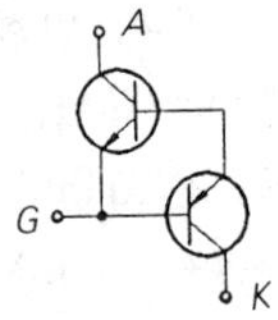

해설 SCR은 하나의 트랜지스터의 base가 다른 트랜지스터의 collector에 접속된 $P_1N_1P_2$와 $N_2P_2N_1$의 두 트랜지스터가 접속된 것이다.

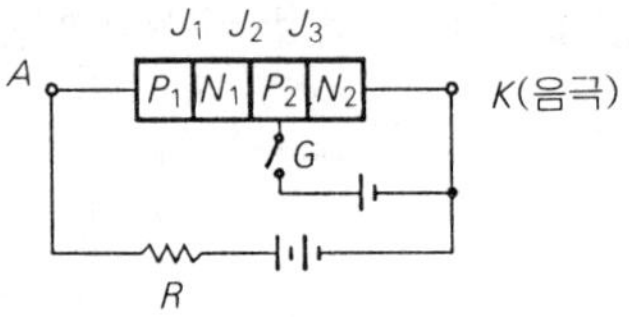

J_1J_3는 순 bias이고 J_2가 역 bias된 차단 상태이다.

56. 다음 SCR 회로의 출력 파형은 어느 것인가? (단, 입력 v_i는 정현파이다.)

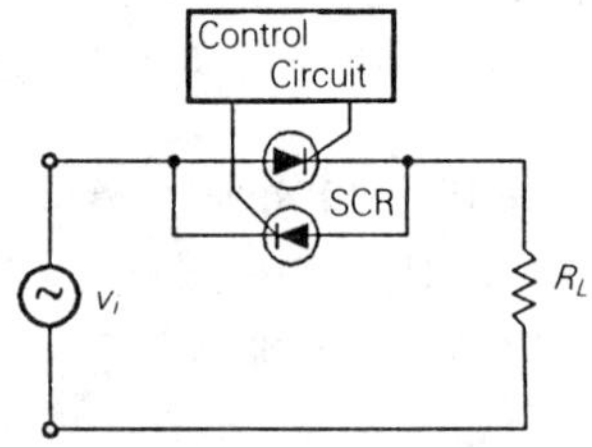

가.

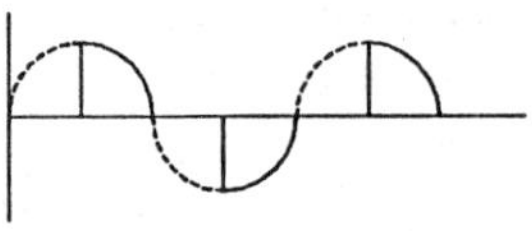

나.

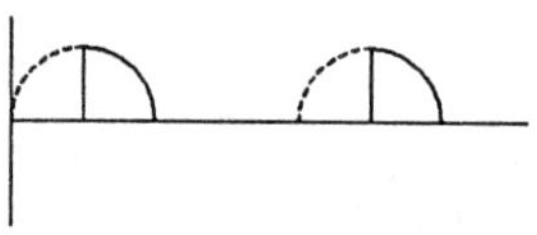

다.

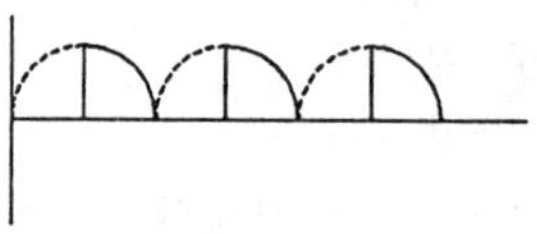

라.

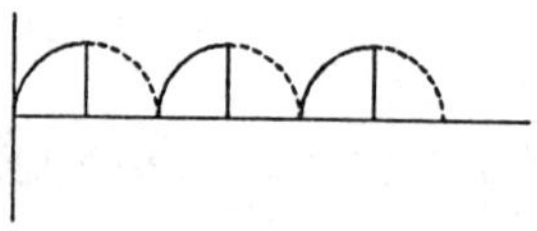

해설 부하에 소모되는 전력을 연속적으로 제어하는 것이 필요할 때 서로 반대로 연결된 SCR 혹은 한개의 Triac을 연결한다. 2개의 SCR은 AC 전원 전력의 반주기마다 (+), (−)로 제어할 수 있는 능력을 가진다.

해답 55. 가 56. 가

3장 트랜지스터 저주파 증폭회로

3·1 트랜지스터의 소신호 모델　3·2 고입력 저항 회로　3·3 바이어스 회로 및 열적 안정

3·1 트랜지스터의 소신호 모델

3·1·1 트랜지스터의 *h* 정수

(1) ***h*** 정수에 의한 등가회로

독립 변수로 i_1과 v_2를 택하면 다음 기본식을 얻는다.

$$v_1 = h_{11}i_1 + h_{12}v_2$$
$$i_2 = h_{21}i_1 + h_{22}v_2$$

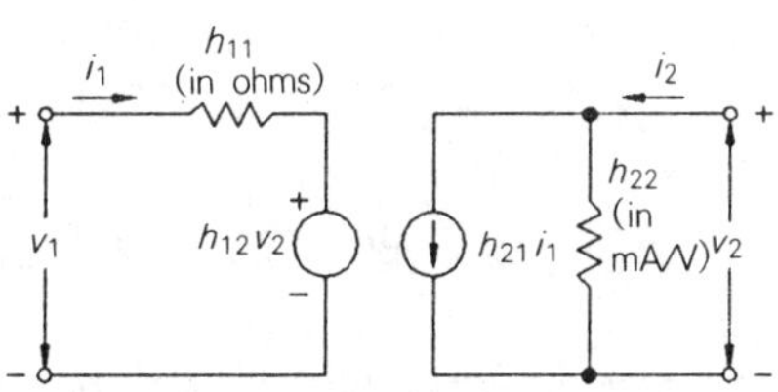

〈그림 3－1〉 하이브리드 4단자망 등가회로

이 *h* 정수는 일반적으로 동작점에 따라 달라진다.

(*h* 정수의 의미)

$h_{11} = \frac{v_1}{i_1}\Big|_{v_2=0}$ 출력단락 입력 임피이던스 → h_i

$h_{12} = \frac{v_1}{v_2}\Big|_{i_1=0}$ 입력개방 역방향 전압비(전압 궤환율) → h_r

$h_{21} = \frac{i_2}{i_1}\Big|_{v_2=0}$ 출력단락 순방향 전류비(전류 증폭률) → h_f

$h_{22} = \frac{i_2}{v_2}\Big|_{i_1=0}$ 입력개방 출력어드미턴스 → h_o

트랜지스터의 경우 $h_{11} \to h_i$, $h_{12} \to h_r$, $h_{21} \to h_f$, $h_{22} \to h_o$로 표시하면 접속방법에 따라 *e, c, b* 의 첨자를 붙인다. 여기서 h_{11}의 단위는 [Ω]이고 h_{22}는 *S*(siemens) (이전에는 ℧)이며 h_{12}와 h_{21}은 단위가 없다.

예제 3－1 y정수의 해석

대역폭이 좁은 고주파 증폭 회로에 널리 이용되고 있는 y정수 y_{11}, y_{12}, y_{21}, y_{22}를 구하고 그 물리적 의미를 써라.

풀이 y정수는 입력전압 v_1과 출력전압 v_2를 독립변수로 한다.

$$i_1 = \phi(v_1,\ v_2) \qquad\qquad i_2 = \phi(v_1,\ v_2)$$

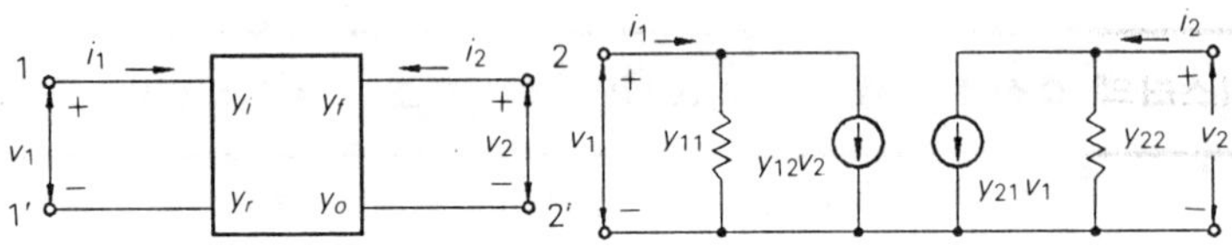

(a) 4단자회로　　　(b) y등가회로

〈그림 3－2〉

트랜지스터의 입력 전압과 출력전압이 Q동작점으로 부터 각각 Δv_1, Δv_2만큼 변화했을 때 입력 및 출력전류의 변화는

$$\Delta v_1 = \frac{\partial i_1}{\partial v_1}\Delta v_1 + \frac{\partial i_1}{\partial v_2}\Delta v_2$$

$$\Delta v_2 = \frac{\partial i_2}{\partial v_1}\Delta v_1 + \frac{\partial i_2}{\partial v_2}\Delta v_2$$

소신호 동작에 있어서 Δi_1, Δi_2, Δv_1, Δv_2를 i_1, i_2, v_1, v_2로 바꾸면

$$\boxed{\begin{aligned} i_1 &= y_{11}v_1 + y_{12}v_2 \\ i_2 &= y_{21}v_1 + y_{22}v_2 \end{aligned}}$$

여기서

$y_{11} = \left.\dfrac{i_1}{v_1}\right|_{v_2 = 0}$　출력단락 입력 어드미턴스(y_i)

$y_{12} = \left.\dfrac{i_1}{v_2}\right|_{v_1 = 0}$　입력단락 역방향 전달 어드미턴스(y_r)

$y_{21} = \left.\dfrac{i_2}{v_1}\right|_{v_2 = 0}$　출력단락 순방향 전달 어드미턴스(y_f)

$y_{22} \doteq \left.\dfrac{i_2}{v_2}\right|_{v_1 = 0}$　입력단락 출력 어드미턴스(y_o)

(2) 기본 접지방식에 대한 h정수

트랜지스터는 접속방식에 따라 다음과 같이 세가지의 *h*정수를 가진다.

■ 기본 접지 방식에 대한 h정수

접 속 방 법	*h* 모 델	특 성 식
CE 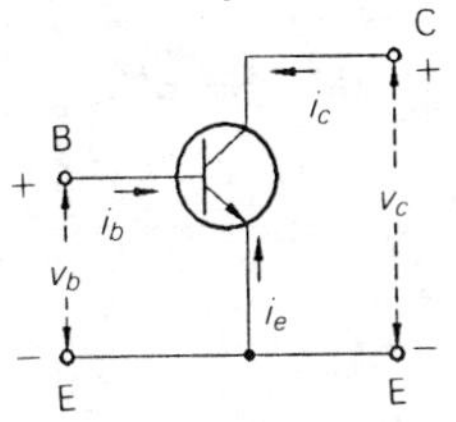	CE 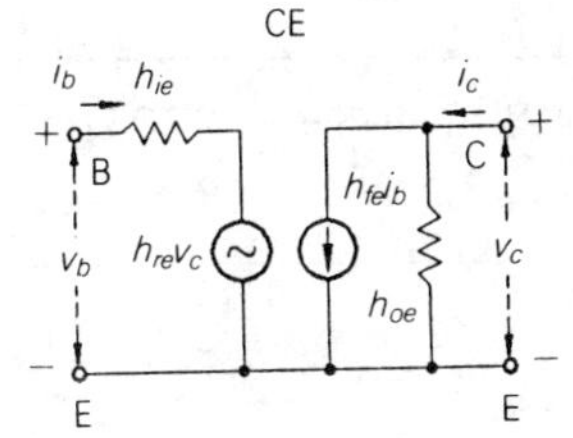	CE $v_b = h_{ie} i_b + h_{re} v_c$ $i_c = h_{fe} i_b + h_{oe} v_c$
CC 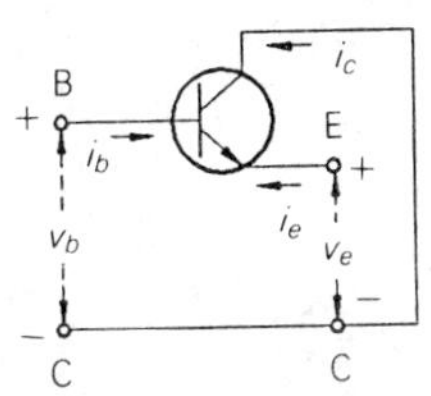	CC 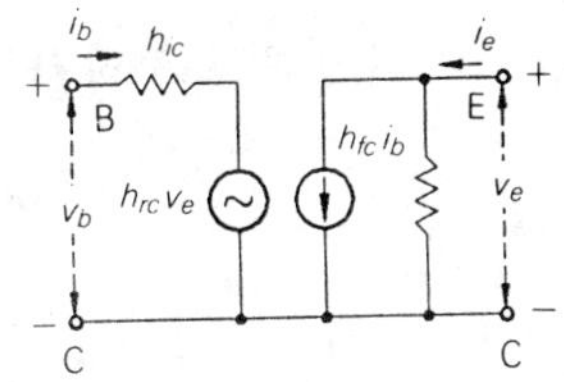	CC $v_b = h_{ic} i_b + h_{rc} v_e$ $i_e = h_{fc} i_b + h_{oc} v_e$
CB 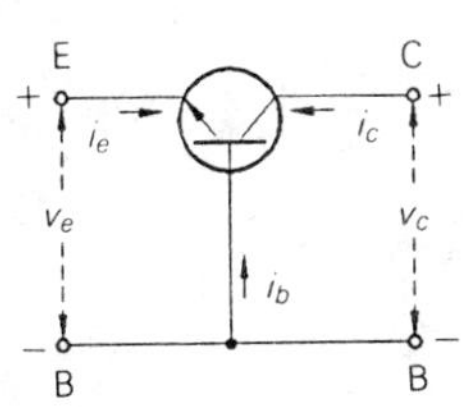	CB 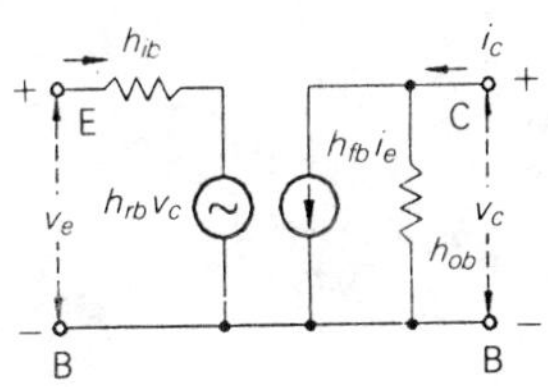	CB $v_e = h_{ib} i_e + h_{rb} v_c$ $i_c = h_{fb} i_e + h_{ob} v_c$

(3) h정수의 변동

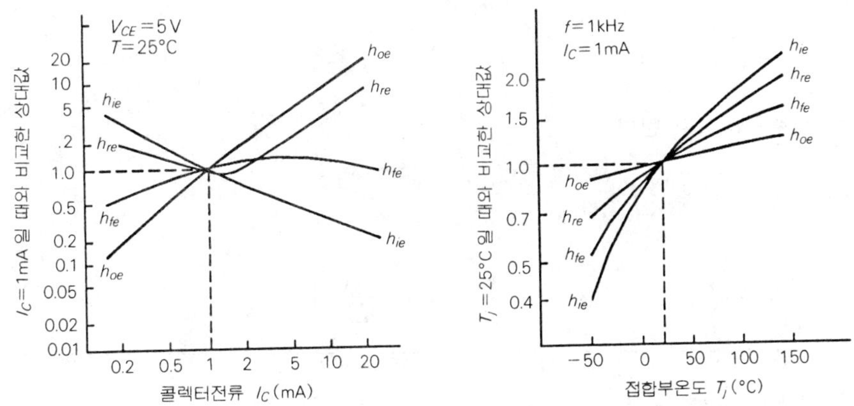

(a) I_c에 따른 변화 (b) 온도에 따른 변화

〈그림 3-3〉 h정수의 변동

〈그림 3－3〉 (a)는 컬렉터 전류 I_c의 변화에 따른 h정수의 변화를 보인 것으로 h_{ie}와 h_{fe}는 비교적 일정한 크기로 변화하고 h_{oe}와 h_{re}는 훨씬 크게 변화한다.

〈그림 3－3〉 (b)는 접합 온도의 변화에 따른 h정수의 변화를 보인 것으로 정규화 값은 상온 $T = 25$ [℃]에서 얻는다. 모든 정수들은 대부분 온도에 따라 크기가 증가한다.

● h정수를 측정할 때 신호원의 주파수는 270 [Hz] 또는 1 [kHz]로 하는 것이 보통이다.

예제 3－2 **y정수와 h정수 사이의 환산식**

〈그림 3－2〉의 y정수와 h정수의 환산식을 구하라.

풀이 (1) **h정수 → y정수 변환**

$$v_1 = h_{11} i_1 + h_{12} v_2$$
$$i_2 = h_{21} i_1 + h_{22} v_2$$

윗 식을 i_1과 i_2에 관해서 풀면

$$i_1 = \frac{1}{h_{11}} v_1 - \frac{h_{12}}{h_{11}} v_2$$
$$i_2 = \frac{h_{21}}{h_{11}} v_1 + \left(h_{22} - \frac{h_{21} h_{12}}{h_{11}} \right) v_2$$

따라서 다음식을 얻는다.

$$y_{11} = \frac{1}{h_{11}} \qquad y_{12} = \frac{-h_{12}}{h_{11}}$$
$$y_{21} = \frac{h_{21}}{h_{11}} \qquad y_{22} = h_{22} - \frac{h_{12} h_{21}}{h_{11}}$$

(2) **y정수 → h정수 변환**

$$h_{11} = \frac{1}{y_{11}} \qquad h_{12} = -\frac{y_{12}}{y_{11}}$$
$$h_{21} = \frac{y_{21}}{y_{11}} \qquad h_{22} = y_{22} - \frac{y_{12} y_{21}}{y_{11}}$$

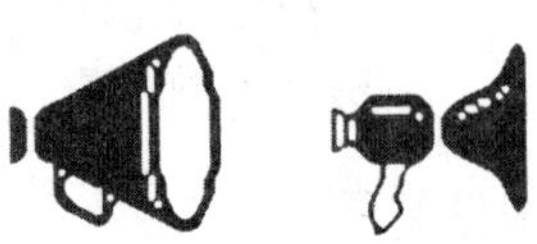

(3) h정수의 환산

다음은 *CE, CC* 및 *CB* 의 *h* 정수 사이의 근사 환산 공식을 표시한 것이다.

■ h 정수의 환산 공식 (근사식)

일반형	에미터 접지	베이스 접지	콜렉터 접지
h_i	$h_{ie} = \dfrac{h_{ib}}{1+h_{fb}}$	$h_{ib} = \dfrac{h_{ie}}{1+h_{fe}}$	$h_{ic} = h_{ie}$
h_r	$h_{re} = \dfrac{h_{rb}\,h_{ob}}{1+h_{fb}} - h_{rb}$	$h_{rb} = \dfrac{\Delta^{he} - h_{re}}{1+h_{fe}}$	$h_{rc} = 1 - h_{re} \simeq 1$
h_f	$h_{fe} = \dfrac{-h_{fb}}{1+h_{fb}}$	$h_{fb} = \dfrac{-h_{fe}}{1+h_{fe}}$	$h_{fc} = -(1+h_{fe})$
h_o	$h_{oe} = \dfrac{h_{ob}}{1+h_{fb}}$	$h_{ob} = \dfrac{h_{oe}}{1+h_{fe}}$	$h_{oc} = h_{oe}$

3·1·2 h정수에 의한 회로 해석

다음의 해석은 트랜지스터 임의의 접속방식 *CE, CC, CB*에 적용할 수 있다.

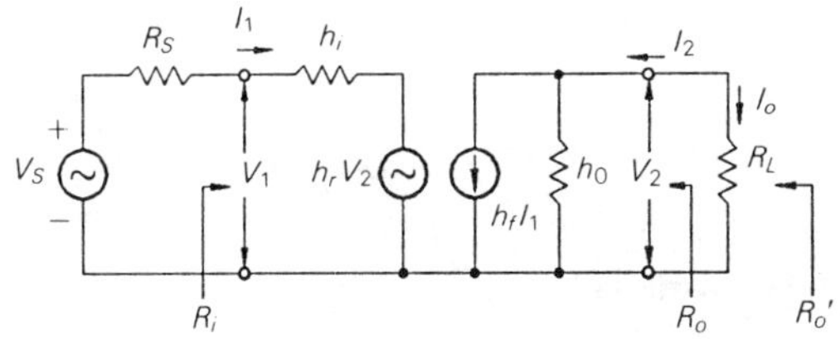

〈그림 3－4〉 h정수에 의한 해석

(1) 전류 이득(A_I) : 부하전류와 입력전류와의 비(I_o / I_1)로 정의된다.

$V_2 = I_o R_L$ 이고 $I_o = -I_2$ 이므로

$$I_2 = h_f I_1 + h_o V_2 = h_f I_1 - h_o R_L I_2$$

$$A_I \equiv \frac{I_o}{I_1} = \frac{-I_2}{I_1} = -\frac{h_f}{1+h_o R_L}$$

(2) 입력 저항(R_I) : 입력단자에서 증폭기쪽을 본 임피던스로 정의된다.

$$V_1 = h_i I_1 + h_r V_2 = h_i I_1 - h_r R_L I_2$$
$$= h_i I_1 + h_r R_L A_I I_1$$

$$R_i \equiv \frac{V_1}{I_1} = h_i + h_r A_I R_L$$

(3) 전압 이득(A_V) : 증폭기의 출력전압과 입력전압과의 비(V_2/V_1)로 정의된다.

$$V_2 = -R_L I_2 = R_L A_I I_1 = R_L A_I \frac{V_1}{R_i}$$

$$A_V \equiv \frac{V_2}{V_1} = \frac{R_L}{R_i} A_I$$

입력 저항 R_i와 전류 이득 A_i가 모두 부하 R_L의 함수이다.

(4) 출력 저항(R_o) : V_s를 단락($V_s=0$) 했을 때 출력 어드미턴스 Y_o는 I_2/V_2로 정의된다.

$$R_s I_1 + h_i I_1 + h_r V_2 = 0 \quad (V_s = 0\text{일 때})$$
$$h_f I_1 = I_2 - h_o V_2$$

위의 두 식에서 I_1을 소거하면

$$Y_o \equiv \frac{I_2}{V_2}\bigg|_{V_s=0} = h_o - \frac{h_f h_r}{h_i + R_s}$$

출력 어드미턴스 Y_o가 신호원 저항 R_s의 함수이다.
출력저항 R_o는 다음 식으로 주어진다.

$$R_o = \frac{1}{Y_o}$$

(5) 종합 전압 이득(A_{vs}) : V_2와 V_s와의 비로 정의된다.

$$A_{VS} \equiv \frac{V_2}{V_s} = \frac{V_1}{V_s}\frac{V_2}{V_1} = \frac{R_i}{R_s + R_i} A_V$$

신호원이 이상적($R_s = 0$)일 때 $A_{VS} = A_V$이다.

(6) 종합 전류 이득(A_{is}) : I_o와 I_s와의 비로 정의된다.
〈그림 3-4〉와 같이 신호원이 전류원으로 주어진 경우

$$A_{IS} = \frac{I_o}{I_s} = \frac{-I_2}{I_s}$$
$$= \frac{I_1}{I_s}\frac{-I_2}{I_1} = \frac{R_s}{R_s + R_i} A_I$$

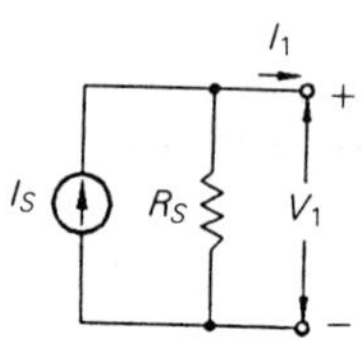

〈그림 3-5〉

신호원이 이상적($R_s = \infty$)일 때 $A_{IS} = A_I$이다.
A_{VS}와 A_{IS}의 관계식으로 부터 다음 식을 얻는다.

$$A_{vs} = \frac{R_L}{R_S} A_{is}$$

지금까지 얻은 공식을 정리하면 다음과 같다.

■ h정수에 의한 증폭기의 해석

증폭기 해석	정확한 식	근사 공식
전류 이득	$A_I = \dfrac{-h_f}{1+h_o R_L}$	$A_I \approx -h_f$
입력 저항	$R_i = h_i + h_r A_I R_L$	$R_i \approx h_i$
전압 이득	$A_V = \dfrac{R_L}{R_i} A_I$	$A_V \approx \dfrac{-h_f}{h_i} R_L$
출력 어드미턴스	$Y_o = h_o - \dfrac{h_f h_r}{h_i + R_s}$	$R_o = \dfrac{1}{Y_o} \approx \dfrac{-(h_i + R_s)}{h_f h_r}$
종합 전압 이득	$A_{VS} = \dfrac{R_i}{R_i + R_s} A_V$	$A_{VS} = A_v (R_s = 0)$
종합 전류 이득	$A_{IS} = \dfrac{R_s}{R_i + R_s} A_i$	$A_{IS} = A_i (R_s = \infty)$

3·1·3 에미터 접지(*CE*) 증폭기

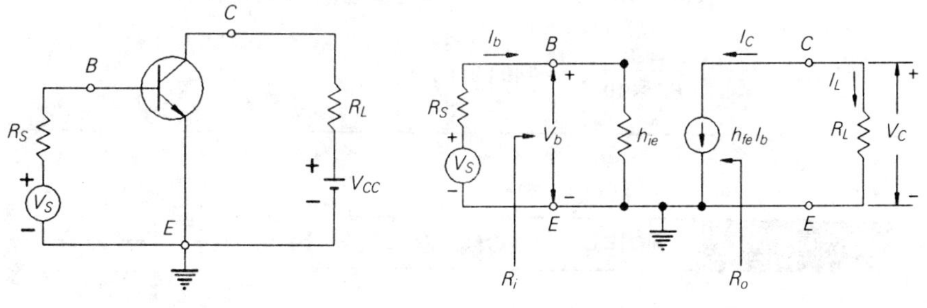

(a) CE 증폭기　　　(b) 근사 등가 회로

〈그림 3-6〉 에미터 접지 증폭기

(1) 전류 이득 $A_i = \dfrac{I_L}{I_b} = -\dfrac{I_c}{I_b} = -\dfrac{h_{fe}}{1+h_{oe} R_L} \simeq -h_{fe}$

(2) 입력 저항 $R_i = \dfrac{V_b}{I_b} = h_{ie} + h_{re} A_i R_L \simeq h_{ie}$

(3) 전압 이득 $A_v = \dfrac{V_c}{V_b} = \dfrac{I_L R_l}{I_b R_i} = A_I \dfrac{R_L}{R_i} \simeq \dfrac{-h_{fe} R_L}{h_{ie}}$

(4) 종합 전압 이득 $A_{vs} = \dfrac{V_c}{V_s} = \dfrac{V_c}{V_b} \cdot \dfrac{V_b}{V_s} = A_v \dfrac{V_b}{V_s} \simeq \dfrac{A_i R_L}{h_{ie} + R_s}$

(5) 출력 저항 $R_0 = \frac{V_2}{I_2}\Big|_{V_S = 0,\ R_L = \infty} = \infty$

(간략화된 h 모델이 적용되는 CE 증폭기의 출력 저항은 ∞ 이다.)

예제 3-3 CE 증폭기의 해석

〈그림 3-6〉의 CE 증폭기에서 $R_s = 1\,[\text{k}\Omega]$, $R_L = 3\,[\text{k}\Omega]$이다.
(1) A_i (2) R_i (3) A_v (4) A_{vs} (5) Y_o (6) R_o를 계산하라. 단, $h_{ie} = 2.1\,[\text{k}\Omega]$, $h_{fe} = 100$, $h_r = 10^{-4}$, $h_o = 10\,[\mu\text{A/V}]$ 이다.

풀이 (1) $A_I = \frac{-h_{fe}}{1+h_{oe}R_L} = -\frac{100}{1+(10[\mu\text{A/V}])\,(3[\text{k}\Omega])} = -97$

(2) $R_i = h_{ie}+h_{re}A_i R_L = 2.1-10^{-4}(97)\ (3) = 2.07\,[\text{k}\Omega]$

(3) $A_V = \frac{R_L}{R_i}A_I = \frac{3(-97)}{2.07} = -141$

(4) $A_{VS} = \frac{R_i}{R_s+R_i}A_V = \frac{2.07}{1+2.07}(-141) = -95.07$

(5) $Y_o = h_{oe} - \frac{h_{fe}h_{re}}{R_{ie}+R_s} = 10[\mu\text{A/V}] - \frac{100\times10^{-4}}{(2.1[\text{k}\Omega])+(1[\text{k}\Omega])} = 6.7\times10^{-6}$

(6) $R_o = \frac{1}{Y_o} = \frac{1}{6.7\times10^{-6}} = 149\,[\text{k}\Omega]$

예제 3-4 에미터 접지(CE) 증폭기의 특징

에미터 접지 증폭기(CE)의 특징을 써라.

풀이 CE 증폭기의 특징

① 전류이득 및 전압 이득이 모두 1이상인 것은 CE 뿐이다.

② CB와 비교할 때 입력저항은 훨씬 크고, 출력저항은 훨씬 작다.(R_i와 R_o는 CB 및 CC의 중간이다.)

③ R_i, R_o는 R_L, R_s에 따라 그다지 변동하지 않는다.

④ 증폭기로서 가장 많이 사용된다.
(다단 증폭기의 중간단으로 CE를 사용한다)

3·1·4 에미터 저항을 가진 CE 증폭기

CE 증폭회로에 에미터 저항 R_e를 넣은 회로이다. 저항 R_e에 의해 궤환(feedback) 현상이 일어난다.

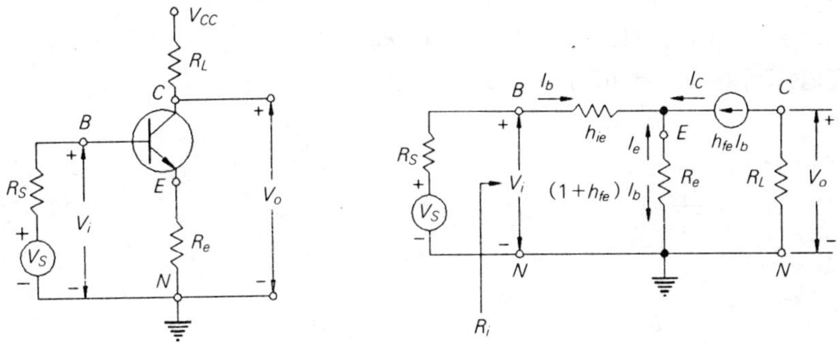

(a) R_e가 있는 *CE* (b) 근사 소신호 등가 회로

〈그림 3−7〉 에미터 저항을 가진 CE 증폭기

에미터 저항 R_e를 가진 *CE* 증폭기의 근사적 해석은 다음과 같다.

(1) 전류 이득 $A_I = \dfrac{-I_c}{I_b} = \dfrac{-h_{fe}I_b}{I_b} = -h_{fe}$

전류 이득은 *CE* 증폭기와 동일하며 R_e에 의해 아무런 영향을 받지 않는다.

(2) 입력 저항 $R_i = \dfrac{V_i}{I_b} = h_{ie} + (1+h_{fe})R_e$

입력 저항은 $(1+h_{fe})R_e$만큼 증가한다. 즉 R_e는 입력 저항을 대단히 큰 값으로 증가시킨다.

(3) 전압 이득 $A_V = \dfrac{V_o}{V_i} = \dfrac{R_L}{R_i}A_I$

이 식에 R_i와 A_I를 넣어 A_V를 구한다.

$$A_v = \frac{-h_{fe}R_L}{h_{ie}+(1+h_{fe})R_e} \approx \frac{-h_{fe}}{1+h_{fe}}\frac{R_L}{R_e} \approx -\frac{R_L}{R_e}$$

(단, $(1+h_{fe})R_e \gg h_{ie}$이고 $h_{fe} \gg 1$)

에미터저항은 A_V를 크게 감소시킨다. 그러나 A_V가 거의 R_L과 R_e에만 관계하므로 (파라메터와는 거의 무관) 완전하게 안정되어 있다.

(4) 출력 저항 $R_o \approx \dfrac{1+h_{fe}}{h_{oe}} \approx \dfrac{1}{h_{ob}}$

R_e로 인하여 R_o는 대단히 증대한다.

예제 3－5 R_e를 가진 CE 증폭기

(1) CE 증폭기와 비교시 R_e를 가진 CE 증폭기의 특징을 써라.

(2) 〈그림 3－8〉의 회로에서 $h_{fe} = 100$, $h_{ie} = 1$ [kΩ]이고 $R_L = 10$ [kΩ], $R_e = 1$ [kΩ]이다.

(a) R_i

(b) $A_V = \dfrac{V_o}{V_i}$

를 구하라.

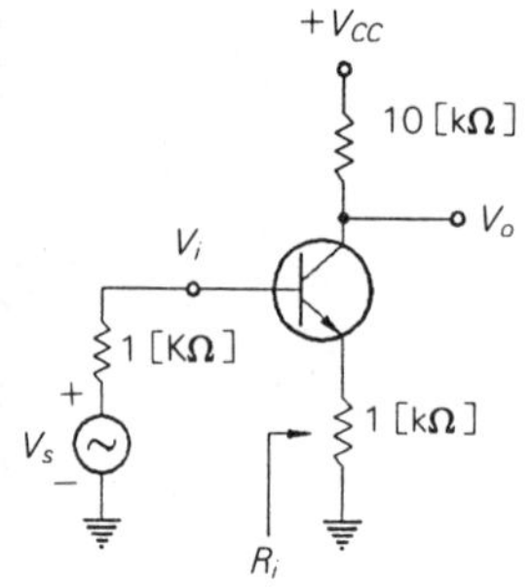

〈그림 3－8〉

풀이 (1) R_e를 가진 CE 증폭기의 특징

① 전류 이득은 거의 변하지 않는다.

② 입력 저항은 대단히 증대한다.

③ 전압 이득은 감소하는 반면 안정성이 향상된다.

④ 출력 저항도 증대한다.

(2) (a) $R_i = h_{ie} + (1+h_{fe})R_e$

$= 1[\text{k}\Omega] + (1+100)\ (1[\text{k}\Omega]) = 102\ [\text{k}\Omega]$

(b) $A_V = \dfrac{-h_{fe}R_L}{h_{ie} + (1+h_{fe})R_e} \approx -\dfrac{R_L}{R_e} \approx -10$

3·1·5 에미터 폴로워 (Emitter follower) : 콜렉터 접지(CC) 증폭기

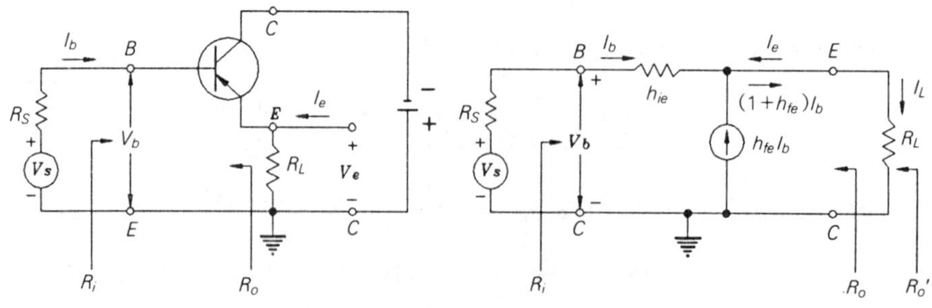

(a) 에미터 폴로워　　(b) 근사 h－모델

〈그림 3－9〉 에미터 폴로워(또는 CC 증폭기)

예제 3－6 **Emitter follower의 특징**

에미터 폴로워의 특징을 써라.

풀이 특 징(6가지)

① 전류 이득이 가장 크다.

② 전압 이득은 거의 1에 가깝다. (베이스 전압의 변동과 에미터에 있는 부하전압의 변동은 똑같다.)

③ 입력 저항이 대단히 크다.(수백 kΩ)

④ 출력 저항은 가장 작다.(수십 Ω)

⑤ 주로 버퍼(buffer)로서 사용된다.

⑥ 전력 증폭기로도 사용된다.

예제 3－7 **에미터 폴로워의 해석**

〈그림 3－10〉의 회로에서 h_{fe} = 100, h_{ie} = 2.1 [kΩ]이다. 단, R_s = 1 [kΩ]이다.

(1) 입력 저항 R_i

(2) 출력 저항 R_o

를 구하라.

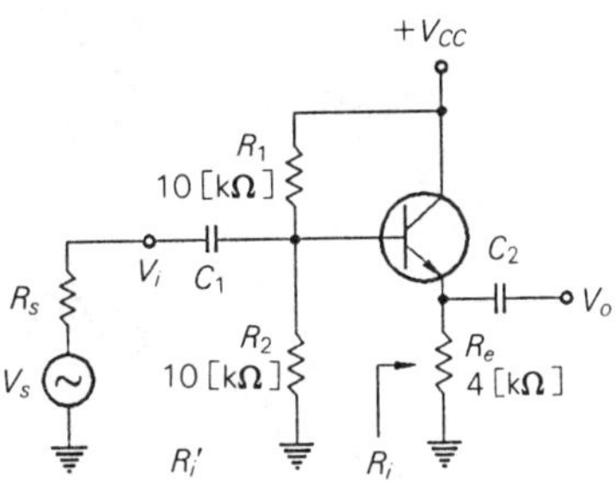

〈그림 3－10〉

풀이 R_i와 R_o구하기

(1) $R_i \approx h_{ie} + (1+h_{fe})R_e$

$\approx 2.1 + (1+100) \times 4 = 406$ [kΩ]

바이어스 저항(R_1과 R_2)을 포함한 입력 저항 R_i' 는

$R_i' = R_1 \| R_i$

$= (10[\text{k}\Omega] \| 10[\text{k}\Omega]) \| 406$ [kΩ] = 4.94 [kΩ]

즉 R_i가 크므로 바이어스 저항 때문에 전체 입력 저항은 낮아진다.

$$(2)\ R_o = \frac{1}{Y_o} \approx \frac{h_{ie}+R_s}{1+h_{fe}} = \frac{(2.1+1)\times 10^3}{1+100} = 30\ [\Omega]$$

에미터 폴로워의 출력 저항은 대단히 작다.

(1) 전류 이득　　$A_I = I_L / I_b = 1 + h_{fe}$

(2) 입력 저항　　$R_i = V_b / I_b = h_{ie} + (1 + h_{fe}) R_L$

(3) 전압 이득　　$A_V = A_I R_L / R_I = (1 + h_{fe}) R_L / R_i = 1 - \dfrac{h_{ie}}{R_L}$

※ 에미터 폴로우의 전압 이득은 거의 1에 가깝다.

(4) 출력 저항　　$R_0 = \dfrac{V_2}{I_2} = \dfrac{R_s + h_{ie}}{1 + h_{fe}}$

$R_o' = R_o \| R_L = R_L$ ($R_o = \infty$ 일 때)

3·1·6 베이스 접지(CB) 증폭기

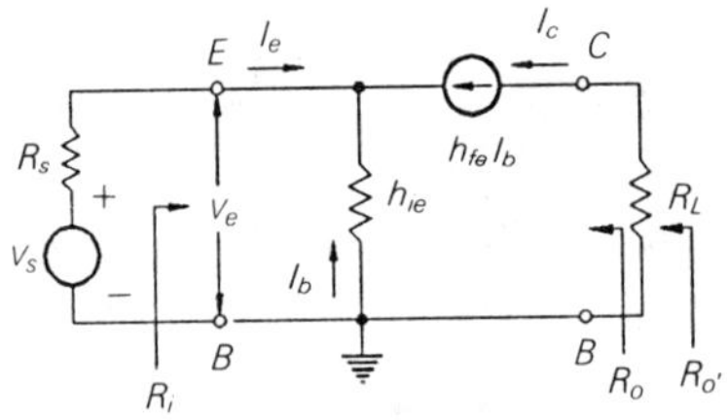

〈그림 3－11〉 베이스 접지 증폭기 등가회로

예제 3－8　CB 증폭기의 특징

베이스 접지(CB) 증폭기의 특징을 써라.

풀이 CB의 특징

① 입력 저항이 가장 작다.

② 출력 저항이 가장 크다.

③ 전류 이득은 약 1이다.($\alpha \approx 0.95 \sim 0.98$)

④ 전압 이득은 ＋이다.(입·출력 신호의 위상이 동위상이다.)

⑤ 대단히 작은 내부저항을 가진 신호원을 정합시키거나, 아주 높은 임피던스 부하를 구동시킬 때 사용된다.

(1) 전류 이득　　$A_I = \dfrac{-I_c}{I_e} = \dfrac{-I_b h_{fe}}{-I_b (1 + h_{fe})} = \dfrac{h_{fe}}{1 + h_{fe}} \approx -h_{fb}$

(2) 입력 저항　　$R_i = \dfrac{V_e}{I_e} = \dfrac{h_{ie} I_b}{I_b (1 + h_{fe})} = \dfrac{h_{ie}}{1 + h_{fe}} \approx h_{ib}$

(3) 전압 이득 $A_V = \frac{R_L}{R_i} A_I \approx \frac{h_{fe}}{h_{ie}} R_L$

(4) 출력 콘덕턴스 $G_o = h_{ob} - \frac{h_{fb} h_{rb}}{h_{ib} + R_s}$

(5) 출력 저항 $R_o = \frac{1}{G_o}$

3·1·7 각 증폭기의 간이 해석

다음은 *CE*, R_e를 가진 *CE*, *CC*, *CB* 등의 각 공식을 근사화시킨 값이다.

■ 요 약 [$hoe(R+R_L) \leqq 0.1$ 인 경우의 근사식]

	CE	CE with R_e	CC	CB
A_I	$-h_{fe}$	$-h_{fe}$	$1+h_{fe}$	$\frac{h_{fe}}{1+h_{fe}}$
R_i	h_{ie}	$h_{ie}+(1+h_{fe})R_e$	$h_{ie}+(1+h_{fe})R_L$	$\frac{h_{ie}}{1+h_{fe}}$
A_V	$-\frac{h_{fe} R_L}{h_{ie}}$	$-\frac{h_{fe} R_L}{R_i} \approx -\frac{R_L}{R_e}$	$1-\frac{h_{ie}}{R_i}$	$h_{fe} \frac{R_L}{h_{ie}}$
R_0	∞	∞	$\frac{R_s + h_{ie}}{1+h_{fe}}$	∞
R'_0	R_L	R_L	$R_0 \parallel R_L$	R_L

3·1·8 BJT 증폭기의 비교

(1) CE 증폭 회로

① *CE* 증폭 회로만 1보다 큰 전압 이득과 전류 이득을 갖는다.

② *CE* 증폭 회로가 가장 용도가 다양하다.

③ R_i와 R_0의 값은 *CB*와 *CC*의 중간이다.

(2) CB 증폭 회로

① A_I는 1보다 작다.

② A_V는 대단히 크다.(*CE*와 같다.)

③ R_i의 값은 셋 중에서 가장 작다.

④ R_0는 가장 크다.

⑤ *CB*는 거의 사용되지 않으나, 내부 저항이 작은 신호원을 정합 시키거나, 아주 높은 임피던스 부하를 구동하거나 할 때 사용된다.

(3) CC 증폭 회로

① CC 증폭 회로의 A_I는 대단히 크다.(CE와 같은 정도)

② A_V는 1보다 작다.(거의 1이다.)

③ R_i는 셋 중에서 가장 크다.

④ R_0는 가장 작다.

⑤ 용 도 : 고 임피던스의 신호원과 저 임피던스의 부하사이에 사용되는 버퍼 증폭기 (buffer amplifier)로서 응용된다.

■ 각 증폭기의 특성 비교

	CE	CC	CB
A_I	크다(－)	크 다	작 다
A_V	크다(－)	작 다	크 다
R_i	중 간	높 다	낮 다
R_0	중 간	낮 다	높 다

※ －는 위상 반전을 의미한다.

3·1·9 캐스코드(cascode) 회로

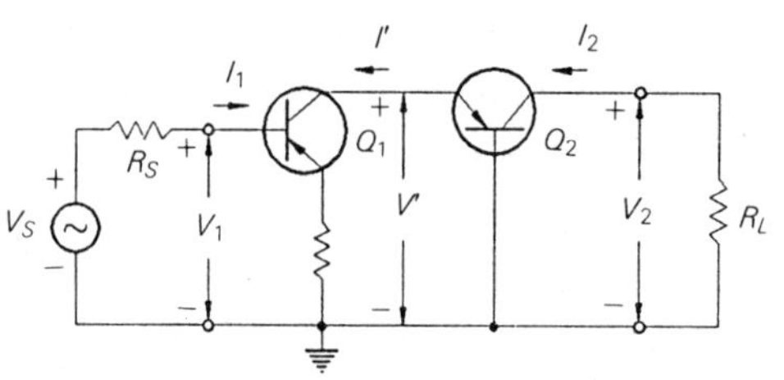

〈그림 3－12〉 캐스코드 회로

(1) **캐스코드 회로의 구성** : cascode 회로는 CE 증폭단과 이것에 직렬로 접속된 CB 증폭단으로 구성된다.

(Q_1의 콜렉터 전류는 Q_2의 에미터 전류와 같다.)

Q_1과 Q_2는 h_{re}를 무시할 때 1단 CE 증폭기와 동일한 작용을 한다. 즉 입력저항 및 전류 이득이 같다.

(2) **캐스코드 증폭기의 특징(1단 CE와 비교)**

① 입력 저항 및 전류 이득은 비슷하다.

② 출력 저항은 CB 증폭기와 비슷($\approx 2\text{M}\Omega$)하여 CE단의 경우 ($\approx 40\text{k}\Omega$)보다 훨씬 크다.

③ 전압 궤환율 $h_r = h_{re}h_{rb}$이며 CE 증폭기($\approx h_{re}$)보다 훨씬 작아진다.

즉 전압 궤환율이 작아 발진의 가능성이 낮고 회로의 안정성을 높아 동조 증폭기등에 응용된다. 즉 캐스코드 증폭기는 CE 증폭기의 동작 주파수를 훨씬 높게 한 효과를 준 셈이다.

3·2 고입력 저항 회로

3·2·1 다알링턴(Darlington) 회로

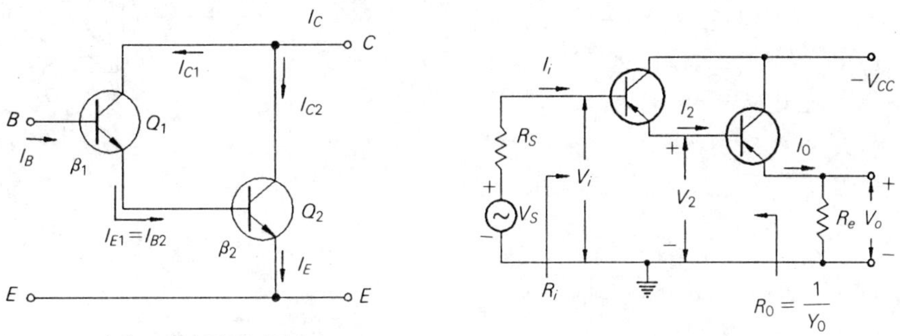

(a) 다알링턴 접속 (b) 다알링턴 에미터 폴로워

〈그림 3－13〉 다알링턴 회로

(1) 다알링턴(darlington) 접속 : 〈그림 3－13〉 (a)에서

$$I_{C1} = \beta I_B, \ I_{C2} = \beta_2 I_{B2}$$

$$I_{B2} = I_B + I_{C1} = I_B + \beta_1 I_B = (1+\beta_1)I_B$$

$$\begin{aligned} I_C = I_{C1} + I_{C2} &= \beta_1 I_B + \beta_2 I_{B2} \\ &= \beta_1 I_B + \beta_2(1+\beta_1)I_B = [\,\beta_1 + \beta_2(1+\beta_1)\,]\,I_B \end{aligned}$$

$$\begin{aligned} I_E &= I_{B2} + I_{C2} = I_B + I_{C1} + I_{C2} = I_B + I_C \\ &= [\,1+\beta_1+\beta_2(1+\beta_1)\,]\,I_B \end{aligned}$$

총 전류 증폭률 $\beta = I_C / I_B$ 이므로

$$\beta = \frac{I_c}{I_B} = \beta_1 + \beta_2 + \beta_1\beta_2 \approx \beta_1\beta_2$$

(2) 종합 전류 이득 : 〈그림 3－13〉 (b)에서

$$A_{i2} = \frac{I_o}{I_2} \approx 1 + h_{fe} \qquad R_{i2} = \frac{V_2}{I_2} \approx (1 + h_{fe})\,R_e$$

$$A_{i1} = \frac{I_2}{I_i} = \frac{1+h_{fe}}{1+h_{oe}R_{i2}} = \frac{1+h_{fe}}{1+h_{oe}(1+h_{fe})R_e} \simeq \frac{1+h_{fe}}{1+h_{oe}h_{fe}R_e}$$

(단, $h_{oe}R_e \leq 0.1$)

$$A_i = \frac{I_o}{I_i} \approx A_{i2}A_{i1} = \frac{(1+h_{fe})^2}{1+h_{oe}h_{fe}R_e}$$

예제 3－9 Darlington 접속 회로의 해석

〈그림 3－14〉와 같은 darlington 접속 회로에서 각 트랜지스터의 $V_{BE} = 0.7$ 이고 Q_2의 동작점 $V_{CE2} = 6$ [V]일 때 R의 값을 계산하라.
단, Q_1, Q_2트랜지스터의 전류증폭률은 각각 $\beta_1 = 24$, $\beta_2 = 39$ 이다.

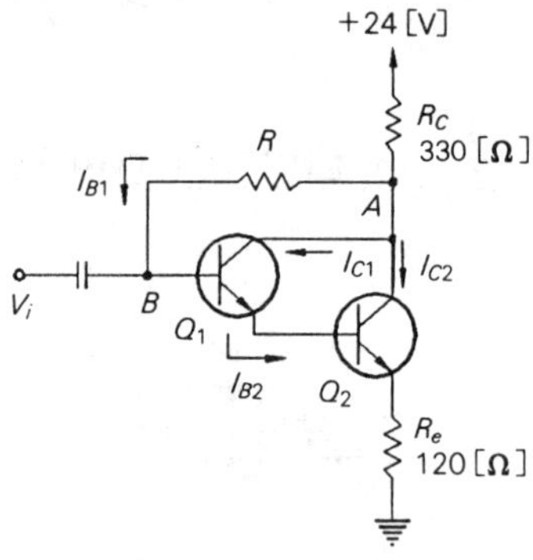

〈그림 3－14〉

풀이 Q_2의 collector－emitter 회로에서

$$V_{cc} = (I_{B1} + I_{c1} + I_{c2})\ (R_c + R_e) + V_{CE2}$$

$$(I_{B1} + I_{c1} + I_{c2}) = I_{E2} = \frac{V_{cc} - V_{CE2}}{R_c + R_e} = \frac{24-6}{330+120} = 40\ [\text{mA}]$$

$$I_{B2} = I_{E1} = \frac{I_{E2}}{1+\beta_2} = \frac{40[\text{mA}]}{1+39} = 1\ [\text{mA}]$$

$$I_{B1} = \frac{I_{E1}}{1+\beta_1} = \frac{1[\text{mA}]}{1+24} = 40\ [\mu\text{A}]$$

점 A와 B의 전압을 구한다.

$$V_A = 24 - 330\,(40\ [\text{mA}]) = 10.8\ [\text{V}]$$
$$V_B = 120(40\ [\text{mA}]) + 0.7 + 0.7 = 6.2\ [\text{V}]$$

따라서

$$R = \frac{V_A - V_B}{I_{B1}} = \frac{10.8-6.2}{40\times10^{-6}} = \frac{4.6\times10^{6}}{40} = 115\ [\text{k}\Omega]$$

(3) 입력저항

$$R_{i1} = h_{ic} + h_{rc}A_{i1}R_{i2} = h_{ie} + A_{i1}R_{i2}$$

A_{i1}과 R_{i2}를 대입하면,

$$R_{i1} \approx \frac{(1+h_{fe})^2 R_e}{1 + h_{oe}\,h_{fe}\,R_e}$$

따라서 입력저항이 대단히 증대됨을 알 수 있다.

다알링턴 접속 에미터 폴로워는
① 전류 증폭률은 대단히 커진다.
② 입력 저항이 대단히 커진다.
③ 전압 이득은 1보다 작아진다.
④ 출력 저항은 낮아진다.

3·2·2 부우트스트랩(Bootstrap) 회로

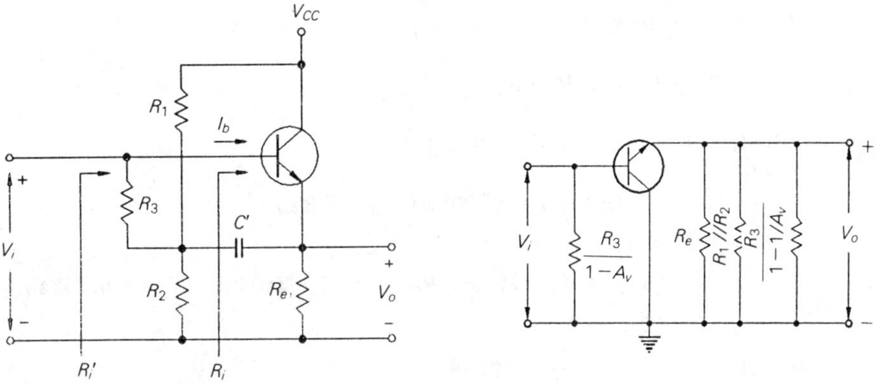

(a) bootstrap 된 에미터폴로워 (b) 등가회로

〈그림 3−15〉 부우트스트랩 회로

※ 밀러의 정리(Miller's theorem)

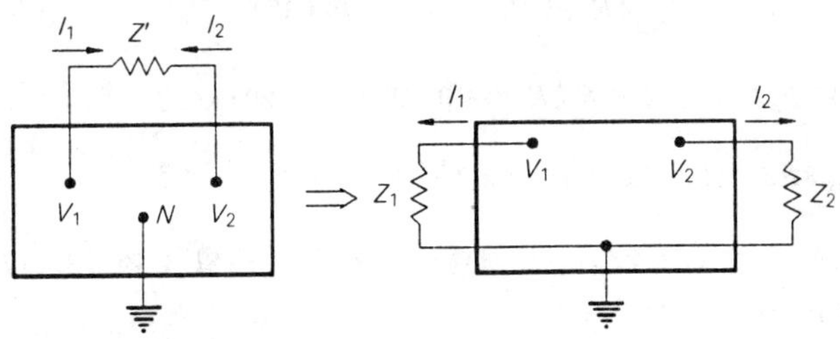

(a) 회로망 (b) $I_1 = -I_2$

〈그림 3−16〉 밀러의 정리

$$Z_1 = \frac{Z'}{1-K} \qquad Z_2 = \frac{Z'K}{K-1}$$

단, $K = V_2 / V_1$이다.

예제 3－10 bootstrap 회로의 해석

〈그림 3－17〉의 회로에서

(a) R_i (b) Av' (베이스와 에미터간 전압이득)

(c) R_i' (d) $A_I = I_o/I_i$

(e) C'가 없다고 가정하고 R_i'를 계산하라.

단, 트랜지스터의 h정수는

$h_{ie} = 2\ [\mathrm{k\Omega}],\ h_{fe} = 100,\ h_{oe} \approx 0,\ h_{re} \approx 0$

이다.

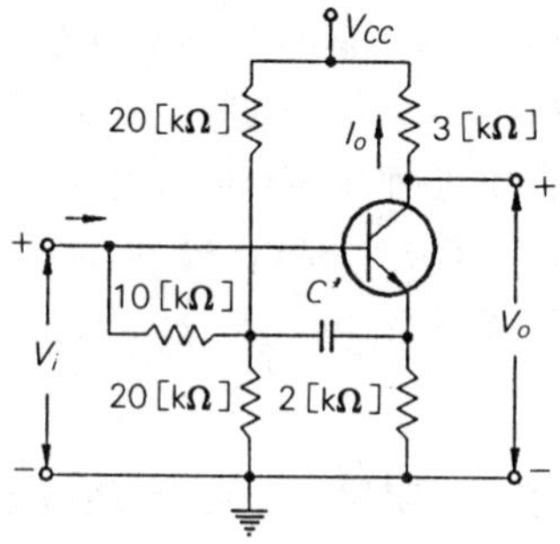

〈그림 3－17〉

풀이 (a) 〈그림 3－15〉의 (b)에서 $R_3' = \dfrac{A_V R_3}{A_V - 1}$이므로

실효 에미터저항 R_e'는

$$R_e' = R_e \| (R_1 \| R_2) \| R_3'$$

먼저 $A_V \approx 1,\ R_3' = -\infty$ 라고 가정하면

$$R_e' = R_e \| (R_1 \| R_2) = 2 \| 20 \| 20 = 1.67\ [\mathrm{k\Omega}]$$

$$\therefore\ R_i = \frac{V_i}{I_b} = h_{ie} + (1 + h_{fe}) R_e' = 2 + (1 + 100) \times 1.67 = 170.67\ [\mathrm{k\Omega}]$$

(b) $A_V = 1 - \dfrac{\mathrm{h_{ie}}}{R_i} = 1 - \dfrac{2}{170.67} = 0.988$

(c) $R_i' = R_{eff} \| R_i = \dfrac{R_3}{1 - A_V} \| R_i = \dfrac{10}{1 - 0.988} \| 170.67$

$= 833 \| 170.67 = 142\ [\mathrm{k\Omega}]$

(d) $A_I = \dfrac{I_o}{I_b} \cdot \dfrac{I_b}{I_i} = A_i' \cdot \dfrac{R_{eff}}{R_{eff} + R_i} = -\dfrac{100 \times 833}{833 + 171} = -83$

(e) C'가 없다면 $R_{eff} = R_3 + R_1 \| R_2 = 10 + 20 \| 20 = 20\ [\mathrm{k\Omega}]$

$R_i' = R_{eff} \| R_i = 20 \| 171 = 17.9\ [\mathrm{k\Omega}]$

(c)와 비교시 부우트스트래핑 캐패시터의 효과는 입력 저항을 17.9 [kΩ]에서 142 [kΩ]까지 증가시킨다.

이 회로의 전압이득 Av 는

$$A_v = -\frac{R_L}{R_e'} = -\frac{3}{1.67} \approx 1.8 \quad \text{이다.}$$

(1) 바이어스 회로의 실효 입력 저항

입력 저항을 높이기 위한 회로이다. 실효 교류 저항은 밀러정리에 의해

$$R_{eff} = \frac{R_3}{1 - A_V}$$

에미터 폴로워의 A_V는 1에 가까우므로 R_{eff}는 매우 커진다.

〈그림 3-15〉에서 바이어스는 R_1과 R_2와의 접속점으로 부터 R_3를 거쳐서 가해진다. 큰 용량의 C'는 교류성분에 대하여 단락회로를 형성한다. 즉 입력과 출력 단자는 R_3로 접속된 셈이 된다.

(2) 밀러 효과에 의해서 출력쪽에 나타나는 저항

$$R_3' = \frac{R_3}{1-1/A_V} = -\frac{A_V R_3}{1-A_V}$$

A_V는 (+)이며 1보다 약간 작은 값을 가지므로 R_3'은 (−)의 고저항을 나타낸다.

3·3 바이어스 회로 및 열적 안정

3·3·1 고정 바이어스 회로

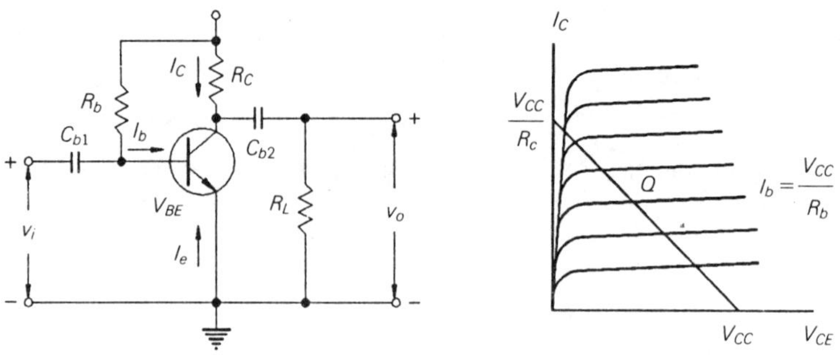

(a) (b)

〈그림 3−18〉 고정 바이어스 회로

(1) base 전류

$$I_B = \frac{V_{CC} - V_{BE}}{R_b} \approx \frac{V_{CC}}{R_b}$$ 단, V_{BE}는 Si일 때 0.7 [V], Ge일 때 0.2 [V]이다.

(2) 기본식 : $I_C = \alpha I_E + I_{C0} \approx \alpha I_E \approx I_E = \beta I_B + (1+\beta)I_{C0} \approx \beta I_B$

(3) $\boldsymbol{Q}$ 동작점 설정

$$I_C = \beta \frac{V_{CC}}{R_b} + (1+\beta)I_{C0} \cong \beta \frac{V_{CC}}{R_b}$$

$$V_{CE} = V_{CC} - I_C R_C \cong V_{CC} - \frac{\beta R_C V_{CC}}{R_b}$$

$$\therefore I_C = -\frac{1}{R_C} V_{CE} + \frac{V_{CC}}{R_C}$$

(4) 동작점의 변동

① 트랜지스터 품질의 불균일

② I_{C0}의 온도 변화

(I_{C0}는 10°C 온도 상승하는데 약 2배 증가)

③ V_{BE}의 온도 변화

(I_C를 일정하게 유지하려면 1°C 온도 상승할때 마다 약 2.5 mV씩 V_{BE}를 줄여 주어야 한다.).

3·3·2 안정 계수(Stability factor)

콜렉터 전류 I_C 는 I_{CO}, V_{BE} 및 β 의 함수이다.

$$I_C = f(I_{C0},\ V_{BE},\ \beta)$$

온도 등의 변화로 ΔI_{C0}, ΔV_{BE}, $\Delta \beta$ 만큼 증가할 때 I_C 의 증가는 다음과 같다.

$$\Delta I_C = \frac{\partial I_C}{\partial I_{C0}}\Delta I_{C0} + \frac{\partial I_C}{\partial V_{BE}}\Delta V_{BE} + \frac{\partial I_C}{\partial \beta}\Delta \beta$$

바이어스 회로의 안정계수는 다음과 같다.

$$S = \frac{\partial I_C}{\partial I_{C0}} = \frac{dI_C}{dI_{C0}}\Big|_{V_{BE},\ \beta\ =\ \mathrm{const}}$$

$$S = -\frac{\partial I_C}{\partial V_{BE}} = -\frac{dI_C}{dV_{BE}}\Big|_{I_{C0},\ \beta\ =\ \mathrm{const}}$$

$$S'' = \frac{\partial I_C}{\partial \beta} = \frac{dI_C}{d\beta}\Big|_{I_{C0},\ V_{BE}\ =\ \mathrm{const}}$$

$$\Delta I_C = S\Delta I_{C0} - S'\Delta V_{BE} + S''\Delta\beta$$

※ 고정 바이어스 회로의 S

$$S = \beta + 1 \approx \beta \qquad (\beta \gg 1)$$

$$S' = \frac{\beta}{R_b} \approx \frac{S}{R_b}$$

예제 3－11 직류 바이어스 전압과 전류

〈그림 3－19〉의 회로에서 베이스－에미터 전압 $V_{BE} = 0.7\,[\mathrm{V}]$이다.

(1) 베이스 전류 I_B

(2) 콜렉터 전류 I_c

(3) 콜렉터－에미터 전압 V_{CE}

(4) 안정계수 S를 구하라.

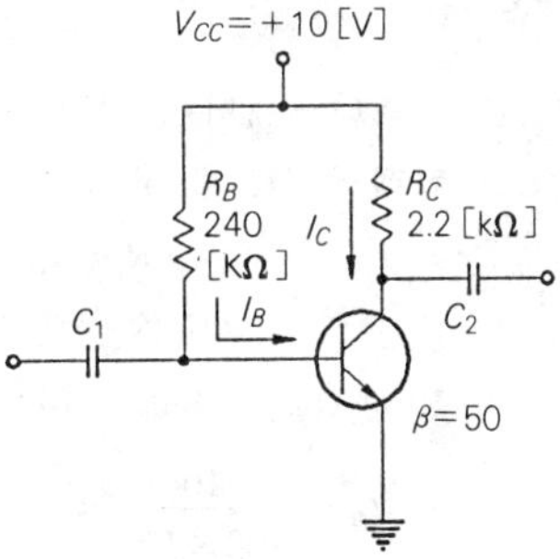

〈그림 3－19〉

풀이 직류 고정 바이어스 회로이다.

(1) $I_B = \dfrac{V_{CC} - V_{BE}}{R_B} = \dfrac{10-0.7}{240\times 10^3} = 38.75\,[\mu\mathrm{A}]$

(2) $I_c = \beta I_B = 50\times 38.75\times 10^{-6} = 1.94\,[\mathrm{mA}]$

(3) $V_{CE} = V_{CC} - I_C R_C = 10 - 1.94\times 10^{-3}\times 2.2\times 10^3 = 5.71\,[\mathrm{V}]$

(4) $S = \beta + 1 = 50 + 1 = 51$

3·3·3 여러가지 바이어스 회로

(1) 콜렉터 대 베이스 바이어스 회로

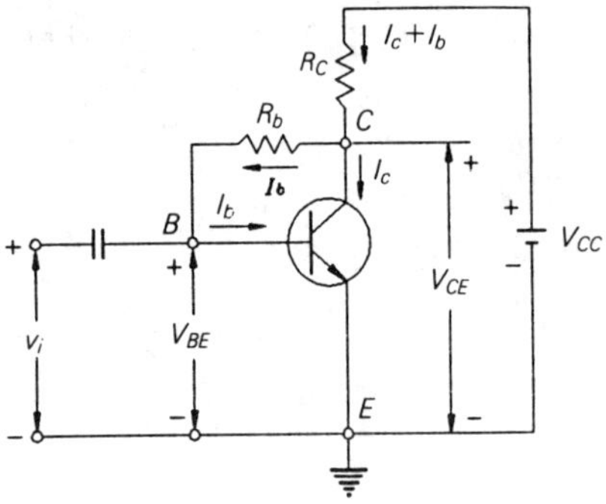

〈그림 3-20〉 콜렉터 대 베이스 바이어스 회로

$$V_{CC} = (I_C + I_B) R_C + I_B R_b + V_{BE}$$

$$I_B = \frac{V_{CC} - V_{BE} - I_C R_C}{R_C + R_b} \cong \frac{V_{CC} - I_C R_C}{R_C + R_b}$$

$$\therefore \frac{dI_B}{dI_C} = -\frac{R_C}{R_C + R_b}$$

$$S = \frac{1+\beta}{1+\beta\dfrac{R_C}{R_C+R_b}}$$

예제 3-12 전압 궤환 바이어스 회로의 해석

〈그림 3-21〉의 회로에서 $V_{CC} = 10$ [V], $R_C = 2$ [kΩ]이고 바이어스는 베이스와 콜렉터간에 100 [kΩ]의 저항을 연결하여 얻는다. $V_{BE} = 0$이고 $\beta = 50$ 이라고 할 때
(1) 콜렉터-에미터 전압 V_{CE}
(2) 안정계수 S
를 구하라.

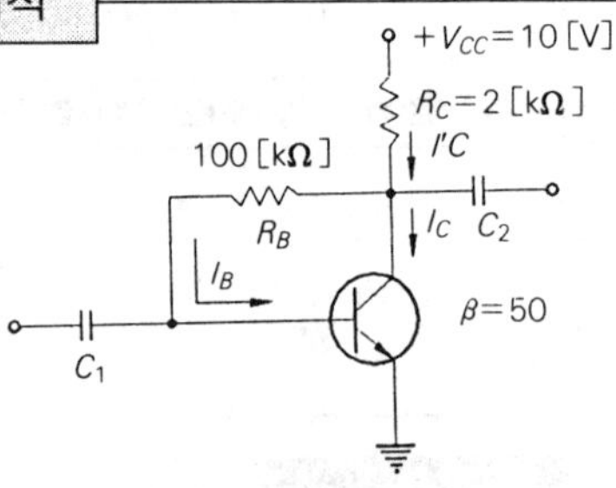

〈그림 3-21〉

풀이 (1) 콜렉터-에미터 전압 V_{CE}

콜렉터 회로에 KVL을 적용하면

$$V_{CC} - (I_C + I_B) R_C - I_B R_B = 0$$

$$V_{CC} = (1+\beta) I_B R_C + I_B R_B$$

$$10 = (51 \times 2 \times 10^3 + 100 \times 10^3) I_B$$

$$\therefore I_B = \frac{10}{202 \times 10^3} = 49.5\ [\mu\text{A}]$$

그러므로 $I_C = 50 \times 49.5 \times 10^{-6} = 2.475$ [mA]

$$\therefore V_{CE} = I_B R_B + V_{BE} = V_{CC} - I_C' R_C = 4.95\ [\text{V}]$$

(2) 안정계수 S

$$S = \frac{1+\beta}{1+\beta\dfrac{R_c}{R_c+R_B}} = \frac{1+50}{1+(50)\dfrac{2}{(100+2)}} = 25.6$$

① 전압 궤환 바이어스 회로라고도 한다.

② 고정 바이어스 회로보다 안정도가 좋은 이유 : 만일 I_C 가 증가한다면 V_{CE} 가 감소하고 I_B 도 역시 감소한다. 그러므로 I_B 가 고정되어 있는 경우보다는 I_C 가 덜 증가함은 분명하다.

예제 3-13 전압 궤환 직류 바이어스 회로의 해석

〈그림 3-22〉의 바이어스 회로에서 전류 증폭률 $\beta = 50$ 이고 베이스-에미터 전압 $V_{BE} = 0.7$ [V]이다.

(1) 직류 바이어스 전류 I_E

(2) 전압 V_{CE}

(3) C_3의 역할은?

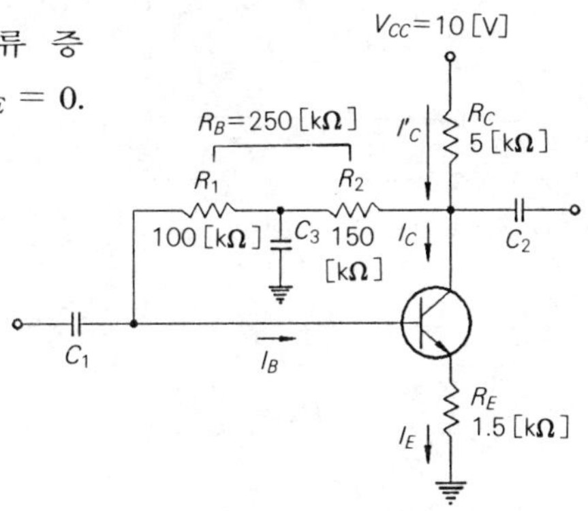

〈그림 3-22〉

풀이 ac 궤환 통로의 C_3는 단지 교류 신호의 궤환을 방지하는 것으로 직류 바이어스 계산에는 아무 영향을 주지 않는다.

(1) 직류 바이어스 전류 I_E

$$I_B = \frac{V_{CC} - V_{BE}}{R_B + (\beta+1)(R_C + R_E)} = \frac{10 - 0.7}{250[\text{k}\Omega] + (51)(5[\text{k}\Omega] + 1.5[\text{k}\Omega])} = 16\,[\mu\text{A}]$$

$$I_E = (\beta+1)I_B = (51)(16\,[\mu\text{A}]) = 0.816\,[\text{mA}]$$

(2) 전압 V_{CE}

$$V_{CE} = V_{CC} - I_E(R_C + R_E) = 10 - (0.816\,[\text{mA}])(5[\text{k}\Omega] + 1.5[\text{k}\Omega])$$
$$= 10 - 5.3 = 4.7\,[\text{V}]$$

(3) C_3는 바이패스 콘덴서로서 AC 전압 궤환을 막아준다.

(2) 전류 궤환 바이어스 회로

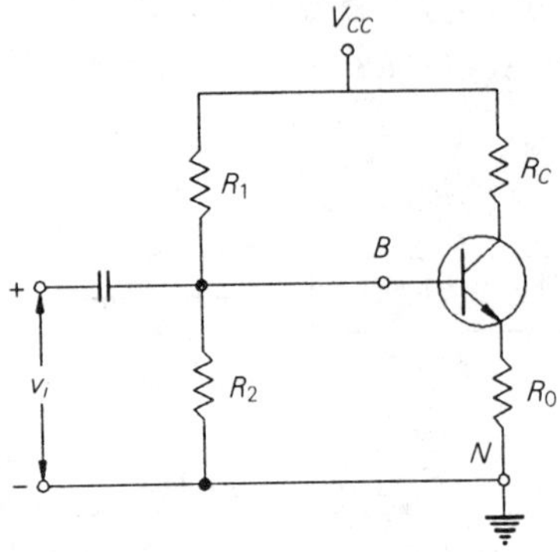

(a) 자기 바이어스 회로

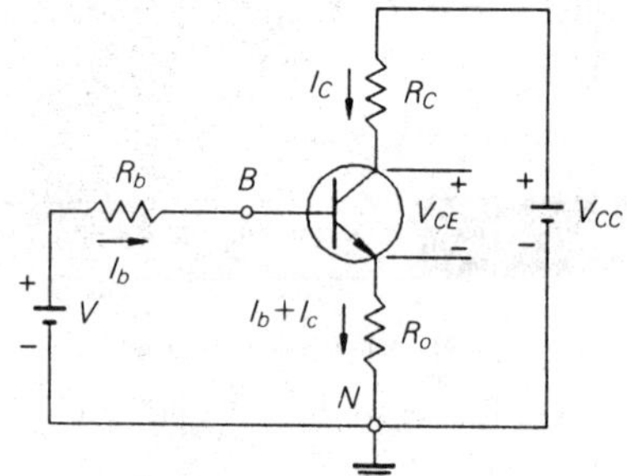

(b) 데브난의 정리를 사용해서 수정한 베이스 회로

〈그림 3－23〉 전류 궤환 바이어스 회로

$$V \equiv \frac{R_2 V_{CC}}{R_1+R_2} \qquad R_b \equiv \frac{R_1 R_2}{R_1+R_2}$$

$$V = I_B R_b + V_{BE} + (I_B + I_C) R_e$$

$$\therefore \frac{dI_B}{dI_C} = -\frac{R_e}{R_b+R_e}$$

$$S = \frac{1+\beta}{1+\beta \dfrac{R_e}{R_e+R_b}} = (1+\beta)\frac{1+\dfrac{R_b}{R_e}}{1+\beta+\dfrac{R_b}{R_e}}$$

예제 3－14 전류 궤환 바이어스 회로의 해석

〈그림 3－24〉의 회로에서 다음을 계산하라.

(1) $R_b = R_1R_2/(R_1+R_2)=0$일 때 안정계수 S는?

(2) 이 회로에서 $R_e = 1[k\Omega]$, $R_b = 10[k\Omega]$, $\beta = 50$일 때 S는?

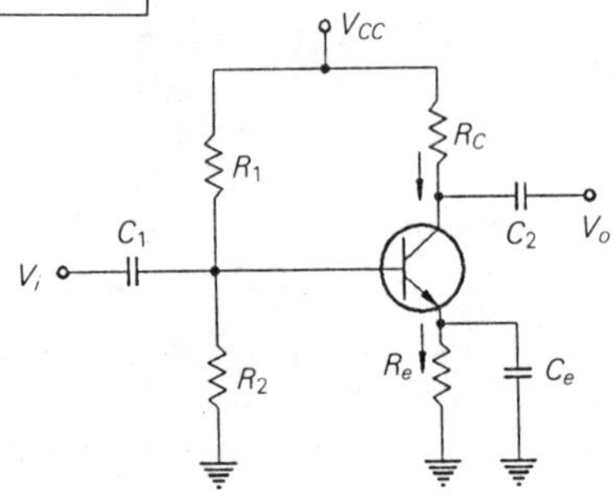

〈그림 3－24〉

풀이 전류 궤환 바이어스 회로이다.

(1) $S = \dfrac{1+\beta}{1+\beta\dfrac{R_e}{R_b+R_e}}$의 식에서 $R_b = 0$이면 $S=1$이 된다.

(즉 R_e는 클수록 R_b는 작을수록 안정계수 S가 감소한다.)

(2) $S = \dfrac{1+\beta}{1+\beta\dfrac{R_e}{R_b+R_e}} = \dfrac{1+50}{1+(50)\dfrac{1[k\Omega]}{(10[k\Omega]+1[k\Omega])}} = 9.2$

예제 3-15 에미터 전류와 바이어스 전압

〈그림 3-25〉의 회로에서
(1) 에미터 전류 I_E
(2) 직류 바이어스 전압 V_{CE}
를 구하라. 단, $V_{BE} = 0.7$ [V]이고, $\beta = 100$이다.

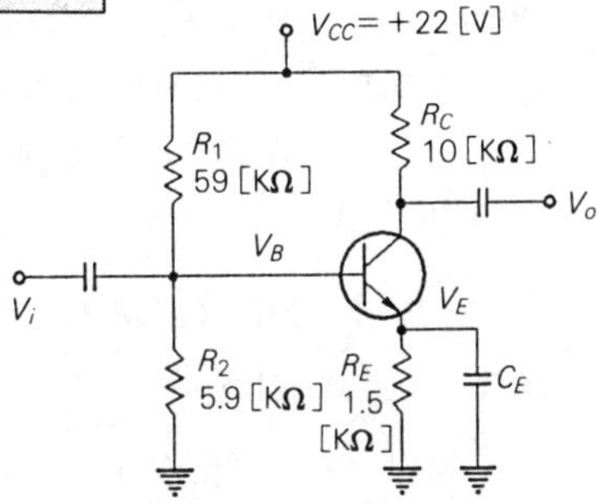

〈그림 3-25〉

풀이 (1) 에미터 전류 I_E

먼저 베이스 전압 V_B를 구한다.

$$V_B = \frac{R_2}{R_1+R_2} V_{CC} = \frac{5.9}{59+5.9}(22) = 2\,[\text{V}]$$

에미터 전압 V_E는

$$V_E = V_B - V_{BE} = 2 - 0.7 = 1.3\,[\text{V}]$$

로 계산되므로 에미터 전류 I_E는 다음과 같이 계산된다.

$$I_E = \frac{V_E}{R_E} \approx I_C = \frac{1.3}{1.5\times10^3} = 0.867\,[\text{mA}]$$

(2) 직류 바이어스 전압 V_{CE}

콜렉터와 접지간 전압 V_C는

$$V_C = V_{CC} - I_C R_C = 22 - (0.867\,[\text{mA}])\,(10[\text{k}\Omega]) = 13.33\,[\text{V}]$$

이고 V_{CE}는 다음과 같이 계산된다.

$$V_{CE} = V_{CC} - V_E = 13.33 - 1.3 = 12.03\,[\text{V}]$$

3·3·4 보상 회로(Compensation circuit)

(1) 다이오드 바이어스 보상회로

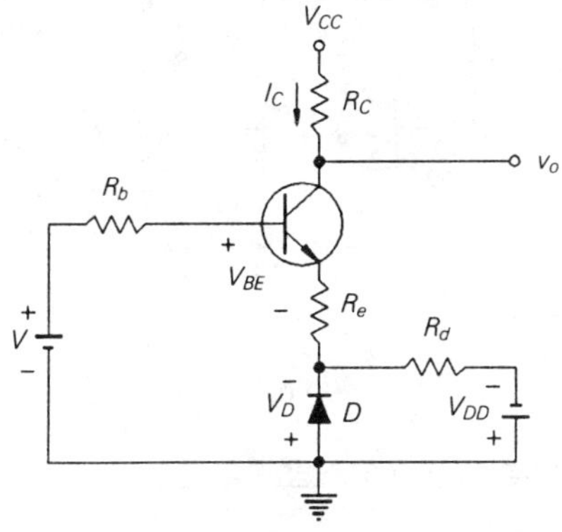

(a) V_{BE}에 대한 다이오드 보상회로

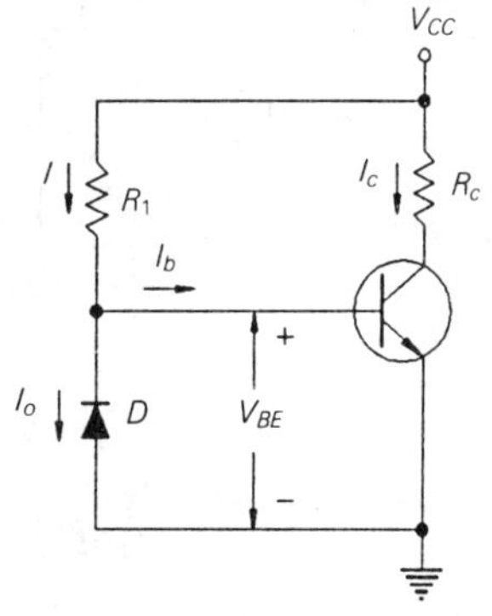

(b) I_{CO}에 대한 다이오우드 보상회로

〈그림 3-26〉 다이오드 바이어스 보상회로

〈그림 3－26〉 (a)에서

전원 V_{DD}와 저항 R_d는 다이오드 D를 순바이어스 상태를 유지하기 위한 회로이다.

다이오드가 트랜지스터와 같은 재료이면 다이오드 양단전압 V_D는 V_{BE}와 마찬가지로 $-2.5\,[\mathrm{mV}/℃]$ 온도계수를 갖는다.

따라서, V_{BE}의 온도변화는 다이오드 전압 V_D의 변화에 의하여 감소한다.

〈그림 3－26〉 (b)에서

R_1에 흐르는 전류는

$$I = \frac{V_{CC} - V_{BE}}{R_1} \approx \frac{V_{CC}}{R_1} = \text{const.}$$

다이오드와 트랜지스터가 같은형 같은 재료라면 다이오드의 역포화전류 I_o는 트랜지스터의 I_{co}의 온도변화율과 같은 온도변화율을 갖는다.

콜렉터전류의 기본식

$$I_c = \beta I_B + (1+\beta)\, I_{co}$$

여기서 $I_B = I - I_o$ 이므로

$$I_c = \beta I - \beta I_o + (1+\beta) I_{co} \approx \beta I + \beta (I_{co} - I_o)$$

윗식에서 $\beta \gg 1$ 이고 다이오드의 I_o와 트랜지스터의 I_{co}의 온도변화율이 같으면 서로 상대되므로 I_c는 온도변화에 대하여 일정하게 된다.

(2) 트랜지스터 보상회로

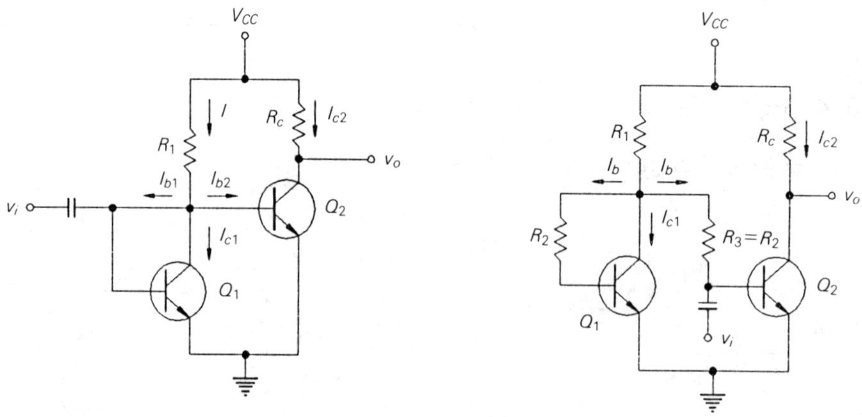

(a) (b)

〈그림 3－27〉 선형 집적 회로의 바이어스법

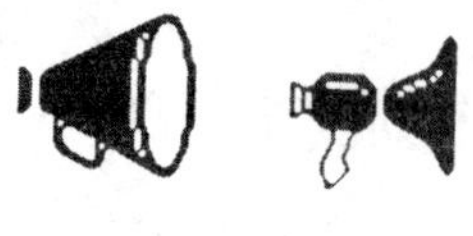

〈그림 3－27〉 (a) 에서

Q_1의 콜렉터 전류는

$$I_{C1} = \frac{V_{CC} - V_{BE}}{R_1} - I_{B1} - I_{B2}$$

$$V_{CC} \gg V_{BE} \text{ 이고 } I_{C1} \gg (I_{B1} + I_{B2})$$

$$I_{C1} \fallingdotseq \frac{V_{CC}}{R_1} = \text{일정(const.)}$$

만일 Q_2가 Q_1과 똑 같은 트랜지스터라면 베이스－에미터간 전압이 같으므로

$$I_{C2} = I_{C1} = \text{일정(const.)}$$

(3) 더어미스터(thermistor) 온도 보상 회로

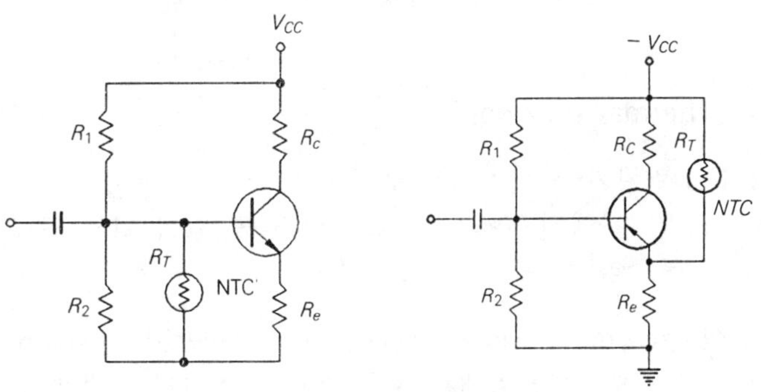

(a) (b)

〈그림 3－28〉 더어미스터 보상 회로

〈그림 3－28〉 (a) 에서

더어미스터는 음(－)의 온도계수(NTC : Negative Temperature Coefficient)를 가진 저항이며 온도에 따라 지수함수적으로 저항이 감소한다. 온도가 상승하면 R_T가 감소하고 R_T를 거쳐서 R_e를 흐르는 전류는 증가한다.

따라서 R_e에서의 전압강하가 증가되기 때문에 베이스－에미터간의 순 바이어스가 감소되어 I_C의 증가를 막아준다.

(4) 센시스터(sensistor)온도 보상회로

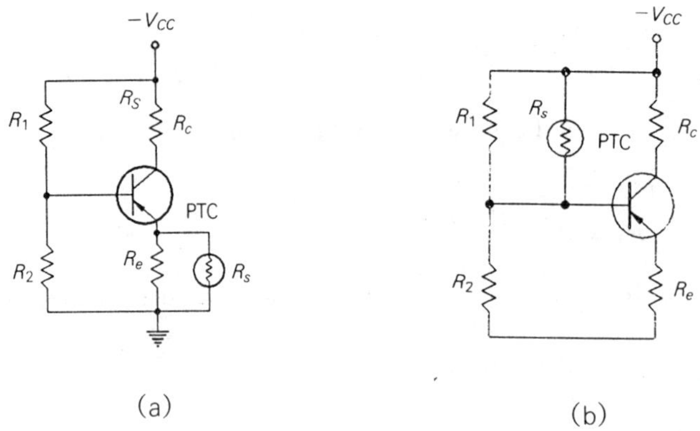

〈그림 3−29〉 센시스터 온도 보상회로

3·3·5 열폭주 (Thermal runaway)

콜렉터에서 전력이 소비되면 트랜지스터의 온도가 올라가 콜렉터 전류를 더욱 증가시킨다. 콜렉터 전류는 콜렉터에서 주울열을 발생시켜 이 열이 너무 크면 트랜지스터가 소손된다. 이 현상을 열폭주라 한다.

(1) 정격 콜렉터 손실 (maximum allowable collector power dissipation)

콜렉터 접합이 견딜 수 있는 최대 허용 콜렉터 손실전력을 정격 콜렉터 손실이라 한다.

(2) 열저항 (thermal resistance)

콜렉터 접합에서 단위 전력(1W 또는 1mW)의 전력소비에 대하여 콜렉터 접합의 온도 상승율을 열저항이라 한다.

$$\Theta = \frac{\Delta T}{P_D} = \frac{T_j - T_A}{P_D} \ (°\mathrm{C/W\ or\ mW})$$

단, T_A : 주위온도, T_j : 트랜지스터 콜렉터 접합온도, P_D : 콜렉터 접합에서의 손실전력, Θ : 열저항.

(3) 열적안정조건

① 열폭주를 피하기 위한 조건 : 콜렉터에서 열의 방출율이 열의 소비율 보다 작아야 한다.

$$\frac{\partial P_C}{\partial T_j} < \frac{\partial P_D}{\partial T_j}$$

② **열폭주가 일어나지 않을 조건**

$$T_j - T_A = \Theta P_D$$

$$\frac{\partial P_D}{\partial T_j} = \frac{1}{\Theta}$$

$$\boxed{\frac{\partial P_C}{\partial T_j} < \frac{1}{\Theta}}$$

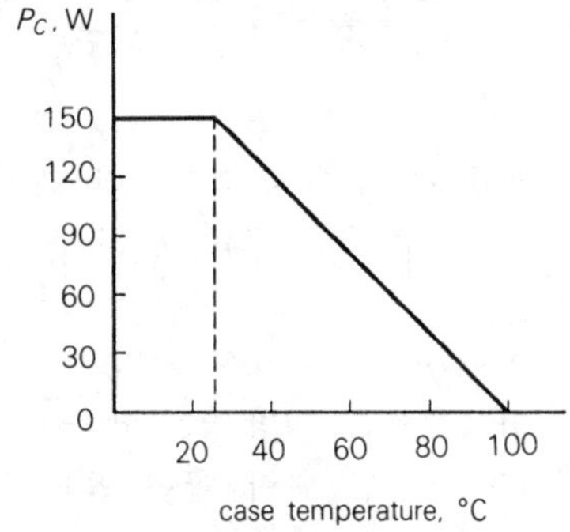

〈그림 3−30〉

出 題 豫 想 問 題

1. 4단자회로의 h 파라메터 표시가 다음과 같다.

$$\begin{bmatrix} v_1 \\ i_2 \end{bmatrix} = \begin{bmatrix} h_{11} & h_{12} \\ h_{21} & h_{22} \end{bmatrix} \begin{bmatrix} i_1 \\ v_2 \end{bmatrix}$$

이때 h_{12}의 물리적 의미는?

가. 입력단 개방 전압궤환율　　나. 입력단 개방 전류증폭율
다. 출력단 단락 입력 임피이던스　　라. 출력단 단락 어드미턴스

해설 $h_{12} = \dfrac{v_1}{v_2}\Big|_{i_1=0}$

2. 다음 중 트랜지스터의 h 정수 등가회로에 나타나지 않는 것은?

가. 전류 등가원　　나. 전압 등가원
다. 직류 바이어스 전압　　라. 입출력 공통단자

3. 그림과 같은 h정수를 사용한 에미터 접지회로 모델에서 성립할 수 없는 식은?

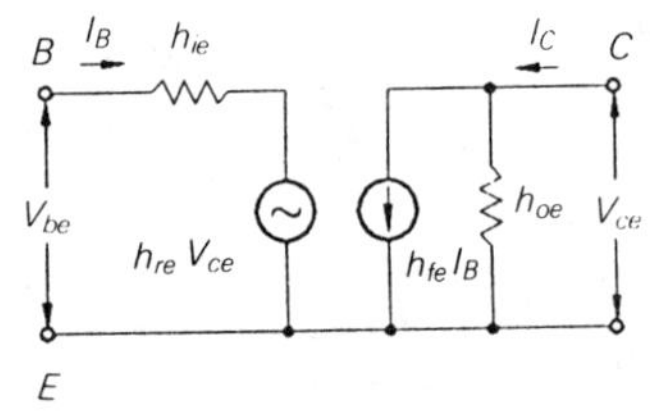

가. $V_{be} = h_{ie}I_b + h_{re}V_{ce}$
나. $V_{ce} = h_{fe}I_b + h_{ie}I_b$
다. $I_c = h_{fe}I_b + h_{oe}V_{ce}$
라. $I_c \approx h_{fe}I_b$

4. 그림과 같은 h 정수를 사용한 에미터 접지 모델에서 베이스－에미터간의 전압 V_{be}는?

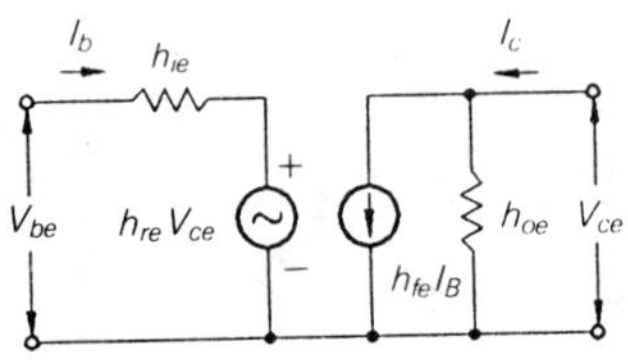

가. $h_{fe}I_b + h_{oe}V_{ce}$
나. $h_{fe}I_b + h_{ie}V_{ce}$
다. $h_{ie}I_b + h_{re}V_{ce}$
라. $h_{oe}I_b + h_{fb}V_{ce}$

해설 h 정수는 입력 전류와 출력 전압을 독립 변수로 택한다.

$$\begin{bmatrix} v_{be} \\ i_c \end{bmatrix} = \begin{bmatrix} h_{ie} & h_{re} \\ h_{fe} & h_{oe} \end{bmatrix} \begin{bmatrix} i_b \\ v_{ce} \end{bmatrix}$$

5. 에미터접지의 트랜지스터에서 콜렉터－에미터 사이의 전압을 일정하게 하고 베이스 전류를 20[μA], 50[μA]로 했을 때 콜렉터 전류가 각각 5[mA], 9.5[mA]였다. 전류증폭률 h_{fe}의 값은?

가. 80　　나. 150　　다. 100　　라. 50

해설 $h_{fe} = \dfrac{\Delta I_c}{\Delta I_b}\Big|_{V_{ce}=\text{일정}} = \dfrac{4.5\times10^{-3}}{(50-20)\times10^{-6}}$

해답 1. 가　2. 다　3. 나　4. 다　5. 나

6. 하이브리드 파라미터(hybrid parameter)에서 잘못 기재된 것은?(단, 첨자 i : 입력, 0 : 출력이다.)

가. $h_i = \dfrac{\Delta V_i}{\Delta I_i}$　　나. $h_r = \dfrac{\Delta V_i}{\Delta V_0}$

다. $h_f = \dfrac{\Delta I_i}{\Delta I_0}$　　라. $h_0 = \dfrac{\Delta I_0}{\Delta V_0}$

해설 $h_f = \dfrac{\Delta I_0}{\Delta I_i}$

7. 트랜지스터 정특성에서 $V_{CE}=7.5$ [V]일 때 $I_B=100$ [μA]에서 250 [μA]까지 변화시켰더니 $V_{BE}=0.2$ [V]에서 0.3 [V]로 되었다면 이 트랜지스터의 h_{ie}는 얼마인가?

가. 200 [Ω]　　나. 667 [Ω]　　다. 342 [Ω]　　라. 68 [Ω]

해설 $h_{ie} = \dfrac{\Delta V_{BE}}{\Delta I_B}\Big|_{V_{ce}=\text{일정}} = \dfrac{0.3-0.2}{(250-100)\times 10^{-6}}$

8. 공통 에미터 증폭기에서 h_{re}의 단위는?

가. ℧(mho)　　나. Ω (ohm)　　다. V (volt)　　라. 없음

9. 베이스 접지 증폭기에서 출력 어드미턴스의 하이브리드 파라미터(hybrid parameter) 기호는?

가. h_{ib}　　나. h_{0b}　　다. h_{re}　　라. h_{fb}

10. 그림과 같은 특성곡선에서 측정할 수 있는 h－정수는?

가. h_{ie}

나. h_{fe}

다. h_{re}

라. h_{oe}

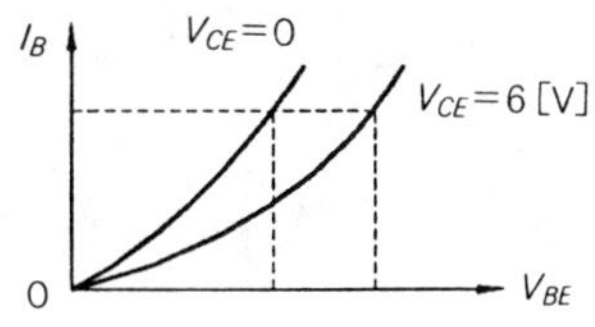

11. 트랜지스터 증폭기의 전류증폭도를 나타내는 식은?

(단, $R_L = \dfrac{1}{G_L}$ 이다.)

가. $-\dfrac{h_f}{1+h_o G_L}$　　나. $-\dfrac{h_f}{1+h_o R_L}$

다. $-\dfrac{h_f}{h_o G_L}$　　라. $-\dfrac{h_f}{h_o + R_L}$

해답 6. 다　7. 나　8. 라　9. 나　10. 다　11. 나

12. 그림과 같은 트랜지스터의 등가회로에서 부하저항이 2[kΩ]일 때, 이 회로의 전압증폭도를 구하면? 단, $h_{fe} = 50$, $h_{ie} = 1$[kΩ]이다.

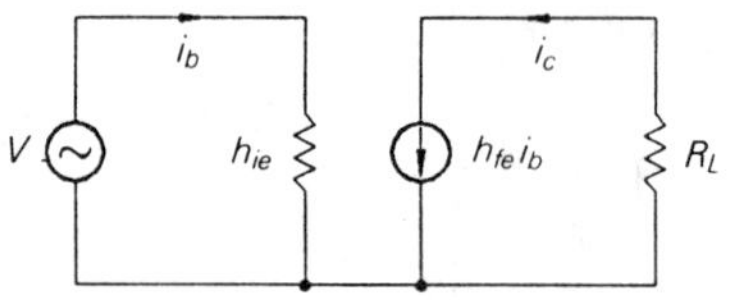

가. －50
나. －100
다. －200
라. －50000

13. 다음 트랜지스터 기본증폭회로에서 어느 동작점에서 $h_{ie}=2$ [kΩ], $h_{re}=6\times10^{-4}$, $h_{fe}=50$, $h_{oe}=25$ [μ℧] 일 때, 대략 전류증폭도는?

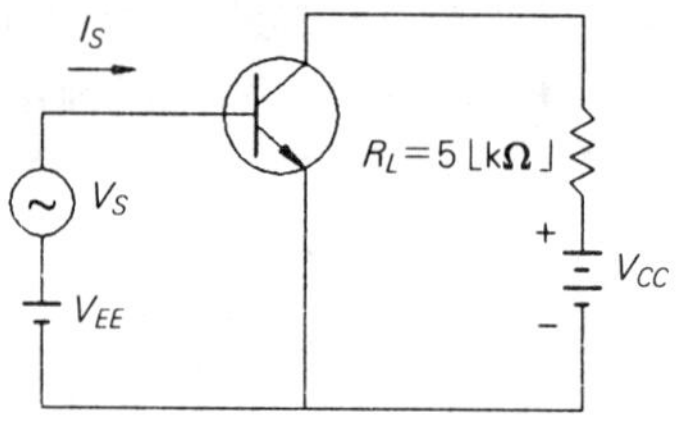

가. －35.5　　나. －45.5
다. －50　　라. －55.5

해설 $A_i = \dfrac{-h_{fe}}{1+h_{oe}R_L} = \dfrac{-50}{1+25\times10^{-6}\times5\times10^3}$

14. 에미터 접지형 트랜지스터 증폭회로에서 h 파라미터를 써서 전압 증폭도를 구하라. (단, $R_L=1$K, $h_{ie}=2$K, $h_{fe}=50$이다.)

가. －25　　나. －100　　다. －50　　라. 50

해설 $A_V = -h_{fe}R_L / h_{ie} = -50\times\dfrac{1}{2}$

15. 어떤 증폭기의 등가회로가 그림과 같다. 이 회로의 입력 임피이던스는 대략 얼마인가? (단, $h_{ie}=2$ [kΩ], $h_{re}=6\times10^{-4}$, $h_{fe}=50$, $h_{oe}=25$ [μ℧], $R_L=1$ [kΩ]이다.)

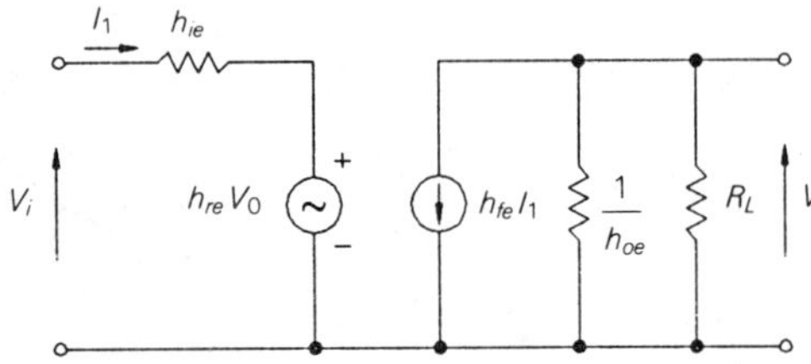

가. 약 1[kΩ]　　나. 약 2[kΩ]　　다. 약 3[kΩ]　　라. 약 4[kΩ]

16. 베이스 접지형 증폭회로의 특징이 아닌 것은?

가. 입력저항이 작다.　　나. 전압의 입출력위상은 동위상이다.
다. 전류증폭도는 1보다 작다.　　라. 전류증폭도는 1보다 크다.

해답 12. 나　13. 나　14. 가　15. 나　16. 라

17. 다음 중 틀린 것은?

가. 공통 콜렉터회로는 입력 임피이던스가 높고 출력 임피이던스는 낮다.

나. 공통 에미터회로는 전력이득이 가장 크다.

다. 공통 콜렉터회로는 전압이득이 1보다 적으며 출력 임피이던스가 낮다.

라. 공통 베이스회로는 전류이득이 1보다 크며 입력 임피이던스가 크다.

해설 CB 증폭기는 $A_i < 1$ 이고 R_i 가 가장 낮은 반면 출력저항 R_0 가 3접속 방식 중 가장 높다.

18. 다음은 에미터 접지 트랜지스터의 출력 특성 곡선이다. 곡선을 이용하여 값을 대략 구한것 중 맞는 것은?

가. 30

나. 50

다. 70

라. 90

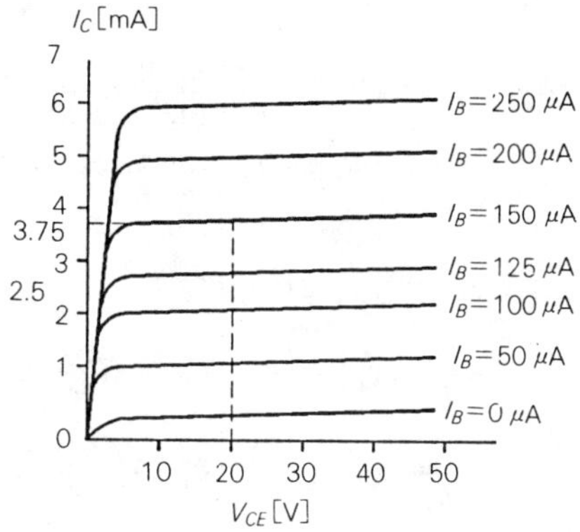

19. 직접 접지한 에미터 접지형 증폭기에 대하여 에미터 저항을 연결하고 접지한 증폭기의 특징을 설명한 것 중 틀린 것은?

가. 전류 이득은 변화가 거의 없다.

나. 입력 저항은 크게 된다.

다. 출력 저항은 크게 변화하지는 않는다.

라. 동작점 안정도가 좋아지고 전압 이득이 증가한다.

해설 CE 증폭기에 R_e 를 부가함으로써 입력저항 R_i는 증대하며 전압이득은 감소한다.

20. 전류이득은 약 1이고, 전압이득은 대단히 높으며, 출력 임피던스가 대단히 높은 증폭기는 다음 중 어느 것인가?

가. 에미터 접지 증폭기　　나. 콜렉터 접지 증폭기

다. 베이스 접지 증폭기　　라. 모든 트랜지스터 증폭기

21. CE 증폭기가 많이 쓰이는 주된 요인은?

가. 전압 증폭도가 높기 때문에

나. 전류 증폭도가 높기 때문에

다. 전압, 전류 증폭도가 1보다 크기 때문에

라. 입력 임피던스가 높기 때문에

22. 트랜지스터 증폭회로에서 입력저항은 매우 작고, 출력저항이 매우 큰 접지 방식은?

가. 푸시풀(push-pull) 방식　　나. 에미터 접지 방식

다. 콜렉터 접지 방식　　라. 베이스 접지 방식

해답 17. 라 18. 나 19. 라 20. 다 21. 다 22. 라

23. 그림의 소신호 트랜지스터 증폭기에서 R_e : 800 [Ω], R_L : 4 [kΩ] 일 때 전압 증폭도 $A_V = \left| \dfrac{V_0}{V_i} \right|$의 근사적인 값은?

(단, $(1+h_{fe})\ R_e \gg h_{ie}$, $h_{fe}=100$ 이다.)

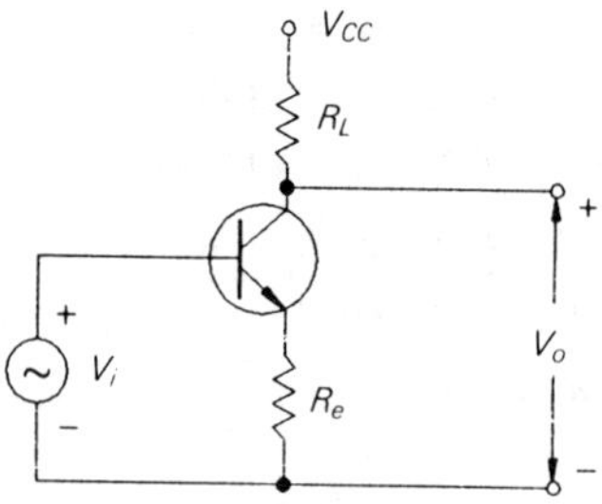

가. 5　　　나. 10

다. 15　　　라. 20

해설 $A_V = A_i \dfrac{R_L}{R_i} = \dfrac{-h_{fe} R_L}{h_{ie} + (1+h_{fe})\ R_e}$

$(1+h_{fe})\ R_e \gg h_{ie}$ 이고 $h_{fe} \gg 1$이면　　$A_V = -\dfrac{R_L}{R_e}$

24. 회로의 전압이득(A_v)은?

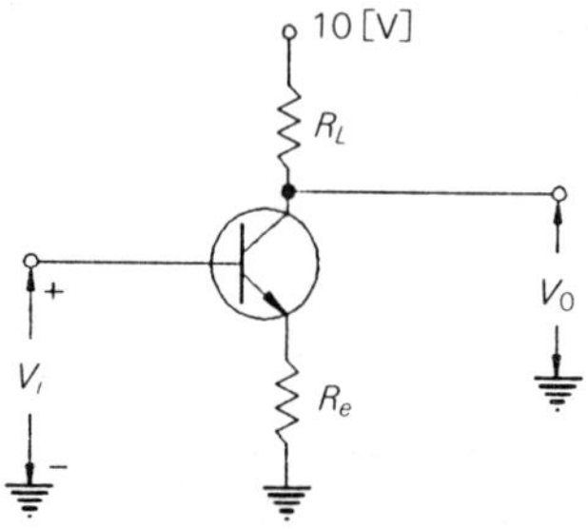

가. $-\dfrac{h_{fe}}{h_{ie}} R_L$　　　나. $-\dfrac{h_{fe}}{R_i} R_L$

다. $-\dfrac{h_{fe}}{h_{ie}} R_i$　　　라. $-\dfrac{h_{fe}}{R_L}$

해설 $A_V = A_i \dfrac{R_L}{R_i}$,　　$A_i \simeq -h_{fe}$

25. 에미터 접지 트랜지스터 증폭기에 있어서 설명이 잘못된 것은?

가. $I_b \ll I_e$ 또는 I_c이므로 I_b라는 미소 전류로 I_c를 크게 변화시킬 수 없다.

나. 입력과 출력의 위상신호는 180°의 위상차를 갖는다.

다. $I_c = I_e - I_b$

라. α는 0.92~0.98이므로 전류증폭을 하는데 부적합하다.

26. 다음 회로에서 R_e의 값을 증가시키면 h-parameter로 표시한 입력저항 R_i의 값은?

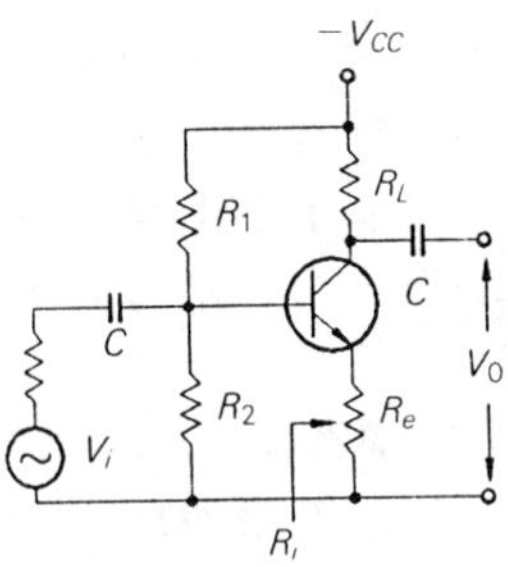

가. 변동이 없다.

나. 계속 감소한다.

다. 계속 증가한다.

라. 증가하다가 감소한다.

27. 베이스 접지형 증폭회로의 특징이 아닌 것은?

가. 입력저항이 적다.　　　나. 입출력위상은 동위상이다.

다. 주파수 특성이 양호하다.　　　라. 전류 증폭도가 크다.

해설 CB 증폭기의 특징

① A_i가 1보다 작아 A_p도 작다.　　② A_v는 CE와 거의 같은 값으로 높다.

③ R_i가 가장 낮고 R_0가 가장 높다.　　④ 전압증폭기로 사용한다.

해답 23. 가　24. 나　25. 라　26. 다　27. 라

28. 저 임피이던스 부하에서 고전류이득을 얻으려할 때 사용되는 증폭 방식은?

가. 베이스 접지　　나. 에미터 폴로워
다. 에미터 접지　　라. 캐스코우드 증폭기

29. 그림과 같은 트랜지스터 소신호 증폭기의 출력 임피이던스(R_{out})는 어느 값에 가장 가까운가?
(단, 트랜지스터의 h_{ie} : 1.5 [kΩ], h_{fe} : 50이다.)

가. 60 [Ω]　　나. 8000 [Ω]
다. 500 [Ω]　　라. 1.2 [kΩ]

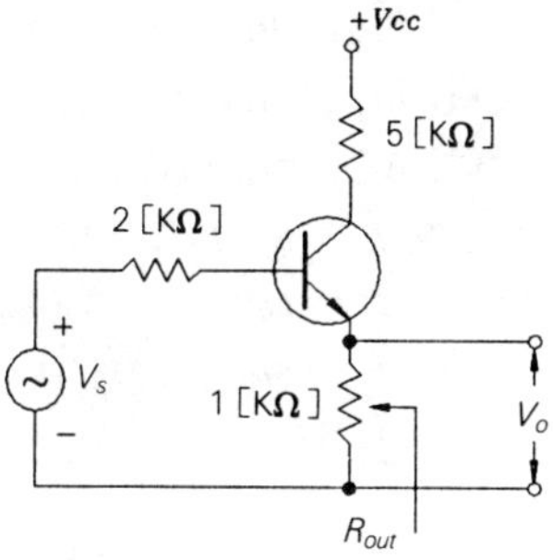

해설 에미터 폴로워 회로이므로 출력저항은 매우 낮다.

$$R_0 = \frac{R_S + h_{ie}}{1 + h_{fe}}, \quad R_S = 2\text{K}$$

30. 베이스 공통일때와 콜렉터 공통일때의 전류 이득과 전압 이득의 관계로서 옳은 것은?
(단, A_{Ib}, A_{Vb}는 베이스 공통일때의 전류이득과 전압이득
A_{Ic}, A_{Vc}는 콜렉터 공통일때의 전류이득과 전압이득)

가. $|A_{Ib}| > |A_{Ic}|$, $|A_{Vb}| > |A_{Vc}|$
나. $|A_{Ib}| < |A_{Ic}|$, $|A_{Vb}| > |A_{Vc}|$
다. $|A_{Ib}| > |A_{Ic}|$, $|A_{Vb}| < |A_{Vc}|$
라. $|A_{Ib}| < |A_{Ic}|$, $|A_{Vb}| < |A_{Vc}|$

31. 다음 그림은 베이스 접지 파라미터로 표시한 출력이 단락된 에미터 접지회로이다. 등가회로를 참고하여 h_{fe}의 값을 구하면?
(단, h_{rb} : 1.45×10^{-4}, h_{ib} : 3.6 [Ω],
h_{fb} : 0.99, h_{ob} : 0.45×10^{-6} [℧])

가. 145
나. 45
다. 360
라. 99

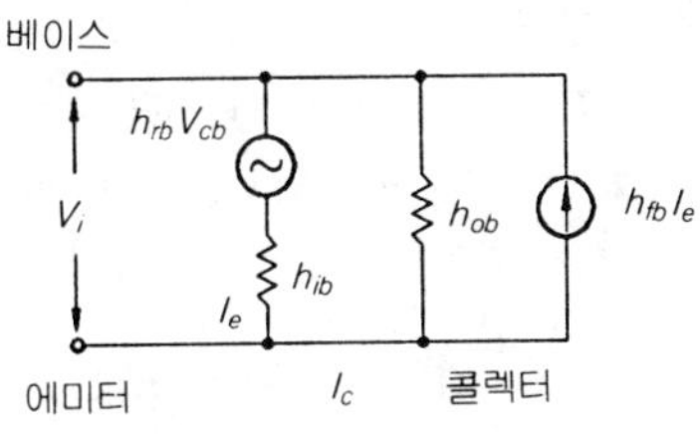

32. 그림의 다알링턴(Darlington) 접속 회로에서의 전류 증폭률은? (단, Q_1, Q_2의 전류 증폭률은 각각 A_1, A_2이다.)

가. $A_i = A_1 + A_2$　　나. $A_i = A_1 \cdot A_2$
다. $A_i = \sqrt{A_1 \cdot A_2}$　　라. $A_i = (A_1 \cdot A_2)^2$

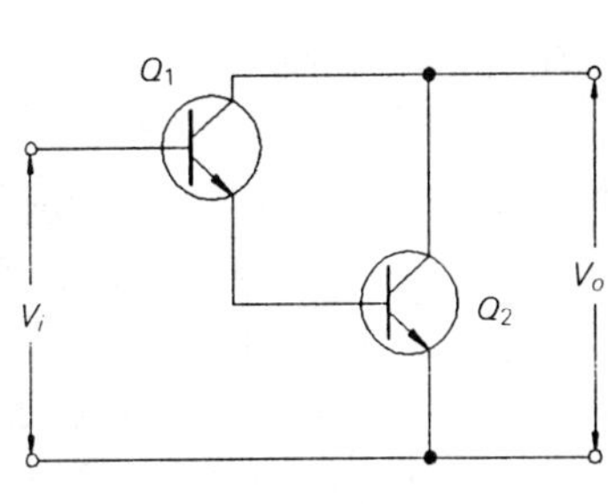

해답 28. 나　29. 가　30. 나　31. 라　32. 나

33. 전류 증폭률이 각각 h_{FE1}, h_{FE2} 인 두개의 NPN 트랜지스터를 그림과 같이 접속한 회로에서 I_C 는 어느 것과 같은가?

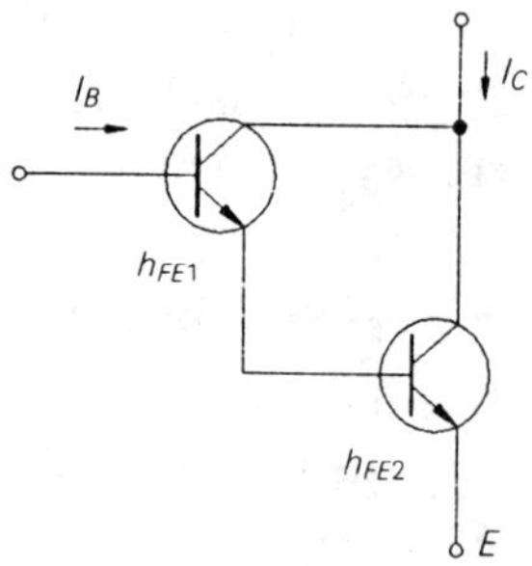

가. $(h_{FE1}+h_{FE2})\ I_B$

나. $h_{FE1} \cdot h_{FE2} \cdot I_B$

다. $h_{FE2}\ (h_{FE1}+1)\ I_B$

라. $h_{FE1}\ I_B + h_{FE2}\ (h_{FE1}+1)\ I_B$

해설 $I_{C1} = h_{fe1}\ I_B$

$I_{B2} = I_B + I_{C1} = (1 + h_{fe1})\ I_B$

$I_{C2} = h_{fe2}\ I_{B2}$

$I_C = I_{C1} + I_{C2}$

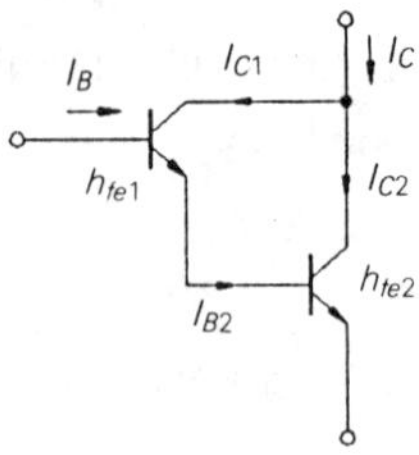

34. 그림과 같은 트랜지스터 소신호 증폭기에서 입력 임피이던스 R_{in}은?

(단, $R_C = 5$ K, $R_e = 2$ K, $R_S = 3$ K, $h_{ie} = 1$ K, $h_{fe} = 50$, $h_{re} = 0$, $h_{oe} = 0$이다.)

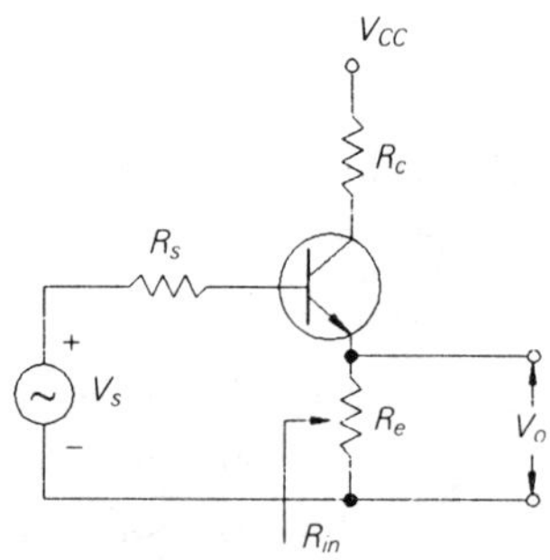

가. 약 100 [kΩ]

나. 약 250 [kΩ]

다. 약 200 [Ω]

라. 약 1 [kΩ]

35. 1단 에미터 폴로워에 대한 다알링턴 회로의 특징 설명에서 틀리는 것은?

가. 입력저항이 낮아진다.

나. 출력저항은 경우에 따라 보다 커지기도 하고 낮아지기도 한다.

다. 전류이득이 증대한다.

라. 전압이득이 작아진다.

해설 (1단 에미터 폴로워와의 비교)

(1) 전류이득이 크다.
(2) 입력저항이 크다.
(3) 전압이득이 약간 적다.
(4) 출력저항이 약간 적다.

36. 다음 회로에서 설명한 것중 옳지 않은 것은?

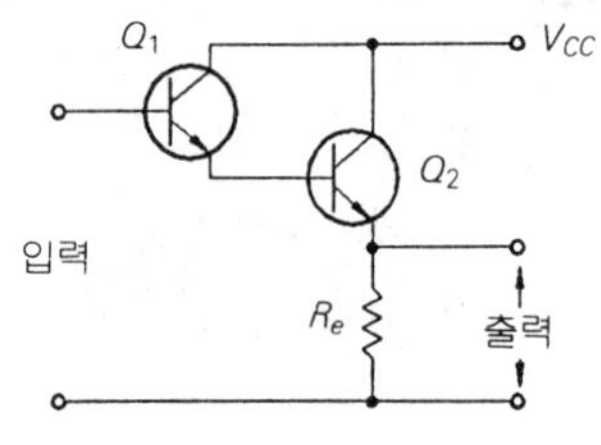

가. Q_1과 Q_2는 Darlington 접속이다.

나. Q_1과 Q_2의 조합은 등가적으로 NPN 트랜지스터이다.

다. 이 회로는 emitter follower이다.

라. V_{CC}의 전원은 부(負) 이어야 한다.

해답 33. 라 34. 가 35. 가 36. 라

37. 그림과 같은 회로의 특성과 관계없는 것은?
(단, Q_2의 입력 임피이던스는 R_{t2}이다.

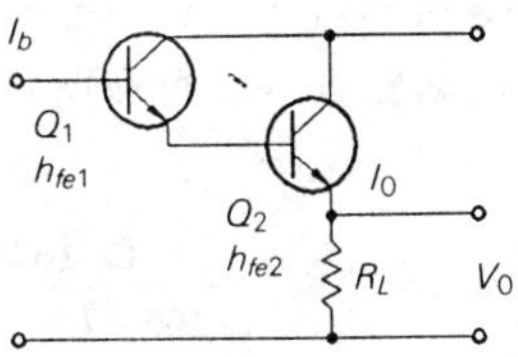

가. 공통 콜렉터 Darlington 접속회로
나. $A_i = h_{fe1} \cdot h_{fe2}$
다. $R_i = h_{ie} + (1+h_{fe1})\, R_{i2}$
라. $A_v \approx h_{fe2} R_L$

38. 다음 회로들 중 입력저항이 가장 크게 될 수 있는 것은 무엇인가?

가. cascade 증폭기 회로　　나. 베이스 접지형 증폭기 회로
다. 트랜지스터 chopper 회로　　라. bootstrapping 회로

39. 그림과 같은 회로의 명칭은 무엇인가?

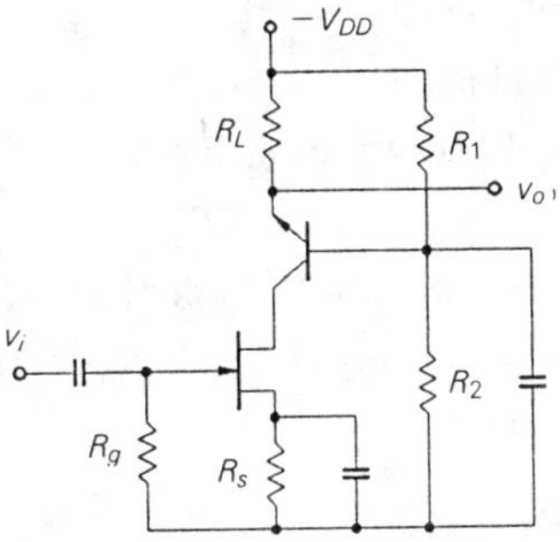

가. Emitter fllower
나. Cascode 증폭기
다. Bootstrapping 회로
라. Darlington 회로

40. 트랜지스터의 바이어스 안정계수 S의 관계식이 아닌 것은? (단, I_C : 콜렉터전류, I_{C0} : 차단전류, V_{be} : 베이스전압, I_e : 에미터전류, β : 전류증폭률)

가. $S=\Delta I_C / \Delta I_{C0}$　　나. $S=\Delta I_C / \Delta V_{be}$
다. $S=\Delta I_C / \Delta \beta$　　라. $S=\Delta I_C / \Delta I_e$

해설 $I_C = f(I_{C0},\ V_{BE},\ \beta)$

$$\Delta I_C = \frac{\partial I_C}{\partial I_{C0}} \Delta I_{C0} + \frac{\partial I_C}{\partial V_{BE}} \Delta V_{BE} + \frac{\partial I_C}{\partial \beta} \Delta \beta$$
$$= S\Delta I_{C0} - S'\Delta V_{BE} + S''\Delta \beta$$

따라서 S가 작을수록 좋다. 1 이하일 수는 없다.

41. 다음은 고정 바이어스 회로이다. I_C의 옳은 표현은? (단, 전류 증폭률은 β이고 콜렉터 차단 전류는 I_{C0}이다.)

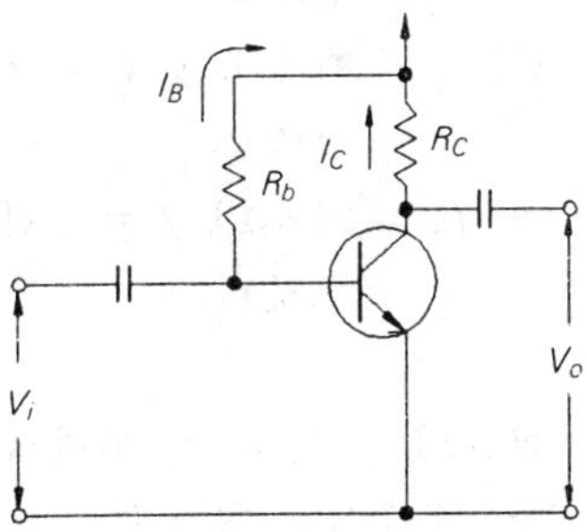

가. $I_C = \alpha I_B$
나. $I_C = \beta I_B + (1+\beta) I_{C0}$
다. $I_C = \beta I_B$
라. $I_C = \beta I_B + \beta I_{C0}$

해답 37. 라　38. 라　39. 나　40. 라　41. 나

42. 트랜지스터의 콜렉터 누설 전류가 주위 온도 변화로 1.6 [μA] 에서 160 [μA] 로 증가되었을 때 콜렉터 전류의 변화가 1 [mA] 라 하면 안정률은?

가. 1　　나. 6.3　　다. 16　　라. 158.4

해설 $S = \frac{\Delta I_C}{\Delta I_{C0}} = \frac{1 \times 10^{-3}}{(160 - 1.6) \times 10^{-6}}$

43. 그림과 같은 바이어스 회로에서 I_C 가 1 [mA] 이고, β가 50일 때 R_b 값은?
(단, $V_{CC} = 10$ [V], V_{BE} 는 0.5 [V]이다.

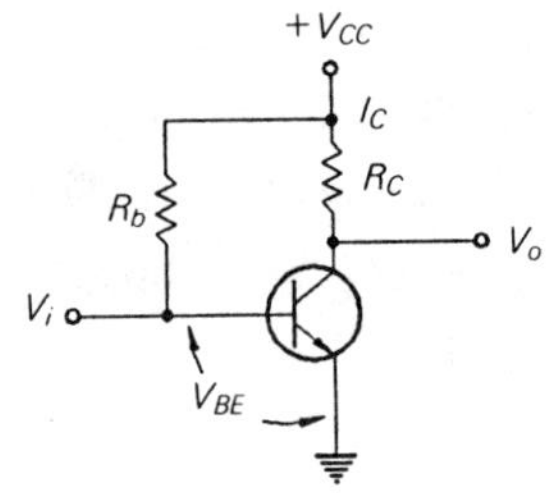

가. 25 [kΩ]
나. 225 [kΩ]
다. 475 [kΩ]
라. 1.2 [MΩ]

44. 바이어스 회로에서 안정계수 S는 얼마인가?
(단, $\beta = 50$, $V_{CC} = 20$V, $R_S = 1$KΩ, $R_e = 3$KΩ)이다.

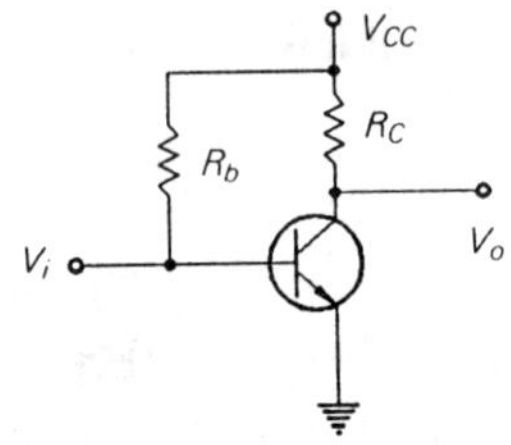

가. 49
나. 5
다. 101
라. 51

45. 다음의 트랜지스터 회로에서 I_B(베이스 전류)와 I_c(콜렉터 전류) 및 V_{ce}(콜렉터－에미터간 전압)값을 구한 올바른 것은?
(단, *TR*은 실리콘 트랜지스터이며 커틴전압은 0.7 [V], $h_{fe} = 100$ 이다.)

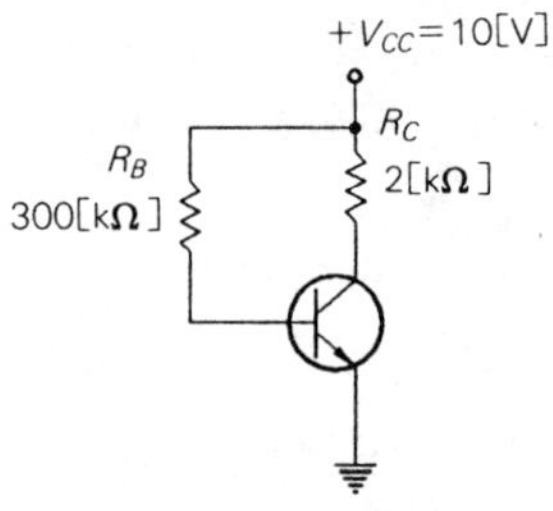

가. $I_B = 3$[mA], $I_c = 31$[mA]
　$V_{ce} = 3.0$[V]
나. $I_B = 31$[μA], $I_c = 3.1$[mA]
　$V_{ce} = 3.8$[V]
다. $I_B = 310$[μA], $I_c = 3.1$[mA]
　$V_{ce} = 3.0$[V]
라. $I_B = 3$[μA], $I_c = 3.1$[mA]
　$V_{ce} = 3.8$[V]

46. 콜렉터 곡선 위에 부하곡선을 그리는 데 알아야 할 것은?

가. 증폭기의 동작점　　나. 전원전압과 부하의 값
다. 베이스 전류와 신호 주파수　　라. 증폭회로의 주파수 대역폭

해답 42. 나　43. 다　44. 라　45. 나　46. 나

47. 그림과 같은 에미터 접지 회로의 직류 부하선의 기울기는?

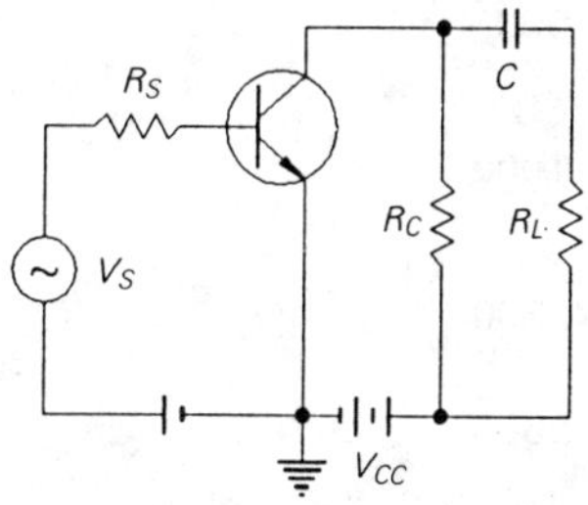

가. $-\dfrac{1}{R_C}$

나. $\dfrac{1}{R_C}$

다. $-\dfrac{R_C \cdot R_L}{R_L+R_C}$

라. $-\dfrac{R_L+R_C}{R_C \cdot R_L}$

해설 기울기는 부하의 역수이다.

48. 그림과 같은 회로의 교류 부하선의 기울기는?

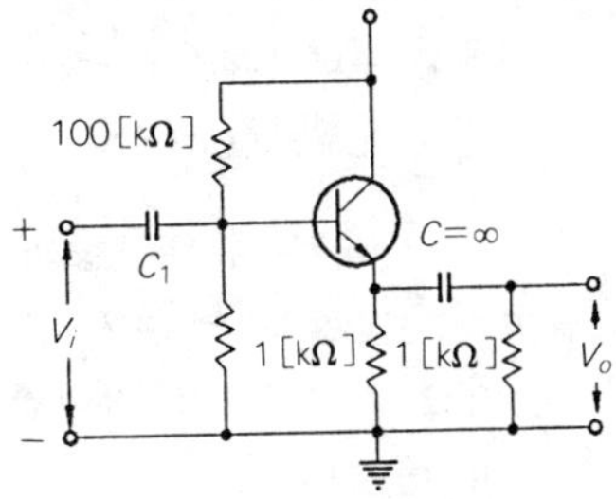

가. $-\dfrac{1}{1000}$

나. $-\dfrac{1}{500}$

다. $-\dfrac{1}{10^5}$

라. ∞

해설 에미터 폴로워에서 R_{ac}와 R_{dc}는 다음과 같다.

$$R_{ac} = R_e /\!/ R_L = R_e R_L/(R_e+R_L)$$
$$R_{dc} = R_e$$

따라서 직류 부하선의 기울기는 $-\dfrac{1}{1000}$

49. 그림과 같은 회로의 교류 부하선의 기울기는?

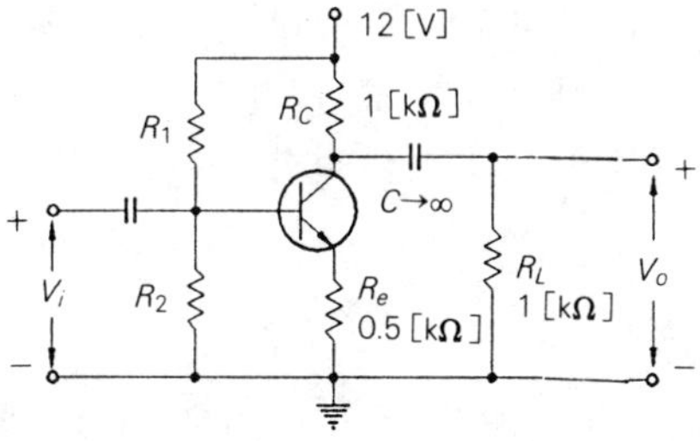

가. $-\dfrac{1}{250}$

나. $-\dfrac{1}{500}$

다. $-\dfrac{1}{1000}$

라. $-\dfrac{1}{1500}$

해설 에미터 접지 증폭기이다.

$$R_{dc} = R_c + R_e = 1[\text{k}\Omega] + 0.5[\text{k}\Omega] = 1.5\,[\text{k}\Omega]$$
$$R_{ac} = (R_L /\!/ R_c) + R_e = (1[\text{k}\Omega] /\!/ 1[\text{k}\Omega]) + 0.5[\text{k}\Omega] = 1[\text{k}\Omega]$$

에미터 저항 R_e가 캐패시터로 bypass 된다면 ac 저항은

$$R_{ac} = R_L /\!/ R_c$$

이다. ac 부하선은 $-1/R_{ac}$의 기울기를 갖는다.

해답 47. 가 48. 나 49. 다

50. 그림과 같은 회로의 교류 부하선의 기울기는?

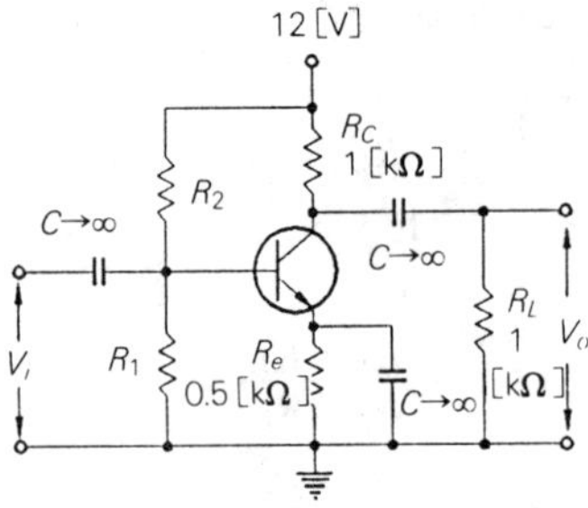

가. $-\dfrac{1}{500}$

나. $-\dfrac{1}{1000}$

다. $-\dfrac{1}{1500}$

라. $-\dfrac{1}{2000}$

해설 에미터 접지 증폭기이다.

$$R_{dc} = R_c + R_e = 1\,[\text{k}\Omega] + 0.5[\text{k}\Omega] = 1.5\,[\text{k}\Omega]$$
$$R_{ac} = R_L /\!/ R_c = 1\,[\text{k}\Omega] /\!/ 1[\text{k}\Omega]) = 0.5[\text{k}\Omega]$$

교류 부하선의 기울기는 $-1/R_{ac} = -1/500$이고
직류 부하선의 기울기는 $-1/R_{dc} = -1/1500$이다.

51. 그림에서 직류 부하저항과 교류 부하에 대한 설명 중 적합한 것은?

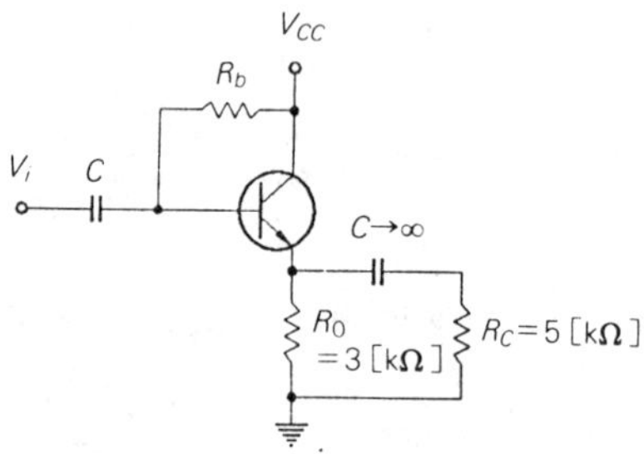

가. 직류에 대한 부하저항은 3 [kΩ]과 5 [kΩ]의 병렬이다.

나. 교류시 부하저항은 0이다.

다. 직류시는 콘덴서가 용량이 무한대이므로 부하저항은 3 [kΩ]이다.

라. 교류에 대한 부하는 3 [kΩ]과 5 [kΩ]이 직렬이므로 8 [kΩ]이다.

52. 다음 회로에서 R_e의 중요한 역할은?

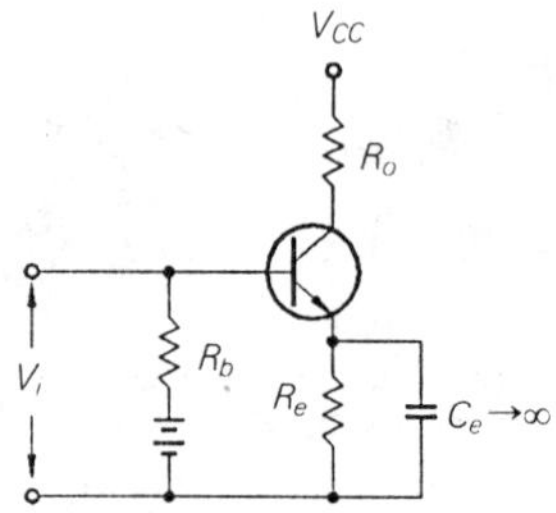

가. 출력 증대

나. 주파수대역 증대

다. 바이어스 전압 감소

라. 동작점의 안정화

53. 그림과 같은 에미터 회로 bias 회로에서 어떤 때가 가장 안정된 회로라고 할 수 있는가? (단, $R_b = R_1 /\!/ R_2$)

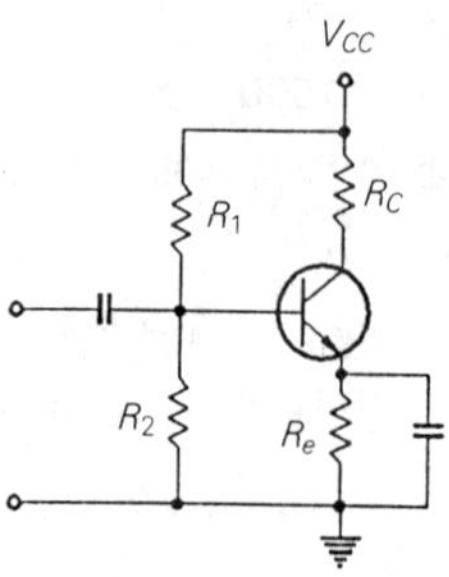

가. $R_b/R_e \to 0$ 일 때

나. $R_b/R_e \to \infty$ 일 때

다. $R_e \to 0$ 일 때

라. $R_b \to \infty$ 일 때

해답 50. 가　51. 다　52. 라　53. 가

54. 다음 회로에 관한 설명 중 틀리는 것은?

가. R_e를 감소시키면 안정계수 S가 β에 도달한다.

나. R_e를 증가시키면 안정계수 S가 감소한다.

다. 바이어스 전류 I_c가 증가하면 I_B는 감소한다.

라. 고정바이어스에 비해 안정도가 양호하고 전력손실이 적다.

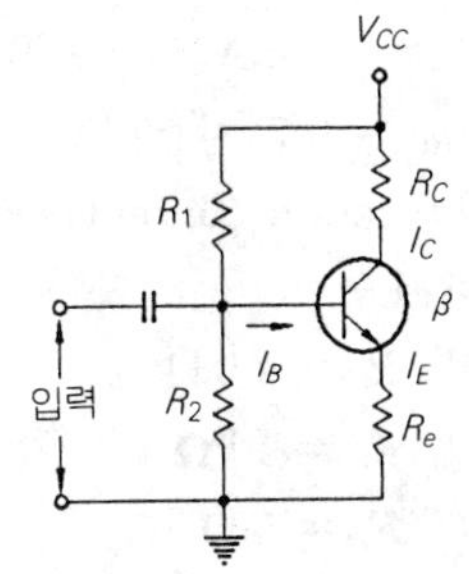

55. 에미터 저항을 가진 CE증폭기에서 에미터 저항 R_e의 가장 중요한 역할은 무엇인가?

가. S(안정계수)를 감소시켜 동작점이 안정된다.

나. 주파수 대역을 증가시킨다.

다. 바이어스 전압을 감소시킨다.

라. 증폭회로의 출력을 증가시킨다.

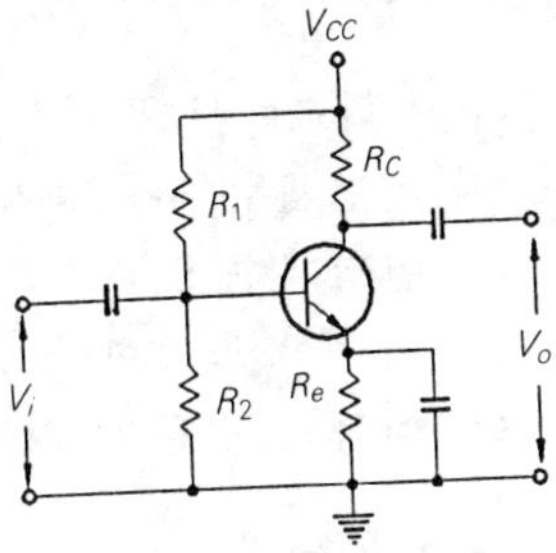

56. 그림의 바이어스 회로에서 안정도 S를 좋게 하려면 어떻게 해야 하는가?

가. R_e를 적게 하고 R_1을 크게 한다.

나. R_c를 크게하고 V_{CC}를 높게 한다.

다. R_1과 R_2를 크게 하고 R_E를 적게한다.

라. R_E를 크게 하고 R_1과 R_2를 적게 한다.

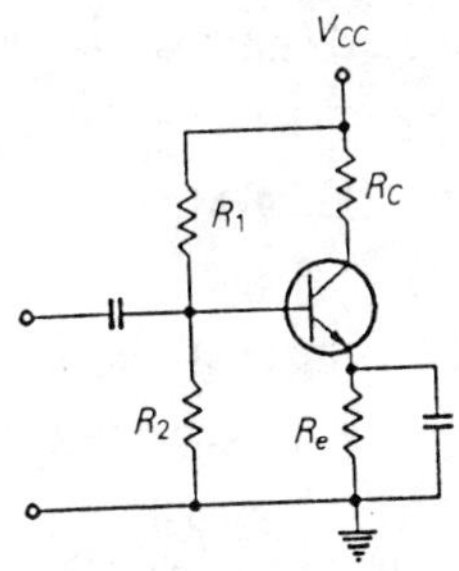

57. 그림에서 R_E에 대한 설명을 잘못한 것은?

가. 온도변화로 일한 콜렉터 전류의 변화를 줄인다.

나. 바이어스 전압을 공급한다.

다. 안정화에 기여한다.

라. 분압기 작용을 한다.

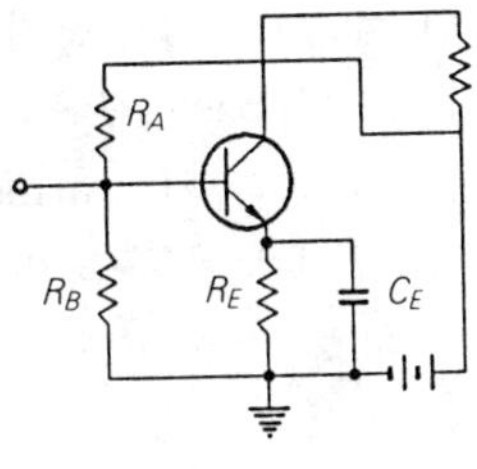

58. 그림과 같은 bias 회로에서 안정계수 S는? (단, $\beta=100$이다.)

가. 17.6

나. 29

다. 36

라. 42

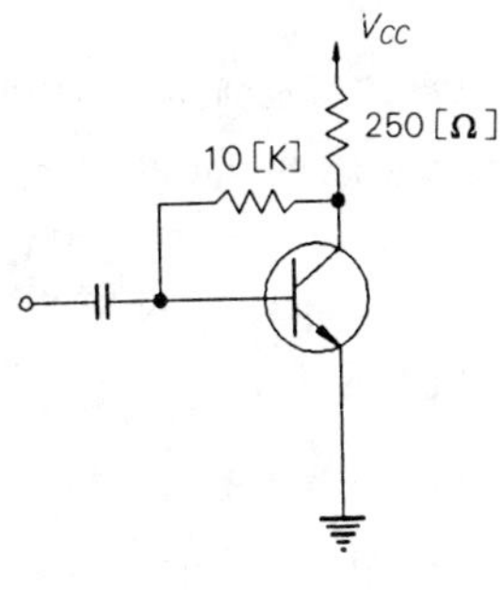

해설 $$S = \frac{(1+\beta)}{1+\beta\dfrac{R_C}{R_b+R_C}}$$

해답 54. 다 55. 가 56. 라 57. 라 58. 나

59. $I_c = 12$ [mA]인 때 $V_{CE} = 6$ [V]이고 $\beta = 100$, $V_{BE} = 0.7$ [V]라고 하고 역포화 전류(reverse saturation current)를 무시하는 경우 R_c를 구하시오.

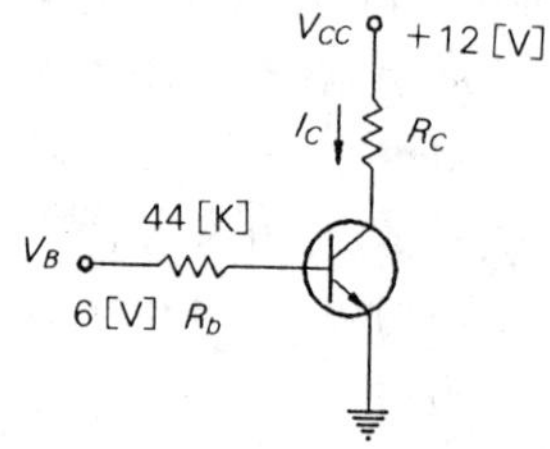

가. $R_c = 1.5$ [kΩ]
나. $R_c = 1$ [Ω]
다. $R_c = 500$ [Ω]
라. $R_c = 100$ [Ω]

60. 다음 회로에서 콘덴서 C를 제거하면?

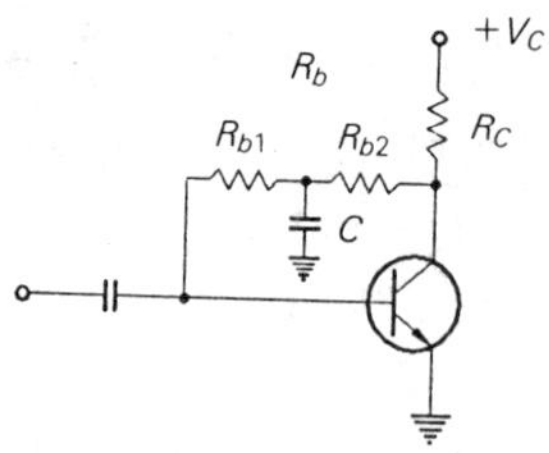

가. 안정계수 S가 증가한다.
나. 안정계수 S가 감소한다.
다. 이득이 증가한다.
라. 이득의 변동이 없다.

61. 그림과 같은 바이어스(bias) 회로에서 주위 온도가 상승할 때 바이어스 전압은?
(단, TH는 더어미스터이다.)

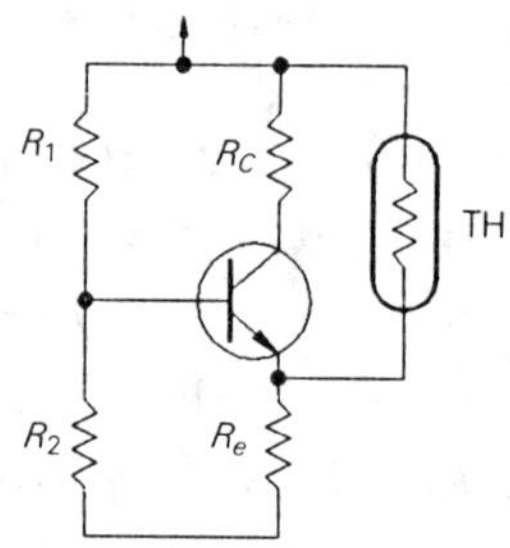

가. 감소한다.
나. 증가한다.
다. 일정하다.
라. 증가 혹은 감소한다.

62. 그림의 회로에서 Q_2의 역할은?
(단, Q_1과 Q_2의 전기적 특성은 같다.)

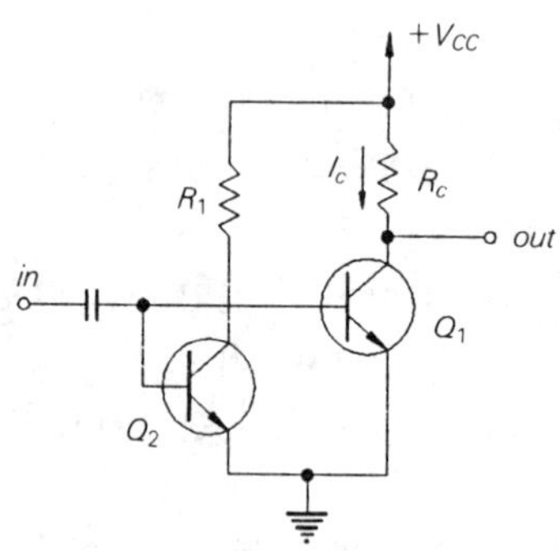

가. Q_1의 base 전류를 차단하는 역할
나. Q_1과 Q_2가 Darington 역할
다. Q_1의 I_c를 온도변화에 의해서도 일정하게 하는 역할
라. 입력신호를 증폭해서 Q_1의 입력에 가해 주는 역할

63. 다음 회로에서 트랜지스터 Q_1의 역할은 어떤 것인가?
(단, Q_1과 Q_2의 특성은 동일하다고 한다.)

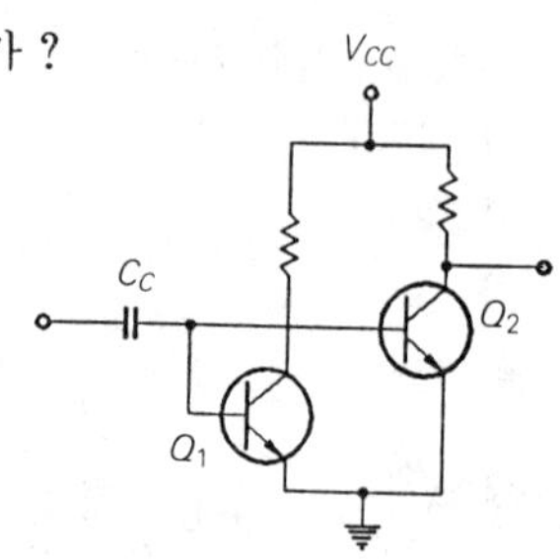

가. Q_2의 콜렉터 전류 IC에 대한 온도 보상 역할을 한다.
나. 발진한다.
다. 증폭작용을 한다.
라. 압력 임피던스를 증대한다.

해답 59. 다 60. 나 61. 가 62. 다 63. 가

64. 그림과 같은 회로에 R_E에 흐르는 전류는?

가. 직류분만 흐른다.

나. 교류(신호)분만 흐른다.

다. 직류분과 교류분 합이 흐른다.

라. 직류분과 교류분 차만이 흐른다.

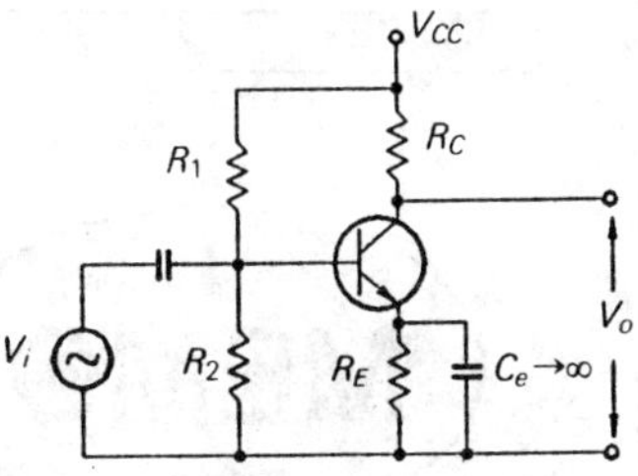

65. 콜렉터 접지형 증폭기의 특징이 아닌 것은?

가. 전류 증폭도는 크다.

나. 입출력 전류의 위상은 반대위상이다.

다. 입출력 전류의 위상은 동위상이다.

라. 입출력 전압의 위상은 동위상이다.

해설 콜렉터 접지형 증폭기의 특징

① A_i가 가장 높다.

② A_v는 1보다 작다.($A_v < 1$)

③ R_i가 가장 높고 R_0가 가장 낮다.

66. 그림과 같은 회로에서 입력 임피던스 Z_i를 구하시오.(단, $h_{ie}=1\,[\mathrm{k\Omega}]$, $h_{fe}=49$)

가. 196 [kΩ]

나. 201 [kΩ]

다. 204 [kΩ]

라. 300 [kΩ]

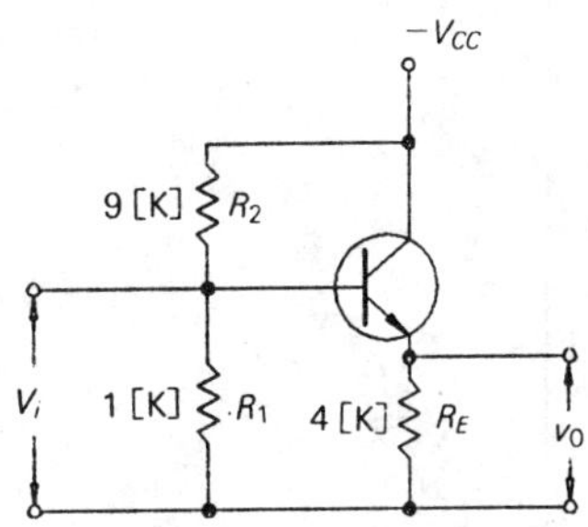

해설 $R_i = h_{ie} + (1+h_{fe})\,R_e = 1 + (1+49) \times 4$

67. 다음 중 에미터 폴로워의 특징이 아닌 것은?

가. 전압 이득이 거의 1에 가깝다.

나. 입력 임피던스는 매우 높고 출력 임피던스는 낮다.

다. 다단 증폭기의 중간단에 사용된다.

라. 전류 이득이 크다.

해답 64. 가 65. 나 66. 나 67. 다

MEMO

4장 전계효과 트랜지스터 증폭기

4·1 전계효과 트랜지스터 증폭기(FET 증폭기)의 개요
4·2 FET의 바이어스 회로
4·3 소신호 FET 증폭기의 해석

4·1 FET 증폭기의 개요

4·1·1 FET의 분류 및 특성

(1) 분류

FET ─ JFET(junction field effect tansistor)
　　 └ MOSFET(metal oxide-semiconductor FET)

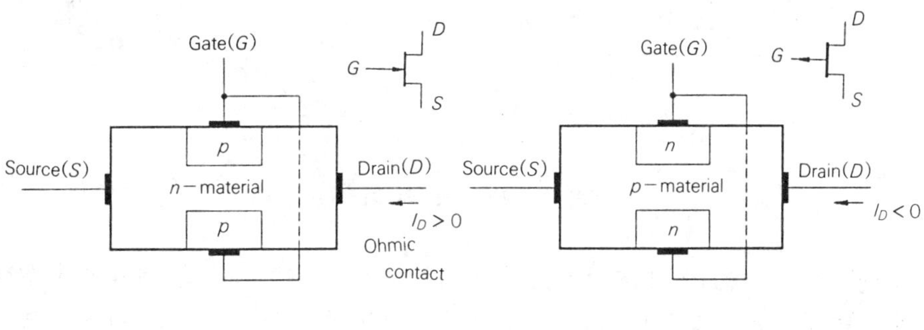

(a) n 채널　　(b) p 채널

〈그림 4-1〉 FET의 구조와 기호

(2) FET의 특성

① *FET* 의 동작은 다수 반송자의 흐름에 따라 변한다. 단일 극성(unipolar)소자이다.

② 입력 임피이던스가 매우 높다.(수 MΩ)

③ 진공관 또는 일반 트랜지스터 보다 잡음이 적다.

④ 열 안정성이 좋다.

⑤ 드레인 전류가 0일 때 off set 전압이 없으므로 매우 좋은 신호 초퍼(signal chopper)로 사용될 수 있다.

⑥ 비교적 방사능 현상의 영향을 덜 받는다.

⑦ BJT 보다 이득－대역폭 적(積)이 작다.

● FET는 다수 캐리어 만으로 전류가 운반되는 소자이므로 단극 소자(unipolar device)라고 하며, 트랜지스터는 다수 캐리어와 소수 캐리어의 움직임에 관련되므로 양극 소자(bipolar device) 또는 BJT(bipolar junction transistor)라고 한다.

● FET의 결점은 양극성 트랜지스터(BJT)에 비교하여 이득－대역폭적이 작다는 점이다. 따라서 증폭기로서는 BJT를 사용하는 것이 일반적이다.

4·1·2 JFET의 기본 동작

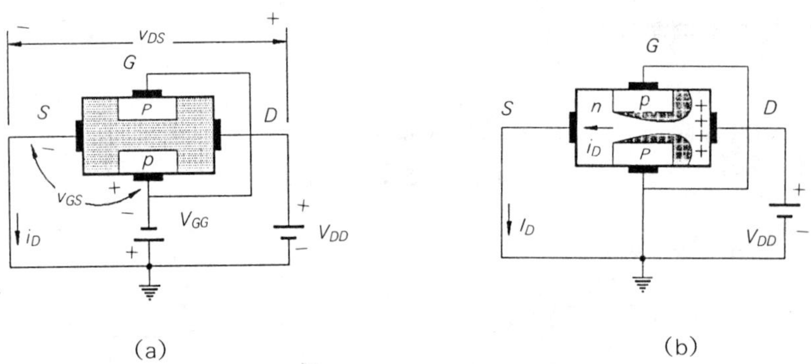

〈그림 4－2〉 JFET의 동작(*n*채널)

(1) 〈그림 4－2〉 (a)의 경우 : V_{DD}는 드레인－소스 전압 v_{DS}를 제공하며 D에서 S로 흐르는 전류 i_D를 만들며 이 전류는 소스 전류와 같다. v_{GS}는 $-V_{GG}$와 같으며 채널내에 공핍층을 만들어 채널의 폭을 감소시켜 드레인－소스 사이의 저항값을 증가시킨다. 이때 게이트 전류 $I_G=0$이다.

(2) 〈그림 4－2〉 (b)의 경우 : $V_{GS}=0$일 때

*n*채널의 D에서 S로 흐르는 전류 i_D는 채널을 따라 전압강하를 일으키며 드레인－게이트 접합 쪽에서 더 높은 전위를 갖는다. 드레인－게이트 접합에서 양전압은 PN접합에 역바이어스가 되어 공핍층을 만들며 V_{DS}를 증가시키면 드레인－소스 사이의 채널저항이 증가되며 계속 V_{DS}를 증가시키면 드레인 끝쪽에서 부터 채널이 막혀버려(pinch-off) 드레인 전류는 포화된다.

이 전류를 드레인－소스 포화 전류(drain-source saturation current) I_{DSS}로 나타낸다. 즉 $V_{GS}=0$일 때 포화되는 드레인 전류이다.

〈그림 4－3〉와 같이 채널 핀치 오프 전압 V_p 이상으로 V_{DS}를 증가시켜도 I_D는 더 이상 증가되지 않고 일정값을 유지한다.

이 FET가 증폭회로에 응용할 경우 pinch-off를 넘은 정전류 영역(전류 포화영역)을 이용한다. 드레인 전류 I_D와 게이트 전압 V_{GS}와의 관계를 근사식으로 나타내면 다음과 같다.

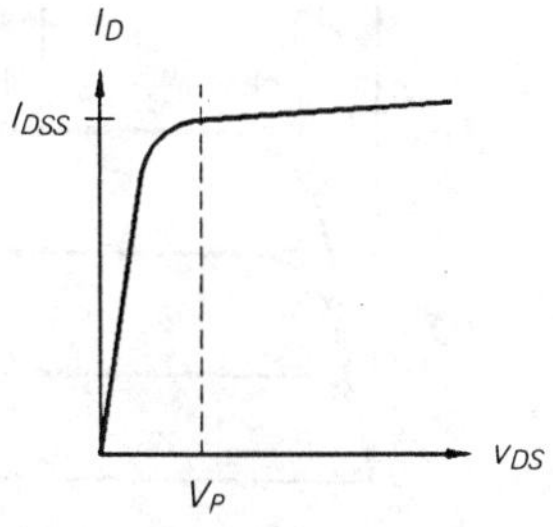

〈그림 4－3〉 pinch-off 작용

$$I_D = I_{DSS}\left(1-\frac{V_{GS}}{V_p}\right)^2$$

단, I_{DSS} : $V_{GS}=0$일 때의 포화드레인 전류

● ***n*** 채널의 경우 $V_{GS}<0$, $V_P<0$이고 ***p*** 채널의 경우 $V_{GS}>0$, $V_p>0$이다.

예제 4－1 ***n*** **채널 JFET에서 드레인 전류**

*n*채널 JFET에서 핀치 오프 전압 $V_p=-4$ [V], 드레인－소스 포화전류 $I_{DSS}=10$ [mA]이고 게이트－소스 전압이

(a) $V_{GS}=0$ [V]

(b) $V_{GS}=-1$ [V]

(c) $V_{GS}=-2$ [V]

일 때 드레인 전류 I_D를 구하라.

풀이 $V_p=-4$ [V], $I_{DSS}=10$ [mA]이다.

(a) $I_D = I_{DSS}\left(1-\frac{V_{GS}}{V_p}\right)^2 = 10[\text{mA}]\left(1-\frac{0}{-4}\right)^2 = 10\ [\text{mA}]$

(b) $I_D = 10\ [\text{mA}]\left(1-\frac{-1}{-4}\right)^2 = 5.625\ [\text{mA}]$

(c) $I_D = 10\ [\text{mA}]\left(1-\frac{-2}{-4}\right)^2 = 2.5\ [\text{mA}]$

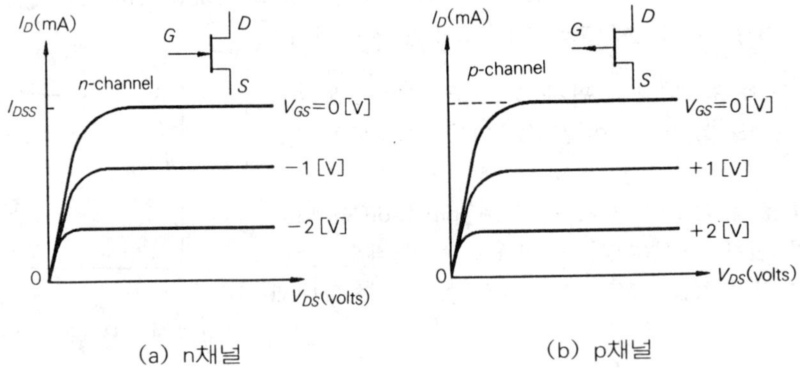

〈그림 4−4〉 JFET의 드레인−소스 특성곡선

4·1·3 JFET 정수

(1) $\boldsymbol{I_{DSS}}$: 드레인−소스 포화 전류. 게이트−소스가 단락된 상태($V_{GS}=0$)에서 채널이 pinch-off될 때의 전류

(2) $\boldsymbol{V_p = V_{GS(off)}}$: 핀치 오프 전압. 드레인−소스 채널이 차단 또는 핀치 오프되어 드레인 전류가 흐르지 않을 때의 게이트−소스 전압

(3) $\boldsymbol{BV_{GSS}}$: 드레인−소스 단락시의 항복 전압. 게이트−소스 사이에 걸리는 전압의 한계를 나타낸다.

예제 4−2 **JFET에서 전달 콘덕턴스 g_m**

어떤 JFET에서 $I_{DSS} = 20$ [mA], $V_p = -8$ [V]이다.
(a) $V_{GS} = 0$ [V]
(b) $V_{GS} = -4$ [V]
에 대한 순방향 전달 콘덕턴스 g_m을 계산하라.

풀이 g_m의 값은 보통 siemens(S) 단위로 표현한다.

$$g_{mo} = \frac{2I_{DSS}}{|V_p|} = \frac{2(20[\text{mA}])}{|-8|} = \frac{40\times10^{-3}}{|-8|} = 5\times10^{-3}[\text{S}]$$
$$= 5\,[\text{mS}] = 5000\,[\mu\text{S}]$$

$$\text{(a)}\ g_m = g_{mo}\left(1-\frac{V_{GS}}{V_p}\right) = 5[\text{mS}]\left(1-\frac{0}{-8}\right) = 5\,[\text{mS}] = 5000\,[\mu\text{S}]$$

$$\text{(b)}\ g_m = 5\,[\text{mS}]\left(1-\frac{-4}{-8}\right) = 2.5\,[\text{mS}] = 2500\,[\mu\text{S}]$$

(4) g_m : 전달 콘덕턴스(g_{fs}). $g_m = \partial I_D / \partial V_{GS}$ 이므로

$$g_m = g_{mo}\left(1 - \frac{V_{GS}}{V_p}\right)$$

$$\text{단, } g_{mo} = \frac{2I_{DSS}}{|V_p|}$$

g_{mo} 의 값은 $V_{GS} = 0$ [V]로 바이어스 되었을 때 JFET의 최대 교류 이득 정수이다.

(5) r_{ds}(ON) : 드레인-소스 온 저항. 디바이스의 동작시 드레인 저항 JFET가 포화영역 또는 도통영역으로 바이어스 될 때 r_{ds}(ON)는 10~수 100 [Ω] 정도이다.

4·1·4 MOSFET의 구조 및 특성

(1) 공핍형(depletion) MOSFET : 채널이 물리적으로 구성되고(채널이 미리 형성되어 있다.) D-S간에 걸리는 전압에 의해 D-S사이의 전류가 흐른다.

① n 채널 공핍형 MOSFET : p형 Si 기판위에 형성된다. 전달특성은 $V_{GS} < 0$에서 I_D를 감소시켜 pinch-off 전압이 되면 $I_D = 0$이 된다. $V_{GS} > 0$이면 I_D는 계속 증가한다.

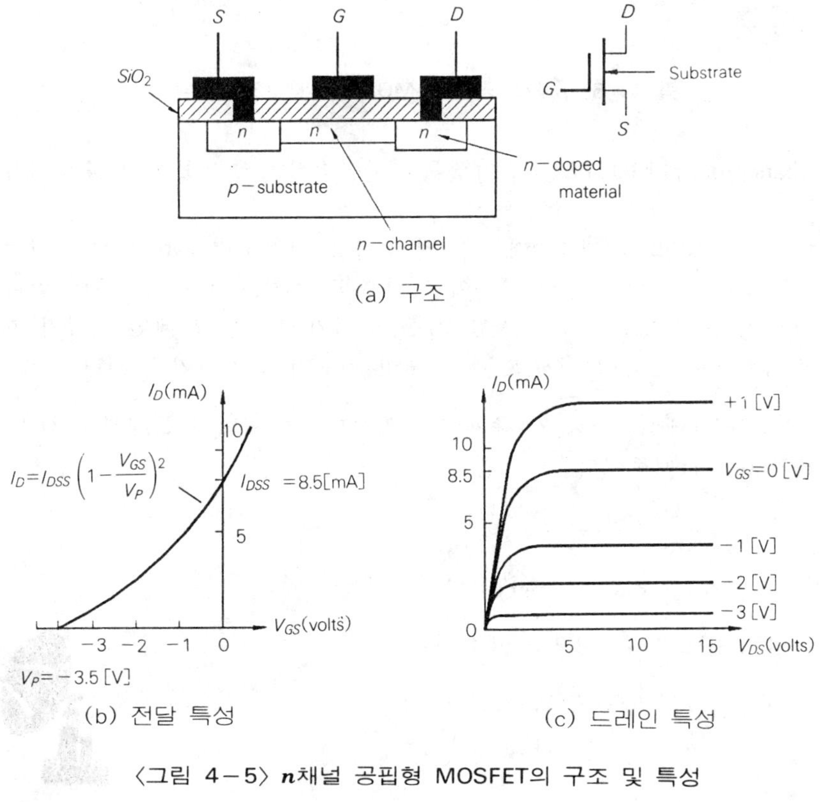

〈그림 4-5〉 n채널 공핍형 MOSFET의 구조 및 특성

② p채널 공핍형 MOSFET : n형 기판위에 형성된다.

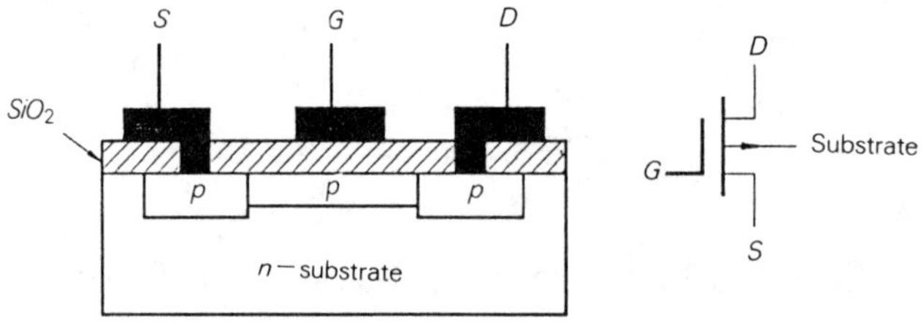

(a) 구조

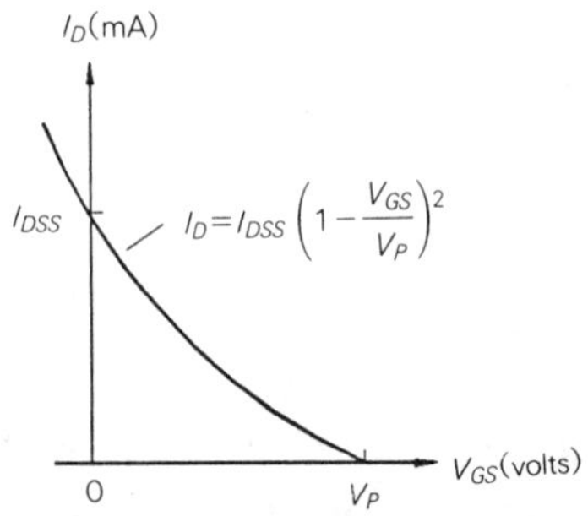

(b) 전달 특성

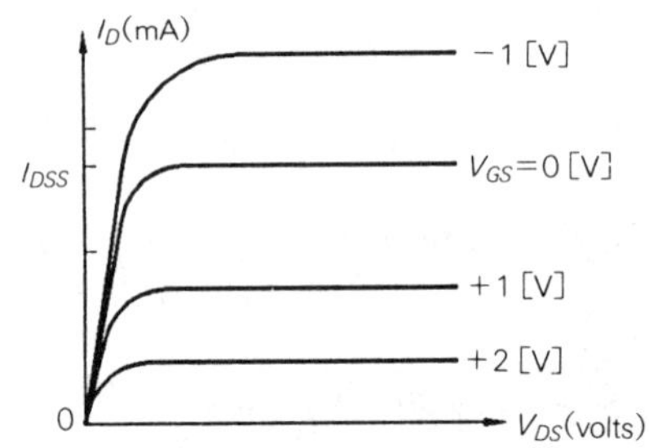

(c) 드레인 특성

〈그림 4-6〉 p채널 공핍형 MOSFET의 구조 및 특성

(2) 증가형(enhancement) MOSFET : 증가형은 디바이스가 만들어질 때 채널이 형성되어 있지 않다.

① n채널 증가형 MOSFET : G−S간에 (+)의 전압을 걸어주면 gate 밑의 기판영역에 공핍층을 형성시키고, 더욱 gate 전압이 커지면 D−S간 n채널을 만들어 진다. G−S간 전압이 문턱(또는 임계) 전압 V_T를 넘기기 전에는 드레인 전류가 흐르지 않고 V_T이상의 (+)전압이 가해질 때 드레인 전류가 증가시키게 된다.

증가형 MOSFET에서는 I_{DSS}가 존재하지 않는다. 즉 채널이 존재하기 까지는 드레인 전류가 0이기 때문이다.

$V_{GS} = 0$에서 I_{DSS}는 0이고

$$V_{GS} > V_T, \qquad (V_{GS} - V_T) < V_{DS}$$

에서 드레인 전류는 다음 식으로 계산된다.

$$I_D = K(V_{GS} - V_T)^2$$

단, $|V_{GS}| > |V_T|$

여기서 K의 값은 MOSFET의 구조에 관계되는 상수로서 주로 채널의 폭과 길이의 함수이다. 보통 K의 값은 0.3 [mA/V^2]이다.

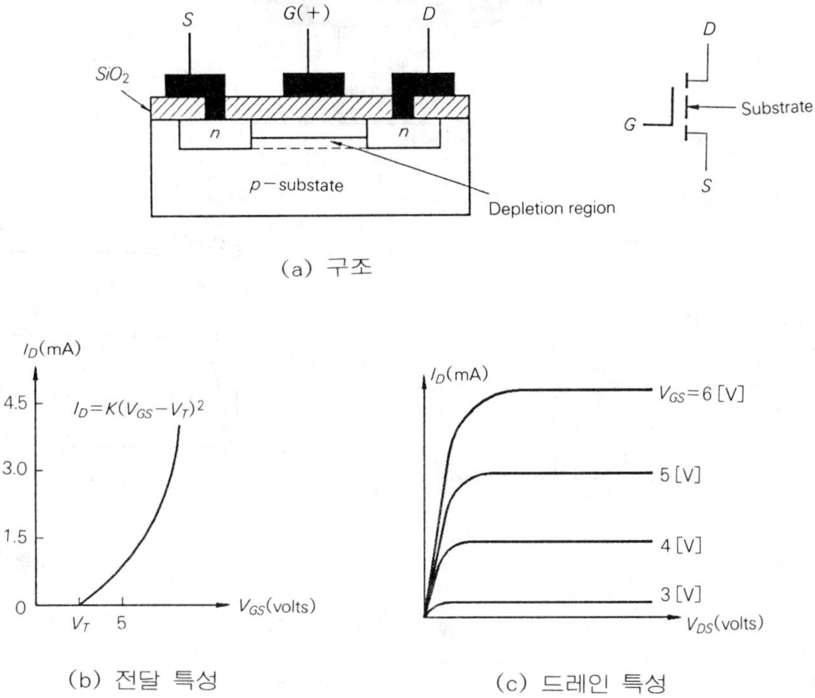

〈그림 4-7〉 ***n*채널 증가형 MOSFET의 구조 및 특성**

증가형 MOSFET에서 전달 컨덕턴스 g_m 은

$$g_m = \frac{\partial I_D}{\partial V_{GS}} = 2K(V_{GS} - V_T)$$

단, K = 0.3×10^{-3} [A/V^2] = 0.3 [mA/V^2] (typical)

② *p*채널 증가형 MOSFET : *p*채널인 경우 게이트전압은 음(−)의 전압을 가한다.

● 증가형 MOSFET는 *n*채널 소자는 양(+)의 게이트−소스 전압을 필요로하고 *p*채널 소자는 음(−)의 전압이 필요하다.

(3) CMOS(complementary MOS) : 주로 증가형 PMOS와 NMOS 트랜지스터로 구성된다. 이 CMOS는 전력 소비가 낮은 디지탈 회로에 주로 사용된다.

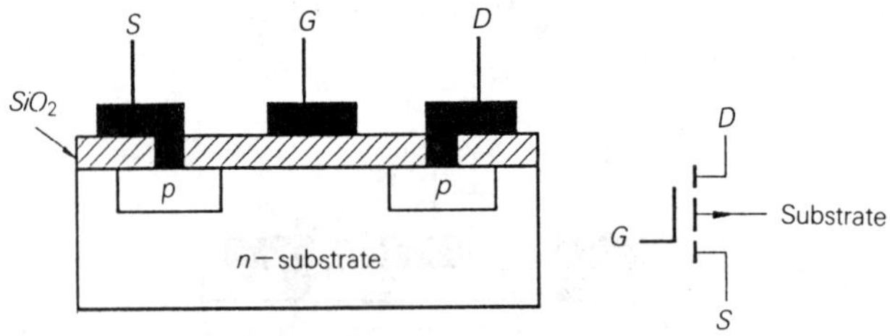

(a)

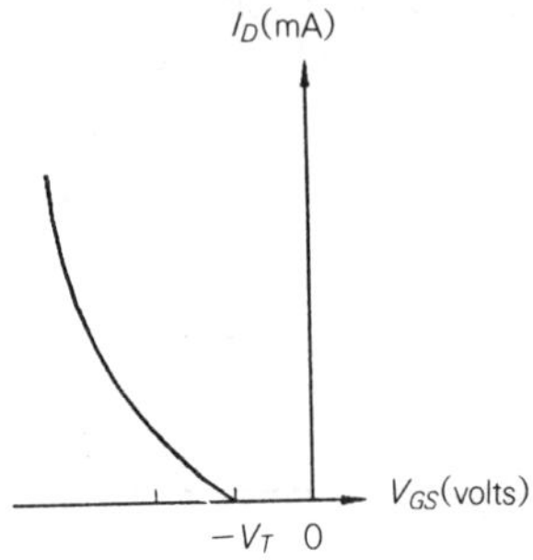

(b) 전달 특성

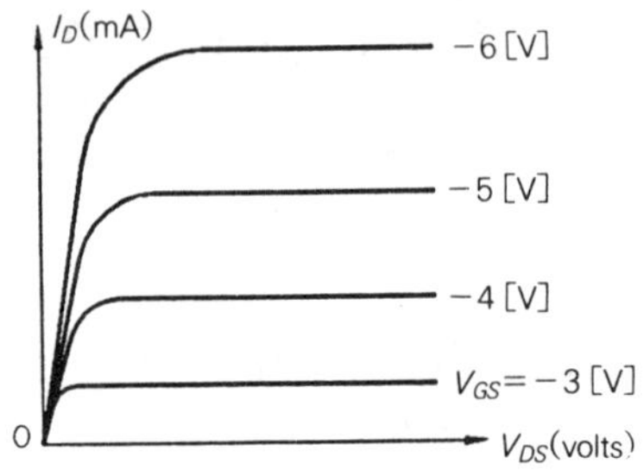

(c) 드레인 특성

〈그림 4-8〉 ***p*****채널 증가형 MOSFET의 구조 및 특성**

예제 4-3　MOSFET에서 드레인 전류 I_D

(1) 어떤 공핍형 MOSFET에서 I_{DSS} = 10 [mA], V_{GS}(off) = −8 [V]이다. V_{GS} = +3 [V]일 때 I_D를 구하라.

풀이 V_{GS}(off)가 음이므로 이 소자는 *n*채널 MOS FET이다.

$$I_D = I_{DSS}\left(1-\frac{V_{GS}}{V_{GS\,(\text{off})}}\right)^2 = 10\,[\text{mA}]\left(1-\frac{+3}{-8}\right)^2 = 18.9\,[\text{mA}]$$

(2) 어떤 공핍형 MOSFET에서 I_{DSS} = 18 [mA], V_{GS}(off) = +10 [V]이다. V_{GS} = −4 [V]일 때 I_D를 구하라.

풀이 V_{GS}(*off*)가 양이므로 이 소자는 *p*채널 MOS FET이다.

$$I_D = 18\,[\text{mA}]\left(1-\frac{-4}{+10}\right)^2 = 35.28\,[\text{mA}]$$

(3) *n*채널 증가형 MOSFET의 V_{GS} = 10 [V], V_T = 5 [V]에서 I_D(on) = 3 [mA]이다. V_{GS} = 8 [V]에 대한 드레인 전류를 구하라.

풀이 먼저 K의 값을 구한다.

$$K = \frac{I_{D\,(\mathrm{on})}}{(V_{GS}-V_T)^2} = \frac{3\,[\mathrm{mA}]}{(10-5)^2} = 0.12\,[\mathrm{mA/V^2}]$$

$$\therefore\ I_D = K(V_{GS}-V_T)^2$$

$$= 0.12\,[\mathrm{mA/V^2}]\ (8-5)^2 = 1.08\,[\mathrm{mA}]$$

4·2 FET의 바이어스 회로

4·2·1 JFET의 바이어스 회로

(1) JFET의 고정 바이어스 회로

V_{GG}는 역 바이어스전압 V_{GS}를 설정하는데 사용되며 이 때 게이트 단자나 R_G에는 전류가 흐르지 않는다. 게이트－소스에는 역방향 바이어스되므로 접합을 지나는 전류는 없다.($I_G = 0$) R_G는 C를 통하여 가해지는 ac 신호가 R_G를 걸쳐 나타나도록 하기 위한 것이다.

① $V_{RG} = I_G R_G = 0\,[\mathrm{V}]$

② $V_{GS} = V_G - V_S = V_{GG} - 0 = V_{GG}$

③ $I_D = I_{DSS}\left(1 - \dfrac{V_{GS}}{V_P}\right)^2$

④ $V_D = V_{DD} - I_D R_D$

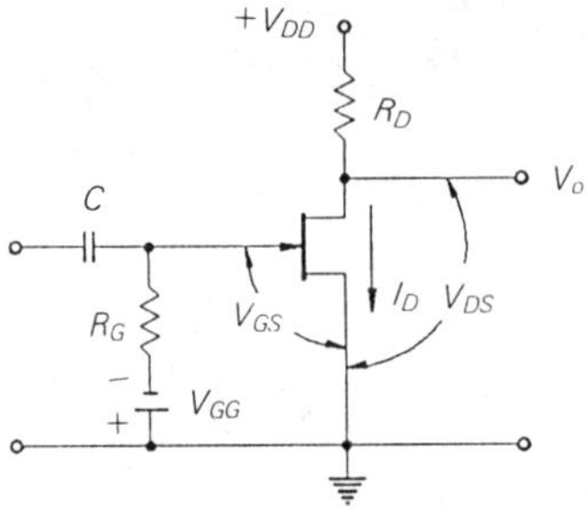

〈그림 4－9〉 JFET의 고정바이어스 회로

예제 4－4　JFET의 고정 바이어스 회로

〈그림 4－10〉의 고정 바이어스 회로에서 드레인 전류 I_D, 드레인－소스전압 V_{DS}를 구하라. 단, $I_{DSS} = 10$ [mA], $V_P = -4$ [V]이다.

풀이 $V_{GS} = V_{GG} = -1.5\,[\mathrm{V}]$

$$I_D = I_{DSS}\left(1 - \frac{V_{GS}}{V_P}\right)^2$$

$$= 10\,[\mathrm{mA}]\left(1 - \frac{-1.5}{-4}\right)^2 = 3.90\,[\mathrm{mA}]$$

$$V_D = V_{DD} - I_D R_D = 12 - (3.90\,[\mathrm{mA}])\,(1.2\,[\mathrm{k\Omega}])$$
$$= 7.32\,[\mathrm{V}]$$

$$V_{DS} = V_D - V_S = 7.32 - 0 = 7.32\,[\mathrm{V}]$$

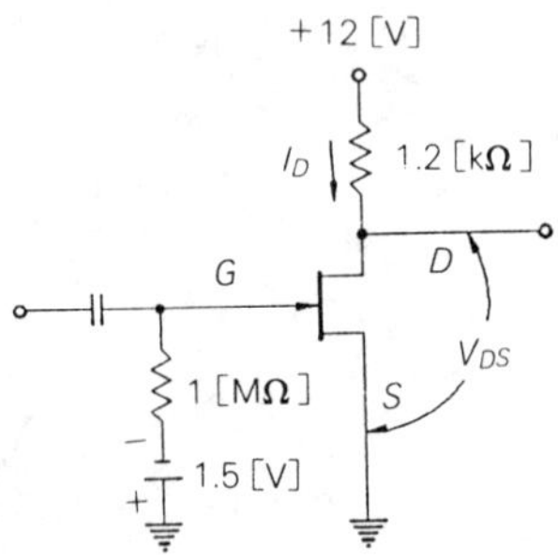

〈그림 4－10〉

(2) 소스 자기 바이어스(Source self bias)

소스 저항 R_S에 의해 게이트-소스 바이어스 전압을 제공한다.

$I_G = 0$

$V_G = I_G R_G = 0\,[V]$

① 소스 전압과 게이트-소스 전압 드레인 전류 I_D가 설정되면

$V_S = I_D R_S$

$V_{GS} = V_G - V_S = 0 - I_D R_S$

$= -I_D R_S$

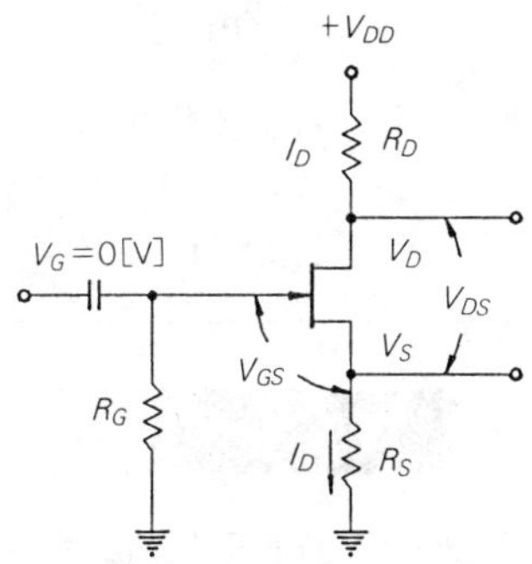

〈그림 4-11〉 JFET의 자기 바이어스 회로

② JFET의 전달 특성과 자기 바이어스선의 작도

㉠ JFET의 전달 특성

$I_D = I_{DSS}\left(1 - \dfrac{V_{GS}}{V_P}\right)^2$을 그린다.

㉡ 자기 바이어스선의 작도

$I_D = 0$일 때 : $V_{GS} = (0)\ R_S = 0\,[V]$

$V_{GS} = V_P$일 때 : $I_D = -V_p / R_S$

전달 특성과 자기 바이어스선과의 교점은 결과적으로 dc바이어스점 V_{GSQ}와 I_{DQ}를 구할 수 있다.

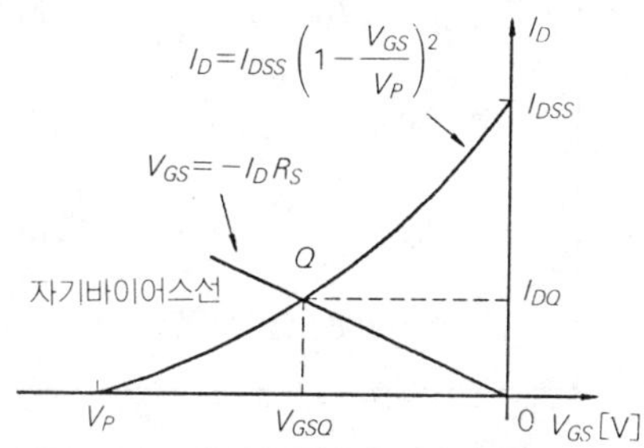

〈그림 4-12〉 자기 바이어스선의 작도

예제 4-5 소스 자기 바이어스 회로

〈그림 4-13〉에서 $I_D = 6.25\,[mA]$일 때 V_{DS}와 V_{GS}를 구하라.

※ 게이트는 저항 R_G에 의해 $\approx 0\,[V]$로 바이어스된다. 역방향 누설전류에 의한 매우 작은 전압이 발생되나 무시되어 R_G양단의 전압강하는 없다.

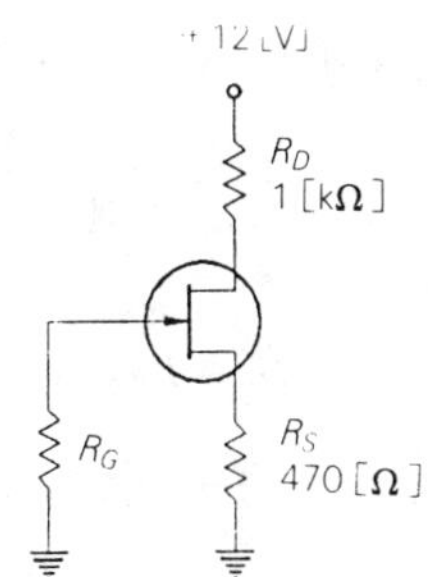

〈그림 4-13〉

풀이 JFET가 동작하려면 게이트-소스접합이 항상 역방향 바이어스 되어야 한다. 즉 n채널 JFET에서는 음(-)의 V_{GS}가 필요하고 p채널 JFET에서는 양(+)의 V_{GS}가 필요하다.

(1) V_{DS} 구하기

$V_S = I_D R_S = 6.25\,[mA](470) = 2.94\,[V]$

$V_D = V_{DD} - I_D R_D = 12-(6.25\,[\text{mA}])\,(1\,[\text{k}\Omega]) = 12-6.25 = 5.75\,[\text{V}]$

$\therefore\ V_{DS} = V_D - V_S = 5.75-2.94 = 2.81\,[\text{V}]$

(2) V_{GS} 구하기

$V_G = 0\,[\text{V}]$ 이므로

$V_{GS} = V_G - V_S = -2.94\,[\text{V}]$

예제 4−6 자기 바이어스된 JFET에서 R_S값 구하기

p채널 JFET가 $I_{DSS} = 24\,[\text{mA}]$, $V_P = 15\,[\text{V}]$일 때 $V_{GS} = 5\,[\text{V}]$에서 자기바이어스(self bias)가 되는데 필요한 R_S의 값을 구하라.

풀이 먼저 I_D를 구한다.

$$I_D = I_{DSS}\left(1-\frac{V_{GS}}{V_P}\right)^2 = 24\,[\text{mA}]\left(1-\frac{5}{15}\right)^2 = 24\,[\text{mA}](1-0.333)^2 = 10.68\,[\text{mA}]$$

따라서, R_S는

$$R_S = |V_{GS}/I_D| = 5/10.68\,[\text{mA}] = 468\,[\Omega]$$

즉 468 [Ω]에 근접한 표준값 470 [Ω]을 사용한다.

예제 4−7 자기 바이어스 회로에서 Q점의 결정

〈그림 4−14〉와 같은 전달 특성 곡선을 갖는 n채널 JFET가 $V_{GS} = -5\,[\text{V}]$에서 자기 바이어스 되는데 필요한 R_S값을 구하라. 단, $I_{DSS} = 25\,[\text{mA}]$이고 $V_P = V_{GS(\text{off})} = -10\,[\text{V}]$이다.

풀이 〈그림 4−14〉에서 $V_{GS} = -5\,[\text{V}]$일 때 $I_D = 6.25\,[\text{mA}]$이다.

또는 계산에 의해

$$I_D = I_{DSS}\left(1-\frac{V_{GS}}{V_P}\right)^2 = 25\,[\text{mA}]\left(1-\frac{-5}{-10}\right)^2$$

$$= 6.25\,[\text{mA}]$$

따라서, R_S는 다음과 같이 구해진다.

$$R_S = \left|\frac{V_{GS}}{I_D}\right| = \frac{5}{6.25\,[\text{mA}]} = 800\,[\Omega]$$

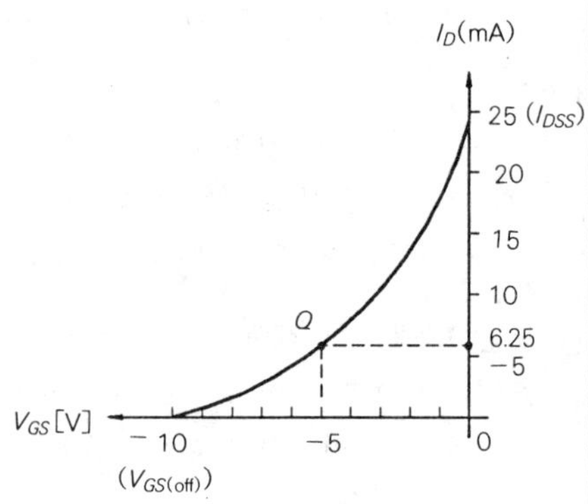

〈그림 4−14〉

(3) 전압 분배 바이어스 회로

게이트에서 공급전압 사이에 R_G를 두어 dc 바이어스점을 크게 조절하고 큰 R_S값을 사용할 수 있게한다. R_S는 FET 증폭기의 비선형성을 감소시키며 부궤환을 제공하여 또한 이득이 감소된다.

① $I_G = 0$

② $V_G = \dfrac{R_{G2}}{R_{G1}+R_{G2}} V_{DD}$

③ $V_{GS} = V_G - V_S = V_G - I_D R_S$

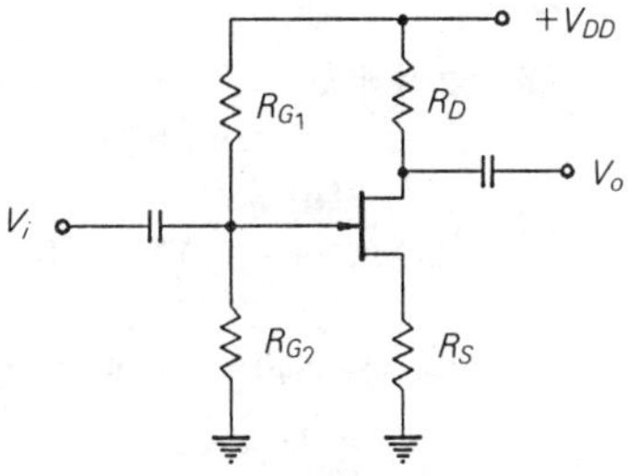

〈그림 4－15〉

4·2·2 MOSFET의 바이어스 회로

(1) 증가형 MOSFET의 바이어스

증가형 MOSFET가 on으로 구동되려면 V_T보다 큰 게이트－소스 전압이 필요하다. 저항 R_G는 MOSFET를 on으로 하기 위해 적당히 큰 전압을 게이트로 가한다.

① $I_D = K(V_{GS} - V_T)^2$

② $V_D = V_{DD} - I_D R_D$

③ $I_G = 0,\ V_S = 0$

④ $V_{GS} = V_{DS}$

⑤ $V_{DS} = V_D - V_S = V_{DD} - I_D R_D$

R_G를 통하여 흐르는 전류가 없으므로($I_G = 0$) $V_{GS} = V_{DS}$이다.

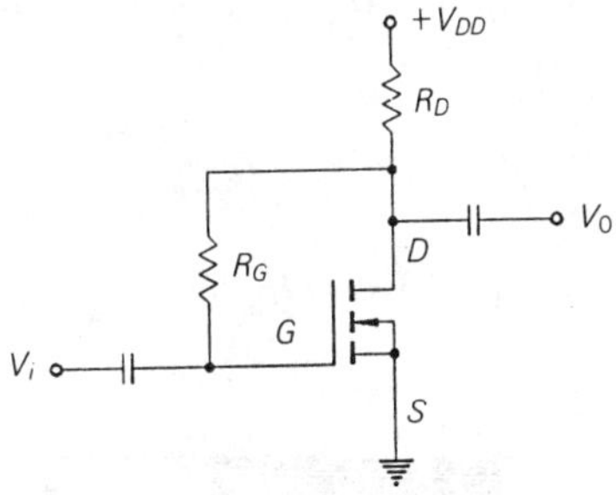

〈그림 4－16〉 증가형 MOSFET의 바이어스 회로

예제 4－8 **n채널 증가형 MOSFET의 바이어스**

〈그림 4－17〉의 회로에서 V_{GS}, I_D, V_{DS}를 구하라.
단, 특정 MOSFET의 $V_{GS} = 10\,[\text{V}]$, $V_T = 5\,[\text{V}]$에서
$I_{D\,(\text{on})} = 3\,[\text{mA}]$이다.

풀이 증가형 MOSFET는 V_{GS}가 임계값 V_T보다 커야 한다.

(1) $V_{GS} = \left(\frac{R_{G2}}{R_{G1}+R_{G2}} \right) V_{DD} = \left(\frac{15}{10+15} \right) \cdot 24$

$= 14.4\,[V]$

(2) 먼저 K를 구한다.

$$K = \frac{I_{D\,(on)}}{(V_{GS}-V_T)^2} = \frac{3\,[mA]}{(10-5)^2} = 0.12\,[mA/V^2]$$

$V_{GS} = 14.4\,[V]$일 때의 I_D를 구한다.

$\therefore\ I_D = K(V_{GS}-V_T)^2 = 0.12\,[mA/V^2]\,(14.4-5)^2 = 10.6\,[mA]$

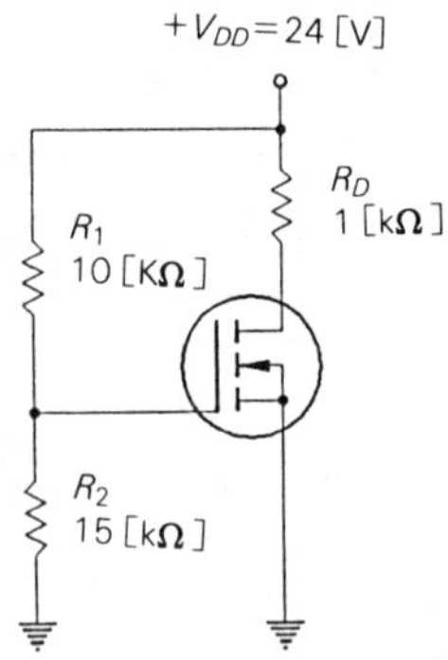

〈그림 4－17〉

(3) V_{DS} 구하기

$V_{DS} = V_{DD} - I_D R_D$

$= 24-(10.6\,[mA])\,(1\,[k\Omega]) = 13.4\,[V]$

(2) 공핍형 MOSFET의 바이어스

공핍형 JFET의 바이어스와 유사하다.

① $V_{GS} = V_G - V_S = 0-0=0\,[V]$

② $I_D = I_{DSS} \left(1 - \frac{0}{V_p} \right)^2 = I_{DSS}$

③ $V_D = V_{DD} - I_D R_D$

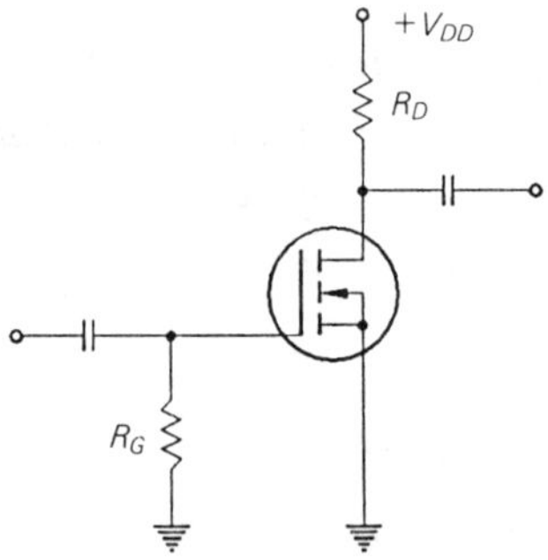

〈그림 4－18〉

예제 4－9 **n채널 공핍형 MOSFET의 바이어스**

〈그림 4－19〉의 회로에서 I_D와 V_D의 값을 구하라.
단, $I_{DSS} = 10\,[mA]$, $V_p = -4\,[V]$이다.

풀이 $I_G = 0$ 이므로 R_G에서의 전압강하는 0이다.

$V_{GS} = V_G - V_S = 0-0 = 0\,[V]$

$I_D = I_{DSS} = 10\,[mA]$

$V_D = V_{DD} - I_D R_D = 20-(10\,[mA])\,(1.5\,[k\Omega]) = 5\,[V]$

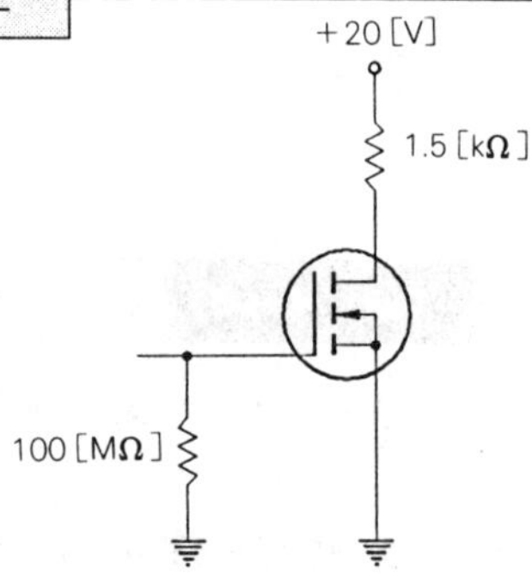

〈그림 4－19〉

4·3 소신호 FET 증폭기의 해석

4·3·1 FET 소신호 모델

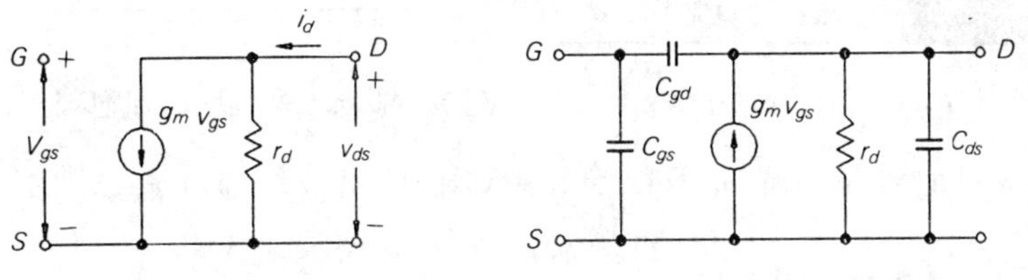

(a) 저주파 소신호 FET 모델 (b) 고주파 모델

〈그림 4-20〉 FET 소신호 모델

(1) 드레인 전류

$$i_D = f(v_{GS},\ v_{DS})$$

$$\Delta i_D = \frac{\partial i_D}{\partial v_{GS}}\Big|_{V_{DS}} \Delta v_{GS} + \frac{\partial i_D}{\partial v_{DS}}\Big|_{V_{GS}} \Delta v_{DS}$$

$$i_d = g_m v_{gs} + \frac{v_{ds}}{r_d},\quad \mu = g_m r_d$$

(2) FET 정수

① 상호 콘덕턴스 : $g_m = \frac{\partial I_D}{\partial V_{GS}}\Big|_{V_{DS}} =$ 일정

② 드레인 저항 : $r_d = \frac{\partial V_{DS}}{\partial I_D}\Big|_{V_{GS}} =$ 일정

③ 증폭 정수 : $\mu = \frac{\partial V_{DS}}{\partial V_{GS}}\Big|_{I_D} =$ 일정

(3) 전달 특성

포화 영역에서 전달특성을 결정하는 shockley 방정식은 다음과 같다.

$$\text{드레인 전류 } I_D = I_{DSS}\left(1 - \frac{V_{GS}}{V_P}\right)^2$$

단, I_{DSS} : $V_{GS} = 0$ 일 때 포화드레인 전류

V_P : 핀치오프(pinch-off) 전압이다.

(4) 전달 콘덕턴스 g_m

$$g_m = \frac{\partial I_D}{\partial V_{GS}}\Big|_{V_{DS}=\text{일정}} = -\frac{2I_{DSS}}{V_P}\left(1 - \frac{V_{GS}}{V_P}\right) = g_{mo}\left(1 - \frac{V_{GS}}{V_P}\right)$$

$$단, \ g_{mo} = \frac{2I_{DSS}}{|V_P|}$$

g_{mo}의 값은 $V_{GS} = 0$[V]로 바이어스 되었을 때 JFET의 최대 교류 이득정수이다.

예제 4－10 g_{mo}와 g_m의 값 계산

(1) JFET에서 $I_{DSS} = 10$[mA], $V_P = -2$[V]일 때 g_{mo}의 값을 계산하라.

풀이 $V_{GS} = 0$[V] 이외의 바이어스전압에 대해서는 V_{GS}의 값이 g_{mo}보다도 작다.

$$g_{mo} = \frac{2I_{DSS}}{|V_P|} = 2\left(\frac{10\times10^{-3}}{|-2|}\right) = 10\,[\text{mS}] = 10{,}000\,[\mu\text{S}]$$

(2) $I_{DSS} = 10$[mA], $V_P = -2$[V]인 JFET에서 $V_{GS} = -1$[V]일 때 g_m을 계산하라.

풀이 g_{mo}는 10[mS]이므로

$$g_m = g_{mo}\left(1 - \frac{V_{GS}}{V_P}\right) = 10\,[\text{mS}]\left(1 - \frac{-1}{-2}\right) = 5\,[\text{mS}] = 5000\,[\mu\text{S}]$$

4·3·2 소스 접지 증폭기(Common source amplifer)

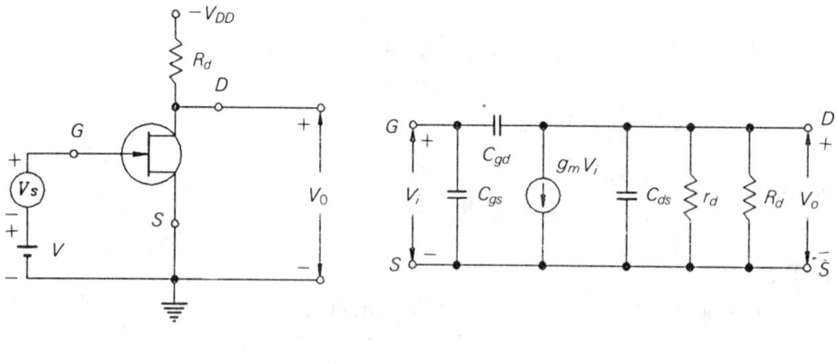

(a) CS 증폭기 (b) 소신호 등가 회로

〈그림 4－21〉 소스 접지 증폭기

(1) 전압 이득 $A_V = \dfrac{y_{gd} - g_m}{y_L + y_{ds} + g_d + y_{gd}}$

단, $Y_d = \dfrac{1}{R_d}$, $y_{ds} = j\omega C_{ds}$, $g_d = \dfrac{1}{r_d}$, $y_{gd} = j\omega C_{gd}$

예제 4－11 CS 의 전압이득

〈그림 4－21〉의 CS 증폭기에서 $g_m = 5$ [mS], $r_d = 10$ [kΩ]이고 외부 교류 드레인 저항 $R_d = 1.5$ [kΩ]이다. 전압 이득을 구하라.

풀이 r_d는 실효적으로 R_d와 병렬이다.

$$A_v = -g_m\left(\frac{R_d \cdot r_d}{R_d + r_d}\right)$$

$$= -(5\,[\text{mS}])\left(\frac{1.5\times 10\,[\text{k}\Omega]}{1.5+10}\right) = -(5\,[\text{mS}])\,(1.3\,[\text{k}\Omega]) = 6.5$$

예제 4－12 소스 저항이 있는 CS 의 해석

소스단자와 접지사이에 저항 R_s를 갖고 있는 CS 증폭기에서 전압 이득을 구하라. (단, $r_d \gg R_d$이다.)

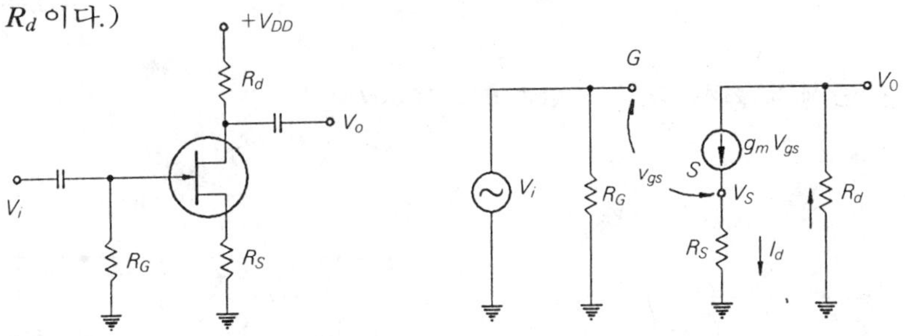

(a) (b) 교류 등가회로

〈그림 4－22〉 소스 저항이 있는 *CS*의 해석

풀이 게이트와 접지사이의 입력 전압은 다음과 같다.

$$V_i = V_{gs} + I_d R_s$$

디바이스의 출력 저항 r_d가 무시되므로 $I_d \approx g_m V_{gs}$ 이다.

$$V_{gs} = V_i - I_d R_s = V_i - g_m V_{gs} R_s$$

R_d 양단의 출력 전압은

$$V_o = -I_d R_d = -g_m V_{gs} R_d \quad = -g_m R_d\left(\frac{V_i}{1+g_m R_s}\right)$$

$$A_v = \frac{V_o}{V_i} = \frac{-g_m R_d}{1+g_m R_s}$$

※ 저주파에서 CS의 전압 이득

저주파에서 FET 용량은 무시되므로 $y_{ds} = y_{gd} = 0$ 이면

$$A_V = \frac{-g_m}{Y_d + g_d} = \frac{-g_m R_d}{1 + g_d R_d} = -g_m Z_L$$

(단, $Z_L = r_d /\!\!/ R_d$ 임)

(2) 입력 어드미턴스 : $Y_i = y_{gs} + y_{gd}(1 - A_V)$

(3) 입력 용량(Miller 효과) : $C_i = C_{gs} + C_{gd}(1 - A_V)$

(4) 출력 저항 : 저주파에서 용량을 무시하면 다음과 같다.

$$R_0 = r_d /\!\!/ R_d = \frac{r_d R_d}{r_d + R_d}$$

4·3·3 드레인 접지 증폭기 (Source follower)

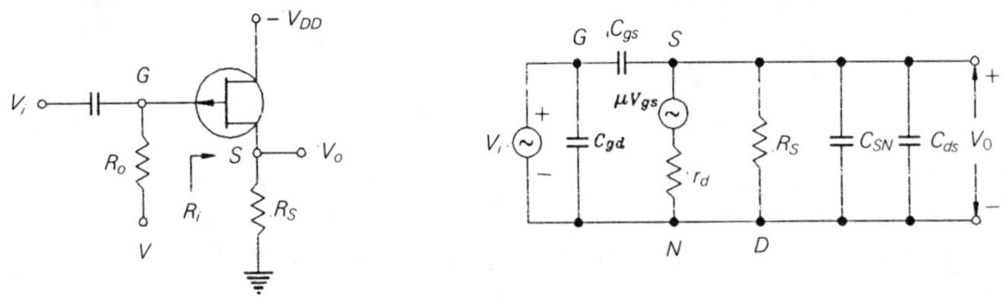

(a) 소스폴로워 회로　　　　(b) 등가 회로

〈그림 4-23〉 드레인 접지 증폭기

예제 4-13　CD의 전압 이득

〈그림 4-23〉의 CD 증폭기에서 $g_m = 2.3\,[\text{mS}]$, $R_S = 2.2\,[\text{k}\Omega]$이고 $R_G = 1\,[\text{M}\Omega]$이다. 교류전압 이득을 계산하라.

풀이 교류 전압 이득은 r_d를 무시하면

$$A_V = \frac{V_o}{V_i} = \frac{g_m R_s}{1 + g_m R_s} = \frac{2.3\,[\text{mS}](2.2\,[\text{k}\Omega])}{1 + 2.3\,[\text{mS}](2.2\,[\text{k}\Omega])} = 0.835$$

이 증폭기 입력저항 $R_i = R_G = 1\,[\text{M}\Omega]$이다.

(1) 전압 이득 : $A_V = \dfrac{(g_m + j\omega C_{gs}) R_s}{1 + (g_m + g_d + j\omega C_T) R_s}$

단, $C_T = C_{gs} + C_{ds} + C_{SN}$, C_{SN} 은 소오스와 접지간의 용량이다.

※ 저주파에서 CD의 전압 이득

$$A_V \simeq \frac{g_m R_s}{1 + (g_m + g_d) R_s} < 1$$

만일 $g_m R_s \gg 1$ 이면

$$A_V \simeq \frac{g_m}{g_m + g_d} = \frac{\mu}{1 + \mu}$$

(2) 입력 어드미턴스 : $y_i = y_{gd} + y_{gs}(1 - A_V)$

(3) 출력 어드미턴스 : $y_0 = g_m + g_d + j\omega C_1$

C_r 를 무시할 수 있는 저주파에서 출력 저항은

$$R_0 = \frac{1}{g_m} \| R_s \approx \frac{1}{g_m} \left(\text{보통 } \frac{1}{g_m} \ll R_s \right)$$

4·3·4 게이트 접지 증폭기

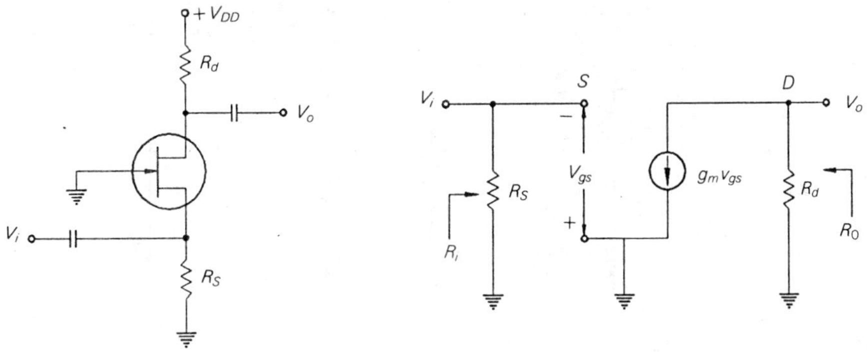

(a) CG 증폭기　　　(b) 교류 등가 회로

〈그림 4-24〉 게이트 접지 증폭기

(1) 전압이득

$$V_o = -I_d R_d = -g_m V_{gs} R_d = -g_m(-V_i) R_d$$

$$\therefore\ A_v = \frac{V_o}{V_i} = g_m R_d \quad (V_i \text{와 } V_o \text{는 동상이다.})$$

(2) 입력저항 : $R_i = R_s$

(3) 출력저항 : $R_o = R_d$

이 CG 증폭기는 입력 임피던스가 낮아 특별한 경우(cascode 증폭기 등) 외에는 별로 쓰이지 않는다.

예제 4-14 CG의 전압 이득

〈그림 4-24〉 (a)의 회로에서 $R_d = 3.6\,[\text{k}\Omega]$, $R_s = 1.1\,[\text{k}\Omega]$이다. $g_m = 2.25\,[\text{ms}]$, $I_{DSS} = 10\,[\text{mA}]$, $V_p = -4\,[\text{V}]$일 때 출력 전압 V_o를 구하라. 단, $V_i = 1000\,[\text{mV}]$ (r.m.s)이다.

풀이 증폭기 전압 이득은

$$A_v = \frac{V_o}{V_i} = g_m R_d = 2.25\,[\text{ms}]\,(3.6\,[\text{k}\Omega]) = 8.1$$

이므로 출력 전압 V_o는 다음과 같다.

$$V_o = A_v V_i = 8.1\,(100\,[\text{mV}]) = 0.81\,[\text{V}]\ (\text{r.m.s})$$

4·3·5 일반화한 FET 증폭 회로

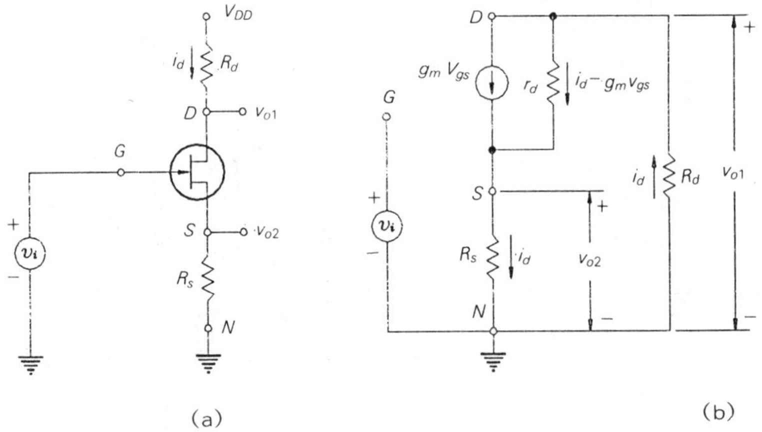

〈그림 4-25〉 일반화한 FET 증폭회로

출력 회로에 KVL을 적용하면

$$i_d R_d + (i_d - g_m v_{gs}) r_d + i_d R_s = 0$$

게이트와 소오스간의 전압 $v_{gs} = v_i - i_d R_s$이고, $\mu = g_m r_d$이므로

$$i_d = \frac{\mu v_i}{r_d + R_d + (\mu + 1) R_s}$$

(1) CS (common sovrce)일 때

$v_{01} = -i_d R_d$ 이므로 $v_{01} = \dfrac{-\mu v_i R_d}{r_d + R_d + (1+\mu) R_s}$

소오스를 접지시키거나 R_s 양단에 큰 용량의 바이패스 콘덴서를 접속하였을 때 증폭도 A_v 는

$$A_v = \frac{v_{01}}{v_i} = \frac{-\mu R_d}{r_d + R_d} = -g_m(R_d /\!/ r_d)$$

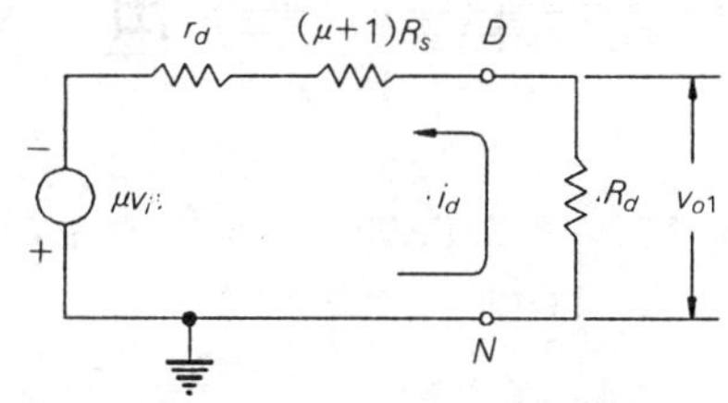

〈그림 4−26〉 드레인에서본 등가회로

(2) CD(common drain)일 때

$v_{02} = i_d R_s$ 이므로

$$v_{02} = \frac{\mu v_i R_s}{r_d + R_d + (\mu+1) R_s} = \frac{[\mu v_i / (\mu+1)] R_s}{(r_d + R_d)/(\mu+1) + R_s}$$

만약 $R_d = 0$ 및 $(\mu+1) R_s \gg r_d$ 이면

$$A_V \simeq \frac{\mu}{1+\mu} \equiv 1$$

출력 콘덕턴스 $g_0 = \dfrac{1}{R_0} = \dfrac{1+\mu}{r_d} \simeq \dfrac{\mu}{r_d} = g_m$

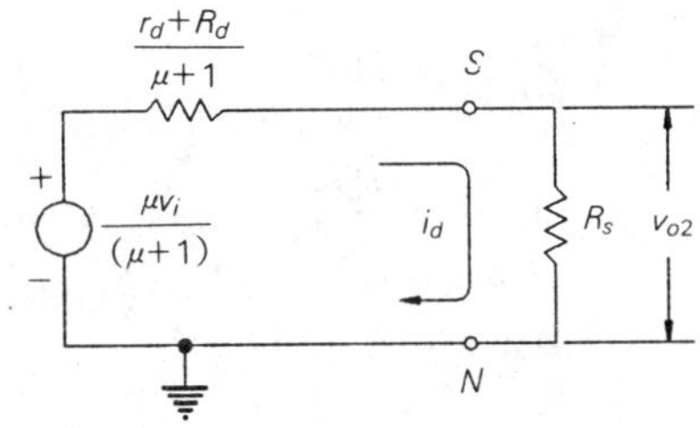

〈그림 4−27〉 소오스에서 본 등가회로

出 題 豫 想 問 題

1. 다음중 FET의 드페인 전류 i_d, 게이트 전압 v_{gs} 및 드레인 전압 v_{ds} 사이의 관계를 정확히 나타낸 것은?

가. $i_d = \mu v_{gs} + g_m v_{ds}$　　나. $i_d = \mu v_{gs} + \frac{1}{r_d} v_{ds}$

다. $i_d = \frac{1}{r_d} v_{ds} + g_m v_{ds}$　　라. $i_d = g_m v_{gs} + \frac{1}{r_d} v_{ds}$

2. FET 소신호 모델에서 드레인 저항 r_d를 옳게 나타낸 식은 어느 것인가?

가. $r_d = \frac{v_{ds}}{v_{gs}}\Big|_{I_D}$　　나. $r_d = \frac{v_{gs}}{v_{ds}}\Big|_{I_D}$

다. $r_d = \frac{v_{ds}}{i_d}\Big|_{v_{gs}}$　　라. $r_d = \frac{v_{gs}}{i_d}\Big|_{v_{ds}}$

해설 $i_d = g_m v_{gs} + \frac{1}{r_d} v_{ds}$

3. FET에 대한 3정수 관계가 옳은 것은?

가. $\mu = \frac{r_d}{g_m}$　　나. $\mu = g_m r_d$

다. $r_d = \frac{g_m}{\mu}$　　라. $\mu = g_d r_d$

4. $V_{GS} = 0.5$ [V]로 일정하게 두고, V_{DS}를 5 [V]에서 10 [V]로 변화 시켰을 때 I_D가 10 [mA]에서 11 [mA]로 변하였다. 드레인 저항은 얼마인가?

가. 5 [mΩ]　　나. 25 [mΩ]　　다. 5 [kΩ]　　라. 25 [kΩ]

5. 드레인 전압이 30 [V]인 접합형 FET에서 게이트 전압을 0.5 [V] 변화시켰더니 드레인 전류가 2 [mA] 변화하였다. 이 FET의 상호 콘덕턴스는 얼마인가?

가. 0.1 [m℧]　　나. 1 [m℧]　　다. 4 [m℧]　　라. 6 [m℧]

6. 드레인 출력저항 r_d=0.1 [MΩ], 상호콘덕턴스 g_m=100 [μ ℧], 증폭정수 μ 인 *FET* 의 소오스접지 회로에 입력전압 v_{gs} [V] 가 가해지고 있다. 전압원 등가회로에 대한 전압원은 몇 [V] 로 되는가?

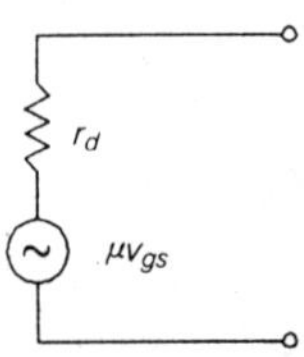

가. 20 v_{gs}　　나. 10 v_{gs}

다. 10 μv_{gs}　　라. 10^6 μv_{gs}

해설 전압원 등가회로에서

$\mu = g_m \cdot r_d$

$= 100 \times 10^{-6} \times 0.1 \times 10^6 = 10$

해답 1. 라　2. 다　3. 나　4. 다　5. 다　6. 나

7. FET 소신호 모델에 사용되는 파라미터(parameter)가 아닌 것은?

가. V_{DD} 나. V_p 다. I_d 라. β

해설 V_p는 pinch off 전압, I_d는 drain 전류, V_g는 gate 전압이다.

8. 핀치 오프(pinch off) 전압에 대한 설명 중 옳은 것은?

가. Drain 전류가 0인 때의 gate와 drain 간 전압

나. Drain 전류가 0인 때의 gate와 source 사이의 전압

다. Drain 전류가 0이 아닌 때의 gate와 drain 간 전압

라. Drain 전류가 0이 아닌 때의 gate와 source 전압

해설 pinch off 전압이란 게이트 역 bias 전압을 계속 증가시키면 공간전하층의 폭이 넓어져 채널폭이 완전히 막혀버리는 상태에 이른 전압을 말한다.

9. FET의 핀치 오프(pinch off) 전압에 대한 설명 중 틀리는 것은?

가. 핀치 오프 전압은 채널(Channel)이 완전히 막히는 상태에 이르는 전압이다.

나. 핀치 오프 전압은 캐리어(Carrier)의 전하량에 반비례한다.

다. 핀치 오프 전압은 채널폭의 자승에 비례한다.

라. 핀치 오프 전압은 불순물 농도에 비례한다.

10. FET의 정특성 곡선이다. 핀치 오프(pinch off)의 영역은 어디인가?

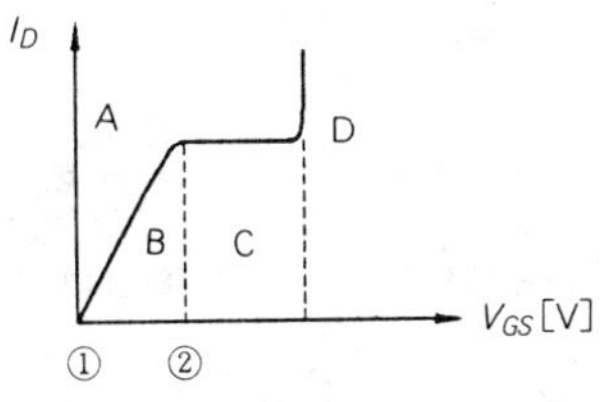

가. A

나. B

다. C

라. D

해설 핀치 오프 또는 포화 영역이라고 한다.
위 그림에서 ①~②의 영역을 ohmic 영역이라고 한다.

11. FET에서 포화 드레인 전류(I_D)는?

(단, I_{DSS} : $V_{GS} = 0$일 때 드레인 전류, V_P : pinch-off전압 임)

가. $I_D = I_{DSS}\left(1 - \dfrac{V_{GS}}{V_P}\right)$ 나. $I_D = I_{DSS}\left(1 - \dfrac{V_P}{V_{GS}}\right)$

다. $I_D = I_{DSS}\left(1 - \dfrac{V_P}{V_{GS}}\right)^2$ 라. $I_D = I_{DSS}\left(1 - \dfrac{V_{GS}}{V_P}\right)^2$

12. $V_{GS} = 0$일 때의 상호콘덕턴스를 g_{m0} 핀치오프(pinch-off voltage)을 V_P라 할 때 상호콘덕턴스 g_m은 게이트 전압 V_{GS}와 어떤 관계가 있는가?

가. $g_m = g_{m0}\left(1 - \dfrac{V_{GS}}{V_P}\right)^2$ 나. $g_m = g_{m0}\left(1 - \dfrac{V_{GS}}{V_P}\right)$

다. $g_m = g_{m0}\left(1 + \dfrac{V_{GS}}{V_P}\right)^2$ 라. $g_m = g_{m0}\left(\dfrac{V_{GS}}{V_P}\right)^2$

해답 7. 라 8. 나 9. 나 10. 다 11. 라 12. 나

13. 다음은 FET와 TR의 차이점 중 틀린 것이다. 보기에서 고르시오?

가. FET는 TR보다 이득 대역폭적이 크다.

나. FET는 TR보자 잡음이 적다.

다. TR은 양극성 소자이고 FET는 단극성 소자이다.

라. FET는 TR보다 입력 저항이 크다.

14. TR보다 FET가 초퍼(chopper)로서 적합한 이유는?

가. 입력임피던스가 매우 높다.　　　나. 대량 생산에 적합하다.

다. 제조하기가 용이하다.　　　라. 오프셋(offset) 전압이 매우 작다.

15. FET에 관한 설명 중 틀린 것은?

가. 일반적으로 FET의 잡음은 같은 g_m을 갖는 진공관의 경우보다 낮다.

나. 잡음은 동작점에도 거의 관계가 없다.

다. 바이폴라(bipolar) 트랜지스터에 비해 입력저항이 매우 크다.

라. JFET는 게이트 접합에 순방향으로 바이어스를 걸어주는 것이 보통이다.

16. CS 증폭기에서의 전압이득 A_V는?

가. $A_V = -g_m r_d$　　　나. $A_V = \dfrac{-\mu R_d}{r_d + R_d}$

다. $A_V = \dfrac{-g_m R_d}{1+\mu}$　　　라. $A_V = \dfrac{-g_m R_d}{1+g_m R_d}$

17. 그림의 저주파 소신호 FET 증폭기에서 $g_m = 1$ [mA/V], $r_d = 100$ [kΩ], $R_d = 50$ [kΩ], $R_s = 1$ [kΩ]일 때 전압증폭도 $|A_v| \approx \left|\dfrac{V_o}{V_i}\right|$는?

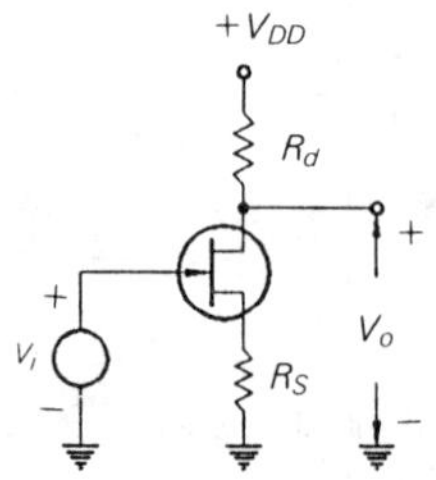

가. 10

나. 20

다. 30

라. 40

18. 소오스와 접지 사이의 용량을 무시할 수 있는 낮은 주파수 범위에서 그림과 같은 회로의 출력 저항은? (단, $g_m \gg 1/r_d$이다.)

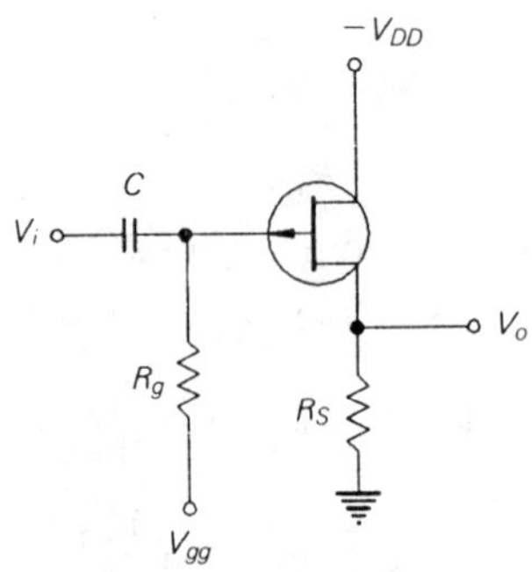

가. $R_0 = R_g$

나. $R_0 = \dfrac{\mu}{1+\mu}$

다. $R_0 = \dfrac{g_m}{1+\mu}$

라. $R_0 = 1/g_m$

해답 13. 가　14. 라　15. 라　16. 나　17. 나　18. 라

19. 부하 R_L을 가진 소오스 접지 FET 증폭기의 전압 증폭도 A_v는 다음 중 어느 것인가?

가. $-g_m \dfrac{r_d \cdot R_L}{r_d + R_L}$ 　　나. $-g_m \dfrac{R_L}{r_d + R_L}$

다. $-g_m \dfrac{R_L}{r_d}$ 　　라. $-g_m r_d$

20. 다음 중 틀린 것은 어느 것인가?

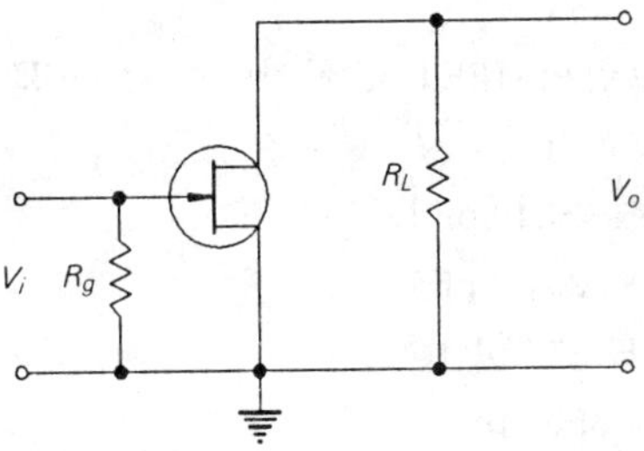

가. 이 회로의 입력저항은 $R_i = R_G$

나. 이 회로의 전압이득은

$A_V \approx -g_m \cdot R_L$

다. 이 회로의 입력용량은

$C_i = C_{gs} + (1 - A_V)\ C_{gd}$

라. 이 회로의 출력저항은 $R_0 = g_m R_G$

해설 출력저항 $R_0 = R_L$ 이다.

21. 그림과 같은 FET 증폭 회로의 소신호 전압 이득은?

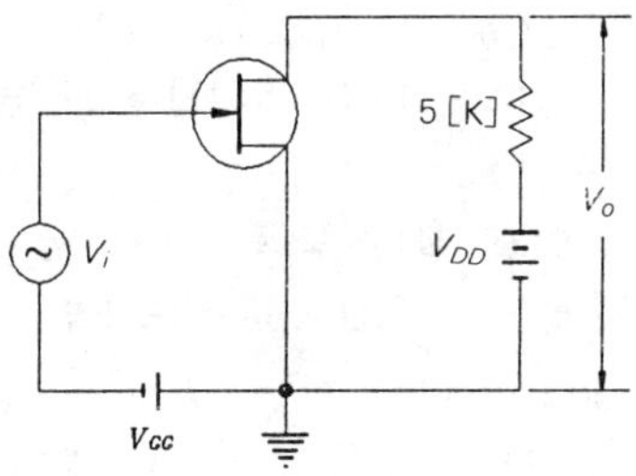

가. －15.5 　　$g_m = 5\,[\mathrm{m℧}]$

나. －23.8 　　$r_d = 100\,[\mathrm{K}]$

다. －33.3

라. －50

해설 $A_v = -g_m Z_L$ 단, $Z_L = r_d /\!/ R_d$

22. 소오스(source) 접지 증폭기의 저주파에서 전압이득은?

가. $|A_v| < \mu$ 　　나. $|A_v| \geq \mu$

다. $|A_v| \gg \mu$ 　　라. $|A_v| = \mu$

해설 $|A_v| = \dfrac{\mu R_L}{r_d + R_L} = \dfrac{\mu}{1 + r_d/R_L}$

23. 그림의 FET 고주파 등가회로이다. Ⓐ에 들어갈 것은?

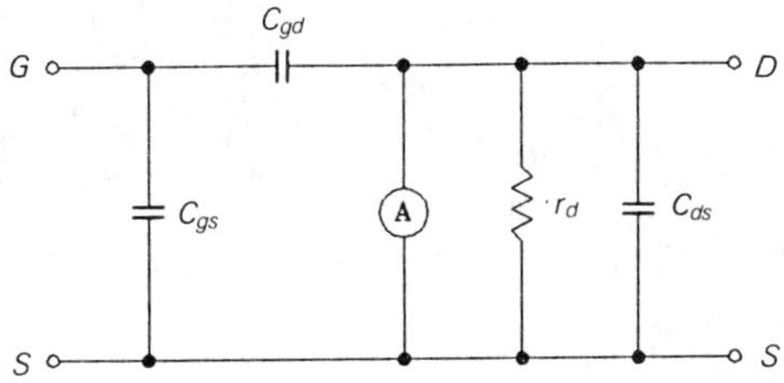

가. $g_d v_{gs}$ 　　나. μv_{gs} 　　다. $g_m v_{ds}$ 　　라. $g_m v_{gs}$

해설 $i_d = g_m v_{gs} + \dfrac{1}{r_d} v_{ds}$

해답 19. 가　20. 라　21. 나　22. 가　23. 라

24. 고주파에서 CS 증폭기의 입력용량은? (단, $Z_L = r_d \,/\!/\, R_d$ 이다.)

가. $C_i = C_{gd} + g_m Z_L C_{gs}$

나. $C_i = C_{gs} + (1 + g_m Z_L)\ C_{gd}$

다. $C_i = C_{gd} + (1 + g_m Z_L)\ C_{gs}$

라. $C_i = C_{gs}(1 - g_m Z_L) C_{ds}$

25. 그림의 JFET 증폭기에서 $g_m = 3.3$ [m℧] 일 때 밀러용량은?

가. 10.4 [pF]

나. 20.8 [pF]

다. 25 [pF]

라. 50 [pF]

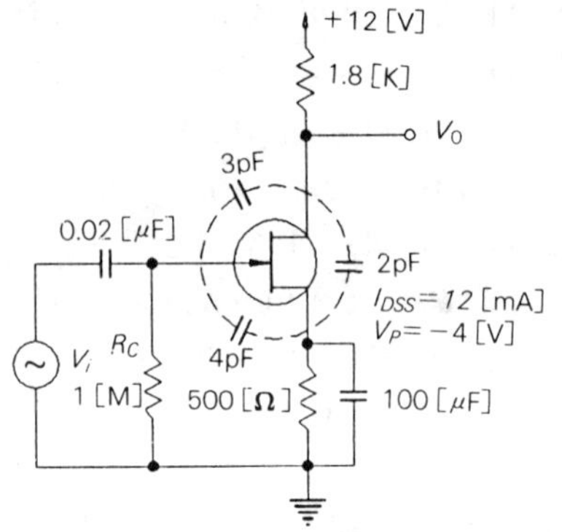

해설 $A_v = -g_m R_D = -3.3\times10^{-3}\times1.8\times10^{3} = -5.94$

$C_M = (1 - A_V)\ C_{gd}$

$= [1 - 1(-5.94)]\ 3\,[\mathrm{pF}] = 20.82\,[\mathrm{pF}]$

26. 소오스 접지 증폭기에서 $g_m = 2.0$ [mA/V], $r_{ds} = 40$ [kΩ] 게이트−소오스간 정전용량 $C_{gs} = 3.0$ [pF], 드레인−게이트간 정전용량 $C_{gd} = 1.0$ [pF], 부하저항 R_L 은 40 [kΩ]이라고 한다. 입력 용량은?

가. 24 [pF]　　나. 34 [pF]　　다. 44 [pF]　　라. 54 [pF]

해설 입력용량 $C_i = C_{gs} + (1 + g_m R_L')C_{gd}$　(단 $R_L' = r_{ds} /\!/ R_L$)

$\therefore\ C_i = 3.0 + (1 + 2.0\times20)\ (1.0)\,[\mathrm{pF}]$

27. 그림의 FET 증폭기에서 전압이득 $A_v = \dfrac{V_o}{V_i}$ 는? (단, 드레인 저항은 r_d)

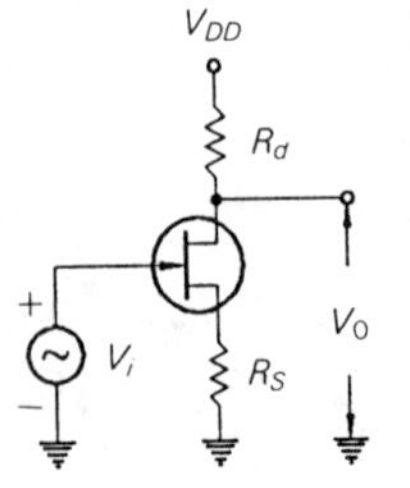

가. $\dfrac{-\mu R_d}{R_s + (\mu + 1)r_d + R_d}$

나. $\dfrac{-\mu R_d}{R_s(\mu + 1) + r_d + R_d}$

다. $\dfrac{-g_m R_d}{R_s(g_m + 1) + r_d + R_d}$

라. $\dfrac{-g_m R_d}{R_s + (g_m + 1)r_d + R_d}$

해답 24. 나　25. 나　26. 다　27. 나

28. 그림과 같이 FET를 이용한 증폭기에서 입력 용량 (C_i)은?

가. $C_{gs} + \left(1 + \dfrac{g_m r_d R_L}{r_d + R_L}\right) C_{gd}$

나. $C_{gs} + C_{gd}$

다. $C_{gs} - \left(1 + \dfrac{g_m r_d R_L}{r_d + R_L}\right) C_{gd}$

라. C_{gs}

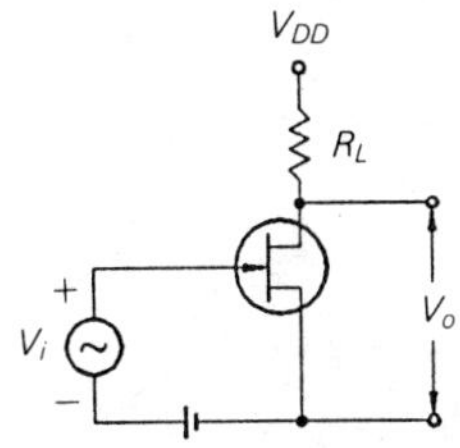

29. 다음 그림과 같은 회로에서 $I_{DSS} = 3$ [mA], $V_P = -2.4$ [V]일 때 드레인 전류 I_D는? 단, 직류 전류에 의한 R_S 양단의 전압강하는 0.7 [V]이다.

가. 1.5 [mA]
나. 5.6 [mA]
다. 17.7 [mA]
라. 58.8 [mA]

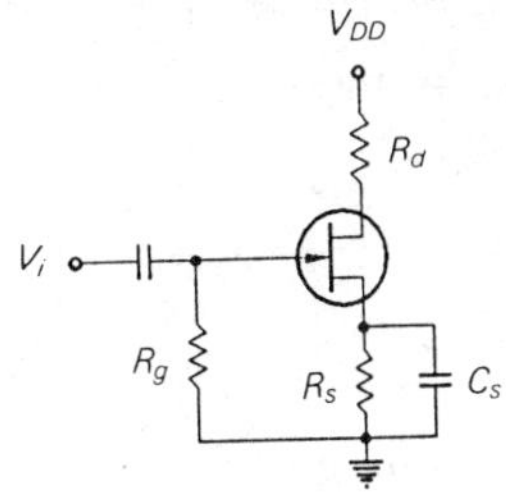

30. 다음의 FET 자기 바이어스 회로에서, $I_D = 2$ [mA]로 설계하고자 한다면 R_S의 값으로 가장 적당한 것은?

(단, FET의 포화 영역에서의 전달 특성은 $I_{DS} = I_{DSS}\left(1 - \dfrac{V_{GS}}{V_P}\right)^2$로 주어지며, $I_{DSS} = 8$ [mA], $V_P = -2$ [V]이다.)

가. 500 [Ω]
나. 1000 [Ω]
다. 2.5 [Ω]
라. 250 [Ω]

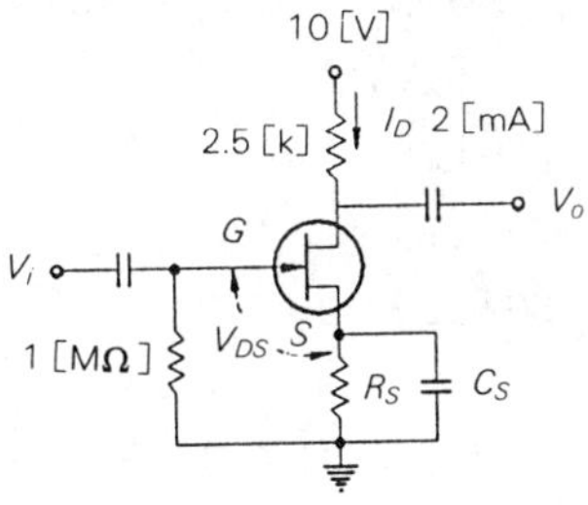

31. 그림과 같은 회로의 명칭은? 단, 그림의 D.S. G는 각각 drain, source, gate 단자를 말하며, V_i, V_o는 각각 입력전압, 출력전압을 나타낸다.

가. source follower
나. drain follower
다. CMOS 증폭기
라. source 접지 증폭기

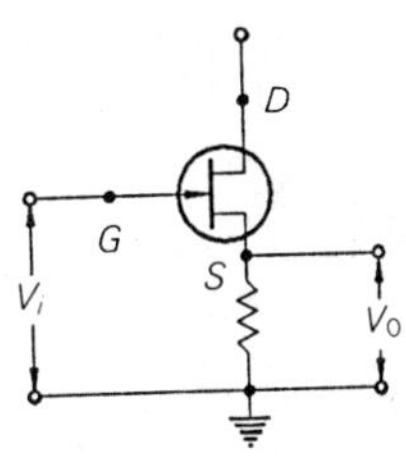

해답 28. 가 29. 가 30. 가 31. 가

32. 그림의 회로에서 소오스에서 본 출력 저항값은?

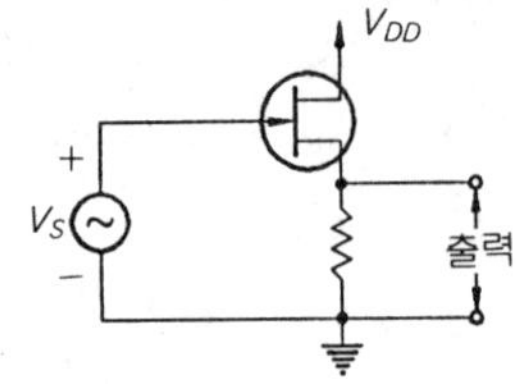

가. R

나. $\frac{\mu}{1+\mu}$

다. $\frac{r_d}{1+\mu}$

라. ∞

33. 다음 증폭기의 전압 이득을 구하면?
(단, $g_m = 1400\,[\mu S]$이다.

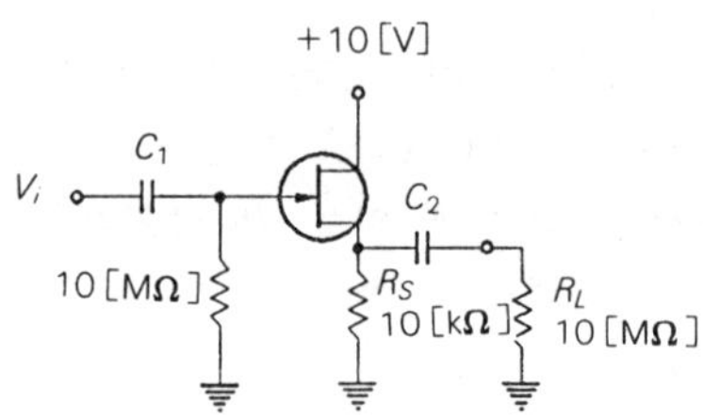

가. 0.933

나. 1.25

다. 12.5

라. 25

해설 $R_L \gg R_s$ 이다.

$$A_v = \frac{g_m R_s}{1+g_m R_S} = \frac{(1400\,[\mu S])\,(10\,[k\Omega])}{1+(1400\,[\mu S])\,(10\,[k\Omega])} = 0.933$$

34. 그림과 같은 회로의 출력 임피던스는?
(단, 드레인 저항 $r_d = 10\,[k\Omega]$, $\mu = 50$ 이라고 함)

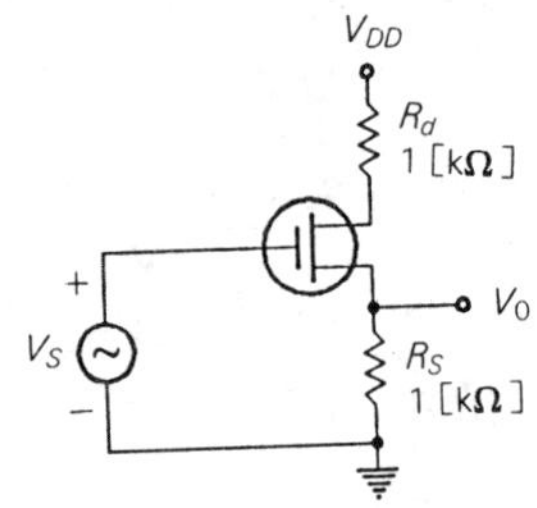

가. 370 [Ω]

나. 216 [Ω]

다. 75 [Ω]

라. 50 [Ω]

35. 다음 FET의 저주파 등가 회로는?

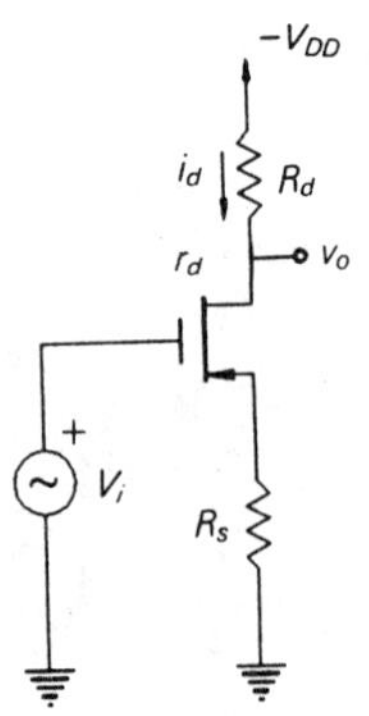

가.

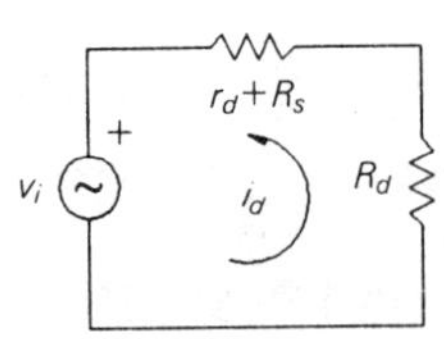

나.

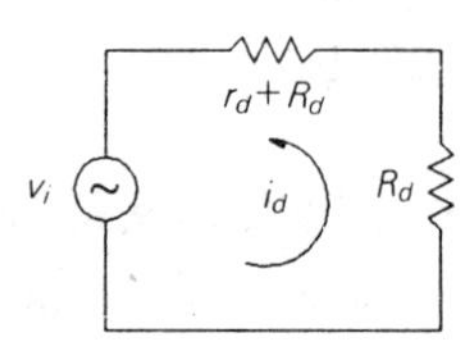

다.

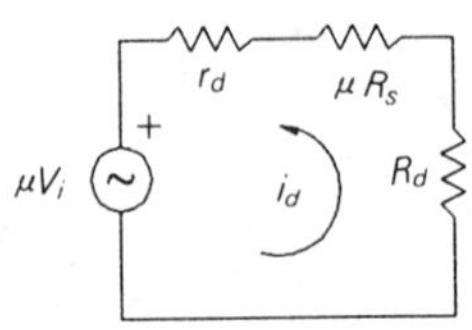

라.

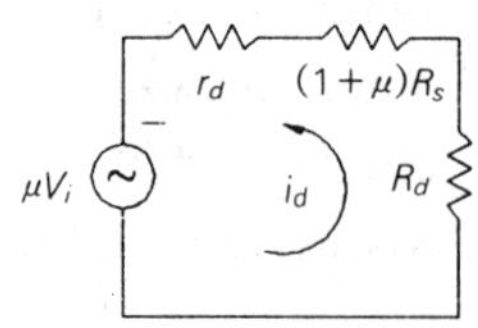

해답 32. 다 33. 가 34. 나 35. 라

36. 그림과 같은 회로의 출력 임피던스는?
(단, $r_d = 50$ [kΩ], $g_m = 2$ [mA/V]이다.

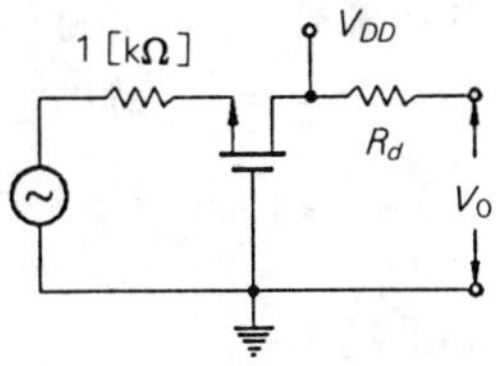

가. 50 [kΩ]
나. 500 [kΩ]
다. 151 [kΩ]
라. 5 [kΩ]

해설 gate 접지 증폭기이다.

$\mu = g_m r_d = 50\,[\text{k}\Omega] \times 2\,[\text{m℧}] = 100$

$R_o = r_d + (1+\mu)R_S = 50\,[\text{k}\Omega] + (1+100) \times 1\,[\text{k}\Omega] = 151\,[\text{k}\Omega]$

37. 다음은 N 채널 FET를 사용한 증폭기이다. $v_p = -1$ [V], $I_{DSS} = 1$ [mA], 드레인 접지간의 동작점 전압이 10 [V]일 때 R_1의 값은 얼마인가?

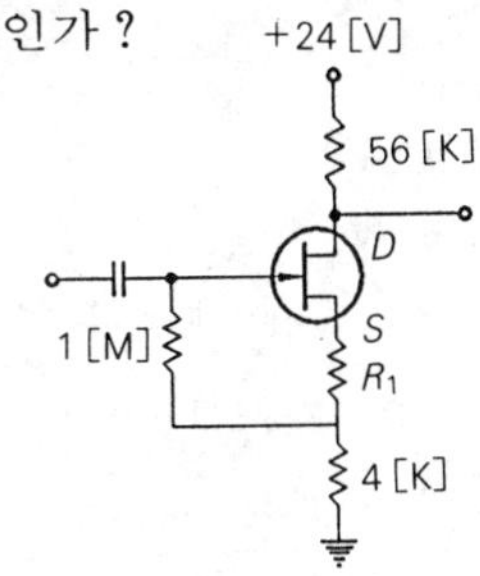

가. 1 [kΩ]
나. 2 [kΩ]
다. 3 [kΩ]
라. 4 [kΩ]

해설 $I_D = \dfrac{V_{DD} - V_{DN}}{R_d} = \dfrac{24-10}{56} = 0.25$ [mA]

$= I_{DSS}\left(1 - \dfrac{V_{GS}}{V_P}\right)^2 = 1(1+V_{GS})^2$

$1 + V_{GS} = \left(\dfrac{1}{4}\right)^{1/2} = \dfrac{1}{2}$

$\therefore\ V_{GS} = -0.5$ [V], $V_{GS} = -I_D R_1$

$\therefore\ R_1 = -\dfrac{V_{GS}}{I_D} = \dfrac{0.5}{0.25 \times 10^{-3}}$

38. 다음 증폭기에서 전압이득을 구하면? (단, $g_m = 2500$ [μS]이다.

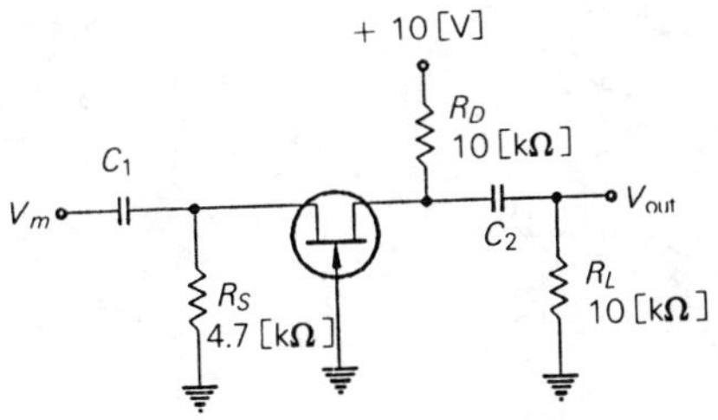

가. 0.95 나. 1.25 다. 12.5 라. 25

해설 게이트 증폭기는 부하저항을 갖고 있으므로 실효 드레인 저항은 $R_D \| R_L$이다.

$A_v = g_m (R_D \| R_L) = (2500\,\mu\text{S})\,(10\,\text{k}\Omega \,\|\, 10\,\text{k}\Omega) = 12.5$

해답 36. 다 37. 나 38. 다

39. 다음 회로에서 $R_L = 400\,[\Omega]$, $R_1 = 160\,[k\Omega]R_2 = 140\,[k\Omega]$, $V_{DD} = -30\,[V]$때 게이트 바이어스 전압 V_{GS}는 ?

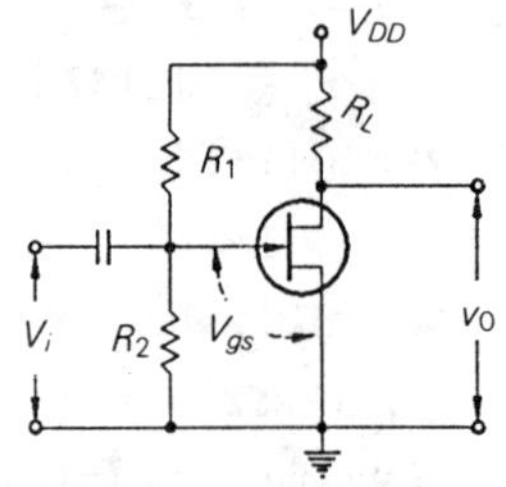

가. +30 [V]
나. +14 [V]
다. −14 [V]
라. −30 [V]

40. 다음 회로에서 FET회로 정수는 $I_{DSS} = 5.6\,[mA]$, $V_P = -4\,[V]$이다. $v_i = 0$일 때 v_0의 값는 ?

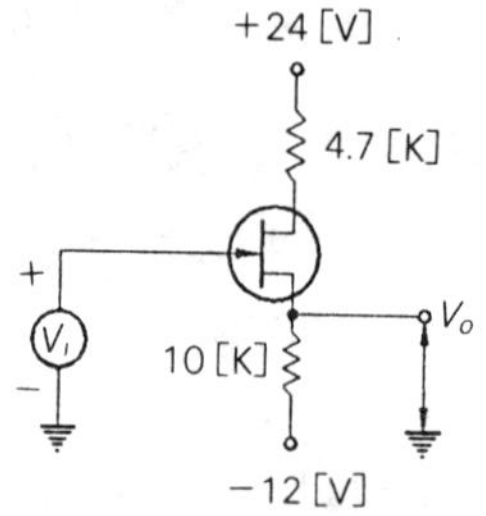

가. 2 [V]
나. 3 [V]
다. 4 [V]
라. 5 [V]

해설 G−S loop에 KVL 적용하면

$$v_i = V_{GS} + 10i_d - 12$$

$$i_d = \frac{v_i + 12 - V_{GS}}{10} = \frac{0+12-V_{GS}}{10} = I_{DSS}\left(1 - \frac{V_{GS}}{V_p}\right)^2$$

$$= 5.6\left(1 + \frac{V_{GS}}{4}\right)^2 = 5.6\left(1 + \frac{V_{GS}}{2} + \frac{V_{GS}^2}{16}\right)$$

$$\therefore\ V_{GS} = -2\,[V],\ i_d = 1.4\,[mA]$$

$$\therefore\ v_0 = 10i_d - 12 = 14 - 12 = 2\,[V]$$

41. 회로(a)와 같은 증폭기 특성이 그림(b)와 같이 표시되었다면, 이 때 R_s의 저항 값은 ?

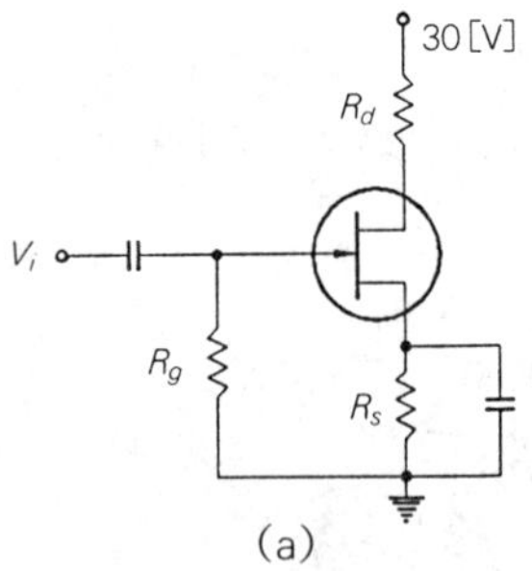

(a)

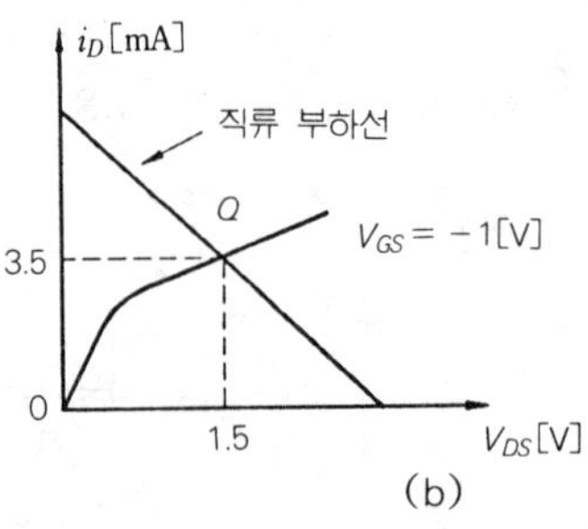

(b)

가. 143 [Ω]　　나. 286 [Ω]　　다. 3.5 [Ω]　　라. 429 [Ω]

해설 $R_s = \dfrac{|V_{GS}|}{|I_D|} = \dfrac{1}{3.5 \times 10^{-3}} = 286\,[\Omega]$

해답 39. 다　40. 가　41. 나

5장 증폭기의 주파수 응답 및 다단증폭기

5·1 데시벨과 보드 선도

5·1·1 데시벨(Decibel)

(1) dB(데시벨, 디－비)

[dB]은 보통 전압 증폭도나 전력 이득 또는 감쇠량의 배수를 대수로 표현하는 단위이다.

〈그림 5－1〉에서 입력 전압과 출력 전압의 실효치를 각각 V_1, V_2라고 하면 전압 증폭도 A_v는

$$A_v = \frac{V_2}{V_1}$$

이것을 dB로 표시하면

$$A_v\,[\mathrm{dB}] = 20\log\frac{V_2}{V_1}\,[\mathrm{dB}]$$

로 정의된다.

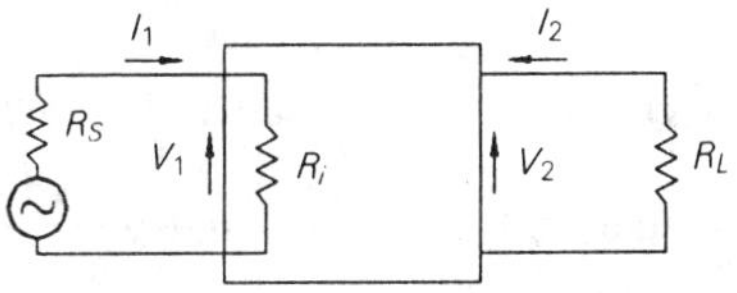

〈그림 5－1〉

또, 입력 전력을 P_1, 출력 전력을 P_2라고 하면 전력 이득 A_p[dB]은

$$A_p\,[\mathrm{dB}] = 10\log\frac{P_2}{P_1} = 10\log\frac{V_2^2/R_L}{V_1^2/R_i}$$

$$= 20\log\frac{V_2}{V_1} + 10\log\frac{R_i}{R_L}\,[\mathrm{dB}]$$

여기서 R_i는 입력저항이고 R_L은 부하저항이다. 만약 $R_i = R_L$일 때 전압, 전류, 전력 이득을 정리하면 다음 관계식이 성립한다.

$$10 \log \frac{P_2}{P_1} = 20 \log \frac{V_2}{V_1} = 20 \log \frac{I_2}{I_1}$$

■ dB 환산표

x	2	3	4	5	6	7	8	9	10
전압 $20 \log x$	6[dB]	9.5[dB]	12[dB]	14[dB]	15.5[dB]	17[dB]	18[dB]	19[dB]	20[dB]
전력 $10 \log x$	3[dB]		6[dB]	7[dB]		8.5[dB]	9[dB]	9.5[dB]	10[dB]

(2) **dB$_V$** : 기준 전압을 1 [V]로 하고 여러가지 전압의 크기를 [dB]로 표시하고자 할 때는 [dB$_V$]의 단위를 사용한다.

예제 5-1 dB과 dB$_V$의 계산

(1) 전압 증폭도 250 [배]는 몇 [dB]인가?

풀이 250 = 5 × 5 × 10

↓ ↓ ↓ ↓ ↓

14[dB] + 14[dB] + 20[dB] = 48[dB]

(2) 46 [dB]은 전압 증폭도로 몇 [배]인가?

풀이 46[dB] = 40[dB] + 6[dB]

↓ ↓ ↓

100 × 2 = 200

(3) 20 [mV]는 몇 [dB$_V$]인가?

풀이 20[mV] = 2 ÷ 100[V]

↓↓ ↓

6 − 40 = −34[dB$_V$]

(3) **dBμ** : 기준 전압을 1 [μV]로 하고 여러가지 전압을 [dB]로 표시하는 경우에 [dBμ]의 단위를 사용한다 [dBμ]는 주로 SSG(표준신호 발생기)의 출력 레벨을 표현할 때 사용된다.

(4) **dBm** : 기준 전력을 1 [mW]로 하고 여러가지 전력의 크기를 나타낼 때 [dBm]의 단위를 사용한다.

예제 5-2 **dBμ와 dBm의 계산**

(1) 40[μV]는 몇 [dBμ]인가?

풀이 40[μV] = 4 × 10[μV]

↓ ↓ ↓

12 + 20 = 32[dBμ]

(2) 200[mW]는 몇 [dBm]인가?

풀이 200[mW] = 2 × 100[mW]

↓ ↓ ↓

3 + 20 = 23[dBm]

(4) 다단 증폭기의 이득

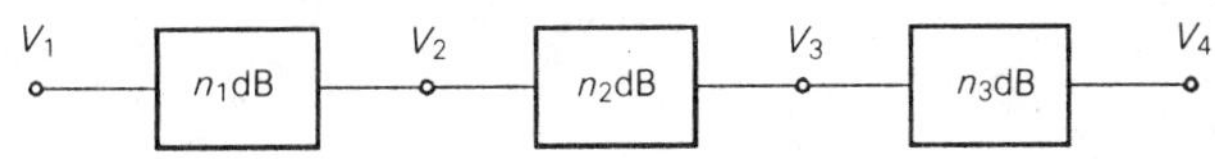

〈그림 5-2〉

〈그림 5-2〉의 다단증폭기의 전체 전압이득을 dB로 표현하면 각 단의 dB의 합과 같다.

$$20\log_{10}\frac{V_4}{V_1} = 20\log_{10}\frac{V_2}{V_1}\cdot\frac{V_3}{V_2}\cdot\frac{V_4}{V_3}$$

$$= 20\log_{10}\frac{V_2}{V_1} + 20\log_{10}\frac{V_3}{V_2} + 20\log_{10}\frac{V_4}{V_3}$$

$$= (n_1 + n_2 + n_3)\ [\text{dB}]$$

5·1·2 Bode 선도

(1) **Bode 선도의 정의** : 소신호 증폭기의 전달이득의 주파수 응답곡선을 그릴 때 횡축에 주파수를 대수척도로 표시하고, 종축에는

① 전달이득의 진폭 [dB]

② 주파수 함수로서의 위상각 [°]

의 두개의 곡선으로 표시되는 특성곡선을 Bode 선도라고 한다.

(2) **octave와 decade의 표현**

① **octave** : 한 옥타브(octave)는 진동수(주파수)가 2배로 되는 간격이다. 주파수가 2배

(또는 1 옥타브)로 증가하는 동안 이득은 6 [dB]만큼 변화하며 이때 이득의 기울기는 6 dB/octave이다.

② **decade** : 주파수가 10배(또는 1디케이드)로 증가하는 동안 이득은 20 [dB]만큼 변화하며 이득의 기울기는 20 dB/decade이다.

● dB/decade는 주파수 변화가 10배일 때 표시되고 dB/octave는 주파수변화가 2배일 때 표시한다.

예제 5-3 보드 선도(Bode diagram)

증폭기의 주파수 특성을 보드 선도로 표시한 결과 2 [MHz]에서 40 [dB], 20 [MHz]에서 16 [dB]이었다. 주파수 특성에 따른 이득의 특성을 나타내는 기울기를 구하라.

풀이 주파수가 10배일 때 이므로 decade로 표시한다. 따라서 기울기는 −24 [dB/decade]로 나타낸다.

5·2 증폭기의 주파수 응답

5·2·1 저주파 응답(low-frequency response)

(1) 저주파 영역에서의 전압 이득

〈그림 5－3〉의 회로에서 복소변수 $s = j\omega = j2\pi f$를 써서 출력 V_o를 구하면

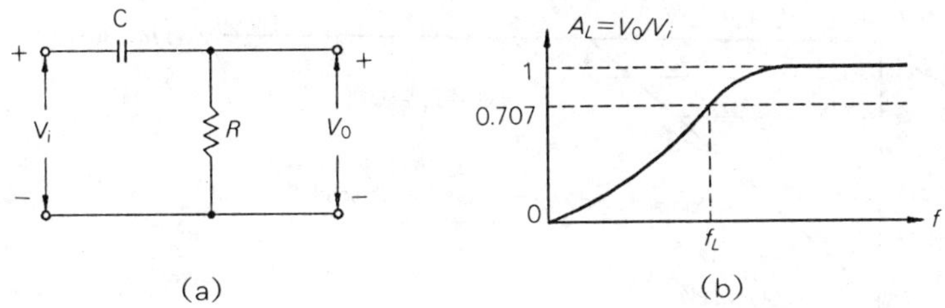

〈그림 5－3〉 저주파 응답을 계산하기 위한 고역통과 RC 회로

$$V_0 = \frac{R}{R+1/SC}\ V_i = \frac{S}{S+1/RC}\ V_i$$

저주파 영역에서의 전압 이득 $A_L = V_0 / V_i$ 이므로

$$A_L(f) = \frac{1}{1-j(f_L/f)} \qquad \text{단, } f_L = \frac{1}{2\pi RC}$$

이득의 크기 $|A_L|$과 위상각 θ_L 은

$$|A_L(f)| = \frac{1}{\sqrt{1+(f_L/f)^2}}, \qquad \theta_L = \arctan\frac{f_L}{f}$$

V_o가 V_i보다 앞서는 위상각을 갖는다. 이득의 크기를 대수로 표시하면

$$\begin{aligned} A_L\Big|_{\text{dB}} &= 20\log\frac{1}{\sqrt{1+(f_L/f)^2}} = -20\log_{10}\left[1+\left(\frac{f_L}{f}\right)^2\right]^{1/2} \\ &= -(1/2)(20)\log_{10}\left[1+\left(\frac{f_L}{f}\right)^2\right] \approx -10\log_{10}\left[1+\left(\frac{f_L}{f}\right)^2\right] \\ &\approx -20\log_{10}\left(\frac{f_L}{f}\right) \qquad (\text{단, } f \ll f_L,\ (f_L/f)^2 \gg 1) \end{aligned}$$

즉 $f \ll f_L$일 때 이득의 크기 $|A_L|$는

$$|A_L| \approx -20\log_{10}\left(\frac{f_L}{f}\right) = 20\log\left(\frac{f}{f_L}\right) = 20\log f - 20\log f_L$$

(2) 하측 3 [dB] 주파수(low 3 [dB] frequency)

주파수 $f = f_L$ 에서 이득의 크기 $|A_L|$는

$$|A_L| = \frac{1}{\sqrt{1+(1)^2}} = \frac{1}{\sqrt{2}} = 0.707 \Rightarrow -3\,[\text{dB}]$$

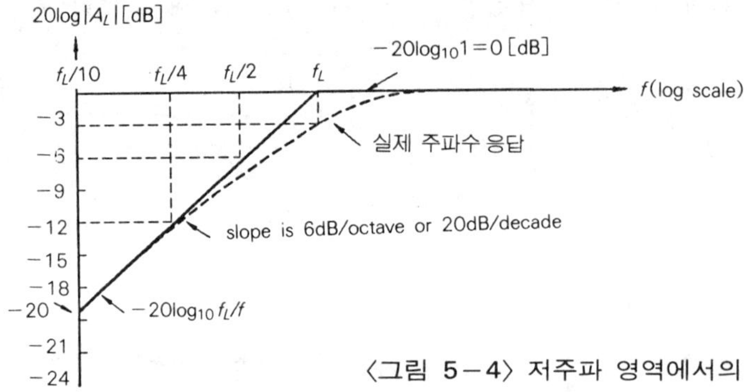

〈그림 5−4〉 저주파 영역에서의 Bode 선도

주파수 $f = f_L$ 에서는 $A_L = 1/\sqrt{2} = 0.707$이나 중간대역(f $\gg f_L$)에서는 $A_L \to 1$이다. 따라서 f_L은 이득이 중간대역에서의 값 A_m 의 0.707배로 떨어지는 주파수이다. 이러한 신호레벨의 강하는 20 log$(1/\sqrt{2})$ decibel, 즉 3 [dB]의 감소에 대응된다. 따라서 f_L은 하측 3 [dB] 주파수로 불린다.

$$f_L = \frac{1}{2\pi RC}\ [\text{Hz}]$$

예제 5−4 저주파 응답−저역 차단 주파수

〈그림 5−5〉의 회로에서 하측 3 [dB] 주파수 f_L을 구하라.

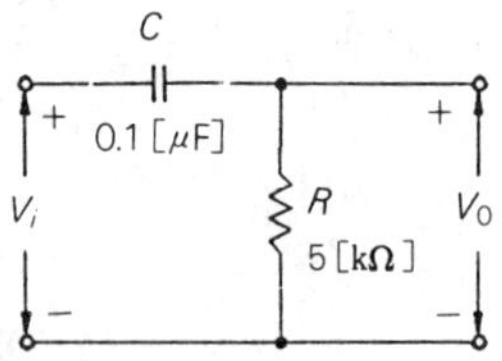

〈그림 5−5〉

풀이 $f_L = \dfrac{1}{2\pi RC} = \dfrac{1}{(6.28)(5\times10^3)(0.1\times10^{-6})}$

$= 318.5\,[\text{Hz}]$

5·2·2 고주파 응답(high-frequency response)

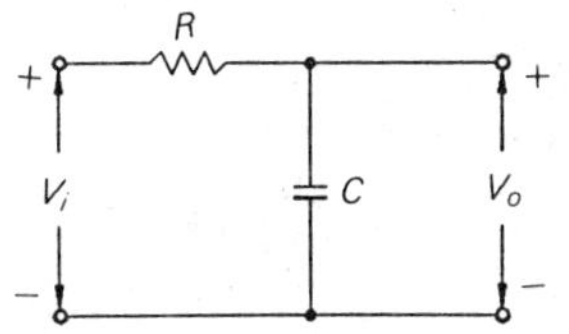

(a) 저역통과 RC 회로

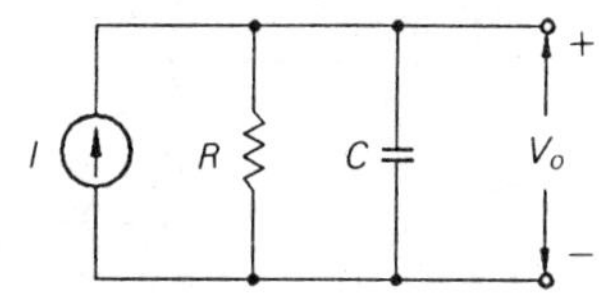

(b) (a) 회로의 노튼 등가회로

〈그림 5-6〉 고주파 응답을 계산하기 위한 회로

(1) 고주파 영역에서의 전압 이득

〈그림 5-3〉의 회로에서

$$V_0 = \frac{1/SC}{R+1/SC} V_i = \frac{1}{1+SRC} V_i$$

고주파 영역에서의 전압 이득 $A_H = V_o / V_i$ 이므로

$$A_H(f) = \frac{1}{1+j(f/f_H)} \qquad \text{단, } f_H \equiv \frac{1}{2\pi RC}$$

이득의 크기 $|A_H|$와 앞선 위상각 θ_H는

$$|A_H(f)| = \frac{1}{\sqrt{1+(f/f_H)^2}} \qquad \theta_H = -\arctan\frac{f}{f_H}$$

(2) 상측 3 [dB] 주파수(high 3 [dB] frequency)

주파수 $f = f_H$에서 이득의 크기 $|A_H|$는

$$|A_H| = \frac{1}{\sqrt{1+(1)^2}} = \frac{1}{\sqrt{2}} \approx 0.707 \Rightarrow -3\,[\mathrm{dB}]$$

주파수 $f = f_H$에서는 이득이 중간대역에서의 값의 $1/\sqrt{2}$배로 감소되므로 f_H는 상측 3 [dB] 주파수로 불린다.

$$\mathrm{f_H} = \frac{1}{2\pi RC}\ [\mathrm{Hz}]$$

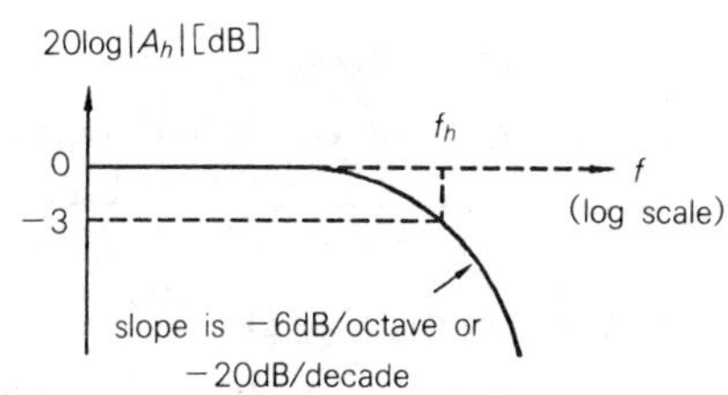

〈그림 5-7〉

(3) 대역폭 : $B = f_H - f_L$

5·2·3 1단 RC 결합 증폭기의 저주파 응답

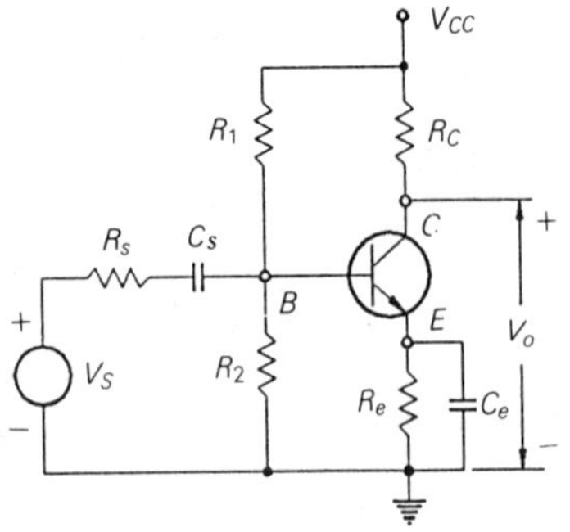

(a)

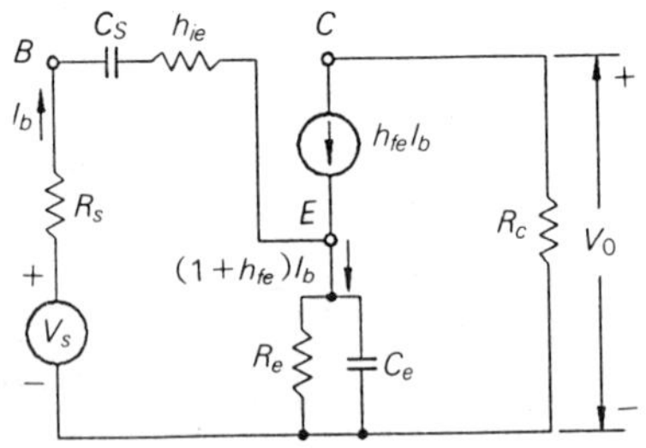

(b) 간단화된 등가회로

〈그림 5-8〉 에미터 저항과 bypass 캐패시터를 갖는 증폭기

예제 5-5 bypass된 에미터 저항을 갖는 증폭기

〈그림 5-8〉의 증폭기에 하측 3[dB] 주파수가 10[Hz]를 넘지 않도록 하고자 한다. $R_s = h_{ie} = 1$[kΩ], $h_{fe} = 100$ 이고 $C_e = 100\,C_s$ 일 때 C_s의 최소값을 구하라.

풀이 하측 3[dB]의 주파수 f_L의 식에서 C_1의 식을 구하면

$$C_1 = \frac{1}{2\pi f_L(R_s + h_{ie})} = \frac{1}{2\pi \times 10 \times 2000} = 7.96\,[\mu F]$$

$C_e = 100C_s$ 이면

$$\frac{1}{C_1} = \frac{1}{C_s} + \frac{1+h_{fe}}{C_e}$$

$$\frac{1}{7.96} = \frac{1}{C_s} + \frac{101}{100\,C_s}$$

$$C_s = 16.0\,[\mu F]$$

$$C_e = 100C_s = 1600\,[\mu F]$$

(1) C_e에 의한 영향

에미터 저항 R_e가 증폭기에 자기바이어스 회로로 사용되고 있다면 R_e에 의해 이득 감소가 일어나므로 매우 큰 용량을 가진 C_e로 bypass 시켜야 한다. 이 bypass 캐패시터 C_e는 저주파 특성을 저하시키는 결과를 가져온다.

(2) 저주파 응답

〈그림 5−8〉 (a)의 회로에서 $R_1 \| R_2 \gg R_s$, 부하 R_c는 충분히 작아서 무시할 수 있다면 등가회로는 〈그림 5−8〉 (b)와 같이 된다. 이 등가회로에서 출력 전압 V_o는

$$V_o = -I_b h_{fe} R_c = -\frac{V_s h_{fe} R_c}{R_s + h_{ie} + Z_s + Z_e'}$$

여기서 $Z_s = 1 / j\omega C_s$

$$Z_e' = (1+h_{fe}) R_e \,/\, (1+j\omega C_e R_e)$$

$$\approx (1+h_{fe}) / j\omega C_e \qquad (\text{단, } 1/\omega C_e \ll R_e)$$

즉, 에미터 캐패시턴스 C_e가 베이스 회로에 캐패시턴스 $C_e/(1+h_{fe})$로서 반영됨을 의미한다.

따라서

$$j\omega(Z_s + Z_e') = \frac{1}{C_s} + \frac{1+h_{fe}}{C_e} \equiv \frac{1}{C_1}$$

전압 이득 A_{vs}는

$$A_{vs} = \frac{V_o}{V_s} = -\frac{h_{fe} R_c}{R_s + h_{ie}} \frac{1}{1-j/\omega C_1 (R_s + h_{ie})}$$

(3) 중역 대역 이득

중역 대역에서의 이득(A_m)은 $\omega \to \infty$ 로 하여 얻을 수 있다. 즉

$$A_m = \frac{-h_{fe} R_c}{R_s + h_{ie}}$$

따라서

$$\frac{A_{vs}}{A_m} = \frac{1}{1-j(f_L / f)}$$

여기서

$$f_L = \frac{1}{2\pi C_1 (R_s + h_{ie})} \qquad (\text{하측 } 3\,[\mathrm{dB}] \text{ 주파수})$$

(4) 종합 정리

① 저주파 영역에서의 전압 이득 ($\boldsymbol{A_{vs}}$)

$$A_{vs} = \frac{V_o}{V_s} = \frac{-h_{fe} R_c}{R_s + h_{ie}} \frac{1}{1-j/\omega C_1 (R_s + h_{ie})}$$

② 중역 대역에서의 전압 이득($\boldsymbol{A_m}$) : $\omega \to \infty$

$$A_m = A_{vs}\Big|_{\omega \to \infty} = \frac{-h_{fe} R_c}{R_s + h_{ie}}$$

$$A_{vs} = \frac{A_m}{1-j/\omega C_1 (R_s + h_{ie})} = \frac{A_m}{1-j(f_L/f)}$$

$$|A_{vs}| = \frac{A_m}{\sqrt{1+(f_L/f)^2}}$$

③ **하측 3 [dB] 주파수**

$$f_L = \frac{1}{2\pi C_1(R_s + h_{ie})}$$

여기서 C_1은 C_s와 $C_e/(1+h_{fe})$의 직렬 결합이다.

에미터저항 R_e에 의한 이득의 손실을 막기 위하여 대단히 큰 캐패시턴스 C_e로써 바이패스 시킨다. 이 C_e와 결합 캐패시터 C_s의 영향을 저주파응답에 나쁜 영향을 준다.

예제 5－6 1단 CR 결합 증폭기의 저주파 응답

〈그림 5－9〉의 1단 CR 결합 증폭기가 20 [Hz]의 차단주파수를 갖도록

(1) C_e의 값. 단, C_s는 충분히 크다고 한다.

(2) C_s의 값. 단, C_e는 충분히 크다고 한다.

을 구하라. 트랜지스터의 h 파라미터는 h_{ie} = 1.83 [kΩ], h_{fe} = 60, $h_{re} \approx 0$, $1/h_{oe}$ = 33 [kΩ]이다.

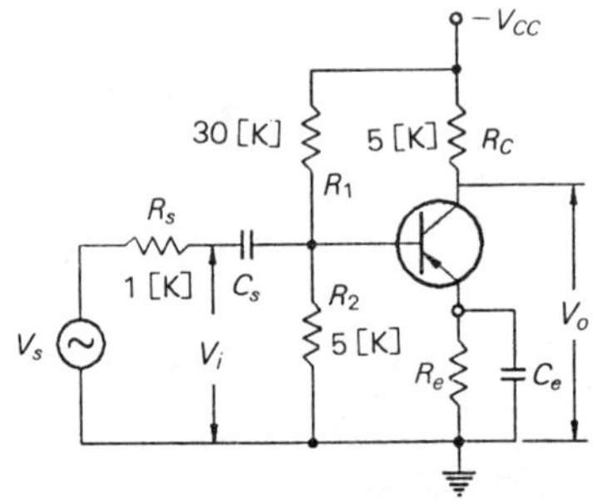

〈그림 5－9〉

풀이 (1) **C_e의 값**

하측 3 [dB] 주파수 f_L의 식에서 C_1을 구하면

$$C_1 = \frac{1}{2\pi f_L(R_s' + h_{ie})} \approx \frac{C_e}{1+h_{fe}} \quad (\text{단, } C_s\text{를 무시})$$

$$C_e = \frac{(1+h_{fe})}{2\pi f_L(R_s' + h_{ie})}$$

여기서 $R_s' = R_s \| R_1 \| R_2 = 1 \| 30 \| 5 = 0.81$ [kΩ]

$$\therefore\ C_e = \frac{(1+60)}{2\times3.14\times20\times(0.81[\text{k}\Omega]+1.83[\text{k}\Omega])} = 183[\mu\text{F}]$$

(2) **C_s의 값**

C_e를 무시하면 $C_1 = C_c$이다.

$$C_s = \frac{1}{2\pi f_L(R_s + R_i)}$$

여기서 $R_i = R_1 \| R_2 \| h_{ie} = 30 \| 5 \| 1.83 = 1.28$[kΩ]

$$\therefore\ C_s = \frac{1}{2\times3.14\times20\times(1[\text{k}\Omega]+1.28[\text{k}\Omega])} = 3.5\ [\mu\text{F}]$$

예제 5-7 **저역 차단 주파수의 결정**

〈그림 5-10〉의 BJT 증폭기에서 저주파 영역의 차단주파수

(1) f_{LS} (C_s에 의해 결정되는 저역차단주파수)

(2) f_{LC} (결합용량 C_c에 의해 결정되는 차단주파수)

(3) f_{LE} (C_e에 의해 결정되는 차단 주파수)를 구하라. 단, $h_{ie} = 2$[kΩ]이다.

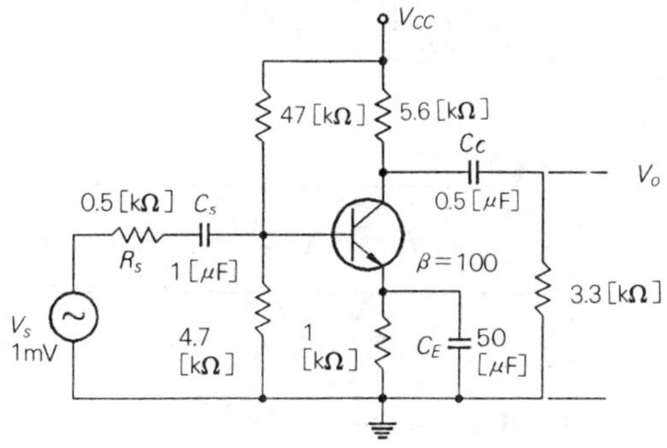

〈그림 5-10〉

풀이 (1) f_{LS} (C_s의 영향)

$R_i = 47 \| 4.7 \| 2\text{K} = 1.36[\text{k}\Omega]$

$$\therefore f_{LS} = \frac{1}{2\pi(R_s + R_i)C_s} = \frac{1}{2\times3.14(0.5[\text{k}\Omega]+1.36[\text{k}\Omega])(1\times10^{-6})}$$

$= 85.61$ [Hz]

(2) f_{LC} (C_C의 영향)

$R_c = 5.6$ [kΩ], $R_L = 3.3$[kΩ]이므로

$$\therefore f_{LC} = \frac{1}{2\pi(R_c + R_L)C_c} = \frac{1}{2\times3.14(5.6[\text{k}\Omega]+3.3[\text{k}\Omega])(0.5\times10^{-6})}$$

$= 35.78$ [Hz]

(3) f_{LE} (C_e의 영향)

$R_s' = 47 \| 4.7 \| 0.5 = 0.45[\text{k}\Omega]$

$$\therefore f_{LE} = \frac{(1+h_{fe})}{2\pi(R_s' + h_{ie})C_e} = \frac{(1+100)}{2\times3.14(0.45[\text{k}\Omega]+2[\text{k}\Omega])(50\times10^{-6})}$$

$= 131.28$ [Hz]

5·2·4 다단 증폭기의 대역폭

다단 증폭기의 3 [dB] 주파수는 각각의 증폭단의 3 [dB]주파수와는 다르다.

(1) 다단 증폭기의 상한 3 [dB]주파수 : $f_{H(n)}$

상한 3 [dB] 주파수가 동일한 증폭단을 n단 종속 접속하였을 때 상한 3 [dB] 주파수 $f_{H(n)}$은

$$\left[\frac{1}{\sqrt{1+(f_{H(n)}/f_H)^2}} \right]^n = \frac{1}{\sqrt{2}}$$

의 식이 성립하므로

$$\boxed{f_{H(n)} = \sqrt{2^{1/n}-1}\, f_H}$$

이고, 만약 $n=2$이면 $f_{H(n)}/f_H = 0.64$이다.

(2) 다단 증폭기의 하한 3 [dB] 주파수 : $f_{L(n)}$

하한 3 [dB] 주파수가 동일한 증폭단을 n단 종속 접속하였을 때 하한 3 [dB] 주파수 $f_{L(n)}$은 다음식으로 주어진다.

$$\boxed{f_{L(n)} = \frac{f_L}{\sqrt{2^{1/n}-1}}}$$

$f_L < f_{L(n)}$이므로 다단 증폭기의 대역폭은 개개의 증폭단의 대역폭보다 줄어든다.

5·3 2단 RC 결합 증폭기의 해석

5·3·1 FET 2단 RC 결합 증폭기

〈그림 5－11〉은 소스접지의 JFET를 사용한 CR 결합 증폭기이다. R_s는 신호원 저항, R_G는 게이트 리크(leak)저항이다. FET는 입력저항이 거의 ∞ 이므로 R_G가 있어야 폐회로가 형성되며 R_G에 생기는 전압이 입력이 된다. C_C는 결합 콘덴서이고 점선으로 표시된 C_p는 배선의 분포용량, R_L은 2번째단 증폭회로의 부하저항이다.

> ● ***RC*** 결합 증폭기의 주파수 특성은 증폭되는 신호의 주파수대를 저역, 중역 그리고 고역의 3영역으로 나눈다.

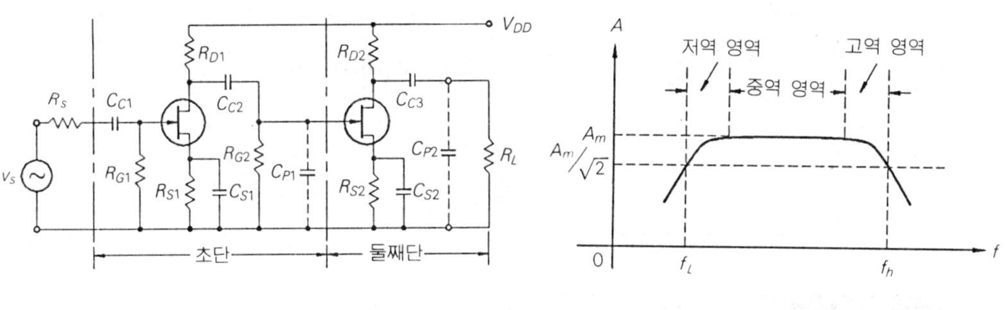

(a) (b) 주파수 특성

〈그림 5－11〉 FET 2단 ***RC*** 결합 증폭기

〈그림 5－11〉의 회로에서 초단의 등가회로를 그리면 〈그림 5－12〉와 같다.

여기서 C_{s1}의 용량은 충분히 큰 것으로 한다.

이 회로에서

$$R_{o1} = r_d \| R_{d1}$$

$$C_{o1} = C_{ds1} + C_{gd1}$$

$$C_{i1} = C_{gs1} + (1+|A_{v1}|)\ C_{gd1}$$

$$C_{i2} = C_{gs2} + (1+|A_{v2}|)\ C_{gd2}$$

$$C_{ot1} = C_{o1} + C_{p1} + C_{i2}$$

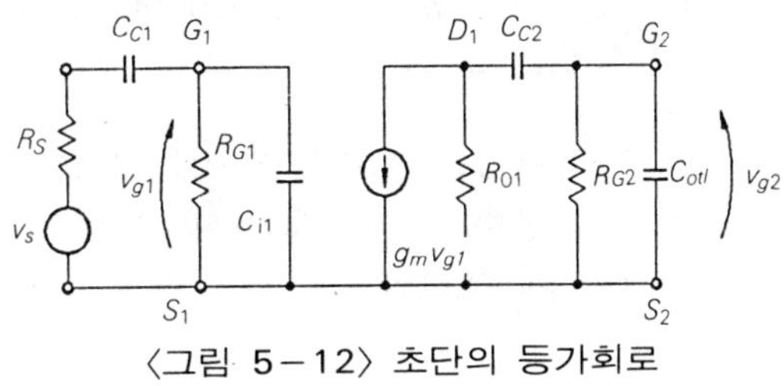

〈그림 5－12〉 초단의 등가회로

(1) **중역 주파수 영역** : C_{c1}과 C_{c2}는 단락된 것으로 하고 C_{ot1}은 R_{o1}에 비해 리액턴스가 크므로 무시할 수 있다. 즉 중역에서는 C_{c1}, C_{c2}, C_{ot1}등 모든 콘덴서의 리액턴스가 무시되는 주파수 대역을 말한다. 〈그림 5-13〉의 등가회로에서 게이트-소스간 전압 v_{g1}을 입력전압으로 하고 회로의 증폭도는 V_{g2}/V_{g1}으로 정의한다.

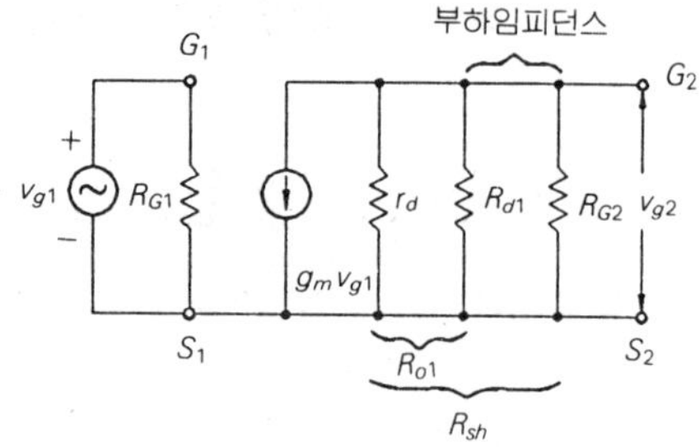

〈그림 5-13〉 중역 주파수에 대한 등가회로

$$R_{sh} = R_{o1} \| R_{G2}$$
$$v_{g2} = -g_m v_{g1} \times R_{sh}$$

여기서 중역 주파수에서 전압 증폭도 A_m은

$$A_m = \frac{v_{g2}}{v_{g1}} = -g_m R_{sh} = -g_m (r_d \| R_{d1} \| R_{G2})$$
$$= -\frac{g_m}{\dfrac{1}{r_d} + \dfrac{1}{R_{d1}} + \dfrac{1}{R_{G2}}}$$

예제 5-8 중역 주파수 영역에서의 전압 증폭도

〈그림 5-13〉의 등가회로에서 중역 주파수 영역(수 100~수 [kHz])의 전압 증폭도를 구하라. 단, $g_m = 10[\text{ms}]$, $r_d = 40[\text{k}\Omega]$, $R_{d1} = 10[\text{k}\Omega]$, $R_{G1} = R_{G2} = 1[\text{M}\Omega]$이다.

풀이 $R_{sh} = r_d \| R_{d1} \| R_{G2} = 40[\text{k}\Omega] \| 10[\text{k}\Omega] \| 1[\text{M}\Omega] \approx 8[\text{k}\Omega]$

$\therefore\ A_m = -g_m R_{sh} = -10[\text{mS}] \times 8[\text{k}\Omega] = -80$

(2) **저역 주파수 영역** : 주파수가 낮으면 결합 콘덴서 C_{c2}의 리액턴스가 커지므로 출력전압 v_{g2}는 감쇠한다. 분포용량과 다음단의 입력용량을 포함한 C_{ot1}은 리액턴스가 충분히 크기 때문에 무시할 수 있다. 즉 C_{p1}, C_{i2}, C_{o1}등이 무시된다.

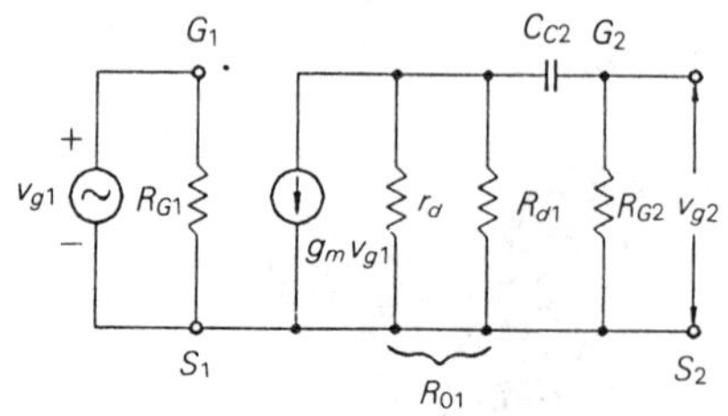

〈그림 5-14〉 저역 주파수에 대한 등가회로

〈그림 5－14〉의 등가회로에서

$$v_{g2} = -g_m v_{g1} \times \frac{R_{o1} R_{G2}}{R_{o1} + (R_{G2} + 1 / j\omega C_{c2})}$$

여기서 저역 주파수의 전압 증폭도 A_L 은

$$A_L = \frac{v_{g2}}{v_{g1}} = -g_m \frac{R_{o1} R_{G2}}{R_{o1} + R_{G2} + 1 / j\omega C_{c2}}$$

$$= -g_m \frac{R_{o1} R_{G2}}{R_{o1} + R_{G2}} \frac{1}{1 + 1/j\omega C_{c2}(R_{o1} + R_{G2})}$$

이 식에서 $R_{o1}R_{G2} / (R_{o1} + R_{G2}) = R_{o1} \| R_{G2} = R_{sh}$ 이므로

$$A_L = -g_m R_{sh} \frac{1}{1 + 1 / j\omega C_{c2}(R_{o1} + R_{G2})}$$

여기서 $-g_m R_{sh}$ 는 중역의 증폭도 A_m 이므로

$$A_L = \frac{A_m}{1 + 1 / j\omega C_{c2}(R_{o1} + R_{G2})}$$

이 식에서 $\omega C_{c2}(R_{o1} + R_{G2}) = 1$ 이 될 때에는

$$|A_L| = \frac{|A_m|}{\sqrt{2}}$$

이다. 즉 이때의 주파수가 저역 차단 주파수 f_L 이고 중역 주파수에 대해 3[dB] 감쇠한다.

$$2\pi f_L C_{c2}(R_{o1} + R_{G2}) = 1 \qquad \therefore \ f_L = \frac{1}{2\pi C_{c2}(R_{o1} + R_{G2})}$$

f_L 을 사용해서 이득을 표시하면

$$A_L = \frac{A_m}{1 - j(f_L / f)} \qquad \text{단, } f_L \text{ : 저역 차단 주파수)}$$

또, 이득 A_L 의 크기는 다음과 같다.

$$|A_L| = \frac{|A_m|}{\sqrt{1 + (f_L / f)^2}}$$

예제 5-9 저역 주파수 영역에서의 전압 증폭도

〈그림 5-14〉의 회로는 저역 주파수 영역(수 100[Hz] 이하)의 등가회로이다. C_{c2} = 0.01 [μF]일 때 저역 차단 주파수 f_L를 구하라. 단, g_m = 10[mS], r_d = 40[kΩ], R_{d1} = 10[kΩ], $R_{G1} = R_{G2}$ = 1[MΩ]이다.

풀이 $R_{o1} = r_d \parallel R_{d1}$ = 40[kΩ] ∥ 10[kΩ] = 8[kΩ]이고 R_{G2} = 1[MΩ]이므로

$$\therefore\ f_L = \frac{1}{2\pi C_{c2}(R_{o1}+R_{G2})} = \frac{1}{2\pi\times 0.01[\mu F]\times(8[k\Omega]+1[M\Omega])}$$

$$= 16\,[Hz]$$

(3) **고역 주파수 영역** : 주파수가 높아지면 결합 콘덴서 C_{c2}는 단락된 것으로 볼 수 있으나, C_{ot1}의 리액턴스는 적어 무시할 수 없다.

〈그림 5-15〉의 등가회로에서 출력측에는 R_{o1}과 R_{G2}와 C_{ot1}이 병렬이므로 합성 임피던스 Z_L은

$$Z_L = R_{o1} \parallel R_{G2} \parallel (1/j\omega C_{ot1})$$

$$= R_{sh} \parallel \left(\frac{1}{j\omega C_{ot1}}\right) = \frac{R_{sh}}{1+j\omega C_{ot1} R_{sh}}$$

$$v_{g2} = -g_m v_{g1} Z_L$$

$$= -g_m v_{g1} \frac{R_{sh}}{1+j\omega C_{ot1} R_{sh}}$$

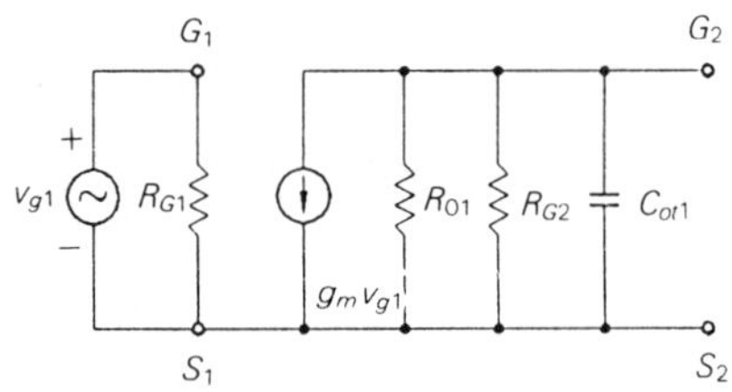

〈그림 5-15〉 고역주파수에 대한 등가회로

여기서 고역의 전압 증폭도 A_h는

$$A_h = \frac{v_{g2}}{v_{g1}} = -g_m R_{sh} \frac{1}{1+j\omega C_{ot1} R_{sh}} = \frac{A_m}{1+j\omega C_{ot1} R_{sh}}$$

이 식에서 $|A_h| = |A_m|/\sqrt{2}$이 될 때의 주파수를 고역 차단 주파수 f_h라고 정의한다.

$$2\pi f_h C_{ot1} R_{sh} = 1 \qquad \therefore\ f_h = \frac{1}{2\pi C_{ot1} R_{sh}}$$

f_h를 사용해서 이득을 표시하면

$$A_h = \frac{A_m}{1+j(f/f_h)} \qquad (\text{단, } f_h : \text{고역차단 주파수})$$

또, 이득 A_h의 크기는 다음과 같다.

$$|A_h| = \frac{|A_m|}{\sqrt{1+(f/f_h)^2}}$$

예제 5-10 고역 주파수 영역에서의 전압 증폭도

〈그림 5-15〉의 회로는 고역 주파수 영역(수 kHz 이상)의 등가회로이다. $C_{ot1} = 270$ [pF]일 때 고역 차단 주파수 f_h를 구하라. 단, $g_m = 10$ [mS], $r_d = 40$[kΩ], $R_{d1} = 10$[kΩ], $R_{G1} = R_{G2} = 1$[MΩ]이다.

풀이 $R_{sh} = r_d \| R_{d1} \| R_{G2} = 40[\text{k}\Omega] \| 10[\text{k}\Omega] \| 1[\text{M}\Omega] \approx 8[\text{k}\Omega]$이고 $C_{ot1} = 270$[pF]이므로

$$\therefore\ f_h = \frac{1}{2\pi C_{ot1} R_{sh}} = \frac{1}{2\pi \times 270[\text{pF}] \times 8[\text{k}\Omega]} = 73.7\ [\text{kHz}]$$

5·3·2 트랜지스터 2단 RC 결합 증폭기

〈그림 5-16〉(a)은 대표적인 에미터 접지의 *CR* 결합 2단 증폭회로이다. 초단 증폭기의 부하저항은 두번째단의 입력 임피던스가 된다. R_A, R_B는 바이어스 저항, R_c는 콜렉터 저항, R_E는 에미터 안정화 저항이다. C_c는 결합콘덴서 C_E는 에미터 바이패스 콘덴서이다. R_s는 신호원저항, R_L는 2번째단의 증폭회로의 부하저항이고 점선으로 표시된 C_{p1}, C_{p2}는 각각 분포용량, 배선용량이다.

〈그림 5-16〉(b)는 초단의 등가회로이며 에미터 바이패스 C_{E1}은 충분히 큰 용량이고 신호에 대해서는 단락된 것으로 한다.

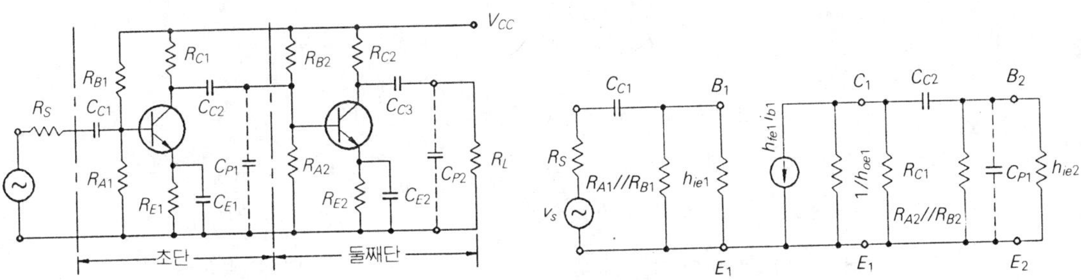

(a) (b) 초단의 등가회로

〈그림 5-16〉 트랜지스터 2단 RC 결합증폭기

(1) **중역 주파수 영역** : 중역에서는 결합 콘덴서 C_c는 단락된 것으로 생각할 수 있으며 분포용량 C_{p1}도 리액턴스도 커서 무시할 수 있다. 즉, 중역에서는 C_{c1}, C_{c2}, C_{p1}, C_E 등 모든 콘덴서의 리액턴스는 무시된다.

〈그림 5-17〉의 등가회로에서

$R_{i1} = R_{A1} \| R_{B1} \| h_{ie1}$

$R_{o1} = (1/h_{oe1}) \| R_{c1}$

$R_{i2} = R_{A2} \| R_{B2} \| h_{ie2}$

$R_{sh} = R_{o1} \| R_{i2}$

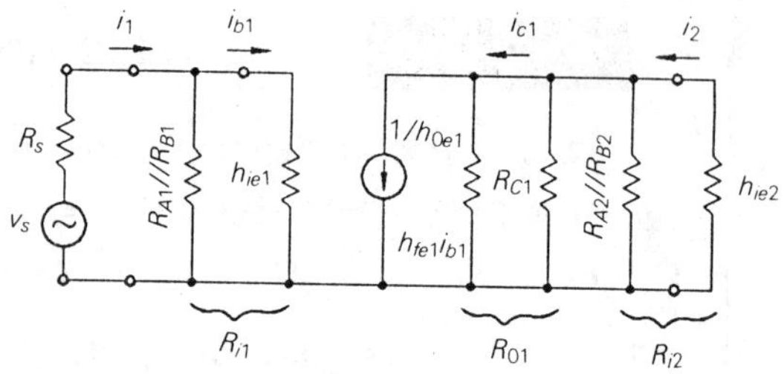

〈그림 5-17〉 중역주파수에 대한 등가회로

입력단자로 부터 흐르는 전류 i_1에 대하여 베이스에 흐르는 전류 i_{b1}을 구하면 다음과 같다.

$$i_{b1} = i_1 \frac{R_{A1} \| R_{B1}}{R_{A1} \| R_{B1} + h_{ie1}} = i_1 \frac{R_{i1}}{h_{ie1}}$$

다음에 출력 회로에서 h_{ie2}에 흐르는 전류 i_2는

$$i_2 = h_{fe1} i_{b1} \cdot \frac{R_{o1}}{R_{o1} + R_{i2}} \cdot \frac{R_{A2} \| R_{B2}}{R_{A2} \| R_{B2} + h_{ie2}}$$

$$= h_{fe1} i_{b1} \cdot \frac{R_{o1}}{R_{o1} + R_{i2}} \cdot \frac{R_{i2}}{h_{ie2}}$$

$$= h_{fe1} i_{b1} \cdot (R_{o1} \| R_{i2}) \cdot \frac{1}{h_{ie2}}$$

$$= h_{fe1} i_{b1} \cdot R_{sh} \cdot \frac{1}{h_{ie2}}$$

여기서 중역의 전류 증폭도 $A_{im} (= i_2 / i_1)$을 구하면

$$A_{im} = \frac{i_2}{i_1} = \frac{h_{fe1} i_{b1} R_{sh} / h_{ie2}}{(h_{ie1} / R_{i1})\, i_{b1}} = h_{fe1} \cdot \frac{R_{i1}}{h_{ie1}} \cdot \frac{R_{sh}}{h_{ie2}}$$

가 되며, 전압 증폭도 A_{vm}, 전력 증폭도 A_{pm}을 구하면 다음과 같다.

$$A_{vm} = -A_{im} \frac{h_{ie2}}{R_i} = -h_{fe1} \cdot \frac{R_{i1}}{h_{ie1}} \cdot \frac{R_{sh}}{h_{ie2}} \cdot \frac{h_{ie2}}{R_{i1}}$$

$$= -h_{fe1} \frac{R_{sh}}{h_{ie1}}$$

$$A_{pm} = | A_{im} \cdot A_{vm} |$$

$$\cdot = h_{fe1} \cdot \frac{R_{i1}}{h_{ie1}} \cdot \frac{R_{sh}}{h_{ie2}} \cdot h_{fe1} \frac{R_{sh}}{h_{ie1}}$$

$$= \left(h_{fe1} \frac{R_{sh}}{h_{ie1}} \right)^2 \frac{R_{i1}}{h_{ie2}}$$

(2) **저역 주파수 영역** : 주파수가 낮아질 때 C_{c1}, C_{c2}, C_E의 리액턴스는 무시할 수 없다.

〈1〉 **C_{c1}의 결정** : C_E의 용량이 충분히 크다고하고 C_{c1}의 영향만을 생각한다.

〈그림 5−18〉의 회로에서

$$i_{b1} = i_1 \frac{R_{i1}}{h_{ie1}}$$

$$R_{i1} = R_{A1} \| R_{B1} \| h_{ie1}$$

이므로 i_1은

$$i_1 = \frac{v_s}{R_s + R_{i1} + 1/j\omega C_{c1}}$$

$$= \frac{v_s}{R_s + R_{i1}} \cdot \frac{1}{1 + 1/j\omega C_{c1}(R_s + R_{i1})}$$

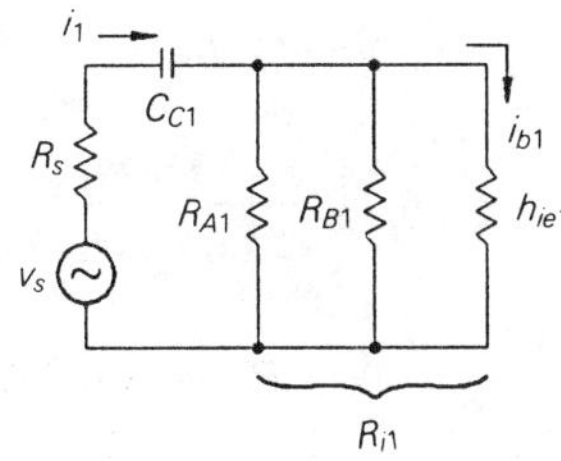

〈그림 5−18〉 입력회로의 등가회로

이 식에서 $\omega C_{c1}(R_s + R_{i1}) = 1$의 경우에

$$|i_1| = (1/\sqrt{2})\, v_s / (R_s + R_{i1})$$

이 되므로 이때의 주파수가 저역 차단 주파수 f_{L1}이다. 즉

$$2\pi f_{L1} C_{c1} (R_s + R_{i1}) = 1$$

단, $R_{i1} = R_{A1} \| R_{B1} \| h_{ie1}$

$$\therefore \; C_{c1} = \frac{1}{2\pi f_{L1}(R_s + R_{i1})}$$

〈2〉 **C_{c2}의 결정** : 입력측과 같은 방법으로 콜렉터 출력회로의 C_{c2}를 구한다.

〈그림 5−19〉의 출력회로의 등가회로에서 R_{o1}와, C_{c2}그리고 R_{i2}의 직렬회로로 되어있다.

C_{c2}에 대한 차단주파수 f_{L2}는

$$f_{L2} = \frac{1}{2\pi C_{c2}(R_{o1} + R_{i2})}$$

단, $R_{o1} = (1/h_{oe1}) \| R_{c1}$

$R_{i2} = R_{A2} \| R_{B2} \| h_{ie2}$

$$\therefore \; C_{c2} = \frac{1}{2\pi f_{L2}(R_{o1} + R_{i2})}$$

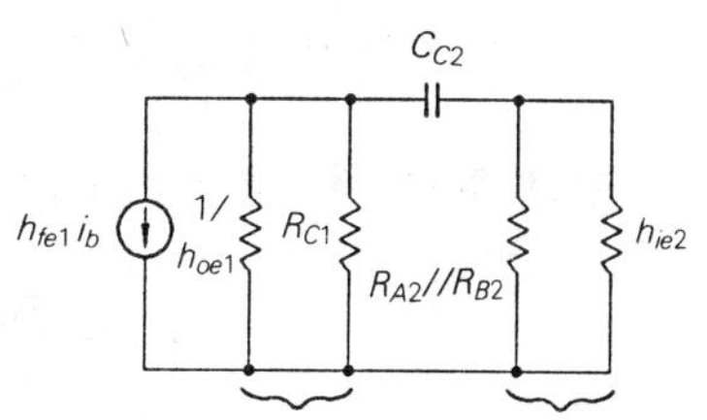

〈그림 5−19〉 출력회로의 등가회로

〈3〉 **C_{E1}의 결정** : C_{c1}의 리액턴스는 무시할 수 있다고 하고 C_{E1}가 충분히 크다고 할 때는 $R_e \gg 1/\omega C_{E1}$이므로 R_e를 무시할 수 있다. 에미터측의 임피던스를 입력측

(베이스 회로)에 두면 $(1+h_{fe})$배로 표시되므로 C_{E1}는 $C_{E1}/(1+h_{fe})$가 된다.

〈그림 5−20〉의 회로에서

$$i_{b1}=\frac{v_s}{(R_s'+h_{ie1})+(1+h_{fe})/j\omega C_{E1}}$$

$$=\frac{v_s}{R_s'+h_{ie1}}\cdot\frac{1}{1+(1+h_{fe})/j\omega C_{E1}(R_s'+h_{ie1})}$$

이 식에서 f_L은

$$f_L=\frac{(1+h_{fe})}{2\pi C_{E1}(R_s'+h_{ie})}$$

단, $R_s'=R_{A1}\|R_{B1}\|R_S$

$$\therefore\ C_{E1}=\frac{(1+h_{fe})}{2\pi f_L(R_s'+h_{ie})}$$

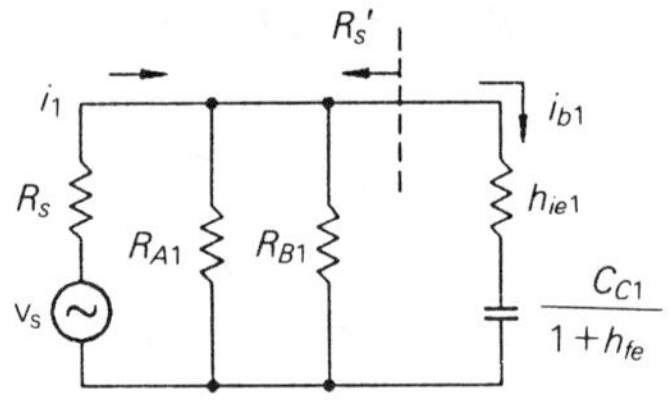

〈그림 5−20〉 출력회로의 등가회로

(3) **고역 주파수 영역** : 주파수가 높아지면 결합 콘덴서 C_c는 단락된 것으로 생각할 수 있으며 분포용량 C_{p1}의 병렬 효과는 무시할 수 없다.

고역에서의 등가회로는 〈그림 〈5−21〉와 같이 출력측에는 R_{o1}, R_{i2}, C_{p1}이 병렬로 되어 있다.

$$Z_{L1}=R_{o1}\|R_{i2}\|\left(\frac{1}{j\omega C_{p1}}\right)$$

$$=R_{sh}\|\left(\frac{1}{j\omega C_{p1}}\right)=\frac{R_{sh}}{1+j\omega C_{p1}R_{sh}}$$

출력 콜렉터 전압, 즉 다음단의 베이스전압 v_{b2}는

$$v_{b2}=-h_{fe1}i_{b1}Z_{L1}$$

$$=-h_{fe1}i_{b1}\frac{R_{sh}}{1+j\omega C_{p1}R_{sh}}$$

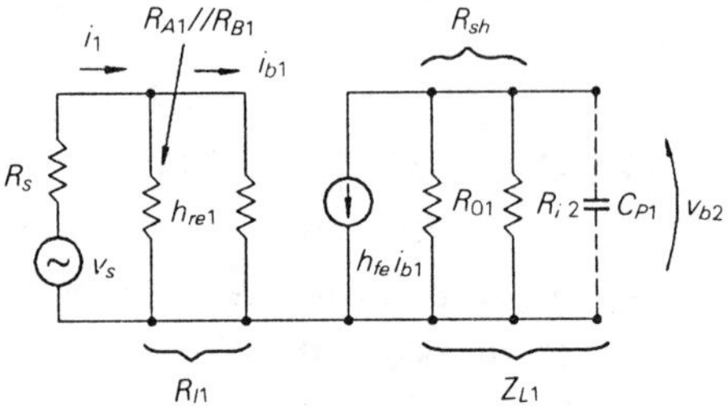

〈그림 5−21〉

한편 입력 베이스전압 $v_{b1}=R_{i1}i_1$이므로 고역에서의 전압증폭도 A_{vh}는

$$A_{vh}=\frac{v_{b2}}{v_{b1}}=\frac{1}{R_{i1}i_1}\left(-h_{fe1}i_{b1}\frac{R_{sh}}{1+j\omega C_{p1}R_{sh}}\right)$$

$$=\frac{1}{R_{i1}i_1}\left(-h_{fe1}\frac{R_{i1}i_1}{h_{ie1}}\right)\frac{R_{sh}}{1+j\omega C_{p1}R_{sh}}$$

$$=-h_{fe1}\frac{R_{sh}}{h_{ie1}}\cdot\frac{1}{1+j\omega C_{p1}R_{sh}}$$

위 식에서 $-h_{fe1}\dfrac{R_{sh}}{h_{ie1}} = A_{vm}$ 이므로

$$A_{vh} = \frac{A_{vm}}{1+j\omega C_{p1}R_{sh}}$$

이 식에서 $|A_{vh}| = |A_m|/\sqrt{2}$ 이 될 때의 주파수가 고역차단주파수 f_h 이다.

$$2\pi f_h\ C_{p1}R_{sh} = 1 \qquad \therefore\ f_h = \frac{1}{2\pi C_{p1}R_{sh}}$$

그러나, 보통 분포용량은 10～40 [pF] 정도이고, R_{sh} 도 수 [kΩ]이므로 f_h 는 수 100 [kHz] 이상이 된다. 일반적으로 트랜지스터의 f_β에 따라 증폭회로의 고역 차단 주파수를 정하는 경우도 많다.

5·3·3 RC 결합 증폭기의 Bode 선도

〈그림 5-22〉는 고주파 및 저주파 영역에서의 이득이 주파수 의존성을 나타낸 보드 선도(Bode plot)이다.

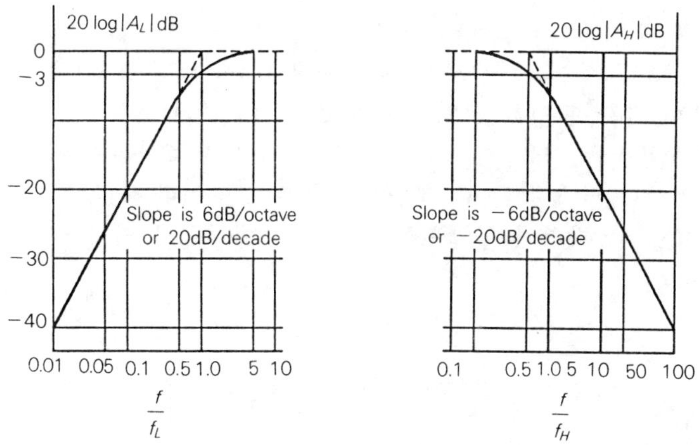

〈그림 5-22〉 저주파 및 고주파 영역에서의 Bode 선도
(점선은 이상적 Bode 선도이다.)

(2) 저주파 영역에서의 Bode선도

먼저 f_L 을 소자값으로 부터 구한 후 f_L 보다 큰 주파수 영역을 0 [dB]의 직선을 그리고 f_L 보다 낮은 주파수 영역은 6 [dB/oct.] 또는 20 [dB/decade]의 기울기는 갖는 직선을 그린다. $f = f_L$ 에서 −3 [dB]인 점을 찾아 두개의 직선 부분과 이점으로 이루어지는 완만한 곡선을 그리면 실제 주파수 응답을 얻는다.

(3) 고주파 영역에서의 Bode 선도

A_H 에 대한 곡선을 근사적으로 그리면 f_H 보다 높은 주파수 영역의 근사곡선은 −6 [dB/octave]의 기울기를 갖는 직선이다.

5·3·4 보상 회로

(1) 고역 보상 회로

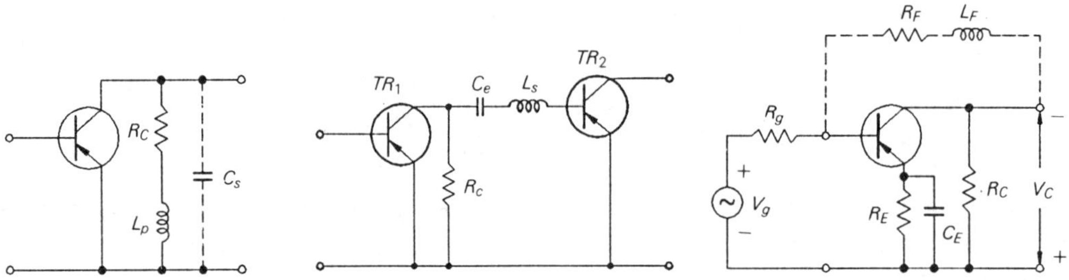

(a) 병렬 피이킹　　(b) 직렬 피이킹　　(c) 에미터 피이킹

〈그림 5－23〉 고역 보상 회로

① **병렬 피이킹(peaking)에 의한 고역 보상** : 콜렉터저항 R_c와 직렬로 인덕턴스 L_p를 넣어 표유용량 C_s와 병렬 공진시켜 그 공진주파수를 고역 차단 주파수 f_H근방에 오도록 한다. L_p를 피이킹 코일이라고 한다.

② **직렬 피이킹에 의한 고역 보상** : TR_2의 확산용량 C_e와 코일 L_s를 직렬 공진시켜 보상하는 방식으로 L_s를 피이킹 코일이라고 한다.

③ **에미터 피이킹** : 부궤환을 이용. 에미터저항 R_E와 콘덴서 C_E를 사용한 직렬 궤환 방식이다. R_E를 에미터 피이킹, C_E를 에미터 피이킹 용량이라 하며, 고역차단주파수 부근에서 C_E가 R_E를 단락하여 부궤환을 감소시켜 이득을 높인다.

(2) 저역 보상 회로

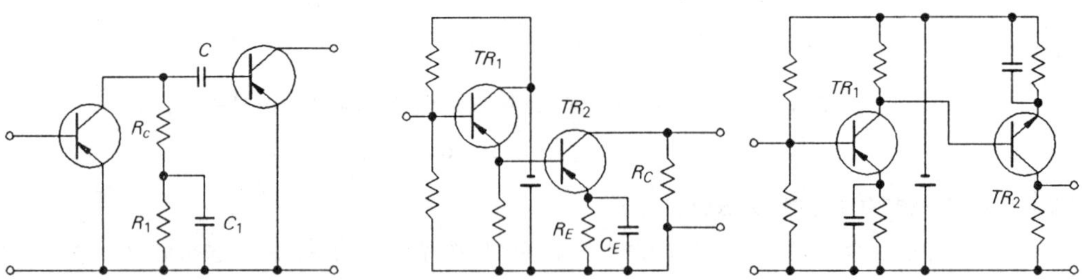

(a) 보상 회로　　(b) 직렬 회로　　(c) PNP와 NPN의 조합

〈그림 5－24〉 저역 보상 회로

① **〈그림 5-24〉 (a)의 경우 :** 콘덴서 C_1을 R_1와 병렬로 접속하여 저주파로됨에 따라서 C_1의 영향을 적게하고, 부하임피던스를 높여 이득을 높인다.

② **〈그림 5-24〉 (b)의 경우 :** TR_1과 TR_2를 직접 결합한 회로로 TR_1의 입력 임피던스가 높고, TR_2의 출력 임피던스가 낮으므로 TR_2의 R_E, C_E에 의한 고역 보상도 효과적으로 행해진다.

③ **〈그림 5-24〉 (c)의 경우 :** TR_1을 PNP형, TR_2를 NPN형의 트랜지스터로 한 직접 결합회로이며 TR_1과 TR_2의 바이어스 극성이 반대로 되므로 회로를 만들기 쉽다.

5·4 트랜스 결합 증폭기

5·4·1 이상 변압기의 일반적 특성

(1) **이상 변압기 정의** : 이상 변압기란 1차, 2차 코일의 결합계수 $k=1$이고 코일의 저항이 0이다. 코일 자체에 의한 전력 손실이 없고 철심 자체의 히스테리시스 손이나 와류 손실이 전혀없는 코일의 인덕턴스가 무한대인 변압기이다.

(2) **이상 변압기 관계식** : 1차, 2차 코일의 권선비가 각각 n_1, n_2이고 1, 2차 전압 V_1, V_2 그리고 1, 2차 전류 I_1, I_2와의 사이에 다음 관계식이 성립한다.

$$n=\frac{n_2}{n_1}=\frac{V_2}{V_1}=\frac{I_1}{I_2}$$

2차측에 R_L라는 부하를 접속한 경우 1차측에서 본 임피던스 Z_i

$$Z_i=\frac{V_1}{I_1}=\frac{(n_1/n_2)}{(n_2/n_1)}\ \frac{V_2}{I_2}=\left(\frac{n_1}{n_2}\right)^2 Z_L$$

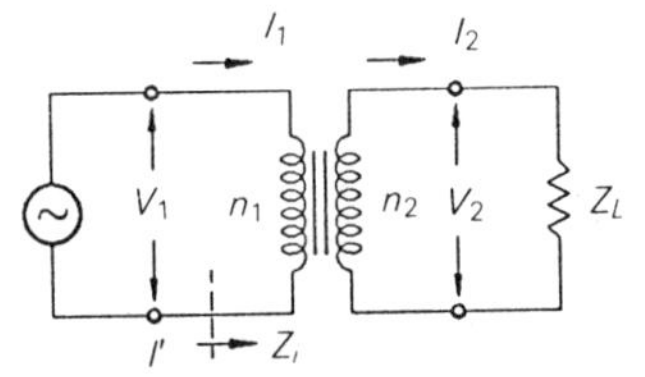

〈그림 5−25〉

즉 Z_L이라는 임피던스가 변압기를 1차측에 $(n_1/n_2)^2 Z_L$ 크기로 나타난다는 것을 의미한다.

5·4·2 트랜스 결합 소신호 증폭 회로

트랜스 결합은 결합 콘덴서 대신 트랜스를 사용한 것으로 1, 2차의 권선비로서 임의로 임피던스를 변환시킬 수 있으므로 정확한 정합이 가능하며 최소의 단수로서 고이득을 얻을 수 있다.

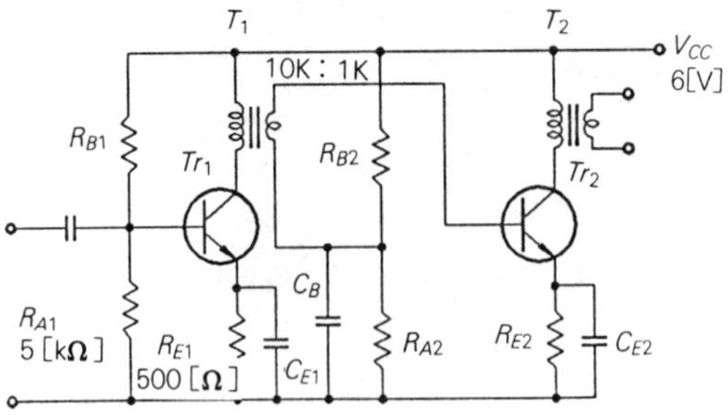

〈그림 5−26〉 트랜스 결합 증폭기

(1) 트랜스 결합을 사용하는 이유

① 트랜지스터의 출력임피던스와 다음단의 입력임피던스를 정합시킬 수 있으므로 *RC*결합보다 전력이득을 크게 할 수 있다.

② 직류전압 강하가 작고, 전원전압의 이용률이 매우 높은 출력전압을 얻을 수 있다.

③ 신호 전력이 큰 경우 *RC* 결합보다 전력 효율을 좋게할 수 있다.

④ (결 점) 특성이 좋은 트랜스는 일반적으로 고가이고 중량도 크다. 외부로부터 자기유도를 받기 쉽고 주파수 특성이 나쁘다.

5·5 증폭 회로의 찌그러짐과 잡음

5·5·1 증폭 회로의 의곡(Distortion)

의곡
- 비직선 의곡……진폭 의곡(파형 의곡)
- 직선 의곡……
  - 주파수 의곡(감쇠 의곡)
  - 위상 의곡(지연 의곡)

(1) 진폭 의곡(amplitude distortion)

비직선의(또는 고조파의)라고 하며 능동 소자(진공관, 트랜지스터, FET 등) 특성의 비직선성에 의해 생기는 것으로, 입력 파형(기본파)이외에 기본파의 제2, 제 3 고조파가 포함되어 있으므로 고조파 찌그러짐(harmonics distortion) 이라고도 한다.

$$\text{의율 } K = \frac{\sqrt{I_2^2 + I_3^2 + \cdots}}{I_1} \times 100[\%]$$

$$= 20 \log \frac{\sqrt{I_2^2 + I_3^2 + \cdots}}{I_1} [\text{dB}]$$

단, I_1 : 기본파 전류의 실효치

I_2, I_3 : 제 2, 제 3 고조파 전류의 실효치이다.

(2) 주파수 의곡(frequency distortion)

능동소자의 부하가 순저항성이 아니고 리액턴스 성분을 포함하므로 입력 주파수 성분이 달라지면 증폭도도 일정하지 않다. 즉, 고역과 저역에서는 증폭도가 저하하여 그 주파수 특성이 곡선화 하는때의 왜(歪)를 주파수 의곡이라 한다.

(3) 위상 의곡(phase distortion)

증폭기에 가해지는 입력신호가 단일주파수가 아닌 경우 각각의 주파수에 따른 지연시간의 차이가 있게되어 출력측에는 그에 따라 위상 의곡이 생긴다.

5·5·2 증폭 회로의 잡음

(1) 저항체에 의한 열잡음(thermal noise)

주파수 $f_L \sim f_H$의 범위에서 저항체에서 발생하는 잡음 전압의 실효치 V_n은 다음과 같다.

$$V_n = \sqrt{4k\text{TBR}} [\text{V}]$$

단, V_n : 잡음 전압의 실효치

k : 볼쯔맨(Boltzman) 정수(1.38×10^{-23} J / °K)

B : 주파수 대역폭 [Hz]

T : 절대온도 [°K] (273+t [°C]

R : 저항체의 저항[Ω]

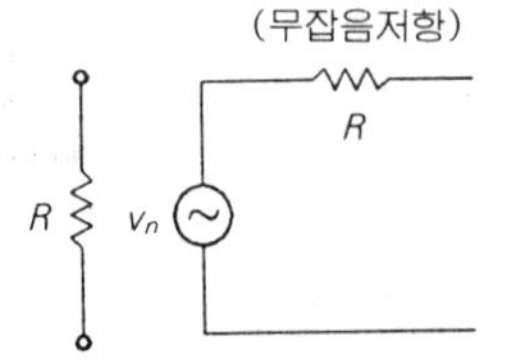

(a) 저항 (b) 등가 회로

〈그림 5－27〉

예제 5-11 저항의 열잡음 전압

내부저항이 1[kΩ]되는 신호원을 가진 증폭기가 있다. 실내온도에서 증폭기의 등가 잡음 입력 전압을 구하라. 단, 증폭기의 대역폭은 10[kHz]이다.

풀이 열잡음 전압 V_n은

$$V_n = \sqrt{4k\,\mathrm{TRB}}$$

$$= \sqrt{4\times 1.38\times 10^{-23}\times 300\times 10^{3}\times 10^{4}}$$

$$= 0.4\times 10^{-6} = 0.4\,[\mu\mathrm{V}]$$

(2) **잡음 지수(Noise figure)** : 증폭기의 입력 쪽의 S/N와 출력 쪽의 S/N와의 비를 말한다.

$$NF = 10\log\frac{\text{증폭기의 출력 잡음 전력}}{\text{이상 증폭기의 출력 잡음 전력}}\,[\mathrm{dB}]$$

$$= 10\log\frac{N_o}{A_p N_i} = 10\log\frac{N_o}{(S_o/S_i)N_i}$$

$$= 10\log\frac{S_i/N_i}{S_o/N_o}$$

여기서 $A_p = S_o/S_i$는 증폭기 전력 이득이다.

(3) **종합 잡음 지수** : 잡음지수가 F_1, F_2, F_3이고 유능 이득이 G_1, G_2, G_3이며 또 통과대역 특성이 같고 그의 등가잡음 대역폭이 B인 증폭기를 종속 접속했을 경우의 종합 잡음 지수를 구하면 다음과 같다.

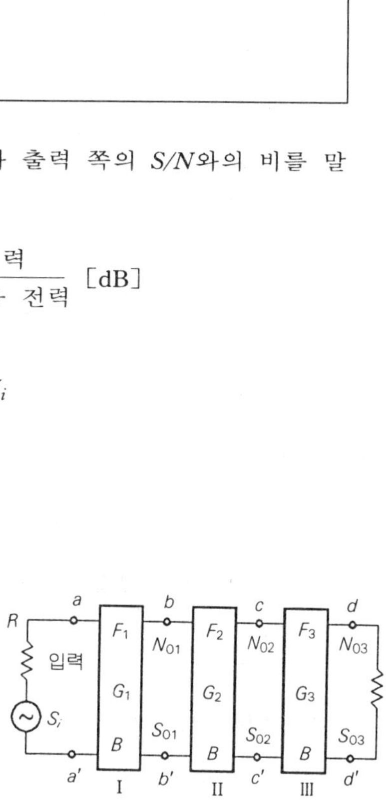

〈그림 5-28〉

그림의 회로에서 증폭기 I에 신호입력 S_i를 가했을때 신호 전원의 내부저항을 R이라고 하면 입력측 a-a'에서의 유능 잡음 전력 N_i는

$$N_i = \mathrm{kTB}$$

증폭기 I의 잡음 출력 N_{o1}은

$$N_{o1} = F_1 G_1 \mathrm{kTB}$$

$$\left[\because\ F_1 = \frac{S_i/N_i}{S_{o1}/N_{o1}} = \frac{S_i}{S_{o1}}\cdot\frac{N_{o1}}{N_i} = \frac{1}{G_1}\cdot\frac{N_{o1}}{\mathrm{kTB}}\right]$$

이 N_{o1}인 잡음전력이 증폭 II의 입력으로 되는 것이지만 잡음 지수가 F_2이므로 이 증폭기 자체에서 발생하는 잡음(내부잡음) 출력은 $G_2(F_2-1)\mathrm{kTB}$이다.

따라서 증폭기 II의 전 잡음출력 N_{o2}는

$$N_{o2} = G_2\{N_{o1} + (F_2 - 1)\ \mathrm{kTB}\}$$
$$= F_1 G_1 G_2 \mathrm{kTB} + (F_2 - 1)\ G_2 \mathrm{kTB}$$

같은 방법으로 해서 증폭기 III의 잡음 출력 N_{o3}은

$$N_{o3} = G_3\{N_{o2} + (F_3 - 1)\ \mathrm{kTB}\}$$
$$= F_1 G_1 G_2 G_3 \mathrm{kTB} + (F_2 - 1)\ G_2 G_3 \mathrm{kTB} + (F_3 - 1)\ G_3 \mathrm{kTB}$$

증폭기 III의 출력단 d－d′의 유능 신호 전력 S_{o3}는

$$S_{o3} = S_i G_1 G_2 G_3$$

따라서 이 증폭기단의 종합 잡음 지수 F는

$$F = \frac{S_i / N_i}{S_{o3} / N_{o3}} = \frac{S_i}{\mathrm{kTB}} \cdot \frac{\mathrm{N_{o3}}}{S_{o3}}$$
$$= \frac{S_i}{\mathrm{kTB}} \cdot \frac{\mathrm{kTB}\{F_1 G_1 G_2 G_3 + (F_2 - 1)\ G_2 G_3 + (F_3 - 1)\ G_3\}}{S_i G_1 G_2 G_3}$$
$$= F_1 + \frac{(F_2 - 1)}{G_1} + \frac{(F_3 - 1)}{G_1 G_2}$$

로 되며 이것을 Friis의 공식이라고 한다.

● 종합 잡음 지수에는 초단 증폭기의 이득과 잡음 지수가 매우 큰 영향을 미친다.

(4) 트랜지스터 잡음

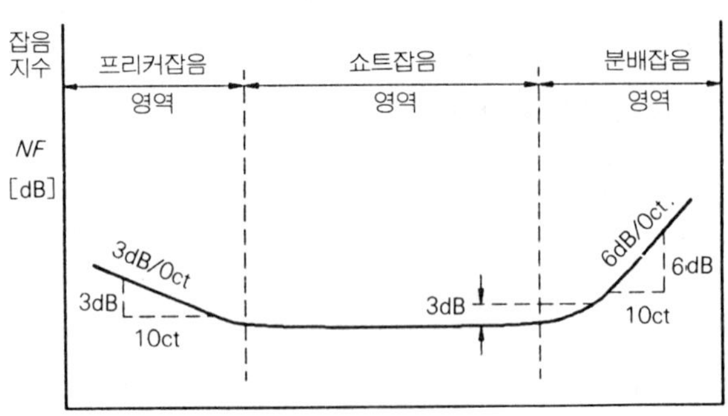

〈그림 5－29〉 트랜지스터 잡음의 주파수 특성

① **산탄 잡음(shot noise)** : 1[kHz]～[MHz]정도의 광역에 걸쳐서 분포되어 있고, 에미터에서의 캐리어(carrier) 흐름의 불규칙성에 기인한 것이다.

② **프리커 잡음(flicker noise)** : 주파수가 낮은 영역에서 주로 지배적으로 $B-E$접합면에 있어서 전자운동의 완만한 변동에 의한 것으로 저역에서 주파수가 반으로 되면 NF가 3[dB]증가한다. [3 dB/oct]. $\frac{1}{f}$잡음이라고도 한다.

③ **분배 잡음(partition noise)** : 높은 주파수 영역(10[MHz] 이상)에 해당되며 주파수의 자승에 비례로 증가해서 1 oct당 NF가 6 [dB]증가한다. 6 [dB/oct] 이것은 전력 이득에 주파수에 따라 감소하는데 기인한 결과이다.

出題豫想問題

1. 증폭기의 전압, 전력 이득을 데시벨로 옳게 표시한 식은? 단, V는 전압, I는 전류, P는 전력이고, 첨자 1과 2는 각각 입력과 출력을 의미한다.

가. $20\log\frac{V_1}{V_2}$　　나. $20\log\frac{P_1}{P_2}$　　다. $10\log\frac{I_2}{I_1}$　　라. $10\log\frac{P_2}{P_1}$

2. 증폭기의 입력 전력이 2[mW], 출력 전력이 40[W]일 때 전력 이득은?

가. 12[dB]　　나. 23[dB]　　다. 33[dB]　　라. 43[dB]

해설 $10\log\frac{40}{2\times10^{-3}} = 10\log 20\times10^3$

3. 어느 회로망의 입력과 출력의 전압비가 −20[dB]라면 입력과 출력의 전압비는?

가. 1　　나. $\frac{1}{10}$　　다. $\frac{1}{100}$　　라. $\frac{1}{1000}$

해설 $-20[\text{dB}] = 20\log\frac{V_2}{V_1}$

4. 그림과 같이 증폭기를 3단 접속하여 첫단의 증폭기 A_1에 입력 전압으로서 2[μV]인 전압을 가했을 때 종단증폭기 A_3는 출력 전압은 몇 [V]로 되는가?
(단, A_1, A_2, A_3의 전압이득 G_1, G_2, G_3는 각각 60[dB], 20[dB], 40[dB]이다.)

가. 20[V]
나. 0.2[V]
다. 2[V]
라. 20[mV]

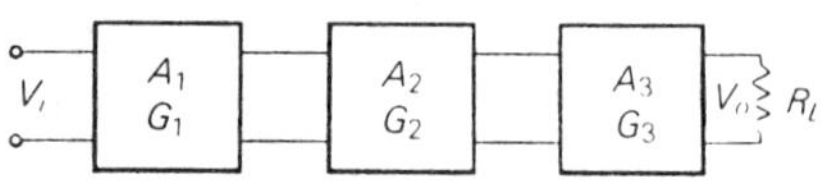

5. 어떤 증폭기의 이득이 $V_2/V_1=\sqrt{2}$일 때 V_2와 V_1과의 전력 레벨(level) 차는 몇 [dB]인가? (단, V_1은 입력전압이고 V_2는 출력전압이고, 이때 입력과 출력 임피이던스는 같다.)

가. 20.20[dB]　　나. 14.14[dB]　　다. 5.41[dB]　　라. 3.01[dB]

6. 주파수가 2배로 감소하는 동안 이득이 6[dB] 감소하였다. roll−off는?

가. 3[dB/octave]　　나. 6[dB/decade]
다. 10[dB/octave]　　라. 20[dB/decade]

해설 주파수와 함께 이득이 감소하는 것은 roll−off라 한다.

(1) dB/decade : 주파수의 10배 변동을 decade라고 한다. 보통 RC회로망은 10배씩 감소함에 따라 20[dB]씩 감소한다. 즉, 20[dB/octave]이다.

(2) dB/octave : 주파수의 2배 변동을 octave라고 한다. −20[dB/decade]는 −6[dB/octave]이다.

해답 1. 라　2. 라　3. 나　4. 다　5. 라　6. 라

7. 주파수 증가에 따르는 이득의 감쇠를 나타내는 특성곡선의 기울기가 －20[dB/decade]이다. 이것과 동일한 기울기를 표시하는 것은?

가. －3 [dB/octave] 나. －6 [dB/octave]
다. －10 [dB/octave] 라. －12 [dB/octave]

해설 증폭기의 주파수 응답은 (1) 전달이득의 진폭 (2) 주파수의 함수로서 위상각에 대한 특성곡선으로 표시되며 이를 Bode 선도라 한다. 주파수의 변화가 2배(또는 1 octave)일 때를 [dB/octave], 주파수의 변화가 10배일 때를 [dB/decade]로 표시한다.

$\therefore\ -20 \log_2 = -6$

즉 －20[dB/decade]는 대략 －6 [dB/octave]이고 －40 [dB/decade] 는 대략 －12 [dB/octave] 이다.

8. 증폭기의 주파수 특성을 보드 선도(Bode diagram)에 표시한 결과 1[MHz]에서 40 [dB], 10[MHz]에서 16[dB]이였다면 주파수 증가에 따른 이득의 특성을 나타내는 기울기는?

가. －12 [dB/decade] 나. －24 [dB/octave]
다. －24 [dB/decade] 라. －12 [dB/octave]

해설 주파수의 10배 변동을 decade라 한다. 보드 선도 특성은 직선성을 갖는다.

9. 저역 차단 주파수에서 트랜지스터 증폭기의 상관이득(Relative gain)을 [dB]로 표시하면?

가. －3 [dB] 나. 3 [dB] 다. 10 [dB] 라. －10 [dB]

해설 $dB = 20 \log \dfrac{1}{\sqrt{2}} = 20 \log\ 0.707 = -3.0103$ [dB]

10. RC 결합 증폭회로에서 중역주파수에서의 이득이 A일 때 차단주파수에서의 이득은?

가. $A/2$ 나. $A/\sqrt{2}$ 다. $\sqrt{2}A$ 라. $A/4$

11. RC 결합 증폭기에서 단일 증폭기의 차단주파수는?

가. 전력 이득이 중역주파수에서의 이득의 1/2이 되는 주파수
나. 전류 이득이 중역주파수에서의 이득의 1/2이 되는 주파수
다. 전압 이득이 중역주파수에서의 이득의 1/2이 되는 주파수
라. 전력 이득이 중역주파수에서의 이득의 $1/\sqrt{2}$이 되는 주파수

해설 차단주파수에서는 전류 또는 전압 이득이 중역주파수의 $1/\sqrt{2}$이 된다.

12. RC 결합 증폭회로에 대역폭을 2배로 하려면 이득은 몇 [dB] 내려야 하는가?

가. 2 나. 3 다. 6 라. 10

13. 소신호 증폭기의 차단 주파수에서의 이득은 중역 이득(mid-band gain)의 몇 [%]인가?

가. 10 [%] 나. 50 [%] 다. 70.7 [%] 라. 85.7 [%]

해답 7. 나 8. 다 9. 가 10. 나 11. 가 12. 다 13. 다

14. RC 결합증폭기에서 저주파 특성을 제한하는 주요 원인은?

가. 전극간 용량　　　　나. 입력 임피이던스
다. 결합 용량　　　　라. 출력 임피이던스

15. 그림의 증폭기에서 저역 차단 주파수가 20[Hz]가 되려면 캐패시터 C_1의 값은?(단, 캐패시터 C_2, C_3은 충분히 크고 $h_{ie}=1.83[k\Omega]$, $h_{re}=0$이라고 한다.)

가. 2.5[μF]
나. 3.5[μF]
다. 4.8[μF]
라. 12[μF]

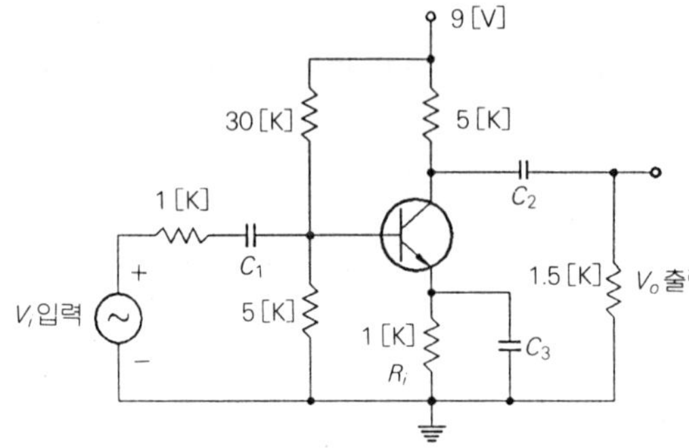

해설 $C_1=\dfrac{1}{2\pi f_L(R_s+R_i)}$, 신호원저항 $R_s=1K$이고 입력저항 $R_i=(5K\|30K\|h_{ie})$이며 f_L은 저역 차단 주파수이다.

16. RC 결합 증폭기에 구형파 전압을 입력시켜 그림과 같은 출력이 나온다면, 이 증폭기의 주파수 특성은?

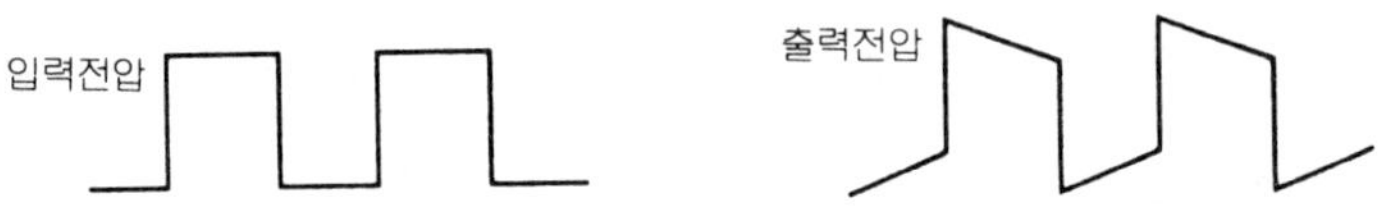

가. 저역 특성이 좋지 않다.　　　　나. 중역 특성이 좋지 않다.
다. 고역 특성이 좋지 않다.　　　　라. 저역과 고역 특성이 모두 나쁘다.

해설 저역 특성에서 위상이 앞서는 경우이다.

17. RC 결합 저주파 증폭회로의 이득이 높은 주파수에서 감소되는 이유는?

가. 부성저항이 생기기 때문에
나. 결합 캐패시턴스의 영향 때문에
다. 출력 회로내 병렬 캐패시턴스 때문에
라. 진공관 정수의 변화 때문

해설 소신호 증폭 회로에서는 중역 주파수에서 최대 이득을 얻으나 주파수가 높아지면 증폭 회로내의 병렬 캐패시턴스나 도선 등의 표유(Stray) 캐패시턴스의 영향으로 이득이 떨어지고 저주파수 부문에서는 결합 또는 측로 캐패시턴스에 의하여 이득이 떨어진다.

해답 14. 다　15. 나　16. 가　17. 다

18. RC 결합증폭기의 저역차단주파수에서 입력과 출력 사이의 위상차는?

가. 45°　　나. 90°　　다. 180°　　라. 135°

19. 다음은 RC 결합 증폭기의 중역주파수에서의 상대이득이다. 맞는 것은? (단, A_m은 중역 이득이고 A_H는 고역 이득, f_H는 고역 3[dB] 주파수이다.)

가. $\dfrac{A_H}{A_M} = \dfrac{1}{\sqrt{1+(f/f_H)^2}}$　　나. $\dfrac{A_H}{A_M} = \dfrac{1}{\sqrt{1+(f_H/f)^2}}$

다. $\dfrac{A_M}{A_H} = \dfrac{1}{\sqrt{1+(\dfrac{1}{f \cdot f_H})^2}}$　　라. $\dfrac{A_H}{A_M} = \dfrac{1}{\sqrt{1+(f \cdot f_H)^2}}$

20. 다음 회로에서 L의 목적은?

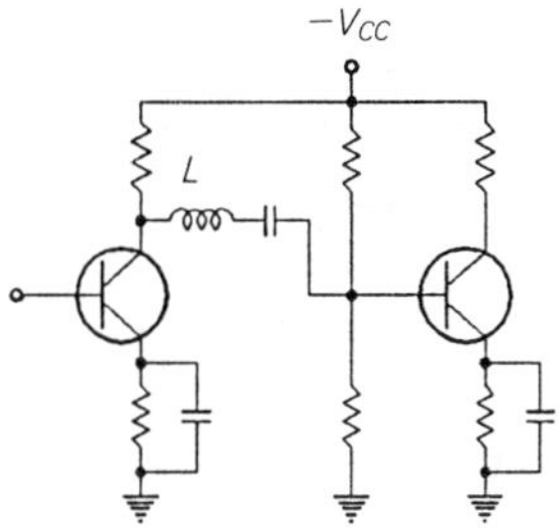

가. 직류 차단

나. 고주파 차단

다. 저역 주파수 보상

라. 고역 주파수 보상

21. 증폭 회로에서 피이킹(Peaking) 코일의 사용 목적은?

가. 고역 주파수 보상　　나. 저역 주파수 보상

다. 고주파 통과　　라. 험(Hum) 방지

22. 증폭기의 고주파 특성을 개선하는데 적절한 방법은?

가. 직렬로 두 저항을 출력측에 연결한다.

나. 피이킹(Peaking) 코일을 출력측에 첨가한다.

다. 단간 결합용 캐패시턴스의 크기를 줄인다.

라. 표유 정전용량을 증가시킨다.

23. 다음의 회로에서 R_d와 C_d의 목적은?

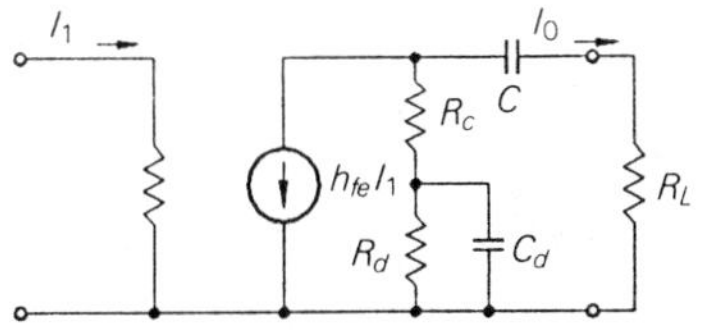

가. 중화용　　나. 고역 보상　　다. 저역 보상　　라. 기생 발진 방지

24. 저주파 증폭기의 결합 방식으로 가장 많이 사용되는 것은?

가. Choke 결합　　나. 동조 결합　　다. RC 결합　　라. 트랜스 결합

해답 18. 가　19. 가　20. 라　21. 가　22. 나　23. 다　24. 다

25. 각 단의 고역 차단주파수가 f_H일 때 n단 증폭기에서 고역 차단 주파수 특성은?

가. $\sqrt{2^n-1}f_H$ 나. $\frac{1}{\sqrt{2^n-1}f_H}$ 다. $\frac{1}{\sqrt{2^{1/n}-1}}f_H$ 라. $\sqrt{2^{1/n}-1}f_H$

해설 1단 증폭기의 상한 3[dB] 주파수는 $|A_v|=\frac{1}{\sqrt{1+(f/f_H)^2}}$

n단 종속 접속인 경우 $\left[\frac{1}{\sqrt{1+(f/f_H)^2}}\right]^n=\frac{1}{\sqrt{2}}$ 에서 $\frac{f}{f_H}=\sqrt{2^{1/n}-1}$

26. 종합 고역 3[dB] 주파수가 20[kHz]이고 저역 3[dB] 주파수가 20[Hz]인 3단 증폭기(3 stage cascade amp)가 있다. 각 증폭단은 동일하며 증폭단간의 상호작용이 없다고 할 때 각 증폭단의 f_H는?

가. 19.4[kHz] 나. 29.4[kHz] 다. 39.4[kHz] 라. 49.4[kHz]

해설 $f_H(n)=\sqrt{2^{1/n}-1}f_H$이므로

$f_H(3)=\sqrt{2^{1/3}-1}\ f_H=(0.258)^{1/2}f_H=0.508f_H=20[kHz]$

$\therefore\ f_H=\frac{20[kHz]}{0.508}=39.4[kHz]$

27. 트랜지스터의 잡음에 관한 설명 중 현저하게 틀린 것은?

가. 트랜지스터의 잡음은 저주파에서는 반비례한다.

나. 트랜지스터의 잡음은 중간 주파수에서는 대체로 일정하다.

다. 트랜지스터의 잡음은 고주파에서는 다시 증가한다.

라. 트랜지스터의 증폭기의 잡음 지수는 신호전원의 내부 임피이던스의 영향을 받지 않는다.

해설 TR 잡음은 저역과 고역에서 증가하고 중역에서는 대체로 일정하다.

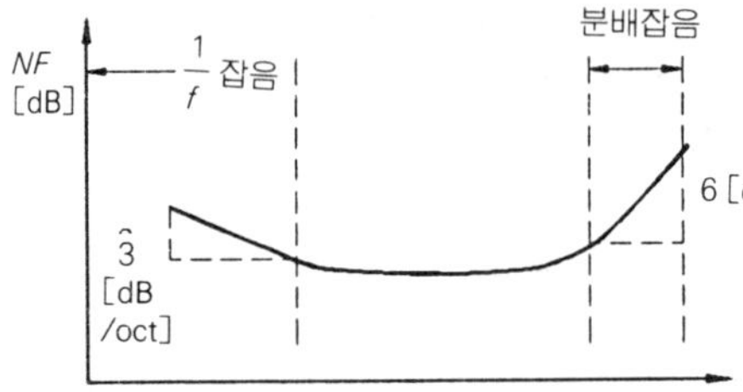

28. 내부 저항이 1[kΩ] 되는 증폭기의 잡음 전압을 상온(300°K)에서 계산하면 얼마인가? (단, 증폭기의 대역폭은 1[MHz], K는 Boltzman's Constant=1.38×10^{-23}[J/°K]이다.)

가. 1.4[μV] 나. 4[μV] 다. 8[μV] 라. 1.38[μV]

해설 $V_n=\sqrt{4kTBR}=\sqrt{4\times1.38\times10^{-23}\times300\times10^3\times10^4}$

29. 다음 중 가장 이상적인 증폭회로의 잡음 지수는?

가. $F=0$ 나. $F=1$ 다. $F=5$ 라. $F=10$

해답 25. 라 26. 다 27. 라 28. 나 29. 나

30. 초단의 잡음지수 $F_1 = 10$, 이득 $G = 10$, 다음단의 잡음지수 $F_2 = 11$일 때 2단 증폭기의 종합 잡음지수는 얼마인가 ?

가. 10 나. 11 다. 21 라. 110

해설 $F = F_1 + \frac{F_2 - 1}{G_1} + \frac{F_3 - 1}{G_1 G_2}$

31. 저항 $R[\Omega]$, 대역폭 B[Hz], T[°K]에서의 유능 잡음 전력(available noise power)을 나타낸 식은 ? (단, k는 Boltzman 상수이다)

가. kTB 나. $4kTB$ 다. $\sqrt{4kTBR}$ 라. $\frac{1}{4}kTB$

해설 $R = R_L$일 때 부하(R_L)에 공급되는 잡음전력은 최대가 되며 이것을 유능잡음 전력이라 한다.

$$P_n = \left(\frac{V_n}{2R}\right)^2 \cdot R = \frac{V_n^2}{4R}$$

32. 증폭도가 20[dB], 잡음 지수가 2[dB]인 전치증폭기(Pre-Amp)를 잡음 지수가 6[dB]인 주 증폭기(Main-Amp)에 연결할 때 종합 잡음 지수는 ?

가. 2.25[dB] 나. 4[dB] 다. 6.25[dB] 라. 12.25[dB]

해설 $F = F_1 + \frac{F_2 - 1}{G_1}$

33. 증폭도가 20[dB], 잡음지수가 4[dB]인 전치 증폭기(pre-amp)를 증폭도가 40[dB], 잡음지수가 6[dB]인 주 증폭기(main amp)에 연결될 때 종합 잡음지수는 ?

가. 4.125[dB] 나. 4.25[dB] 다. 6.07[dB] 라. 6.15[dB]

해설 $F = F_1 + \frac{F_2 - 1}{G_1} = 4 + \frac{6 - 1}{20}$

34. RC 결합 증폭회로에서 증폭 대역폭을 4배로 하려면 증폭 이득을 몇 [dB] 감소시켜야 하는가 ?

가. 0.5[dB] 나. 4[dB] 다. 6[dB] 라. 12[dB]

해설 GB=constant이므로 이득은 $\frac{1}{4}$이어야 한다.

$$20\log\frac{1}{4} = 20(\log 1 - \log 4) = 20(0 - 0.6) = -12\,[\text{dB}]$$

35. 다음 중 비직선 왜곡은 ?

가. 진폭 왜곡 나. 위상 왜곡 다. 주파수 왜곡 라. 잡음 왜곡

36. 입력 신호가 너무 크거나 동작점이 이동될 때 일어나는 왜곡(distortion)은 ?

가. 주파수 일그러짐 나. 위상 일그러짐

다. 진폭 일그러짐 라. 크로스 오버 일그러짐

해설 입력신호가 너무클 때 또는 바이어스가 부적당할 때 생긴다.

해답 30. 나 31. 가 32. 가 33. 나 34. 라 35. 가 36. 다

MEMO

6장 고주파 증폭회로

6·1 고주파 트랜지스터의 특성

6·1·1 CB 트랜지스터의 고주파 T형 등가 회로

〈그림 6－1〉은 CB 접지 트랜지스터의 고주파 특성을 고려한 T형 등가 회로이다.

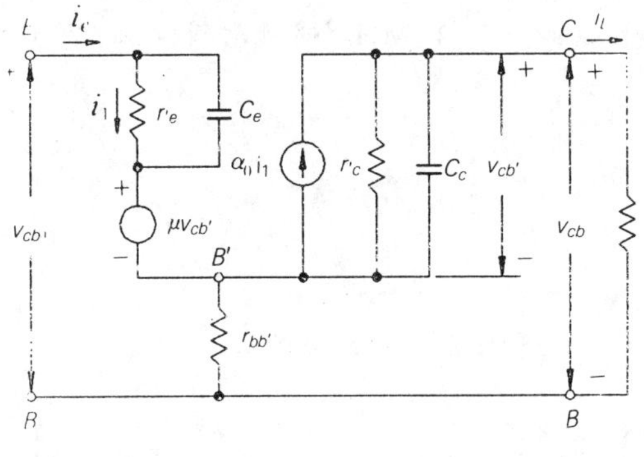

$C_e = C_{De} + C_{Te}$ (확산용량 : C_{De}, 에미터 접합용량 : C_{Te})

$C_{De} \gg C_{Te}$ $\therefore$ $C_e = C_{De}$

$C_c = C_{TC}$ (콜렉터 접합용량 : C_C)

〈그림 6－1〉 베이스 접지 트랜지스터의 T형 등가회로

이 회로에서 collector 저항 r_c' 와 병렬로 용량 C_c, 에미터저항 r_e' 와 용량 C_e가 있다.

또 전류원은 i_e에 비례하지 않고 r_e' 에 흐르는 전류 i_1에 비례하게 되어 있고 저주파 알파는 α_0로 표시했다

(1) 고주파 α (High frequency alpha)

$$I_1 r_e' = \frac{I_e}{\dfrac{1}{r_e'} + j\omega C_e} \qquad I_1 = \frac{I_e}{1 + j\,(f/f_\alpha)} \qquad \left(\text{단, } f_\alpha = \frac{1}{2\pi r_e' C_e} \right)$$

$$\alpha_0 I_1 = \alpha I_e = \frac{\alpha_0 I_e}{1+j(f/f_\alpha)}$$

$$\alpha = \frac{\alpha_0}{1+j(f/f_\alpha)} \qquad f_\alpha : \alpha \text{ 차단주파수}$$

이 α는 CB 단락회로 전류 이득 $A_{ib} = \alpha$이다.

예제 6-1 **α 차단 주파수**

α 차단 주파수 $f_\alpha = f$일 때 고주파 α를 dB로 나타내라.

풀이 $f = f_\alpha$이면

$$|\alpha| = \frac{\alpha_0}{\sqrt{1+(f/f_\alpha)^2}} = \frac{\alpha_0}{\sqrt{2}}$$

$$20\log\left|\frac{\alpha}{\alpha_0}\right| = 20\log\frac{1}{\sqrt{2}} = -3\,[\text{dB}]$$

예제 6-2 **고주파 α 구하기**

$\alpha_0 = 0.98$이고 $f_\alpha = 1.5\,[\text{MHz}]$인 트랜지스터가 $f = 3\,[\text{MHz}]$에서 동작할 때 CE 단락회로의 전류이득 α를 구하라.

풀이 CE 단락 회로의 전류 이득 α는

$$\alpha = \frac{\alpha_0}{1+j(f/f_\alpha)}$$

의 식에서 $\alpha_0 = 0.98$, $f = 3\,[\text{MHz}]$, $f_\alpha = 1.5\,[\text{MHz}]$를 대입하면

$$\alpha = \frac{0.98}{1+j2} \qquad |\alpha| = \frac{0.98}{\sqrt{5}} = 0.437$$

(2) α 차단 주파수

$f = f_\alpha$일 때 $0.707\,\alpha_0$가 된다.

여기서 f를 α 차단 주파수 또는 3[dB] 주파수라 한다.

$$f_\alpha = \frac{1}{2\pi r_e' C_e}$$

고주파 트랜지스터에서는 f_α가 클수록 좋다. 또한 베이스폭 W와 베이스에서 소수 캐리어의 확산 계수 D_B와 관련된 α 차단 주파수는 베이스폭의 자승에 반비례한다.

$$f_\alpha = \frac{D_B}{\pi W_b^2}$$

$$\omega_\alpha = 2\pi f_\alpha = \frac{1}{t_B}, \qquad t_B : \text{베이스 주행 시간}$$

즉 α 차단 주파수는 베이스 주행 시간에 반비례한다.

● 베이스 주행 시간(base transit time)이란? : 베이스에서 캐리어가 에미터 접합에서 콜렉터 접합으로 이동되는 시간이다.

6·1·2 CE 트랜지스터의 고주파 T형 등가 회로

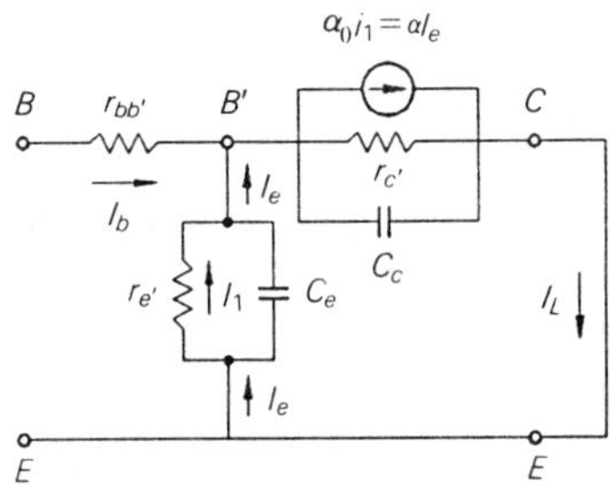

$r_e' \gg r_e$
$C_e \gg C_c$
병렬소자 r_c'와 C_c를 제거

〈그림 6-2〉 CE 단락 회로 전류의 주파수 응답

(1) 고주파 β : CE 단락 전류 이득
키르히호프 전류 법칙에 의해

$$I_L = I_b + I_e = \alpha_0 I_1 = \alpha I_e$$
$$I_e(1-\alpha) = -I_b$$

$$\beta = A_{ie} = I_L / I_b = \frac{\alpha I_e}{I_b} = \frac{-\alpha}{1-\alpha} = -\frac{\alpha_0}{1-\alpha_0}\,\frac{1}{1+j\,[f/(1-\alpha_0)f_\alpha]}$$

$$= \frac{-\beta_0}{1+j\,(f/f_\beta)} \quad \left(\text{단, } \beta_0 = \frac{\alpha_0}{1-\alpha_0}\right)$$

$$\boxed{\beta = \frac{-\beta_0}{1+j\,(f/f_\beta)} \qquad f_\beta : \beta \text{ 차단 주파수}}$$

(2) β 차단 주파수와 α 차단 주파수와의 관계

① $\boxed{f_\beta = f_\alpha(1-\alpha_0)}$: f_β가 f_α보다 훨씬 적다 ($f_\beta < f_\alpha$)

예를 들어 $\alpha_0 = 0.99$, $f_\alpha = 2$ [MHz]이면 $f_\beta = 20$ [kHz]이다.

② $\boxed{\beta_0 f_\beta = \alpha_0 f_\alpha}$

에미터 접지 전류 이득 β_0는 베이스 접지 전류 이득 α_0보다 휠씬 크다 ($\beta_0 > \alpha_0$)

● 에미터 접지와 베이스 접지의 단락 회로 전류 이득과 대역폭의 적(積)은 같다.

예제 6-3 β 차단 주파수 구하기

α 차단 주파수가 1000[kHz]인 트랜지스터에서 이것을 에미터 접지로 사용할 경우 β 차단 주파수를 구하라. 단, $\alpha_0 = 0.99$이다.

풀이 α 차단 주파수와 β 차단 주파수의 관계

$$f_\beta = f_\alpha(1-\alpha_0)$$
$$= 1000(1-0.99) = 10[\mathrm{kHz}]$$

예제 6-4 에미터 저항 r_e' 구하기

베이스폭이 5×10^{-4}[cm]인 G_e PNP형 트랜지스터가 있다. 실온에서 dc 에미터전류가 2[mA]일 때

(1) 에미터 저항 (r_e')

(2) α 차단 주파수 (f_α)

(3) 베이스에서 반송자의 주행시간 (t_B)

를 구하라. (단, $D_P = 49$ [cm²/sec]이다.)

풀이 (1) $r_e' = V_T / I_E = 26[\mathrm{mV}] / 2[\mathrm{mA}] = 13[\Omega]$

(2) $2\pi f_\alpha = \omega_\alpha = 2D_B / W_b^2$

$D_B = D_P = 47$ [cm²/sec]이므로

$$f_\alpha = \frac{2\times47}{2\pi\times25\times10^{-8}} = 60[\mathrm{MHz}]$$

(3) $$t_B = \frac{1}{\omega_\alpha} = \frac{1}{2\pi f_\alpha} = \frac{10^{-6}}{2\pi\times60} = 2.66[\mathrm{nsec}]$$

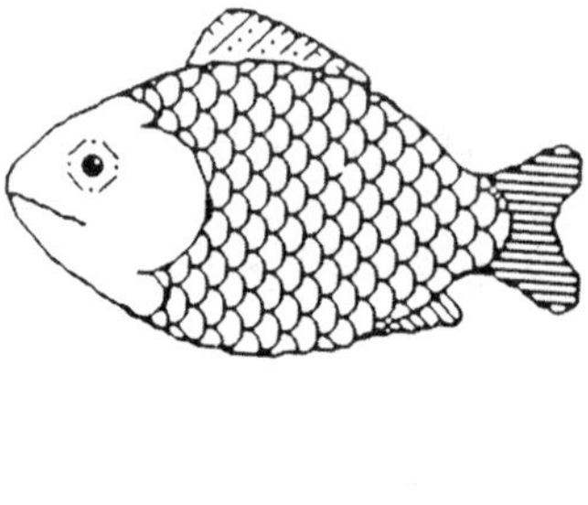

6·1·3 하이브리드－π 에미터 접지 등가 회로

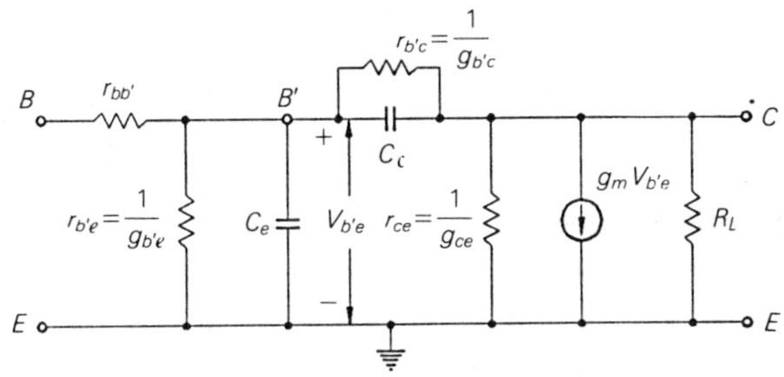

〈그림 6－3〉 하이브리드 π형 등가 회로

$r_{bb'}$: 베이스 확산저항, $r_{b'e}$: 베이스 에미터간의 저항
$g_{b'e}$: 입력 콘덕턴스, $g_{b'c}$: 궤환 콘덕턴스, g_m : 전달 콘덕턴스
g_{ce} : 출력 콘덕턴스, C_e : 에미터 접합부 용량(확산 용량)
C_c : 콜렉터 접합부 용량

6·1·4 저주파 h－정수로 표시한 하이브리드 π 콘덕턴스

(1) 트랜지스터 상호 콘덕턴스 : g_m
g_m은 콜렉터 전류에 비례하고
온도에 반비례한다.

$$g_m \simeq \frac{|I_c|}{V_T},\ V_T = \frac{kT}{q}$$

k : 볼쯔만정수 [J/°K]
T : 절대온도
q : 전기소량

* 실내온도에서 $g_m = \frac{|I_c|}{26}$ [mA / V]

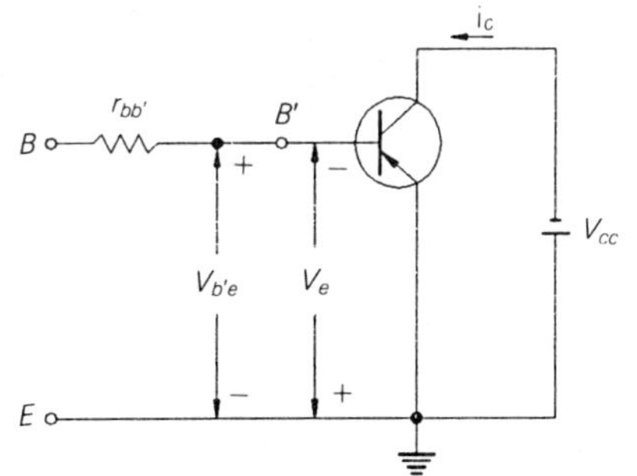

〈그림 6－4〉

(2) 입력 콘덕턴스 : $g_{b'e}$
단락 회로의 콜렉터 전류

$$I_c = g_m V_{b'e} \approx g_m I_b r_{b'e}$$

여기서 $r_{b'c} \gg r_{b'e}$, $V_{b'e} \fallingdotseq I_b r_{b'e}$ 이면

$$h_{fe} = \frac{I_c}{I_b}\bigg|_{V_{CE}} = g_m r_{b'e}$$

$$r_{b'e} = \frac{h_{fe}}{g_m} = \frac{h_{fe} V_T}{|I_c|}$$

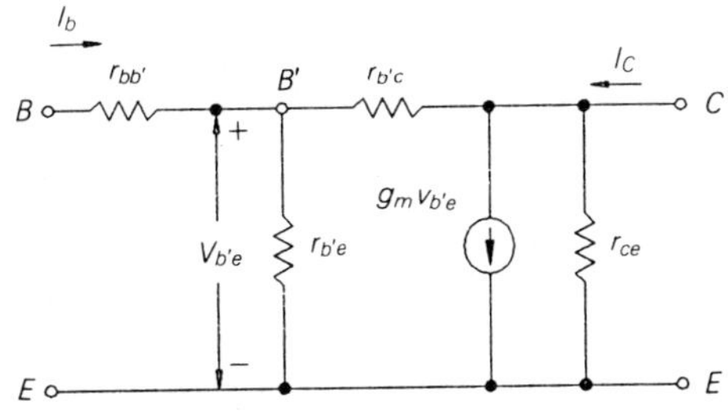

〈그림 6－5〉

h_{fe}가 일정한 전류범위에서 $r_{b'e}$는 온도에 비례하고 전류에 반비례 한다.

$$g_{b'e} = \frac{1}{r_{b'e}} = \frac{g_m}{h_{fe}}$$

(3) **궤환 콘덕턴스(feedback conductance) : $g_{b'c}$**

입력 개방시 역전압 이득 h_{re}는

$$h_{re} = \frac{V_{b'e}}{V_{ce}} = \frac{r_{b'e}}{r_{b'e} + r_{b'c}}$$

$$r_{b'e}(1 - h_{re}) = h_{re}\, r_{b'c}$$

여기서 $h_{re} \ll 1$, $h_{re} \approx 10^{-4}$, $r_{b'c} \gg r_{b'e}$

$$r_{b'c} = \frac{r_{b'e}}{h_{re}}$$

$$g_{b'c} = \frac{1}{r_{b'c}} = \frac{h_{re}}{r_{b'e}} = h_{re}\, g_{b'e}$$

(4) **베이스 분포저항 : $r_{bb'}$**

출력단자를 단락시 입력 저항 h_{ie}는

$$h_{ie} = r_{bb'} + (r_{b'e} \| r_{b'c}) \approx r_{bb'} + r_{b'e}$$

$$r_{bb'} = h_{ie} - r_{b'e}$$

(5) **출력 콘덕턴스 : g_{ce}**

입력 개방시($I_b = 0$) 출력 콘덕턴스 h_{oe}는

$$I_c = \frac{V_{ce}}{r_{ce}} + \frac{V_{ce}}{r_{b'c} + r_{b'e}} + g_m V_{b'e}$$

$$V_{b'e} = h_{re} V_{ce},\ r_{b'c} \gg r_{b'e}$$

$$h_{oe} = \frac{I_c}{V_{ce}} = \frac{1}{r_{ce}} + \frac{1}{r_{b'c}} + g_m h_{re} = g_{ce} + g_{b'c} + g_{b'e} h_{fe} \frac{g_{b'c}}{g_{b'e}}$$

$$= g_{ce} + g_{b'c}(1 + h_{fe})$$

$$g_{ce} = h_{oe} - (1 + h_{fe})\, g_{b'c}$$

$$h_{fe} \gg 1,\ h_{re} = \frac{g_{b'c}}{g_{b'e}},\ g_m = h_{fe}\, g_{b'e}$$

$$g_{ce} \approx h_{oe} - g_m h_{re}$$

(6) 하이브리드－π 용량 : 확산 용량 C_e

CE 단락 회로 전류 이득이 1이 되는 주파수 f_T를 측정하여 C_e를 구한다.

$$C_e \approx \frac{g_m}{2\pi f_T}$$

■ 하이브리드－π 등가회로의 해석 요약

구 분	식
상호 콘덕턴스	$g_m = \dfrac{I_c}{V_T}$
입력 콘덕턴스	$g_{b'e} = \dfrac{g_m}{h_{fe}}$
궤환 콘덕턴스	$g_{b'c} = \dfrac{h_{re}}{r_{b'e}}$
베이스 분포저항	$r_{bb'} = h_{ie} - r_{b'e}$
출력 콘덕턴스	$g_{ce} = h_{oe} - (1+h_{fe})g_{b'c} = \dfrac{1}{r_{ce}}$

예제 6－5 하이브리드－π 정수의 해석

$I_c = 10$ [mA], $V_{CE} = 10$ [V]이고 실온에서 트랜지스터의 저주파 h정수가 $h_{ie} = 500$ [Ω], $h_{fe} = 100$, $h_{re} = 10^{-4}$, $h_{oe} = 10^{-5}$[A/V]이다. 동일한 동작점에서 $f_T = 50$[MHz], $C_{ob} = 3$ [pF]일 때 하이브리드－π 정수 g_m, $r_{b'e}$, $r_{b'c}$, $r_{bb'}$, g_{ce}, r_{ce} 및 C_e를 구하라.

풀이 하이브리드－π 정수 구하기

(1) $g_m = |I_c| / V_T = 10\,[\text{mA}] / 26\,[\text{m}V] = 385\,[\text{mA/V}]$

(2) $r_{b'e} = h_{fe} / g_m = 100 / 0.385 = 260\,[\Omega]$

(3) $r_{b'c} = r_{b'e} / h_{re} = 260 \times 10^{-4} = 2.6\,[\Omega]$

(4) $r_{bb'} = h_{ie} - r_{b'e} = 500 - 260 = 240\,[\Omega]$

(5) $g_{ce} = h_{oe} - (1+h_{fe})g_{b'c} = 4\times10^{-5} - \dfrac{101}{2.6\times10^{6}} = 0.12\times10^{-5}$

(6) $r_{ce} = 1 / g_{ce} = 833\,[\text{k}\Omega]$

(7) $C_e = g_m / 2\pi f_T = \dfrac{385\times10^{-3}}{2\pi\times50\times10^{6}} = 1224\,[\text{pF}]$

6·1·5 하이브리드-π 등가 회로를 이용한 CE 단락 회로 전류 이득

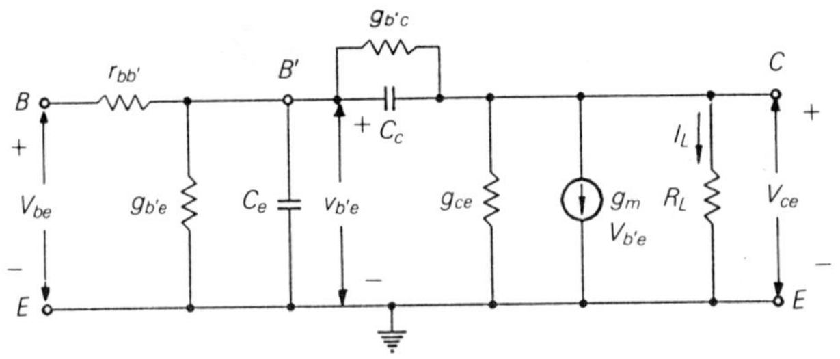

〈그림 6-6〉 R_L을 연결한 트랜지스터 하이브리드-π 등가 회로

단락 회로의 전류 이득을 구하기 위해 〈그림 6-7〉의 근사 등가 회로를 사용한다. $g_{b'c} \ll g_{b'e}$ 이므로 $g_{b'c}$는 무시한다. g_{ce}는 콜렉터-에미터간의 단락 때문에 무시된다. 또 $g_{b'c}$와 C_c를 통해 출력에 전달되는 전류도 무시된다.

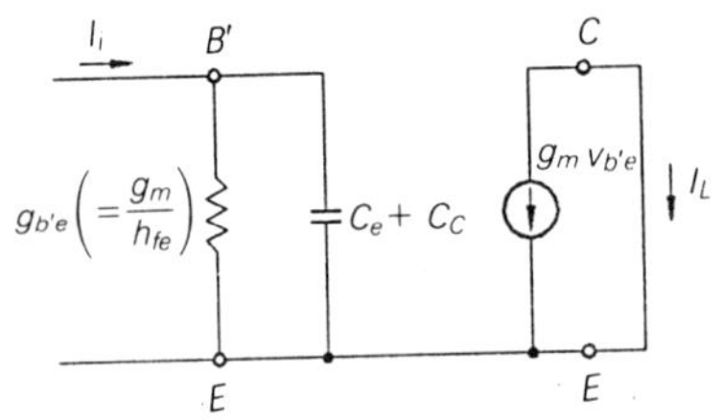

〈그림 6-7〉 근사 등가 회로

(1) CE 전류 이득

$$I_L = -g_m V_{b'e}, \quad V_{b'e} = \frac{I_i}{g_{b'c} + j\omega(C_e + C_c)}$$

단락 회로의 전류 이득 A_i는

$$A_i = \frac{I_L}{I_i} = \frac{-g_m}{g_{b'e} + j\omega(C_e + C_c)}$$

$g_{b'e} = g_m / h_{fe}$의 식으로 부터

$$A_i = \frac{-h_{fe}}{1 + j(f/f_\beta)} \qquad \text{단, } f_\beta = \frac{1}{2\pi r_{b'e}(C_e + C_c)}$$

$f = f_\beta$일 때 $|A_i|$는 h_{fe}값의 $1/\sqrt{2} = 0.707$배이다. $\omega = 0$에서 $A_i = -h_{fe}$이며 이는 저주파 단락 회로 CE의 전류 이득과 일치한다.

(2) 정수 f_T

① 정 의 : 단락 회로 CE 접지 전류 이득의 크기가 1이 되는 주파수로 정의한다.

② 수　식 : $|A_i| = \dfrac{h_{fe}}{\sqrt{1+(f/f_\beta)^2}}$의 식에서 $|A_i| = 1$일 때의 주파수 f_T는

$$f_T \approx h_{fe} f_\beta = \frac{g_m}{2\pi(C_e + C_c)} \approx \frac{g_m}{2\pi C_e} \quad (\text{단, } C_e \gg C_c \text{ 이다.})$$

$$A_i \approx \frac{-h_{fe}}{1 + j\,h_{fe}(f/f_T)}, \qquad C_e \approx \frac{g_m}{2\pi f_T}$$

즉 $f_T \approx h_{fe} f_\beta$이므로 f_T는 단락 회로 전류 이득 대역폭적을 나타낸다.

③ 정　리

$f \ll f_B$일 때 $A_i \approx -h_{fe}$

$f \gg f_B$일 때 $|A_i| \approx h_{fe}\dfrac{f_\beta}{f} = \dfrac{f_T}{f}$

예제 6−6　정수 f_T의 해석

실온에서 $I_c = 5$ [mA], $V_{CE} = 10$ [V]에서 트랜지스터의 정수를 측정하였더니 $h_{ie} = 600$ [Ω], $h_{fe} = 100$, $C_c = 3$ [pF]이고 전류 이득 $|A_{ie}|$는 10 [MHz]에서 10이다.

(1) β 차단 주파수 (f_β)

(2) 정수 f_T

(3) C_e

를 구하라.

풀이 (1) β 차단주파수 (f_β)

$$|A_{ie}| = \frac{h_{fe}}{\sqrt{1+(f/f_\beta)^2}} = \frac{100}{\sqrt{1+(10/f_\beta)^2}} = 10$$

$1+(f/f_\beta)^2 = 100$에서 $(f/f_\beta)^2 = 99$

$f/f_\beta = 9.95$, $f = 10$ [MHz]이므로

$\therefore\ f_\beta = f/9.95 = 10/9.95 = 1.005$ [MHz]

(2) 정수 $f_T = h_{fe} f_\beta = 100\ (1.005$[MHz] $= 100.5$ [MHz]

(3) $C_e = \dfrac{g_m}{2\pi f_T} = \dfrac{|I_c|}{V_T} \cdot \dfrac{1}{2\pi f_T} = \dfrac{5}{20}\,\dfrac{10^{-6}}{2\pi \times 100.5} = 304$ [pF]

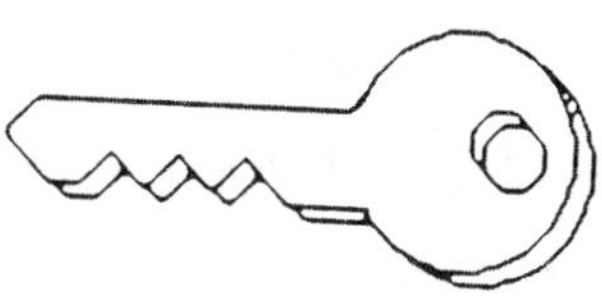

6·2 동조 신호 증폭 회로

6·2·1 동조 증폭 회로의 개요

(1) **동조 신호 증폭 회로의 이용** : 지금까지의 증폭 회로에서는 가능한 한 넓은 주파수 대역을 균일하게 증폭하는 것이 중요하였으나 동조 증폭 회로에서는 어느 좁은 주파수 대역을 선택하여 증폭하고 다른 주파수의 신호는 제거해야 한다. 이러한 주파수의 선택성은 *LC* 공진 회로에 의하여 얻는데 이를 동조 증폭기(tuned amp.)라고 한다. 이 증폭기는 라디오 혹은 TV 수상기의 고주파 증폭단에 응용된다.

● 동조(tuning)의 의미 : 공진회로의 L 또는 C를 조정하여 그 공진 주파수를 입력 신호의 중심 주파수에 맞추는 것이다.

(2) **동조 증폭기의 결합 방식** : 동조 증폭 회로는 부하가 동조 회로로 되어 있으며 다음단과는 변성기 또는 콘덴서 등을 통해서 결합이 된다.

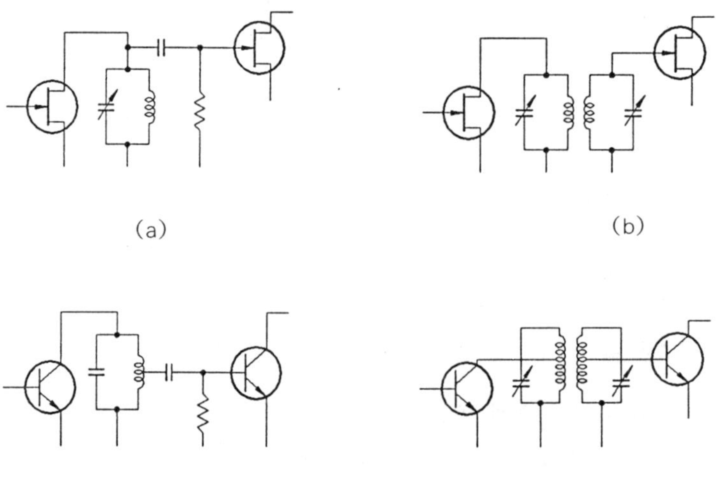

(a) (b) (c) (d)

〈그림 6－8〉 동조 결합 방식의 종류

〈그림 6－8〉에서 (a), (c)는 단동조 회로이고 (b), (d)는 복동조 회로이다.

① **협대역 증폭기** : 단일 동조 *RC* 결합, 단일 동조 유도 결합 증폭기
② **광대역 증폭기** : 복동조 증폭기, 스태거 증폭기

(3) **병렬 공진 회로** : 동조 증폭기에서 사용되는 *RLC* 병렬 공진 회로이다.

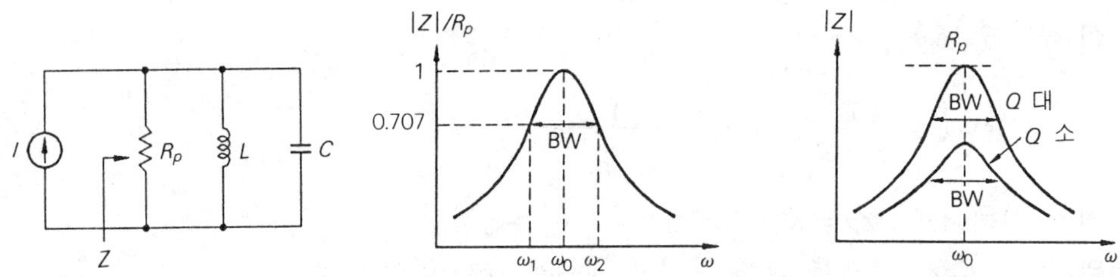

(a) (b) (c)

〈그림 6−9〉 RLC 병렬 공진 회로

① 임피던스(Z) : 〈그림 6−9〉 (a)에서

$$Z = \frac{1}{1/R_p + j\left(\omega C - \frac{1}{\omega L}\right)} = \frac{R_p}{1 + jR_p\left(\omega C - \frac{1}{\omega L}\right)}$$

예제 6−7 **병렬 공진 회로의 임피던스 특성**

〈그림 6−10〉의 병렬 공진 회로의
임피던스 Z가 $\delta \ll 1$일 때

$$Z \approx \frac{R_p}{1 + j2\delta Q_0}$$

임을 증명하라.
단, $\delta = (\omega - \omega_0) / \omega_0$
$\omega_0 = 1/\sqrt{LC}$
$Q_0 = R_p / \omega_0 L \ = \omega_0 C R_P$이다.

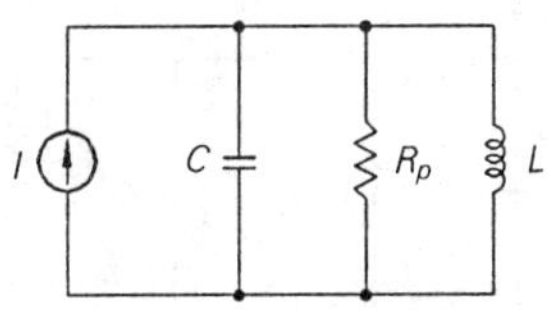

〈그림 6−10〉

풀이 임피던스 Z는

$$Z = \frac{1}{1/R_p + 1/j\omega L + j\omega C} = \frac{R_p}{1 + j\left(\omega C R_p - \frac{R_p}{\omega L}\right)} = \frac{R_p}{1 + jQ_0\left(\frac{\omega}{\omega_0} - \frac{\omega_0}{\omega}\right)}$$

$\delta = (\omega - \omega_0) / \omega_0$의 식에서 $\omega = (1+\delta)\omega_0$를 대입하면 (δ는 주파수 ω가 공진 주파수 ω_0로 부터 몇 [%]나 떨어져 있는가를 표시하는 파라미터이다.)

$$Z = \frac{R_p}{1 + jQ_0 \delta(\delta + 2) / (\delta + 1)} \approx \frac{R_p}{1 + j2\delta Q_0} \quad (\text{단, } \delta \ll 1\text{일 때})$$

※ 공진주파수 ($\omega = \omega_0$, $\delta = 0$)에서 임피던스 $Z = R_p$이다.

② 공진 주파수(f_0)

$$\omega_0 = \frac{1}{\sqrt{LC}}, \qquad f_0 = \frac{1}{2\pi\sqrt{LC}}$$

③ 공진시 임피던스 : $Z_r = R_p$ (순저항)

④ 코일의 Q : R_p가 클수록 Q가 커지고 대역폭 B는 좁아진다.

$$Q = \omega_0 C R_p = \frac{R_p}{\omega_0 L} = R_p\sqrt{\frac{C}{L}}$$

⑤ 대역폭(B) : 〈그림 6-9〉(b)는 $|Z|/R_p$의 주파수에 따른 변화이다. $\omega = \omega_0$에서 $1/\sqrt{2} = 0.707$배가 되는 주파수를 ω_1, ω_2라고 하면

$$B = \omega_2 - \omega_1 = \frac{\omega_0}{Q} \quad (3\,[\text{dB}]\ \text{대역폭})$$

$$Q = \frac{\omega_0}{B} = \frac{\omega_0}{\omega_2 - \omega_1} = \frac{f_0}{f_2 - f_1}$$

(4) 손실이 있는 코일과 C와의 병렬 공진 회로 : 실제적으로 가장 많이 이용된다.

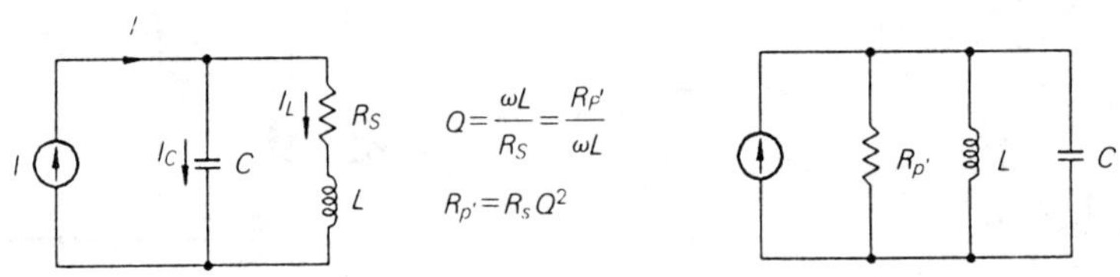

(a) (b) (a)의 등가 회로

〈그림 6-11〉 손실이 있는 코일과 C와의 병렬 공진 회로

① 임피던스(Z)

$$Z = \frac{1}{j\omega C + \dfrac{1}{R_s + j\omega L}} = \frac{R_s + j\omega L}{j\omega C R_s + (j\omega)^2 LC + 1} = \frac{1 + \dfrac{R_s}{j\omega L}}{\dfrac{CR_s}{L} + j\omega C + \dfrac{1}{j\omega L}}$$

$$= \frac{L}{CR_s} \quad \frac{1 - j\dfrac{R_s}{\omega L}}{1 + j\dfrac{1}{R_s}\left(\omega L - \dfrac{1}{\omega C}\right)}$$

예제 6－8 **병렬 공진 회로의 공진 주파수**

〈그림 6－12〉에서 $L = 1$ [mH], $C = 0.001$ [μF]이다. R_s가

(1) $R_s = 10[\Omega]$

(2) $R_s = 250[\Omega]$

일 때 각각의 병렬 공진 주파수를 구하라.

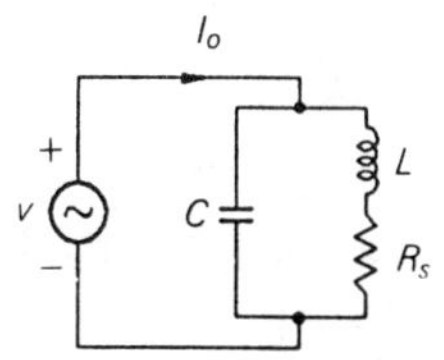

〈그림 6－12〉

풀이 (1) $R_s = 10[\Omega]$일 때 Q가 크므로 근사 공진 주파수를 구한다.

$$f_0 \approx \frac{1}{2\pi\sqrt{LC}} = \frac{1}{2\pi\sqrt{10^{-3}\times10^{-9}}} = 159\,[\text{kHz}]$$

$$(Q = \omega_0 L/R_s = 2\pi\times159\times10^3\times10^{-3}/10 = 100)$$

(2) $R_s = 250[\Omega]$일 때는 Q가 4 이므로 정확한 공진 주파수를 이용한다.

$$f_0 = \frac{1}{2\pi\sqrt{LC}}\sqrt{1-\frac{CR_s^2}{L}} = 159\,[\text{kHz}]\times\sqrt{1-\frac{10^{-9}\times250^2}{10^{-3}}}$$

$$= 159\,[\text{kHz}]\times\sqrt{1-0.0625} = 159\,[\text{kHz}]\times0.968 \approx 154\,[\text{kHz}]$$

② 공진시 임피던스 : $R_s \ll \omega L$일 때

$$Z_r = \frac{L}{CR_s} \quad (\text{최대})$$

③ 공진 주파수 (f_0)

$$Y = \frac{1}{R_s + j\omega L} + j\omega C = \frac{R_s - j\omega L}{R_s^2 + \omega^2 L^2} + j\omega C$$

$$= \frac{R_s}{R_s^2+\omega^2L^2} - j\left(\frac{\omega L}{R_s^2+\omega^2L^2} - \omega C\right)$$

이 식에서 허수부를 0으로 놓고 공진 주파수를 구한다.

$$\frac{\omega_0 L}{R_s^2+\omega^2L^2} = \omega_0 C$$

의 식으로 부터 병렬 공진 주파수 f_0를 구한다.

$$f_0 = \frac{1}{2\pi\sqrt{LC}}\sqrt{1-\frac{CR_s^2}{L}} \approx \frac{1}{2\pi\sqrt{LC}} \quad (\text{단, } \omega L \gg R_s \text{일 때})$$

④ **코일의 Q** : R_s와 L이 직렬이므로 코일의 Q는 다음 식으로 정의된다.

$$Q = \frac{\omega L}{R_s} = \frac{1}{\omega C R_s} = \frac{1}{R_s}\sqrt{\frac{L}{C}}$$

⑤ **코일을 등가적으로 R_p'와 L의 병렬로 대치** : 〈그림 6−11〉(b) R_p' 와 R_s 와의 관계식은 다음과 같다.

$$R_p' = R_s Q^2 = \frac{(\omega L)^2}{R_s} = Q\,\omega L = \frac{Q}{\omega C}$$

코일의 손실(R_s)이 작을수록 등가 병렬 저항 R_p' 가 커지고 공진 회로가 Q가 커진다.

⑥ **I_L과 I_c** : $I_L = QI,\ I_c = QI$

예제 6−9 병렬 저항을 코일의 직렬 저항으로 환산

〈그림 6−13〉의 병렬 공진 회로의 병렬 저항을 코일의 직렬 저항으로 환산하라.

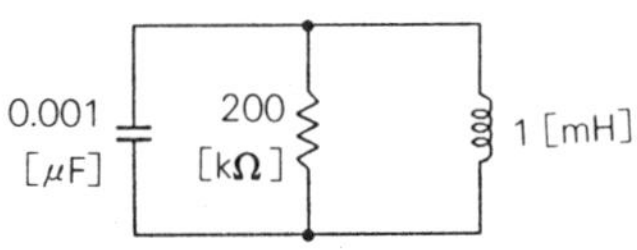

〈그림 6−13〉

풀이 $\omega_0 = 1/\sqrt{LC} = 1/\sqrt{10^{-3}\times 10^{-9}} = 10^6$

$$Q = \frac{R_p}{\omega_0 L} = \frac{200\times 10^3}{10^6\times 10^{-3}} = 200$$

$$\therefore\ R_s = \frac{R_p}{Q^2} = \frac{200\times 10^3}{200^2} = 5\,[\Omega]$$

(5) **Q를 낮추어 대역폭을 넓히는 방법** : 〈그림 6−14〉과 같이 병렬 공진 회로에 저항을 병렬로 넣으면 전 등가 병렬 저항이 낮아지므로 그 만큼 실효 Q가 낮아지므로 대역폭이 넓어진다.

각각 R_1, R_2, R_s 만의 단독으로 존재할 때 공진 회로의 Q를 Q_1, Q_2, Q 라고 하면 실효 Q는 다음과 같다.

$$\frac{1}{Q_{eff}} = \frac{1}{Q_1} + \frac{1}{Q_2} + \frac{1}{Q}$$

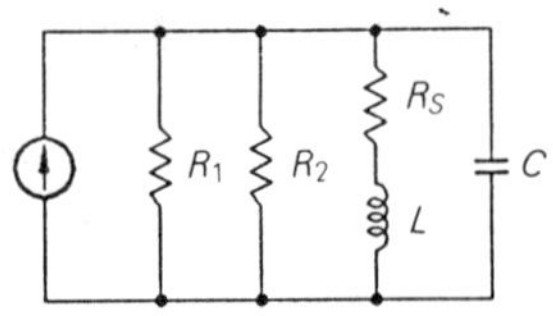

〈그림 6−14〉

6·2·2 단일 동조 RC 결합 증폭 회로

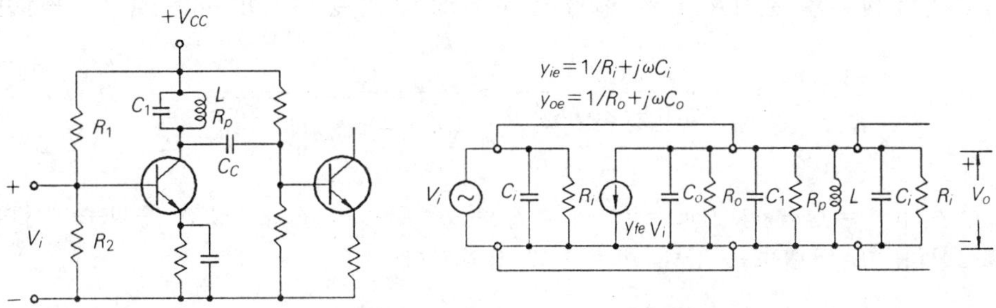

(a) 단일 동조 RC 결합 증폭기 (b)

〈그림 6－15〉 단일 동조 증폭 회로

고주파 대역에서는 y정수를 이용하는 것이 회로 해석이 간편하다. 입력 용량 C_i와 출력 용량 C_o는 각각 배선 용량 및 부유(stray) 용량을 포함하며, 입력 저항 R_i와 출력 저항 R_o에는 각각 바이어스 저항이 포함된 것으로 한다.

(1) 증폭기의 실효 $\boldsymbol{Q}$ ($\boldsymbol{Q_{eff}}$)

① 동조 회로 자체의 Q : $Q_0 = R_p/\omega_0 L$

② 증폭기의 실효 Q : Q_{eff}

$$Q_{eff} = \frac{R_t}{\omega_0 L} = \frac{R_t}{R_p} Q_0$$

여기서 $R_t = R_o \| R_p \| R_i$

$C = C_o + C_1 + C_i$

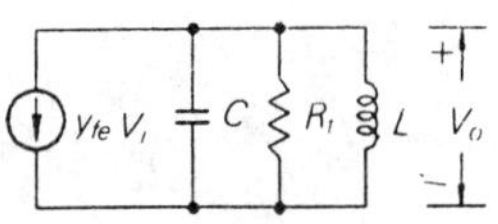

〈그림 6－16〉 〈그림 6－15〉(b)를 간단히한 등가 회로

● 증폭기의 실효 $\boldsymbol{Q}$인 $\boldsymbol{Q_{eff}}$는 동조회로 자체의 $\boldsymbol{Q_0}$보다 작아진다. ($\boldsymbol{Q_{eff} < Q_0}$)

(2) 전압 이득과 대역폭

① 전압 이득 : $f = f_o\,(=1/2\pi\sqrt{LC})$에서 최대가 된다.

$$|A_{vo}| = \left|\frac{V_o}{V_i}\right| = |y_{fe}| R_t$$

② 대역폭 : 공진 주파수와 실효 Q의 관계식으로 표시된다.

$$B = f_o \,/\, Q_{eff}$$

(3) **선택도(S)** : 동조 주파수 f_o에서 Δf만큼 떨어진 주파수에서 이득이 얼마 만큼 감쇠되는가를 표시하는 파라미터를 보통 dB로 표시한다.

공진 주파수를 중심으로 한 인접 주파수에 대한 증폭기의 이득 A_v를 구하면

$$A_v = \frac{A_{vo}}{|1+j2\delta Q_{eff}^2|} = \frac{A_{vo}}{\sqrt{1+4Q_{eff}^2\left(\frac{\Delta f}{f_o}\right)^2}}$$

여기서 $\delta = (\omega-\omega_0)/\omega_0 = (f-f_o)/f_o = \Delta f/f_o$이고 A_{vo}는 공진 주파수에서의 증폭도이다. 또 선택도는 상대 이득으로 정의된다.

$$S = \frac{A_v}{A_{vo}} = \frac{1}{\sqrt{1+4Q_{eff}^2\left(\frac{\Delta f}{f_o}\right)^2}}$$

이를 dB로 표시하면

$$S = 10\log\left[1+4Q_{eff}^2\left(\frac{\Delta f}{f_o}\right)^2\right]\ [\text{dB}]$$

(4) 이득－대역폭 적(積)

$$|A_{vo}|B = |y_{fe}|R_t\frac{f_o}{Q_{eff}}$$

이 식에 $Q_{eff} = \dfrac{R_t}{\omega_0 L} = \omega_0 R_t C$를 대입하면

$$|A_{vo}|B = \frac{|y_{fe}|}{2\pi C}$$

예제 6－10 용량 결합형 단동조 증폭기의 해석

〈그림 6－17〉의 회로는 가장 간단한 FET를 사용한 용량 결합형 단동조 증폭기이다.

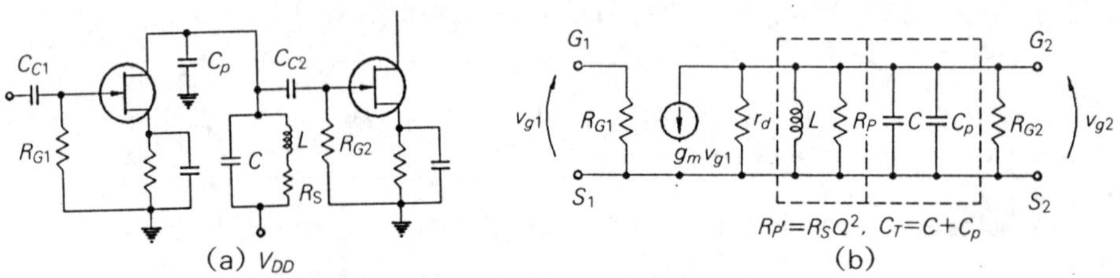

〈그림 6－17〉 용량 결합형 단동조 증폭기

그림 (a)에서 코일 L의 직렬 저항 R_s는 그림 (b)의 병렬 저항 $R_{P'}$로환산한 것으로 $R_{P'} = R_s Q_o^2$이고 Q_o는 무부하시의 Q이다. 이 회로의 증폭도 A_v와 대역폭 B를 유도하라.

풀이 〈그림 6−17〉 (b)에서 r_d와 $R_{P'}$와 R_{G2}의 합성 병렬 콘덕턴스 G는

$$G = \frac{1}{r_d} + \frac{1}{R_{P'}} + \frac{1}{R_{G2}}$$

이고, 또 전 병렬 용량 $C_T = C + C_p$이다. 여기서 C_p는 분포 용량이다.

$$Y_L = G + j\omega C_T + \frac{1}{j\omega L}$$

출력 전압 v_{g2}는 $v_{g2} = -g_m v_{g1} / Y_L$이므로, 이 회로의 전압 증폭도 A_v는

$$A_v = \frac{v_{g2}}{v_{g1}} = -g_m / Y_L = -g_m Z_L \qquad (\text{단, } Y_L = 1/Z_L)$$

이 식에서 부하 어드미턴스 Y_L은

$$Y_L = G(1 + j2\delta Q_L)$$

(즉 $Z_L = \dfrac{R_{P'}}{1+j2\delta Q_L}$, $G = 1/\omega_0 L Q_L$ 이다.)

따라서 전압 이득 A_v는

$$A_v = -g_m / Y_L = -g_m \frac{1}{G(1+j2\delta Q_L)} = \frac{-g_m \omega_0 L Q_L}{1+j2\delta Q_L} = A_{vo} \frac{1}{1+j2\delta Q_L}$$

(여기서, A_{vo}는 동조 주파수에서의 전압 증폭도이다.
$A_{vo} = -g_m \omega_0 L Q_L$)

위 식에서 $2\delta Q_L = 1$ ($\delta = \Delta f / f_o$)의 조건이 성립하는 경우에는 $|A_v| = A_{vo}/\sqrt{2}$이다. 대역폭 B는

$$B = 2\Delta f = 2\delta f_o = f_o / Q_L$$

Q_L은 동조 주파수 f_o와 B로 정해지는데 이 회로의 Q_L이 커지면 공진 회로와 병렬로 저항을 부가하여 Q_L을 저하시킨다. 이 방법을 Q 덤프(dump)라고 한다.

(5) **탭(tap)을 가진 동조 코일** : 트랜지스터와 같은 소자는 입력과 출력 임피던스가 낮아 병렬 공진 회로를 직접 입력 단자에 접속시키면 Q_L이 낮아져 동조 증폭기에서 요구되는 선택도를 만족시키지 못한다. 그러므로 실제의 회로에서는 탭을 이용하여 다음 증폭단의 입력 임피던스를 높여준다. *FET*는 입·출력 임피던스가 높으므로 이런 방법은 필요없다.

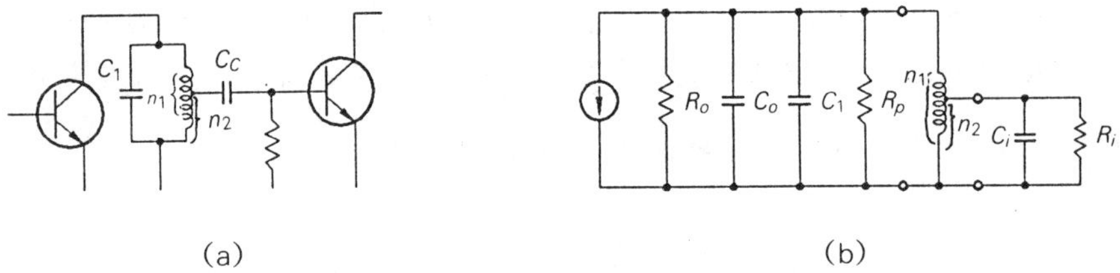

〈그림 6－18〉 탭을 가진 동조 코일

예제 6－11 이득－대역폭 적(積)

FET 단동조 증폭기에서 GB적이 FET의 g_m과 동조 용량 C_T로 다음과 같이 구해짐을 보여라.

$$GB = \frac{g_m}{2\pi C_T}$$

풀이 동조 주파수에서의 전압 증폭도 A_{vo}는

$$A_{vo} = -g_m \omega_0 L Q_L$$

전 병렬 용량 $C_T = 1/\omega_0^2 L$에서 $L = 1/\omega_0^2 C_T$를 대입하면

$$A_{vo} = -g_m \frac{Q_L}{\omega_0 C_T} = -g_m \left(\frac{f_o}{B}\right) \frac{1}{2\pi f_o C_T}$$

$$\therefore \; A_{vo} = \frac{-g_m}{2\pi C_T B}$$

여기서 $|A_{vo}| = G$ 라고 하면 GB적은 다음과 같다.

$$GB = \frac{g_m}{2\pi C_T}$$

즉 GB적은 FET의 g_m과 동조 용량 C_T로 정해지며 이 GB적은 일정하다.

① **단권 변압기의 역할** : 동조 코일의 중간에서 탭(tap)을 내어 다음단의 베이스에 신호를 공급해주는 형식으로 동조 코일의 단권 변압기(autotransformer)의 역할을 겸한다.

② **중간탭의 사용 목적** : 다음단 입력쪽의 임피던스의 레벨을 높여준다. $(n_1/n_2)^2$배 커진다.

$$R_o' = (n_1/n_2)^2 R_i$$

③ **다른 방법 :** 동조 콘덴서를 둘로 나누어 그 중간에 다음 증폭단을 접속하여도 역시 입력 임피던스 레벨을 높이는 효과를 얻을 수 있다.

예제 6－12 **동조시의 전압 증폭도**

수신기의 고주파 증폭 회로에서 동조 주파수를 1.2 [MHz], 대역폭을 20 [kHz]라고 할 때 FET 단동조 증폭기의 $g_m = 2.5$ [mS], $r_d = 400$ [kΩ], 코일의 $L = 500$ [μH], 코일의 무부하 Q를 150, 분포 용량 $C_p = 10$ [pF]라 한다. 동조 용량 C와 동조시의 전압 증폭도 A_{vo}을 구하라.

풀이 (1) **동조 용량 C**

$f_o = 1.2$[MHz], $L = 500$[μH] 이므로 공진 용량 C_T는

$$C_T = \frac{1}{\omega_0^2 L} = \frac{1}{(2\pi \times 1.2 \times 10^6)^2 \times 5 \times 10^{-4}} = 35.2\ [\text{pF}]$$

전체 용량 $C_T = C_p + C$이므로 동조 용량 C는

$$C = C_T - C_p = 35.2\ [\text{pF}] - 10\ [\text{pF}] = 25.2\ [\text{pF}]$$

(2) **동조시의 전압 증폭도 (A_{vo})**

동조 회로의 부하 $Q(Q_L)$은

$$Q_L = f_o / B = 1.2\ [\text{MHz}]/20\ [\text{kHz}] = 60$$

동조시의 전압 증폭도 A_{vo}는

$$\begin{aligned} A_{vo} &= -g_m \omega_0 L Q_L \\ &= -2.5 \times 10^{-3} \times 2\pi \times 1.2 \times 10^6 \times 5 \times 10^{-4} \times 60 \\ &= -565 \Rightarrow 55\ [\text{dB}] \end{aligned}$$

6·2·3 단일 동조 유도 결합 증폭 회로

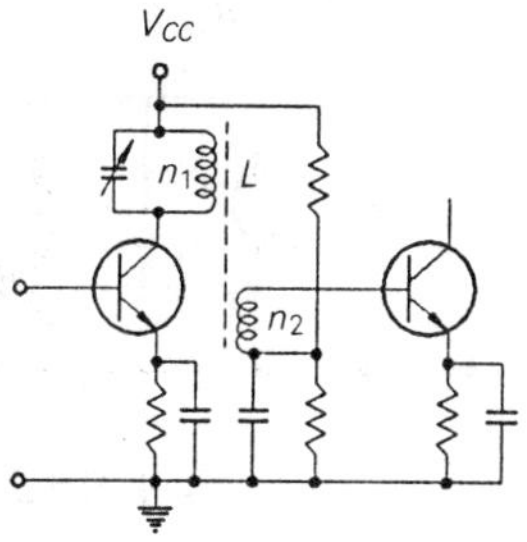

〈그림 6－19〉 유도 결합 단일 동조 증폭기

임피던스 변환을 위하여 상호 유도 결합을 사용한 회로가 많이 사용한다.

(1) 회로 구성

① 비동조 코일은 임피던스가 낮은 쪽에 접속한다.

● 트랜지스터에서는 입력 임피던스가 낮으므로 2차 코일을 비동조로 하고 1차측을 동조 회로로 한다.

② 1차 코일에 탭을 내어서 전원을 여기에 접속하는 경우도 있다. 이것은 트랜지스터의 출력 임피던스로 인한 병렬 공진 회로의 덤핑을 방지하기 위한 것으로 대역폭 보다는 이득을 높여야 할 때 사용한다.

$$\frac{n_1}{n_2} = \sqrt{\frac{R_{ac}}{R_L}}$$

$$\therefore\ R_{ac} = \left(\frac{n_1}{n_2}\right)^2 R_L$$

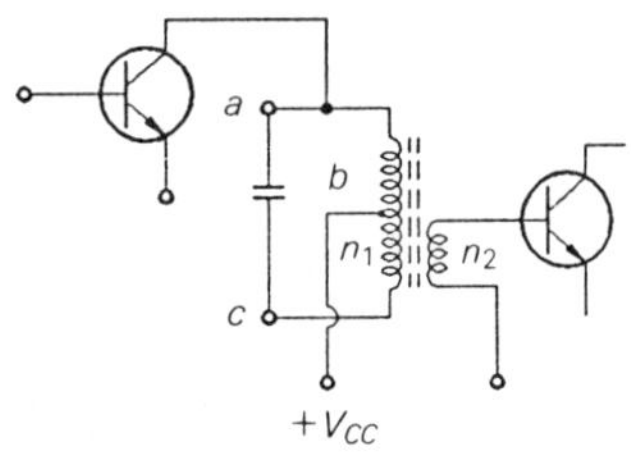

〈그림 6-20〉

(2) 급전점 변경에 따른 변화

① 공진 주파수는 변화하지 않는다. : 〈그림 6-20〉에서 급전점을 a-b 또는 a-c의 어느 점을 잡아도 공진 주파수는 L과 C에 의해 정해지므로 변화하지 않는다.

② 입력 임피던스는 권선비에 크게 영향을 받는다. : b-c 에서 택하는 경우가 a-c보다 급전점을 $\left(\frac{N_{a-c}}{N_{b-c}}\right)^2$배가 된다.

예제 6-13 유도 결합 단동조 증폭기의 해석

〈그림 6-21〉의 단동조 증폭 회로에서

(1) 등가 회로를 그리고

(2) 결합 회로의 손실이 없는 경우의 정합 조건을 구하고

(3) 이 회로의 동조 주파수 f_o와 Q, B를 구하라. 단, 트랜스의 1, 2차 권선에는 손실이 없고, 누설 자속이 없는 것으로 한다.

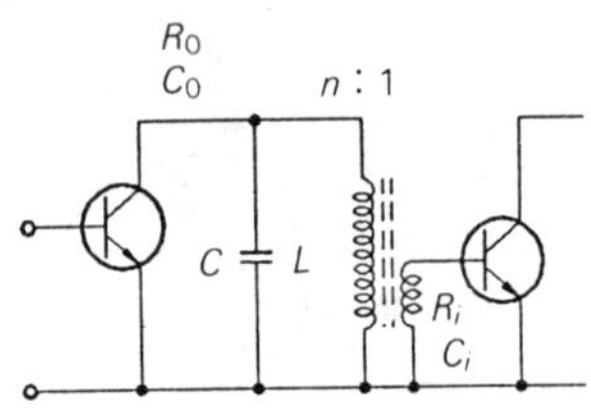

〈그림 6-21〉

풀이 (1) 등가 회로

트랜스의 누설자속이 없을 때 결합 계수 $k=1$이다. 권선비를 $n=1$이라 하면 다음단의 입력 저항 R_i와 입력 용량 C_i를 1차측에 환산하면 n^2R_i와 C_i/n^2이 된다.

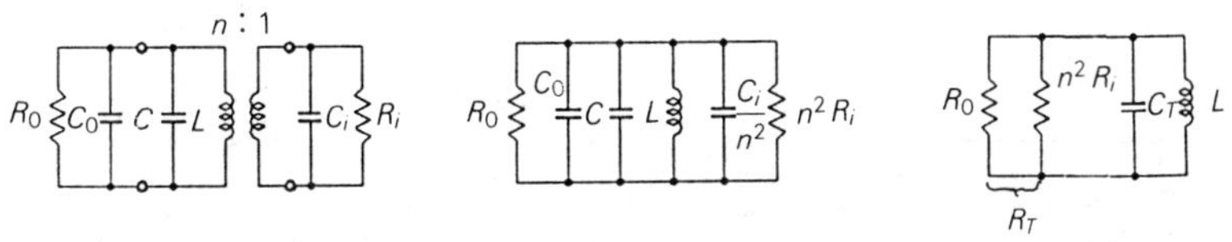

(a) (b) (c)

〈그림 6−22〉 등가 회로

이 등가 회로 (c)에서 R_T와 C_T는 다음과 같다.

$$R_T = R_o \| (n^2R_i)$$
$$C_T = C+C_o+C_i/n^2$$

(2) 정합 조건

$R_o = n^2R_i$이므로 권선비 n은 다음과 같다.

$$n = \sqrt{\frac{R_o}{R_i}}$$

(3) 동조 주파수 (f_o)

f_o는 L과 C_T로 구해진다.

$$f_o = \frac{1}{2\pi\sqrt{LC_T}} = \frac{1}{2\pi\sqrt{L(C_o+C+C_i/n^2)}}$$

(4) 동조 회로의 $Q(Q_L)$와 B

$$Q_L = \frac{R_T}{\omega_0 L} = \frac{R_o\|(n^2R_i)}{\omega_0 L}$$
$$B = \frac{f_o}{Q_L} = \frac{2\pi f_o^2 L}{R_o\|(n^2R_i)}$$

6·2·4 복동조 증폭 회로

(1) 복동조 회로의 특성

① 증폭단을 복동조 회로로 결합하면 대역폭을 넓게 잡을 수 있다.

② 선택도가 향상된다. ∵ 대역밖의 이득 특성이 급속히 떨어지므로

③ 결합 계수 k가 클수록 대역폭은 넓어진다.

④ 임계 결합에서 이득이 가장 크다.

⑤ 임계 결합 상태에서는 쌍봉이 생기지 않고 비교적 넓은 대역폭을 얻으므로 보통 이 상태 또는 이와 가까운 상태에서 사용한다.

⑥ 밀결합일 때 쌍봉 특성이 나타나고 쌍봉 특성의 높이는 임계 결합때와 같고 일정하다. 결합도가 클수록 봉우리 간격이 넓어지고 계곡이 깊어진다.

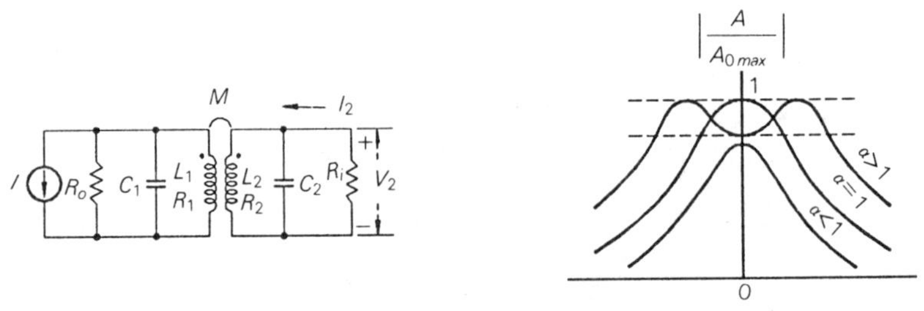

(a)　　　　(b) 주파수 특성 ($Q_1 = Q_2 = Q_0$일 때)

〈그림 6－22〉 복동조 증폭 회로의 특성

결합 계수 $k = M/\sqrt{L_1L_2}$에 따라 증폭도의 주파수 특성은 〈그림 6－22〉의 (b)와 같이 된다.

(2) 결합계수 k에 따른 증폭기의 주파수 특성

임계 결합에서의 k를 임계 결합 계수라 하고 k_c로 표시한다. $k_c = 1/\sqrt{Q_1Q_2}$이다. 또 k/k_c를 결합 지수(s)라고 한다.

$$s = \frac{k}{k_c} = k\sqrt{Q_1Q_2}$$

여기서 $Q_1 = Q_2 = Q_0$이면 $s = kQ_0 = a$이 되고, 이 a를 결합도라고 한다.

〈그림 6－22〉 (b)에서 $a = k\sqrt{Q_1Q_2} = kQ_0$, $k = a/Q_0$이므로

① $a = 1$: 임계결합 ($k_c = \frac{1}{Q_0}$, $k = k_c$) ➡ 평탄 특성
② $a < 1$: 소결합 ($k < \frac{1}{Q_0}$, $k < k_c$) ➡ 단봉 특성
③ $a > 1$: 밀결합 ($k > \frac{1}{Q_0}$, $k > k_c$) ➡ 쌍봉 특성

(3) 복동조 회로의 대역폭

① 1단 임계 결합 상태에서 대역폭

$$B = \frac{f_o}{Q_L}\sqrt{2} \quad (\text{단동조 증폭회로의 } \sqrt{2}\text{ 배})$$

② **n단 임계 결합 상태에서 대역폭** : 다단으로 접속하면 그 대역폭은 점점 좁아져 단동조 회로 때 보다 적다. 대역폭 B인 복동조 결합 회로를 n단 종속으로 접속했을 때의 전체의 대역폭 B_n는 다음과 같다.

$$B_n \approx \frac{B}{1.1\sqrt{n}} \qquad (n \geq 2)$$

예제 6－14 복동조 회로의 해석

중심 주파수가 10.7[MHz]의 동일한 복동조 회로를 4단 사용하여 전체의 대역폭을 240[kHz]로 하고자 한다. 임계 결합 상태에서

(1) 1단의 대역폭 B

(2) 1차 및 2차 병렬 공진 회로의 부하 $Q(Q_L)$

(3) 결합 계수 k

를 구하라.

풀이 (1) 1단의 대역폭

$$B = 1.1\sqrt{n}B_n = 1.1\sqrt{4} \times 240 \times 10^3 = 370[\text{kHz}]$$

(2) 부하 $\boldsymbol{Q(Q_L)}$: 1차측과 2차측의 Q_L이 같다고 하자.

$$Q_L = \sqrt{2} \cdot \frac{10.7 \times 10^6}{370 \times 10^3} \approx 40$$

(3) 결합 계수 $\boldsymbol{k}$: 임계 결합 이므로 $kQ_L = 1$이다.

$$k = \frac{1}{Q_L} = \frac{1}{40} = 0.025$$

6·2·5 동조 대신호 증폭기

(1) 탱크 회로의 효율

$$\eta = \frac{\text{부하에 공급된 전력}}{\text{탱크회로에 공급된 전력}} = \frac{Q_0 - Q_L}{Q_0} = 1 - \frac{Q_L}{Q_0}$$

여기서, $Q_0 = \omega_0 L_1 / R_1$ 무부하(Unloaded) Q

$Q_L = \omega_0 L_1 / R_L$ 부하(loaded) Q

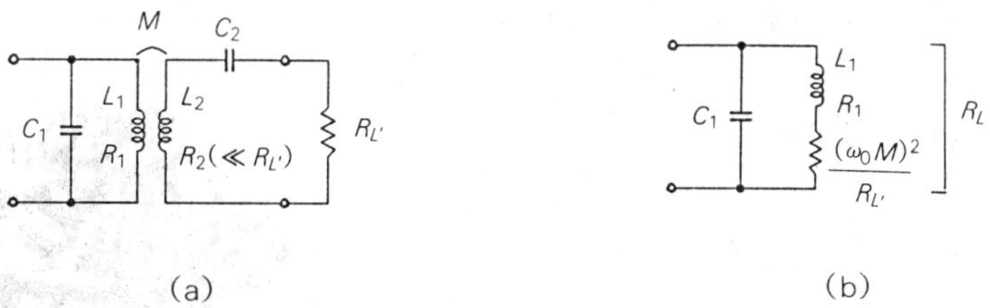

〈그림 6－23〉

(2) 부하 *Q*의 선택(Q_L을 적게 할 때의 효과)

① 효율이 높아진다.

② 대역폭이 넓어진다.

③ 고조파 성분이 많아진다.

④ 공진 임피던스 R_0를 일정히 유지하려면 L_1/C_1을 크게 할 필요가 있다.

⑤ 실제에 있어서 Q_L의 값은 10~20 정도이다.

(3) *C*급 증폭 회로의 효율

콜렉터 효율 $\eta_c = \dfrac{P_0}{P_i} = \dfrac{\theta - \sin\theta}{4\sin(\theta/2) - 2\theta\cos(\theta/2)}$

여기서 $\theta = \pi$의 경우(B급 동작) $\eta_c = 0.785(78.5\%)$이다.

6·2·6 중화 회로

(1) 중화의 목적 : 트랜지스터(또는 FET)에서 출력 회로와 입력 회로는 $C_{b'c}$(또는 C_c)로 결합되므로 이로 인한 내부 궤환의 효과는 높은 주파수에서 무시할 수 없게 되며 이득을 너무 크게 하면 동작이 불안정하게 되어 발진의 가능성이 생긴다. 이러한 **자기 발진을 방지할 목적**으로 중화를 한다.

(2) 중화의 원리

C_c를 거쳐 콜렉터 출력의 일부가 입력(베이스) 측에 정궤환되는 전압과 역위상의 전압을 베이스에 되돌려 소거하기 위해 중화 콘덴서 C_N을 접속한다.

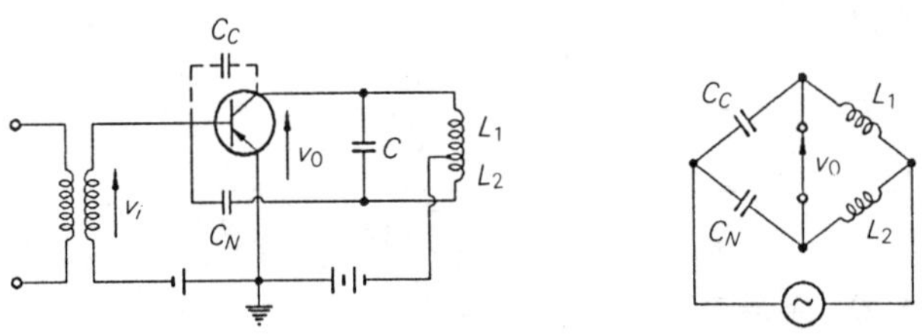

(a) 중화 회로 (b) 중화의 원리도

〈그림 6-24〉 중화의 원리

평형 조건

$$\frac{C_N}{C_c} = \frac{L_1}{L_2} = n \quad (\text{단, } n : \text{권선비})$$

$$C_N = n\,C_c = \frac{L_1}{L_2} C_c$$

(2) 트랜지스터에 대한 중화 회로 해석

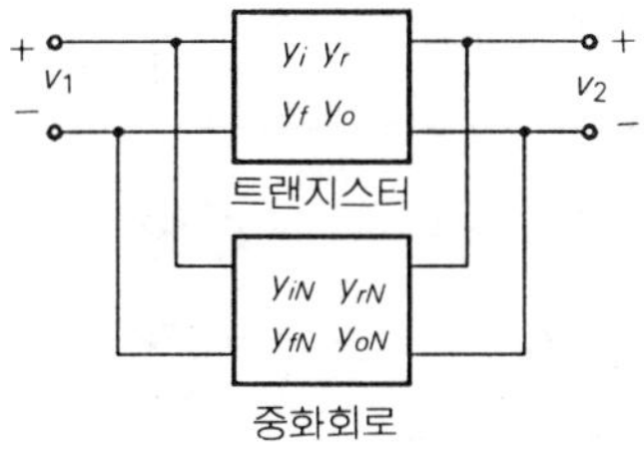

(a)

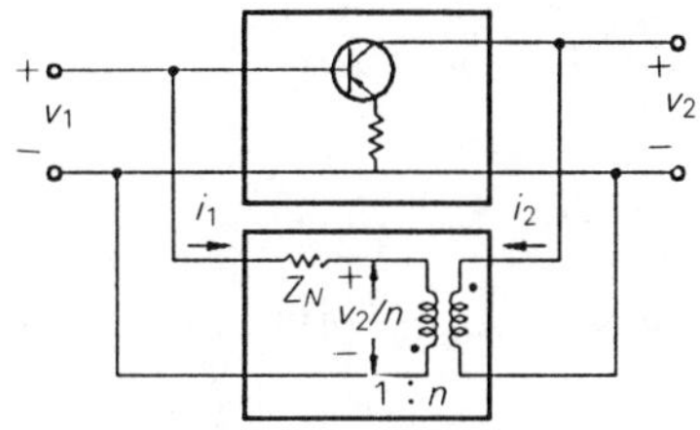

(b)

〈그림 6-25〉

〈그림 6-25〉 (a)에서 $Y_r = y_r + y_{rN}$ 에서 완전히 단일 방향화(unilateralized) 하려면 합성 y정수 $Y_r = 0$이 되도록 해야 한다.

$$y_{rN} = -y_r \qquad (\text{중화의 조건})$$

〈그림 6-25〉 (b)에서 $y_r = -h_r / h_i$ 이므로

$$Z_N = -\frac{1}{n y_r} = \frac{1}{n} \frac{h_i}{h_r} \qquad (\text{중화의 조건})$$

예제 6-15 **2차측에서의 중화**

〈그림 6-24〉에서와 같이 2차측에서 중화하게 할 경우의 중화 회로의 정수 C_N과 R_N의 값을 구하라.

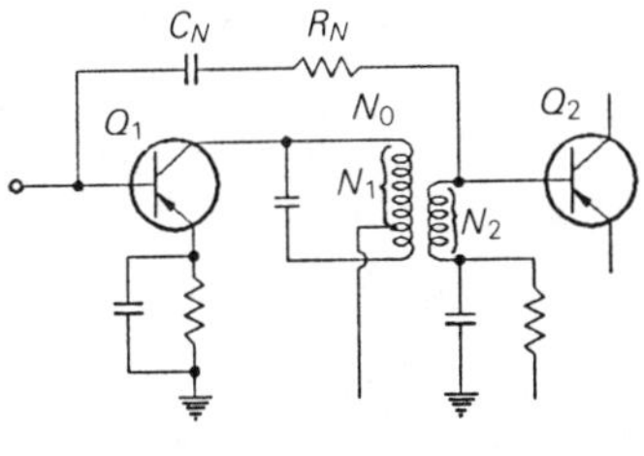

〈그림 6-26〉

풀이 〈그림 6-25〉의 고주파 하이브리드-π형의 등가 회로에서 h_i 와 h_r을 구하면

$$h_i = r_{bb'} + \frac{1}{j\omega C_e}$$

$$h_r = \frac{C_e}{C_e + C_c} \approx \frac{C_c}{C_e}$$

$$Z_n = \frac{1}{n} \cdot \frac{C_e}{C_c} r_{bb'} + \frac{1}{n} \cdot \frac{1}{j\omega C_e}$$

$$= R_N + \frac{1}{j\omega C_N}$$

여기서 $n = N_1/N_2 = n_2/n_1$ 이다.

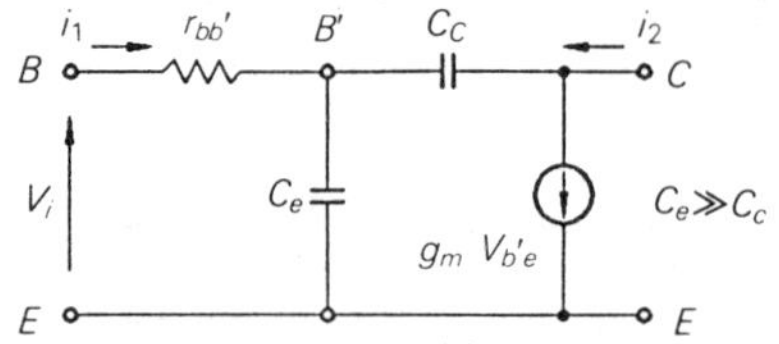

〈그림 6－27〉 $f \gg f_\beta$ 에서

$r_{b'e}\left(r_{b'e} \gg \frac{1}{\omega C_e}\right)$, r_{ce} 무시

$$R_n = \frac{1}{n} \cdot \frac{C_e}{C_c} r_{bb'}$$

$$C_N = n\,C_c$$

예제 6－16 1차측에서의 중화

〈그림 6－28〉에서와 같이 1차측에서 중화를 할 경우의 C_N과 R_N의 값을 구하라.

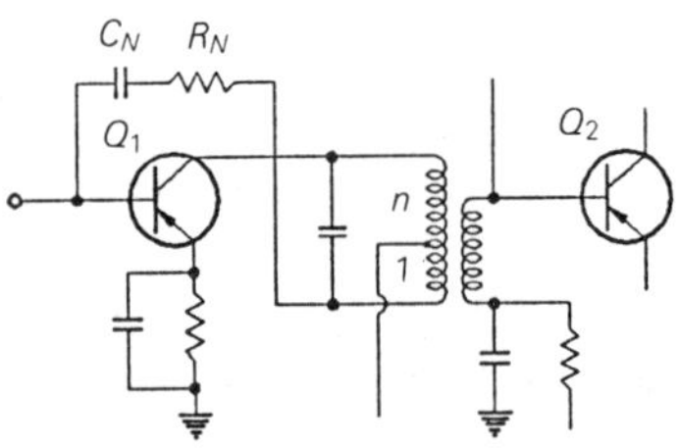

〈그림 6－28〉

풀이 $n = N_1 / (N_0 - N_1) = N_1 / (N_1 n - N_1) = \dfrac{1}{n-1}$

$$C_N = n\,C_c$$

$$R_N = \frac{1}{n} \cdot \frac{C_e}{C_c} \cdot r_{bb'}$$

6·2·7 스태거 동조 증폭 회로

(1) **회로 구성** : 단동조 증폭기를 여러단 종속 접속하여 각 증폭단의 동조 주파수를 조금씩 다르게 선정 (f_1, f_2, f_3……)하여 변위시킴으로써 상당히 넓은 대역에 걸쳐 일정한 종합 주파수 특성을 갖게하는 광대역 증폭기이다.

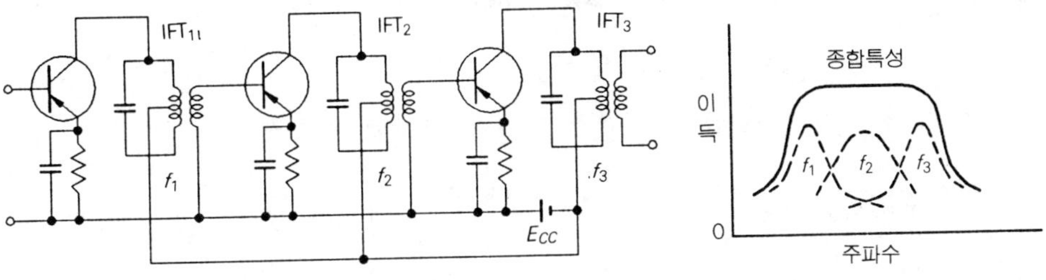

(a) (b) 주파수 특성

〈그림 6－29〉 스태거 동조 증폭 회로

(2) 스태거 증폭 방식의 특징

① 조정이 매우 간단하다.

② 안정한 증폭을 할 수 있다.

③ 각 증폭단마다 동조 주파수가 다르므로 궤환 발진의 염려가 없다.

④ 동조 회로의 각 코일의 차폐를 철저히 할 필요가 없다.

(3) 용 도 : TV 수상기 등의 중간 주파 증폭부 등에 사용.

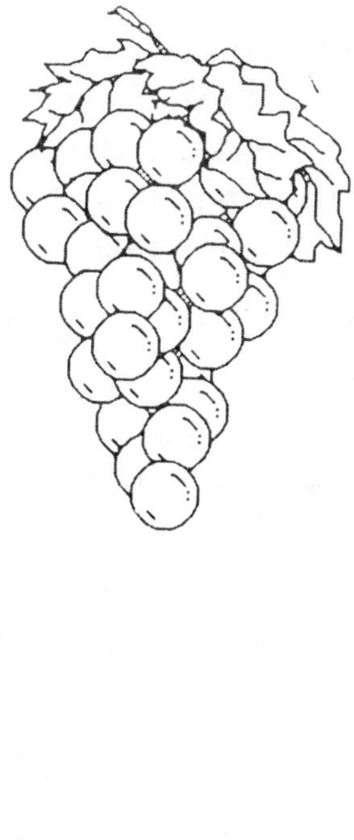

出 題 豫 想 問 題

1. 다음 중 베이스 접지 단락 회로 전류 이득을 나타낸 식은?

가. $A_{ib}=\dfrac{\alpha_0}{1+j(f/f_\alpha)}$ 나. $A_{ib}=\dfrac{\alpha_0}{1-j(f/f_\alpha)}$

다. $A_{ib}=\dfrac{\alpha_0}{\alpha}$ 라. $A_{ib}=\dfrac{1+j(f/f_\alpha)}{\alpha_0}$

2. α 차단 주파수에서 $\dfrac{h_{fb}}{h_{fb0}}=\dfrac{\alpha}{\alpha_0}$ 의 비는?

가. $\dfrac{1}{2}$ 나. $\dfrac{1}{\sqrt{2}}$ 다. $\dfrac{1}{4}$ 라. $\dfrac{1}{3}$

3. CB 트랜지스터 회로에서 $f_\alpha=1$ [MHz], $\alpha_0=0.97$ 일 때 $f=2$ [MHz]에서 전류 증폭도 α 는?

가. 0.29 나 0.43 다. 0.86 라. 0.97

해설 $\alpha=\dfrac{\alpha_0}{1+j(f/f_\alpha)}=\dfrac{0.97}{1+j2}=\dfrac{0.97}{\sqrt{5}}$

4. α 차단 주파수는?

가. α 가 0이 되는 곳의 주파수

나. α 가 원래값의 0.7배가 되는 곳의 주파수

다. 출력 전력의 원래값의 1/10로 되는 곳의 주파수

라. 입력과 출력이 동일하게 되는 곳의 주파수

5. 트랜지스터의 고주파 특성으로 α 차단 주파수 (f_α)는 어느 것에 의하여 결정되는가?

가. 콜렉터에 걸어주는 전압에 비례한다.

나. 에미터에 걸어주는 전압에 비례하고 콜렉터 용량에 반비례한다.

다. 베이스폭의 자승에 반비례하고 확산계수에 비례한다.

라. 베이스폭과 콜렉터 용량에 각각 반비례한다.

해설 $\omega_\alpha=\dfrac{2D_B}{W_b{}^2}$ 단, D_B : 베이스에서 소수 캐리어의 확산 계수

6. α 차단 주파수는 베이스 주행 시간과 어떤 관계가 있는가?

가. 비례 나. 반비례 다. 자승에 비례 라. 자승에 반비례

해설 $\omega_\alpha=\dfrac{2D_p}{W^2}=\dfrac{1}{t_B}$ 단, t_B : 베이스 주행 시간

해답 1. 가 2. 나 3. 나 4. 나 5. 다 6. 나

7. 에미터 접지 단락 회로 전류 이득은?

가. $A_{ie} = \dfrac{-\beta_0}{1+j(f/f_\beta)}$　　　나. $A_{ie} = \dfrac{-\beta}{1-j(f_\beta/f)}$

다. $A_{ie} = \dfrac{\beta_0}{1+j(f/f_\beta)}$　　　라. $A_{ie} = \dfrac{-\beta}{1+j(f_\beta/f)}$

8. 베이스 접지일 때 차단 주파수 $f_{c\alpha}$가 12 [MHz] 라면, 에미터 접지일 때의 차단 주파수 $f_{c\beta}$는? (단, $\beta=100$이다.)

가. 120 [kHz]　　나. 100 [kHz]　　다. 240 [kHz]　　라. 1200 [kHz]

해설 $\alpha = \dfrac{\beta}{1+\beta} = \dfrac{100}{1+100} = 0.99$

9. α 차단 주파수가 50 [MHz] 인 트랜지스터의 CE때의 β 차단 주파수는 대략 몇 [MHz] 인가? (단, $\beta=50$이다.)

가. 0.5 [MHz]　　나. 1 [MHz]　　다. 1.5 [MHz]　　라. 10 [MHz]

해설 $f_\beta = (1-\alpha)f_\alpha$, $\alpha = \dfrac{\beta}{1+\beta}$

10. 고주파 트랜지스터에서 α 차단 주파수 f_α와 β 차단 주파수 f_β의 관계식중 옳게 정의한 것은? (단, CB 의 저주파 단락 전류 증폭률은 α_0 이다.)

가. $f_\alpha = (1-\alpha_0)f_\beta$　　　나. $f_\alpha = (1+\alpha_0)f_\beta$

다. $f_\beta = (1-\alpha_0)f_\alpha$　　　라. $f_\beta = (1+\alpha_0)f_\alpha$

해설 f_β가 f_α보다 훨씬 적다($f_\beta < f_\alpha$)

11. PN 접합 트랜지스터의 베이스 접지 회로에 대한 저주파 단락 전류 증폭률이 $\alpha_0=0.98$ 이며, α 차단 주파수가 8 [MHz] 라면 에미터 접지 회로에 대한 단락 전류 증폭률의 차단주파수는?

가. 4 [kHz]　　나. 2 [kHz]　　다. 160 [kHz]　　라. 40 [kHz]

해설 $f_\beta = f_\alpha(1-\alpha_0)$

12. 다음 회로는 저주파에서 하이브리드 π형 등가 회로이다. 궤환 임피던스에 해당 되는 것은?

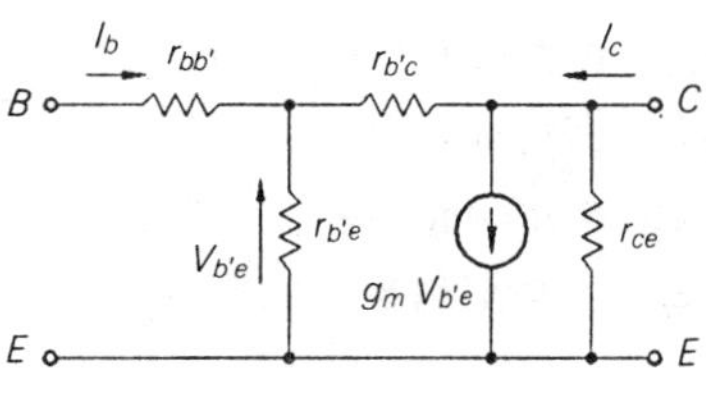

가. $r_{bb'}$　　나. $r_{b'c}$　　다. g_m　　라. $r_{b'c}$

해답 7. 가　8. 가　9. 나　10. 다　11. 다　12. 라

13. 에미터 접지 이득 대역폭 적과 베이스 접지 이득 대역적은?

가. 같다.

나. 에미터접지 이득 대역적이 베이스접지 이득 대역적 보다 크다.

다. 베이스접지 이득 대역적이 에미터접지 이득 대역적 보다 크다.

라. 에미터접지 이득 대역적이 베이스접지 이득 대역적의 2배이다.

14. α 차단주파수 $f_\alpha = 1000$ [kHz]인 트랜지스터를 에미터 접지로 사용시 β 차단 주파수는? (단, $\alpha = 0.98$)

가. 20 [kHz] 나. 40 [kHz] 다. 1000 [kHz] 라. 24 [kHz]

해설 $f_\beta = f_\alpha (1-\alpha)$

15. 트랜지스터 하이브리드 π형 등가 회로에서 전달 콘덕턴스 g_m의 특성은?

가. 주위 온도에 비례 나. 주위 온도에 반비례

다. 콜렉터 전류에 반비례 라. 주위 온도와는 무관

해설 $g_m = \dfrac{|I_c|}{V_T}$, $V_T = kT/q$ 단, T : 절대온도

16. 실내 온도에서 어느 트랜지스터의 I_c가 10 [mA]일 때 하이브리드 π정수 g_m의 값은 얼마인가?

가. 2.6 [mA] / [V] 나. 185 [mA] / [V]

다. 285 [mA] / [V] 라. 385 [mA] / [V]

해설 $g_m = \dfrac{|I_c|}{V_T} = \dfrac{10[\text{mA}]}{26[\text{mV}]} = 385\ [\text{mA}]/[\text{V}]$

17. 트랜지스터 하이브리드 π모델에서 입력 임피던스는? (단, h_{fe}는 일정)

가. 온도에 비례 나. 온도에 반비례

다. 콜렉터 전류에 비례 라. 온도에 관계 없다.

해설 $r_{b'c} = \dfrac{h_{fe}}{g_m} = \dfrac{h_{fe} V_T}{|I_c|}$, $g_{b'e} = \dfrac{g_m}{h_{fe}}$

18. 에미터 접지 하이브리드 π형 등가회로에서 상호 콘덕턴스 g_m에 대한 설명 중 옳은 것은?

가. 콜렉터 전류에 비례하고, 온도에도 비례한다.

나. 콜렉터 전류에 비례하고, 온도에는 반비례한다.

다. 콜렉터 전류에 비례하고, 온도에도 반비례한다.

라. 콜렉터 전류에 반비례하고, 온도에는 비례한다.

해답 13. 가 14. 가 15. 나 16. 라 17. 가 18. 나

19. 하이브리드 π형 등가회로에서 상호콘덕턴스 g_m, 입력콘덕턴스 $g_{b'e}$ 에미터 접지 전류증폭률을 h_{fe}라 할때 이들의 관계로 옳은 것은?

가. $g_{b'e} = g_m h_{fe}$　　　나. $g_{b'e} = \dfrac{g_m}{h_{fe}}$

다. $g_m = 1+\dfrac{g_{b'e}}{h_{fe}}$　　　라. $\dfrac{g_{b'e}}{g_m} = 1+h_{fe}$

20. 에미터 용량 C_e나 콜렉터 용량 C_c가 클수록 β차단 주파수 f_β는?

가. 낮아진다.　　　나. 높아진다.

다. 관계없다.　　　라. 제곱에 반비례하여 낮아진다.

해설 $f_\beta = \dfrac{g_m}{h_{fe} 2\pi (C_e + C_c)}$

21. 트랜지스터 고주파 등가 회로에서 전달 콘덕턴스(Trans conductance) g_m의 상온에서의 값을 바르게 표시한 것은?

가. $\dfrac{|I_c|}{26}$ [mA/V]　　　나. $\dfrac{|I_c|}{h_{fe}}$ [mA/V]

다. $\dfrac{|I_c|}{I_E}$ [mA/V]　　　라. $\dfrac{|I_E|}{62}$ [mA/V]

22. 하이브리드 π 모델에서 $r_{bb'} = 100$ [Ω], $r_{b'e} = 1$ [kΩ], $C_e = 100$ [pF]일 때 CE 차단 주파수 f_β의 값은?

가. 1.2[MHz]　　나. 1.6[MHz]　　다. 2.2[MHz]　　라. 3.5[MHz]

해설 $f_\beta = \dfrac{1}{2\pi r_{b'e}(C_e + C_c)}$ 에서 $C_e \gg C_c$ 이므로

$$\therefore f_\beta = \frac{1}{2\pi r_{b'c} C_e} = \frac{1}{2\pi \times 10^3 \times 100 \times 10^{-12}}$$

23. 고주파 트랜지스터에서 f_T는?

가. α 차단 주파수를 말함

가. β 차단 주파수를 말함

다. 에미터 접지 트랜지스터의 전류 이득이 저주파에서의 이득에서 －3 [dB] 떨어지는 주파수

라. 에미터 접지 트랜지스터의 출력을 단락했을 때 전류 이득의 크기가 1이 되는 주파수

24. 트랜지스터의 f_T는 고주파 특성을 나타내는 정수이다. h_{fe}와 f_T의 관계는?

가. $f_T \fallingdotseq h_{fe}/f_\beta$　　나. $f_T \fallingdotseq h_{fe} f_\beta$　　다. $f_T \fallingdotseq h_{fe}/f_\alpha$　　라. $f_T \fallingdotseq h_{fe} f_\alpha$

해답 19. 나　20. 가　21. 가　22. 나　23. 라　24. 나

25. f_T가 80[MHz]인 트랜지스터를 사용하여 충분히 낮은 저주파의 전류이득(h_{fe})이 50 이라면 상한 3[dB] 주파수 f_β는?

가. 0.8[MHz] 나. 1.6[MHz] 다. 3.6[MHz] 라. 200[MHz]

해설 $f_T \approx h_{fe} f_\beta, \therefore f_\beta = f_T / h_{fe}$

26. f_T와 β차단 주파수 (f_β)와의 관계는?

가. $f_T > f_\beta$ 나. $f_T = f_\beta$ 다. $f_T < f_\beta$ 라. $f_T \ll f_\beta$

27. 베이스 접지시 콜렉터 허용량을 C_{ob}라고 할 때 이 트랜지스터를 에미터 접지로 사용할 경우 콜렉터 용량은?

가. $C_{oe} = \dfrac{C_{ob}}{1-\alpha}$ 나. $C_{oe} = \dfrac{C_{ob}}{(1+\alpha)^2}$

다. $C_{oe} = C_{ob}$ 라. $C_{oe} = \dfrac{C_{ob}}{1+\alpha}$

28. 저주파에서 CE h의 정수가 주어진 경우 혼성 π등가회로의 콘덕턴스 및 저항을 나타낸식 중 틀린 것은?

가. $g_m = \dfrac{|I_c|}{V_T}$ 나. $r_{b'c} = \dfrac{h_{re}}{r_{b'e}}$ 다. $g_{ce} = \dfrac{1}{r_{ce}}$ 라. $r_{bb'} = h_{ie} - r_{b'e}$

해설 $g_{b'c} = \dfrac{h_{re}}{r_{b'e}}$

29. 궤환 콘덕턴스 $g_{b'c}$를 옳게 나타낸 식은?

가. $g_{b'c} = \dfrac{h_{fe}}{g_{b'e}}$ 나. $g_{b'c} = h_{re} g_{b'e}$ 다. $g_{b'c} = \dfrac{g_{b'e}}{h_{fe}}$ 라. $g_{b'c} = \dfrac{g_{b'e}}{h_{re}}$

해설 $g_{b'c} = \dfrac{h_{re}}{r_{b'e}}$

30. 다음은 고주파 증폭용 트랜지스터에 관한 설명이다. 틀리게 설명된 것은?

가. 트랜지스터의 베이스(*base*) 폭이 얇을 수록 고주파 증폭에 적합하다.
나. 콜렉터 용량의 영향으로 입력 임피던스는 감소한다.
다. 콜렉터 용량의 영향으로 출력의 세력이 궤환된다.
라. 콜렉터 용량이 클수록 이득이 증가한다.

31. 단일 동조(Single tuned) 고주파 증폭 회로에서 주파수(통과)대역폭을 나타내는 것은? (단, Q_0는 동조회로의 Q, f_0는 동조 주파수이다.)

가. f_0 / Q_0 나. Q_0 / f_0 다. $Q_0 f_0$ 라. $1 / Q_0 f_0$

해답 25. 나 26. 가 27. 가 28. 나 29. 나 30. 라 31. 가

32. 병렬공진회로에서 공진주파수 f_0, 반전력 주파수를 각각 f_1, f_2라고 할 때 공진회로의 Q는 다음 어느 식으로 표시 되는가? (단, $f_2 > f_1$이다.)

가. $Q = \dfrac{f_0}{f_2 - f_1}$ 나. $Q = (f_2 - f_1) f_0$.

다. $Q = \dfrac{2f_0}{f_2 - f_1}$ 라. $Q = \dfrac{f_2 - f_1}{f_0}$

33. 공진 주파수가 5,000[kHz]인 병렬 공진회로에서 Q가 50이면 대역폭 B는?

가. 1 [kHz] 나. 10 [kHz] 다. 100 [kHz] 라. 5.5 [kHz]

해설 $B = \dfrac{5{,}000[\text{kHz}]}{50}$

34. 다음과 같은 회로가 공진되었을 경우 콜렉터 부하 임피던스는?

(단, $C = \dfrac{C_1 C_2}{C_1 + C_2}$ 이다.)

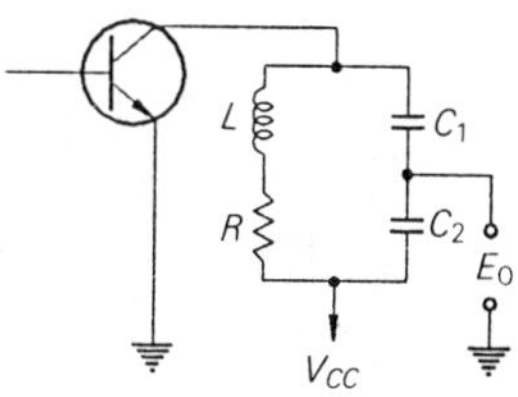

가. $\dfrac{L}{CR}$ 나. $\dfrac{R}{LC}$

다. $\dfrac{1}{LCR}$ 라. $\dfrac{1}{RC - L}$

35. 다음 고주파 전압 증폭회로의 1,000[kHz]에 대한 콜렉터 부하는 회로와 같다. 이때 콜렉터 부하 저항값은?

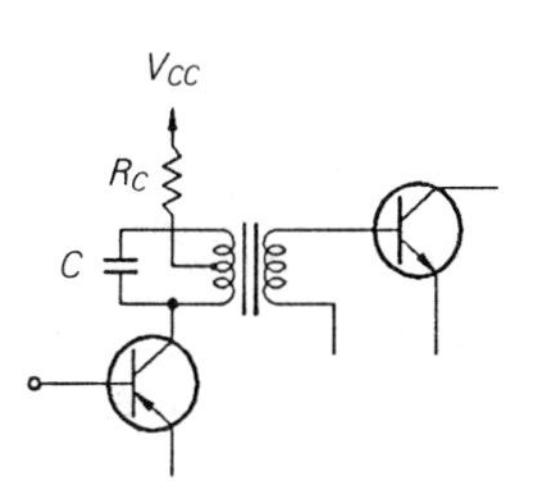

다. 약 10 [Ω] 나. 약 100 [Ω]

다. 약 1 [kΩ] 라. 약 10 [kΩ]

해설 $\dfrac{1}{\omega C} = 100$, $\omega L = 100$ 이므로 $\dfrac{L}{C} = 10^4$ 이다.

병렬 공진회로이므로 공진시 임피던스 $Z = \dfrac{L}{CR}$ 이다.

36. 그림의 단일동조 증폭 회로에서 C를 크게 하면? (단, 공진주파수는 일정)

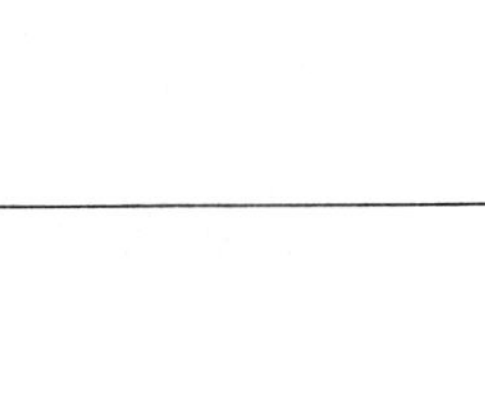

가. Q가 커진다.

나. Q가 작아진다.

다. Q는 변화하지 않는다.

라. Q가 1에 가까와 진다.

해답 32. 가 33. 다 34. 가 35. 다 36. 나

37. 그림과 같은 단일 동조 증폭 회로에서 중간탭을 사용하는 목적은?

가. Q를 높이기 위해
나. 임피던스 정합을 위해
다. 공진 주파수를 조정하기 위해
라. 대역폭을 좁게 하기 위해

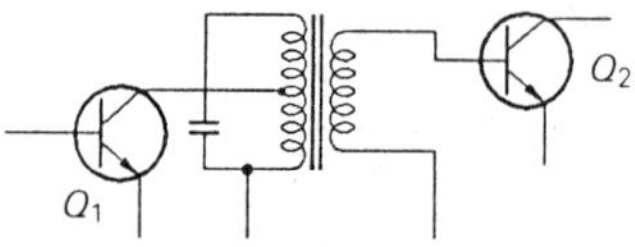

38. 다음 공진회로의 급전점의 단자를 변경 시킬 때 옳지 못한 설명은?

가. 공진 주파수는 변화하지 않는다.
나. 대역폭은 일정하다.
다. Q는 변화하지 않는다.
라. 입력 임피던스는 일정하다.

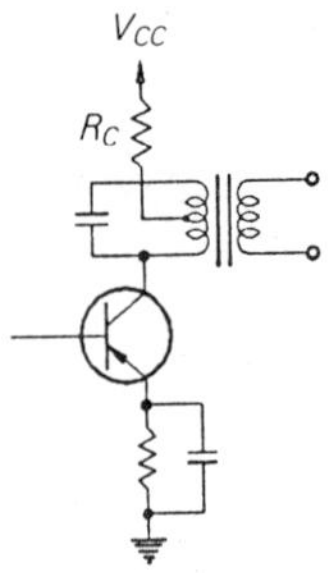

해설 입력 임피던스는 권선비에 의해 크게 영향을 받는다.

$$Z_L = \left(\frac{n_1}{n_2}\right) Z_i$$

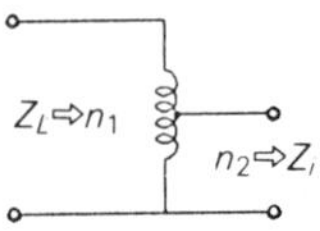

39. 그림과 같은 증폭기의 회로에서 동조 회로의 탭 (A점)의 위치를 위, 아래로 옮길때 변동하는 것은?

가. 동조회로의 공진 주파수가 변동한다.
나. 동조회로의 Q가 변화한다.
다. 임피던스가 변화한다.
라. 주파수 대역폭이 변화한다.

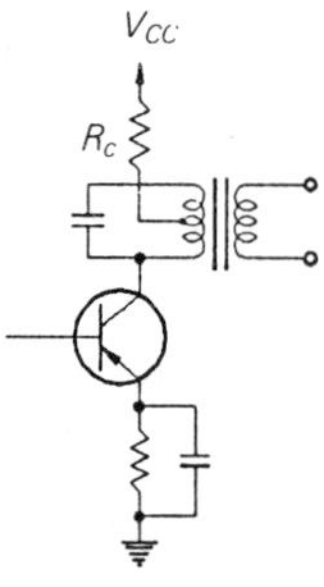

40. 소결합일 경우 공진회로의 실효저항을 r이라 하고 1차와 2차의 결합에서 상호 인덕턴스를 M이라 하면 r과 M의 상호 관계는?

가. $r^2 = \omega^2 M^2$
나. $r^2 < \omega^2 M^2$
다. $r^2 > \omega^2 M^2$
라. $r^2 - \omega^2 M^2 = 1$

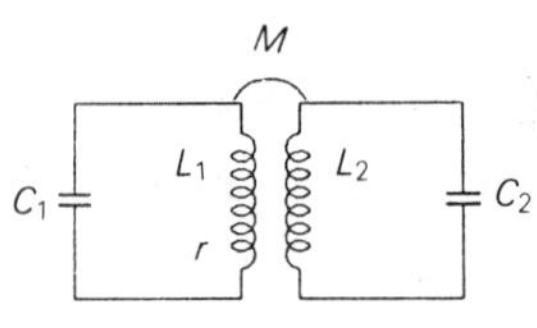

해설 $r^2 > \omega^2 M^2$일 때는 소결합 $r^2 < \omega^2 M^2$일 때는 밀결합
$r^2 = \omega^2 M^2$일 때 임계결합

해답 37. 나 38. 라 39. 가 40. 다

41. 중간주파 증폭 회로에서 주파수에 의한 이득을 조사한 결과 아래 그림의 특성을 얻었다. 이때 동조회로측의 결합도는?

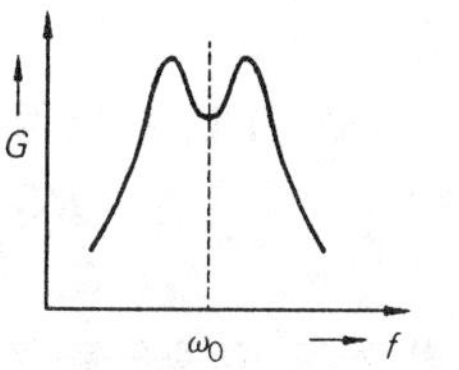

가. $K = \dfrac{1}{Q}$

나. $K < \dfrac{1}{Q}$

다. $K > \dfrac{1}{Q}$

라. $K > Q$

해설 그림은 밀결합의 경우로서 쌍봉특성을 나타낸다.

42. 복동조형 중간주파 증폭회로에서 출력전압이 공진주파수 근처에서 쌍봉특성이 나타나는 것은?

가. 임계 결합일 때 나. 임계 결합보다 적을 때

다. 임계 결합보다 클 때 라. 결합이 안되었을 때

43. 무선주파 증폭에 복동조를 쓸 때 맞는 것은?

가. 전력 효율을 높일 수 있다.

나. 증폭도른 크게 높인다.

다. 왜곡(Distortion)을 경감할 수 있다.

라. 선택도를 해치지 않고 대역폭을 넓힐 수 있다.

44. 다음과 같은 동조 증폭기에서 중화가 이루어지기 위한 조건은? (단, $C_{b'c}$는 베이스－콜렉터간 정전용량이며 C_N은 중화용 정전용량이다)

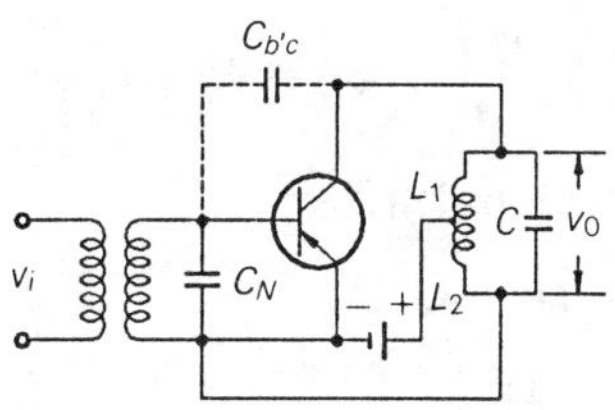

가. $C_N = L_1 L_2 C_{b'c}$

나. $C_N = \dfrac{L_1}{L_2} C_{b'c}$

다. $C_N = \dfrac{L_2}{L_1} C_{b'c}$

라. $C_N = \dfrac{L_2}{L_1 C_{b'c}}$

해설 문제의 회로의 브리지 평형회로는 다음과 같다.

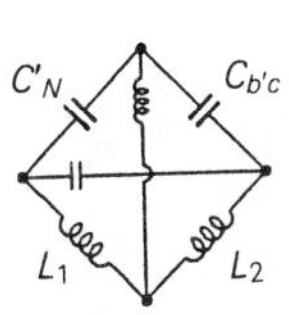

$$\frac{j\omega L_2}{j\omega L_1} = \frac{\dfrac{1}{j\omega C_{b'c}}}{\dfrac{1}{j\omega C_N}} \qquad \frac{L_2}{L_1} = \frac{C_N}{C_{b'c}} \qquad \therefore\ C_N = \frac{C_{b'c} L_2}{L_1}$$

해답 41. 다 42. 다 43. 라 44. 다

45. 동조 증폭기에서 중화 회로의 기능은?

가. 험(Hum) 방지　　나. 자기 발진 방지

다. 기생 발진 방지　　라. 잡음 방지

46. 다음 증폭기 중 가장 대역폭이 넓은 방식은?

가. 저항결합　　나. *RC* 결합　　다. Choke 결합　　라. 스태거결합

47. 각 증폭단의 동조 주파수를 조금씩 틀리게 조정하여 요구되는 이득, 대역폭, 선택도를 얻는 고주파 증폭방식은?

가. 복동조 증폭기　　나. stagger 동조 증폭기

다. 분포용량 증폭기　　라. 단동조 증폭기

48. 동조 대신호 증폭기에서 탱크(Tank) 회로의 효율을 나타내는 식으로 옳은 것은? (단, Q_0 = 무부하시의 Q, Q_L = 부하시의 Q이다.)

가. $\dfrac{Q_0}{Q_L}$　　나. $1-\dfrac{Q_0}{Q_L}$　　다. $1-\dfrac{Q_L}{Q_0}$　　라. $\dfrac{Q_0}{Q_0-Q_L}$

49. 무부하시 증폭기의 탱크회로의 Q가 85이고 부하를 걸었을 때의 실효 Q가 12라고 하면 이 탱크 회로의 효율은?

가. 65.8[%]　　나. 75.8[%]　　다. 85.8[%]　　라. 90[%]

해설 $\eta = \dfrac{Q_0-Q_L}{Q_0} \times 100 = \dfrac{85-12}{85} \times 100$

50. 다음과 같은 동조증폭기에서 코일의 큐를 Q_c, 부하만의 큐를 Q_L라 할때 이 증폭기 전체의 선택도 Q는 어떤 관계식이 되는가?

(단, $Q_C = \dfrac{w_0 L}{r}$, $Q_L = R_L \omega_0 C$ 이며

h_{oe}은 거의 0이다.)

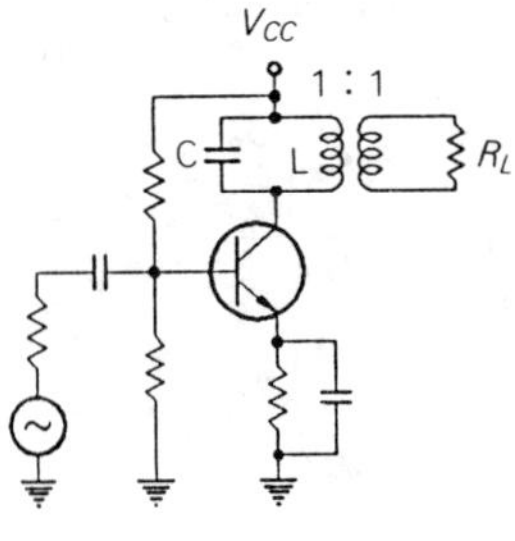

가. $Q = Q_c + Q_L$

나. $Q = \dfrac{1}{Q_c} + \dfrac{1}{Q_L}$

다. $Q = Q_c / Q_L$

라. $Q = \dfrac{Q_c Q_L}{Q_c + Q_L}$

해답 45. 나 46. 라 47. 나 48. 다 49. 다 50. 라

51. 동조 대신호 증폭기에서 부하시의 Q_L에 대한 효과를 나타낸 설명 중 잘못된 것은?

가. Q_L를 적게하면 효율이 높아진다.

나. Q_L를 적게하면 고조파 성분이 많아진다.

다. 실제에 있어서 Q_L의 값은 30～40 정도이다.

라. Q_L를 적게하면 대역폭이 넓어진다.

해설 탱크(Tank) 회로의 효율은 부하시의 Q_L가 작을수록 높아지는 반면 대역폭은 넓어진다. 실제면에서 부하시의 Q_L를 10보다 작게 하면 효율은 좋아지나 고조파 성분이 많아지기 때문에 더 작아진다.

보통 Q_L의 값은 10～20 정도이다.

52. C급 증폭기의 효율에 대한 설명 중 잘못된 것은?

가. 유통각을 적게 하면 효율이 높아진다.

나. 유통각이 $\theta = \pi$인 경우 B급 동작에 해당된다.

다. $\theta = 0$일 때 효율은 100[%]이다.

라. 실제 C급 증폭기에 있어서 콜렉터 전압은 0까지 내려간다.

해설 유통각이 θ인 C급 증폭의 콜렉터 최대효율 η_c는 다음 식으로 주어진다.

$$\eta_c = \frac{p_o}{p_i} = \frac{\theta - \sin\theta}{4\sin(\theta/2) - 2\theta\cos(\theta/2)}$$

$\therefore$ $\theta = \pi$인 경우 $\eta_c = 0.785(78.5\%)$이다.

위 식은 이론적 최대 효율이며 실제의 C급 동작에 있어서 콜렉터 전압이 0까지 내려가는 경우는 없다.

해답 51. 다 52. 라

MEMO

7장 궤환 증폭회로

7·1 궤환 증폭기의 개요

7·1·1 기본 원리의 이해

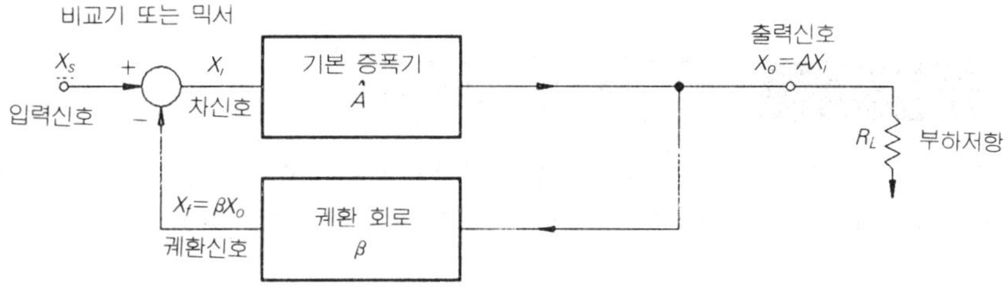

〈그림 7－1〉 궤환 증폭 회로의 기본

궤환(feed back)이란 증폭기 자체의 출력의 일부를 입력측으로 돌려 보내고 외부신호와 합쳐서 증폭기의 입력에 가해주는 과정이다.

〈그림 7－1〉의 회로에서

$$X_f = \beta X_o \quad , \quad X_d = X_s - X_f = X_i$$

$$X_i = X_s - X_f = X_s - \beta X_o$$

$$X_o = AX_i = A\,(X_s - \beta X_o) = AX_s - \beta AX_o$$

$$A_f \equiv \frac{X_o}{X_s} = \frac{A}{1+\beta A}$$

(1) 궤환율 : $\beta = X_f / X_0$

(2) 궤환시 이득 : $A_f = \dfrac{X_o}{X_s} = \dfrac{A}{1+\beta A}$

① $|1+\beta A|>1$ 일 때 $|A_f|<|A|$: 부궤환(NFB : negative feedback)
② $|1+\beta A|<1$ 일 때 $|A_f|>|A|$: 정궤환(PFB : positive feedback)
③ $|\beta A|=1$일 때 $A_f \to \infty$: 발진

(3) 이상적 궤환 증폭기의 기본적 특성

증폭기와 궤환 회로를 포함한 전체를 궤환 증폭기(feedback amplifier), 궤환 증폭기에 포함된 원래의 증폭기를 기본 증폭기(basic amplifier)라고 한다.

① **기본 증폭기는 단방향적(unilateral) 이다.** : 입력 신호는 증폭되어 출력측에 나타나지만 출력의 상태는 입력측에 어떤 영향도 주지 않는다.
② **궤환 회로도 단방향적이다.** : 출력측으로부터 입력측으로 전송될 때 β만을 통과한다.
③ **기본 증폭기에 대한 궤환 회로의 부하작용은 무시될 수 있다고 가정한다.** : 궤환만의 역방향 전송계수인 궤환율 β는 부하저항 R_L과 신호원 저항 R_s에는 관계없이 독립적이다.

● 피드백 이론에서는 기본 증폭기 및 궤환 회로에서의 신호의 흐름은 단방향적 (unilateral) 이다.

예제 7−1 궤환 증폭기의 전달 이득

기본 증폭기의 전달 이득 $A\ (= X_o / X_i)$가 1000이고 역방향 전송계수(reverse transmission facter) β가 1/10인 부궤환 증폭 회로의 전달 이득 A_f를 구하라.

풀이 $|\beta A| \gg 1$이면

$$A_f = \frac{A}{1+\beta A} \approx \frac{1}{\beta}$$

여기서 $\beta A = (1/10)\,(1000) = 100 \gg 1$ 이므로

$$A_f \approx \frac{1}{\beta} = \frac{1}{1/10} = 10$$

7·1·2 부궤환 증폭 회로의 연결 방식

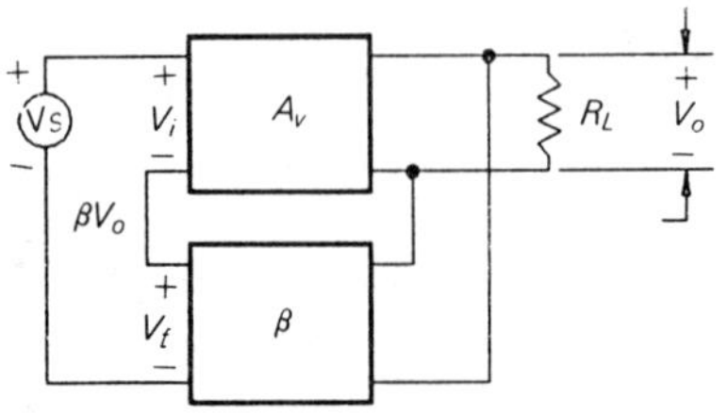

(a) 전압−직렬 궤환

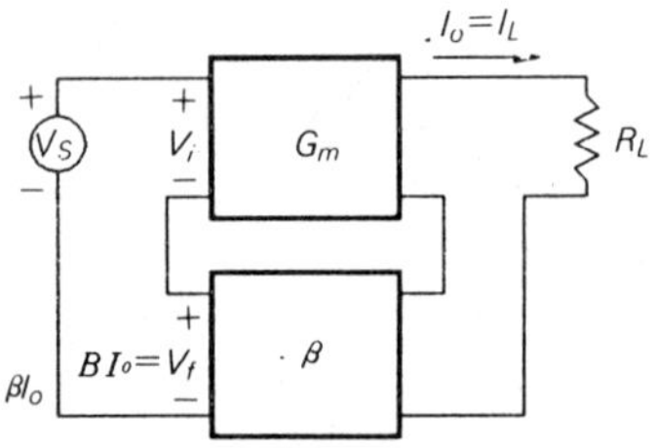

(b) 전류−직렬 궤환

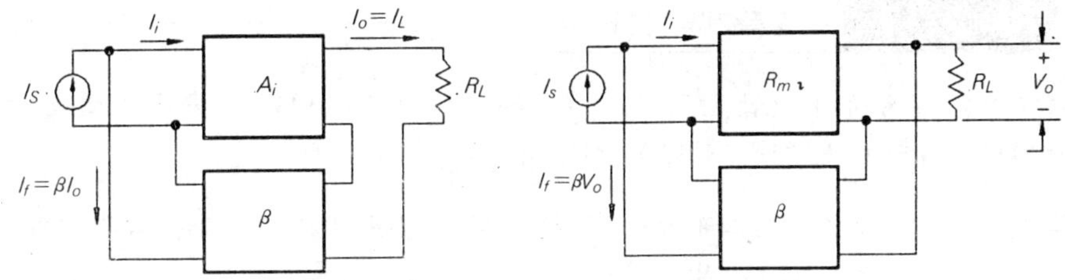

(c) 전류－병렬 궤환　　　　　　　　(d) 전압－병렬 궤환

〈그림 7－2〉 궤환의 종류

기본 증폭기는 전압, 전달 콘덕턴스, 전류, 전달 저항 증폭기로 구분된다. 이 회로들은 sampling 되는 출력 신호－입력단의 접속 방법에 따라 위 네가지 형태로 분류된다.

(1) **직렬과 병렬 궤환의 판별** : 입력측의 회로 구성으로부터 알 수 있다.

① **직렬 궤환의 경우** : 신호원을 포함한 입력 루프(input loop)가 기본 증폭기의 입력 단자와 궤환 회로의 입력 단자를 포함한다. 이때 궤환 회로는 출력측과 관련되며, 출력측과 결합되어 있는 입력 루프의 일부분이 신호의 궤환에 관여한다.

② **병렬 궤환의 경우** : 증폭기의 입력 단자(base 또는 gate)가 궤환 회로(또는 궤환 소자)를 통해 출력측과 결합한다.

● 전압(voltage)이란 출력 전압을 궤환 회로의 입력으로 접속하는 것을 의미하며 전류(current)는 출력 전류의 일부를 궤환 회로에 흘리는 것을 의미한다.

● 직렬(series)은 궤환 신호를 입력 신호 전압과 직렬로 접속하는 것을 의미하며, 병렬(shunt)은 궤환 신호를 입력 전류원과 병렬로 접속하는 것을 의미한다.

(2) **전압과 전류 샘플링의 판별** : 부하 R_L을 포함한 출력 루프(output loop)를 보면 알 수 있다.

① **전압 샘플링(voltage sampling)** : $V_o = 0$ (즉 $R_L = 0$)로 할 때 $X_f = 0$이면 전압 샘플링이다.

② **전류 샘플링(current sampling)** : $I_o = 0$(즉 $R_L = \infty$)로 할 때 $X_f = 0$이면 전류 샘플링이다.

예제 7-2 증폭기의 분류(4가지)

증폭기를 분류하면 전압 증폭기, 전류 증폭기, 전달 콘덕턴스 증폭기 및 전달 저항 증폭기의 4가지이다. 이를 간단히 설명하라.

풀이 신호의 내부 임피던스와 부하 임피던스의 크기에 대한 증폭기의 입력 임피던스 및 출력 임피던스의 상대적 크기에 근거를 두고 있다.

〈1〉 전압 증폭기

(1) 조 건 : 증폭기의 입력 저항 $R_i \gg R_s$ 이고($V_i \approx V_s$), 부하 저항 R_L은 $R_L \gg R_o$의 조건을 만족해야 한다.

$$V_o \approx A_v V_i \approx A_v V_s \quad (R_L \gg R_o \text{ 일 때})$$

즉 증폭기의 출력 전압이 입력 전압에 직접 비례한다. 이때 비례상수는 R_s와 R_L에는 무관하다.

(2) 이상 전압 증폭기(ideal voltage amp.)의 조건 : $R_i = \infty$, $R_o = 0$

(3) 개방 전압 이득 : $A_v \equiv V_o / V_i$ ($R_L = \infty$ 일 때)

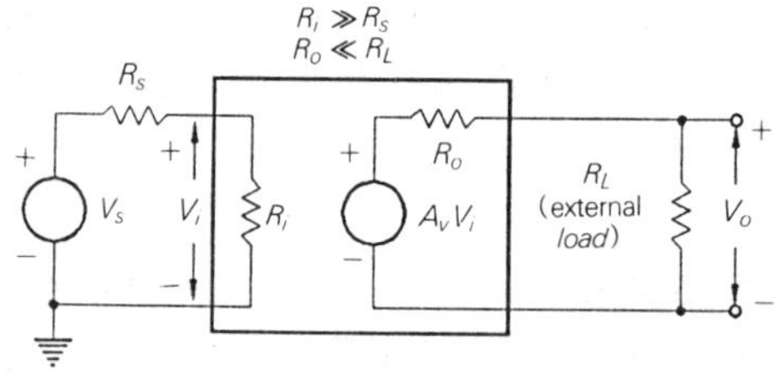

〈그림 7-3〉 전압 증폭기의 데브난 등가 회로

〈2〉 전류 증폭기

(1) 조 건 : 입력 신호의 내부 저항 $R_s \gg R_i$ 이고($I_i \approx I_s$), 부하 저항 $R_L < < R_o$의 조건을 만족해야 한다.

$$I_L \approx A_i I_i \approx A_i I_s \quad (R_L \ll R_o \text{ 일 때})$$

즉 증폭기의 부하 전류는 입력 전류에 직접 비례한다.

(2) 이상 전류 증폭기(ideal current amp.)의 조건 : $R_i = 0$, $R_o = \infty$

(3) 단락 전류 이득 : $A_i \equiv I_L / I_i$ ($R_L = 0$일 때)

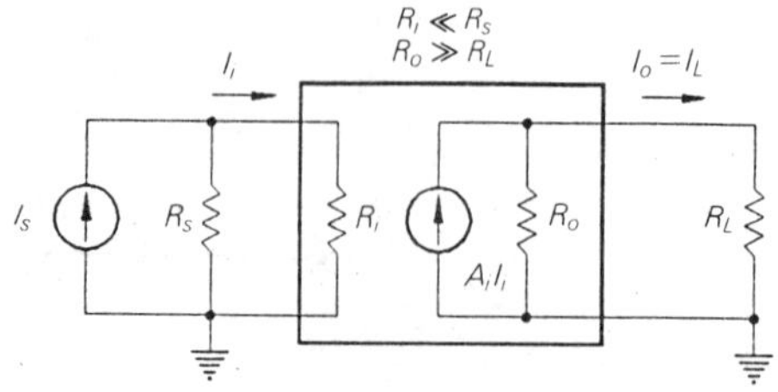

〈그림 7-4〉 전류 증폭기의 노턴 등가 회로

〈3〉 전달 콘덕턴스 증폭기(transconductance amp.)

(1) 조 건 : $R_i \gg R_s$ 이고($V_i \approx V_s$), 출력 저항 $R_o \gg R_L$ 의 조건을 만족해야 한다.

$$I_o \approx G_m V_i \approx G_m V_s \quad (R_o \gg R_L \text{일 때})$$

즉 증폭기의 출력 전류는 입력 전압에 직접 비례한다.

(2) 이상 전달 콘덕턴스 증폭기의 조건 : $R_i = \infty$, $R_o = \infty$

(3) 단락 전달 콘덕턴스 : $G_m \equiv I_o / V_i$ ($R_L = 0$일 때)

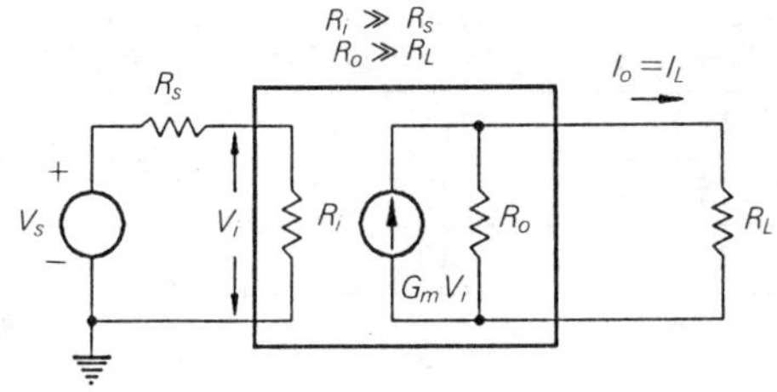

〈그림 7－5〉 전달 콘덕턴스 증폭기(입력측 : 데브난 등가회로, 출력측 : 노턴 등가회로 사용)

〈4〉 전달 저항 증폭기(transresistance amp.)

(1) 조 건 : 입력 저항 $R_i \ll R_s$ 이고($I_i \approx I_s$), 출력 저항 $R_o \ll R_L$ 의 조건을 만족해야 한다.

$$V_o \approx R_m I_i \approx R_m I_s \quad (R_o \ll R_L \text{일 때})$$

즉 출력 전압이 입력 전류에 직접 비례한다.

(2) 이상 전달 저항 증폭기의 조건 : $R_i = 0$, $R_o = 0$

(3) 개방 전달 저항 : $R_m \equiv V_o / I_i$ ($R_L = \infty$ 일 때)

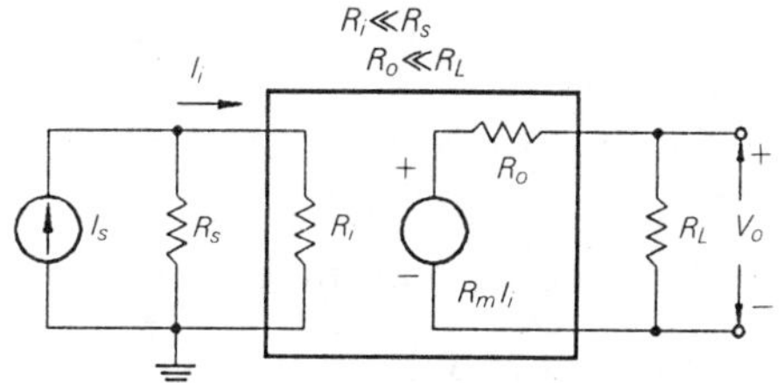

〈그림 7－6〉 전달 저항 증폭기(입력측 : 노턴 등가회로, 출력측 : 데브난 등가회로)

■ 이상 증폭기의 특성 비교

파라미터	증폭기의 형태			
	전 압	전 류	전달콘덕턴스	전달저항
R_i	∞	0	∞	0
R_o	0	∞	∞	0
전달특성	$V_o = A_i V_s$	$I_L = A_i I_s$	$I_o = G_m V_s$	$V_o = R_m I_s$

■ 궤환 증폭기의 전달 이득

신호 또는 전달비	전압-직렬 FB	전류-직렬 FB	전류-병렬 FB	전압-병렬 FB
출력신호 X_o	전압(V_o)	전류(I_o)	전류(I_o)	전압(V_o)
X_s, X_f, X_i	전 압	전 압	전 류	전 류
궤환율 β	V_f / V_o	V_f / I_o	I_f / I_o	I_f / V_o
기본증폭기 $A = X_o / X_i$	전압이득 $A_v = V_o/V_i$	전달콘덕턴스 $G_m = I_o / V_i$	전류이득 $A_i = I_o / I_i$	전달저항 $R_m = V_o / I_i$

7·1·3 부궤환 증폭기의 일반적 특성

(1) 이득과 대역폭

① 이득 감소 : $A_f = \dfrac{A}{1+A\beta}$, $|1+A\beta| > 1$ $\quad \therefore\ A_f < A$

② 주파수 특성 개선 : 대역폭이 증가한다.

- 고역 차단 주파수 : $f_{Hf} = (1+A\beta) f_H$
- 저역 차단 주파수 : $f_{Lf} = \dfrac{f_L}{1+A\beta}$

(2) 이득의 안정 : 기본 증폭기 이득이 dA 만큼 변화했을 때 궤환 증폭기의 이득의 변화를 dA_f라 한다면 다음 식이 성립된다.

$$\left|\frac{dA_f}{A_f}\right| = \frac{1}{|1+\beta A|}\left|\frac{dA}{A}\right|$$

참고 $\left|\dfrac{dA_f}{A_f}\right| / \left|\dfrac{dA}{A}\right|$를 전달 이득의 감도(sensitivity)라고 하고, 그 역수를 둔감률(desensitivity factor)라고 하며 보통 $D = 1+\beta A$ 로 표시한다.

(2) 의곡 및 잡음의 감소

① Distortion(의곡)의 감소 : $D_f = \dfrac{D}{1+A\beta}$

② 잡음의 감소 : $N_f = \dfrac{N}{1+A\beta}$

(4) 입력 및 출력 임피이던스의 변화

구 분	전압 직렬	전류 직렬	전류 병렬	전압 병렬
입력 임피이던스	증 가	증 가	감 소	감 소
출력 임피이던스	감 소	증 가	증 가	감 소

- 직렬 궤환 접속은 입력 저항을 증가시키고, 병렬 궤환 접속은 입력 저항을 감소시킨다.

- 전압 궤환은 출력 임피던스를 감소시키고, 전류 궤환은 출력 임피던스를 증가시킨다.

- 증폭기를 종속 접속시킬 경우에는 일반적으로 고입력 임피던스, 저출력 임피던스가 요망된다.

예제 7-3 이득의 안정

부궤환 증폭 회로에서 무궤환의 이득 $A = 60[\text{dB}]$이고 궤환율 $\beta = 1/10$이다. 이 증폭기가 온도에 의해 20 [%]의 이득 변화를 보였다. 이 궤환 증폭기의 이득의 변화 [%]를 구하라.

풀이 A = 60 [dB] = 1000, $\beta = 1/10$ 이므로

$$\frac{dA_f}{A_f} = \frac{1}{1+\beta A}\,\frac{dA}{A} \approx \frac{1}{\beta A}\,\frac{dA}{A} \qquad (\beta A \gg 1 \text{ 일 때})$$

$$= \frac{1}{0.1(1000)}\ (20\,[\%]) = 0.2\,[\%]$$

즉 100 [배] 개선된다. 그러므로 증폭기 이득 A = 1000이 20 [%] 변화할 때 궤환 이득은 단지 0.2 [%] 변화한다.

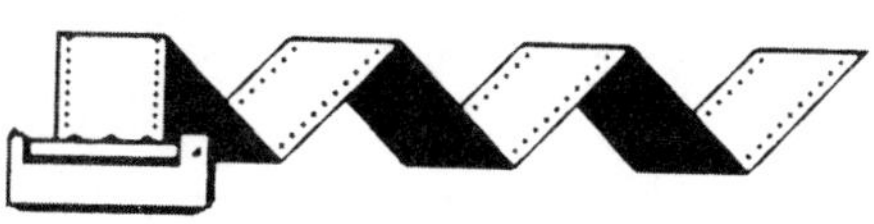

예제 7-4 전압 직렬 회로의 R_{if}와 R_{of}

전압 직렬 궤환 회로에서 $A_v = -100$, $R_i = 10[\text{k}\Omega]$, $R_o = 22[\text{k}\Omega]$이며 궤환율 $\beta = -0.1$일 때 종합 전압 이득 A_f, 입력 저항 R_{if}, 출력 저항 R_{of}를 구하라.

풀이 전압 직렬 궤환 회로에서 입력 임피던스는 증가하고, 출력 임피던스는 감소한다.

(1) $A_{vf} = \dfrac{A_v}{1+\beta A_v} = \dfrac{-100}{1+(-0.1)(-100)} = \dfrac{-100}{11} = -9.09$

(2) $R_{if} = (1+\beta A)R_i = 11(10[\text{k}\Omega]) = 110[\text{k}\Omega]$

(3) $R_{of} = \dfrac{R_o}{1+\beta A} = \dfrac{22\times10^3}{11} = 2[\text{k}\Omega]$

■ 궤환이 있을 때 입력 임피던스와 출력 임피던스

	전압-직렬	전류-직렬	전압-병렬	전류-병렬
Z_{if}	$(1+\beta A)Z_i$ (증가)	$(1+\beta A)Z_i$ (증가)	$\dfrac{Z_i}{1+\beta A}$ (감소)	$\dfrac{Z_i}{1+\beta A}$ (감소)
Z_{of}	$\dfrac{Z_o}{1+\beta A}$ (감소)	$Z_o(1+\beta A)$ (증가)	$\dfrac{Z_o}{1+\beta A}$ (감소)	$Z_o(1+\beta A)$ (증가)

예제 7-5 비반전 op AMP의 궤환율

다음은 op AMP의 입력 저항은 무한대이고, 출력 저항은 영(0) 이라고 한다.

(1) 궤환율 β의 식을 구하라.

(2) 개루프 전압 이득(open-loop voltage gain) $A_v = 10^4$일 때, 폐루프 전압 이득(closed-loop voltage gain) $A_{vf} = 10$을 얻기 위한 R_2/R_1을 구하라.

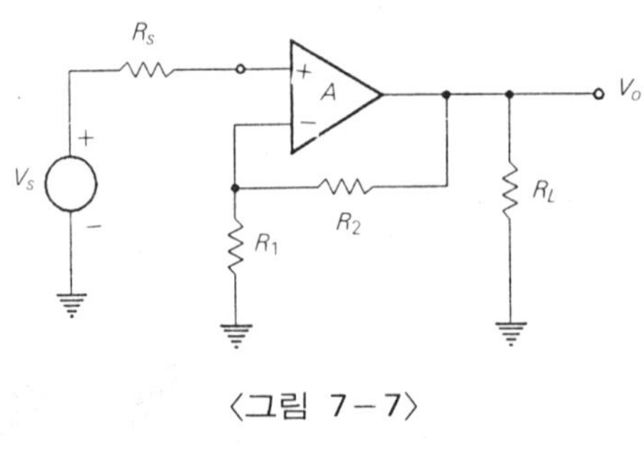

〈그림 7-7〉

풀이 루프 이득(loop gain) βA가 클 때, 즉 $\beta A \gg 1$이면 $A_{vf} \approx 1/\beta$이다. 이는 궤환 증폭기 이득이 궤환망에 의해서 결정됨을 알 수 있다.

(1) $\beta = R_1 / (R_1 + R_2)$

(2) $R_2 / R_1 = 9.01$

7·2 실제의 궤환 증폭 회로

7·2·1 전압－직렬 궤환 증폭 회로

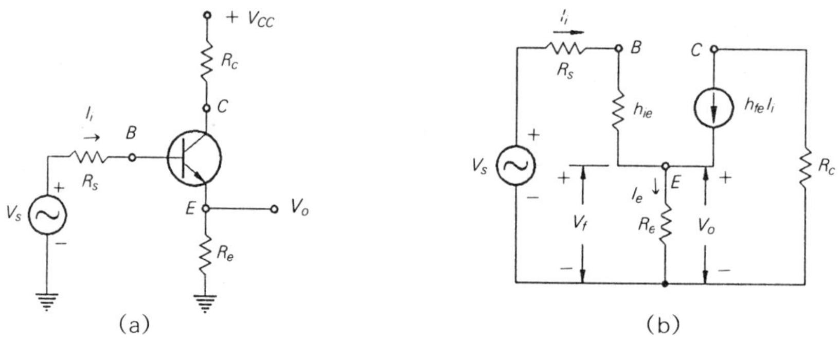

〈그림 7－8〉 에미터 폴로워

(1) 에미터 폴로워의 해석

〈그림 7－8〉의 에미터 폴로워가 전압－직렬 궤환 증폭 회로이다.
기본 증폭기의 입력 회로는 $V_o = 0$(즉, $R_e = 0$)일 때 이므로

$$V_s = (R_s + h_{ie})\,I_i,\quad V_o = h_{fe}R_eI_i$$

$$A_v = \frac{V_o}{V_s} = \frac{h_{fe}R_e}{R_s + h_{ie}}$$

$$R_i = R_s + h_{ie}$$

$$\beta = \frac{V_f}{V_o} = +1\ (\because\ V_f = V_o)$$

$$D = 1 + \beta A_v = \frac{R_s + h_{ie} + h_{fe}R_e}{R_s + h_{ie}}$$

이 식들은 궤환공식에 넣어 계산하면

$$A_{vf} = \frac{A_v}{1+\beta A_v} = \frac{h_{fe}R_e}{R_s + h_{ie} + h_{fe}R_e} \approx \frac{h_{fe}R_e}{h_{ie}}\ (R_s = 0,\ h_{ie} \gg h_{fe}R_e \text{ 일 때})$$

$$R_{if} = (1+\beta A_v)\,R_i = R_s + h_{ie} + h_{fe}R_e$$

부하를 포함한 출력 저항 $R_o' = R_e$ 이므로 R_{of}' 는

$$R_{of}' = \frac{R_o'}{1+\beta A_v} = \frac{R_e(R_s + h_{ie})}{R_s + h_{ie} + h_{fe}R_e}$$

그러므로

$$R_{of} = \lim_{R_e \to \infty} R_{of}' = \frac{R_s + h_{ie}}{h_{fe}}$$

예제 7－6 에미터 폴로워의 해석

〈그림 7－9〉의 회로에서 $R_s = 1[k\Omega]$, $R_e = 1.5[k\Omega]$일 때 궤환시 전압 이득 A_{vf}를 구하라.
단, $h_{ie} = 2[k\Omega]$, $h_{fe} = 50$, $h_{oe} = 12.5[\mu \mho]$

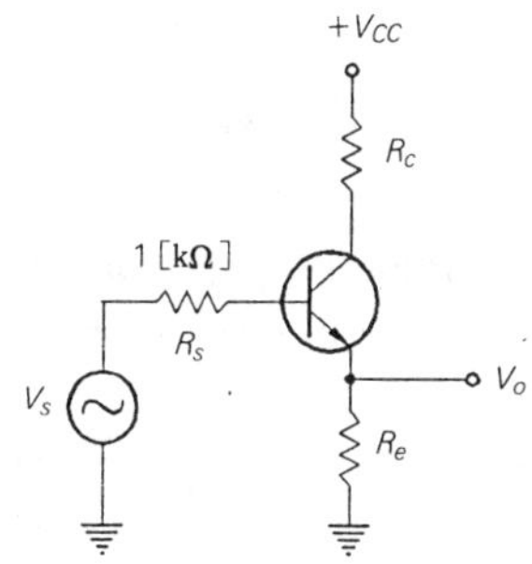

〈그림 7－9〉

풀이 (1) 무궤환시(without feedback)

$$A_v = \frac{h_{fe} R_e}{R_s + h_{ie}} = \frac{50(1.5[k\Omega]}{(1[k\Omega]+2[k\Omega])} = 25$$

$$R_i = R_s + h_{ie} = 1+2 = 3[k\Omega]$$

(2) 궤환시(with feedback)

$$A_{vf} = \frac{h_{fe} R_e}{R_s + h_{ie} + h_{fe} R_e} = \frac{50(1.5[k\Omega])}{(1[k\Omega]+2[k\Omega]+50(1.5[k\Omega]))} = 0.96$$

$$R_{if} = R_s + h_{ie} + h_{fe} R_e = 1[k\Omega]+2[k\Omega]+50(1.5[k\Omega]) = 78[k\Omega]$$

$$R_{of} = \frac{R_s + h_{ie}}{h_{fe}} = \frac{1[k\Omega]+2[k\Omega]}{50} = 60[\Omega]$$

(2) 소오스 폴로워

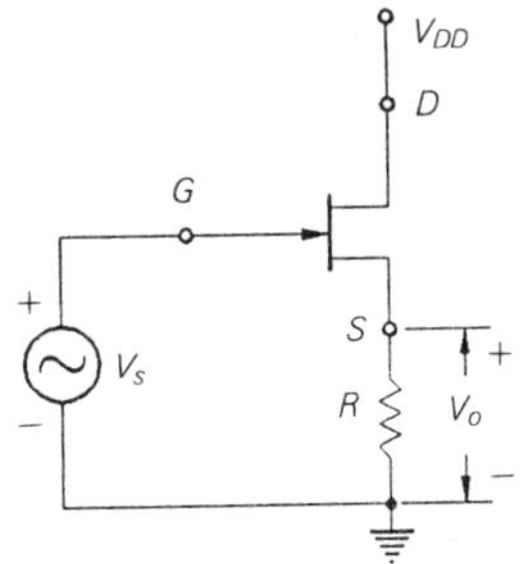

(a)

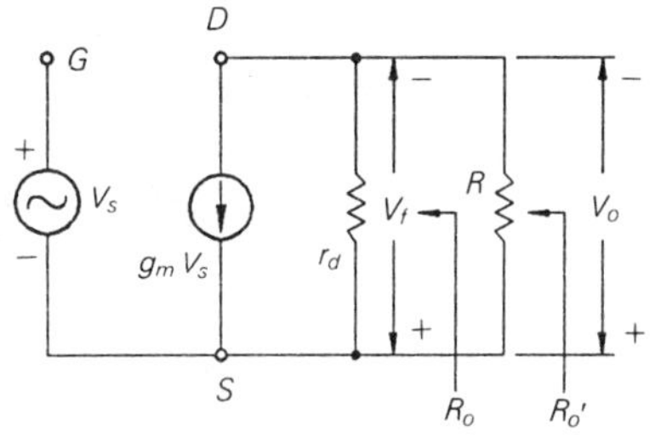

(b)

〈그림 7－10〉 소오스 폴로워

① 궤환율 : $\beta = \frac{V_f}{V_o} = 1$

② 궤환시 전압 이득 : A_{vf}

$$A_{vf} = \frac{V_o}{V_i} = \frac{g_m V_s r_d R_s}{(r_d + R_s) V_s} = g_m (r_d \| R_s) = \frac{\mu R_s}{r_d + R_s}$$

$$D = 1+\beta A_v = 1+\frac{\mu R_s}{r_d+R_s} = \frac{r_d+(1+\mu)R_s}{r_d+R_s}$$

$$A_{vf} = \frac{A_v}{D} = \frac{\mu R_s}{r_d+(1+\mu)R_s} \approx \frac{\mu}{1+\mu} < 1 \qquad (1+\mu)\,R_s \gg r_d \text{ 일 때}$$

③ 궤환시 입력 임피던스 : R_{if}
FET의 입력 임피던스는 ∞ 이므로

$$R_i = \infty$$
$$R_{if} = (1+\beta A_v)R_i = \infty$$

④ 궤환시 출력임피던스 : R_{of}
FET의 소오스 S에서 들여다 본 출력 저항을 구한다.

$R_s = \infty$ 일 때 $A_v(R_s = \infty) = \mu$, $R_o = r_d$, $\beta = 1$ 이므로

$$R_{of} = \frac{R_o}{1+\beta A_v} = \frac{r_d}{1+\mu} \approx \frac{1}{g_m} \quad (\mu \gg 1)$$

예제 7-7 전압-직렬 궤환 FET 증폭기의 해석

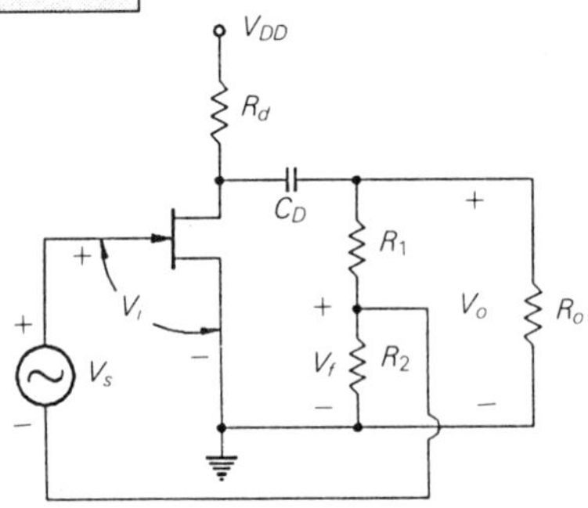

〈그림 7-11〉

〈그림 7-11〉의 FET 증폭 회로에 있어서 $R_1 = 80$ [kΩ], $R_2 = 20$ [kΩ], $R_0 = 10$ [kΩ], $R_d = 10$ [kΩ]이다. 궤환시 이득 A_{vf}를 구하라. 단, $g_m = 4000$ [μS]이다.

풀이 병렬 등가 저항 R_L은

$$R_L = R_d \| R_o \| (R_1+R_2)$$

$$\approx R_d \| R_o = \frac{R_o R_d}{R_o+R_d} = \frac{10\times 10}{10+10} = 5\,[\text{k}\Omega]$$

$$A_v = \frac{V_o}{V_i} = -g_m R_L = -(4000\times 10^{-6})\,(5\,[\text{k}\Omega]) = -20$$

$$\beta = \frac{V_f}{V_o} = \frac{-R_2}{R_1+R_2} = \frac{-20}{80+20} = -0.2$$

$$A_{vf} = \frac{A}{1+\beta A} = \frac{-20}{1+(-0.2)(-20)} = \frac{-20}{5} = -4$$

만일 $\beta A \gg 1$이면 A_f는 다음과 같이 구한다.

$$A_{vf} \approx \frac{1}{\beta} = -\frac{R_1+R_2}{R_2}$$

(3) 전압－직렬 궤환 2단 증폭기

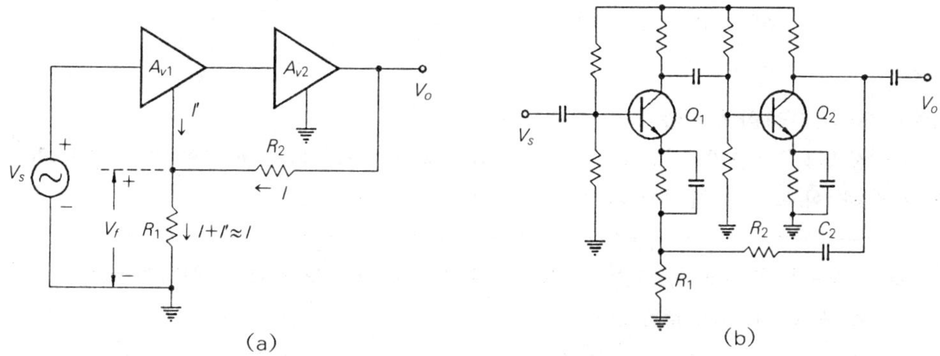

〈그림 7－12〉 2단 증폭기

2개의 증폭단을 캐스케이드 접속한 전압－직렬 궤환 회로이다. 둘째단의 출력이 피드백 회로 R_1, R_2를 거쳐서 V_s와 역위상으로 입력쪽에 궤환된다.

$$\beta = \frac{V_f}{V_o} = \frac{R_1}{R_1 + R_2}$$

$$A_{vf} \approx \frac{1}{\beta} \ (\beta A \gg 1 \text{ 일 때}) = \frac{R_1 + R_2}{R_1}$$

7·2·2 전류－직렬 궤환 증폭 회로

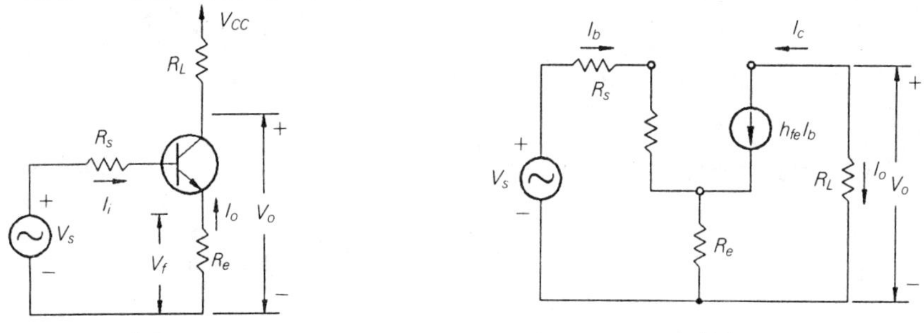

〈그림 7－13〉 전류－직렬 궤환 회로

(1) 궤환율(feedback factor)

$$\beta = \frac{V_f}{I_o} = \frac{-I_o R_e}{I_o} = -R_e$$

(2) 궤환시 전압 증폭도

$$A_{vf} = \frac{V_o}{V_s} = \frac{-h_{fe} R_L}{R_s + h_{ie} + (1 + h_{fe}) R_e} \approx -\frac{R_L}{R_e}$$

(3) 궤환시 입력 저항과 출력 저항

$$R_{if} = R_s + h_{ie} + (1 + h_{fe}) R_e$$
$$R_{of} = \infty$$

(4) 전류－직렬 부궤환인 이유

궤환 전압 V_f가 출력 전류 I_0에 비례($V_f \approx -I_o R_e$)하므로 전류 궤환이며 궤환 회로가 출력 부하 회로와 직렬이므로 직렬 궤환이다.

● 전류－직렬 궤환 증폭기는 입력 저항과 출력 저항이 모두 높다. 전압 이득은 $\boldsymbol{R_e}$와 $\boldsymbol{R_L}$에 의해 결정된다.

예제 7－8 전류－직렬 궤환 FET 증폭 회로의 해석

〈그림 7－14〉에서와 같이 소스 저항 R_s가 있는 CS 증폭기에서
(1) 궤환율(β)
(2) 궤환시 전압 이득(A_{vf})
(3) R_{if}와 R_{of}
를 구하라.

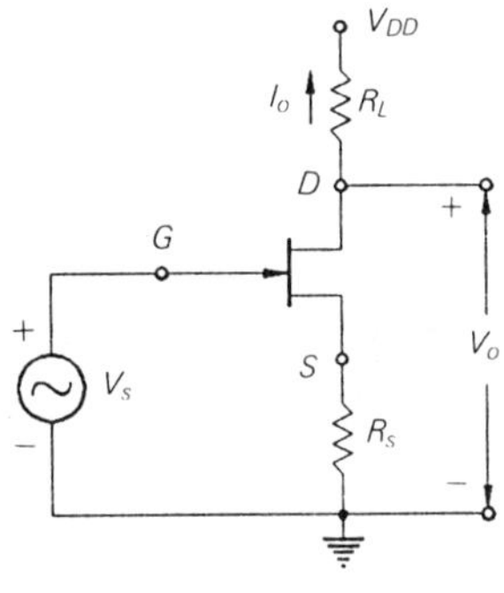

〈그림 7－14〉

풀이 (1) 궤환율(β)

$$\beta = \frac{V_f}{I_o} = -R_s$$

(2) 궤환시 전압이득 ($\boldsymbol{A_f}$)

$$A_{vf} = \frac{V_o}{V_s} = \frac{I_o R_L}{V_s} = \frac{-\mu R_L}{r_d + R_L + (1+\mu) R_s}$$

$$\approx \frac{-R_L}{R_s} \quad (r_d + R_L \ll \mu R_s,\ \mu \gg 1 \text{ 일 때})$$

(3) $\boldsymbol{R_{if}}$와 $\boldsymbol{R_{of}}$

$$R_{if} = \infty \ (R_i\text{가 } \infty \text{ 이므로})$$
$$R_{of} = r_d + (1+\mu) R_s$$

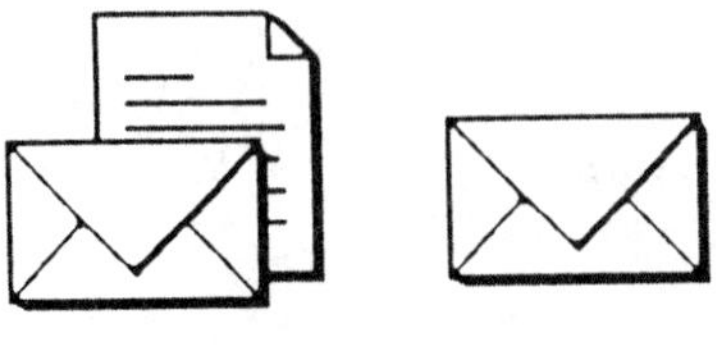

7·2·3 전압－병렬 궤환 증폭 회로

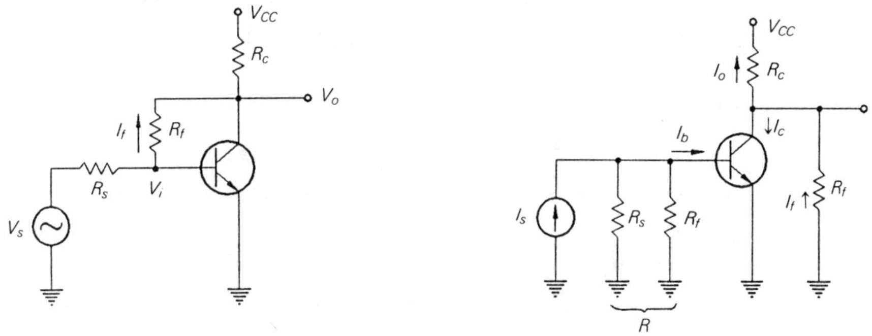

(a) (b)

〈그림 7－15〉 전압－병렬 궤환 회로

(1) 궤환율 : 궤환 신호는 출력 회로에 연결된 R_f에 흐르는 전류 I_f이다.

$$\beta = \frac{I_f}{V_o} = -\frac{1}{R_f}$$

$$(\text{전달 저항 } R_{mf} = \frac{V_o}{I_s} \approx \frac{1}{\beta} = -R_f)$$

(2) 궤환시 전압이득

$$A_{vf} = \frac{V_o}{V_s} = \frac{V_o}{I_s R_s} = \frac{R_{mf}}{R_s} \approx -\frac{R_f}{R_s}$$

여기서 R_s와 R_f가 안정한 저항이면 A_{vf}도 안정하다.

(3) 병렬 전압 부궤환인 이유

$$I_f = \frac{V_i - V_o}{R_f} \approx \frac{-V_o}{R_f} \qquad (|V_i| \ll |V_o| \text{일 때})$$

즉 궤환 전류 I_f가 출력 전압에 비례하므로 전압 궤환이고 궤환 회로가 출력 회로와 병렬이므로 병렬 궤환이다.

> ● 전압－병렬 궤환 증폭기는 입력 저항과 출력 저항이 모두 낮으며, 전달 이득이 안정화된다.

예제 7−9 전압−병렬 궤환 FET 증폭 회로의 해석

〈그림 7−16〉 (a)에서 $g_m = 5\,[\mathrm{mS}]$, $R_d = 5.1\,[\mathrm{k\Omega}]$, $R_s = 1\,[\mathrm{k\Omega}]$, $R_f = 20\,[\mathrm{k\Omega}]$이다. 궤환이 없을 경우와 있을 경우의 전압이득 A_v와 A_{vf}를 구하라.

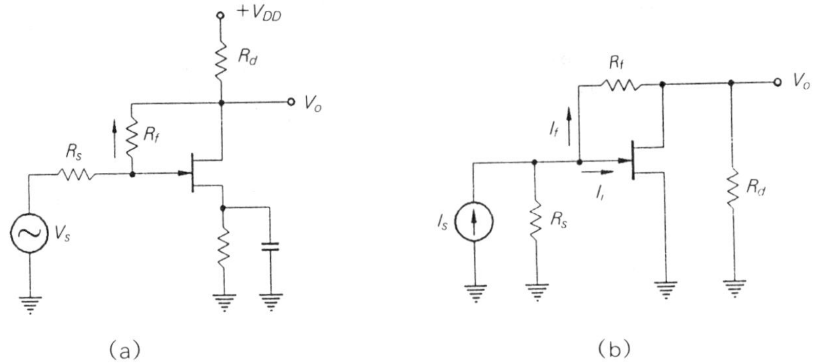

〈그림 7−16〉

풀이 (1) 궤환이 없을 경우의 전압 이득

$$A_v = \frac{V_o}{V_i} = -g_m R_d$$

$$= -(5\times10^{-3})\,(5.1\times10^{3}) = -25.5$$

(2) 궤환이 있을 경우의 전압 이득 : 감소한다.

$$A_{vf} = \frac{V_o}{V_s} = (-g_m R_d)\,\frac{R_f}{R_f + g_m R_d R_s}$$

$$= (-25.5)\,\frac{20\times10^{3}}{(20\times10^{3}) + (5\times10^{-3})\,(5.1\times10^{3})\,(1\times10^{3})} = -11.2$$

[주] $R_m = \frac{V_o}{I_i} = \left(\frac{V_o}{V_i}\right)\left(\frac{V_i}{I_i}\right) = \left(\frac{V_o}{V_s}\right)\left(\frac{V_s}{I_s}\right) = (-g_m R_d)\,R_s$

$$\beta = I_f / V_o = -1/R_f$$

$$R_{mf} = \frac{V_o}{I_s} = \frac{R_m}{1+\beta R_m} = \frac{-g_m R_d R_s}{1+(-1/R_f)\,(-g_m R_d R_s)}$$

$$A_{vf} = \left(\frac{V_o}{I_s}\right)\left(\frac{I_s}{V_s}\right) = R_{mf}\cdot\frac{1}{R_s} = \frac{-g_m R_d R_f}{R_f + g_m R_d R_s} = (-g_m R_d)\frac{R_f}{R_f + g_m R_d R_s}$$

7·2·4 전류-병렬 궤환 증폭 회로

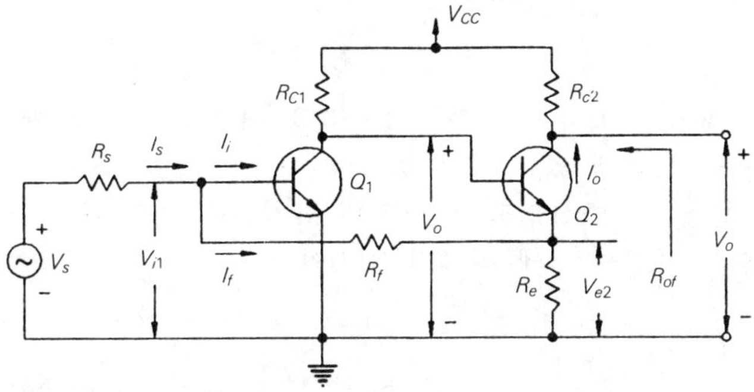

〈그림 7-17〉 병렬 전류 궤환 회로(결합 용량과 바이어스 저항 생략)

(1) 궤환율 : 궤환 신호는 출력쪽의 R_f에 흐르는 전류이다.

$$\beta = \frac{I_f}{I_o} = \frac{R_e}{R_f + R_e} \approx \frac{R_e}{R_f} \qquad (R_f \gg R_e \text{ 일 때})$$

(2) 궤환시 전류 이득

$$A_{if} = \frac{I_o}{I_s} \approx \frac{1}{\beta} = \frac{R_f + R_e}{R_e} \approx \frac{R_f}{R_e}$$

(3) 궤환시 전압 이득

$$A_{vf} = \frac{V_o}{V_s} = \frac{R_{c2} I_o}{R_s I_s} = \frac{R_{c2}}{R_s} A_{if} = \frac{R_{c2}(R_f + R_e)}{R_s R_e} \approx \frac{R_{c2} R_f}{R_s R_e}$$

(4) 병렬 전류 부궤환인 이유

$$I_f = \frac{V_{i1} - V_{e2}}{R_f} \approx -\frac{V_{e2}}{R_f} \quad (\text{단, } R_f \gg R_e \text{ 이고 } |V_{e2}| \gg |V_{i1}| \text{ 일 때})$$

$V_{e2} \approx -R_e I_0$이므로 $\qquad \therefore\ I_f \approx \dfrac{I_o R_e}{R_f}$

즉, 궤환 전류 I_f가 출력 전류 I_o에 비례하므로 전류 궤환이 된다.

> ● 전류-병렬 궤환 증폭기는 입력 저항이 낮고, 출력 저항이 높으며, 전류 이득이 안정화된다.

7·3 궤환 회로의 안정 조건 : Nyquist의 안정 조건

βA 의 궤적으로 이루어지는 폐곡선이 점 $-1+j0$ 을 내부에 포함할 때 이 증폭기는 불안정하고, 이 점이 폐곡선 밖에 있을 때 안정하다.

$|1+\beta A|=1$은 점 $-1+j0$ 을 중심으로 한 단위의 반지름을 가진 원을 표시한다. 만일 임의의 주파수에서 βA 가 단위원 밖에 있으면 NFB이다.

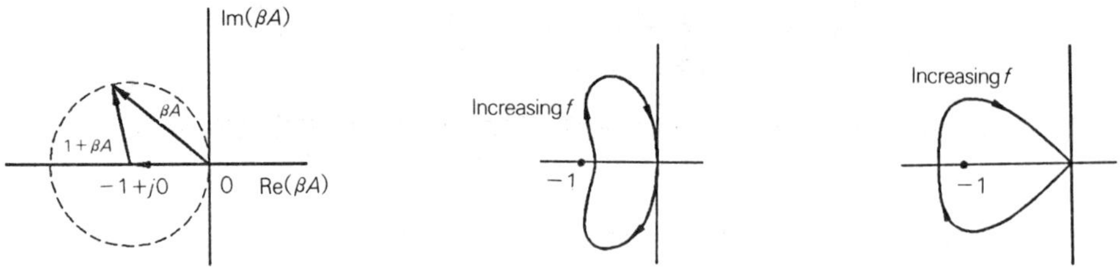

(a) 벡터 βA의 끝이 단위원 안에 있을 때 PFB　　(b) 안정　　(c) 불안정

〈그림 7−18〉 Nyquist 선도

Nyquist 선도의 내부에 −1인 점을 포함한다는 것은 위상추이가 180°일 때 루프 이득(βA)이 1보다 크다는 것을 의미한다. 따라서 궤환 신호는 입력 신호와 동위상이고 증폭기에 인가되는 신호는 입력 신호보다 더 커지므로 발진이 일어나게 된다.

- Nyquist 선도의 내부에 −1인 점을 포함하면 그 증폭기는 불안정하고, −1인점을 포함하지 않으면 안정하다.

出 題 豫 想 問 題

1. 전압 증폭기에서 전압이득 $A_f=\dfrac{A}{1-\beta A}$ 일 때 부궤환 조건은?

가. $|1-\beta A|=0$　　나. $|1-\beta A|<0$
다. $|1-\beta A|>1$　　라. $|1-\beta A|<1$

2. 그림과 같은 궤환증폭기에서 A는 부의 실수, β는 정의 실수라고 한다. 궤환이 없을 때와 비교한 진술 중 틀린 것은?

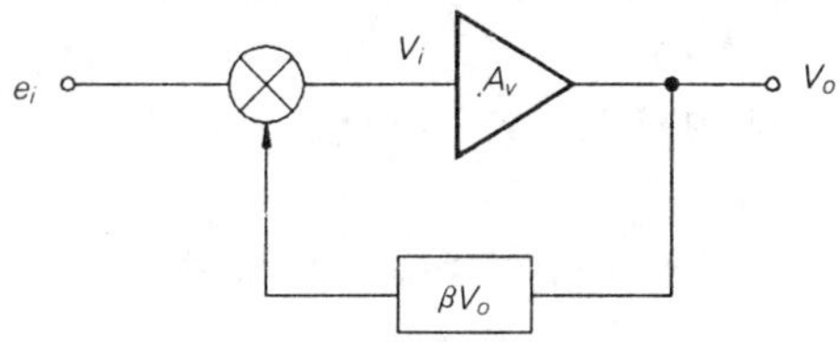

가. 찌그러짐이 적어진다.
나. 입력 임피이던스가 증가한다.
다. 출력 임피이던스가 감소한다.
라. 대역폭이 좁아진다.

해설 (부궤환시의 효과)

① 이득 감소 : $A_f=\dfrac{A}{1-\beta A}$, $|1-\beta A|>1$ $\therefore$ $A_f<A$

② 안정도 향상 : $S_f=\dfrac{S}{1-\beta \mathrm{A}}$

③ 주파수 특성개선(대역폭 증가)

④ 의곡(distortion)감소 : $D_f=\dfrac{D}{1-\beta A}$

⑤ 잡음 감소 : $N_f=\dfrac{N}{1-\beta A}$

전압 직렬 부궤환 회로이므로 입력 임피이던스가 증가하고 출력 임피이던스는 감소한다.

3. 부궤환 증폭기의 특징이 아닌 것은?

가. 부하변동에 의한 이득 변동이 감소 한다.
나. 일그러짐과 잡음이 감소한다.
다. 주파수 특성이 좋다.
라. 증폭도가 증가한다.

4. 전압이득이 $A_v=1000\pm100$되는 증폭기가 있다. 이 증폭기에 부궤환을 걸어 전압 이득의 변화율이 ±0.1 [%] 이내로 되도록 하려 한다. 이 때 필요한 궤환비 β의 값은?

가. 0.099　　나. 0.99　　다. 9.9　　라. 99

해설 $A_f=\dfrac{A}{1+\beta A}$ 의 식을 A에 대해 미분하면

$$\left|\frac{dA_f}{A_f}\right|=\frac{1}{|1+\beta A|}\left|\frac{dA}{A}\right|\frac{0.1}{100}==\frac{1}{1+\beta \mathrm{A}}\frac{100}{1000}$$

$\therefore$ $1+\beta A=100$, $\beta A=99$　　$\therefore$ $\beta=99/1000=0.099$

해답 1. 다 2. 라 3. 라 4. 가

5. 부궤환 증폭기에서 궤환이 없는 경우 전압이득이 60 [dB], $\beta = 0.01$ 이라 할 때 이 증폭기의 궤환이 있을 때 전압이득은 약 얼마인가?

가. 20 [dB]　　나. 30 [dB]　　다. 40 [dB]　　라. 66 [dB]

해설 $A_f = \dfrac{A}{1+\beta A} \simeq 100,\ \ 20\log 100 = 40$ [dB]

6. 그림은 궤환증폭기의 구성도이다. 증폭기의 출력 전압은?
(단, $A_v = 1000,\ \beta = -0.1,\ V_i = 0.1$ [V]이다.)

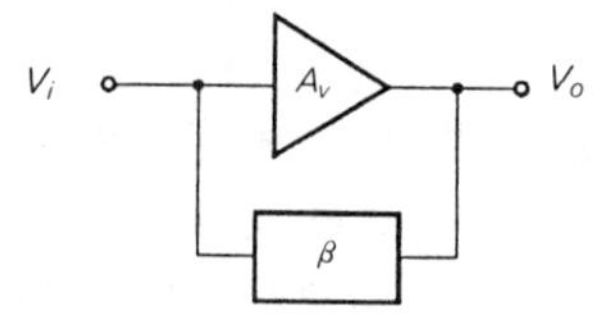

가. 0.099
나. 0.99
다. 9.9
라. 99

7. 이상적인 전압증폭기의 입력임피던스 R_i와 출력임피던스 R_o의 값은?

가. $R_i \to \infty,\ R_o \to 0$　　나. $R_i \to 0,\ R_o \to \infty$
다. $R_i \to \infty,\ R_o \to \infty$　　라. $R_i \to 0,\ R_o \to 0$

해설 일반적으로 FET, 진공관 등의 입력 임피던스는 매우 크고, 부하저항에 비해 출력임피던스가 작으므로 전압증폭기로 볼 수 있다.

8. 이상적인 전류증폭기의 입력임피던스 R_i와 출력임피던스 R_o의 값은?

가. $R_i \to \infty,\ R_o \to 0$　　나. $R_i \to 0,\ R_o \to \infty$
다. $R_i \to \infty,\ R_o \to \infty$　　라. $R_i \to 0,\ R_o \to 0$

해설 실제의 전류 증폭기에서는 R_i가 대단히 작고, R_o는 대단히 큰 값이다. 일반적으로 트랜지스터는 FET에 비해 입력임피던스가 낮고 출력 임피던스가 크므로 전류증폭기에 가깝다.

※ 이상 증폭기의 특성 비교

	전 압	전 류	전달콘덕턴스	전달저항
R_i	∞	0	∞	0
R_o	0	∞	∞	0

9. 이득 40 [dB]의 저주파 증폭기에서 10 [%]의 왜율을 나타내었을 때 이것을 1 [%] 이내로 감축시키려면?

가. 전압 변동률을 $\dfrac{1}{10}$로 한다.

나. 20 [dB]의 부궤환(negative feedback)을 걸어준다.
다. 20 [dB]외 정궤환(positive feedback)을 걸어준다.
라. 20 [dB]증폭도를 낮게 하여 준다.

해설 $A = 40$ [dB] $= 100,\ 1+100\beta = 10,\ \beta = 0.09$
$20\log 0.09 = 20 \times (-1.04) = -20.8$[dB]

해답 5. 다　6. 나　7. 가　8. 나　9. 나

10. 이상적인 궤환 증폭기의 기본적 특성을 설명한 것이다. 틀린 것은 어느 것인가?

가. 기본 증폭기는 단방향적이어야 한다.

나. 궤환 회로도 단방향적이어야 한다.

다. 기본 증폭기에 대한 궤환 회로의 부하작용은 무시되어야 한다.

라. 기본 증폭기 동작은 궤환 회로가 있을때 이득이 커져야 한다.

해설 증폭기와 궤환 회로를 포함한 전체를 궤환 증폭기(feedback amp.)라고 하고 궤환 증폭기에 포함된 원래 증폭기를 기본 증폭기(basic amp.)라고 한다.

(1) 기본 증폭기는 단방향적(unilateral)이다.(입력 → 출력)

(2) 궤환 회로도 역시 단방향적으로 신호는 출력쪽에서 입력쪽으로만 전송된다.(출력 → 입력)

(3) 기본 증폭기에 대한 궤환 회로의 부하작용은 무시될 수 있다고 가정한다. 즉 기본 증폭기의 동작은 궤환 회로가 출력쪽에 걸려 있든지 없든지 동일하다고 가정한다.

11. 이득이 40[dB]인 증폭기에서 의율을 10[%]만큼 개선하려면 출력신호의 얼마를 부궤환으로 가해야 하는가?

가. 8[%]　　나. 9[%]　　다. 10[%]　　라. 11[%]

12. 이득 60[dB]의 저주파 증폭기가 10[%]의 왜율을 가지고 있을때 이것을 0.1[%] 이내로 하는 방식중 옳은 것은?

가. 약 20[dB]의 부궤환을 걸어준다.　　나. 20[dB]의 정궤환을 걸어준다.

다. 증폭도를 10[dB] 낮게 한다.　　라. 전압 변동율을 1/10로 낮게 한다.

해설 60[dB] 전압이득은 1000배 증폭이므로

$$D_f = \frac{D}{1+A\beta} \text{ 에서 } 0.1 = \frac{10}{1+1000\times\beta},\ \beta = \frac{9.9}{100} = 0.099$$

$$\therefore\ G\,[\text{dB}] = 20\log_{10}\beta = 20\log_{10}0.099 \approx -20\,[\text{dB}]$$

13. 이득 40[dB]의 저주파 증폭기가 6[%]의 의율을 가지고 있을 때 이것을 1[%]로 계산하기 위해서는 약 얼마의 전압 부궤환을 걸어주어야 하는가?

(단, $\log_{10}5 = 0.698$, $\log_{10}6 = 0.778$, $\log_{10}7 = 0.845$)

가. 13[dB]　　나 19[dB]　　다. 33[dB]　　라. 26[dB]

14. 궤환 증폭기에 대한 보오드선도에서 phase margin은? (단, θ는 $|A\beta|$가 1이 되는 주파수에서의 $A\beta$의 위상각이며, A는 궤환이 없을 때의 전압 증폭율이며, β는 궤환율이다.)

가. $0° - \theta$　　나. $45° - \theta$　　다. $180° - \theta$　　라. $90° - \theta$

해설 (1) gain margin : $|\beta A|$[dB]의 위상각이 180°인 주파수로서 정의되며 이 점의 주파수에서 극좌표 선도의 부의 실수축과 교차한다.

(2) phase margin : $|\beta A|$가 1인(0[dB]) 주파수에서 βA의 각의 크기를 180°에서 뺀 것으로 정의된다.

해답 10. 라　11. 나　12. 가　13. 라　14. 다

15. 출력 전압이 40[V]인 증폭기가 $2-j2\sqrt{3}$[V]를 궤환시켰다. 궤환량 β는 얼마나?

가. $\frac{2}{5}\angle -30°$ 나. $\frac{1}{5}\angle -30°$

다. $\frac{1}{10}\angle -60°$ 나. $\frac{2}{5}\angle -60°$

해설 $|\beta| = \frac{\sqrt{2^2+(2\sqrt{3})^2}}{40} = \frac{\sqrt{16}}{40} = \frac{1}{10}$ $-\theta = \tan^{-1}\sqrt{3}$

16. 출력 전압이 42[V]인 증폭기에서 $3-j3\sqrt{3}$[V]를 궤환시켰다. 이때의 궤환량 β는 얼마냐?

가. $\frac{2}{5}\angle -30°$ 나. $\frac{2}{5}\angle -60°$

다. $\frac{1}{7}\angle -30°$ 라. $\frac{1}{7}\angle -60°$

17. 입력신호 10[mV]를 가했을때에 제 2 차 고조파 왜율 10[%]를 발생하고 10[W]를 부하에 공급하는 증폭기가 있다. 이 증폭기를 사용하여 40[dB]의 전압 직렬 궤환을 걸고 출력을 그대로 10[W]로 유지하려면 왜율은 얼마인가? (단, 증폭기 전압 이득은 60[dB]이다.)

가. $D_f \fallingdotseq 0.01$[%] 나. $D_f \fallingdotseq 0.1$[%]
다. $D_f \fallingdotseq 0.001$[%] 라. $D_f \fallingdotseq 1$[%]

18. 부궤환 증폭회로의 연결 방식 중 직렬 전압 궤환 방식은?

가.
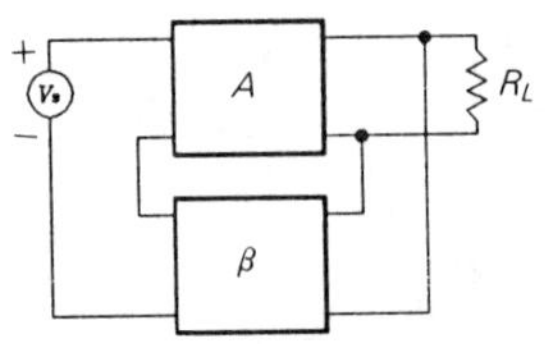

나.
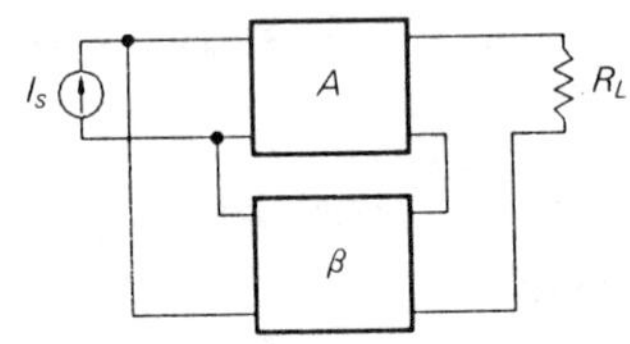

다.
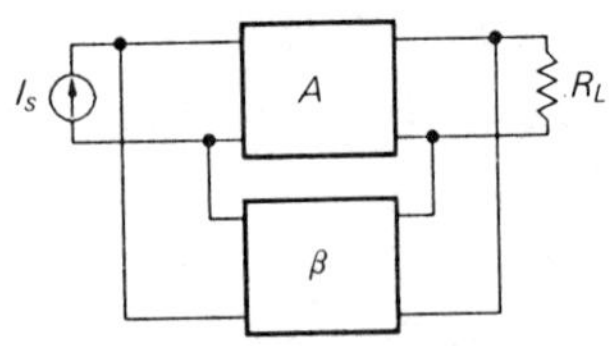

라.
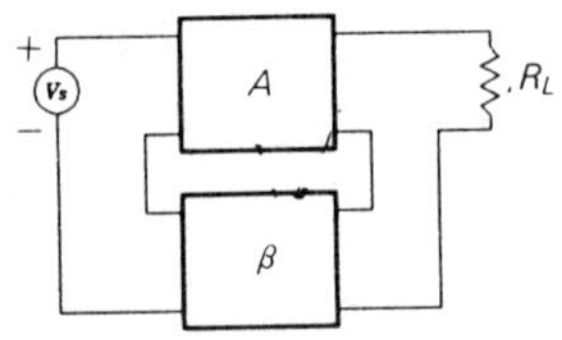

19. 전압 직렬 부궤환 증폭기의 특성으로 틀린 것은?

가. 안정도를 개선한다. 나. 위상 일그러짐이 감소한다.
다. 잡음이 감소한다. 라. 입력 임피이던스가 감소한다.

해설 입력 임피이던스는 증가, 출력 임피이던스는 감소한다.

해답 15. 다 16. 라 17. 라 18. 가 19. 라

20. 그림의 부궤환 회로에서 궤환량 β 는?

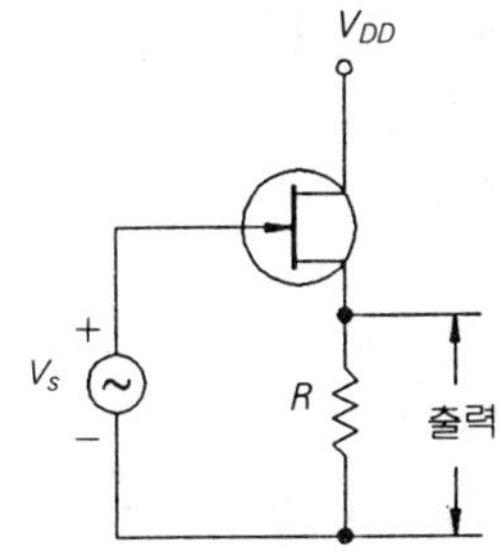

가. 1
나. 0.5
다. 2
라. R

해설 source follower이다.

21. 병렬 전압 부궤환 증폭기에서 입·출력 임피이던스는?

가. R_{if} → 증가, R_{of} → 감소
나. R_{if} → 감소, R_{of} → 증가
다. R_{if} → 감소, R_{of} → 감소
라. R_{if} → 증가, R_{of} → 증가

22. 소오스 폴로워(source follower)회로는?

가. 직렬 전압 궤환 증폭기
나. 병렬 전압 궤환 증폭기
다. 직렬 전류 궤환 증폭기
라. 병렬 전류 궤환 증폭기

23. 다음 회로도는 궤환 증폭기의 일종인데 이 증폭기의 명칭으로 옳은 것은?

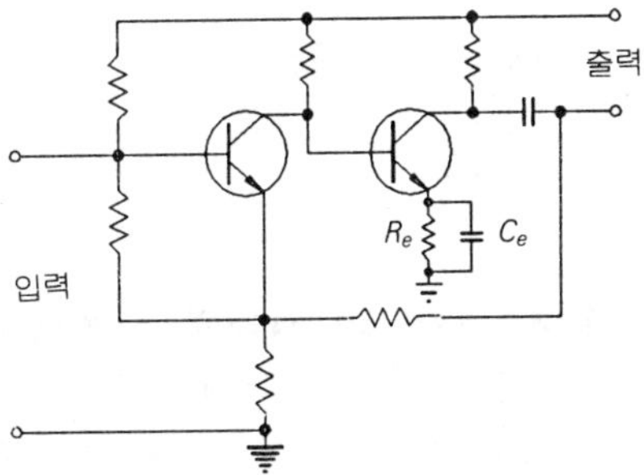

가. 전류 직렬 정궤환 증폭기
나. 전류 병렬 부궤환 증폭기
다. 전압 병렬 정궤환 증폭기
라. 전압 직렬 부궤환 증폭기

24. 궤환을 걸지 않는 기본 증폭기의 입력이 0.028 [V]일 때 출력 전압이 36 [V]이고, 7 [%]의 제 2 고조파의 찌그러짐이 발생했을 때 직렬 전압 부궤환에 의해 출력 전압의 1.2 [%]를 입력쪽으로 궤환시킨다면 출력 전압은 얼마인가?

가. 1.19 [V]
나. 2.19 [V]
다. 3.19 [V]
라. 4.19 [V]

해설 $|A| = \dfrac{36}{0.028} = 1285,\ \beta = \dfrac{V_f}{V_0} = \dfrac{1.2}{100} = 0.012$

$$A_f = \frac{A}{1+\beta A} = \frac{1285}{1+(0.012)\ (1285)} = 78.2$$

$$\therefore\ V_0 = A_f V_s = 78.2 \times 0.028$$

25. 부궤환 증폭회로에서 거의 변화되지 않는 것은?

가. 이득－대역폭(GB)적
나. 비직선 일그러짐
다. 잡음
라. 입출력 임피이던스

해설 $G \cdot B = contant$ 이다.

해답 20. 가 21. 다 22. 가 23. 라 24. 나 25. 가

26. 직렬 전류 궤환 증폭기의 궤환 신호 성분은?

가. 전류　　나. 전압

다. 전압과 전류　　라. 전압 혹은 전류

27. 병렬 전압 궤환 증폭기의 궤환비 β 는? (단, I_f, V_f는 궤환성분이고 V_0, I_0는 출력 성분이다.)

가. V_f/I_0　　나. I_f/V_0　　다. I_f/I_0　　라. V_f/V_0

해설 증폭기 궤환 신호 성분은 직렬 궤환일 때 전압, 병렬 궤환일 때 전류이다.

28. 다음 병렬 전압궤환 증폭기에서 궤환비 β는?
단, $V_o \gg V_i$이며, 위상차는 180°이다.

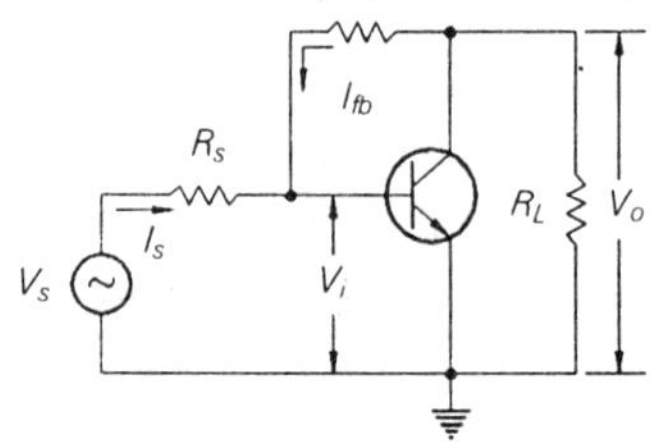

가. $\frac{R_f}{R_e}$

나. $\frac{R_f}{R_L}$

다. $\frac{1}{R_f}$

라. $\frac{I_{fb}}{I_s}$

29. 입력저항이 50 [kΩ]인 증폭기가 있다. 이 증폭기에 직렬 전류 궤환을 걸면 입력저항은 얼마가 되는가를 계산하시오.(단, $A\beta = 19$ 이다.)

가. 1 [MΩ]　　나. 2.5 [MΩ]　　다. 50 [MΩ]　　라. 950 [MΩ]

30. 그림과 같은 회로의 궤환방식으로서 옳은 것은?

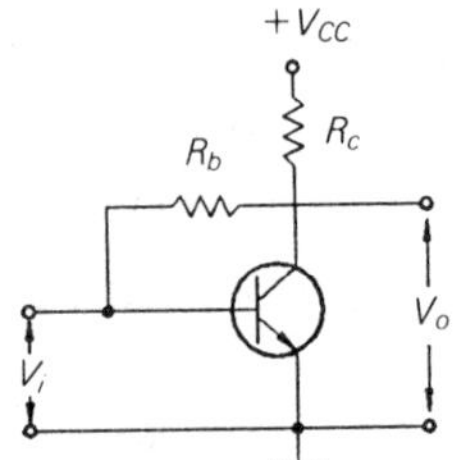

가. 전압 병렬궤환

나. 전압 직렬궤환

다. 전류 병렬궤환

라. 전류 직렬궤환

31. 다음과 같이 궤환된 회로에서 입력 임피던스는 궤환이 없을 때와 비교해 어떻게 변하는가?

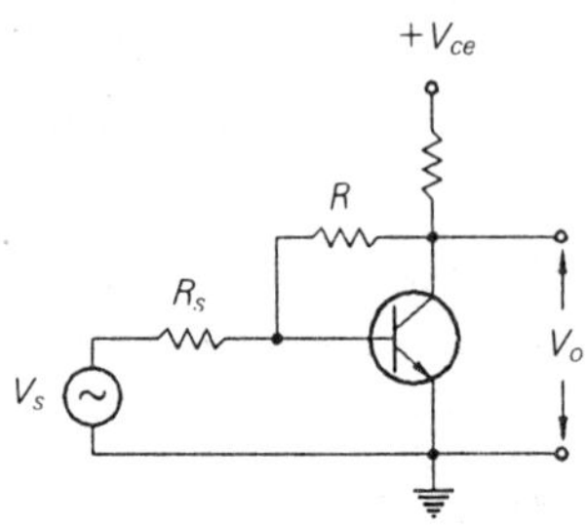

가. 증가

나. 일정

다. 감소

라. R이 된다.

해답 26. 나　27. 나　28. 다　29. 가　30. 가　31. 다

32. 다음 회로는 무슨 궤환 회로인가?
(단, I_f는 궤환 전류이다.)

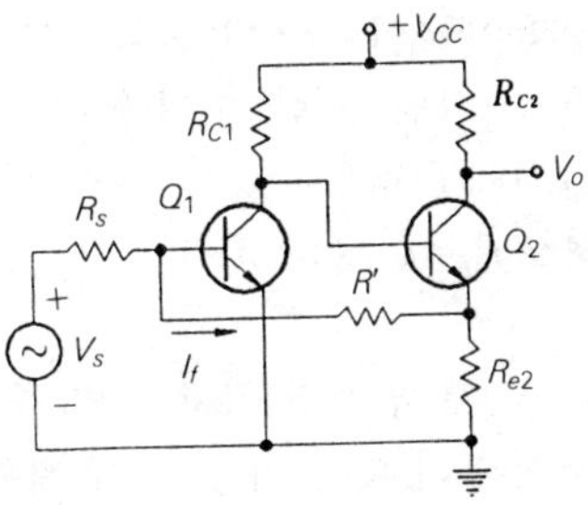

가. 직렬 전압 궤환
나. 직렬 전류 궤환
다. 병렬 전류 궤환
라. 병렬 전압 궤환

33. 그림의 회로에서 궤환저항 R_f에 의하여 증폭기의 입출력 임피던스는 각각 R_f가 없을 경우에 비하여 어떻게 변화하는가?

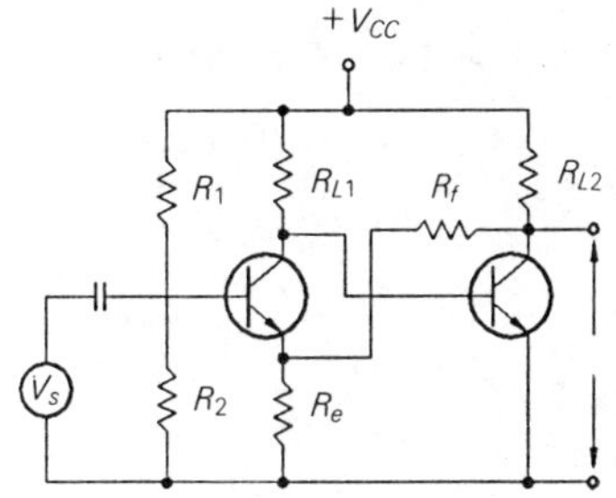

가. 입력 임피던스 : 감소
  출력 임피던스 : 감소
나. 입력 임피던스 : 감소
  출력 임피던스 : 증가
다. 입력 임피던스 : 증가
  출력 임피던스 : 감소
라. 입력 임피던스 : 증가
  출력 임피던스 : 증가

34. 그림의 회로에서 궤환율 β는?

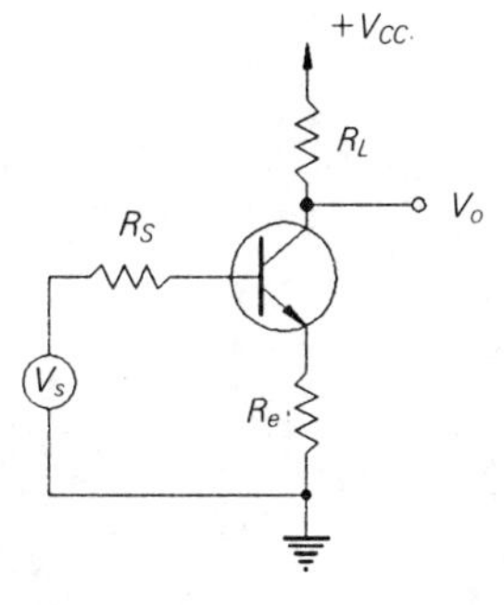

가. -1
나. $-R_e$
다. $-(R_e+R_L)$
라. $-1R_L/R_e$

해설 직렬 전류 궤환 증폭기이다.
$\beta = V_f/I_0 = -I_0R_e/I_0 = -R_e$

35. 그림의 궤환증폭기에서 1, 2는 공통 에미터증폭기이다. 다음 진술 중에서 현저하게 틀린 것은?

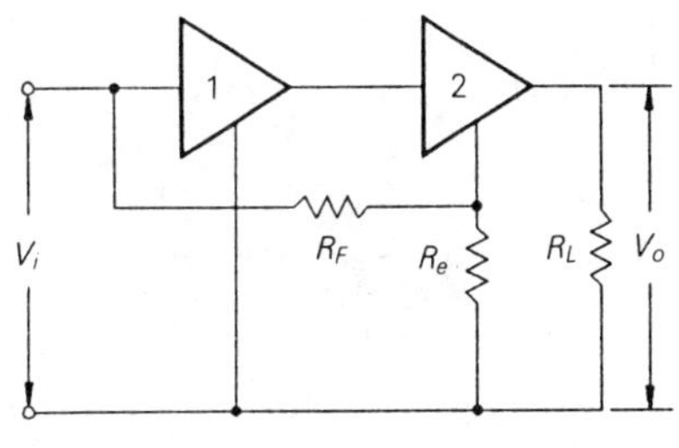

가. $R_e \ll R_L$로 하는 것이 보통이다.
나. 궤환으로 인해서 입력 임피이던스는 작아진다.
다. 궤환으로 인해서 출력 임피이던스는 작아진다.
라. 전류 이득 $\sim R_f/R_e$

해설 병렬 전류 부궤환 증폭기이다.

해답 32. 다 33. 다 34. 나 35. 다

36. 전압이득이 −100이고, 하한 3[dB], 주파수가 20[Hz]인 증폭기에 $\beta=0.1$인 부궤환을 걸면 하한 주파수는?

가. 0.2[Hz]　　나. 2[Hz]　　다. 0.4[Hz]　　라. 4[Hz]

해설 $f_{Lf}=f_L/(1+\beta A)$

37. 다음 중 부궤환 증폭기의 주파수 대역폭을 결정해 주는 식은? (단, f_H : 상한 3[dB] 주파수이며 첨자 f는 부궤환을 의미한다.)

가. $f_{Hf}=(1+\beta A)f_H$　　나. $f_{Hf}=f_H/(1+\beta A)$

다. $f_{Hf}=\beta A f_H$　　라. $f_{Hf}=(1+\beta A)/f_H$

해답 36. 나　37. 가

8장 연산 증폭회로

8·1 차동 증폭기

8·1·1 차동 증폭기의 모델

(1) 이상적 차동 증폭기의 기능 : 차동 증폭기(differential amplifier ; DIFF AMP)는 2개의 입력 신호의 차(差)를 증폭하는 것이다.

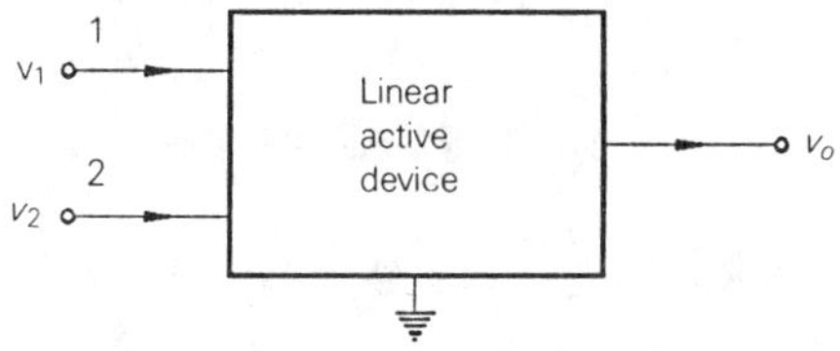

〈그림 8－1〉 차동 증폭기의 모델

〈그림 8－1〉에서 차동 증폭기가 이상적일 때 출력 v_o는

$$v_o = A_d(v_1 - v_2)$$

단, A_d : 차동 증폭기의 이득

● 이상적인 차동 증폭기는 2개의 입력 신호의 차로서 동작한다.

(1) 실제의 차동 증폭기의 출력

실제 증폭기에서는 두 신호의 차 신호(differential mode signal ; DM 신호) 뿐만 아니라 두 신호의 평균치인 동상 신호(common mode signal ; CM 신호)에도 의존한다.

① DM 신호 : $v_d \equiv v_1 - v_2$

② CM 신호 : $v_c \equiv \frac{1}{2}(v_1 + v_2)$

〈그림 8-1〉에서 차동 증폭기가 선형영역에서 동작할 때 출력 v_o는

$$v_o = A_1 v_1 + A_2 v_2$$

단, $A_1(A_2)$는 $v_2(v_1)$을 접지 시켰을 때의 이득이다.

이 식에 DM 신호와 CM 신호에서 유도된 다음 식을 대입한다.

$$v_1 = v_c + \frac{1}{2} v_d$$

$$v_2 = v_c - \frac{1}{2} v_d$$

따라서 출력 v_o는

$$\begin{aligned} v_o &= A_d v_d + A_c v_c \\ &= A_d v_d \left(1 + \frac{A_c}{A_d} \frac{v_c}{v_d} \right) \\ &= A_d v_d \left(1 + \frac{1}{\text{CMRR}} \frac{v_c}{v_d} \right) \end{aligned}$$

단, $A_d = \frac{1}{2}(A_1 - A_2)$: 차 신호에 대한 전압 이득

$A_c = A_1 + A_2$: 동상 신호에 대한 전압 이득

$\text{CMRR} = \left| \frac{A_d}{A_c} \right|$: 동상 신호 제거비(common mode rejection ratio)

이상적 차동 증폭기가 되려면 A_c가 0이고 A_d는 커야 한다. 즉 $\text{CMRR} \gg v_c / v_d$이면 v_o는 CM 신호의 영향을 덜 받고 $v_o \approx A_d v_d$가 된다.

(2) 차동 증폭기의 필요성과 응용

① 직류에서 수 [MHz]까지의 응답이 요구되는 물리적 측정에서 차동 증폭기가 필요하다.

② 신호원과 초단 증폭기간을 직결(direct coupling) 하려면 차동 증폭기가 거의 필수적으로 실제 연산 증폭기의 입력단에 차동 증폭기가 사용된다.

③ 응 용 : 물리 측정, 의료 전자공학, 직결합 증폭기, 대부분 애널로그 IC의 입력단 등에 응용된다.

예제 8-1 CMRR에 따른 차동 증폭기의 출력

(1) CMRR = 100인 차동 증폭기의 입력에 각각

(a) $v_1 = 50\,[\mu V]$, $v_2 = -50\,[\mu V]$

(b) $v_1 = 1050\,[\mu V]$, $v_2 = 950\,[\mu V]$

이 입력될 때 출력 전압을 비교하라.

풀이 (a) $v_d = v_1 - v_2 = 100\,[\mu V]$, $v_c = \frac{1}{2}(v_1 + v_2) = 0$

$\therefore\ v_o = 100\,A_d\,[\mu V]$

(b) $v_d = 100\,[\mu V]$, $v_c = \frac{1}{2}(1050+950) = 1000\,[\mu V]$

CMRR = 100이므로

$\therefore\ v_o = 100\,A_d\left(1+\frac{10}{100}\right)[\mu V]$

따라서 두 경우 10[%]의 차가 생긴다.

(2) CMRR = 10000일 때 (1)의 (a), (b)를 반복하라.

풀이 (a) $v_o = 100\,A_d\,[\mu V]$

(b) $v_o = 100\,A_d\,(1+10/10^4)\,[\mu V]$

이 경우는 0.1[%]의 차 밖에 안 생긴다.

8·1·2 에미터 결합 차동 증폭기

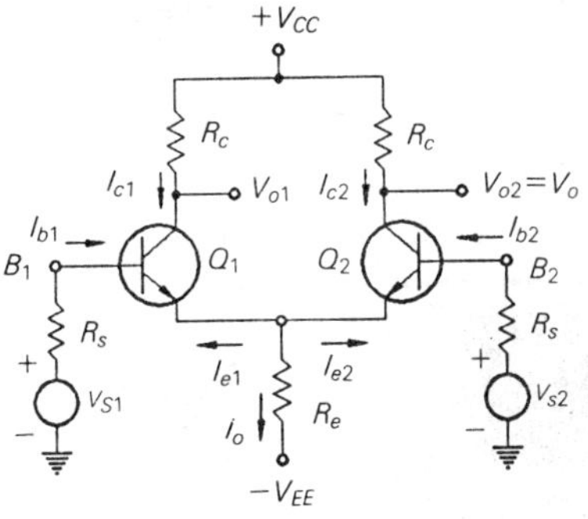

〈그림 8-2〉 대칭 에미터 결합 차동증폭기

〈그림 8-2〉의 회로에서 R_e가 크면 CMRR이 커져 훌륭한 차동 증폭기가 된다.

(1) 에미터 결합 차동 증폭기의 동작

$V_{s1} = V_{s2} = V_s$일 때, $V_d = V_{s1} - V_{s2} = 0$, $V_o = A_c V_s$이다. 그러나 $R_e = \infty$이면 회로의 대칭성으로 $I_{e1} = I_{e2} = 0$ 이고 $I_{b2} \ll I_{c2}$이므로 $I_{c2} \approx I_{e2}$이다. 따라서 $V_o = 0$이 된다.

따라서 $R_e = \infty$ 이고, 대칭이면 A_c는 영(0)이고 CMRR $= \infty$ 이다.

(2) **동상 이득 A_c 구하기** : A_c는 $V_{s1} = V_{s2} = V_s$로 놓으면 구할 수 있다. 만일 R_e를 $2R_e$의 값을 갖는 두개의 저항을 병렬 접속하여 대치하여도 에미터 결합 차동 증폭기는 변하지 않는다.

근사 등가 h-모델에서 A_c의 값을 구하면

$$A_c = \frac{-h_{fc}R_c}{R_s + h_{ie} + (1+h_{fe})2R_e}$$

(3) **역상 이득 A_d 구하기** : A_d는 $V_{s1} = -V_{s2} = V_s/2$로 놓고 구할 수 있다. $h_{oe}R_c \ll 1$ 일 때

$$A_d = \frac{V_o}{V_s} = \frac{1}{2}\,\frac{h_{fe}R_c}{R_s + h_{ie}}$$

즉 A_c와 A_d의 식에서 $R_e \to \infty$ 에 따라 $CMRR = A_d / A_c$는 한없이 증가함을 알 수 있다.

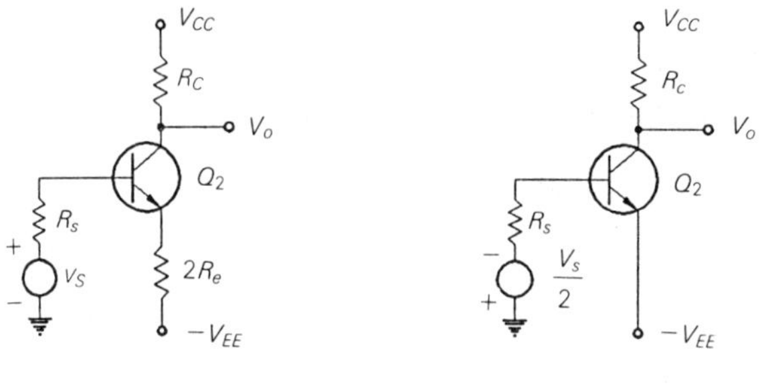

(a) A_c 구하기　　　(b) A_d 구하기

〈그림 8-3〉 **A_c와 A_d를 구하기 위한 등가 회로**

8·2 연산 증폭 회로

8·2·1 반전 및 비반전 연산 증폭기

(1) 이상적인 연산 증폭 회로의 구비 조건

① 입력 임피이던스 Z_{in} 이 무한대
② 출력 임피이던스 Z_{out} 가 0
③ 전압 이득 A_v 가 무한대
④ 대역폭이 DC 에서부터 무한대
⑤ 응답 시간은 0 이어야 한다.
⑥ 특성은 온도에 대하여 드리프트(drift) 되지 않는다.
⑦ 잡음이 없으며 입력이 0 일 때 출력도 0 일 것.
⑧ CMRR = ∞ 일 것
⑨ $I_{B1} = I_{B2} = 0$ (직류 바이어스 전류는 0)
⑩ $I_{I0} = V_{I0} = 0$ (입력 오프셋 전류 및 전압은 0)

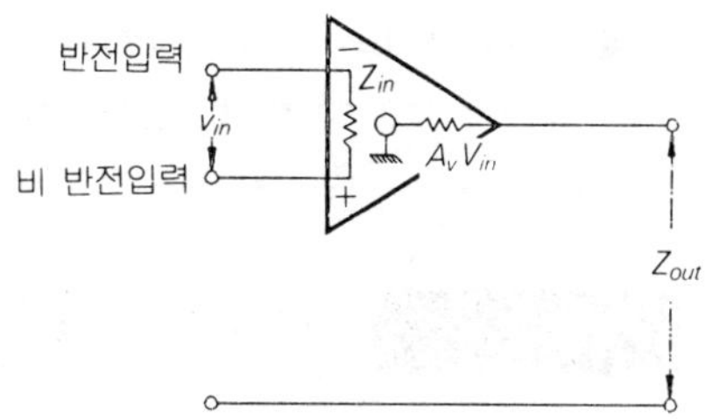

〈그림 8－4〉 이상적인 연산 증폭기의 모델

(2) 반전 연산 증폭기(Inverting operational amplifier)

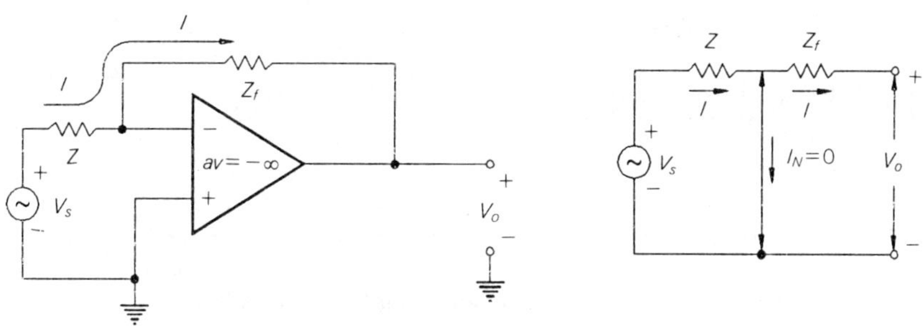

(a) 회로　　(b) 등가회로

〈그림 8－5〉 반전 연산 증폭기

반전 증폭기는 출력과 입력의 위상이 역위상인 증폭기이다. 이 증폭기의 해석에는 가상 접지(virtual ground)의 개념을 이용한다.

$$\frac{V_s - V_i}{Z} = \frac{V_i - V_0}{Z_f}$$

$$V_0\left[1 - \frac{1}{A_v}\left(1 + \frac{Z_f}{Z}\right)\right] = -\frac{Z_f}{Z}V_s$$

여기서 $A_v = \dfrac{V_0}{V_i} = \infty$ 이므로

출력 전압 $V_o = -\dfrac{Z_f}{Z} V_s$

전압 이득 $A_{vf} = \dfrac{V_0}{V_s} = -\dfrac{Z_f}{Z}$

● 가상 접지란 그 점의 전압은 0이 되어도 증폭기의 입력 단자를 통하여 접지점으로는 전류가 흐르지 않음 ($I_N = 0$)을 의미한다.

예제 8－2 반전 연산 증폭기에 관한 문제

(1) 이득이 20인 반전 증폭기의 입력 $v_i = 0.5 \sin 2000\pi t$ [V]이다. 출력 v_o를 구하고 v_i와 v_o의 주기를 구하라.

풀이 $v_o = -\dfrac{R'}{R} v_i$

$= -A_{vf} v_i = -10 \sin 2000\pi t$ [V]

주기 $T = \dfrac{1}{f} = \dfrac{1}{1000} = 1$ [ms]

(2) 〈그림 8－6〉의 회로에서 전류 i를 구하라.

풀이 $i = 3$ [mA]

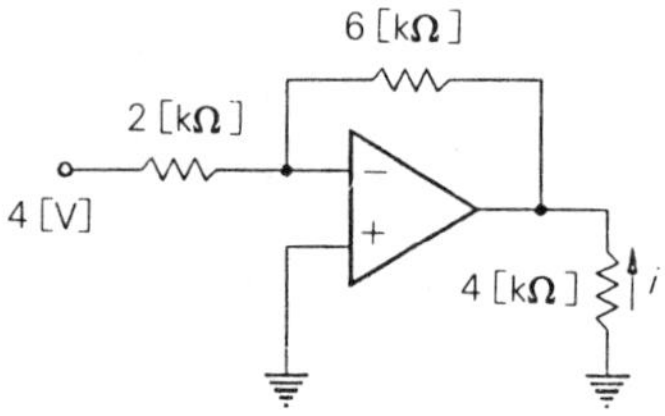

〈그림 8－6〉

(3) 비반전 연산 증폭기(noninverting operational amplifier)

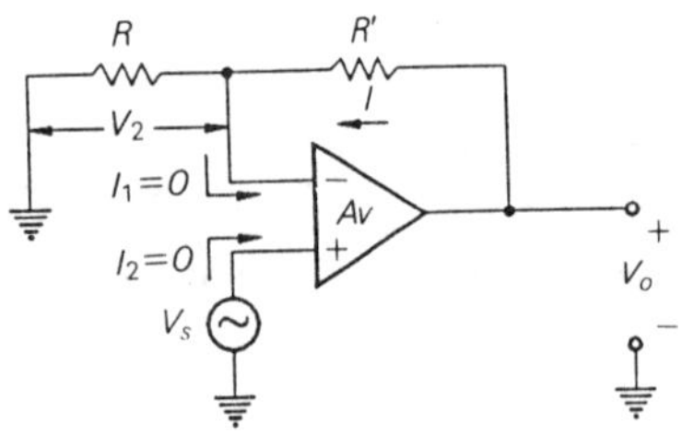

〈그림 8－7〉 비반전 연산 증폭기

$R_i = \infty$ 이고, $-A_v = \infty$ 일 때

$V_2 = \dfrac{R}{R+R'} V_0$

$V_0 = A_v(V_1 - V_s)$, $V_s = V_2$ 이므로

$A_{vf} = \dfrac{V_0}{V_s} = \dfrac{V_0}{V_2} = \dfrac{R+R'}{R}$

〈그림 8-7〉의 비반전 연산 증폭기는

① 출력과 입력의 위상이 동위상이고
② 페루프 이득이 항상 1보다 크다.

는 특징이 있다.

예제 8-3 비반전 연산 증폭기에 관한 문제

〈그림 8-8〉의 회로에서 전류 i 를 구하라.

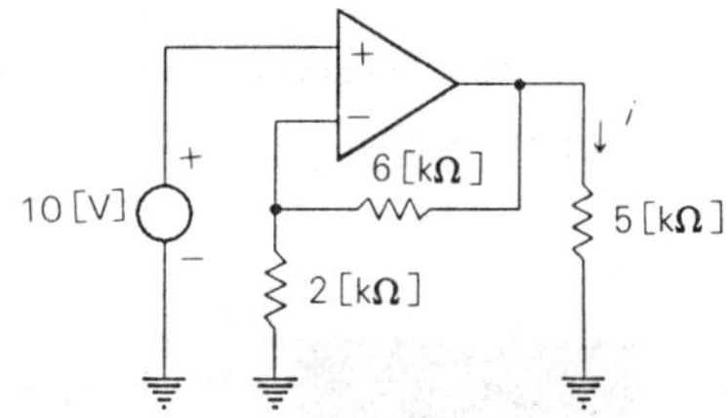

〈그림 8-8〉

풀이 먼저 출력 v_o 을 구한다.

$$v_o = \left(1+\frac{R'}{R}\right)v_i$$

$$= \left(1+\frac{6}{2}\right)\times 10 = 40\,[\text{V}]$$

$$i = \frac{40}{5\,[\text{k}\Omega]} = 8\,[\text{mA}]$$

(4) 오프 세트(off set) 전압 및 전류

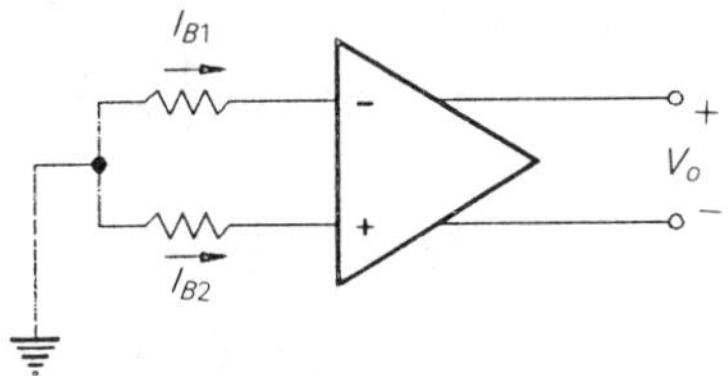

(a) 입력 오프세트 전압

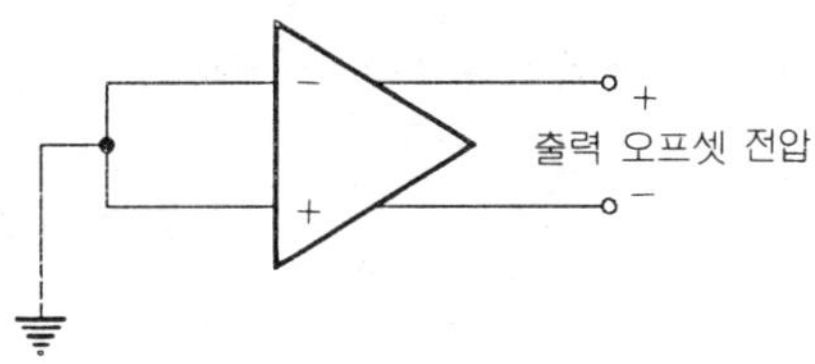

(b) 출력 오프세트 전압

〈그림 8-9〉 off set 전압 및 전류

① 입력 바이어스 전류(I_B) : $I_B=(I_{B1}+I_{B2})/2$ (단, $V_0=0$ 일 때)
② 입력 오프세트 전류(I_{i0}) : $I_{i0}=I_{B1}-I_{B2}$ (단, $V_0=0$ 일 때)
③ 입력 오프세트 전류 드리프트(input offset current drift)

$$\frac{\Delta I_{i0}}{\Delta T} = \frac{\text{입력 오프세트 전류의 변화}}{\text{온도 변화}}$$

④ 입력 오프세트 전압(V_{i0}) : 불균형이된 증폭기의 입력단자 사이에 인가되어야 할 전압 ($V_0=0$ 일 때)

⑤ **입력 오프세트 전압 드리프트**

$$\frac{\Delta V_{i0}}{\Delta T} = \frac{\text{입력 오프세트 전압의 변화}}{\text{온도 변화}}$$

⑥ **출력 오프세트 전압** : 두 입력단자가 접지되어 있을때 두 출력단자에 나타나는 *DC* 전압의 차

⑦ **전원 전압 제거비(supply voltage rejection ratio : SVRR)**

$$\text{SVRR} = \frac{\text{입력 오프세트 전압의 변화}}{\text{전원전압의 변동}}$$

⑧ **스루 레이트(slew ratio)** : 입력이 대신호일 때 시간에 대한 폐루프 증폭기 출력 전압의 변화율

예제 8-4 반전 증폭기의 이해(1)

〈그림 8-10〉의 회로에서 스위치 S를 닫았을 때(또는 열었을 때) 전압 이득 $A_{vf} = v_o/v_i = -1\,(+1)$이 됨을 보여라.

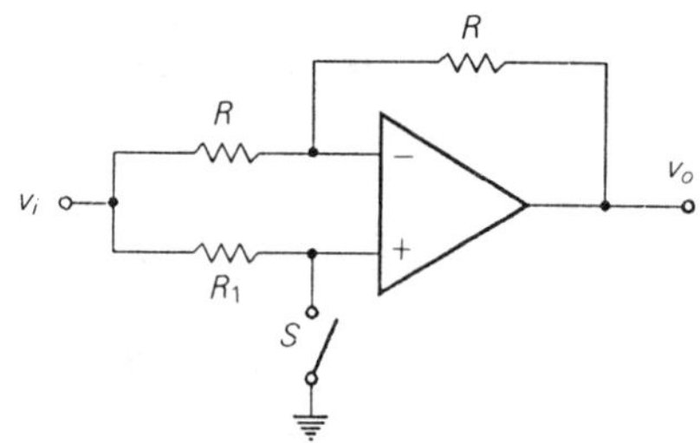

〈그림 8-10〉

풀이 (a) s를 닫았을 때 : $s \to on$ 이면 비반전 단자가 접지되므로 이 때 op AMP는 반전 증폭기가 된다.

$$v_o = -\frac{R'}{R}v_i = -v_i \,(R = R' \text{ 이므로})$$

$$\therefore\; A_{vf} = v_o / v_i = -1$$

(b) s를 열었을 때 : $s \to off$ 이면 반전과 비반전 단자 둘다 입력이 가해지므로 중첩 정리를 사용한다.

$$v_o = -\frac{R'}{R}v_i + \left(1 + \frac{R'}{R}\right)v_i$$

$$= -v_i + (1+1)\,v_i = v_i \quad (R' = R \text{ 이므로})$$

$$\therefore\; A_{vf} = v_o / v_i = +1$$

예제 8-5 반전 증폭기의 이해(2)

〈그림 8-11〉의 회로는 반전 증폭기의 궤환저항 R' 대신에 T형 회로를 사용하였다. 전달 이득을 구하라.

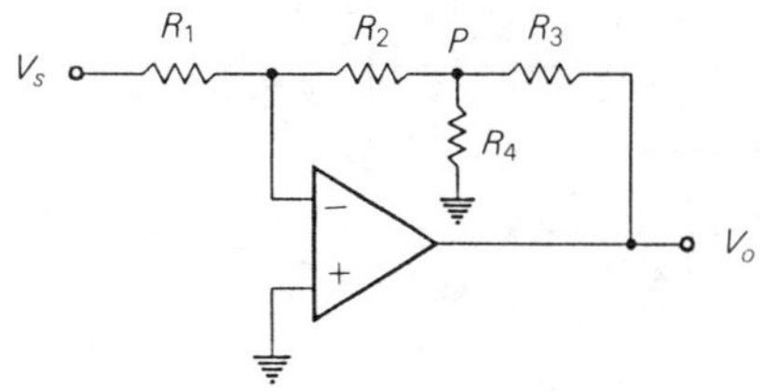

〈그림 8-11〉

풀이 저항 R_1, R_2, R_3에 전류 I_1, I_2, I_3가 왼쪽에서 오른쪽으로 흐르고 R_4에는 전류 I_4가 접지쪽으로 흐른다고 하자. R_2, R_3와 R_4의 공통노드점인 p 점에서의 전압을 V 라고 하면

$$I_1 = I_2 = I \qquad v_s = R_1 I$$

$$V = -R_2 I = -R_2 v_s / R_1 \qquad I_4 = V/R_4 = -R_2 v_s / R_1 R_4$$

$$v_o = -R_3 I_3 + V = -R_3(I - I_4) + V$$

$$= -R_3\left(\frac{v_s}{R_1} + \frac{R_2 v_s}{R_1 R_4}\right) - \frac{R_2 v_s}{R_1} = -\frac{R_2 + R_3 + R_2 R_3 / R_4}{R_1} v_s$$

$$\therefore\ A_v = v_o / v_s = -\frac{R_2 + R_3 + R_2 R_3 / R_4}{R_1}$$

8·2·2 연산 증폭 회로의 응용

(1) 부호 변환기

$Z = Z_f$ 이면 $V_0 = -V_S$ 즉, $A_{vf} = -1$이 되므로 입력의 부호만 바뀌므로 부호 변환기가 된다.

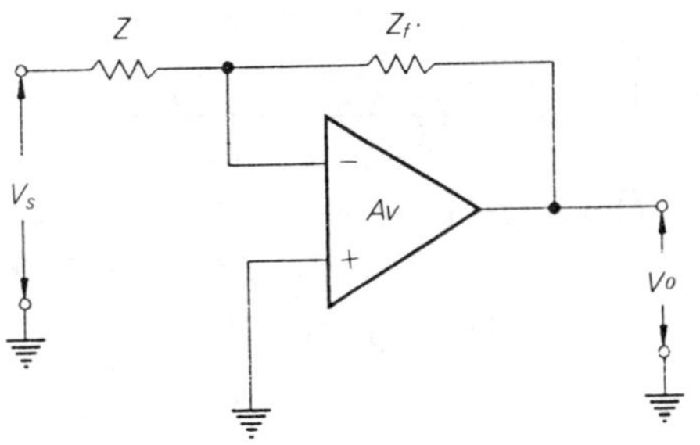

〈그림 8-12〉 부호 변환기

(2) 이상기(phase shifter)

반전 연산 증폭기에서 Z와 Z_f 의 크기가 같고 위상에 서로 다른 임피이던스인 경우 즉, $\angle Z_f - \angle Z = 0°$ 로 하면 V_0는 다음과 같다.

$$V_0 = -\left(\frac{Z_f}{Z}\right) V_s = -V_s \angle \theta$$

연산 증폭기의 출력 위상을 0°~180° 사이에서의 임의의 이상기를 만들 수 있다.

(3) 배수기(Scale changer)

반전 연산 증폭기에서 $Z_f / Z = K$ 즉, 정의 실수라 하면

$$A_{vf} = -K$$

(4) 가산기(Adder)

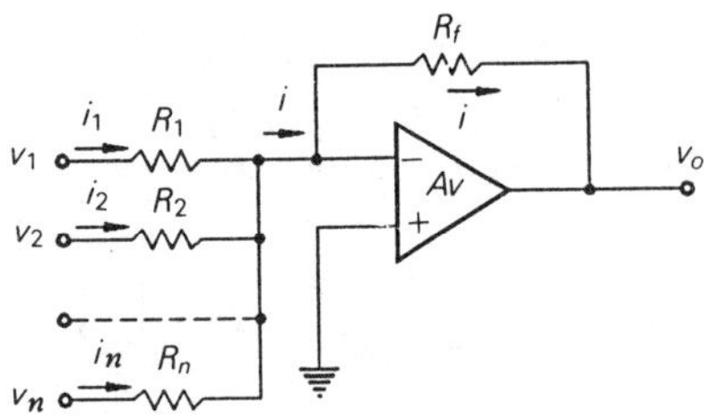

〈그림 8−13〉

$$i = i_1 + i_2 \cdots i_n = \frac{v_1}{R_1} + \frac{v_2}{R_2} + \cdots + \frac{v_n}{R_n}$$

출력 $v_o = -R_f \cdot i = -R_f\left(\frac{v_1}{R_1} + \frac{v_2}{R_2} + \cdots + \frac{v_n}{R_n}\right)$

만일 $R_1 = R_2 = \cdots R_n = R$ 라 하면

$$v_o = -\frac{R_f}{R}(v_1 + v_2 + \cdots + v_n)$$

예제 8−6 반전 가산기에 관련된 문제

〈그림 8−14〉의 회로에서 $R_3 = 10\,[\mathrm{k\Omega}]$ 이고 출력 v_o 가 $v_o = -(v_1 + 3v_2 + 6v_3)$ 일 때 R_1, R_2 와 R_f 를 구하라.

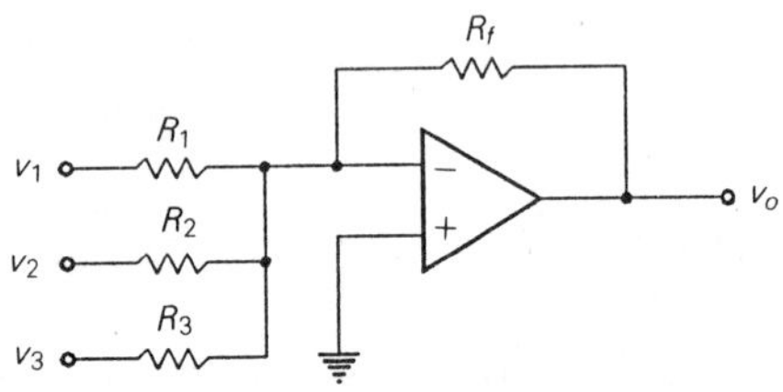

〈그림 8−14〉

풀이 $R_1 = 60\,[\mathrm{k\Omega}]$

$R_2 = 20\,[\mathrm{k\Omega}]$

$R_f = 60\,[\mathrm{k\Omega}]$

(5) 감산기

연산 증폭기의 2개 입력 단자중 접지와 R_3 단자와의 전위차를 V_N, R_1과 접지사이의 전위차를 V_I 이라고 하면

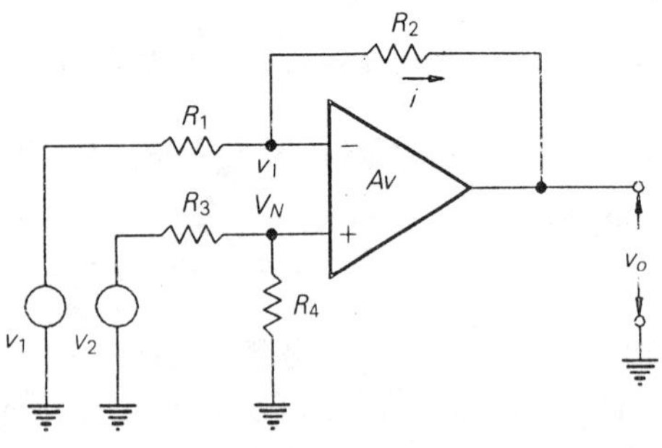

〈그림 8−15〉 감산기

$$\frac{v_1 - V_I}{R_1} = \frac{V_I - v_o}{R_f}, \qquad V_N = v_2 \times \frac{R_4}{R_3 + R_4}$$

$V_I = V_N$ 일때, V_I, V_N 을 소거하며 출력 전압을 구하면

$$v_0 = \frac{R_2}{R_1}(v_2 - v_1) \text{ (단, } R_1 = R_3,\ R_2 = R_4 \text{ 일 때}$$

$$= v_2 - v_1 \text{ (단, } R_1 = R_2 \text{ 일 때)}$$

예제 8－7 감산기에 관련된 문제

(1) 〈그림 8－15〉의 회로에서 $R_1 = R_3$, $R_2 = R_4$이다. $v_1 = 2$ [V], $v_2 = 5$ [V], $v_o = 12$ [mV], 그리고 $R_2 = 5$ [kΩ]이다. 저항 R_1의 값은?

풀이 $R_1 = 1.25$ [MΩ]

(2) 〈그림 8－15〉의 회로에서 $R_1 = R_3 = 1$ [kΩ], $R_2 = R_4 = 100$ [kΩ], $v_1 = 100$ [μV], 일 때 $v_o = 2$ [mV] 이었다면 v_2의 값을 구하라.

풀이 $v_2 = 120$ [μV]

(6) 적분 연산기

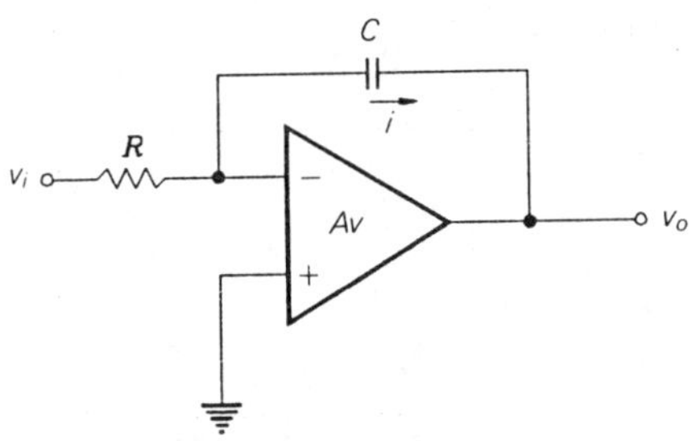

(a) 적분기

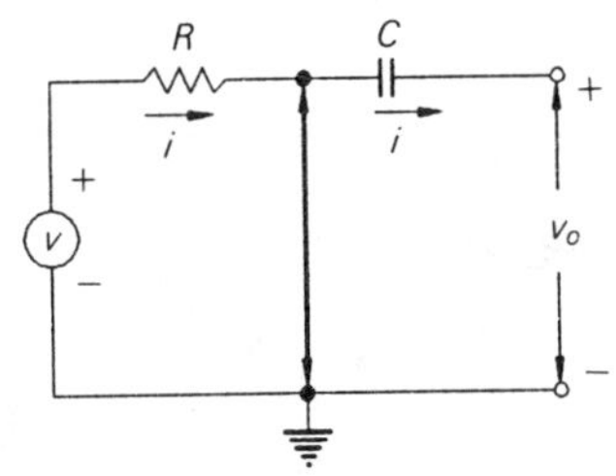

(b) 등가 회로

〈그림 8－16〉

$$v_0 = -\frac{1}{C}\int_0^t i \cdot dt = -\frac{1}{CR}\int_0^t v_i \cdot dt$$

예제 8－8 적분기에 관련된 문제

〈그림 8－17〉의 회로에서 입력 v_i에는 구형파 (square wave)가 가해진다. 이 구형파의 첫번째 주기가

$$v_i = 1\,[\text{V}] \qquad 0 < t < 100\,[\mu\text{s}]$$
$$= -1\,[\text{V}] \qquad 100 < t < 200\,[\mu\text{s}]$$

라고 한다. 만약 초기 조건 $v_o(0) = 0$이라고 할 때 0～100 [μs]와 100～200 [μs]의 출력 v_o를 구하라.

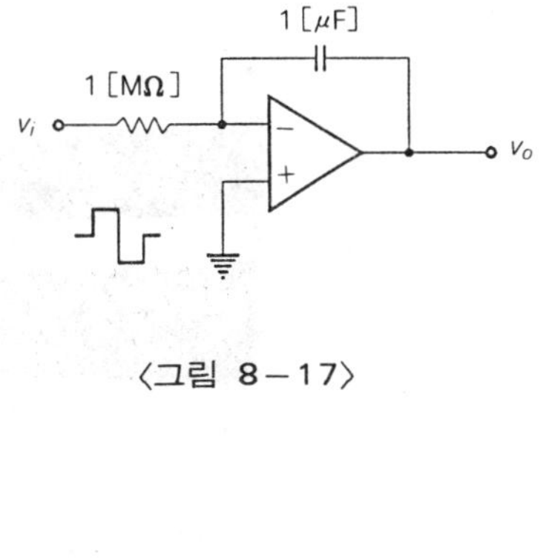

〈그림 8－17〉

풀이 $-t$ [V], $t-2(10^{-4})$ [V]

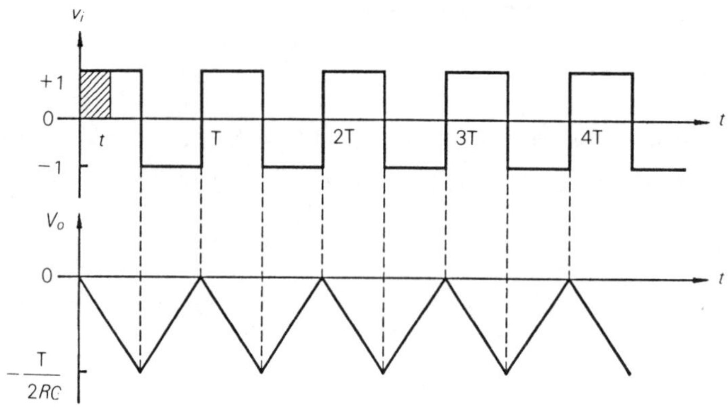

〈그림 8－18〉

(7) 미분 연산기

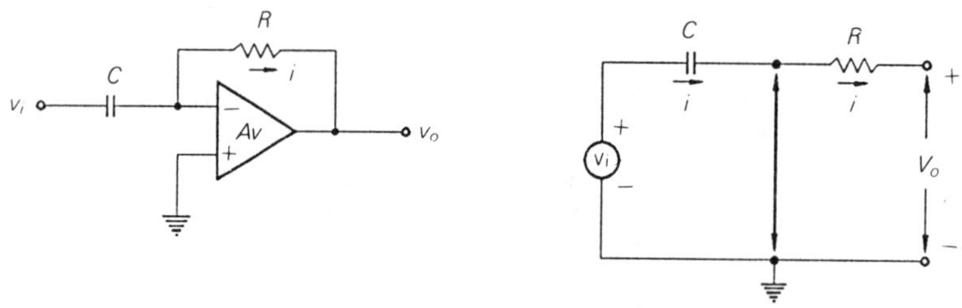

(a) 미분기 (b) 등가회로

〈그림 8－19〉

$$v_0 = -R \cdot i = -CR\frac{dv_i}{dt}$$

예제 8-9 미분기에 관련된 문제

〈그림 8-20〉 (a)의 회로에서 입력 v_i에 가해지는 신호의 한 주기 파형을 보인 것이다.

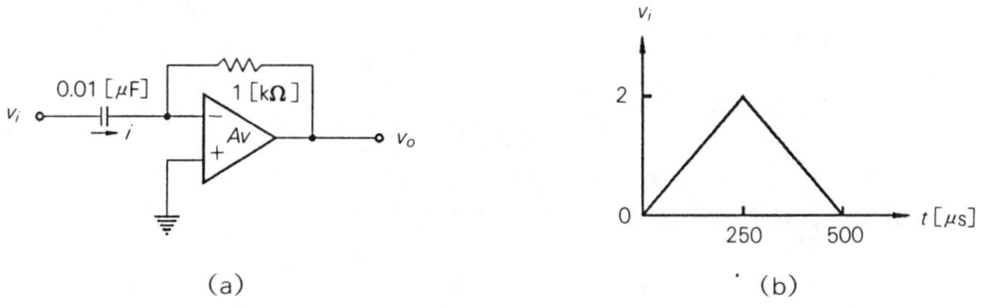

〈그림 8-20〉

0~250 [μs]와 250~500 [μs] 출력 v_o를 구하라.

풀이 0~250 [μs]에서 $\dfrac{dv_i}{dt} = \dfrac{2}{250\,[\mu s]}$ 이므로

$$v_o = -CR\frac{dv_i}{dt} = -0.01\,[\mu F]\ (1[k\Omega])\,\frac{2}{250\,[\mu s]} = -80\,[mV]$$

또, 250~500 [μs]에서 $\dfrac{dv_i}{dt} = -\dfrac{2}{250\,[\mu s]}$ 이므로

$v_o = +80\,[mV]$이다.

예제 8-10 비반전 적분기의 해석

〈그림 8-21〉은 비반전 적분기이다. 출력 v_o을 구하라.

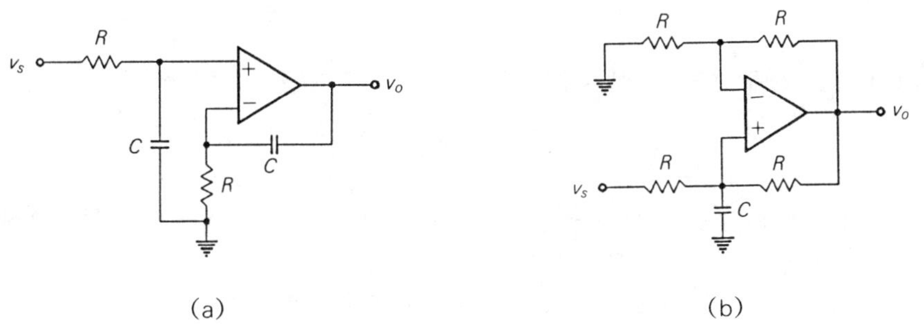

〈그림 8-21〉

풀이 (a) 의 경우 : OP AMP의 (+)터미널의 전압 V^+는

$$V^+ = \frac{1/sC}{R+1/sC}\, v_s$$

이 회로의 출력 v_o는

$$v_o = \frac{R+1/sC}{R} V^+ = \frac{1}{RCs} v_s = \frac{1}{RC}\int v_s\, dt$$

(b) 의 경우 : C에 흐르는 전류 i_c는

$$i_c = i + \frac{v_o}{2R} = \frac{v_s - v_o/2}{R} + \frac{v_o}{2R} = \frac{v_s}{R}$$

그러므로

$$\frac{v_o}{2} = \frac{1}{C}\int i_c\, dt = \frac{1}{RC}\int v_s\, dt$$

$$\therefore\ v_o = \frac{2}{RC}\int v_s\, dt$$

(8) 전압-전류 변환기

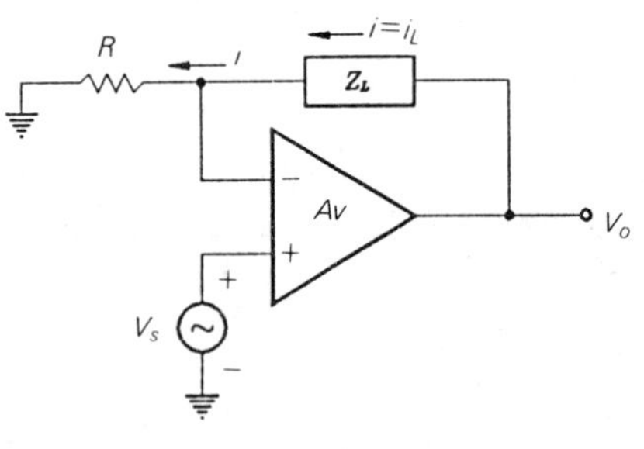

(a) 전압 전류 변환기 부동(浮動)부하

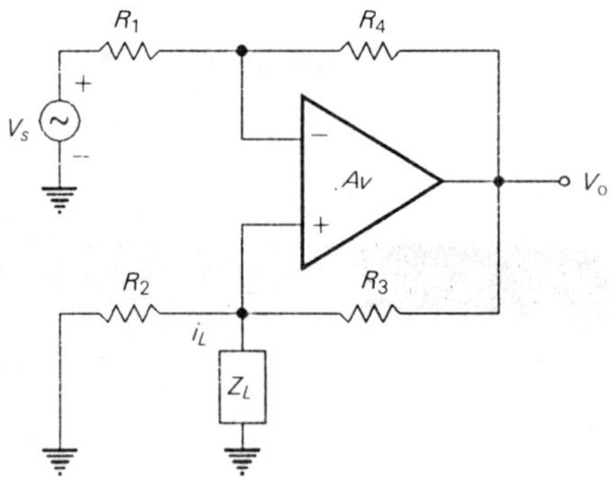

(b) 부하 Z_L이 접지된 회로

〈그림 8-22〉

출력 전류에 비례한 전압 신호로 변화시킬 때가 있는데 예를들면 TV 브라운관의 편향 코일을 연결시킬 때이다.

신호 입력 $v_s(t)$ 에 대하여 Z_L의 전류는 다음과 같다.

$$i = \frac{V_s(t)}{R}$$

즉, 부하 임피던스 Z_L에 무관하여서 신호원과 부하의 전류가 같기 때문에 신호원을 부하 전류로 공급할 수 있게 된다.

(9) 전류-전압 변환기

증폭기의 입력단자가 실질적으로 접지되어 있으므로 R_s에 흐르는 전류는 0이다.

$$v_0 = -i_s R'$$

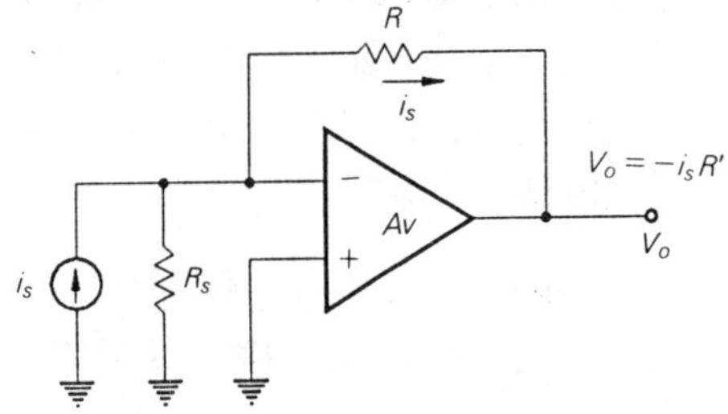

〈그림 8-23〉 전류-전압 변환기

(10) **DC** 전압 폴로워(Follower)

입력의 2단자가 단락되어 있으므로 $V_0 = V_s$가 되어서 출력전압이 입력전압을 그대로 따라서 변한다.

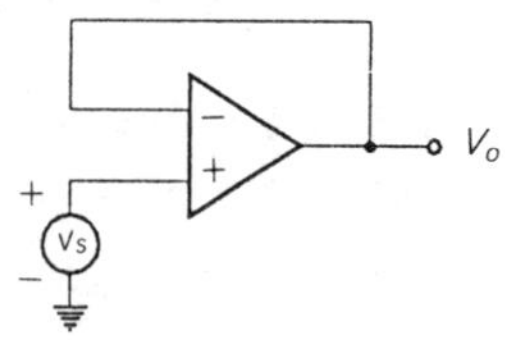

〈그림 8-24〉 전압 폴로워

(11) 교류 결합 증폭기

캐패시터 C는 입력신호의 직류 성분을 차단하는 역할을 한다.

입력 전류 I는

$$I = \frac{v_s}{R + \frac{1}{j\omega C}}$$

$$= \frac{1}{1 + \frac{1}{j2\pi fRC}} \cdot \frac{v_s}{R}$$

$$= \frac{1}{1 - j(f_L/f)} \frac{v_s}{R} \quad \text{단, } f_L \equiv \frac{1}{2\pi RC}$$

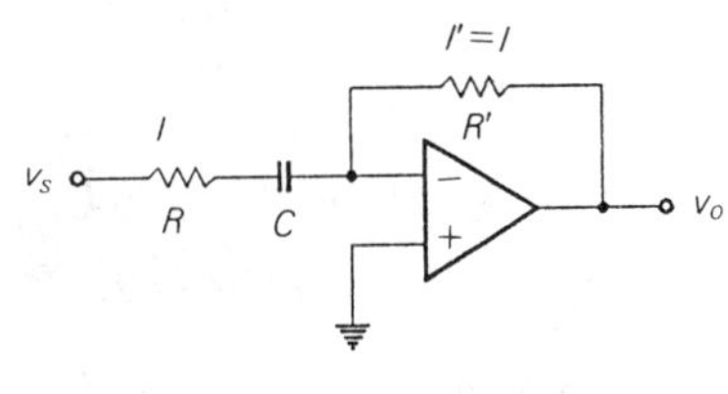

〈그림 8-25〉 교류 결합 증폭기

전압 이득 A_{vf}는

$$A_{vf} = \frac{v_o}{v_s} = \frac{-R'I}{v_s} = -\left(\frac{R'}{R}\right)\frac{1}{1 - j(f_L/f)}$$

① $f \gg f_L$인 주파수 영역에서 $A_{vf}(\text{mid}) \approx -R'/R$

② $f = f_L$일 때 $|A_v| = 0.707\,(R'/R)$이다. 이는 $A_{vf}(\text{mid})$보다 3[dB]만큼 떨어진 값이다.

예제 8−11 교류 결합 증폭기의 해석

〈그림 8−26〉의 회로에서 중역 전압 이득 A_{vf}(mid)는 얼마인가? 단, 신호원 주파수는 10 [kHz]이다.

풀이 교류 결합 증폭기이다.

중역($f \gg f_L$)에서 전압 이득 A_{vf}(mid)는

$$A_{vf}(\text{mid}) = -\frac{R'}{R} = \frac{-10^6}{100\times10^3} = -10$$

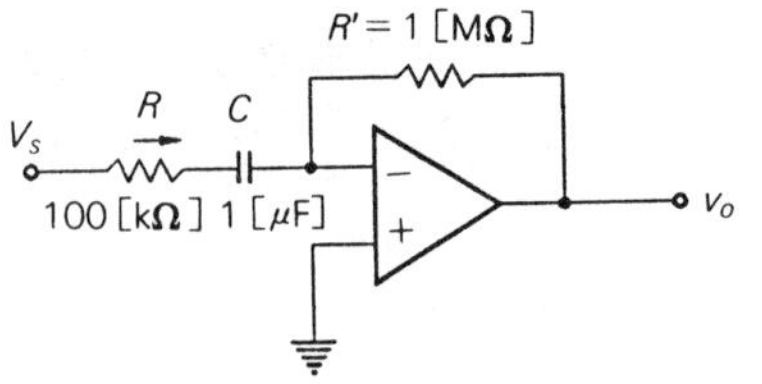

〈그림 8−26〉

(12) 피크 검출기(peak detector)

연산 증폭기는 비교기이다. 이 회로는 입력 전압의 피크값을 검출하고 이 전압을 C에 저장한다.

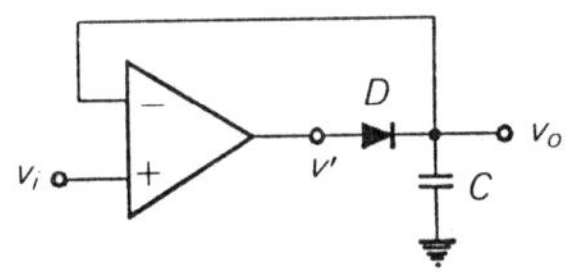

〈그림 8−27〉

(13) 대수 증폭기(logarithmic amplifier)

다이오드 D를 궤환소자로 이용하는 이 회로는 입력 전압의 대수에 비례하는 출력 전압을 알고자 할 때 사용한다.

다이오드의 전압 전류 특성은

$$I_f = I_o\,(e^{v_f/\eta V_T} - 1) \approx I_o\,e^{v_f/\eta V_T}$$

$$V_f = \eta V_T\,(l_n I_f - l_n I_o)$$

단, $v_f/\eta V_T \gg 1$

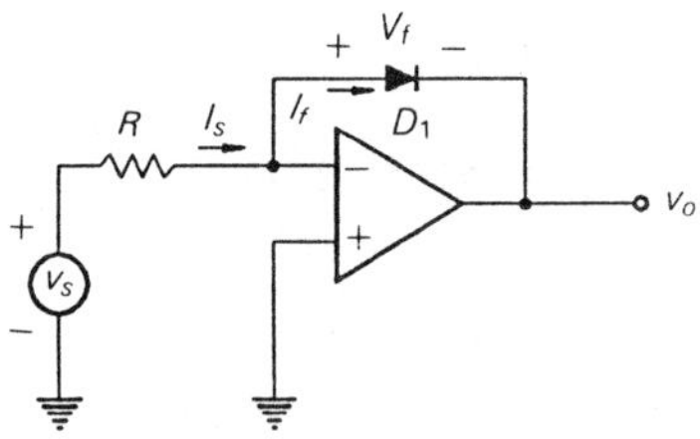

〈그림 8−28〉

가상접지로 인해 $I_f = I_s = v_s/R$ 이므로

$$v_o = -v_f = -\eta V_T\left(l_n\frac{v_s}{R} - l_n I_o\right)$$

出 題 豫 想 問 題

1. 차동 증폭기에서 동상 제거비(common mode rejection ratio : CMRR)를 나타내는 식으로서 옳은 것은? 단, A_c는 동상 이득(common mode gain)), A_d는 역상 이득(differential mode gain)이다.

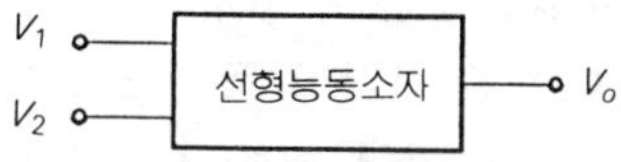

가. $\text{CMRR}=\dfrac{A_d}{A_c}$

나. $\text{CMRR}=\dfrac{A_c}{A_d}$

다. $\text{CMRR}=A_c A_d$

라. $\text{CMRR}=A_d-A_c$

해설 $V_0=A_dV_d+A_cV_c$

$$=A_dV_d\left(1+\frac{1}{\text{CMRR}}\quad\frac{V_c}{V_d}\right)$$

2. 차동 증폭기에서의 CMRR(동상분 제거비)에 대한 설명 중 옳은 것은?

가. CMRR은 클수록 좋다.

나. CMRR은 작을수록 좋다.

다. CMRR가 클수록 차동 증폭기의 오차가 증대한다.

라. CMRR와 출력에서의 오차는 무관하다.

해설 이상적인 차동 증폭기에서 $V_0 = A_dV_d$이다. 따라서 차신호 이득 A_c가 0에 가까울수록 좋다.

3. 다음 회로의 명칭은 무엇인가?

가. 차동 증폭 회로

나. 레벨 시프트

다. 다링톤 회로

라. 멀티바이브레이터

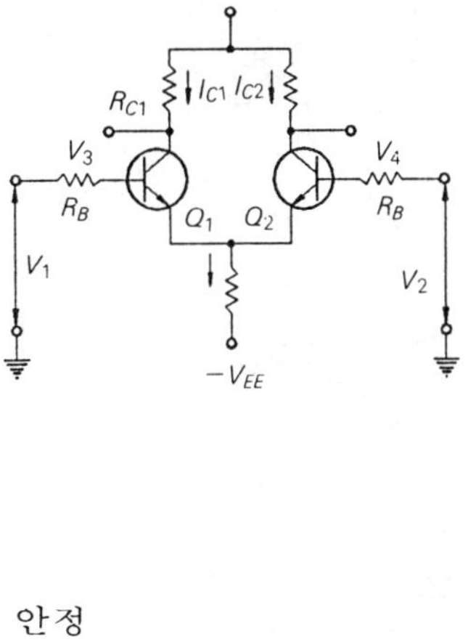

4. 차동 증폭기의 특징으로서 잘못된 것은?

가. 직류, 교류 모두 증폭 가능하다.

나. 부품의 절대치가 변화해도 증폭기 거의 안정

다. 작은 온도변화에도 동작이 안정

라. 증폭도가 보통 방식보다 훨씬 크다.

해답 1. 가 2. 가 3. 가 4. 라

5. 연산 증폭기의 성질에 관한 진술 중에서 **틀린** 것은?

가. 전압 이득이 매우 크다.
나. 입력 임피이던스가 매우 작다.
다. 출력 임피이던스가 매우 작다.
라. 전력 이득이 매우 크다.

해설 이상적 *OP*－*Amp* 의 특징

① 입력 저항 $R_i=\infty$
② 출력 저항 $R_0=0$
③ 개루우프 이득 $A_V=\infty$
④ 대역폭 $B=\infty$

6. 연산 증폭기에 대한 설명이다. **틀린** 것은?

가. 궤환회로를 부가한 고이득 직결 증폭기를 말하며, 차동 증폭기가 주축을 이룬다.
나. IC 화된 연산 증폭기는 고신뢰도, 고안정도, 염가, 회로의 소형화 등 장점이 있다.
다. 이상적 연산 증폭기인 경우 입력저항은 0, 출력저항은 ∞, 대역폭은 ∞를 갖는다.
라. 가상 접지는 물리적인 구성을 표시하는 것이 아니고, 전압 증폭도를 구하는데 필요하다.

해설 이상적 *OP*－*Amp* 는 입력저항은 ∞, 출력저항은 0, 대역폭은 ∞ 를 갖는다.

7. 연산 증폭기의 설계상에 고려해야 할 사항은?

가. 전압 이득 $A_v=0$
나. 입력 저항 $R_i=1$
다. 출력 저항 $R_0=0$
라. 입력 바이어스 전류 $I_B=\infty$

해설 *input bias* 전류 $I_B=0$ (이상적인 경우)

8. 연산 증폭기의 특징으로서 **옳지 않은** 것은?

가. 전압 이득이 크다.
나. 입력 임피이던스가 높다.
다. 출력 임피이던스가 낮다.
라. 단일 주파수만을 통과시킨다.

해설 대역폭 $B=\infty$ 이다.

9. 그림과 같은 연산 증폭기의 블록도에서 입출력 간의 관계식이 맞는 것은 어느 것인가? 단, 입력 e_i, 출력 e_o 이다.

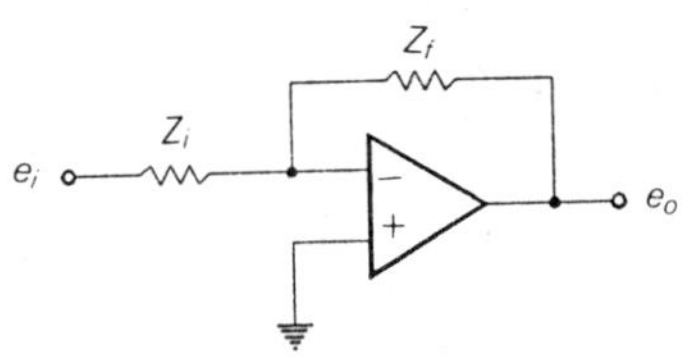

가. $e_o \fallingdotseq -\dfrac{Z_i}{Z_f}e_i$

나. $e_o \fallingdotseq \dfrac{Z_i}{Z_f}e_i$

다. $e_o \fallingdotseq -\dfrac{Z_f}{Z_i}e_i$

라. $e_o \fallingdotseq \dfrac{Z_f}{Z_i}e_i$

해답 5. 나 6. 다 7. 다 8. 라 9. 다

10. 그림과 같은 회로의 전압 이득은?

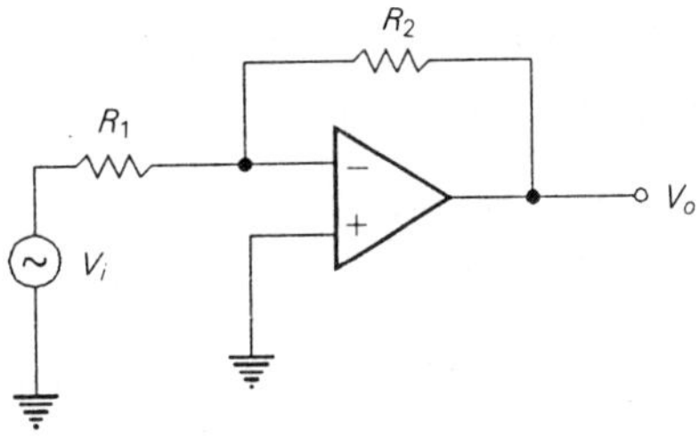

가. $\frac{R_2}{R_1}$　　나. $\frac{R_1}{R_2}$

다. $-\frac{R_2}{R_1}$　　라. $-\frac{R_1}{R_2}$

해설 반전 $OP-Amp$ 이다.

11. 연산 증폭 회로에서 출력 v_o 다음 중 어느 것인가?

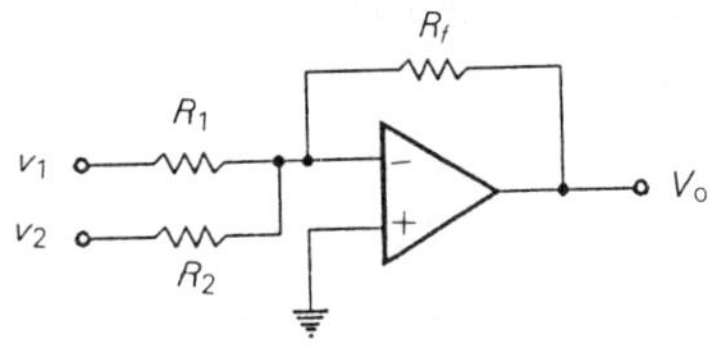

가. $v_o = \frac{R_f}{R_1+R_2}(V_1+V_2)$

나. $v_o = -\frac{R_f}{R_1}V_1 - \frac{R_f}{R_2}V_2$

다. $v_o = -\frac{R_1}{R_f}V_1 - \frac{R_2}{R_f}V_2$

라. $v_o = \frac{R_f}{R_1}V_1 + \frac{R_f}{R_2}V_2$

12. 다음과 같은 이득이 A 인 연산 증폭회로에서 출력전압 V_0 를 나타내는 것은? (단, V_1, V_2 및 V_3 는 입력신호 전압이다.)

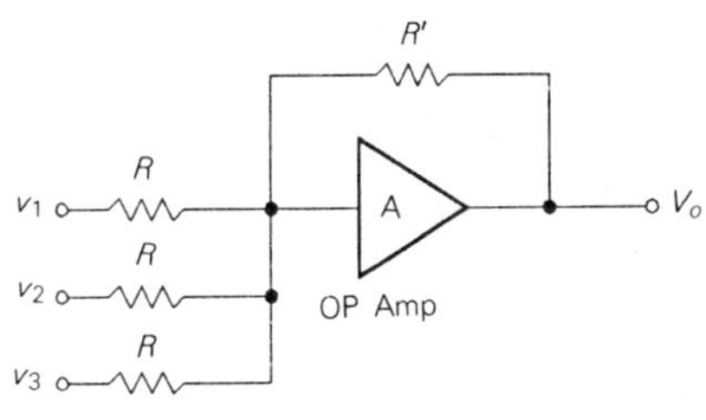

가. $V_0 = \frac{R'}{3R}(V_1 + V_2 + V_3)$

나. $V_0 = -\frac{R}{R'}(V_1 + V_2 + V_3)$

다. $V_0 = \frac{R'}{R}(V_1 + V_2 + V_3)$

라. $V_0 = -\frac{R'}{R}(V_1 + V_2 + V_3)$

해설 $i = \frac{1}{R}(V_1 + V_2 + V_3)$, $V_0 = -R'\,i$

13. 그림과 같은 연산 증폭기에서 $V_1 = 1\,[\mathrm{V}]$, $V_2 = 2\,[\mathrm{V}]$, $V_3 = 3\,[\mathrm{V}]$ 일 때 출력전압 V_0 는?

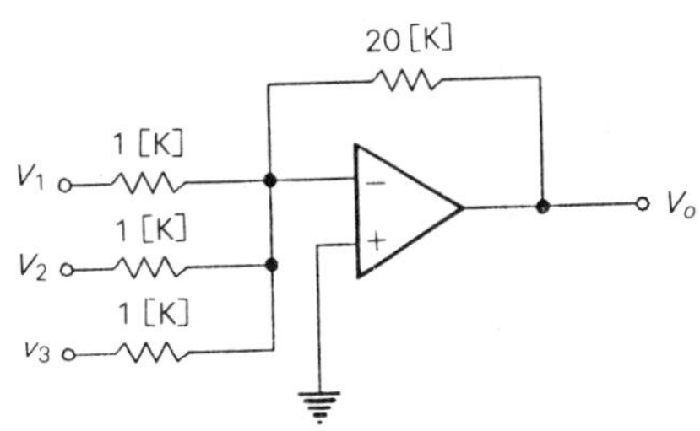

가. $-40\,[\mathrm{V}]$　　나. $-60\,[\mathrm{V}]$

다. $-120\,[\mathrm{V}]$　　다. $-200\,[\mathrm{V}]$

해설 $V_0 = -\frac{20\times10^3}{1\times10^3}(1+2+3)$

해답 10. 다　11. 나　12. 라　13. 다

14. 연산 증폭기의 증폭도 $|A_v| = \infty$, 입력저항 $R_i = \infty$, 출력저항 $R_o = 0$인 가정하에 부하를 걸었을 때 다음 회로의 전압 증폭도는?

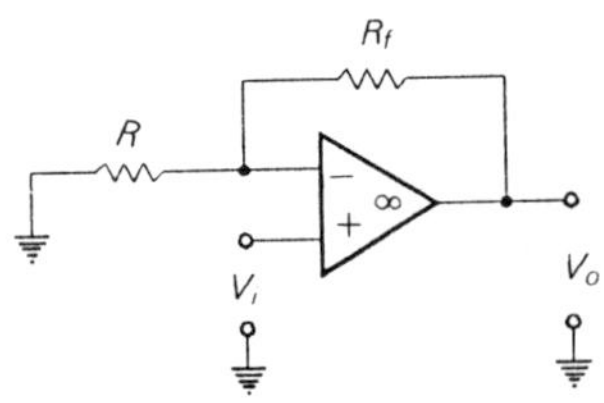

가. $\dfrac{V_o}{V_i} = \dfrac{R+R_f}{R}$

나. $\dfrac{V_o}{V_i} = \dfrac{R}{R+R_f}$

다. $\dfrac{V_o}{V_i} = \dfrac{R_f}{R}$

라. $\dfrac{V_o}{V_i} = \dfrac{-(R+R_f)}{R}$

15. 그림과 같은 이상적인 연산증폭회로의 증폭도는? (단, $R_1 = 2$[kΩ], $R_2 = 15$[kΩ], $R_3 = 10$ [kΩ]이다.)

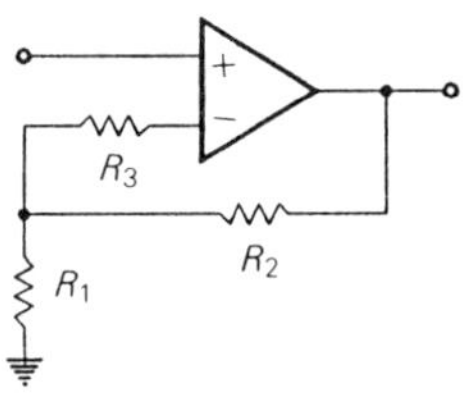

가. 2.5

나. 7.5

다. 8.5

라. 12.5

16. 그림에서 V_0는?

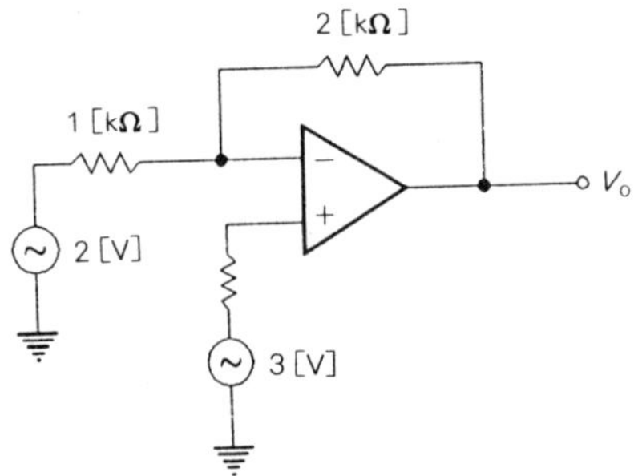

가. 2 [V]

나. 3 [V]

다. 4 [V]

라. 5 [V]

17. 다음과 같은 연산증폭기가 있다. 출력 V_o를 구하시오. (단, $R_1 = 1$[kΩ], $R_2 = 1$[kΩ], $R_3 = 5$[kΩ])

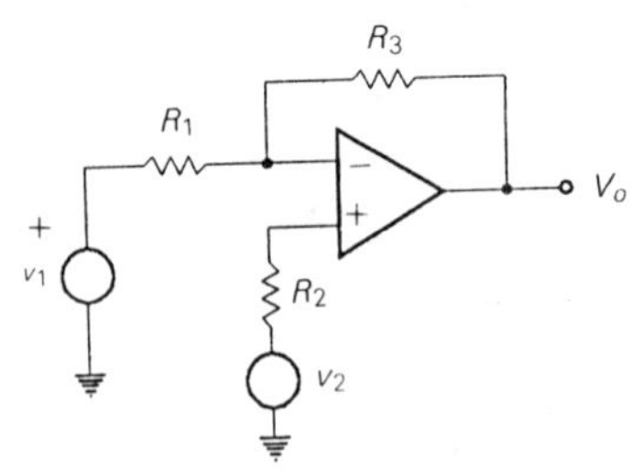

가. $6V_1 - 5V_2$

나. $5V_1 - 6V_2$

다. $-6V_1 + 5V_2$

라. $-5V_1 + 6V_2$

해답 14. 가 15. 다 16. 라 17 라

18. 그림의 연산 증폭기 회로에서 V_o의 표현식은?

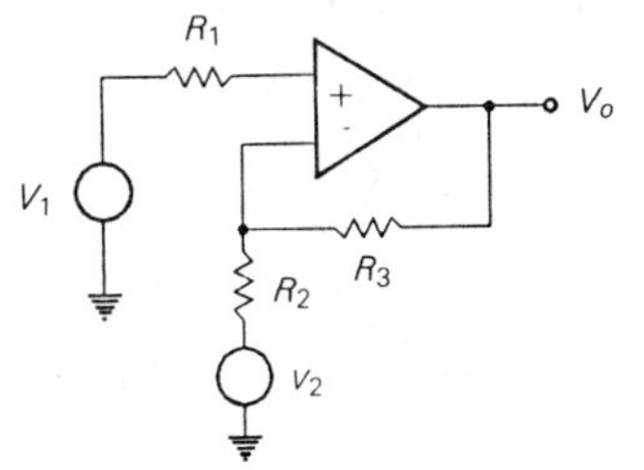

가. $V_2\dfrac{R_2}{R_3}+V_1\left(1+\dfrac{R_2}{R_3}\right)$

나. $-V_2\dfrac{R_2}{R_3}+V_1\left(1+\dfrac{R_2}{R_3}\right)$

다. $V_2\dfrac{R_3}{R_2}+V_1\left(1+\dfrac{R_2}{R_3}\right)$

라. $-V_2\dfrac{R_3}{R_2}+V_1\left(1+\dfrac{R_3}{R_2}\right)$

19. 그림의 연산 회로에서 $R=\infty$이고 $R'=0$이면 이 회로는 무엇으로 동작하는가?

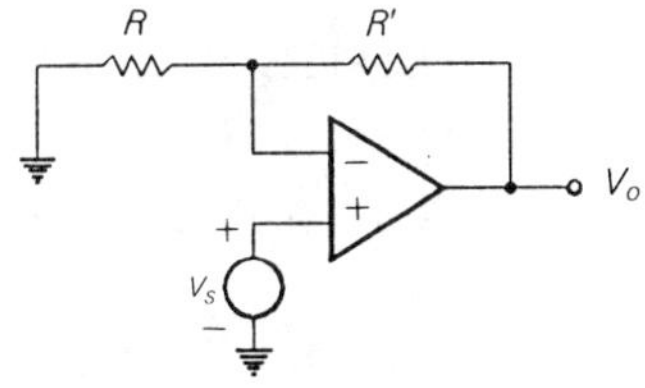

가. 가산기
나. 감산기
다. 부호 변환기
라. 전압 폴로워

20. 다음 회로의 출력 V_o를 계산하면?

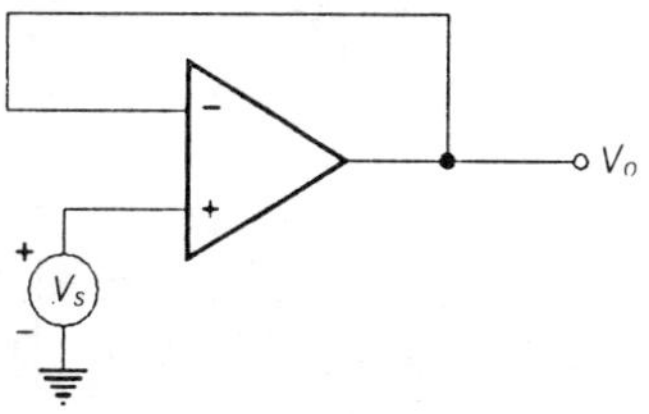

가. $V_o=V_s$
나. $V_o=-V_s$
다. $V_o=0$
라. $V_o=\dfrac{V_s}{2}$

21. 다음은 회로의 설명 중 잘못 된 것은

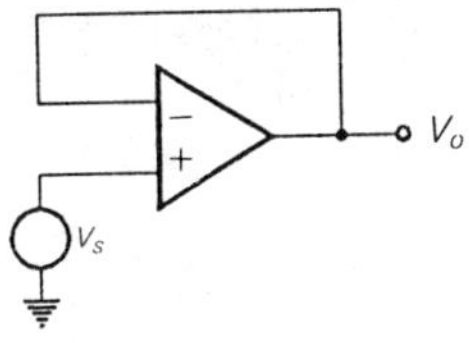

가. Voltage follower이다.
나. 입력과 출력은 역상이다.
다. 입력전압과 출력전압은 크기가 같다.
라. 입력 임피던스가 ∞, 궤환 저항은 0이다.

22. 비반전 연산 증폭기(Noninverting OP Amp)의 설명이 맞는 것은?

가. 반전 연산증폭기의 증폭도가 똑같으면 위상만 반전된다.
나. 입력단자의 전압은 0이다.
다. 두 개의 입력단자에 전류는 흐르지 않고 전위차는 똑 같다.
라. 두 개의 입력단자에 전류는 최대 값을 갖게 된다.

해답 18. 라 19. 라 20. 가 21. 나 22. 다

23. 이득이 A 인 연산 증폭기 회로에서 출력 전압 V_0 를 나타내는 것은？（단, V_i 는 입력 신호 전압이다.)

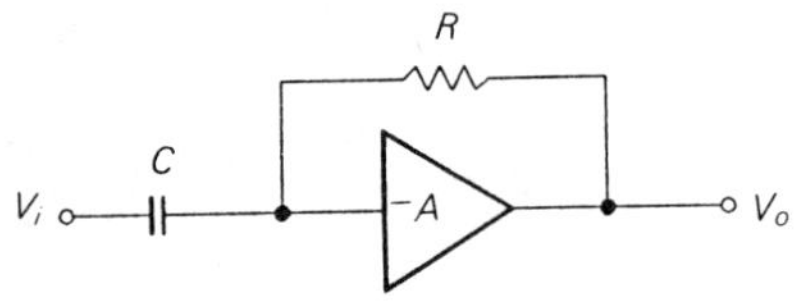

가. $V_0 = RC \cdot V_i$　　나. $V_0 = RC\dfrac{dV_i}{dt}$

다. $V_0 = -RC\dfrac{dV_i}{dt}$　　라. $V_0 = \dfrac{dV_i}{dt}$

해설 $i = \dfrac{V_1}{pc} = \dfrac{0-V_0}{R}$　　단, $p=j\omega$ 이다.

24. 그림의 회로명은？

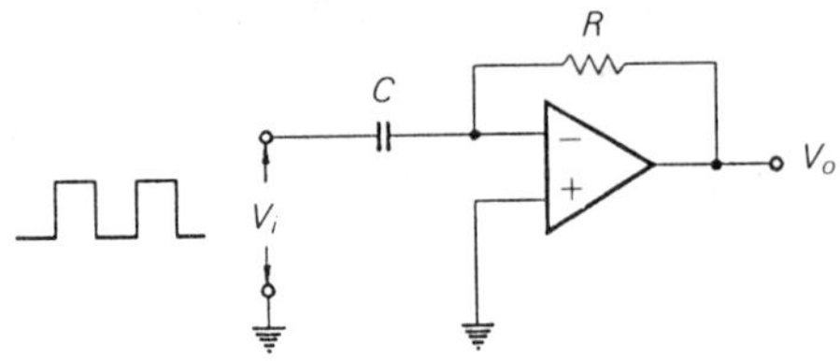

가. 가산기
나. 미분기
다. 이상기
라. 적분기

25. 다음 회로중 미분 회로는 어느 것인가？

가.

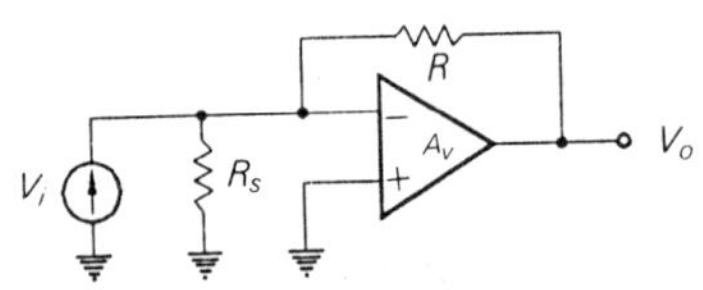

나.

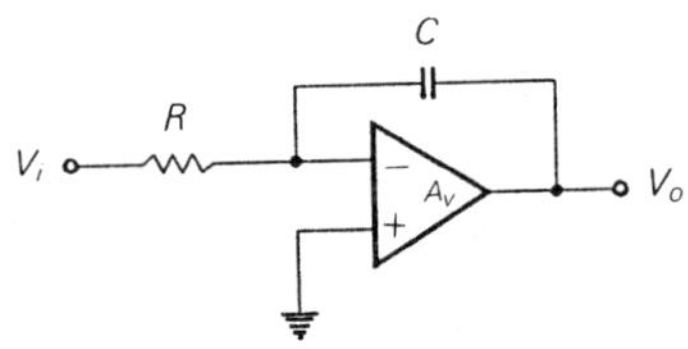

다.

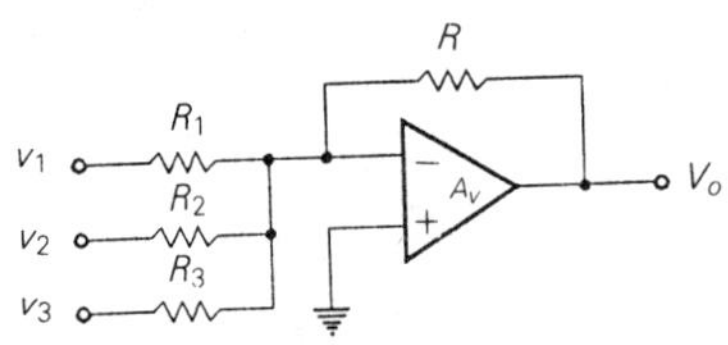

라.

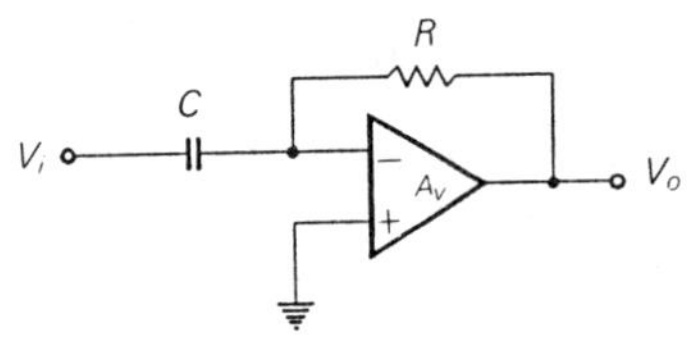

26. 다음 회로의 출력 파형은？

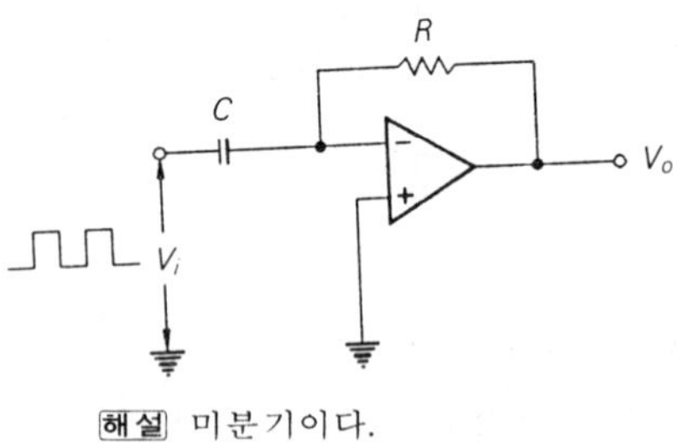

가.

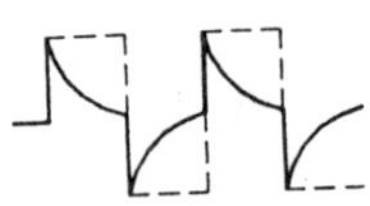

나.

다.

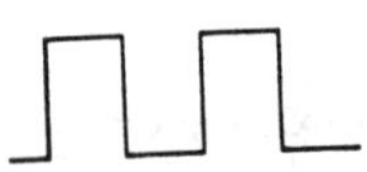

라.

해설 미분기이다.

27. 그림의 회로의 명칭은 어느 것인가？

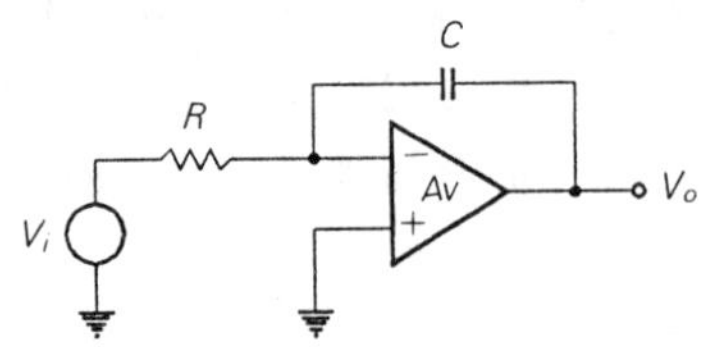

가. 미분기
나. 적분기
다. 분주기
라. 가산기

해답 23. 다　24. 나　25. 라　26. 가　27. 나

28. 그림과 같은 적분기(INTEGRATOR)에 그림과 같은 계단(STEP) 전압을 입력 시켰을 때의 출력 파형은?

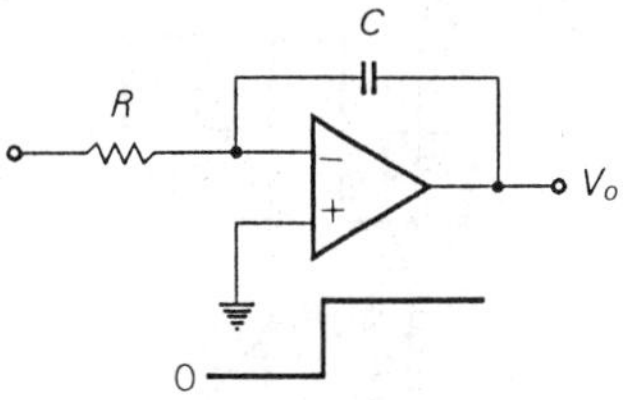

가. 

나. 

다. 

라. 

29. 그림과 같은 회로의 입력으로 스텝전압을 인가할 때 출력에는 어떤 전압이 나타나겠는가?
(단, A는 연산증폭기이다.)

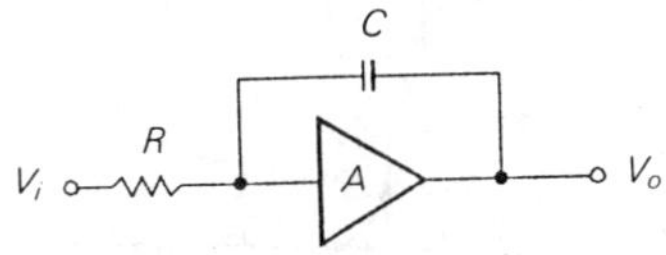

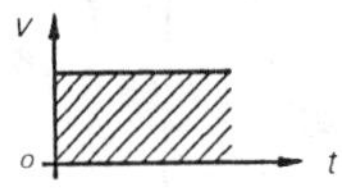

가. 펄스 전압
나. 스텝 전압
다. 크기가 직선적으로 증가하는 전압
라. 크기가 지수함수적으로 증가하는 전압

해설 적분연산기이다. 입력전압은 step 전압(직류 즉, 상수에 해당한다.) 이므로 적분하면 1차함수로 표시된다.

30. 그림의 연산 증폭기에서 입력 바이어스 전류(I_B)는?

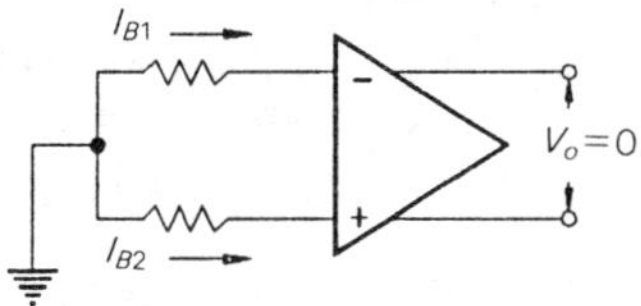

가. I_B+I_{B2}　　나. $|I_{B1}-I_{B2}|$

다. $\dfrac{|I_{B1}-I_{B2}|}{2}$　　라. $\dfrac{I_{B1}+I_{B2}}{2}$

해설 2개의 입력단자에 유입하는 전류의 평균치이다.

31. 다음 반전 연산증폭기에서 $A_{Vf}=1$인 voltage follower가 되기 위한 조건은?

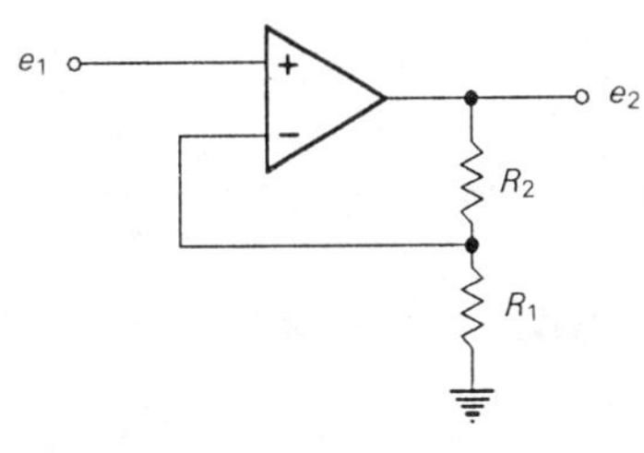

가. $R_1=\infty$, $R_2=0$
나. $R_1=0$, $R_2=\infty$
다. $R_1=0$, $R_2=0$
라. $R_1=\infty$, $R_2=\infty$

해설 $R_1=\infty$ (open circuit), $R_2=0$ (short circuit)로 한다.

32. 그림과 같은 연산 증폭기 회로에서 틀리게 표현한 것은 어느 것인가?

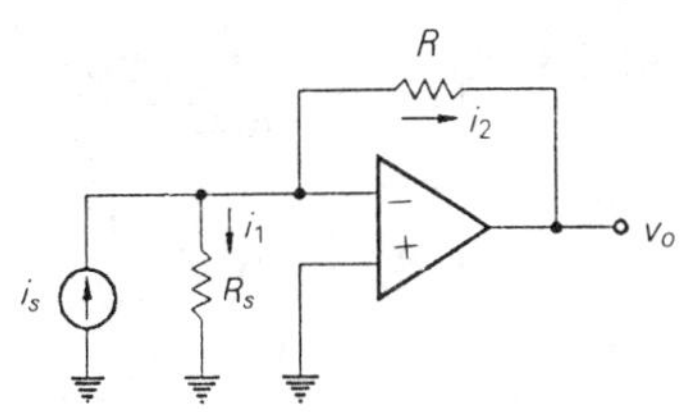

가. $V_o=-i_sR$
나. $i_s=i_2$
다. $i_1 \neq 0$
라. R_s의 양단 전압에 강하는 것은 0이다.

해답 28. 나 29. 다 30. 라 31. 가 32. 다

33. 다음 그림의 회로에 삼각파 입력이 인가되었을 때의 출력 파형은?

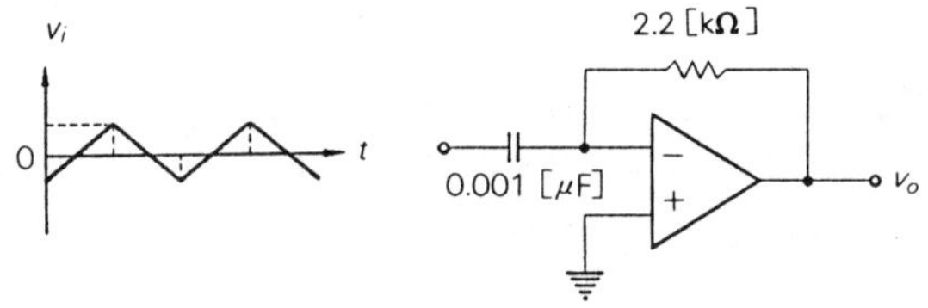

가.

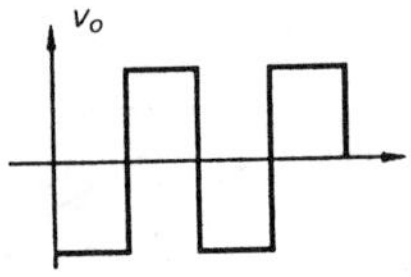

나.

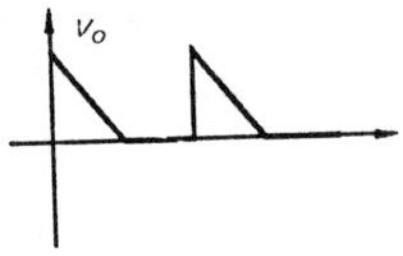

다.

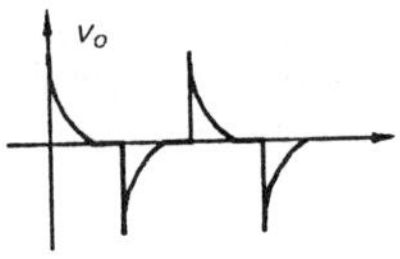

라.

해설 시정수는

$R_f C = (2.2\,[\mathrm{k\Omega}])\,(0.001\,[\mu\mathrm{F}]) = 2.2\,[\mu\mathrm{s}]$

정(+)의 램프파의 기울기 혹은 변화율 (V_c/t)이 결정되면 출력은

$$\frac{V_C}{t} = \frac{10\,[\mathrm{V}]}{5\,[\mu\mathrm{s}]} = 2\,[\mathrm{V}/\mu\mathrm{s}]$$

$$V_{out} = -(2\,[\mathrm{V}/\mu\mathrm{s}])\ 2.2\,[\mu\mathrm{s}] = -4.4\,[\mathrm{V}]$$

마찬가지로 부(−)의 램프파 기울기는 −2 [V/μs]이며 출력은 다음과 같다.

$$V_{out} = -(-2\,[\mathrm{V}/\mu\mathrm{s}])\ 2.2\,[\mu\mathrm{s}] = +4.4\,[\mathrm{V}]$$

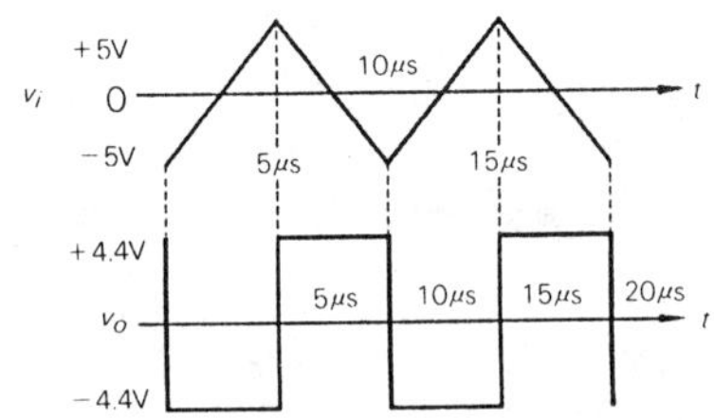

34. 그림과 같은 연산 회로의 전달 특성은?

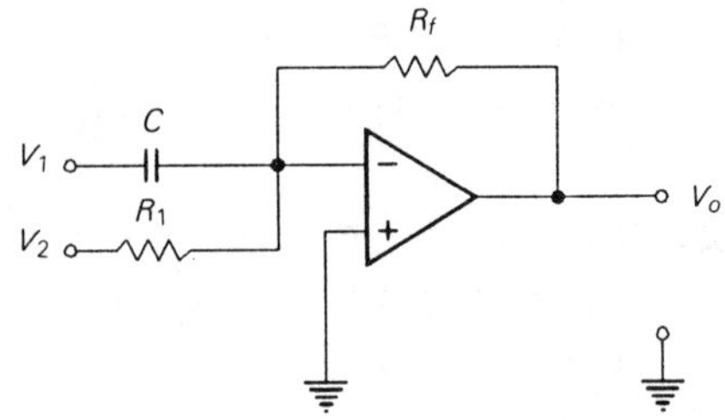

가. $V_0 = \dfrac{1}{R_f C}\displaystyle\int V_i\,dt + \dfrac{R_f}{R_1} V_2$

나. $V_0 = \dfrac{1}{R_f C}\displaystyle\int V_i\,dt - \dfrac{R_f}{R_1} V_2$

다. $V1_0 = R_f C \dfrac{dV_1}{dt} + \dfrac{R_f}{R_1} V_2$

라. $V_0 = -R_f C \dfrac{dV_1}{dt} - \dfrac{R_f}{R_1} V_2$

해답 33. 가 34. 라

35. 다음 SUMMING AMPLIFIER 에서 $R_1 = 10$ [kΩ], $R_2 = 100$ [kΩ], $R_3 = 1$ [MΩ] 이고 입력 $e_1 = +1$ [V], $e_2 = -10$ [V] 일 때 출력전압 e_3 는?

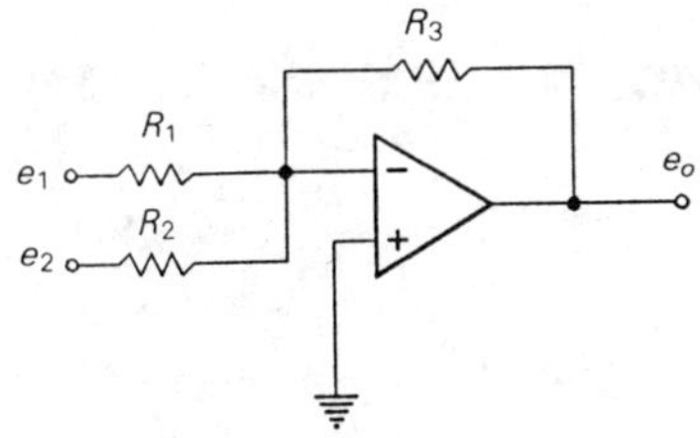

가. 0 [V]　　나. 1 [V]
다. 10 [V]　　라. 100 [V]

해설 $e_3 = -\left(\frac{R_3 e_1}{R_1} + \frac{R_3 e_2}{R_2}\right)$

36. 그림의 연산 증폭기에서 출력전압 V_0는?

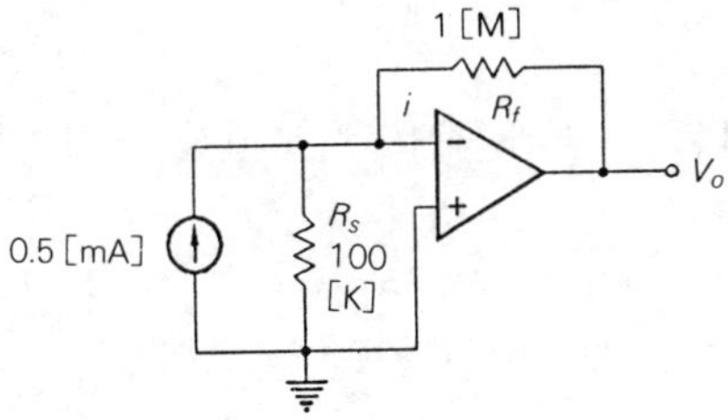

가. －250 [V]
나. －500 [V]
다. －1000 [V]
라. －2000 [V]

해설 전류－전압 변환기이다.

37. 그림과 같은 연산 증폭회로에서 Z_L에 흐르는 전류는?

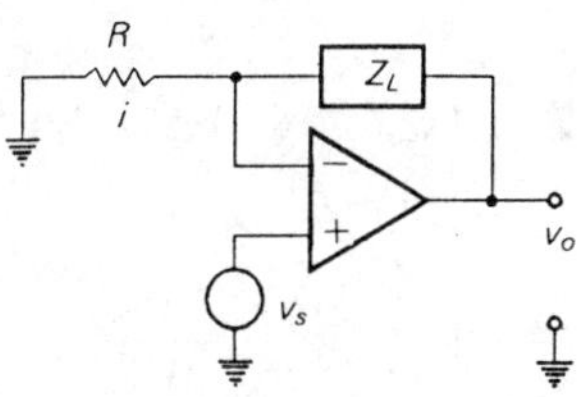

가. i
나. $2i$
다. $1.5i$
라. $3i$

38. 다음 회로에서 출력전압 V_o에 대한 식으로 맞는 것은 어느 것인가?

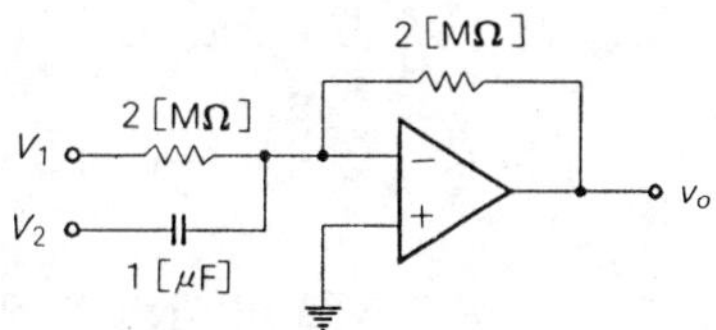

가. $V_o = -(V_1 + 2\int_o^t V_2 dt)$

나. $V_o = -\left(2V_1 + \frac{dV_2}{dt}\right)$

다. $V_o = \left(\frac{1}{2}V_1 - \frac{dV_2}{dt}\right)$

라. $V_o = -\left(V_1 + 2\frac{dV_2}{dt}\right)$

39. 다음과 같은 이상적인 연산증폭기에서 V_i/i 는 어떤 것인가?

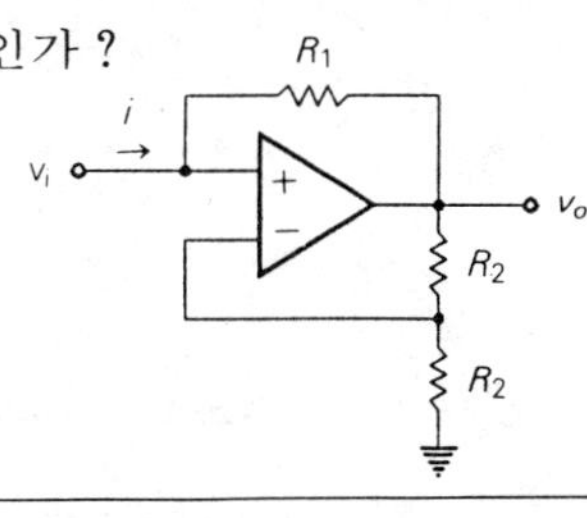

가. $-(R_1 + R_2)$
나. $R_1 + R_2$
다. $-R_2$
라. $-R_1$

해답 35. 가　36. 나　37. 가　38. 라　39. 라

40. 다음 연산 증폭회로에서 출력전압 V_0는? (단, $\frac{R_2}{R_1} = \frac{R_4}{R_3}$ 이다.)

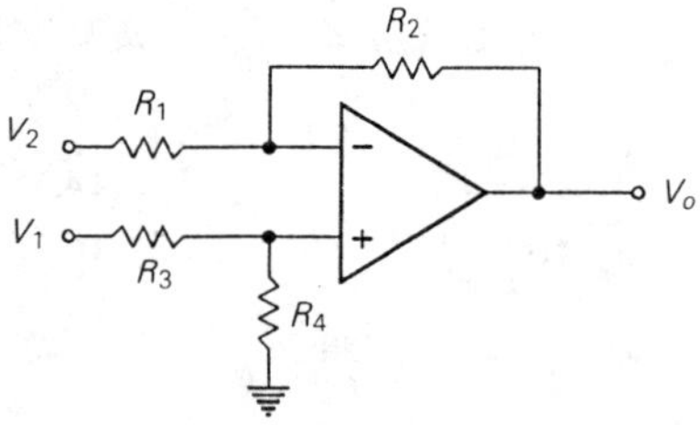

가. $V_0 = \frac{R_4}{R_3}(V_2 - V_1)$

나. $V_0 = \frac{R_2}{R_1}(V_1 - V_2)$

다. $V_0 = \frac{R_1}{R_2}(V_1 - V_2)$

라. $V_0 = V_1 - V_2$

41. 그림과 같은 회로에서 전압이득 (V_0 / V_i)은?

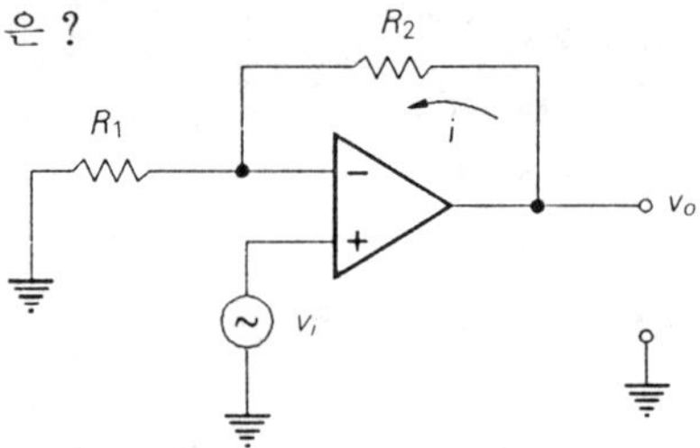

가. R_2 / R_1　　나. $-R_1 / R_2$

다. $1 + R_2 / R_1$　　라. $1 - R_1 / R_2$

해설 비반전 $OP-Amp$ 이다.

$$i = \frac{V_0 - V_i}{R_2} = \frac{V_i}{R_1}$$

42. 연산 증폭기를 이용한 그림과 같은 회로의 출력은?

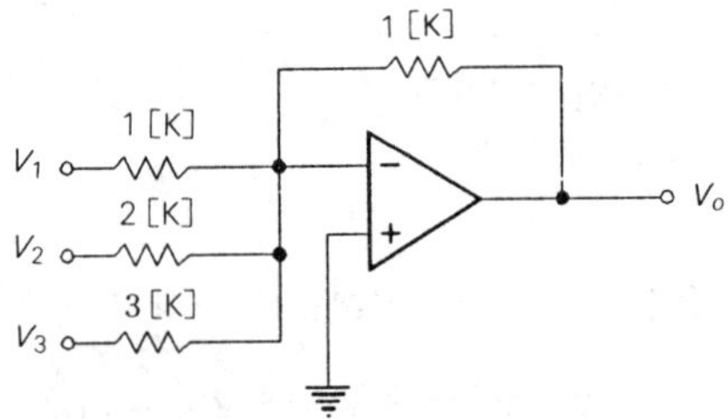

가. $V_0 = -\frac{11}{6} V_i$　　나. $V_0 = 6 V_i$

다. $V_0 = -6 V_i$　　라. $V_0 = \frac{11}{6} V_i$

해설 $V_0 = -\left(\frac{1}{1} + \frac{1}{2} + \frac{1}{3}\right) \quad V_i = -\frac{11}{6} V_i$

단, $V_1 = V_2 = V_3 = V_i$ 이다.

43. 그림과 같은 회로의 입력에 계단전압(step voltage)을 인가할 때 출력에는 어떤 과정의 전압이 나타나겠는가? (단, A는 이상적인 연산증폭기이다.)

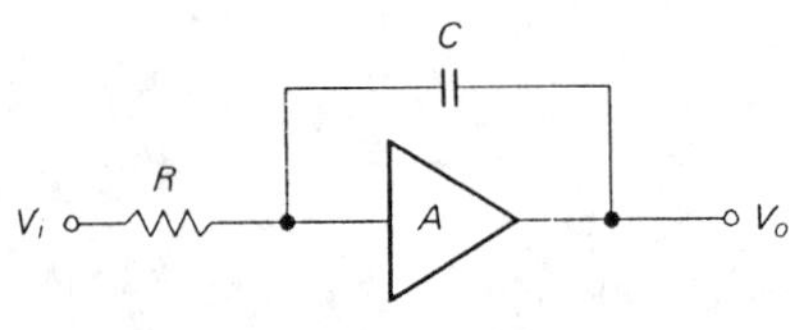

가.
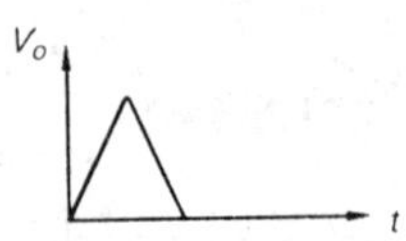

나.
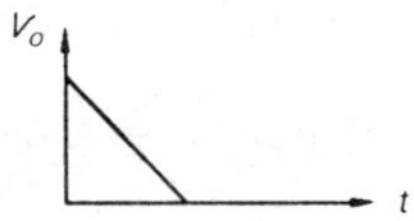

다.
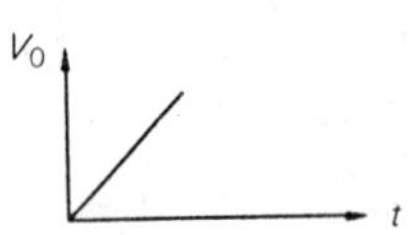

라.
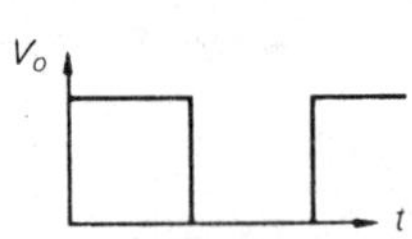

해답 40. 나　41. 다　42. 가　43. 다

44. 다음과 같은 회로에서 입력 옵세트 전류(input offset current) I_{io} 는 어떻게 표시되는가?

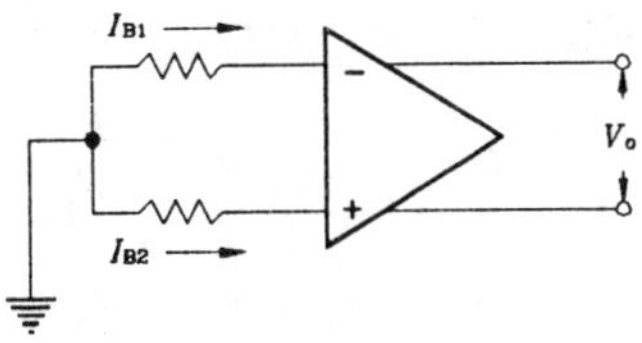

가. $I_{B1} + I_{B2}$　　나. $I_{B1} - I_{B2}$
다. I_{B1}　　라. I_{B2}

45. 그림과 같은 OP 증폭기의 출력전압 V_o를 구하시오.

$\left(\text{단, } \dfrac{R_a}{R_b} = \dfrac{R_1}{R_2} \text{ 임} \right)$

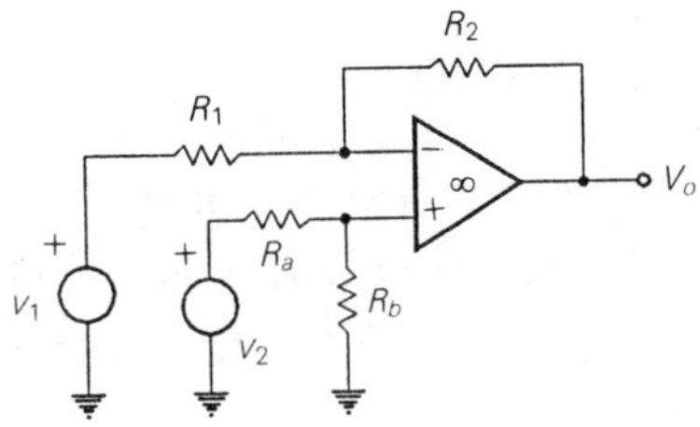

가. $V_o = \dfrac{R_1}{R_2}(V_1 + V_2)$

나. $V_o = \dfrac{R_1}{R_2}(V_1 - V_2)$

다. $V_o = \dfrac{R_2}{R_1}(V_2 - V_1)$

라. $V_o = R_1 R_2 (V_2 - V_1)$

46. 아래 반전 증폭회로의 출력전압은 얼마인가? (단, 연산 증폭기의 개방 이득은 ∞ 라고 본다.)

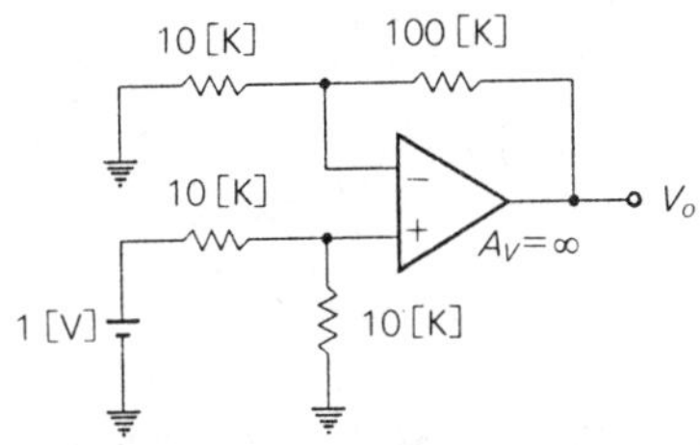

가. 5.5 [V]
나. 10.5 [V]
다. 11 [V]
라. 21 [V]

47. 그림과 같은 OP-Amp 회로에서 $R_1 = 1$ [kΩ], $R_2 = 100$ [kΩ], $R_3 = 1$ [kΩ], $R_4 = 100$ [kΩ] 이고 V_1이 V_2의 3배가 되도록 입력시켰을 때 출력 V_o는 V_2의 몇배가 되는가?

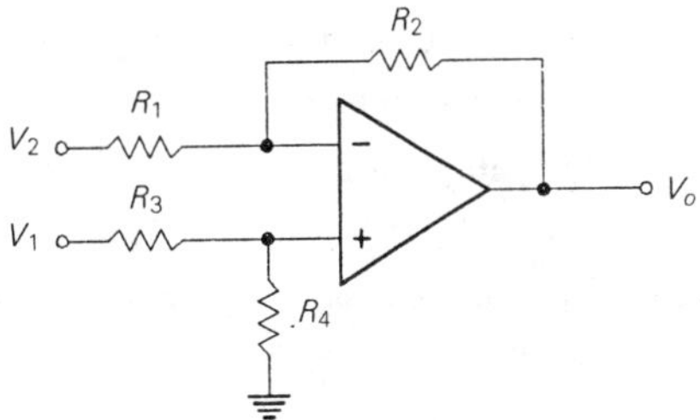

가. 1　　나. 50　　다. 100　　라. 200

48. 그림과 같은 회로 설명 중 틀린 사항은?

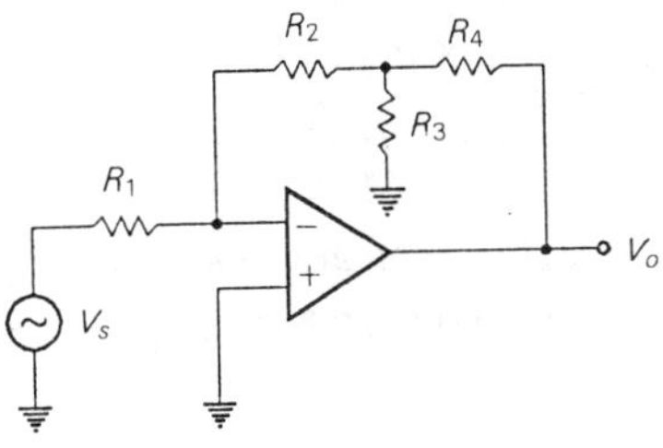

가. 궤환저항은 적은치의 저항들을 사용하여 전압이득을 증가하도록 설계한 것이다.

나. 궤환저항치는 $\dfrac{R_2R_3 + R_3R_4 + R_4R_2}{R_3}$

다. 입력과 출력은 위상이 180° 이다.

라. 위상을 보상하기 위한 회로이다.

해답 44. 나 45. 다 46. 가 47. 라 48. 라

49. 다음은 연산 증폭기를 이용한 high gain amplifier 이다. V_0 / V_i 를 맞게 표시한 것은?

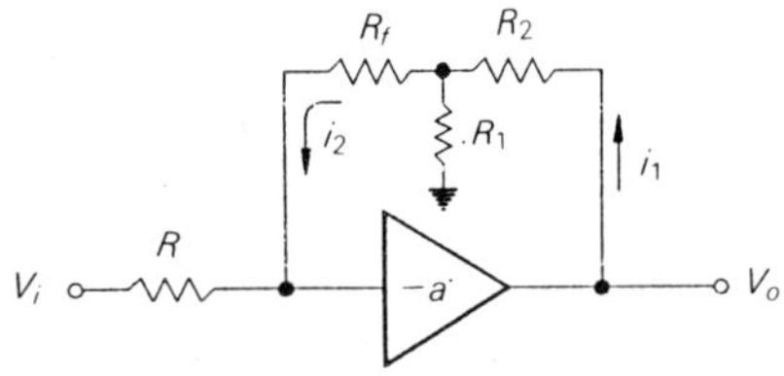

가. $-\frac{R_f}{R}\left[1+\frac{R_2}{R_1}\left(1+\frac{R_1}{R_f}\right)\right]$

나. $-\frac{R_f}{R}\left(R_1+\frac{R_2}{R_f}\right)$

다. $-\frac{R_f}{R}\left(1+\frac{R_2}{R_f}\right)$

라. $-\frac{R_f}{R}$

50. 이상적인 연산 증폭기가 그림과 같이 구성되어 있을 때 전압 이득($A_{Vf}=V_0/V_S$)은? (단, 증폭기 자체의 이득은 $A_V=V_0/(V_1-V_2)$로 한다.)

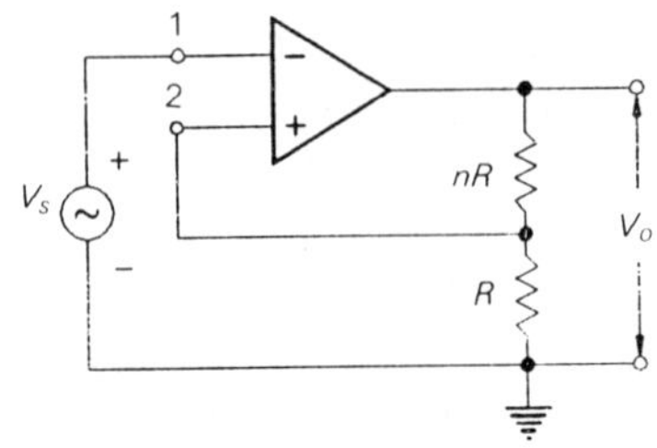

가. $n+1$　　나. $(n+1)^2$

다. $\frac{1}{n+1}$　　라. $\frac{1}{(n+1)^2}$

해설 OP－Amp 가 이상적($A_V=\infty$)이면

$$i=\frac{V_0-V_S}{nR}=\frac{V_S}{R}$$

$$(V_0-V_s)=nV_S,\quad \therefore\ \frac{V_0}{V_S}=(n+1)$$

51. 다음 그림은 무슨 회로인가?

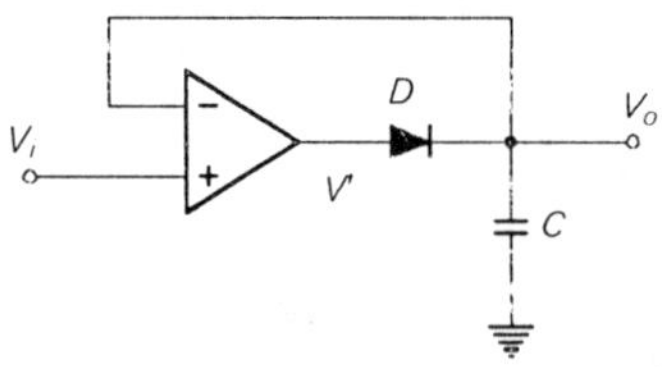

가. voltage follower

나. differentiator

다. peak detector

라. integrator

52. 계단파 입력에 대한 어떤 연산 증폭기의 출력이 그림과 같을 때 슬루율은?

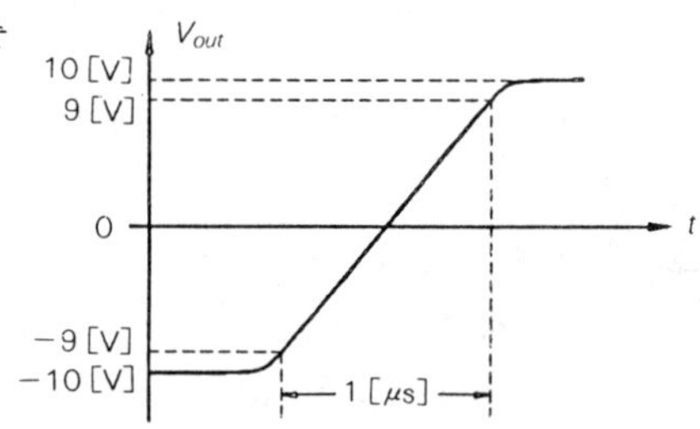

가. 4.5 [V/μs]

나. 9 [V/μs]

다. 18 [V/μs]

라. 20 [V/μs]

해설 출력이 최소치에서 최대치에 이르는 시간은 1 [μs]인데, 이는 출력응답이 그림에서와 같이 90 [%]점을 취한 값이다. 따라서 상한치가 +9 [V] 하한치가 −9 [V] 이므로 슬루율은 다음과 같다.

$$\frac{\Delta V}{\Delta t}=\frac{+9\,V-(-9\,V)}{1\,\mu s}=18\ [V/\mu s]$$

해답 49. 가　50. 가　51. 다　52. 다

53. 평형 증폭기에서 온도가 변화할때의 입력 오프셋 전류의 변화와의 비를 무엇이라 하는가?

가. 입력 오프셋 전류 드리프트　　나. 출력 오프셋 전류 드리프트
다. 동상 전압 제거비　　라. 입력 오프셋 전압 드리프트

54. 어떤 저항 R_f에 대하여 $V_f = 0.25\,I_f^2 + 0.5\,I_f + 3$의 관계가 있을때 다음 회로에서 출력 전압 V_o는 몇 [V]인가?

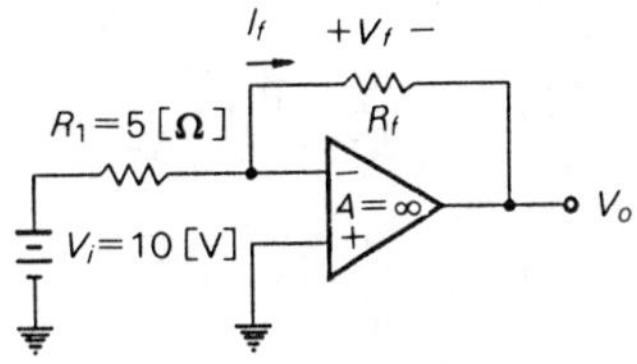

가. 3
나. 5
다. 10
라. －5

55. 다음의 연산 증폭기의 전달 함수 $G(S) = \dfrac{V_2(S)}{V_1(S)}$는?

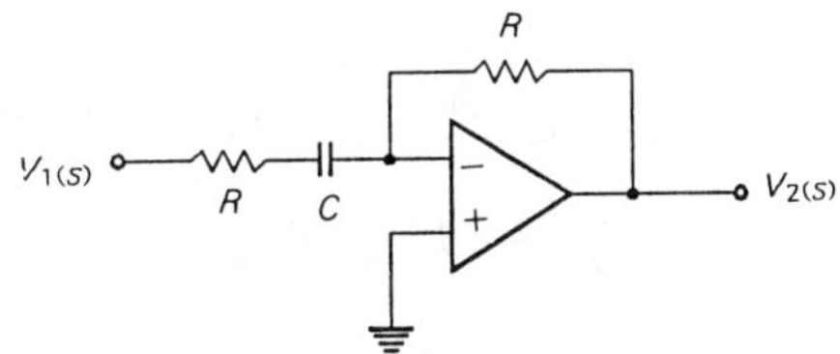

가. $\dfrac{-1}{1+RC_s}$

나. $\dfrac{-RCs}{1+RC_S}$

다. $\dfrac{RC}{1+RCs}$

라. $\dfrac{s}{1+RCs}$

56. 다음과 같은 회로의 입력으로 스텝 전압을 인가할때 출력전압 파형은? (단, A는 이상적인 연산증폭기 이다.)

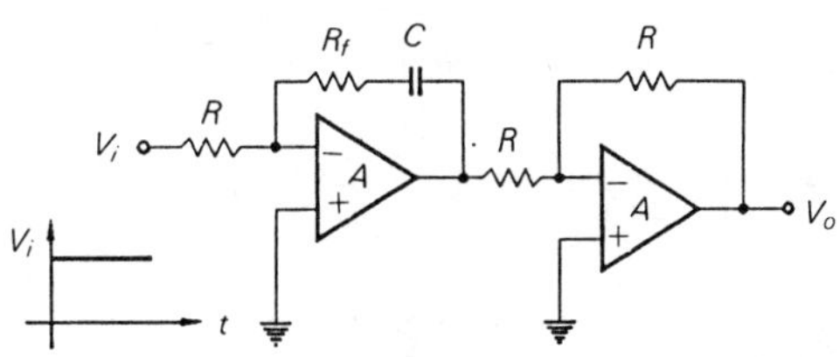

가. 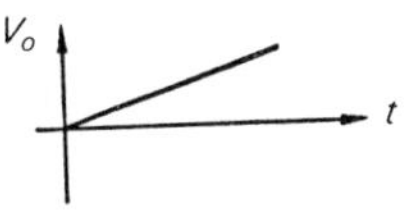

나. 

다. 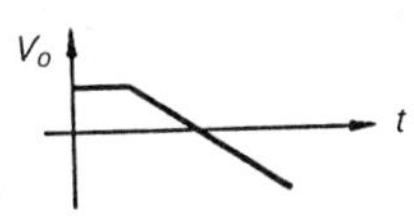

라. 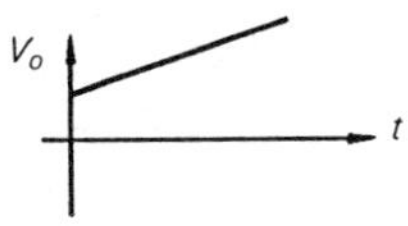

해답 53. 가　54. 라　55. 나　56. 라

57. 그림과 같은 OP Amp. 회로의 전압 전달 함수 V_o/V_i를 구하시오.

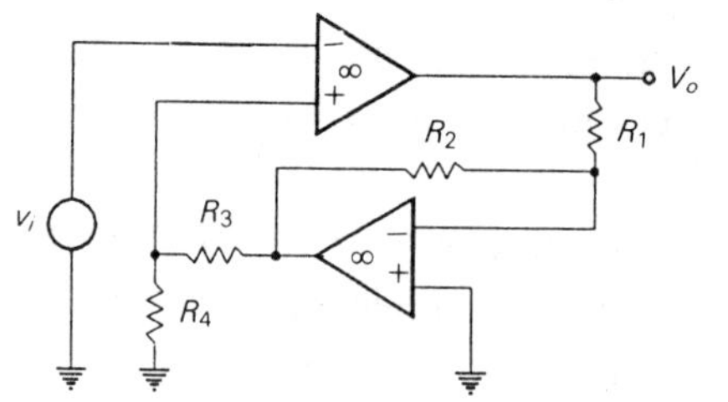

가. $-\dfrac{R_1}{R_2}\left(1+\dfrac{R_3}{R_4}\right)$

나. $-\dfrac{R_2}{R_1}\left(1+\dfrac{R_3}{R_4}\right)$

다. $-\dfrac{R_1}{R_2}\left(1+\dfrac{R_4}{R_3}\right)$

라. $-\dfrac{R_3}{R_4}\left(1+\dfrac{R_1}{R_2}\right)$

해설 회로를 간략하게 변화시킨 후 v_i를 구한다.

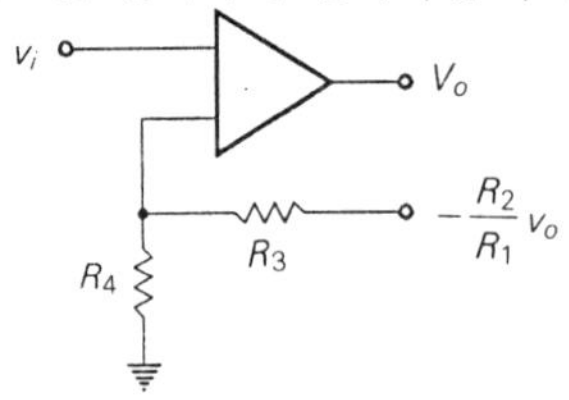

$$-\left(\frac{R_2}{R_1}\right)v_o\frac{R_4}{R_3+R_4}=v_i$$

58. 다음과 같은 회로의 출력은 어느 것인가?

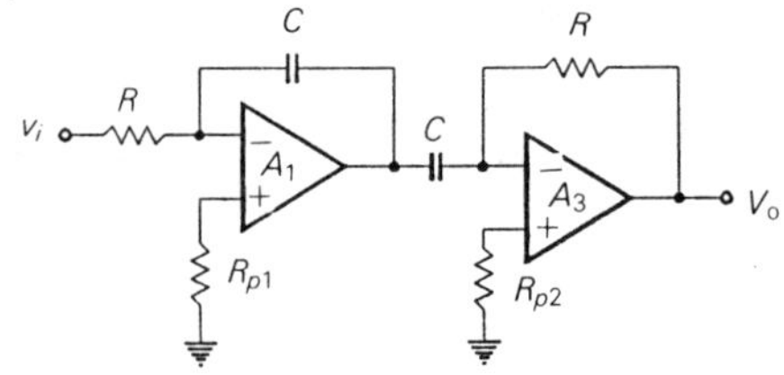

가. $-\dfrac{1}{CR}\displaystyle\int v_i dt-CR\frac{d}{dt}v_i$

나. $v_i-\dfrac{1}{CR}\displaystyle\int v_i dt-CR\frac{d}{dt}v_i$

다. v_i

라. 0

해설 적분기와 미분기가 종속 접속되어 있다.

$$v_{o1}=-\frac{1}{CR}\int v_i dt,\quad v_{o2}=-CR\frac{dv_{o1}}{dt}$$

$$v_o=-CR\frac{d}{dt}\left[-\frac{1}{CR}\int v_i dt\right]=v_i$$

59. 그림의 연산 증폭기에서 V_i-V_o의 관계 특성을 옳게 표시한 것은 어느 것인가?

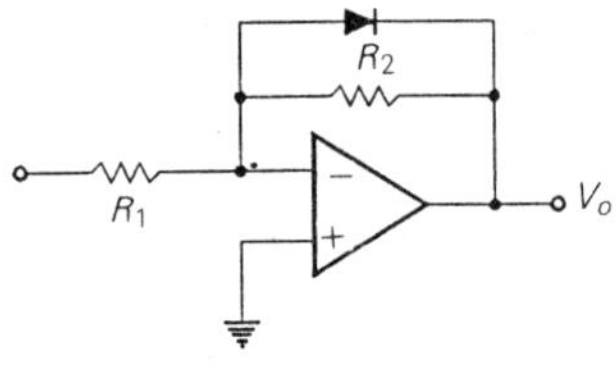

가.

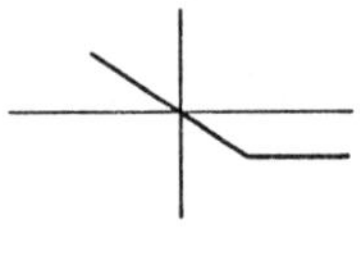

나.

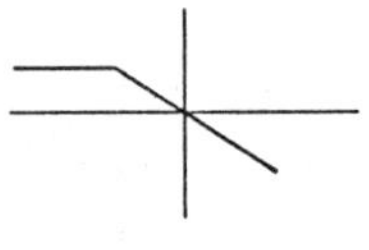

다.

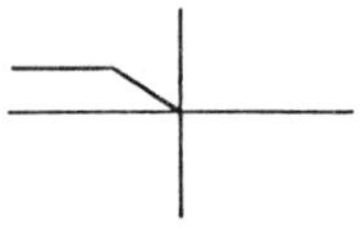

라.

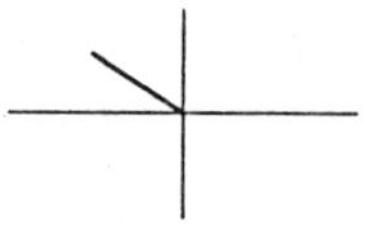

60. 다음 회로에서 그림과 같은 입력파에 대한 출력파형은? (단, 다이오우드 D_1, D_2와 연산 증폭기(OP Amp)는 이상적이다.)

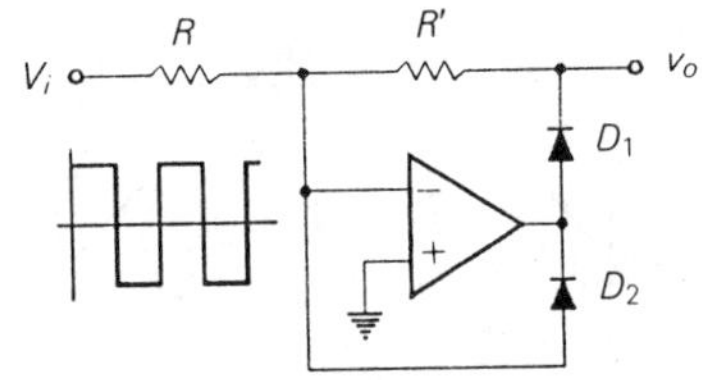

가.

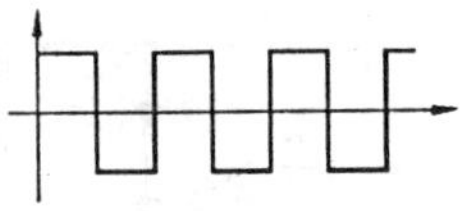

나.

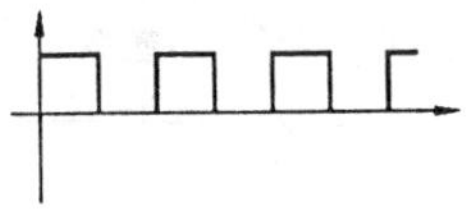

다.

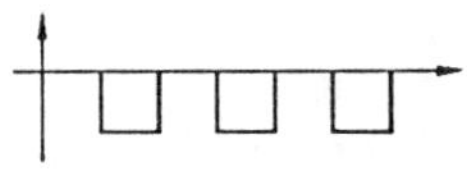

라.

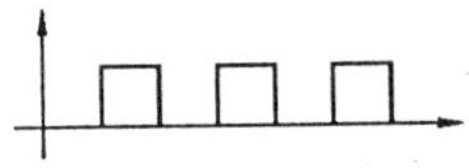

해설 반파 정류기이다.

(1) v_i가 (−)이면 $D_1 \rightarrow on$, $D_2 \rightarrow off$로 되어 $v_o = -\dfrac{R'}{R} v_i$

(2) v_i가 (+)이면 $D_1 \rightarrow off$, $D_2 \rightarrow on$로 되어 $v_o = 0$이다.

61. 다음과 같은 연산 증폭기를 이용한 회로에서 입출력 특성 곡선은? (단, 다이오드는 이상적이라고 간주한다.)

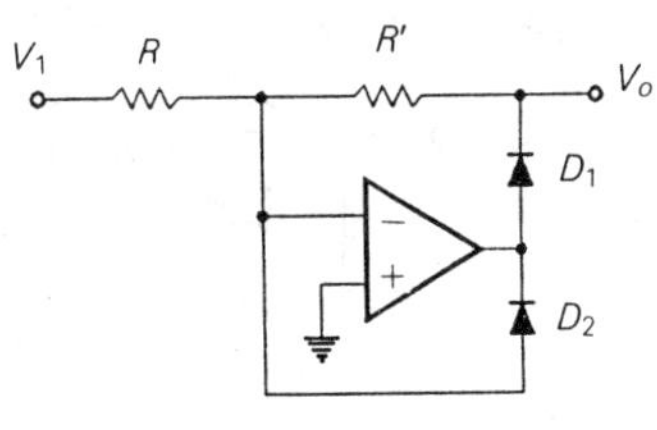

가.

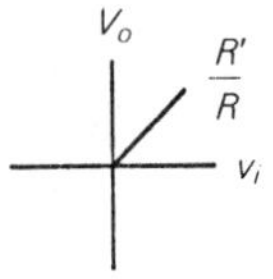

나.

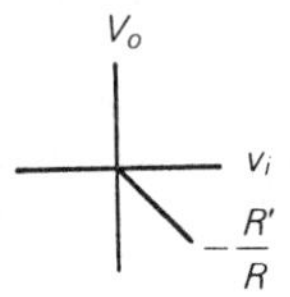

다.

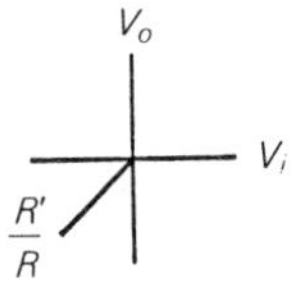

라.

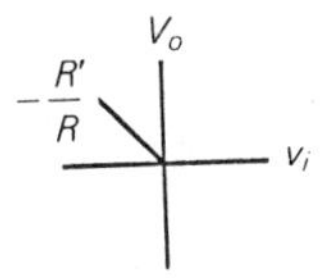

해설 반파 정류기이다.

62. 다음 회로의 동작을 설명한 것 중 맞는 것은?

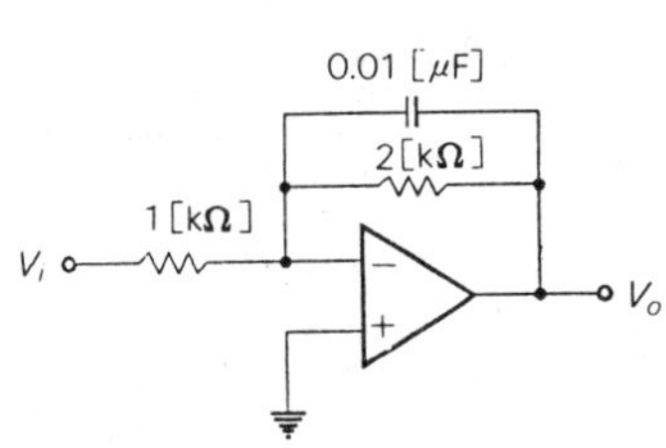

가. 고역 통과 필터(high pass filter)이며, 적분기로 사용된다.

나. 전압 이득은 −2이다.

다. 저역 통과 필터(low pass filter)이며, 고주파가 입력될 때 미분기로 작용한다.

라. 전압 이득은 3이다.

해답 60. 라 61. 라 62. 나

63. 다음 연산 증폭기 회로에서 입출력 특성은? (단, 연산 증폭기 A_1, A_2와 다이오우드 D_1, D_2는 이상적이다.)

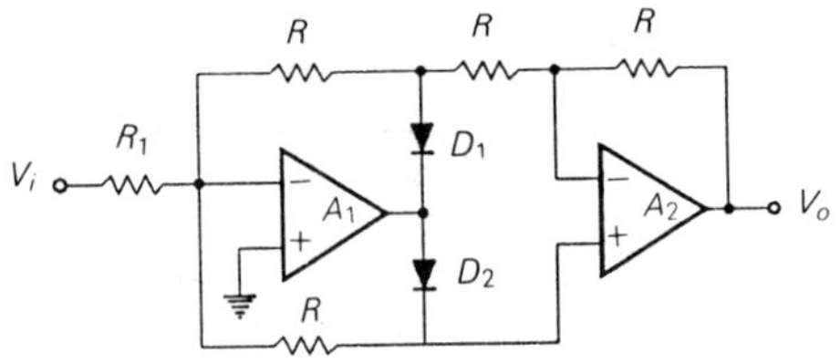

가.

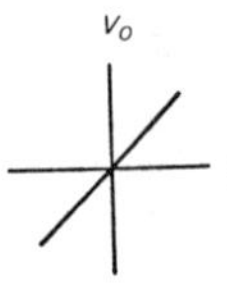

나.

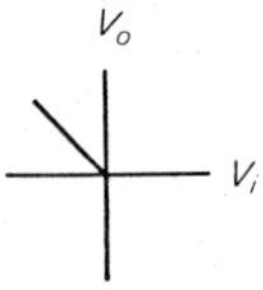

다.

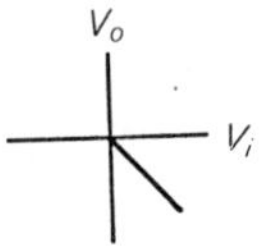

라.

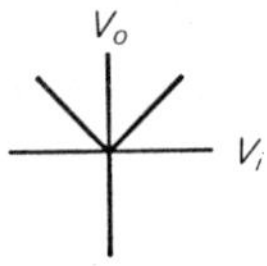

해설 전파 정류기이다.

(1) v_i가 (+)이면 $D_1 \rightarrow on$, $D_2 \rightarrow off$이다.

$$v_o = +\frac{R}{R_1} v_i > 0 \quad (\text{단, } v_i > 0\text{일 때})$$

(2) v_i가 (－)이면 $D_1 \rightarrow off$, $D_2 \rightarrow on$이다.

$$v_o = -\frac{R}{R_1} v_i > 0 \quad (\text{단, } v_i < 0\text{일 때})$$

64. 다음 회로에서 입력신호 v_i가 정현파인 경우 v_L 파형은 어느 것인지 고르시오.

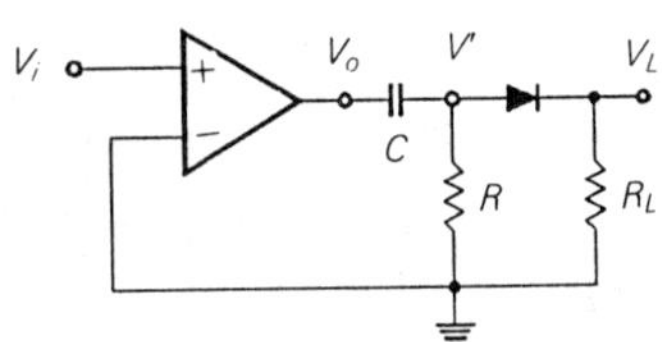

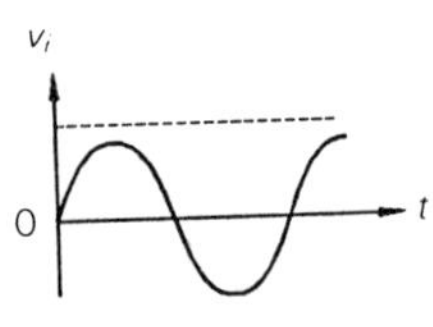

가.

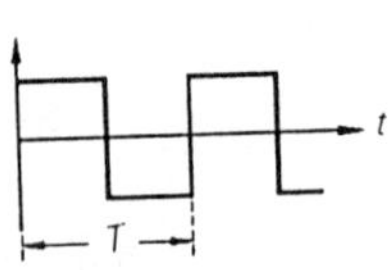

나.

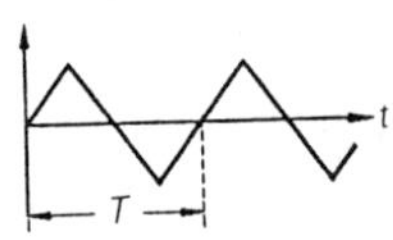

다.

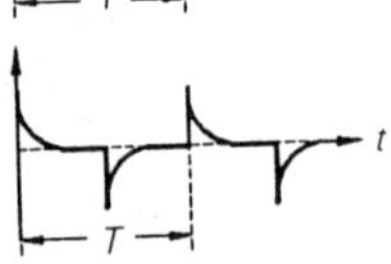

라.

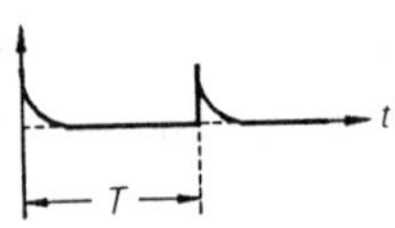

해설 영점 통과 검출기(zero crossing detector)는 사인파를 구형파 v_o로 바꾼다. 이 구형파 출력이 RC 직렬 회로에 가해지면, $RC \ll T$ 일 때 v'는 미분파형이 된다. 이 미분파형은 클리퍼를 통과하여 v_L에는 양(＋)펄스만 나타난다. 이는 시간 마커로 사용할 수 있다.

해답 63. 라 64. 라

65. 다음 회로명은?

가. 클램프회로

나. 반전 슈미트 트리거 회로

다. 슬라이서 회로

라. 콤패 레이터 회로

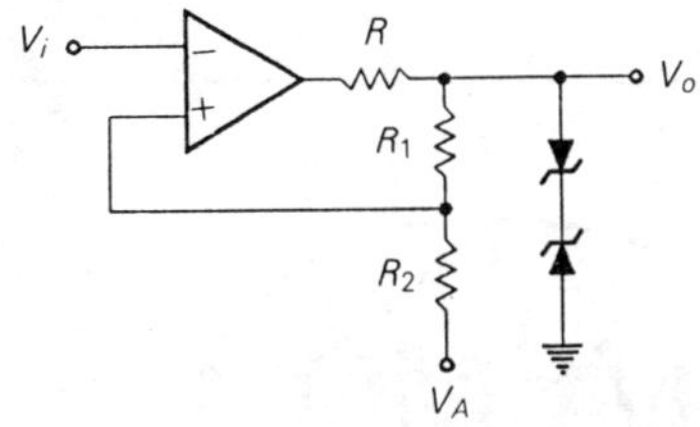

해설 정현파를 구형파로 변환된 응답을 얻는다.

66. 연산 증폭기를 사용한 회로의 출력파형은 다음 그림에서 어느 것인가?

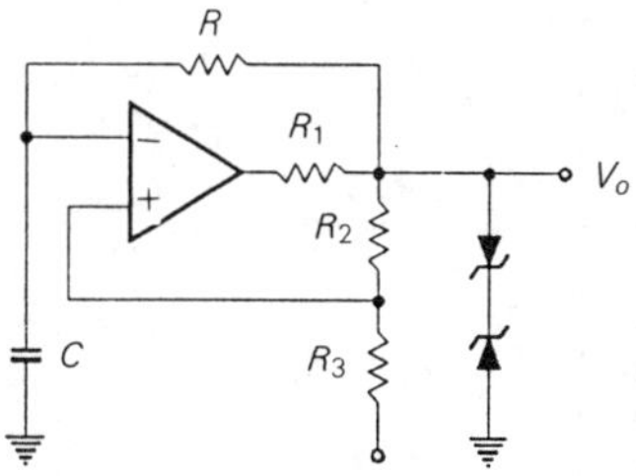

가.

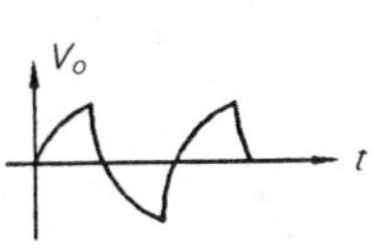

나.

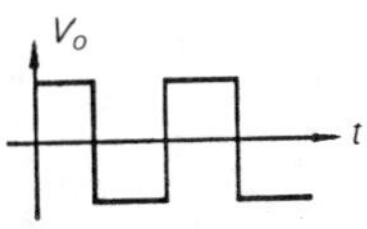

다.

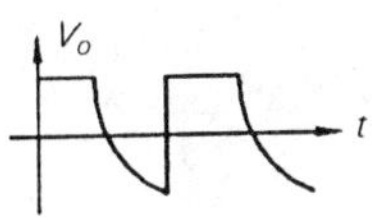

라.

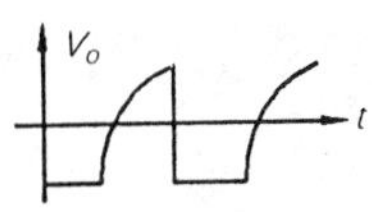

해설 구형파(square-wave) 발생기이다. 반전 schmitt 트리거의 출력을 RC 궤환회로를 통해서 반전 입력단자에 인가하면 출력에는 구형파를 얻는다. 이때 캐패시터 C의 전압 v_c는 삼각파이나 각변은 직선이 아니고 지수함수적이다.

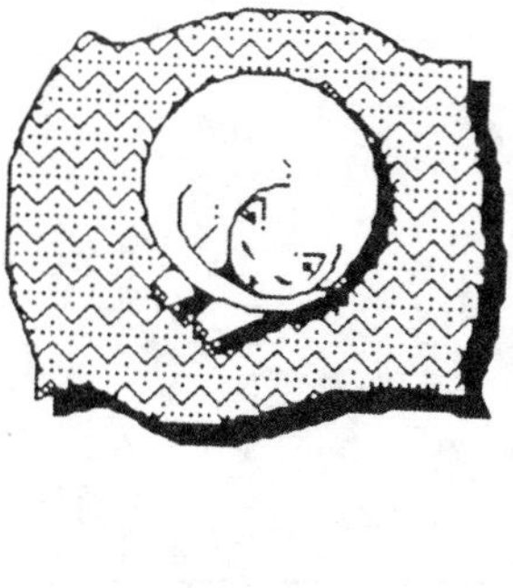

해답 65. 나 66. 나

MEMO

9장 대신호 증폭기 (전력 증폭기)

9·1 대신호 증폭기의 개요

9·1·1 대신호 증폭기의 분류

대신호 증폭기인 전력 증폭기(power amplifier)는 최종 증폭단으로 스피커, 브라운관, 안테나 등의 변환기(transducer)를 동작시키기 위한 것이므로 큰 출력 전압, 전류 또는 전력을 부하에 공급할 수 있어야 한다. 이러한 전력 증폭기는 동작형태에 따라 A 급, B 급, AB 급, C 급 증폭기로 분류된다.

(1) A급 증폭기

콜렉터 전류가 입력 신호의 1 주기 동안 언제나 흐르고 있는 동작 상태를 갖는 증폭 방식이다.

① 동작점 : A급 증폭기는 특성의 직선적 영역에서 동작한다.
② 유통각 : 출력전류가 입력전압의 전 싸이클에 대해 360° 동안 흐른다.($\theta = 360°$)
③ 특　징 : 파형의 일그러점이 가장 적다. 안정한 증폭기이다.
④ 용　도 : 무의 증폭기, 완충 증폭기(buffer amp)등에 사용

(2) B급 증폭기

동작점을 정특성곡선의 차단점 부근에서 동작시키는 증폭 방식이다.

따라서 콜렉터 전류가 흐르는 기간이 1/2 주기로 되도록 bias 된 동작상태를 갖는다.

① 동작점 : 차단점(cut off point)에 둔다.
② 유통각 : 출력전류가 입력전압의 전 싸이클에 대해 거의 180° 동안 흐른다.($\theta = 180°$)
③ 용　도 : push-pull 방식으로 전력 증폭기에 많이 사용된다.
④ 특　징 : 반파 만큼 찌그러진다.

(3) AB 급 증폭기

① 동작점 : A 급과 B 급 증폭기의 동작점 중간에 동작점을 설정한 증폭기이다.

② **유통각** : 입력전압의 전 싸이클에 대해 360° 보다 작고 180° 이상되는 동안 출력전류가 흐른다.($180° < \theta < 360°$)

③ **용 도** : 저주파 증폭기로 사용된다.

(4) C급 증폭기

동작점을 차단점 이하에 설정하여 콜렉터 전류가 흐르는 기간이 1/2 주기보다 더 작게 되도록 bias 된 동작상태를 갖는다.

① **동작점** : 차단점 이하에 둔다.

② **유통각** : 180° 이하 동안만 흐른다.($\theta < 180°$)

③ **특 징** : 찌그러짐이 가장 크나, 효율은 가장 높다.

④ **용 도** : 주파수 체배기, RF 전력 증폭기등에 사용.

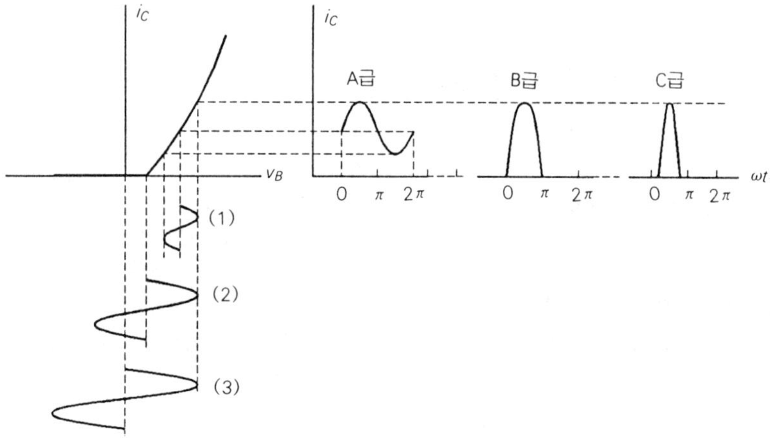

〈그림 9－1〉 증폭기의 급별 분류

■ 증폭기의 동작점 Q에 의한 분류

분류 / 구분	A 급	B 급	AB 급	C 급
동 작 점	전달특성곡선의 직선부의 중앙점	전달특성곡선의 차단점	전달특성곡선의 중앙점과 차단점 사이	전달특성곡선의 차단점 밖
유 통 각	$\theta = 2\pi$	$\theta = \pi$	$\pi < \theta < 2\pi$	$\theta < \pi$
파 형	전 파	반 파	전파보다 작고 반파보다 크다	반파보다 작다
의 곡	거의 없다	반파정도 의곡	약간 의곡	반파이상 의곡
전력손실	크다	적다	약간 있다	거의 없다
효 율	50 [%] 이하	78.5 [%] 이하	50 [%] 이상	78.5 [%] 이상
용 도	· 무왜 증폭기 · 완충 증폭기	· push-pull 증폭기	· 저주파 증폭기	· 체배 증폭기 · RF 전력 증폭기

9·1·2 트랜지스터의 최대 정격

전력 증폭기는 출력단에서 대전력을 취급하므로 트랜지스터의 동작 가능 영역에서 최대한으로 사용되어야 한다. 따라서, 허용 찌그러짐 범위내에서 전원의 이용율을 최고로 하고 또 트랜지스터의 최대 정격을 고려하여야 한다.

① 최대 정격 I_{Cmax}, V_{CEmax}, P_{Cmax} 이 문제가 되므로 증폭 동작은 허용범위 내로 하여야 한다.

② 전력을 증폭하므로 콜렉터 효율이 높아야 한다.

③ 자체 발열에 의한 bias 의 불안정을 방지하여야 한다.

(1) 최대 정격(maximum rating) : 최대 정격은 트랜지스터를 손상시키거나 파괴하지 않고 정상적인 동작상태에서 사용하기 위한 최대 한도를 나타낸다.

① 최대 허용 콜렉터 손실 P_{Cmax}

② 최대 콜렉터 전압 V_{CEmax}

③ 최대 콜렉터 전류 I_{Cmax}

④ 온도의 한계

따라서, 실제 동작은 〈그림 9-2〉의 빗금친 부분을 벗어나지 않도록 하여야 한다.

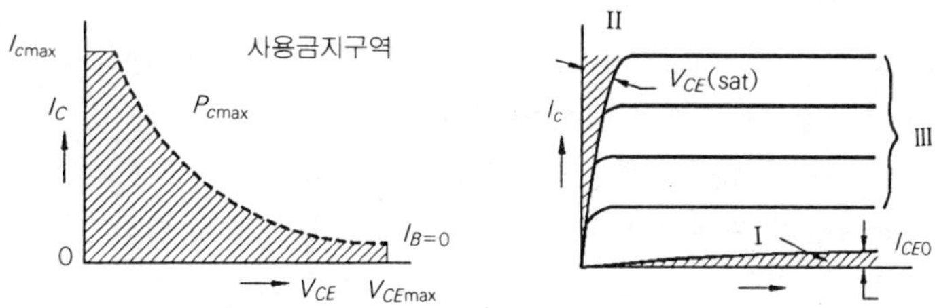

〈그림 9-2〉 최대 허용 콜렉터 손실

〈그림 9-2〉 (b)에서 I_{CEO} 는 콜렉터 차단 전류, $V_{CE(sat)}$ 는 콜렉터 포화전압이고

영역(I) : 차단 영역(cutoff region)

영역(II) : 포화 영역(saturation region)

영역(III) : 활성 영역(active region)

이며, 트랜지스터가 동작하는 영역은 영역(III)이다.

■ 트랜지스터 2SC371 의 최대 정격

형 명	최대 정격(T_a = 25°C)					전 기 적 특 성												
	BV_{CBO}	BV_{EBO}	I_{Cmax}	P_{Cmax}	T_{jmax}	I_{CBO}	h_{FE}			바이어스		h_{fe}	h_{ie}	h_{re}	h_{oe}	f_α f_T*	C_{ob}	r_{bb}
								V_{CE}	I_E	V_{CE}	I_E							
2SC371	35V	4V	mA 100	mW 200	125°C	0.5μA	60	12V	−2mA	6V	−1mA	65	1.8kΩ	55 ×10⁻⁶	5μS	MHz 200	2.5pF	80Ω
2SD687	60V	5V	3A	25W	150°C	20μA	2000	2V	1A	t_{on} = 0.1 μs, t_f = 0.2μs, t_{stg} = 1μs								

예제 9-1 최대 정격의 이해

최대 정격
(1) 최대 콜렉터-에미터 역전압 BV_{CBO}
(2) 최대 에미터-베이스 역전압 BV_{EBO}
(3) 최대 콜렉터 전류 I_{Cmax}
(4) 최고 접합부 온도 T_{jmax}
(5) 최대 허용 콜렉터 손실 P_{Cmax}
에 대하여 설명하라.

풀이 최대 정격

(1) BV_{CBO} : CB 접속. 에미터 개방상태에서 콜렉터-베이스 간의 내압이다. 즉 CB 접합의 역방향으로 트랜지스터를 파괴함이 없이 걸어줄 수 있는 전압의 최대값이다.

※ BV_{CEO} : CE 접속. 베이스 개방상태에서 CB 접합의 역방향으로 트랜지스터를 파괴함이 없이 걸어줄 수 있는 전압의 최대값으로 BV_{CBO} 보다는 낮다.

$$BV_{CEO} \approx (2/3)\, BV_{CBO}$$

(2) BV_{EBO} : 콜렉터 개방상태에서 에미터-베이스간의 역내압이다.

(3) I_{Cmax} : 정상적인 동작에 있어서 콜렉터 전류의 최대 허용값. 트랜지스터의 h_{FE} 는 콜렉터 전류가 증가하면 최대값으로부터 감소하는 경향이 있다. 이와같이 전류증폭률 h_{FE} 가 최대치의 약 2/3 로 감소하는 한계를 최대 콜렉터 전류 I_{Cmax} 로 하는 일도 있다.

(4) T_{jmax} : 최고 접합부 온도로서 Si 에서는 150°C, Ge 에서는 75°C 정도이다. 트랜지스터의 내부의 온도는 주위온도와 동작전류에 의한 주울(joule) 열과의 합이다.

(5) P_{cmax} : 최대 허용 콜렉터 손실이다. 트랜지스터 내부에서의 전력 손실은 주울열로되어 트랜지스터의 온도를 높인다.

〈그림 9-3〉은 콜렉터 손실 P_{Cmax} 와 접합부의 허용한계 최고 온도 T_{jmax} 와의 관계를 보인것이다.

이 그림에서 2SC371 은 주위 온도 25°C 까지 $P_{c\,max} = 200\,[\mathrm{mW}]$ 이나 주위 온도 T_a 가 상승하면 $P_{c\,max}$ 가 감소되어 $T_a = 125°\mathrm{C}$ 가 되면 $P_{c\,max} = 0$ 이 되어 트랜지스터는 사용할 수 없게 된다.

$$P_{c\,max} = \frac{T_{jmax} - T_a}{\theta}$$

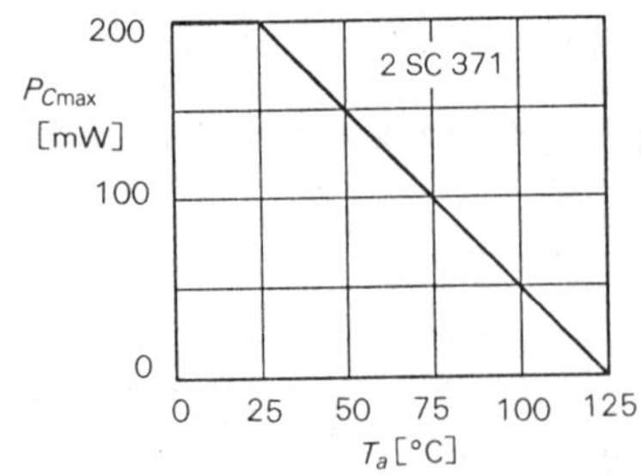

〈그림 9-3〉 소출력 트랜지스터 (2SC371)의 경우

여기서, θ 는 열저항이라 한다. $T_a = 25°\mathrm{C}$ 일 때 2SC371 의 열저항 θ 는

$$\theta = \frac{T_{jmax} - T_a}{P_{c\,max}} = \frac{125°\text{C} - 25°\text{C}}{200\ [\text{mW}]} = 0.5\ [°\text{C/mW}]$$

이 된다. 또 이 트랜지스터 $T_a = 75°\text{C}$ 에 대한 $P_c{}'_{max}$ 는 다음과 같다.

$$P_c{}'_{max} = \frac{T_{jmax} - T_a}{\theta} = \frac{125°\text{C} - 75°\text{C}}{0.5°[\text{C/mW}]} = 100\ [\text{mW}]$$

전력용 트랜지스터 2SD687 은 무한대의 방열판(케이스의 온도가 주위 온도가 동일함을 의미한다)을 사용한 케이스 온도 $T_C = 25°\text{C}$ 에서 $P_{cmax} = 25\ [\text{W}]$ 이다. 이 트랜지스터 고유의 열저항 θ_{jm} 은 다음 식으로 정의된다.

$$\theta_{jm} = \frac{T_{jmax} - T_c}{P_{cmax}} = \frac{150 - 25}{25} = 5\ [°\text{C/W}]$$

여기서, 방열판의 열저항 θ_h 와 절연판의 열저항 θ_m 과의 합을 $3\ [°\text{C/W}]$ 라고 하면 합성 열저항 θ 는

$$\theta = \theta_{jm} + \theta_h + \theta_{\text{m}}$$
$$= 5 + 3 = 8\ [°\text{C/W}]$$

이 된다. 예를 들어 $T_a = 50°\text{C}$ 이면 2SD687 의 $P_c{}'_{max}$ 는

$$P_c{}'_{max} = \frac{T_{jmax} - T_a}{\theta}$$
$$= \frac{150 - 50}{8} = 12.5\ [\text{W}]$$

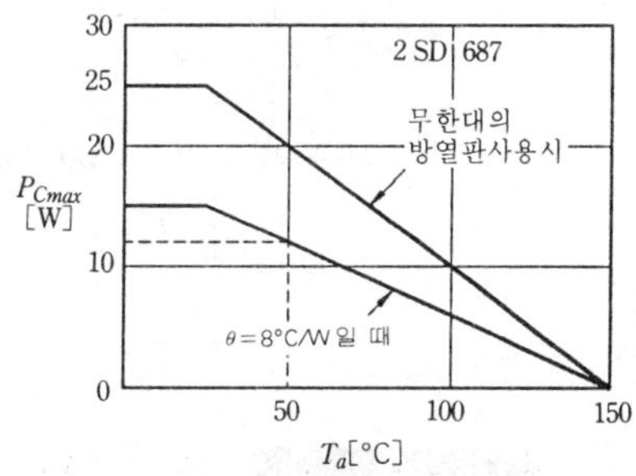

〈그림 9－4〉 전력용 트랜지스터 (2SD687)의 경우

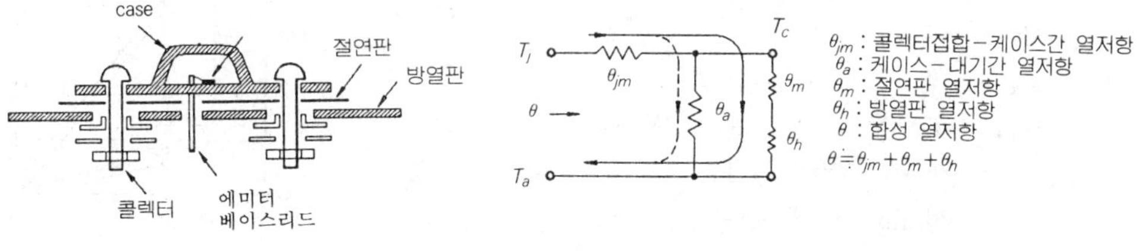

(a) (b) 등가회로

〈그림 9－5〉 전력용 트랜지스터

예제 9-2 최대 허용 콜렉터 손실

(1) $P_{c\,max} = 120$ [mW], $T_{jmax} = 150$ [°C] 의 Si 트랜지스터를 주위 온도 50 [°C] 로 사용할 때 허용 콜렉터 손실을 구하라.

풀이

$$P_{c}'_{max}\,(T_a = 50°C) = \frac{T_{jmax} - T_a}{T_{jmax} - 25°C} \times P_{c\,max}$$

$$= \frac{150 - 50}{150 - 25} \times 120\,[mW] = 96\,[mW]$$

(2) $P_{c\,max} = 10$ [W], $T_{jmax} = 150$ [°C] 의 Si 전력용 트랜지스터를 열저항 0.5 [°C/W] 의 절연판을 넣고 열저항 2.0 [°C/W] 의 방열판을 붙일 때 주위 온도 50 [°C] 에서 허용 콜렉터 손실을 구하라.

풀이 트랜지스터 고유 열저항 θ_{jm} 은

$$\theta_{jm} = \frac{T_{jmax} - T_c}{P_{c\,max}} = \frac{150 - 25}{10\,[W]} = 12.5\,[°C/W]$$

총합 열저항 θ 는

$$\theta = \theta_{jm} + \theta_m + \theta_h = (12.5 + 0.5 + 2)\,[°C/W] = 15\,[°C/W]$$

이 되므로 $T_a = 50$ [°C] 에 대한 허용 콜렉터 손실 $P_c'_{max}$ 는 다음과 같다.

$$P_c'_{max} = \frac{T_{jmax} - T_a}{\theta} = \frac{150 - 50}{15°[C/W]} \approx 6.7\,[W]$$

예제 9-3 방열판이 있을 때 허용 콜렉터 손실

다음의 최대 정격을 가진 전력용 트랜지스터가 있을 때, 주위 온도 50 [°C] 에 대한 허용 콜렉터 손실을 구하라.

$T_{jmax} = 125$ [°C], $I_{cmax} = 1$ [A]

$BV_{CEO} = 60$ [V], $P_{cmax} = 1$ [W] (방열판 없음)

$P_{cmax} = 5$ [W] (200 [cm²],

2 [mm] 두께 Al판 사용시)

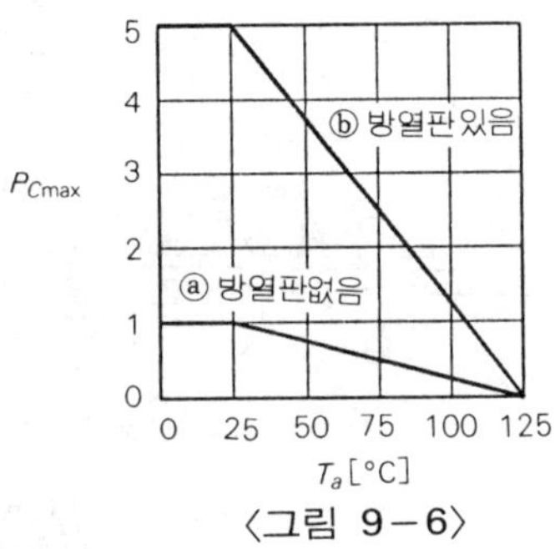

〈그림 9-6〉

풀이 방열판이 없는 경우 P_{cmax} 는 〈그림 9-6〉 ⓐ 와 같이 되고 $T_a = 50$ [°C] 에 대한 허용 콜렉터 손실 $P_c'_{max}$ 은 소출력 트랜지스터와 같이 구한다.

$$P_c'_{max} = \frac{T_{jmax} - T_a}{T_{jmax} - 25°C} \cdot P_{cmax} = \frac{125 - 50}{125 - 25} \times 1\,[W] = 0.75\,[W]$$

다음으로 방열판이 있는 경우는 그림 ⓑ 와 같다.

$$P_c'{}_{max} = \frac{T_{jmax} - T_a}{T_{jmax} - 25°C} P_{cmax} = \frac{125 - 50}{125 - 25} \times 5\,[W] = 3.75\,[W]$$

예제 9−4　방열판의 열저항 θ_h

$P_{cmax} = 20\,[W]$, $T_{jmax} = 150\,[°C]$ 의 전력용 트랜지스터를 사용하고 있다. 주위 온도 50 [°C] 에 대한 허용 콜렉터 손실을 5 [W] 를 얻으려면 어떤 방열판을 사용해야 되는지를 구하라. 단, 절연판의 열저항 $\theta_m = 0.4\,[°C/W]$ 이다.

풀이 트랜지스터 고유의 열저항 θ_{jm} 은

$$\theta_{jm} = \frac{T_{jmax} - 25°C}{P_{cmax}} = \frac{150 - 25}{20} = 6.25\,[°C/W]$$

다음에 $T_a = 50\,[°C]$ 에서 $P_c'{}_{max} = 5\,[W]$ 를 얻는데 필요한 종합 열저항 θ 는 $\theta = \theta_{jm} + \theta_m + \theta_h$ 에서 $\theta_m = 0.4\,[°C/W]$ 이므로 θ_h 는 다음과 같다.

$$\theta_h = \theta - (\theta_{jm} + \theta_m) = 20 - (6.25 + 0.4) \approx 13\,[°C/W]$$

9·2 전력 증폭회로

9·2·1 직렬 부하 A급 전력 증폭회로

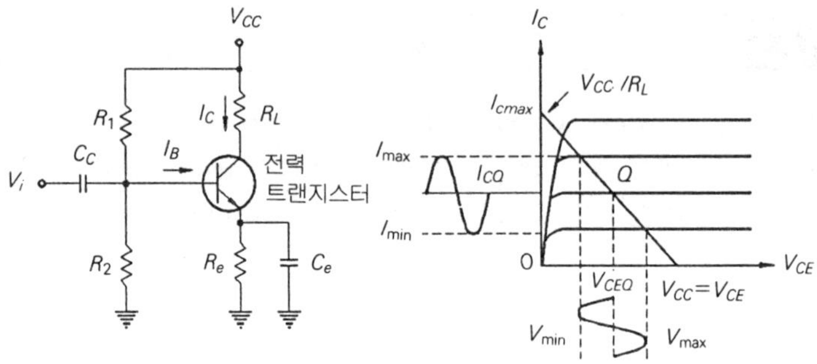

〈그림 9-7〉 직렬 부하 A급 증폭기

직렬 부하(직렬 급전) 증폭기는 입력신호가 없을때도 직류 전류가 콜렉터에 흘러 전력 손실이 커 효율이 낮으며 따라서 전력 증폭기로 적합하지 않다.

(1) 교류 최대 출력 전력

① 출력 전압 전류의 최대치 : $V_m = \dfrac{V_{max} - V_{min}}{2}$, $I_m = \dfrac{I_{max} - I_{min}}{2}$

② 출력 전압 전류의 실효치 : $V_{rms} = \dfrac{V_{max} - V_{min}}{2\sqrt{2}}$, $I_{rms} = \dfrac{I_{max} - I_{min}}{2\sqrt{2}}$

$$P_{omax} = V_{rms}\,I_{rms} = \frac{(V_{max} - V_{min})\,(I_{max} - I_{min})}{8}$$

여기서, $I_{CEO} = 0$, 트랜지스터 포화저항이 0, $V_{min} = 0$ 이라면 $V_{max} - V_{min} \approx V_{CC}$ 이고 $I_{max} - I_{min} = 2I_{CQ}$ 이다.

$$P_{omax(ac)} = \frac{V_{CC}\cdot(2I_{CQ})}{8} = \frac{V_{CC}\,I_{CQ}}{4} = \frac{V_{CC}^2}{8R_L} \text{ (단, } I_{CQ} = V_{CC}\,/\,2\,R_L\text{)}$$

● 교류 전력을 계산할 때 사용되는 전압과 전류는 실효값이다.

(2) 직류 입력 전력(P_{dc})

$I_{CQ} = \dfrac{V_{CC}/R_L}{2}$ 인 Q 점에서 전원 전압으로 부터 받는 직류 입력 전력 P_{dc} 는 다음과 같다.

$$P_{dc} = V_{CC}\, I_{CQ} = V_{CC}\left(\frac{V_{CC}}{2R_L}\right) = \frac{V_{CC}^2}{2R_L}$$

일반적으로 $I_{CQ} \leq I_{cmax}/2$ 이다. 여기서, $I_{cmax} = V_{CC}/R_L$ 이다.

(3) **최대 콜렉터 효율**($\%\eta$) : 콜렉터 효율이란 콜렉터 전지로 부터 공급된 전력이 얼마나 교류 출력 전력으로 전환되는가를 나타낸다. 따라서 직렬 부하 A 급 전력 증폭기에서 최대 콜렉터 효율은 대략 25 [%] 가 된다.

$$\%\,\eta = \frac{P_{omax}}{P_{dc}} = \frac{(V_{max} - V_{min})\,(I_{max} - I_{min})}{8V_{CC}\, I_{CQ}} \times 100\,[\%]$$

$$\%\,\eta_{c\,max} = \frac{V_{CC}\, I_{CQ}/4}{V_{CC}\, I_{CQ}} \times 100\,[\%] = \frac{1}{4} \times 100 = 25\,[\%] \quad \text{(직렬부하시)}$$

이 최대 효율은 이상적인 조건이고 대부분의 경우에는 25 [%] 보다 훨씬 낮다.

예제 9-5 A급 증폭기의 실제 효율

〈그림 9-8〉의 증폭기에서 입력 전압을 인가하여 베이스 전류의 첨두값이 8 [mA] 가 되도록 하였을 때

(1) 출력 전력 $P_{o(ac)}$

(2) 입력 전력 P_{dc}

(3) 증폭기의 전력 효율 $\%\,\eta$

를 구하라. 단, $V_{BE} = 0.7$ [V], $\beta = 25$ 이다.

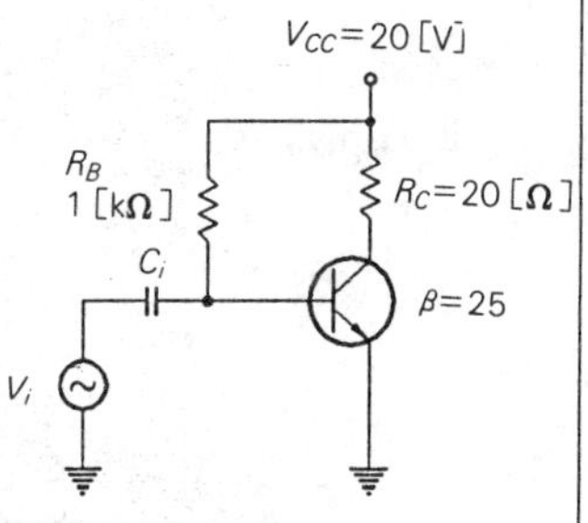

〈그림 9-8〉

풀이 〈그림 9-8〉에 대한 Q 동작점을 설정한다.

$$I_B = \frac{V_{CC} - 0.7}{R_B} = \frac{20 - 0.7}{1\,[\text{k}\Omega]} = 19.3\,[\text{mA}]$$

$$I_{CQ} = \beta I_B = 25(19.3\,[\text{mA}]) = 482.5\,[\text{mA}]$$

$$V_{CE} = V_{CC} - I_C R_C = 20 - (482.5\,[\text{mA}])\,(20) = 10.35\,[\text{V}]$$

직류 부하선은 $V_{CE} = V_{CC} = 20$ [V] 인 점과 $I_C = V_{CC}/R_C = 1000$ [mA] 인 점을 연결한 직류 부하선을 구한다.

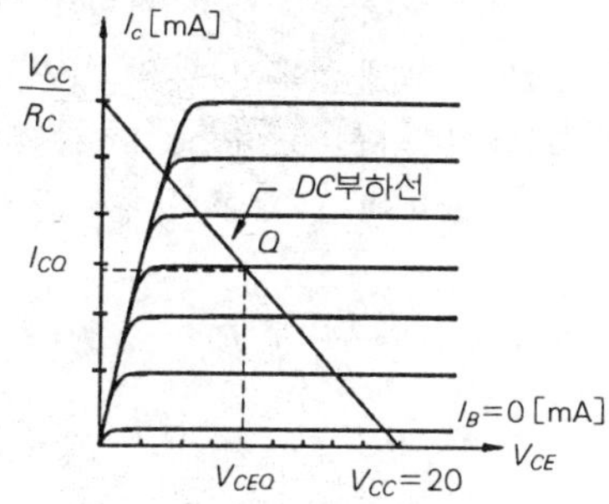

〈그림 9-9〉

(1) 출력 전력

$I_C = \beta I_b = 25(8\,[\mathrm{mA}]) = 200\,[\mathrm{mA}]$ (peak)

$$P_{o(ac)} = \left(\frac{I_C}{\sqrt{2}}\right)^2 R_C = \left(\frac{200 \times 10^{-3}}{\sqrt{2}}\right)^2 (20) \approx 0.4\,[\mathrm{W}]$$

(2) 입력 전력

$P_{dc} = V_{CC} I_{CQ} = (20)\,(482.5\,[\mathrm{mA}]) = 9.65\,[\mathrm{W}]$

(3) 증폭기의 전력 효율(% η)

$$\%\ \eta = \frac{P_{o(ac)}}{P_{dc}} \times 100\,[\%] = \frac{0.4}{9.65} \times 100\,[\%] \approx 4.15\,[\%]$$

즉 이상적 효율이 25 [%] 이므로 전력 효율은 매우 낮다.

9·2·2 트랜스 결합 A급 전력 증폭 회로(병렬 부하)

부하에서 직류 전력 손실을 작게하기 위해 병렬 부하 증폭기(부하와 증폭기를 트랜스로 결합)를 사용한다.

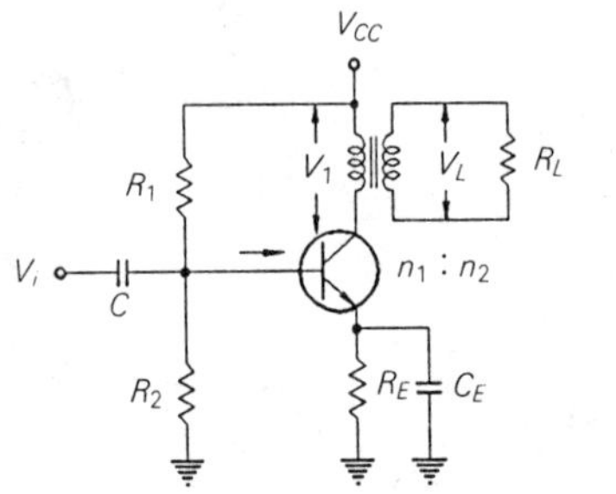

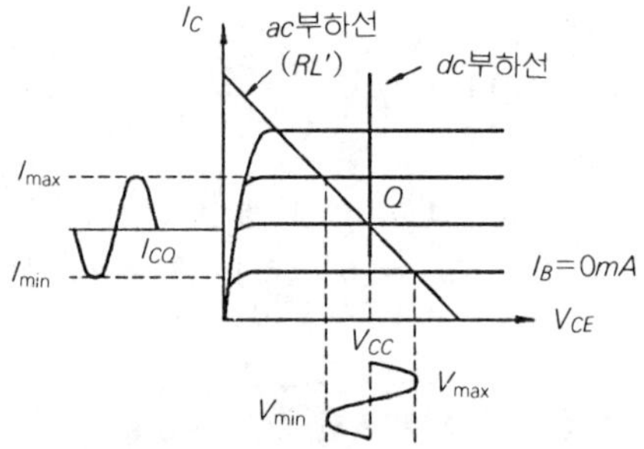

〈그림 9－10〉 트랜스(변압기) 결합 A급 증폭기

〈그림 9－10〉(a) 에서 트랜스의 2차측에는 교류신호만 나타난다.

(1) **직류 부하선(dc load line)의 설정** : 트랜스의 직류 저항(권선 저항)이 직류 부하선을 결정하는데 이 직류 저항이 거의 0Ω 에 가까우므로 직류 부하선은 거의 수직이다. (실제 트랜스에서는 약간 기울어진 직선이다.)

(2) **교류 부하선(ac load line)의 설정** : 트랜스의 1차 coil 에서 들여다 본 교류부하 R_L'는

$$R_L' = \left(\frac{n_1}{n_2}\right)^2 R_L = n^2 R_L$$

단, $n = n_1/n_2$ 이다.

이므로, 교류 부하선의 기울기는 $-1/R_L'$ 이다.

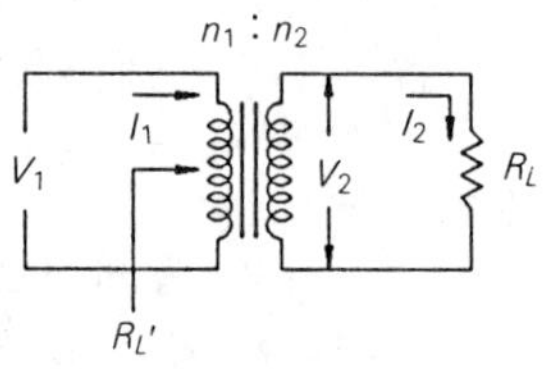

〈그림 9－11〉

> ● 부하선의 기울기는 부하 저항의 역수에 (−)의 부호를 붙인 것이다.

(3) 트랜스 결합 A급 증폭기의 특징

① 부하 R_L 에 콜렉터 전류의 직류성분이 흐르지 않는다.(트랜스 2차측에는 교류신호만 나타난다.)

② 직류 전력 손실이 없어 효율이 높아진다.($\eta_{max} = 50$ [%])

③ 콜렉터에서의 직류 전압강하가 없으므로 낮은 공급전원을 사용할 수 있다.

④ 트랜스 결합에서 실효 부하 임피던스가 $R_L' = n^2 R_L$ 이므로 부하 R_L 이 주어졌을 때 권선비 n 을 적당히 선택하여 임피던스를 정합(matching)시킬 수 있다.

〈그림 9−11〉의 이상적인 변압기에서 2차 코일에 접속된 스피커에 걸리는 전압 V_L 과 전류 I_L 은 다음과 같다.

$$V_2 = V_L = \left(\frac{n_2}{n_1}\right) V_1 = nV_1$$

$$I_{L(rms)} = \left(\frac{n_1}{n_2}\right) I_{rms}$$

부하에 공급되는 전력 P_L 은 다음과 같이 표시된다.

$$P_L = V_L{}^2{}_{(rms)} / R_L = I_L{}^2{}_{(rms)} R_L$$

(4) 교류 최대 출력 전력

$$P_{omax(ac)} = V_{rms} I_{rms} = \frac{(V_{max} - V_{min})(I_{max} - I_{min})}{8}$$

여기서, 간단히 하기 위해 $V_{max} - V_{min} \fallingdotseq 2V_{CC}$ 이고 $I_{max} - I_{min} \fallingdotseq 2I_{CQ}$ 로 하면 근사적으로 다음 식을 얻는다.

$$\text{최대값 } P_{omax(ac)} = \frac{(2V_{CC})(2I_{CQ})}{8}$$

(5) 직류 입력 전력 : 직류 전원으로부터 공급되는 직류 전력으로 전원 전압과 평균 전류의 곱으로 표시된다.

$$P_{dc} = V_{CC} I_{CQ}$$

(6) 최대 콜렉터. 효율

$$\% \eta_{cmax} = \frac{P_{o(ac)}}{P_{dc}} = \frac{(2V_{CC})(2I_{CQ})/8}{V_{CC} I_{CQ}} \times 100 [\%] = 50 [\%]$$

즉 변압기 결합인 증폭기의 최대 효율은 50[%]이다.

● A급 전력 증폭기에서, 직렬 부하(공급) 증폭기의 이론적인 최대 효율은 25 [%] 이고 트랜스(변압기) 결합인 병렬 부하 증폭기의 최대 효율은 50 [%] 이다.

부하 임피던스 R_L' 는 교류 부하선의 기울기로 부터

$$R_L' = \frac{V_m}{I_m} = \frac{V_m}{2\,P_{omax} / V_m} \approx \frac{V_{CC}^2}{2\,P_{omax}}$$

윗 식으로 부터 최대 출력 전력 $P_{omax(ac)}$ 는 다음식과 같다.

$$P_{omax(ac)} = \frac{V_{CC}^2}{2R_L'} \quad \text{(이상적인 경우)}$$

예제 9-6 A급 증폭기의 권선비

<그림 9-10>의 트랜스 결합 A급 증폭기에서 부하 $R_L = 4$ [Ω] 에 최대 전력 5 [W] 를 공급하고자 한다. 출력 변압기의 권선비 n_1/n_2 는 얼마로 하면 되는지를 계산하라. 단, $V_{CC} = 20$ [V] 이다.

풀이 $P_{omax(ac)} = V_{CC}^2 / 2R_L' = 5$ [W] 이므로

$$R_L' = V_{CC}^2 / 10 = 40\,[\Omega] = (n_1 / n_2)^2 R_L = n^2 R_L$$

$$n = \frac{n_1}{n_2} = \sqrt{\frac{R_L'}{R_L}} = \sqrt{\frac{40}{4}} = \sqrt{10}$$

(7) **콜렉터 손실 전력(P_{diss})** : 최대 출력을 낼 때 효율이 50 [%] 이므로 P_{dc} 의 1/2 이 출력이 되고 나머지 1/2 이 콜렉터 손실이 된다. 입력 신호가 0 일 때 출력도 0 이고 이 때의 P_{dc} 는 전부 콜렉터 손실이 된다. 따라서 최대 출력 $P_{omax(ac)}$ 의 2 배가 된다.

$$P_{dissmax} = 2\,P_{omax(ac)}$$

실제로 최대 콜렉터 손실이 15 [W] 인 트랜지스터를 A급 증폭기로 사용할 때 출력은 15/2 = 7.5 [W] 를 넘지 못한다.

● 병렬 부하 A급 전력 증폭기에 사용하는 트랜지스터의 정격 콜렉터 손실 P_{cmax} 는 얻고자 하는 출력 전력의 2 배 이상은 되어야 한다. 이는 직렬 부하인 경우도 성립된다.

$$P_{cmax} > P_{dissmax} = 2P_{omax\,(ac)}$$

(8) A급 전력증폭기의 의곡(distortion)

① 출력 의곡(output distortion) : 콜렉터 특성의 정전류 곡선의 간격이 불균일하기 때문에 생기는 의곡으로서 에미터접지가 베이스접지보다 심하다.

② 입력 의곡(input distortion) : 입력저항의 비직선성, 매우 큰 입력신호를 사용한 경우, 또는 온도변화에 의한 동작점의 이동, 포화 또는 차단에 의한 클리핑 의곡이 일어날 수 있다.

$$\text{의율 } D = \frac{\sqrt{I_2^2 + I_3^2 + I_4^2 + \cdots}}{I_1}$$

단, I_1 : 기본파 전류, I_2 : 제 2 고조파 전류, I_3 : 제 3 고조파 전류

② 트랜지스터 전환특성의 비직선성에 의한 의율

$$\text{제 2 고조파 의율 } D_2 = \frac{B_2}{B_1} = \frac{\frac{1}{4}(I_{max} + I_{min} - 2I_C)}{\frac{1}{2}(I_{max} - I_{min})} \times 100$$

9·2·3 B급 푸시풀(push-pull) 증폭기

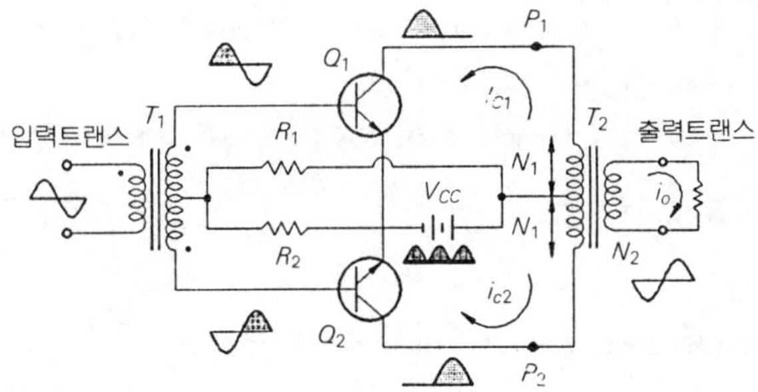

〈그림 9－12〉 B급 푸시풀 증폭기

(1) 동작 원리 이해

① DC 분 $I_{C1} = I_{C2}$ 는 동시에 반대방향으로 흘러 T_2 의 2 차측의 유도자속은 서로 상쇄되어 출력은 0 이다.

② 신호입력의 정(＋)의 반주기 동안에 Q_1 이 동작한다.

③ 신호입력의 부(－)의 반주기 동안에 Q_2 가 동작한다.

④ AC (signal)분은 시간차 때문에 T_2 의 2차측에 유기되는 전압은 합성된다.

(2) 특　　징

① 입력신호가 없을 때는 콜렉터 전류가 흐르지 않으므로 소비전력이 적고 효율은 높다. (78.5 [%])

② 싱글(single)때보다 4배 이상의 출력을 얻을 수 있다.

③ 의곡이 감소한다(우수차 고조파가 상쇄되고, 기수 고조파만 남기 때문이다.)

④ 출력 트랜스의 직류 자화를 받지 않으므로 자기 포화(磁氣飽和)에 의한 비직선 의곡을 제거할 수 있다.

⑤ 공급전원에 맥동 전압(ripple volage)이 포함되어 있더라도 부하에 나타나지 않는다.

(3) 전류 파형

① 공급 전원 V_{CC} 에 흐르는 전류 : $i_{CC} = i_{c1} + i_{c2}$ 이므로 **전파정류파형**이며 이의 평균값 I_{CC} 는 다음과 같다.

$$I_{CC} = \frac{2}{\pi} I_m$$

② 부하 R_L 에 흐르는 전류(i_o)

$$i_o = \frac{n_1}{n_2}(i_{c1} - i_{c2}) = n(i_{c1} - i_{c2})$$

즉 정현파 전류가 흐른다.

$$\begin{aligned} i_{c1} &= I_c + B_o + B_1 \cos \omega t + B_2 \cos 2\omega t + B_3 \cos 3\omega t + \cdots\cdots \\ i_{c2} &= I_c + B_o + B_1 \cos(\omega t + \pi) + B_2 \cos 2(\omega t + \pi) \\ &\quad + B_3 \cos 3(\omega t + \pi) + \cdots\cdots \\ &= I_c + B_o - B_1 \cos \omega t + B_2 \cos 2\omega t - B_3 \cos 3\omega t + \cdots\cdots \end{aligned}$$

이 때 출력 전류 i_o 는

$$\begin{aligned} i_o &= n(i_{c1} - i_{c2}) \\ &= 2n(B_1 \cos \omega t + B_3 \cos 3\omega t + \cdots\cdots) \end{aligned}$$

따라서 우수 고조파 전류는 상쇄되고 기본파와 기수 고조파 전류성분만 남는다.

- B급 푸시풀 증폭기의 출력에는 우수 고조파성분을 제거되고 기수 고조파 성분만 나타난다.

(4) B급 푸시풀 전력 증폭기의 출력 전력 : 부하 R_L 에 전달되는 전력이다. 콜렉터 출력 전압과 전류의 최대 진폭을 V_m 과 I_m 이라고 할 때 최대 출력 전력 $P_{omax(ac)}$ 는 다음과 같다.

$$P_{omax(ac)} = \frac{1}{2} V_m I_m$$

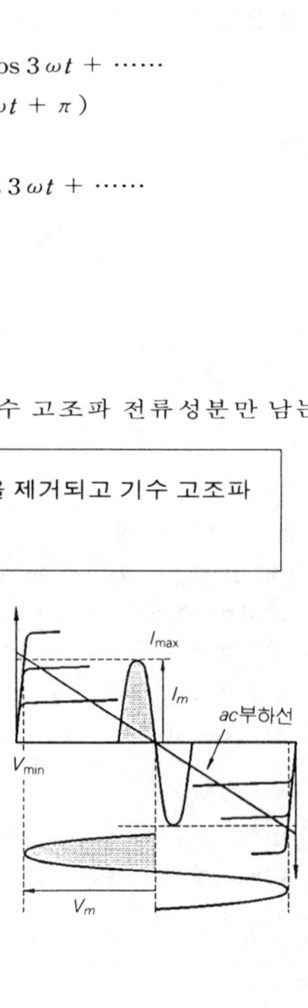

〈그림 9－13〉 B급 푸시풀의 동작원리

여기서, $V_m \fallingdotseq V_{CC}$ 이고 $I_m \fallingdotseq I_{max}$ 이라면

$$P_{omax(ac)} \approx \frac{1}{2} V_{CC} I_{max}$$

(5) **직류 입력 전력** : 두 트랜지스터에 대하여 콜렉터 전지 V_{CC}가 공급하는 직류전력이다.

$$P_{dc} = 2\,V_{CC} I_{dc} \approx 2\,V_{CC}\,(I_m / \pi) = 2\,V_{CC}\,(I_{max} / \pi)$$

(6) **최대 콜렉터 효율**

$$\%\ \eta_{cmax} = \frac{P_{omax}}{P_{dc}} \times 100\,[\%]$$

$$= \frac{(1/2)\ V_{CC}\, I_{max}}{(2/\pi)\ V_{CC}\, I_{max}} \times 100\,[\%] = \frac{\pi}{4} \times 100\,[\%] = 78.5\,[\%]$$

즉, B급 푸시풀 전력증폭기의 최대 콜렉터 효율은 78.5[%]이다.

예제 9−7 B급 증폭기의 최대 출력

〈그림 9−12〉와 같은 B급 푸시풀 전력 증폭기에서 $V_{CC} = 20\,[V]$이고 $n_2 = 2n_1$, $R_L = 20\,[\Omega]$일 때 부하(트랜지스터 1개에 대한 콜렉터 부하 저항 R_L')에서의 최대 출력 전력을 구하라.

풀이

$$P_{omax(ac)} = \frac{1}{2} V_m I_m \approx \frac{1}{2} V_{CC} I_{max} = \frac{1}{2} \frac{V_{CC}^2}{R_L'}$$

$$R_L' = (n_1/n_2)^2 R_L = \frac{1}{4} \times 20 = 5\,[\Omega]$$

$$\therefore\ P_{omax(ac)} = \frac{1}{2} \cdot \frac{V_{CC}^2}{R_L'} = \frac{1}{2} \cdot \frac{20^2}{5} = 40\,[W]$$

(7) **콜렉터와 콜렉터간의 부하저항(R_{CC})** : 〈그림 9−12〉의 푸시풀 증폭기의 $P_1 - P_2$ 사이에서 부하측으로 본 저항이다.

$$R_{CC} = (2n_1/n_2)^2 R_L = n^2 R_L$$

여기서 $2n_1$은 출력 트랜스의 1차측 권선수이고, n_2는 2차측 권선수이다. 최적 부하 임피던스 R_L'는

$$R_L' = \frac{V_m}{I_m} = \frac{V_m^2}{2\,P_{omax}} \approx \frac{V_{CC}^2}{2\,P_{omax}}$$

여기서 R_L'는 트랜지스터 1개에 대한 부하 저항이다. R_{CC}와 R_L'에는 다음 식이 성립한다.

$$R_{CC} = 4\,R_L' \quad (\because\ R_L' = (n_1/n_2)^2\,R_L)$$
$$P_{omax(ac)} \approx V_{CC}^2 / 2\,R_L'$$

예제 9－8 B급 증폭기의 콜렉터 손실

B급 푸시풀 전력 증폭기에서 $V_{CC} = 20$ [V]이고 $n = n_1/n_2 = 2$, $R_L = 8$ [Ω]일 때 최대 출력시 트랜지스터 1개의 콜렉터 손실 P_{C1}을 구하라.

풀이 출력 전력트랜지스터에서 열로서 소비되는 전력은 전원장치로 부터의 입력전력과 부하에 전달되는 출력전력과의 차이다.

$$P_{C1} = \frac{P_C\text{(두개의 트랜지스터에서 소비하는 전력)}}{2} = \frac{P_{dc} - P_{omax}}{2}$$

$$P_{dc} = 2\,V_{CC}\,I_{dc} = \frac{2}{\pi}\,I_m\,V_{CC} = \frac{2}{\pi}\left(\frac{V_{CC}}{R_L'}\right)V_{CC} = \frac{2}{\pi}\,\frac{V_{CC}^2}{R_L'}$$

$R_L' = (n_1/n_2)^2\,R_L = \frac{1}{4} \times 8 = 2$ [Ω]이므로

$$P_{dc} = \frac{2}{\pi}\,\frac{V_{CC}^2}{R_L'} = \frac{2}{\pi}\cdot\frac{20^2}{2} = \frac{400}{\pi} \fallingdotseq 127.4\ [\mathrm{W}]$$

최대 출력 전력 P_{omax}는

$$P_{omax} = \frac{1}{2}\,V_m\,I_m = \frac{1}{2}\,\frac{V_{CC}^2}{R_L'} = \frac{1}{2}\,\frac{20^2}{2} = 100\ [\mathrm{W}]$$

그러므로 트랜지스터 1개의 콜렉터 손실 P_{C1}은

$$P_{C1} = \frac{1}{2}\,(P_{dc} - P_{omax}) = \frac{1}{2}\,(127.4 - 100) = 13.7\ [\mathrm{W}]$$

(8) B급 푸시풀 증폭기의 왜곡

① 크로스 오버 왜곡(Cross over distortion) : B급 동작에서는 동작점 Q를 차단점 부근에 두는데 차단점 부근의 특성이 직선적이 못되기 때문에 왜곡의 원인이 된다. 즉, 에미터 접합의 순방향 바이어스 전압이 cutin 전압(Ge : 0.2 [V] Si : 0.6 [V])에 이르기까지는 베이스 전류가 흐르지 않으며 트랜지스터는 실질적으로 차단상태에 있기 때문이다.

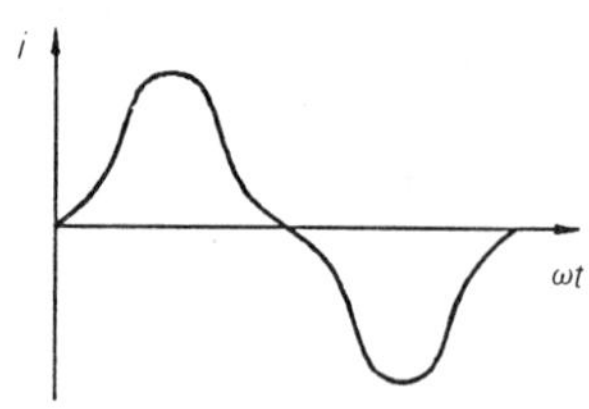

〈그림 9－14〉

② 부정합 왜곡(Mismatch distortion) : 푸시풀 증폭기에 사용된 두 트랜지스터 특성이 다르기 때문에 생기는 왜곡이다. 즉, 두 트랜지스터의 h_{fe} 또는 입력과 출력간의 위상차가 다르게 될 때 생긴다.

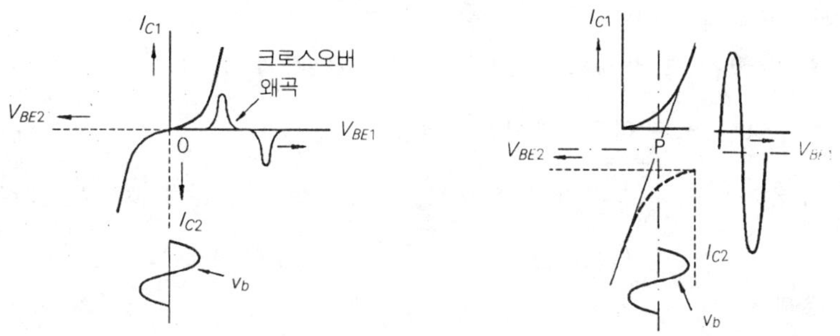

(a) 크로스오버 왜곡 있음 (b) 크로스오버 왜곡 없음

〈그림 9－15〉 B급 푸시풀 회로의 크로스 오버 왜곡

9·2·4 SEPP회로

출력에 트랜스를 사용하지 않고 직접 부하를 구동할 수 있는 회로를 *OTL*(output transformer less) 회로라고 하며 그 대표적인 것이 *SEPP*(single ended push pull)회로이다.

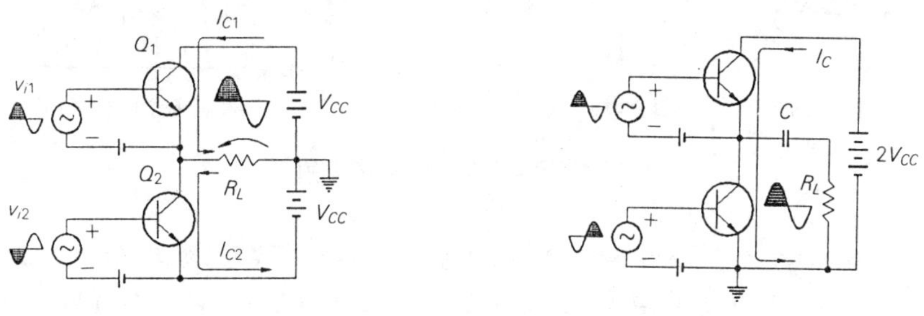

(a) 2전원 방식 (b) 1전원 방식

〈그림 9－16〉 SEPP회로

DEPP 회로에서는 2개의 트랜지스터가 전원 V_{CC} 에 대하여 병렬로 또 부하 R_L 에 대하여는 직렬로 동작하는 반면 SEPP 회로는 전원에 대하여 직렬로, 부하에 대하여 병렬로 동작하는 푸시풀 회로이다.

이 SEPP 회로는 실용적으로 1전원 방식을 주로 사용한다.

(1) SEPP 회로의 동작 : 〈그림 9－16〉 (b)의 경우

① 입력 신호는 트랜스 또는 위상 반전 회로를 사용해서 동일진폭으로 역위상의 전압을 가한다. 트랜지스터 Q_1은 정현파 입력 신호의 정(+)의 반주기 동안 도통하고

$$V_{CC} \rightarrow Q_1 \rightarrow C \rightarrow \text{부하(스피커)} \rightarrow V_{CC}$$

의 회로에 정현 반파의 전류 i_{c1}가 흐른다.

② 다음 부(－)의 반주기 동안에는 점선으로 표시된 것과 같이

$$C \rightarrow Q_2 \rightarrow \text{부하(스피커)} \rightarrow C$$

의 회로에 전류 i_{c2}가 흘러 스피커(부하)에는 정현파형의 전류가 흐르는 것이 된다.

(2) SEPP 회로의 종류

① 입력 변압기형 SEPP 회로
② 상보 대칭형(complementary 형) SEPP 회로
③ 위상 분할형 SEPP 회로
일반적으로 ①, ② 형을 많이 사용된다.

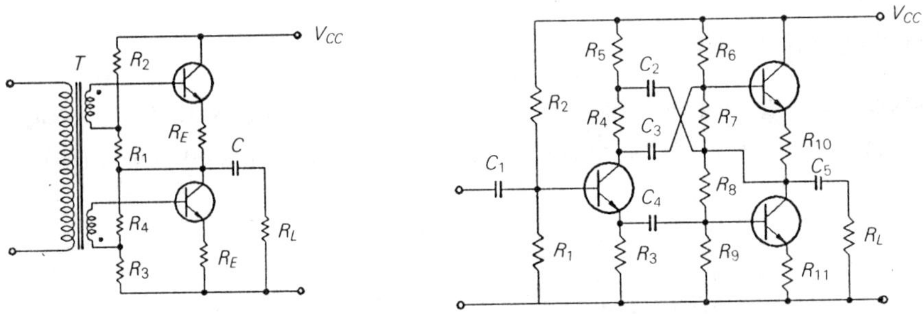

(a) 입력 변압기형 SEPP　　(b) 위상 분할형 SEPP

〈그림 9－17〉 SEPP 회로의 종류

이 SEPP 회로는 출력 트랜스를 사용하지 않으므로 소형화 할 수 있으며, 주파수 특성이 양호하다는 이점이 있어 고충실도 증폭기등에 많이 사용되고 있다.

(3) 상보 대칭(complementray)형 SEPP 형 회로 : 푸시풀 B 급 증폭기에서 입력 트랜스의 역할을 위상반전을 시키는 것이다. 그러나 가청 주파 전력증폭기에서 트랜스의 사용은 주파수 특성을 저하시키므로 두개의 *npn* 과 *pnp* 트랜지스터를 병렬로 조합 위상반전과 푸시풀 동작을 하도록 설계된 전력 증폭 회로를 complementary 형 SEPP 회로라고 한다.

● SEPP 회로는 출력 트랜스를 사용하지 않고 부하를 직접 결합한 OTL 회로인데, 이 SEPP 회로의 입력 회로에는 위상 반전 회로가 필요하다. ***pnp*** 와 ***npn*** 형 트랜지스터를 조합시키면 위상 반전용 트랜스를 사용하지 않고 전력 증폭기를 만들 수 있다.

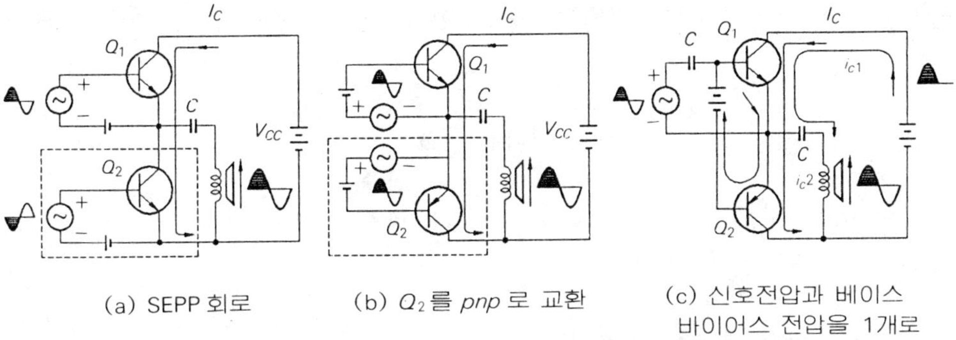

〈그림 9－18〉 complementary형 SEPP 회로의 원리

〈그림 9－18〉 (c) 와 같이 베이스전류 I_B는 Q_1과 Q_2의 직렬로 흐르며 콜렉터 전류 I_C도 Q_1에서 Q_2로 직렬로 흐른다. B급 푸시풀 동작을 할 때 입력 정현파의 정(+)의 반주기 동안 Q_1가 도통하고, 다음 부 (－)의 반주기 동안은 Q_2가 도통한다.

出 題 豫 想 問 題

1. A급 증폭기에서 콜렉터 전류는 얼마동안 흐르게 되는가?

가. 한주기　　나. 반주기
다. 반주기～한주기　　라. 반주기 이하

해설 A급인 경우 유통각 $\theta=2\pi$ 이다.

2. 다음 증폭 방식 중 능률이 좋은 것은?

가. A급　　나. B급　　다. AB급　　라. C급

해설 동작점을 차단점 이하에 설정하므로써 콜렉터 손실이 거의 없으므로 효율이 가장 좋다.

3. B급 전력 증폭기의 최대 콜렉터 능률은 약 얼마인가?

가. 50 [%]　　나. 68.5 [%]
다. 78.5 [%]　　라. 90 [%]

해설 B급은 push-pull 방식으로 하여 $\eta=78.5$ [%] 이하의 값을 갖는다.

4. A급 증폭기에서 최대효율은?

가. 18 [%]　　나. 50 [%]
다. 78.5 [%]　　라. 100 [%]

해설 직렬부하인 경우는 25 [%] 이다.

5. 증폭기의 직류입력은 2 [kV], 400 [mA] 이고, 효율을 80 [%]로 보면 부하에 나타나는 전력은?

가. 800 [W]　　나. 640 [W]
다. 480 [W]　　라. 320 [W]

해설 출력 $P_0=2\times10^3\times400\times10^{-3}\times0.8$

6. A급 전력 증폭기에서 제 2고조파 의율은? (단, I_1 : 기본파 전류의 최대치이다.)

가. $D_2=\dfrac{I_1}{I_2}\times100$ [%]　　나. $D_2=\sqrt{\dfrac{I_2}{I_1}}\times100$ [%]
다. $D_2=\sqrt{\dfrac{I_1}{I_2}}\times100$ [%]　　라. $D_2=\dfrac{I_2}{I_1}\times100$ [%]

7. C급 증폭 회로의 장점은?

가. 회로 구성의 간편　　나. 잡음의 감소
다. 효율의 증대　　라. 출력파형의 찌그러짐 감소

해답 1. 가　2. 라　3. 다　4. 나　5. 나　6. 라　7. 다

8. 다음 증폭 방식 중 가장 능률이 좋은 것은?

가. A급 나. B급 다. AB급 라. C급

9. 내부저항 r_p가 3[kΩ]인 출력관으로부터 8[Ω]의 음성 코일에 최대 출력을 전달하려면 출력관과 음성 코일 사이에 어떤 권선비의 출력 변성기를 사용하여야 하는가?

가. 약 $14^2:1$ 나. 약 38 : 1

다. 약 19 : 1 라. 약 $19^2:1$

해설 $n=\frac{n_2}{n_1}=\sqrt{\frac{8}{3000}}=\frac{1}{19}$

10. 그림과 같은 회로는 어떤 접속인가?

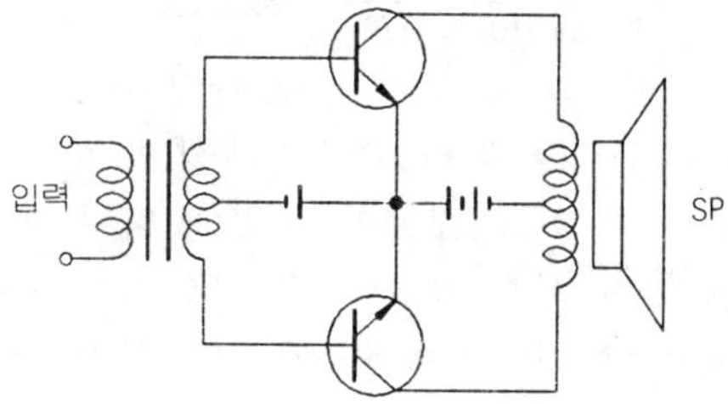

가. D.E.P.P.(Double Ended P－P)

나. S.E.P.P.(Single Ended P－P)

다. 다알링턴 접속

라. 캐스코우드 접속

11. PNP와 NPN 트랜지스터를 조합하여 이루어진 푸시풀 증폭회로를 무슨회로라 하는가?

가. *OTL* 나. 위상 반전회로

다. *OCL* 라. Complementary 회로

12. 콜렉터 효율은? (단, P_L : 손실전력, P_{DC} : 전원 공급전력, P_i : 교류 입력전력, P_0 : 교류 출력전력이다.)

가. $\eta_C=\frac{P_0}{P_{DC}}$ 나. $\eta_C=\frac{P_0}{P_i}$

다. $\eta_C=\frac{P_{DC}}{(P_i+P_L)}$ 라. $\eta_C=\frac{P_0}{(P_i+P_{DC})}$

해설 $\eta_C=\frac{\text{교류 출력 전력}}{\text{직류 입력 전력}}\times 100\,[\%]$

13. A급 증폭기에서 입력신호 전압이 정현파일 때 출력전력은?

가. 입력 신호전압의 크기에 비례

나. 입력 신호전압의 제곱에 비례

다. 입력 신호전압의 주파수에 비례

라. 입력 신호전압의 주파수에 반비례

해답 8. 라 9. 다 10. 가 11. 라 12. 가 13. 나

14. 그림의 A 급 전력 증폭기에서 $V_{CC}=20$ [V] 일때 권선비 $\frac{N_1}{N_2}$은? (단, 부하 $R_L=4$ [Ω], 최대출력은 5 [W] 이고 동작점 Q 는 부하의 중심에 있다고 한다.)

가. 10 나. $\sqrt{10}$
다. 20 라. $\sqrt{20}$

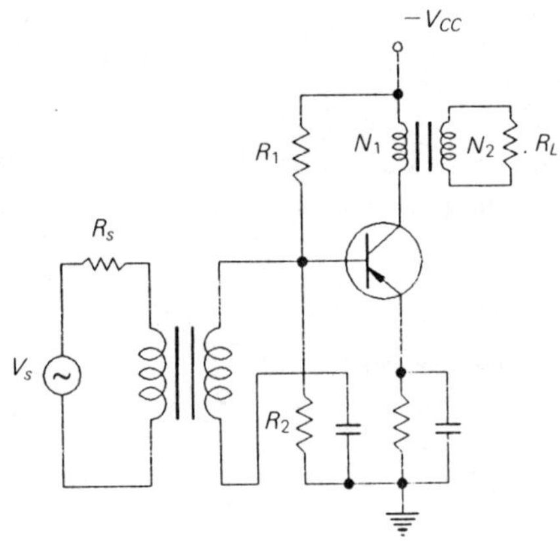

해설 $P=\frac{1}{2}\cdot\frac{V_m^2}{R_L'}=\frac{1}{2}\cdot\frac{V_{CC}^2}{R_L'}=5$ [W]

$R_L'=\frac{V_{CC}^2}{10}=\frac{400}{10}=40$ [Ω] $=\frac{R_L}{n^2}$

15. B 급 푸시풀 전력 증폭기에서 평균 콜렉터 전류는 어떻게 되나?

가. 입력 신호 전압이 커짐에 따라 줄어든다.
나. 입력 신호 전압이 작으면 흐르지 않는다.
다. 입력 신호 전압이 커짐에 따라 증가된다.
라. 입력 전압의 대소에 불구하고 항상 일정하다.

16. B 급 전력 증폭기를 설계함에 있어서 콜렉터 손실의 최대 정격이 P_{cmax} 일 때 두개의 트랜지스터를 B 급 푸시풀(push-pull)로 동작 시킬 때 최대 출력은 어느 정도 기대할 수 있는가?

가. 2 P_{cmax} 나. 3 P_{cmax}
다. 4 P_{cmax} 라. 5 P_{cmax}

17. 그림과 같은 이상적인 B 급 푸시풀(push pull) 전력 증폭기에서 $V_{CC}=12$ [V], $N_2=2N_1$, $R_L=8$ [Ω] 일 때 부하에서 얻을 수 있는 최대 출력 전력은 얼마인가? (단, 입력 신호는 정형파이다.)

가. 9 [W] 나. 18 [W] 다. 36 [W] 라. 72 [W]

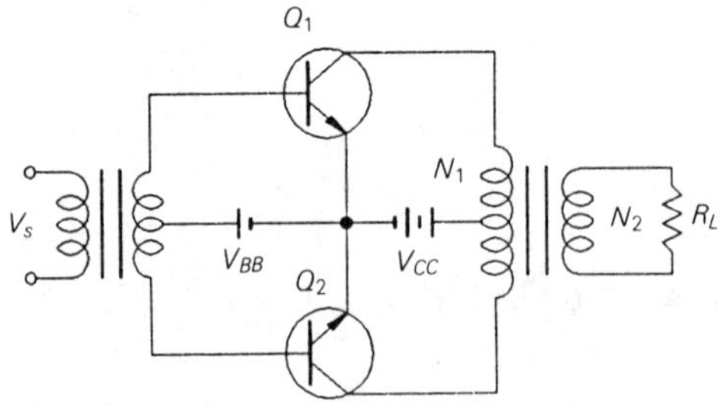

해설 $P=\frac{1}{2}I_m V_m$ 여기서, $P=\frac{1}{2}\cdot\frac{V_{CC}^2}{R_L'}$ 이고 $R_L'=\left(\frac{N_1}{N_2}\right)^2 R_L$ 이다.

$R_L'=\frac{1}{4}\times 8=2$ [Ω] 이므로 $P=\frac{1}{2}\times\frac{V_{CC}^2}{R_L'}=\frac{1}{2}\times\frac{12^2}{2}=36$ [W]

해답 14. 나 15. 다 16. 라 17. 다

18. 0 바이어스(zero bias)로 된 B 급 푸시풀(push pull) 증폭기에 있어서 일어나는 쉬운 영향은?

가. 주파수 일그러짐　　나. 진폭 일그러짐

다. 교차 일그러짐　　라. 위상 일그러짐

해설 B 급에서는 차단점에 동작지점을 설정하므로 emitter 순 bias 전압이 cutin 전압에 이르기까지는 base 전류가 흐르지 않아 TR이 실질적으로 차단상태에 있으므로 의곡의 원인이 된다. 이를 cross over 의곡이라 한다.

19. 그림과 같은 이상적인 B 급 push-pull 전력 증폭기에서 $R_2 = 70$, $V_{CC} = 20$ [V], $N_2 = 2N_1$, $R_L = 20$ [Ω] 이다. $V_m = V_{CC}$ 에서 최대 출력 신호는? (단, $h_{FE} = 20$ 이고 입력은 정현파이다.)

가. 5 [W]　　나. 10 [W]　　다. 20 [W]　　라. 40 [W]

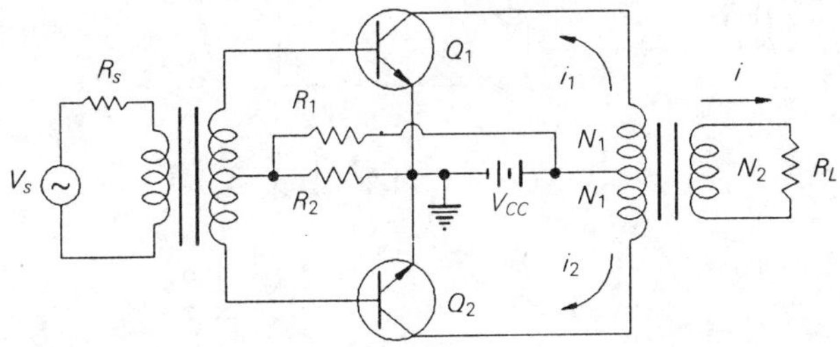

해설 $P = \frac{1}{2} \cdot \frac{V_{CC}^2}{R_L'}$, $R_L' = \left(\frac{N_1}{N_2}\right)^2 \cdot R_L$

20. 어떤 전력 증폭회로의 전력손실 특성곡선이 그림과 같다. 열저항 θ 를 구하면? (단, 주위의 최대 온도는 25 [°C] 이고, 기타의 영향은 무시한다.)

가. 0.5 [°C/ W]　　나. 1 [°C/ W]

다. 1.5 [°C/ W]　　라. 2 [°C/ W]

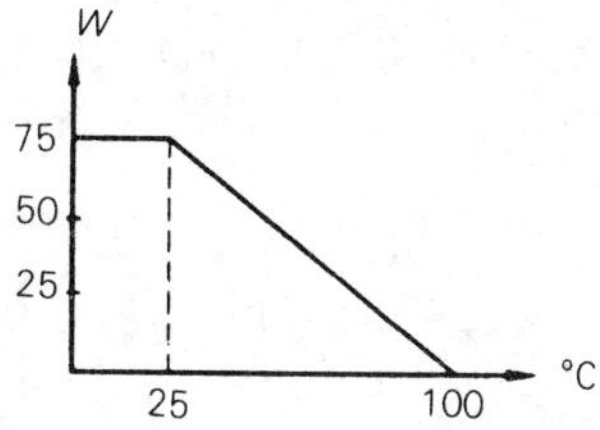

해설 열저항 $\theta = \left(\frac{T_j - T_A}{P_o}\right)$

21. 그림과 같은 B 급 푸시풀 증폭기의 설명중 **틀린** 것은? (단, n_1 과 n_2 는 변압기의 1차 및 2차의 권선비이다.)

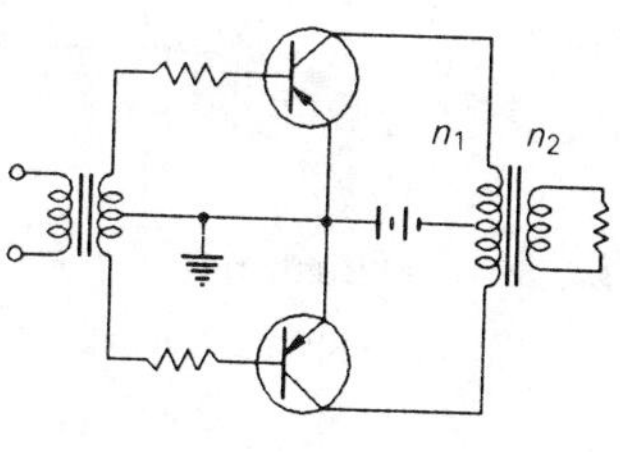

가. AC 출력 ≦ 직류 공급전력×75 [%] 이다.

나. 입력파가 정현파이며 V_{CC} 를 흐르는 전류는 전파 정류된 파형이다.

다. 공급 전원 V_{CC} 는 한 개의 트랜지스터의 전압의 최대 정격까지 걸어줄 수 있다.

라. 한 콜렉터에서 본 등가부하저항은 $\frac{1}{4}\left(\frac{n_2}{n_1}\right)^2 R_L$ 이다.

해답 18. 다　19. 라　20. 나　21. 다

22. 저주파 증폭기로서 쓰이지 않는 증폭방법은?

가. *A* 급 증폭　　　나. *A* 급 푸시풀(push-pull) 증폭

다. *AB* 급 푸시풀 증폭　　　라. *C* 급 푸시풀 증폭

해설 저주파 증폭기에는 충실도가 좋은 A 급 또는 AB 급 방식을 채택한다.

23. 그림과 같은 B 급 push-pull 증폭기의 $P_1 - P_2$ 사이에서 부하측으로 본 저항은? (단, $2N_1$, N_2 는 출력 변성기의 1차 및 2 차측 권수이다.)

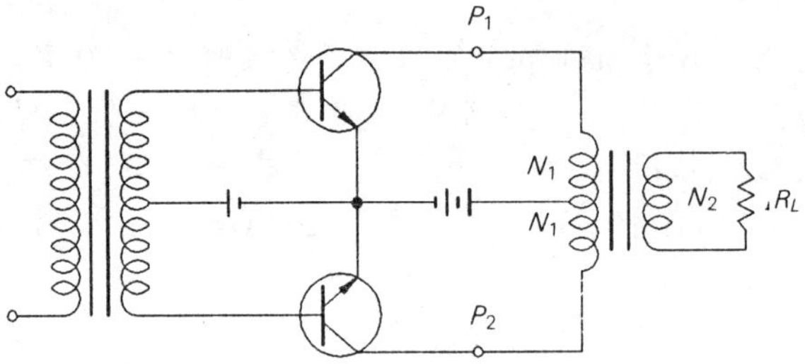

가. $\left(\frac{2N_1}{N_2}\right)^2 R_L$　　　나. $\left(\frac{N_2}{2N_1}\right)^2 R_L$

다. $\left(\frac{N_1}{N_2}\right)^2 R_L$　　　라. $\left(\frac{N_2}{N_1}\right)^2 R_L$

해설 $n = \frac{N_2}{2N_1} = \sqrt{\frac{R_L}{R_L'}}$

24. 다음 회로는 *B* 급 푸시풀 증폭기의 기본회로이다. 입력 전압이 다음과 같을 때 Q_2 의 출력 전류 i_o 를 나타낸 것은?

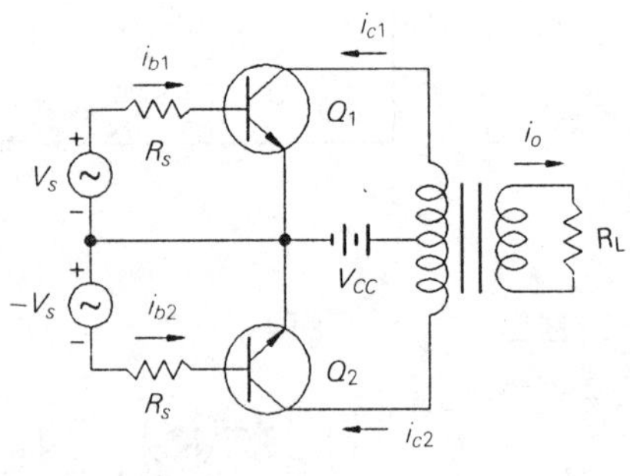

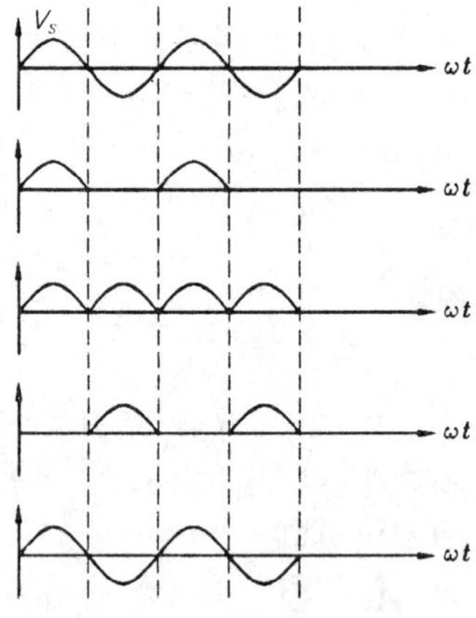

25. 푸시풀(push-pull) 전력 증폭기에서 출력파형의 찌그러짐이 작아지는 주요 이유는?

가. 기수차 고주파가 상쇄되기 때문에

나. 우수차 고주파가 상쇄되기 때문에

다. 기수차 및 우수차 고주파가 상쇄되기 때문에

라. 직류 성분이 없어지기 때문에

해설 우수 고주파가 상쇄되고 기수고주파만 남는다.

해답 22. 라　23. 가　24. 라　25. 나

26. 그림은 B급 푸시풀(push-pull) 전력 증폭회로이다. 최대 출력 신호전력은 몇 [W]인가? (단, $2N_1 = N_2$, $V_{CC} = 10$ [V], $R_L = 8$ [Ω] 이다.)

가. 2.5 [W]
나. 5 [W]
다. 10 [W]
라. 25 [W]

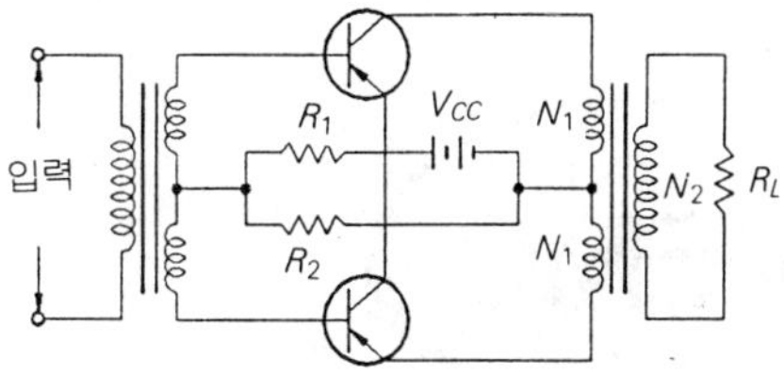

해설 $P = \frac{1}{2} I_m V_m$ 이며, 여기서 $I_m = \frac{V_{CC}}{R_L'}$ 이고 $R_L' = \left(\frac{N_1}{N_2}\right)^2 R_L$ 이다.

$R_L' = \frac{1}{4} \times 8 = 2$ [Ω] $\therefore P = \frac{V_{CC}^2}{2R_L'} = \frac{1}{2} \times \frac{100}{2} = 25$ [W]

27. 그림과 같은 B급 푸시풀 증폭기에서 최대 출력 신호전력은? (단, 입력신호는 정현파이다.)

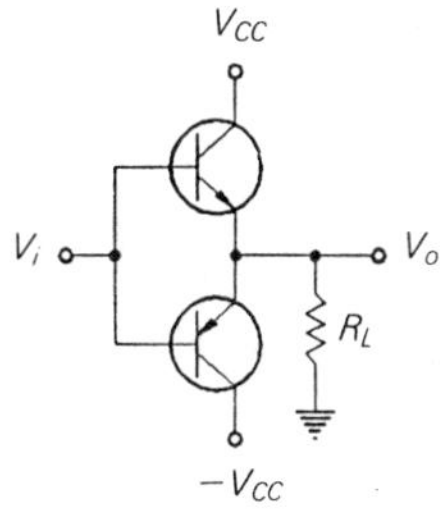

가. $P_o = \frac{V_{CC}^2}{R_L}$ 나. $P_o = \frac{V_{CC}^2}{2R_L}$

다. $P_o = \frac{V_{CC}^2}{4R_L}$ 라. $P_o = \frac{V_{CC}^2}{8R_L}$

28. 다음 그림과 같은 회로에 대한 설명으로 맞지 않은 말은?

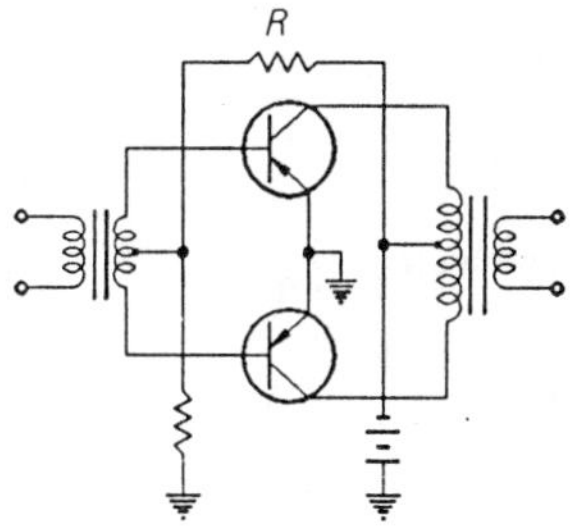

가. 푸쉬풀(push-pull) 증폭 회로이다.
나. 바이어스회로는 전류궤환 바이어스회로이다.
다. R 양단전압이 입력 바이어스 전압이다.
라. 저주파 전력증폭회로이다.

29. 상보 대칭형 SEPP(Sing Ended p-p) 회로의 설명이다. 틀린 사항은?

가. 특성이 같은 NPN과 PNP를 대칭으로 사용한다.
나. 입력신호 반전회로가 불필요하다.
다. 출력트랜스가 없어도 된다.
라. 위상 반전 회로를 트랜스로 행한다.

30. 그림과 같은 회로의 동작설명 중 옳지 않은 것은 어느 것인가?

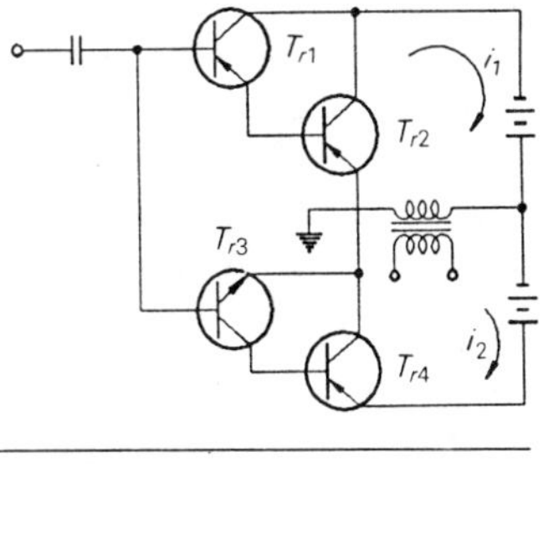

가. 콤프리멘타리 다링톤 회로이다.
나. 입력신호에 따라 i_1과 i_2가 교대로 흐른다.
다. T_{r1}과 T_{r2}는 등가 pnp형 트랜지스터이다.
라. 입력신호가 "+"이면 i_1이 흐른다.

해답 26. 라 27. 나 28. 다 29. 라 30. 라

MEMO

10장 발진회로

10·1 발진 원리 및 종류

10·1·1 발진 원리와 3-reactance 일반형

지속적으로 임의의 신호파형을 발생하는 회로를 발진 회로라고 한다. 폐루프 이득 A_f가 1보다 크고 위상 조건을 만족하는 정궤환 증폭기는 발진기로 동작한다.

(1) 바크하우젠(Barkhausen)의 발진 조건

궤환 증폭기의 이득 $A_f = \dfrac{A}{1+\beta A}$에서 $|\beta A| = 1$이면 $A_f = \infty$이므로 이 조건이 만족할 때에는 외부에서 가하는 입력 신호 전압이 없어도 출력 교류 전압이 존재함을 의미한다.

$|\beta A| = 1$의 조건을 바크하우젠의 발진 조건이라 한다.

● βA를 루프 이득(loop gain)이라고 한다.

● $|\beta A| = 1$ 이라는 조건만 만족되면 지속 진동(발진)을 한다.

(2) 3-reactance 일반형

Z_1, Z_2, Z_3는 리액턴스 소자이어야 하며 $X_1+X_2+X_3 = 0$과 $1 = A \cdot X_1/X_2$의 조건을 만족하여야 한다.

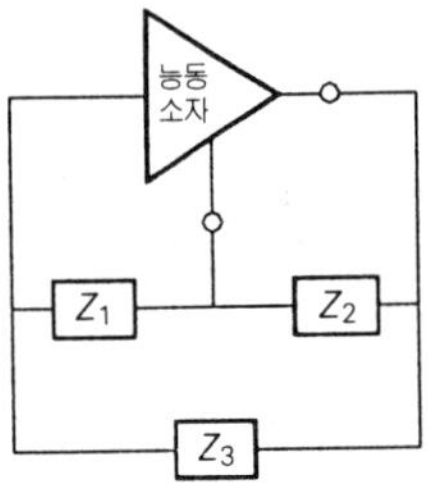

① X_1, $X_2 > 0$ (유도성), $X_3 < 0$ (용량성)

② X_1, $X_2 < 0$ (용량성), $X_3 > 0$ (유도성)

〈그림 10－1〉 궤환 발진기

예제 10－1 궤환 발진기의 발진 조건

궤환 증폭기의 증폭도 $A_f = \dfrac{A}{1 - A\beta}$ 이다.

발진 조건을 구하라.

풀이 기본적인 발진 조건 $A\beta = 1$ 이면 $A_f \to \infty$ 이므로 발진하게 된다. 그런데 *CS FET*의 부하 임피던스를 Z_L, 내부 저항을 r_d 라고 하면

$$A = \frac{-\mu Z_L}{r_d + Z_L}, \quad A\beta = 1$$

$$\therefore \ \beta \geqq -\left(\frac{1}{\mu} + \frac{1}{g_m Z_L} \right)$$

로 되어 지속 진동을 발생하는 조건식이 된다. 이를 Barkhausen의 자려 발진의 조건이라 한다.

예제 10－2 LC 발진기의 발진 조건

〈그림 10－2〉의 *LC* 발진기의 발진 조건 및 발진 주파수를 구하라.

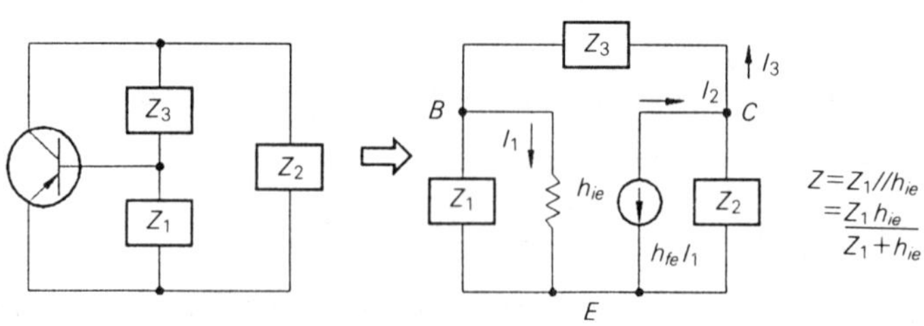

(a) (b) 등가회로

〈그림 10－2〉 *LC* 발진기

풀이 〈그림 10－2〉 (b)의 회로에서

$$A_i = I_2 / I_1 = -h_{fe}$$

$$Z_2(I_3 - I_2) + Z_3 I_3 + Z I_3 = 0$$

윗 식에서 I_3를 구하면

$$I_3 = \frac{Z_2}{Z + Z_2 + Z_3} I_2$$

$$\therefore\ I_1 = \frac{Z_1}{h_{ie} + Z_1} I_3 = \frac{Z_1}{h_{ie} + Z_1} \cdot \frac{Z_2}{Z + Z_2 + Z_3} I_2$$

$1 / A_i = I_1 / I_2 = \beta$ 으로 정리하면

$$\beta = \frac{Z_1 Z_2}{(h_{ie} + Z_1)(Z_2 + Z_3) + Z_1 h_{ie}}$$

$$A_i \beta = \frac{-Z_1 Z_2 h_{fe}}{Z_1 h_{ie} + (h_{ie} + Z_1)(Z_2 + Z_3)} = 1$$

$$\therefore\ h_{ie}(Z_1 + Z_2 + Z_3) + Z_1\{Z_3 + Z_2(1 + h_{fe})\} = 0$$

에서 Z_1, Z_2, Z_3를 jX_1, jX_2, jX_3로 놓으면

$$-X_1 X_3 - X_1 X_2 (1 + h_{fe}) + j h_{ie}(X_1 + X_2 + X_3) = 0$$

좌변의 실수부와 허수부항은 같이 0이 되어야 하므로

$$X_1 X_3 + X_1 X_2 (1 + h_{fe}) = 0$$

$$X_1 + X_2 + X_3 = 0 \quad \text{(주파수의 조건)}$$

따라서

$$X_1 = -\frac{h_{fe}}{1 + h_{fe}} X_3$$

$$X_2 = -\frac{X_3}{1 + h_{fe}}$$

$$X_1 = h_{fe} X_2 \quad \text{(이득의 조건)}$$

즉 X_1, X_2와 X_3는 서로 다른 부호의 리액턴스이어야 한다.

10·1·2 발진 파형에 따른 분류

- 정현파 발진기
  - LC 발진기
    - 동조형
    - 반결합
      - 컬렉터(collector) 동조형
      - 이미터(emitter) 동조형
      - 베이스(base) 동조형
    - 하아틀레이와 콜핏츠 발진기
  - 수정 발진기
    - 피어스 CB형, 피어스 BE형, 무조정
  - CR 발진기
    - 이상형(**移相形**)
    - 윈 브리지(wien bridge)형

- 비정현파 발진기
  - 멀티바이브레이터(multivibrator)
  - 블로킹(blocking) 발진기
  - 톱니파 발생기

〈그림 10-3〉 발진기의 종류

10·2 발진 회로의 구성 및 안정 조건

10·2·1 콜렉터 동조 발진기

발진 주파수는 대략 L_1과 C_1에 의해 결정된다.

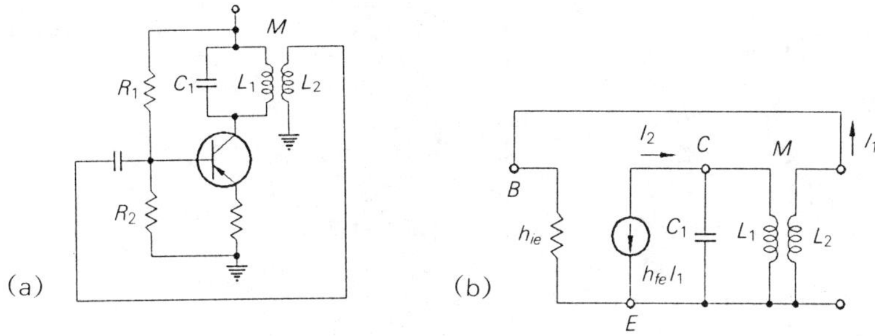

〈그림 10-4〉 콜렉터 동조 발진회로

(1) 발진 주파수 : $f \approx \dfrac{1}{2\pi\sqrt{L_1C_1}}$ [Hz]

(2) 발진 조건 : $h_{fe} \geqq \dfrac{C_1R_1h_{ie}}{M} + \dfrac{M}{L_1}$

콜렉터 출력의 일부가 상호 콘덕턴스 M을 거쳐서 베이스 회로에 궤환된다.

10·2·2 하아틀레이(Hartley)와 콜피츠(Colpitts) 발진 회로

〈그림 10-5〉 LC 발진 회로

〈그림 10-5〉 (a)에서 $\omega = \dfrac{1}{\sqrt{C(L_1+L_2\pm 2M)}}$

〈그림 10-5〉 (b)에서 $\omega = \dfrac{1}{\sqrt{LC}}$ 단, $C = \dfrac{C_1 \cdot C_2}{C_1+C_2}$

예제 10−3 Hartley 발진 회로

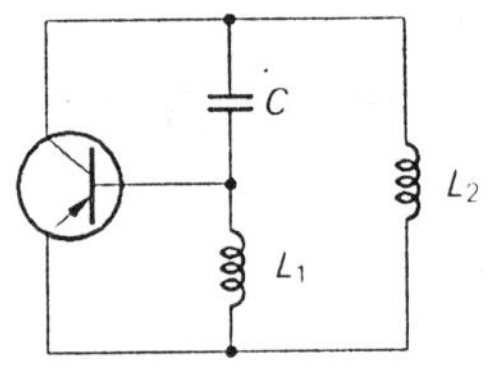

〈그림 10−6〉

〈그림 10−6〉의 하아틀레이 회로에서
$L_1 = 500$ [μH], $L_2 = 100$ [μH]이고 $C = 600$ [pF]이다.
(1) 이득의 조건
(2) 발진 주파수
를 구하라.

풀이 (1) 이득의 조건

$$h_{fe} = \frac{X_1}{X_2} = \frac{\omega L_1}{\omega L_2} = \frac{L_1}{L_2} = \frac{500}{100} = 5$$

따라서 발진을 하기 위해서는 $h_{fe} \geqq 5$ 이어야 한다.

(2) 발진 주파수

$$f = \frac{1}{2\pi\sqrt{(L_1+L_2)C}} = \frac{1}{2\pi\sqrt{600\times10^{-6}\times600\times10^{-12}}} = 265.4\ [\text{kHz}]$$

예제 10−4 Colpitts 발진 회로

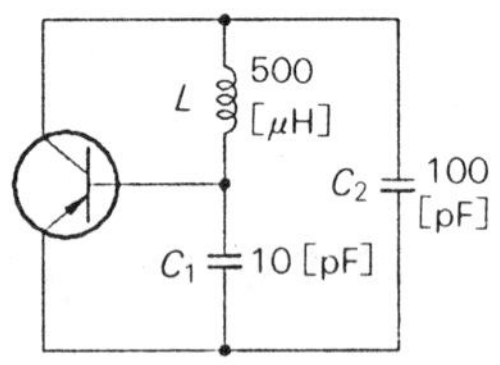

〈그림 10−7〉

〈그림 10−7〉의 콜피츠 회로에서
(1) 발진하는데 필요한 전류 증폭율 h_{fe}
(2) 발진 주파수
를 구하라.

풀이 (1) 이득의 조건

$$h_{fe} = \frac{X_1}{X_2} = \frac{1/\omega C_1}{1/\omega C_2} = \frac{C_2}{C_1} = \frac{100}{10} = 10$$

따라서 발진을 하기 위해서는 $h_{fe} \geqq 10$ 이어야 한다.

(2) 발진 주파수

$$f = \frac{1}{2\pi\sqrt{L\left(\dfrac{C_1\cdot C_2}{C_1+C_2}\right)}} = \frac{1}{2\times3.14\sqrt{500\times10^{-6}\times\dfrac{10\times10^{-12}\times100\times10^{-12}}{(10+100)\times10^{-12}}}}$$

$$= 2364\ [\text{kHz}]$$

10·2·3 CR 발진 회로

(1) 이상형(移相形) CR 발진 회로

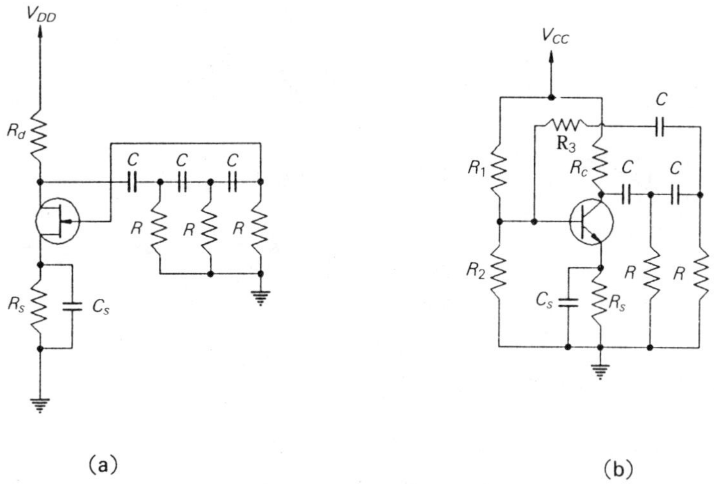

〈그림 10－8〉 CR 발진 회로

〈그림 10－8〉 (a)에서 $\omega = \dfrac{1}{RC\sqrt{6}}$ 단, 증폭도 $A > 29$ 이어야 한다.

〈그림 10－8〉 (b)에서 $\omega = \dfrac{1}{RC} \quad \dfrac{1}{\sqrt{6+4K}}$ 단, $K = R_c\,/\,R$

$$h_{fe} > 23 + 29\frac{R_c}{R} + 4\frac{R}{R_c}$$

> ● 발진 조건은 βA 가 1보다 크고 위상 추이가 180°가 되어야 한다. (정궤환) 이상형 CR에서는 βA 가 1보다 크기 위해 증폭기 이득이 $1/\beta$, 즉 29보다 커야 한다. $(A > 29)$

> ● 궤환 회로에서는 각 구분마다 위상 추이가 60°가 되도록 ***R***과 ***C***의 값을 정하여 전체 위상 추이가 180°가 되도록 해야 한다.

(2) 비인 브리지(wien bridge)형 CR 발진 회로

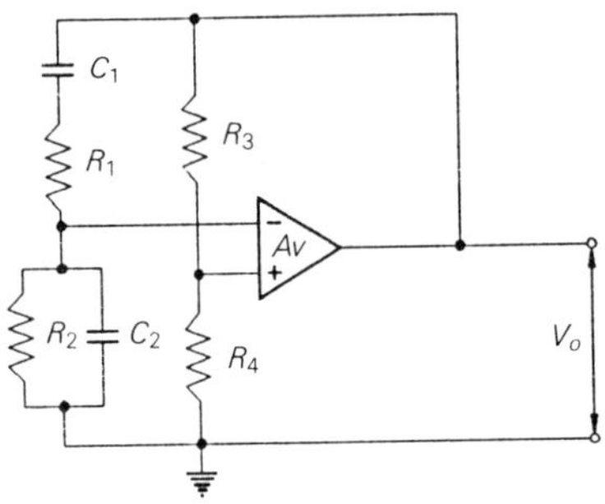

〈그림 10−9〉 비인 브리지형

① 발진 주파수

$$f = \frac{1}{2\pi\sqrt{C_1C_2R_1R_2}}$$

② 발진 조건

$$A \geq 1 + \frac{R_1}{R_2} + \frac{C_2}{C_1}$$

만일 $R_1 = R_2 = R$이고 $C_1 = C_2 = C$이면 $A \geq 3$이고, 발진 주파수 f는

$$f = \frac{1}{2\pi RC}$$

이다.

- Wien 브리지 발진기는 연산 증폭기를 사용하고 **R, C** 값에 의해 발진 주파수가 결정되는 비인 브리지 회로를 사용하였다.

- 저항 R_1, R_2와 컨덴서 C_1, C_2가 발진 소자이고 저항 R_3, R_4가 궤환 회로의 일부를 형성한다.

예제 10−5 이상형 CR 발진 회로의 해석

〈그림 10−8〉 (a)는 FET를 사용한 이상형 발진기이다.
발진 주파수 $f = 1/2\pi\sqrt{6}RC$ 임을 증명하라.

풀이 〈그림 10−8〉 (a)는 CS FET 증폭기에 CR 회로 3개를 종속 접속한 수동 회로를 궤환회로로 하는 발진 회로이다. CS의 입·출력 위상은 180°차이가 있으므로 궤환 회로에 의하여 180°의 위상차를 만들면 발진 조건 중 위상 조건을 만족하게 된다.

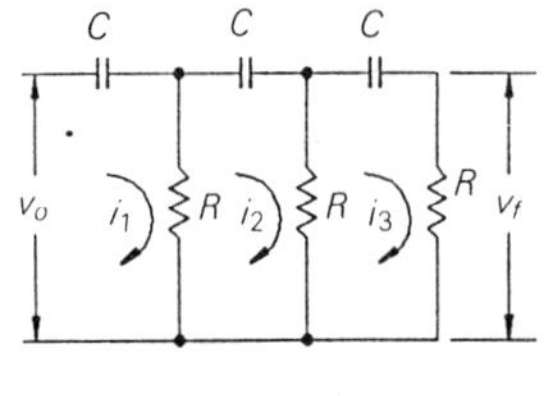

〈그림 10−10〉

$$V_o = \left(\frac{1}{j\omega C} + R\right)i_1 - Ri_2$$

$$\left(2R + \frac{1}{j\omega C}\right)i_2 - Ri_1 - Ri_3 = 0$$

$$\left(2R + \frac{1}{j\omega C}\right)i_3 - Ri_2 = 0$$

$$V_f = Ri_3$$

가 되어 $\beta = V_f / V_o$을 계산하면

$$\beta = \frac{V_f}{V_o} = \frac{1}{1-5\alpha^2 - j(6\alpha - \alpha^3)} \left(\text{단, } \alpha = \frac{1}{\omega RC} \right)$$

궤환 회로에 의하여 180°의 위상차를 얻기 위해서는 β는 음의 실수가 되어야 하므로

$$1-5\alpha^2 < 0, \qquad 6\alpha - \alpha^3 = 0$$

을 풀면 $\alpha = \sqrt{6}$일 때 $\beta = -1/29$이 된다.

$$\omega RC = 1/\sqrt{6} = 2\pi fRC$$

$$\therefore \ f = \frac{1}{2\pi\sqrt{6}RC} \ [\text{Hz}]$$

이 되고 $|A\beta| \geqq 1$이기 위하여 이득 $|A|$는 29 이상이어야 한다.

예제 10-6 병렬 R형 이상 발진 회로

병렬 R형(선진 이상형) 이상 발진 회로에서 $R = 10$ [kΩ], $C = 0.001$ [μF]일 때 발진 주파수를 구하라.

풀이 병렬 R형에서 발진 주파수는

$$\frac{1}{2\pi\sqrt{6}RC} = \frac{1}{2\pi\sqrt{6}\times 0.001\times 10^{-6}\times 10\times 10^{3}}$$

$$\approx 6.5 \ [\text{kHz}]$$

예제 10-7 Wien Bridge 발진 회로

〈그림 10-11〉의 전류 궤환형 비인 브리지형 CR 발진 회로의 발진 주파수를 구하라. 단, $C_1 = C_2 = 0.01\,[\mu F]$이고 $R_1 = R_2 = 2\,[k\Omega]$이다.

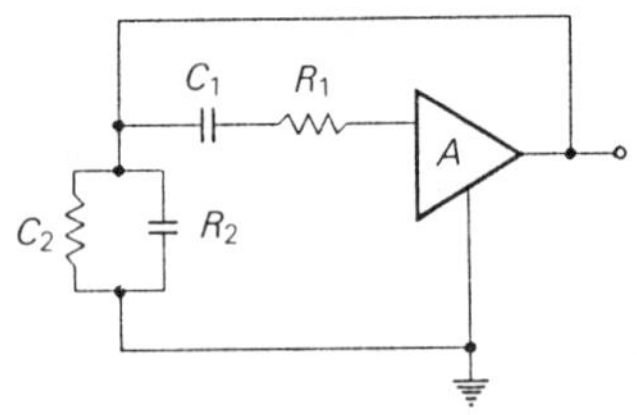

〈그림 10-11〉

풀이 비인 브리지형 발진 회로에서는 증폭기의 전압 이득이 3이상이어야 한다. 발진 주파수는

$$f = \frac{1}{2\pi\sqrt{C_1 C_2 R_1 R_2}}$$

윗 식에서 $C_1 = C_2 = C$ 이고 $R_1 = R_2 = R$ 이면

$$f = \frac{1}{2\pi CR} = \frac{1}{2\times 3.14\times 0.01\times 10^{-6}\times 2\times 10^3} \approx 7.96\,[\mathrm{kHz}]$$

10·2·4 수정 발진 회로

(1) 수정편의 등가회로와 리액턴스의 주파수 특성

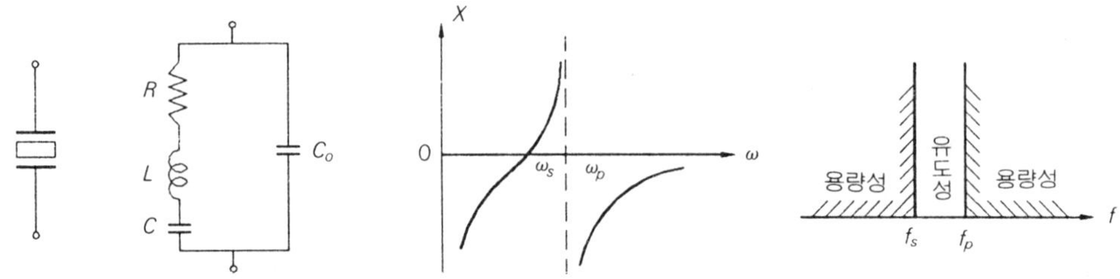

(a) 기호 (b) 등가회로 (c) 리액턴스 특성 (d) 유도성 범위

〈그림 10-12〉 수정편의 등가 회로

수정 진동자가 발진 소자로 사용되는 이유는 리액턴스가 유도성이 되는 범위, 즉 $f_s \le f \le f_p$인 주파수 범위가 좁아 수정 발진기의 발진 주파수가 매우 안정하기 때문이다.

① 주파수 안정도가 좋다.(10^{-6}정도)

② 수정 진동자의 Q가 매우 높다.($10^4 \sim 10^6$)

③ 수정 진동자는 기계적으로나 물리적으로 안정하다.

④ 발진 조건을 만족하는 유도성 주파수 범위가 대단히 좁다.

예제 10－8 수정 진동자의 등가 회로

〈그림 10－12〉 (c)에서 수정편의 유도성 폭 $(f_p - f_s)$을 구하라.

풀이 수정 자체는 *RLC* 직렬 공진 주파수 f_s가 되고 이것을 전극판 위에 놓았을 때가 병렬 공진 주파수 f_p이다.

$$f_s = \frac{1}{2\pi\sqrt{LC}}$$

$$f_p = \frac{1}{2\pi}\sqrt{\frac{1}{L}\left(\frac{1}{C} + \frac{1}{C_o}\right)} = \frac{1}{2\pi\sqrt{L\dfrac{C\,C_o}{C+C_o}}} = \frac{1}{2\pi\sqrt{LC}}\sqrt{1+\frac{C}{C_o}}$$

$$\approx f_s\left(1+\frac{C}{2C_o}\right)$$

$$\therefore\ f_p - f_s = f_s\frac{C}{2C_o}$$

(2) 피어스(pierce) 발진 회로

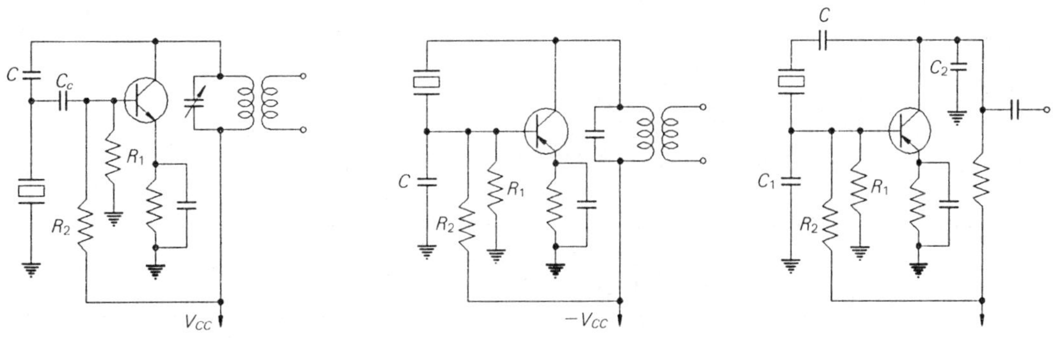

(a) 피어스 B－E형　(b) 피어스 B－C형　(c) 무조정 회로

〈그림 10－13〉 피어스 발진 회로

예제 10－9 진동자가 유도성이 되는 주파수

〈그림 10－12〉 (b)에서 $L = 3$ [H], $C = 0.04$ [pF], $C_o = 6.0$ [pF], $Q = 20000$의 수정 진동자가 있다. 이 진동자가 유도성이 되는 주파수를 구하라.

풀이 $f_s = \dfrac{1}{2\pi\sqrt{3\times0.04\times10^{-12}}} = 460$ [kHz]

$$f_p = f_s\left(1+\frac{C}{2C_o}\right) = 460\left(1+\frac{0.04}{12}\right) = 460\times1.0033$$

$$= 461.5 \text{ [kHz]}$$

$\therefore$ 460 [kHz] $< f <$ 461.5 [kHz]

예제 10－10 수정 진동자의 Q 구하기

어느 수정 진동자의 전기적 등가 정수는 $L = 0.42$ [H], $C = 0.02$ [pF], $R = 60$ [Ω], $C_o = 4$ [pF]이다.
이 진동자의 Q를 구하라.

풀이 $Q = \dfrac{\omega L}{R} = \dfrac{1}{\omega RC} = \dfrac{1}{R}\sqrt{\dfrac{L}{C}}$

의 식에서

$$Q = \frac{1}{60}\times\sqrt{\frac{0.42}{0.02\times10^{-12}}} \approx 7.63\times10^4$$

(3) 수정 발진 주파수의 변동의 원인과 대책

원 인	대 책
주위 온도의 변동	① 항온조를 사용 ② 온도 계수가 작은 진동자를 사용한다.
부하의 변동	① 완충 증폭기(buffer amp)를 사용 ② 소결합
동조점의 불안정	발진 강도가 최강인 점보다 약간 약한 점으로 한다.
전원전압의 변동	① 정전압 회로를 사용 ② 전원을 별도 공급한다.
부품의 불량	① Q가 높은 수정 공진자 사용 ② 양질의 부품 사용 ③ 기계적 진동으로 인한 것은 방진 장치를 한다.

出 題 豫 想 問 題

1. 그림과 같은 발진회로에서 발진 조건은?

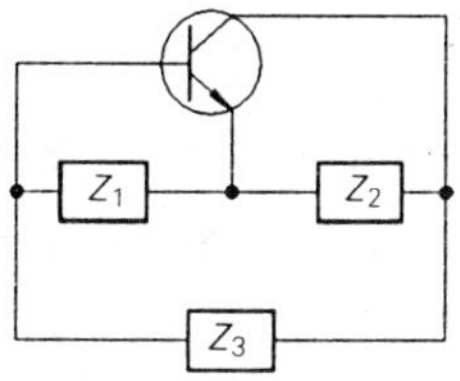

가. Z_1용량성, Z_2용량성, Z_3유도성
나. Z_1용량성, Z_2유도성, Z_3유도성
다. Z_1유도성, Z_2용량성, Z_3용량성
라. Z_1용량성, Z_2유도성, Z_3용량성

해설 발진 조건에 의해
① Z_3가 유도성일 때, $Z_1 Z_2$는 용량성
② Z_3가 용량성일 때, $Z_1 Z_2$는 유도성

2. 그림에서 $x_i = x_s + x_f$ (정궤환)일 때 전달 함수는?

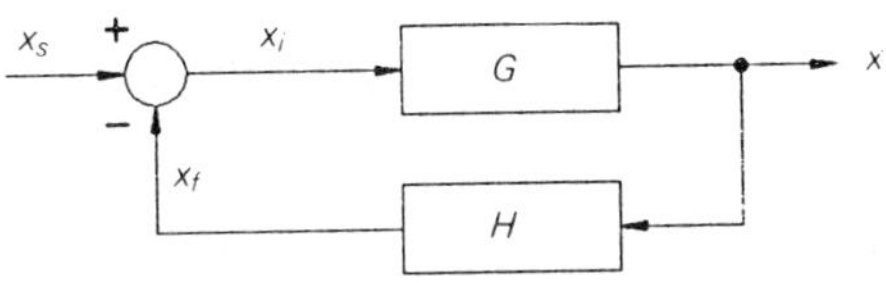

가. $\dfrac{G}{1+GH}$　　나. $\dfrac{H}{1-GH}$

다. $\dfrac{G}{G+H}$　　라. $\dfrac{GH}{1+H}$

3. 발진회로와 가장 관계가 없는 것은?

가. 부저항 특성　　나. 정궤환
다. 부궤환　　라. 재생

해설 발진기에서는 정궤환이며 부궤환은 증폭기의 특성을 개선시키기 위해 부가된다.

4. 다음 회로에서 Barkhausen의 발진 조건 $\beta A = 1$ 이 되는 조건은?

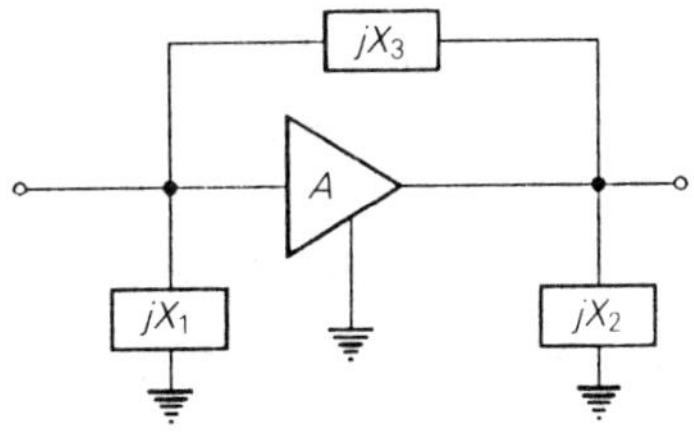

가. $X_1 < 0,\ X_2 > 0,\ X_3 > 0$
나. $X_1 > 0,\ X_2 < 0,\ X_3 < 0$
다. $X_1 > 0,\ X_2 < 0,\ X_3 > 0$
라. $X_1 < 0,\ X_2 < 0,\ X_3 > 0$

해설 궤환율 $\beta = \dfrac{X_1}{X_1 + X_3}$ 이고 발진 조건은

① $X_1 < 0,\ X_2 < 0,\ X_3 > 0$
② $X_1 > 0,\ X_2 > 0,\ X_3 < 0$

해답 1. 가　2. 가　3. 다　4. 라

5. 바아크하우젠의 발진조건으로써 옳은 것은? (단, A는 증폭기의 이득 β는 궤환 회로의 궤환율이다.)

가. $A\beta > 1$　　나. $A\beta < 1$　　다. $A\beta = 1$　　라. $A\beta = 0$

해설 $A\beta=1$에서 지속 진동 발생 조건식

$$\beta \geq -\left(\frac{1}{\mu}+\frac{1}{g_m Z_L}\right)$$

6. 궤환 증폭기에서 기본 증폭기의 전압 증폭도를 A_v(즉, 궤환이 없을 때의 증폭도), 궤환율을 β라고 할 때 발진이 일어나기 쉬운 경우는?

가. $A_v = 100,\ \beta = 0$　　나. $A_v = 100,\ \beta = 0.01$

다. $A_v = 100,\ \beta = 0.001$　　라. $A_v = 100,\ \beta = 1$

7. 다음 그림과 같이 표시되는 발진회로에서 발진 주파수는?

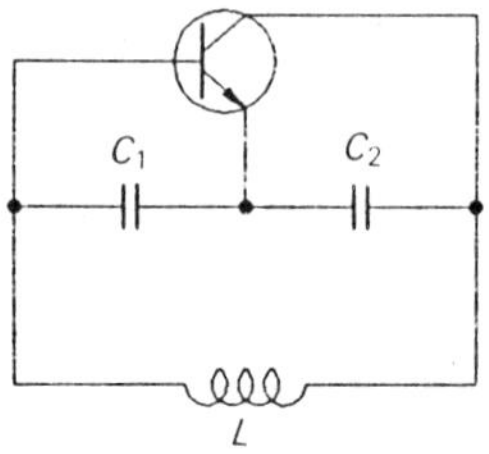

가. $\dfrac{1}{2\pi\sqrt{\dfrac{1}{L}(C_1+C_2)}}$

나. $\dfrac{1}{2\pi\sqrt{L\dfrac{C_1\cdot C_2}{C_1+C_2}}}$

다. $\dfrac{1}{2\pi\sqrt{L(C_1+C_2)}}$

라. $\dfrac{1}{2\pi\sqrt{\dfrac{1}{L}\left(\dfrac{1}{C_1}+\dfrac{1}{C_2}\right)}}$

해설 콜피츠 발진기이다.

8. 그림에 표시된 발진기의 명칭은?

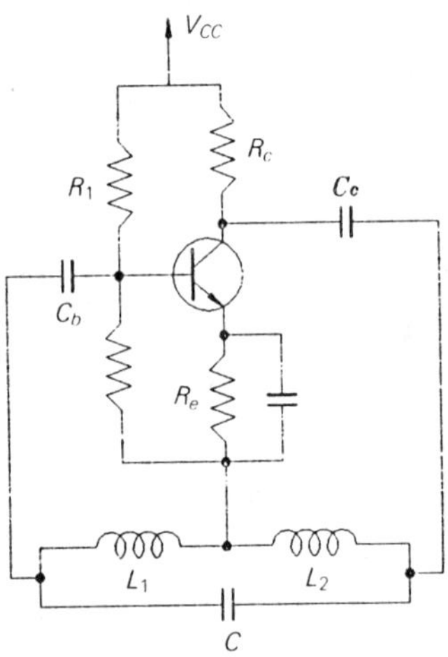

가. 출력 동조형

나. 입력 동조형

다. 하아틀레이(Hartley)형

라. 콜피츠(Colpitts)형

9. 다음 그림의 발진회로 명칭은 무엇인가?

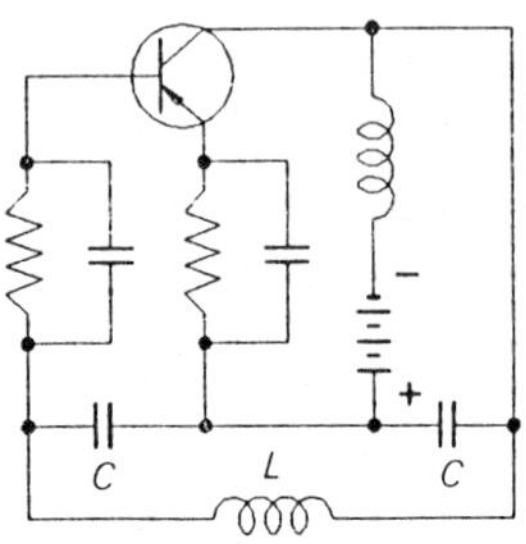

가. 콜렉터 동조 발진기

나. 콜피츠(Colpitts) 발진기

다. 하아틀레이(Hartley) 발진기

라. 이상(移相) 발진기

해답 5. 다　6. 나　7. 나　8. 다　9. 나

10. 하아틀레이(Hartley) 발진기에서 궤환(feed back) 요소는?

가. 용량　　나. 코일　　다. 진공관　　라. 저항

해설 L(코일)분할 발진기로서 에미터와 베이스간의 코일에 걸린 전압이 궤환된다.

11. 그림의 Colpitts OSC의 발진주파수는?

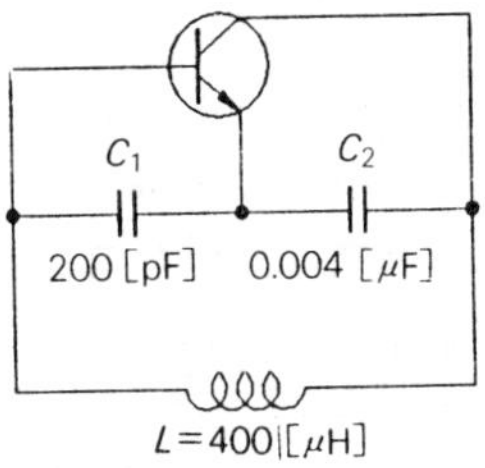

가. 478 [kHz]　　나. 578 [kHz]

다. 678 [kHz]　　라. 778 [kHz]

해설 $f=\frac{1}{2\pi\sqrt{LC}}$ 단, $C=\frac{C_1C_2}{C_1+C_2}$이다.

12. 다음 FET 발진회로의 발진 주파수 ω_0 는? (단, 코일 L_1, L_2 의 저항은 무시할 수 있다고 한다.)

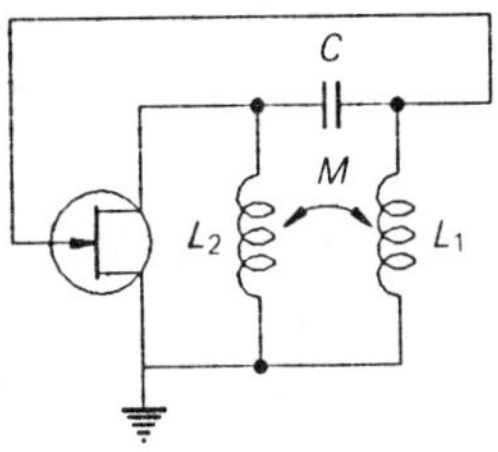

가. $\omega_0^2=C/(L_1+L_2+2M)$

나. $\omega_0^2=(L_1+L_2+2M)/C$

다. $\omega_0^2=(L_1+L_2)/2CM$

라. $\omega_0^2=1/(L_1+L_2+2M)C$

해설 하아틀레이 발진 회로이다.

13. 그림과 같은 콜렉터 동조 발진회로서 $L_1=200$ [μH], $L_2=150$ [μH], $C_1=200$ [pF] 일 때, 발진 주파수는 얼마인가?

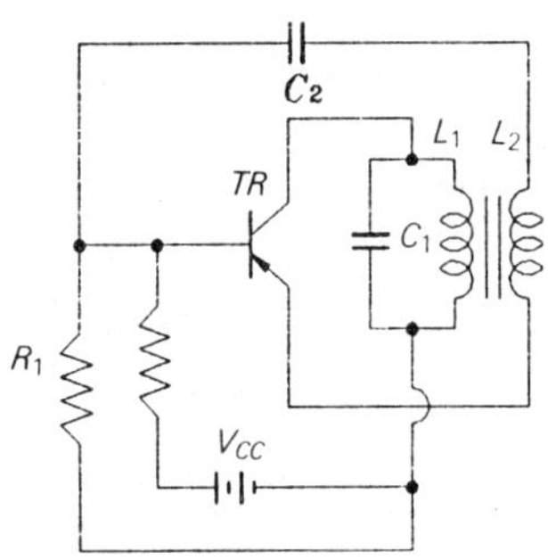

가. 약 300 [kHz]　　나. 약 500 [kHz]

다. 약 600 [kHz]　　라. 약 800 [kHz]

해설 (1) 발진주파수 $f_0=\frac{1}{2\pi\sqrt{L_1C_1}}=\frac{1}{2\pi\sqrt{200\times10^{-6}\times200\times10^{-12}}}$

(2) 발진조건 $h_{fe}\le\frac{C_1R_1h_{ie}}{M}+\frac{M}{L_1}$ 단, $M=\sqrt{L_1L_2}$이다.

14. 그림의 하아틀레이 회로에서 $L_1=250$ [μH], $L_2=50$ [μH], $C_3=300$ [pF] 일 때, 발진하는데 필요한 트랜지스터의 전류 증폭률 h_{fe} 는?

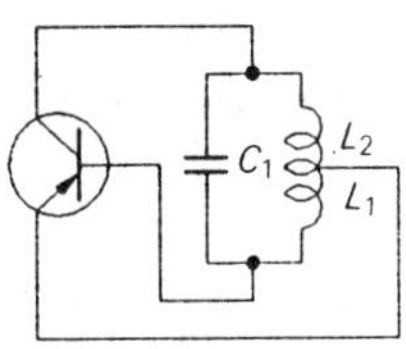

가. 5 이상　　나. 10 이상

다. 15 이상　　라. 20 이상

해설 $h_{fe}=\frac{X_1}{X_2}=\frac{\omega L_1}{\omega L_2}=\frac{L_1}{L_2}=\frac{250}{50}=5$

따라서 발진하기 위하여는 $h_{fe}\ge5$를 만족해야 한다.

해답 10. 나　11. 나　12. 라　13. 라　14. 가

15. 콜피츠(colpitts) 발진기에서 콜렉터와 베이스 사이의 리액턴스 및 에미터와 베이스 사이의 리액턴스는 어느 조건에 맞아야 하는가?

가. 유도성, 유도성　　나. 용량성, 용량성

다. 유도성, 용량성　　라. 용량성, 유도성

16. 그림의 발진회로이다. C_e의 역할에 해당되는 것은?

가. 발진 작용을 용이하게 한다.

나. 발진 주파수의 변동을 방지한다.

다. 고역에서의 이득을 보상한다.

라. 저역에서의 이득을 보상한다.

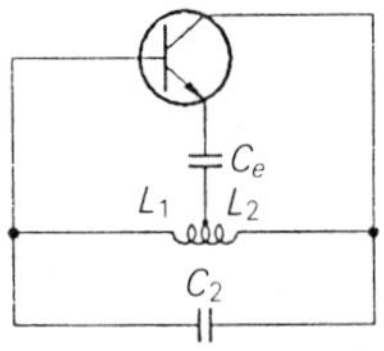

17. 다음 회로는 트랜지스터 발진회로의 일례이다. 맞는 사항은? (단, 동조회로의 동조주파수는 일정한 것으로 한다.)

가. C_1을 크게하면 발진 진폭이 커진다.

나. C_2를 크게하면 발진 진폭이 커진다.

다. 발진진폭과 C_1과는 무관하다.

라. C_1을 감소시켜가면 발진의 진폭이 커진다.

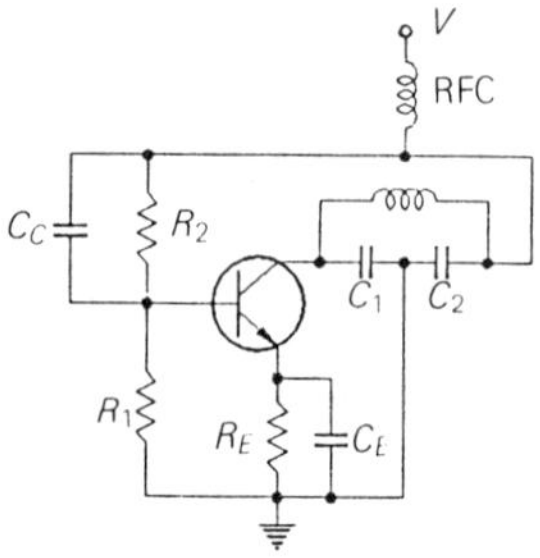

해설 C_2의 단자전압이 궤환량이 되기 때문이다.

18. 다음 회로의 명칭은 무엇인가?

가. 하아틀레이 발진기

나. 클랩 발진기

다. 클피츠 발진기

라. 다이나트론 발진기

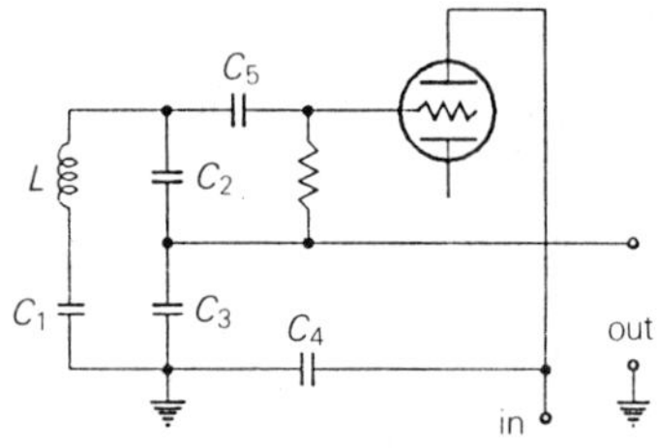

19. 콜렉터 또는 베이스 동조형 발진회로에서 동조회로의 공진 주파수와 이들 발진회로의 발진주파수는 어떤 관계가 있는가?

가. 공진주파수와 발진주파수는 같아야 한다.

나. 공진주파수는 발진주파수보다 약간 높아야 한다.

다. 공진주파수는 발진주파수보다 약간 낮아야 한다.

라. 공진주파수와 발진주파수는 관계가 없다.

해설 동조회로는 모두 유도성이 되어야 한다.

20. 다음 설명 중 틀린 것은?

가. *CR* 발진기는 낮은 주파수에 적합하다.

나. dynatron 특성을 이용한 것은 4극 진공관이다.

다. 부궤환시키면 발진 주파수가 증가한다.

라. 발진 조건은 $\beta A=1$이다.

해설 발진은 정궤환을 이용한다. 부궤환 방식에 의해 증폭기 특성을 개선시킨다.

해답 15. 다　16. 나　17. 가　18. 나　19. 나　20. 다

21. 병렬 콘덴서 이상형 발진기이다. 설명 중 옳은 것은?

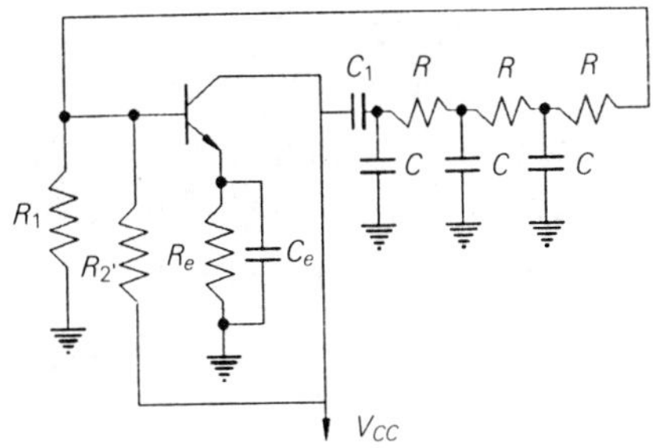

가. $X_c : R = \sqrt{3} : 1$ 이어야 한다.

나. 펄스 발진기로 적당하다.

다. 높은 주파수 발진에 적합하다.

라. 발진 주파수 $f = \sqrt{6} / 2\pi CR$ 이다.

해설 이상 발진기는 저주파 발진기이며 발진파형은 정현파 또는 펄스 발진기로 이용된다.

22. 그림과 같은 발진회로의 발진 주파수는?

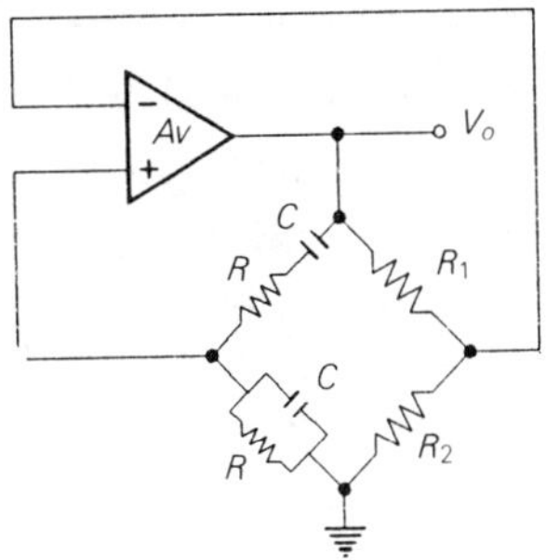

가. $\dfrac{1}{2\pi\sqrt{R_1 C}}$

나. $\dfrac{1}{2\pi\sqrt{RC}}$

다. $\dfrac{1}{2\pi R_1 R_2 C}$

라. $\dfrac{1}{2\pi RC}$

해설 Wien bridge 발진기이다.

23. 그림은 FET를 이용한 phase-shift oscillator이다. 이때 발진 주파수는 얼마인가?

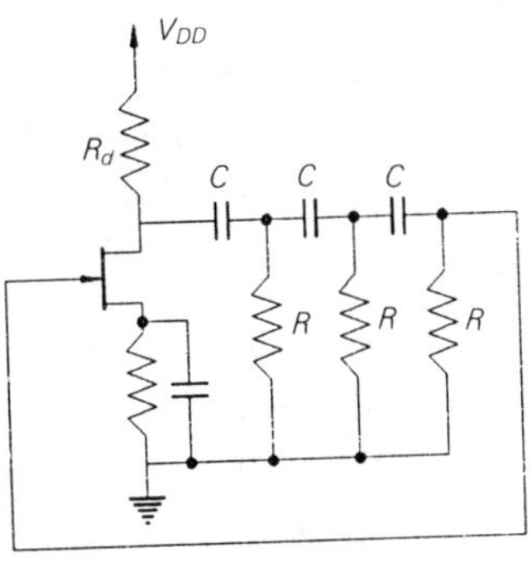

가. $f_0 = \dfrac{1}{2\pi\sqrt{6}RC}$

나. $f_0 = \dfrac{1}{RC}$

다. $f_0 = \dfrac{1}{\sqrt{3}RC}$

라. $f_0 = \dfrac{1}{\pi\sqrt{3}RC}$

24. 다음 회로는 콜렉터 동조 발진기이다. 발진 주파수를 f_o, 동조 주파수를 f_r 이라 할때 f_o 와 f_r 이 어떠한 관계에 있을 때 발진하는가? (단, 입력측은 유도성이라 한다.)

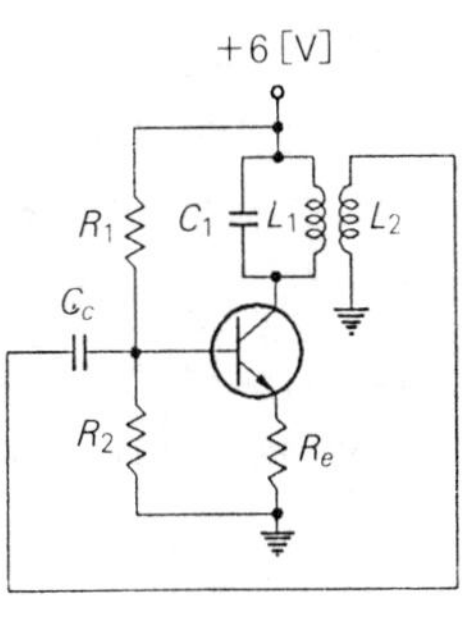

가. $f_o = f_r$

나. $f_o > f_r$

다. $f_o < f_r$

라. 아무런 관계가 없다.

해답 21. 라 22. 라 23. 가 24. 다

25. 그림의 발진기의 이름은?

가. 콜렉터 동조 발진기
나. 콜피츠(Colpitts) 발진기
다. 다이나트론 발진기
라. 이상(移相) 발진기

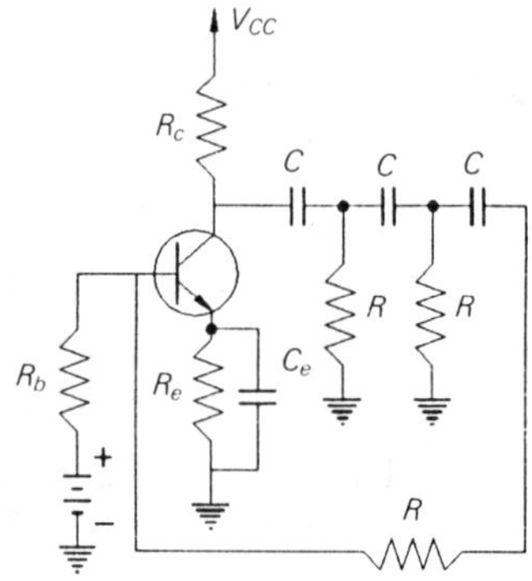

26. 위인 브리지(Wien bridge) 발진기의 특성이 아닌 것은?

가. 발진 주파수가 안정함
나. 출력 파형이 양호함
다. 주파수 변경이 양호함
라. 대형 중량임

해설 Wien bridge 발진기의 특징

① 발진 주파수가 안정하다.(1[kHz]± 2[%])
② coil을 사용하지 않으므로 저주파에서는 소형, 경량이다.
③ 저주파 가변 발진기를 많이 사용된다.
④ thermistor를 이용 발진강도를 안정하게 한다.

27. FET를 사용한 이상(phase shift) CR 발진기에서 발진을 지속하기 위해 FET의 증폭도는 최소 얼마 이상이어야 하는가?

가. 10이상
나. 29이상
다. 100이상
라. 156이상

28. 그림과 같이 FET를 사용한 이상형 발진 회로에서 발진 주파수에 해당된 것은? (단, $R_d \ll R$이고, $R = 6.8$[kΩ], $C = 0.002$[μF]이다.)

가. 약 43 [kHz]
나. 약 43 [Hz]
다. 약 3410 [Hz]
라. 약 4780 [Hz]

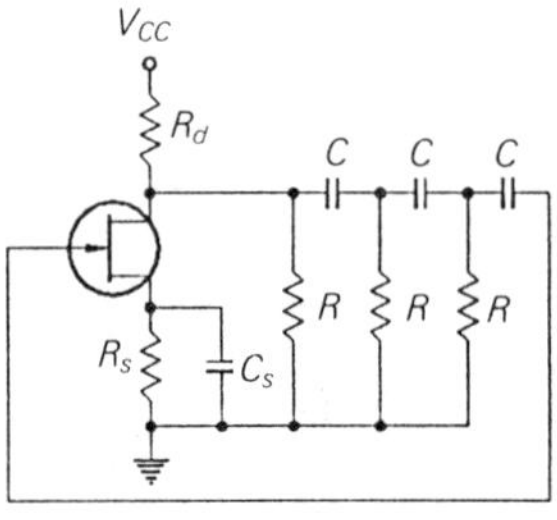

29. 다음은 RC 발진회로에 대한 설명이다. 옳지 않은 것은 어느 것인가?

가. 이상형과 wien bridge형으로 분류된다.
나. 이상형 발진회로의 입·출력 위상은 180° 위상차를 갖는다.
다. wien bridge은 부궤환 회로를 갖고 있으므로 주파수 안정도가 양호하다.
라. 이상형이 고조파 발생이 적다.

해설 Wien 브리지 발진기는 이상형 발진기에 비해 주파수 안정도가 좋고, 주파수를 변화시키기가 쉽다.

해답 25. 라 26. 라 27. 나 28. 라 29. 라

30. 다음은 CR 발진기를 설명한 것이다. 틀리는 것은?

가. 낮은 주파수 범위에서 쓰이는 발진기이다.

나. 이상형과 브리지형 발진기로 나뉜다.

다. LC 발진기에 비해 주파수 범위가 좁으며 대체로 1[MHz]이하이다.

라. 대개 C급으로 동작시켜 효율을 높인다.

해설 상업용 Wien 브리지 발진기는 가변저항을 사용하여 5[Hz]~1[MHz]까지의 넓은 범위의 주파수 영역을 갖는다.

31. 그림과 같은 이상 발진기의 발진 조건은?
(단, ω_o : 발진 주파수, A_v : 전압증폭도)

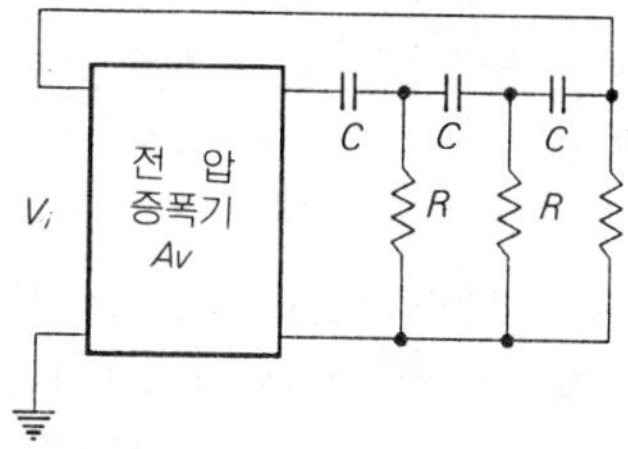

가. $\omega_o = \dfrac{1}{CR\sqrt{6}}$, $A_v \geq 29$

나. $\omega_o = \dfrac{\sqrt{6}}{CR}$, $A_v \geq 29$

다. $\omega_o = \dfrac{\sqrt{6}}{CR}$, $A_v \leq 29$

라. $\omega_o = \dfrac{1}{6\sqrt{CR}}$, $A_v \leq 29$

32. 그림은 콘덴서 이상형 발진회로의 일례이다. 발진 주파수 f를 옳게 나타낸 식은?

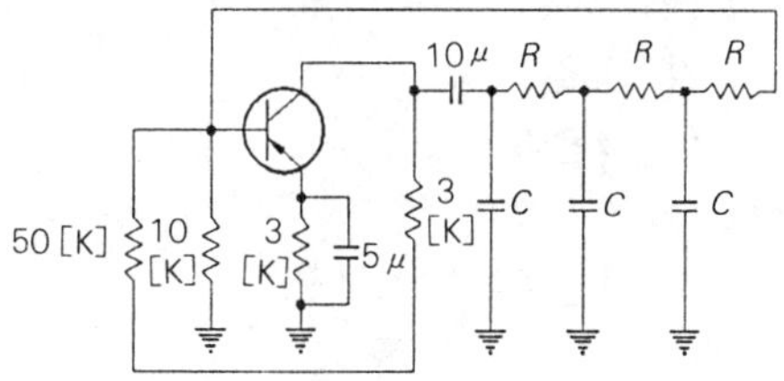

가. $f = \dfrac{1}{2\pi\sqrt{6}CR}$

나. $f = \dfrac{1}{2\pi CR}$

다. $f = \dfrac{\sqrt{6}}{2\pi CR}$

라. $f = \dfrac{2\pi CR}{\sqrt{6}}$

33. 다음 그림과 같은 발진회로의 명칭으로 옳은 것은?

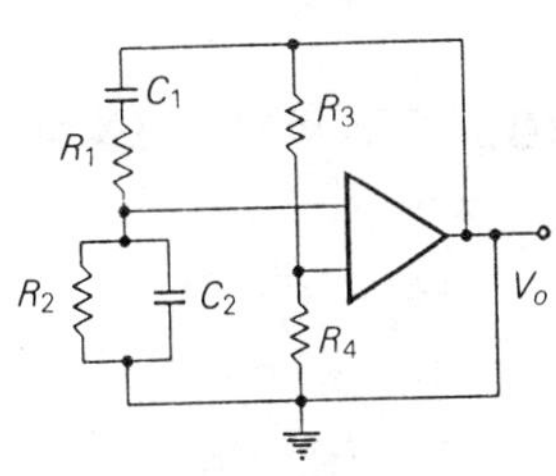

가. 콜피츠 발진기

나. Wien Bridge 발진기

다. LC 발진기

라. Hartley 발진기

34. 수정 발진기 회로가 갖는 발진기로서의 특색은?

가. 발진 주파수의 안정　　나. 잡음의 경감

다. 출력의 증대　　라. 효율의 증대

해답 30. 라　31. 가　32. 다　33. 나　34. 가

35. 수정 발진기가 자려 발진기(self oscillator)에 비해 좋은 점은?

가. 발진이 용이하다. 나. 주파수의 안정도가 크다.

다. 잡음량이 적다. 라. 출력이 크다.

해설 수정 진동자를 이용함으로써 주파수 안정도를 10^{-6} 정도는 유지할 수 있다.

36. 수정 발진기의 주파수 안정도가 양호한 이유 중에서 잘못된 것은?

가. 수정편의 Q가 매우 높다.

나. 수정 진동자는 기계적으로 안정하다.

다. 수정부분이 발진조건을 만족시키는 유도성 주파수 범위가 매우 좁다.

라. 부하변동의 영향을 전혀 받지 않는다.

해설 부하변동에 의한 주파수 변동의 방지책으로 완충증폭기(buffer amp)를 사용한다.

37. 크리스탈이 500 [kHz] 에서 공진하고 있다. 이 주파수에서 대한 등가 인덕턴스가 4 [H] 이고, 캐패시턴스가 0.0427 [pF]이고, 등가 저항이 10 [kΩ]이라 할 때 이 크리스탈의 Q를 계산하여라.

가. 1513 나. 1457

다. 1318 라. 1256

해설 X-tal 의 $Q=\dfrac{\omega L}{R}=\dfrac{2\pi\times500\times10^3\times4}{10\times10^3}$

38. 그림의 브리지 회로가 발진를 지속하기 위한 증폭기의 전압 이득 A의 조건은?

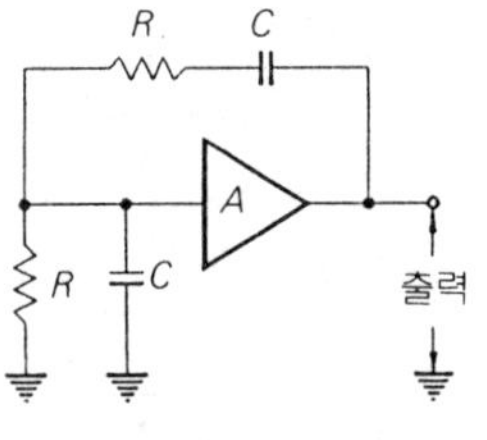

가. $A\geq1$

나. $A\geq3$

다. $A\geq29$

라. $A\geq60$

39. 발진 주파수 변동의 주 원인이 아닌 것은?

가. 부하의 변동 나. 주위 온도의 변화

다. 전원 전압의 변동 라. 전력 증폭관의 불량

40. 수정 발진기 (X-tal OSC)의 발진 주파수 범위는?

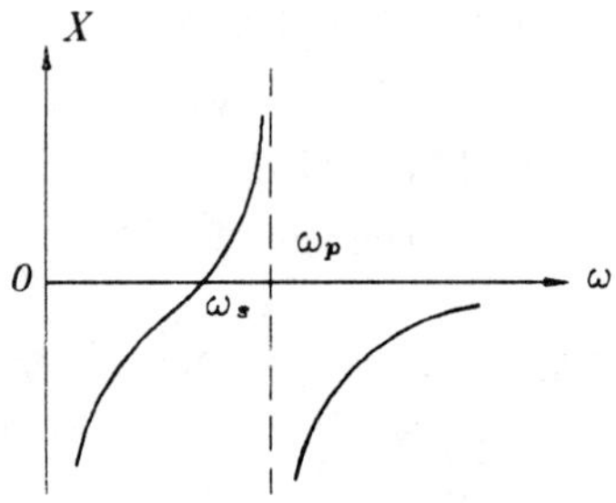

가. $0\sim\omega_s$

나. $\omega_s\sim\omega_p$

다. $\omega_p\sim\infty$

라. $0\sim\omega_p$

해설 발진 주파수 범위는 $\omega_s<\omega_0<\omega_p$ 이다.

해답 35. 나 36. 라 37. 라 38. 나 39. 라 40. 나

41. 수정 발진기에서 안정된 발진을 유지할 수 있는 범위는? (단, f_s : 직렬 공진주파수, f_p : 병렬 공진주파수이다.)

가. $f_s < f < f_p$ 나. $0 < f_s$

다. $f > f_s > f_p$ 라. $f < f_p < f_s$

42. 수정 발진기는 그 발진 주파수가 안정하여 널리 쓰이고 있다. 안정한 이유로서 가장 옳은 것은?

가. 수정은 고유진동을 하고 있기 때문에

나. 수정 발진자는 온도계수가 적기 때문에

다. 수정은 피에조 전기현상을 나타내기 때문에

라. 수정 발진자는 LC 동조회로보다 Q가 높기 때문에

43. 수정 발진기의 직렬 공진주파수 f_s, 전극 용량을 포함한 병렬 공진주파수를 f_p라 할 때, 수정 발진기가 안정된 발진을 하기 위한 동작 주파수의 조건은?

가. f_s보다 낮게 한다.

나. f_s보다 높게 한다.

다. f_s보다 낮게 f_p보다 높게 한다.

라. f_s보다 높게 f_p보다 낮게 한다.

44. 다음은 수정편의 리액턴스 특성이다.
발진에 이용될 주파수 범위는?

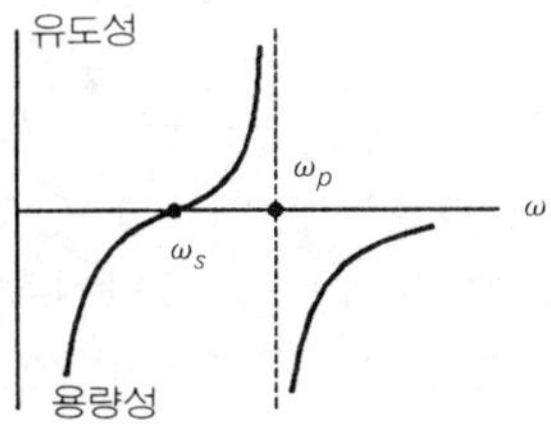

가. $\omega_s < \omega < \omega_p$

나. $\omega_s < \omega$

다. $\omega_p > \omega$

라. $\omega_s > \omega > \omega_p$

45. 다음은 수정편을 이용한 발진회로의 설명이다. 적합하지 않은 것은?

가. 수정편이 마멸되어 성능이 나쁠경우 고유 주파수가 변화하거나 발진이 중단된다.

나. 부하 변동의 영향을 받으므로 다음단 회로는 완충 증폭기를 결합하여 영향을 막을 수 있다.

다. 수정편의 온도가 증가할 때 고유 주파수가 증가하면 정온도계수를 가진다.

라. 수정발진이 자려발진에 비해 주파수의 안정도는 크나 발진주파수 및 출력을 연속적으로 가변시킬 수 없다.

46. 수정 발진기는 수정 임피이던스가 어떻게 될 때 가장 안정한 발진을 지속하는가?

가. 저항성 나. 용량성

다. 유도성 라. 용량성 혹은 유도성

해답 41. 가 42. 라 43. 라 44. 가 45. 다 46. 다

47. 그림의 pierce 발진기에서 안정한 발진이 지속되기 위한 동조회로의 임피이던스는?

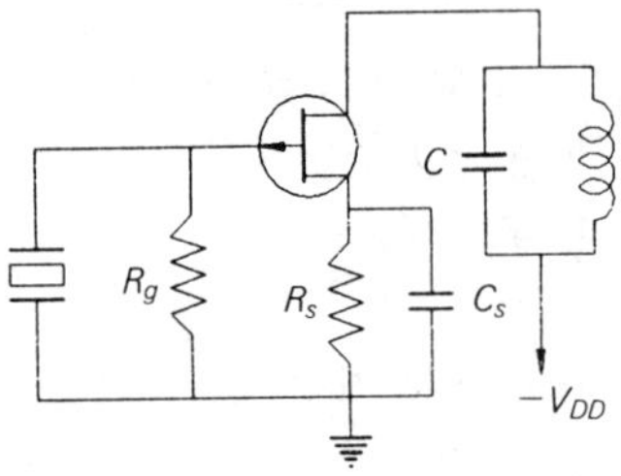

가. 유도성

나. 용량성

다. 저항성

라. 유도성 또는 용량성

해설 pierce G-S형이다.

48. 피어스(pierce) B-E형 수정 발진회로는 콜렉터 회로의 임피던스가 어떻게 될 때 가장 안정한 발진을 지속하는가?

가. 유도성　　나. 용량성

다. 저항성　　라. 용량성이나 유도성에 관계 없다.

해설 X-tal은 유도성이며 pierce B-E형은 하아틀레이 발진기의 회로와 등가이다.

49. 그림과 같은 트랜지스터 발진 회로의 설명으로 틀린 것은?

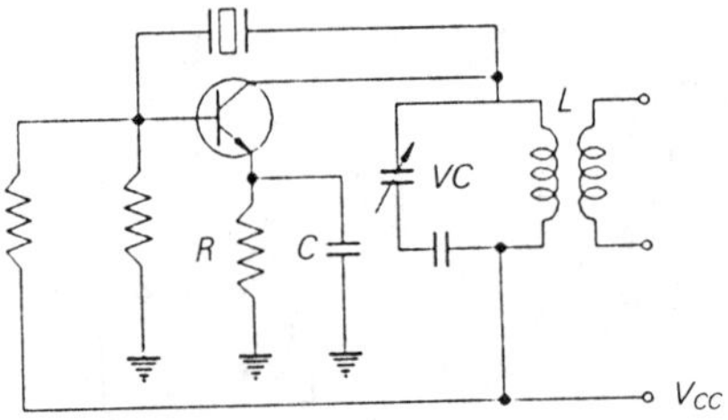

가. 이 회로는 피어스 B-C 발진 회로이다.

나. 발진 주파수는 콜렉터측의 L, VC 에 의해 결정된다.

다. R 은 바이어스용 저항이다.

라. V_{cc} 는 어스(ground)에 비해서 플러스(+) 이다.

해설 X-tal 의 전기적 특성에 의한다.

50. 그림과 같은 발진회로의 명칭은?

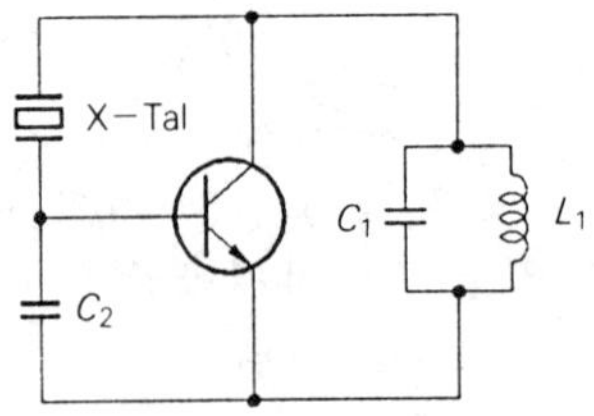

가. LC 발진회로

나. Colpitts 발진회로

다. BE-pierce형 발진회로

라. CB-pierce형 발진회로

51. 다이나트론 발진기는 어떤 성질을 이용한 것인가?

가. 부성 내부저항　　나. 전자 진동

다. 2차 전압　　라. 스크리인 그리드의 전극간 용량

해답 47. 가　48. 가　49. 나　50. 라　51. 가

52. 정궤환을 이용한 발진기는?

가. Magnetron　　나. Reflex Klystron
다. TWT　　라. Multivibrator

53. 소인(掃人 ; sweep) 발진기를 옳게 설명한 것은?

가. *CR* 발진기의 일종
나. 2차 전자방사를 이용한 것
다. 발진 주파수가 주기적으로 어느 비율로 변화하는 것
라. 인입현상을 이용한 것

해설 sweep 발진기는 주기적으로 발진주파수가 변화하도록 한 발진기이며 고주파 증폭기의 주파수 특성을 oscilloscope에 의하여 관측하고자 할 때 사용한다.

54. 다음의 발진 회로에서 다이오우드 D의 역할은?

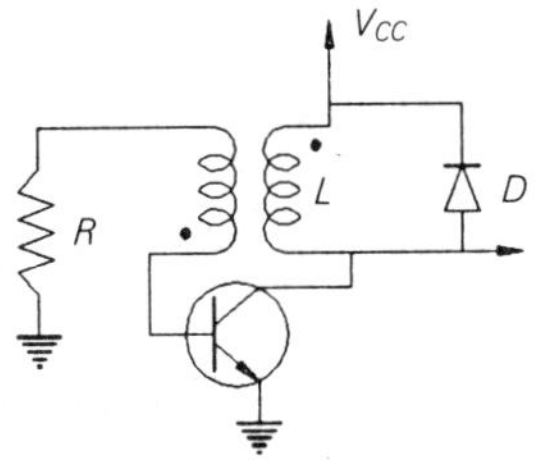

가. 온도 보상용 다이오우드
나. 클램퍼 다이오우드
다. 댐핑(damping) 다이오우드
라. 재생 스위칭 동작

해설 백 스윙(back swing) 현상을 제동(damping)하기 위한 것이다.

55. 발진 회로의 주파수 변동 요인이 아닌 것은?

가. 전원 전압의 변동　　나. 부하의 변동
다. 온도의 변화　　라. 기생 진동

해설 발진 주파수 변동 원인과 대책
① 주위 온도의 변동 : 항온조 사용
② 부하의 변동 : 완충 증폭기 (buffer amp) 부가
③ 전원 전압의 변동 : 정전압 방전관 사용
④ 동조점 불안정 : 발진강도가 최강인 점에서 약간 벗어난 곳

56. 그림과 같은 회로 명칭은?

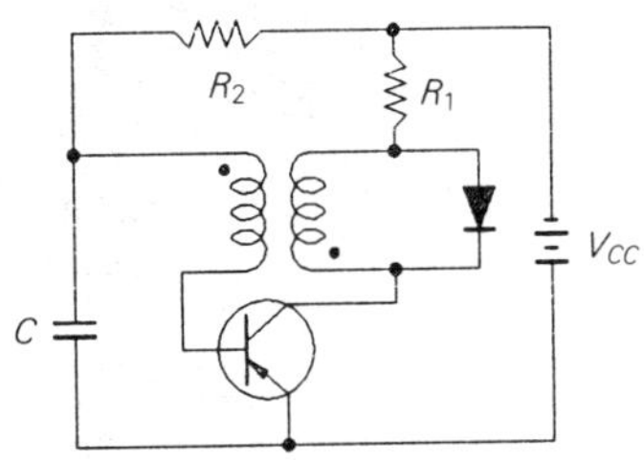

가. 멀티바이브레이터
나. 밀러 적분 회로
다. 블로킹 발진 회로
라. 부우트스트랩 회로

57. 다음과 같은 터널 다이오드 발진기에서 발진이 일어날 수 있는 조건은 어느 것인가? (단, 터널 다이오드의 부성 저항을 R_n, 코일의 저항은 R_p라 한다.)

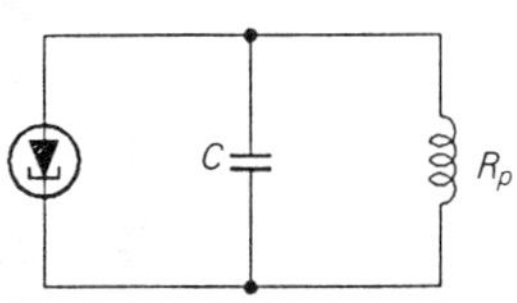

가. $|R_n| > R_p$
나. $|R_n| < R_p$
다. $|R_n| = R_p$
라. $|R_n| \cdot R_p = 1$

해답 52. 라　53. 다　54. 다　55. 라　56. 다　57. 다

58. 그림의 단일 접합 트랜지스터(UJT) 발진 기의 발진 주파수는 대략 몇 [kHz]인가? (단, UJT의 스탠드 오프비(stand off ratio) $\eta = 0.5$ 이다)

가. 14.4

나. 7.2

다. 6.93

라. 3.47

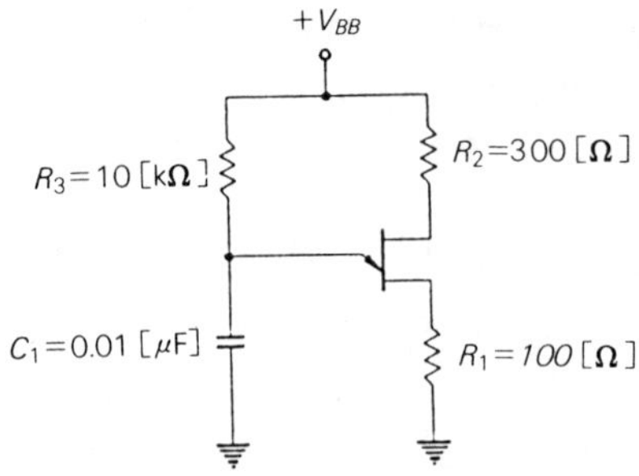

해설 저항 R_3와 캐패시터 C_1가 발진 주파수를 결정한다.

$$f_o \approx \frac{1}{R_3 C_1 \; l_n[1/(1-\eta)]}$$

여기서 $\eta = 0.5$이면

$$f_o \approx \frac{1}{R_3 C_1 \; l_n 2} = \frac{1.44}{R_3 C_1} \approx \frac{1.5}{R_3 C_1}$$

해답 58. 가

11장 변·복조 회로

11·1 변복조의 원리

11·1·1 변복조의 기본 개요

(1) 변복조의 기본 정의

통신시스템에서 음성, 화상등의 정보신호를 먼거리에 전송하고자 할 때는 그대로 보내지 않고 보통 주파수가 높은 정현파의 진폭, 주파수 또는 위상의 하나로 변화시킨 신호를 전송한다. 이러한 과정을 **변조**(modulation)라고 한다. 이때 원신호를 **변조파**(modulating wave), 높은 주파수를 **반송파**(carrier wave), 변조된 파를 **피변조파**(modulated wave)라 한다. 또 수신측에서 수신한 피변조파로 부터 원래의 신호를 검출하는 조작을 **복조**(demodulation)라 한다.

(2) 변조의 목적

① 송수신 안테나의 설계에 관한 문제 : 변조를 하지 않고 가청주파신호를 전송시 안테나 길이가 대단히 길게된다.
② 다중 통신(multiplexing)을 가능하게 하여 준다.
③ 통신로에 혼입되는 잡음과 간섭의 영향을 줄일 수 있다.
④ 회로 소자의 단순화, 시스템의 소형화등의 장점이 있다.

11·1·2 변조의 원리(주파수 영역 이용)

지금 임의의 신호 $x(t)$ 에 반송파 $\cos \omega_c t$ 를 곱하면 다음과 같다.

$$x(t)\ \cos\omega_c t = \frac{1}{2}\{x(t)\,e^{j\omega_c t} + x(t)\,e^{-j\omega_c t}\}$$

$$x(t)\ \cos\omega_c t \longleftrightarrow \frac{1}{2}\{X(f-f_c)+X(f+f_c)\}$$

어떤 신호 $f(t)$에 여현신호 $\cos\omega_c t$를 곱하는 것은 $\pm\omega_c$ 만큼 주파수 스펙트럼 밀도를 이동시키는데, 이를 **진폭 변조**(amplitude modulation) 라고 하며, Fourier 변환의 **변조 성질**(modulation property)이라고 한다.

※ 주파수 천이성(Frequency shifting)

푸리에 변환의 성질 중 주파수 천이성은

$$\mathscr{F}\{f(t)\,e^{j\omega_0 t}\} = F(\omega-\omega_0)$$

즉 어떤 시간 함수 $f(x)$에 $e^{j\omega_0 t}$를 곱한 신호의 스펙트럼은 신호 $f(t)$의 스펙트럼을 ω_0 만큼 이동 시키면 된다.

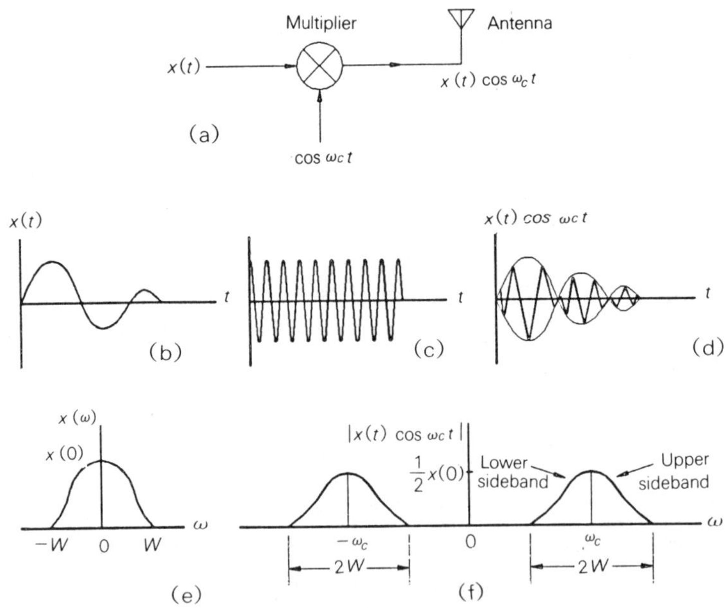

〈그림 11-1〉 변조의 원리

11·1·3 복조의 원리

변조된 신호 $x(t)\cos\omega_c t$ 를 받아서 같은 반송파 $\cos\omega_c t$ 와의 곱을 만든다.

$$\mathscr{F}\{x(t)\cos\omega_c t\cdot\cos\omega_c t\} = \frac{X(f+f_c)+X(f-f_c)}{2} * \frac{\delta(f+f_c)+\delta(f-f_c)}{2}$$

$$= \frac{1}{2}X(f)+\frac{1}{4}X(f+2f_c)+\frac{1}{4}X(f-2f_c)$$

$$\left(x(t)\cos\omega_c t\cdot\cos\omega_c t=\frac{1}{2}x(t)\left[1+\cos 2\omega_c t\right]=\frac{1}{2}x(t)+\frac{1}{2}x(t)\cdot\cos 2\omega_c t\right)$$

즉 $\cos\omega_c t$ 를 만들어서 수신신호에 곱해주는 검파 방식을 동기 검파(coherent or synchronous detection)라 한다.

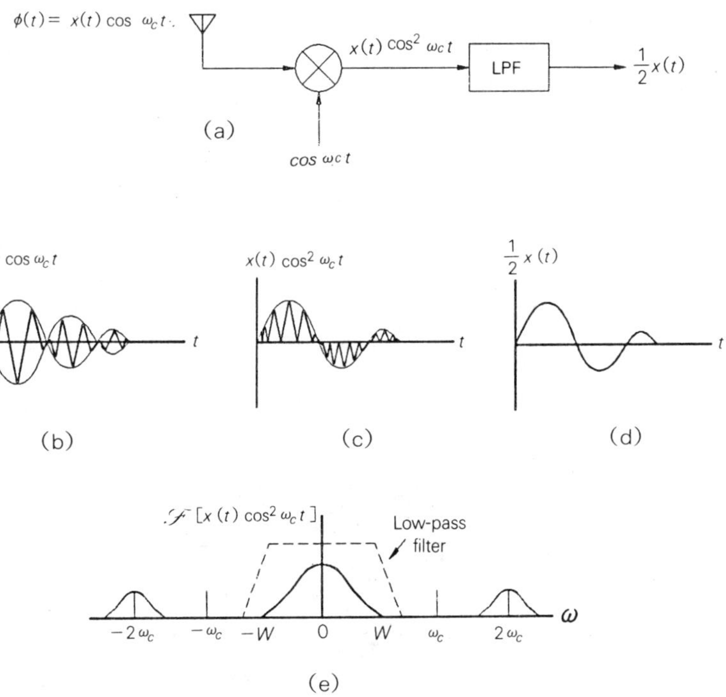

〈그림 11－2〉 복조의 원리

11·1·4 변조 방식의 분류

- 변조
  - 연속파 변조
    - 진폭 변조(AM)
    - 각 변조
      - 주파수 변조(FM)
      - 위상 변조(PM)
  - 펄스 변조
    - 아날로그 변조
      - 펄스 진폭 변조(PAM)
      - 펄스 폭 변조(PWM)
      - 펄스 위치 변조(PPM)
    - 디지털 변조
      - 펄스 부호 변조(PCM)
      - 델타(Delta) 변조(DM)
      - 적응 델타 변조(ADM)
      - 차분 PCM(DPCM)

11·2 진폭 변조(AM ; Amplitude Modulation)

11·2·1 AM파의 기본 이론

(1) 기본파

AM(진폭 변조)이란 반송파의 변조파의 순시진폭에 비례하여 만들어지는 변조 방식이다.

반송파(Carrier Wave) : $i_c = I_c \cos \omega_c t$

신호파(Signal Wave) : $i_s = I_s \cos \omega_s t$

$$\begin{aligned} i_m &= (I_c + i_s) \cos \omega_c t \\ &= (I_c + I_s \cos \omega_s t) \cos \omega_c t \\ &= I_c (1 + m_a \cos \omega_s t) \cos \omega_c t \end{aligned}$$

여기서, $m_a = \dfrac{I_s}{I_c}$ 이고 이를 변조도라고 한다.

이것을 백분률로 나타낸 것을 변조율이라 한다. $I_c = I_s$ 이면 $m = 1$이 되어 100 [%] 변조가 된다. 또 $I_s > I_c$, 즉 $m_a > 1$ 인 경우를 과변조(Over modulation)이라 하며 포락선 검파시 포락선 왜곡을 일으킨다.

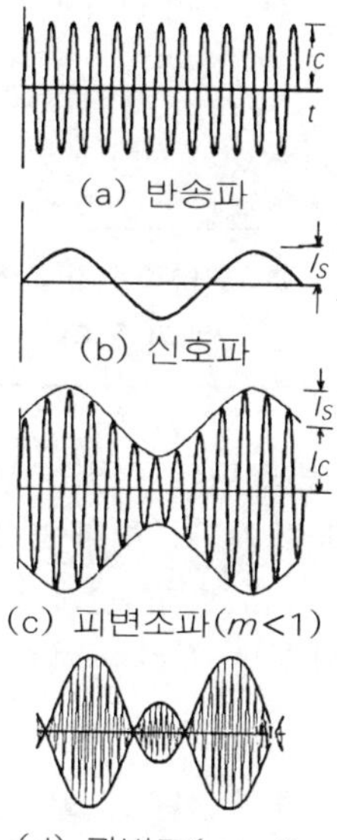

(a) 반송파

(b) 신호파

(c) 피변조파(m<1)

(d) 과변조(m>1)

〈그림 11－3〉

(2) 측파(Side－Wave)

$$\begin{aligned} \text{피 변조파 } i_m &= I_c(1 + m_a \cos \omega_s t) \cos \omega_c t \\ &= I_c \cos \omega_c t + m_a I_c \cos \omega_c t \cos \omega_s t \end{aligned}$$

여기서 삼각함수의 공식을 사용 전개하면

$$i_m = I_c \cos \omega_c t + \frac{m_a I_c}{2} \cos(\omega_c + \omega_s) t + \frac{m_a I_c}{2} \cos(\omega_c - \omega_s) t$$

↓ ↓ ↓

반송파 성분 상측파 성분 하측파 성분

(3) 각 주파수 성분과 진폭관계

① 상측파 대폭 : $f_c + f_s$

② 하측파 대폭 : $f_c - f_s$

③ 점유 주파수 대폭 : $2f_s$

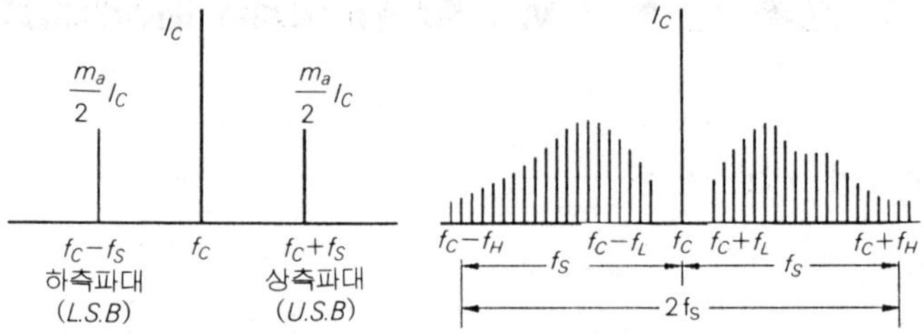

(a) 변조파가 단일 정현파일 경우　　　　(b) 변조파가 군스펙트럼의 경우

〈그림 11-4〉 각 주파수 성분과 진폭 관계

● 피변조파가 가지는 대역폭(점유 주파수 대역폭)은 신호파의 최고 주파수의 2배가 된다.

(4) 피변조파의 전력(AM파군 스펙트럼) : 진폭 변조파가 복사저항 R인 공중선에서 복사될 때 각 주파수 성분별 전력분포는 다음과 같다.

① 반송파 전력 : $P_c = \frac{1}{2}I_c{}^2R = (\frac{I_c}{\sqrt{2}})^2R$

② 상측파 전력 : $P_U = \frac{1}{2}(\frac{m_aI_c}{2})^2R = \frac{m_a{}^2I_c{}^2}{8}R = \frac{m_a{}^2}{4}P_c$

③ 하측파 전력 : $P_L = \frac{1}{2}(\frac{m_aI_c}{2})^2R = \frac{m_a{}^2}{4}P_c$

④ 피변조파 평균전력 $P_m = P_c + P_L + P_U = \frac{1}{2}I_c{}^2R + \frac{m_a{}^2}{4}P_c + \frac{m_a{}^2}{4}P_c = P_c(1 + \frac{m_a{}^2}{2})$

피변조파 평균전력은 $m_a = 1$일 때 반송파 전력의 1.5배가 된다.

(5) 각 전력 성분비 : 반송파와 상·하측파의 각 전력 성분비는 다음과 같다.

$$P_C : P_L : P_U = P_C : \frac{m_a{}^2}{4}P_C : \frac{m_a{}^2}{4}P_C = 1 : \frac{m_a{}^2}{4} : \frac{m_a{}^2}{4}$$

따라서 $m_a = 1$(100 [%] 변조)일 때는 $1 : \frac{1}{4} : \frac{1}{4}$ 이다.

(6) 피 변조파 전류

$P_m = P_c(1 + \frac{m_a{}^2}{2})$ 에서 $P_m = \frac{1}{2}I_m{}^2R$, $P_c = \frac{1}{2}I_c{}^2R$ 을 대입하면

$$I_m = \pm I_c\sqrt{1 + \frac{m_a{}^2}{2}}$$

따라서 무변조시 전류(I_c)와 변조시의 전류(I_m)와의 비는 다음과 같다.

$$\frac{I_m}{I_c} = \sqrt{1 + \frac{m_a^2}{2}}$$

(7) 변조도

$I_m^2 = I_c^2\left(1 + \frac{m_a^2}{2}\right)$ 의 식에서 변조도 m_a을 구한다.

$$m_a = \sqrt{2\left\{\left(\frac{I_m}{I_c}\right)^2 - 1\right\}}$$

예제 11－1 피변조파에 포함되는 주파수

반송파 및 변조파를 각각 다음과 같다고 하면,

$$v_c(t) = 25\ \sin\ 2\pi 10^6 t\ [\mathrm{V}]$$
$$v_s(t) = 20\ \sin\ 2\pi 10^3 t\ [\mathrm{V}]$$

피변조파에 포함되는 주파수와 이 때의 변조도 m을 구하라.

풀이 피변조파 $v_{AM}(t)$는

$$v_{AM}(t) = (25 + 20\ \sin\ 2\pi 10^3 t)\ \sin\ 2\pi 10^6 t$$
$$= 25(1 + 0.8\ \sin\ 2\pi 10^3 t)\ \sin\ 2\pi 10^6 t$$
$$= \underset{(\text{반송파})}{25 \sin\ 2\pi 10^6 t} + \underset{(\text{하측파})}{\frac{20}{2}\cos 2\pi(10^6 - 10^3)t} - \underset{(\text{상측파})}{\frac{20}{2}\cos 2\pi(10^6 + 10^3)t}$$

(1) 상측파 주파수 : $f_u = f_c + f_s = 10^6 + 10^3 = 1001$ [kHz]
(2) 하측파 주파수 : $f_L = f_c - f_s = 10^6 - 10^3 = 999$ [kHz]
(3) 변조도 : $m = (V_s / V_c) \times 100$ [%] $= (20/25) \times 100$ [%] $= 80$ [%]

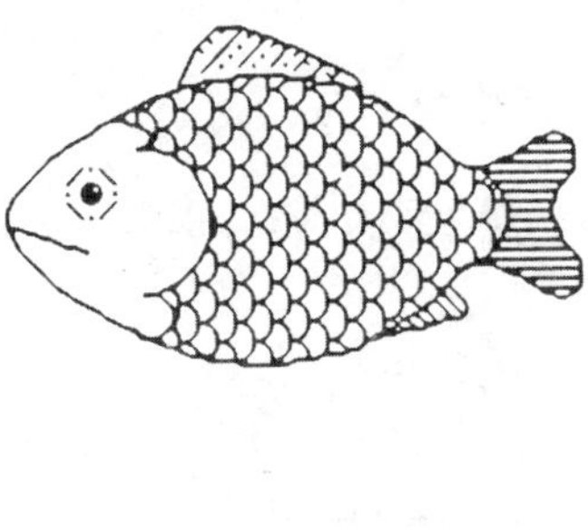

예제 11－2 피변조파의 상·하 측파 주파수

피변조파 전압 $v(t)$가

$$v(t) = 100(1 + 0.8\cos 2000t)\sin 10^6 t$$

로 표시될 때

(1) 측파의 최대 진폭
(2) 상측파 주파수
(3) 하측파 주파수

를 구하라.

풀이 주어진 피변조파 $v(t)$의 식을 전개한다.

$$v(t) = 100(1 + 0.8\cos 2000t)\sin 10^6 t$$

$$= 100\sin 10^6 t + \frac{80}{2}\{\sin(2000 + 10^6)t - \sin(2000 - 10^6)t\}$$

$$= 100\sin 10^6 t + 40\sin 1002{,}000t + 40\sin 998{,}000t$$

(반송파)　　(상측파)　　(하측파)

(1) 측파의 최대 진폭 : $\dfrac{mV_c}{2} = \dfrac{1}{2} \times 0.8 \times 100 = 40\,[\mathrm{V}]$

(2) 상측파 주파수 : $f_u = \dfrac{\omega_u}{2\pi} = \dfrac{1002{,}000}{2\times 3.14} = 159554.1\,[\mathrm{Hz}]$

(3) 하측파 주파수 : $f_L = \dfrac{\omega_L}{2\pi} = \dfrac{998{,}000}{2\times 3.14} = 158917.2\,[\mathrm{Hz}]$

예제 11－3 피변조파 전력

출력 200 [W]의 반송파를 단일의 주파수로 80 [%] 변조했을 때

(1) 피변조파 전력
(2) 상측파 및 하측파 전력

을 구하라.

풀이 피변조파 전력 P_m

$$P_m = P_c + P_u + P_L \qquad (P_u = P_L)$$

$$= P_c\left(1 + \frac{m^2}{2}\right)$$

(1) $P_m = 200\left(1 + \dfrac{0.8^2}{2}\right) = 264\,[\mathrm{W}]$

(2) $P_u = P_L$

$$= (P_m - P_c)/2 = (264 - 200)/2 = 32\,[\mathrm{W}]$$

11·2·2 진폭 변조 회로

(1) 콜렉터 변조 회로

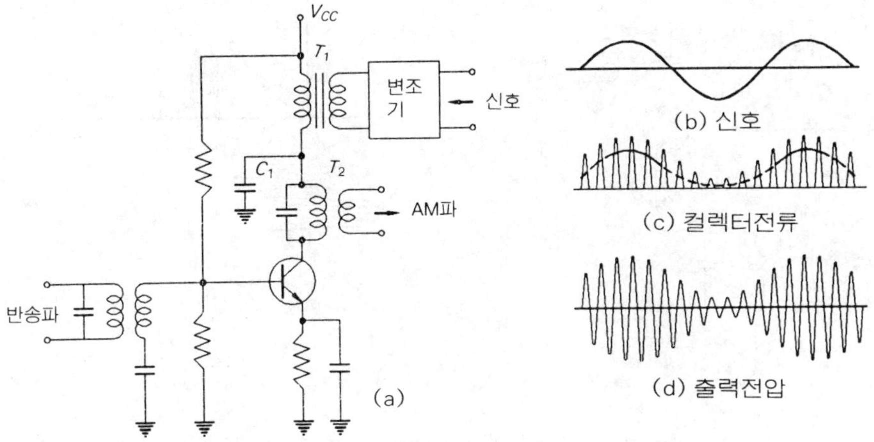

〈그림 11－5〉 콜렉터 변조 회로

트랜지스터는 베이스 전류를 충분히 크게 해서 C 급 증폭으로 동작시키고 신호파에 따라 콜렉터 전압을 바꾸어 동조 회로를 통해서 변조파를 얻는다.

※ 콜렉터 변조 회로의 특징

① 직선성(linearity) 이 대단히 우수하다.
② 100 [%]까지 변조가 가능하다.
③ 큰 변조 전력이 요구된다.(결점)
④ 조정이 용이하고 비교적 안정하다.
⑤ 대전력 송신기에 적합하다.

예제 11－4 콜렉터 변조 회로의 콜렉터 손실

콜렉터 변조에서 피변조파의 출력 P_m = 30 [W], 변조도가 60 [%]일 때의 콜렉터 손실 P_L을 구하라. 단, 피변조 증폭기의 콜렉터 효율은 80[%]이다.

풀이 반송파 전력 P_c를 먼저 구한 후 전원에서 공급되는 전력 P_{cc}와 콜렉터 손실 P_L을 구한다.

$$P_c = P_m / (1 + m^2 / 2) = 30 / (1 + 0.6^2 / 2) \approx 25.4 \text{ [W]}$$

$$P_{cc} = P_c / \eta = 25.4 / 0.8 \approx 31.75 \text{ [W]}$$

$$P_L = P_{cc}\left(1 + \frac{m^2}{2}\right)(1 - \eta) \approx 31.75(1 + 0.18)\ (1 - 0.8) \approx 7.5\text{[W]}$$

(2) 베이스 변조 회로

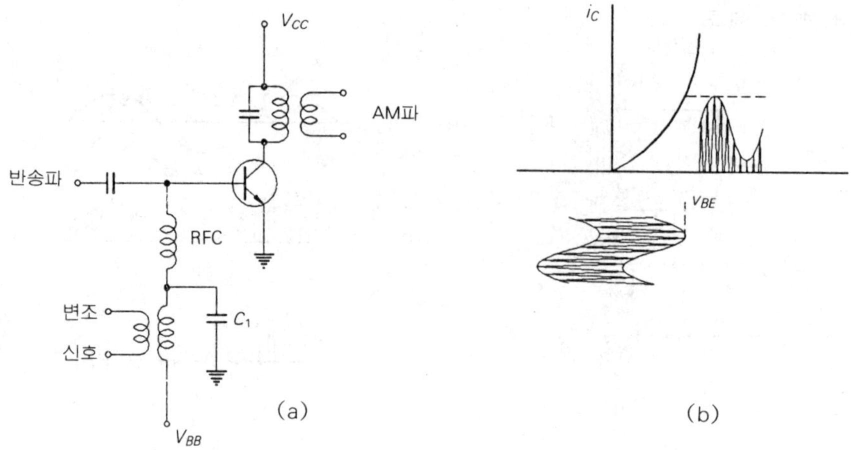

〈그림 11－6〉 베이스 변조 회로 및 그 동작

C 급 증폭기의 베이스·바이어스 전압을 변조 신호에 따라 변화시킨 것이다.

※ 베이스 변조 회로의 특징

① 요구되는 변조 신호 전력이 적다.
② 변조도를 크게할 수 없다.
③ 직선성이 좋지 않으므로 변조 일그러짐이 크게 나타난다.

(3) 제곱 변조(square-law modulation)

입력 특성이 비직선적인 소자의 입력쪽에 반송파와 신호파를 합쳐서 가해 주었을 때의 출력 파형으로 부터 저주파 성분을 빼어내고 반송 주파수 근처의 성분만을 남기어 AM파를 얻는 변조 방식을 제곱 변조라 한다.

11·2·3 SSB 통신의 기본 이론

(1) SSB(Single side band ; 단측파대)통신방식 : 진폭 변조에 의해서 생긴 상하측파대중 어느 한쪽만을 이용하는 방식이다.

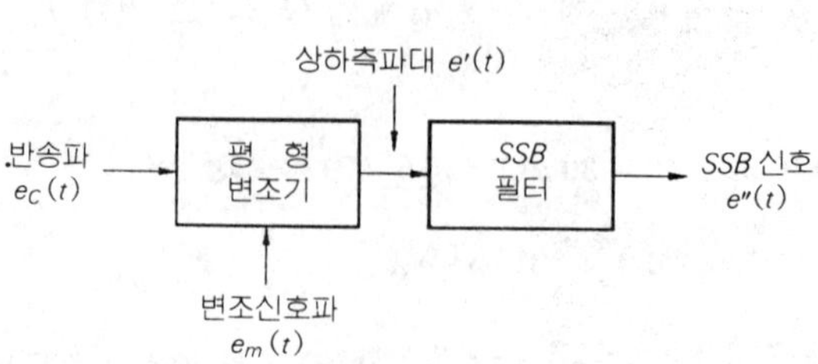

〈그림 11－7〉 SSB 변조기의 구성

SSB(single side band)는 단측파대 방식이라고 하며, 전력이 절약되고 점유 주파수 대폭은 1/2로 된다. 그러나 송·수신 장치가 복잡해지므로 그 응용은 상용 통신에 제한되어 있다.

(2) **SSB 통신방식의 종류** : SSB는 한 측파대이외에 동시에 반송파를 어느 정도 전송하는가에 따라서 다음과 같이 세 종류로 구분된다.

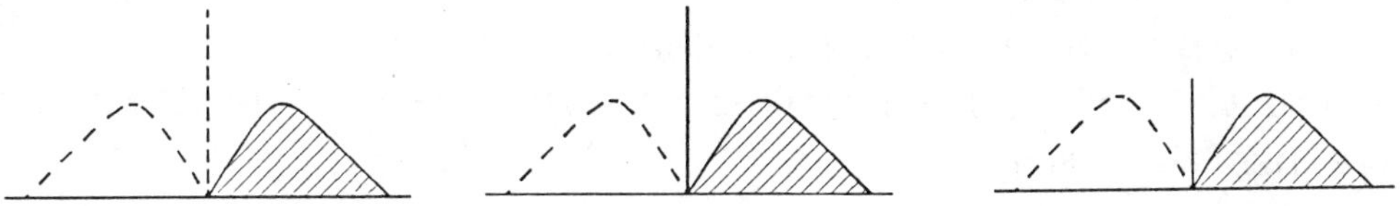

(a) 억압 반송파(J3E)방식 (b) 전 반송파(H3E)방식 (c) 저감 반송파(R3E)방식

〈그림 11-8〉 SSB 통신방식의 종류

(3) **DSB와 SSB 송신전력의 표시** : 일반적으로 DSB 송신기 출력은 방송국의 경우 반송파 전력으로 방송국이외의 국은 평균전력으로 표시한다. SSB 송신기는 R3E와 J3E가 첨두전력으로, H3E가 평균전력으로 표시한다.

① DSB 방식의 경우 피변조파 평균전력 : $P_D = P_C\left(1 + \frac{m^2}{2}\right)$

② SSB 방식의 경우 한쪽 측파대의 전력 : $P_s = \frac{m^2}{4} P_C$

③ SSB 송신기 송신전력과 DSB 송신전력의 비

$$\frac{P_D}{P_S} = \frac{P_C\left(1 + \frac{m^2}{2}\right)}{\frac{m^2}{4} P_C} = \frac{2(2 + m^2)}{m^2}$$

예제 11-5 SSB와 DSB의 전력비

DSB 송신기에서 1[kHz]로 변조한 출력에서 1개의 측대파가 갖는 출력이 전체 출력의 0.09배 이었다. 이때의 변조도를 구하라.

풀이 SSB 방식의 경우 한쪽 측파대의 전력 P_s는 $P_s = m^2 P_c / 4$ 이다.

$$\frac{P_D}{P_S} = \frac{P_C\left(1 + \frac{m^2}{2}\right)}{\frac{m^2}{4} P_C} = 2(2 + m^2) / m^2 = 0.09$$

$m^2 = 0.36 + 0.18m^2$

$\therefore\ m = 0.66$

(4) SSB 방식의 특징

① 점유주파수 대폭이 1/2로 축소되어 혼신이 적어진다.

② 적은 송신전력으로 양질의 통신이 가능하다.

③ 송신기의 소비전력이 적다.

④ 선택성 fading의 영향이 적다.

⑤ 수신측에서 S/N가 개선된다.

⑥ 비화 통신 방식으로 하기쉽다.

⑦ (결　점) 송수신기의 회로구성이 복잡하다.

전체적으로 볼 때, 전송형식에 있어서는 SSB 쪽이 유리하나, 수신기의 구조 등으로 본다면 DSB 쪽이 유리하다.

(5) 다이오드 평형 변조기(Balanced modulator)

AM파에서 반송파를 제외한 상・하측대파($f_c \pm f_s$) 만의 출력을 얻는다.

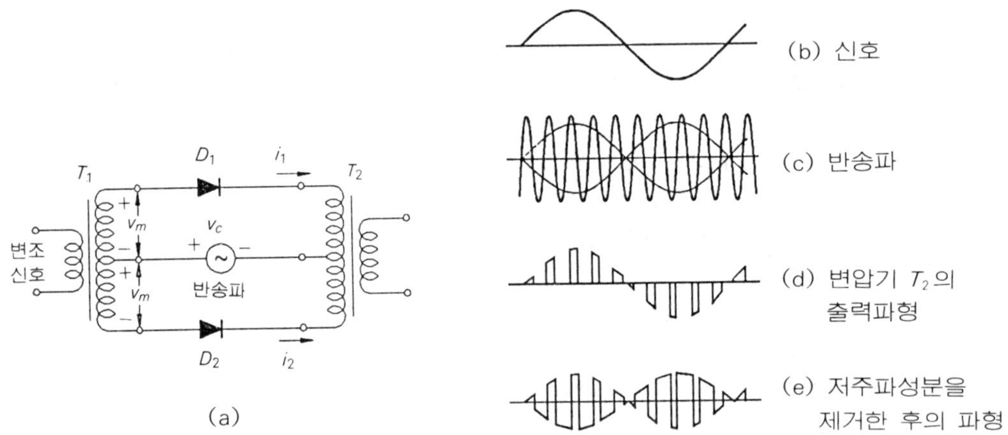

〈그림 11－9〉 다이오드 평형 변조기

① **우선 반송파 v_c만을 걸어주는 경우** : v_c가 (＋)인 반주기 동안 D_1, D_2가 on 상태로 되어 출력 트랜스 T_2에 서로 반대 방향의 전류가 흘러 2차 coil에는 출력은 나타나지 않는다. 또 v_c가 (－)인 반주기에는 D_1, D_2가 off이므로 물론 출력은 나타나지 않는다.

② **다음에 변조 신호를 걸어주는 경우** : D_1, D_2의 on, off 상태는 반송파의 극성에 따라 정해진다. 변조파 신호에 의해 T_2의 1차 coil에 나타나는 전류는 〈그림 11－9〉의 (d)와 같다.

(6) 트랜지스터 평형 변조기

다이오드 대신 트랜지스터를 이용한 변조기로 반송파는 트랜지스터를 반주기마다 on, off시킨다.

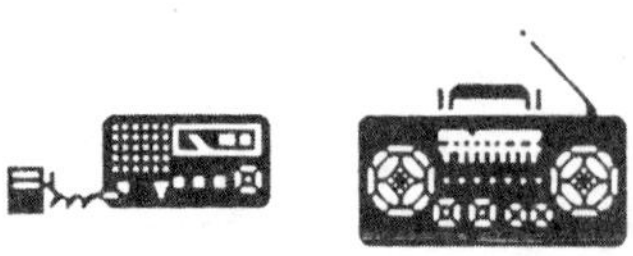

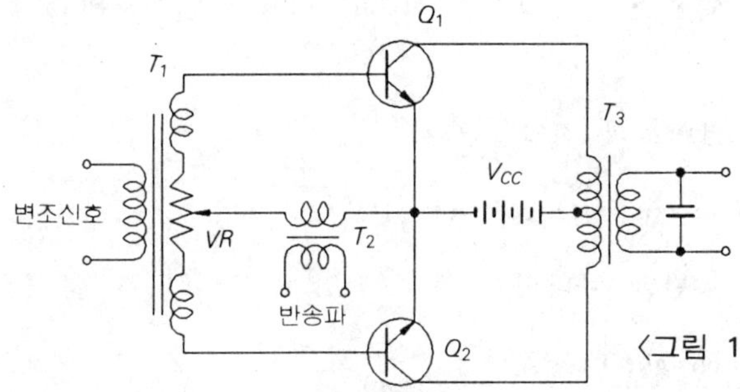

〈그림 11－10〉 트랜지스터 평형 변조기

(7) 링(Ring) 변조기

평형 변조기로서 널리 사용되고 있는 회로이다. (＋)의 반주기에는 D_1, D_2가 on 상태이고 (－)의 반주기에는 D_3, D_4가 on 상태로 된다.

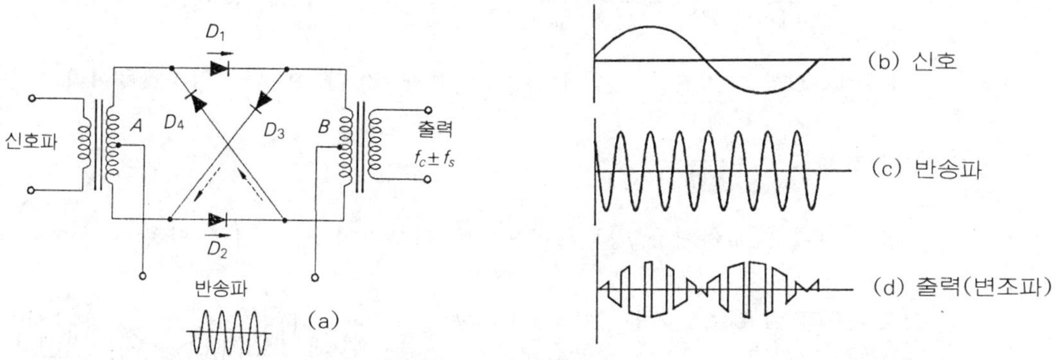

〈그림 11－11〉 링 변조기

따라서 반송파의 진폭이 충분히 크면 신호파에 대해서 반송파의 (＋)의 반주기에 $D_1 \rightarrow B \rightarrow D_2$방향으로 흐르고, (－)의 반주기에 $D_2 \rightarrow B \rightarrow D_1$의 방향으로 흐른다. 이와 같이 다이오드는 극성 절환 스위치의 작용을 하게 되어 〈그림 11－11〉과 같은 양측파만의 출력파형을 얻는다.

11·2·4 AM파의 복조

(1) 직선 검파기(Linear diode detector)

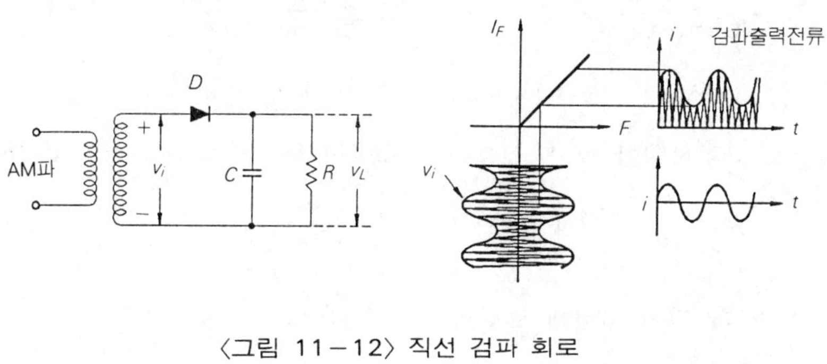

〈그림 11－12〉 직선 검파 회로

정류 특성을 갖는 소자의 입·출력 특성의 직선부를 이용해서 신호파를 끌어내는 것을 직선 검파라 한다.

〈그림 11−12〉의 회로에 피변조파 전압 $v(t)$가

$$v(t) = V_C(1 + m\cos\omega_s t)\cos\omega_c t$$

가해질 때 부하저항 R의 양단에 나타나는 복조 전압 v_o (평균치)는

$$v_o = \frac{R}{2\pi}\int_o^{\pi}\frac{V_c(1 + m\cos\omega_s t)\cos\omega_c t}{r_d + R}\,d(\omega t)$$

$$= \frac{R V_c(1 + m\cos\omega_s t)}{\pi(r_d + R)}$$

$$= \frac{R V_c}{\pi(r_d + R)} + \frac{R V_c m\cos\omega_s t}{\pi(r_d + R)} = \eta V_c + \eta V_c m\cos\omega_s t$$

여기서 제1항은 직류분이고 제2항은 신호파분이다. 또 η는 **검파효율**이라고 한다.

① 검파 효율 : $\eta = \dfrac{R}{\pi(R + r_d)}$

검파 효율은 부하저항 R과 다이오드의 내부저항 r_d의 비에 의하여 정해진다.

② 신호파분의 실효값 : $V_s\big|_{rms} = \dfrac{1}{\sqrt{2}}\eta V_c m$

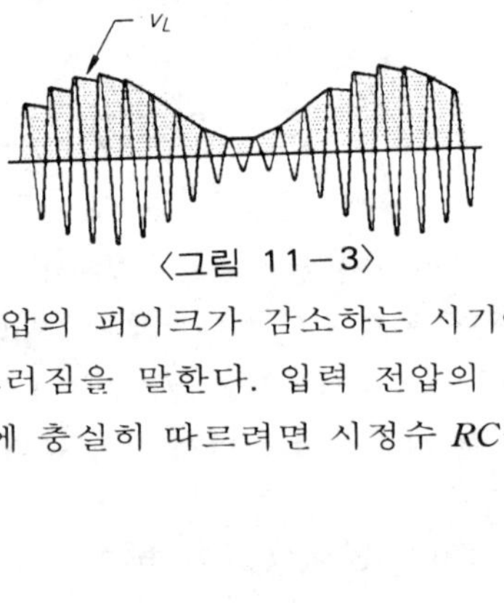

〈그림 11−3〉

③ 직류 전압 : $V_d = \eta V_c$

④ 등가입력저항 : $R_i = R / 2\eta$

⑤ Diagonal clipping 현상 : RC가 너무 커서 입력 전압의 피이크가 감소하는 시기에 출력 전압이 포락선을 따르지 못하여 생기는 일그러짐을 말한다. 입력 전압의 피이크가 증대할 때 출력 전압이 입력 전압의 포락선에 충실히 따르려면 시정수 RC를 크게 해 주어야 한다.

diagonal clipping 현상이 일으키지 않기위해서는

$$\frac{1}{RC} \geqq \frac{m}{\sqrt{1-m^2}}\,\omega_m \quad 또는 \quad RC \leqq \frac{\sqrt{1-m^2}}{m}\,\frac{1}{\omega_m}$$

여기서 m : 변조도, ω_m : 신호 주파수($= 2\pi f_m$)

위 조건을 만족하여야 한다. 신호파가 음성주파인 경우에는 실험결과에 의해

$$RC \leqq \frac{1}{m}\,\frac{1}{\omega_m}$$

로 하면 일그러짐이 심하게 발생하지 않는다.

예제 11−6 변조파의 출력 전압(실효치)

변조도 $m = 0.8$인 피변조파를 검파기에 가했을 때, 출력의 변조파 전압이 4[V](실효값)이었다. 이 때 이 검파기의 효율을 구하라. 단, 반송파의 전압은 8[V] (실효값)이다.

풀이 신호파분의 실효값 $V_s \Big|_{rms} = \dfrac{1}{\sqrt{2}} \eta V_c m$ 이다.

$$\therefore \ \eta = \frac{\sqrt{2} \times (\text{변조파의 실효값})}{V_c m} = \frac{4}{0.8 \times 8} = 0.625$$

(2) 자승 검파기(Square-law detector) : 소자의 비선형 특성을 이용한 방식이다. 직선 검파기에 비해 검파 능률이 낮고 일그러짐도 크기 때문에 특수한 경우(예 : 입력 신호가 낮아서 직선 검파를 할 수 없는 경우)만 사용되고 있다.

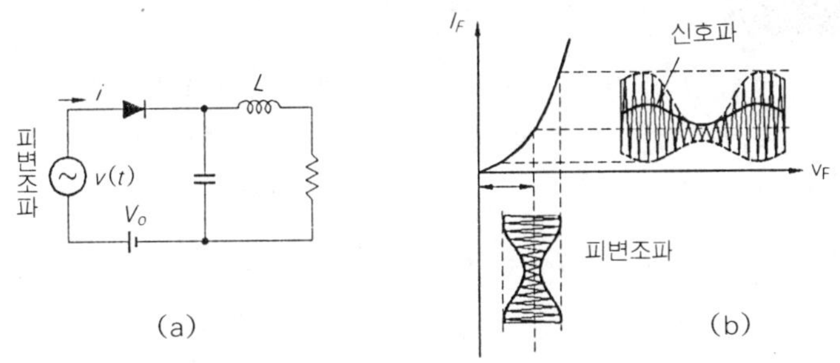

〈그림 11−14〉 자승 검파 회로

다이오드의 순방향 전압−전류 특성 곡선의 만곡부분을 이용하여 검파하는 방식이다. 이 곡선의 전압−전류 특성은

$$i = a\ v(t)^2$$

피변조파 전압 $v(t) = V_c(1 + m\ \cos\ \omega_s t)\ \cos\ \omega_c t$가 다이오드에 가해졌다면 이 자승검파기의 동작 특성 곡선은 다음과 같다.

$$i = a\ v(t)^2 = a\ V_c^2(1 + m\ \cos\ \omega_s t)^2 \cdot \cos^2\omega_c t$$

$$= a\ V_c^2 \left[\frac{1}{2} \left(1 + \frac{m^2}{2}\right) + m\ \cos\omega_s t + \frac{m^2}{4}\ \cos 2\omega_s t \right.$$

$$\left. + \left\{ \frac{1}{2}\left(1 + \frac{m^2}{2}\right) + m\ \cos\ \omega_s t + \frac{m^2}{4}\ \cos 2\omega_s t \right\} \cdot \cos 2\omega_c t \right]$$

윗 식에는 검출하고자 하는 신호파($\cos \omega_s t$) 이외에 직류분과 제2고조파 등이 들어있어 이를 필터로 제거시키고 나면 다음 식을 얻는다.

$$i = m\,a\,V_c^2\,(\cos\,\omega_s t + \frac{m}{4}\cos 2\omega_s t)$$

$$= m\,a\,V_c^2\,\cos\,\omega_s t + \frac{m^2\,a\,V_c^2}{4}\cos 2\omega_s t$$

(자승 검파시 찌그러짐의 원인)

여기서 첫째항은 우리가 원하는 신호이고, 둘째항은 2차 고조파의 찌그러짐이 발생하는 것을 표시한다.

따라서, 자승 검파시의 의율 D는

$$D = \frac{m^2\,a\,V_c^2}{4m\,a\,V_c^2} \times 100\,[\%] = \frac{m}{4} \times 100\,[\%]$$

이다.

예제 11－7 자승 검파시 검파 출력의 진폭

$i = 10^{-4}\,v(t)^2$[A]인 특성을 가지는 검파기에 진폭 0.1[V], 변조도 40[%]인 진폭변조파를 가했을 때 검파 출력의 진폭을 구하라. 단, R = 100[kΩ]이다.

풀이 $i = a\;v(t)^2$

$$v(t) = V_c(1 + m\;\cos\;\omega_s t)\;\cos\;\omega_c t$$

$$i = a\;V_c^2(1 + m\;\cos\;\omega_s t)^2 \cdot \cos^2\omega_c t$$

$$= a\;V_c^2\Big[\frac{1}{2}(1 + \frac{m^2}{2}) + m\;\cos\;\omega_s t + \frac{m^2}{4}\cos 2\omega_s t$$

$$+ \Big\{\frac{1}{2}\Big(1 + \frac{m^2}{2}\Big) + m\;\cos\;\omega_s t + \frac{m^2}{4}\cos 2\,\omega_s t\Big\} \cdot \cos 2\omega_c t\Big]$$

따라서 직류분과 고주파분을 제거하면,

$$i = m\,a\,V_c^2\,(\cos\;\omega_s t + \frac{m}{4}\cos 2\omega_s t)$$

검파 출력의 기본파 전압은

$$V_s = m\,a\;(\frac{V_c}{\sqrt{2}})^2\;R$$

$$= 0.4 \times 10^{-4} \times (\frac{0.1}{\sqrt{2}})^2 \times 100 \times 10^3 = 0.02\,[\text{V}]$$

예제 11－8 자승 검파기의 의율

$i = 10^{-4} v(t)^2$의 특성을 가진 자승 검파기에 $m = 80[\%]$의 진폭 변조파를 가했을 때, 검파 출력의 기본파분의 진폭 및 왜율을 구하라. 단, 반송파의 진폭은 0.2[V]라 한다.

풀이 $i = a\ v(t)^2$

$$= m\ a\ V_c^2\ \cos\ \omega_s t + \frac{m^2\ a\ V_c^2}{4} \cdot \ \cos 2\omega_s t$$

주어진 $a = 10^{-4}$, $m = 0.8$, $V_c = 0.2$ [V]를 대입하면 기본파분의 진폭을 구하면

$$m\ a\ V_c^2 = 0.8 \times 10^{-4} \times 0.2^2 = 3.2 \times 10^{-6}$$

이고, 의율 D는 다음 식으로 구해진다.

$$D = \frac{m^2\ a\ V_c^2 / 4}{m\, a\, V_c^2} = \frac{m}{4} = \frac{1}{4} \times 0.8 = 0.2$$

(3) SSB파의 복조 : ring 변조기의 입력과 출력을 반대로 사용한 ring 복조기를 사용한다.

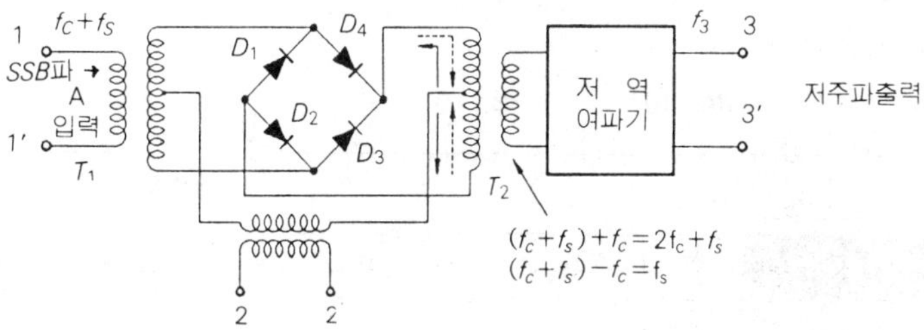

〈그림 11－15〉 ring 복조기

(4) 주파수 변환기(frequency converter) : super heterodyne 수신기에서 주파수 변환기는 AM파의 반송파 주파수를 보다 낮은 일정 주파수(중간 주파수)로 변환시킨다. 제1 검파기는 mixer라고도 하는데 수신파와 국부 발진 주파수와의 차주파수를 얻는다. 이는 비선형 특성을 가진 소자를 이용한 것으로 기본 동작 원리는 제곱변조와 같다.

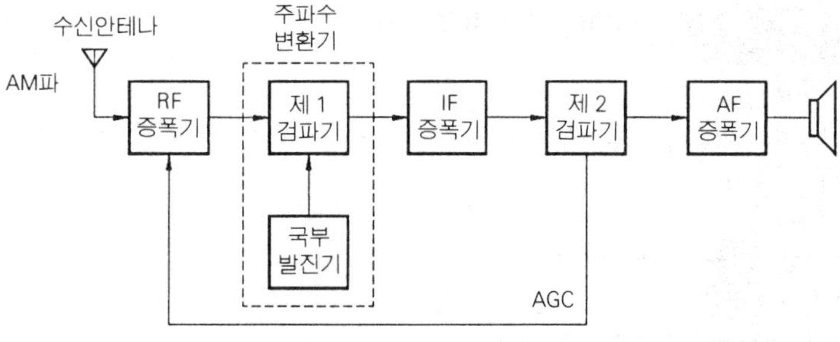

〈그림 11－16〉 super heterodyne 수신기

11·3 각 변조(Angle Modulation)

11·3·1 순시 주파수(Instantaneous Frequency)

(1) 순시 각 주파수 : 신호 $x(t)=A\cos[\theta(t)]$일 때 순시 각 주파수는 $\omega(t)$의 시간적 변화로써 구한다.

$$\omega(t)=\frac{d\theta(t)}{dt} \qquad [\text{rad / sec}]$$

(2) 반송파의 각도 : 각도 $\theta(t)$를 구하면 다음과 같다.

$$\theta(t)=\int\omega(t)\,dt$$

예제 11-9 순시 주파수 구하기(I)

신호 $x(t)=A\cos(10\pi t+\pi t^2)$에서 순시 주파수는?

풀이 $\theta(t)=10\pi t+\pi t^2$

$\omega(t)=d\theta(t)/dt=10\pi+2\pi t=2\pi(5+t)$

예제 11-10 순시 주파수 구하기(II)

$t=0$에서 신호 $x(t)=5\cos(10t+\sin 5t)$의 순시 주파수는?

풀이 $\theta(t)=10t+\sin 5t$

$\omega(t)=d\theta(t)/dt\,|_{t=0}=10+5\cos 5t\,|_{t=0}$

$=15$ rad / sec

11·3·2 위상 변조(PM ; Phase Modulation)

(1) PM파의 일반식

반송파의 각도를 변조 신호 $x(t)$에 따라 변화시키는 변조법을 각 변조라하며 다음식으로 주어진다.

$$g(t)=A_c\cos\phi(t)$$

여기서 A_c는 반송파의 진폭으로 일정하다. $\phi(t)$는 **순시 위상각**(instantaneous phase angle)이다.

$$\phi(t) = 2\pi f_c t + \theta(t)$$

여기서 $\theta(t)$가 변조 신호 $x(t)$에 비례하는 경우를 **위상 변조**(Phase Modulation)라고 한다. 즉

$$\theta(t) = k_p x(t)$$

여기서 k_p는 위상 감도 계수 [rad/volt]이다.

따라서 PM파의 일반식을 구하면 다음과 같다.

$$g_{PM} = A_c \cos[2\pi f_c t + k_p x(t)]$$

(2) PM파의 순시 주파수

PM파의 순시 각 주파수는 변조 신호 $x(t)$의 미분과 정비례한다.

$$\omega(t) = \frac{d\phi(t)}{dt} = 2\pi f_c + \frac{d\theta(t)}{dt}$$

$$= 2\pi f_c + k_p \frac{dx(t)}{dt}$$

순시 주파수 $f_i(t) = \frac{1}{2\pi}\frac{d\phi(t)}{dt}$이므로

$$f_i(t) = f_c + \frac{1}{2\pi}\frac{d\theta(t)}{dt} = f_c + \frac{k_p}{2\pi}\frac{dx(t)}{dt}$$

여기서 $\frac{1}{2\pi}\frac{d\theta(t)}{dt}$를 주파수 편이(frequency deviation)라 한다.

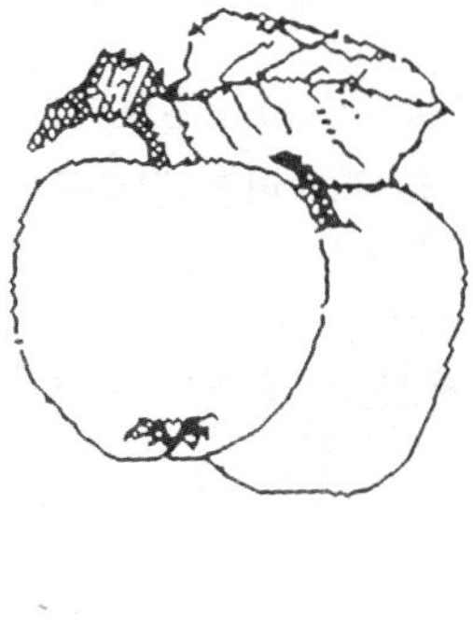

예제 11－11 TONE PHASE MODULATION의 해석

변조 신호 $x(t)=A_m \cos \omega_m t$일 때 PM파에 대한
(1) 최대 위상 편이($\Delta\theta$)
(2) 최대 주파수 편이(ΔF)
를 구하시오.

풀이 PM파의 일반식에서

$$g_{PM}(t)=A_c \cos[\omega_c t+\theta_c+k_p x(t)]$$

이므로, $\theta_c=0$, $x(t)=A_m \cos \omega_m t$를 대입한다.

$$g_{PM}(t)=A_c \cos[2\pi f_c t + k_p A_m \cos \omega_m t]$$

(1) 최대 위상 편이($\Delta\theta$) : PM파에 대한 변조 지수. PM파의 순시 위상 $\phi(t)$는

$$\phi(t)=2\pi f_c t+k_p A_m \cos 2\pi f_c t$$
$$=2\pi f_c t+\Delta\theta(t) \cos 2\pi f_m t$$

최대 위상 편이 $\Delta\theta(t)=k_p \cdot A_m$는 음질의 진폭에 따라 변한다.

(2) PM파의 최대 주파수 편이(ΔF)
PM파의 순시 주파수 $f_i(t)$는

$$f_i(t)=\frac{1}{2\pi}\frac{d\phi(t)}{dt}=f_c - k_p A_m f_m \sin 2\pi f_m t$$
$$=f_c-\Delta F \sin 2\pi f_m t$$

최대 주파수 편이 ΔF는 진폭과 변조 주파수에 정비례 한다.

$$\Delta F=k_p \cdot A_m \cdot f_m$$

(3) 최대 위상 편이($\Delta\theta$)

$$\Delta\theta(t) = \theta(t)\Big|_{max} = k_p\, x(t)\Big|_{max} \text{[rad]}$$

여기서 $\Delta\theta(t)$는 m_p로 놓고 PM파의 **변조 지수**라고도 한다.

● 최대 위상 편이 $\Delta\theta(t)$는 신호파가 최대 진폭일 때의 반송파의 위상으로부터 떨어진 정도를 표시하는 것으로 이 $\Delta\theta(t)$를 m_p (변조 지수) 라고도 한다.

● PM에서의 최대 위상 편이 $\Delta\theta(t)$는 변조 신호의 진폭에만 비례한다.

11・3・3 주파수 변조(FM)

(1) FM의 일반식

반송파 $g(t)$의 식에서

$$g(t) = A_c \cos \phi(t)$$

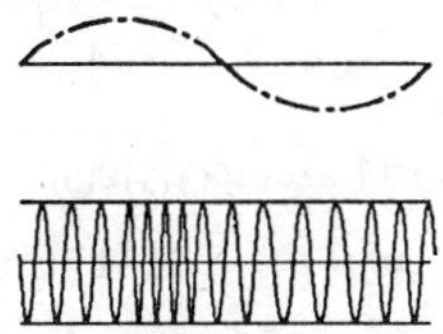

〈그림 11－17〉

순시 위상각 $\phi(t)$를 미분하여 순시 주파수 $f_i(t)$를 얻는다.

$$f_i(t) = \frac{1}{2\pi}\ \frac{d\phi(t)}{dt} = f_c + \frac{1}{2\pi}\ \frac{d\theta(t)}{dt}$$

여기서 $\frac{1}{2\pi}\ \frac{d\theta(t)}{dt}$를 주파수 편이라고 한다. 이 주파수 편이가 변조 신호 $x(t)$에 비례하는 경우를 주파수 변조(FM)라고 한다. 즉

$$\frac{1}{2\pi}\ \frac{d\theta(t)}{dt} = k_f x(t)$$

$$\theta(t) = 2\pi k_f \int_o^t x(\tau)d\tau$$

여기서 k_f는 주파수 감도계수 [Hz / V]이다.

따라서 다음과 같은 FM파의 일반식을 얻는다.

$$g_{FM}(t) = A_c \cos 2\pi\left\{f_c t + k_f \int_o^t x(\tau)d\tau\right\}$$

(2) FM의 최대 주파수 편이 (ΔF) : $|x(t)|_{max}$ 는 변조 신호의 최대값이다.

$$\Delta F = k_f |x(t)|_{max}$$

● FM의 최대 주파수 편이 ΔF는 변조파의 최대 진폭에만 비례한다.

예제 11－12 TONE FREQUENCY MODULATION의 해석

변조 신호 $x(t) = A_m \cos 2\pi f_m t$ 일 때 FM파를 구하시오.

풀이 $\Delta F = k_f |x(t)|_{max} = k_f \cdot A_m$

$$g_{FM}(t) = A_c \cos[2\pi f_c t + m_f \sin 2\pi f_m t]$$

$$m_f = \frac{\Delta\omega}{\omega_m} = \frac{\Delta F}{f_m}\ \text{: FM 변조 지수}$$

여기서 $m_f \ll 1$ 인 경우의 FM을 협대역 FM(NBFM ; narrowband FM)이라고 한다.

(3) FM파의 선스펙트럼

〈예제 11−12〉에서

$$g_{FM}(t) = A_c \cos(\omega_c t + m_f \sin \omega_m t)$$
$$= A_c \{\cos \omega_c t \ \cos(m_f \sin \omega_m t) - \sin \omega_c t \ \sin(m_f \sin \omega_m t)\}$$

이 식에서 $\cos(m_f \sin \omega_m t)$와 $\sin(m_f \sin \omega_m t)$의 함수를 제1종의 n차 Bessel 함수 $J_n(m_f)$로 표현한다.

$$\cos(m_f \sin \omega_m t) = J_o(m_f) + 2J_2(m_f)\cos 2\omega_m t + 2J_4(m_f)\cos 4\omega_m t + \cdots\cdots$$

$$\sin(m_f \sin \omega_m t) = 2J_1(m_f)\sin \omega_m t + 2J_3(m_f)\sin 3\omega_m t + \cdots\cdots$$

이 두식을 $g_{FM}(t)$에 대입하면

$$\begin{aligned} g_{FM}(t) &= A_c[\cos \omega_c t\{J_o(m_f) + 2J_2(m_f)\cos 2\omega_m t + 2J_4(m_f)\cos 4\omega_m t + \cdots\cdots\} \\ &\quad - \sin \omega_c t\{2J_1(m_f)\sin \omega_m t + 2J_3(m_f)\sin 3\omega_m t + \cdots\cdots\}] \\ &= A_c\{J_o(m_f)\cos \omega_c t - J_1(m_f)(2\sin \omega_m t \sin \omega_c t) \\ &\quad + J_2(m_f)(2\cos 2\omega_m t \cos \omega_c t) - J_3(m_f)(2\sin 3\omega_m t \sin \omega_c t) \\ &\quad + J_4(m_f)(2\cos 4\omega_m t \cos \omega_c t) - \cdots\cdots\} \end{aligned}$$

이 된다. 또 윗 식에 3각 공식을 사용하여 다음 식을 얻는다.

$$\begin{aligned} g_{FM}(t) &= A_c[J_o(m_f)\cos \omega_c t \\ &\quad + J_1(m_f)\{\cos(\omega_c + \omega_m)t - \cos(\omega_c - \omega_m)t\} \\ &\quad + J_2(m_f)\{\cos(\omega_c + 2\omega_m)t + \cos(\omega_c - 2\omega_m)t\} \\ &\quad + J_3(m_f)\{\cos(\omega_c + 3\omega_m)t - \cos(\omega_c - 3\omega_m)t\} \\ &\quad + J_4(m_f)\{\cos(\omega_c + 4\omega_m)t + \cos(\omega_c - 4\omega_m)t\} + \cdots\cdots \end{aligned}$$

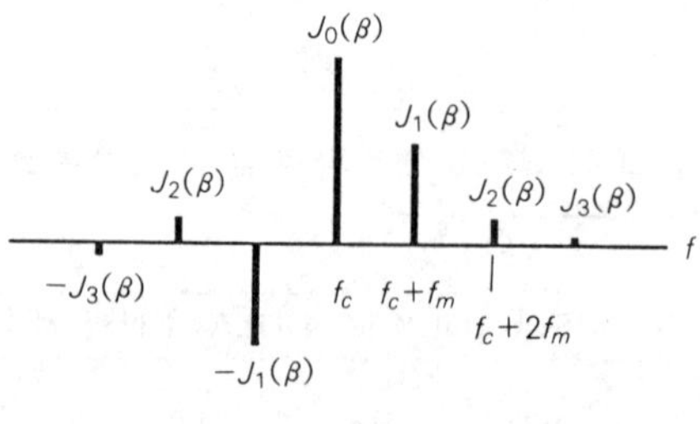

〈그림11−18〉 FM파의 선스펙트럼

윗 식을 보면 FM파는 단일 정현파의 변조에 있어서 반송파 f_c의 양측에 f_m의 간격으로 무한의 측파대가 퍼져 있는 광대역임을 알 수 있다.

다음은 이러한 성질을 요약한 것이다.

① 스펙트럼은 무변조 반송파와, 주파수 $f_c \pm nf_m$에 무한개의 측파대로 이루어져 있다.
② 무변조 반송파의 크기는 $J_o(m_f)$에 비례하고, 제1 측파대의 크기는 $J_1(m_f)$에 비례하는 등의 성질을 갖는다.
③ 각 측파대 간격은 변조 주파수 f_m으로 되어 있다.
④ 기수차 하측파대는 무변조 반송파를 기준하여 반대부호, 역위상이다.
⑤ 진폭은 A_c로 일정하고 순시 주파수가 정현파적으로 변한다.

반송파의 상대적 크기 $J_o(m_f)$는 m_f에 따라 변하므로 변조 신호에 의존하며 측파대 선의 갯수 역시 m_f에 의존한다. $m_f \ll 1$인 경우 주요 측파대선은 J_o와 J_1 뿐이다. m_f가 커지면 많은 측파대선이 있어 대역폭이 넓어진다. $m_f \gg 1$이 되면 대략 최대 주파수 편이 Δf의 2배가 된다.

● FM파의 주파수 스펙트럼에서 각 주파수 성분의 간격은 변조 신호의 주파수 $f_m(=\omega_m/2\pi)$이다.

● AM의 경우 변조 지수 m_a의 값에 관계없이 스펙트럼의 폭은 정확하게 2 f_m이나 FM에서는 변조 지수 m_f의 값이 증대함에 따라 스펙트럼의 폭도 넓어진다.

(4) FM의 대역폭 : Carson의 법칙

$$\begin{aligned} B &= 2\Delta F + 2f_m = 2f_m(1+m_f) \\ &\simeq 2f_m \cdot m_f = 2\Delta F \qquad (m_f \gg 1 \text{ 일 때}) \\ &\simeq 2f_m \qquad (m_f \ll 1 \text{ 일 때}) \end{aligned}$$

이는 FM파 전 전력의 99[%]를 통과시키는데 필요한 대역폭이다.

(5) FM파의 전력

변조 신호가 정현파일 때 FM파는

$$g_{FM}(t) = A_c \cos(2\pi f_c t + m_f \sin 2\pi f_m t)$$

이므로 이 신호의 자승 평균치(전 평균 전력) P_t는

$$P_t = \overline{g_{FM}(t)^2} = A_c^2/2$$

이다. 즉 FM신호의 전 평균 전력은 반송파의 평균 전력과 같다.

예제 11-13 FM파가 차지하는 주파수 대역

반송 주파수가 8[kHz]이고 $k_f = 10$[Hz / V]일 때 메시지 신호 $x(t)$가

$$x(t) = 50 \cos 2000\pi t \ [V]$$

일 때 FM파가 차지하는 주파수 대역을 구하라.

풀이 $B \approx 2(\Delta F + f_m)$ 이고 $\Delta F = A_m k_f$ 이다.

$$B \approx 2(50 \times 10 + 1000) = 3000[\text{Hz}]$$

그러므로 주파수 대역은 6,500[Hz] ~ 9,500[Hz]이다.

예제 11-14 최대 주파수 편이와 변조 지수

3 [kHz]의 정현파 신호로 주파수 변조했을 때, 그 소요 대역폭을 36 [kHz]이내로 하기 위해서는 변조 지수를 어떻게 하여야하는가? 또 최대 주파수 편이를 구하라.

풀이 소요 대역폭 $B = 2\Delta F + 2f_m$ 에서 최대 주파수 편이 ΔF 를 구한다.

$$\text{최대 주파수 편이 } \Delta F = \frac{(\text{소요 대역폭})}{2} - f_m$$

$$= \frac{36}{2} - 3 = 15 \ [\text{kHz}]$$

$$\text{변조 지수 } m_f = \frac{(\text{최대 주파수 편이})}{f_m} = \frac{15}{3} = 5$$

예제 11-15 측대파의 진폭과 주파수

진폭 20 [V], 주파수 30 [MHz]의 반송파를 변조주파수 3 [kHz], 주파수편이 ± 15 [kHz]로 변조된 주파수 피변조파가 있다. 이 피변조파에 함유된 반송파, 제1, 제2, 제3 측대파의 진폭과 주파수를 구하라.

풀이 Bessel 함수는 3각 함수와 같이 수표(数表)로 부터 얻는다. 즉 $m_f = \dfrac{\Delta f}{f_m} = \dfrac{15}{3}$ $= 5$ 이므로 $m_f = 5$에 대한 $J_n(5)$의 값은 다음과 같다.

$$J_0(5) = -0.18 \qquad J_1(5) = -0.33$$
$$J_2(5) = 0.05 \qquad J_3(5) = 0.36$$

이므로, 각 측대파의 진폭은

반송파 : $20 \times 0.18 = 3.6$[V]

제1 측대파 : $20 \times 0.33 = 6.6$[V]

제2 측대파 : $20 \times 0.05 = 1.0$[V]

제3 측대파 : $20 \times 0.36 = 7.2$[V]

또, 각 측대파의 주파수는

제1 측대파의 주파수 : $30{,}000 \pm 3$[kHz]

제2 측대파의 주파수 : $30{,}000 \pm 6$[kHz]

제3 측대파의 주파수 : $30{,}000 \pm 9$[kHz]

■ $J_n(m_f)$의 선택된 값

n	$J_n(0.1)$	$J_n(0.5)$	$J_n(1.0)$	$J_n(2.0)$	$J_n(5.0)$	$J_n(10)$
0	1.00	0.94	0.77	0.22	−0.18	−0.25
1	0.05	0.24	0.44	0.58	−0.33	0.04
2		0.03	0.11	0.35	0.05	0.25
3			0.02	0.13	0.36	0.06
4				0.03	0.39	−0.22
5					0.26	−0.23
6					0.13	−0.01
7					0.05	0.22
8					0.02	0.32
9						0.29
10						0.21

예제 11－16 대역폭과 정보 신호

FM 수신 신호가

$$r(t) = 5\cos[2\pi \times 10^6 t + 200\sin(2\pi \times 500t)]$$

와 같이 주어진 경우

(1) 수신 파형의 대역폭

(2) 정보 신호 $x(t)$

을 구하라.

풀이 주어진 파형 $r(t)$로 부터 순시 주파수 $f_i(t)$를 구하면

$$f_i(t) = 10^6 + \frac{d}{dt}\left[\frac{200\sin(2\pi \times 500t)}{2\pi}\right]$$

$$= 10^6 + 10^5\cos(2\pi \times 500t)$$

위 식에서 $\cos(2\pi \times 500t)$의 최대 주파수 $f_m = 500[\text{Hz}]$이고 ΔF는 $10^5 \cos(2\pi \times 500t)$의 최대값이므로 $\Delta F = 10^5[\text{Hz}]$이다.

(1) $B \simeq 2(\Delta F + f_m) = 2(10^5 + 500) = 2 \times 10^5\ [\text{Hz}]$

(2) 순시 주파수 $f_i(t)$는

$$\begin{aligned} f_i(t) &= f_c + k_f x(t) \\ &= 10^6 + 10^5 \cos(2\pi \times 500t) \end{aligned}$$

이므로 정보 신호 $x(t)$는 다음과 같다.

$$x(t) = \cos(2\pi \times 500t)$$

11·3·4 PM과 FM과의 관계

(1) PM파와 FM파의 발생

① 변조 신호 $x(t)$를 미분한 다음 이것으로 반송파를 주파수 변조(FM)하면 위상 변조(PM)파를 얻는다.

② 변조 신호 $x(t)$를 적분한 다음 이것으로 반송파를 위상 변조(PM)하면 주파수 변조(FM)파를 얻는다.

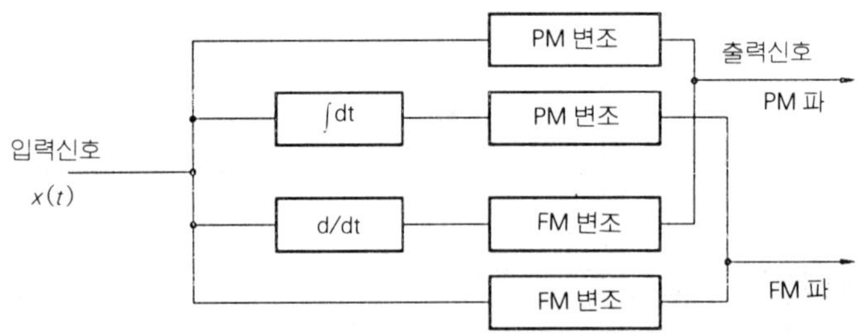

〈그림 11－19〉 PM과 FM파의 발생

(2) 순시 위상과 순시 각 주파수의 비교

항 목 \ 파형	PM 파	FM 파
순 시 위 상 $\phi(t)$	$k_p x(t)$	$k_f \int_0^t x(\tau)\, d\tau$
순시 각 주파수 $\omega(t)$	$\omega_c + k_p \dfrac{dx(t)}{dt}$	$\omega_c + k_f x(t)$

● 입력 신호파(변조 신호파)를 적분한 다음에 PM을 하면 간접 FM파를 얻어지고 반대로 미분한 다음 FM하면 간접 PM파가 얻어진다.

(3) 최대 주파수 편이

① FM파의 최대 주파수 편이 : 변조 신호의 진폭에만 비례한다.

$$\Delta F = k_f A_m$$

② PM파의 최대 주파수 편이 : 변조 신호의 진폭과 변조 신호의 주파수에 비례한다.

$$\Delta F = k_p A_m f_m$$

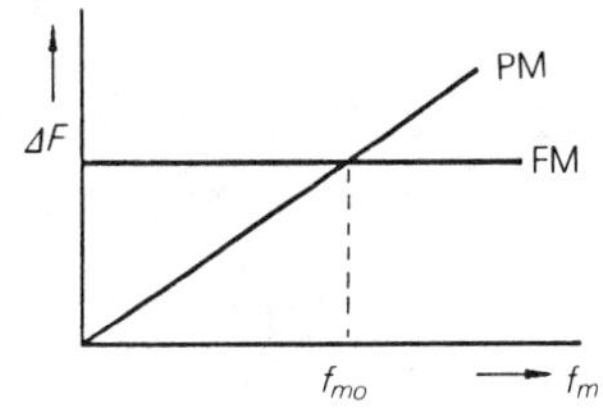

〈그림 11－20〉

(4) 최대 위상 편이

① FM파의 최대 위상 편이 : FM에서의 주파수 변조 지수 m_f가 최대 위상 편이를 나타낸다. 따라서 변조파의 진폭에 비례하고 변조 주파수에 반비례한다.

$$m_f = \frac{\Delta\omega}{\omega_m} = \frac{\Delta F}{f_m} = \frac{k_f A_m}{f_m}$$

단, A_m : 변조파의 최대 진폭

f_m : 변조 주파수

k_f : 주파수 감도 계수 [Hz / V]

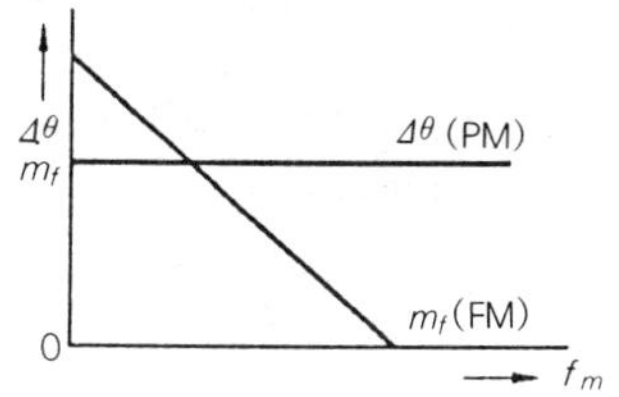

〈그림 11－21〉

② PM파의 최대 위상 편이 : 변조 신호의 진폭에만 비례한다.

$$\Delta\theta(t) = m_p = k_p \cdot A_m$$

11·3·5 주파수 변조 회로(직접 FM 변조 방식)

(1) 콘덴서 · 마이크로폰을 사용한 회로

가장 간단한 FM변조 방식으로 condenser microphone을 발진기의 동조 회로에 넣어 발진 주파수를 음성신호에 따라 변화시키는 방법이다.

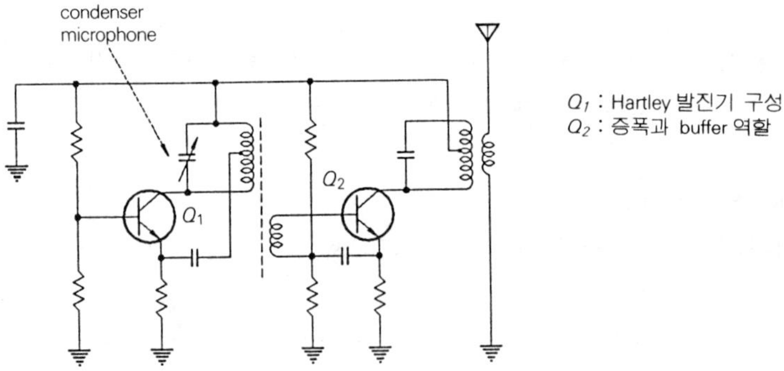

〈그림 11－22〉 wireless FM 송신기

(2) VVC 다이오드를 사용한 회로 : 바랙터 다이오드 이용

가변 용량 다이오드 VVC의 용량 C는 역 바이어스 전압에 의해 결정된다.

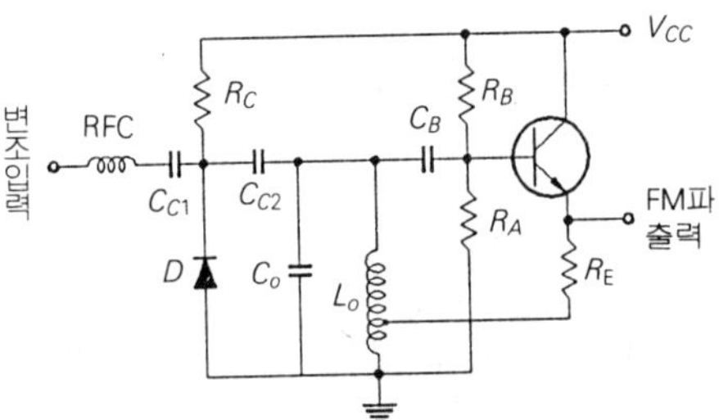

〈그림11－23〉

$$C \approx \frac{k}{\sqrt[n]{V}}$$ 단, k : 비례상수

n은 계단형 접합에서 1/2이고 경사형에서는 1/3이다.

〈그림 11－23〉은 하트레이 발진회로의 탱크회로 $C_o\, L_o$ 에 C_{c2}를 통해 가변 용량 다이오드 D가 접속되어 있다.

(3) 리액턴스 FET회로 : 〈그림 11－24〉는 FET를 사용한 등가 캐패시턴스회로이다. FET는 A급 동작으로 사용하고 실제로는 바이어스 전압을 변화시켜 g_m을 변화시키도록 구성되어 있다.

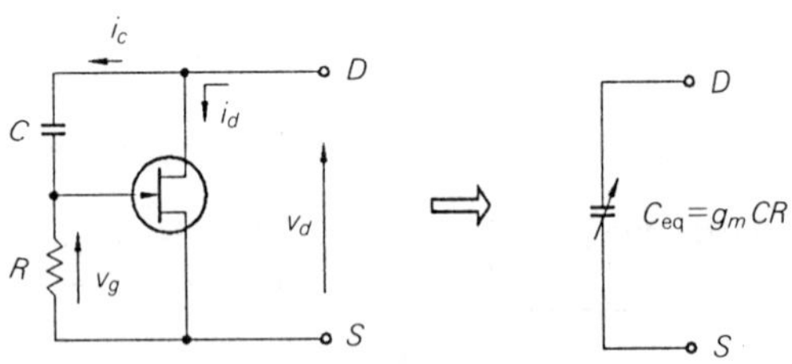

〈그림 11－24〉 FET를 사용한 등가 캐패시턴스회로

FET의 드레인 전류는 $i_d = g_m v_g$ 이므로

$$v_g = i_c R = v_d \frac{R}{R + 1/j\omega C} = v_d \frac{1}{1+1/j\omega CR}$$

$$i_d = g_m v_g = v_d \frac{g_m}{1+1/j\omega CR}$$

이 된다. 또, C의 값이 대단히 작아서 $i_c \ll i_d$ 이면 드레인으로 부터 FET쪽을 본 임피던스 Z는

$$Z = \frac{v_d}{i_d} = \frac{1}{g_m}\left(1 + \frac{1}{j\omega CR}\right)$$

이 식에서 CR의 시정수가 작아 $\omega CR \ll 1$ 이 성립하면 근사적으로

$$Z \approx \frac{1}{j\omega CR\, g_m} = \frac{1}{j\omega C_{eq}}$$

이 된다. 즉 드레인－소스간의 등가 용량 C_{eq}는

$$C_{eq} = g_m CR$$

C_{eq}는 g_m에 의존하므로 g_m은 변조 신호에 비례하여 변화되므로 등가 용량을 변화시킬 수 있어 이 회로를 발진 회로에 접속시켜 발진 주파수를 변화시키는 것이다.

예제 11－17 인덕턴스 FET와 캐패시턴스 FET

〈그림 11－25〉는 리액턴스 FET이다. 등가용량 C_{eq}와 등가인덕턴스 L_{eq}를 구하라. 단, FET의 g_m은 2500[μ℧]이다.

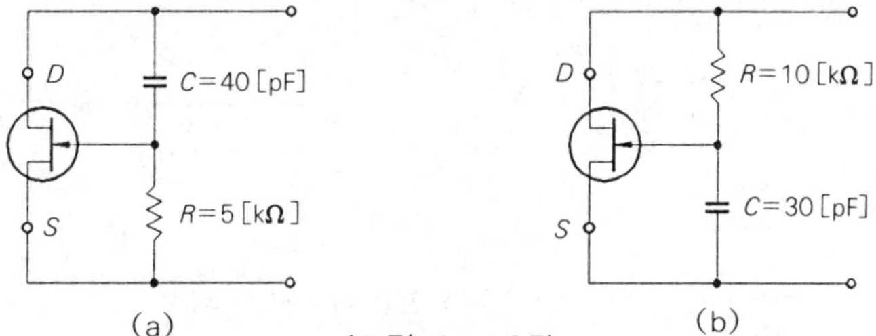

〈그림 11－25〉

풀이 (1) 〈그림 11－25〉 (a)의 경우 : 캐패시턴스 FET이다.

$$C_{eq} = g_m CR$$
$$= 2500 \times 10^{-6} \times 40 \times 10^{-12} \times 5 \times 10^3 = 500\,[\text{pF}]$$

(2) 〈그림 11－25〉 (b)의 경우 : 인덕턴스 FET이다.

$$L_{eq} = CR/g_m = (30 \times 10^{-12} \times 10 \times 10^3) / 2500 \times 10^{-6}$$
$$= 120\,[\mu\text{H}]$$

■ 리액턴스 변조기의 형식

명 칭	Z_{gd}	Z_{gs}	조 건	리액턴스 공식
RC capacitive	C	R	$X_c \gg R$	$C_{eq} = g_m RC$
RC inductive	R	C	$R \gg X_c$	$L_{eq} = \dfrac{RC}{g_m}$
RL inductive	L	R	$X_L \gg R$	$L_{eq} = \dfrac{L}{g_m R}$
RL capacitive	R	L	$R \gg X_L$	$C_{eq} = \dfrac{g_m L}{R}$

11·3·6 간접 FM 변조방식

(1) 프리엠파시스(Pre-emphasis)

출력 전압이 입력 신호 주파수의 증가에 따라 출력이 증가되는 회로로서 이 회로를 사용하면 변조 신호 주파수 전반에 따라 변조가 균등해지며 높은 주파수쪽의 S/N는 개선할 수 있다.

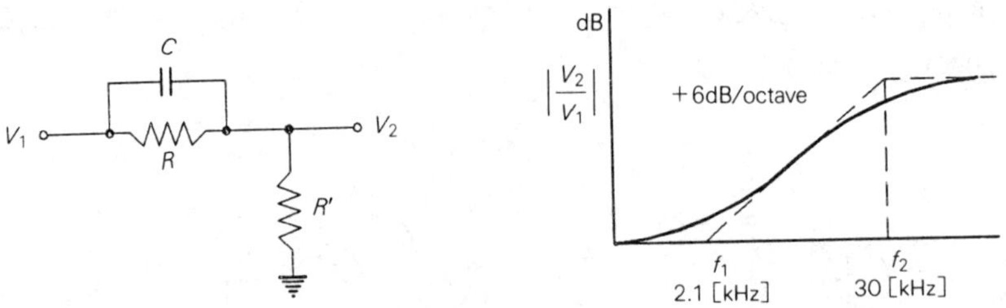

(a) (b)

〈그림 11－26〉 프리엠파시스 회로

이 회로에서는 f_1에서 f_2사이에서 전압 전달비가 6 [dB/octave]로 올라간다.

$$f_1 = 1/2\pi RC \qquad f_2 = 1/2\pi R'C$$

(2) 디엠파시스(De-emphasis)

원래의 신호를 충실하게 재생하기 위해서 수신측에서 프리엠파시스 과정과는 반대로 고주파 성분의 레벨을 낮추는 과정이다.

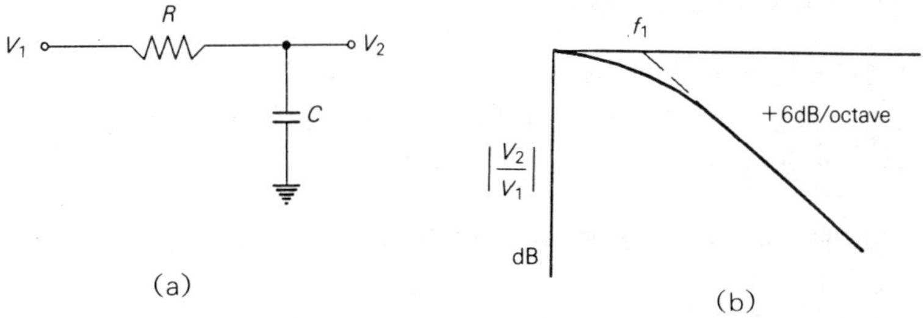

〈그림 11－27〉 디엠파시스 회로

이 회로에서는 f_1에서부터 6[dB/octave]로 내려간다.

(3) 전치보상기(pre－distorter)

위상 변조(PM)를 주파수 변조로 변환하고자 할 때 사용되는 회로이다. 일종의 적분 회로로써 주파수에 반비례하는 출력을 얻는다.

$$v_o = \frac{1/j\omega_m C}{R + 1/j\omega_m C} v_i$$

$$= \frac{1}{1+j\omega_m CR} v_i$$

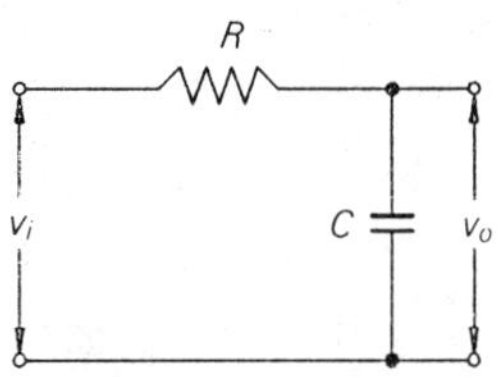

여기서 $\omega_m CR \gg 1$이면

$$v_o \approx v_i \frac{1}{j\omega_m CR} = v_i \frac{1}{j2\pi f_m CR}$$

〈그림 11－28〉

즉 입력 신호 주파수 f_m에 반비례하고 분모의 j로서 90°의 위상 변조가 되므로 이 회로를 저주파 증폭기 앞단에 넣으면 등가 FM이 얻어진다.

(4) Armstrong의 FM 변조 회로 : 간접 FM 변조 방식

위상 변조를 거쳐서 간접적으로 FM파를 얻는다. 수정 발진기의 사용으로 안정성이 충분하다. 상용 FM에 일반적으로 쓰인다.

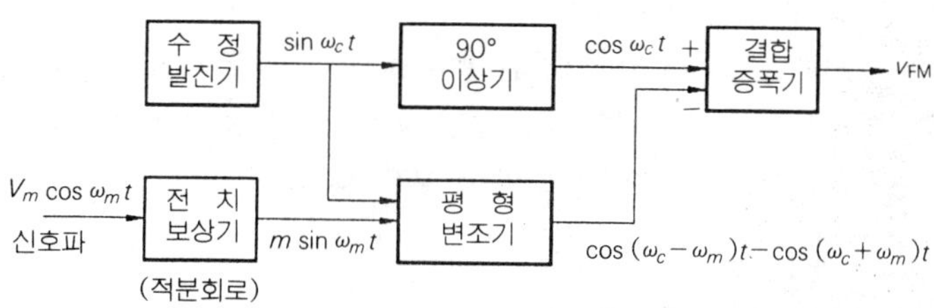

〈그림 11－29〉 암스트롱 변조 회로

11·3·7 주파수 변조의 복조

(1) 경사형 검파기(slope detector)

동조 주파수를 적당히 선택하여 FM파를 검파한다. 이 방식은 주파수 편이가 대단히 작은 경우를 제외하고는 잘 쓰이지 않는다.

(2) 포스트-실리 검파기(Foster-Seeley detector)

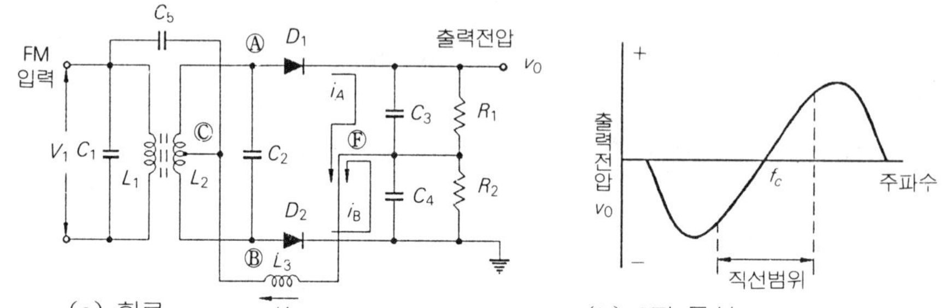

(a) 회로 (b) S자 특성

〈그림 11－30〉 포스트-실리 검파기

FM의 입력은 진폭 제한 증폭기(리미터)를 거쳐 L_1, C_1의 동조 회로에 가해진다. 1차 동조 코일과 2차 동조 코일의 결합은 임계 결합보다 소결합으로 되어있다. 2차 코일의 중심에는 C_5를 통해 1차측의 전압 V_1을 공급하고, 고주파 쵸크 L_3를 거쳐 Ⓕ 점에 접속되어 있다. 포락선 검파용 다이오드 D_1, D_2의 부하에 저항 R_1, R_2가 있고 고주파 bypass 콘덴서 C_3와 C_4도 있다.

L_1양단의 전압 V_1, L_2양단의 전압 V_2, L_2C_2회로를 피변조파의 중심 주파수에 공진시킨다.

$$V_a = V_1 + \frac{V_2}{2} \qquad\qquad V_b = V_1 - \frac{V_2}{2}$$

① 입력 주파수가 회로의 동조 주파수와 같을 때 ($\omega = \omega_c$) : V_1과 V_2는 90°의 위상차를 가지며 $|V_a| = |V_b|$가 되어 출력은 그림(a)와 같이 0이 된다.

② 입력 주파수가 회로의 동조 주파수보다 높을 때 ($\omega > \omega_c$) : 2차 동조회로 (L_2C_2회로)는 그림 (b)와 같은 유도성이 되어 V_1과 V_2의 위상차는 90°보다 작아지며 $|V_a| > |V_b|$이므로 출력은 A점이 고전위로 된다.

③ 입력 주파수가 회로의 동조 주파수 보다 낮을 때 ($\omega < \omega_c$) : 2차 동조회로는 그림(c)와 같이 용량성이 되어 V_1과 V_2의 위상차는 90°보다 커지게 되며 $|V_a| < |V_b|$ 이므로 출력은 B점이 높은 전위로 되어서 S자 특성을 얻는다.

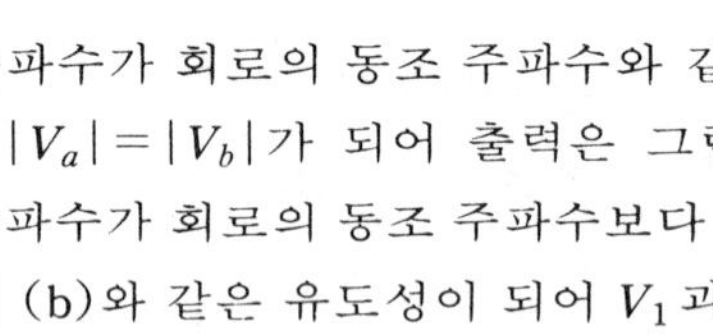

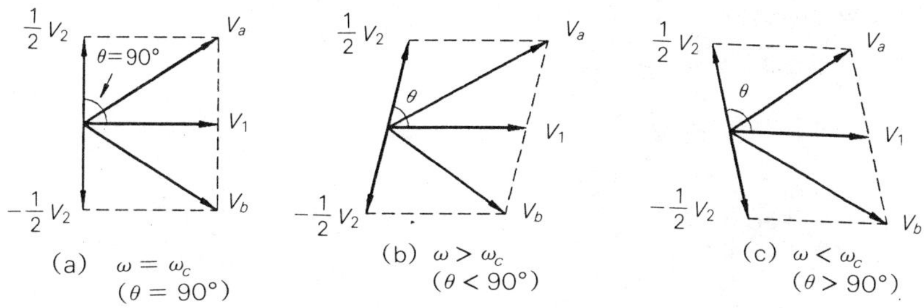

〈그림 11−31〉 페이저 다이어그램

(3) 비검파기(Ratio detector)

리미터(Limiter)의 기능을 갖는다.

Foster-seeley 회로를 약간 변형하여 입력 신호의 진폭 변동에 대하여 민감하지 않도록 꾸민 회로로써 D_2의 극성이 Foster-seeley 회로의 경우와는 반대로 되어 있다. FM이나 TV의 수신기에는 비검파 방식이 널리 쓰이고 있다.

출력V_o'는

$$V_o = |V_c + V_d|$$

$$V_o' = -|V_d| + \frac{V_o}{2} = \frac{|V_c| - |V_d|}{2} \quad (단,\ C_4 무시)$$

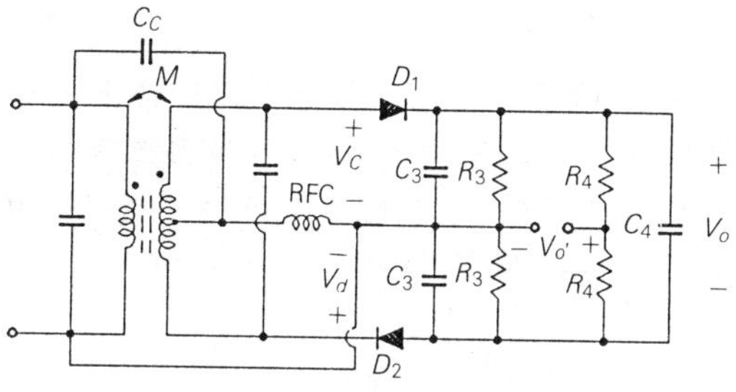

〈그림 11−32〉 비검파기

포스트-실리 검파기와 비교하여 비검파기의 특징을 들면 다음과 같다.

① **다이오드의 방향** : 비검파기에서는 두개의 다이오드의 접속 극성이 다르다.

② **대용량의 콘덴서(C_4)** : 부하저항과 병렬로 대용량의 콘덴서 C_4 (수 μF 정도)가 접속되어 있다. 이 C_4의 단자전압은 거의 입력신호의 진폭의 평균값으로 유지된다.

③ **진폭 제한 기능(리미터)** : 포스트-실리형의 출력은 입력파의 크기에도 비례하므로 앞단에 반드시 진폭 제한기가 있어야 하나 비검파기는 별도의 진폭 제한기가 불필요하다.

④ **검파 감도비** : 포스트-실리형에 비해서 비검파기는 감도가 둔하여 리미터의 단수를

적게 사용할 수 있다.
(검파 감도비는 2 : 1이다.)

⑤ **출력 전압** : 포스트-실리형의 $\frac{1}{2}$ 이다.

(4) PLL(Phase－locked loop) : 위상 동기 루우프

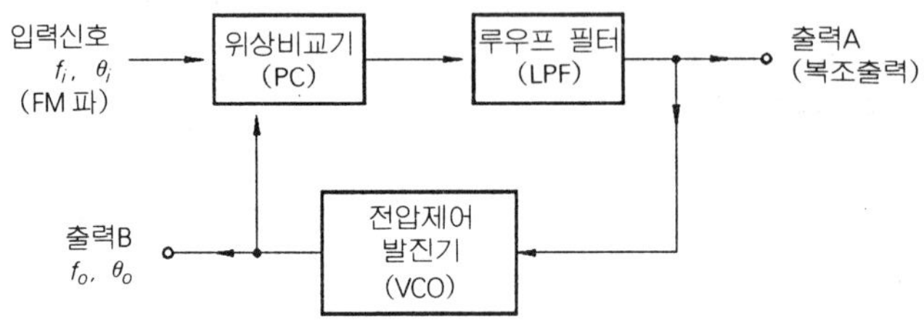

〈그림 11－33〉 PLL의 구성과 FM복조

PLL은 〈그림 11－33〉에서와 같이
① 위상 비교기(PC ; phase comparator)
② 루우프 필터(LF ; loop filter) : LPF이용
③ VCO(Voltage－controlled oscillator)
그리고 증폭기 등으로 구성된다.

입력 주파수 f_i의 위상과 *VCO*는 출력 주파수 f_o의 위상을 비교하여 그 위상차를 전압으로 바꾸어 *LF*에 가한다. *LF*는 저역통과여파기로 이루어져 있고 그 출력을 *VCO*에 가한다. *VCO*는 입력 전압에 따라 발진 주파수가 변하는 발진기로 발진 회로에 가변 용량 다이오드를 넣은 *LC* 발진기이다.

※ **PLL의 용도**
FM 복조, AM 복조, 주파수 합성, 전화기의 톤(tone)검출 주파수 추이, 모터 속도 제어 등

11·4 펄스(pulse) 변조

11·4·1 펄스 변조방식

다음은 몇가지 펄스 변조방식의 의미를 간단히 설명한 것이다.

(1) PAM(펄스 진폭 변조)

펄스의 주기, 폭 등은 일정하고 그 진폭을 입력 신호 전압에 따라서 변화시키는 방식이다.

(2) PWM(펄스 폭 변조)

펄스의 진폭, 주기 등은 일정하고 펄스의 폭을 입력 신호에 따라 변화시키는 방식이다.

(3) PPM(펄스 위상 변조 또는 위치 변조)

펄스의 진폭, 폭 따위는 일정하고 펄스의 위상(또는 위치)을 입력 신호에 따라 변화시키는 방식이다.

(4) PCM(펄스 부호 변조)

신호파의 진폭을 양자화하고 양자화된 숫자를 2 진법으로 표시하여 2진 부호에 따른 펄스를 발사하는 변조 방식으로서 현재 쓰이는 변조 방식 중 가장 우수하다.

(5) PNM(펄스 수 변조)

신호 레벨에 따라 펄스 수를 변화시킨다. 신호 레벨이 크면 펄스 수가 많아진다.

(6) PFM(펄스 주파수 변조)

신호 레벨에 따라 펄스의 주파수가 변화되는 것으로 신호 레벨이 크면 펄스 주기가 짧아지고 주파수가 높아진다.

(7) 델타(delta)변조 : ΔM

신호 레벨을 일정한 계단파에 근사시켜 레벨이 커지면 양의 펄스로 작아지면 음의 펄스로 바꾼다.

펄스 변조 ⌈ 연속 레벨 변조 : PAM, PWM, PPM, PFM
　　　　　⌊ 불연속 레벨 변조 : PNM, PCM, ΔM

11·4·2 표본화 정리

(1) 표본화(sampling) : 연속적인 신호를 주기적 신호 진폭의 크기로 표현한다.

(2) 표본화 정리 : 주파수 f_m[Hz] 이상되는 성분이 없는 주파수 폭이 제한된 신호를 $\frac{1}{2f_m}$[sec] 이하의 균등한 시간 간격으로 샘플링하면 그 샘플만 전송하여도

원래 연속 신호를 전송하는 경우와 같은 효과를 가진다.

즉 표본화 주파수 f_s를 신호의 최고 주파수 f_m의 2배로 잡으면 신호성분과 표본성분을 저역필터로 써서 쉽게 분리할 수 있다.

$$T_s \leqq \frac{1}{2f_m} \quad \text{단, } T_s \text{ : 표본화 간격 또는 } f_s \geqq 2f_m$$

전화의 경우 300～3400[Hz]의 유효 전송대역은 4[Hz]이므로 표본화 간격은 1／8000[sec] 이하, 즉 125[μs]이다.

예제 11－18 샘플링 정리

최고 주파수가 4[kHz]인 신호파를 펄스 변조할 경우 표본화 주파수의 최저는 얼마로 하면되겠는가? 이때 최대 표분화 주기를 구하라

풀이 샤논의 표본화 정리에서

$f_s \geqq 2f_m = 2 \times 4 \times 10^3 = 8[\text{kHz}]$

따라서, 표본화 주파수의 최저는 8[kHz]이다.

최대 표본화 주기 T_s는

$$T_s = \frac{1}{2f_m} = \frac{1}{f_s} = \frac{1}{8 \times 10^3} = 0.125[\text{ms}]$$

11·4·3 펄스 변·복조 회로

(1) PAM 변·복조 회로 : 연산 증폭기, 다이오드 스위치등을 조합시켜 만든 sample－hold 회로가 있다.

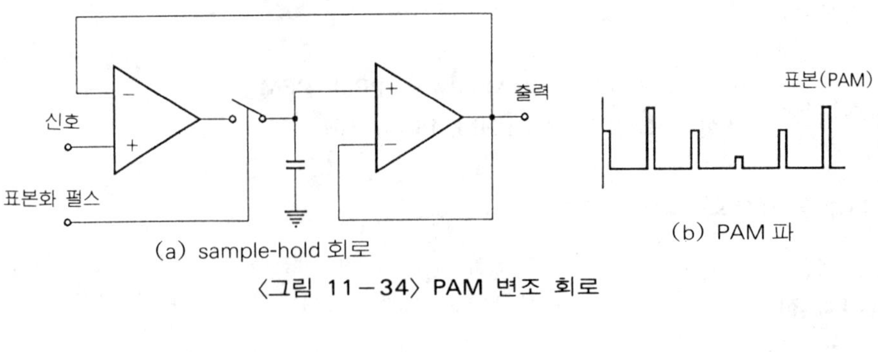

(a) sample-hold 회로 (b) PAM 파

〈그림 11－34〉 PAM 변조 회로

〈그림 11－35〉 (a) (b)는 평형 변조 회로를 이용한 2극성의 PAM파 변복조 회로이다.

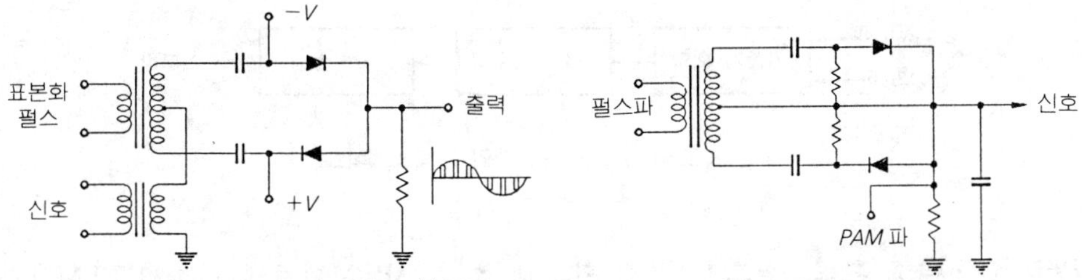

(a) 2극성 PAM 변조 회로 (b) 2극성 PAM 복조 회로

〈그림 11－35〉 2극성의 PAM파 복조 회로

(2) **PWM 변·복조 회로** : 신호파에 톱날파를 가해서 일정 레벨로 슬라이싱(slicing)한 후 증폭해서 PWM파를 얻는다.

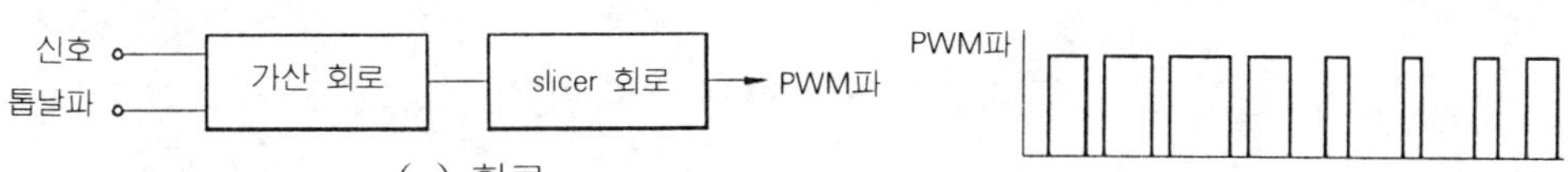

(a) 회로 (b) PWM 파

〈그림 11－36〉 PWM 변조 회로

PWM파의 복조도 PAM과 같이 CR 적분회로를 사용한다.

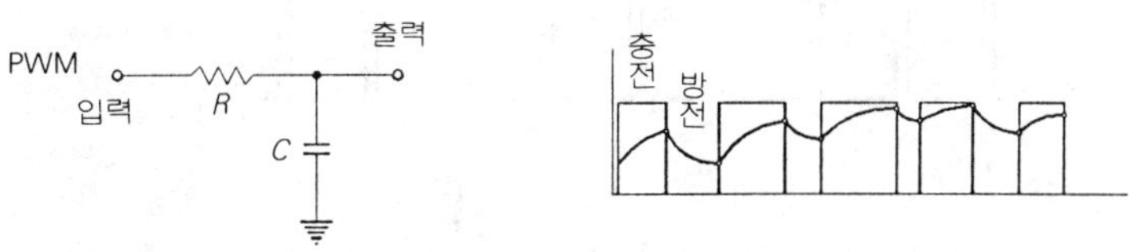

(a) (b)

〈그림 11－37〉 PWM 복조 회로

(3) **PPM 변·복조 회로** : PWM파를 미분한 다음 다이오드로 양의 펄스만을 출력시켜 PPM파를 얻는다.

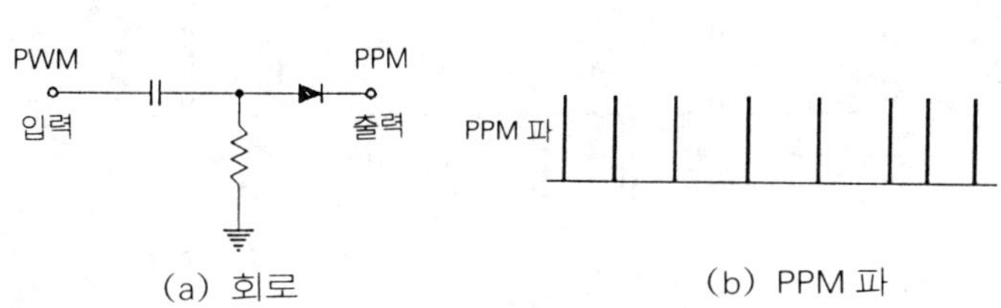

(a) 회로 (b) PPM 파

〈그림 11－38〉 PPM 변조 회로

PPM파의 복조는 PPM파를 PAM파로 변환하여 PAM 복조 회로를 이용한다.

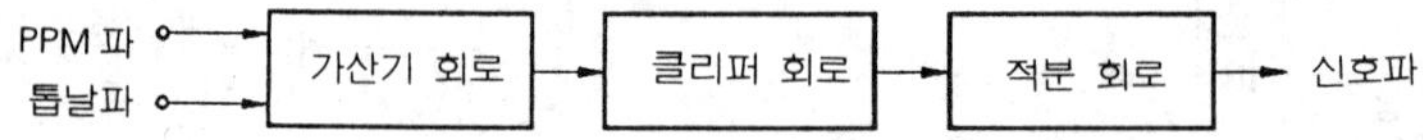

〈그림 11－39〉 PPM 복조 회로

(4) **PFM 변 · 복조 회로** : 신호를 적분 회로를 통해서 PPM회로에 가하면 PFM파가 얻어진다. 신호가 정현파인 경우 PPM파와 PFM파는 위상이 90°차이가 날 뿐이다.

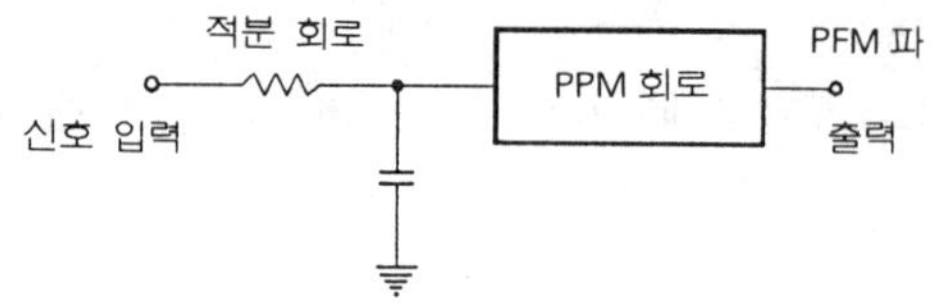

〈그림 11－40〉 PFM 변조 회로

PFM파의 복조는 PPM복조와 같다.

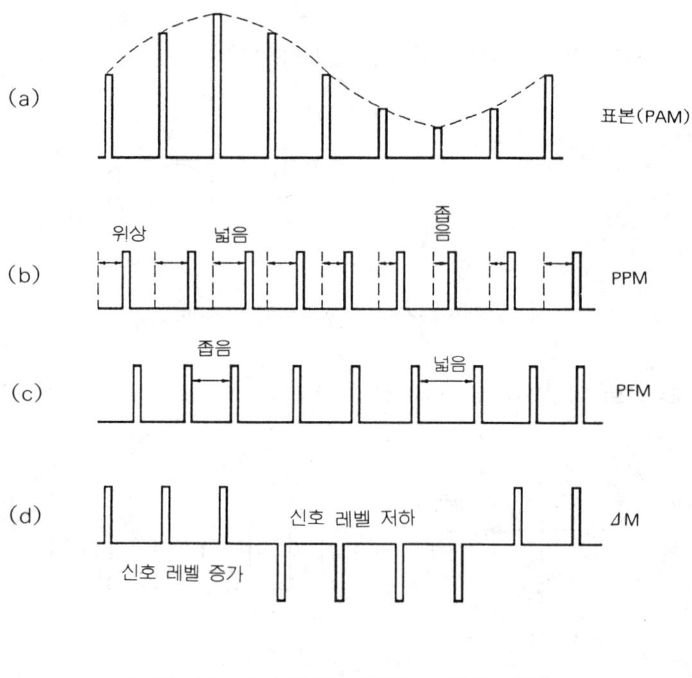

〈그림 11－41〉 PPM, PFM, ΔM의 파형

(5) **PNM 변·복조** : PNM파는 아날로그 신호를 PWM파로 바꾸고, 이 PWM파 반복 주파수가 높은 펄스를 게이트회로(AND회로)에 가해서 PNM파를 얻는다.

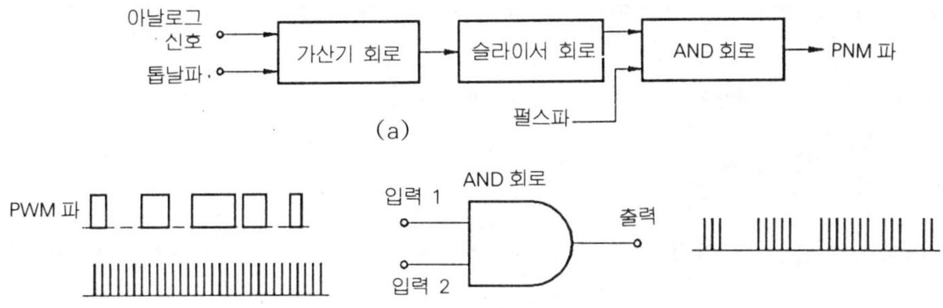

〈그림 11-42〉 PNM 변조 회로

PNM파의 복조는 PAM 복조와 같이 RC 적분 회로를 사용한다.

(6) **델타(delta)회로** : 신호 레벨의 증감을 Δ만큼 증감되는 계단파로 근사화시키고 그것을 양, 음의 펄스로 변환시킨다.

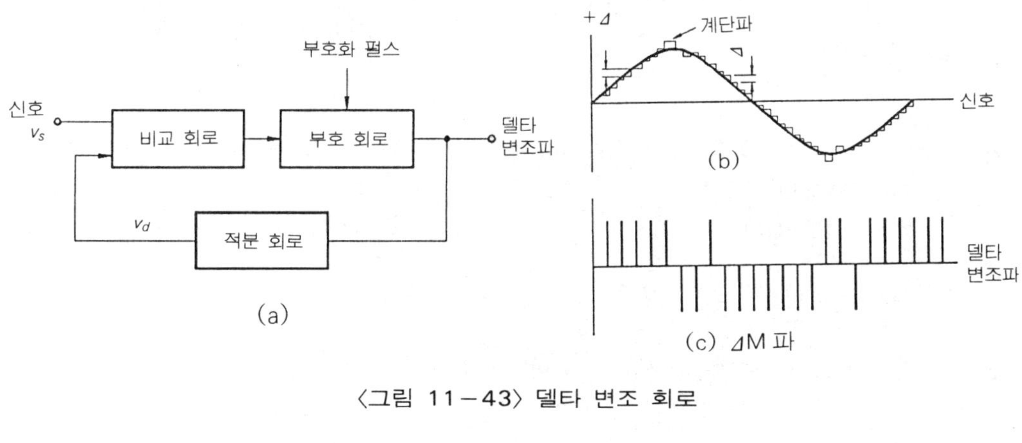

〈그림 11-43〉 델타 변조 회로

이 델타 변조파의 복조는 델타 변조 회로에 적분 회로와 저역 필터(LPF)를 사용하여 신호파를 얻는다.

出 題 豫 想 問 題

1. $v_c = 25\ \cos\ \omega t\ [V]$의 반송파를 $v_s = 20\ \cos\ \mathrm{p}t[V]$의 신호파로 진폭 변조했을 때 변조도는 몇[%]인가?

가. 60 [%] 나. 70 [%] 다. 80 [%] 라. 90 [%]

해설 $m = \frac{V_S}{V_c} \times 100\ [\%]$

2. 진폭 변조에서 신호 전압 $e_s = E_s\ \sin\ \omega_s t$, 반송파 전압 $e_c = E_c\ \sin\ \omega_c t$ 일 때 피변조파 전압 $e(t)$는?

가. $e(t) = (E_c + E_s)\ \sin\ \omega_s t$
나. $e(t) = (E_c + E_s)\ \sin\ \omega_c t$
다. $e(t) = (E_c + E_s\ \sin\ \omega_s t)\ \sin\ \omega_c t$
라. $e(t) = (E_s + E_c\ \sin\ \omega_c t)\ \sin\ \omega_s t$

3. 그림의 피변조파 신호파형에서 변조도 m[%]은? (단, $I_{max} = 3.5$[mA], $I_{min} = 0.8$[mA]이다.)

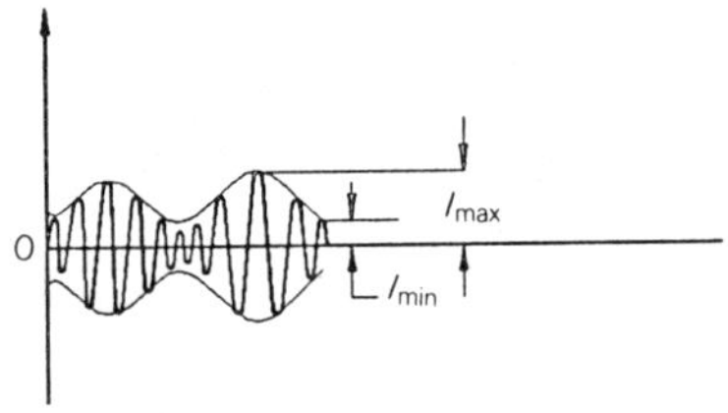

가. 31.4[%] 나. 45[%]
다. 62.8[%] 라. 80[%]

해설 $m = \frac{I_{max} - I_{min}}{I_{max} + I_{min}} \times 100[\%]$

4. 710 [kHz]인 반송파를 5[kHz]로 10[%]진폭 변조하였을 때 점유 주파수 대역은?

가. 710～715[kHz] 나. 705～710[kHz]
다. 705～715[kHz] 라. 700～720[kHz]

해설 점유 주파수 대역은 $f_c \pm f_s$ 이다.

5. $i = I_c(1 + m\ \sin\ \omega_m t)\ \sin\ \omega_c t$인 피 변조파의 전류가 R이 임피던스 값을 갖는 부하에 흐를 때 상측파대의 전력은 어떻게 되는가? (단, 변조도는 m이다.)

가. $m^2 I_c^2 R / 8$ 나. $m^2 I_c^2 R / 6$
다. $m^2 I_c^2 R / 4$ 라. $m^2 I_c^2 R / 2$

6. 어떤 진폭 변조파가 $v = (100 + 40\ \cos\ 600\,\pi t)\ \cos\ 10^6\,\pi t$ 로 표시될 때 피변조파의 각 전력 성분은?

가. 1 : 0.02 : 0.02 나. 1 : 0.2 : 0.2
다. 1 : 0.4 : 0.4 라. 1 : 0.04 : 0.04

해설 $v = (V_c + V_s \cos\ \omega_s t)\ \cos\ \omega_c t$ 에서 변조도 $m = \frac{V_s}{V_c}$ 이므로 $P_c : P_u : P_L = 1 : \frac{m^2}{4} : \frac{m^2}{4}$ 로써 구해진다.

해답 1. 다 2. 다 3. 다 4. 다 5. 가 6. 라

7. 변조도 60 [%] 의 진폭 변조파가 안테나에 2 [kW]의 고주파 전력을 공급하고 있다. 측대파 전력은 ?

가. 0.3 [kW] 나. 0.6 [kW]
다. 0.9 [kW] 라. 1.2 [kW]

해설 측대파 전력 $P=\frac{m^2}{2}P_c$, $P_c=P_m/\left(1+\frac{m^2}{2}\right)$

8. 진폭 변조에서 변조도를 나타내는 것은 ? (단. I_o는 반송파 진폭, I_m 은 변조파 진폭이다.)

가. I_o/I_m 나 I_m/I_o
다. $I_o/(I_o+I_m)$ 라. $2I_o/I_m$

해설 변조도 $m\,[\%]=\frac{\text{신호파 진폭}}{\text{반송파 진폭}}\times 100$

9. 무변조시 반송파 출력이 1 [kW]인 진폭변조에서 40 [%]의 변조를 행하였다. 종단 전력 증폭단의 콜렉터 손실은 ? 단, 콜렉터 효율 $\eta=50\,[\%]$ 이다.

가. 540 [W] 나. 760 [W]
다. 1080 [W] 라. 1280 [W]

해설 콜렉터 손실 $P_l=(1-\eta)P_m/\eta$

10. 진폭 변조파의 전압 e 가 $e=(100+40\sin 2\pi\cdot 400t)\cdot\sin 2\pi\times 10^4 t$ [V] 로 표시되었을 때 변조도는 몇 [%]인가 ?

가. 80 나. 70 다. 40 라. 20

해설 $e=(E_c+E_s\sin 2\pi f_s t)\cdot\sin 2\pi f_c t$ [V] 이다. 따라서 변조도 $m=\frac{E_s}{E_c}\times 100[\%]$ 이다.

11. 변조도 60 [%]의 AM에 있어서 반송파의 평균 전력이 100 [W] 일 때 피변조파의 평균 전력은 ?

가. 118 [W] 나. 130 [W] 다. 136 [W] 라. 160 [W]

해설 $P_m=P_c\left(1+\frac{m^2}{2}\right)=100\left(1+\frac{0.6^2}{2}\right)$

12. 어느 반송파를 정현파 신호에 의하여 100 [%] 진폭 변조하였을 때 피변조파 출력전력 P_0 는 반송파 전력 P_s 와의 관계는 ?

가. $P_o=P_s$ 나. $P_o=1.5P_s$ 다. $P_o=2P_s$ 라. $P_o=3P_s$

해설 $P_m=P_c\left(1+\frac{m^2}{2}\right)$ 에서 $m=1$ 인 경우이다.

해답 7. 가 8. 나 9. 다 10. 다 11. 가 12. 나

13. 진폭 변조에서 변조도 80 [%]이고 반송파 평균 전력이 300 [W] 일 때 피변조파의 평균 전력은?

가. 380 [W]　　나. 390 [W]　　다. 310 [W]　　라. 420 [W]

14. 반송파 및 신호파가 다음 식으로 주어졌다면 진폭 변조시 피변조파에 나타나는 주파수는?

$$v_c=\sqrt{2}\cdot 25\ \sin\ 2\pi 10^6 t\ [V]$$
$$v_s=\sqrt{2}\cdot 20\ \sin\ 2\pi 10^3 t\ [V]$$

가. 999 [kHz], 1000 [kHz], 1001 [kHz]　　나. 999 [kHz], 1000 [kHz], 2000 [kHz]
다. 1 [kHz], 999 [kHz], 1001 [kHz]　　라. 1 [kHz], 999 [kHz], 2000 [kHz]

15. 반송 주파수 1 [MHz]를 100 [Hz]～7 [kHz]의 신호파로 진폭 변조하였다. 점유 주파수 대역폭은 얼마인가?

가. 200 [kHz]　　나. 21 [kHz]　　다. 14 [kHz]　　라. 7.1 [kHz]

해설 점유 주파수 대역폭 $B=2f_H$

16. 반송파 전력이 20[kW]일 때 70[%]로 변조하면 양측파 중 한 측파대의 전력은 얼마나 되는가?

가. 24.9[kW]　　나. 2.45[kW]　　다. 4.9[kW]　　라. 20[kW]

17. 출력이 140 [W] 되는 반송파를 단일 주파수로 30 [%] 변조하였을 때 상측파 및 하측파의 전력은 각각 몇 [W]로 되는가?

가. 3.15 [W]　　나. 6.3 [W]
다. 73.15 [W]　　라. 146.3 [W]

해설 상측파 전력 $P_u=\dfrac{m^2}{4}P_c=\dfrac{1}{4}\times 0.3^2\times 140$

18. 콜렉터변조와 비교하여 베이스 변조회로의 특징이 되는 것은?

가. 직선성이 매우 좋다.　　나. 변조 트랜지스터의 효율이 좋다.
다. 피변조 트랜지스터의 효율이 좋다.　　라. 변조신호 전력이 매우 적다.

해설 base 변조 회로의 특징

① 적은 전압으로 깊은 변조를 할 수 있다.
② 변조에 소비되는 전력이 적어도 된다.
③ 출력이 .collector 변조 때의 약 1/4 이다.
④ 변조 효율이 나쁘다.
⑤ 높은 직선성을 기대할 수 없기 때문에 일그러짐이 많다.

해답 13. 나　14. 가　15. 다　16. 나　17. 가　18. 라

19. 평형 변조회로의 목적은?

가. 변조도를 크게 하기 위함

나. 직선성을 개선하여 변조 일그러짐을 없애기 위함

다. SSB파를 얻기 위함

라. 변조전력을 줄이기 위함

20. 피변조파 $v=150\,(1+0.6\cos 2000\,t)\sin 10^6\,t$ 로 표시될 때 신호파 진폭의 최대치 [V]는?

가. 0.6 [V]　　나. 90 [V]　　다. 60 [V]　　라. 150 [V]

해설 변조도 $m=\dfrac{\text{신호파 진폭의 최대치}}{\text{반송파 진폭의 최대치}}\times 100[\%]$

21. 그림의 변조회로에서 Ⓐ, Ⓑ, Ⓒ 에 가하는 파의 종류를 올바르게 나타낸 것은?

	Ⓐ	Ⓑ	Ⓒ
가	반송파	신호파	AM파
나	신호파	반송파	AM파
다	반송파	신호파	FM파
라	신호파	반송파	FM파

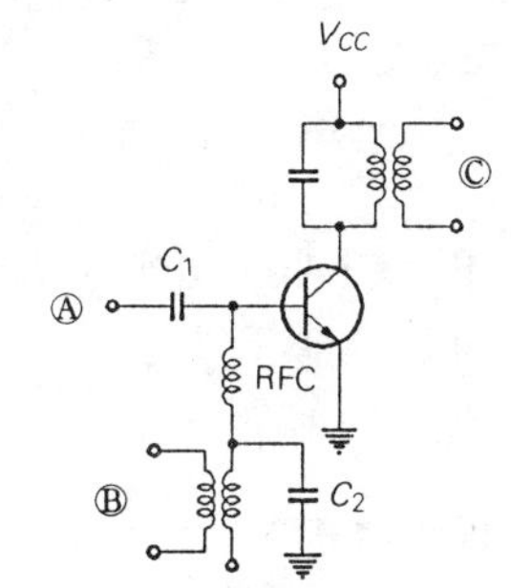

해설 베이스 변조회로이다.

22. 신호파의 최고 주파수가 15[kHz]이다. PCM 검파방식에서 원래의 신호파로 복호하기 위한 표본화 펄스의 반복 주파수 조건은?

가. 15[kHz] 이상이어야 한다.　　나. 20[kHz] 이상이어야 한다.

다. 30[kHz] 이상이어야 한다.　　라. 45[kHz] 이상이어야 한다.

23. 그림과 같은 회로의 설명 중 틀린 것은?

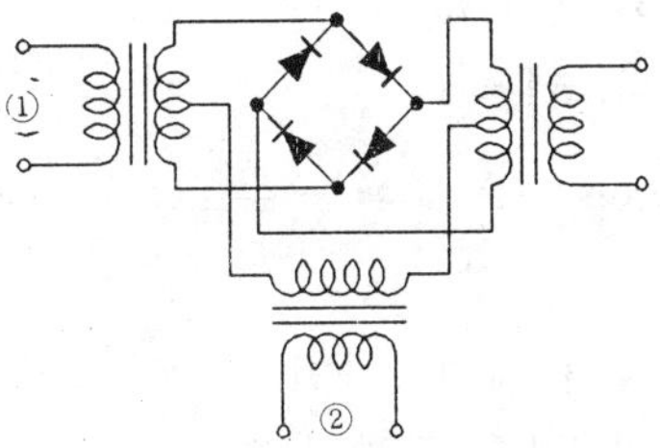

가. 링(ring) 변조회로이다.

나. 2중 평형회로로 동작한다.

다. 무신호시 반송파만 출력에 나타난다.

라. 신호파는 ② 에 가한다.

해설 신호파는 ① 에, 반송파는 ② 에 가하여 피변조파 출력 $f_c \pm f_s$ 를 얻는다.

24. 첨두 전력이 50[W]인 SSB송신기의 출력은 변조 입력이 없을 때는 얼마인가?

가. 0[W]　　나. 50[W]　　다. 25[W]　　라. 10[W]

해답 19. 다　20. 나　21. 가　22. 다　23. 라　24. 가

25. 단일 측파대 통신방식에 사용되는 변조 회로는 어느 것인가?

가. 콜렉터 변조 나. 베이스 변조
다. 링 변조 라. 제곱 변조

26. 반송파의 진폭이 10[V], 변조도가 50[%]인 진폭 변조파를 검파효율 80[%]의 직선 검파 회로의 입력에 가하였을 때 부하저항에 나타나는 신호파의 진폭은 몇 [V]인가?

가. 2[V] 나. 4[V] 다. 6[V] 라. 8[V]

27. 입력 진폭 변조파의 전압의 크기에 따라 직선 검파 또는 자승 검파를 옳게 사용한 것은?

가. 변조파의 전압이 작을 때는 직선 검파, 클 때는 자승 검파
나. 변조파의 전압이 클 때는 직선 검파, 작을 때는 자승 검파
다. 변조파 전압의 크기와는 상관없이 사용
라. 경우에 따라 다르다.

해설 직선 검파는 출력 전압파형이 입력 전압파형과 같은 파형이므로 찌그러짐이 적으나 입력의 진폭이 어느 정도 큰 것이 필요하다.

28. 직선 검파 회로에서 입력 고주파 전압의 진폭이 20 [V], 직류 출력 전압이 15 [V]이다. 정류 능률은?

가. 30 [%] 나. 60 [%] 다. 75 [%] 라. 87.5 [%]

해설 정류 능률 $\eta = \frac{V_o}{V_c} \times 100$ [%]

29. 검파기 중 SSB에 사용되는 것은?

가. 링 검파기 나. 헤테로다인 검파기
다. 양극 검파기 라. 다이오우드 검파기

30. 그림의 복조회로에서 입력 고주파 전압이 20 [V], 출력 전압이 4 [V]라고 하면 이 회로의 검파 효율은?

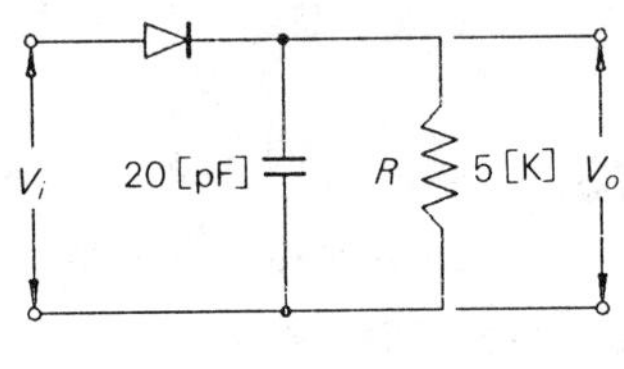

가. 14 [%] 나 7 [%]
다. 5 [%] 라. 2 [%]

해설 검파 효율 $\eta = \frac{1}{\sqrt{2}} \times \frac{V_o}{V_i} \times 100$[%]

31. 슈퍼 헤테로다인 수신기에서 제1 검파기(first detector)에 해당된 것은?

가. 자승 검파기 나. 선형 검파기
다. 혼합기 라. 포락선 검파기

해답 25. 다 26. 나 27. 나 28. 다 29. 가 30. 가 31. 다

32. 진폭이 큰 피변조파를 검파할 때 검파 출력의 의율이 적도록 직선 검파를 하려며 가장 적합한 방식은?

가. 플레이트(plate) 검파　　나. 다이오드(diode) 검파

다. 콜렉터(collector) 검파　　라. 게이티드 빔(gated-beam) 검파

해설 diode 검파는 직선 검파이다.

33. 진폭 변조파의 복조시에 직선 검파를 사용한다면 그때 Diagonal clipping이 일어난다. 그 이유는 무엇인가?

가. 직선 검파 회로의 RC 시정수가 너무 작아서 발생한다.

나. 직선 검파 회로의 RC 시정수가 너무 커서 발생한다.

다. 검파 회로 때문이 아니라 변조시에 발생한다.

라. 신호 전송에서 발생하는 잡음이다.

34. Diode 직선 검파 회로에서 변조도 62[%], 진폭 10[V]인 피변조파가 인가되었을 때 부하 저항에 나타나는 변조 신호파 출력 전압의 실효치는? (단, 검파 효율은 73[%]라고 가정한다.)

가. 3.2[V]　　나. 0.32[V]　　다. 0.64[V]　　라. 0.16[V]

35. 그림과 같은 검파회로에서 입력 임피던스는?

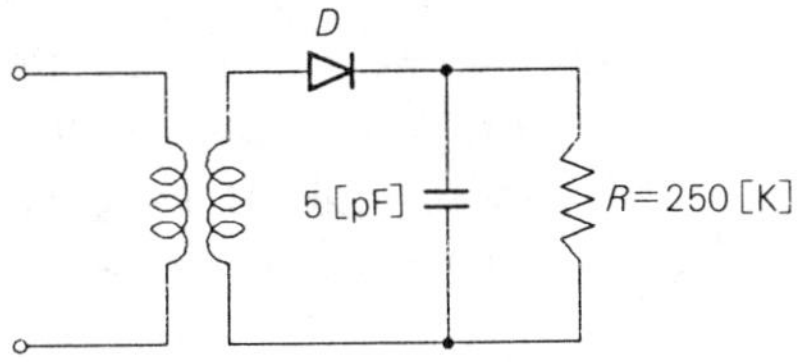

가. 50[kΩ]

나. 75[kΩ]

다. 100[kΩ]

라. 125[kΩ]

해설 $R_i \simeq R_L / 2$

36. 그림의 검파회로에서 입력 v_i에 비교적 큰 신호의 피변조파가 가해지는 경우 다음 설명 중 맞게 설명된 것은?

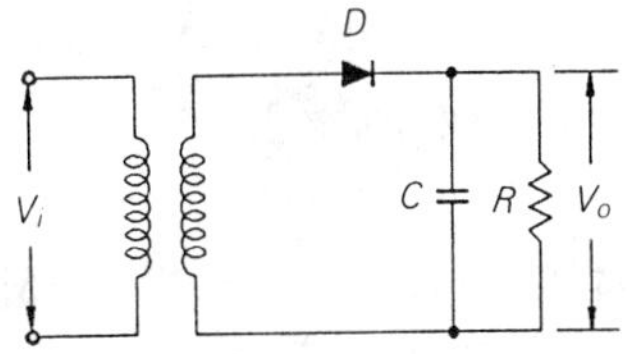

가. FM 검파회로이다.

나. 시정수 RC의 값은 매우 작아야 한다.

다. 다이오드 D의 순방향 전압, 전류 특성이 직선적이면 좋다.

라. v_i가 부(－)의 신호인 경우에는 출력 전압이 전혀 나타나지 않는다.

37. $t=0$ 에서 신호 $x(t)=5\cos(10t+\sin 10t)$ 의 순시 주파수는?

가. 5[rad/sec]　　나. 10[rad/sec]

다. 15[rad/sec]　　라. 20[rad/sec]

해설 $\phi(t)=10t+\sin 10t$

$\omega(t)=d\phi(t)/dt|_{t=0} = 10+10\cos 10t|_{t=0}$

$=20$ [rad/sec]

해답 32. 나　33. 나　34. 가　35. 라　36. 다　37. 라

38. 변조 신호 $x(t)$ 가 반송파 $A_c \cos(\omega_c t+\theta_c)$ 로 FM 변조 하였을 때 순시각주파수 $\omega(t)$ 는? 단, k_f는 주파수 감도계수 [Hz/V] 이다.

가. $k_f x(t)$　　나. $\omega_c + k_f x(t)$

다. $k_f \int x(t)\,dt$　　라. $\omega_c + k_f \dfrac{dx(t)}{dt}$

39. 반송파 $x_c = A_c \sin \omega_c t$ 이고 신호파 $x_s = A_m \cos \omega_m t$ 일 때 FM 피변조파 식은?

가. $A_c \sin\left(\omega_c t + \dfrac{\Delta\omega}{\omega_m} \sin \omega_m t\right)$

나. $A_c \sin\left(\omega_c t + \dfrac{\Delta\omega}{\omega_m} \cos \omega_m t\right)$

다. $A_c \cos\left(\omega_c t + \dfrac{\Delta\omega}{\omega_m} \sin \omega_m t\right)$

라. $A_c \sin\left(\omega_c t + \dfrac{\Delta\omega}{\omega_m} \cos \omega_m t\right)$

40. 주파수 변조된 수신 신호가 $r(t) = 7\cos[2 \times 10^6 \pi t + 10 \sin(400\pi t)]$ 인 경우 이 수신파형의 근사 대역폭은?

가. 2×10^6 [Hz]　　나. 3,400 [Hz]　　다. 4,400 [Hz]　　라. 5,400 [Hz]

해설 $\omega(t) = d\phi(t)/dt = 2 \times 10^6 \pi + 10 \cdot 400\pi \cos(400\pi t)$

$f_i(t) = 10^6 + 2{,}000 \cos(400\pi t)$

즉 $\Delta f = 2000$ [Hz] 이고 변조 주파수 $f_m = 200$ [Hz] 이므로 대역폭 $B = 2(\Delta f + f_m) = 2(2000 + 200) = 4400$ [Hz] 이다.

41. 주파수 변조에서 최대 주파수 편이가 60[kHz]이고 최대 변조 주파수가 6[kHz]라 하면 변조도는 얼마인가?
(단, 변조 지수는 8이다.)

가. 40[%]　　나. 60[%]　　다. 80[%]　　라. 100[%]

42. 다음 주파수 변조(FM)에 있어서 변조 주파수 f_m, 반송 주파수 f_c 및 반송 주파수로부터의 주파수 편이를 Δf라 하면 변조 지수는?

가. $f_c - f_m$　　나. $\dfrac{f_c}{f_m}$　　다. $\Delta f / f_m$　　라. $f_c - \Delta f$

해설 변조 지수 m_f = 최대 주파수 편이(Δf) / 신호 주파수(f_m)

43. FM 방식에서 변조를 깊이 했을 때 최대 주파수편이가 Δf_m 이라면 필요한 주파수 대역폭 B는 얼마만큼 필요한가?

가. $B = \Delta f_m$　　나. $B = 2\,\Delta f_m$　　다. $B = 3\,\Delta f_m$　　라. $B = 4\,\Delta f_m$

해설 m_f가 대단히 클 때 주파수 대역폭 B는 $B = 2(m_f + 1)f_s = 2 \cdot m_f \cdot f_s$ 　단, $m_f = \Delta f_m / f_s$

해답 38. 나　39. 가　40. 다　41. 다　42. 다　43. 나

44. 주파수 변조방식의 특징에서 틀린 것은?

가. 진폭 변조방식(AM)에 비해서 잡음과 간섭방해가 적다.

나. 소요 주파수 대역이 AM방식보다 넓어진다.

다. 반송 주파수가 VHF 영역 이상이 되어야 한다.

라. 측파대의 전력은 언제나 반송파의 전력의 1/2 이다.

45. 200 [MHz] FM송신기의 5 [MHz] 발진기에서 2 [kHz]의 변조 신호로 200 [Hz]의 주파수 편이를 걸 때 이 송신기의 주파수 변조지수는 얼마인가?

가. 4　　나. 2　　다. 1　　라. 0.1

해설 발진 주파수 $f_o = 5$ [MHz], 신호 주파수 $f_s = 2$ [kHz], 주파수 편이 $\Delta f = 200$ [Hz]이므로 변조지수

$m_f = \frac{\Delta f}{f_s} = \frac{200}{2000} = 0.1$　송신 주파수 $f = 200$ [MHz]이므로 발진 주파수의 40(배)이다.

46. 주파수 변조를 진폭변조와 비교할 경우, 잘못된 설명은?

가. S/N비가 개선된다.　　나. 에코우의 영향이 크다.

다. 초단파대의 통신에 적합하다.　　라. 점유 주파수 대역폭이 넓다.

해설 Echo 란 송신 안테나에서 발사된 전파가 2개 이상의 다른 전파경로를 통하여 수신되는 경우 전파 도달 시간차에 의해 1회 이상 수신되거나 혹은 신호가 연속한 상태로 수신되는 현상이다.

47. 5 [kHz]의 정현파로 100 [MHz]의 반송파를 주파수 변조했을 경우, 최대 주파수 편이 ± 75 [kHz]에서 소요 대역폭은?

가. 15 [kHz]　　나. 40 [kHz]　　다. 80 [kHz]　　라. 160 [kHz]

해설 $B = 2(f_s + \Delta f) = 2(m_f + 1) f_s$

48. FM에서 주파수 대역폭은?

가. 최대 주파수편이의 2배이다.　　나. 최대 주파수편이의 3배이다.

다. 최대 주파수편이의 4배이다.　　라. 최대 주파수편이의 5배이다.

해설 $B = 2(m_f + 1) f_s = 2(f_s + \Delta f_m) \approx 2 \Delta f_m$

49. 전치 의곡 회로(pre-distorter)의 설명으로 옳은 것은?

가. 출력과 입력의 비가 변조주파수에 비례한다.

나. 180°의 위상 편이를 시킨다.

다. 발진기 앞단에 둔다.

라. 위상 변조파로서 등가적인 FM파를 얻을 수 있다.

해답 44. 다　45. 가　46. 나　47. 라　48. 가　49. 라

50. FM 변조에서 최대 주파수 편이가 75[kHz]일 때 주파수 변조파의 대역폭은 얼마인가?

가. 85[kHz]　　나. 100[kHz]　　다. 150[kHz]　　라. 200[kHz]

51. 그림과 같은 pre-emphasis 회로의 시정수가 200[μs]일 때 이 회로에 3[kHz]의 신호를 가했을 경우의 상대 이득은?

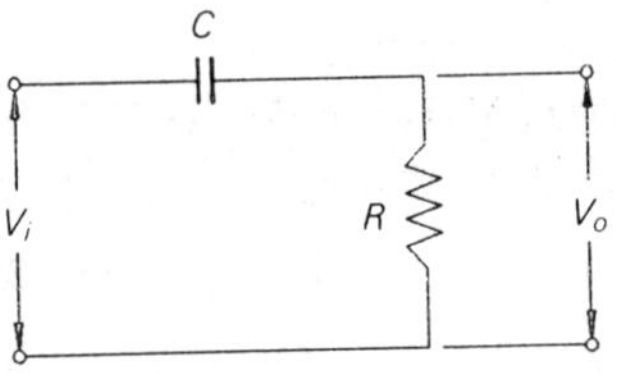

가. 1.8

나. 3.7

다. 4.2

라. 7.4

해설 상대 이득 $\left|\frac{V_o}{V_i}\right| = \frac{1}{\sqrt{1+\left(\frac{1}{\omega_m CR}\right)^2}} \simeq 2\pi f_m CR$

52. 주파수 변조 방식이 진폭 방식보다 좋은 점이 아닌 것은?

가. 주파수 변조 방식은 잡음지수(S/N)가 개선된다.

나. 주파수 변조 방식은 페이딩(fading)의 영향이 적다.

다. 주파수 변조 방식은 동일 주파수의 혼신 방해가 작다.

라. 주파수 변조 방식은 사용 주파수 대역이 좁아 송신효율이 좋다.

해설 FM 주파수 spectrum은 Bessel 함수 공식을 적용하여 나온 결과가 AM파와는 달리 반송파를 중심으로 위 아래로 무한히 많은 측파대를 가지고 있다.

53. 주파수 변조파(FM)와 위상 변조파(PM)와의 관계를 설명한 것 중 옳은 것은?

가. 변조 신호파 $V_m(t)$로 주파수 변조한 FM파는 같은 신호파의 미분형 $\frac{d}{dt}V_m(t)$로 위상 변조한 PM파와 같다.

나. 변조 신호파 $V_m(t)$로 위상 변조한 PM파는 같은 신호파의 미분형 $\frac{d}{dt}V_m(t)$로 주파수 변조한 FM파와 같다.

다. 변조 신호파 $V_m(t)$로 위상변조한 후 이것을 프리엠파시스(pre-emphasis)회로를 통하면 만들수 있다.

라. 변조 신호파 $V_m(t)$로 위상변조한 후에는 어떠한 회로를 통하여도 FM파로 바꿀 수 없다.

해설 FM과 PM과의 관계

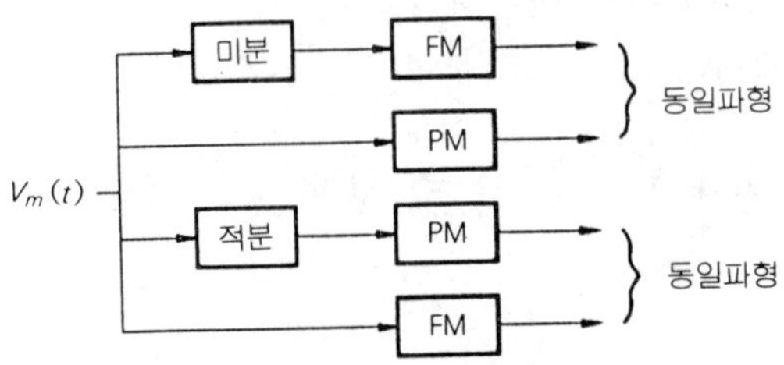

해답 50. 다　51. 나　52. 라　53. 나

54. 위상 변조(PM)에 대한 설명이다. 다음중에서 맞게 설명된 것은?

가. 변조지수 m_p는 신호의 진폭에 관계없다.

나. 변조지수 m_p는 신호의 주파수에는 관계없다.

다. 최대 주파수 편이는 변조 주파수에 관계없다.

라. 최대 주파수 편이는 변조 주파수에 반비례한다.

55. PM파와 FM파의 스펙트럼 분포의 관계를 나타낸 것이다. 다음 중 틀린 것은?

가. PM파와 FM파의 펙트럼은 반송파를 중심으로 해서 위, 아래로 변조 주파수 간격으로 무한히 발생한다.

나. PM파의 변조지수 m_p는 위상 편이량 $\Delta\theta$와 같으므로 변조 신호전압에 역비례한다.

다. PM파에서나 FM파에서나 변조 신호전압을 높게 하면 대역폭은 넓게 된다.

라. 변조 주파수를 높게하면 PM에서는 대역폭이 비례하여 커진다.

56. 간접 FM 변조 방식(Armstrong 방식)에서의 필수적인 구성요소가 아닌 것은?

가. 진폭 제한기(limiter)

나. 위상 천이기(90° phase shifter)

다. 평형 변조기(balanced modulator)

라. 가산기(혼합기, adder)

57. 다음과 같은 각종 변조회로의 특성에 대한 설명중 잘못 된 것은?

가. 콜렉터 변조 회로는 직선성이 양호하다.

나. FM 변조는 비선형 변조에 속한다.

다. 리액턴스 다이오드 변조 회로는 출력측에 반송파가 나타나지 않는다.

라. 벡터 합성법에 의한 변조는 간접 FM 변조에 쓰인다.

58. FM 증폭방식으로 사용하고 저주파 증폭기에는 사용되지 않는 증폭방식은?

가. A급 푸시풀(push pull)　　나. C급 푸시풀(push pull)

다. B급　　라. AB급

59. 주파수 변조(FM)에서 S/N을 계산하기 위한 방법으로 적당치 않은 것은?

가. 변조지수 m_f를 크게 한다.　　나. 신호파의 진폭을 크게한다.

다. 주파수 대역폭을 넓게 한다.　　라. pre-emphasis를 사용한다.

60. FM 또는 주파수 채배에 사용되는 바랙터 다이오드(varactor diode)는 어떤 작용을 이용한 것인가?

가. 저항 변화　　나. 캐패시턴스 변화

다. 인덕턴스 변화　　라. 콘덕턴스 변화

해설 PN 접합에 역 bias 전압을 인가하여 C를 가변할 수 있도록 한 diode이다.

해답 54. 나　55. 나　56. 가　57. 다　58. 나　59. 나　60. 나

61. FM검파기로서 사용되지 않는 회로는?

가. 비검파기(ratio detector)

나. 게이티드 비임 검파기(gated beam detector)

다. 포스터-실리(Fostcr-Seeley)검파기

라. 콜렉터 검파기

해설 비검파기는 진폭 제한 작용(limiter)을 겸하고 있다.

62. 포스터-실리 변별기(Foster-Seeley discriminator)에서 어느때 가장 복조왜(複調歪)가 큰가?

가. 입력이 클 때　　나. 입력이 작을 때

다. 주파수 편이(便移)가 클 때　　라. 주파수 편이가 작을 때

63. 디-엠퍼시스 회로를 사용하는 목적은?

가. 낮은 주파수의 출력을 감소시킨다.

나. 높은 주파수의 출력을 감소시킨다.

다. 변조된 반송파 중 변조신호의 출력만을 높인다.

라. 반송파를 억제하고 양측파대를 통과시킨다.

해설 de-emphasis는 FM수신기에 이용되며 일종의 적분회로이다.

64. 다음 중 FM파의 복조용 회로로서 적당하지 않은 것은?

가. 비검파기(ratio detector)

나. 제곱 검파기(Square-law dectector)

다. 스태거 동조 판별기(stagger-tuned discriminator)

라. Foster-seeley 판별기

65. 다음에 설명한 각종 복조 회로에 대한 설명 중 틀린 것은?

가. 자연 표본화한 PAM파는 복조과정에서 대역여파기를 써야 한다.

나. PLL회로는 FM검파에 이용 가능하다.

다. 다이오드 직선 검파 회로에서 검파효율은 부하 R_L에 비례한다.

라. 포락선 검파기의 부하회로의 시정수가 과대하면 다이아고날 클리핑이 생긴다.

66. 펄스 통신 방법이 아닌 것은?

가. PCM　　나. PWM　　다. SSB　　라. PPM

67. 펄스 변조 방식 중 디지틀 펄스 변조(또는 불연속 레벨 변조)에 해당되지 않는 것은?

가. PNM　　나. PCM

다. ⊿M(Delta 변조)　　라. PTM

해답 61. 라　62. 다　63. 나　64. 나　65. 가　66. 다　67. 라

68. 펄스의 주기, 폭등은 일정하고, 그 진폭을 입력 신호 전압에 따라 변화시키는 변조 방식은?

가. PCM　　나. PPM　　다. PAM　　라. PWM

69. 암스트롱(Armstrong) 변조 방식은?

가. AM　　나. FM　　다. PAM　　라. PM

해답 68. 다　69. 라

MEMO

12장 펄스회로

12·1 펄스 발생 및 변환 회로

12·1·1 펄스 발생

(1) Pulse 의 정의

Pulse 란 시간적으로 불연속이고 충분히 짧은 시간에만 존재하는 전류 전압을 말한다.

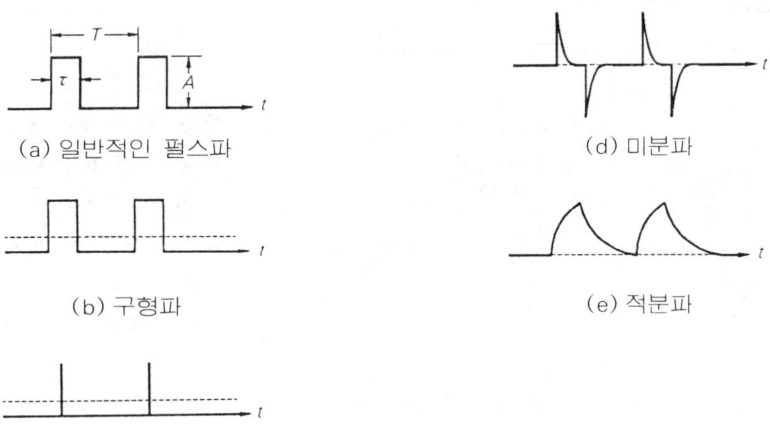

(a) 일반적인 펄스파　(d) 미분파

(b) 구형파　(e) 적분파

(c) 임펄스파

〈그림 12－1〉 각종 펄스 파형

〈그림 12－1〉에서 그림(a)와 (b)는 구형펄스이고 (a)는 그 평균값이 $A\tau / T$이고 (b)는 0이다. 그림 (c)는 그 면적을 1로 유지하면서 펄스의 지속시간이 0인 극한의 펄스인 단위 임펄스(unit impulse)라고 한다.

그림 (d) 와 (e)는 미분 및 적분 회로를 통과한 후의 펄스 파형이다.

● 일반적으로 RC 미분 회로와 같이 직류분을 통과시키지 않는 회로망을 통과한 펄스의 평균값은 0이다.

● RC 적분 회로와 같이 직류분을 통과시키는 회로망을 통과한 펄스의 평균값은 어떤 일정한 값을 갖는다.

(2) 이상적 Pulse의 파형

① A : 진폭(최대치 또는 피크치)
② T : 반복 주기
③ $f(=1/T)$: 반복 주파수
④ τ : 펄스폭(펄스파의 지속 시간)
⑤ D : τ/T : 충격 계수(duty factor)

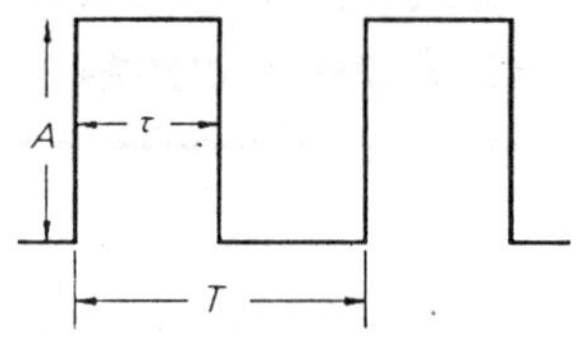

〈그림 12-2〉

D를 펄스 점유율(duty cycle) 또는 충격 계수(duty factor)라고 하며 D=0.5이면 주기가 펄스폭의 2배가 되는 방형파이다.

(3) 실제의 펄스

〈그림 12-2〉의 구형 펄스를 어떤 임의의 회로망에 입력으로 인가했을 경우의 출력 펄스의 파형이다.

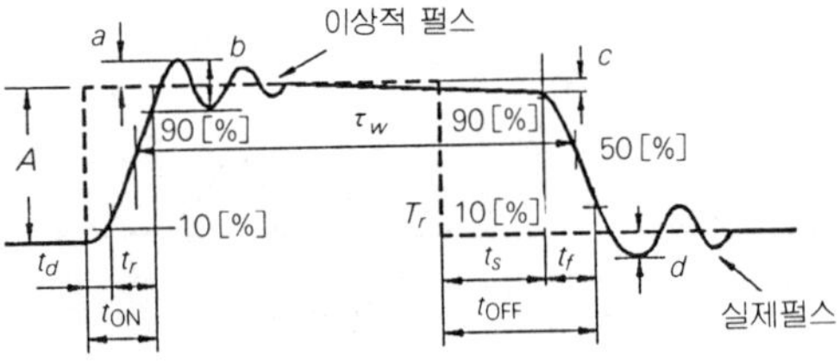

t_r : 상승 시간(Rise time)
t_f : 하강 시간(Fall time)
t_d : 지연 시간(Delay time)
t_s : 축적 시간(Storage time)
S : sag, H : back swing
O : over shoot, U : under shoot

〈그림 12-3〉 실제의 펄스

회로망의 특성에 따라 정상값의 상하로 진동하는 오버 슈트(over shoot), 펄스의 정상부가 평탄성을 잃은 새그(sag)등을 일으킬수도 있으며 또 펄스의 끝나는 부분에 언더 슈트(under shoot)를 일으킬수도 있다.

① 펄스폭(반치폭) : 펄스의 앞부분에서 진폭이 50[%]에 도달한 때로부터 50[%]까지 감소할 때 까지의 시간.
② 상승 시간(rise time) t_r : 펄스의 진폭이 10~90[%]까지 상승하는데 걸리는 시간

● 상승 시간(t_r) = 2.2×시정수(CR)의 관계가 있다.

예제 12－1 저항의 펄스 파형

〈그림 12－4〉와 같은 회로에서 스위치 S를 5초동안 on, 45초동안 off의 동작을 지속적으로 반복하면 저항 R 양단에 발생하는 전압의 파형을 그리고
(1) 펄스의 주기, (2) 반복 주파수 그리고
(3) 충격 계수를 구하라.

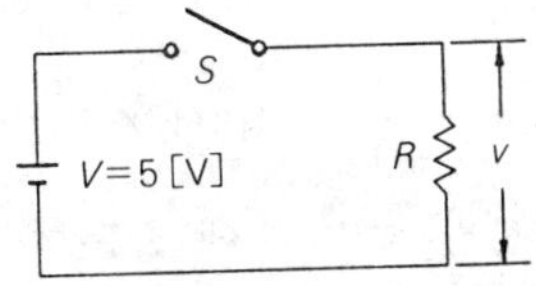

〈그림12－4〉

풀이 저항 R 양단에 발생하는 전압의 파형은 다음과 같다.

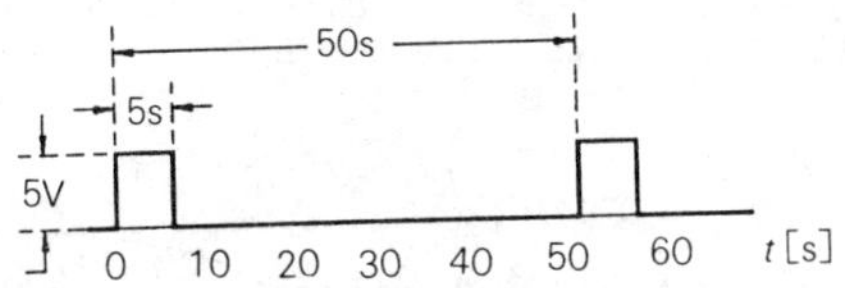

(1) 펄스의 반복 주기 : $T = 5 + 45 = 50$[sec]
(2) 반복 주파수 : $f = 1/T = 1/50 = 0.02$[Hz]
(3) 충격 계수(duty cycle) : 펄스폭(τ)와 반복 주기(T)와의 비이다.

$$D = \frac{\tau}{T} = \frac{5}{50} = 0.1$$

③ 하강 시간(fall time) t_f : 펄스의 진폭이 90～10 [%]까지 하강하는데 걸리는 시간
④ 지연 시간(delay time) t_d : 입력 펄스가 들어온 후 출력 펄스가 진폭의 0～10 [%]까지 도달하는데 걸리는 시간.
⑤ 축적 시간(storage time) t_s : 입력 펄스가 끝난 후 출력 펄스가 최대 진폭의 90 [%] 되기까지 감소하는데 걸리는 시간.
⑥ 통전 시간(t_{on})과 차단 시간(t_{off})

$$t_{on}\text{(turn on time)} = t_d + t_r$$
$$t_{off}\text{(turn off time)} = t_s + t_f$$

⑦ 새 그(sag) : 펄스 진폭의 뒷부분이 감쇠된 경우를 sag 또는 tilt가 생겼다고 하며, 그 크기는

$$S_{ag} = \frac{C}{A} \times 100\ [\%]$$

이 sag는 낮은 주파수 성분이나 직류분이 잘 통하지 않기 때문에 생긴다.

⑧ 오버 슈트(over shoot) : 상승 파형에서 이상적 펄스파의 진폭 A보다 높은 부분의 높이 a를 말한다.

$$\text{over shoot} = \frac{a}{A} \times 100\,[\%]$$

⑨ 언더 슈트(under shoot) : 하강 파형에서 이상적 펄스파의 기준 레벨보다 아래 부분의 높이 d를 말한다.

$$\text{under shoot} = \frac{d}{A} \times 100\,[\%]$$

⑩ 링 깅(ringing) b : 펄스의 상승 부분에서 진동의 정도를 말하며, 높은 주파수성분에 공진하기 때문에 생긴다.

12·1·2 과도 현상의 충방전 특성

〈1〉 R－C 직렬 회로의 충방전

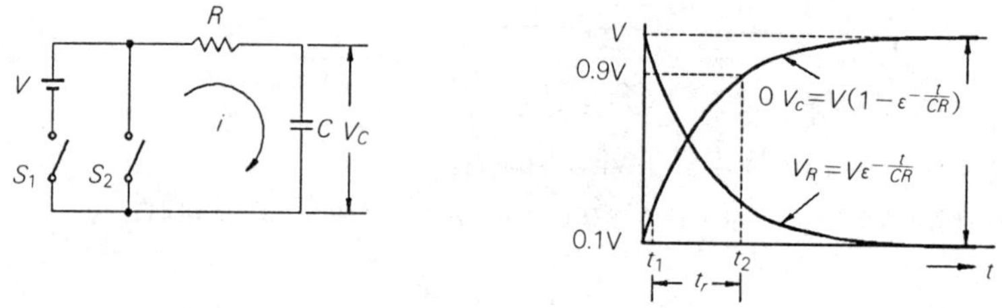

(a) (b) 충전 특성

〈그림 12－6〉 R－C 직렬회로

(1) 충전의 경우 : $S_1 \rightarrow$ ON, $S_2 \rightarrow$ OFF

① ***R－C*** 회로의 미분 방정식 : 용량 C에 저항 R을 통하여 직류 전압 V를 충전하는 경우의 과도 현상

$$Ri + \frac{1}{C}\int i\ dt = V$$

② 전 하 : $q = \int i\ dt,\ i = dq/dt$

$$q = CV(1 - e^{-\frac{t}{RC}})$$

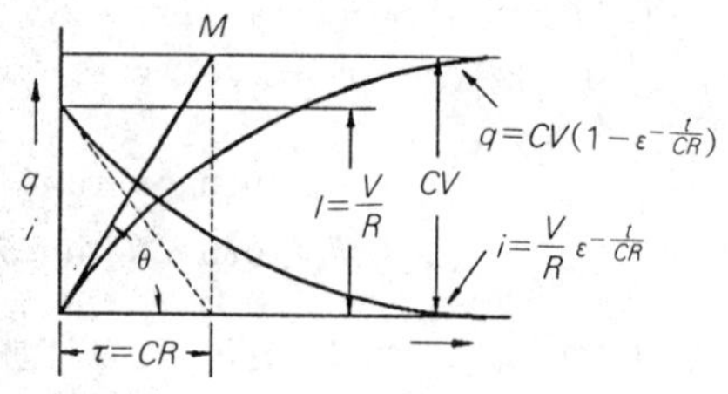

〈그림 12－7〉

③ 전 류 : $i = \frac{dq}{dt} = \frac{V}{R}e^{-\frac{t}{RC}}$

④ 시정수(time constant) : $\tau = RC$ [sec]

⑤ **R** 의 단자 전압 : $v_R = Ri = Ve^{-\frac{t}{CR}}$

⑥ **C** 의 단자 전압 : $v_C = \dfrac{q}{C} = V(1-e^{-\frac{t}{CR}})$

여기서 $t = \tau\ (=CR)$일 때 v_R와 v_c는 다음과 같다.

$$v_c = V(1-e^{-1}) = V\left(1 - \frac{1}{2{,}718}\right) = V(1-0.368) = 0.632\,V$$

$$v_R = Ve^{-1} = V \cdot \frac{1}{e} = V \cdot \frac{1}{2.718} = 0.368\ \mathrm{V}$$

(2) 방전의 경우 : S_1→OFF, S_2→ON

① 미분 방정식 : 전하 Q를 가진 용량 C인 캐패시터를 저항 R을 통하여 방전하는 경우이다.

$$R\frac{dq}{dt} + \frac{1}{C}q = 0$$

② 방전시 전하 : $t = 0$ 에서 $q = Q$ 이다.

$$q = Q\ e^{-\frac{t}{RC}}$$

③ 전　류 : $i = -\dfrac{Q}{RC}\ e^{-\frac{t}{RC}} = -\dfrac{V}{R}\ e^{-\frac{t}{CR}}$

④ v_R 와 v_C 구하기

$$v_R = R \cdot i = -\ Ve^{-\frac{t}{CR}}$$

$$v_C = -v_R = Ve^{-\frac{t}{CR}}$$

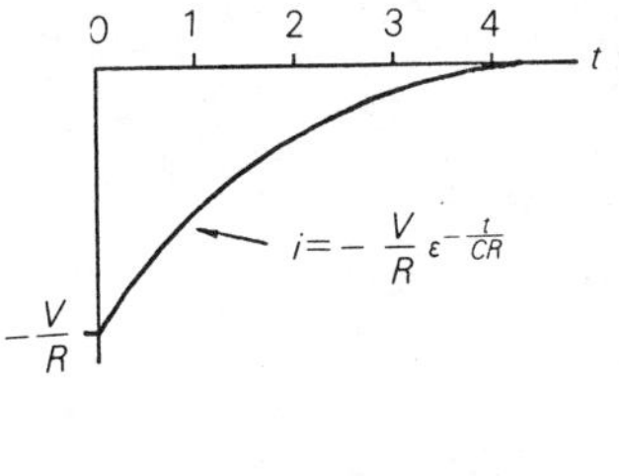

(a) 방전시 전류 i

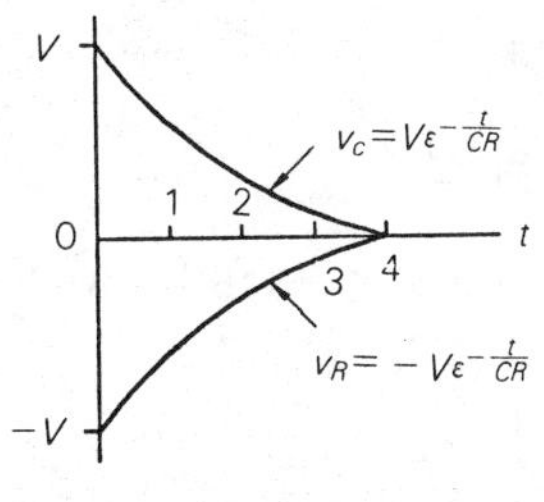

(b) v_R 와 v_C

〈그림 12−8〉 방전시 전류 ***i*** 와 전압

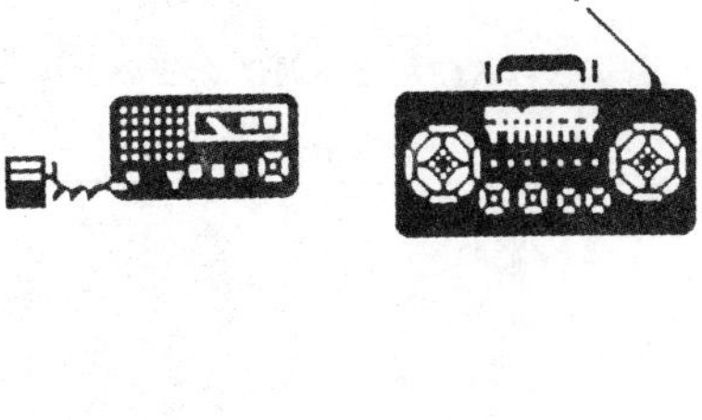

● RC 직렬 회로에서 충방전시킬때의 v_C와 v_R의 변화

충전 : $v_C = V(1 - \varepsilon^{-\frac{t}{RC}})$, $v_R = V\varepsilon^{-\frac{t}{RC}}$

방전 : $v_C = V\varepsilon^{-\frac{t}{RC}}$, $v_R = -V(1 - \varepsilon^{-\frac{t}{RC}})$

예제 12−2 RC 회로의 특성

〈그림 12−9〉의 RC 직렬 회로에서 $R = 2$[MΩ], $C = 5$[μF], $V = 5$[V]이다. 스위치 S를 넣고 10초후의 콘덴서 양단의 전압 v_C를 구하라. 또 이때 회로에 흐르는 전류 i를 구하라.

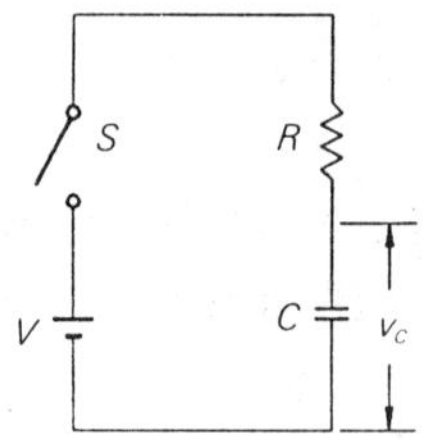

〈그림 12−9〉

풀이 RC 회로의 충전 특성은 다음과 같다.

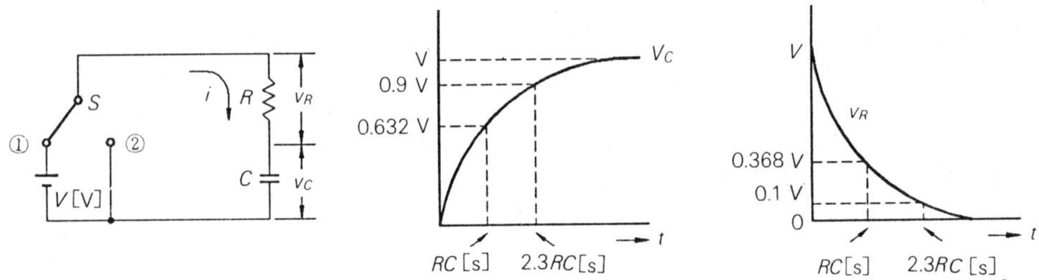

〈그림 12−10〉

(1) **C 양단의 전압**

$$v_C = V(1 - \varepsilon^{-\frac{t}{RC}}) = 5 \times (1 - \varepsilon^{-10/2\times10^6\times5\times10^{-6}})$$
$$= 5(1 - \varepsilon^{-1}) = 5(1 - 0.368) = 3.16\,[\mathrm{V}]$$

(2) **R 양단의 전압**

$$v_R = V - v_C = 5 - 3.16 = 1.84[\mathrm{V}]$$

(3) 전 류

$$i = \frac{v_R}{R} = \frac{1.84}{2\times10^6} = 0.92 \times 10^{-6}[\mathrm{A}] = 920\,[\mathrm{mA}]$$

(4) 시정수

$$T_c = RC = 2 \times 10^6 \times 5 \times 10^{-6} = 10\,[\mathrm{sec}]$$

예제 12−3 상승 시간(rise time)

〈그림 12−11〉의 회로에서 $v_i = 10u(t)$일 때 출력 v_o의 상승 시간을 구하라. 단, $R = 1[\text{k}\Omega]$, $C = 0.005\ [\mu\text{F}]$ 이다.

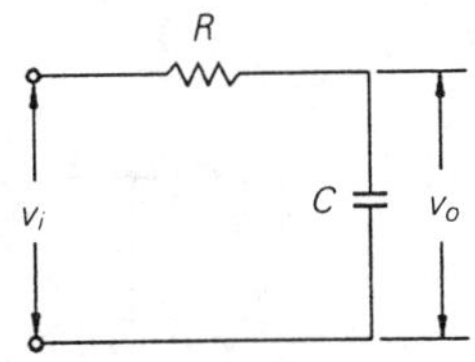

〈그림 12−11〉

풀이 〈그림 12−6〉 (b)에서 v_c가 0.1[V]되는 시간 t_1에서 0.9[V]가 되는 t_2까지의 시간을 상승 시간(rise time) t_r이라고 한다.

$$0.1\,V = V(1-\varepsilon^{-t_1/RC})$$
$$0.9\,V = V(1-\varepsilon^{-t_2/RC})$$

의 식으로 부터 t_1과 t_2를 구한다.

t_1 구하기

$$0.1V = V(1-\varepsilon^{-t_1/RC}) = V - V\varepsilon^{-t_1/RC}$$
$$\varepsilon^{-t_1/RC} = 0.9$$
$$l_n\,\varepsilon^{-t_1/RC} = l_n(0.9)$$
$$-t_1/RC = -0.1$$
$$t_1 = 0.1\,RC$$

t_2 구하기

$$0.9V = V(1-\varepsilon^{-t_2/RC}) = V - V\varepsilon^{-t_2/RC}$$
$$l_n\,\varepsilon^{-t_2/RC} = l_n(0.1)$$
$$-t_2/RC = -2.3$$
$$t_2 = 2.3\,RC$$

따라서 상승 시간 $t_r = t_2 - t_1$을 구한다.

$$t_r = 2.3RC - 0.1RC = 2.2RC$$

문제에서 주어진 R, C의 값을 대입하면 다음과 같다.

$$t_r = 2.2RC = 2.2 \times 1 \times 10^3 \times 0.005 \times 10^{-6} = 11\,[\mu\text{s}]$$

〈2〉 *R－L* 직렬 회로의 충방전

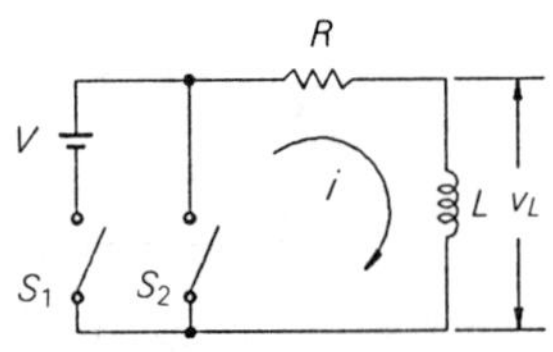

(a)

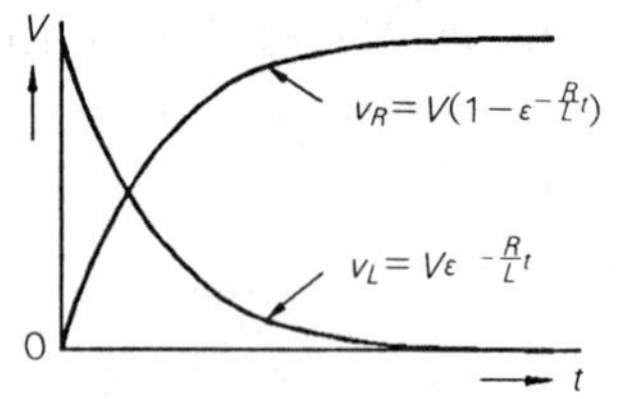

(b) v_R와 v_L 의 충전특성

〈그림 12－12〉 *R－L* 직렬회로

(1) 충전의 경우 : S_1→ON, S_2→OFF

① ***R－L*** 회로의 미분 방정식 : $R-L$ 직렬 회로에 $t=0$ 에서 V를 갑자기 인가하는 경우의 과도 현상

$$L\frac{di}{dt} + Ri = V$$

② 충전시 전류 : $i = \frac{V}{R}(1-\varepsilon^{-\frac{R}{L}t})$

③ 시정수(time constant) : $\tau = L/R$ [sec]

④ ***R*** 양단의 전압 : $v_R = R \cdot i = V(1-\varepsilon^{-\frac{R}{L}t})$

⑤ ***L*** 양단의 전압 : $v_L = L\frac{di}{dt} = Ve^{-\frac{R}{L}t}$

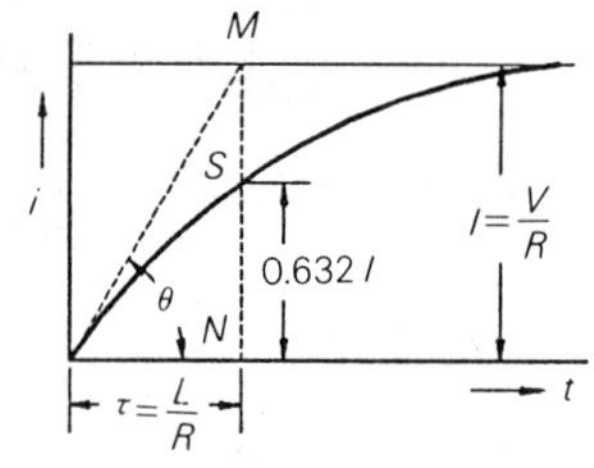

〈그림 12－13〉

(2) 방전의 경우 : S_1→OFF, S_2→ON

① 미분 방정식 : $t=0$에서 S_2를 갑자기 ON하여 기전력을 제거하는 경우이다.

$$L\frac{di}{dt} + Ri = 0$$

② 방전시 전류 : $i = Ie^{-\frac{R}{L}t}$

③ ***R*** 양단의 전압 : $v_R = R \cdot i = RIe^{-\frac{R}{L}t}$

④ ***L*** 양단의 전압 : $v_L = -v_R = -RIe^{-\frac{R}{L}t}$

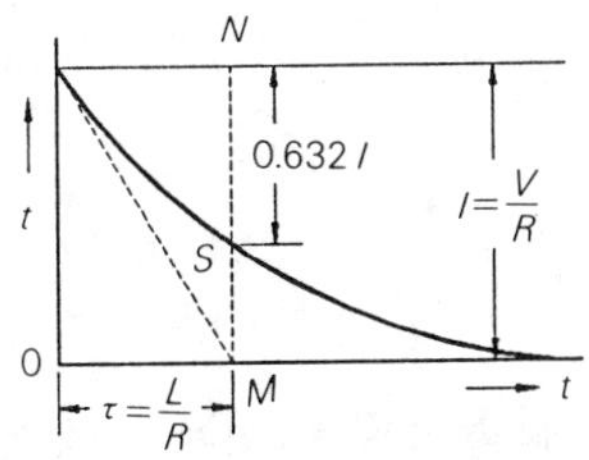

(a) 방전시 전류 i

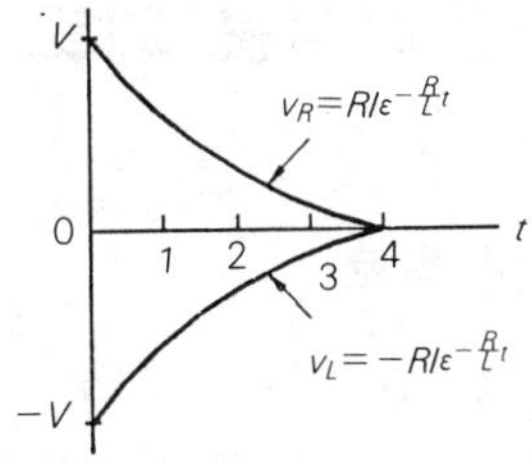

(b) v_R 와 v_L

〈그림 12－14〉 방전시 전류와 전압

예제 12－4 ***RL* 직렬 회로의 특성**

〈그림 12－15〉의 RL 회로에서 스위치 S를 닫은 후 t[s]후의 회로에 흐르는 전류 i를 구하고 또, 저항 R양단의 전압 v_R과 L양단의 전압 v_L을 구하라.

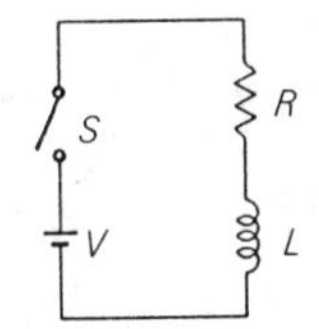

〈그림 12－15〉

풀이 이 회로의 시정수 $T_C = L/R$ [s]이다.

(1) 전 류 : $i = \frac{V}{R}(1-\varepsilon^{-\frac{Rt}{L}}) = I(1-e^{-\frac{t}{T}})$

(2) **R** 양단의 전압 : $v_R = Ri = V(1-e^{-\frac{Rt}{L}})$

(3) **L** 양단의 전압 : $v_L = V - v_R = V - V(1-e^{-\frac{Rt}{L}}) = Ve^{-\frac{Rt}{L}}$

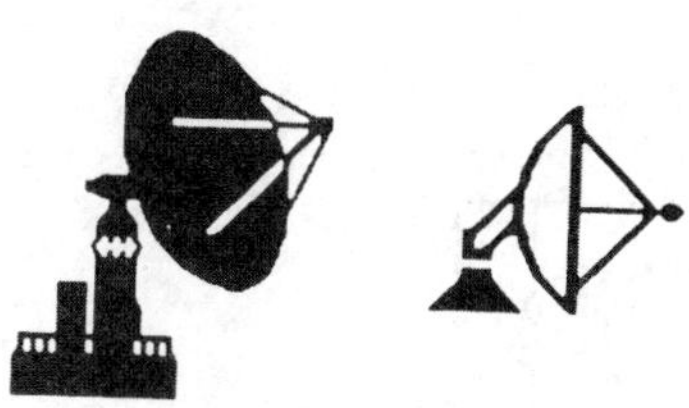

12·2 미적분 회로

12·2·1 미분 회로

(1) ***RC*** 미분 회로 : 고역 통과 회로

파형의 상승과 하강할 때의 변화분을 추출하는 것으로 미분 회로는 구형파로부터 폭이 대단히 좁은 트리거(trigger) 펄스를 얻는데 사용된다.

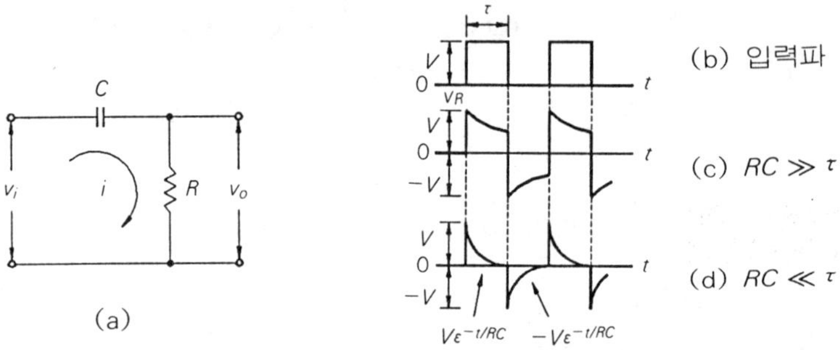

〈그림 12−16〉 ***RC*** 미분 회로

$$v_i = v_R + v_c = Ri + \frac{1}{C} \int i\, dt$$

$$C\, v_i = CRi + \int i\, dt$$

$RC \ll \tau$ 인 경우 구형파가 가해지면 R 의 단자전압 v_R 은 급격히 감소되어 〈그림 12−16〉 (d) 와 같은 출력 펄스가 얻어진다.

$$C\, v_i = \int i\, d_t$$

$$i = C \frac{dv_i}{dt}$$

$$\therefore \; v_o = Ri = RC \frac{dv_i}{dt}$$

즉 출력 전압 v_o 가 입력 전압 v_i 의 미분에 비례한 값을 갖는 것을 미분 회로라고 한다.

(2) ***RL*** 미분회로

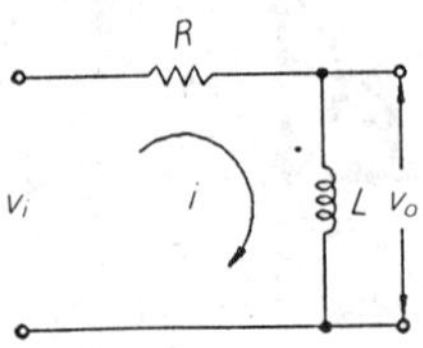

〈그림 12−17〉 ***RL*** 미분회로

$$v_i = R_i + L\frac{di}{dt}$$

$$\frac{v_i}{R} = i + \frac{L}{R}\frac{di}{dt}$$

$\frac{L}{R} \ll \tau$ 인 경우

$$i = \frac{v_i}{R}$$

$$\therefore \ v_o = L\frac{di}{dt} = \frac{L}{R}\frac{dv_i}{dt}$$

즉 입력 전압의 미분에 비례한 출력 전압이 얻어진다. 이 회로에서 시정수 $\tau = L/R$ 이다. 이 RL 미분 회로는 L 을 만드는 것이 복잡하므로 RC 회로 만큼 사용되지 않는다.

예제 12−5 고역 통과 RC 회로

고역 통과 RC 회로에 step 응답과 pulse 응답을 구하라.

풀이 (1) step 응답

출력 전압 v_o는 다음과 같다.

$$v_o = Ve^{-t/RC} = Ve^{-t/Tc} \qquad (T_c = RC)$$

실제에서 $t = 5RC$ 일 때 최종치에 이른다.

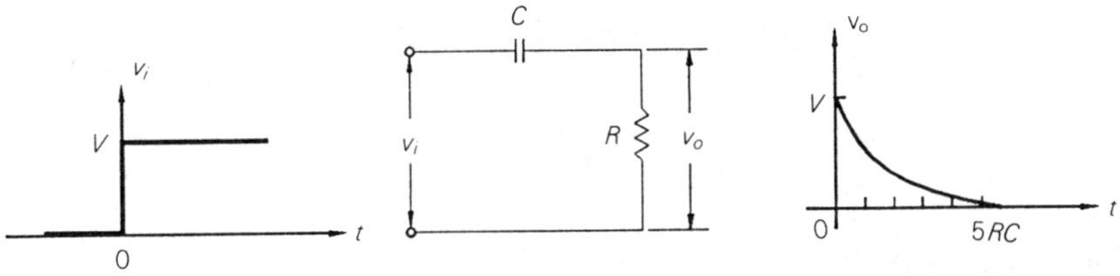

(a) step 전압 (b) RC 회로 (c) step 응답

〈그림 12−18〉 step 응답

(2) pulse 응답

펄스는 $t = 0$ 에서 발생한 step 전압 +V와 $t = \tau_w$(펄스폭)에서 발생한 step 전압 −V가 중첩된 것으로 생각될 수 있다.

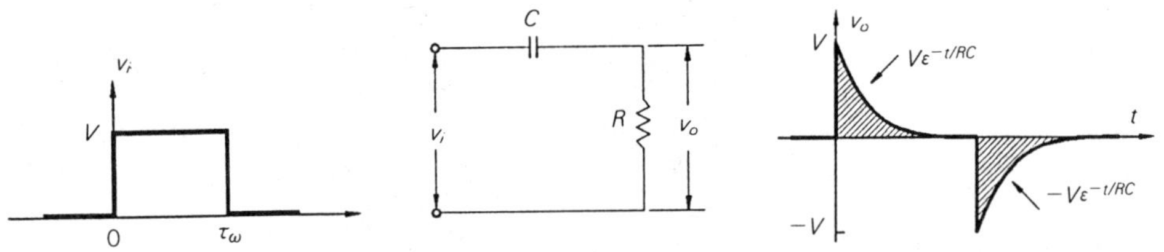

(a) pulse 파형 (b) 고역 통과 RC 회로 (c) pulse 응답(RC $\ll \tau_w$)

〈그림 12－19〉 pulse 응답

12·2·2 적분 회로

(1) RC 적분 회로 : 저역 통과 RC 회로

적분 회로는 시간에 비례하는 전압 또는 전류 파형, 즉 톱날파의 신호를 발생하거나 신호를 지연시키는 회로에 사용된다.

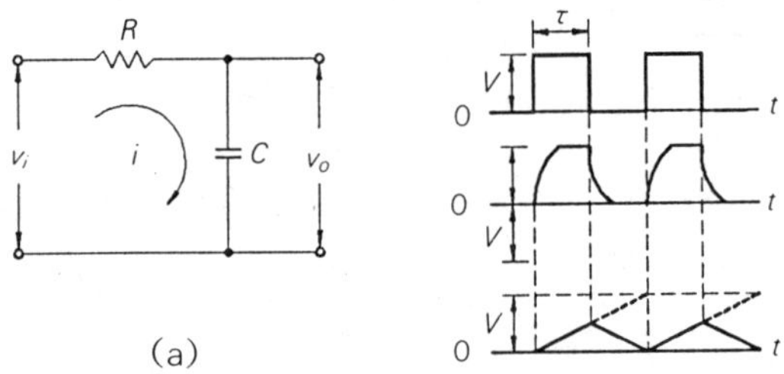

(a) (b) 입력파 (c) RC < τ (d) RC ≫ τ

〈그림 12－20〉 RC 적분 회로

$$v_i = Ri + \frac{1}{C}\int i\,dt$$

$$\frac{v_i}{R} = i + \frac{1}{RC}\int i\,dt$$

$RC \gg \tau$ 인 경우

$$\therefore\ v_o = \frac{1}{C}\int i\,dt = \frac{1}{RC}\int v_i\,dt$$

(2) RL 적분 회로

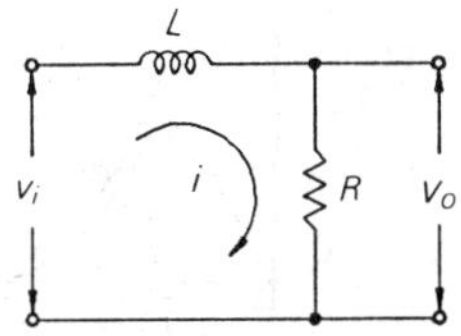

〈그림 12-21〉 RL 적분 회로

$$v_i = Ri + L\frac{di}{dt}$$

$$\frac{v_i}{L} = \frac{R}{L}i + \frac{di}{dt}$$

$\frac{L}{R} \gg \tau$ 인 경우

$$\mathrm{i} = \frac{1}{\mathrm{L}}\int v_i\,dt$$

$$\therefore\ v_o = Ri = \frac{R}{L}\int v_i\,dt$$

예제 12-6 **저역 통과 RC 회로**

저역 통과 RC 회로에서 step응답과 pulse 응답을 구하라.

풀이 (1) step 응답

출력전압 v_o는 다음과 같다.

$$v_o = V(1-e^{-t/RC})$$

$t=0$ 에서 $v_o=0$, $t=\infty$ 에서 $v_o=V$이다.

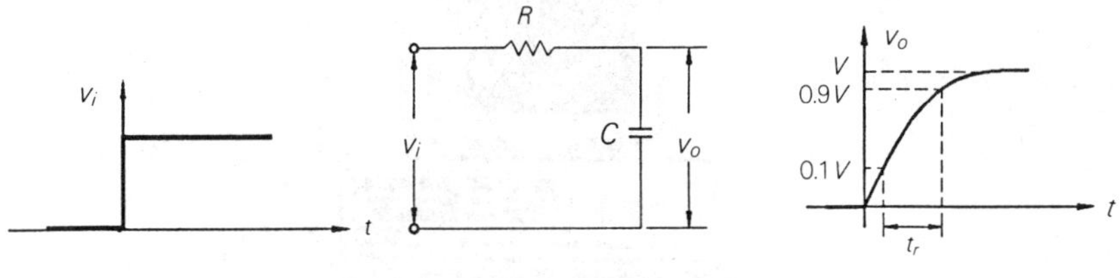

(a) step 전압 (b) 저역통과 RC 회로 (c) step 응답

〈그림 12-22〉 step 응답

(2) pulse 응답

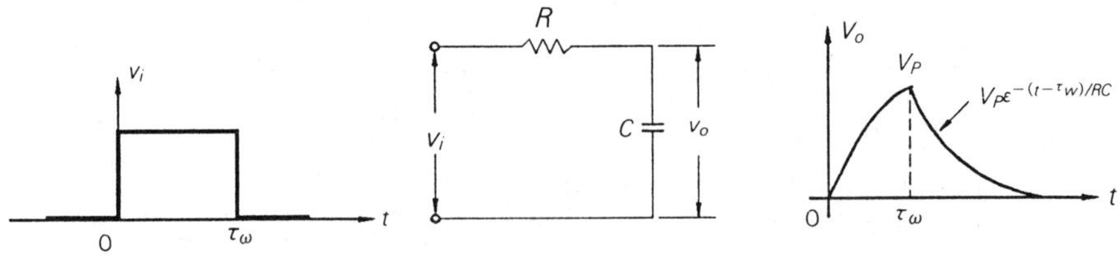

(a) pulse 파형 (b) 저역 통과 RC 회로 (c) pulse 응답 (RC ≫ τ_w)

〈그림 12-23〉 pulse 응답

12·3 다이오드 파형 정형 회로

12·3·1 클리퍼(Clipper)

임의의 파형에 대하여 어떤 기준 전압 레벨의 이상 또는 이하의 파형만을 잘라내는 작업을 클리핑(clipping)이라 하며 이러한 회로를 클리핑 회로 또는 클리퍼(clipper)라고 한다. 또한 회로는 peak clipper, base clipper, slicer (또는 limitter) 등으로 구분된다.

(1) 피크 클리퍼(peak clipper) : 파형의 윗부분을 잘라내어 버리는 회로이다.

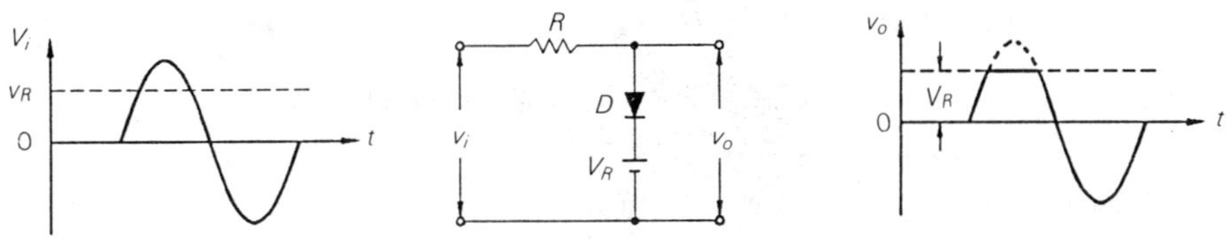

(a) 병렬형

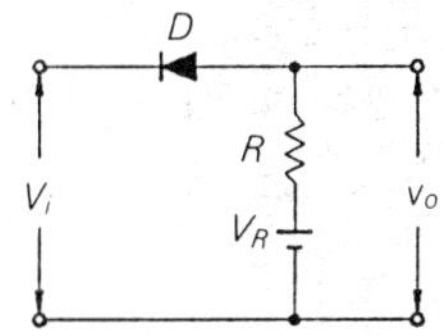

(b) 직렬형

〈그림 12－24〉 피크 클리퍼(v_i가 사인파인 경우)

〈그림 12－24〉 (a)의 병렬형에서의 출력 전압

입력 전압 $v_i < V_R$일 때 다이오드 D는 차단 상태(off)가 되어 개방소자가 되므로 출력에는 v_i그대로의 파형이 나타난다. 그러나, $v_i > V_R$이면 D는 통전 상태(on)가 되어 단락 소자로 동작하므로 출력 v_o는 기준 전압(reference voltage) V_R과 같다.

즉, 출력 전압 v_o는 다음과 같다.

- $v_i < V_R$ 일 때 D → off 이고 출력 $v_o = v_i$
- $v_i > V_R$ 일 때 D → on 이고 출력 $v_o = V_R$

〈그림 12－24〉 (b)의 직렬형에서의 출력 전압

다이오드 D의 on, off 상태는 병렬형과 반대이나 출력 전압은 같다.

- $v_i < V_R$ 일 때 D → on 이고 출력 $v_o = v_i$
- $v_i > V_R$ 일 때 D → off 이고 출력 $v_o = V_R$

〈그림 12－25〉는 피크 클리퍼의 전달 특성을 보인 것이다. 그림(a)는 이상적 다이오드 ($R_f = 0, R_r = \infty$)의 입·출력 특성이고, 그림(b)는 실제 다이오드의 입·출력 특성이다.

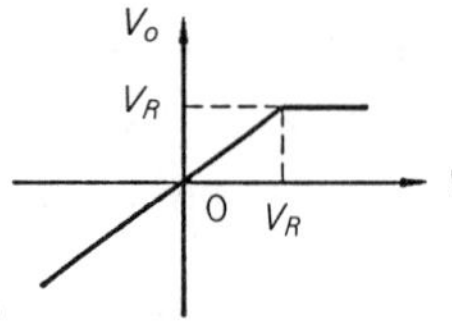

(a) 이상적 특성

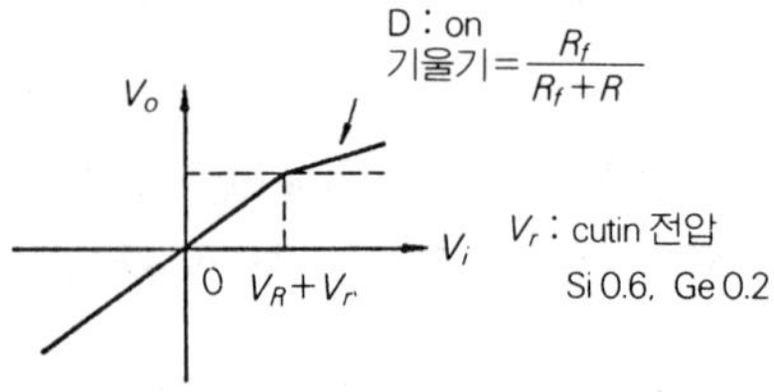

(b) 실제 특성

〈그림 12－25〉 피크 클리퍼의 전달 특성

그림(b)는 그림(a)의 이상적 다이오드와 비교하여 다음의 두가지의 특성이 있다.

① 클리핑 레벨은 cutin전압 V_r만큼 높아진다.

② 클리핑 파형을 좋게 하려면 $R \gg R_f$의 조건이 만족되어야 한다.

(2) 베이스 클리퍼(base clipper) : 파형의 아래 부분을 잘라내어 버리는 회로이다.

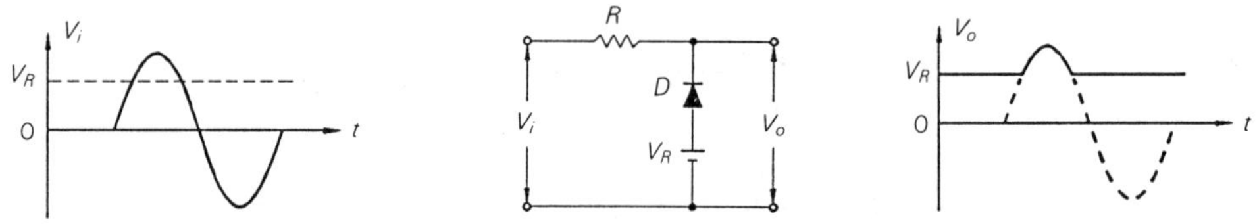

(a) 병렬형

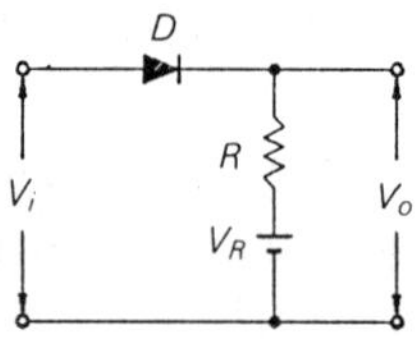

(b) 직렬형

〈그림 12－26〉 베이스 클리퍼(v_i가 사인파인 경우)

〈그림 12－26〉 (a)의 병렬형에서의 출력 전압

출력 파형은 기준 레벨 V_R이하의 부분을 잘라낸 모양으로 나타난다. 즉 출력 전압 v_o는 다음과 같다.

- $v_i < V_R$ 일 때 D → on 이고 출력 $v_o = V_R$
- $v_i > V_R$ 일 때 D → off 이고 출력 $v_o = v_i$

〈그림 12－27〉은 베이스 클리퍼의 전달 특성이다.

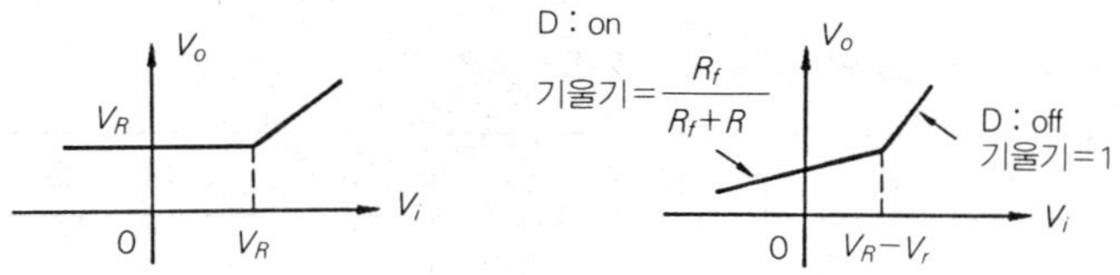

(a) 이상적 특성 (b) 실제 특성

〈그림 12－27〉 베이스 클리퍼의 전달 특성

다이오드가 이상적인 경우의 그림(a)에 비교하여 그림(b)는 다음 두가지 특성이 있다.

① 클리핑 레벨은 cutin전압 V_r만큼 낮아진다.

② 클리핑 특성을 좋게 하려면 $R \gg R_f$의 조건이 만족되어야 한다.

예제 12－7 피크 클리퍼

〈그림 12－28〉의 클리퍼(clipper) 회로에서 다이오드 순방향 전압 V_d와 순방향 저항 r_f를 고려할 때의 입·출력 특성(전달 함수)을 구하라.

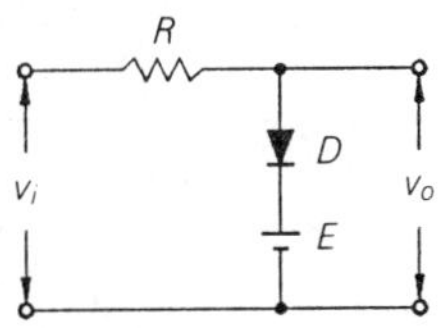

〈그림 12－28〉

풀이 다이오드 D의 순방향 전압은 Si의 경우 0.6[V]정도이고, Ge의 경우는 0.2[V]정도이다.

$$i = \frac{V_i - (V_d + E)}{R + r_f}\ ,\ V_o = E + V_d + i\,r_f = \frac{R(E + V_d) + r_f V_i}{R + r_f}$$

(a) 등가회로 (D가 on일 때) (b) 입·출력 특성

〈그림 12－29〉 베이스 클리퍼의 전달 함수

예제 12-8 클리핑 회로

다음 클리퍼 회로의 출력 v_o의 파형을 그려라.

입 력	회 로	출 력	입 력	회 로	출 력
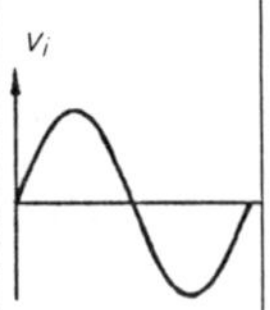	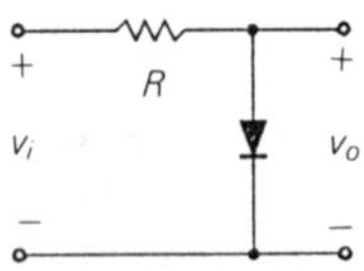	(a)	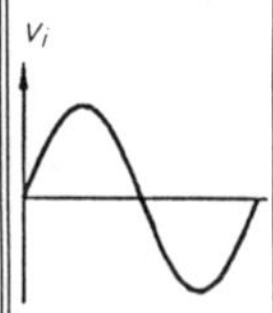	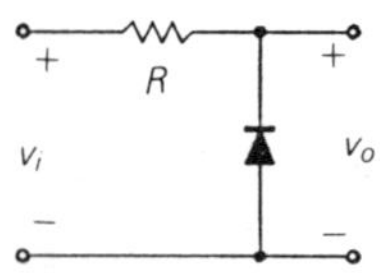	(b)
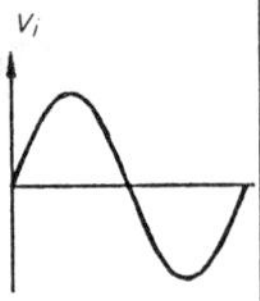	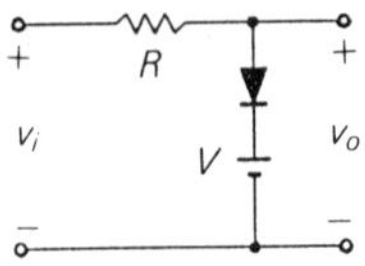	(c)	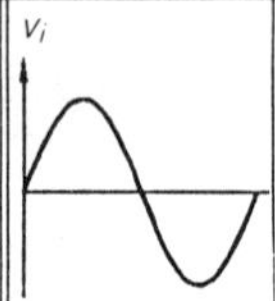	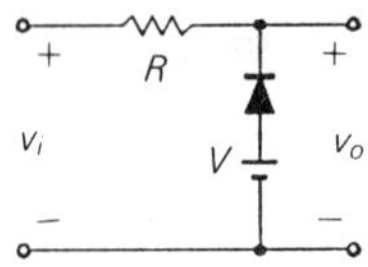	(d)
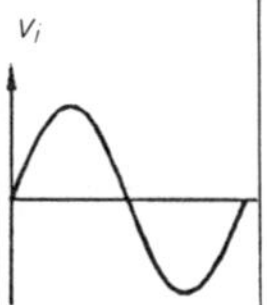	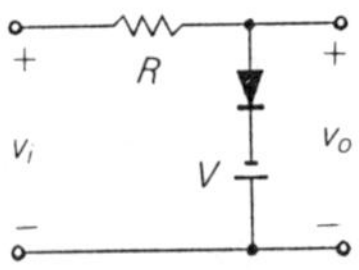	(e)	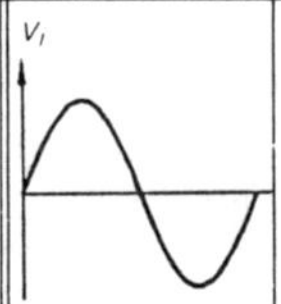	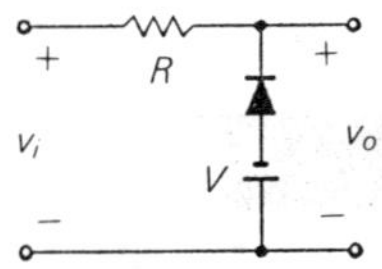	(f)

〈그림 12-30〉

풀이

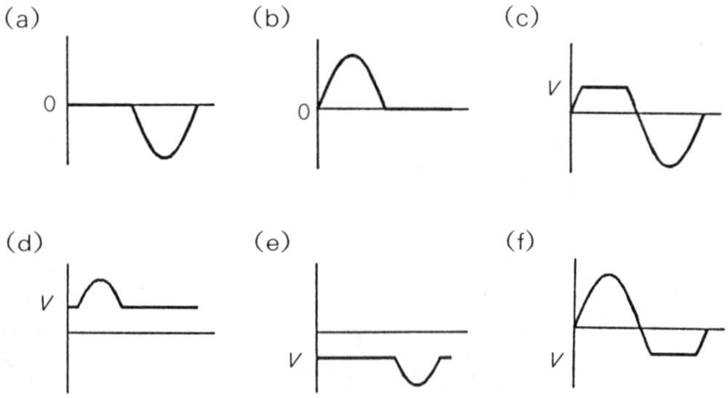

예제 12－9 직렬형 클리퍼

〈그림 12－31〉의 회로에서 입력에 정현파를 가했을 때의 출력 파형을 그려라.

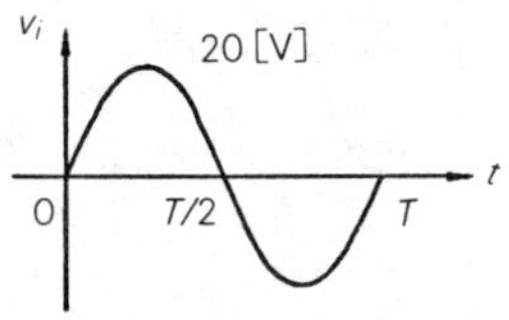

(a) 입력 전압

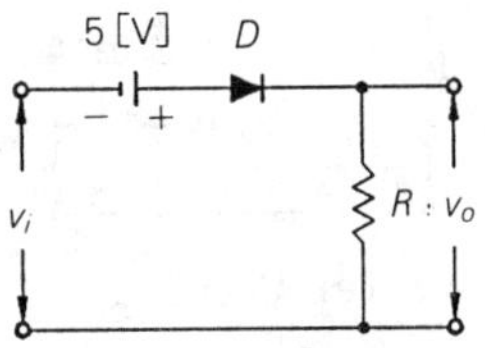

(b) 클리퍼

〈그림 12－31〉

풀이 －5 [V]보다 더 음인 전압에서 D는 off 상태가 되고 －5[V]보다 더 양인 전압에서 D는 on 상태에 있다.

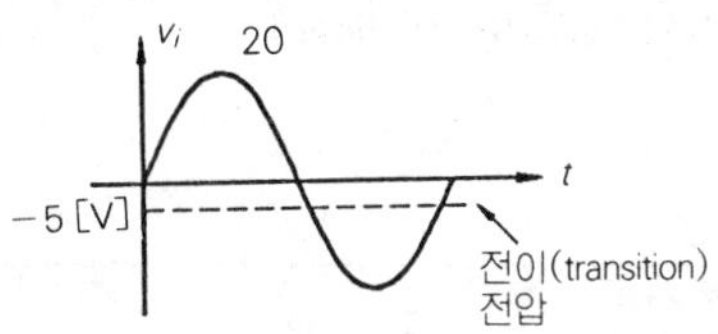

(a) 전이 전압

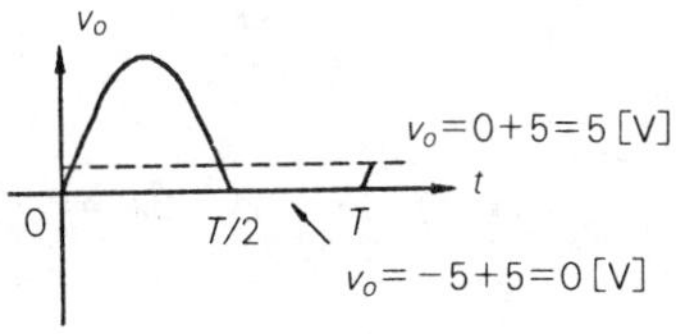

(b) 출력 파형

〈그림 12－32〉

(3) 리미터(limitter) : 피크 클리퍼와 베이스 클리퍼를 결합한 것으로 출력 파형은 기준 레벨 V_{R1}과 V_{R2}의 위 아래 양쪽을 잘라낸 파형이 된다. 이를 리미터 혹은 진폭제한회로라고 한다.

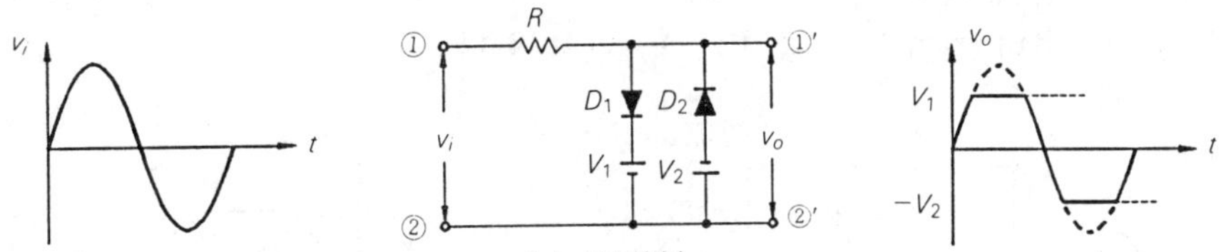

(a) 병렬형

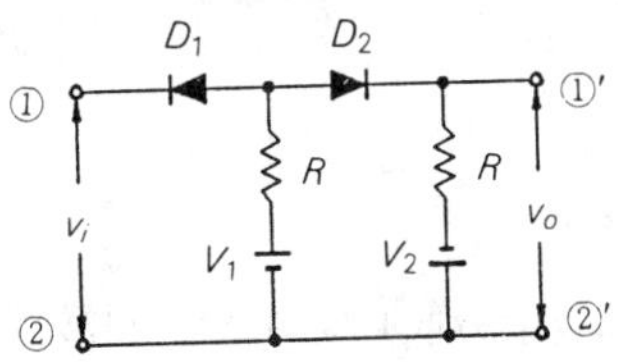

(b) 직렬형

〈그림 12－33〉 리미터(limitter)

(4) 슬라이서(slicer) : 리미터의 특별한 경우로서 클리핑 레벨의 위와 아래 레벨 사이의 간격을 좁게하여 잘라낸 회로를 슬라이서라고 한다.

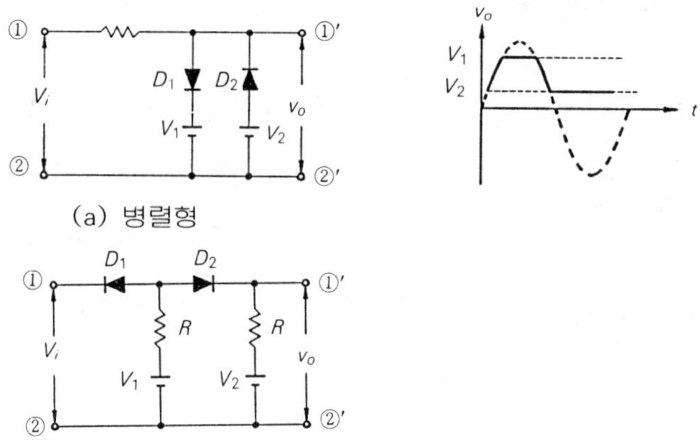

(a) 병렬형

(b) 직렬형

〈그림 12－34〉 슬라이서(slicer)

〈그림 12－34〉 (a)의 슬라이서에서

● $v_i < V_2$ 일 때	$D_1 \rightarrow$ off, $D_2 \rightarrow$ on이고	출력 $v_o = V_2$
● $V_2 < v_i < V_1$ 일 때	D_1, $D_2 \rightarrow$ off 이고	출력 $v_o = v_i$
● $v_i > V_1$ 일 때	$D_1 \rightarrow$ on, $D_2 \rightarrow$ off이고	출력 $v_o = V_1$

이 슬라이서 회로는 출력전압이 작아 다시 증폭해주어야한다. 보통 증폭기능을 겸한 슬라이서회로에는 슈미트 트리거가 사용된다.

(5) 제너 다이오드를 사용한 양단 클리퍼 : 2개의 제너 다이오드를 반대 방향으로 직렬로 접속하여 양단 클리퍼를 구성한다.

D_1과 D_2의 제너 전압을 각각 V_{Z1}, V_{Z2}라고 한다.

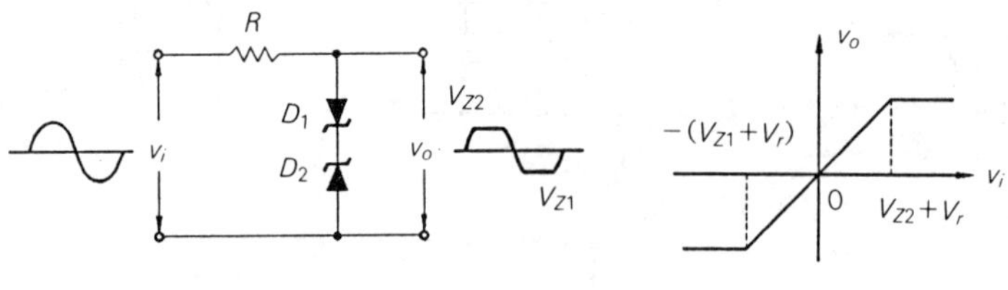

(a) (b)

〈그림 12－35〉 제너 다이오드 사용 양단 클리퍼

12·3·2 클램퍼(Clamper)

입력 신호의 (+) 또는 (−)의 피크(peak)를 어느 기준 레벨로 바꾸어 고정시키는 회로를 클램핑 회로 (clamping circuit) 또는 클램퍼라고 한다. 또, 직류분 재생을 목적으로 할 때는 직류 재생 회로(DC restorer)라고도 한다.

(1) plus clamper : 입력 파형의 부(−)의 피크(peak) 값이 0레벨로 추이시켜 파형이 plus측에 나타나는 회로이다.

$0 \sim t_1$: $D \rightarrow$ on이 되고 출력 $v_o = v_i + v_c = -V + V = 0$

$t_1 \sim t_2$: $D \rightarrow$ off가 되고 출력 $v_o = v_i + v_c = V + V = 2V$

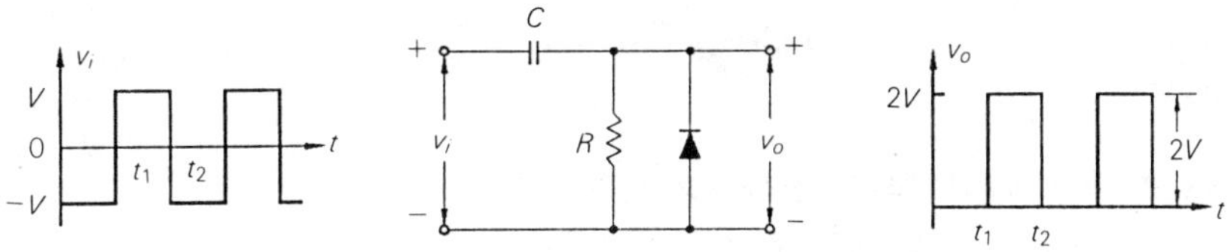

〈그림 12−36〉 plus 클램퍼

(2) minus clamper : 입력 파형의 정(+)의 피크(peak) 값이 0레벨로 추이시켜 파형이 minus 측에 나타나는 회로이다.

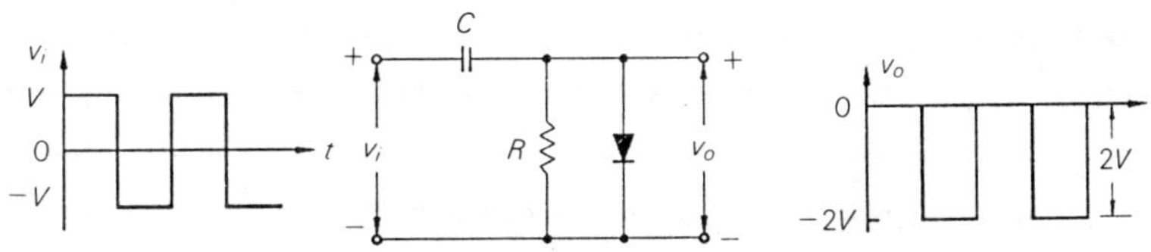

〈그림 12−37〉 minus 클램퍼

(3) 직류 부가 clamper : 다이오드 D에 직류 전압을 접속한 것으로 임의의 레벨로 추이시키는 회로이다.

명 칭	입 력	회 로	출 력
직류 부가 클램퍼 (순 bias)	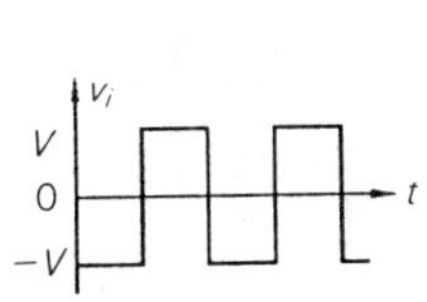	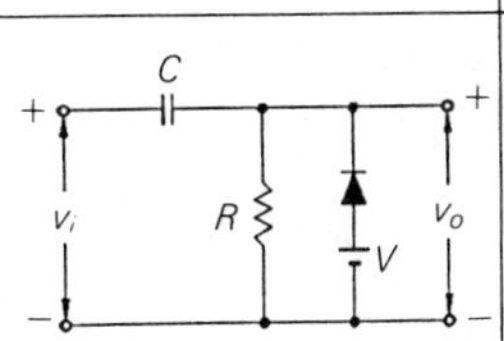	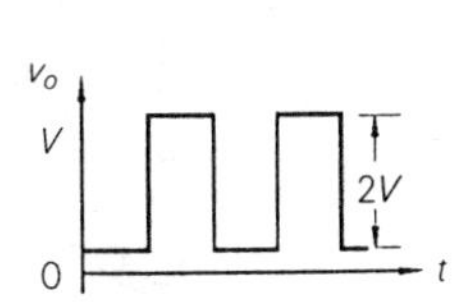
직류 부가 클램퍼 (역 bias)	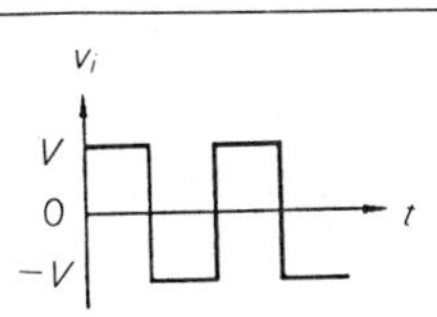	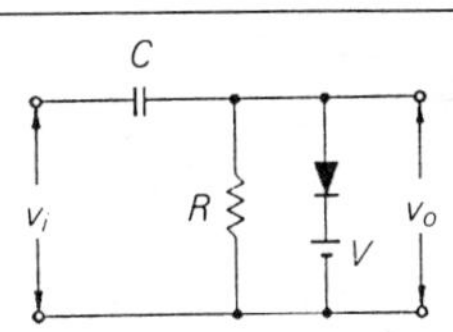	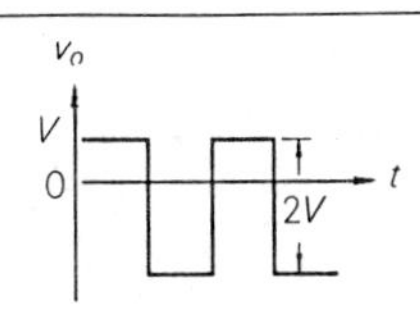

〈그림 12−38〉

12·4 멀티바이브레이터(Multivibrator)

12·4·1 기본 구성

(1) 비안정 멀티바이브레이터(Astable MV.)

결합 소자 Z_1및 Z_2가 모두 캐패시터 C이고 각각 R_{B1}및 R_{B2}와 AC 결합 회로를 형성한다.

(2) 단안정 멀티바이브레이터(Monostable MV.)

결합 소자 Z_1이 저항, Z_2가 캐패시터이고, 각각 R_{B1}및 R_{B2}와 AC－DC 결합 회로를 형성한다.

(3) 쌍안정 멀티바이브레이터(Bistable MV.)

결합 소자 Z_1와 Z_2가 모두 저항이고 DC 결합 회로를 형성하고 V_{B1}및 V_{B2}가 모두 정으로 bias될 경우는 쌍안정으로 동작한다.

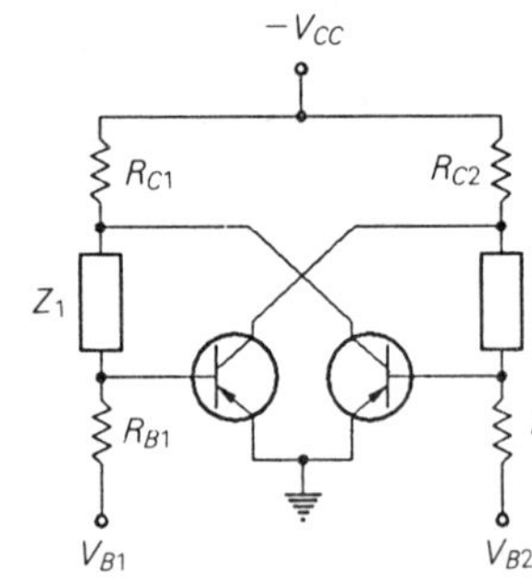

〈그림 12－39〉 MV의 기본구성

12·4·2 비안정 멀티바이브레이터

비안정 멀티는 안정 상태가 하나도 존재하지 않으며 외부 트리거 없이 Q_1과 Q_2가 on, off를 반복하여 콜렉터에 구형파 전압을 얻는 회로로써 free running MV라고 한다.

● 비안정 MV는 펄스폭과 주기가 반복되는 펄스를 발생시키는 회로이다.

● 2개의 결합 회로는 CR 결합의 교류 결합으로 구성되어 있다.

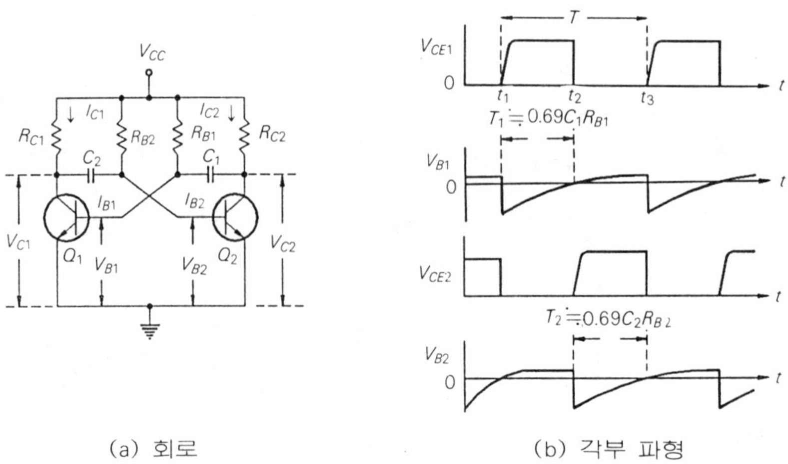

(a) 회로　　　(b) 각부 파형

〈그림 12－40〉 비안정 멀티바이브레이터

(1) 회로의 동작

〈그림 12-40〉 (a)의 회로에서 $I_{C1} > I_{C2}$일 때의 정궤한 루우프 현상은

$$I_{C1} \uparrow \rightarrow V_{C1} \uparrow \rightarrow V_{B2} \downarrow \rightarrow I_{C2} \downarrow \rightarrow V_{C2} \uparrow \rightarrow V_{B1} \uparrow \rightarrow$$

Q_1 : on　　Q_2 : off

C_2의 전하가 R_{C1}을 통하여 R_{b2}로 방전하므로

$$I_{B2} \uparrow \rightarrow I_{C2} \uparrow \rightarrow V_{C2} \downarrow \rightarrow V_{B1} \downarrow \rightarrow I_{C1} \downarrow \rightarrow V_{C1} \uparrow \rightarrow$$

Q_1 : off　　Q_2 : on

〈그림 12-40〉 (b)는 각부의 전압 변화의 상태를 보인 것이다.

(2) 반복 주기 : Q_1이 off, Q_2가 on인 기간의 주기를 T_1, Q_1이 on, Q_2가 off 인 기간의 주기를 T_2라고 하면 발진 주기 $T = T_1 + T_2$로 나타낸다.

$$T = T_1 + T_2 = (C_1R_{B1} + C_2R_{B2}) \log_\varepsilon 2$$
$$= 0.693(C_1R_{B1} + C_2R_{B2}) \approx 0.7(C_1R_{B1} + C_2R_{B2})$$

(3) INVERTER를 사용한 무안정 MV

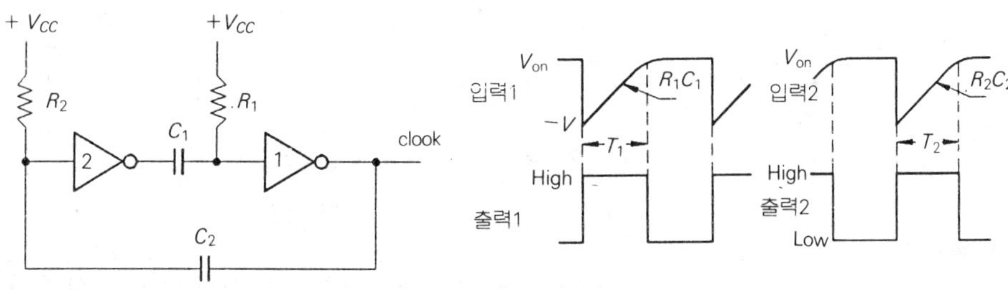

〈그림 12-41〉 무안정 멀티바이브레이터

예제12-10 비안정 MV의 클럭 주파수

〈그림 12-42〉의 비안정 멀티바이브레이터에서 $R_1 = R_2 = 10[k\Omega]$이고 $C_1 = C_2 = 100[pF]$이다. 발진기 클럭 주파수(clock frequency)를 구하라.

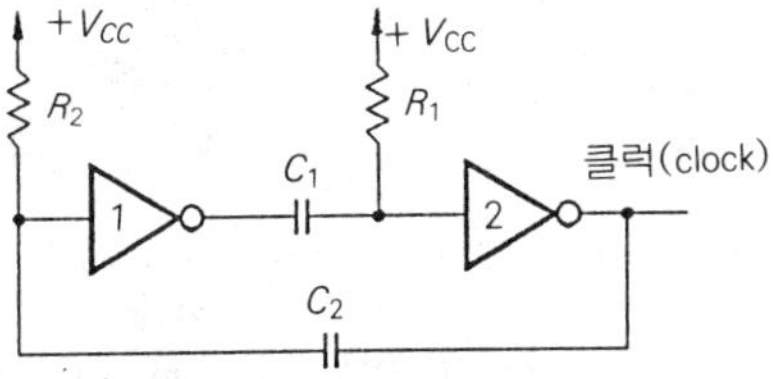

〈그림 12-42〉

풀이 비안정(astable) 회로에서 주파수는 f는

$$f=\frac{1}{T_1+T_2}=\frac{1}{0.7R_1C_1+R_2C_2}=\frac{1.4}{R_1C_1+R_2C_2}$$

문제에서 R과 C가 동일한 값을 가지고 있으므로

$$f=\frac{0.7}{RC}=\frac{0.7}{10\times10^3\times100\times10^{-12}}=0.7\times10^6=700[\mathrm{kHz}]$$

12·4·3 단안정 멀티바이브레이터

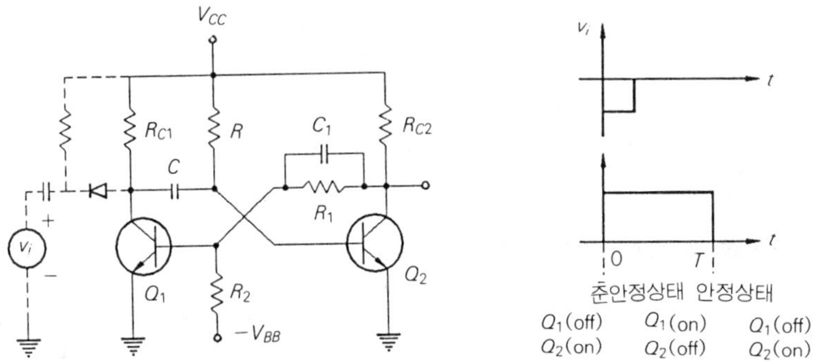

〈그림 12－43〉 단안정 MV의 동작

(1) 회로의 동작

부 트리거 펄스는 콘덴서 C를 거쳐서 Q_2의 베이스에 가해지므로 Q_2를 off 상태로 드라이브 한다. 따라서 Q_2의 콜렉터 전압이 높은 레벨로 점프하여 Q_1을 on 상태로 드라이브 한다. C_1은 전이 속도를 높이기 위한 반전 콘덴서이다.

(2) NAND 게이트를 이용한 단안정 MV

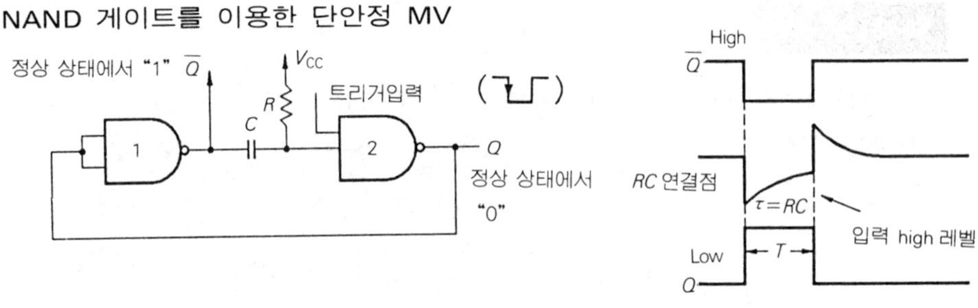

준안정 상태의 주기 $T=0.7\ RC$이다.

〈그림 12－44〉

예제 12-11 단안정 MV의 이해

〈그림 12-27〉은 NAND gate를 이용한 멀티바이브레이터이다. 100[kHz]의 pulse 신호를 트리거 입력으로 사용시 준안정 상태가 지속되는 시간 T는 얼마인가? (단, $R = 10[\text{k}\Omega]$, $C = 100[\text{pF}]$이다.)

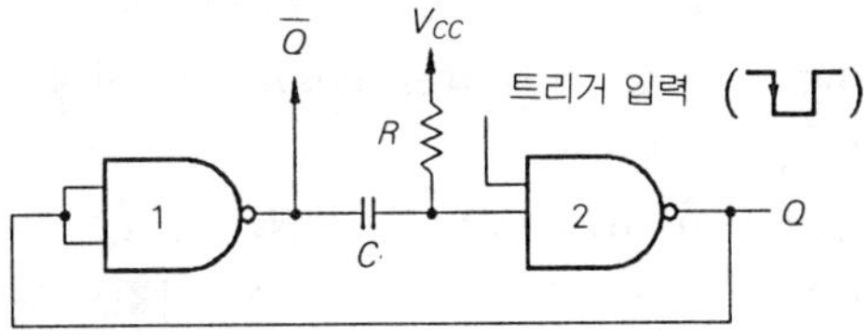

〈그림 12-45〉

풀이 단안정 멀티바이브레이터이다. 결합 소자는 C와 R로 구성되며 평상시는 높은 전압 상태의 trigger 입력 레벨이므로 NAND 게이트 2의 출력은 Low 상태가 되고 $\overline{Q}$는 High가 된다. 이 경우는 C는 아무 변화도 하지 않으므로 안정 상태를 유지한다. 트리거 입력이 순간적으로 Low 상태로 인가되어 출력 Q가 High로 구동되면 $\overline{Q}$는 Low로 된다. 이의 불안정 상태의 지속 시간 T는 다음과 같다.

$$T = 0.7R_TC_T = 0.7(10\times10^3)(100\times10^{-12}) = 0.7[\mu\text{s}]$$

$$\frac{1}{f} = \frac{1}{100\times10^3} = 10[\mu\text{s}]\ (\text{clock period})$$

이를 출력 파형으로 나타내면

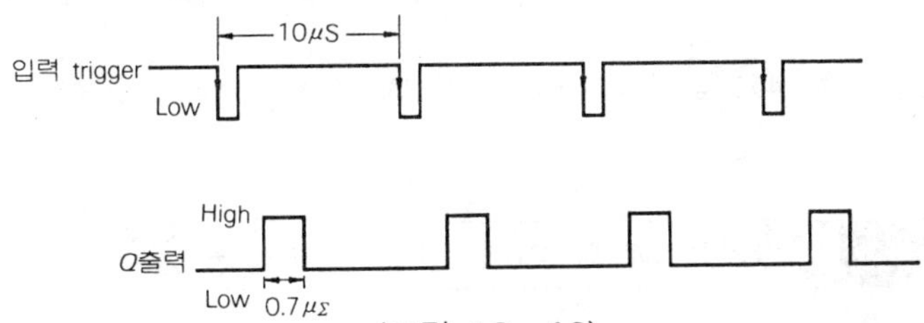

〈그림 12-46〉

12·4·4 쌍안정 멀티바이브레이터

쌍안정 멀티(bi-stable MV)는 2개의 안정 상태를 가지며 2개의 trigger 펄스에 의해 하나의 구형파를 발생시킬 수 있다. 이 회로를 Flip-flop이라고 하며 기억회로등에 사용된다.

(1) 재생 스위칭 동작

Q_1가 on상태이고 Q_2의 베이스에 부펄스를 가한 순간부터 안정 상태의 전이가 완료되기까지의 과정

→(i_{B2} 감소) → (i_{C2} 감소) → (v_{C2} 상승) → (v_{B1} 상승) → (i_{B1} 증가) → (i_{C1} 증가) → (v_{C1} 강하) →

Q_1 : on Q_2 : off

(2) 가속 콘덴서(speed-up condenser)

결합 저항 R_1에 병렬로 콘덴서 C_1을 부가하면 스위칭 속도가 높아진다. 이 C_1을 반전(commutating) 콘덴서, 전이(transpose) 콘덴서, 또는 가속(speed-up) 콘덴서라고 한다.

① 전이 시간(transition time) : 트리거링(triggering) 펄스가 가해진 후 Q_1, Q_2의 on, off 상태가 바뀌는데 소요되는 시간을 전이 시간이라 한다.

② 정착 시간(settling time) : 전이 시간이 경과한 후 용량의 충방전이 완료될 때까지의 시간을 정착시간이라 한다.

③ 완결 시간(resolution time) : 전이 시간과 정착 시간의 합을 완결 시간이라 한다.

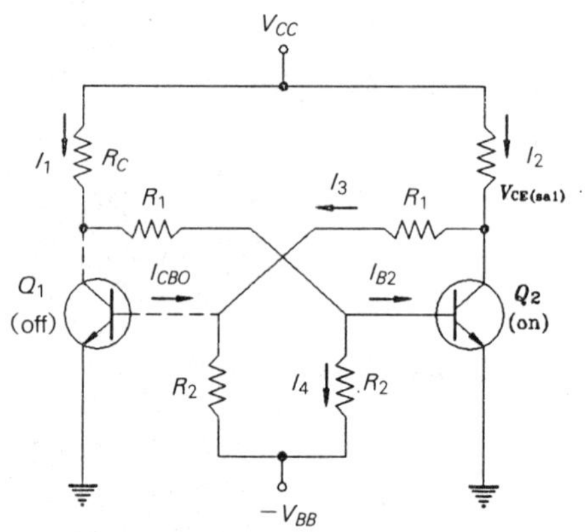

〈그림 12－47〉 쌍안정 MV의 동작 Q_1 off Q_2 on의 안정 상태

예제 12－12 쌍안정 MV의 이해

〈그림 12－48〉은 쌍안정 멀티바이브레이터에서 Q_1 on, Q_2 off일 때의 회로의 일부분을 도시한 것이다. I_{B1}, I_3, I_4를 구하라. (단, $V_\sigma = 0.7$[V]라 한다.)

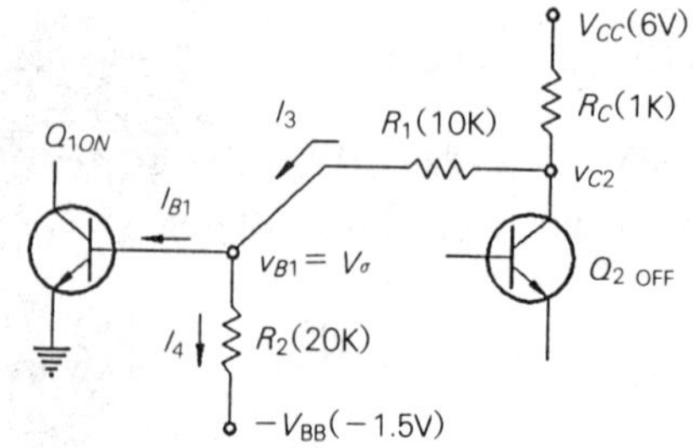

〈그림 12－48〉

풀이 v_{c2}의 전압을 먼저 구한다.

$$v_{c2} = \frac{R_c}{R_1 + R_c}V_\sigma + \frac{R_1}{R_1 + R_c}V_{CC}$$

$$= \frac{1}{10+1} \times 0.7 + \frac{10}{10+1} \times 6 = 5.5\,[\mathrm{V}]$$

(1) I_3 구하기

$$I_3 = \frac{v_{c2} - V_\sigma}{R_1} = \frac{5.5-0.7}{10\times10^3} = 0.48[\mathrm{mA}]$$

(2) I_4 구하기

$$I_4 = \frac{V_\sigma - (-V_{BB})}{R_2} = \frac{0.7+1.5}{20\times10^3} = 0.11[\mathrm{mA}]$$

(3) I_{B1} 구하기

$$I_{B1} = I_3 - I_4 = 0.48 - 0.11 = 0.37[\mathrm{mA}]$$

12·4·5 Schmitt 트리거

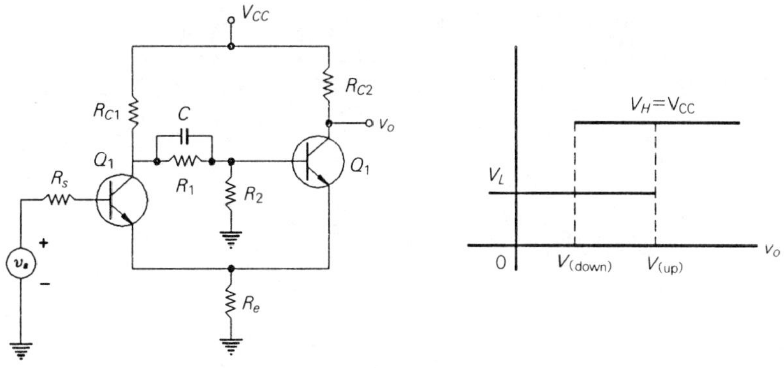

〈그림 12－49〉 schmitt 트리거 회로

Schmitt 트리거는 에미터 결합 쌍안정 회로의 일종이다.
콘덴서 C는 반전 콘덴서이며 스위칭 속도를 높이는 효과가 있다.

(1) 쌍안정 회로와 비교시 회로상의 차이점

① Q_2의 콜렉터(출력)와 Q_1의 베이스(입력)가 서로 연결되어 있지 않다.

② Q_1과 Q_2의 결합은 R_e로 이루어져 있으며 이것이 재생 스위칭 동작을 일으키는 원인이 된다.

(2) schmitt 트리거 회로의 응용

① 전압 비교 회로(voltage comparator)

② 방형파 회로(squaring circuit)

③ 쌍안정 회로(bistable circuit)

(3) 회로 동작

① 입력 v_s가 비교적 작은 경우

Q_1 off, Q_2 on 상태로 출력 V_L은 R_{c2}에서의 전압 강하만큼 V_{CC} 보다 작다.(첫째 안정 상태)

② 입력 v_s를 증대시켜가면

임계치 $V_{(up)}$에서 Q_1이 활성 영역에 들어서면서 재생 스위칭 동작으로 Q_1 on, Q_2 off 상태로 출력 $V_H = V_{CC}$이다.(둘째 안정 상태)

③ 입력 v_i를 감소시켜가면

Q_1의 I_{b1}, I_{C1}이 감소되고 Q_2의 V_{b2}가 증대되고 에미터 전압이 낮아진다. 임계치 $V_{(down)}$에서 Q_1 off, Q_2 on의 안정 상태로 전이한다.

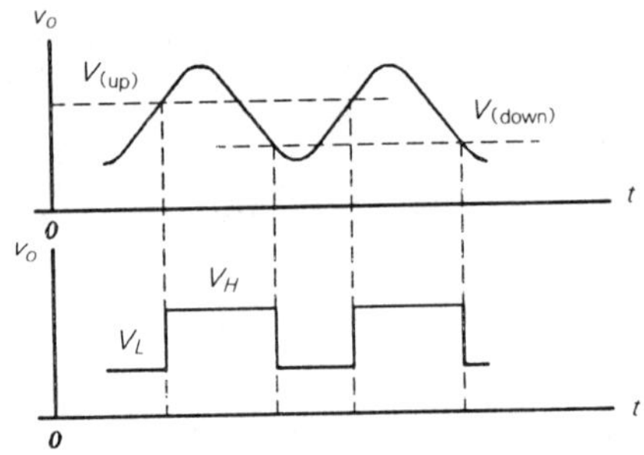

〈그림 12-50〉 schmitt의 입출력 파형

(4) 히스테리시스(hysteresis) 전압

$V_{(down)} < V_{(up)}$으로 입력 v_S의 변화에 따라 출력 v_0는 히스테리시스를 나타낸다.

$$V_{HYS} = V_{(up)} - V_{(down)}$$

12·5 블로킹(Blocking) 발진기

12·5·1 단안정 블로킹 발진기

Blocking 발진기는 입출력을 변압기로 결합한 것으로 재생 스위칭 동작이 일어나도록 하여 시간폭이 대단히 좁은 펄스(톱니파 발생등)를 발생시킨다.

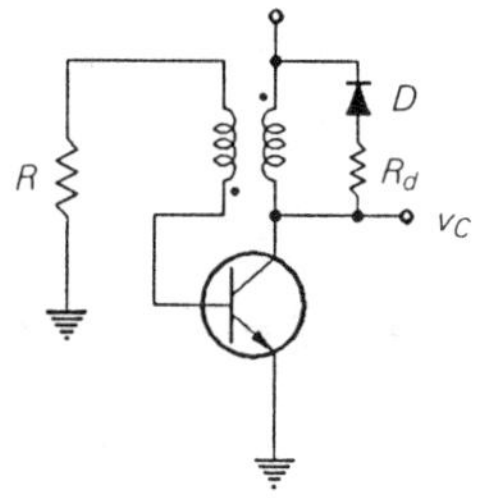

〈그림 12-51〉 단안정 블로킹 발진기

(1) Blocking 발진기의 구분

① 단안정 blocking 발진기 : 외부로부터 트리거 신호가 가해졌을 때 하나의 출력 펄스를 발생시킨다.

② 비안정 blocking 발진기 : 회로 정수에 의해 정해지는 일정 주기로 연속적으로 펄스열을 발생시킨다.

변압기 결합이므로 직류적으로 입·출력이 결합되지 않으므로 쌍안정 동작은 존재하지 않는다.

(2) back-swing의 제동 : 펄스 종료시에 발생하는 진동, 즉 back-swing을 제동(damping)시키기 위해 변압기와 병렬로 다이오드 D와 제동 저항 R_d를 접속해 준다.

(3) Blocking 발진기의 특징

① 단안정, 비안정 동작을 시킬 수 있다.

② 회로가 단순하다. (1개의 능동소자의 펄스 변압기로써 구성된다.)

③ 시간폭이 대단히 좁은 펄스를 발생시킨다.

④ 트랜지스터가 on 상태일 때 전력이 변압기를 거쳐서 부하에 공급된다. 즉 저 임피던스 레벨로 고전류를 흘릴 수 있다.

12·5·2 비안정 블로킹 발진기(RC 제어)

발진 주기를 RC로써 제어하는 비안정 블로킹 발진기이다.

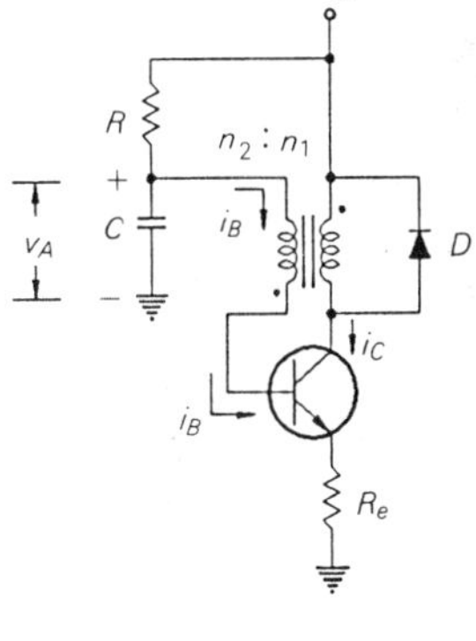

〈그림 12-52〉 비안정 블로킹 발진기

(1) 동작 원리

$v_A < 0$ 일 때 트랜지스터는 차단(off)상태이며, 이때 C는 R을 거쳐서 V_{cc}로 충전된다. $t = 0$에서 v_A가 cutin전압에 이르면 재생 작용에 의해 순식간에 트랜지스터는 포화 상태가된다. 다시 콘덴서 C는 i_B에 의해 방전되며 v_A는 부방향으로 증대하고 i_B는 감소하여 트랜지스터가 활성 상태가 되면 재생 작용에 의해 순식간에 차단 상태를 복귀한다.

(2) 반복 주기

$$T \approx CR \log\varepsilon (1 + n)$$

단, n은 권선비($= n_2/n_1$)

(3) Blocking 발진기의 응용 분야

① 방형파 발생기 혹은 sweep 발생기에서의 동기용 trigger 신호를 공급하는 주발진기로 사용된다.

② 큰 peak 전력의 펄스를 발생시킨다.

③ 저임피던스 · 스위치로서 이용된다.

④ 톱니파 발생회로

12·6 부저항 스위칭 회로

12·6·1 터널 다이오드 스위칭 회로

부저항 소자에는 터널 다이오드, SCR, UJT, SCS 등이 있다.

(1) 터널 다이오드의 쌍안정 동작 : Q_1, Q_2가 정저항상에 오도록 V와 R이 선정되어야 한다.

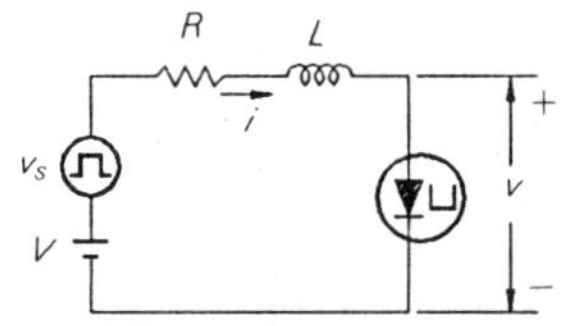

(a)

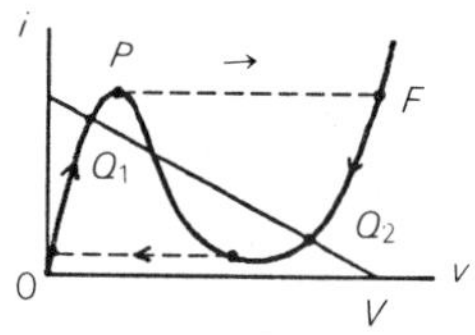

(b)

〈그림 12−53〉 터널 다이오드의 쌍안정 동작

$v_s = 0$ 일 때 정지점이 Q_1에 있다고 하고 정(+)펄스 v_s가 가해지면 동작점은 $Q_1 \rightarrow P \rightarrow F \rightarrow Q_2$로 이동한다. 이 때 동작점이 $Q_1 \rightarrow P$ 또는 $F \rightarrow Q_2$로 이동하는 동안에는 전류의 변화로 시간이 소요되나 $P \rightarrow F$로 이동시에서 순간적으로 이루어지며 시간이 소요되지 않는다.(이유 : 인덕턴스는 전류는 순간적으로 변화할 수 없으나 전압의 불연속적인 변화는 허용된다.) 또 동작점이 Q_2에 있을 때 부(−)펄스를 가하면 Q_1으로 전이하는데 이러한 동작을 쌍안정 동작(bistable)이라 한다.

(2) 터널 다이오드의 단안정, 비안정 동작

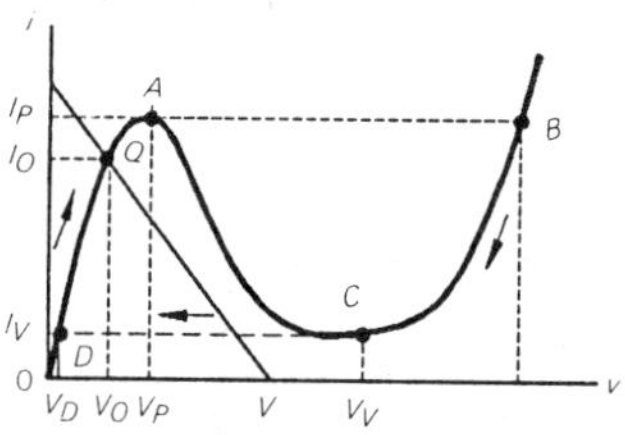

(a) 단안정 동작

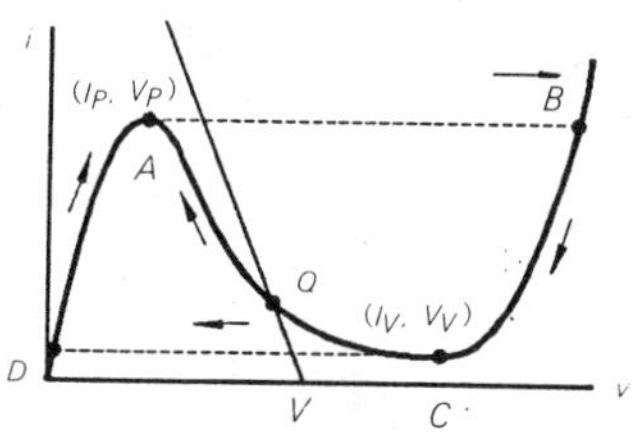

(b) 비안정 동작

〈그림 12−54〉 터널 다이오드의 단안정, 비안정 동작

단안정 동작의 경우에는 정지점이 정저항상에 하나 존재하나 비안정의 경우에는 정지점이 부저항상에 하나 존재한다.

- 단안정 동작 : Q → A → B → C → D → Q
- 비안정 동작 : A → B → C → D → A → B⋯(순환 동작)

단안정 동작의 경로중 A → B 와 C → D 의 과정은 전류의 변동이 없이 전압만 변화하므로 시간이 소요되지 않는다.

12·6·2 SCR을 사용한 회로

(1) 비교 회로와 펄스 발생 회로

① SCR사용 비교 회로 : v_i가 트리거레벨에 이르면 SCR이 점화되어 급격히 큰 응답이 출력 v_o에 나타난다.

② 펄스 발생 회로

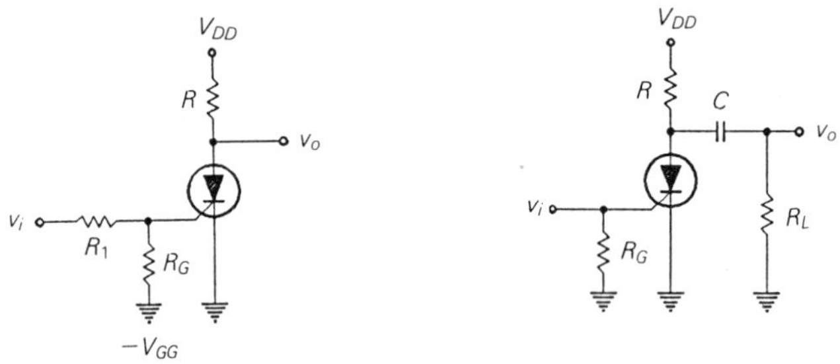

(a) 비교 회로　　　(b) 펄스 발생 회로

〈그림 12－55〉 SCR의 응용

(2) 톱날파형 발생 회로와 비안정(혹은 쌍안정) 회로

① 톱날파 발생 회로 : 콘덴서 C는 R을 거쳐 충전되고, 이 콘덴서 전압의 상승에 따라 gate전압과 anode전압이 어떤 레벨까지 상승하면 SCR이 점화되고, 다음에 C가 방전되어 출력에는 톱날파가 발생된다.

② 비안정 혹은 쌍안정 회로 : 전원 전압이 점화 전압보다 크면 비안정, 작으면 쌍안정으로 된다.

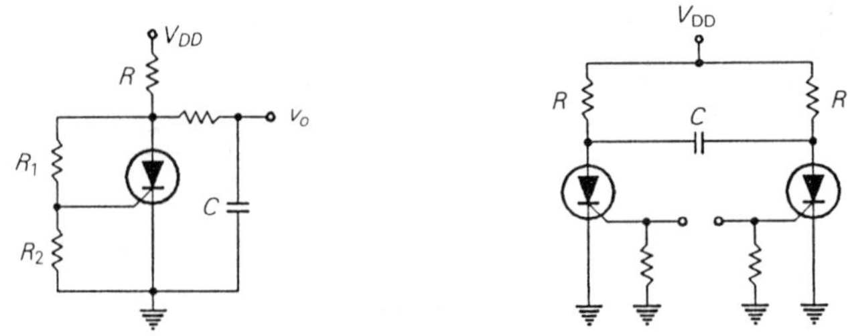

(a) 톱날파형 발생 회로　　　(b) 비안정 혹은 쌍안정 회로

〈그림 12－56〉 SCR의 응용

12·6·3 UJT 스위칭 회로

UJT스위칭 회로는 주로 톱니파 발생기로 이용된다.

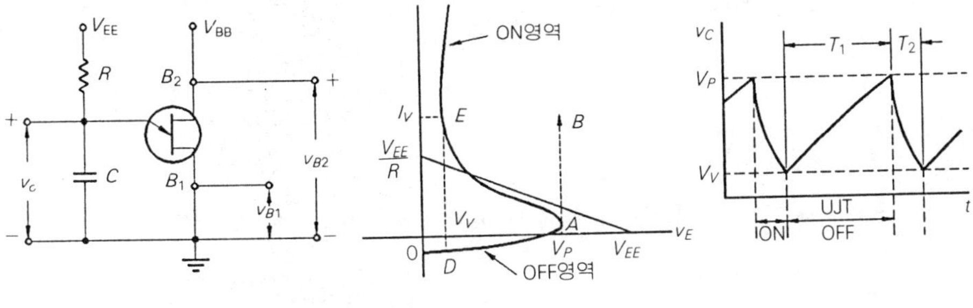

(a) UJT 이용　　　(b) UJT의 비안정 동작　　　(c) 톱니파 출력

〈그림 12－57〉 UJT 이용 톱니파 발생기

〈그림 12－57〉 (a)는 비안정 톱니파 발생회로이다. V_{EE}와 R의 값을 적당히 선정하여 그림(b) 부하선의 부(－) 저항 영역의 한점을 지나도록 한 것이다.

● 비안정 동작 : A → B → E → D → A → …(순환 동작)

이 동작 과정에서 A → B 와 E → D 에서는 전압이 일정하고 전류만이 크게 변하므로 시간이 소요되지 않는다.

出題豫想問題

1. 듀티 사이클(duty cycle)이 0.1이고, 주기가 40 [μs]인 펄스의 폭은?

가. 10 [μs] 나. 0.2 [μs]
다. 2 [μs] 라. 4 [μs]

해설 $t_0 = DT = 0.1 \times 40 \times 10^{-6}$

2. 펄스 반복 주파수가 1.2 [kHz], 펄스폭(pulse width)이 4 [μs]인 펄스의 충격계수 D는?

가. 3×10^8 나. 3333.333
다. 0.0048 라. 0.0024

해설 반복 주기 $T = \frac{1}{f}$

3. 다음 그림은 이상적인 펄스를 나타낸 것이다. 펄스의 점유율 D는?

가. $D = \frac{t_o}{T}$ 나. $D = \frac{T}{t_o}$
다. $D = \frac{E}{T}$ 라. $D = \frac{E}{t_o}$

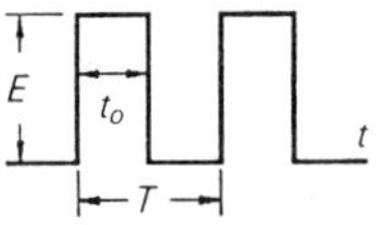

4. 펄스 반복 주파수 600[Hz], 펄스폭 1.2[ms]를 갖는 펄스의 충격계수는 얼마인가? 단, 충격계수 : duty factor

가. 0002 나. 0.005 다. 0.0005 라. 0.00072

5. 그림과 같은 RC회로의 시정수가 1[μs]일 때 상승 시간(rise time)은 얼마인가?

가. 0.35 [μs] 나. 1 [μs]
다. 2.2 [μs] 라. 20 [μs]

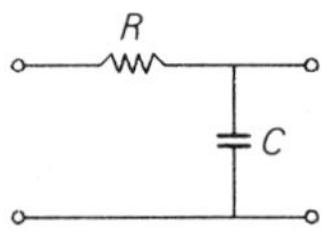

해설 상승 시간 $t_r = 2.2 \times$ 시정수(CR)

6. 10[V]로 충전되어 있는 1 [μF] 콘덴서를 1[MΩ]의 저항을 통하여 방전시킬 때 1초 후의 콘덴서 양단의 전압은?

가. 0[V] 나. 3.680[V]
다. 6.380[V] 라. 8.630[V]

해설 시정수 $\tau = CR = 1 \times 10^6 \times 1 \times 10^{-6} = 1$[sec]

$\therefore v_c = 0.368 \times 10 = 3.68$ [V]

해답 1. 라 2. 다 3. 가 4. 라 5. 다 6. 나

7. 그림의 회로에 입력으로 단위 계단함수를 가하였더니 응답이 그림과 같았다. 상승 시간(t_r)은 얼마인가?

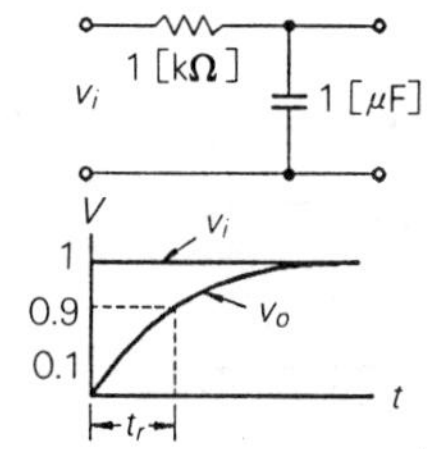

가. 0.8 [msec]

나. 1 [msec]

다. 2.2 [msec]

라. 9 [msec]

8. 그림의 회로에서 스위치가 t=0에서, 1에서 2의 위치로 갑자기 옮겨졌다. 이때의 흐르는 전류를 계산하시오.

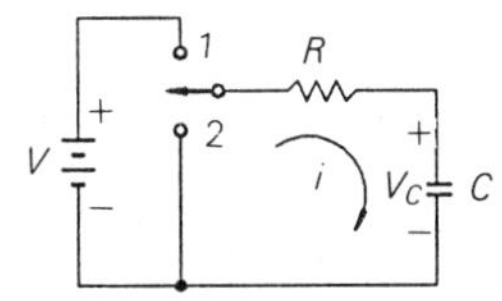

가. $i = \frac{V_c}{R} e^{-\frac{t}{RC}}$

나. $i = \frac{-V_c}{R} e^{-\frac{t}{RC}}$

다. $i = \frac{-V_c}{R} e^{-\frac{c}{R}t}$

라. $i = \frac{V_c}{R} e^{-\frac{R}{c}t}$

9. 다음과 같은 RC회로에 직류 기전력을 가했을 때 해당되지 않는 그림은?

가.

나.

다.

라.

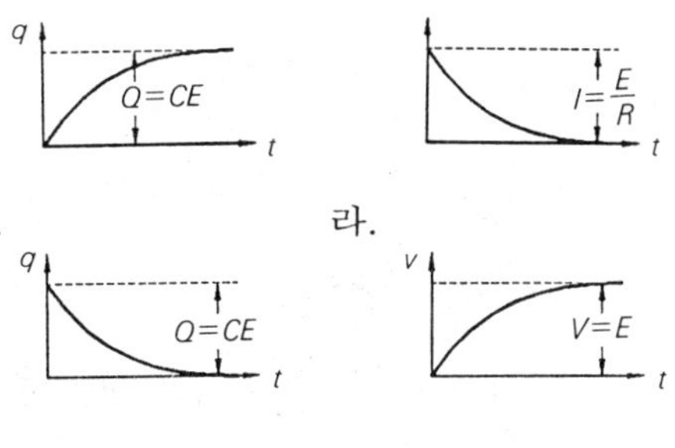

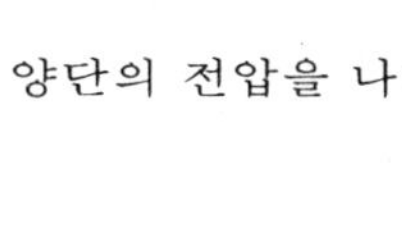

10. RC 직렬 회로에 구형파 전압을 인가했을 때 저항 R 양단의 전압을 나타내는 식은? (단, $W > CR$이며 W는 구형파 전압의 폭이다.)

가. $V_R = Ee^{-C/Rt}$

나. $V_R = Ee^{-Rt/C}$

다. $V_R = Ee^{-CRt}$

라. $V_R = Ee^{-t/CR}$

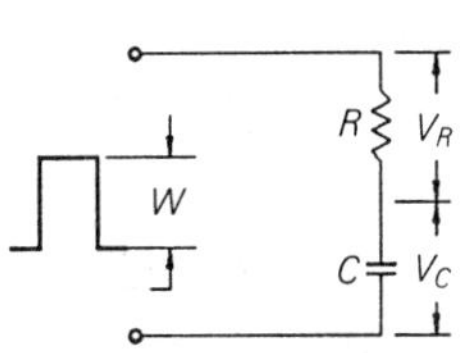

해답 7. 다 8.나 9.다 10. 라

11. 저역 통과 *RC* 회로에 스텝(step) 입력을 공급할 때 출력은?

가.

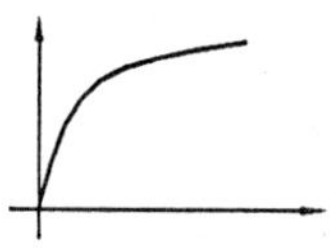

나.

다.

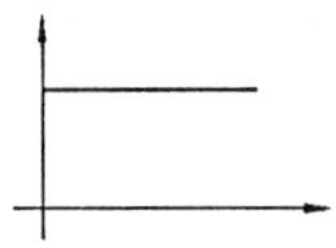

라.

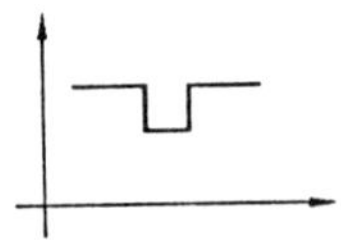

12. 그림과 같은 *RL*회로에 있어서 스위치 *S*를 넣는 순간의 기전력 *E*에서 *t*초 후 회로에 흐르는 전류 *i*는 어떻게 표시되는가?

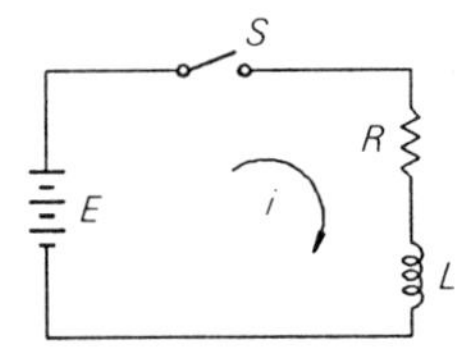

가. $\frac{E}{R}e^{-\frac{R}{L}t}$

나. $\frac{E}{R}(1-e^{\frac{R}{L}t})$

다. $Ee^{-\frac{R}{L}t}$

라. $\frac{E}{R}(1-e^{-\frac{R}{L}t})$

13. 트랜지스터의 스위칭 시간에서 turn-on 시간은?

가. 하강 시간 나. 상승 시간＋지연 시간
다. 축적 시간＋하강 시간 라. 축적 시간

해설 [다]는 turn-off 시간이다.

14. 스위칭 파형에서 콜렉터 전류 파형이 최종치 Ic(sat)의 10[%]로 상승하기까지의 시간을 무슨 시간이라고 하는지 맞게 설명된 것은?

가. switching time 나. rise time
다. fall time 라. delay time

15. 접합 트랜지스터의 스윗칭 속도를 빠르게 하기 위한 방법으로 적당한 것은?

가. 베이스 회로에 직렬로 저항을 접속한다.
나. 베이스 회로에 인덕턴스를 접속한다.
다. 베이스 회로에 저항에 콘덴서를 병렬 접속하여 연결한다.
라. 베이스 회로에 제너 다이오드를 접속한다.

해답 11. 가 12. 라 13. 나 14. 라 15. 다

16. 트랜지스터의 펄스응답을 개선하기 위한 것으로 옳지 않은 것은?

가. 포화 전류가 흐르지 않게 한다.

나. 상승때에 I_B를 크게 잡는다.

다. 스피드－업(speed-up) 콘덴서를 사용한다.

라. 하강때에 베이스에 순바이어스를 가한다.

17. 다음 중 미분 회로는 어느 것인가?

(단, $\frac{1}{\omega C} \gg R$을 조건으로 한다.)

가. 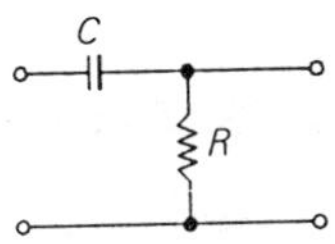

나. 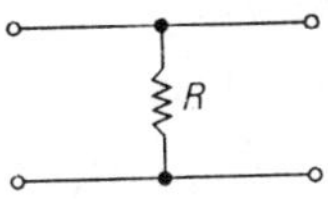

다. 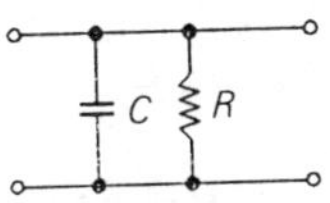

라. 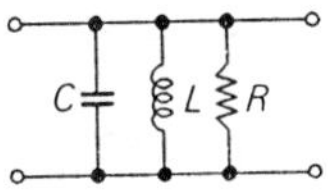

18. 그림과 같은 CR회로에 펄스폭이 τ인 구형 펄스를 가했을 경우 e_R의 변화를 나타내주는 파형은 어느 것인가? (단, $CR < \tau$ 이다.)

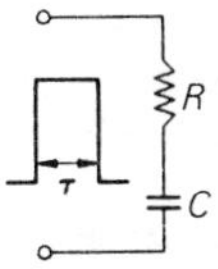

가. 나. 다. 라.

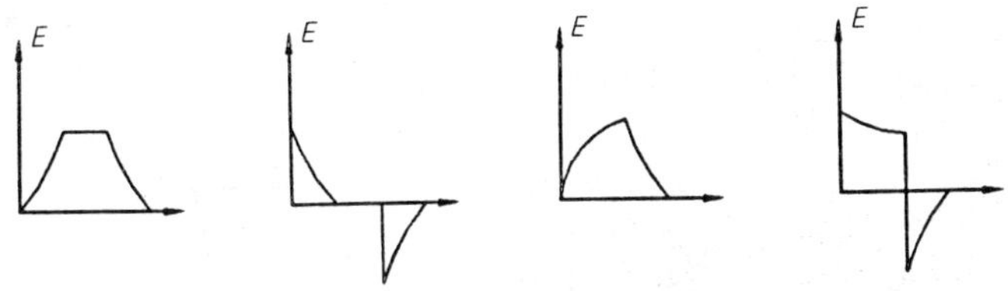

19. 다음 단일 구형파를 미분회로에 통과시키면 출력파형은?

가. 나.

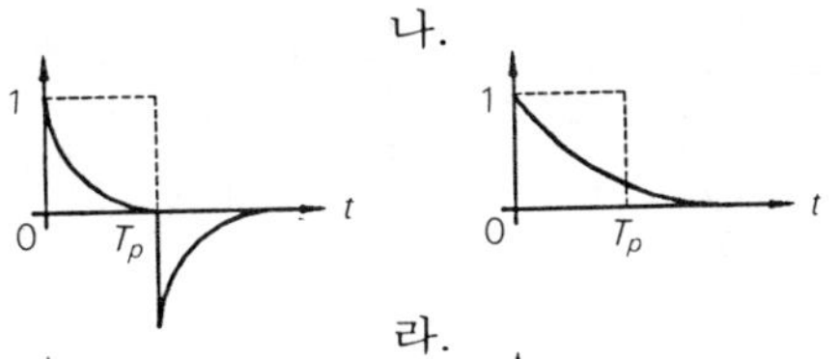

다. 라.

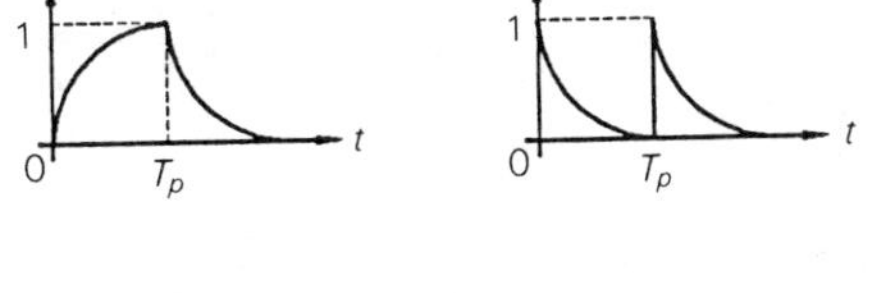

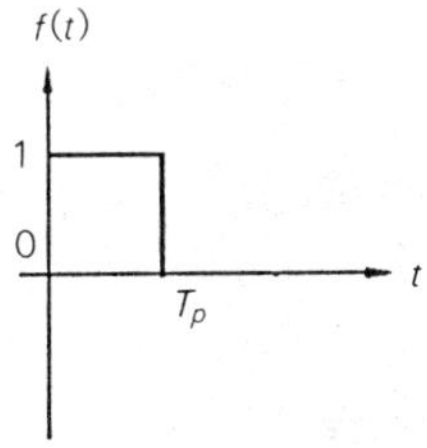

해답 16. 가 17. 가 18. 나 19. 가

20. 그림과 같은 회로에 입력 V_i이 인가되었을 때 출력은 어느것이 가장 적당한가?

가.

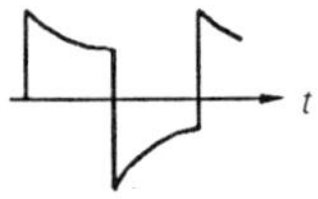

나.

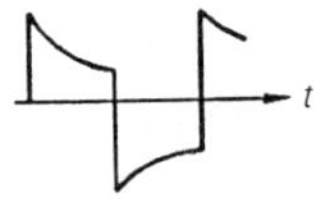

다.

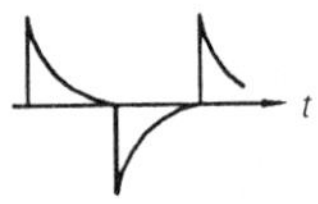

라.

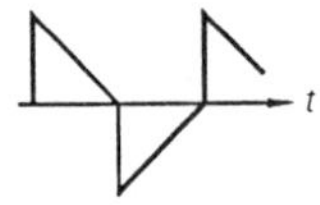

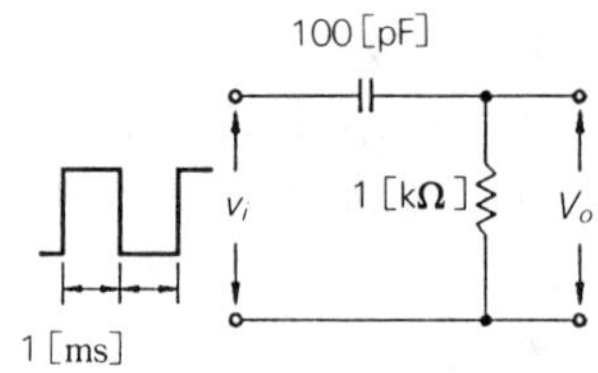

21. 그림과 같은 다이오우드 회로에서 정현파 교류입력 V_i가 주어지면 출력파형은 어떻게 되는가? (단, 교류 입력의 진폭 $V_m > V_R$ 임)

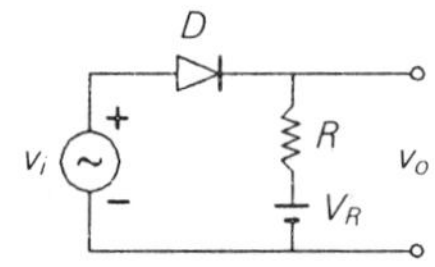

가. $V_0 \geqq V_R$

나. $V_0 \leqq V_R$

다. $V_0 \geqq -V_R$

라. $-V_R \leqq V_0 \leqq V_R$

해설 $V_i > V_R$ 이면 D는 on 상태가 되어 $V_0 = V_i$가 되며 $V_i < V_R$ 이면 off 상태가 되어 $V_0 = V_R$ 의 파형이 나온다.

22. 그림과 같은 회로에서 출력 파형은? (단, $v_i = V_m \sin \omega t$이며 $V_m > V_R$ 이다.)

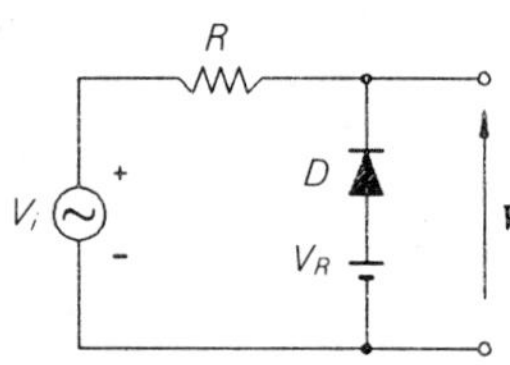

가.

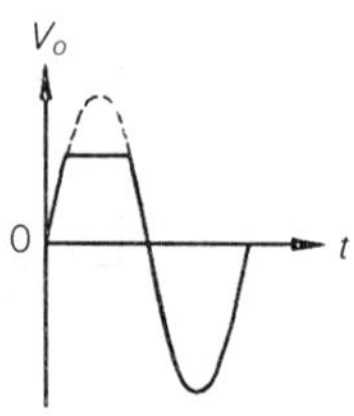

나.

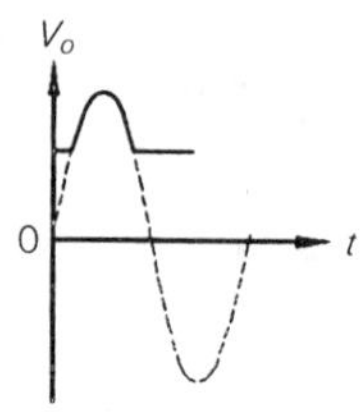

다.

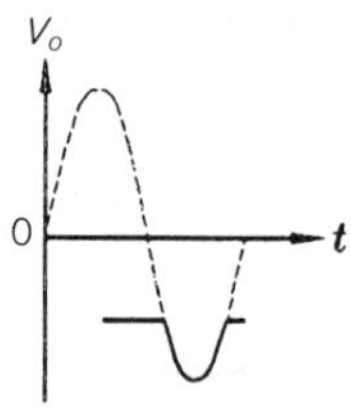

라.

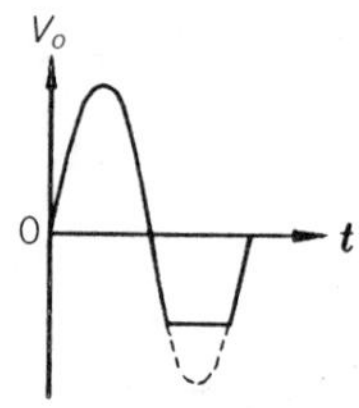

해설 $v_i < V_R$ 이면 D는 순방향이 되어 도전(on) 상태가 되므로 출력 전압 $v_0 = V_R$ 이 된다.

해답 20. 다 21. 가 22. 나

23. 다음 회로의 출력 파형은? (단, 다이오드는 이상적이다.)

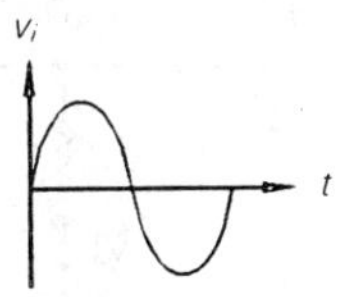

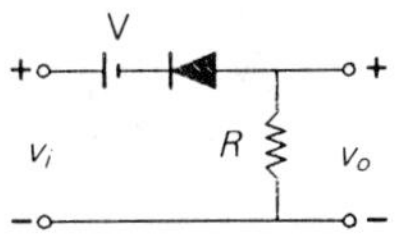

가.

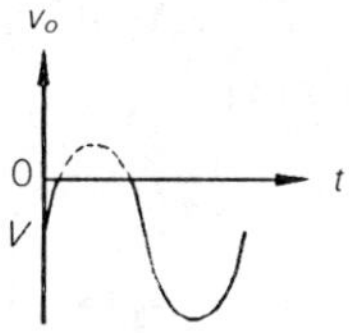

나.

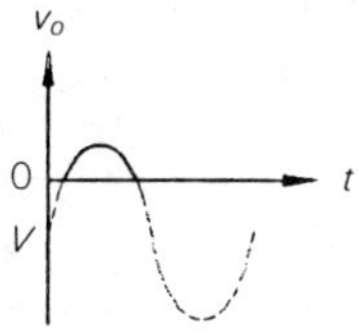

다.

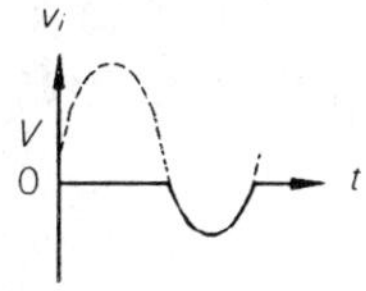

라.

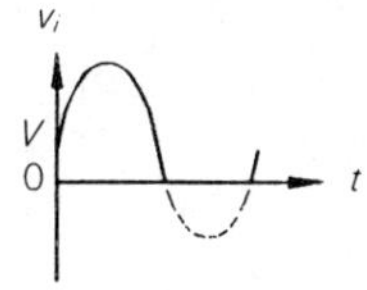

해설 Biased series clippers이다.

24. 그림 (a)와 같은 회로에서 신호 전압 v_i가 그림 (b)와 같이 변화할 때 출력 전압 v_0는?

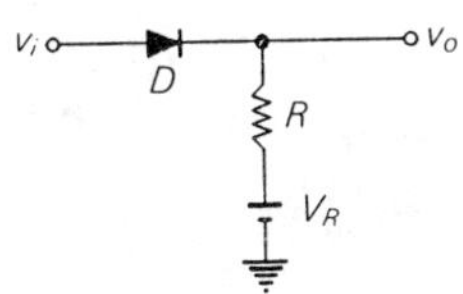

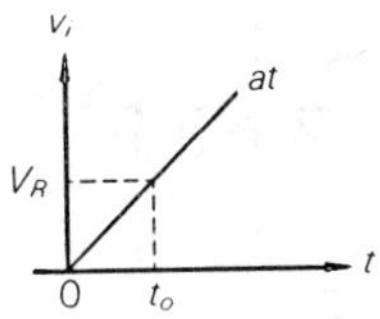

가.

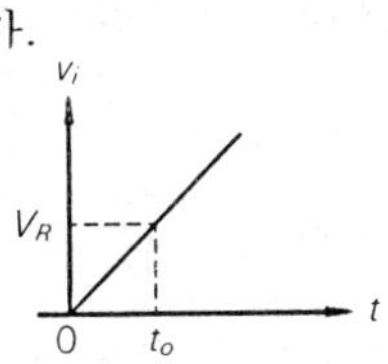

나.

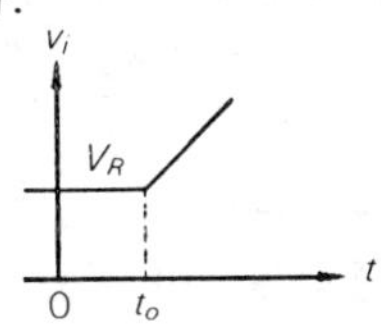

다.

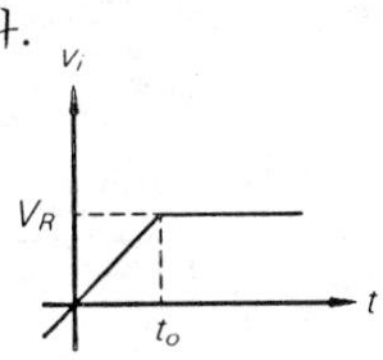

라.

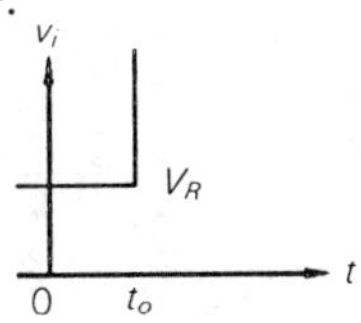

해설 $v_i > V_R$이면 D는 순방향 상태이고 $V_i < V_R$이면 역방향 상태가 되어 D는 off 상태가 된다.

25. 그림에 D는 이상다이오드이다. 전달 특성은?

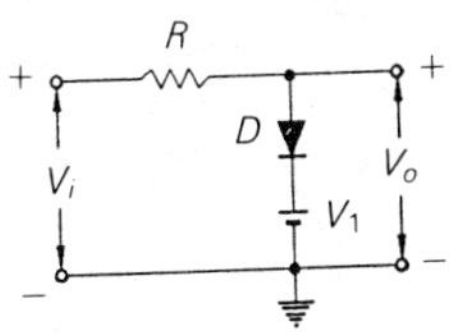

가.

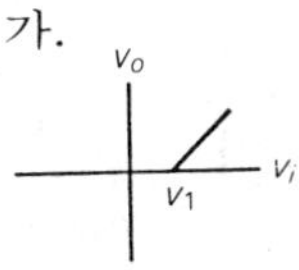

나.

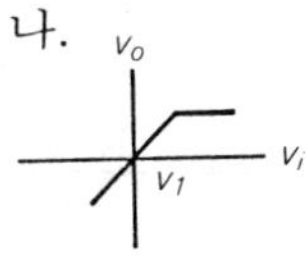

다.

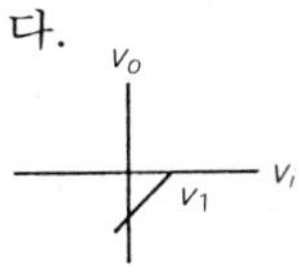

라.

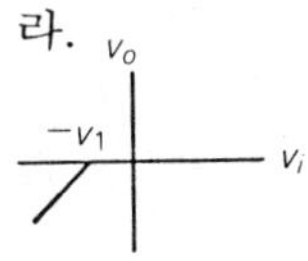

해답 23. 가　24. 나　25. 나

26. 그림의 다이오우드 회로에서 입력 v_i가 $v_i = 4\sin(100t)$ [V]인 경우에 출력전압 v_0는 최고치가 몇 볼트인가?

가. 2 [V]
나. 3 [V]
다. 4 [V]
라. 7 [V]

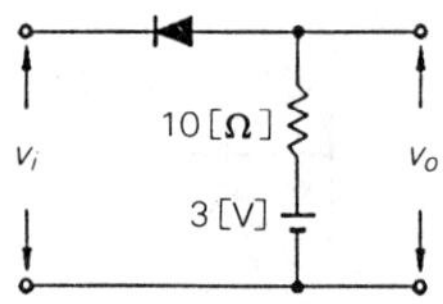

27. 그림과 같은 회로의 입력에 정현파(V_i)를 인가했을 때의 전달 특성은?
단, 다이오우드의 동작시 저항 성분은 R_f이며, $R_f < R$ 이다.

가.

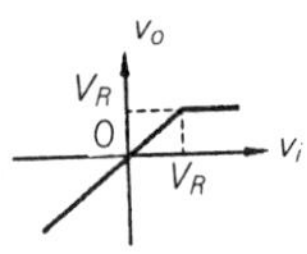

나.

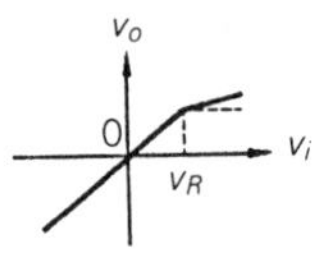

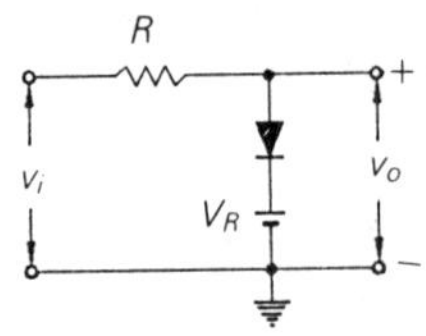

다.

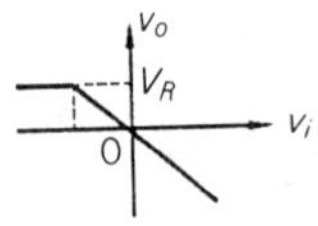

라.

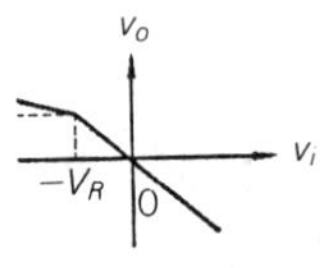

28. 그림과 같은 출력을 얻을 수 있는 회로는? (단, 입력은 정현파이다)

가.

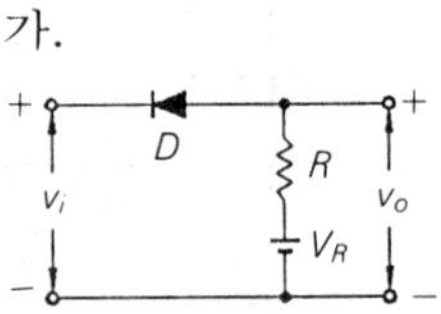

나.

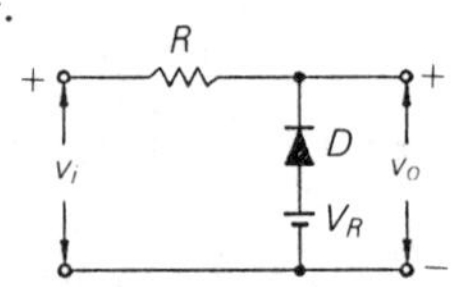

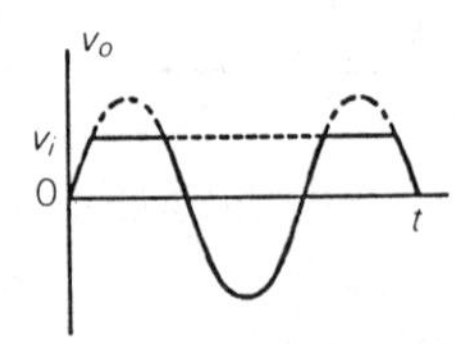

다.

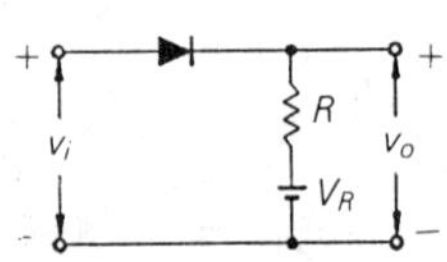

라.

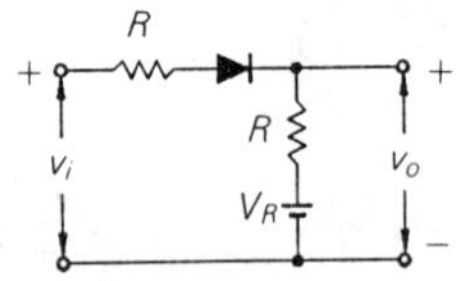

해답 26. 나 27. 나 28. 가

29. 그림과 같은 회로에서 입력(υ_i)에 정현파을 인가했을 때 같은 출력파를 얻을 수 있는 회로는?

가.

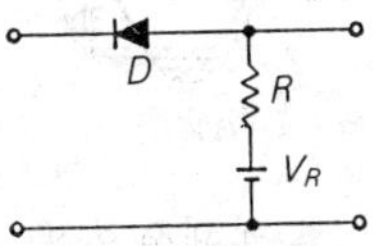

나.

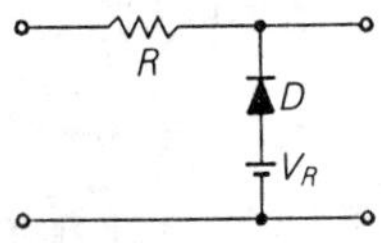

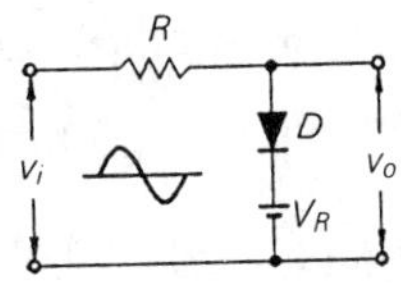

다.

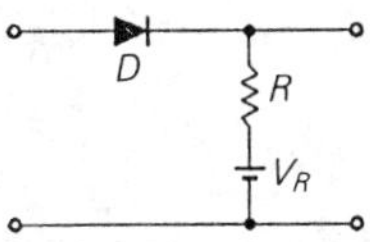

라.

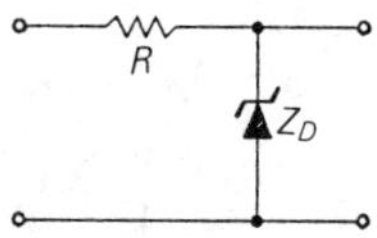

30. 다음과 같은 회로에 정현파 전압을 인가시켰을 때 출력측에 나타나는 파형은 다음중 어느 것인가? (단, $V_m > V_R$이다.)

가.

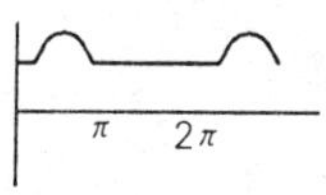

나.

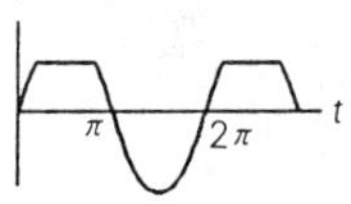

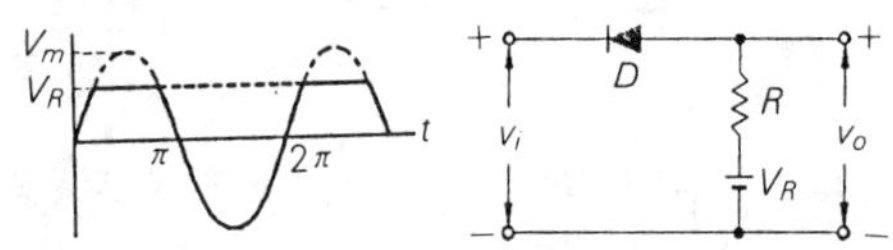

다.

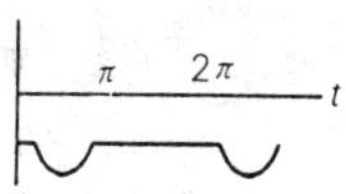

라.

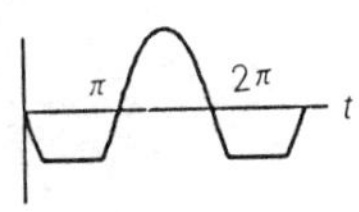

31. 정현파 입력에 대해 그림과 같은 출력을 얻기 위한 회로를 다이오우드를 이용하여 간단히 설계하여라 (단, 입력 : 8 sin $\omega t[V]$, 다이오우드를 최대 허용전류 : 1[mA]이다.)

가.

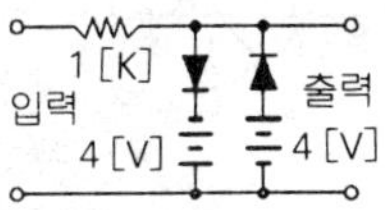

나.

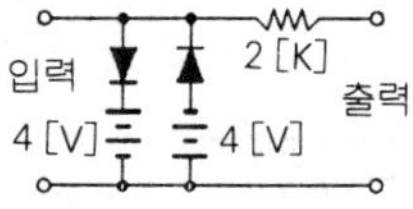

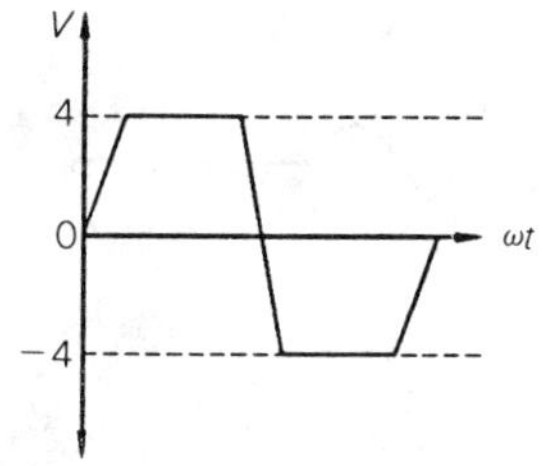

다.

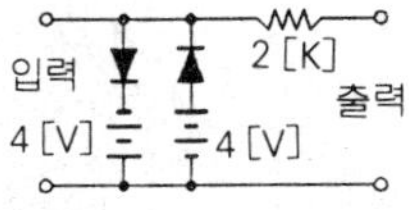

라.

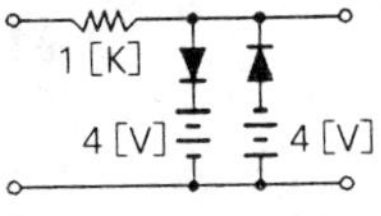

해답 29. 가 30. 나 31. 라

32. 그림과 같은 limiter 회로에 정현파 입력을 가할때 (b)와같은 출력이나타나게 되면 전원 E_1 E_2의 구성은 ?

가. ①＋②－와 ③－④＋극성
나. ①－②＋와 ③＋④－극성
다. ①＋②－와 ③＋④－극성
라. ①－②＋와 ③－④＋극성

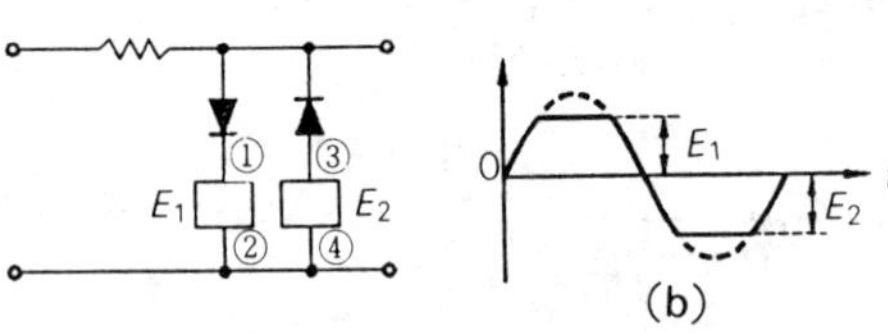

33. 그림의 clamping 회로에서 (a)와 같은 입력전압이 인가시 출력파형은 ?

가.
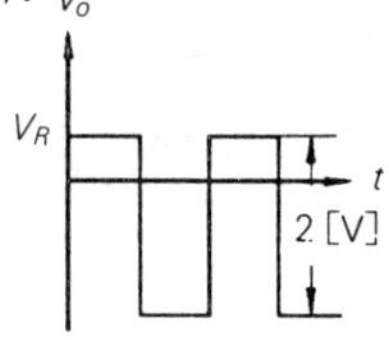

나.
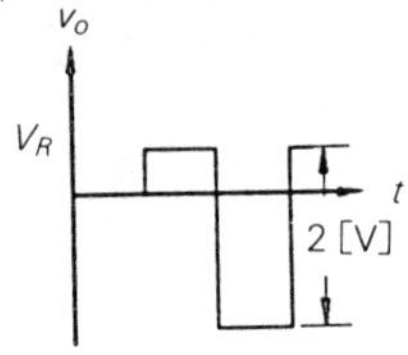

다.
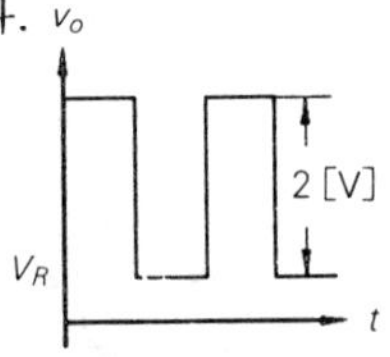

라.
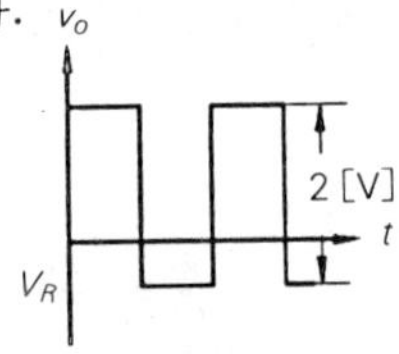

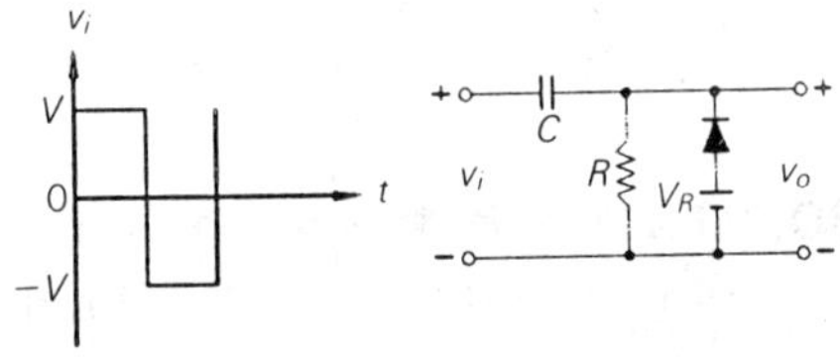

(a) (b)

34. 그림과 같은 회로의 설명으로 옳은 것은 어느 것인가 ?

가. 클리핑 회로이다.
나. 클램프 회로이다.
다. 진폭 제한 회로이다.
라. 양단 클리핑 회로이다.

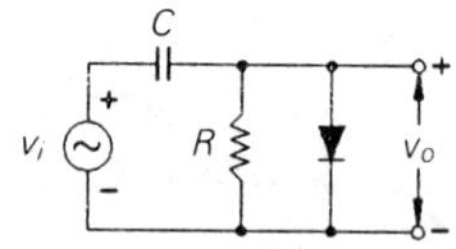

35. 그림과 같은 clamping 회로의 출력으로 맞는 것은 ?

가.
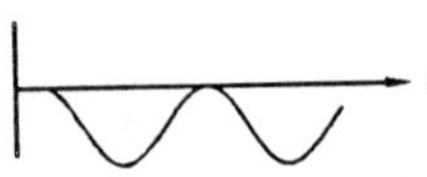

나.
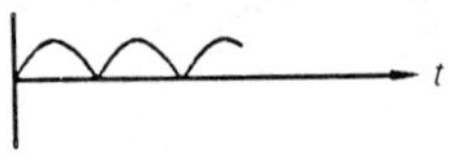

다.
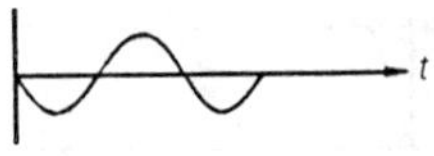

라.
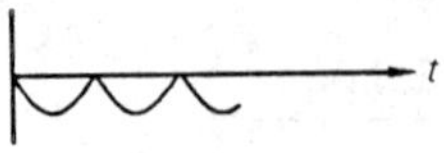

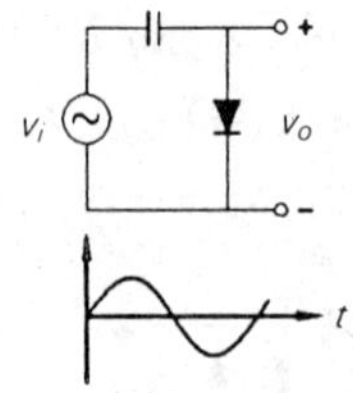

해답 32. 가 33. 다 34. 나 35. 가

36. 그림의 회로에서 출력파형을 그리면?

가.

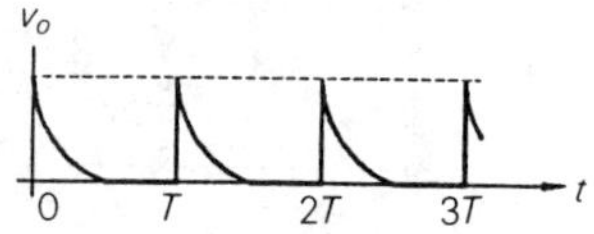

나.

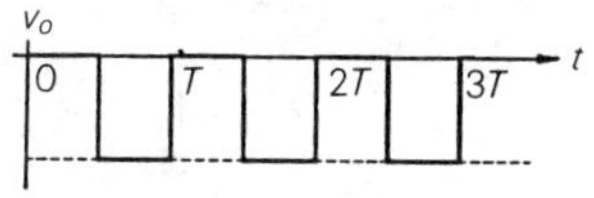

다.

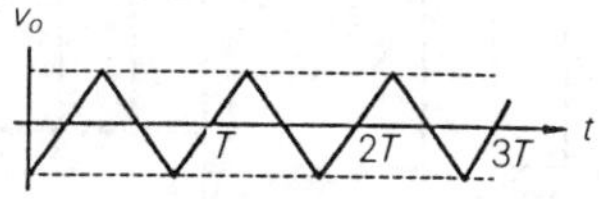

라

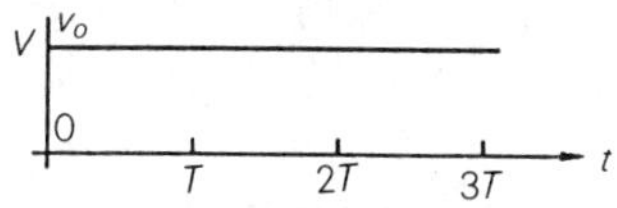

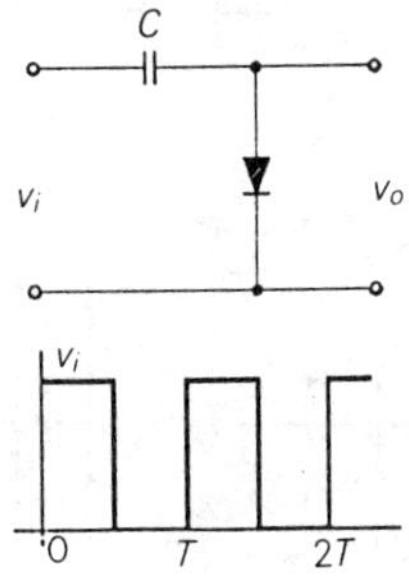

37. 다음 회로에 대한 설명중 맞게 설명된 것은?

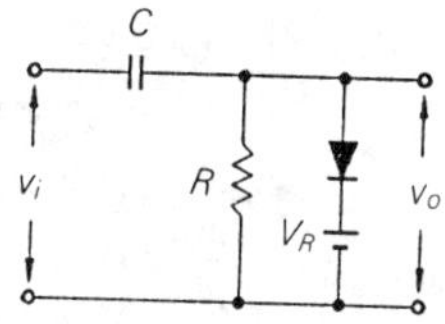

가. 출력 신호의 하단레벨을 일정하게 유지한다.
나. 클리퍼이며 일정값이하로 출력신호의 크기를 제한한다.
다. 출력 신호의 상단레벨을 일정하게 유지한다.
라. 반파정류 회로이다.

38. 다음 회로에 대한 설명중 옳은 것은 어느 것인가?

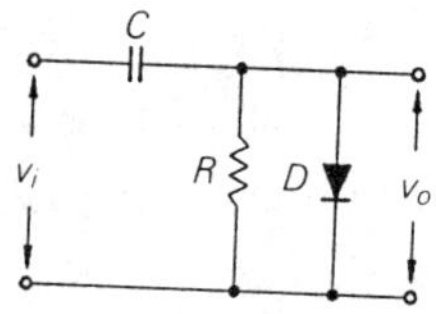

가. 반파 정류 회로이다.
나. Clipper 회로이며 입력 파형의 일정값 이상만 출력에 나타나게 한다.
다. Clipper 회로이며 입력파형의 일정값 이하만 출력에 나타나게 한다.
라. Clamp 회로이며 입력파형을 그대로 유지하면서 파형 평균 level만 변화시켜 출력에 나타나게 한다.

39. 그림 (a)의 회로망에 그림(b)의 입력파를 인가시 출력 파형은? (단, 다이오우드는 이상적인 특성을 갖는다.)

가. 0[V]와 +16[V]에 클램프 된다.
나. 0[V]와 －16[V]에 클램프 된다.
다. 0[V]와 +32[V]에 클램프 된다.
라. 0[V]와 －32[V]에 클램프 된다.

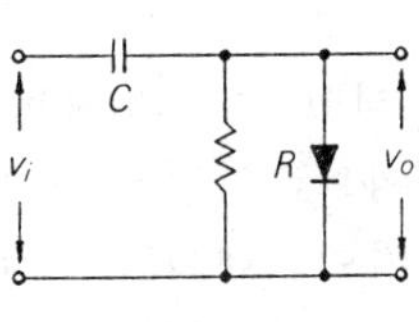

(a)

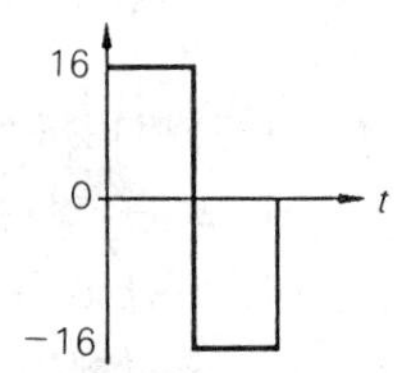

(b)

해답 36. 나 37. 다 38. 라 39.라

40. 다음 회로의 그림 (a)의 입력에 대한 출력 파형은?

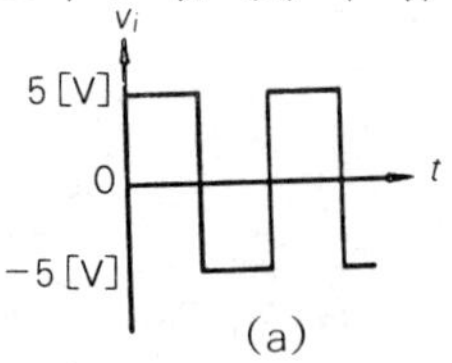

(a)

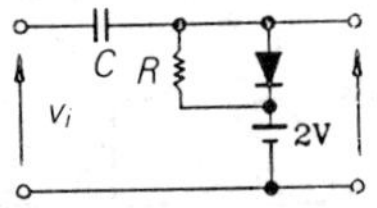

(b)

가.

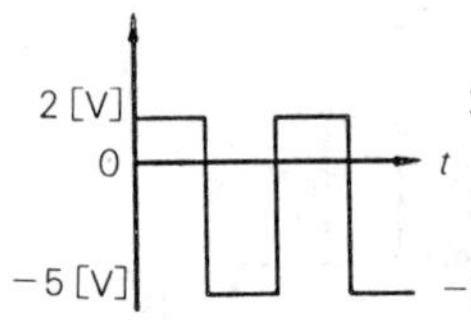

나.

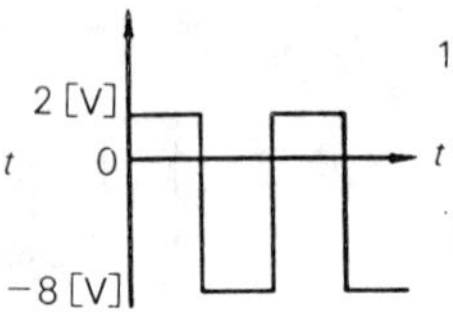

다.

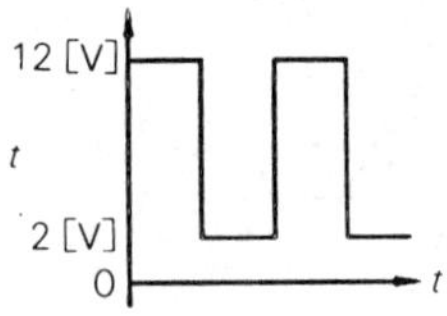

라.

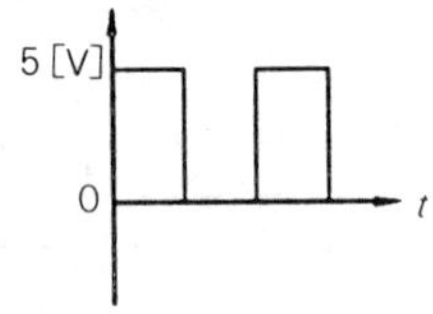

41. 다음과 같은 회로에서 다이오우드 D_1과 D_2가 동시에 차단상태로 되는 조건으로 옳은 것은? (단, $V_2 > V_1$이다.)

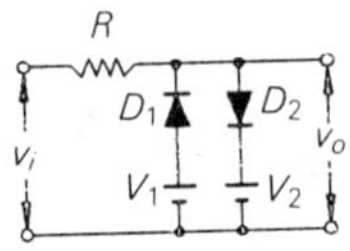

가. $V_i \leqq V_1$　　나. $V_1 > V_i > V_2$

다. $V_1 < V_i < V_2$　　라. $V_i \geqq V_1$

해설 ① $V_i > V_2$일 때 : D_1 off, D_2 on 상태
② $V_i < V_1$일 때 : D_1 on, D_2 off 상태
③ $V_2 > V_i > V_1$일 때 : D_1 off, D_2 off 상태

42. 다이오우드 D_1, D_2의 항복전압을 V_z라면 회로에서 D_1, D_2가 모두 차단(off)될 조건으로 옳은 것은?

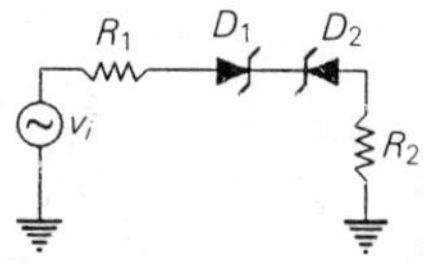

가. $V_i = V_z$

나. $V_i = -V_z$

다. $-V_z < V_i < V_z$

라. $-V_z > V_i > V_z$

해설 ① $V_i > V_{Z2}$일 때 : D_1, D_2 on 상태

$$v_0 = \frac{R_2}{R_1 + R_2}(V_i - V_{Z2})$$

② $V_i < -V_{z1}$일 때 : D_1, D_2 on 상태

$$v_0 = \frac{R_2}{R_1 + R_2}(V_i + V_{Z1})$$

③ $-V_{z1} < V_i < V_{z2}$일 때 : D_1, D_2 off 상태
$v_0 = 0$(dead zone)

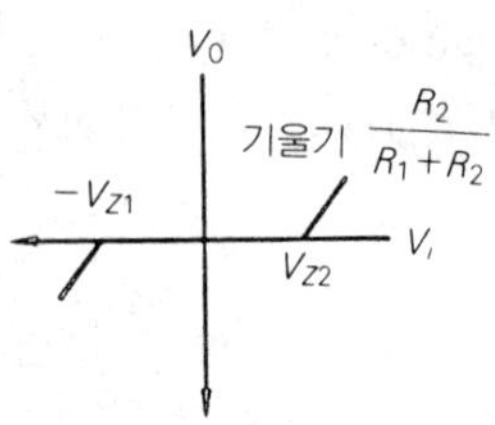

43. 다음 멀티바이브레이터(multi-vibrator)의 설명 중 틀리게 설명된 것을 고르시오.

가. 모든 멀티바이브레이터의 구성은 교류적으로 결합되어 있다.

나. 쌍안정 멀티바이브레이터의 구성은 직류적으로 결합되어 있다.

다. 출력에 고차의 고조파를 포함한다.

라. 회로의 시정수로 출력파형의 주기가 결정된다.

해답 40. 나　41. 다　42. 다　43. 가

44. 다음 회로에서 입력단자와 출력단자가 도통되는 상태는?

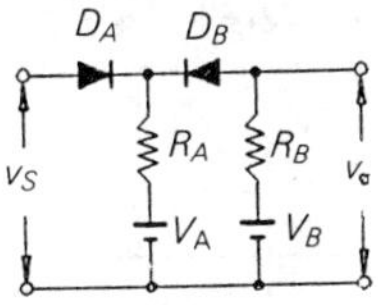

가. $v_S > V_B$, $V_A < V_B$

나. $v_S < V_A$, $V_A < V_B$

다. $v_S < V_A$, $v_S > V_B$

라. $v_S > V_A$, $v_S < V_B$

해설 슬라이서(slicer)회로이다. $V_A < V_B$이면

① $v_S > V_B$일 때 : D_A on, D_B off 상태

② $v_S < V_A$일 때 : D_A off, D_B on 상태

③ $V_A < v_S < V_B$일 때 : D_A on, D_B on 상태

45. 그림과 같은 clipping 회로의 전달 특성으로 옳은 것은?

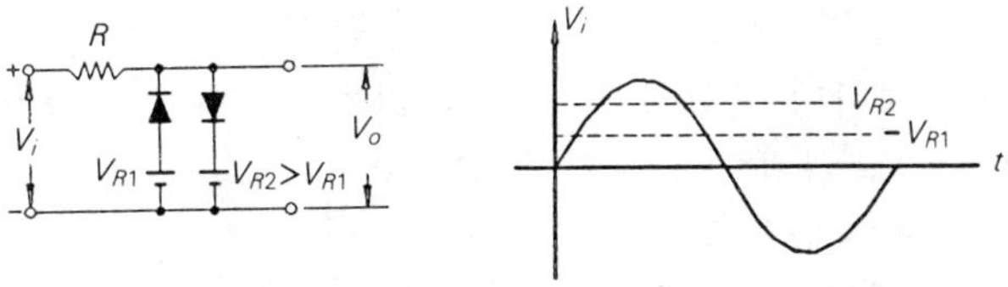

가. 나. 다. 라.

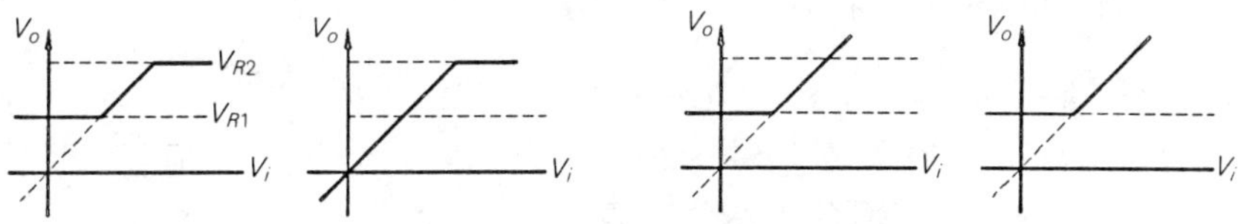

해설

입 력 V_i	출 력 V_0	diode 상태
$V_i \leq V_{R1}$	$V_0 = V_{R1}$	D_1 on, D_2 off
$V_{R1} < V_i < V_{R2}$	$V_0 = V_i$	D_1 off, D_2 off
$V_{R2} \leq V_i$	$V_0 = V_{R2}$	D_1 off, D_2 on

46. 멀티바이브레이터에서 무안정, 단안정, 쌍안정의 구별은 무엇으로 결정되는가?

가. 결합 회로 구성　　나. 바이어스 전압의 크기

다. 전원 전압의 크기　　라. 콘덴서의 수

해설 무안정은 2단 *RC*증폭기로서 *AC*결합, 단안정은 *AC*－*DC* 결합, 쌍안정은 *DC* 결합 멀티바이브레이터이다.

47. 외부에서 가해지는 트리거(trigger) 입력이 없이 스스로 반전하는 회로는?

가. 비안정(free running) MV.　　나. 단안정(astable) MV.

다. 쌍안정(bistable) MV.　　라. 슈미트 트리거

48. 플립－플롭은 몇 개의 안정 상태를 갖는가?

가. 1　　나. 2　　다. 4　　라. ∞

해답 44. 라 45. 가 46. 가 47. 가 48. 나

49. 다음과 같은 diode 회로에서 전달 특성은?
(단, V_Z는 D_1과 D_2의 항복 전압이다.)

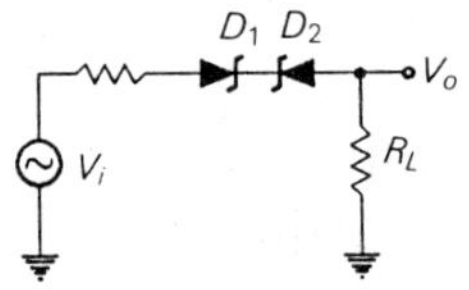

가. 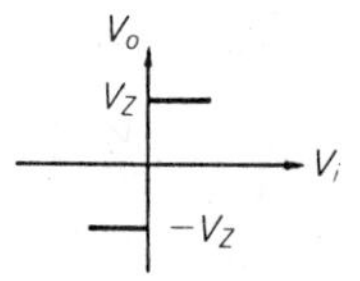

나. 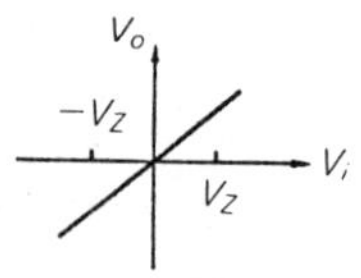

다. 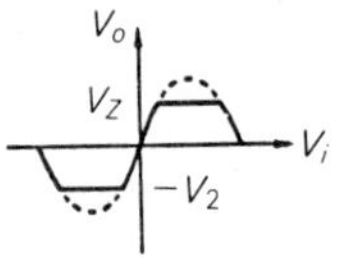

라. 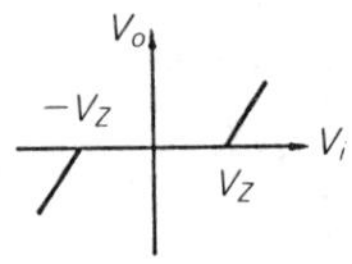

50. 다음 중 멀티바이브레이터의 동작과 관계가 없는 것은 어느 것인가?
가. 회로의 시정수로 출력파형의 주기가 결정된다.
나. 출력에 고차의 고조파를 포함한다.
다. 전원전압이 변동해도 발진 주파수에는 큰 변화가 없다.
라. 부궤환이 이루어져 있는 회로이다.

51. 그림과 같은 회로의 동작에 관한 설명으로 틀린 것은?

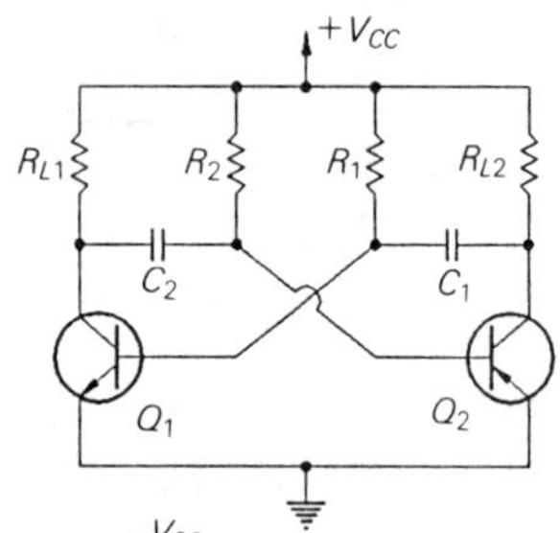

가. 이 회로는 발진을 하는 회로이다.
나. 이 회로는 2단 RC결합 증폭기로서 궤환 회로를 형성하고 있다.
다. $C_1=C_2=C$, $R_1=R_2=R$일 때 출력파의 주기는 2RC가 된다.
라. 콜렉터의 출력 파형은 구형파를 얻을 수 있다.

52. 다음 비안정 멀티바이브레이터의 발진 주기 T는?
(단, K＝0.693이다.)

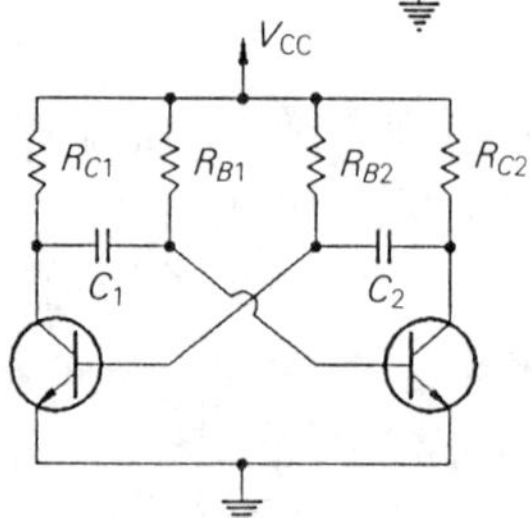

가. $K(C_1 R_{C1} + C_2R_{C2})$
나. $K(C_1 R_{B2} + C_2R_{B1})$
다. $K(C_1 R_{c2} + C_2R_{c1})$
라. $K(C_1 R_{B1} + C_2R_{B2})$

53. 그림과 같은 회로에서 콘덴서 C의 역할은?

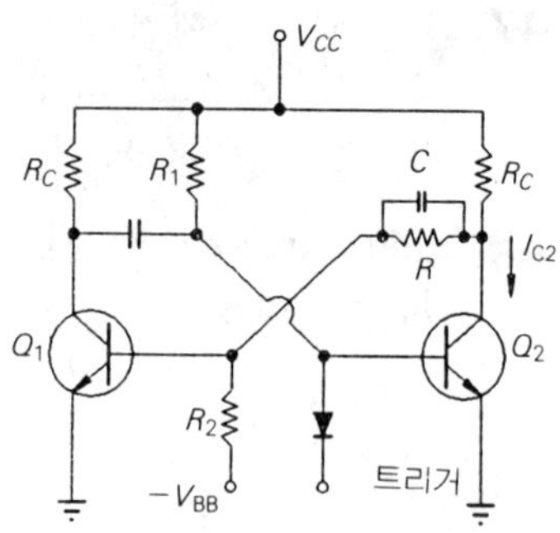

가. 바이어스용 콘덴서이다.
나. 결합 콘덴서이다.
다. 가속 콘덴서이다.
라. 바이패스 콘덴서이다.

해설 가속 콘덴서(speed-up condenser)로서 입력 트리거 펄스에 따라 반전 작용을 확실히 하고 스위칭 동작을 더 신속히 행할 수 있도록 하는 역할을 한다.

해답 49. 라 50. 라 51. 다 52. 라 53. 다

54. 트랜지스터의 콜렉터 전류를 I_c, 베이스 전류를 I_B라 할 때 트랜지스터가 포화되는 조건은?

가. $h_{FE}I_B > I_C$
나. $h_{FE}I_B < I_C$
다. $h_{FE}I_B = I_C$
라. $h_{FE}I_B \ll I_C$

55. Si TR을 사용한 그림의 회로에서 $Q_1 \to$ off, $Q_2 \to$ on 상태라고 가정할 때 Q_2의 base전류 I_B를 구하면?
(단, $V_{CE(sat)} = 0.3$ [V], $V_{BE(sat)} = 0.7$ [V]이다.)

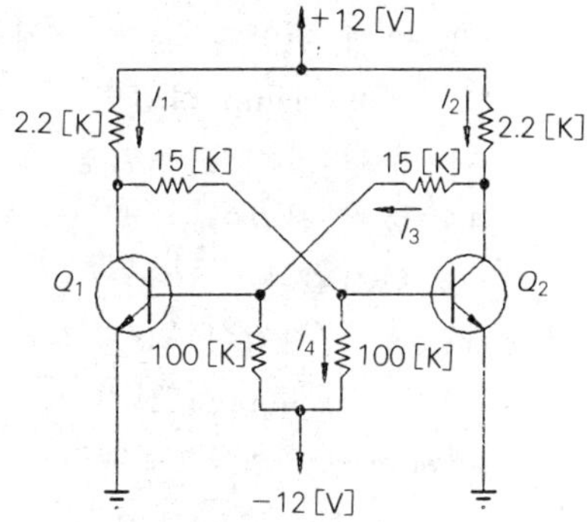

가. 0.11 [mA]
나. 0.53 [mA]
다. 0.66 [mA]
라. 5.21 [mA]

해설 Q_1의 I_{CBO}를 무시하면

$$I_1 = \frac{12-0.7}{2.2+15} = 0.66\,[\text{mA}],\ I_4 = \frac{0.7+12}{100} = 0.13\,[\text{mA}]$$

56. 그림과 같은 2진 회로에서 $Q_1 \to$ off, $Q_2 \to$ on 상태라고 한다. Q_2 트랜지스터의 collector 전류 I_{c2}는?
(단, $R_c = 2.2\,K$, $R_1 = 15\,K$, $R_2 = 100\,K$이다.)

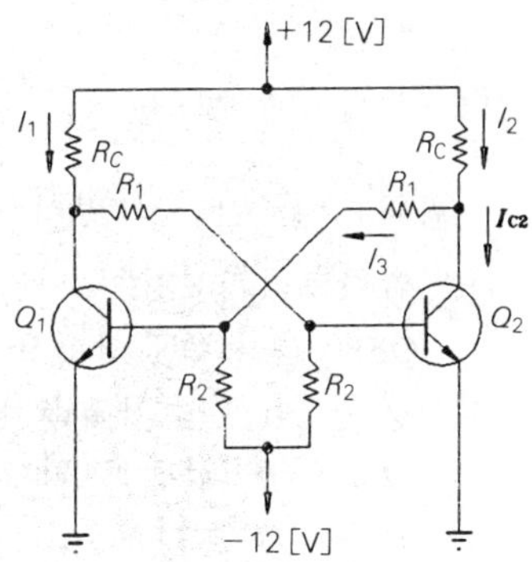

가. 3.35 [mA]
나. 4.35 [mA]
다. 5.35 [mA]
라. 약 10 [mA]

해설 Q가 on(포화 상태)이므로 $V_{c2} \simeq 0$이다.

$$I_2 \approx \frac{V_{cc}}{R_c} = \frac{12}{2.2\times10^3} = 5.45\,[\text{mA}]$$

$$I_3 \approx \frac{V_{BB}}{R_1+R_2} = \frac{12}{(15+100)\times10^3} = 0.1\,[\text{mA}]$$

$$\therefore\ I_{c2} = I_2 - I_3 = 5.45 - 0.1$$

57. 그림과 같은 회로에서 출력 파형의 반복 주기 T는?
(단, $R_C = 10\text{K}$, $R_B = 100\text{K}$, $C = 0.01\mu\text{F}$이다.)

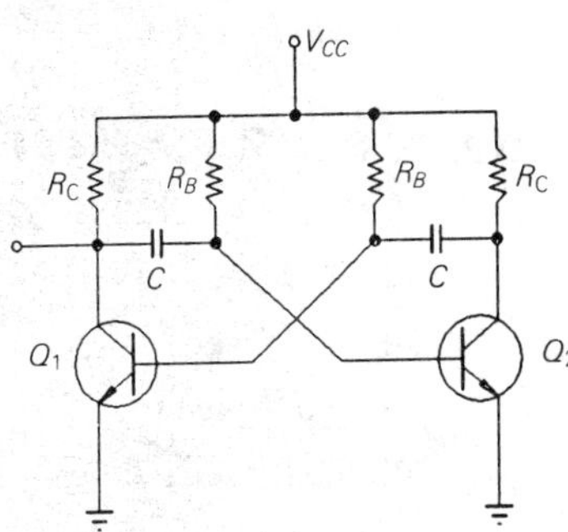

가. 1.2 [ms]
나. 1.4 [ms]
다. 2.8 [ms]
라. 4.2 [ms]

해설 주기 $T \simeq 0.7(R_{B1}C_1 + R_{B2}C_2)$

해답 54. 가 55. 나 56. 다 57. 나

58. 쌍안정 멀티에서 트리거링(triggering) 펄스가 가해진 후 트랜지스터 Q_1, Q_2의 on, off 상태가 바뀌는데 소요되는 시간을 무엇이라 하는가?

가. 완결 시간　　나. 정착 시간　　다. 전이 시간　　라. 상승 시간

59. 쌍안정 멀티바이브레이터회로에서 다이오우드의 사용 목적은?

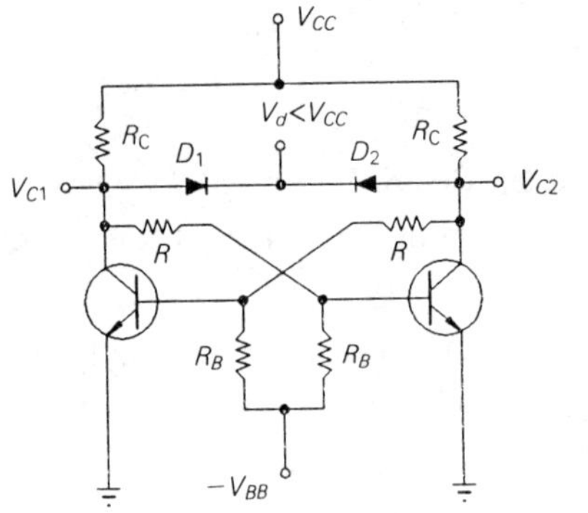

가. 출력 전압을 외부 부하에 무관하도록 클램프(clamp)시킨다.

나. 출력 펄스의 스위칭 속도를 가속시킨다.

다. 출력 전압이 기생 진동을 않도록 진폭 제한시킨다.

라. 출력 전압이 외부 잡음에 무관하도록 클리핑(clipping)시킨다.

해설 diode를 이용한 collector전압 clamp이다. D_1과 D_2는 콜렉터 전압이 V_d이하로 내려가는 것을 막아서 그 TR의 동작점이 포화 영역으로 들어가지 않도록 한다.

60. 그림과 같은 단안정 멀티바이브레이터에서 트랜지스터의 안정상태는?

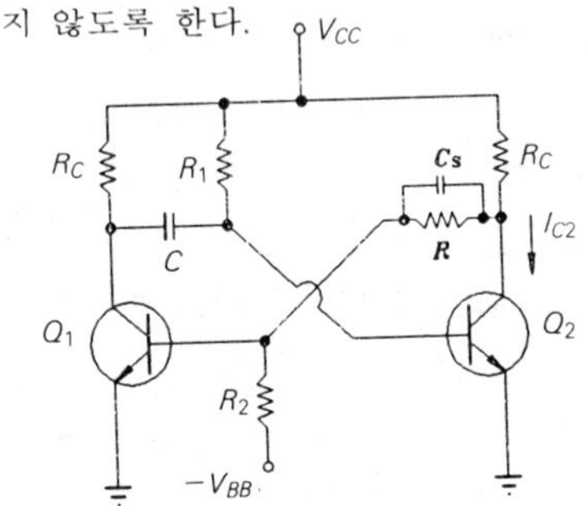

가. Q_1 off, Q_2 on

나. Q_1 on, Q_2 off

다. Q_1 off, Q_2 off

라. Q_1 on, Q_2 on

61. 그림과 같은 단안정 멀티바이브레이터의 동작을 설명한 것 중 옳지 않은 것은?

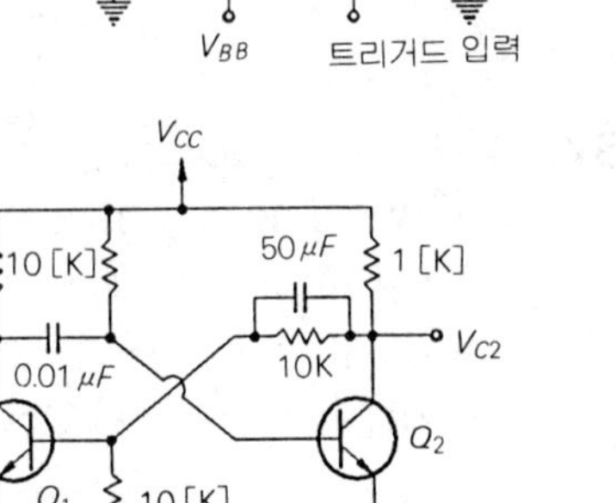

가. 입력트리거전압이 인가되지 않으면 T_1은 OFF, T_2는 ON 상태를 유지한다.

나. 정(正)의 트리거펄스가 인가되면 T_1는 ON, T_2는 OFF상태로 된다.

다. 부(負)의 트리거펄스가 인가되면 T_1은 ON, T_1는 OFF상태로 된다.

라. 커패시터 C_2의 방전이 끝나면 T_1은 OFF, T_2는 ON 상태로 되돌아간다.

62. 다음은 Monostable MultiVibrator이다. 출력파형의 주기는 얼마인가?

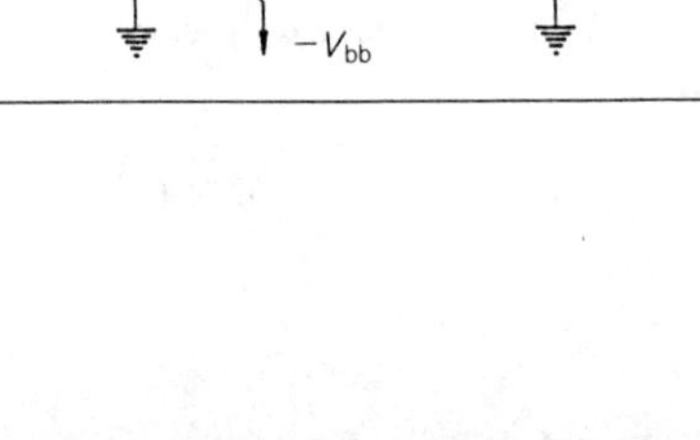

가. 5 [μsec]

나. 50 [μsec]

다. 6.9 [μsec]

라. 69 [μsec]

해답 58. 가　59. 가　60. 가　61. 나　62. 라

63. 다음 그림의 회로에서 각 소자의 증가, 감소에 따라 주파수, 주기, 사이클 효율(dutycycle), 파형의 회복 시간에 어떤 영향을 미치는가를나타낸 것이다. 틀린 것은?

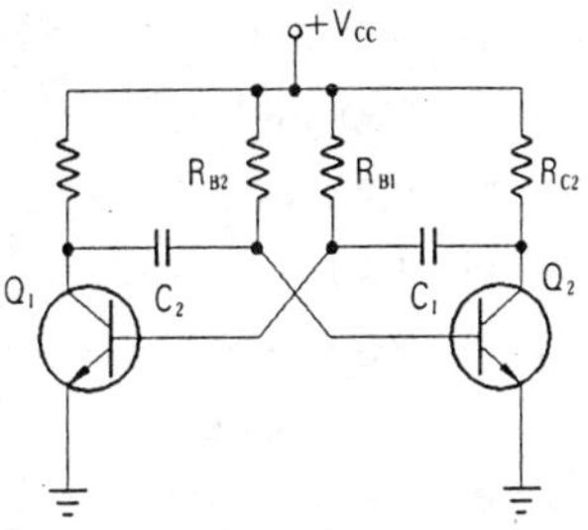

	R_{B1} 증가	C_1 감소	R_{C1} 증가
① 주파수	감소	증가	불변
② 주기	증가	감소	불변
③ 사이클 효율	증가	감소	불변
④ 회복 시간	불변	감소	증가

가. ① 나. ② 다. ③ 라. ④

해설 각 소자의 증감에 따른 영향은 다음과 같다.

	R_{B1} 증가	C_1 감소	R_{B2} 감소	C_2 증가	R_{C1} 증가
주 파 수	감소	증가	증가	감소	불변
주 기	증가	감소	감소	증가	불변
사 이 클 효 율	감소	증가	감소	증가	불변
회 복 시 간	불변	감소	불변	증가	증가

64. 쌍안정 멀티바이브레이터의 결합 저항에 병렬로 부가한 콘덴서의 목적은?

가. 증폭도를 높인다.
나. 스위칭 속도를 높인다.
다. 베이스 전위를 일정하게 유지시킨다.
라. 에미터 전위를 일정하게 유지시킨다.

65. 그림과 같은 쌍안정 멀티 바이브레이터에서 Q_1 = OFF, Q_2 = ON 상태라고 할 때 C_1과 C_2의 충전된 전압의 관계는?

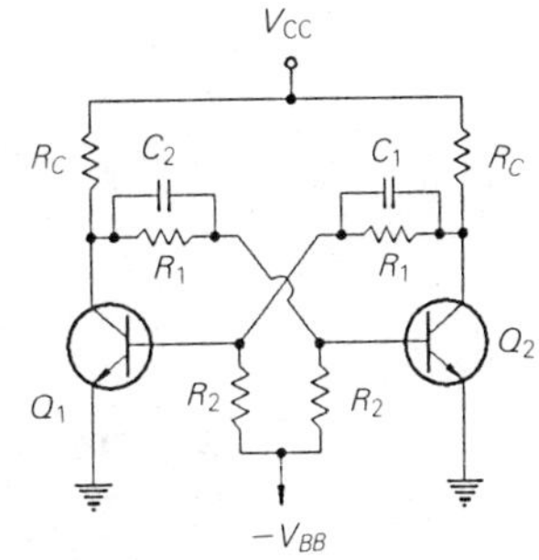

가. $|V_{C1}| = |V_{C2}|$
나. $|V_{C1}| > |V_{C2}|$
다. $|V_{C1}| < |V_{C2}|$
라. $|V_{C1}| = |V_{C2}| = V_{CC}$

해설 Q_1이 차단 상태이므로 Q_1이 콜렉터 전위는 높고, Q_2는 포화 상태이므로 Q_2의 콜렉터 전위는 낮다(≈ 0.3 [V])

66. 그림과 같은 단안정(mono－stable) 멀티 바이브레이터 V_0파의 펄스폭 T[sec]는 얼마인가?

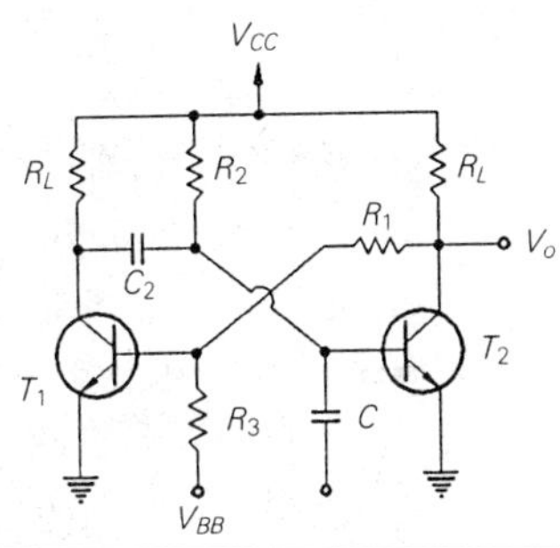

가. $T = C_2 R_2 l_n 3$
나. $T = R_1 R_2 l_n 2$
다. $T = C_2 R_2 l_n 2$
라. $T = C_2 R_1 l_n 2$

해답 63. 다 64. 나 65. 나 66. 다

67. 그림은 NAND gate를 이용한 멀티바이브레이터이다. 100[kHz]의 pulse 신호를 트리거 입력으로 사용시 준안정 상태가 지속되는 시간 T는 얼마인가? (단, $R=10[\text{k}\Omega]$, $C=100[\text{pF}]$이다.)

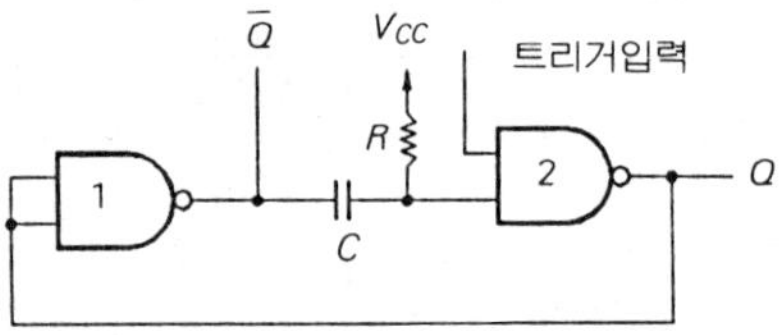

가. 0.7 [μs]

나. 1.4 [μs]

다. 2.8 [μs]

라. 10 [μs]

해설 불안정 상태의 지속 시간 T는 다음과 같다.

$$T = 0.7R_T\ C_T = 0.7(10\times10^3)(100\times10^{-12}) = 0.7[\mu\text{s}]$$

$$\frac{1}{f} = \frac{1}{100\times10^3} = 10[\mu\text{s}] \quad \text{(clock period)}$$

68. 그림과 같은 회로의 명칭은?

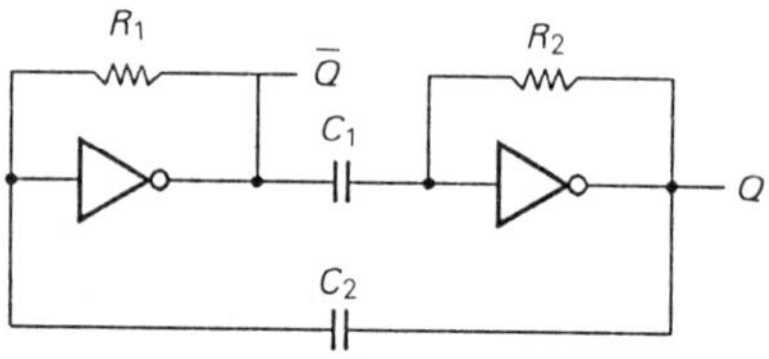

가. 단안정 MV

나. 무안정 MV

다. 쌍안정 MV

라. 완충 증폭 회로

69. 비안정 멀티바이브레이터의 동작 원리를 설명한 것이다. 옳지 않은 것은?

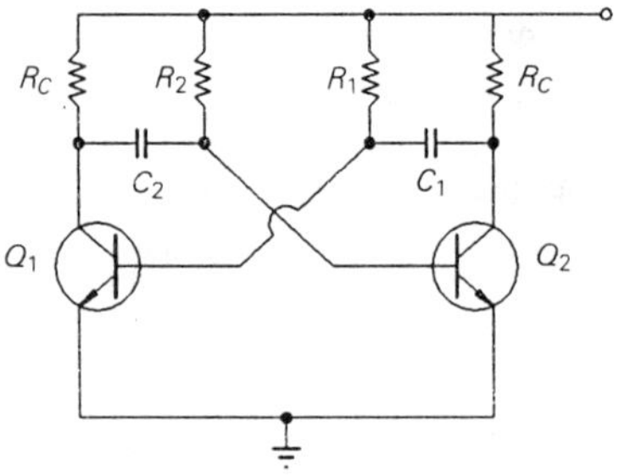

가. 이 회로는 2단 R-C 결합 증폭기로 궤환 회로를 형성한다.

나. 이 회로는 발진한다.

다. 두 개의 트랜지스터는 차단 상태와 포화 상태를 번갈아 바뀌면서 동작한다.

라. Q_1이 차단 상태로 있을 때 Q_2도 차단 상태를 유지한다.

70. 그림의 설명으로 틀린 것은?

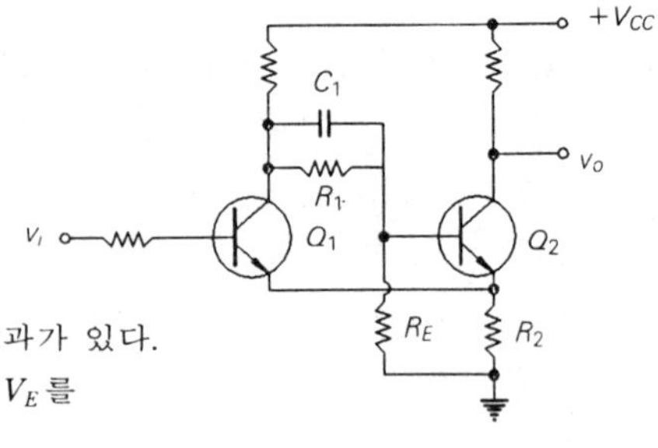

가. 슈미트·트리거 회로이다.

나. C_1은 반전 캐패시터이다.

다. $v_i=0$이면 Q_1 on, Q_2 off 상태이다.

라. 전압 비교 회로에 응용된다.

해설 C_1은 반전 콘덴서로 스위칭 속도를 높이는 효과가 있다.
$v_i=0$이면 Q_2가 on 상태로 되어 I_E에 의해서 V_E를 정전압으로 하므로 Q_1 off가 된다.

해답 67. 가 68. 나 69. 라 70. 다

71. 그림의 비안정 멀티바이브레이터에서 $R_1=R_2=10$[kΩ]이고 $C_1=C_2=120$[pF]이다. 발진기 클럭 주파수(clock frequency)는 얼마인가?

가. 292 [kHz]
나. 365 [kHz]
다. 584 [kHz]
라. 620 [kHz]

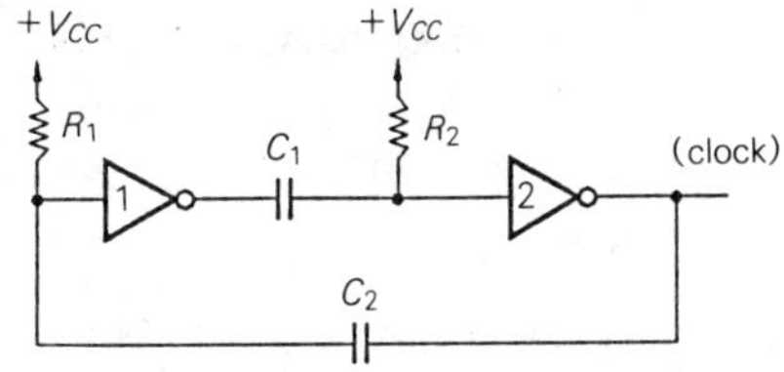

해설 비안정(astable) 회로에서 주파수 f는

$$f=\frac{1}{T_1+T_2}=\frac{1}{0.7R_1C_1+0.7R_2C_2}=\frac{1.4}{R_1C_1+R_2C_2}$$

문제에서 R과 C가 동일한 값을 가지고 있으므로

$$f=\frac{0.7}{RC}=\frac{0.7}{(10\times10^3)(120\times10^{-12})}=0.584\times10^6=584\text{ [kHz]}$$

[주] INTRODUCTION TO DIGITAL TECHNOLOGY, Nashelsky 저, P.237 참조.

72. 다음 그림은 555 타이머(timer)를 이용한 회로이다. 이 회로의 명칭은?

가. 단안정 멀티바이브레이터
나. 무안정 멀티바이브레이터
다. 쌍안정 멀티바이브레이터
라. 슈미트 트리거

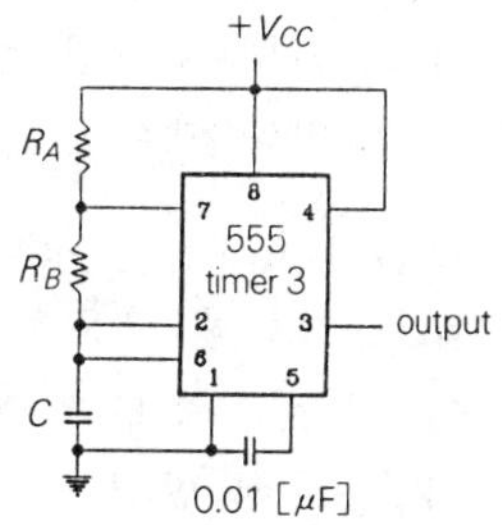

해설 주기 $T=0.7(R_A+2R_B)C$

주파수 $f=\dfrac{1.43}{(R_A+2R_B)C}$

73. 다음 단안정 멀티 바이브레이터 회로에서 $R_A=7.5$[kΩ], $C=0.02$[μF]일 때 주기(time period) T는?

가. 120 [μs]
나. 135 [μs]
다. 155 [μs]
라. 165 [μs]

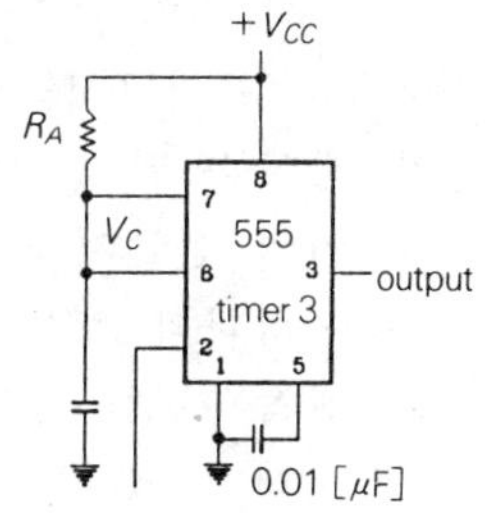

해설 $T=1.1\,R_AC$

74. 다음 회로의 명칭은?

가. 비안정 멀티바이브레이터
나. 단안정 멀티바이브레이터
다. 쌍안정 멀티바이브레이터
라. 슈미트 트리거

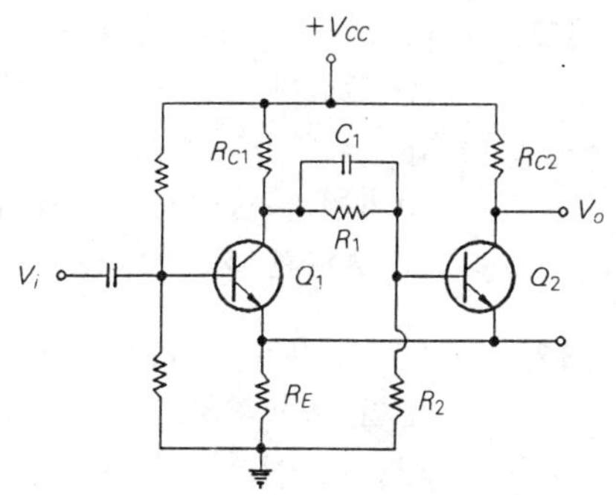

해답 71. 다 72. 나 73. 라 74. 라

75. Schmitt 트리거 회로의 출력 파형에 나타나는 현상은?

가. 히스테리시스(hysterisis) 현상　　나. 슈우트(shoot) 현상
다. 백 스윙(back-swing) 현상　　라. 싱잉(singing) 현상

76. 다음 중 전원 스위치를 온(on) 상태로 하면 포화상태가 되는 트랜지스터가 정해지는 것은?

가. 비안정과 단안정 멀티바이브레이터
나. 단안정과 쌍안정 멀티바이브레이터
다. 단안정과 멀티바이브레이터와 슈미트 트리거
라. 쌍안정 멀티바이브레이터와 슈미트 트리거

해설 단안정과 슈미트 트리거 회로는 전원이 인가되는 순간 on, off되는 능동 소자가 정해진다.

77. 슈미트 트리거 회로의 설명 중 틀린 것은?

가. 출력파형은 구형파이다.
나. 입력신호의 크기에 비례하는 출력파형은 얻는 데 사용된다.
다. 일종의 비안정 회로이다.
라. 에미터 궤환을 이용한다.

78. 그림의 A파형인 정현파를 B인 구형파로 바꾸고 싶다. 어느 회로를 사용하면 가능한가?

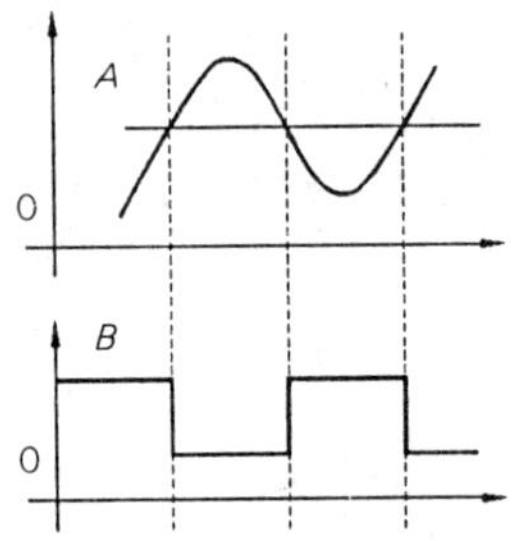

가. 부우드 스트랩 회로
나. 블로킹 발진기
다. 슈미트 트리거
라. 다이오우드 pump 회로

79. 다음은 슈미트 트리거의 특징에 대해서 설명한 것이다. 옳지 않은 것은?

가. 쌍안정 멀티바이브레이터의 일종이다.
나. 입력 전압의 크기가 회로의 포화, 차단 상태를 결정해 준다.
다. 구형파와 삼각파 발생에 사용한다.
라. 한쪽 트랜지스터의 콜렉터에서 다른쪽 트랜지스터의 베이스로만 결합용 캐패시터가 있다.

80. 슈미트 트리기회로의 용도 설명 중 틀리는 것은?

가. A－D변환 회로로 사용된다.
나. 구형파 펄스 발생회로로 사용된다.
다. 임의의 파형에서 그 크기에 해당하는 펄스폭의 얻기 위해 쓰인다.
라. D－A변환 회로로 사용된다.

81. 시미트 트리거 회로의 응용 회로가 아닌 것은?

가. 전압 비교회로　　나. 방형파 발생
다. 쌍안정 회로　　라. 무안정 회로

해답 75. 가　76. 다　77. 다　78. 다　79. 다　80. 라　81. 라

82. 그림의 회로에서 소자가 부저항이 되는 조건은?

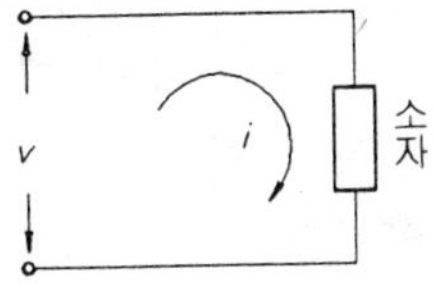

가. v / i >

나. dv / di < 0

다. dv / di > 0

라. v / i > 0

83. 그림과 같은 회로에서 사용된 다이오드의 명칭은 다음 중 어느 것인가? (단, 트랜지스터는 스위치로 사용되고 있다.)

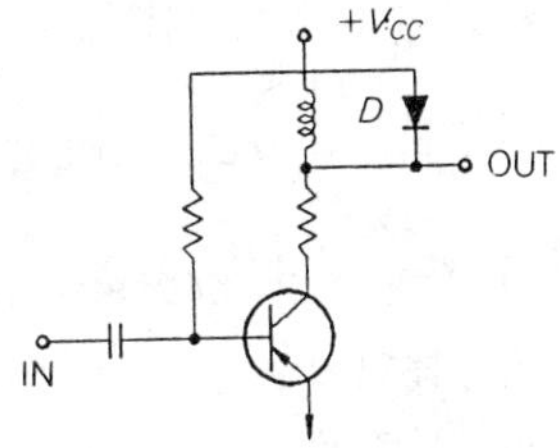

가. 댐퍼 다이오드

나. 애벌런취 다이오드

다. 제너 다이오드

라. 포토 다이오드

84. 그림의 발진기의 출력 파형은 어떤 파형이 발생되어 나온다고 생각되는가?

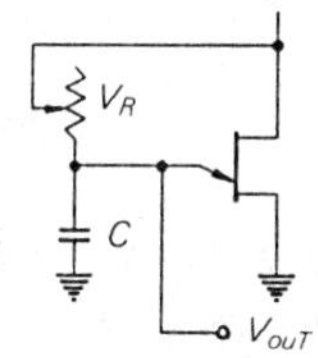

가. 정현파

나. 구형파

다. 펄스파

라. 톱니파

85. 다음 그림은 *SCR*을 응용한 회로이다. 이 회로의 역할은?

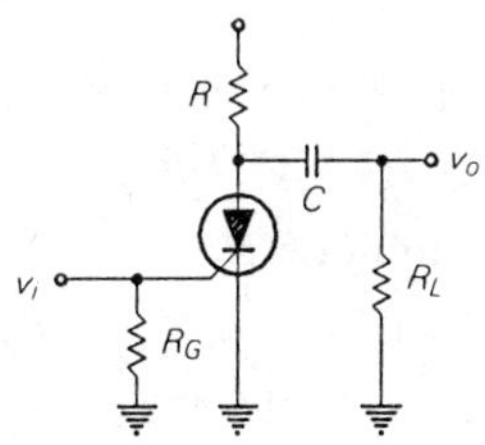

가. 펄스 발생 회로

나. 톱니파 발생 회로

다. 비안정 회로

라. 클램프 회로

해설 트리거하는데 편리하다.

86. 다음 그림은 양방향성 다이오드 게이트 회로이다. *a*, *b*단자에 제어 전압 V_c가 가해지고 있을 때 출력 V_0의 파형은?
(단, $V_m < V_c$이다.)

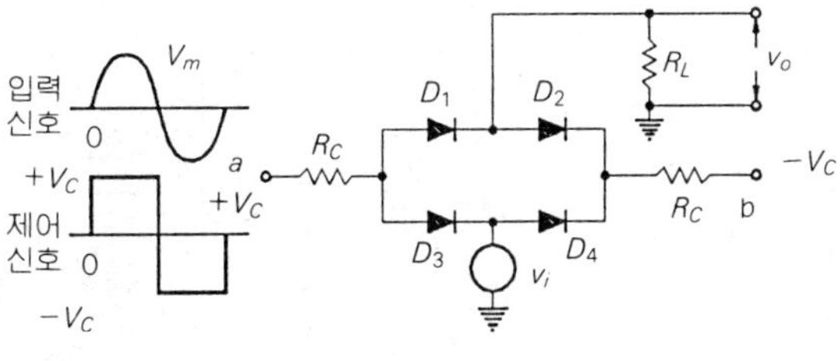

가. 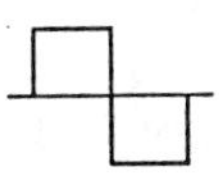

나. 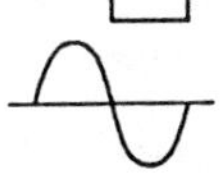

다. 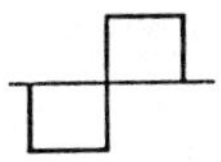

라. 

해설 제어 전압이 가해지는 동안 다이오우드 D_1, D_2, D_3, D_4가 모두 도통 상태가 되어 신호가 전송된다.

해답 82. 나 83. 가 84. 라 85. 가 86. 가

87. 그림은 SCR을 응용한 회로이다. 전원 전압 V_{DD}가 점화 전압보다 작은 경우 이 회로의 동작은?

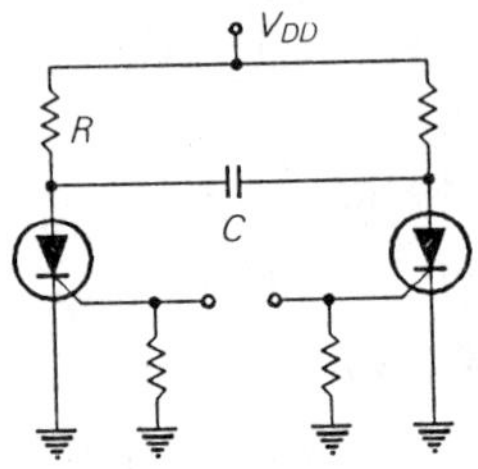

가. 쌍안정 회로

나. 비안정 회로

다. 톱니파 발생 회로

라. 비교 회로

해설 이 회로는 비안정 또는 쌍안정으로 동작할 수 있다. 전원 전압이 점화 전압보다 크면 비안정, 작으면 쌍안정으로 동작한다. 쌍안정으로 동작하는 경우에는 작은 콘덴서 C를 거쳐서 2개의 base에 트리거 신호를 가해줄 필요가 있다.

88. 그림과 같은 SCR회로의 출력 전압 v_0의 파형은?

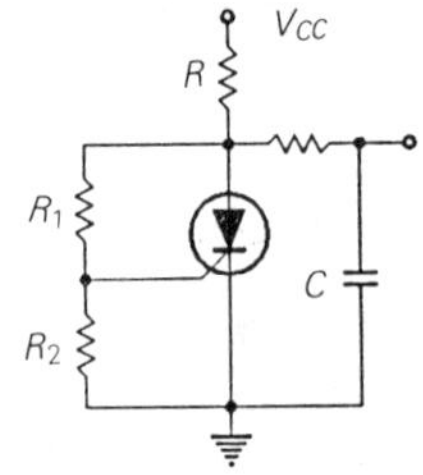

가. 톱니파

나. 삼각파

다. 구형파

라. 사인파

해설 콘덴서는 R를 거쳐서 충전되며, 콘덴서 전압의 상승에 따라 양극 전압 및 게이트 전압이 어떤 레벨까지 상승하면 SCR 스위치가 점화된다. 다음에 콘덴서 전하가 방전되며 다시 새로운 주기가 시작된다.

89. 입력 신호파 중에서 제어신호가 가해지고 있는 기간의 파형만을 꺼내는 목적으로 사용되는 회로는?

가. miller회로　　나. 슬라이서(slicer)

다. gate회로　　라. clamp 회로

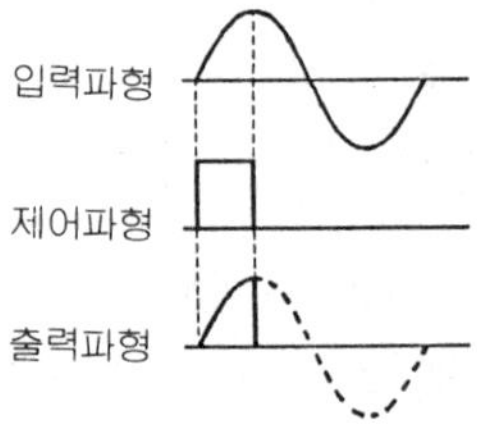

해설 입력 신호파형 중에서 어떤 특정한 기간동안(제어신호가 가해지고 있는 기간)의 입력 신호만을 추출해 내는 것을 시간 선택 회로(time-selection circuit), 전송 게이트(transmission gate), 비례 게이트(linear gate) 혹은 샘플링·게이트(sampling gate)라고 한다.

90. 다음 그림의 SCR회로의 용도는?

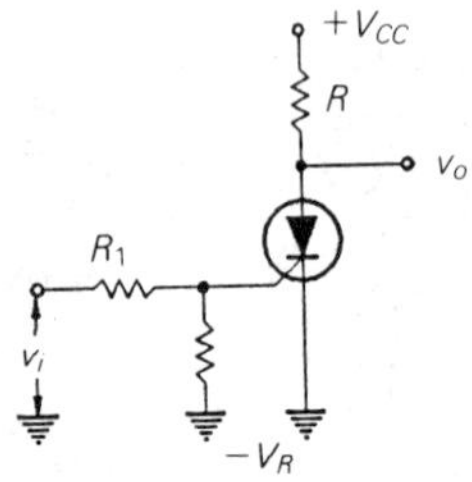

가. 단안정 회로

나. 비안정 회로

다. 톱니파 발생기

라. 비교기

해설 입력 V_i가 트리거·레벨에 이르면 SCR 스위치가 점화되어 급격히 큰 응답이 출력 V_0에 나타난다. 스위치의 점화전압은 약 －3mV/℃의 온도계수를 가진다. 넓은 온도 범위에서 이용하기 위해서 더어미스터 등으로 온도 보상을 해줄 필요가 있다.

해답 87. 가　88. 가　89. 다　90. 라

91. 그림은 터널 다이오드의 스위칭 특성과 부하선의 관계를 나타낸 것이다. 부하선 중 비안정 동작(astable operation)을 나타내는 부하선은 어느 것인가?

가. ①
나. ②
다. ③
라. ④

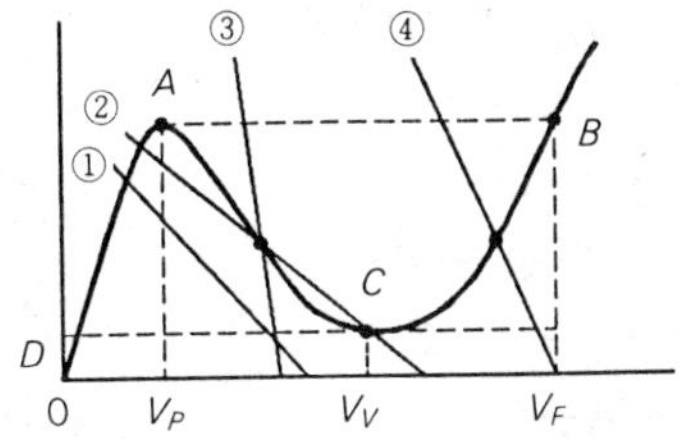

92. 그림 (a)는 터널 다이오드 스위칭 회로이고 그림 (b)는 이 회로의 쌍안정 동작(bistable operation) 특성이다. 동작점의 이동 중 시간이 소요되지 않는 과정은?

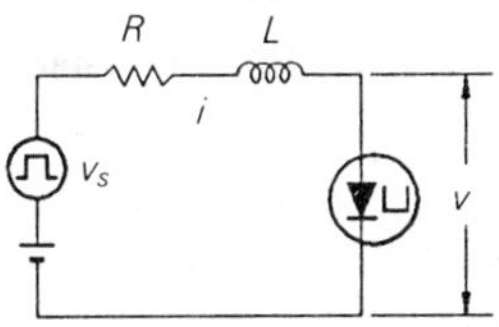

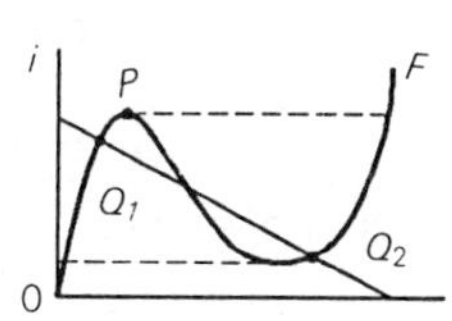

가. $Q_1 \to P$ 나. $F \to Q_1$ 다. $P \to Q_2$ 라. $P \to F$

해설 인덕턴스(L)는 전류는 순간적으로 변화할 수 없지만 전압의 불연속적인 변화가 허용된다. 인덕턴스의 전류가 변화하는 데는 반드시 시간이 소요된다. 인덕턴스에 전압이 유도되는 데도 전류의 변화가 없다면 이는 시간이 경과하지 않은 것을 의미한다. 즉, 동작점이 $P \to F$로 이동은 순간적으로 이루어지며 시간이 소요되지 않는다. 그러나 동작점이 $Q_1 \to P$로 이동하는 동안이나 $F \to Q_2$로 이동하는 동안에는 전류의 변화가 있으므로 시간이 소요된다.

93. 그림(b)는 다이오우드 클리퍼를 이용한 비교 회로이다. 그림(a)와 같이 $t=0$에서 램프 입력 신호 $v_i=at$를 인가시 이 회로의 출력파형은?

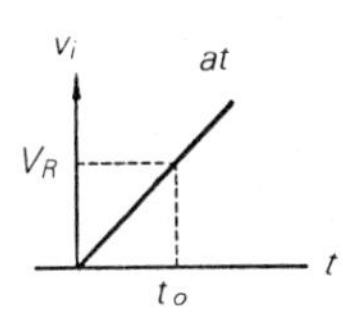

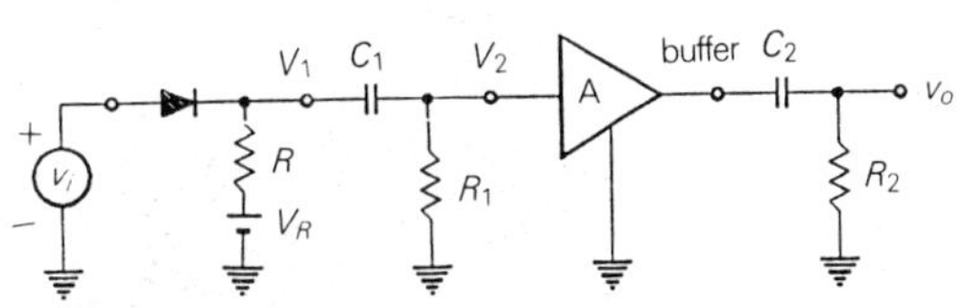

가.

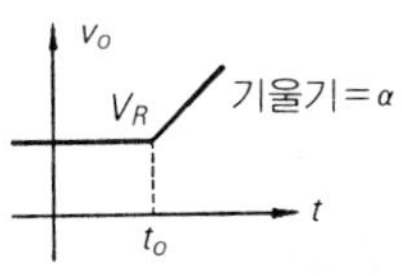

나.

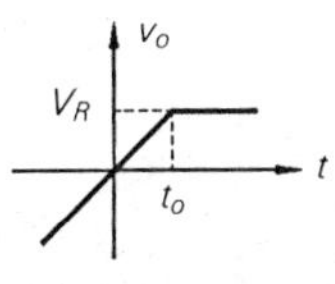

다.

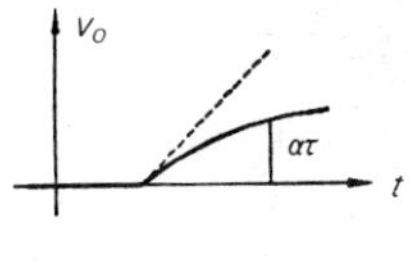

라.

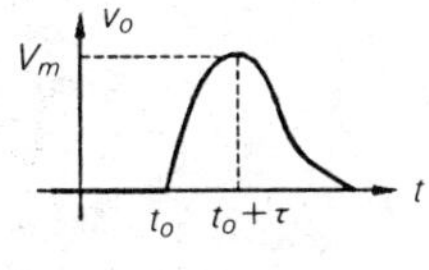

해설 selecter의 출력 v_1은 「가」이다. 입력이 비교 기준 전압 V_R을 넘는 순간($t=t_0$)부터 첫번 미분회로가 동작하며 출력 v_2는 지수 함수적 파형 (「다」 파형)이고 이는 증폭기 A를 거쳐 둘째번 미분회로 가해진다.

해답 91. 다 92. 라 93. 라

94. 그림은 터널 다이오우드의 단안정 동작(monostable operation)의 특성 곡선이다. 트리거 펄스 v_s가 가해진 순간부터의 동작점의 이동 순서로 옳은 것은?

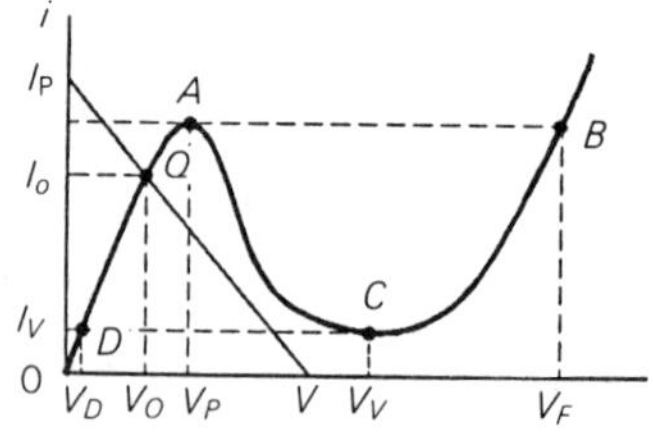

가. $Q \rightarrow A \rightarrow C \rightarrow D \rightarrow Q$
나. $Q \rightarrow D \rightarrow C \rightarrow B \rightarrow A \rightarrow Q$
다. $Q \rightarrow A \rightarrow B \rightarrow C \rightarrow D \rightarrow Q$
라. $Q \rightarrow D \rightarrow C \rightarrow A \rightarrow Q$

해설 터널 다이오우드의 스위칭 회로가 단안정 멀티로 되기 위해서는 하나밖에 존재하지 않는 정지점이 정저항상에 있어야 한다. 이 회로에 터널 다이오우드가 전이를 일으킬 수 있을 만큼 충분히 큰 트리거 펄스 V_s가 가해지면 동작점은 $Q \rightarrow A \rightarrow B \rightarrow C \rightarrow D \rightarrow Q$의 순으로 이동하여 다시 Q로 돌아온다. 이와같은 터널 다이오우드의 동작을 단안정 동작(monostable operation)이라 한다.

95. 그림은 터널 다이오우드의 스위칭 동작을 나타낸 것이다. 동작점의 이동 중 시간이 소요되지 않는 과정은?

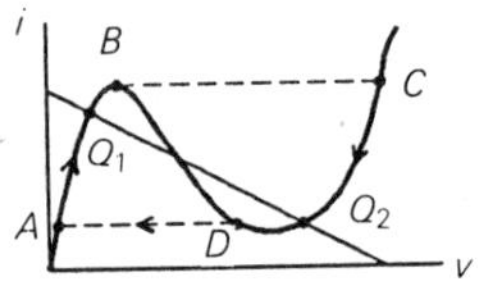

가. $A \rightarrow B$와 $C \rightarrow D$
나. $C \rightarrow Q_2$와 $Q_1 B$
다. $B \rightarrow C$와 $D \rightarrow A$
라. $Q_2 \rightarrow D$와 $A \rightarrow Q_1$

해설 쌍안정 동작의 경로 중 $B \rightarrow C$와 $D \rightarrow A$의 과정은 전류의 변동없이 전압만 변화하므로 시간이 소요되지 않는다.

해답 94. 다 95. 다

13장 기본 논리회로

13·1 정보의 부호화

13·1·1 2진 시스템(Binary system)

(1) 수의 표시

일반적으로 R진법으로 표시되는 수 N은

$$N = a_{n-1} R^{n-1} + \cdots + a_1 R + a_0 R^0 + a_{-1} R^{-1} + \cdots + a_{-m} R^{-m}$$

단, $a_i < R$이며 R은 기수(radix)이고, a_i는 각 자리에서의 임의의 숫자이다.

(2) 2진수의 연산

① 가 산(加算)

0＋0＝0,　0＋1＝1,　1＋0＝1,　1＋1＝10

② 감 산(減算)

0－0＝0,　1－0＝1,　1－1＝0,　10－1＝1

③ 승 산(乘算)

0×0＝0,　1×0＝0,　0×1＝0,　1×1＝1

④ 제 산(除算)

0÷1＝0,　1÷1＝1

(3) 각진법의 변환

10 진법	0	1	2	3	4	5	6	7	8	9	10	11	12	13	14	15	16
2 진법	0	1	10	11	100	101	110	111	1000	1001	1010	1011	1100	1101	1110	1111	10000
8 진법	0	1	2	3	4	5	6	7	10	11	12	13	14	15	16	17	20
16 진법	0	1	2	3	4	5	6	7	8	9	A	B	C	D	E	F	10

예제 13－1 진수 변환(Ⅰ)

(1) 2진수 10110을 10진수로 나타내라.

(2) 16진수 B65F를 10진수로 변환하라.

(3) 2진수 0.101을 10진수로 변환하라.

풀이 (1) $10110 = 1\times2^4+0\times2^3+1\times2^2+1\times2^1+0\times2^0 = (22)_{10}$

(2) $(B65F) = 11\times16^3+6\times16^2+5\times16+15 = (46687)_{10}$

(3) $(0.101) = 1\times2^{-1}+0\times2^{-2}+1\times2^{-3} = (0.625)_{10}$

예제 13－2 진수 변환(Ⅱ)

(1) 10진수 $I_{10} = 25$를 2진수로 변환하라

(2) 10진수 $F_{10} = .125$를 2진수로 변환하라.

풀이 (1)

	몫(quotients)	나머지(remainders)
2⌊25		
2⌊12	$b_0 = 1$	
2⌊6	$b_1 = 0$	
2⌊3	$b_2 = 0$	
2⌊1	$b_3 = 1$	
0	$b_4 = 1$	

그러므로, $I_2 = b_4b_3b_2b_1b_0 = 11001$이 된다.

(2) 정확한 변환

$F_{10} = .125$

$2(.125) = 0+.250$

$2(.25) = 0+.5$

$2(.5) = 1+.0$

$F_2 = .001$

(4) 2진, 8진 및 16진수의 응용

$2^3 = 8$이고 $2^4 = 16$이므로 각 8진 숫자는 3개의 2진 숫자에 대응되고, 16진 숫자는 4개의 2진 숫자에 대응된다.

```
0   4   6   5   1   6   5   3   2   1   3     8진법
0 100 110 101 001 110 101 011 010 001 011    2진법
  0010 0110 1010 0111 0101 0110 1000 1011
   2    6    A    7    5    6    8    B      16진법
```

8진 또는 16진에서 2진으로의 변환은 위의 과정과는 반대이다.

$(673.124)_8 = (\underbrace{110}_{6}\ \underbrace{111}_{7}\ \underbrace{011}_{3}\ \underbrace{001}_{1}\ \underbrace{010}_{2}\ \underbrace{100}_{4})_2$

$(306.D)_{16} = (\underbrace{0011}_{3}\ \underbrace{0000}_{0}\ \underbrace{0110}_{6}\ \underbrace{1101}_{D})_2$

예제 13－3 2진, 8진 및 16진의 응용(I)

(1) 2진수 1010111101.11010을 8진수로 변환하라.
(2) $(154.63)_8$을 2진수로 변환하라.
(3) $(5A.6)_{16}$을 2진수로 변환하라.

풀이 (1) 2진－8진 변환예

1010111101.11010	2진수(binary number)
** *	
001 010 111 101 .110 100	3디지트의 group
1 2 7 5 6 4	8진 등가디지트

$1010111101.11010_2 = 1275.64_8$

* 중요 : 3개의 2진 디지트의 group으로 하기 위해 부가된 영(zero)이다.

(2) 8진－2진 변환 예

1 5 4 . 6 3	8진수(octal number)
001 101 100. 110 011	3－디지트 2진 표현

$154.63_8 = 1101100.110011_2$

(3) 16진－2진 변환 예

5 A . 6	16진수(hexadecimal number)
0101 1010. 0110	4－디지트 2진 표현
1011010. 011	2진 등가

$5A.6_{16} = 1011010.011_2$

13·1·2 수의 코드화

(1) BCD 코드 : 8421 코드

BCD 코드는 10진수의 0～9 까지의 숫자를 4자리 2진수 표시한 코드이다.

[예] 147_{10} → 0001 0100 0111

(2) 3초과 코드(Excess－3 code)

3초과 코드는 BCD 코드에 $(3)_{10}=(0011)_2$을 더하여 만든 코드이다.

[예] 168_{10} → 0100 1001 1011

① BCD 코드의 수정형으로서 자기 보수 코드(self-complimenting code) 이다.
② 언웨이드 코드(unweighted code) 이다.
③ 3초과 코드는 연산동작이 쉽게 이루어진다.
④ 3초과 코드에서는 0000, 0001, 0010, 1101, 1110, 1111 등의 group은 사용하지 않는다.

예제 13-4 수의 코드화(I)

(1) 10진수 $(362)_{10}$를 BCD code로 변환하라.
(2) 10진수 $(279)_{10}$를 3초과 code로 변환하라.

풀이 (1) $(362)_{10} = (0011\ 0110\ 0010)_{BCD}$
(2) $(279)_{10} = (0101\ 1010\ 1100)_{3초과}$

(3) Gray 코드

2진수의 MSB는 그레이 코드의 MSB가 되고 2진수의 MSB와 다음 비트를 더하여 그레이 코드의 다음 디지트가 된다. 이때 자리 올림수는 버린다.

```
[예]  1 1 0 1      2진수
      ↓ ↓ ↓ ↓
      1 0 1 1      gray 코드
```

① 그레이 코드는 1비트 변화 코드(one-bit change code)이다.
② 일반적인 코드는 0~9를 표시하지만 gray code는 사용 비트(bit)를 제한하지 않는다.
③ 연산동작으로는 부적당하다.
④ 입력정보를 나타내는 코드로서 사용시 오차가 적다(부호기에 사용된다).
⑤ 이 용 : A/D 변환기, 입출력 장치, 기타 주변 장치용의 코드로서 이용된다.

13·1·3 기타 코드

(1) 5비트 코드

■ 5비트 코드의 종류

Decimal	2-out-of-5	51111	Shift-Counter (Johnson Code)
0	00011	00000	00000
1	00101	00001	10000
2	00110	00011	11000
3	01001	00111	11100
4	01010	01111	11110
5	01100	10000	11111
6	10001	11000	01111
7	10010	11100	00111
8	10100	11110	00011
9	11000	11111	00001

① **2-out-of-5 코드** : unweight code로서 각 code의 group에 단지 1이 2개이다. error의 검출이 용이하고 전화통신에 이용된다.

② **51111코드** : weight code이고 자기 보수형 코드이다.

③ **시프트 카운터 코드** : unweight 코드로서 전자회로의 구성이 용이하다.

(2) 5비트 이상의 코드

① **Biquinary 코드** : 각 자리에 5043210의 값을 갖는 웨이트 코드이다. 7비트 코드로서 자료 전송시에 발생하는 착오(error) 검색이 용이하도록 된 코드이다.

② **Ring-counter 코드** : 각 코드에 한개의 1을 가지므로 착오 검출이 용이하다.

■ 5비트 이상의 코드

Decimal	Biquinary 50 43210	Ring-Counter 9876543210
0	01 00001	0000000001
1	01 00010	0000000010
2	01 00100	0000000100
3	01 01000	0000001000
4	01 10000	0000010000
5	10 00001	0000100000
6	10 00010	0001000000
7	10 00100	0010000000
8	10 01000	0100000000
9	10 10000	1000000000

(3) 패리티 비트(parity bit)

① **비트 패리티(bit parity)** : 디지탈 시스템에서 1과 0의 착오(error)가 생겼을 때 이것의 검출을 위해 패리티 비트(parity bit)를 사용한다.

패리티 비트에는 기수 패리티(odd parity)와 우수 패리티(even parity)가 있으며, 우수 패리티를 만들려면 한 코드의 "1"의 수를 세어 짝수 때는 0을, 홀수 때는 1의 비트를 붙이고 홀수 패리티를 만들려면 한 코드의 1의 수가 홀수일 때는 0을, 짝수인 때는 1의 비트를 우측에 붙이면 된다.

② **워드 패리티(word parity)** : 패리티 비트는 착오를 검출하기 위하여 쓰는 것이지만 한 어(word)에서 2개 이상의 착오가 동시에 나왔을 때는 검출할 수가 없다. 흔히 자기테이프 등에서는 이 착오를 검출하여 정정할 수 있도록 패리티 비트 이외에 패리티 어(parity word)를 사용한다.

(4) 에러 교정용 해밍 코드

해밍 코드는 에러를 검출하여 교정할 수 있도록 구성된 코드로써 BCD 코드의 단일 에러 정정 코드이다. 이 코드는 7비트로 구성되며 P_1, P_2, P_4는 패리티 비트이고 나머지는 정보 비트이다.

예제 13－5 워드 패리티의 이해

다음은 어떤 자기 테이프에 수록된 정보를 어군(word group)별로 2진수로 표시한 것이다. 이 데이터의 착오를 검출하고 교정가능한가를 판단하라.

(a) 패리티 비트
↓
10011
10111
01000
10000
10011 ← 패리티 워드

(a) 패리티 비트
↓
10000
00011
11101
10110
10011 ← 패리티 워드

풀이 (a) 패리티 비트
↓
1 0 0 1 1
[1] 0 1 1 1 ← 착오
0 1 0 0 0
1 0 0 0 0
1 0 0 1 1 패리티 워드
↑
착오
1비트만 착오이므로
교정 가능하다

(a) 패리티 비트
↓
1 0 0 0 0
0 0 0 1 1 ← 착오
1 1 1 0 1 ← 착오
1 0 1 1 0
1 0 0 1 1 패리티 워드
↑ ↑
착오 착오
2비트 이상 착오이므로
교정 불가능하다.

■ BCD 코드의 해밍 코드화

Digit	1	2	3	4	5	6	7
	p_1	p_2	8	p_4	4	2	1
0	0	0	0	0	0	0	0
1	1	1	0	1	0	0	1
2	0	1	0	1	0	1	0
3	1	0	0	0	0	1	1
4	1	0	0	1	1	0	0
5	0	1	0	0	1	0	1
6	1	1	0	0	1	1	0
7	0	0	0	1	1	1	1
8	1	1	1	0	0	0	0
9	0	0	1	1	0	0	1

비트들은 우수 패리티(even parity)로 그룹되어 있다.

예제 13-6 해밍 코드화

우수 패리티를 가진 다음의 해밍 코드(Haming code)를 수신 하였다.

$P_1\ P_2\ 8\ P_4\ 4\ 2\ 1$

$0\ 0\ 0\ 1\ 1\ 0\ 1$

이 code에 단일 비트 착오가 발생되었다고 할 때 전송된 BCD code의 10진수는 얼마인가? (단, P 비트들은 패리티 비트이다.)

풀이 3개의 패리티 비트 그룹을 우수 패리티에 대해 검사하면

$P_1\ P_2\ 8\ P_4\ 4\ 2\ 1$

$0\ 0\ 0\ 1\ 1\ 0\ 1$

$P_1 + 8 + 4 + 1 = 0 + 0 + 1 + 1 = E(0)$

$P_2 + 8 + 2 + 1 = 0 + 0 + 0 + 1 = F(1)$

$P_4 + 4 + 2 + 1 = 1 + 1 + 0 + 1 = F(1)$

즉, Bit 6에서 착오가 발생되었다. 그러므로 전송된 BCD code의 10진수는 $(7)_{10}$이다.

13·2 논리 게이트 및 부울 함수

13·2·1 논리 게이트(Logic gate)

기본 논리 게이트로 AND, OR, NOT이 있으며, 그외에 이의 응용으로 NAND, NOR, 배타적 OR 게이트 등이 있다.

■ 논리 게이트의 심볼 및 진리표

게이트 이름	도 형	논 리 대 수	진 리 표
AND	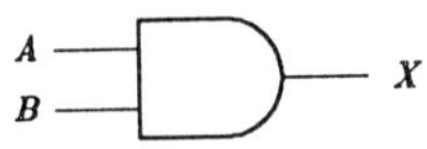	$X=A\cdot B$ 혹은 $X=A\wedge B$	A B X 0 0 0 0 1 0 1 0 0 1 1 1
OR	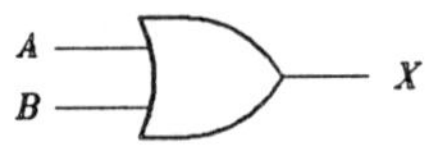	$X=A+B$ 혹은 $X=A\vee B$	A B X 0 0 0 0 1 1 1 0 1 1 1 1
인버터(inverter)	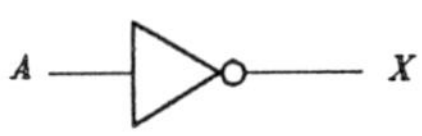	$X=\bar{A}$	A X 0 1 1 0
버퍼(buffer)	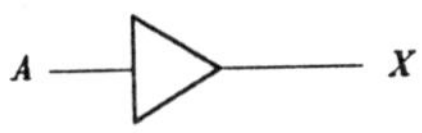	$X=A$	A X 0 0 1 1
NAND	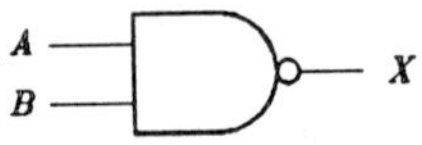	$X=\overline{A\cdot B}$ 혹은 $X=\bar{A}+\bar{B}$	A B X 0 0 1 0 1 1 1 0 1 1 1 0
NOR	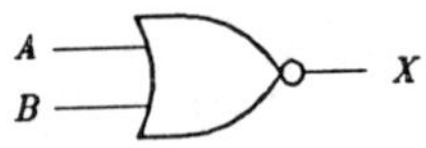	$X=\overline{A+B}$ 혹은 $X=\bar{A}\cdot\bar{B}$	A B X 0 0 1 0 1 0 1 0 0 1 1 0
XOR (exclusive-OR)	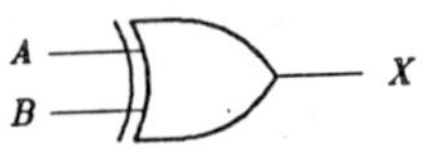	$X=A\oplus B$ 혹은 $X=A\bar{B}+\bar{A}B$	A B X 0 0 0 0 1 1 1 0 1 1 1 0
XNOR (exclusive-NOR)	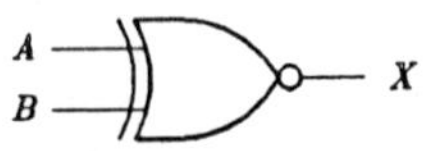	$X=\bar{A}\oplus\bar{B}$ 혹은 $X=\bar{A}\bar{B}+AB$	A B X 0 0 1 0 1 0 1 0 0 1 1 1

8·2·2 논리식의 간단화

(1) 부울 공리(boolean postulates)

공리(postulates)	
P1 : x = 0 또는 x = 1	P5 : 1 · 1 = 1
P2 : 0 · 0 = 0	P6 : 1 · 0 = 0 · 1 = 0
P3 : 1 + 1 = 1	P7 = 1+0 = 0+1 = 1
P4 : 0 + 0 = 0	

(2) 부울 대수의 정리

① 교환 법칙(commutative law)

(a) $x+y = y+x$　　(b) $xy = yx$

② 결합 법칙(associative law)

(a) $(x+y)+z = x+(y+z)$　　(b) $(xy)z = x(yz)$

③ 분배 법칙(distribute law)

(a) $x(y+z) = xy+xz$　　(b) $x+(yz) = (x+y)\ (x+z)$

④ 흡수 법칙

(a) $x+xy = x$　　(b) $x(x+y) = x$

⑤ 부정의 법칙(negation law)

(a) $(\bar{A}) = \bar{A}$　　(b) $(\bar{\bar{A}}) = A$

⑥ 드 · 모르간의 정리(de-Morgan's theorem)

(a) $(\overline{x + y}) = \bar{x} \cdot \bar{y}$　　(b) $(\overline{xy}) = \bar{x} + \bar{y}$

예제 13-7　논리식의 간단화

다음 논리식을 간단히 하라.

(a) $(A\bar{B}+AB)\ (A+B)$

(b) $[\ (\overline{X+Y}) + (\overline{X+Z})\ ]\ Z$

(c) $\overline{XYZ+W\bar{X}}$

(d) $UVW + XVW + YVW$

(e) $BC+AD+ABCD+CDA+\bar{A}$

풀이 (a) A

(b) $\bar{X}\bar{Y}Z$

(c) $(\overline{XYZ+W\bar{X}})$

(d) $VW(U+X+Y)$

(e) $\bar{A}+AD+BC$

(3) 쌍대의 원리(duality principle)

부울 대수식에서 0과 1, 논리합(＋)과 논리곱(・)을 동시에 교환한 식은 반드시 성립한다.

(4) 벤 다이어그램(venn diagram)

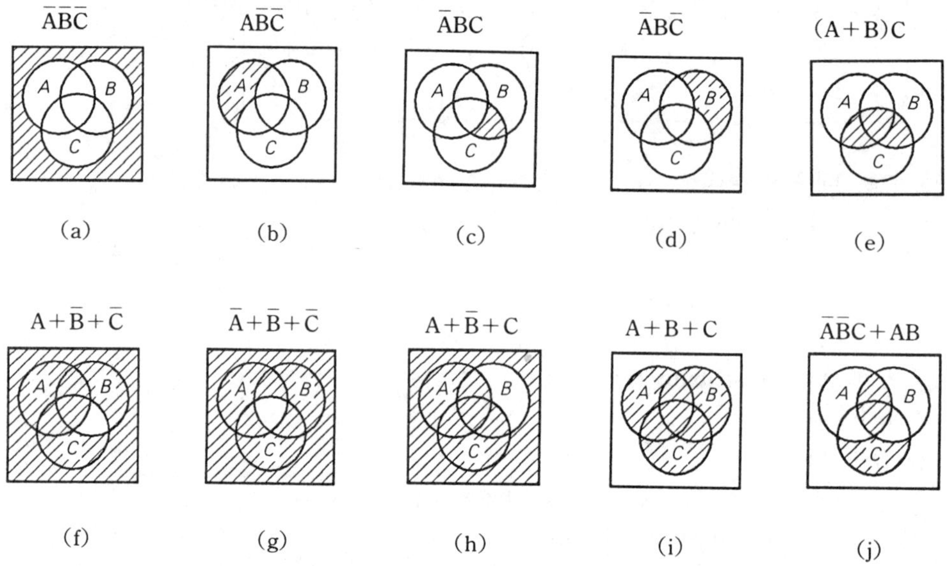

〈그림 13－1〉 벤 다이어그램

(5) 함수의 보수

① 연산자들의 쌍대를 취한 후 각 문자의 보수를 취하면 된다.

② 함수의 쌍대는 AND와 OR 연산자를 상호 교환하고 또 1과 0을 바꾸어 주므로써 얻어진다.

(6) 최소항과 최대항

■ 최소항과 최대항의 표시

입	력		Minterms		Maxterms	
x	y	z	Term	Designation	Term	Designation
0	0	0	$x'y'z'$	m_0	$x+y+z$	M_0
0	0	1	$x'y'z$	m_1	$x+y+z'$	M_1
0	1	0	$x'yz'$	m_2	$x+y'+z$	M_2
0	1	1	$x'yz$	m_3	$x+y'+z'$	M_3
1	0	0	$xy'z'$	m_4	$x'+y+z$	M_4
1	0	1	$xy'z$	m_5	$x'+y+z'$	M_5
1	1	0	xyz'	m_6	$x'+y'+z$	M_6
1	1	1	xyz	m_7	$x'+y'+z'$	M_7

① **최소항(minterm)** : 일반적으로 변수 n의 최소항이란 각 변수를 그의 원래의 형태(N) 또는 그의 부정(complement)의 형태 N을 포함하는 논리적(AND)을 말한다.

② **최대항(maxterm)** : 변수 n의 최대항은 각 변수를 그의 원래의 형태 또는 그의 부정형식을 포함한 논리합(OR)을 말한다.

(7) 가법 표준 형식과 승법 표준 형식

① **가법 표준 형식(minterm의 合)** : 최소항 형식 또는 주 덧셈(가법) 표준 형식이라고도 한다. 이것은 임의의 논리함수 f를 일련의 최소항의 논리합으로 표시한 것이다.

② **승법 표준 형식(maxterm의 積)** : 최대항 형식 또는 주 곱셈(승법) 표준 형식이라고도 한다. 이것은 임의의 논리함수를 일련의 최대항의 논리적으로 표시한 것이다.

예제 13－8 minterm의 합과 maxterm의 적

다음 함수의 minterm의 합과 maxterm의 곱형으로 표시하라.

(1) $F(A,B,C,D) = D(A'+B)+B'D$

(2) $F(w, x, y, z) = y'z + wxy' + wxz' + w'x'z$

풀이 (1) $F(A, B, C, D) = D(A'+B)+B'D$

$$= A'D(B+B')+BD(A+A') + B'D(C'+C)$$
$$= A'BD+A'B'D+ABD+A'BD+B'C'D+B'CD$$
$$= A'BD(C+C')+A'B'D(C+C')+ABD(C+C')+B'C'D(A+A')+B'CD(A'+A)$$

이 식을 전개하여 minterm의 항으로 나타내면,

$$F(A, B, C, D) = m_7 + m_5 + m_3 + m_{15} + m_{13} + m_9 + m_1 + m_{11}$$
$$= \sum(1, 3, 5, 7, 9, 11, 13, 15)$$
$$= \prod(0, 2, 4, 6, 8, 10, 12, 14)$$

(2) $F(w, x, y, z) = \sum(1, 3, 5, 9, 12, 13, 14)$

$$= \prod(0, 2, 4, 6, 7, 8, 10, 11, 15)$$

(8) 컨센서스 이론

* consensus 이론의 증명

$XY + \bar{X}Z + YZ$ 형태에서 YZ 항은 여분으로 제거될 수 있으므로 $XY + \bar{X}Z$로 간소화시킬 수 있다는 이론으로 부울 함수의 간략화에 유리하다.

$$XY + \bar{X}Z + YZ = XY + \bar{X}Z + (X+\bar{X})YZ$$
$$= (XY+XYZ) + (\bar{X}Z+\bar{X}YZ)$$
$$= XY(1+Z) + \bar{X}Z(1+Y)$$
$$= XY + \bar{X}Z$$

여기서 제거되어진 항(YZ)을 consensus항이라 한다.

예제 13－9 컨센서스 이론

다음 부울함수를 콘센서스(consensus) 이론을 이용하여 최소화하라.

$$F = A\bar{B} + B\bar{C} + \bar{B}C + \bar{A}B$$

풀이 consensus $\bar{A}C$를 원함수에 추가하면,

$$F = A\bar{B} + B\bar{C} + \bar{B}C + \bar{A}B + \bar{A}C$$

$\bar{B}C$와 $\bar{A}B$는 consensus항이므로 제거된다.

$$\therefore\ F = A\bar{B} + B\bar{C} + \bar{A}C$$

13·2·3 Karnaugh mapping

(1) 2변수 karnaugh map

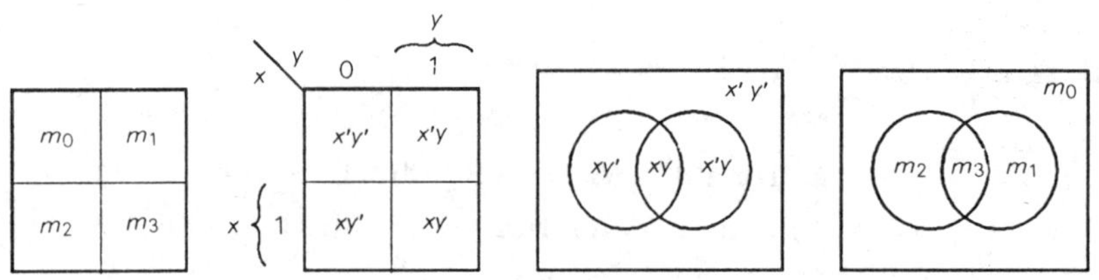

(a) (b) (c) 2 변수에 대한 벤 다이어그램

〈그림 13－2〉 2 변수 함수의 karnaugh map

(2) 3 변수 karnaugh map

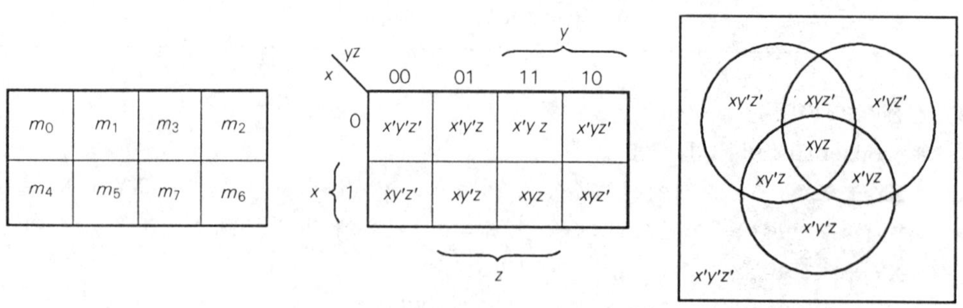

(a) (b) (c)

〈그림 13－3〉 3 변수 함수의 karnaugh map

(3) 4 변수 karnaugh map

m_0	m_1	m_3	m_2
m_4	m_5	m_7	m_6
m_{12}	m_{13}	m_{15}	m_{14}
m_8	m_9	m_{11}	m_{10}

(a)

wx \ yz	00	01	11	10
00	$w'x'y'z'$	$w'x'y'z$	$w'x'yz$	$w'x'yz'$
01	$w'xy'z'$	$w'xy'z$	$w'xyz$	$w'xyz'$
11	$wxy'z'$	$wxy'z$	$wxyz$	$wxyz'$
10	$wx'y'z'$	$wx'y'z$	$wx'yz$	$wx'yz'$

(b)

〈그림 13－4〉 4 변수 함수의 karnaugh map

예제 13－10 부울 함수의 간소화

다음 부울 함수를 간단히 하라.

(1) $F = x'yz + x'yz' + xy'z' + xy'z$

(2) $F = x'yz + xy'z' + xyz + zyz'$

(3) $F(w, x, y, z) = \sum(0, 1, 2, 4, 5, 6, 8, 9, 12, 13, 14)$

풀이

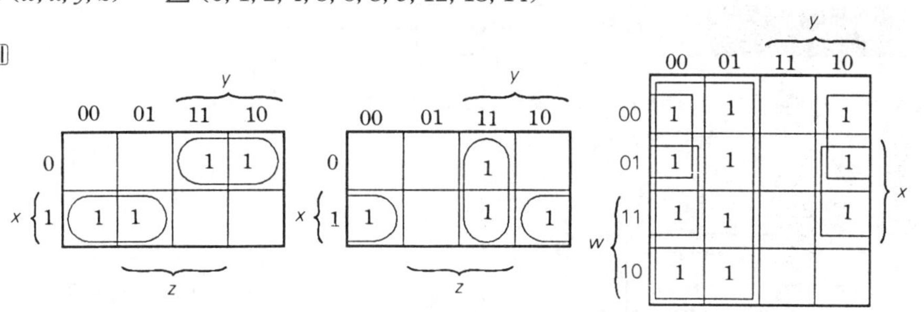

(1) $x'y + xy'$ (2) $yz + xz'$ (3) $F(w, x, y, z) = y' + w'z' + xz'$

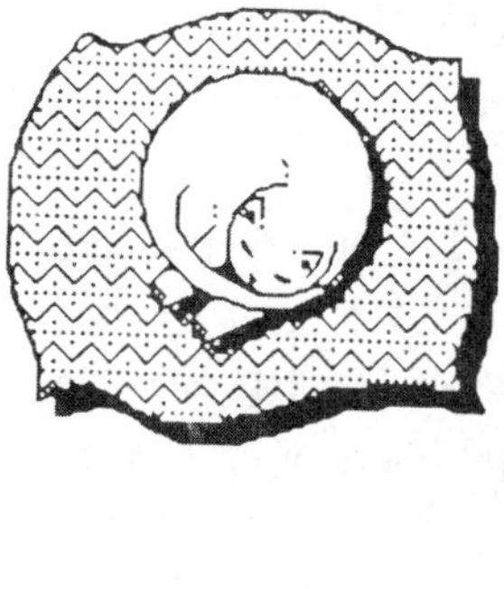

13·2·4 다이오드, 트랜지스터를 이용한 기본 게이트의 구성

(1) AND 회로

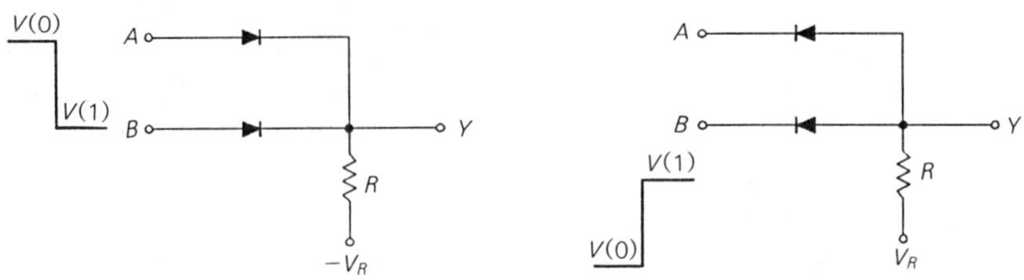

(a) 부논리 (b) 정논리

〈그림 13−5〉 AND 회로

(2) OR 회로

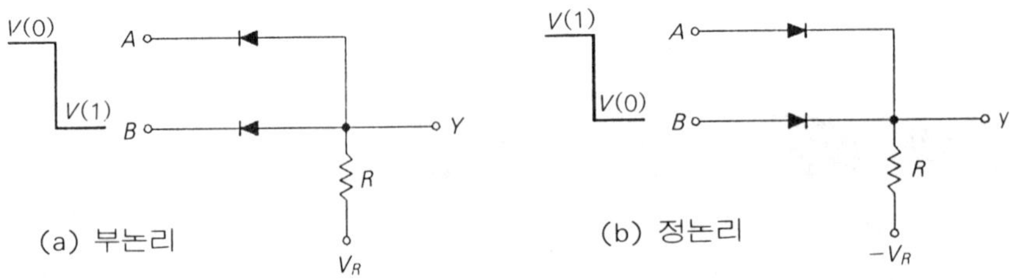

(a) 부논리 (b) 정논리

〈그림 13−6〉 OR 회로

예제 13−11 AND와 OR 회로

〈그림 13−7〉의 논리회로에서 출력측 단자 전압은 몇 [V]인가?
(단, 다이오드는 이상적이다.)

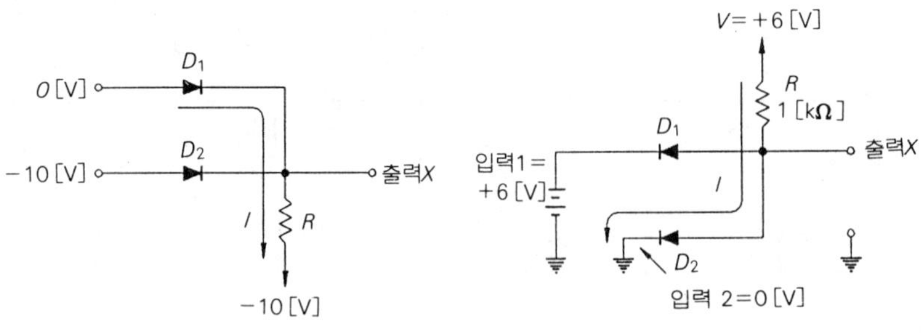

〈그림 13−7〉

풀이 (a) 다이오드 OR회로이다. OR 논리에서는 입력 전압 중 가장 큰 전압이 출력 전압이 된다. 따라서 출력 $x = 0$ [V]이다.

(b) 다이오드 AND회로이다. AND 논리에서는 입력 전압 중 가장 낮은 전압이 출력 전압이 된다. 따라서 출력 $x = 0$ [V]이다.

예제 13－12 AND와 OR의 결선

〈그림 13－8〉의 논리 회로에 A = +6 [V], B = +6 [V], C = 0 [V]를 가할 때 출력 전압은? (단, 다이오드의 순방향 전압강하는 0.7 [V]이다.)

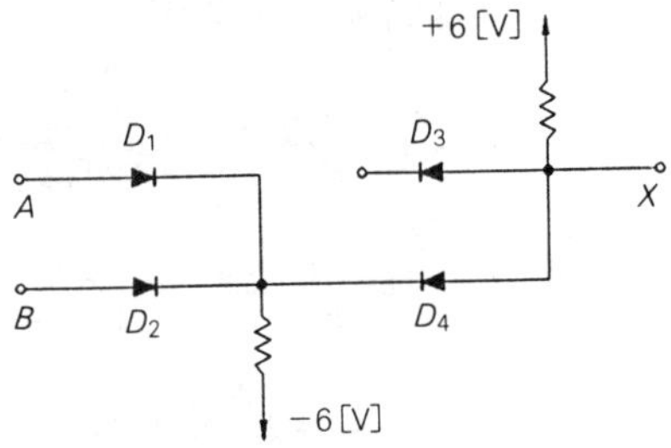

OR－AND 회로

〈그림 13－8〉

풀이 다이오드 D_1, D_2는 OR회로이고, D_3, D_4는 AND 회로로서 OR－AND회로라고 한다. F 점의 전압은 F = +5.3 [V]이다. AND 출력 x는 낮은 전압이 출력이 되므로 x = 0.7 [V]가 된다.

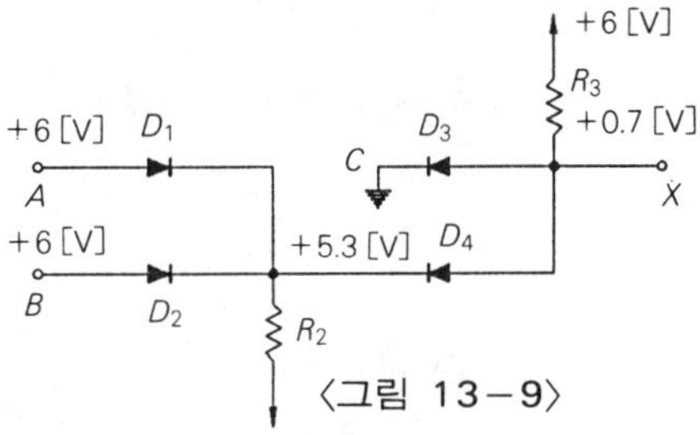

〈그림 13－9〉

(3) NOT 회로(INVERTER)

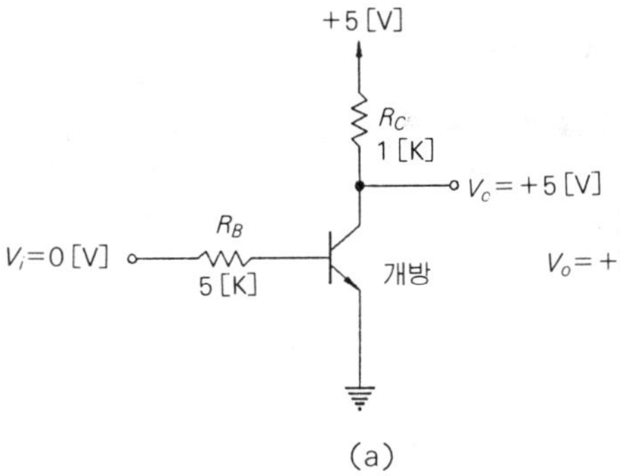

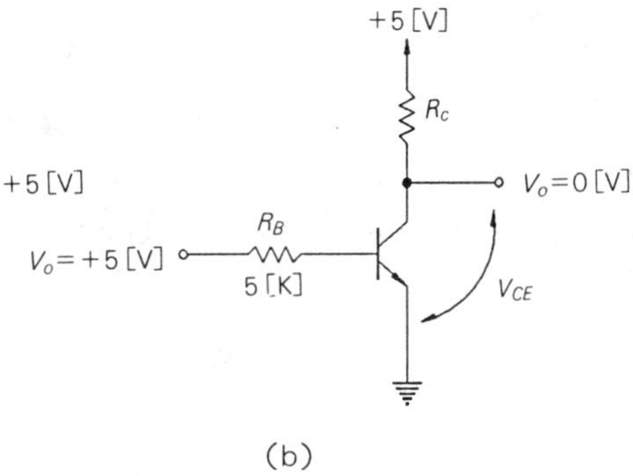

〈그림 13－10〉 NOT 회로

예제 13－13 NOT 회로의 이해

〈그림 13－11〉의 회로에서 V_{CE} = 0.2 [V], V_{BE} = 0.7 [V], h_{FE} = 15, V_i = +6 [V]일 때, 트랜지스터는 포화상태로 되는가를 판단하라. (단, R_B = 8.2 [kΩ], R_C = 1.2 [kΩ], V_{CC} = +6 [V]이다.)

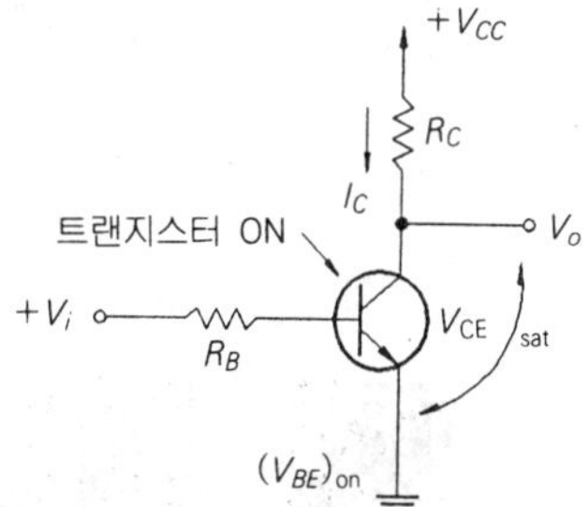

〈그림 13－11〉

풀이 트랜지스터의 h_{FE}가 β_c보다 크면 포화상태로 되었음을 나타낸다.

먼저 I_B와 I_c를 구하면,

$$I_B = \frac{V_i - (V_{BE})_{on}}{R_B} = \frac{6-0.7}{8.2\,[\mathrm{k}\Omega]} = 0.647\,[\mathrm{mA}]$$

$$I_C = \frac{V_{CC} - (V_{CE})_{sat}}{R_C} = \frac{6-0.2}{1.2\,[\mathrm{k}\Omega]} = 4.83\,[\mathrm{mA}]$$

따라서, $\beta_c = I_C / I_B = 4.83/0.647 = 7.47$이므로 $h_{FE} = 15 > \beta_c$이므로 입력 $V_i = +6\,[V]$에서 트랜지스터는 포화상태로 된다.

13·2·5 Bipolar IC의 종류

- Digital IC
  - Bipolar IC (양극형)
    - 포 화 형
      - RTL(Resistor Transistor Logic)
      - DTL(Diode Transistor Logic)
      - TTL(Transistor Transistor Logic)
    - 비포화형
      - ECL(Emitter Coupled Logic)
      - CTL(Complementary Transistor Logic)
  - Unipolar IC (단극형)
    - PMOS
    - NMOS
    - CMOS

〈그림 13－12〉 디지탈 IC의 종류

(1) DCTL(Direct Coupled Transistor Logic)

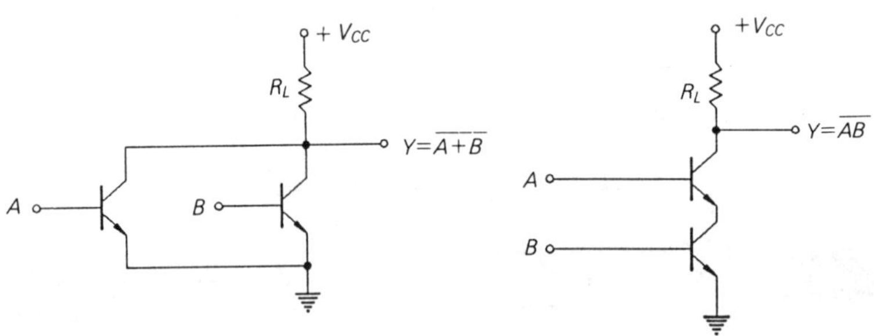

(a) NOR 게이트　　(b) NAND 게이트

〈그림 13－13〉 DCTL 회로

① 기본 동작 : NOR 또는 NAND의 기능

② 특 성 : 트랜지스터 특성의 불균일로 인하여 구동 base 전류의 불일치현상 즉, 전류 호깅(current hogging) 현상이 생긴다. 따라서 트랜지스터 스위치 time의 불일치로 인하여 많은 출력수를 취할 수 없다.

(2) RTL(Resistor Transistor Logic)

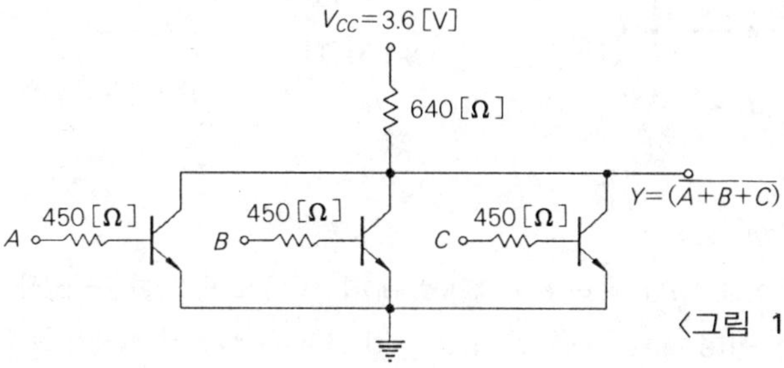

〈그림 13－14〉 RTL 회로

① 기본 동작 : NOR의 기능

② 특 성 : DCTL의 입력 특성의 불균일로 생기는 전류 호깅현상의 영향을 줄이기 위해 베이스 저항 R_B를 연결한 회로이다.

(3) DTL(Diode Transistor Logic)

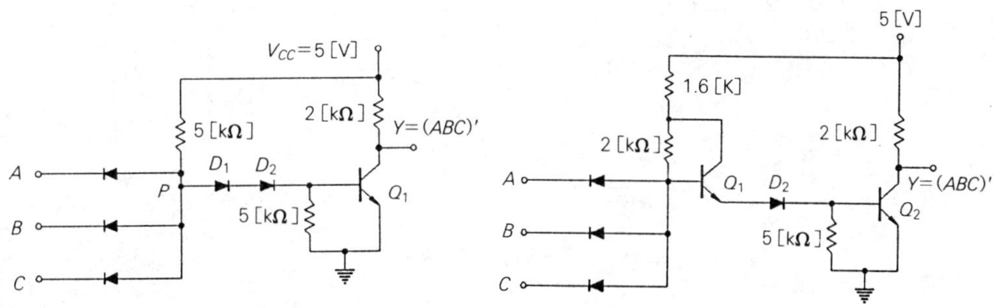

(a) 기본 회로 (b) 실용 회로

〈그림 13－15〉 DTL 회로

① 기본 동작 : NAND의 기능

② 특 성 : diode D_1과 D_2를 level shift diode라 하며 트랜지스터의 ON레벨을 높이고, L레벨에서 noise-margin을 향상시키는 작용을 한다. fan-out가 비교적 크다.

(4) HTL(High Threshold Logic)

HTL은 산업공장에 있어서의 모터, 고압 스위치, 단속 제어회로 등 잡음 레벨이 상당히 높은 곳에 응용된다.

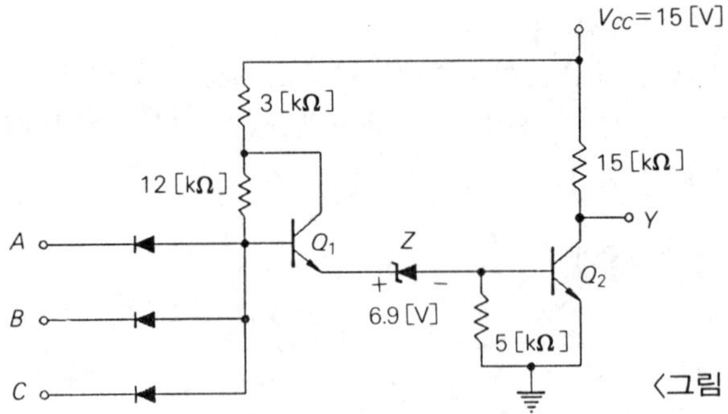

〈그림 13－16〉 HTL 회로

① **기본 동작** : NAND의 기능

② **특　성** : DTL 게이트에서 D_2대신 6.9 [V]의 제너 다이오우드를 사용하고 높은 전압(5 [V]대신 15 [V])을 사용하면 잡음 면역성(high-noise-immunity)이 높은 HTL이 된다.

(5) TTL(Transistor Transistor Logic)

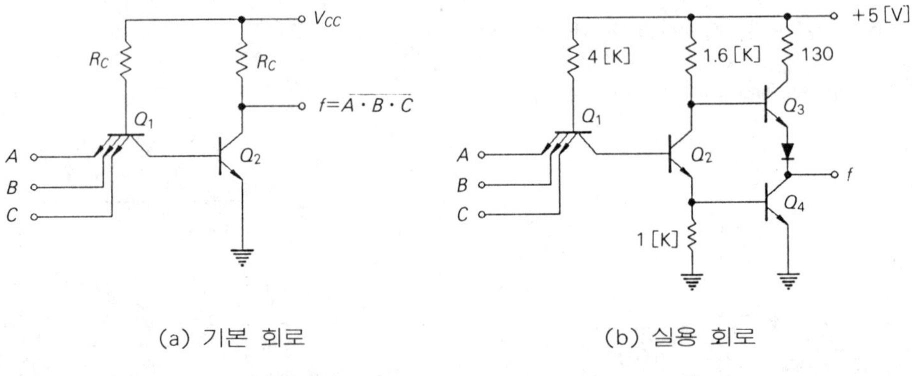

〈그림 13－17〉 TTL NAND

① **기본 동작** : NAND의 기능(DTL 회로의 gate diode 대신 multi-emitter 트랜지스터를 사용)

② 포화 논리회로에서 가장 속도가 빠르다.

③ **다이오우드 D의 목적** : 회로가 상태 전환시 Q_4가 차단될 때까지 Q_3가 on 상태로 되는 것을 막기 위한 것.

④ **트랜지스터 Q_3와 Q_4의 역할** : Q_4가 on시 출력은 낮은 상태(pull down TR), Q_3가 on시 출력은 높은 상태(pull up TR)가 되며 이들 Q_3와 Q_4를 토템 · 폴(Totem-pole) TR이라 한다.

NAND gate로 구성된 대표적인 것으로는 74H(고전력용), 74L(저전력용), 74LS (쇼트키 클램프 다이오우드를 갖는 저전력용) 및 74S(고속용) 등이 있다.

74S 논리회로는 비포화형의 ECL과 맞먹는 고속도 논리회로이다.

예제 13-14 TTL 게이트의 이해

〈그림 13-17〉의 TTL 회로에서 출력전압이 높은 상태($y=1$)에 있다.

(1) Q_4와 Q_2 트랜지스터의 상태는? (단, 정 논리이다.)

(2) Q_4의 역할은 무엇인가?

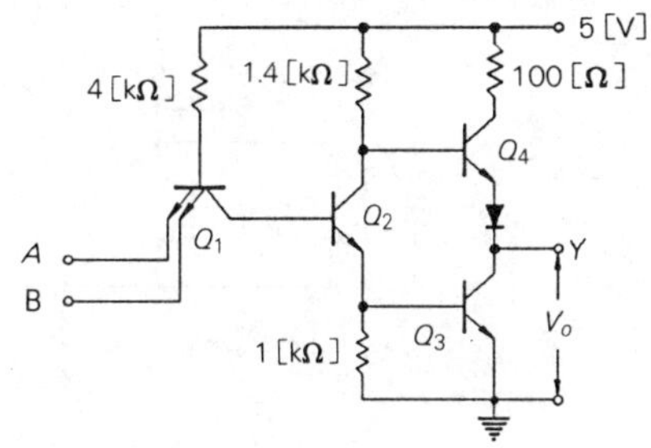

〈그림 13-18〉

풀이 (1) $Q_2 \rightarrow$ off, $Q_4 \rightarrow$ on

(2) 스위칭 시간을 작게 해 준다.

이 회로에서 Q_4와 100 [Ω] 대신 큰 저항을 사용하여도 TTL NAND 게이트로서 동작 가능하나 큰 저항을 쓰면 $y=1$인 상태에 있을 때의 출력 임피이던스가 커서 $y=1$ 상태로 바뀔 때 다음 단의 에미터 접합부의 접합용량이나 표유용량에 의해서 RC 시정수가 커지므로 스위칭 시간이 커져서 응답속도가 느리므로 Q_4의 역할은 $y=1$인 상태에 있을 때 출력 임피던스를 작게 하여 (100Ω보다 약간 큼) 응답속도를 빠르게 한다.

(6) I^2L (integrated injection Logic)

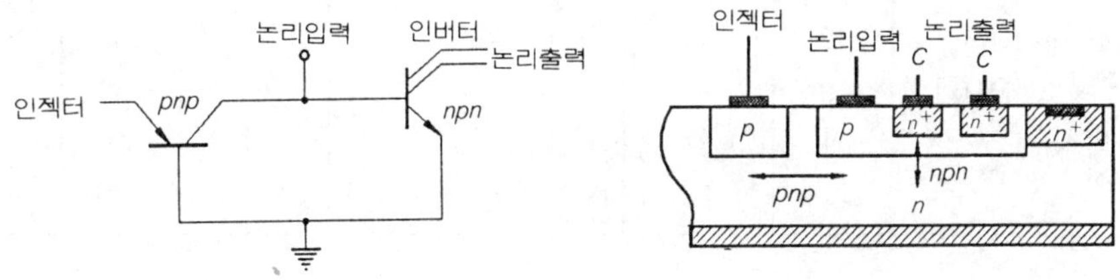

(a) 기본 회로 (b) 물리적 구조

〈그림 13-19〉 I^2L 회로

① 기본 동작 : NOT의 기능

② 특 성 : npn과 pnp의 2개의 트랜지스터로 구성되는 bipolar 소자로서 빠른 동작속도를 갖는다.

IC소자로서의 칩의 소요 면적이 적고 소비전력도 적은 특징이 있다.

(7) ECL(Emitter Coupled Logic)

① 기본 동작 : OR/NOR의 기능(CML : Current Mode Logic 이라고도 한다.)

② 특 성 : 비포화형이므로 동작속도가 논리게이트 중에서 가장 빠르다. 서로 상보관계가 있는 출력을 얻는다.

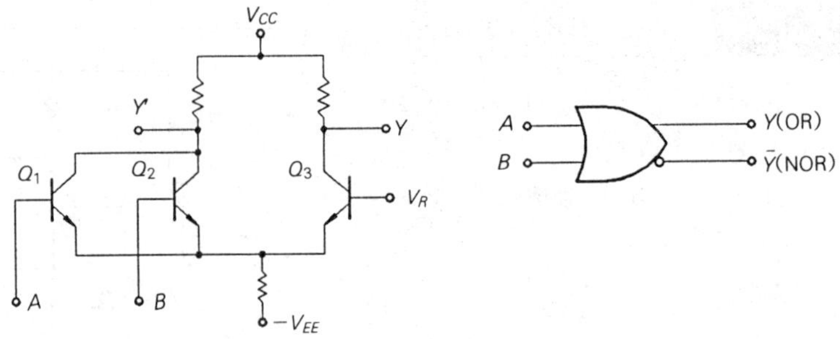

(a) 2입력 에미터 결합회로 (b) OR/NOR 게이트의 기호

〈그림 13-20〉 ECL 회로

■ 디지탈 IC의 특성 비교

논리 파라미터	RTL	DTL	HTL	TTL	ECL	MOS	CMOS
기본 게이트	NOR	NAND	NAND	NAND	OR/NOR	NAND	NOR 또는 NAND
팬-아우트	5	8	10	10	25	20	< 50
소비 전력 [mW]	12	8	55	10	40	1	0.01
전파 지연 [ns]	12	30	90	10	2	100	50
클럭펄스속도 [MHz]	8	12	4	15	60	2	10
잡음 면역성	가	양	수	우	양	가	우
기 능 수	많다	약간많다	매우적다	매우많다	많다	적다	매우많다

예제 13-15 **DTL 게이트의 이해**

〈그림 13-21〉의 DTL 게이트 출력 y를 다른 게이트의 입력에 연결한다. 출력단 트랜지스터는 포화되었고 베이스 전류가 0.4 [mA]라고 한다. 콜렉터 저항 2 [kΩ]에 흐르는 전류는? (단, h_{FE} = 20이고 $V_{BE(sat)}$ = 0.8 [V], $V_{CE(sat)}$ = 0.2 [V], 다이오드의 순방향 전압강하는 0.7 [V]라고 한다.

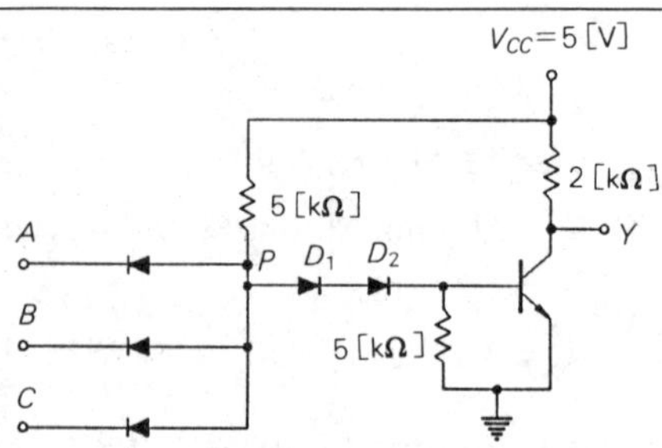

〈그림 13-21〉

풀이 논리 레벨은 0상태가 $V_{CE(sat)}$ = 0.2 [V], 1상태가 V_{CC} = 5 [V]이다. 만일 모든 입력이 V(1) = 5 [V]이면 입력 diode가 모두 차단되어 D_1, D_2가 도통하고 P점의 전압 V_P = 0.7 +0.7+0.8 = 2.2 [V]가 된다. 각 입력 다이오드 전압은 5-2.2 = 2.8 [V]가 역방향으로 걸리므로 D는 차단된다.

$$I_1 = \frac{V_{CC} - V_P}{R_1} = \frac{5-2.2}{5} = 0.56\,[\mathrm{mA}]$$

$$I_2 = \frac{V_{VE(sat)}}{R_2} = \frac{0.8}{5} = 0.16\,[\mathrm{mA}]$$

$$I_B = I_1 - I_2 = 0.56 - 0.16 = 0.4\,[\mathrm{mA}]$$

$$I_C = \frac{V_{CC} - V_{CE(sat)}}{R_C} = \frac{5-0.2}{5} = 2.4\,[\mathrm{mA}]$$

즉 2[kΩ]에는 2.4[mA]가 흐른다.

예제 13－16 TTL 게이트의 논리 동작

다음 TTL 게이트에서 출력의 논리 동작(logic operation)은? 단, 정논리 이다.

(1)

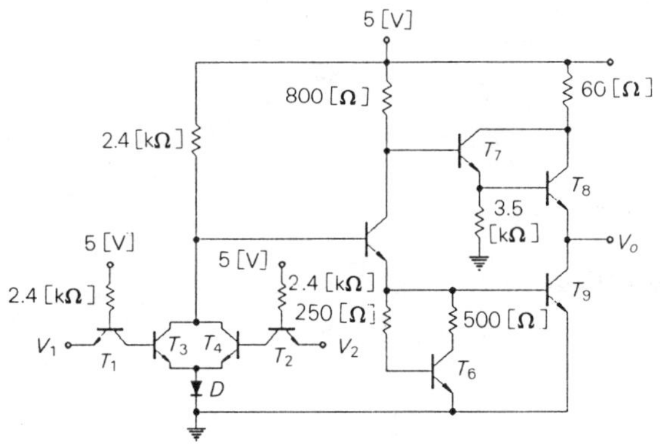

〈그림 13－22〉

(2)

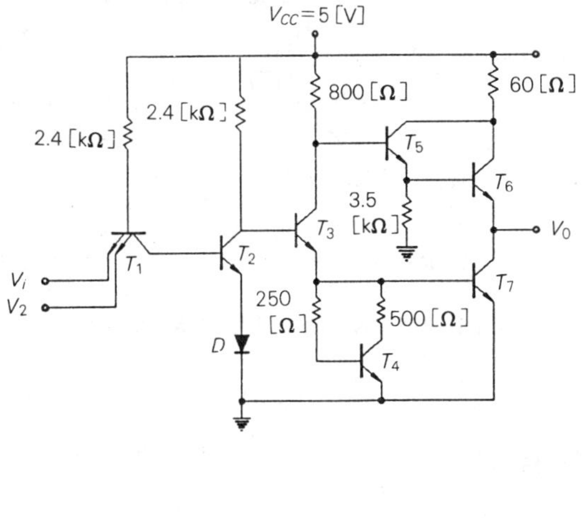

〈그림 13－23〉

(3)

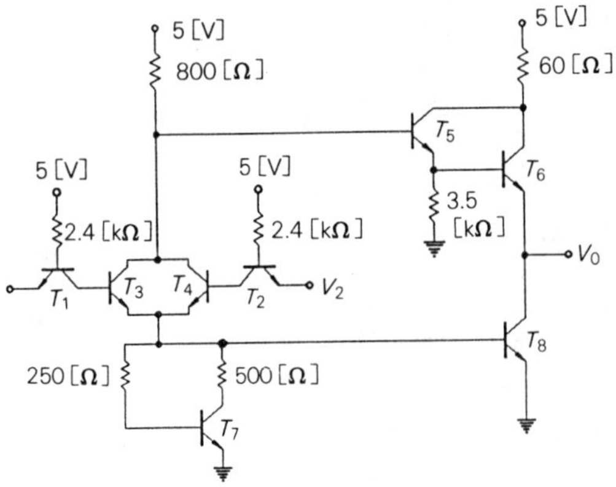

〈그림 13－24〉

풀이 (1) OR 게이트
(2) AND 게이트
(3) NOR 게이트

13·2·6 MOS 게이트

(1) 기본 MOS 게이트 회로

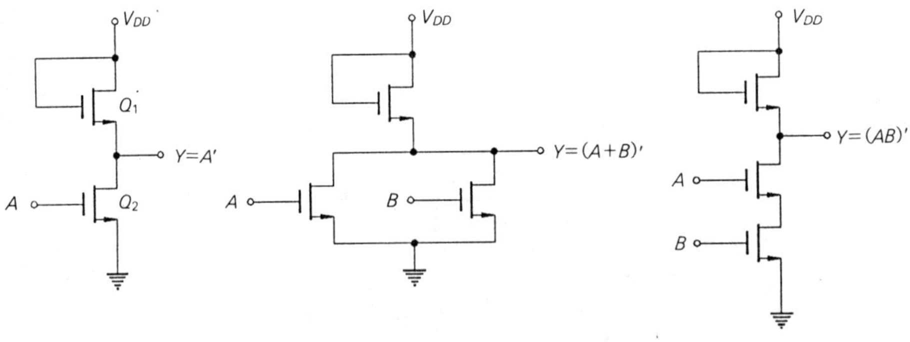

(a) INVERTER (b) NMOS NOR gate (c) NMOS NAND gate

〈그림 13－25〉 NMOS 이용 논리 게이트

(2) CMOS 인버터

CMOS 논리 게이트는 낮은 소비전력, 높은 잡음 여유도 및 온도에 대한 안정성 등의 이점이 있다.

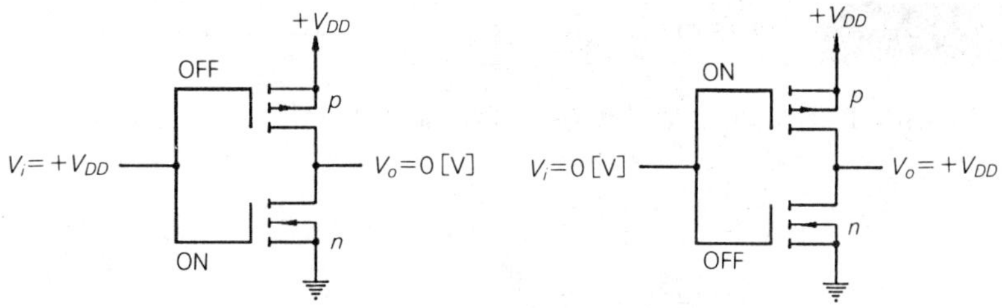

(a) (b)

〈그림 13-26〉 CMOS 인버터

(3) CMOS NOR gate

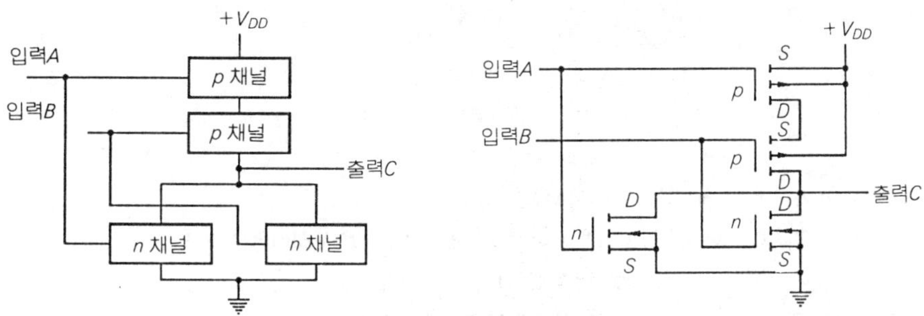

(a) (b)

〈그림 13-27〉 CMOS NOR gate

① 두개의 낮은 L이 입력 A, B에 인가되면 P채널 FET는 도전(on) 되고 N채널 FET쪽은 차단(off) 되므로 출력 C는 높은 전압 상태(상태 1) 즉 $+V_{DD}$[V]가 된다.

② 만일 한 개 또는 두 입력이 높은 전압상태(H)이면 한 개 또는 두 N채널 FET가 도전상태가 되고 P채널 FET는 차단상태로 되어 출력 C는 낮은 전압상태(L)가 된다.

(4) CMOS NAND gate

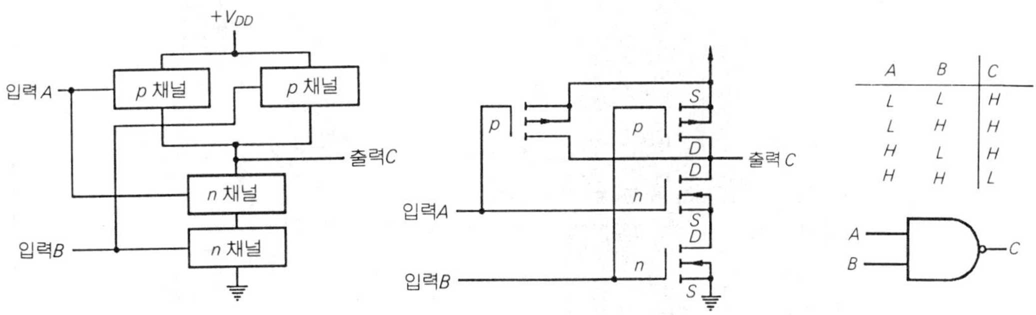

(a) (b) (c)

〈그림 13-28〉 CMOS NAND gate

예제 13-17 MOSFET의 논리 기능

다음 MOSFET 회로의 논리 기능을 나타내는 논리 다이어그램을 작성하라. (단, 정논리이다.)

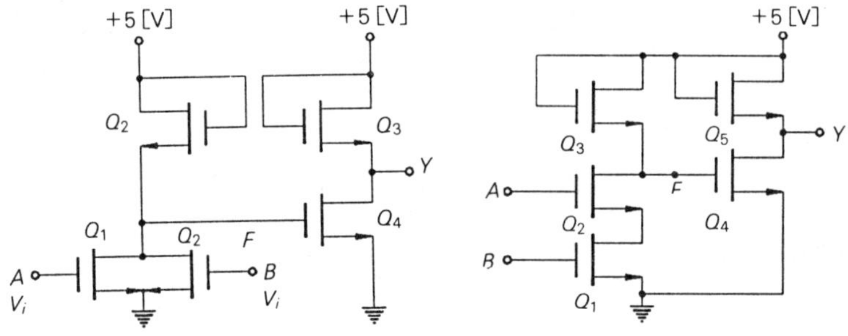

(a) (b)

〈그림 13-29〉

풀이 (a) $y=\bar{F}=\overline{\overline{A+B}}=A+B$(OR gate의 기능)

(b) Q_1, Q_2, Q_3는 NAND gate이고 Q_4, Q_5는 INVERTER 이므로

$y=\bar{F}=\overline{\overline{A\cdot B}}=A\cdot B$(AND gate의 기능)

예제 13-18 PMOS 게이트의 논리기능

그림과 같은 MOS gate의 논리 다이어그램을 작성하라. (단, 정논리이다.)

풀이 PMOS 논리 gate이다. 먼저 정논리에 의한 진리표를 작성하면,

A	B	C	Y
0	0	0	1
0	0	1	1
0	1	0	1
0	1	1	0
1	0	0	0
1	0	1	0
1	1	0	0
1	1	1	0

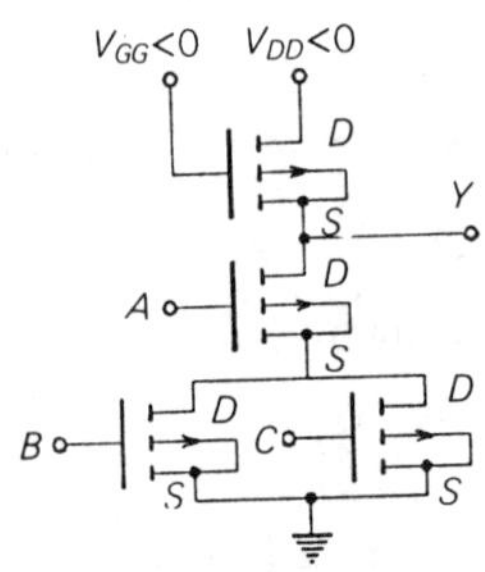

〈그림 13-30〉

이 진리표에서 K-map에 의해 출력 y를 구하면 다음과 같다.

$y=\bar{A}\bar{C}+\bar{A}\bar{B}$

$=\bar{A}(\bar{B}+\bar{C})$

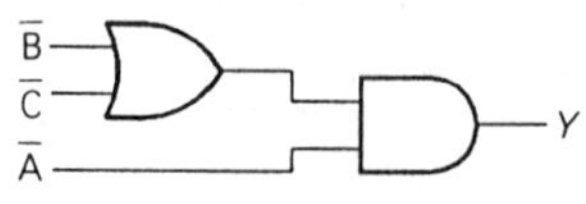

〈그림 13-31〉

① 이 회로는 2개의 P채널 FET를 병렬로 접속한 것이다.
② 어느 입력 A, B중 한 개 또는 두 개의 입력이 낮은 전압신호(L)이면 P채널 FET는 도전상태로 되므로 출력 C는 높은 전압상태로 된다.
③ 두 입력이 모두 높은 전압 신호이면 두 개의 N채널 FET는 전도상태로 되어 출력 C는 낮은 전압상태(L)가 된다.

13·2·7 wired-logic의 해석

(1) TTL의 wired－AND

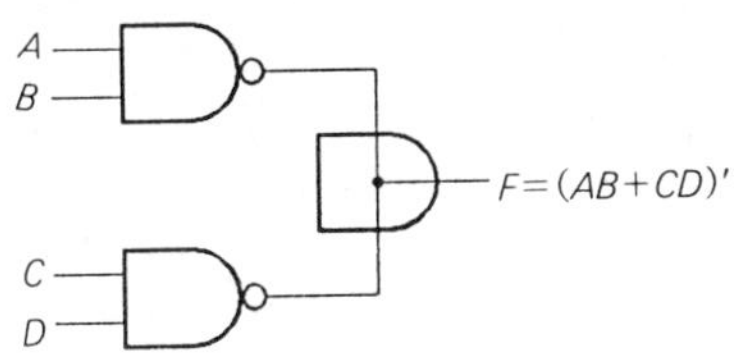

〈그림 13－32〉 Wired-AND in open-collector TTL NAND gates.

(2) ECL의 wired－OR

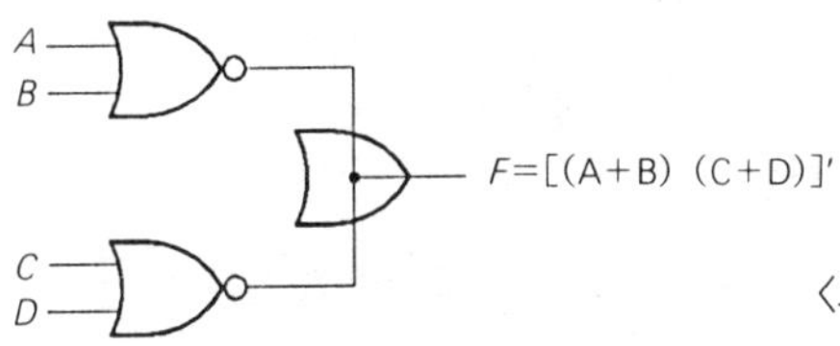

〈그림 13－33〉 Wired-OR in ECL gates.

出 題 豫 想 問 題

1. 10진수의 36을 2진법으로 나타내면?

가. 110100　　나. 100110

다. 101100　　라. 100100

2. 다음 16진수 합산 문제에 대한 것 중 옳은 것은?

$$\begin{array}{r} 7\ 2\ C \\ +A\ 3\ F \\ \hline (\qquad)_{16} \end{array}$$

가. 113C　　나. A5C1

다. A5F　　라. 116B

3. 10진수의 45를 16진수로 변환하면?

가. 2A　　나. 2B　　다. 2C　　라. 2

4. 10진수 125를 2진수로 변환하면?

가. 11111101　　나. 1111101

다. 1111100　　라. 1111111

5. 10진수 20.375를 2진수로 고치면?

가. 10100.011　　나. 10100.111　　다. 10100.001　　라. 10011.111

해설 정수부

$$\begin{array}{r|l} 2 & 20 \\ 2 & 10 \cdots 0 \\ 2 & 5 \cdots 0 \\ 2 & 2 \cdots 1 \\ 2 & 1 \cdots 0 \\ & 0 \cdots 1 \end{array}$$

소수부

$$\begin{array}{ccc} 0.375 & 0.75 & 0.5 \\ \times\ 2 & \times\ 2 & \times\ 2 \\ \hline 0.\boxed{750} & 1.\boxed{500} & 1.0 \\ \downarrow & \downarrow & \downarrow \\ 0 & 1 & 1 \end{array}$$

$\therefore\ (20.375)_{10} = (10100.011)_2$

6. 10진법 49.21875를 8진법으로 고친 값은?

가. 16.61　　나. 17.61　　다. 61.16　　라. 61.61

해설 정수부

$49/8 = 6+1$

$6/8 = 0+6 \rightarrow 61$

소수부

$$\begin{array}{cc} 0.21875 & 0.75 \\ \times\ 8 & \times\ 8 \\ \hline 1.\boxed{75000} & 6.00 \\ \downarrow & \downarrow \\ 1 & 6 \end{array}$$

$\therefore\ (49.21875)_{10} = (61.16)_8$

해답 1. 라　2. 라　3. 라　4. 나　5. 가　6. 다

7. $(0.101101)_2$을 10진수로 표시하면?

가. 0.6025　　나. 0.5625　　다. 0.702625　　라. 0.703125

해설 $(0.101101)_2 = 1\times2^{-1} + 0\times2^{-2} + 1\times2^{-3} + 1\times2^{-4} + 0\times2^{-5} + 1\times2^{-6}$

여기서 $2^{-1} = \dfrac{1}{2^1} = 0.5,\ 2^{-2} = \dfrac{1}{2^2} = 0.25,\ 2^{-3} = \dfrac{1}{2^3} = 0.125,\ 2^{-4} = \dfrac{1}{2^4} = 0.0625,$

$2^{-5} = \dfrac{1}{2^5} = 0.03125,\ 2^{-6} = \dfrac{1}{2^6} = 0.015625$

8. 다음 중 진수의 변환으로 틀린 것은?

가 $(225.225)_{10} = (E\ 1.399)_{16}$　　나. $(215.75)_{10} = (327.5)_8$

다. $(403.9843)_{10} = (193.FC)_{16}$　　라. $(11010111.110)_2 = (327.6)_8$

해설 주어진 수를 2진, 8진 및 16진으로 변환하면,

10진	2진	8진	16진
225.225	11100001.001110011	341.16314	E 1.399
215.75	11010111.110	327.6	D7.C
403.9843	110010011.111111	623.77	193.FC

9. 12비트의 2진수로 기억되는 어떤 컴퓨터의 기억장치에 101010010011이 기억되어 있다. 이것을 8진 코드로 고친 값은?

가. $(5413)_8$　　나. $(2523)_8$　　다. $(2213)_8$　　라. $(5223)_8$

10. 8자리의 10진수를 2진수로 나타내기 위해서는 몇 자리의 2진수가 필요한가?

가. 8자리의 2진수　　나. 16자리의 2진수

다. 20자리의 2진수　　라. 27자리의 2진수

해설 n자리의 10진수와 x 자리의 2진수에 의해 나타낼 수 있는 수는 각각 10^n, 2^x개 이므로 $2^x \geq 10^n$의 관계가 성립된다.

$x \geq \log_2 10^n = n \log_2 10 = 3.3n$

11. $(1101101 \div 1011)_2$의 계산 결과로서 옳은 것은?

가. $(1001.1010)_2$　　나. $(1001.111)_2$

다. $(1010.0101)_2$　　라. $(1010.1010)_2$

해설 피제수를 빼갈 때 만일 빼지면 몫에 1을, 빼지지 않으면 몫을 0으로 하여 나누어 가면 되며 나누어지지 않으면 나머지가 생긴다.

```
        1001 … 몫
1011) 1101101
      1011
        10101
         1011
        1010 … 나머지
```

※ $\begin{cases} 1101101_2 = 109_{10} \\ 1011_2 = 10_{10} \\ 109_{10} \div 11_{10} = 9.9_{10} \end{cases}$

해답 7. 라 8. 나 9. 라 10. 라 11. 나

12. 6자리의 2진수로 나타낼 수 있는 수 중에서 가장 큰 수를 10진수로 나타내면?

가. 58　　나. 63　　다. 68　　라. 72

해설 n자리의 r진수로 나타내지는 수는 전부 r^n개이다. 여기서 0이 포함되어 있으므로 가장 큰 수는 2^n-1이다.

13. 다음 2진수(7비트)에 대한 1의 보수와 2의 보수의 표현으로 틀린 항은?

	2 진수 값	1 의 보수	2 의 보수
가	0000001	1111110	1111111
나	1110101	0001010	0001011
다	•0000000	1111111	1000000
라	1001000	0110111	0111000

해설 부호 비트(sign bit)를 가진 영(0)은 음수를 표시하는 방법에 따라 다음 3가지로 표현한다.

	+0	−0
부호 절대값	0 000000	1 000000
부호화된 1의 보수	0 000000	1 111111
부호화된 2의 보수	0 000000	없음(none)

즉, 부호화된 2의 보수로 음수를 표시할 때 영(0)은 +0만이 나오게 된다.

14. 2진수 101101의 진보수(2의 보수)는?

가. 011011　　나. 010010　　다. 110011　　라. 010011

해설 진보수　$2^6-101101 = 010011$(2의 보수)

기수－1 보수　$2^6-101101-1 = 010010$(1의 보수)

1의 보수는 각 자리의 0은 1로, 1은 0으로 바꾸어 주면 쉽게 구할 수 있으며 2의 보수는 1의 보수로 구해진 수에 1을 더해서 구할 수 있다.

15. $(1010\times0101)_2$의 계산 결과로서 옳은 것은?

가. $(110010)_2$　　나. $(0110110)_2$　　다. $(0100010)_{2)}$　　라. $(0110001)_2$

해설 2진 곱셈은 10진법의 곱셈과 동일하다. 피승수에 0을 곱할 때는 그 수를 0으로 하고, 1을 곱할 때는 피승수를 그대로 놓고 전체를 덧셈하면 된다.

```
      1010                    10₁₀
     ×0101                  × 5₁₀
   ---------               -------
      1010 … 그대로 놓는다.    50₁₀
     0000  … 0으로 한다.
    1010   … 그대로 놓는다.
+) 0000    … 0으로 한다.
   ---------
   0110010
```

16. 374를 BCD 코드로 표시한 것 중 옳은 것은?

가. 0101 0010 1000　　나. 0011 0111 0100

다. 1000 1010 0110　　라. 010 011 001

해답 12. 나　13. 다　14. 라　15. 가　16. 나

17. 2진법의 평방근 $\sqrt{10101001}$의 계산 결과는 ?

가. 1110　　나. 1010　　다. 1101　　라. 1111

해설 2진수를 LSB로부터 2자리씩 구분하고 평방을 세워서 나눗셈을 한다. 계산은 평방근에 세워진 수치의 1보다 하나 윗자리에 0을 넣고 이를 빼는 수로 한다.

```
   1  1  0  1
 √10 10 10 01
  1
 ─────────────
  1 10
  1 01
 ─────────────
     1 10 01
     1 10 01
 ─────────────
           0
```

※ $10101001_2 = 169_{10}$, $\sqrt{169} = 13_{10}$, $13_{10} = 1101_2$

18. 10진수(25＋38)의 BCD code의 가산을 하면 ?

가. 0111 1111　　나. 0110 0011　　다. 110 011　　라. 0101 1101

해설 10진수의 합이 9를 넘을 때는 6(＝0110)을 더하여 8421 code 값을 얻는다.

```
  25        0010  0101
 +38       +0011  1000
 ───       ───────────
  63        0101  1101    좌측은 BCD이고, 우측은 BCD가 아님.
                 +0110    우측에 +6하고 carry는 자리올림을 한다.
           ───────────
            0110  0011
             ↓     ↓
             6     3
```

19. Excess-3 code의 표시방법으로 462_{10}의 표시 값은 ?

가. 0100 0110 0010　　나. 00111 01001 00101

다. 0111 1100 0101　　라. 0111 1001 0101

해설 Excess-3 code는 4비트 코드로서 BCD code에 $3_{10} = 0011_2$을 더한 것이다.

20. 3초과 코드로(excess-3 code)의 설명으로 옳은 것은 ?

가. 착오 검출 코드이다.　　나. 웨이티드 코드(weighted code) 이다.

다. 8421 코드에 3_{10}을 뺀 코드이다.　　라. 자기보수형 코드이다.

해설 8421 code의 연산을 돕기 위하여 만들어진 것으로 8421 code에 3_{10}을 더하여만 든다. 이 3초과 코드는 unweitghted code이고 자기 보수 코드(self-complementing code)이다.

21. 3초과 코드(excess-3 code)에서 사용하지 않는 조합은 ?

가. 1100　　나. 0101　　다. 0000　　라. 1011

해설 3초과에서는 4개의 비트로 조합되는 16가지 중 0011～1100까지만 사용한다. 따라서 0000, 0001, 0010 등의 group은 사용하지 않는다.

해답 17. 다　18. 나　19. 라　20. 라　21. 다

22. 10진수(15＋20)를 Excess-3 코드로 변환하고 그의 합의 구하면？

가. 0011 0101　　나. 1001 1011　　다. 0011 1000　　라. 0110 1000

해설

15	0100　1000	：15의 3초과 코드
＋20	＋0101　0011	：20의 3초과 코드
35	1001　1011	：carry 없음
	－11　－11	：각각 3을 뺀다.
	0110　1000	：35의 3초과 코드

23. 10진수 "0"과 신호가 없는 경우와의 구분이 가능한 코드 중 7비트 코드인 것은 어느 것인가？

가. 링 카운터(ring counter) 코드　　나. 3초과(excess-3) 코드

다. 바이퀴너리(biquinary) 코드　　라. 2-out-of-5 코드

해설 바이퀴너리 코드는 7비트 코드로서 10진수 "0"은 0100001이 되어 신호가 없는 경우(모든 비트가 0)와의 구분이 가능하다.

24. 11010_2를 그레이 코드로 변환하면？

가. 00101　　나. 10110　　다. 10111　　라. 11011

해설 2진수의 최대자리수(MSB)는 그대로 내려서 그레이 코드의 MSB로 하고, 2진수의 MSB와 다음 MSB를 합해서 올림수를 제거한 합만을 그레이 코드의 다음 MSB로 정하여 나간다.

2진수 11010_2을 그레이 코드로 변환하는 과정을 보면,

```
  ⊕   ⊕   ⊕   ⊕
1 → 1 → 0 → 1 → 0   : 2진수
↓   ↓   ↓   ↓   ↓
1   0   1   1   1   : gray code
```

gray → 2진수

```
1   0   1   1   1   : gray code
↓ ↗ ↓ ↗ ↓ ↗ ↓ ↗ ↓
1   1   0   1   0   : 2진수
```

25. 2진수 1100을 그레이 코드(Gray code)로 바꾼 것은 어떤 것인가？

가. 1010　　나. 1111　　다. 1000　　라. 0011

26. Gray code에 대한 설명으로 맞는 것은？

가. 증감시 한 비트(bit)만 그 상태가 변한다.

나. 연산하는데 편리하다.

다. 웨이티드 코드(weighted code) 이다.

라. 10진수로 변환시키기 쉽다.

해설 one bit change code이다.

27. 그레이 코드 110101을 2진수로 나타내면？

가. 101110　　나. 101111　　다. 100110　　라. 100101

해답 22. 라　23. 다　24. 다　25. 가　26. 가　27. 다

28. 연속하는 두 수를 비교하였을 때 1비트만 변하게 되어 있는 코드는 ?

가. 3초과 코드(excess-3 code) 나. 8421 BCD 코드
다. 그레이 코드(gray code) 라. 51111 코드

29. 다음 자료는 기수 비트 패리티(odd bit parity)를 포함하고 있다. 잘못된 비트(bit)를 찾아내면 어느 것인가 ? (단, 가장 오른쪽 열(column)에 있는 비트(bit)가 패리티 비트(parity bit)이고, 가장 밑에 있는 것이 패리티 워드(parity word) 이다.)

가. 1행 1열의 비트(bit)
나. 1행 2열의 비트(bit)
다. 2행 2열의 비트(bit)
라. 2행 1열의 비트(bit)

```
1011101
0100111
1111111
1011000
0101010
0111000
0010000
```

해설 문제의 자료에서 한 블록은 7개의 수평방향의 행과 7개의 수직방향의 열로 되어 있다. 각 행의 처음 6비트가 어떤 2진수를 나타내고 7번째 비트는 수평방향의 패리티 비트를 나타낸다. 각 행마다 기수 패리티를 가지며 제 7 행은 각 열에 대한 기수 패리티로 구성한다. 여기서 제 2 행은 0100111이므로 우수 패리티가 되어 착오가 생겼음을 알 수 있다. 또한 제 7 행의 각 열에 대한 기수 패리티를 검사해 보면 제 2 열이 우수 패리티가 되므로 제 2 행 2열의 비트가 착오(error)임을 알 수 있다.

```
                       ┌패리티
제 1 행 → 1011101       비트
제 2 행 → 0100111
          1111111
          1011000
          0101010
          0111000
제 7 행 → 0010000 ← 패리티
제 1 열 ──┘↑          워드
제 2 열 ───┘
```

30. error 검색이나 전화 및 통신조작에 잘 쓰이며 code group에 두개가 1조로 조합되어 있고 5bit로 구성된 code는 ?

가. 51111 code 나. BCD code
다. biquinary code 라. 2-out-of-5 code

해설 biquinary 코드는 50 43210의 자리값을 갖는 weighted code이다.

31. 입력선(input line)마다 8bit로 구성된 정보를 해밍 코드(Hamming code)로 코드화하기 위하여 요구되는 패리티 비트의 수는 얼마인가 ?

가. 3개 나. 4개 다. 5개 라. 2개

해설 n 개의 정보선에 요구되는 패리티 비트의 수를 k라고 할 때 다음 식을 만족하여야 한다.

$$2^k \geq n+k+1$$

여기서 정보비트 n=8이므로,

$$\therefore\ 2^k \geq 8+k+1$$

만일 k=3이면 $2^3=8$이 되어 등식이 성립되지 않으므로 k = 4로 하면 $2^4 = 16$이 되어

$$9+k = 9+4 = 13$$
$$16 \geq 13$$

즉, 4개의 패리티 비트를 부가하여야 한다.

해답 28. 다 29. 다 30. 라 31. 나

32. 아날로그－디지탈 변환에 유효하게 사용되는 코드는?

가. BCD 코드　　나. 3초과 코드

다. 그레이 코드　　라. 링 카운터 코드

33. 다음 코드(code)들 중에서 에러(error)의 검출 코드가 아닌 것은?

가. 3초과 코드(excess-3 code)　　나. 바이퀴너리 코드(biquinary code)

다. 2-out-of-5 코드　　라. 3-out-of-5 코드

34. 우수 패리티를 사용하여 BCD 수 1001에 대한 단일 에러 교정 코드(해밍 코드)는?

가. 0011001　　나. 0111001　　다. 0010001　　라. 0110001

해설 제 1 단계 : 요구되는 패리티 비트의 수를 구한다.

$$2^p \geqq m+p+1$$

여기서, m은 정보 비트, p는 패리티 비트의 수이다. p = 3이면 이 식이 성립하므로 3개의 패리티 비트가 요구된다.

제 2 단계 : 다음과 같이 비트의 자리를 구성한다.

비트 표시	P_1	P_2	M_1	P_3	M_2	M_3	M_4
비트 자리	1	2	3	4	5	6	7
2진 자리수	001	010	011	100	101	110	111
정보 비트			1		0	0	1
패리티 비트	0	0		1			

제 3 단계 : 패리티 비트를 결정한다.

① P_1은 비트자리 1, 3, 5, 7을 점검한다.

② P_2는 비트자리 2, 3, 6, 7을 점검한다.

③ P_3는 비트자리 4, 5, 6, 7을 점검한다.

즉, 각 패리티 비트를 점검시 group에서 1의 비트를 우수 개가 되도록 패리티 비트를 정한다.

35. 우수 패리티를 가진 다음의 해밍 코드(Hamming code)를 수신하였다.

P_1 P_2 8 P_4 4 2 1

0 0 0 1 1 0 1

이 code에 단일 비트 착오가 발생되었다고 할 때 전송된 BCD code의 10진수는 얼마인가? (단, P비트들은 패리티 비트이다.)

가. 5　　나. 6　　다. 7　　라. 8

해설 3개의 패리티 비트 그룹을 우수 패리티에 대해 검사하면

P_1 P_2 8 P_4 4 2 1

0 0 0 1 1 0 1

$P_1+8+4+1 = 0+0+1+1 = E(0)$

$P_2+8+2+1 = 0+0+0+1 = F(1)$

$P_4+4+2+1 = 1+1+0+1 = F(1)$

즉, Bit 6에서 착오가 발생되었다.

해답 32. 다　33. 가　34. 가　35. 다

36. 코드 101101010을 받았다. 몇 번째 비트가 에러 비트인가?

비트 표시	P_1	P_2	M_1	P_3	M_2	M_3	M_4	P_4	M_5
비트 자리	1	2	3	4	5	6	7	8	9
수신 코드	1	0	1	1	0	1	0	1	0

(단, 4개의 패리티 비트가 있고, 기수 패리티가 사용된다.)

가. 3번 비트　　나. 5번 비트　　다. 6번 비트　　라. 7번 비트

해설 ① P_1은 자리 1, 3, 5, 7, 9를 점검한다. 패리티 점검은 Bad이다 → 1
② P_2는 자리 2, 3, 6, 7을 점검한다. 패리티 점검은 Bad이다. → 1
③ P_3은 자리 4, 5, 6, 7을 점검한다. 패리티 점검은 Bad이다. → 1
④ P_4는 자리 8, 9를 점검한다. 패리티 점검은 Good이다. → 0

따라서 $P_4 P_3 P_2 P_1$ 은 0111이 되어 7번째 비트가 에러 비트이다. 정정된 코우드는 101101110이다.

37. 다음 진리표를 갖는 게이트(gate)는?

입	력	출력
A	B	X
0	0	1
1	0	0
0	1	0
1	1	0

가. AND
나. OR
다. NOR
라. NAND

38. 다음 진리값표(truth table)를 갖는 게이트 명칭은?

입	력	출력
A	B	X
0	0	0
0	1	1
1	0	1
1	1	1

가. AND
나. OR
다. NOR
라. NAND

39. 논리식 $AB+BC+ABC$를 간단히 하면?

가. $B(A+C)$　　나. $A(B+C)$
다. BC　　라. $A+BC$

해설 $AB+BC+ABC=AB(1+C)+BC=AB+BC=B(A+C)$

40. 다음 논리식을 간단히 하면?

$$\overline{A+B}+\bar{A}+\bar{B}$$

가. A　　나. B　　다. AB　　라. $\bar{A}+\bar{B}$

41. 다음 논리식에서 옳지 않은 것은?

가. $A+A=A$　　나. $AA=A$　　다. $A+\bar{A}=1$　　라. $A\bar{A}=1$

해답 36. 라　37. 다　38. 나　39. 가　40. 라　41. 라

42. 논리식(부울 대수식) $A+\bar{A}B$를 간단히 계산한 결과는?

가. AB 나. $\bar{A}+B$ 다. $A+\bar{B}$ 라. $A+B$

해설 $A+\bar{B}B=(A+\bar{A})(A+B)=A+B$

43. 논리식 $A+AB$를 간단히 하면?

가. 0 나. 1 다. A 라. B

해설 $A+1=1$

44. 다음은 배타적 OR(Exclusive OR)회로의 논리식이다. 잘못된 것은?

가. $Y=\bar{A}B + A\bar{B}$ 나. $Y=(A+B)(\overline{A \cdot B})$

다. $Y=A \oplus B$ 라. $Y=(A+B)(\overline{\bar{A}+\bar{B}})$

45. 논리식 $AB+\bar{A}C+BC$를 간소화 하면?

가. $AB+BC$ 나. $AB+\bar{A}C$

다. $\bar{A}C+BC$ 라. $AB+C$

해설 컨센서스정리를 이용한다.

46. 논리식 $T=\bar{F}P+F\bar{P}+FP$를 간략하게 한 결과는?

가. $T=P+F$ 나. $T=\bar{P}+F$

다. $T=P+\bar{F}$ 라. $T=\bar{P}+\bar{F}$

해설 $\bar{F}P+F\bar{P}+FP=\bar{F}P+F(P+\bar{P})=(F+\bar{F})(F+P)=F+P$

47. 다음 식을 간단히 하면 다음 중 어느 것인가?

$$L=(A+B)\cdot(A+C)\cdot(\bar{B}+C)$$

가. $L=A\cdot B\cdot C$ 나. $L=A\cdot\bar{B}+B\cdot C$

다. $L=A\cdot B\cdot\bar{C}+A\cdot B\cdot C$ 라. $L=A\cdot B\cdot\bar{C}+\bar{A}\cdot B\cdot C$

해설 $L=(A+B)(A+C)(\bar{B}+C)=(A+AC+AB+BC)(\bar{B}+C)$
$=A\bar{B}+A\bar{B}C+AC+ABC+BC=A\bar{B}+BC$

48. 다음 부울 함수를 간단히 하면?

$$F(x,\ y,\ z) = (x+\bar{y}+z)\ (x+\bar{y}+\bar{z})\ (x+y+z)$$

가. $F(x,\ y,\ z) = \bar{x}y+\bar{z}$ 나. $F(x,\ y,\ z) = x$

다. $F(x,\ y,\ z) = x+\bar{y}z$ 라. $F(x,\ y,\ z) = y$

해설 De Morgan's 정리를 적용하면,

$\bar{F}(x,\ y,\ z) = (\bar{x}y\bar{z}) + (\bar{x}yz) + (\bar{x}\,\bar{y}\,\bar{z}) = \bar{x}y\ (\bar{z}+z) + \bar{x}\,\bar{y}\,\bar{z} = \bar{x}y\ 1 + \bar{x}\,\bar{y}\,\bar{z} = \bar{x}y + \bar{x}\,\bar{y}\,\bar{z}$

다시 complement를 취하면

$F(x,\ y,\ z) = (x+\bar{y})\ (x+y+z) = x+\bar{y}\ (y+z) = x+\bar{y}y + \bar{y}z = x+\bar{y}z$

해답 42. 라 43. 다 44. 라 45. 나 46. 가 47. 나 48. 다

49. 다음의 벤 다이어그램에서 빗금친 부분에 대한 부울 식은?

가. XY＋YZ＋XZ

나. $XY\bar{Z} + \bar{X}YZ + X\bar{Y}Z$

다. $XYZ + \bar{X}\bar{Y}\bar{Z}$

라. $\bar{X}Y + \bar{Y}Z + X\bar{Z}$

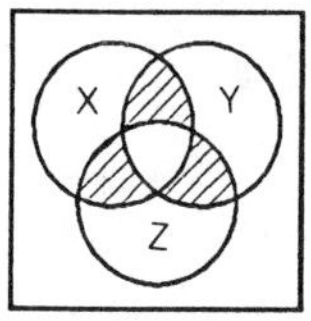

해설 그림의 벤도에서 면적 5에 대한 함수는 $X\bar{Y}Z$이고, 면적 3에서는 $\bar{X}YZ$, 면적 6은 $XY\bar{Z}$이므로 이의 전 논리함수 F(X, Y, Z)는

$F(X, Y, Z) = (XY\bar{Z} + \bar{X}YZ + X\bar{Y}Z)$

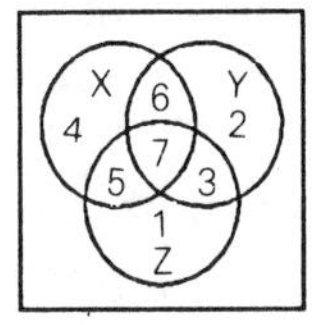

50. 그림의 벤도에서 빗금친 부분이 나타내는 부울 표현은?

가. $X+\bar{Y}+Z$

나. $X\bar{Y}Z + \bar{X}YZ$

다. $\bar{X}\bar{Y}Z + XY$

라. XY＋Z

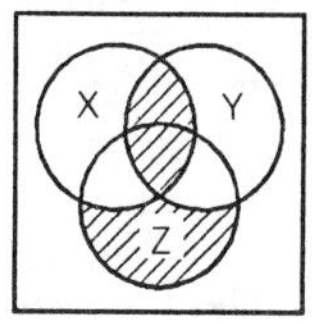

해설 면적 6은 $XY\bar{Z}$, 면적 7은 XYZ,

면적 6＋7은 $XY\bar{Z} + XYZ = XY(\bar{Z}+Z) = XY$이다. 또한 면적 1은 XYZ 이므로 6＋7＋1 ＝ XY ＋$\bar{X}\bar{Y}Z$가 된다.

51. 다음 진리치표를 도시법으로 표시할 때 옳은 것은?

A	B	Y
0	0	0
0	1	1
1	0	1
1	1	0

가.

	B	$\bar{B}$
A	0	0
$\bar{A}$	1	1

나.

	B	$\bar{B}$
A	1	1
$\bar{A}$	0	0

다.

	B	$\bar{B}$
A	0	1
$\bar{A}$	1	0

라.

	B	$\bar{B}$
A	1	0
$\bar{A}$	0	1

52. 다음과 같은 도표로 된 논리식에서 틀린 것은?

가. $\bar{B}+A\bar{C}$

나. $\overline{\bar{A}B+BC}$

다. $(A+\bar{B})(\bar{A}+\bar{C})$

라. $\bar{A}B(B+\bar{C})$

C \ AB	00	01	11	10
0	1	0	1	1
1	1	0	0	1

해답 49. 나 50. 다 51. 다 52. 라

53. 다음 Karnaugh map에 표시한 함수를 최소화한 함수 T를 구하면?

가. $T=P+F$ 나. $T=\bar{P}+F$
다. $T=P+\bar{F}$ 라. $T=\bar{P}+\bar{F}$

54. 다음 진리표를 도시법으로 표시할 때 옳은 것은?

진리표

A B C	F
0 0 0	0
0 0 1	0
0 1 0	1
0 1 1	1
1 0 0	1
1 0 1	0
1 1 0	1
1 1 1	1

가.

	$\bar{C}$	C
$\bar{A}\bar{B}$	0	0
$\bar{A}B$	1	1
AB	0	1
$A\bar{B}$	1	1

나.

	$\bar{C}$	C
$\bar{A}\bar{B}$	1	0
$\bar{A}B$	1	0
AB	1	1
$A\bar{B}$	0	1

다.

	$\bar{C}$	C
$\bar{A}\bar{B}$	1	1
$\bar{A}B$	0	0
AB	0	0
$A\bar{B}$	0	1

라.

	$\bar{C}$	C
$\bar{A}\bar{B}$	0	0
$\bar{A}B$	1	1
AB	1	1
$A\bar{B}$	1	0

55. 다음 3변수 Karnaugh도로 된 함수 x(A, B, C)를 최소화하면?

C \ AB	00	01	11	10
0	1	1		
1		1	1	1

가. $x = AC+\bar{A}B+\bar{A}C$
나. $x = \bar{A}C+A\bar{B}+\bar{A}B$
다. $x = \bar{A}\bar{C}+AC+\bar{A}B$
라. $x = A\bar{C}+\bar{A}C+\bar{A}B$

해설 3쌍의 페어(pair)로 이루어진다.

56. 다음 그림과 같이 표시된 karnaugh map을 최소화한 함수 F를 구하면?

가. $F = \bar{B}\bar{D}$
나. $F = \bar{B}+\bar{D}$
다. $F = B+\bar{D}$
라. $F = \bar{B}+D$

AB \ CD	00	01	11	10
00	1			1
01				
11				
10	1			1

해답 53. 가 54. 라 55. 다 56. 가

57. 다음 K-map을 최소화한 함수는?

가. AB

나. BC

다. $\bar{A}D$

라. $A\bar{C}$

AB \ CD	00	01	11	10
00				
01				
11	1	1	1	1
10				

해설 1개의 quad를 이루고 있다.

58. 논리함수 f가 다음과 같은 K-map으로 주어졌을 때 논리식은?

가. $f=\bar{x}_1+x_2+\bar{x}_3+x_4$

나. $f=\bar{x}_1+x_2+\bar{x}_3x_4$

다. $f=x_4\bar{x}_2x_3\bar{x}_4$

라. $f=x_4x_2+\bar{x}_2\bar{x}_4$

x_1x_2 \ x_3x_4	00	01	11	10
00	1			1
01		1	1	
11		1	1	
10	1			1

59. 다음과 같은 Karnaugh map에서 구하여진 논리식은?

wx \ yz	00	01	11	10
00		1		
01		1	1	
11	1	1	1	1
10	1			1

가. $F=(\bar{w}+z)(w+y+\bar{z})(\bar{w}+\bar{y}+\bar{z})$

나. $F=(w+\bar{z})(w+y+\bar{z})(\bar{w}+\bar{y}+z)$

다. $F=w\bar{z}+xz+\bar{w}\bar{y}z$

라. $F=wz+wx+\bar{w}y\bar{z}$

60. 다음의 Karnaugh도를 최소화 하면?

가. $f=(\bar{A}+\bar{B})\cdot(\bar{C}+\bar{D})$

나. $f=(\bar{A}+\bar{B})\cdot(C+D)$

다. $f=(A+B)\cdot(C+D)$

라. $f=(A+B)(\bar{C}+\bar{D})$

해설 4개의 quad로 이루어진다.

f CD \ AB	00	01	11	10
00	1	1		1
01	1	1		1
11				
10	1	1		1

61. 다음 Karnaugh도를 간략화한 결과는?

가. $\bar{A}\bar{B}D+AC+C\bar{D}$

나. $\bar{A}\bar{B}D+A\bar{C}+CD$

다. $\bar{A}\bar{B}D+A\bar{C}+C\bar{D}$

라. $\bar{A}\bar{B}D+AC+CD$

AB \ CD	00	01	11	10
00	0	1	1	1
01	0	0	0	1
11	1	1	0	1
10	1	1	0	1

해답 57. 가 58. 라 59. 다 60. 가 61. 다

62. 다음의 Karnaugh map을 만족하는 논리식을 최소화 하면?

가. $\bar{B}+CD$
나. $\bar{B}+CD+\bar{C}\bar{D}$
다. $\bar{B}+\bar{C}\bar{D}$
라. $\bar{B}+CD+\bar{C}A$

CD \ AB	00	01	11	10
00	1	1	d	1
01	1	0	d	1
11	1	1	d	d
10	1	0	0	d

d : don't care

해설

CD \ AB	00	01	11	10
0 0	1	1	d	1
0 1	1		d	1
1 1	1	1	d	d
1 0	1			d

octed 1개와 2개의 quad로 이루어진다.

$Y=\bar{B}+\bar{C}\bar{D}+CD$

63. 그림의 논리회로는 어떤 논리작용을 하는가?

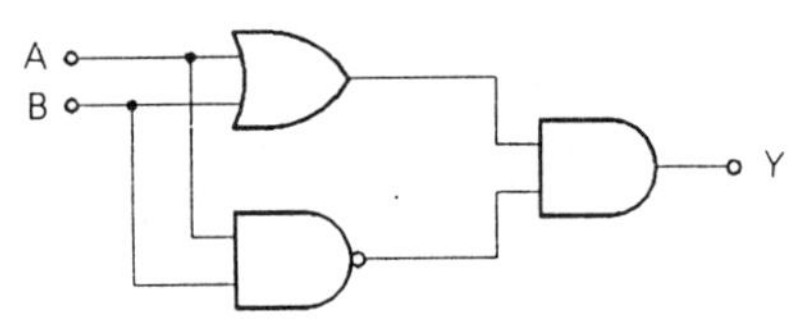

가. AND
나. OR
다. NAND
라. exclusive OR

64. 그림과 같은 논리 다이어그램에서 얻어지는 출력을 간단히 하면?

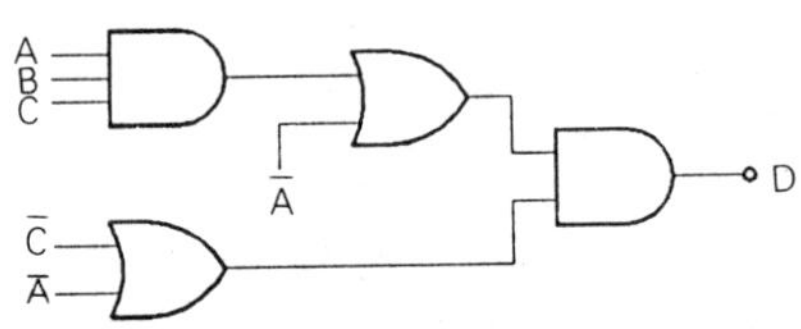

가. $\bar{A}\bar{C}+\bar{A}$
나. $\bar{A}BC + A\bar{C}$
다. $ABC + \bar{A}\bar{C}$
라. $A\bar{B}\bar{C} + A\bar{C}$

65. 다음의 그림과 같은 논리회로가 있다. 논리회로를 간소화 하면?

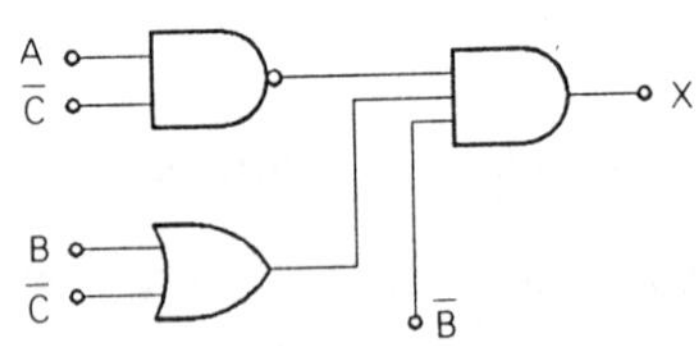

가. $X = ABC$
나. $X = \bar{A}\bar{B}\bar{C}$
다. $X = A+B+C$
라. $X = \bar{A}+\bar{B}+\bar{C}$

66. 그림과 같은 회로의 출력 F에 대한 논리식의 표현으로서 올바르지 못한 것은?

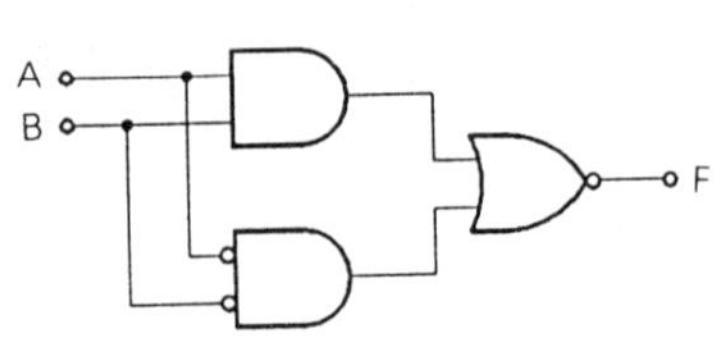

가. $\bar{A}B + A\bar{B}$
나. $AB + \bar{A}\bar{B}$
다. $(A + B)(\overline{AB})$
라. $(\bar{A} + \bar{B})(A+B)$

해답 62. 나 63. 라 64. 가 65. 나 66. 나

67. $Y = \bar{A}\bar{B}\bar{C} + A\bar{B}\bar{C} + AB\bar{C} + \bar{A}B\bar{C}$를 간략하게 회로로 구성한 것으로 맞는 것은?

가.
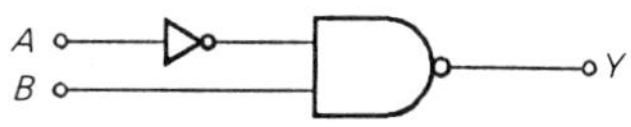

나.
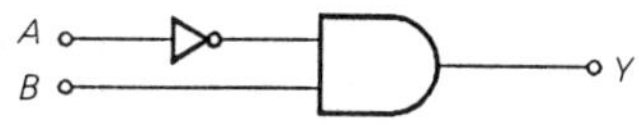

다.
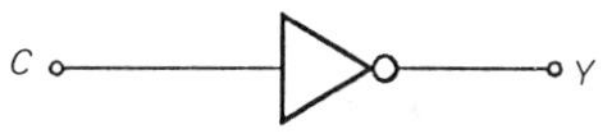

라.
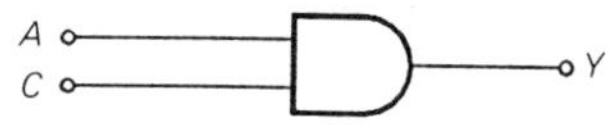

68. 그림의 논리회로에 대한 논리식은?

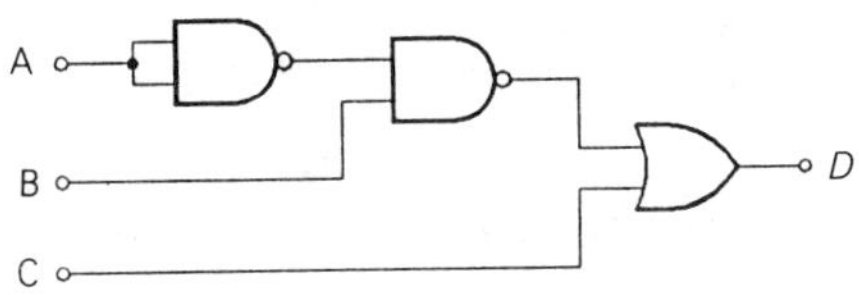

가. $D=(\bar{A}+B)+C$　　나. $D=(A+\bar{B})+C$
다. $D=(\bar{A}+\bar{B})+C$　　라. $D=(A+B)+\bar{C}$

해설 $D=\overline{\bar{A}\cdot B}+C=A+\bar{B}+C$

69. 그림과 같은 회로의 출력은?

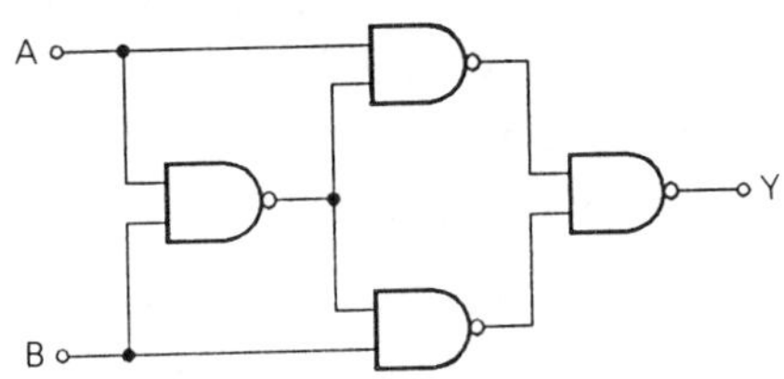

가. AB
나. $\bar{A}+\bar{B}$
다. $AB+\bar{A}\bar{B}$
라. $A\bar{B}+\bar{A}B$

70. 그림의 회로와 등가인 것은?

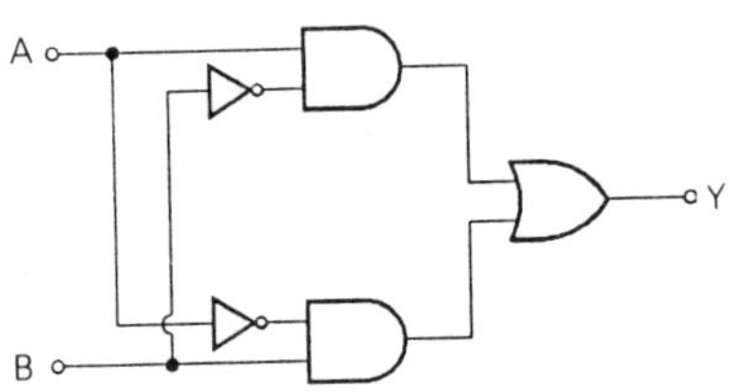

가.
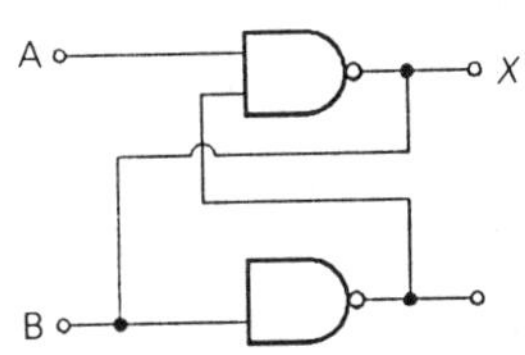

나.
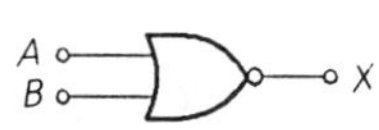

다.
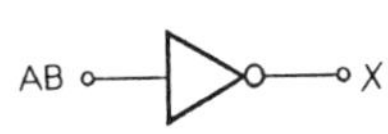

라.
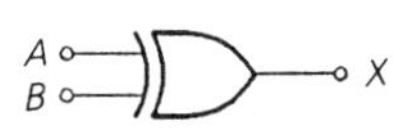

71. Exclusive OR gate가 그림과 같이 연결되어 있을 때 출력 단자 "X"에서 0이 되지 않는 조건은 무엇인가?

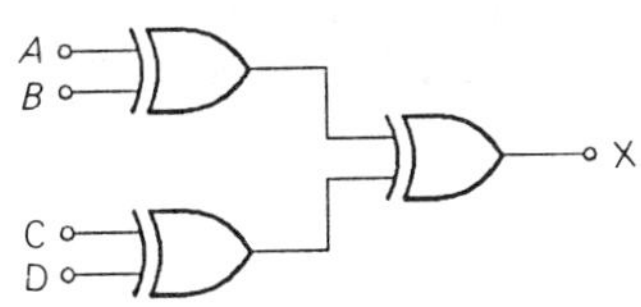

가. $A=0$　$B=0$　$C=0$　$D=0$
나. $A=0$　$B=0$　$C=1$　$D=1$
다. $A=0$　$B=1$　$C=1$　$D=0$
라. $A=1$　$B=1$　$C=1$　$D=0$

해답 67. 다　68. 나　69. 라　70. 라　71. 라

72. 그림의 논리회로에서 출력 X의 방정식을 간략하여라.

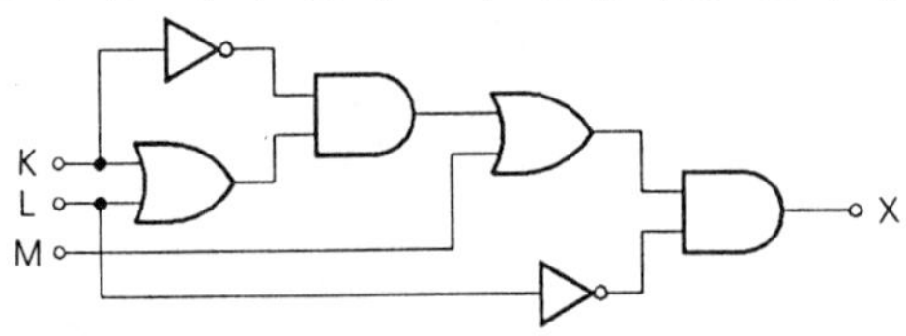

가. $X=\bar{L}M$　　　나. $X=LK+\bar{K}M$

다. $X=M+\bar{L}+K$　　　라. $X=\bar{K}(K+L)\bar{L}$

해설 $X=(\bar{K}\cdot(K+L)+M)\cdot\bar{L}=(\bar{K}L+M)\bar{L}=M\bar{L}$

73. 그림과 같은 다이오우드 게이트(diode gate)의 출력값은?

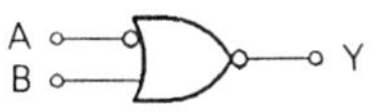

가.

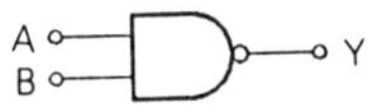

나.

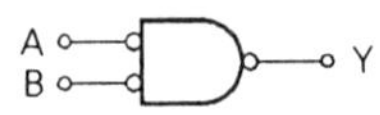

다.

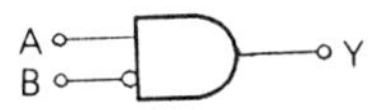

라.

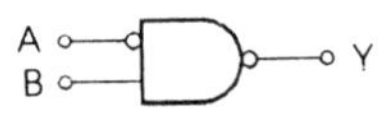

74. 다음의 NAND 게이트로 구성된 회로의 출력 Y의 논리동작은?

가. $Y = (A+B)\ (C+D)\ \bar{E}$

나. $Y = AB + CD+\bar{E}$

다. $Y = (A+B)\ (C+D)+E$

라. $Y = AB+CD+E$

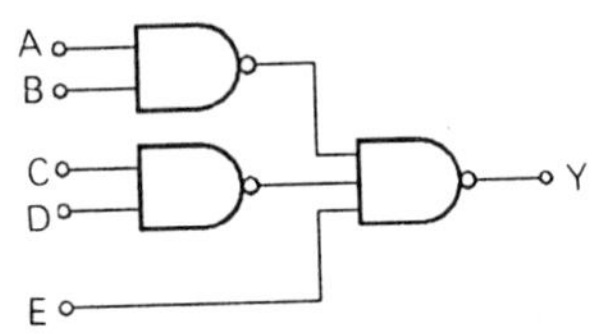

75. 다음 회로의 논리식 X는?

가. $X = (A+B)\ CD$

나. $X = (A+\bar{B})\ CD$

다. $X = (\bar{A}+\bar{B})\ CD$

라. $X = (\bar{A}+B)\ CD$

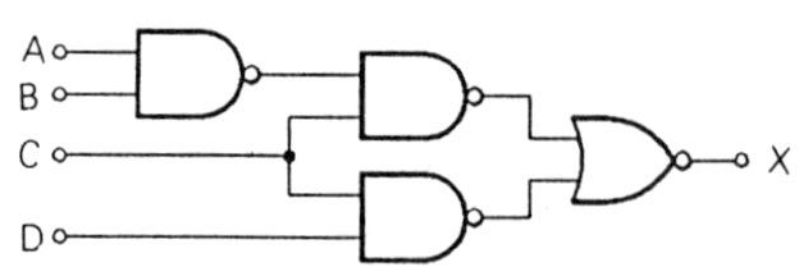

76. 다음 논리회로의 출력 f는?

가. $f = AB+CD$

나. $f = AB+CD$

다. $f = (A+B)\ (C+D)$

라. $f = \overline{(A+B)(C+D)}$

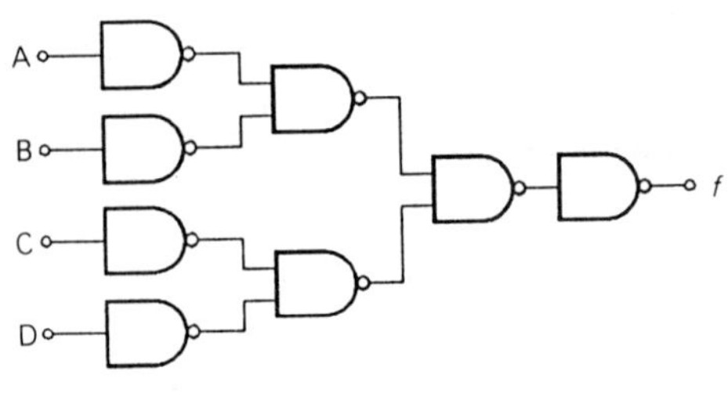

해답 72. 가　73. 다　74. 나　75. 다　76. 다

77. 다음 논리회로의 출력 f는?

가. $f = A+B+C+D$

나. $f = (A+B)(C+D)$

다. $f = AB+CD$

라. $f = \overline{AB+CD}$

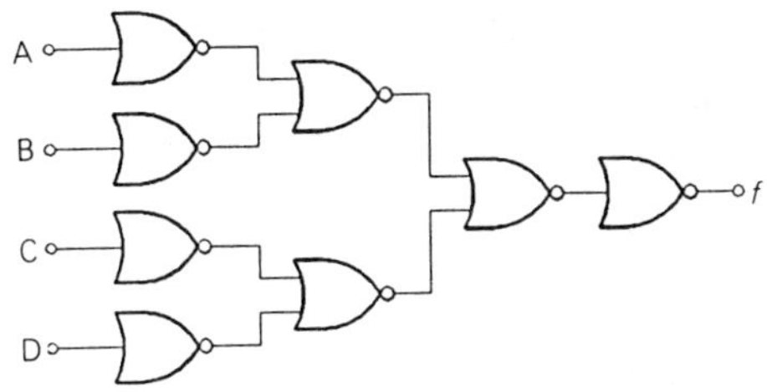

78. 논리함수 $g(x_1,\ x_2) = \overline{\overline{x_1 x_2} + \overline{x}_1}$

$f(x_2,\ x_3) = \overline{x_2 \cdot x_3}$

$h(y_1,\ y_2) = y_1 y_2 + \overline{y}_1 \overline{y}_2$

이라고 할 때 $m(x_1,\ x_2,\ x_3) = h[g(x_1,\ x_2),\ f(x_2,\ x_3)]$에 대한 논리식을 구하면?

가. $m(x_1,\ x_2,\ x_3) = x_1 x_2 \overline{x}_3$

나. $m(x_1,\ x_2,\ x_3) = \overline{x}_1 x_2 x_3$

다. $m(x_1,\ x_2,\ x_3) = x_1 x_2 \overline{x}_3 + \overline{x}_1 x_2 x_3$

라. $m(x_1,\ x_2,\ x_3) = x_1 \overline{x}_2 x_3 + x_1 x_2 \overline{x}_3$

해설

x_1 x_2 x_3	$g(x_1,\ x_2)$	$f(x_2,\ x_3)$	$m(x_1,\ x_2,\ x_3)$
0 0 0	0	1	0
0 0 1	0	1	0
0 1 0	0	1	0
0 1 1	0	0	1
1 0 0	0	1	0
1 0 1	0	1	0
1 1 0	1	1	1
1 1 1	1	0	0

79. 다음의 두 개의 논리함수가 있다.

$f(x_1,\ x_2,\ x_3,\ x_4) = (x_1 + x_3 + \overline{x}_2)(x_1 + x_3 + \overline{x}_4)$

$g(x_1,\ x_2,\ x_3,\ x_4) = x_1 + x_3 + \overline{x}_2 \overline{x}_4$

이들 관계의 표현으로 옳은 것은?

가. $f = g$　　나. $f = \overline{g}$　　다. $f \cdot g = 0$　　라. $f \cdot g = 1$

80. 그림과 같은 게이트의 명칭은? (단, 정논리의 경우이다.)

가. AND

나. OR

다. NOR

라. NAND

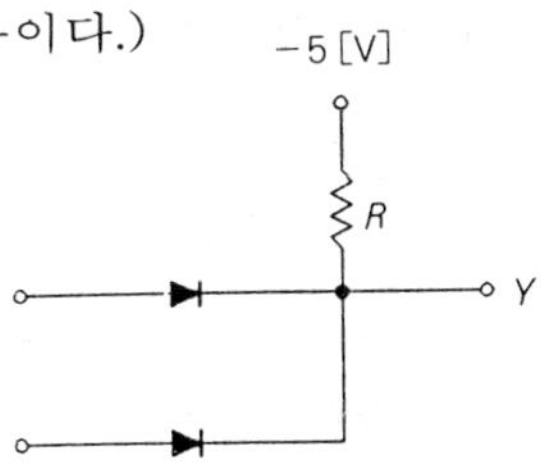

해답 77. 다 78. 다 79. 가 80. 나

81. 그림과 같은 다이오우드 게이트(diode gate)의 출력값은?

가. 0 [V]

나. 5 [V]

다. 약 4.3 [V]

라. 10 [V]

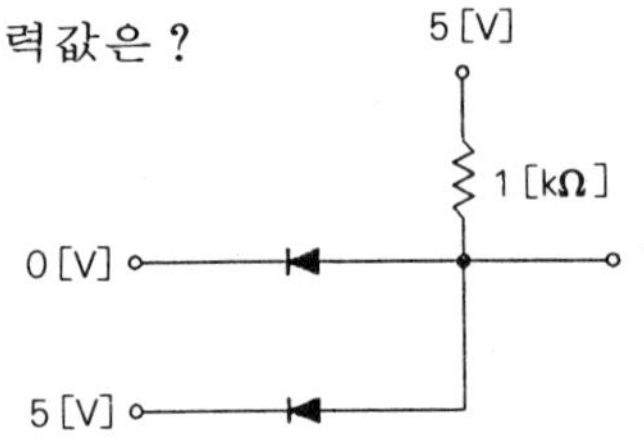

해설 diode AND gate에서 출력전압은 입력전압 중에서 가장 낮은 전압이다.

82. 다음 다이오드 게이트의 출력은? (단, 다이오드는 이상적이다.)

가. 3 [V]

나. 5 [V]

다. 2 [V]

라. 10 [V]

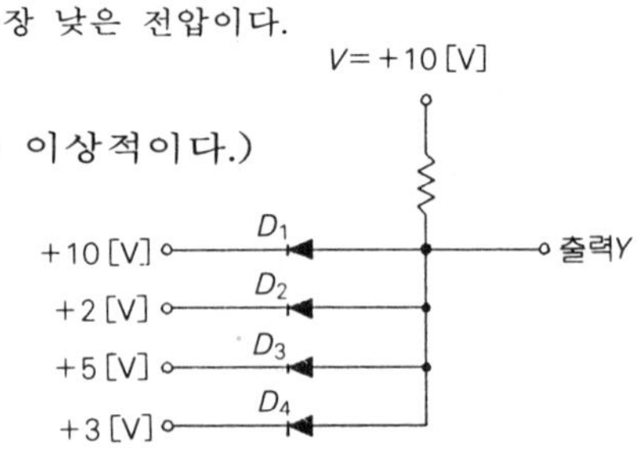

해설 공급전압 V = +10 [V]에 대해 입력전압 중 +2 [V]가 제일 낮으므로 diode D_2만이 순방향으로 바이어스되어 도전상태가 됨과 동시에 다른 diode들은 모두 역방향 바이어스로되므로 차단 상태에 있다. 따라서 출력 y에는 D_2에 의해 +2 [V]가 그대로 나타난다.

83. 다음 다이오드 게이트의 출력 값은 몇 [V]인가?

가. 0 [V]

나. +3 [V]

다. +2 [V]

라. +10 [V]

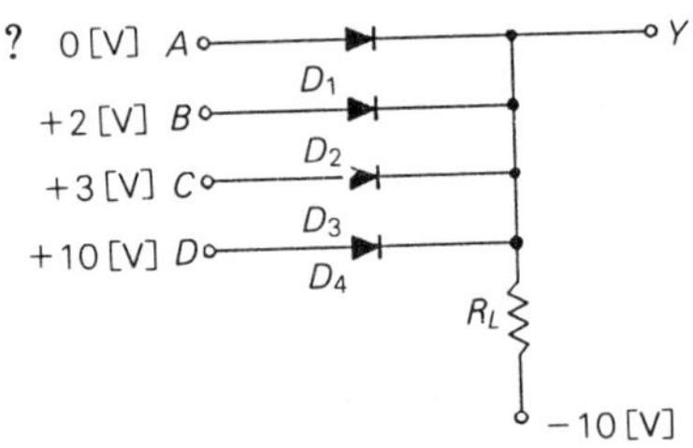

해설 4개의 입력 중 +10 [V]가 −10 [V]에 대해서 가장 높은 전위이므로 그 diode만 on 상태로 되고 나머지 diode들은 모두 역방향으로 bias가 된다. 따라서 출력은 10 [V]가 된다.

84. 그림의 회로에서 v' 및 v_0전압은 약 몇 [V]인가? (단, 입력 단자 A, B에 인가 전압은 없다.)

가. 0 [V], 0 [V]

나. 8 [V], 8 [V]

다. −8 [V], 0 [V]

라. −8 [V], 8 [V]

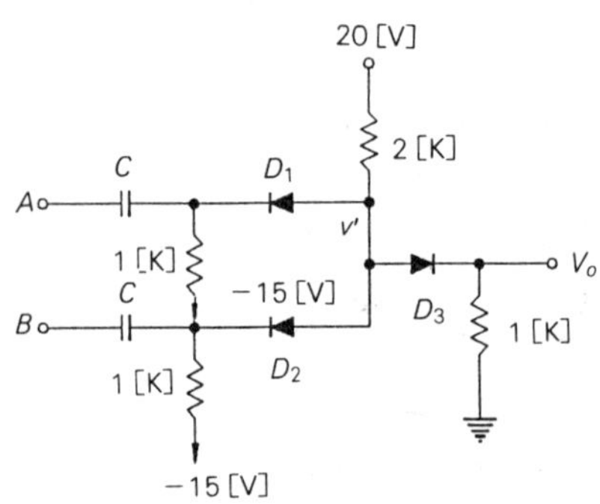

해설 중첩의 원리를 적용시킨다.

$$v' = (-15)\frac{2}{2+0.5} + 20\frac{0.5}{2+0.5} = -8\,[V]$$

따라서, D_3는 역 bias가 되어 off 되므로 출력 $v_0 = 0$ [V]가 된다.

해답 81. 가 82. 다 83. 라 84. 다

85. 다음 논리회로의 출력 B가 +6 [V]이고 다른 모든 입력은 0 [V]이다. 출력전압은?
(단, 다이오우드의 순방향 전압강하는 0.7 [V])

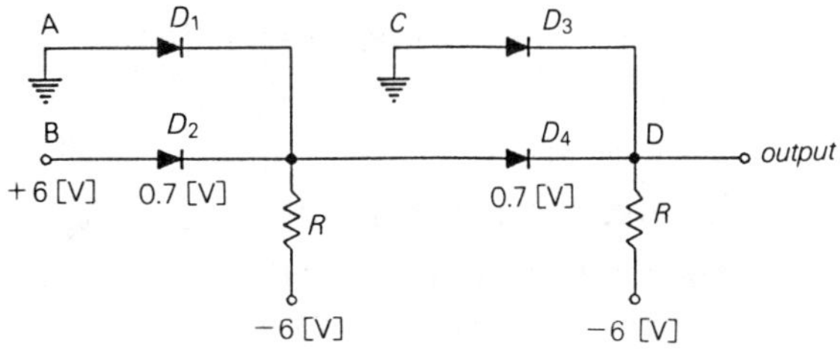

가. 0 [V]
나. +0.7 [V]
다. +4.6 [V]
라. +6 [V]

해설 OR－OR 결합 회로이다.

86. 그림과 같은 정논리 회로의 출력은? (단, *A*, *B*, *C*, *D*는 입력 단자이고 출력은 V_0 이다.)

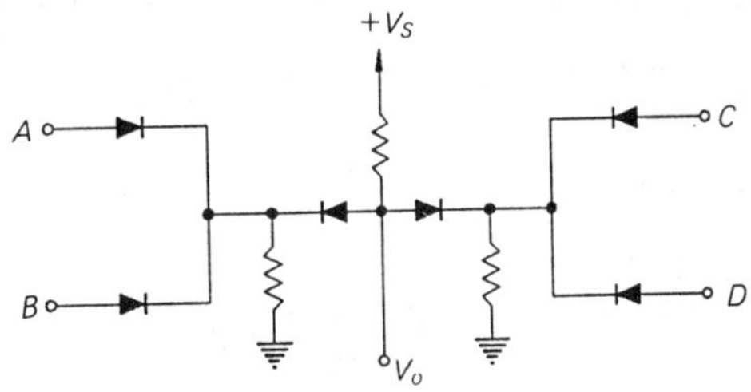

가. $AB+CD$
나. $ABCD$
다. $A+B+C+D$
라. $(A+B)(C+D)$

87. 다음 트랜지스터 인버터(transistor inverter) 회로에서 저항 $R_B=10$ [kΩ], $V_{BE}=0.7$ [V]일 때 저항 R_B에 흐르는 전류는?

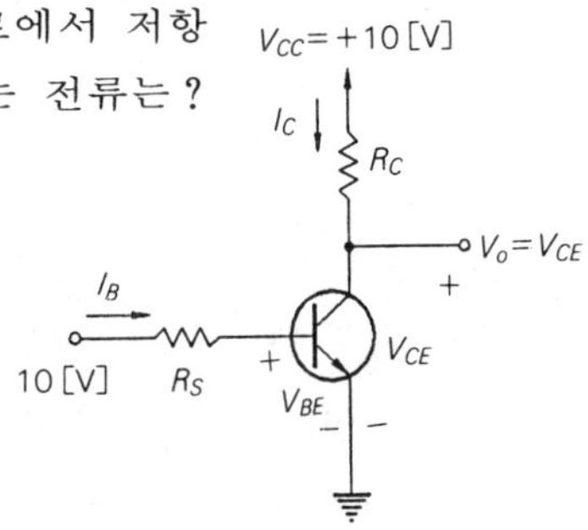

가. 9.3 [mA]
나. 9.3 [A]
다. 0.93 [mA]
라. 1.93 [mA]

해설 $I_B=\dfrac{V_i-V_{BE}}{R_B}=\dfrac{10-0.7}{10\times10^3}=0.93\times10^{-3}$

88. 그림과 같은 회로에서 $V_r=40$ [V], $V_1=V_2=25$ [V]이면 V_0는 몇 [V]인가? (단, 다이오우드의 특성은 이상적이다.)

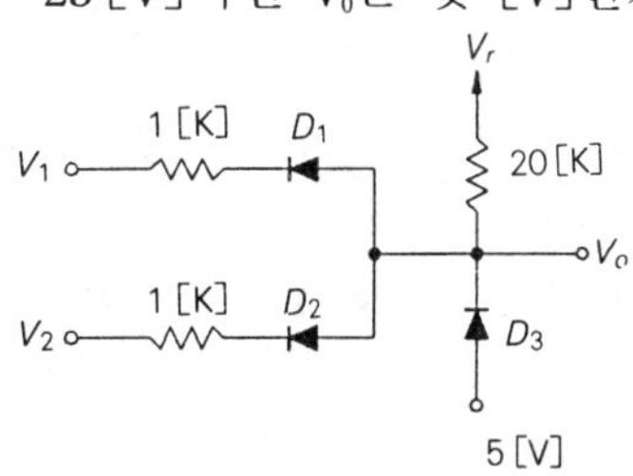

가. 25.4 [V]
나. 32.5 [V]
다. 35.4 [V]
라. 42.5 [V]

해설 중첩의 원리를 적용시킨다.

D_1, D_2는 on이고 D_3는 off상태이므로 출력 V_0는 다음과 같다.

$$V_0=\frac{20}{20+0.5}(25)+\frac{0.5}{20+0.5}(40)=25.4\ [\text{V}]$$

해답 85. 다 86. 라 87. 다 88. 가

89. 그림의 스위칭 회로에서 콘덴서 C의 역할은?

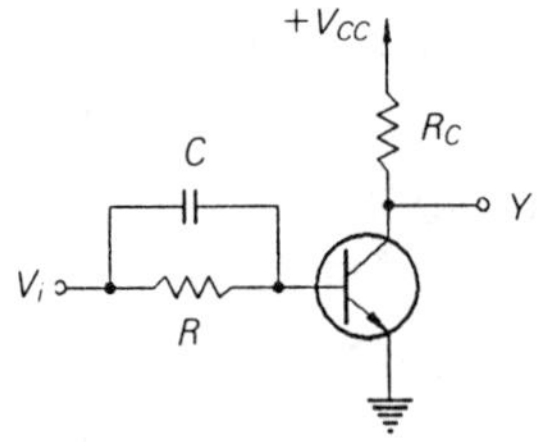

가. 아날로그 signal 인가용이다.
나. 트랜지스터 회로의 저주파 특성을 개선시킨다.
다. 전파 지연시간을 줄인다.
라. 입력파형에 포함된 직류성분을 제거한다.

해설 콘덴서 C는 갑자기 다른 상태로 변할 때 base 내에 축적되어 있는 소수 캐리어를 빨리 제거시켜 줌으로써 스위칭 시간을 작게 하여 준다.

90. 다음의 회로에서 $v_1=5$ [V], $v_2=0$ [V]일 때 출력전압 v_0? (단, D_1, D_2는 순방향 전압은 0.7 [V]이고 순방향 직류저항은 10 [Ω]이다.)

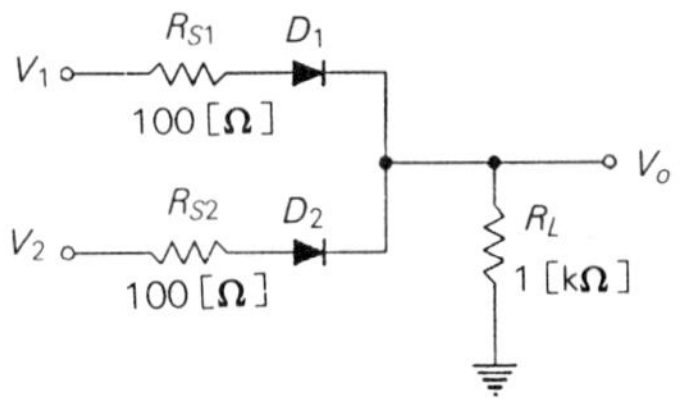

가. 3.54 [V]
나. 3.87 [V]
다. 4.25 [V]
라. 5.25 [V]

해설 D_1은 on이고 D_2는 off이다.

$5\,[V]=I(R_s+R_f+R_L)+0.7$

91. 다음 회로에서 $v_i=0$일 때 v_0(출력)는 몇 [V]이겠는가?

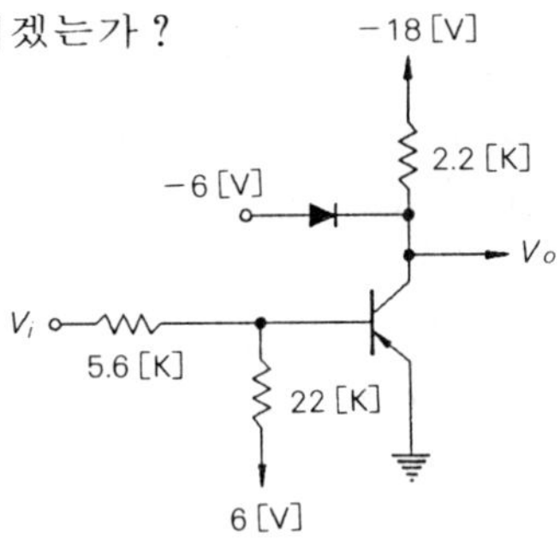

가. 0
나. −6
다. −9
라. −18

해설 $v_i=0$ 일 때의 베이스 전위 V_B는

$$-V_B=6\times\frac{5.6}{22+5.6}=1.22\,[V]$$

즉 TR은 off 상태이다.

92. 그림에서 트랜지스터의 콜렉터, 에미터간 포화전압을 0 [V]라 할 때 ① $A=0$, $B=0$, $C=0$, ② $A=B=5$ [V], $C=0$, ③ $A=B=C=5$ [V]일 때의 출력을 구하면?

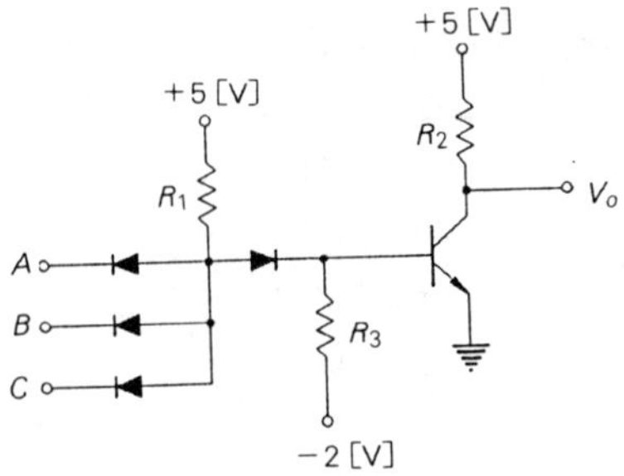

가. ① 0 [V], ② 0 [V], ③ 5 [V]
나. ① 0 [V], ② 5 [V], ③ 5 [V]
다. ① 5 [V], ② 5 [V], ③ 0 [V]
라. ① 5 [V], ② 0 [V], ③ 0 [V]

해답 89. 다 90. 나 91. 나 92. 다

93. 다음 다이오드 논리 회로에서 0[V]를 논리 0, −3[V]를 논리 1이라고 할 때 이 회로의 논리 함수 F는?

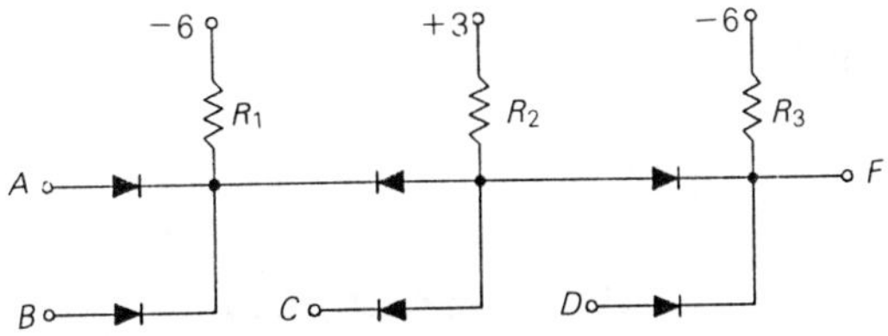

가. F = (A+B) C+D
나. F = (AB+C) D
다. F = (A+B) (C+D)
라. F = AB+CD

94. 다음 다이오드−트랜지스터 회로에 의해 실현되는 논리 함수 F를 구하면? 단, +V = 1, 0[V] = 논리 0이다.

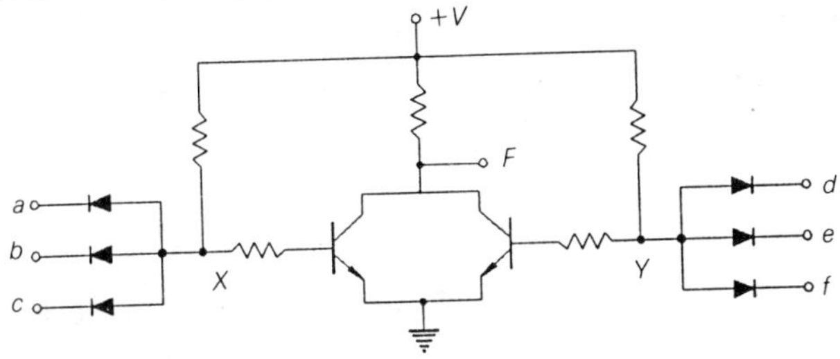

가. $F = abc + def$
나. $F = \overline{abc} + \overline{def}$
다. $F = (\bar{a}+\bar{b}+\bar{c})\ (\bar{d}+\bar{e}+\bar{f})$
라. $F = \bar{a}\,\bar{b}\,\bar{c} + \bar{d}\,\bar{e}\,\bar{f}$

95. 다음의 다이오드 gate 회로에서 논리 함수 V를 구하면?

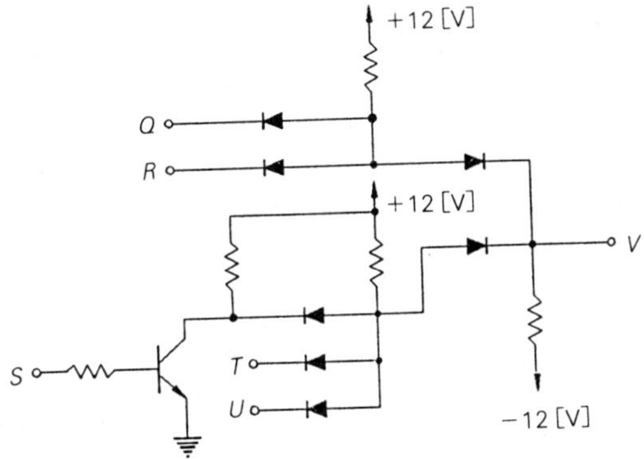

가. $V = (Q+R)\ (\bar{S} + T + U)$
나. $V = QR+\bar{S} + T + U$
다. $V = QR + \bar{S}TU$
라. $V = QR + \overline{STU}$

해답 93. 나 94. 다 95. 다

96. 다음 TTL회로의 논리 기능은?

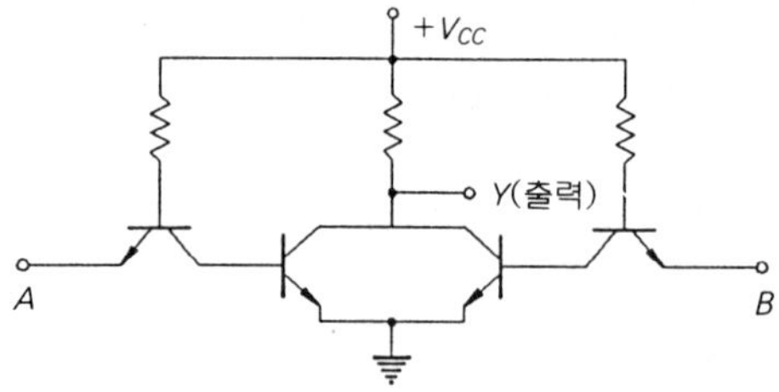

가. AND

나. NAND

다. OR

라. NOR

97. 그림은 에미터 결합 논리회로(ECL)이다.
이 회로의 출력은? (단, Y 및 Y'는 출력 단자이다.)

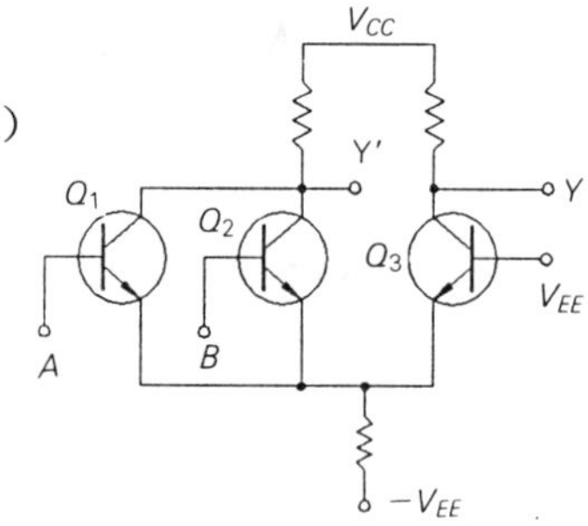

가. Y는 NAND, Y'는 AND

나. Y는 AND, Y'는 NAND

다. Y는 NOR, Y'는 OR

라. Y는 OR, Y'는 NOR

해설 ECL(emitter coupled logic)은 CML이라고도 한다.

A B	Y'	Y
0 0	1	0
0 1	0	1
1 0	0	1
1 1	0	1

입력이 Q_3의 기준 전압보다 낮으면 Q_1, Q_2는 off 상태가 되어 NOR 출력단자 Y'는 높은 전압 상태가 된다.

98. 그림은 기본 2-입력 게이트 회로의 구성도이다. 정논리에 대한 출력 y를 구하면?

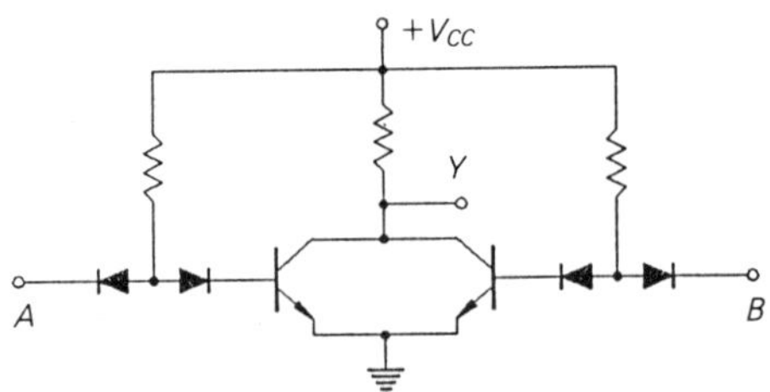

가. $y=\overline{A \cdot B}$

나. $y=A+\bar{B}$

다. $y=\overline{A+B}$

라. $y=A+B$

해설 DTL NOR gate 회로이다.

99. 그림과 같은 TTL gate회로의 논리기능은?
(단, 정논리이다.)

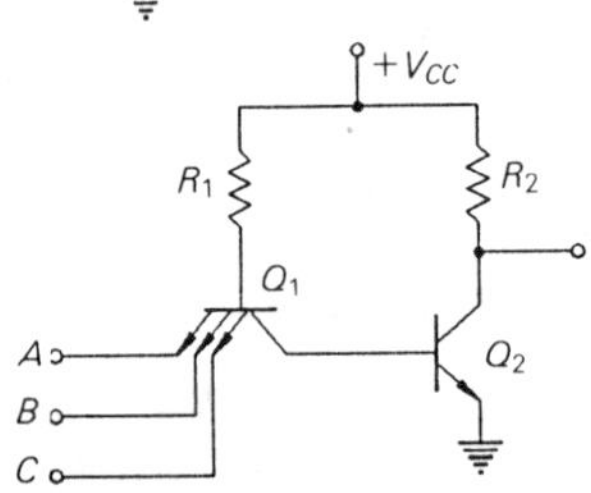

가. NOR

나. OR

다. NAND

라. AND

해설 ① 모든 입력이 논리 0이면 Q_1은 on이 되고 출력 인버어터 트랜지스터 Q_2는 off를 유지하며 출력 y는 $+V_{CC}$가 된다.

② 모든 입력이 논리-1이면 출력 트랜지스터 Q_2는 on이 되어 출력은 거의 0[V] (논리 0)가 된다. 즉, 정논리 NAND gate로 동작된다.

해답 96. 라 97. 라 98. 다 99. 다

100. 논리 게이트 중 출력 분기수의 가장 큰 것은?

가. RTL　　나. DTL　　다. T^2L　　라. C－MOS

해설 IC의 게이트의 특징

	RTL	DTL	TTL	ECL	CMOS
기본 gate	NOR	NAND	NAND	OR/NOR	NOR/NAND
출력분기수	5	8	10	25	<50

101. 그림의 게이트(gate)는 어느 것인가?

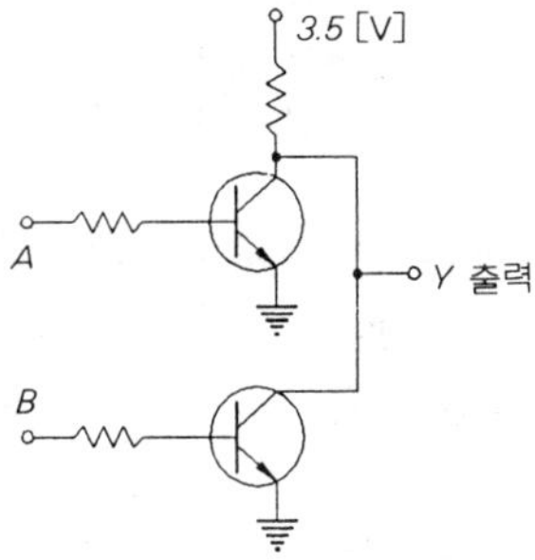

가. AND gate

나. OR gate

다. NAND gate

라. NOR gate

102. 정논리(positive logic)로 그림과 같은 gate의 명칭은?

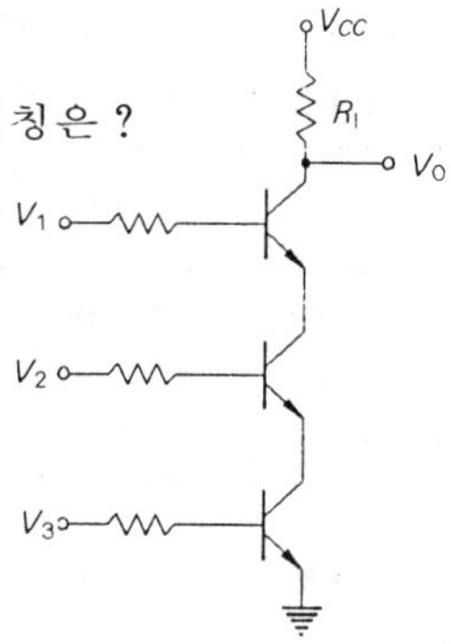

가. AND gate

나. OR gate

다. NOR gate

라. NAND gate

103. 다음 회로에서 A, B, C의 세 입력이 다같이 V_{CC} level일 때 on상태가 되는 트랜지스터는?

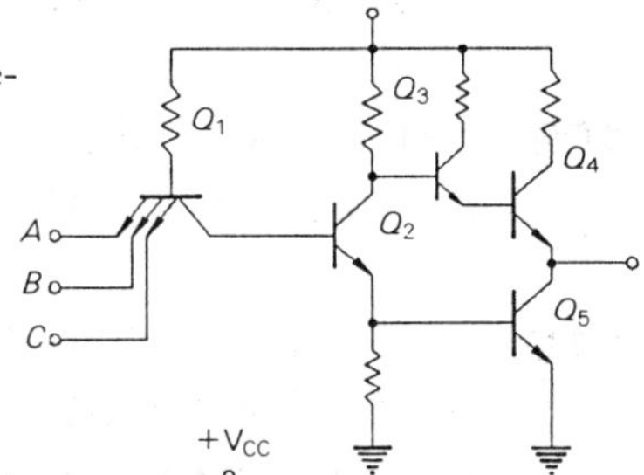

가. Q_2, Q_3

나. Q_3, Q_4

다. Q_2, Q_4

라. Q_2, Q_5

104. 그림의 TTL 회로에서 다이오드 D의 역할은?

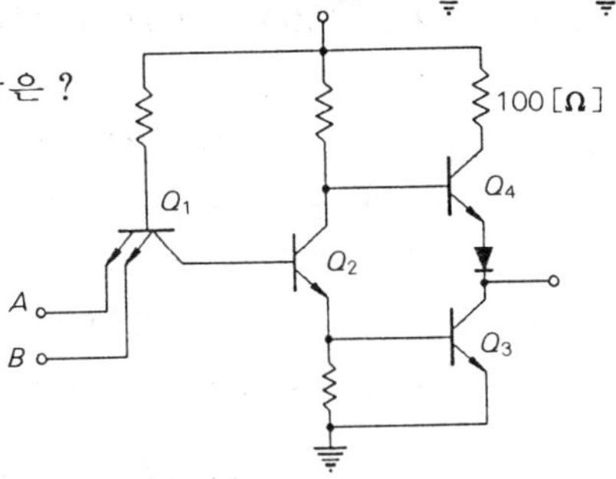

가. 교류성분을 제거하기 위해

나. 스위칭 시간을 적게 하기 위해

다. 일정전압을 유지하기 위하여

라. 과전류가 흐르는 것을 방지하기 위해

해답 100. 라　101. 라　102. 라　103. 라　104. 라

105. 다음 논리회로의 명칭은?

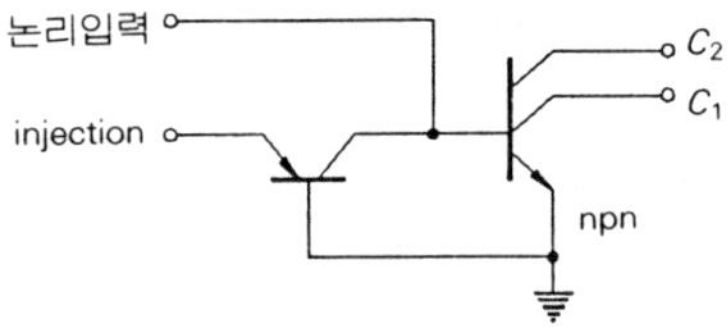

가. DCTL

나. TTL

다. CMOS

라. IIL

해설 논리 입력에 따라 on, off 된다. I^2L의 기본게이트는 RTL 동작과 유사하나 다음의 차이점이 있다.

① RTL에서의 base 저항이 제거된다.

② RTL에서의 콜렉터 저항이 부하 pnp 트랜지스터로 대치된다.

③ RTL에서의 여러 개의 트랜지스터를 다중 콜렉터 트랜지스터로 만든다.

106. 다음 중 소비전력이 가장 적은 것은?

가. RTL　　나. TTL　　다. ECL　　라. CMOS

해설 ECL은 가장 속도가 빠르고 CMOS는 소비전력이 가장 적은 논리 게이트이다.

107. 다음 중 전파 지연시간이 가장 짧은 것은?

가. CMOS　　나. TTL　　다. ECL　　라. I^2L

해설 주요 IC 디지탈 논리 게이트족의 비교

논리 / 파라미터	RTL	DTL	HTL	TTL	ECL	MOS	CMOS
기본게이트	NOR	NAND	NAND	NAND	OR-NOR	NAND	NOR 또는 NAND
전파지연/게이트, ns	12	30	90	10	2	100	50

108. 포화 논리회로에서 가장 속도가 빠른 것은?

가. MOS　　나. TTL　　다. RTL　　라. ECL

109. 현재 사용되고 있는 디지탈 IC의 전파지연의 측정 단위는?

가. [ms]　　나. [ns]　　다. [μs]　　라. [sec]

110. 다음 디지탈 IC 소자 중에서 Fan-out가 큰 순서로 옳은 것은?

가. TTL > RTL > DTL > CMOS　　나. CMOS > TTL > DTL > RTL

다. TTL > CMOS > RTL > DTL　　라. CMOS > TTL > RTL > DTL

111. 그림과 같은 회로에서 D_1, D_2의 기능은?

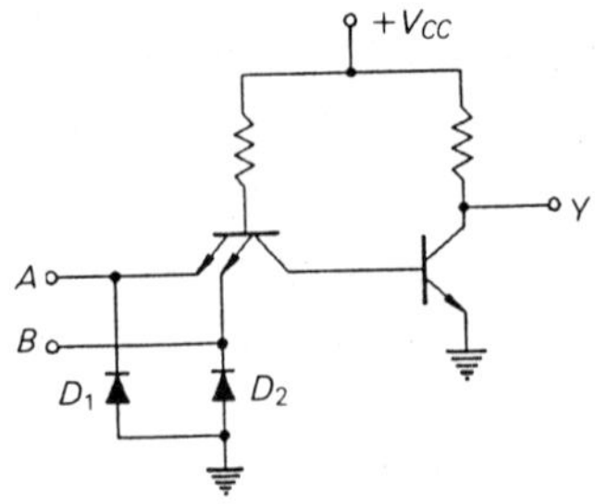

가. 회로의 전파 지연 시간을 줄인다.

나. 소비 전력을 감소시킨다.

다. 찌그러진 입력 신호 파형을 정형한다.

라. 입력이 부(－)일 때 진폭의 크기를 제한한다.

해답 105. 라　106. 라　107. 다　108. 나　109. 나　110. 나　111. 라

112. 그림의 I^2L 회로에서 Y의 논리 기능은? 단, 정논리이다.

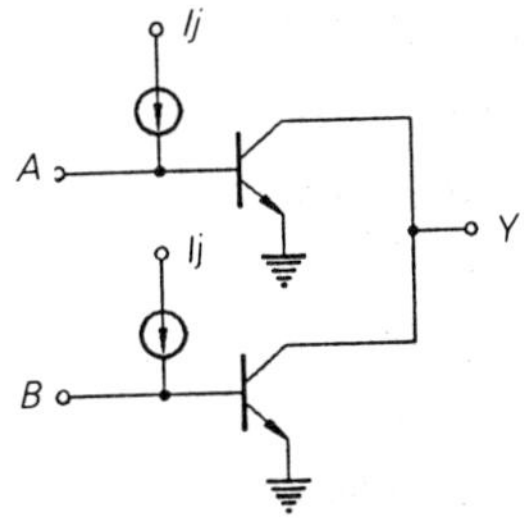

가. 인버어터
나. *AND*
다. *NAND*
라. *NOR*

113. 다음 전자 논리 회로에서 출력 Y의 논리 기능은? 단, 정논리이다.

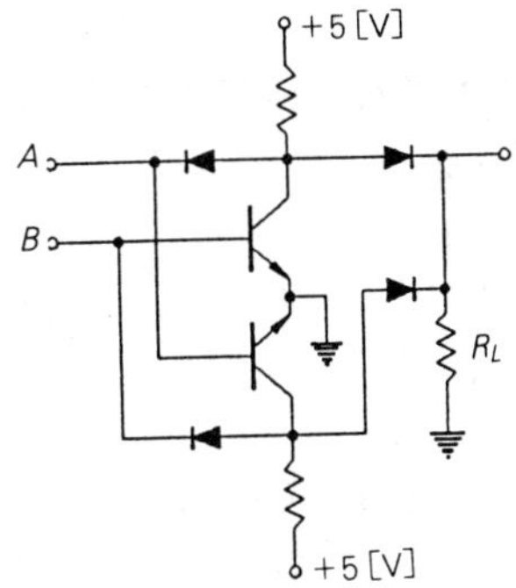

가. OR 게이트
나. NOR 게이트
다. 배타적 OR 게이트
라. 배타적 NOR 게이트

114. 그림과 같은 MOS FET의 정논리 기능을 나타낸 식은? (단, y는 4입력 A, B, C 및 D에 대응하는 출력이다.)

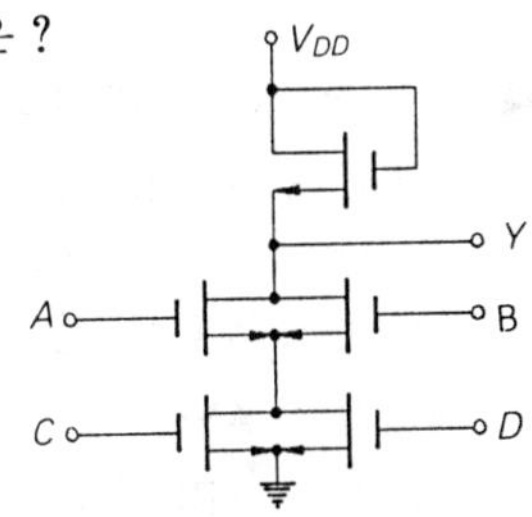

가. $y = \overline{AB} + \overline{CD}$
나. $y = \overline{AB + CD}$
다. $y = \overline{A+B} + \overline{C+D}$
라. $y = \overline{(A+B) \cdot (C+D)}$

해설 $\overline{(A+B)\ (C+D)} + \overline{A+B} + \overline{C+D}$

115. 그림과 같은 MOS FET의 정논리의 기능은?

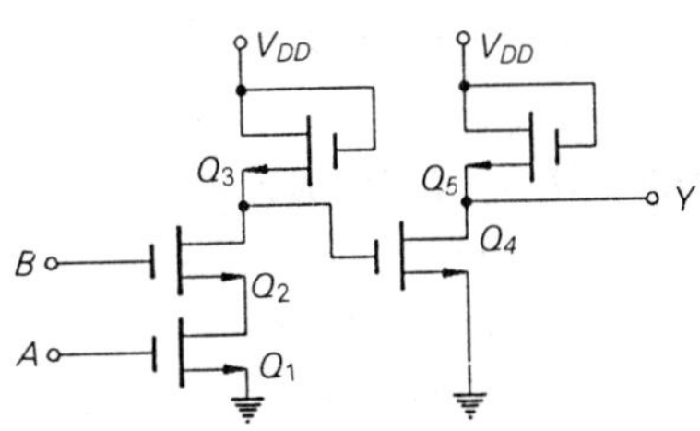

가. OR 회로
나. AND 회로
다. NOR 회로
라. NAND 회로

해설 트랜지스터 Q_1, Q_2, Q_3는 NAND의 기능을 가지며 Q_4, Q_5는 인버어터의 기능을 갖는다.

116 그림과 같은 C-MOS 게이트의 기능은 무엇인가?

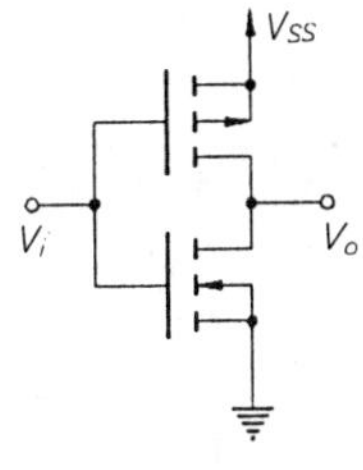

가. AND
나. NAND
다. OR
라. NOT

해답 112. 라 113. 다 114. 다 115. 나 116. 라

117. 다음 MOS FET에서 출력 y의 기능은? (단, 정논리이다.)

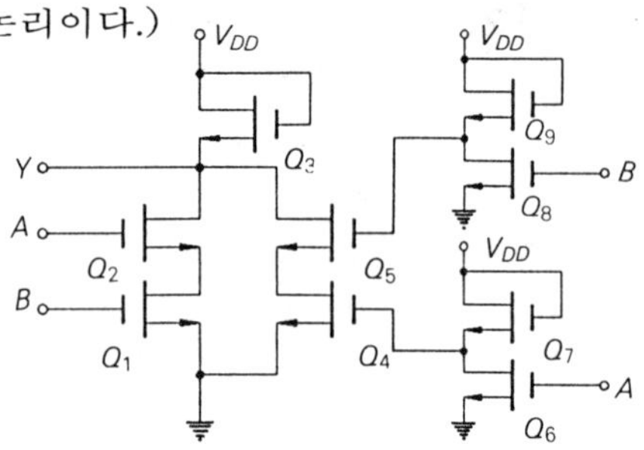

가. $y = AB + \bar{A}\bar{B}$

나. $y = A\bar{B} + \bar{A}B$

다. $y = \overline{\bar{A}+\bar{B}}$

라. $y = \overline{A+B}$

해설 MOS FET를 사용한 2 입력 EXCLUSIVE-OR 회로이다.

$y = \overline{AB + \bar{A}\bar{B}} = (\bar{A}+\bar{B})\ (A+B) = \bar{A}B + A\bar{B}$

118. 그림과 같은 MOS FET에서 출력 y의 논리기능은?

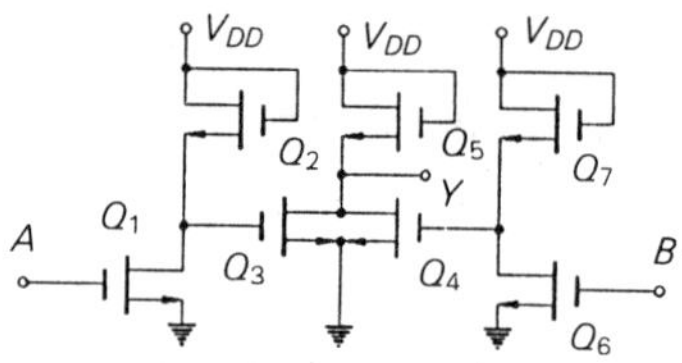

가. $y = A+B$

나. $y = \bar{A}+\bar{B}$

다. $y = AB$

라. $y = \bar{A}\bar{B}$

해설 트랜지스터 Q_1, Q_2와 Q_6, Q_7은 각각 인버터의 기능을 수행한다. 이의 출력 $\bar{A}$와 $\bar{B}$는 NOR gate(Q_3, Q_4 및 Q_5로 구성)에 인가되어 $y = \overline{\bar{A}+\bar{B}} = \bar{\bar{A}} \cdot \bar{\bar{B}} = A \cdot B$ 이므로 AND 동작을 한다.

119. 그림과 같은 P-MOS 게이트의 부논리 기능을 나타낸 논리식은 무엇인가? (단, A, B, C는 입력단자이고, X는 출력단자이다.)

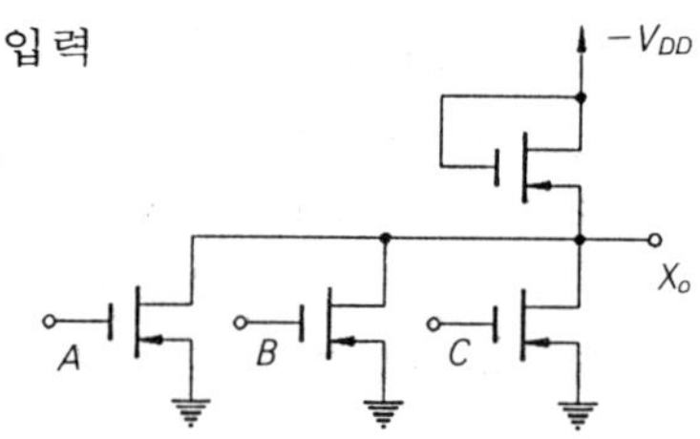

가. $X = \overline{A+B+C}$

나. $X = \overline{ABC}$

다. $X = ABC$

라. $X = A+B+C$

120. 다음 MOS FET 회로의 명칭은? (단, 정논리이다.)

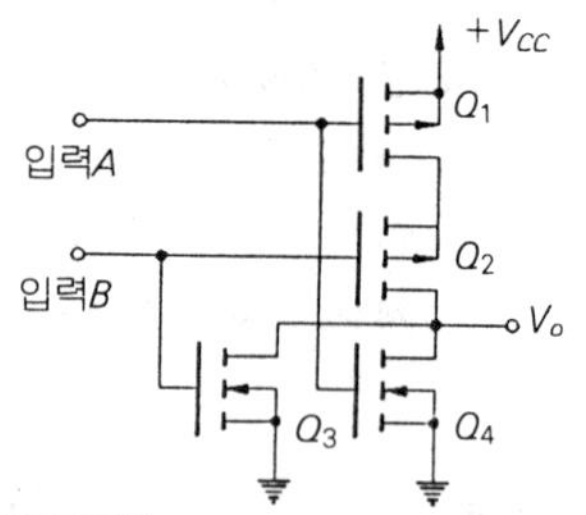

가. OR 게이트

나. NOR 게이트

다. NAND 게이트

라. AND 게이트

해설 Q_1, Q_2는 PMOS Q_3, Q_4는 NMOS 이다. 이의 동작상태는 다음과 같다.

입력		출력	각 트랜지스터의 상태
A	B	V_0	
L	L	H	Q_1, Q_2 : on, Q_3, Q_4 : off
L	H	L	Q_1, Q_3 : on, Q_2, Q_4 : off
H	L	L	Q_2, Q_4 : on, Q_1, Q_3 : off
H	H	L	Q_3, Q_4 : on, Q_1, Q_2 : off

해답 117. 나 118. 다 119. 가 120. 나

121. 다음과 같은 회로가 수행할 수 있는 논리동작은?
(단, A, B, C는 입력 단자이다.)

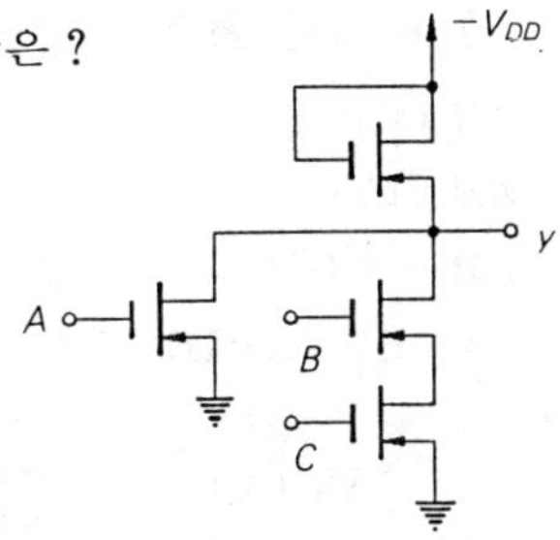

가. $Y=\overline{ABC}$
나. $Y=\overline{AB+C}$
다. $Y=\overline{A+BC}$
라. $Y=\overline{A+B+C}$

122. 그림과 같은 MOS FET의 정논리 기능을 나타낸 식은? (단, y는 4입력, A, B, C 및 D에 대응하는 출력이다.)

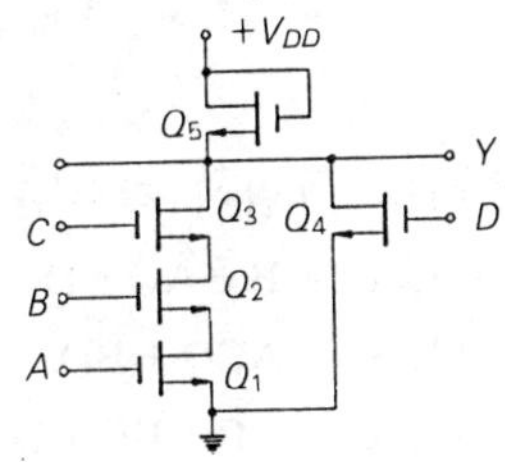

가. $y = \overline{(A+B+C)}\,D$
나. $y = (A+B+C)\,\overline{D}$
다. $y = ABC+\overline{D}$
라. $y = \overline{ABC+D}$

해설 N MOS 게이트이다.

123. 그림과 같은 기호의 명칭은 무엇인가?

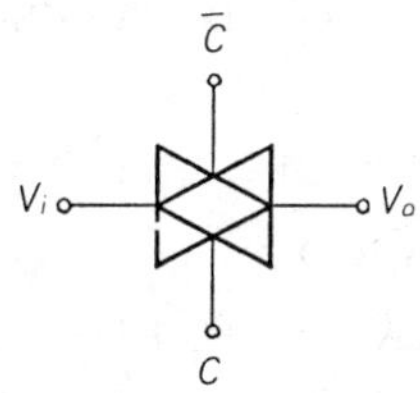

가. X－OR 회로
나. Schottky 회로
다. Transmission 회로
라. Inhibitor 회로

해설 CMOS FET로 구성되는 전송 게이트(transmission gate) 회로로서 디지탈 또는 아날로그 신호를 전송한다.

124. 그림과 같은 전송 게이트 회로에서 입력 A에서 출력 y로 데이타가 전송되는 조건은?

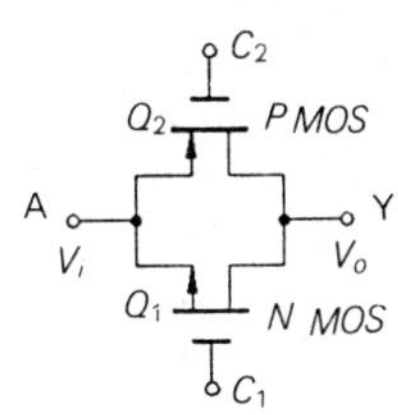

가. $C_1 = 0,\ C_2 = 0$
나. $C_1 = 0,\ C_2 = 1$
다. $C_1 = 1,\ C_2 = 0$
라. $C_1 = 1,\ C_2 = 1$

해설 C_1, C_2 gate에 제어신호가 들어간다. 동작원리는 다음과 같다.

① $C_1 = 1$, $C_2 = 0$인 경우 $V_i = 1$이면 N MOS는 off, P MOS는 on 되어 출력 $V_0 = 1$이 되며 $V_i = 0$ 이면 N MOS는 on, P MOS는 off되어 출력 $V_0 = 0$이 된다.

② $C_1 = 0$, $C_2 = 1$인 경우 $V_i = 1$(또는 $V_i = 0$)이면 N MOS와 P MOS가 모두 off되어 출력 $V_0 = 0$이 된다.

해답 121. 다 122. 라 123. 다 124. 다

125. 다음 와이어드 회로의 출력 f는?

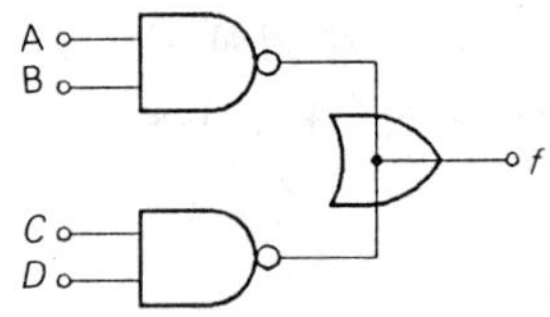

가. $AB+CD$

나. $\overline{AB+CD}$

다. $\overline{AB}+\overline{CD}$

라. $(A+B)(C+D)$

해설 $f=\overline{AB}\cdot\overline{CD}$
$=\overline{AB+CD}$

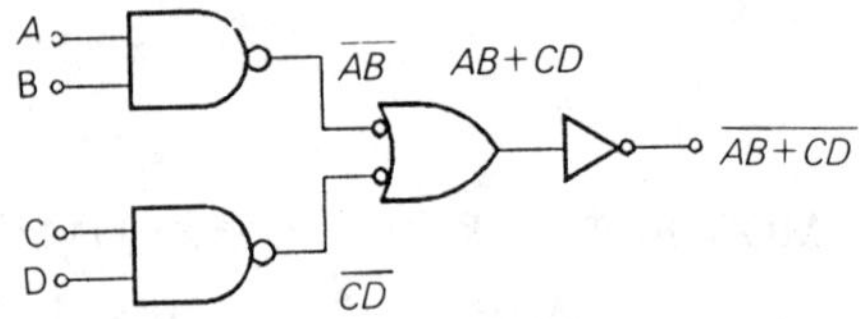

126. 아래 그림에 적합한 논리식은?

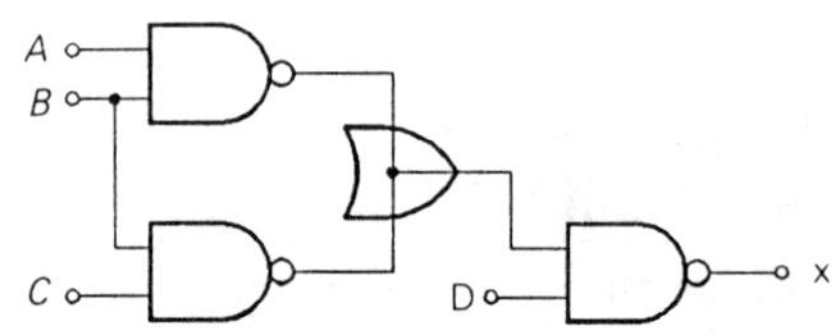

가. $x=\bar{B}+\bar{A}\bar{C}+D$

나. $x=\bar{A}\bar{C}D+\bar{B}D$

다. $x=AB+BC+\bar{D}$

라. $x=ABC+\bar{D}$

해설 $x=\overline{\overline{AB}\cdot\overline{BC}\cdot D}=AB+BC+\bar{D}$

127. 다음과 같은 회로의 출력은?

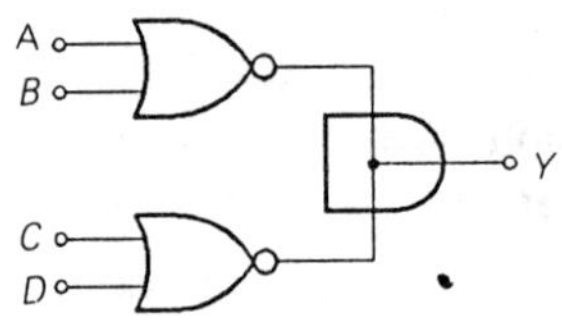

가. $Y=\overline{ABCD}$

나. $Y=\overline{(A+B)(C+D)}$

다. $Y=\overline{(A+B)}\,\overline{(C+D)}$

라. $Y=\overline{A+B+C+D}$

도서출판 신화전산기획

해답 125. 나 126. 다 127. 나

14장 조합 논리와 순서 논리회로

14·1 조합 회로

14·1·1 가산기의 설계

(1) 반가산기(Half-adder ; HA)

입	력	출	력
x	y	C	S
0	0	0	0
0	1	0	1
1	0	0	1
1	1	1	0

(a) 진리표

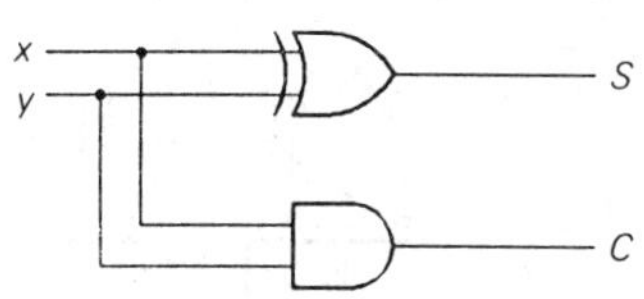

(b) 회로

〈그림 14－1〉 반가산기

이 진리표에서 두 출력에 대한 간단화된 부울함수를 구하면 다음과 같다.

$$S = x'y + xy' = x \oplus y$$
$$C = xy$$

(2) 전가산기(Full-adder ; FA)

입	력		출	력
x	*y*	*z*	*C*	*S*
0	0	0	0	0
0	0	1	0	1
0	1	0	0	1
0	1	1	1	0
1	0	0	0	1
1	0	1	1	0
1	1	0	1	0
1	1	1	1	1

(a) 진리표

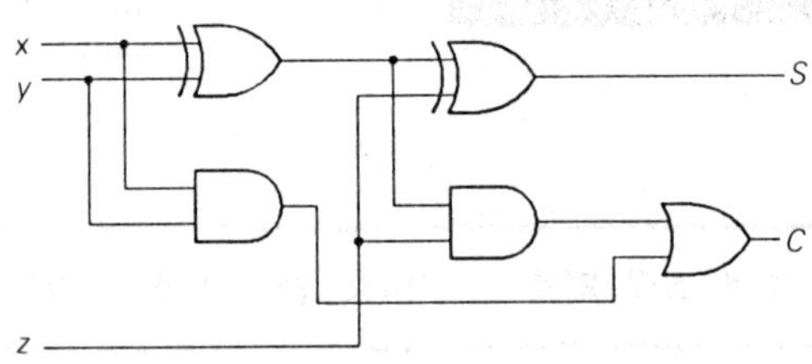

(b) 회로

〈그림 14－2〉 전가산기

이 진리표를 실현하기 위한 부울함수의 간략화를 구하면 다음과 같다.

$$S = x'y'z + x'yz' + xy'z' + xyz$$
$$= (x \oplus y) \oplus z$$
$$C = xy + xz + yz$$

(3) 전가산기로 구성된 4자리 가산기

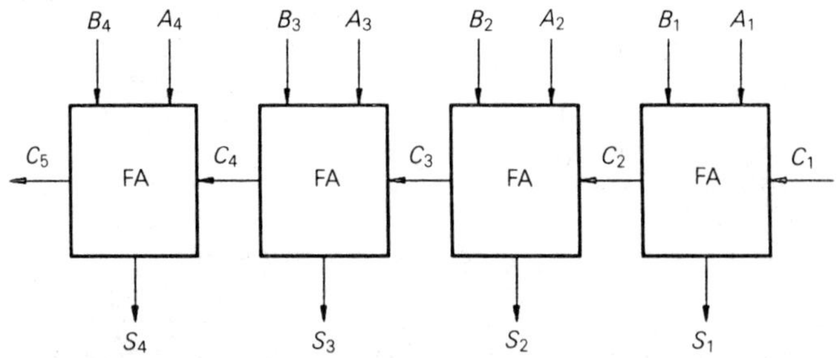

〈그림 14－3〉 전가산기(FA)로 구성된 네 자리 가산기

(4) 직렬 2진 가산기

직렬 연산에서 n 단의 합은 $n-1$ 단에서 자리올림이 있으면 n 단 연산이 행해질 때까지 지연회로 TD를 거쳐 가해지도록 한다. 직렬 연산방식은 전가산기(FA) 하나로 가능하나 연산시간이 느리다.

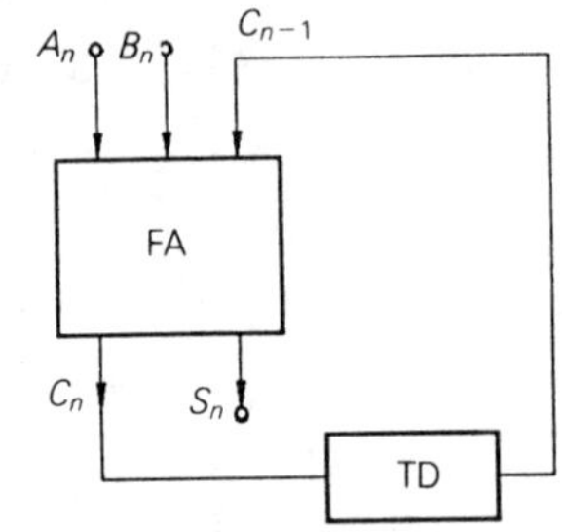

〈그림 14－4〉 직렬 2진 가산기

14·1·2 감산기의 설계

(1) 반 감산기(half-subtractor ; HS)

반감산기는 2개의 bit들을 빼서 그 차를 산출하는 조합 회로이다.

입 력		출 력	
x	y	B	D
0	0	0	0
0	1	1	1
1	0	0	1
1	1	0	0

(a) 진리표

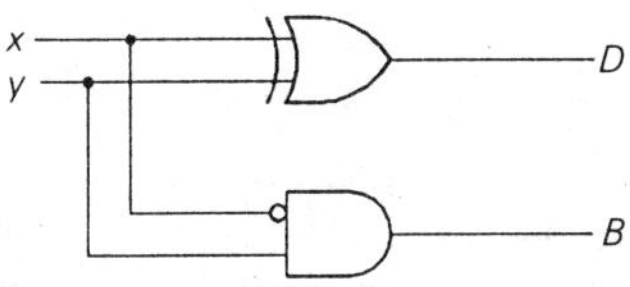

(b) 회로

〈그림 14-5〉 반감산기

반감산기 두 출력에 대한 부울 함수식을 구하면,

$$D = x'y + xy' = x \oplus y$$

$$B = x'y$$

(2) 전 감산기(full-subtractor ; FS)

전감산기는 낮은 단(段) 위치의 디지트에 빌려준 1을 고려하면서 두 bit들의 뺄셈을 수행하는 조합 회로이다.

입 력			출 력	
x	y	b_i	d	b_o
0	0	0	0	0
0	0	1	1	1
0	1	0	1	1
0	1	1	0	1
1	0	0	1	0
1	0	1	0	0
1	1	0	0	0
1	1	1	1	1

(a) 진리표

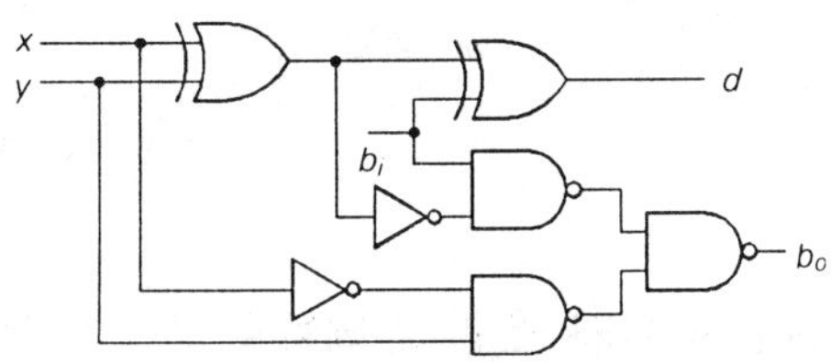

(b) 회로

〈그림 14-6〉 전감산기

이 진리표에서 d와 b_o의 논리식을 구하면 다음과 같다.

$$\begin{aligned} d &= x'y'b_i + x'yb_i' + xy'b_i' + xyb_i \\ &= b_i(xy + x'y') + b_i'(xy + x'y')' \\ &= b_i \oplus (x \oplus y) \end{aligned}$$

$$\begin{aligned} b_o &= x'b_i + x'y + yb_i \\ &= b_i(x' + y) + x'y \end{aligned}$$

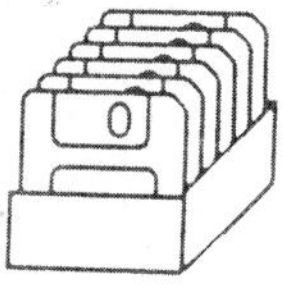

즉, 전가산기의 출력 S와 전감산기의 출력 d는 동일하다.

(3) 병렬 2진 감산기

$B_n - A_n$을 하는 경우 A_n은 보수를 취하여 합하고 최종 올림수는 EAC(end around carry)로 하여 초단에 가해서 결과를 얻는다.

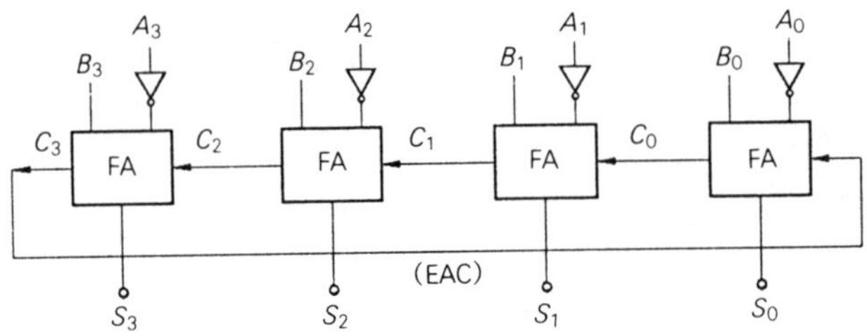

〈그림 14-7〉 병렬 2진 감산기

(4) 眞補零 1器(true-complement-zero-one element)

입력 A에 대하여 출력이 A 또는 $\bar{A}$를 얻거나 입력에 관계없이 1 또는 0을 얻는 제어 회로이다.

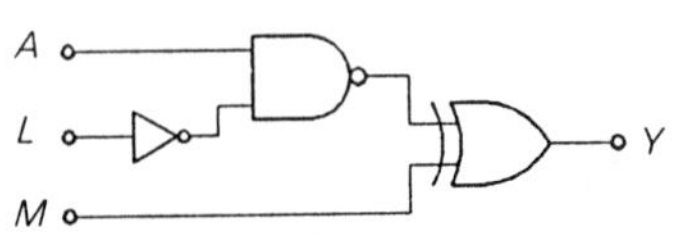

(a) 회로

입	력	출 력
L	M	Y
0	0	$\bar{A}$
0	1	A
1	0	1
1	1	0

(b) 진리표

〈그림 14-8〉 진보영 1기

14·1·3 기타 조합 논리회로

(1) 비교 회로(comparator)

입	력	출	력	
A	B	A = B	A > B	A < B
0	0	1	0	0
0	1	0	0	1
1	0	0	1	0
1	1	1	0	0

(a) 진리표

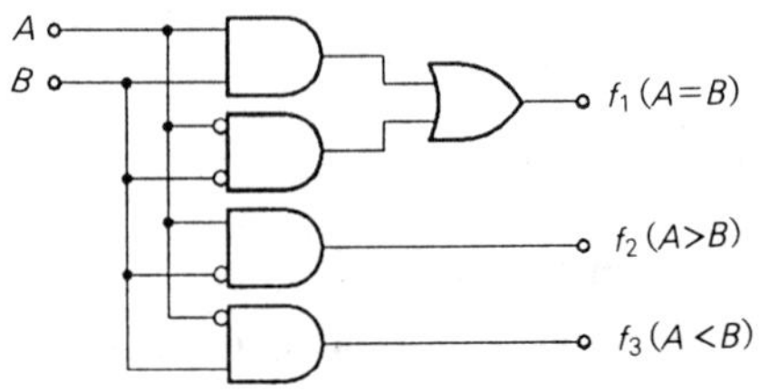

(b) 비교 회로

〈그림 14-9〉

위 진리표에서 대소관계를 논리식으로 나타내면,

$$\mathrm{A} = \mathrm{B}, \quad f_1 = \bar{\mathrm{A}}\bar{\mathrm{B}} + \mathrm{AB} = \mathrm{A} \odot \mathrm{B}$$
$$\mathrm{A} > \mathrm{B}, \quad f_2 = \mathrm{A}\bar{\mathrm{B}}$$
$$\mathrm{A} < \mathrm{B}, \quad f_3 = \bar{\mathrm{A}}\mathrm{B}$$

(2) 다수결 회로

3개의 입력 가운데서 2개 이상이 1일 때만 출력을 얻는 회로이다.

입	력		출력
A	*B*	*C*	*f*
0	0	0	0
0	0	1	0
0	1	0	0
0	1	1	1
1	0	0	0
1	0	1	1
1	1	0	1
1	1	1	1

(a) 진리표

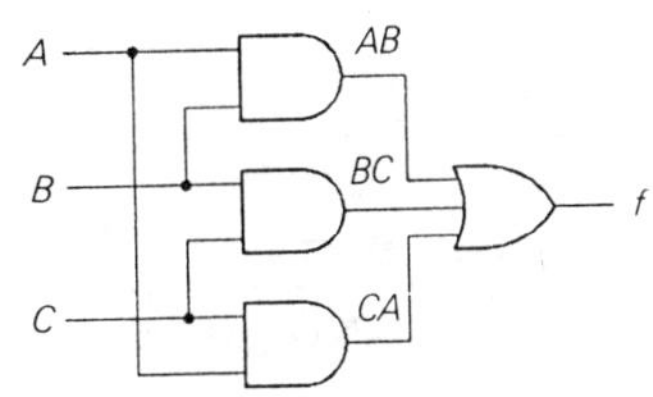

(b) 다수결 회로

〈그림 14－10〉

위 진리표에서 논리식을 구하면,

$$f = \bar{\mathrm{A}}\mathrm{BC} + \mathrm{A}\bar{\mathrm{B}}\mathrm{C} + \mathrm{AB}\bar{\mathrm{C}} + \mathrm{ABC}$$
$$= \mathrm{BC} + \mathrm{AC} + \mathrm{AB}$$

(3) 패리티 체크 회로

2진수에서 1의 총수가 우수인지 기수인지를 판정하는 회로를 패리티 체크 회로라고 한다.

3변수 A, B, C에서 1의 수가 기수가 되기 위해서는 0 0 1, 0 1 0, 1 0 0, 1 1 1 인 경우의 논리식은

$$f = \bar{\mathrm{A}}\bar{\mathrm{B}}\mathrm{C} + \bar{\mathrm{A}}\mathrm{B}\bar{\mathrm{C}} + \mathrm{A}\bar{\mathrm{B}}\bar{\mathrm{C}} + \mathrm{ABC}$$

가 된다.

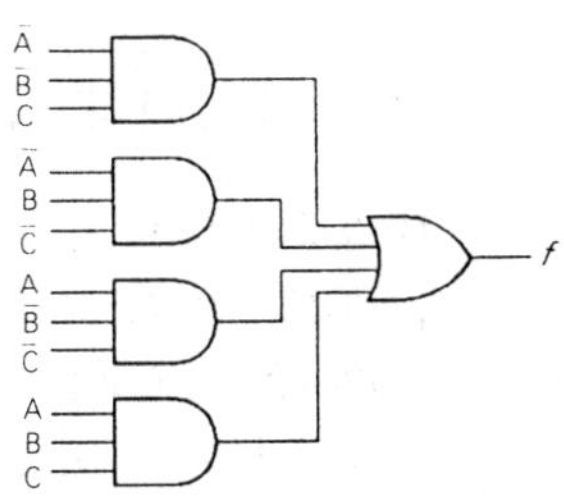

〈그림 14－11〉 패리티 체크 회로

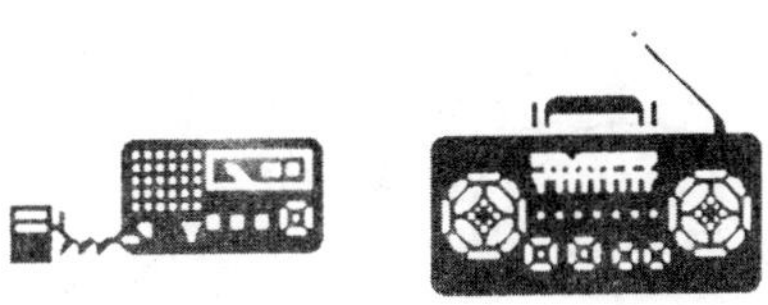

예제 14-1 조합논리의 설계

조합 논리회로에서 4개의 입력(A, B, C, D)에서 홀수개의 입력이 1일 때 논리 1을 출력하는 회로의 논리식을 구하라.

풀이 4변수에서 홀수개의 입력이 1인 논리식을 구하면,

$$F = A \oplus B \oplus C \oplus D$$

즉, 4개의 변수들로 표현된 배타적 -OR 함수가 된다.

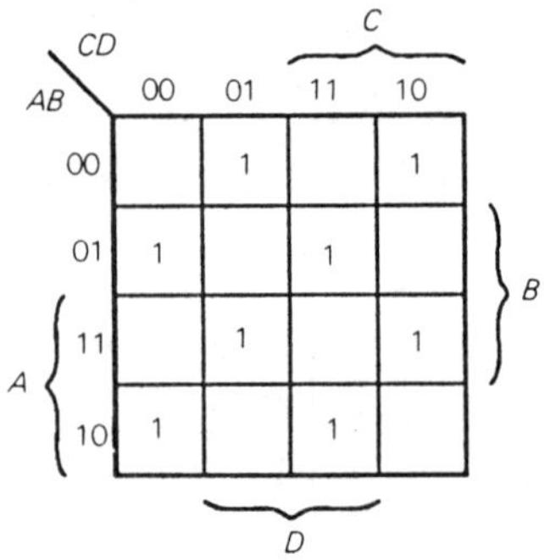

(4) 매트릭스(matrix) 회로

다출력회로에서 AND gate 또는 diode를 격자모양으로 조합시킨 회로이다. 2진수의 경우 입력변수가 n일 때 출력수는 2^n, diode의 수는 $2^n \times n$로 구성된다.

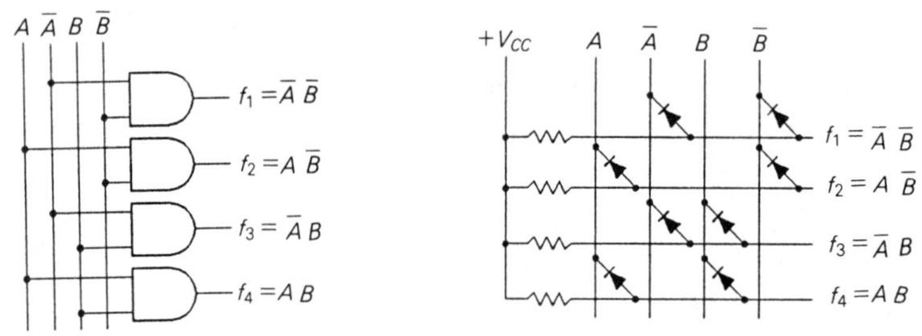

(a) Gate (b) diode Matrix

〈그림 14-12〉 매트릭스 회로

14·1·4 디코더와 디멀티플렉서의 설계

(1) 디코더(Decoder)

디코더는 코우드화된 데이터로부터 정보를 찾아내는 조합 논리 회로이다. 즉 코우드화된 2진 정보를 다른 코드 형식으로 바꾸는 디지탈 기능을 갖는다. n개의 입력변수에서 2^n개의 minterm을 만들어 낸다.

E	A	B	D_0	D_1	D_2	D_3
1	X	X	1	1	1	1
0	0	0	0	1	1	1
0	0	1	1	0	1	1
0	1	0	1	1	0	1
0	1	1	1	1	1	0

(a) 진리표

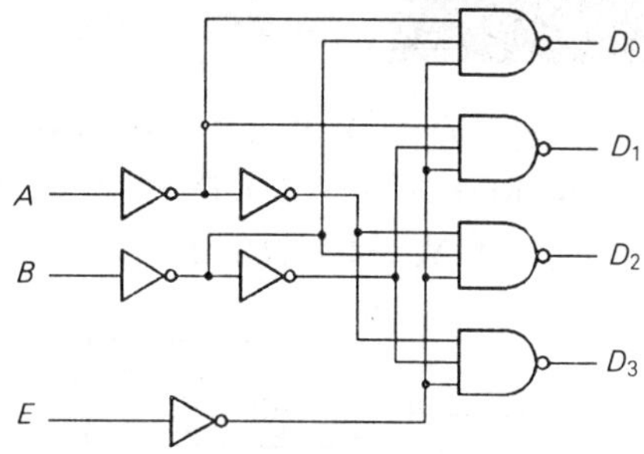

(b) 회로

〈그림 14-13〉 2×4 디코더

(2) 디멀티플렉서(Demultiplexer)

디멀티플렉서란 하나의 선으로 부터 정보를 받아 이 정보를 2^n개의 출력선 중 어느 하나에 실어 주는 회로인데, 특정한 출력선의 선택은 n개의 선택선의 비트값에 의하여 제어된다.

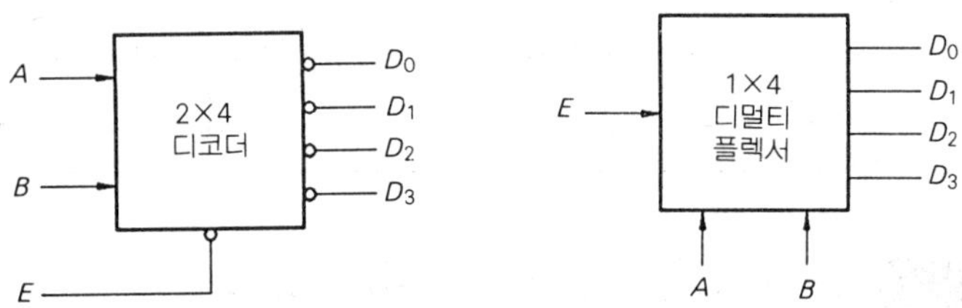

(a) (b)

〈그림 14-14〉 1×4 디멀티플렉서

예제 14-2 조합 논리 회로의 구성

조합 논리 회로에서 4개의 입력(a, b, c, d)과 1개의 출력을 가진다. 출력은 모든 입력이 1이거나 모든 입력이 0이거나 홀수개의 입력만 1일 때 1이 된다. 출력 함수 f를 구하라.

풀이 (a) 적의 합형으로 간소화된 출력 함수

$F(a, b, c, d)$

$= \sum(0, 1, 2, 4, 7, 8, 11, 13, 14, 15)$

$= abc + abd + bcd + acd + a'b'c' + a'c'd' + a'b'd' + b'c'd'$

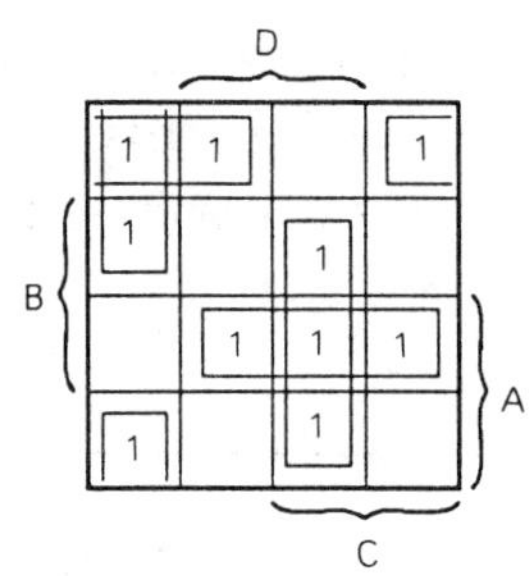

(b) 합의 적형으로 간소화된 출력 함수

$F(a, b, c, d)$

$= (a+b+c'+d')\ (a+b'+c+d')\ (a+b'+c'+d)$

$(a'+b+c+d')\ (a'+b+c'+d)\ (a'+b'+c+d)$

예제 14-3 디코더의 이용

〈그림 14-15〉의 그림 (a)는 2-to-4 decoder와 다이오드 매트릭스(diode matrix)로 구성된 ROM을 이용한 L.E.D 구동 회로이다. 디코우더의 진리표가 (b)와 같다면 $x=y=1$일 때 발광하는 Diode는 어느 것인가?

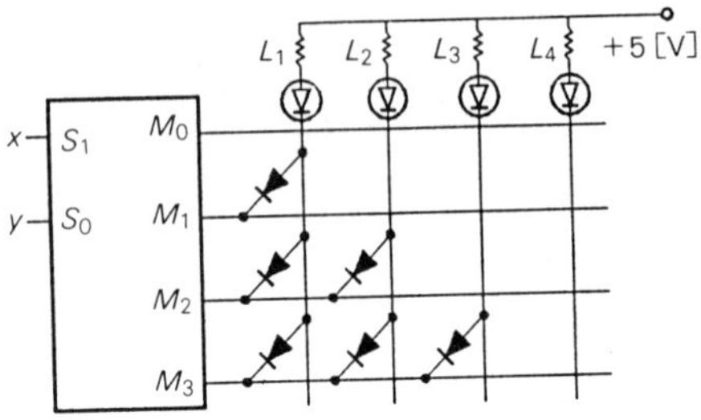

(a)

S_1	S_0	M_0	M_1	M_2	M_3
0	0	0	1	1	1
0	1	1	0	1	1
1	0	1	1	0	1
1	1	1	1	1	0

(b)

〈그림 14-15〉

풀이 $S_0=y$, $S_1=x$ 이므로, $x=y=1$이면 $M_0=M_1=M_2=1$ 이고 $M_3=0$이 된다.
따라서, L_1, L_2 및 L_3가 발광한다.

예제 14-4 디코더를 이용한 전가산기의 설계

디코더(decoder)를 이용하여 전가산기를 설계하라.

풀이 3×8 디코더 1개와 2개의 OR 게이트를 이용한다.
3개의 입력에 대해 8개의 민텀이 있으므로 3×8 디코더가 필요하다.

$S(x, y, z)=\sum(1, 2, 4, 7)$
$C(x, y, z)=\sum(3, 5, 6, 7)$

디코더는 x, y, z에 대한 8개의 minterm을 산출한다. 출력 S에 대한 OR 게이트는 minterm 1, 2, 4, 7의 합을 형성한다.

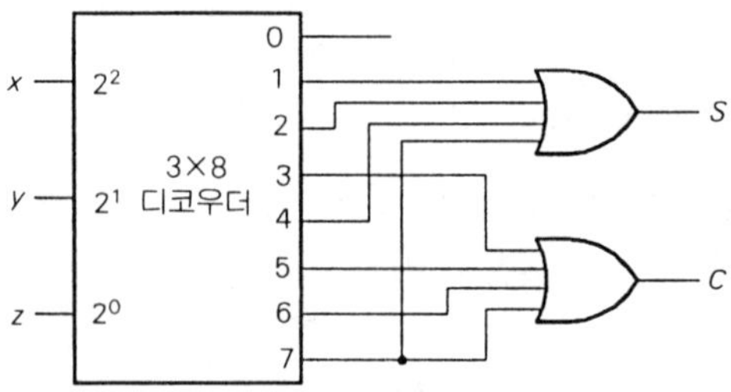

〈그림 14-16〉

9·2·3 멀티플렉서와 인코더의 설계

(1) 멀티플렉서(Multiplexer)

멀티플렉서는 여러개의 입력선 중에서 어느 하나를 선택하여 출력선에 실어주는 기능을 한다.

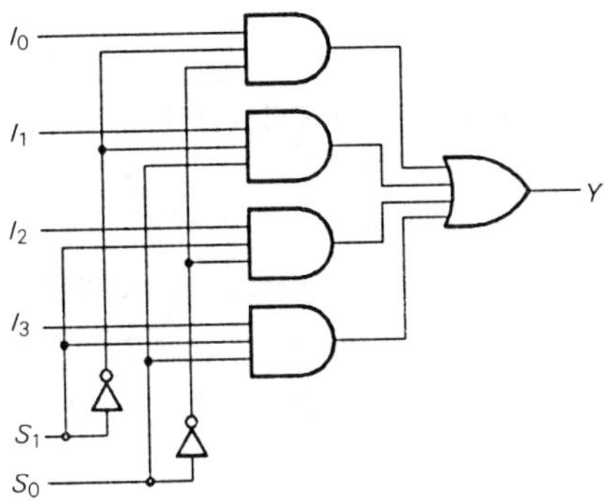

(a) 회로도

S_1	S_0	Y
0	0	I_0
0	1	I_1
1	0	I_2
1	1	I_3

(b) 진리표

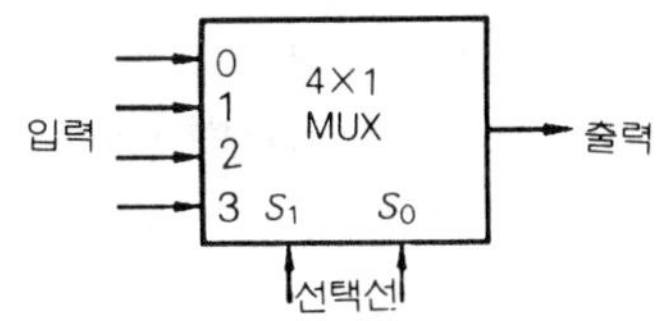

(c) 모형도

〈그림 14−17〉 4-to-1 멀티플렉서

(2) 인코더(Encoder)

인코더는 디코더의 역기능을 수행하는 회로이다. 즉 2^n개 혹은 그 이하의 입력수를 가지며 n개의 출력선을 갖는데 이 출력선은 2^n개의 입력변수에 따른 2진 코드를 생성한다.

입			력					출	력	
D_0	D_1	D_2	D_3	D_4	D_5	D_6	D_7	X	Y	Z
1	0	0	0	0	0	0	0	0	0	0
0	1	0	0	0	0	0	0	0	0	1
0	0	1	0	0	0	0	0	0	1	0
0	0	0	1	0	0	0	0	0	1	1
0	0	0	0	1	0	0	0	1	0	0
0	0	0	0	0	1	0	0	1	0	1
0	0	0	0	0	0	1	0	1	1	0
0	0	0	0	0	0	0	1	1	1	1

(a) 진리표

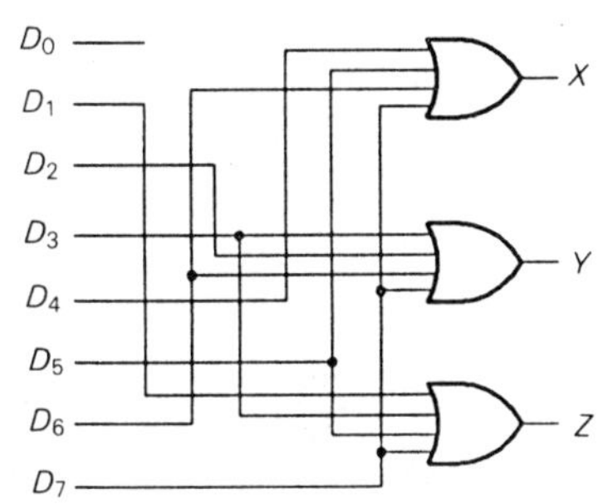

(b) 회로

〈그림 14−18〉 octal-to-binary 인코더

예제 14－5 MUX를 이용한 부울 함수의 실현

멀티플렉서를 사용하여 다음 부울 함수를 실현하시오.

$$F(A,\ B,\ C,\ D) = (0,\ 1,\ 3,\ 4,\ 8,\ 9,\ 15)$$

풀이 〈부울 함수의 MUX 실현과정〉

(1) minterm중 처음 반은 A'를 가지며 나머지 반은 A를 가진다.
4변수는 16개의 minterm을 가지는데 변수 A는 0번에서 7번까지 보수로 표현되고 8부터 15까지는 그대로 표시된다.

(2) 부울 함수식의 minterm들을 전부 원으로 둘러싼다.

(3) 만일 열에 속하는 두항이 모두 원으로 둘러싸여 있지 않으면 MUX 입력은 0이 되고, 모두 원으로 둘러싸여 있으면 MUX 입력은 1이 된다.

(4) 만일 아래쪽 minterm만 원으로 둘러싸여 있으면 MUX 입력은 A가 되고 위쪽만 원으로 싸여 있으면 MUX입력은 A'가 된다.

4변수 함수이므로 3개의 선택선과 8개의 입력을 가진 MUX가 필요하다.
먼저 실현표를 작성한다.

	I_0	I_1	I_2	I_3	I_4	I_5	I_6	I_7
A'	⓪	①	2	③	④	5	6	7
A	⑧	⑨	10	11	12	13	14	⑮
	1	1	0	A'	A'	0	0	A

(a) 실현표

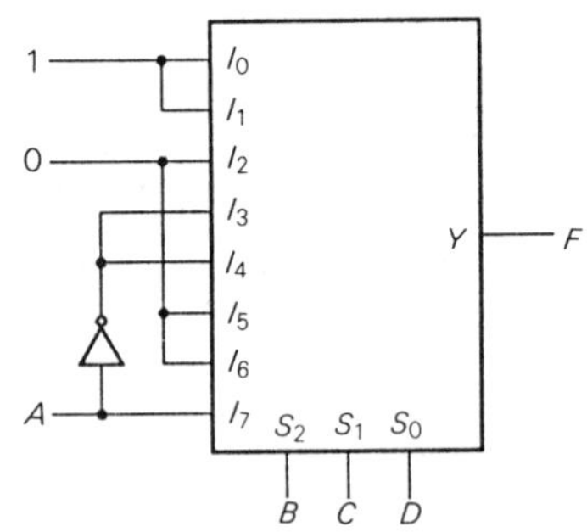

(b) MUX의 연결

〈그림 14－19〉

14·2 연산 회로

14·2·1 산술 연산 회로의 설계

ALU의 산술 동작을 수행하는 부분을 병렬 가산기(parallel)로 구성된다.

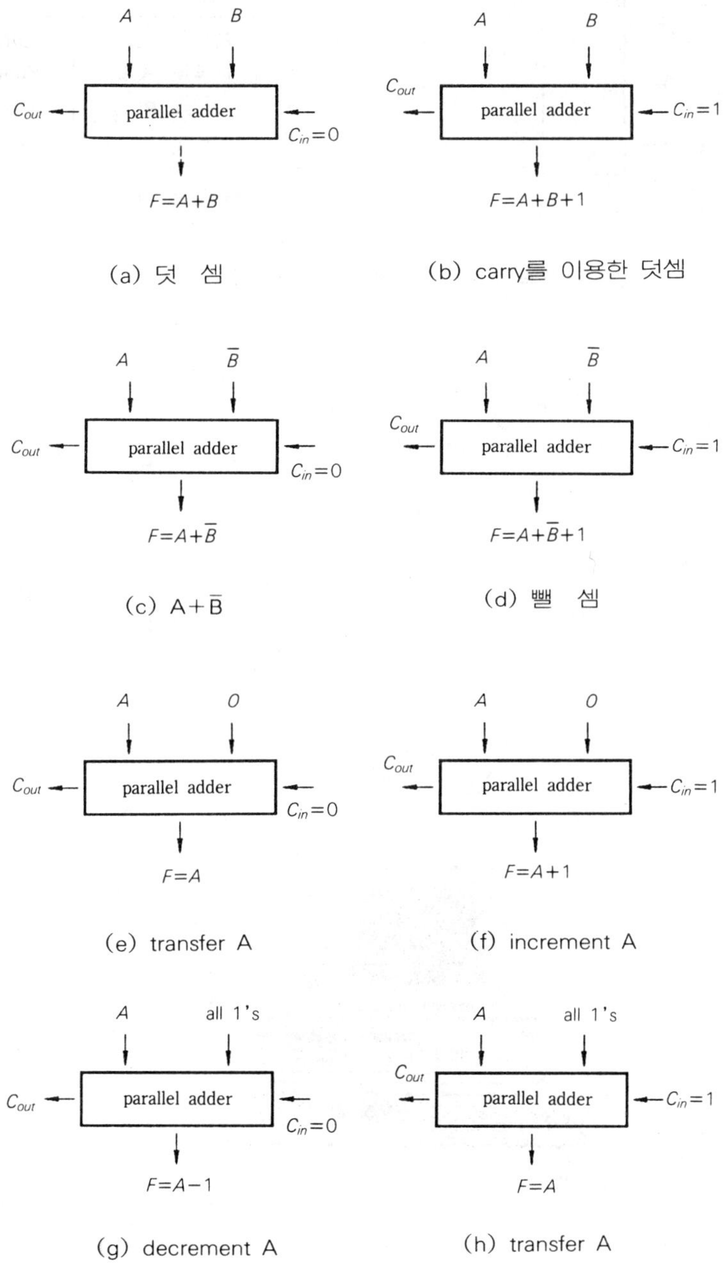

〈그림 14-20〉 parallel 가산기를 이용한 산술 연술

14·2·2 논리 연산 회로의 설계

기본적인 논리 동작은 AND, OR, NOT, XOR이다.

회로에서 $S_2=0$이면 MUX의 출력으로 산술 연산의 결과가 선택되고, $S_2=1$ 이면 논리 연산의 결과가 선택된다.

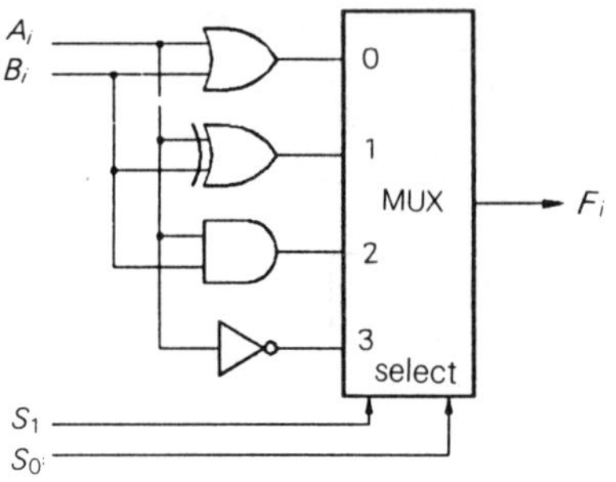

(a) 회로도

S_1	S_0	출　　력	동 작
0	0	$F_i=A_i+B_i$	OR
0	1	$F_i=A_i \oplus B_i$	XOR
1	0	$F_i=A_i\ B_i$	AND
1	1	$F_i=\overline{A_i}$	NOT

(b) function表

〈그림 14－21〉 논리 회로의 예

14·3 기억 장치 회로

14·3·1 RAM(random access memory)

(1) m×n RAM

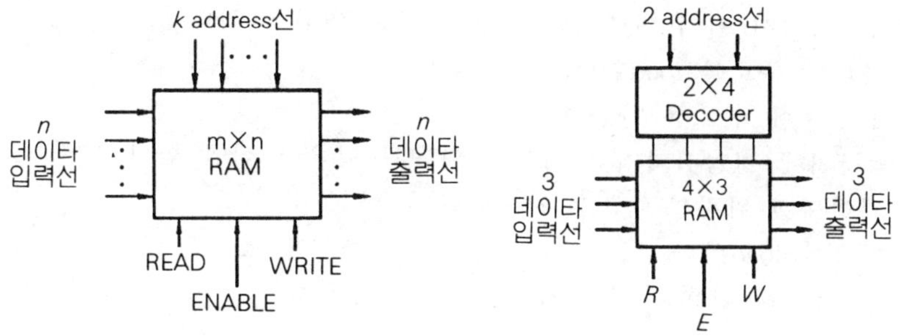

〈그림 14－22〉 m×n RAM

k address선은 2^k=m words로 나타낼수 있으며 n bits/word의 데이타 입력과 출력선이 있다. 예를 들어 기억장치가 1,024개의 word로 구성되면 주소단자는 10bit가 필요하다.

예제 14－6 **m×n RAM에 대하여**

어떤 반도체 메모리 칩이 2K×8이라고 기입되어 있다.

① 이 칩에 축적된 워드(word)는 얼마인가?

② word size는 얼마인가?

③ 이 칩에 저장할 수 있는 전체 비트는 얼마인가?

풀이 ① 2K=2×1024=2048 words

② 각 word는 8bit(1 byte)이다.

③ 전체 비트수는 2048×8=16,384bits

(2) 1 bit RAM

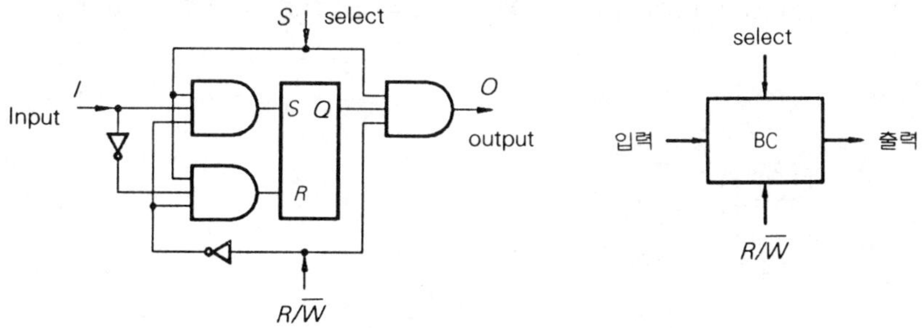

〈그림 14－23〉 1 bit RAM

(3) 기억 장치의 연산

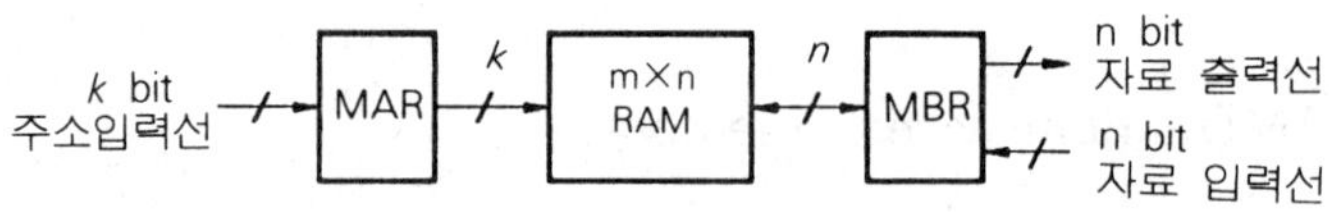

〈그림 14－24〉 기억장치 연산

① 자료를 기억장치에서 읽기 위해서는 다음과 같은 연산을 한다.
 ⓐ MAR에 자료의 주소를 load한다.
 ⓑ read 제어 단자에 신호를 가한다.

② 자료를 기억장치에 기억시키기 위해서는 다음과 같은 연산을 한다.
 ⓐ MAR에 기억시킬 위치의 주소를 load한다.
 ⓑ MBR에 자료를 load한다.
 ⓒ write 제어 단자에 신호를 가한다.

14·3·2 ROM(read only memory)

(1) m×n ROM

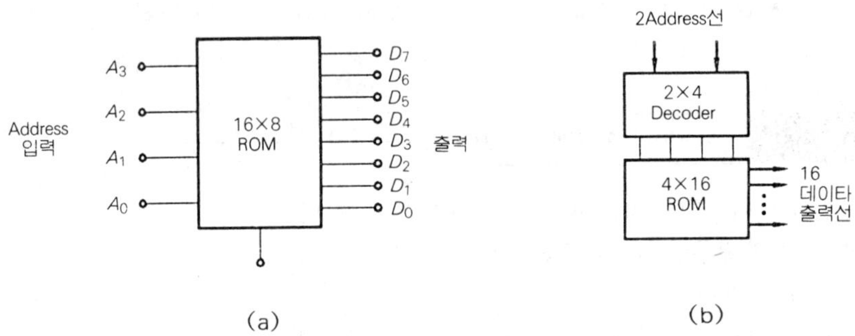

〈그림 14－25〉 m×n ROM

〈그림 14－25〉 (a)는 16×8 ROM으로 이 ROM의 용량은 16byte를 축적할 수 있다.

(2) ROM을 이용한 설계

ROM은 decoder와 OR 게이트로 구성된 기억장치이다. 일반적으로 ROM을 프로그램한다는 것은 디코우더의 출력과 OR게이트의 입력을 연결하는 상태를 결정하는 것을 말한다.

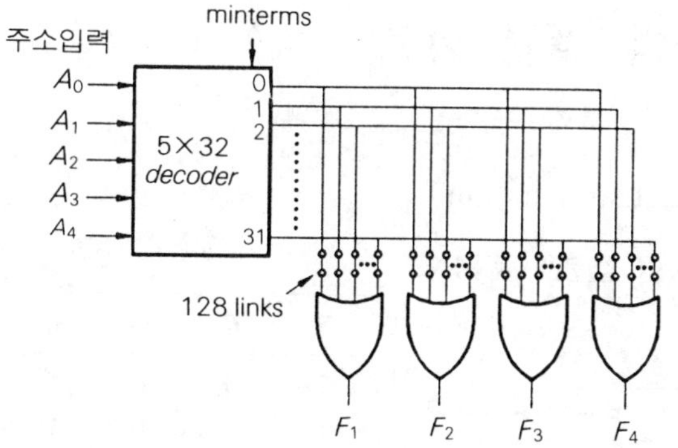

〈그림 14-26〉 32×4 ROM의 구조

예제 14-7 PLA에 의한 설계

다음 PLA(programmable Logic Array)의 출력 F_1과 F_2의 논리식을 구하시오. (입력 단자는 A, B, C임)

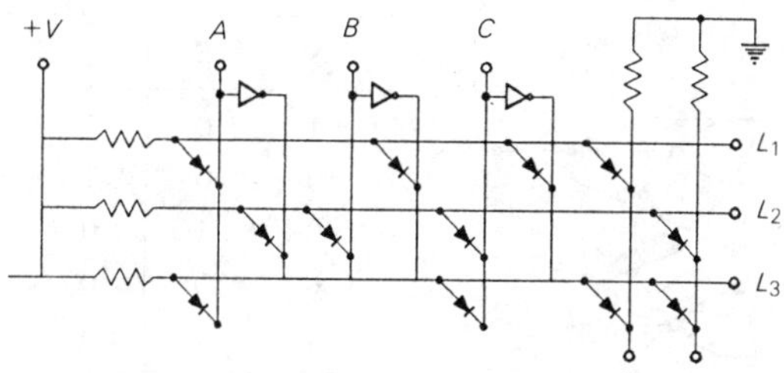

〈그림 14-27〉

풀이 ① F_1에 대한 논리 회로를 다시 그리면 다음과 같다.

$$\therefore\ F_1 = L_1 + L_3 = A \cdot \bar{B}\bar{C} + A \cdot C$$

② F_2에 대한 논리 회로를 다시 그리면 다음과 같다.

$$\therefore\ F_2 = L_2 + L_3 = \bar{A} \cdot B \cdot C + AC$$

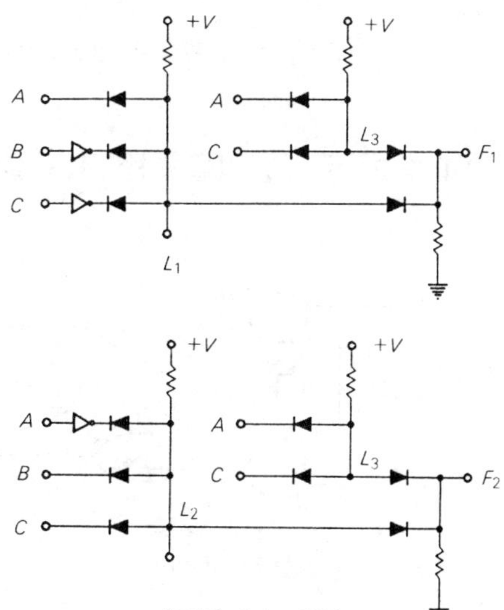

〈그림 14-28〉

14·4 플립－플롭 회로

14·4·1 래치 회로(Latch circuit)

(1) NAND gate를 이용한 플립－플롭

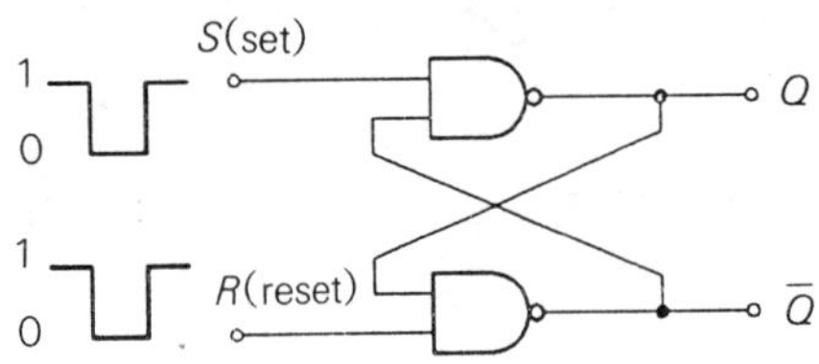

(a) 논리 diagram

S	R	Q	$\bar{Q}$
1	0	0	1
1	1	0	1 ($S=1$, $R=0$ 이후)
0	1	1	0
1	1	1	0 ($S=0$, $R=1$ 이후)
0	0	1	1

(b) 진리표

〈그림 14－29〉 NAND gate를 이용한 플립－플롭

(2) NOR gate를 이용한 플립－플롭

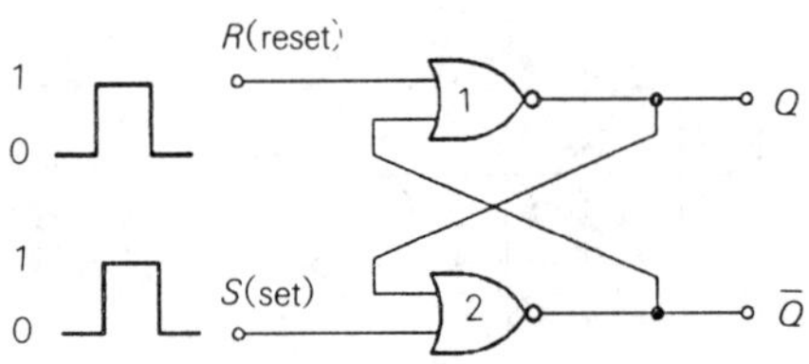

(a) 논리 diagram

S	R	Q	$\bar{Q}$
1	0	1	0
0	0	1	0 ($S=1$, $R=0$ 이후)
0	1	0	1
0	0	0	1 ($S=0$, $R=1$ 이후)
1	1	0	0

(b) 진리표

〈그림 14－30〉 NOR gate를 이용한 플립－플롭

14·4·2 동기 입력을 가진 RS 플립－플롭

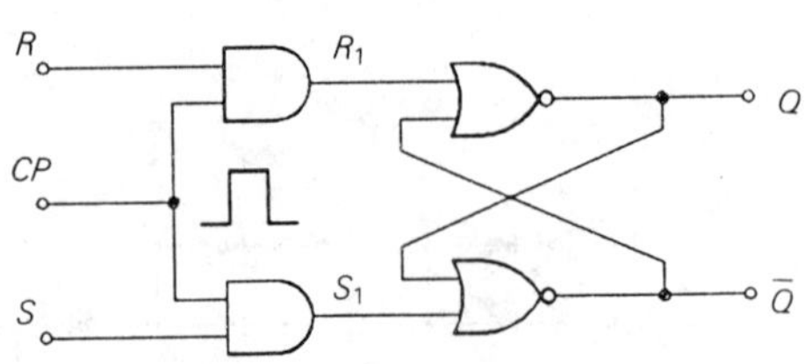

(a) 논리 diagram

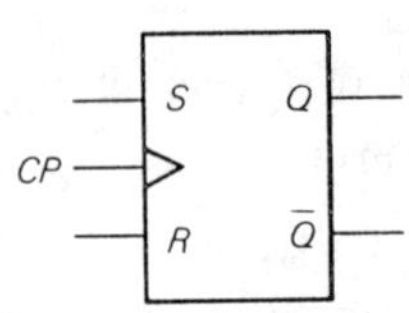

(b) 심 볼

Q	S	R	$Q(t+1)$
0	0	0	0
0	0	1	0
0	1	0	1
0	1	1	불안정
1	0	0	1
1	0	1	0
1	1	0	1
1	1	1	불안정

(c) 특성표

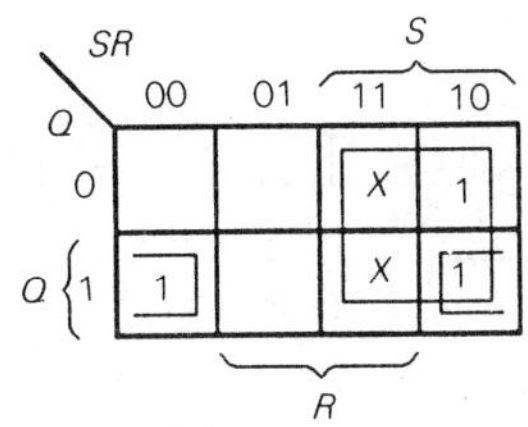

$Q(t+1)=S+\bar{R}Q$
$SR=0$

(d) 특성식

〈그림 14－31〉 동기 입력을 가진 RS 플립－플롭

14·4·3 JK 플립－플롭

RS 플립－플롭에서 $R=S=1$인 경우 출력이 불안정한 상태가 된다.

JK플립－플롭에서는 J, K 입력 신호가 모두 1인 경우가 clock이 가해지면 출력은 토글링(toggling)이 일어난다.

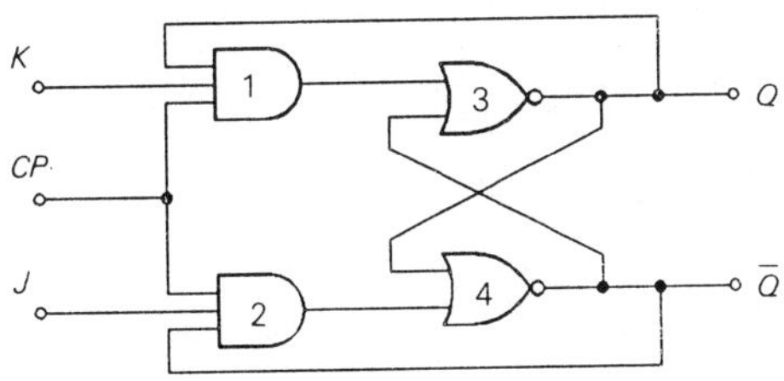

(a) 논리 diagram

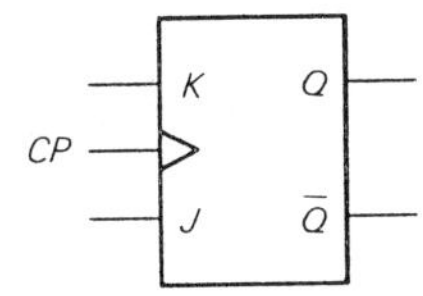

(b) 심 볼

Q	J	K	$Q(t+1)$
0	0	0	0
0	0	1	0
0	1	0	1
0	1	1	1
1	0	0	1
1	0	1	0
1	1	0	1
1	1	1	0

(c) 특성표

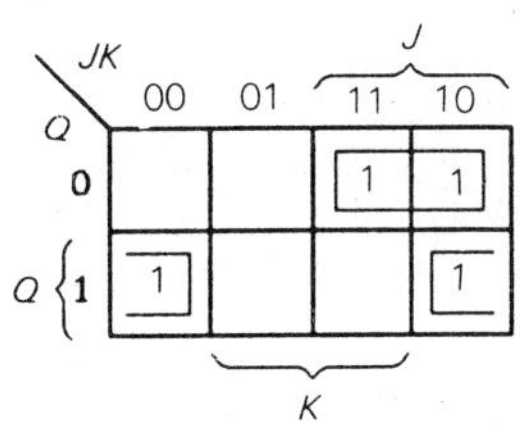

$Q(t+1)=J\bar{Q}+\bar{K}Q$

(d) 특성식

〈그림 14－32〉 JK 플립－플롭

예제 14－8 JK 플립－플롭의 time-chart

그림의 입력을 J, K 및 CP에 인가시 Q출력 파형을 그려라. (단, 초기 $Q=0$(리셋트)의 상태라고 한다.)

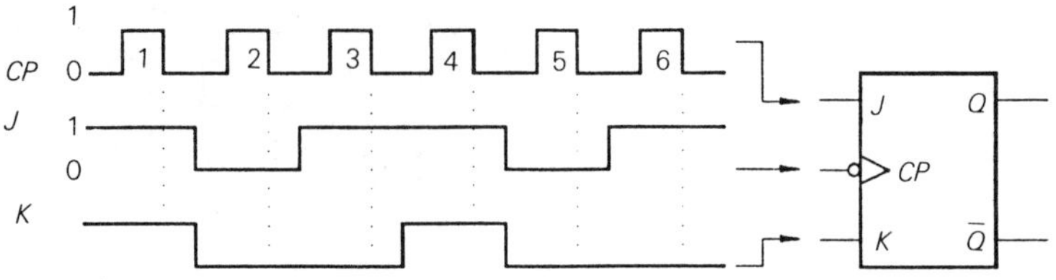

〈그림 14－33〉

풀이 Negative-edge 트리거드 플립－플롭이므로 Q 출력은 클럭 펄스가 1에서 0으로 바뀔 때만 변화한다.

① 클럭 펄스 1 : $J=K=1$(toggle 조건) 이므로 $Q=1$이 된다.
② 클럭 펄스 2 : $J=K=0$(불변의 조건) 이므로 $Q=1$이 된다.
③ 클럭 펄스 3 : $J=1$, $K=0$(세트의 조건) 이므로 $Q=1$을 유지한다.
④ 클럭 펄스 4 : $J=1$, $K=1$(toggle 조건) 이므로 $Q=0$이 된다.
⑤ 클럭 펄스 5 : $J=0$, $K=0$(불변의 조건) 이므로 $Q=0$을 유지한다.
⑥ 클럭 펄스 6 : $J=1$, $K=0$(세트의 조건) 이므로 $Q=1$이 된다.

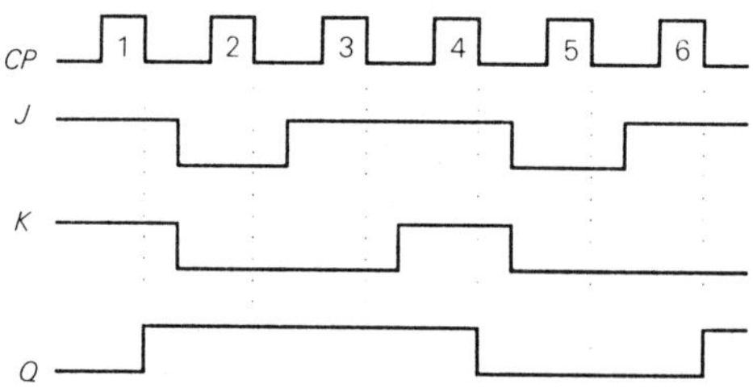

〈그림 14－34〉

14·4·4 T형 플립－플롭

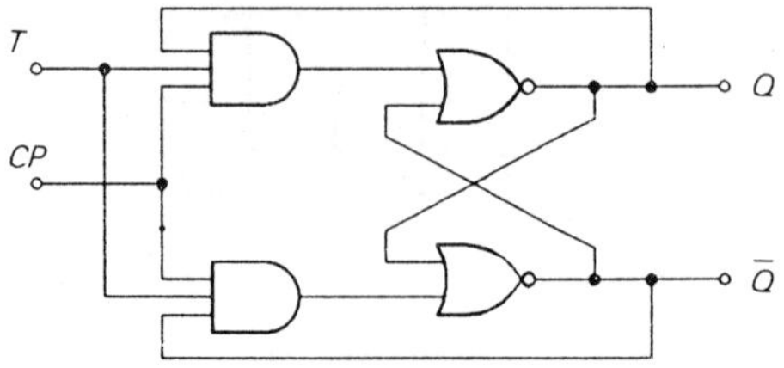

(a) 논리 diagram

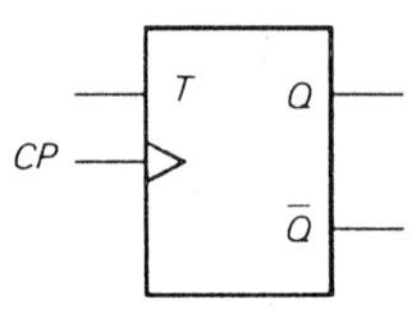

(b) 심 볼

Q	T	$Q(t+1)$
0	0	0
0	1	1
1	0	1
1	1	0

(c) 특성표

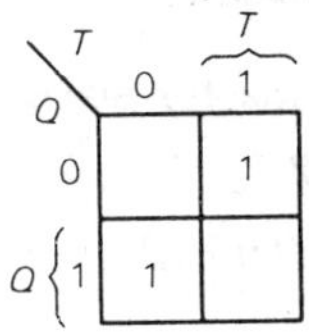

$Q(t+1)=T\bar{Q}+\bar{T}Q$

(d) 특성식

〈그림 14-35〉 T형의 플립-플롭

14·4·5 D형 플립-플롭

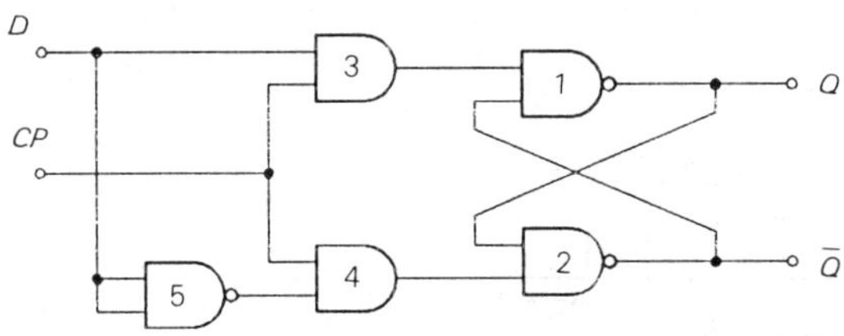

(a) 논리 diagram

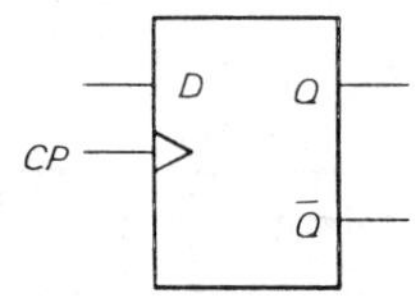

(b) 심 볼

Q	T	$Q(t+1)$
0	0	0
0	1	1
1	0	0
1	1	1

(c) 특성표

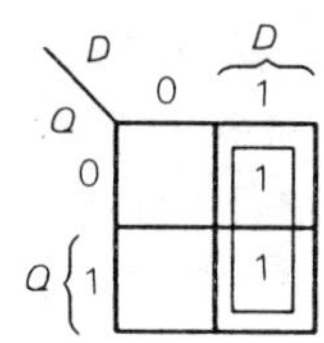

$Q(t+1)=D$

(d) 특성식

〈그림 14-36〉 D형 플립-플롭

14·4·6 마스터-슬레이브 플립-플롭

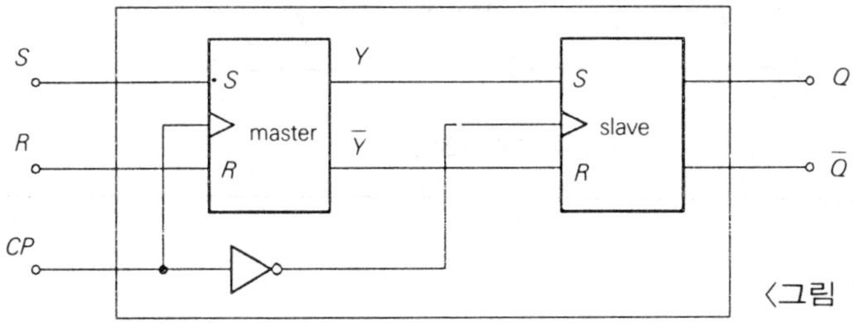

〈그림 14-37〉 RS M/S 논리 회로

예제 14－9 마스터－슬레이브 플립－플롭

다음의 *JK* master-slave 플립－플롭에서 그림과 같은 *C*, *J* 및 *K*의 파형이 인가시 *Q* 출력 파형은?
(단, 초기상태(initial state) $Q=0$ 이라고 한다.)

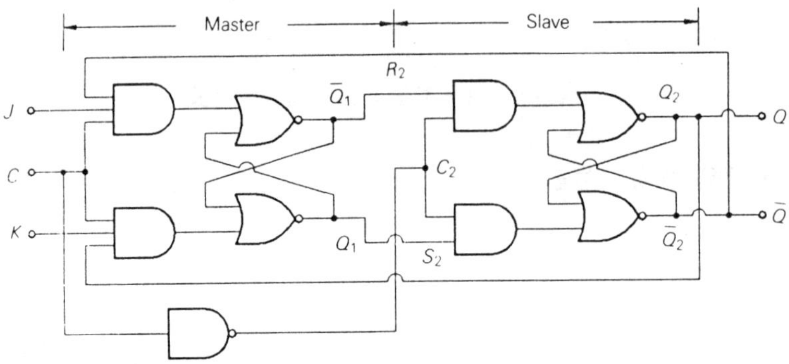

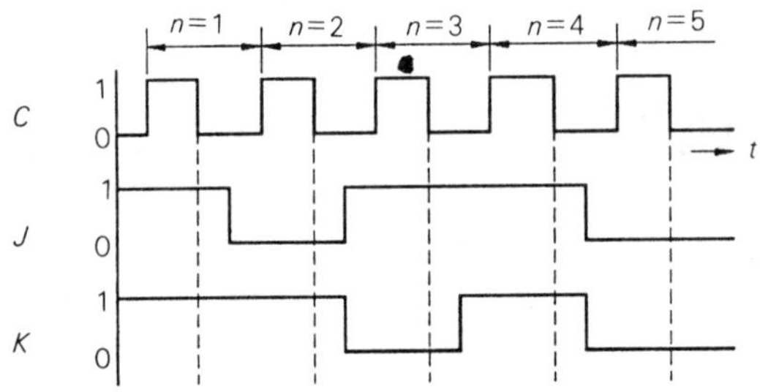

〈그림 14－38〉

풀이 이 플립－플롭 회로는 master-salve 플립－플롭이므로 *Q*는 클럭 펄스가 *Low* 상태로 되돌아 갈 때만 변화한다.

① 클럭 펄스 1 : 이 펄스 전에 *J*와 *K*가 모두 1이므로(*Q*가 토글되도록) 펄스의 negative-edge에서 "1"로 진행한다.

② 클럭 펄스 2 : 이 펄스 전에 $J=0$, $K=1$ 이므로 이 상태는 reset조건이 되므로 *Q*는 "0"으로 진행한다.

③ 클럭 펄스 3 : $J=1$, $K=0$, Set조건이므로 *Q*는 "1"이 된다.

④ 클럭 펄스 4 : $J=1$, $K=1$, toggle조건이므로 *Q*는 "0"이 된다.

⑤ 클럭 펄스 5 : 여기서 $J=K=0$ 즉, 무변화 조건(no-change condition)이므로 *Q*는 "0"을 유지한다.

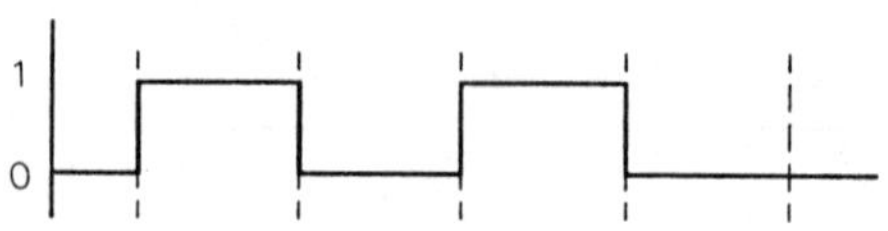

〈그림 14－39〉

JK 플립－플롭에서 클럭 펄스가 1인 도중에 출력이 변하면 입력측에 변화를 일으켜 오동작이 발생되는 현상을 Race 현상이라 한다. 이 Race 현상을 해결하기 위해 마스터－슬레이브 플립－플롭을 사용한다.

14·4·7 프리세트와 클리어의 기능

비동기 입력인 PRESET와 CLEAR 입력은 플립－플롭의 초기 조건을 결정하는 등 여러면으로 유용하게 이용된다. 각 입력에 있는 원은 이 입력들이 0일 때 플립－플롭의 상태를 변화시킨다는 것을 의미한다. 비동기 입력들은 일반적으로 level trigger 방식을 쓰고 있다.

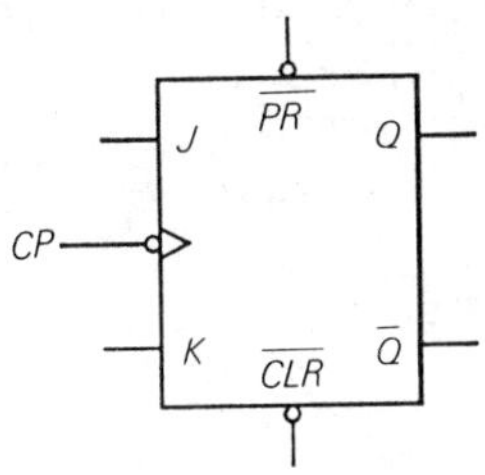

(a)

입	력				출	력
$\overline{PR}$	$\overline{CLR}$	클럭 펄스	J	K	Q	$\overline{Q}$
0	1	×	×	×	1	0
1	0	×	×	×	0	1
1	1	↓	0	0	변화없음	
1	1	↓	0	1	0	1
1	1	↓	1	0	1	0
1	1	↓	1	1	toggle	

(b)

〈그림 14－40〉 JK 플립－플롭의 비동기 입력

14·4·8 다른 F/F에서 T형 F/F으로의 변환

(1) RST-F/F에서의 변환

출력 Q, $\overline{Q}$에서 R, S에 궤환을 걸고 T단자에 CP입력을 가한다.(그림 14－41(a) 참고)

(2) D－F/F에서의 변환

출력 $\overline{Q}$를 D에 궤환시키고 T단자에 CP입력을 가한다. (그림 14－41(b) 참고)

(3) JK－FF에서의 변환

*JK*단자는 항상 H레벨로 또는 개방 상태로 두고 T단자에 CP입력을 가하면 된다. (그림 14－41(c) 참고)

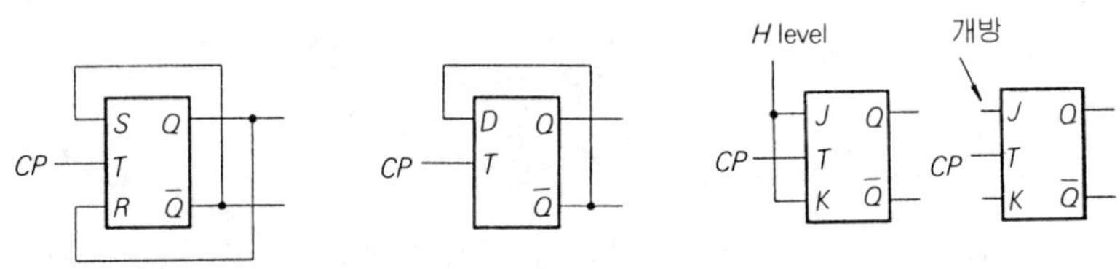

(a) RST-F/F에서 (b) D-F/F에서 (c) JK-F/F에서

〈그림 14－41〉 T-F/F으로의 변환

14·4·9 기본 RS F/F에서 JK형, D형 및 T형으로의 변환

RS 플립−플롭에서 *JK*형으로의 변환은 2개의 AND게이트를 부가하여 얻으며, *D*형으로의 변환에는 1개의 인버터(inverter)가 필요하다. 또한 *T*형으로의 변환에는 단지 *R*과 *Q*, *S*와 $\bar{Q}$를 연결하기만 하면 된다.

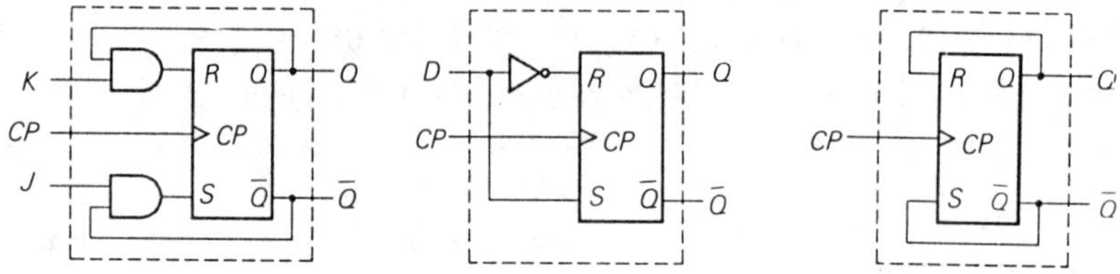

(a) JK-F/F으로 (b) D-F/F으로 (c) T-F/F으로

〈그림 14−42〉 RS 플립−플롭의 변환

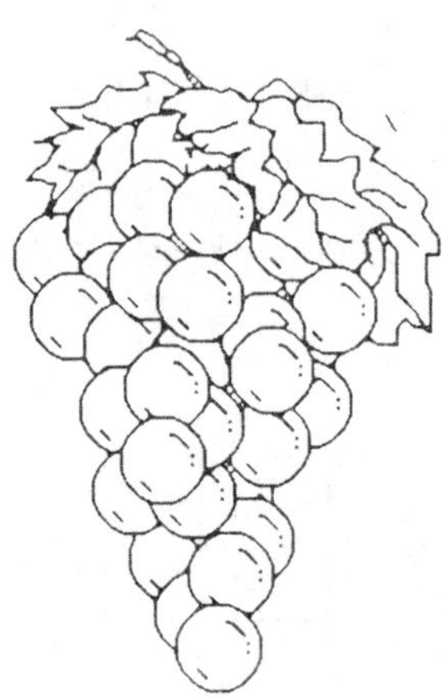

出 題 豫 想 問 題

1. 다음 회로의 명칭은?

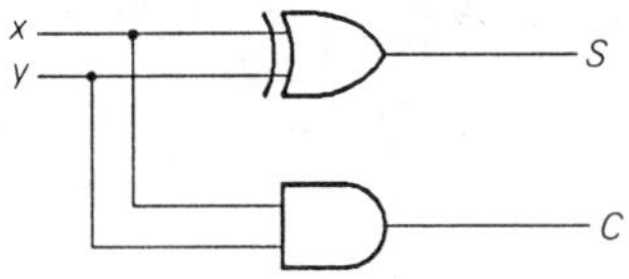

가. 반가산기

나. 반감산기

다. 전가산기

라. 전감산기

2. 다음 중 전가산기(Ful adder)의 구성으로 옳은 것은?

가. 1개의 반가산기와 1개의 OR 게이트

나. 1개의 반가산기와 1개의 AND 게이트

다. 2개의 반가산기와 1개의 OR 게이트

라. 2개의 반가산기와 1개의 AND 게이트

3. 전가산기에 3입력 A, B, C_{n-1}이 가해지면 합의 출력은?

가. $A+B+C_{n-1}$ 나. $A+BC_{n-1}$ 다. $A \oplus B \oplus C_{n-1}$ 라. $AB \oplus C_{n-1}$

4. 다음과 같은 회로의 명칭은?

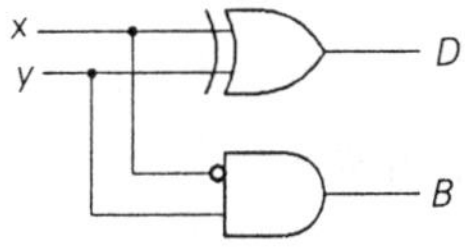

가. Half-Adder

나. EXCLUSIVE NOR

다. 반감산기

라. 전감산기

5. 반가산기(half adder)의 설명으로 옳은 것은?

가. 2자리의 2진수 덧셈하는 회로이다.

나. 세 자리의 2진수만 덧셈하는 회로이다.

다. 1자리의 2진수 덧셈을 하는 회로이다.

라. 짝수자리만의 2진수를 덧셈하는 회로이다.

6. 다음 논리 회로는?

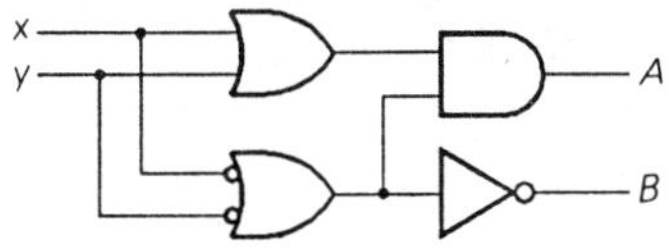

가. 반가산기(Half Adder)

나. 반감산기(Half Subtractor)

다. 일치회로

라. 코드 변환회로

해설 $A = (x+y)\ (\bar{x}+\bar{y}) = x\bar{y} + \bar{x}y = x \oplus y$

$B = \overline{(\bar{x} + \bar{y})} = x \cdot y$

해답 1. 가 2. 다 3. 다 4. 다 5. 다 6. 가

7. 아래와 같이 접속된 반가산기(HA)에 대한 진리표의 일부이다. (a), (b) 및 (c)에 적합한 것은? 단, 출력 S와 C는 합(sum), 캐리(carry)를 나타낸다.

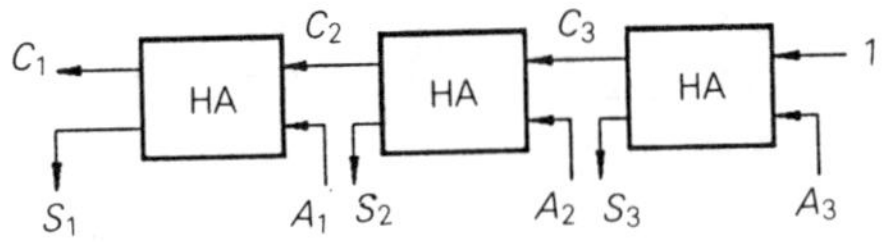

A_1	A_2	A_3	S_1	S_2	S_3
0	0	0	0	0	1
0	0	1	0	1	0
0	1	0	a	b	1
0	1	1	c	0	0
…					

가. $a=0,\ b=c=1$　　나. $a=1,\ b=c=0$
다. $a=b=0,\ c=1$　　라. $a=b=1,\ c=0$

8. 반감산기에서 차를 얻기 위하여 사용되는 게이트는?

가. 배타적 OR　　나. AND 게이트
다. NOR 게이트　　라. OR 게이트

해설 반감산기의 논리함수에 의한 논리회로를 그리면 다음과 같다.

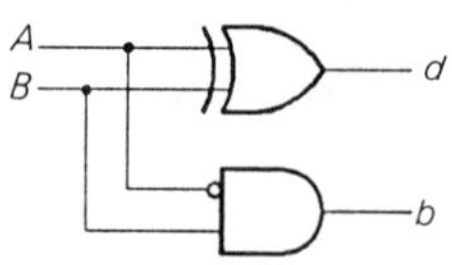

(a)

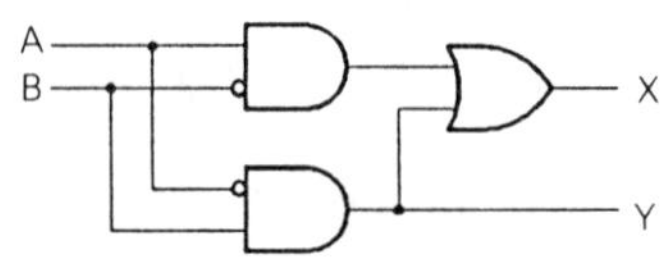

(b)

9. 그림의 회로 명칭은?

가. 가산기
나. RS 플립플롭
다. 감산기
라. 반감산기

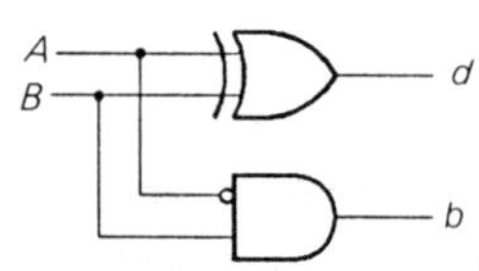

10. 다음 다이오드 행렬 롬(ROM)은 어떤 논리회로의 동작을 수행할 수 있는가?

가. 반가산기
나. 반감산기
다. 플립 플롭(Flip-flop)
라. 패리티 발생기

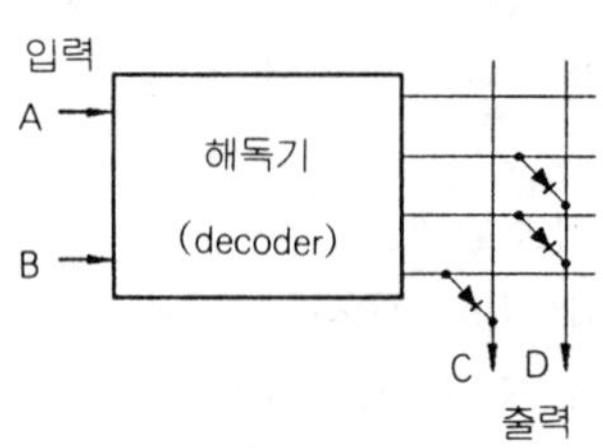

11. 0과 1의 조합에 의하여 어떠한 기호라도 표현될 수 있도록 부호화를 행하는 회로를 무엇이라고 하는가?

가. encoder　　나. decoder
다. comparator　　라. detector

해답 7. 가　8. 가　9. 라　10. 가　11. 가

12. 35비트(bit) 두 2진수를 병렬 가산을 위해서는 최소한 몇개의 반가산기와 전가산기가 필요한가?

가. 반가산기 : 1개, 전가산기 34개　　나. 반가산기 : 2개, 전가산기 33개

다. 전가산기 : 1개　　라. 반가산기 : 1개, 전가산기 35개

해설 최우단 bit(LSB)의 가산에는 반가산기만 있으면 되나, 그다음 비트부터 자리올림수가 있으므로 전가산기를 사용해야 한다.

13. 10비트(bit)의 입력을 받아들일 수 있는 직렬 2진 가산기를 구성하기 위해서 필요한 최소한의 가산기 수는?

가. 반가산기 : 12개, 전가산기 : 9개　　나. 반가산기 : 5개

다. 전가산기 : 10개　　라. 전가산기 : 1개

해설 직렬 가산기는 2진수의 최하위 자리인 LSB에서 최상위 자리인 MSB를 향해서 한 자리씩 순서대로 가산하여 합을 구하는 방식이다.

14. $(CBACDEAB)_{16}$과 $(ABCDEABC)_{16}$을 덧셈할 수 있는 병렬 가산기를 만들려면 몇 개의 반 가산기와 전 가산기가 필요한가.

가. 2,20　　나. 30,2　　다. 31,1　　라. 1,31

15. 반가산기(half-adder)를 이용하여 전가산기(full adder)를 만드는 것이다. 어느것이 옳바르게 된것인가? (단, C는 가산기의 캐리(carry)를 나타내고 S는 합을 나타내는 비트이다.)

가.
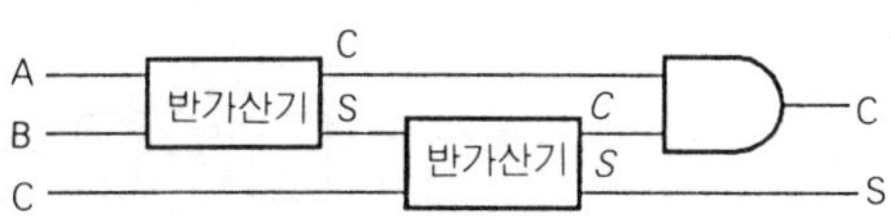

나.
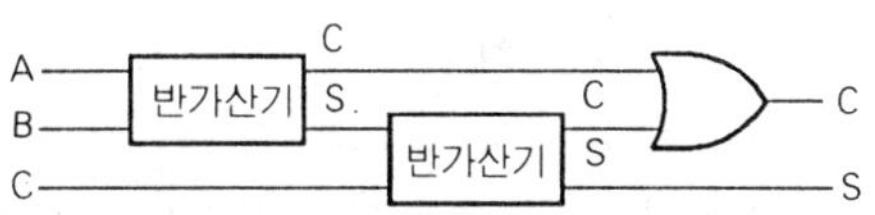

다.
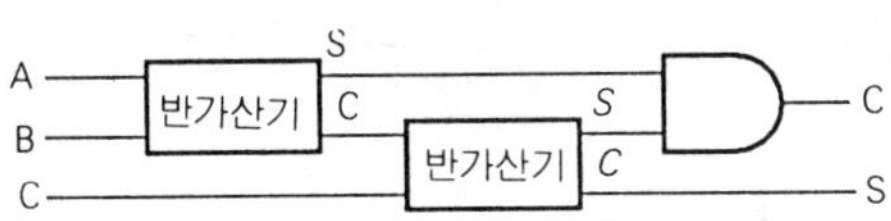

라.
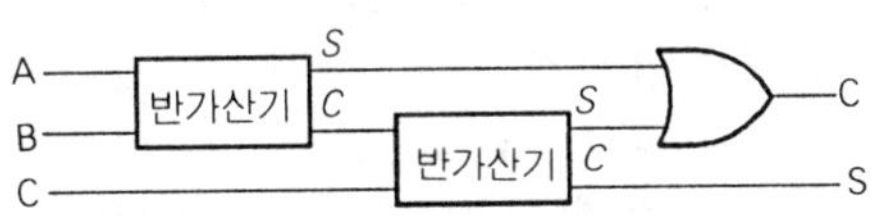

해설 전가산기의 합과 캐리

(1) 합 : $S = A \oplus B \oplus C$

(2) 캐리 : $C = (A \oplus B) \cdot C + AB$

16. 다음과 같은 멀티플렉서 회로에서 입력 X_2가 출력단 Y에 나오게 하기 위하여 A, B에 인가되어야 할 신호는?

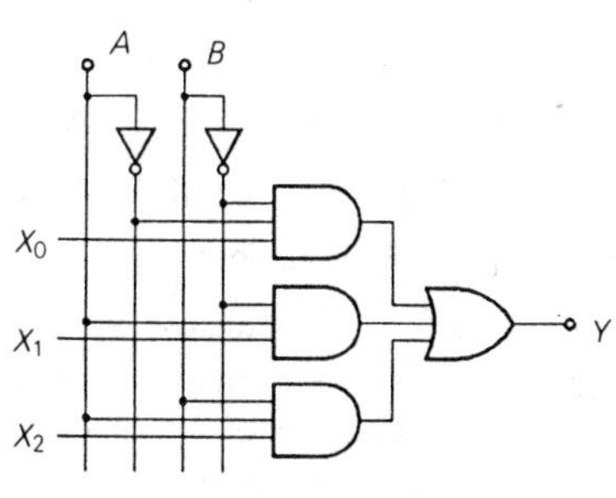

가. $A=0,\ B=0$

나. $A=1,\ B=0$

다. $A=1,\ B=1$

라. $A=0,\ B=1$

해답 12. 가　13. 라　14. 라　15. 나　16. 다

17. 여러개의 회로가 단일 회선을 공동으로 이용하여 신호를 전송하는데 필요한 장치는?

가. 멀티플렉서(multiplexer)　　나. 엔코우더(encoder)

다. 디코우더(decoder)　　라. 디멀티플렉서(demultiplexer)

18. 조합 논리회로에서 4개의 입력(A, B, C, D)에서 홀수개의 입력이 1일 때 논리 1을 출력하는 회로의 논리식은?

가. $(A \oplus B)(C \oplus D)$　　나. $(A \oplus B)+(C \oplus D)$

다. $A \oplus B \oplus C \oplus D$　　라. $\overline{A \oplus B \oplus C \oplus D}$

해설 4변수에서 홀수개의 입력이 1인 논리식을 구하면,

$F = A \oplus B \oplus C \oplus D$

즉, 4개의 변수들로 표현된 배타적－OR 함수가 된다.

AB \ CD	00	01	11	10
00		1		1
01	1		1	
11		1		1
10	1		1	

19. 그림의 코우드 변환회로의 명칭은?

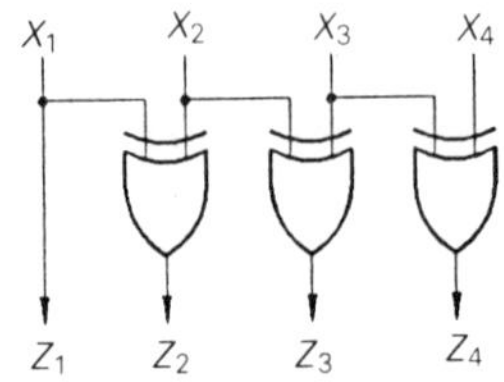

가. $BCD-GRAY$ 코우드 변환기

나. $BCD-2421$ 코우드 변환기

다. $BCD-3$초과 코우드 변환기

라. $BCD-9$의 보수 변환기

20. 다음 회로의 논리기능은?

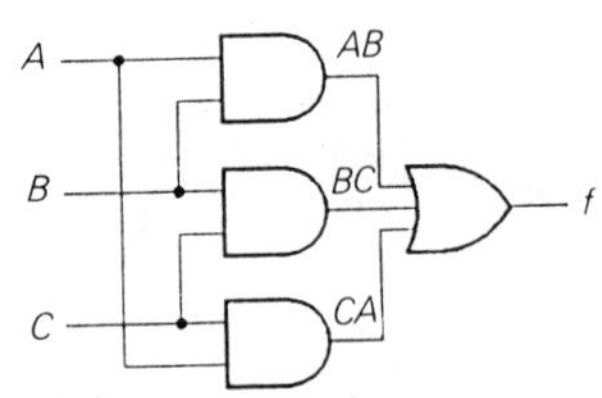

가. 다수결회로

나. 비교회로

다. 패리티 체크회로(Parity check)

라. 일치회로

해설 3변수 A, B, C중에서 2변수 이상이 논리－1이 되는 경우에 대한 논리식을 구하면,

$$f = \bar{A}BC + A\bar{B}C + AB\bar{C} + ABC$$
$$= BC(A+\bar{A}) + A\bar{B}C + AB\bar{C}$$
$$= C(B+A\bar{B}) + AB\bar{C} = C(B+\bar{B})(B+A) + AB\bar{C}$$
$$= CB + CA + AB\bar{C} = CB + A(C+B\bar{C}) = CB + A(C+\bar{C})(C+B)$$
$$= AB + BC + AC$$

21. 다음중 Data 분배회로로 사용되는 것은?

가. 시프트 레지스터(Shif Register)

나. 디멀티플렉서(Demultiplexer)

다. 엔코우더(Encoder)

라. 멀티플렉서(Multiplexer)

해설 디멀티플렉서는 정보를 한 선으로 받아 이 정보를 2^n개의 출력선 중 어느 하나로 분배해 주는 회로이다. 이에 대해 멀티플렉서는 많은 입력선 중에서 하나를 선택하여 출력선에 연결하는 조합회로이며 데이터 선택기(data selector)라고도 한다.

해답 17. 가　18. 다　19. 가　20. 가　21. 나

22. 다음과 같은 진리표를 동작하는 소자는?

입	력	출			력
X	Y	D_0	D_1	D_2	D_3
0	0	1	0	0	0
0	1	0	1	0	0
1	0	0	0	1	0
1	1	0	0	0	1

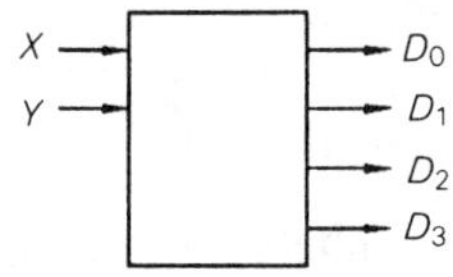

가. 디코우더(decoder) 나. 엔코우더(encoder)
다. 멀티플렉서(multiplexer) 라. 디멀티플렉서(demultiplexer)

23. 디코더(decoder)로 전가산기를 실현하고자 한다. 이의 설계에 요구되는 것은?

가. 2×4 디코더 : 1개, OR게이트 : 2개
나. 2×4 디코더 : 2개, AND게이트 : 2개
다. 3×8 디코더 : 1개, OR게이트 : 2개
라. 3×8 디코더 : 2개, AND게이트 : 2개

해설 3개의 입력에 대해 8개의 민터엄이 있으므로 3×8 디코더가 필요하다.

$S(x, y, z) = \sum(1, 2, 4, 7)$
$C(x, y, z) = \sum(3, 5, 6, 7)$

디코더는 x, y, z에 대한 8개의 minterm을 산출한다. 출력 S에 대한 OR 게이트는 minterm 1, 2, 4, 7의 합을 형성한다.

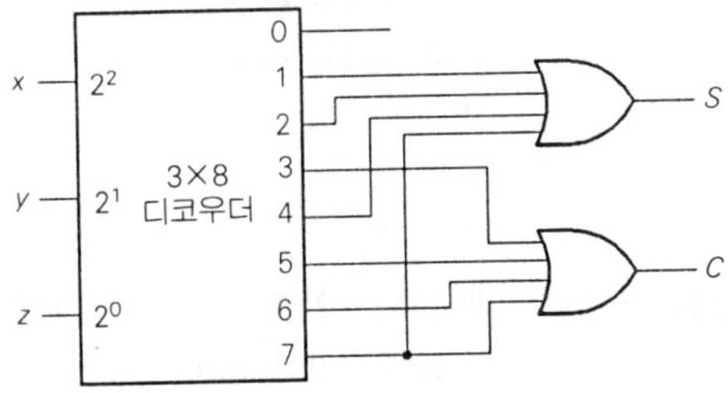

decoder를 이용한 전가산기의 설계

24. 다음과 같은 멀티플렉서 회로에서 X_1가 출력단 Y에 나오게 하기 위하여 A, B에 인가되어야 할 신호는?

가. $A=0$, $B=0$
나. $A=1$, $B=0$
다. $A=1$, $B=1$
라. $A=0$, $B=1$

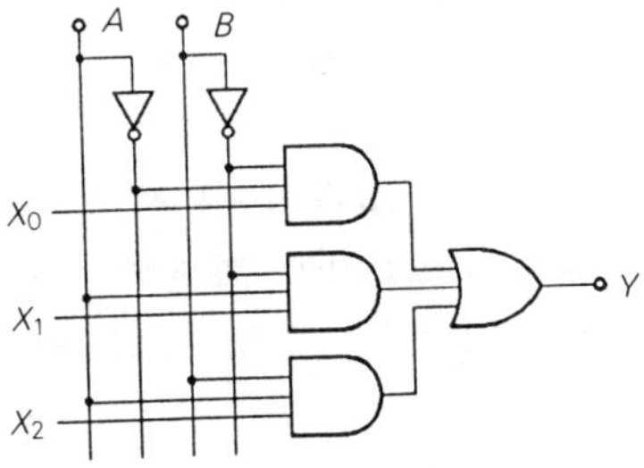

해답 22. 가 23. 다 24. 나

25. 단일 회선을 여러개의 회선으로 신호를 전송 하는데 필요한 장치는?

가. 멀티플렉서(multiplexer) 나. 엔코더(encoder)

다. 디코더(decoder) 라. 디멀티플렉서(demultiplexer)

26. 그림의 회로에서 입력

A＝low level, B＝high level

이라고 하면 출력값은?

가. X_1

나. X_2

다. X_3

라. X_4

해설 $X_1 = AB,\ X_2 = A\bar{B},\ X_3 = \bar{A}B,\ X_4 = \bar{A}\bar{B}$

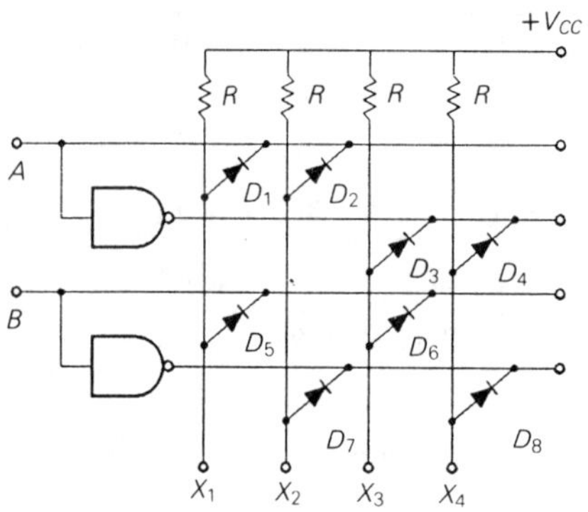

27. 다음 논리도는 무슨 회로인가?

가. 멀티플렉서(Multiplexer)

나. 디멀티플렉서(Demultiplexer)

다. 인코우더(Encoder)

라. 디코우더(Decoder)

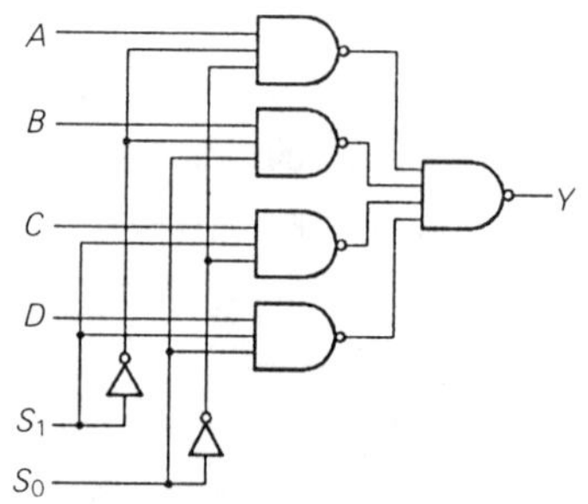

28. 다음 중 Data의 선택회로로 사용되는 것은?

가. 디멀티플렉서(Demultiplexer) 나. 디코우더(Decoder)

다. 멀티플렉서(Multiplexer) 라. 인코우더(Encoder)

29. 십진 BCD계수가 출력으로 그림과 같은 표시를 이용하려면 어떤 디코우더 드라이브가 필요한가?

가. *BCD*－10 쎄그먼트 나. Octal－10 쎄그먼트

다. *BCD*－7 쎄그먼트 라. Octal－7 쎄그먼트

30. 1 - of - 32 Decoder를 설계하려고 한다. 1 - of - 4 Decoder만을 이용하여 설계를 한다면 최소한 몇 개가 필요한가?

가. 8개 나. 9개 다. 10개 라. 11개

31. 직렬 2진 가산기는 전가산기가 1개만으로 가능하며 회로적으로 병렬 2진 가산기보다 간단하나 연산 속도는 느리다. 직렬 2진 가산기를 구성할 때 꼭 필요한 회로는?

가. 지연 회로 나. 펄스 회로 다. 제어 회로 라. 보수 회로

해답 25. 라 26. 다 27. 가 28. 다 29. 다 30. 다 31. 가

32. 다음 그림에서 F에 나타나는 값은?

가. $A+1$

나. $A-1$

다. $\overline{A}$

라. A

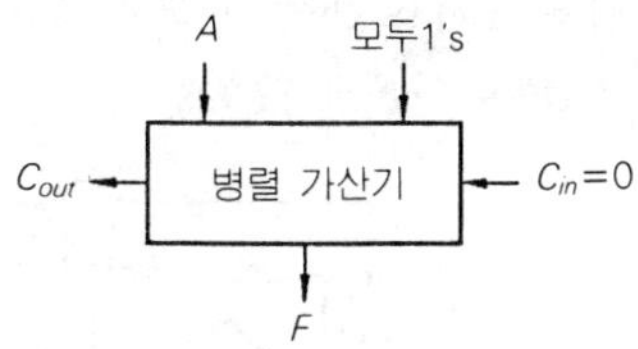

33. 4×2 우선 순위 인코더(priority encoder)를 설계하고자 한다. 입력 변수는 D_0, D_1, D_2, D_3이고 출력 변수는 X, Y, E일 때 부울함수의 표현식으로 옳은 것은?
(단, 입력의 첨자 번호가 높을수록 우선순위가 높으며 출력 E는 적어도 하나의 입력이 1이라는 것을 나타낸다.)

가. $X = D_1 + D_2$, $Y = D_2 + D_2\overline{D}_3$

나. $X = D_2 + D_3$, $Y = D_3 + D_1\overline{D}_2$

다. $X = D_1 + D_3$, $Y = D_0 + D_1D_2 + D_3$

라. $X = D_2 + D_3$, $Y = D_3 + \overline{D}_1D_2$

해설 입력 : D_0, D_1, D_2, D_3 ; 출력 X, Y, E일 때 4×2 우선 순위 인코더의 진리표는 다음과 같다.

D_0	D_1	D_2	D_3	x	y	E	n
0	0	0	0	0	0	0	0
1	0	0	0	0	0	1	1
×	1	0	0	0	1	1	3
×	×	1	0	1	0	1	5
×	×	×	1	1	1	1	7

$x = D_3 + D'_3D_2 = D_2 + D_3$

$y = D_3 + D'_3D'_2D_1 = D_3 + D_1D'_2$

$E = D_0 + D_1 + D_2 + D_3$

34. 엔코더(encoder)의 회로 구성시 사용되는 gate의 집합은?

가. NOT gate　　나. AND gate

다. OR gate　　라. NAND gate

해설 엔코우더(부호기)는 명령을 해독하는 해독기의 출력을 입력으로 취하여 명령을 실제로 지시할 몇 개의 신호를 내는데 편리하다.

35. A, B, C의 입력 중 $A > B$ 또는 $B > C$일 때만 출력이 나오는 논리회로의 식은?

가. $\overline{A}B + A\overline{B}$　　나. $AB\overline{C} + \overline{A}$　　다. $A\overline{C} + BC$　　라. $A\overline{B} + B\overline{C}$

해설 먼저 진리표를 작성한 후 논리식을 구한다.

A	B	C	Y
0	0	0	0
0	0	1	0
0	1	0	1
0	1	1	0
1	0	0	1
1	0	1	1
1	1	0	1
1	1	1	0

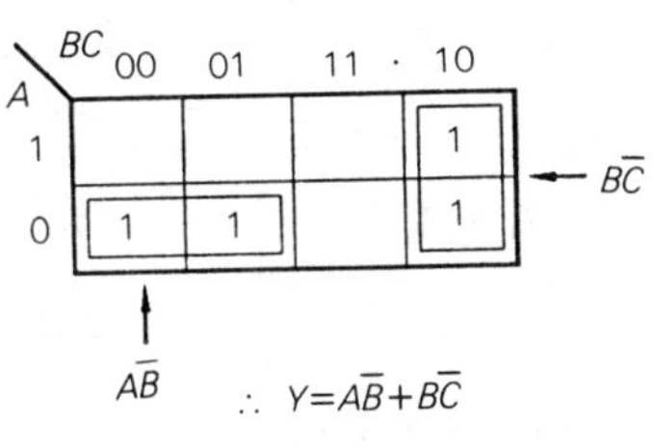

정답 32 나 33 나 34 다 35 라

36. 그림을 1비트 2진 비교기(comparator)로 사용하고자 한다. 출력 f는 다음 중 어느 경우를 나타내는가?

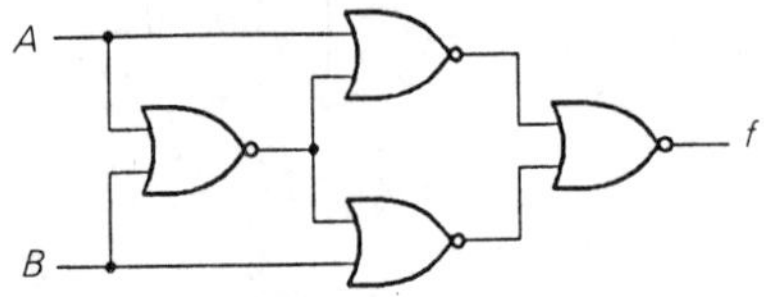

가. $A = B$　　나. $A > B$

다. $A < B$　　라. 사용할 수 없다.

해설

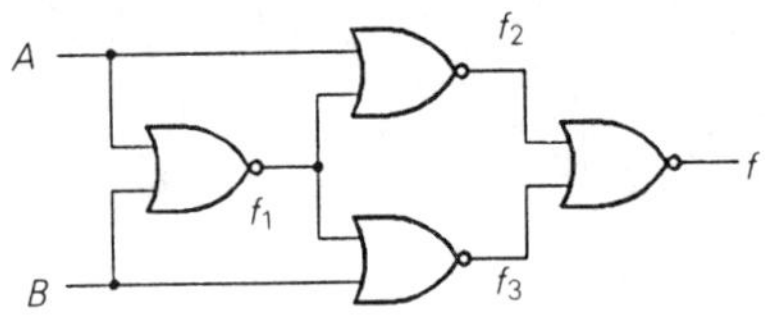

$f_1 = \overline{A+B}$, $f_2 = \overline{f_1 + A} = \overline{\overline{A+B}+A} = \overline{\overline{A+B}} \cdot \bar{A} = (A+B) \cdot \bar{A} = \bar{A}B$

$f_3 = \overline{f_1 + B} = \overline{\overline{A+B}+B} = \overline{\overline{A+B}} \cdot \bar{B} = (A+B) \cdot \bar{B} = A\bar{B}$

$\therefore\ f = \overline{f_2 + f_3} = \overline{\bar{A}B + A\bar{B}} = \overline{A \oplus B} = A \odot B$

즉, $f = A \odot B$ 일치회로가 되므로 $A = B$가 된다.

37. 다음의 비교회로에서 논리 f_1의 기능은?

가. $A = B$

나. $A > B$

다. $A < B$

라. $A \geq B$

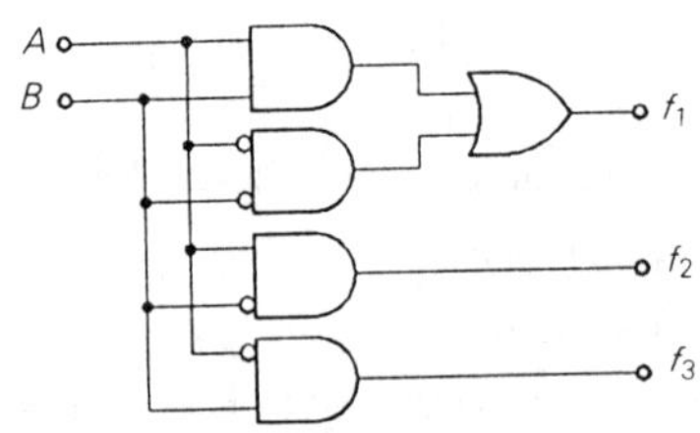

해설 $f_1 = A \cdot B + \bar{A}\bar{B} = A \odot B\ (A = B)$

$f_2 = A\bar{B}\ (A > B)$

$f_3 = \bar{A}B\ (A < B)$

38. 다음 그림은 Multiplexer를 이용하여 부울함수를 실현한 것이다. 출력함수 F는 어느 것인가?

가. $F(A,\ B,\ C) = \sum(2,\ 4,\ 5,\ 6)$

나. $F(A,\ B,\ C) = \prod(2,\ 4,\ 5,\ 6)$

다. $F(A,\ B,\ C) = \sum(2,\ 3,\ 5,\ 7)$

라. $F(A,\ B,\ C) = \prod(2,\ 3,\ 5,\ 7)$

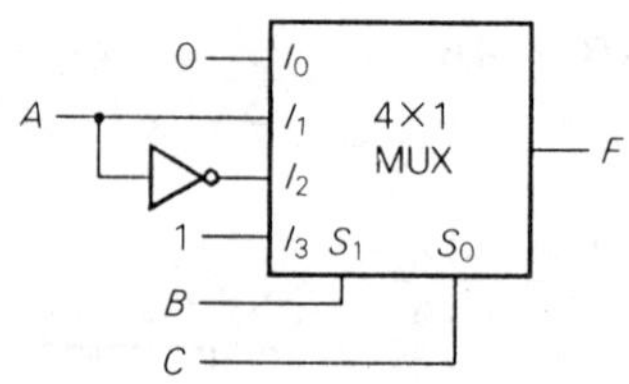

해설 먼저 실현표를 작성한다. $I_0 = 0,\ I_1 = A,\ I_2 = \bar{A},\ I_3 = 1,\ S_1 = B,\ S_0 = C$ 이므로,

	I_0	I_1	I_2	I_3
A'	0	1	②	③
A	4	⑤	6	⑦

$\therefore\ F = \bar{A}B\bar{C} + \bar{A}BC + A\bar{B}C + ABC = \sum(2,\ 3,\ 5,\ 7)$

해답 36. 가　37. 가　38. 다

39. 다음 그림은 4-to-1 멀티플렉서(multiplexer)로 구성된 논리회로이다. 멀티플렉서의 진리표가 아래 표와 같을 때 구성된 회로의 입력 A, B, C에 대한 출력 함수 F는 어느 것인가?

S_1	S_0	F
0	0	D_0
0	1	D_1
1	0	D_2
1	1	D_3

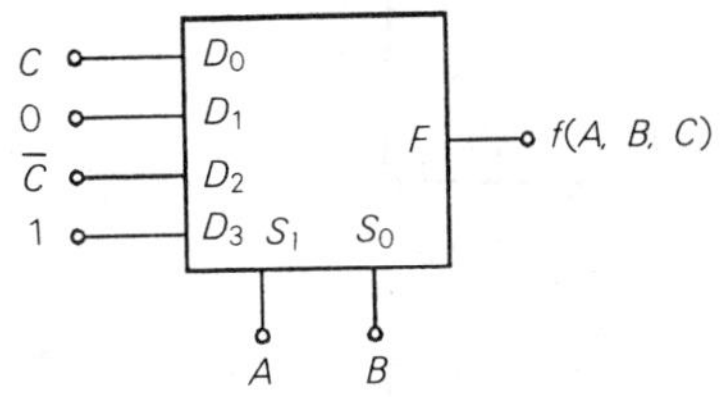

가. $F(A, B, C) = \sum(1, 3, 5, 6)$　　나. $F(A, B, C) = \sum(1, 4, 6, 7)$

다. $F(A, B, C) = \sum(0, 2, 3, 5)$　　라. $F(A, B, C) = \sum(2, 3, 5, 7)$

해설 $S_1 = A$, $S_0 = B$, $D_0 = C$, $D_1 = 0$, $D_2 = \bar{C}$, $D_3 = 1$에 의한 실현표를 작성하면 다음과 같다.

	D_0	D_1	D_2	D_3
C'	0	2	④	⑥
C	①	3	5	⑦
	C	0	C'	1

$\therefore F(A, B, C) = \sum(1, 4, 6, 7)$

40. 멀티플렉서(multiplexer)를 이용한 다음 회로의 출력은 어느 것인가?

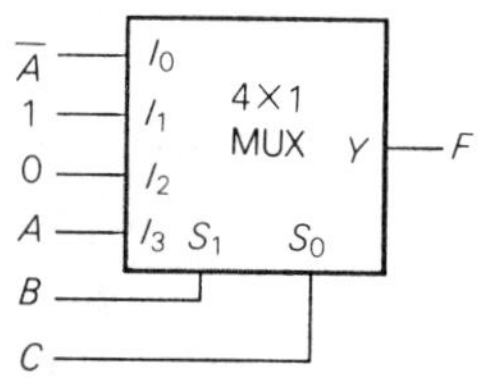

가. $F = BC + A\bar{B}C + AB\bar{C}$

나. $F = \bar{A}\bar{B} + AC$

다. $F = \bar{A}BC + A\bar{B}C + AB\bar{C}$

라. $F = AB + AC + BC$

해설 먼저 실현표를 작성한다. $I_0 = \bar{A}$, $I_1 = 1$, $I_2 = 0$, $I_3 = A$, $S_1 = B$, $S_2 = C$ 이므로

	I_0	I_1	I_2	I_3
$\bar{A}$	⓪	①	2	3
A	4	⑤	6	⑦

$$\therefore F = \sum(0, 1, 5, 7) = \bar{A}\bar{B}\bar{C} + \bar{A}\bar{B}C + A\bar{B}C + ABC = \bar{A}\bar{B} + AC$$

41. 조합 논리회로에서 4개의 입력(A, B, C, D)에서 홀수개의 입력이 1일 때 논리 1을 출력하는 회로의 논리식은?

가. $(A \oplus B)(C \oplus D)$　　나. $(A \oplus B) + (C \oplus D)$

다. $A \oplus B \oplus C \oplus D$　　라. $\overline{A \oplus B \oplus C \oplus D}$

해설 4변수에서 홀수개의 입력이 1인 논리식을 구하면,

$F = A \oplus B \oplus C \oplus D$

즉, 4개의 변수들로 표현된 배타적 －OR 함수가 된다.

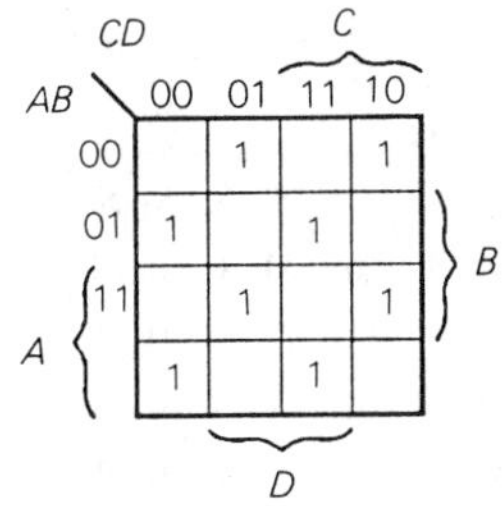

해답 39. 나　40. 나　41. 다

42. 다음은 $F(A, B, C) = \sum(1, 3, 5, 6)$에 대한 실현을 4×1 Multiplexer를 이용하여 실현한 것이다. 잘못된 것은?

가.

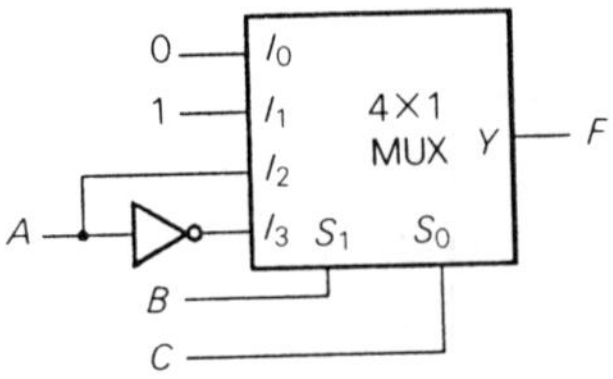

나.

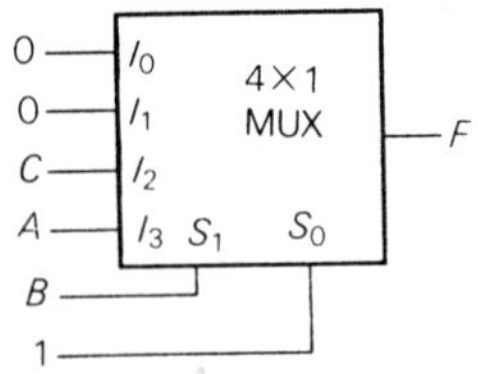

다.

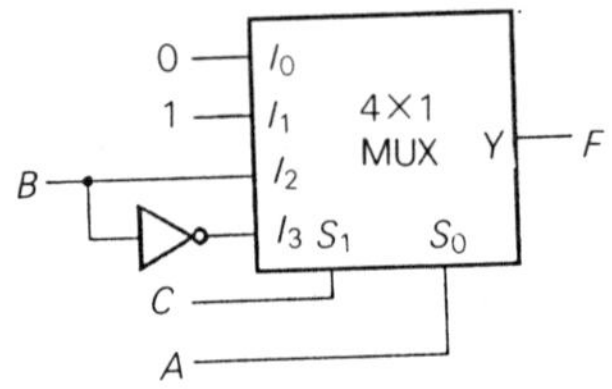

라.

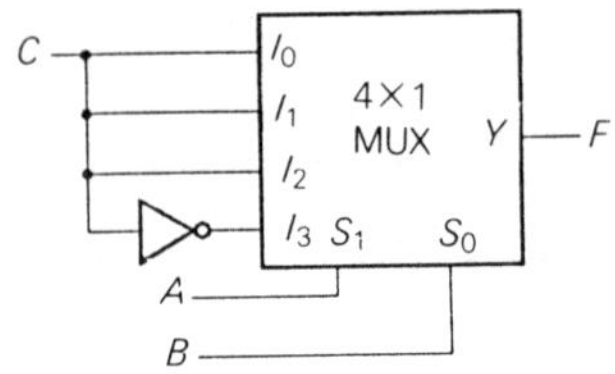

해설 부울함수식에 대한 실현표를 작성하여 MUX입력을 선택한다.

(1) 선택선 $S_1 = B$, $S_0 = C$인 경우

	I_0	I_1	I_2	I_3
A'	0	①	2	③
A	4	⑤	⑥	7
	0	1	A	A'

$I_0 = 0$, $I_1 = 1$
$I_2 = A$, $I_3 = A'$

(2) 선택선 $S_1 = A$, $S_0 = B$인 경우

	I_0	I_1	I_2	I_3
C'	0	2	4	⑥
C	①	③	⑤	7
	C	C	C	C'

$I_0 = C$, $I_1 = C$
$I_2 = C$, $I_3 = C'$

(3) 선택선 $S_1 = A$, $S_0 = C$인 경우

	I_0	I_1	I_2	I_3
B'	0	①	4	⑤
B	2	③	⑥	7
	0	1	B	B'

$I_0 = 0$, $I_1 = 1$
$I_2 = B$, $I_3 = B'$

43. 2bit(비트)의 수에 입력을 제곱하여 출력하는 조합 논리회로를 설계하고자 한다. 출력을 나타내는 부울(Boole) 함수의 식으로 옳은 것은?
(단, 입력은 A, B이고 출력은 S_3, S_2, S_1 및 S_0로 표시한다.)

가. $S_3 = \bar{A}B$, $S_2 = AB$, $S_1 = 1$, $S_0 = B$

나. $S_3 = AB$, $S_2 = A\bar{B}$, $S_1 = 0$, $S_0 = B$

다. $S_3 = \bar{A}B$, $S_2 = AB$, $S_1 = 1$, $S_0 = A$

라. $S_3 = AB$, $S_2 = A\bar{B}$, $S_1 = 0$, $S_0 = A$

해설 입력 상태를 제곱하여 출력시키기 위한 표를 작성하면 다음과 같다.

입력			출력				
10진	A	B	10진	S_3	S_2	S_1	S_0
0	0	0	0	0	0	0	0
1	0	1	1	0	0	0	1
2	1	0	4	0	1	0	0
3	1	1	9	1	0	0	1

$S_0 = B$, $S_1 = 0$
$S_2 = A\bar{B}$
$S_3 = AB$

해답 42. 나 43. 나

44. 다음 그림의 network N 에서

$$Z : A \leq B$$

의 조합논리를 나타내는 부울함수 d_i를 구하면?

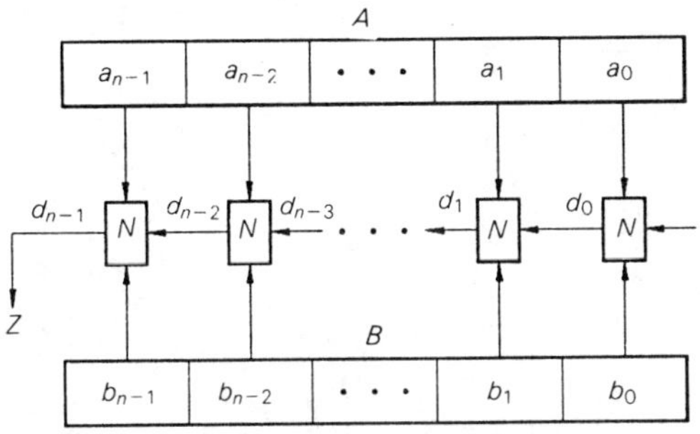

가. $d_i = \bar{a}_i\bar{b}_i d_{i-1} + \bar{a}_i b_i \bar{d}_{i-1} + \bar{a}_i b_i d_{i-1} + a_i b_i d_{i-1}$

나. $d_i = a_i b_i d_{i-1} + \bar{a}_i \bar{b}_i d_{i-1}$

다. $d_i = \bar{a}_i\bar{b}_i d_{i-1} + \bar{a}_i b_i d_{i-1} + a_i b_i$

라. $d_i = \bar{a}_i\bar{b}_i d_{i-1} + a_i \bar{b}_i d_{i-1} + a_i b_i d_{i-1}$

해설 network N 은 a_i, b_i, d_{i-1}을 갖고 있다. d_i가 1 또는 0이 되기 위한 조건으로는,

$d_i = 1$ *if* (a) $a_i = 0,\ b_i = 1$

(b) $d_{i-1} = 1,\ a_i = 0,\ b_i = 0$

(c) $d_{i-1} = 1,\ a_i = 1,\ b_i = 1$

$d_i = 0$ 모든 다른 경우

위의 규칙으로부터 network N 에 대한 진리표를 작성하면 다음과 같다.

Network N 의 진리표

a_i	b_i	d_{i-1}	d_i
0	0	0	0
0	0	1	1
0	1	0	1
0	1	1	1
1	0	0	0
1	0	1	0
1	1	0	0
1	1	1	1

45. 다음 그림은 어떤 함수 F를 실현한 PLA(Programmable Logic Array)이다. 함수 F는?

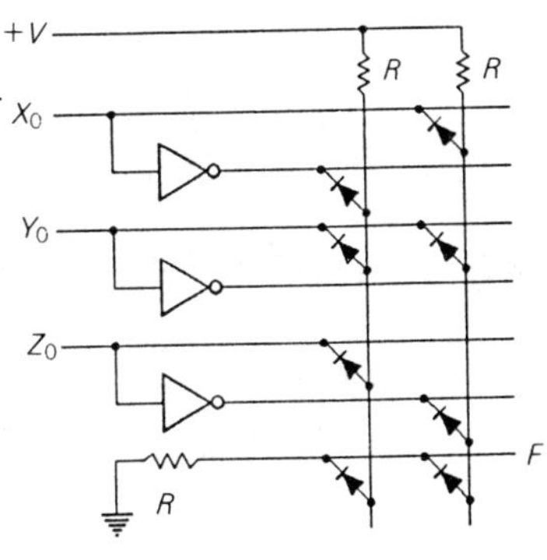

가. $F = \bar{X}\bar{Y}Z + X\bar{Y}\bar{Z}$

나. $F = \bar{X}YZ + XY\bar{Z}$

다. $F = (\bar{X} + \bar{Y} + Z)\ \ (X + \bar{Y} + \bar{Z})$

라. $F = (\bar{X} + Y + Z)\ \ (X + Y + \bar{Z})$

해답 44. 가 45. 나

46. 논리함수 $F(w, x, y) = wx + \bar{w}\bar{x}\bar{y} + \bar{w}xy$ 를 그림과 같이 4-to-1 멀티플렉서(multiplexer)로 실현하고자 한다. 데이터 입력단자 $D_0 \sim D_3$에 각각 인가할 입력으로 잘못 표현된 것은?

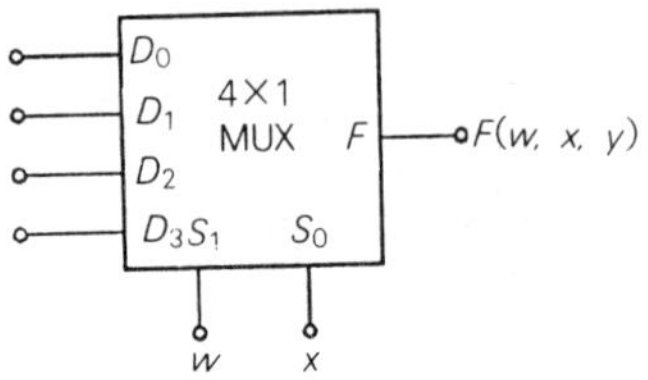

〈멀티플렉서의 진리표〉

S_1	S_0	F
0	0	D_0
0	1	D_1
1	0	D_2
1	1	D_3

가. $D_0 = \bar{Y}$　　나. $D_0 = Y$　　다. $D_2 = 1$　　라. $D_3 = 1$

해설 $S_1 = w$, $S_0 = x$ 이고 $F(w, x, y) = \sum(0, 3, 6, 7)$로써 주어져 있으므로 실현표를 작성하면 다음과 같다.

	D_0	D_1	D_2	D_3
y	1	③	5	⑦
y'	⓪	2	4	⑥
	y'	y	0	1

$D_0 = y'$, $D_1 = y$
$D_2 = 0$, $D_3 = 1$

47. BCD 로 표현된 10진수 디지트(decimal digit)를 입력으로 받아서, 출력으로 입력 9의 보수를 생성하는 조합회로를 설계하고자 한다. 출력 부울함수의 표현으로 잘못된 것은?
(단, 입력 변수 : $x_8x_4x_2x_1$ 이고 출력 변수 : $y_8y_4y_2y_1$ 이다.)

가. $y_8 = \bar{x}_8\bar{x}_4\bar{x}_2$　　나. $y_4 = \bar{x}_4 + \bar{x}_2$
다. $y_2 = \bar{x}_2$　　라. $y_1 = \bar{x}_1$

해설

x_8	x_4	x_2	x_1	y_8	y_4	y_2	y_1
0	0	0	0	1	0	0	1
0	0	0	1	1	0	0	0
0	0	1	0	0	1	1	1
0	0	1	1	0	1	1	0
0	1	0	0	0	1	0	1
0	1	0	1	0	1	0	0
0	1	1	0	0	0	1	1
0	1	1	1	0	0	1	0
1	0	0	0	0	0	0	1
1	0	0	1	0	0	0	0

BCD 입력을 $x_8x_4x_2x_1$ 일 때 9의 보수 출력 K-map에 의하여 구하면 다음과 같다.

$y_8 = \bar{x}_8\bar{x}_4\bar{x}_2$
$y_4 = \bar{x}_4x_2 + x_4\bar{x}_2 = x_4 \oplus x_2$
$y_2 = x_2$
$y_1 = \bar{x}_1$

48. 전자계산기의 주기억장치에서 판독, 기록을 자유로이 행할 수 있는 기억 소자는 어느 것인가?

가. RAM　　나. ROM
다. PROM　　라. mask ROM

해답 46. 다 47. 다 48. 가

49. BCD코우드 "*ABCD*" 을 그림과 같이 LED로 표시할 수 있도록 BCD-to-Segment decoder를 설계하려고 한다. 출력 a 의 표현식으로 가장 간단한 것은?

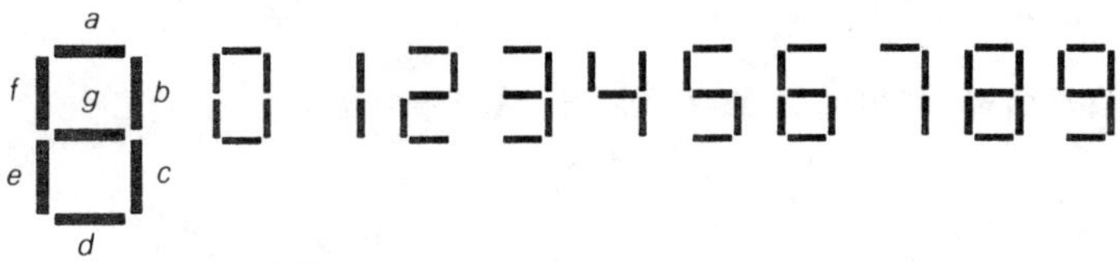

가. $A+D+CD+\bar{A}\bar{C}$ 나. $D+\bar{D}+AC+\bar{A}+D$

다. $A+C+BD+\bar{B}\bar{D}$ 라. $B+D+A\bar{B}C+\bar{B}D$

해설 a 가 1인 경우 $\Sigma(0, 2, 3, 5, 6, 7, 8, 9)$와 BCD코드 이므로 don't care조건 $d=\Sigma(10, 11, 12, 13, 14, 15)$을 K-map으로 간소화 한다.

50. 그림의 BCD 가산기 논리도에서 A_1, A_2, A_3, A_4에 0101이 B_1, B_2, B_3, B_4에 1000이 들어 왔다면 C_0와 Z_1, Z_2, Z_3, Z_4의 출력은?

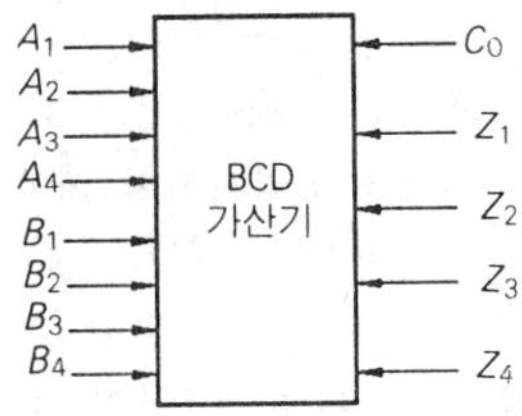

가. 1, 0011

나. 0, 0011

다. 1, 0110

라. 0, 0110

해설 BCD 가산

```
  0101
+ 1000     2진 가산
  1101     9보다 크면 6을 더한다
+ 0110     6을 가산
 10011
```

51. 4-비트 전가산기 MSI 회로를 이용하여 *BCD* 코드를 Excess 3 코드로 변환하는 회로를 설계하고자 한다. 이때 $B_4B_3B_2B_1$의 입력으로 옳은 것은?
(단, 가산기의 입력 캐리는 C_1이고 출력 캐리는 C_5이다.)

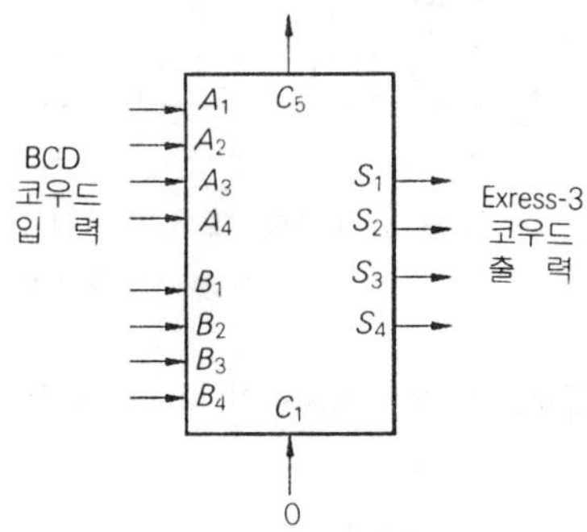

가. 1 1 1 1

나. 0 0 0 0

다. 1 1 0 0

라. 0 0 1 1

해설 *BCD* 코드에 0 0 1 1을 더하면 Excess-3 코드를 얻을 수 있다. *BCD* 디지트를 입력 A에 연결하고, 입력 B에는 0 0 1 1을 세트한다. 이를 위해 B_1과 B_2에 논리 1을 세트하고 B_3과 B_4 및 C_1에 논리 0을 공급하면 된다.

해답 49. 다 50. 가 51. 라

52. 4－비트 전가산기 MIS 회로를 사용하여 3초과 코드를 *BCD*코드로 바꾸는 코드 변환기 (excess-3-to-BCD code converter)를 설계하고자 한다. 이때 $B_4B_3B_2B_1$의 입력으로 옳은 것은?
(단, C_1은 가산기의 입력 캐리이고 C_5는 출력 캐리이다.)

가. 0 0 1 1
나. 1 0 1 1
다. 1 1 0 1
라. 1 1 1 1

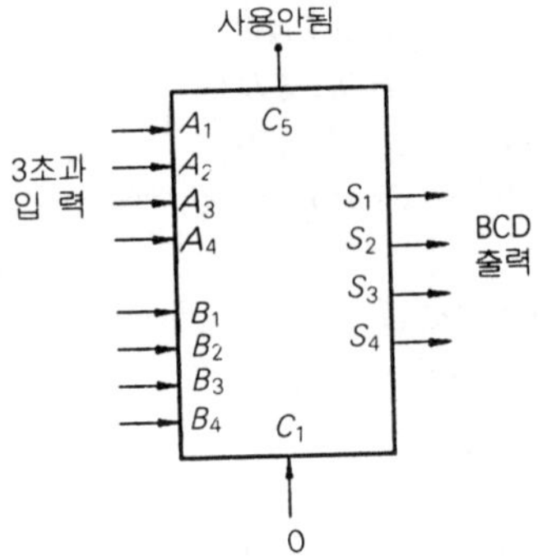

해설 (3초과 코드)－3＝*BCD* 코드가 된다. 이를 가산으로 실행할 때 2의 보수(2's complement)로 계산한다.

(3초과 코드) − 0011 → (3초과 코드) + 1101

전가산기 A는 3초과 코드 입력을 B는 1011을 입력시키며, 캐리 입력 C_{in} 은 항상 0이어야한다.

53. 다음 논리회로에 대한 진리표 중 틀린 것의 번호는 어느 것인가?

	입 력		출 력
	L	*M*	*Y*
①	0	0	$\overline{A}$
②	0	1	*A*
③	1	0	1
④	1	1	1

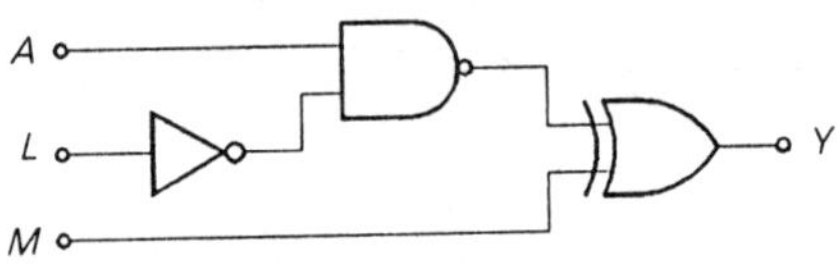

가. ①　　나. ②　　다. ③　　라. ④

해설 입력 *A*에 대해 출력이 *A* 또는 $\overline{A}$를 얻거나 입력에 관계없이 1 또는 0을 얻는 제어회로를 진보영 1기(true-complement-zero-one element)라고 한다.

54. 2K×4 RAM이 있다. 16K×8 메모리 시스템을 구성하기 위해서 몇개의 IC가 필요한가?

가. 16개　　나. 8개
다. 2개　　라. 32개

55. 두개의 4－비트수를 곱하는 2진 승산기를 ROM를 이용하여 실현하고자 한다. 필요로하는 ROM의 크기는?

가. 8×8 ROM　　나. 8×4 ROM
다. 256×4 ROM　　라. 256×8 ROM

해답 52. 다　53. 라　54. 가　55. 나

56. 다음 ROM에서 A_2 A_1 A_0 가 101일 때 데이타(data) D_3 D_2 D_1 D_0 는 ?

가. 1011

나. 1100

다. 1101

라. 1111

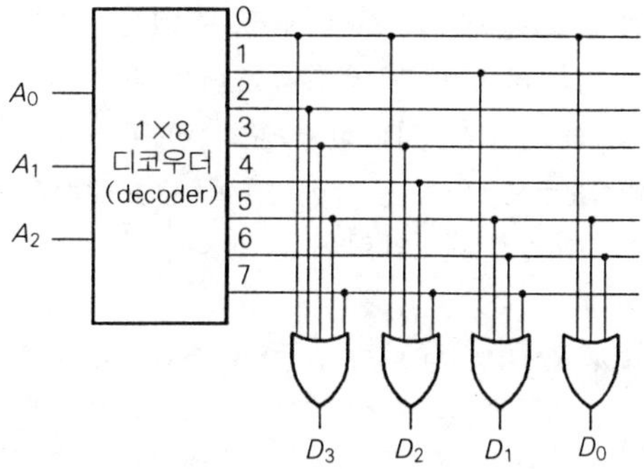

57. 3×8 decoder(enable 입력을 가짐)와 2×4 decoder를 이용하여 5×32 decoder를 구성하고자 한다. 소요갯수는 최소 각각 얼마인가 ?

가. 3×8 decoder : 5개, 2×4 decoder : 1개

나. 3×8 decoder : 5개, 2×4 decoder : 2개

다. 3×8 decoder : 4개, 2×4 decoder : 1개

라. 3×8 decoder : 4개, 2×4 decoder : 8개

58. 다음 그림은 4×2 ROM을 이용한 조합 논리 회로의 실현을 보인 것이다. $A_0 = A_1 = 0$일 때의 F_1과 F_2가 옳은 것은 ?

가. $F_1 = F_0 = 0$

나. $F_1 = 0$, $F_2 = 1$

다. $F_1 = 1$, $F_2 = 0$

라. $F_1 = F_2 = 1$

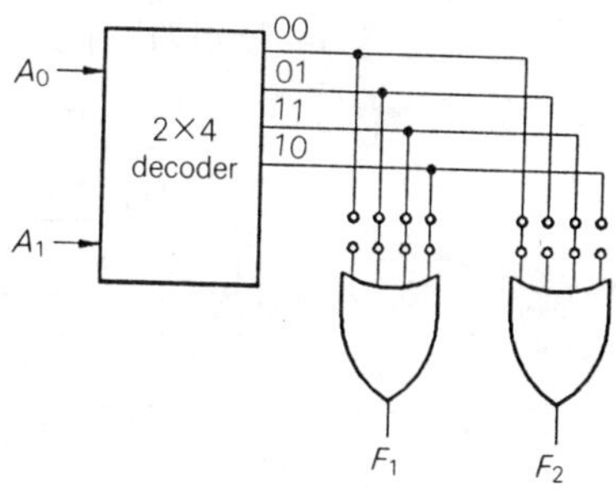

59. 다음과 같은 NOR 게이트(gate)로 구성된 기본적인 플립－플롭회로에서 $S=1, R=0$인 상태일 때 Q, Q'의 상태는 ?

가. 1, 0

나. 0, 1

다. 0, 0

라. 1, 1

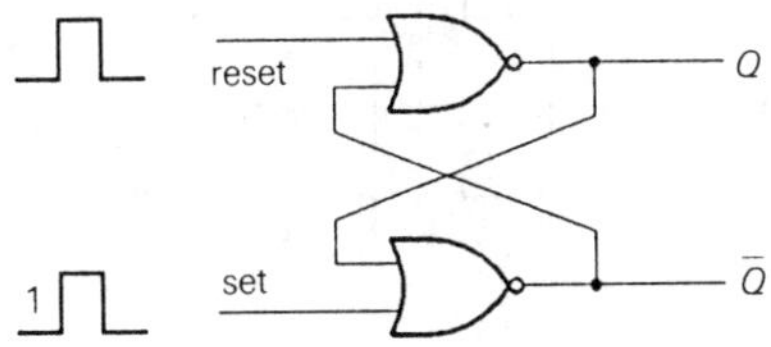

해설 진리표는 다음과 같다.

S R	Q Q'	
1 0	1 0	
0 0	1 0	(after $S=1$, $R=0$)
0 1	0 1	
0 0	0 1	(after $S=0$, $R=1$)
1 1	0 0	

해답 56. 가 57. 다 58. 나 59. 가

60. 다음 그림의 회로와 관계가 없는 것은?

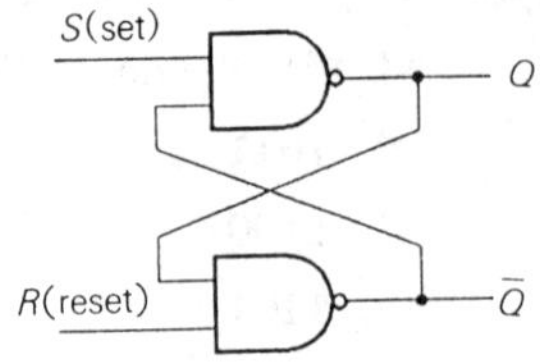

가. 1-비트의 기억소자이다.

나. 래치(LATCH)회로라고 한다.

다. $R=S=0$이 동시에 일어나면 $Q=\bar{Q}=0$이 된다.

라. DC(직류) 입력에만 동작하고 플립-플롭의 기본회로이다.

해설 NAND 게이트로 된 기본 플립-플롭 회로에서 NOR 게이트로 된 것과는 반대로 두 입력이 모두 1이면 플립-플롭의 상태는 전 상태를 그대로 유지한다. 두 입력이 동시에 0으로 될 때는 ($S=R=0$) 두 출력이 모두 1이 되므로 이 조건은 정상적인 플립-플롭 동작에서는 피해야 한다.

〈진리표〉

S	R	Q	$\bar{Q}$	
1	0	0	1	
1	1	0	1	(after $S=1$, $R=0$)
0	1	1	0	
1	1	1	0	(after $S=0$, $R=1$)
0	0	1	1	

61. RS F/F에서 출력은 어떤 식으로 표시되는가?

가. $R_n + \bar{S}_n Q_n$ 나. $\bar{S}_n + \bar{R}_n Q_n$

다. $S_n + \bar{R}_n Q_n$ 라. $\bar{R}_n + \bar{S}_n Q_n$

62. RS 플립-플롭에서 1개의 펄스에 의해 논리 1 펄스가 없는 경우는 논리 0을 나타낸다. 세트(Set) 상태시 파형은 어느 것인가?

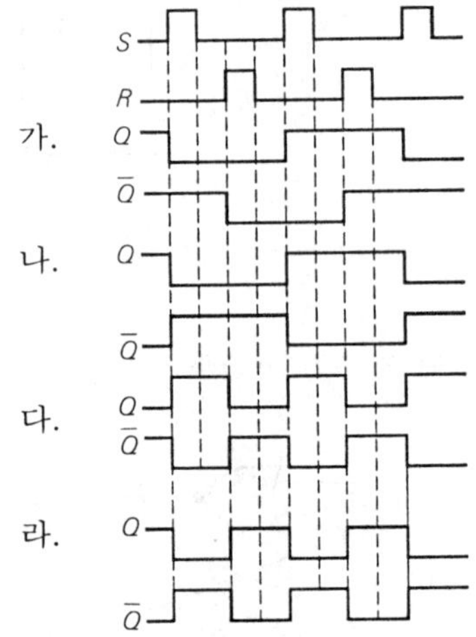

해설 S가 high이면 역시 Q도 high이며 R이 high가 될 때까지 그 상태를 유지한다.

63. 클럭이 있는 RS 플립-플롭(clocked RS flip-flop)에서 클럭 펄스가 0일 때, 이 회로의 기능은 무엇이 되는가?

가. 래치(Latch) 나. JK 플립-플롭

다. 롬(ROM) 라. 램(RAM)

해답 60. 다 61. 다 62. 다 63. 가

64. 다음 그림(a)의 파형이 그림(b)의 *RS* 플립-플롭에 인가된다고 할 때 *Q*출력 파형은? (단, *Q*는 초기에 0(Low)의 상태라고 한다.)

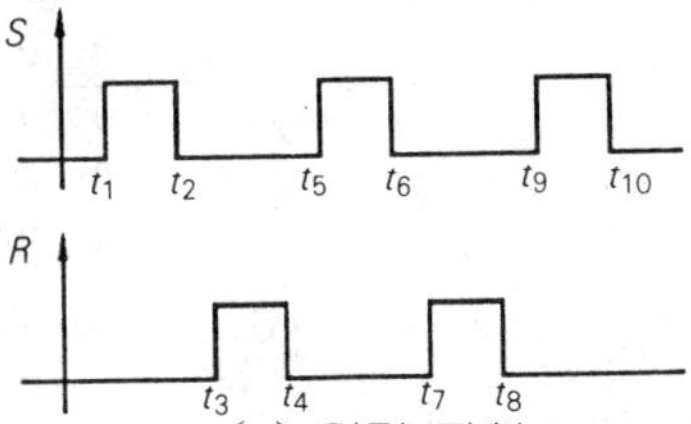

(a) 입력 파형

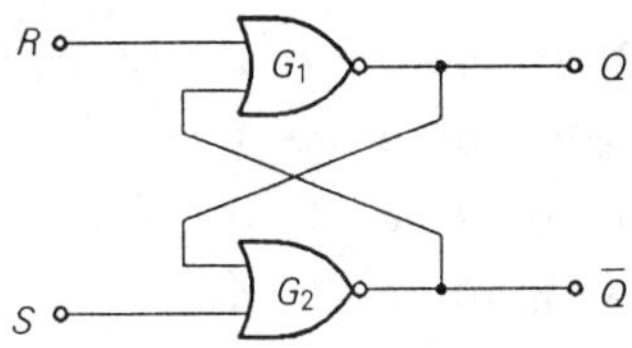

(b) RS 플립 플롭

가. 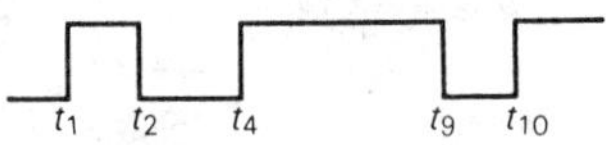

나. 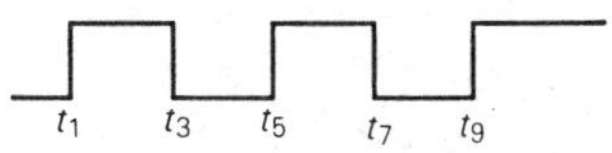

다. 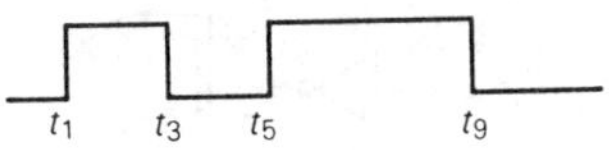

라. 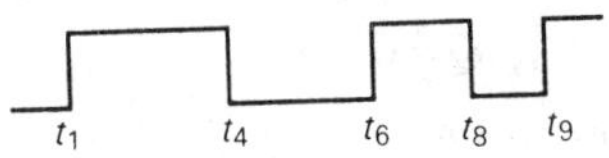

해설 NOR gate를 이용한 *RS* 플립-플롭이다. 이 회로의 동작상태를 보면 그림과 같다.

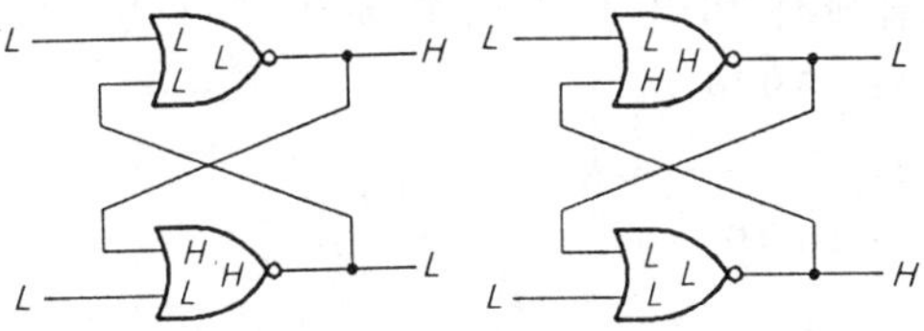

(a) S=L, R=L일 때

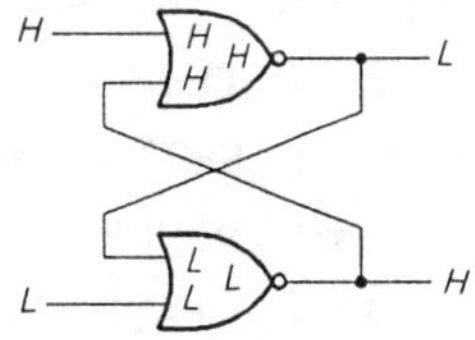

(b) S=L, R=H일 때

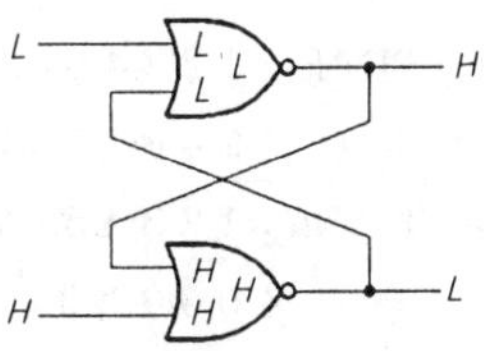

(c) S=H, R=L일 때

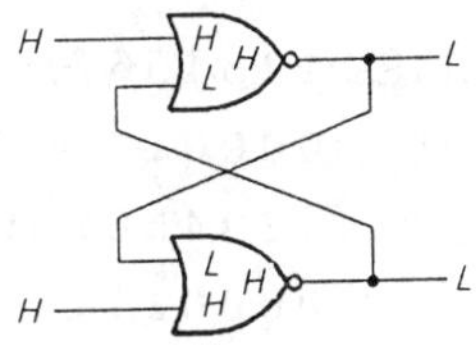

(d) S=H, R=H일 때

65. 다음 중 *RS* Flip-flop의 특성 방정식은?

가. $Q(t+1) = S+\bar{R}Q$

나. $Q(t+1) = S+R\bar{Q}$

다. $Q(t+1) = S\bar{Q}+\bar{R}Q$

라. $Q(t+1) = \bar{S}Q+R\bar{Q}$

해설 *RS* Flip-flop의 특성표에 의한 특성 방정식을 K-map에 의해 구하면 다음과 같다.

Q *S* *R*	*Q*(*t*+1)
0 0 0	0
0 0 1	0
0 1 0	1
0 1 1	임의적(부정)
1 0 0	1
1 0 1	0
1 1 0	1
1 1 1	임의적(부정)

(a) 특성표

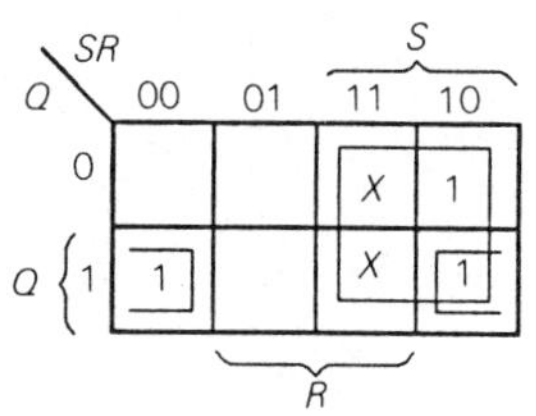

$Q(t+1) = S+\bar{R}Q$ $SR=0$

(b) 특성식

해답 64. 나 65. 가

66. 세트 우위(Set-dominate) *SR* Flip-flop의 진리표를 다음과 같이 나타내려 할 때 (a)－(d)에 맞는 항목은?

가. a＝불변 b＝0 c＝1 d＝부정

나. a＝불변 b＝0 c＝1 d＝1

다. a＝1 b＝0 c＝1 d＝부정

라. a＝0 b＝0 c＝1 d＝1

〈진리표〉

S	R	Q_{n-1}
0	0	a
0	1	b
1	0	c
1	1	d

67. 다음 그림의 *RS* 플립－플롭에서 $R=1$, $S=0$일 때 Q와 $\bar{Q}$의 출력은?

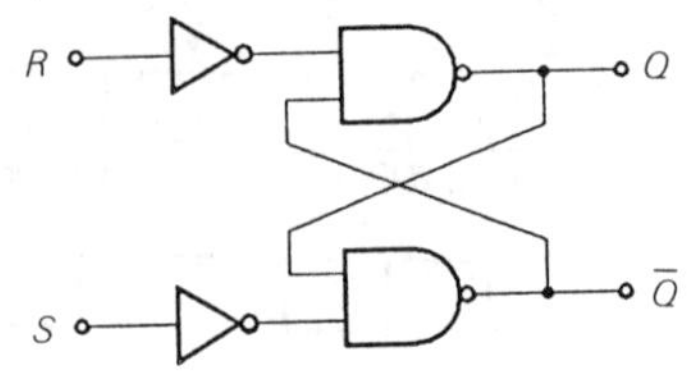

가. $Q=0$, $\bar{Q}=1$

나. $Q=1$, $\bar{Q}=1$

다. $Q=1$, $\bar{Q}=0$

라. $Q=0$, $\bar{Q}=0$

68. 다음은 동기식 *RS* 플립－플롭에서 입력의 순차를 보인 것이다.

시 간(TIME) 1 2 3 4 5 6 7 8 9 10
세 트(SET) 0 0 0 1 1 0 0 1 1 0
리세트(RESET) 0 0 1 0 0 0 1 1 0 0
상 태(STATE) 0

매 시간에서 플립－플롭의 상태(STATE)를 옳게 나타낸 것은?

가. TIME : 1 2 3 4 5 6 7 8 9 10
상태 : 0 0 0 0 1 1 0 0 ? 0

나. TIME : 1 2 3 4 5 6 7 8 9 10
상태 : 0 0 0 1 1 1 0 ? 1 1

다. TIME : 1 2 3 4 5 6 7 8 9 10
상태 : 0 0 0 0 1 1 1 0 ? 1

라. TIME : 1 2 3 4 5 6 7 8 9 10
상태 : 0 0 0 1 1 1 0 ? 0 1

69. 그림 (a)와 같은 로직 심볼(logic symbol)의 *A*입력에 그림 (b)와 같은 전압 파형을 인가하여 주었을때 *Q*의 파형은?

가.

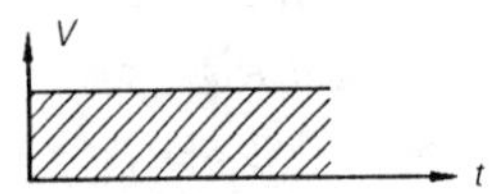

나.

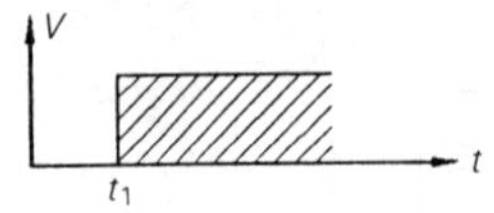

다.

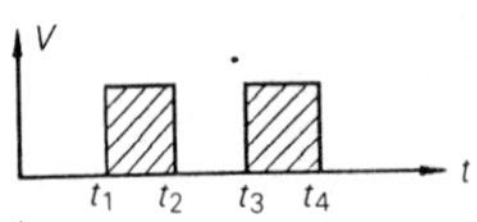

라.

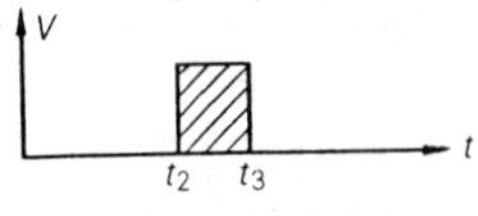

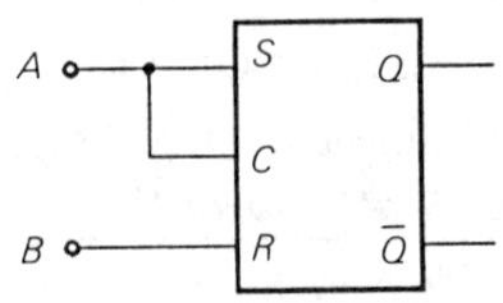

그림(a)

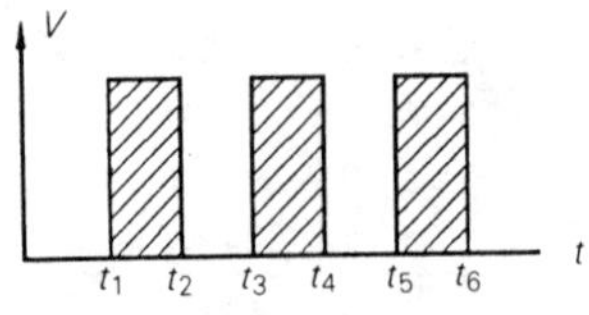

그림(b)

해답 66. 나 67. 다 68. 다 69. 나

70. *RS* Flip-flop에서 부정의 상태를 정의하여 사용하도록 개량된 Flip-flop의 명칭은?
가. *RST* Flip-flop
나. *JK* Flip-flop
다. *D* Flip-flop
라. *T* Flip-flop

71. RS flip-flop을 JK flip-flop으로 만들고자 할 때 필요한 것은?
가. OR gate 2개
나. AND gate 2개
다. NOR gate 2개
라. NAND gate 2개

72. 다음 진리표에 맞는 flip flop 명칭은?
가. R-S F-F
나. T F-F
다. D F-F
라. J-K F-F

F-F명		T	Q	$\bar{Q}$
0	0	1	불	변
0	1	1	0	1
1	0	1	1	0
1	1	1	반	전

73. JK 플립 플롭을 그림과 같이 결선하고 클록 펄스가 계속 인가되면 출력은 어떤 상태가 되는가?
가. set
나. reset
다. toggling
라. 동작불능

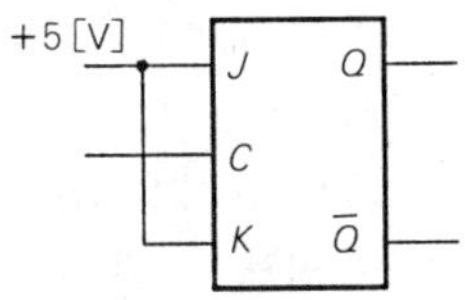

74. *JK* 플립－플롭을 사용하여 *D*형 플립－플롭을 구성하려면?
가. *J*의 입력을 인버터를 통하여 *K*에 연결시킨다.
나. $\bar{Q}$의 출력을 *J*의 입력과 인버터를 통하여 *K*에 연결시킨다.
다. *J*와 *K*를 동일 입력으로 한다.
라. *Q*의 입력을 *J*에 feedback 시킨다.

75. *JK* 플립－플롭에서 *J*입력과 *K*입력이 모두 *1*이고 *CP*=1일 때 출력은 어떤 상태인가?
가. 두 입력이 1일 때 출력은 반전한다.
나. 두 입력이 1일 때 출력은 1이다.
다. 두 입력이 1일 때 SET 출력은 1, RESET 출력은 0이다.
라. 두 입력이 1일 때 SET 출력은 0, RESET 출력은 1이다.

76. *JK*형 플립－플롭에 NOT 게이트를 추가하여 만들면 어떤 기능을 갖는 플립－플롭인가?
가. *T*형 플립－플롭
나. *D*형 플립－플롭
다. *RS*형 플립－플롭
라. 레지스터

해답 70. 나 71. 나 72. 라 73. 다 74. 가 75. 가 76. 나

77. J-K 플립−플롭에서 $J_n=0$, $K_n=1$일 때 클록 펄스가 1상태라면 Q_{n+1}의 출력상태는?

가. 부정　　나. 0　　다. 1　　라. 반전

78. 그림의 *JK* 플립−플롭에서 clock 펄스가 *T*입력에 인가시 플립 플롭의 상태는?

가. 각 clcok 펄스마다 상태가 전환된다.
나. 항상 1의 상태를 유지한다.
다. 항상 0의 상태를 유지한다.
라. 2개의 clock 펄스마다 상태전환이 이루어진다.

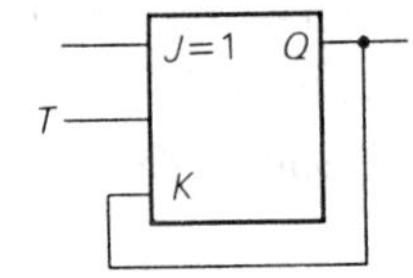

79. 다음 그림과 같이 *RS* Flip-flop을 외부 결선하였을 때 출력의 상태는?

가. Toggle 상태
나. Reset 상태
다. Set 상태
라. Race 상태

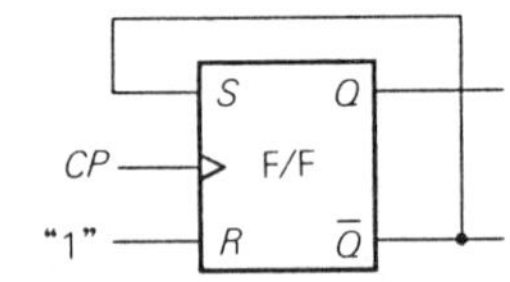

80. 다음 그림의 *JK* 플립−플롭을 세트(set) 시키고자 할 때 가능한 모든 방법을 나타낸 것은 어느 것인가?

A. C의 입력을 접지(ground) 시킨다.
B. S 입력을 접지시킨다.
C. J를 0, K를 1로 하고 클럭 펄스를 인가한다.
D. J는 1, K는 1로 하고 클럭 펄스를 인가한다.
E. J=K=1로 하여 토글(toggle) 시킨다.

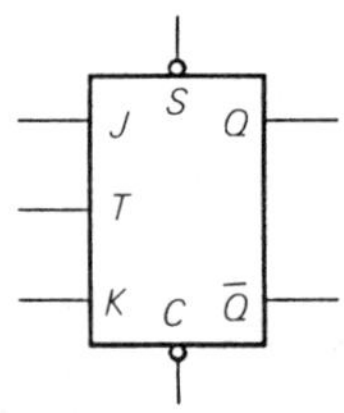

가. A와 C　　나. B와 D
다. A와 D　　라. B, D 그리고 E

81. *JK* 플립−플롭을 사용하여 *D*형 플립−플롭을 만들려면 외부결선은 어떻게 하는 것이 옳은가?

가.

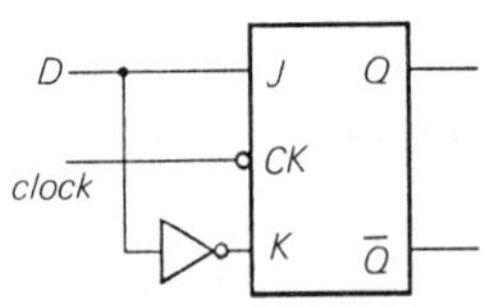

나.

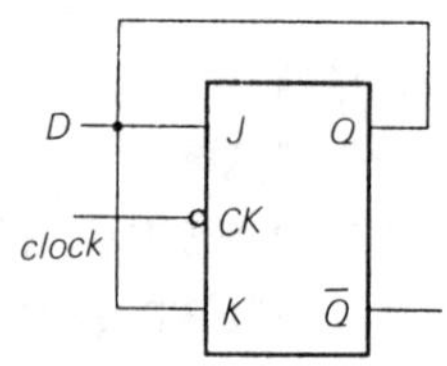

다.

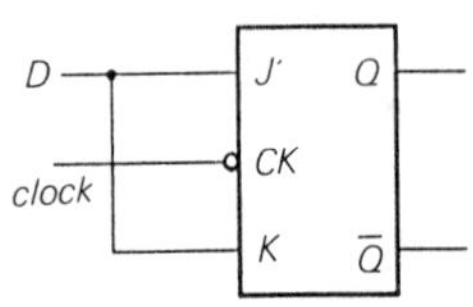

라.

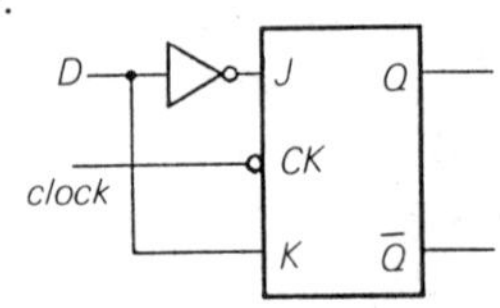

해답 77. 나　78. 가　79. 가　80. 라　81. 가

82. 그림과 같은 구성도는 어떤 형의 플립-플롭인가?

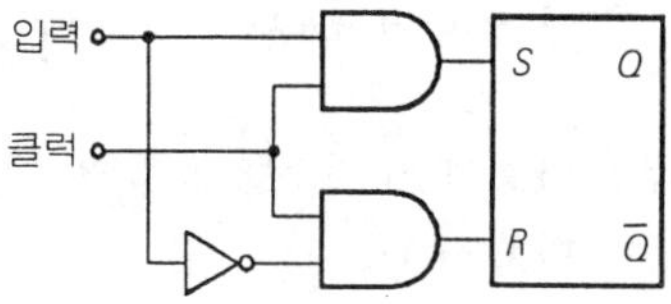

가. *T* 형 플립-플롭
나. *SR* 형 플립-플롭
다. *JK* 형 플립-플롭
라. *D* 형 플립-플롭

83. *D* 형 플립-플롭을 사용하여 toggle 작용이 일어나도록 한다. 어떻게 결선하면 이상적인가?

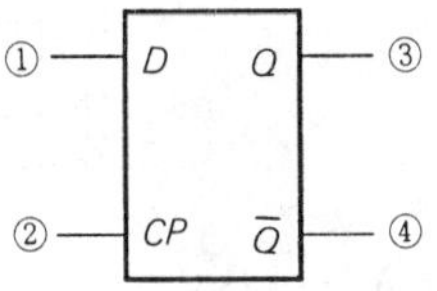

가. ① 에 인버터를 연결한다.
나. ② 에 인버터를 연결한다.
다. ① 과 ④ 를 외부 결선한다.
라. ② 와 ③ 을 외부 결선한다.

84. *D* 형 플립-플롭에서 *D*와 *Q*가 각각 현재의 입력과 출력이고 Q^+가 다음 상태의 출력이라고 할 때 다음의 상태표에서 Q^+의 행 (   )의 수열은 어떤 것인가?

가. $\begin{pmatrix}0\\1\\1\\0\end{pmatrix}$ 나. $\begin{pmatrix}0\\0\\1\\1\end{pmatrix}$

다. $\begin{pmatrix}1\\0\\0\\1\end{pmatrix}$ 라. $\begin{pmatrix}1\\0\\1\\0\end{pmatrix}$

D	*Q*	Q^+
0	0	(
0	1	
1	0	
1	1	)

해설 *D*형 플립-플롭에서 특성 방정식 $Q(t+1) = D$이다. 즉, 플립-플롭의 상태가 *D*입력과 같으며 현재 상태의 값에는 무관하다.

85. 다음은 *D*형 플립-플롭의 입력 파형이다. 출력 *Q*는? (단, 포지티브 에지-트리거드 형(posivite edge-triggered type)이고 *Q*의 초기값을 LOW라고 한다.)

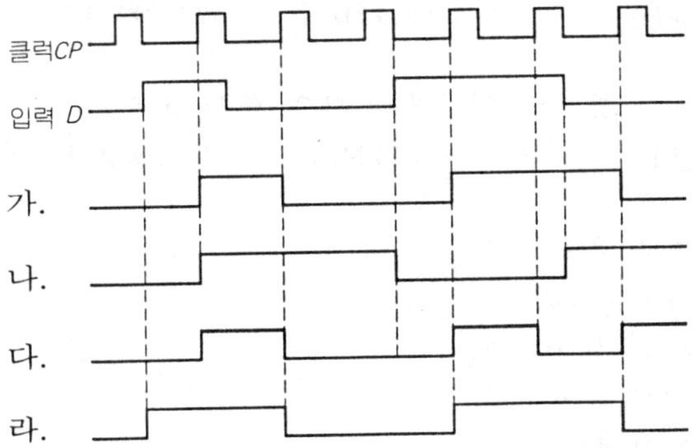

해답 82. 라 83. 다 84. 나 85. 가

86. D형 플립－플롭의 특성식 $Q(t+1)$은?

가. $D\bar{Q}+\bar{D}Q$　　나. $D\bar{Q}$　　다. D　　라. $\bar{D}$

87. 다음에서 입력 구형파 주파수 500 [kHz]를 인가했을 때 출력 구형파 주파수는 얼마인가?

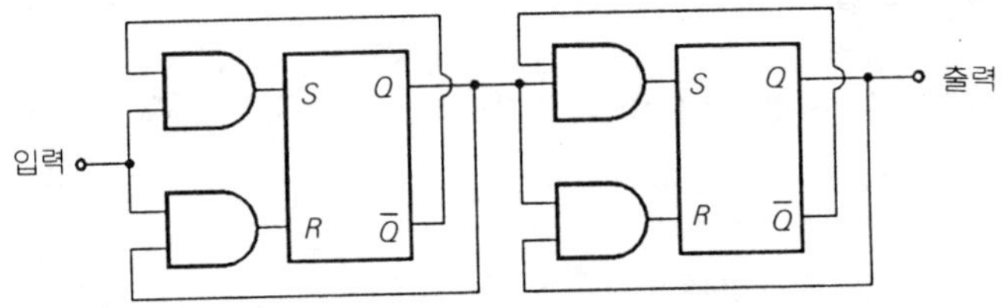

가. 25 [kHz]　　나. 50 [kHz]　　다. 125 [kHz]　　라. 400 [kHz]

88. 그림과 같은 T형 플립－플롭의 입력에 부(－)의 트리거 펄스가 A, B, C, D점에서 가해졌을 때 출력 파형은?
(단, 펄스가 인가되기 전의 출력은 0 [V]라고 한다.)

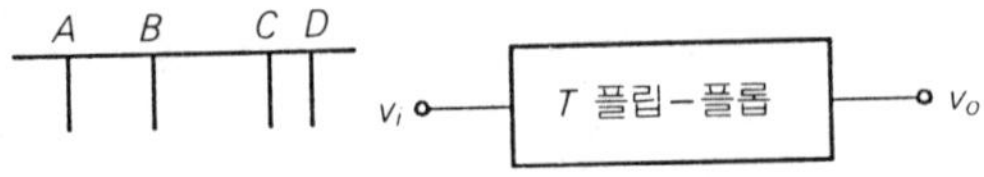

가.
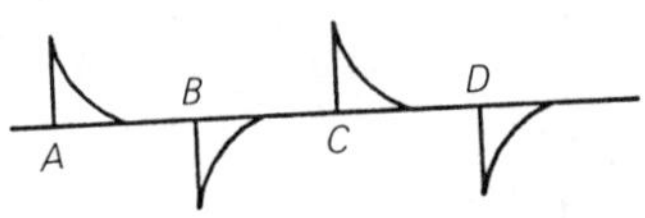

나.
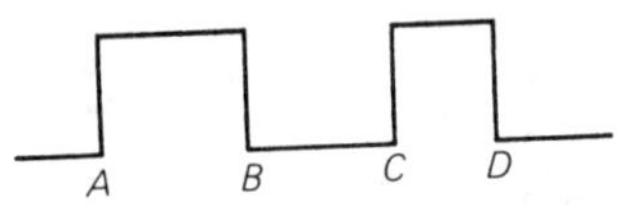

다.
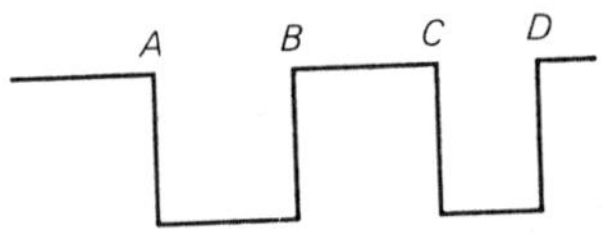

라.
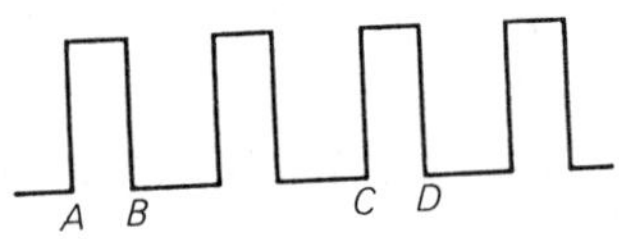

89. T형 플립－플롭의 입력에 반복 주파수 800 [kHz]의 펄스가 가해졌을 때 출력 펄스의 반복 주파수는?

가. 50 [kHz]　　나. 100 [kHz]　　다. 200 [kHz]　　라. 400 [kHz]

90. 500 [kHz]의 구형파를 T형 플립－플롭에 인가했을 때의 출력 주파수는?

가. 250 [kHz]　　나. 400 [kHz]　　다. 500 [kHz]　　라. 1000 [kHz]

91. T형 플립－플롭에 대한 설명으로 옳은 것은?

가. 클럭 펄스가 인가되면 출력이 0이다.
나. 클럭 펄스가 인가시 출력은 항상 0이다.
다. 클럭 펄스가 인가되면 출력이 반전된다.
라. JK 플립－플롭에서 변환이 불가능하다.

해답 86. 다　87. 다　88. 나　89. 라　90. 가　91. 다

92. 입력 주파수 640 [kHz]를 T형 플립-플롭 7개 종속 접속한 회로에 인가했을 때 출력 주파수는 얼마인가?

가. 3 [kHz] 나. 4 [kHz] 다. 5 [kHz] 라. 6 [kHz]

93. 다음 중 T형 플립-플롭의 특성 방정식은?
(단, T, Q는 현재 입출력이고 $Q(t+1)$은 사음 상태이다.)

가. $Q(t+1) = T$ 나. $Q(t+1) = \bar{T} + Q$

다. $Q(t+1) = T + \bar{Q}$ 라. $Q(t+1) = T\bar{Q} + \bar{T}Q$

해설 T 플립-플롭은 JK 플립-플롭을 1개의 입력으로 만든 것이다.

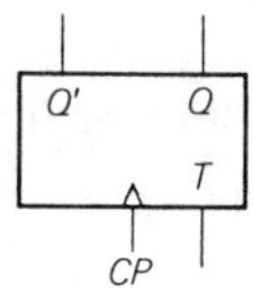

(a) 기호

Q	T	Q (t+1)
0	0	0
0	1	1
1	0	1
1	1	0

(b) 특성표

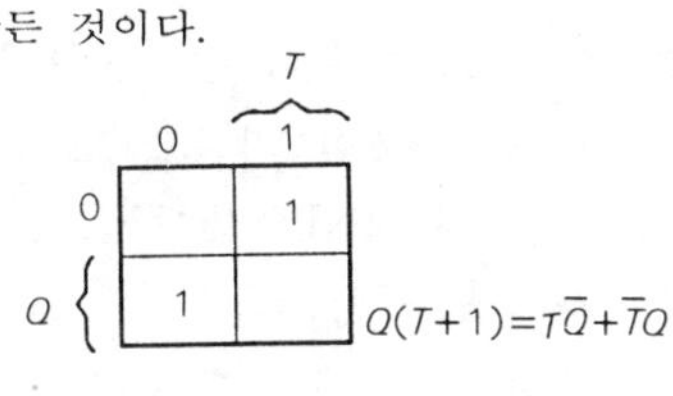

(c) 특성방정식

94. 다음 그림에서 x와 같은 입력을 인가했을 때 Q 파형은?
(단, $t = 0$, $Q = 0$이다.)

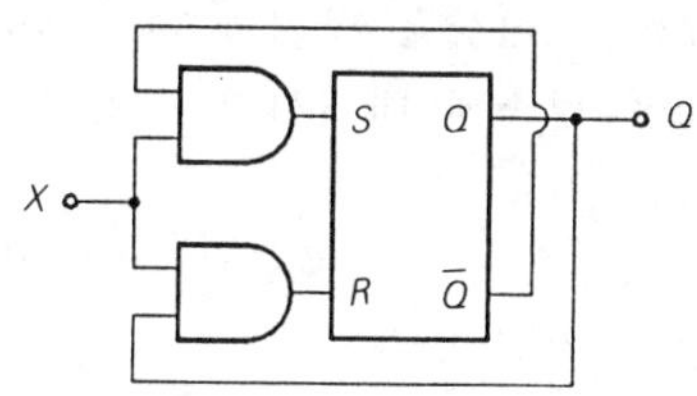

가.
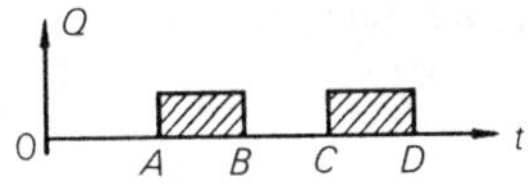

나.
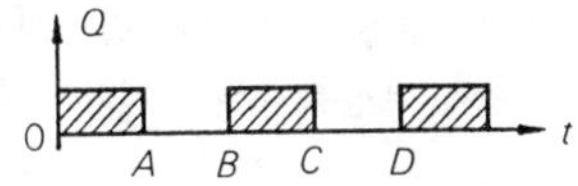

다.
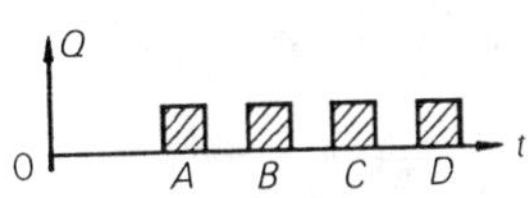

라.
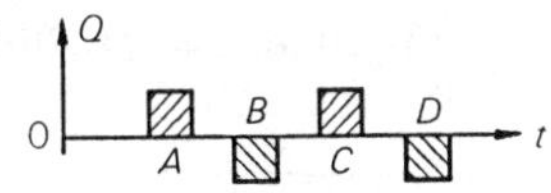

95. 그림 A와 B의 플립-플롭(F/F)의 설명으로 옳은 것은?

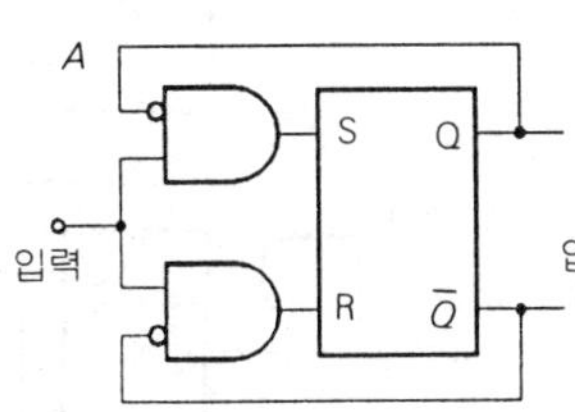

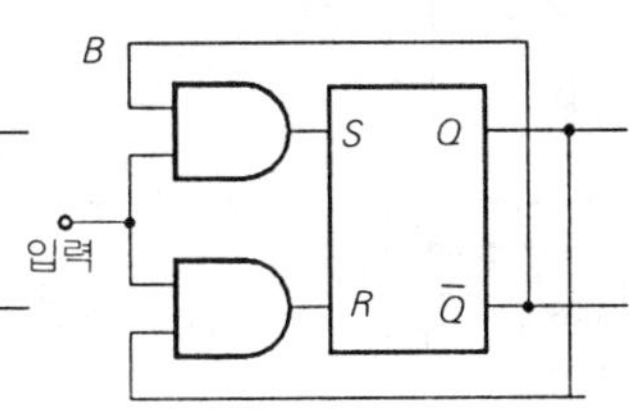

가. A는 D형 F/F이고 B는 T형 F/F이다.

나. A는 T형 F/F이고 B는 D형 F/F이다.

다. 모두 D형 F/F이다.

라. 모두 T형 F/F이다.

해답 92. 다 93. 라 94. 가 95. 라

96. $J-K$ 플립 플롭을 그림과 같이 결선하고 클럭펄스가 인가 될때마다 출력 Q의 동작상태는?

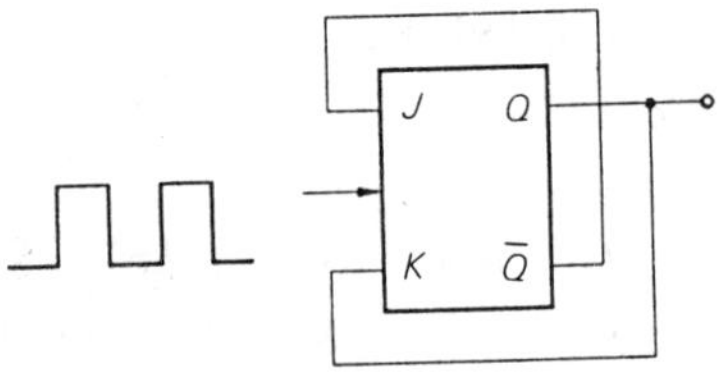

가. *Toggle*
나. *Reset*
다. *Set*
라. *Race* 현상

97. 두 개의 입력이 동시에 1이 되었을 때에도 불확정한 출력 상태가 되지 않도록 2개의 FF을 사용한 회로는?

가. D형 플립－플롭　　나. Master slave 플립－플롭
다. RS 플립－플롭　　라. T형 플립－플롭

98. M/S flip-flop의 설명으로 틀린 항은?

가. 2개의 플립－플롭의 동작 상태가 다르다.
나. 매스터 F/F의 입력은 슬레이브 F/F에서 궤환된다.
다. 레이스 현상을 방지할 수 있다.
라. 같은 펄스에 대해서만 같이 동작한다.

99. Master-Slave 플립－플롭은 어떤 현상을 해결하기 위한 플립－플롭인가?

가. 전파 지연 현상　　나. Toggle 현상
다. Hogging 현상　　라. Race 현상

해설 JK 플립－플롭에서 클럭 펄스가 1인 도중에 출력이 변하면 입력측에 변화를 일으켜 오동작이 발생되는 현상을 Race 현상이라 한다.

100. 다음은 T Flip-flop으로 D Flip-flop를 실현하고자 한다. 옳은 것은?

가.

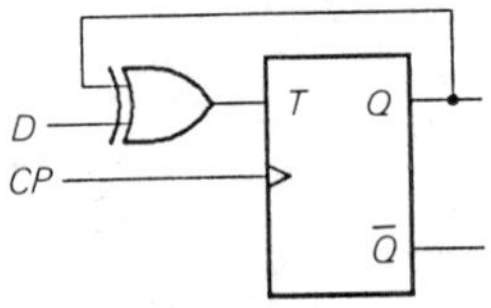

나.

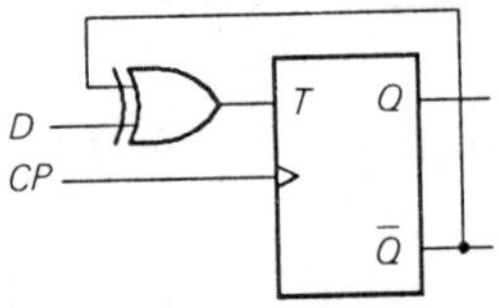

다.

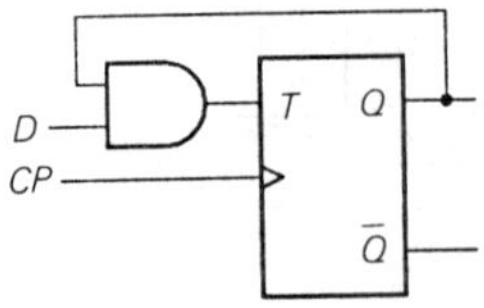

라.

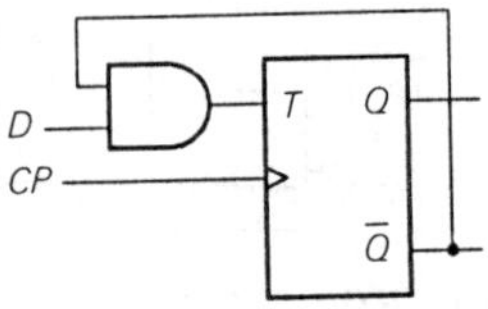

해답 96. 가　97. 나　98. 라　99. 라　100. 가

101. 그림은 다른 F/F에서 T형 F/F으로 변환한 것이다. 틀린 것은?

가.

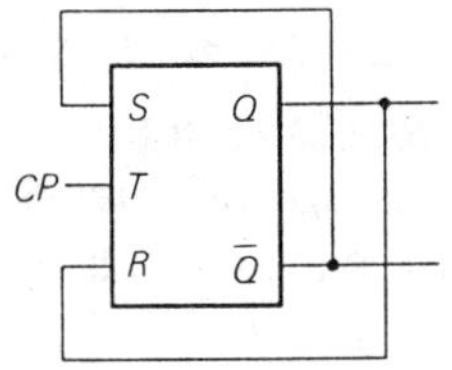

나.

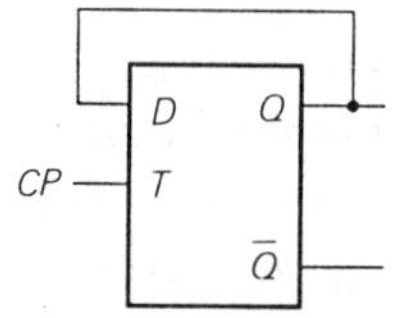

다.

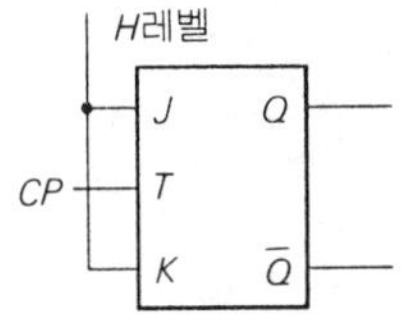

라.

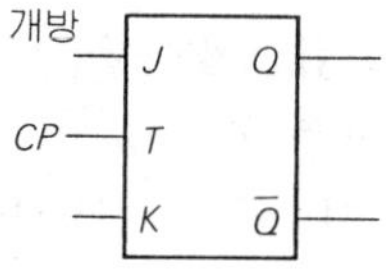

해설 다른 F/F에서 T형 F/F으로의 변환

① RST 플립-플롭 ; 출력 Q, $\bar{Q}$에서 R, S에 궤환을 걸고 T단자에 클럭 펄스(CP) 입력을 가한다.

② D형 플립-플롭 ; 출력 $\bar{Q}$를 D에 궤환시키고 T단자에 CP입력을 가한다.

③ JK 플립-플롭 : J, K단자를 항상 High 레벨로 또는 개방상태로 두고 T단자에 CP입력을 가한다.

102. JK 플립-플롭에 다음과 같은 입력을 공급하였을 때 Q출력 파형은 어느 것인가? (단, 플립-플롭의 초기값이 $RESET$상태라 한다.)

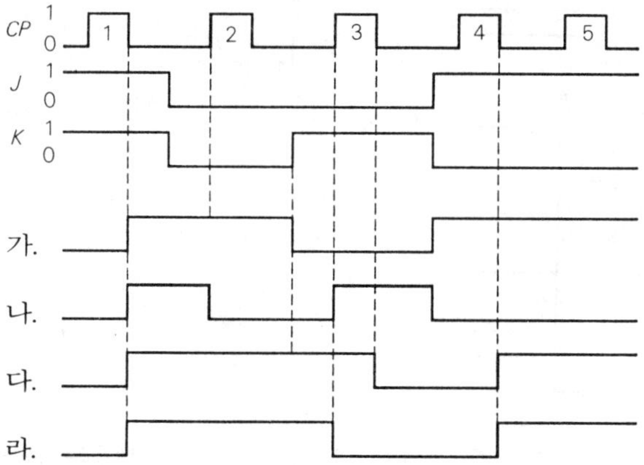

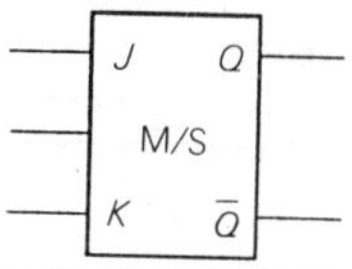
M/S JK 플립-플롭

해설 ① M/S F/F이므로 Q출력은 CP의 트레일링 에지에서만 변화한다.

② 클럭 1에서 $J=K=$HIGH(토글조건)이므로 Q는 HIGH가 된다.

③ 클럭 2에서 입력은 불변조건에 있으므로 Q는 HIGH 레벨을 유지한다.

④ 클럭 3에서 $J=$LOW, $K=$HIGH(RESET조건)이므로 Q는 LOW가 된다.

⑤ 클럭 4에서 $J=$HIGH, $K=$LOW(SET조건)이므로 Q는 HIGH가 된다.

⑥ 클럭 5에서 J와 K는 아직 SET조건에 있으므로 Q는 HIGH상태로 남아있다.

해답 101. 나 102. 다

103. Edge-triggered 플립-플롭이 Master-slave 플립-플롭에 비하여 좋은 점은?

가. 잡음 마아진이 크다. 나. 지연시간이 없다.

다. 고온에 강하다. 라. 고속 펄스를 인가할 수 있다.

해설 Edge trigger F/F은 M/S F/F보다 고속 펄스를 가할 수 있는 것이 장점이다. Edge trigger F/F에서는 ac입력 회로 중간에 전하 충전 회로(charge storage circuit)를 넣어 게이트에 의해서만 생기는 지연시간을 길게 해준다.(charge storage F/F : 주로 TTL에서 사용)
[주] 새 디지탈공학, 박규태저, p116, 117 참조

104. edge triggered 플립-플롭을 사용하는 경우는?

가. TTL에서만 사용한다.

나. 지연(delay) 시간을 길게 할 경우 사용된다.

다. 클럭 펄스를 사용할 수 없을 경우 사용된다.

라. 레이스(race) 현상을 방지하고자 할 경우 사용한다.

105 다음 그림의 파형을 플립-플롭의 입력으로 공급하였다면 그 플립-플롭이 SET 상태에서 시작했을 때의 Q출력 파형은?(단, 여기서 PS는 프리세트(preset) 단자이고 C는 클리어(clear) 단자이다.)

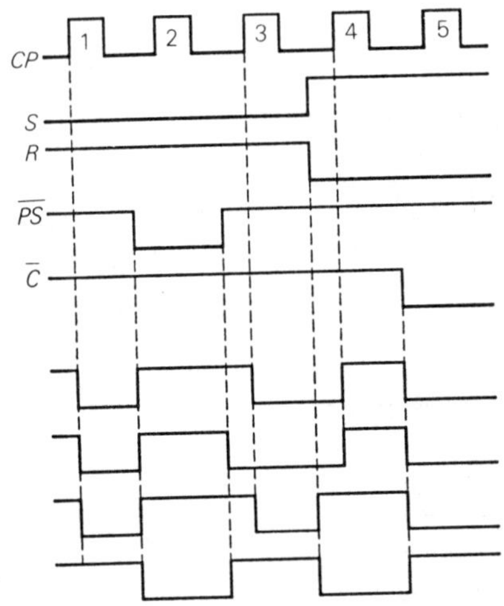

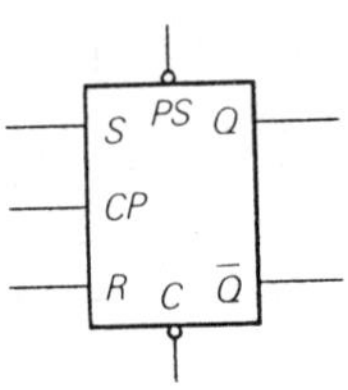

해설 ① 클럭 펄스 1에 $S=0$, $R=1$ 이므로 F/F은 RESET 상태가 된다. 이때 PRESET와 CLEAR 입력은 HIGH이므로 이와는 무관하다.
② PRESET 입력이 LOW일 때 F/F은 다른 동기 입력에 관계없이 바로 SET 된다.
③ 클럭 2는 PRESET입력이 이 시간동안 LOW로 남아 있으므로 클럭은 효력이 없다.
④ 클럭 3은 S는 LOW, R은 HIGH이므로 F/F을 PRESET로 되게 한다.
⑤ 클럭 4는 S가 HIGH, R은 LOW이므로 F/F을 SET로 만든다.
⑥ 클럭 5는 CLEAR 입력이 LOW이므로 효력이 없고 F/F은 RESET로 된다.

해답 103. 라 104. 라 105. 가

106. 그림의 J, K 및 클럭 CP의 입력을 에지-트리거드(edge-triggered) JK 플립-플롭에 가하였다. Q출력 파형은?
(단, 플립-플롭은 리세트(RESET) 상태에서 시작하는 것으로 하고 포지티브에지-트리거링(positive edge triggering) 하는 것으로 가정한다.)

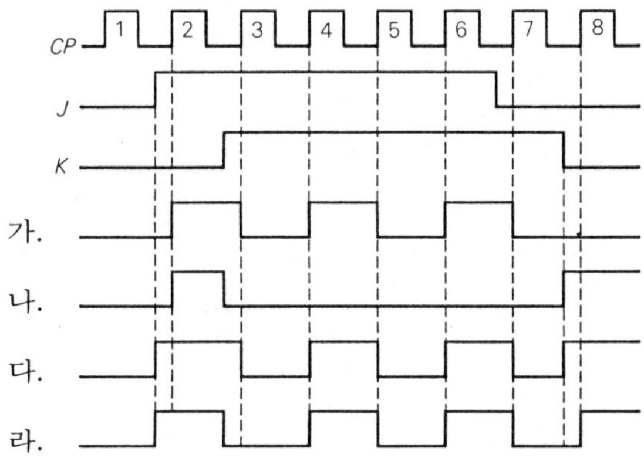

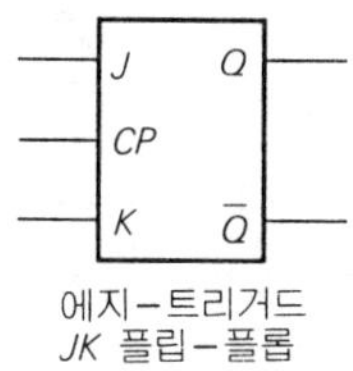

해설 ① 클럭 1에서 J-K가 모두 LOW이므로 Q는 변화하지 않는다.
② 클럭 2에서 J는 HIGH, K는 LOW이므로 F/F SET가 된다.
③ 클럭 3에서 6까지는 Toggle조건에 있으므로 Q는 각 펄스에서 상태를 변화한다.
④ 클럭 7에서 J는 LOW, K는 HIGH이므로 F/F은 RESET 된다.
⑤ 클럭 8에서 J,K가 모두 LOW(무변화 조건) 이므로 Q는 변화하지 않는다.

107. 다음 그림에서 플립-플롭 B의 Q출력 파형은? (단, 초기상태는 0이다.)

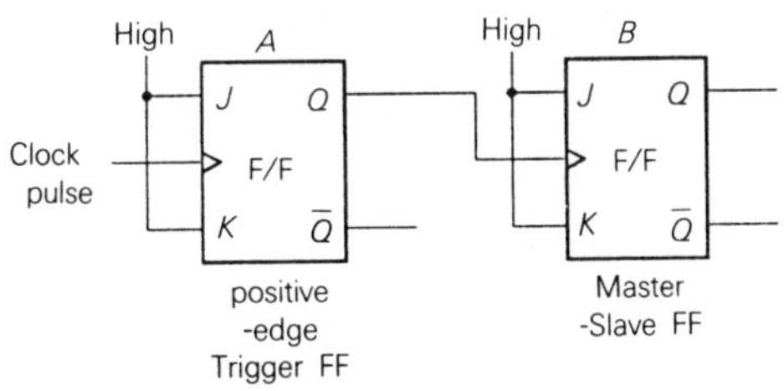

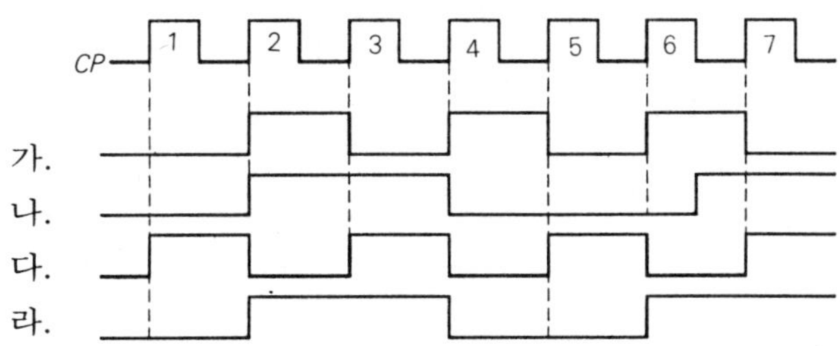

해답 106. 가 107. 라

MEMO

15장 응용 논리회로

15·1 순서 논리 회로의 기본 설계 15·2 계수 회로의 설계 15·3 시프트 카운터
15·4 D/A 및 A/D 변환기

15·1 순서 논리 회로의 기본 설계

15·1·1 순서 논리 회로의 해석

다음 회로는 입력 변수 x, 출력 변수 y 그리고 두개의 RS flip-flop A, B 로 구성되어 있다.

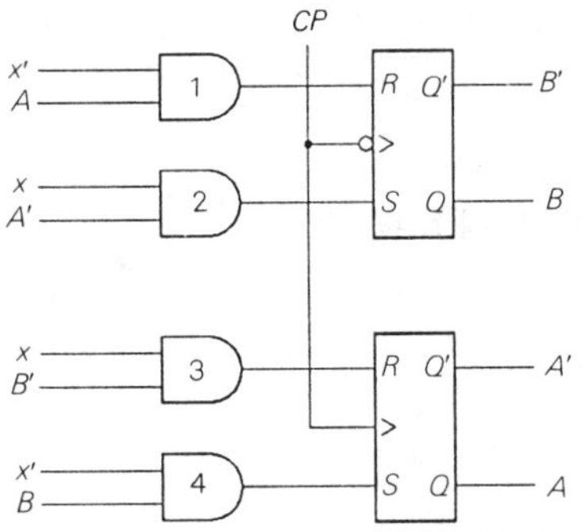

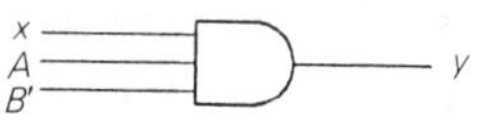

〈그림 15－1〉 순서 논리 회로의 예

(1) 상태표(state table)의 작성

현재 상태		다음 상태				출 력	
		$X=0$		$X=1$		$X=0$	$X=1$
A	B	A	B	A	B	Y	Y
0	0	0	0	0	1	0	0
0	1	1	1	0	1	0	0
1	0	1	0	0	0	0	1
1	1	1	0	1	1	0	0

(2) 상태도(state diagram)

상태도에서 원안의 2진수는 현재상태를 나타내고 빗금(/) 앞에 있는 2진수는 입력 변수, 빗금(/) 다음에 있는 2진수는 출력 변수를 의미한다.

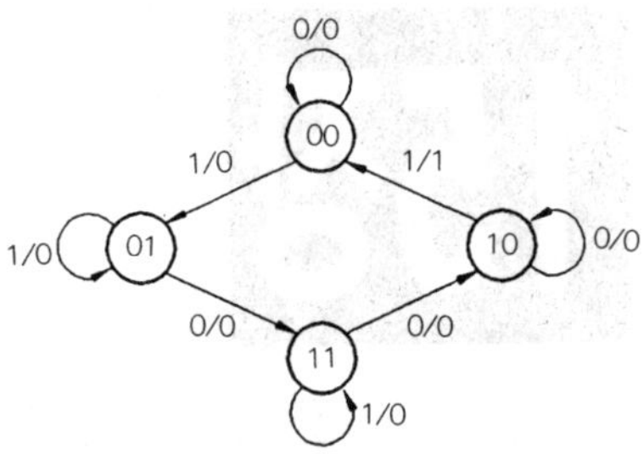

〈그림 15－2〉 상태도

(3) 상태식(state equations)

① flip-flop A 의 상태식

$$A(t+1)=(\bar{A}B+A\bar{B}+AB)\bar{x}+ABx$$
$$=B\bar{x}+(B+\bar{x})A=B\bar{x}+(\overline{\bar{B}x})A$$

② flip-flop B의 상태식

$$B(t+1)=\bar{A}x+(\bar{A}+x)B$$
$$=Ax+(\overline{A\bar{x}}\cdot B)$$

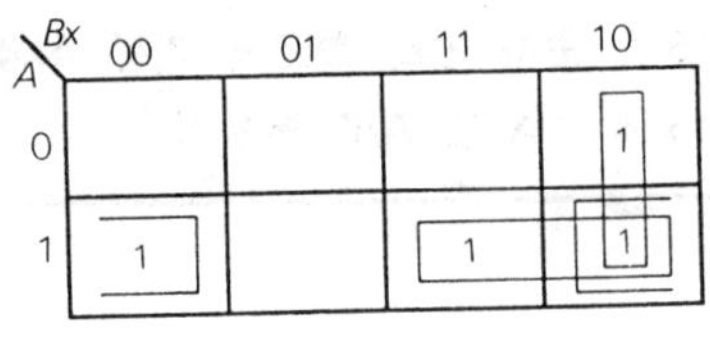

(a)

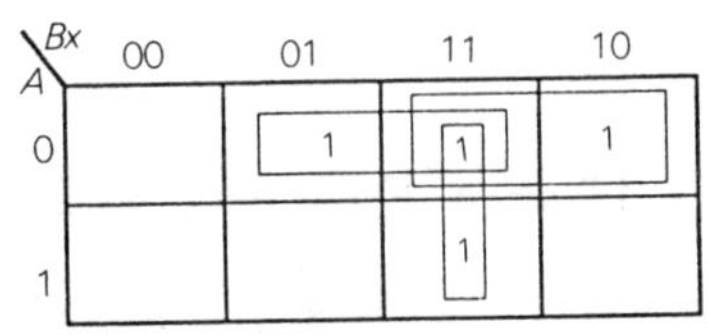

〈그림 15－3〉 flip-flop ***A, B***의 상태식

(4) flip-flop 입력함수

flip-flop의 입력을 Boolean 함수로 표시하면 다음과 같다.

$SA=B\bar{x}$　　　　$RA=\bar{B}x$

$SB=\bar{A}x$　　　　$RB=A\bar{x}$

$y=A\bar{B}x$

15·1·2 플립－플롭의 여기표(excitation table)

(1) flip-flop의 특성표

다음표에서 $Q(t)$는 현재 상태(present state)이고 $Q(t+1)$은 클럭펄스가 가해진 후의 다음 상태(next state)를 나타낸다.

S R	***Q(t+1)***
0 0	$Q(t)$
0 1	0
1 0	1
1 1	?

(a) RS

J K	***Q(t+1)***
0 0	$Q(t)$
0 1	0
1 0	1
1 1	$\overline{Q(t)}$

(b) JK

D	***Q(t+1)***
0	0
1	1

(c) D

T	***Q(t+1)***
0	$Q(t)$
1	$\overline{Q(t)}$

(d) T

〈그림 15－4〉 플립－플롭의 특성표

(2) RS flip-flop의 여기표

① $Q(t)=0$에서 $Q(t+1)=0$으로 변하는 경우
출력이 변화하지 않으므로 $S=0$, $R=0$인 경우와 $Q(t+1)=0$이었으므로 $S=0$, $R=1$인 경우의 두 경우가 있다.

② $Q(t)=1$에서 $Q(t+1)=1$이 되는 경우
$S=0$, $R=0$과 $S=1$, $R=0$인 입력이 가해질 수 있으므로 $S=X$, $R=0$로 표시된다.

$Q(t)$	$Q(t+1)$	S R
0	0	0 ×
0	1	1 0
1	0	0 1
1	1	× 0

〈그림 15－5〉 RS 여기표

(3) JK flip-flop의 여기표

① $Q(t)=0$에서 $Q(t+1)=0$으로 변하는 경우
현재 상태와 다음 상태가 모두 0으로 변하지 않으므로 $J=0$, $K=0$인 경우와 $Q(t+1)=0$ 이므로 $J=0$, $K=1$인 두 경우가 있다.

② $Q(t)=0$ 에서 $Q(t+1)=1$이 되는 경우
$J=K=1$이고, $J=1$, $K=0$인 입력이 가해질 수 있으므로 $J=1$, $K=X$ 로 표시된다.

$Q(t)$	$Q(t+1)$	J K
0	0	0 ×
0	1	1 ×
1	0	× 1
1	1	× 0

〈그림 15－6〉 JK 여기표

(4) D 및 T flip-flop의 여기표

$Q(t)$	$Q(t+1)$	D
0	0	0
0	1	1
1	0	0
1	1	1

(a)

$Q(t)$	$Q(t+1)$	T
0	0	0
0	1	1
1	0	1
1	1	0

(b)

〈그림 15－7〉 (a) D 여기표, (b) T 여기표

15·1·3 상태도에 의한 순서 논리 회로의 설계

※ 설계 과정의 순서

a) 상태표를 작성한다.
b) 상태 감소화를 하여 불필요한 상태를 제거한다.
c) 각 상태에 2진수를 부여한다.
d) 필요한 flip-flop의 수와 종류를 결정한다.
e) 상태표로부터 excitation표와 출력표를 만든다.
f) K-map 등으로 출력 함수와 flip-flop의 입력 함수를 구한다.
g) 회로도를 작성한다.

예제 15−1 상태도에 의한 순서 논리 회로의 설계

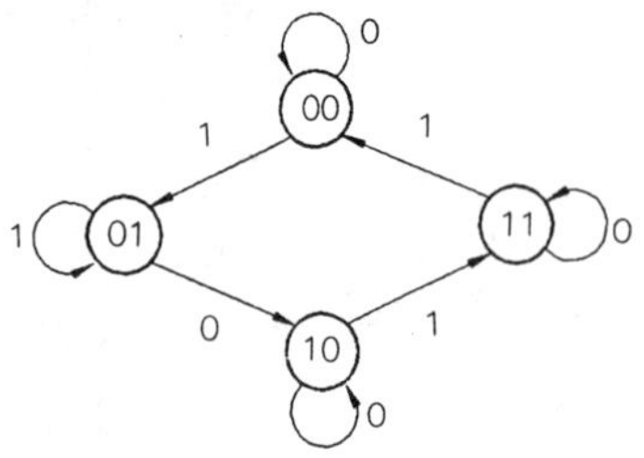

(a) 상태도

현재 상태 (Present state)		다음 상태(Next state) $x=0$		다음 상태(Next state) $x=1$	
A	B	A	B	A	B
0	0	0	0	0	1
0	1	1	0	0	1
1	0	1	0	1	1
1	1	1	1	0	0

(b) 상태표 작성

〈그림 15−8〉 상태도로 순서 회로 설계 예

풀이 먼저 그림 9−8(b)와 같은 상태표를 작성한다. 다음에 여기표를 작성하여 Flip-flop의 입력을 구하여 간소화 한다.

a) 여기표(excutation table) 작성

조합회로의 입력 현재 상태 (Present state)		입력 (Input)	다음 상태 (Next state)		조합 회로의 출력 Flip-flop 입력			
A	B	x	A	B	JA	KA	JB	KB
0	0	0	0	0	0	X	0	X
0	0	1	0	1	0	X	1	X
0	1	0	1	0	1	X	X	1
0	1	1	0	1	0	X	X	0
1	0	0	1	0	X	0	0	X
1	0	1	1	1	X	0	1	X
1	1	0	1	1	X	0	X	0
1	1	1	0	0	X	1	X	1

b) 조합 논리 회로의 간소화

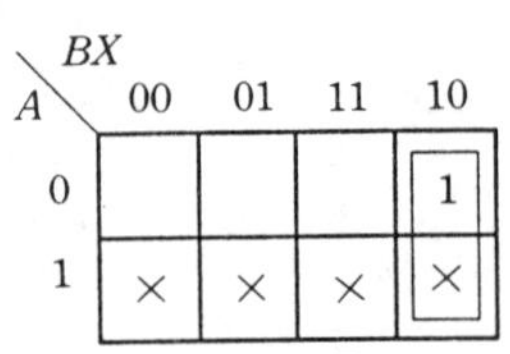

$JA=B\bar{X}$

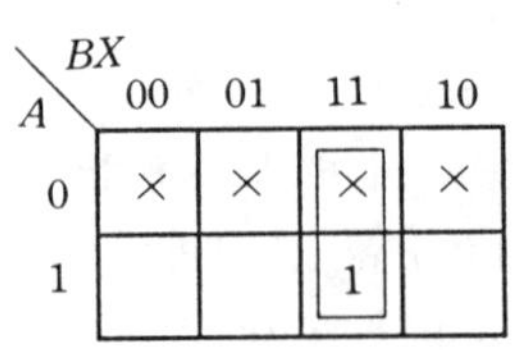

$KA=BX$

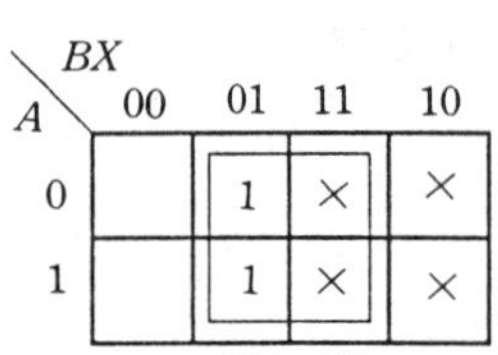

$JB=X$

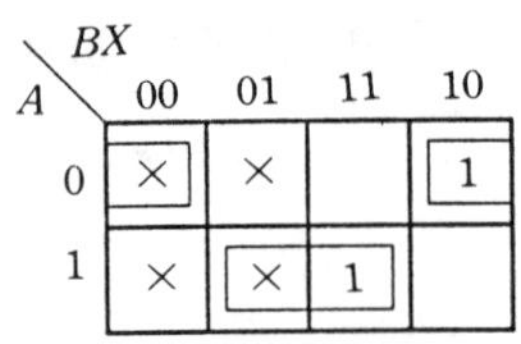

$KB=A\oplus X$

c) 순서 논리 회로

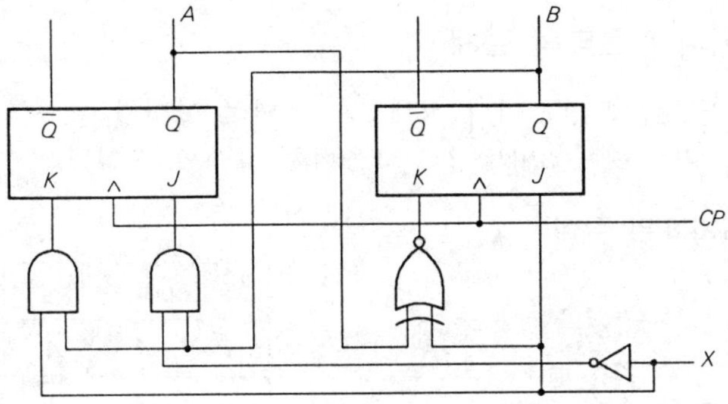

〈그림 15－9〉 순서 논리 회로의 설계

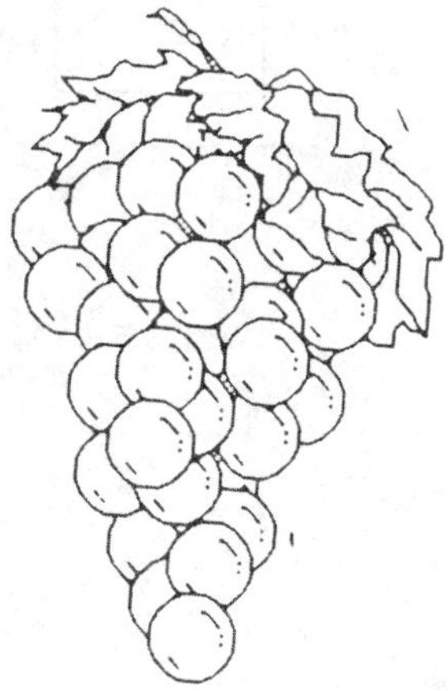

15·2 계수 회로의 설계

15·2·1 동기식 카운터의 설계

입력 신호가 들어 올 때마다 미리 정해진 순서대로 상태가 변하는 순서 논리 회로를 counter이라 한다. 다음 예는 3비트 2진 카운터를 설계한 것이다.

(1) 상태도 및 여기표의 작성

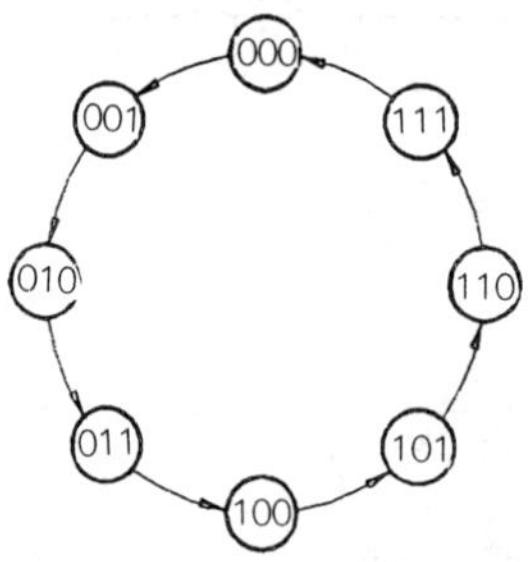

(a) 상태도

Count 순서			Filp-flop 입력		
A_2	A_1	A_0	TA_2	TA_1	TA_0
0	0	0	0	0	1
0	0	1	0	1	1
0	1	0	0	0	1
0	1	1	1	1	1
1	0	0	0	0	1
1	0	1	0	1	1
1	1	0	0	0	1
1	1	1	1	1	1

(b) 여기표

〈그림 15－10〉 3bit 2진 counter

(2) 3bit 2진 counter의 설계

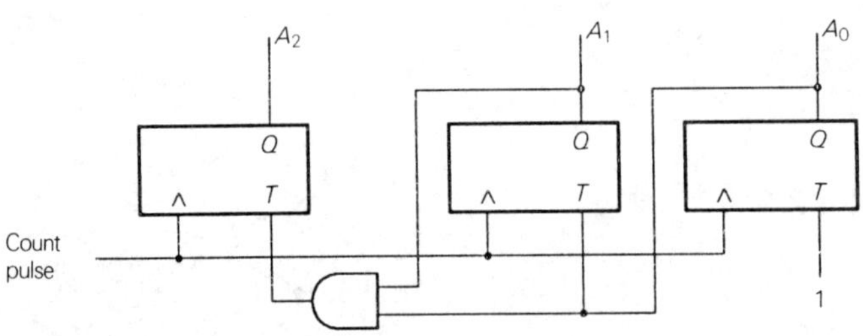

〈그림 15－11〉 3비트 2진 카운터의 설계

예제 15－2 동기식 비순차 카운터의 설계

JK 플립－플롭을 사용해서 다음의 반복된 2진 순차(binary sequence)를 가진 카운터를 설계하라.

2진 순차 : →0→4→2→1→6 (반복)

풀이 여기표에 의한 동작 상태표를 작성한 후 입력 함수를 구한다.

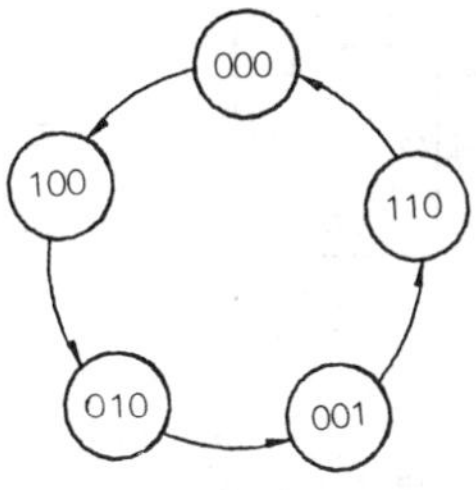

상태도

동작 상태표

현재 상태			다음 상태			flip-flop 입력					
A	*B*	*C*	*A*	*B*	*C*	*JA*	*KA*	*JB*	*KB*	*JC*	*KC*
0	0	0	1	0	0	1	*X*	0	*X*	0	*X*
1	0	0	0	1	0	*X*	1	1	*X*	0	*X*
0	1	0	0	0	1	0	*X*	*X*	1	1	*X*
0	0	1	1	1	0	1	*X*	1	*X*	*X*	1
1	1	0	0	0	0	*X*	1	*X*	1	0	*X*

〈그림 15－12〉

이 표에 K-map을 적용하여 입력 함수를 구하면 다음과 같다.

$JA=\bar{B}$ $KA=1$

$JB=A+B$ $KB=1$

$JC=\bar{A}B$ $KC=1$

예제 15－3 동기식 3진 카운터의 설계

동기식 3진(modulus-3) 카운터의 진리표와 회로도를 구성하고 설명하라.

풀이 (1) 먼저 진리표(동작 순서표)를 만든다. 플립－플롭은 Q_1, Q_0의 2개가 필요하다.

번호	*n*비트 때의 출력		*n*+1비트 때의 출력		*n*비트 때의 입력			
	Q_1	Q_0	Q_1	Q_0	J_1	K_1	J_0	K_0
1	0	0	0	1	0	*X*	1	*X*
2	0	1	1	0	1	*X*	*X*	1
3	1	0	0	0	*X*	1	0	*X*

※ *JK* 플립－플롭의 여기표에 의해 3진 카운터 동작에 따른(출력의 변화 상태) 여기 표를 작성한다.

(2) Karnaugh도에 의해 입력 방정식을 구한다.

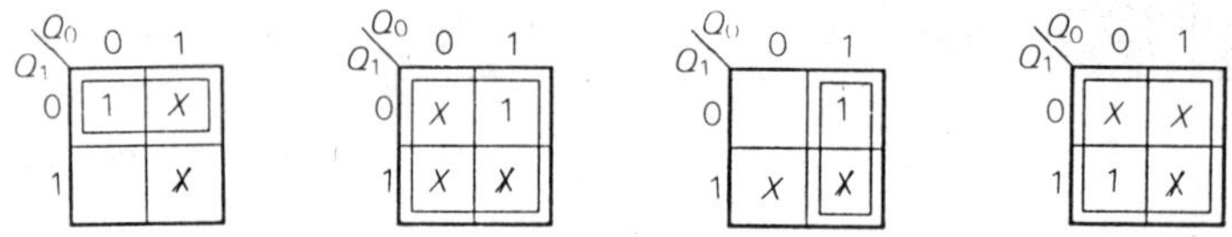

$J_0 = \bar{Q}_1$　　$K_0 = 1$　　$J_1 = Q_0$　　$K_1 = 1$

〈그림 15-13〉

(3) Karnaugh도의 결과식에 따라 결선한다.

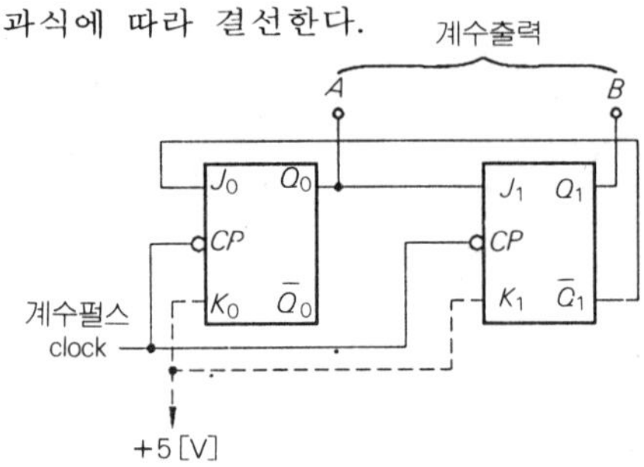

〈그림 15-14〉 동기식 3진 카운터

예제 15-4 동기식 7진 카운터의 설계

동기식 7진 카운터를 설계하라.

풀이 (1) 먼저 진리표(여기표 포함)를 작성한다.

번호	n비트 때의 출력			$n+1$비트 때의 출력			n비트 때의 입력					
	Q_2	Q_1	Q_0	Q_2	Q_1	Q_2	J_2	K_2	J_1	K_1	J_0	K_0
1	0	0	0	0	0	1	0	X	0	X	1	X
2	0	0	1	0	1	0	0	X	1	X	X	1
3	0	1	0	0	1	1	0	X	X	0	1	X
4	0	1	1	1	0	0	1	X	X	1	X	1
5	1	0	0	1	0	1	X	0	0	X	1	X
6	1	0	1	1	1	0	X	0	1	X	X	1
7	1	1	0	0	0	0	X	1	X	1	0	X

(2) K-map을 작성하여 입력 방정식을 구한다.

$J_0 = \bar{Q}_1 + \bar{Q}_2 = \overline{Q_1 Q_2}$, $K_0 = 1$　　$J_1 = Q_0$, $K_1 = Q_0 + Q_2$　　$J_2 = Q_0 Q_1$, $K_2 = Q_1$

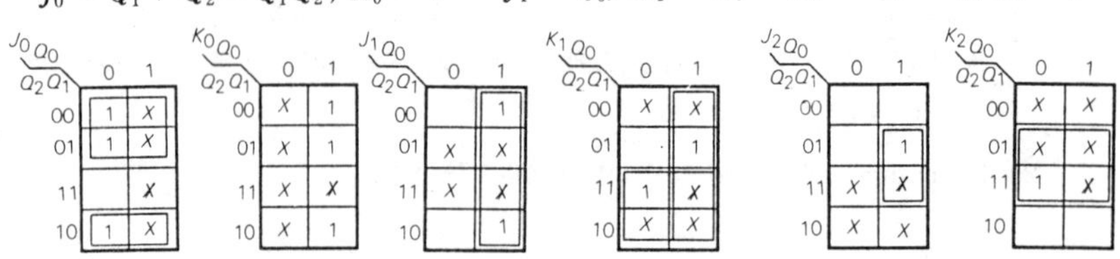

$J_0 = \bar{Q}_1 + \bar{Q}_2$　　$K_0 = 1$　　$J_1 = Q_0$　　$K_1 = Q_2 + Q_0$　　$J_2 = Q_0 Q_1$　　$K_2 = Q_1$

(3) K-map의 결과식에 따라 회로를 구성한다.

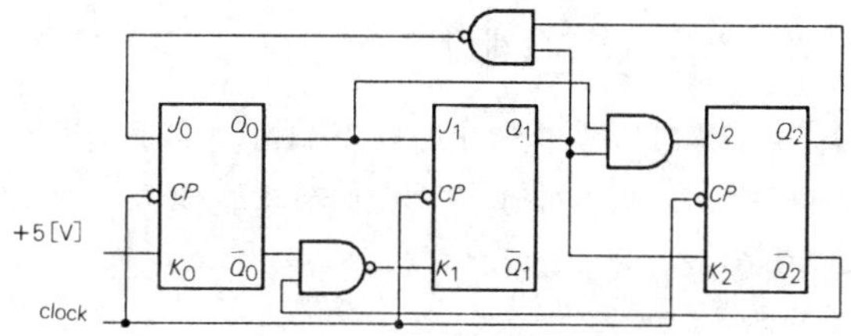

〈그림 15-15〉 동기식 7진 카운터

15·2·2 리플 카운터(ripple counter) : 비동기 카운터

binary ripple 카운터는 *JK* flip-flop(또는 T flip-flop)을 이용하여 *i*번째 flip-flop의 출력이 $(i+1)$번째 flip-flop을 trigger하고, 첫번째 flip-flop은 외부에서 오는 클럭 펄스에 의해서 trigger된다.

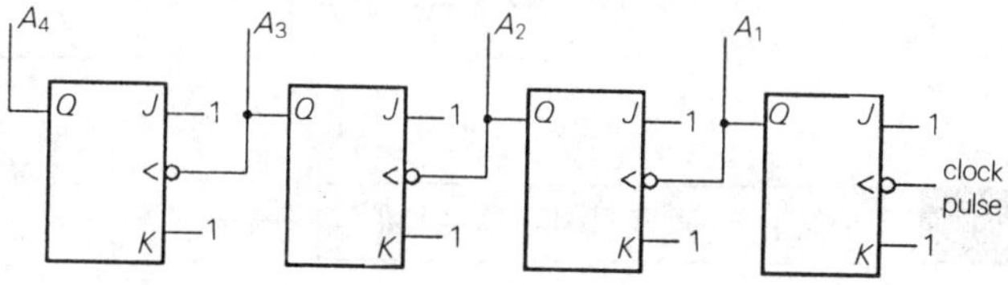

〈그림 15-16〉 4bit binary ripple 카운터

15·2·3 비동기식 *n*진 카운터의 설계

(1) 직접 소거에 의한 modulus제어 : 필요한 수 만큼 계수가 되었을 때 NAND 게이트를 이용하여 모든 플립-플롭이 클리어 되도록 하는 직접 소거의 원리를 적용하므로서 임의의 모듈러스를 가진 계수기를 쉽게 구성할 수 있다.
(단점) NAND 게이트에 의한 시간 지연이 가산되는 단점이 있다.

(2) 프리세트(pre-set)를 이용한 비동기 카운터의 설계
① 요구되는 플립-플롭의 수를 결정한다.
식 : $2^{n-1} \leq N \leq 2^n$, n : 플립-플롭의 수
② 먼저 2^n진 카운터를 구성한 다음 $(N-1)$에 대한 2진수를 구한다.
③ $(N-1)$ 일 때 1인 모든 플립-플롭의 출력 Q와 카운터의 클럭 펄스(CP) 입력으로 NAND 회로를 만든다.
④ NAND 회로의 출력을 $(N-1)$일 때 0인 플립-플롭의 프리세트(preset) 단자에 연결한다.

예제 15-5 클리어 단자를 이용한 비동기식 카운터의 설계

11진(modulus-11) 카운터를 설계하라.

풀이 $n=4$이고 $11_{10}=1011_2$이므로 계수가 11인 1011에서 모든 플립-플롭이 0이 되도록 2단 출력을 NAND 회로로 연결하여 그 출력을 모든 플립-플롭의 리세트(reset)에 연결하면 11진 카운터가 구성된다.

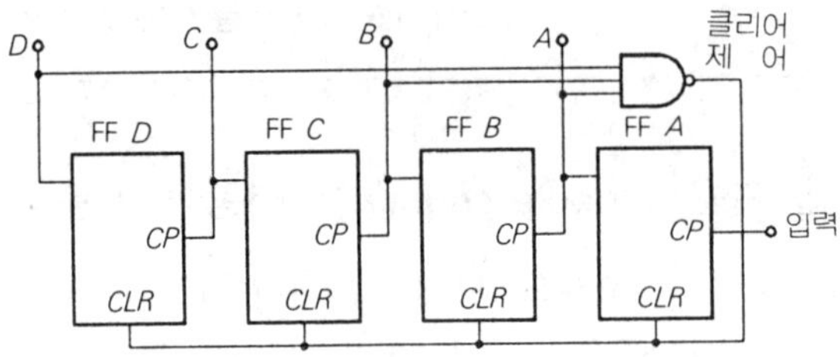

〈그림 15-17〉 모듈러스-11 카운터

예제 15-6 10진 리플 카운터의 설계

PS 단자를 이용하여 10진(mod-10) 비동기식 카운터를 설계하라.

풀이 (1) 먼저 요구되는 플립-플롭의 수를 결정한다.

$2^{n-1} \leqq 10 \leqq 2^n$이므로 $n=4$ 즉, 4개의 플립-플롭이 필요하다.

(2) $N-1=10-1=9_{10}=1001_2$이므로 1, 4단 출력과 클럭(*CP*)입력을 NAND 회로의 입력으로 하여 그 출력을 2, 3단의 프리세트(preset)에 연결하여 얻는다.

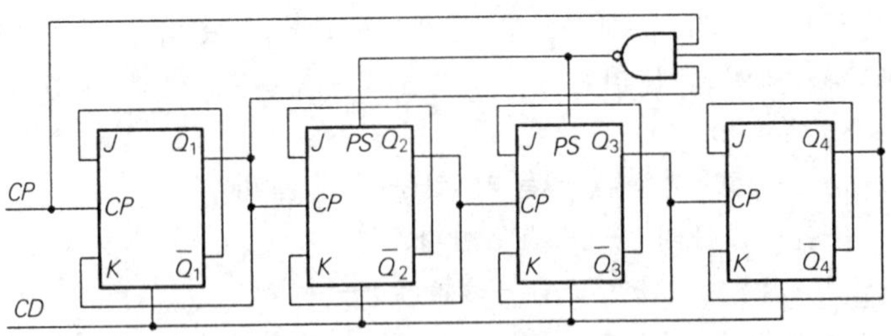

〈그림 15-18〉 10진 리플 카운터

(3) **궤환형 N진 카운터의 설계** : 필요한 n개의 플립-플롭을 구하여 궤환으로 인한 건너뛰는 숫자는(2^n-N)으로 한다.

예제 15-7 궤환형 비동기식 카운터의 설계

궤환형 6진(mod-6) 카운터를 설계하라.

풀이 mod-6 카운터에서 n=3개 이므로 8개의 수를 계수할 수 있으므로 불필요한 2단을 미리 궤환시켜서 6진 계수기를 구성한다.

입력펄스	2^2단 Q출력	2^1단 Q출력	2^0단 Q출력
0	0	0	0
1	0	0	1
2	0	1	0
3	0	1	1
4	1	0	0
궤환펄스	1	1	0
5	1	1	1
6(0)	0	0	0

즉, 건너뛰는 펄스의 숫자는 $2^3-6=2$가 되므로 단안정 멀티의 출력은 2^1단의 입력으로 궤환시키도록 구성한다.

즉, 이 계수기는 숫자 4까지 계수하여 2^2단의 플립-플롭이 리세트 되는 순간 $\bar{C}$에서 내는 펄스가 한번만 짧은 펄스를 발생시키는 단안정 멀티바이브레이터 OS(one shot)를 동작시켜 순간 펄스를 내게 하고 이것을 2^1단에 궤환시킨다. 2^1단은 입력 T에 펄스가 들어올 때마다 숫자 2씩 증가(2^0단은 1, 2^1단은 2, 2^n단은 2^n씩 증가)하므로 불필요한 2단계가 없어지는 것이다.

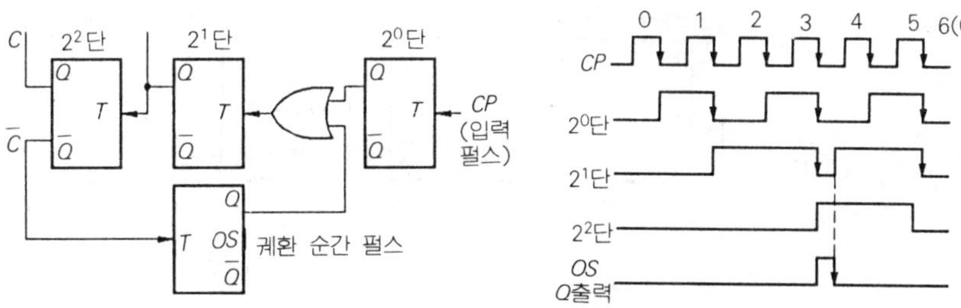

(a) mod-6 카운터 (b) 출력 파형

〈그림 15-19〉 mod-6 궤환형 카운터

15·3 시프트 카운터(shift counter)

15·3·1 링 카운터(ring counter)

시프트 레지스터의 마지막 단의 출력을 첫단에 궤환시킨 것으로 순환 레지스터이다.

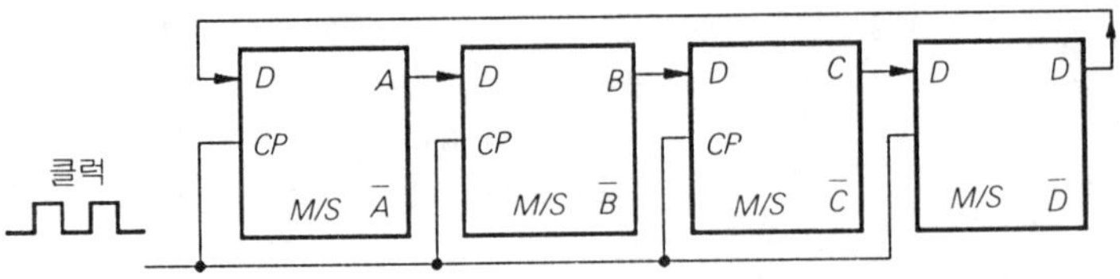

〈그림 15-20〉 링 카운터(mod-4 카운터)

15·3·2 존슨 카운터(Johnson counter)

링 카운터와 다른 점은 마지막 단으로부터 첫단에의 궤환이 C대신 $\bar{C}$에서 이루어지고 있는 점이다.

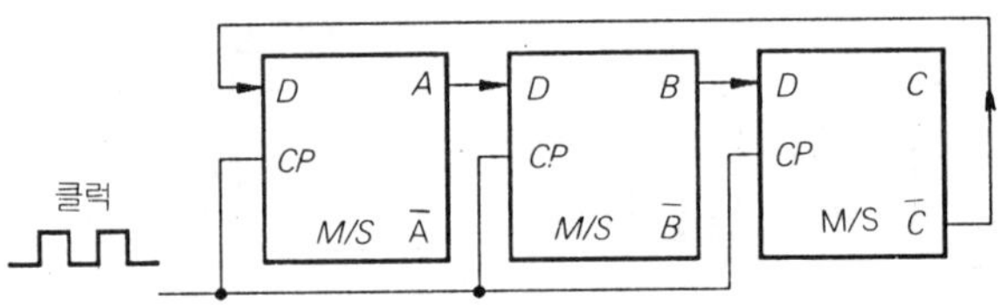

〈그림 15-21〉 존슨 카운터(mod-6 카운터)

15·4 D/A 및 A/D 변환기

15·4·1 변환기에 사용되는 용어

(1) 분해능(resolution)

변환기의 출력에서 식별할 수 있는 두 변환값의 최소 차이를 분해능이라 한다. 즉, 분해능이 100 [mV]라면 100 [mV] 미만인 두 전압은 식별되지 않고 동일한 값으로 나타나는 것을 의미한다.

$$\%\text{분해능} = \frac{1}{2^N - 1} \times 100$$

예제 15－8 분해능의 계산 ①

그림의 4비트 D/A변환기에서 $DCBA$＝0000일 때 V_0＝0 [V]이고 $DCBA$＝1111일 때 V_0＝15 [V]라고 하면 분해능(resolution)은 ?

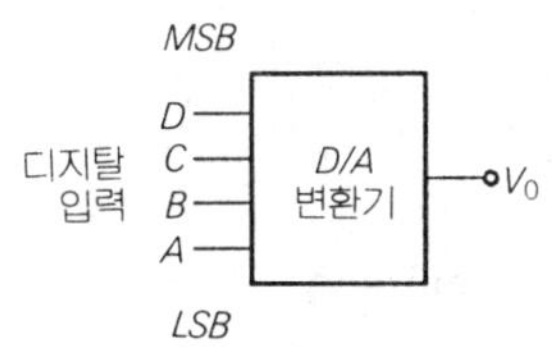

〈그림 15－22〉 D/A 변환기

풀이 (1) $\%\text{분해능} = \dfrac{\text{스텝 크기(step size)}}{\text{출력의 최대 눈금(full scale)}} \times 100$

$$= \frac{1}{15} \times 100$$

$$= 6.67\ [\%]$$

(2) 전압 분해능 ＝ 스텝 크기(step size)

$$= \frac{V_0}{2^4 - 1} = \frac{15}{15} = 1$$

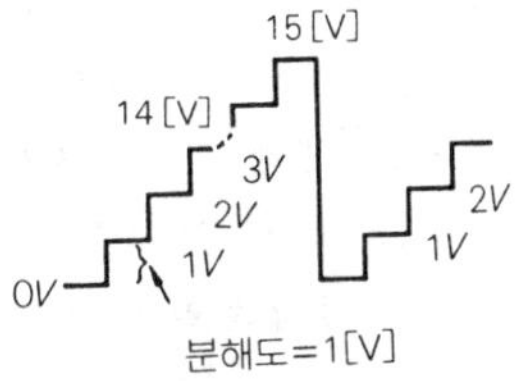

〈그림 15－23〉 2진 계수에 따른 D/A 변환기의 출력 변화

예제 15－9 분해능의 계산 ②

5비트 digital to analog(D/A) 변환기의 %분해능(percent resolution)은 얼마인가 ?

풀이 5비트를 사용하여 나타낼 수 있는 최대값은 $11111_2 = 31_{10}$이다.

$$\%\text{분해능} = \frac{1}{2^N - 1} \times 100 = \frac{1}{2^5 - 1} \times 100 = 3.23\ [\%]$$

(2) 정밀도(accuracy)

측정값이 진값에 얼마나 가까운가를 나타내는 것으로 [%]로 표시한다. 즉 측정값이 100 [V]인 경우 정밀도가 ±1 [%]이면 진값은 99～101 [V] 사이에 있음을 의미한다.

15·4·2 D/A 변환기

(1) 저항 분할기(resistive divider)

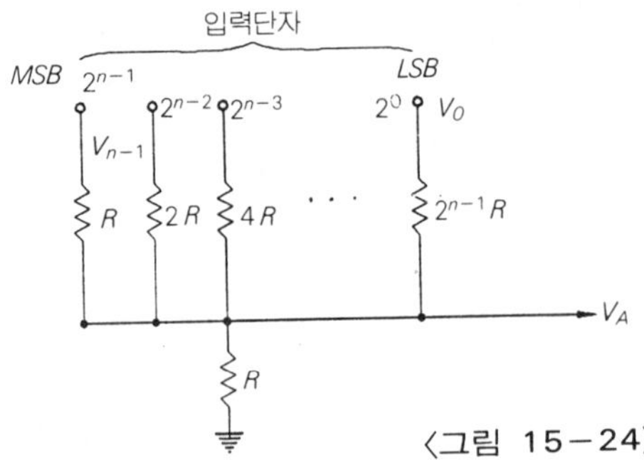

〈그림 15－24〉 D/A 변환기 저항회로

밀만(millman)의 정리에 의해

$$V_A=\frac{V_{n-1}/R+V_{n-2}/2R+\cdots+V_0/2^{n-1}\cdot R}{1/R+1/2R+\cdots+1/2^{n-1}\cdot R}=\frac{V_{n-1}\cdot 2^{n-1}+V_{n-2}\cdot 2^{n-2}+\cdots+V_0 2^0}{2^n-1}$$

예제 15－10 **5비트 저항 분할기**

5비트 저항분할기(resistive divider)에서

(1) LSB에 대한 웨이트(weight)

(2) 디지탈 입력 10101에 대한 출력전압, 여기서 0＝0 [V]이고 1 ＝ ＋10 [V]이다.

를 구하고 저항분할기의 결점에 대해 써라.

풀이 (1) LSB에 대한 웨이트는 $1/(2^5-1)=1/31$이다.

(2) 디지탈 입력 10101에 대한 출력전압 V_A는

$$V_A=\frac{10\times2^0+0\times2^1+10\times2^2+0\times2^3+10\times2^4}{2^5-1}=\frac{10(1+4+16)}{32-1}=\frac{210}{31}=+6.77\,[\mathrm{V}]$$

(3) 저항분할기의 결점

① 회로의 각 저항값이 각각 다르므로 이 저항값들의 정밀성이 요구된다.

② MSB에 사용되는 저항에는 다른 저항보다 많은 전류가 흐른다. 예를 들어 10비트 시스템에서는 MSB 저항에 흐르는 전류는 LSB 저항에 흐르는 전류보다 약 500배 정도 크다.

(2) 가산 증폭기형 D/A 변환기

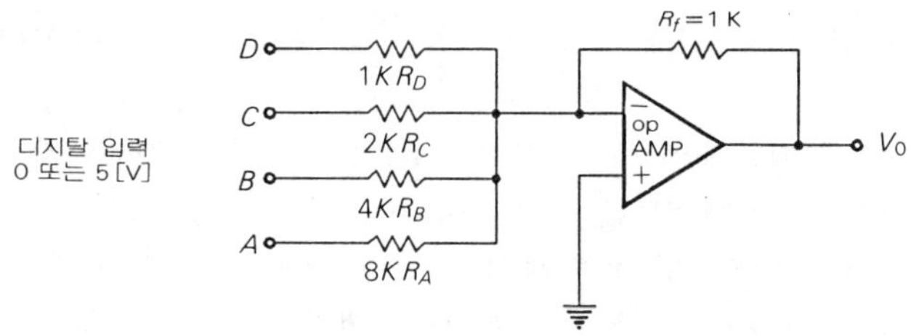

〈그림 15－25〉 기본 가산 증폭기형 D/A 변환기

출력 전압 V_0는

$$V_0 = -R_f\left(\frac{V_D}{R_D} + \frac{V_C}{R_C} + \frac{V_B}{R_B} + \frac{V_A}{R_A}\right) = -(V_D + 0.5V_C + 0.25V_B + 0.125V_A)$$

(3) 래더 저항망 D/A 변환기

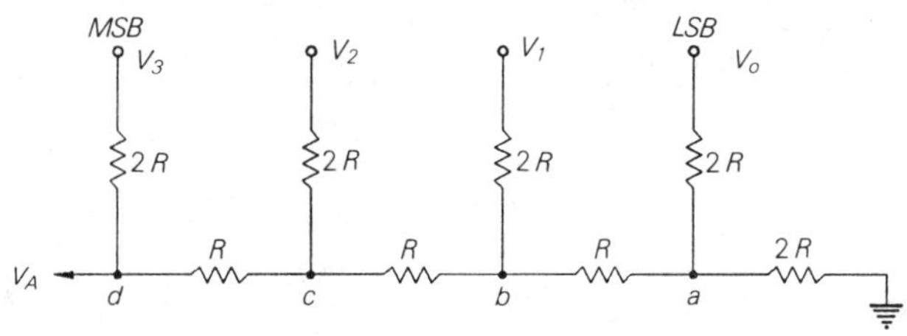

〈그림 15－26〉 래더 저항망 D/A변환기

아날로그 출력 전압 V_A는

$$V_A = d_{n-1}V_{n-1}/2 + d_{n-2}V_{n-2}/4 + d_{n-3}V_{n-3}/8 + \cdots + d_0V_0/2^n$$

$$= \frac{d_{n-1}V_{n-1}2^{n-1} + d_{n-2}V_{n-2}2^{n-2} + \cdots + d_0V_02^0}{2^n}$$

예제 15－11 R－2R ladder

5비트 래더(ladder) 저항망에서 디지탈 입력 11010에 대한 출력전압을 구하라. 여기서 0=0[V], 1 = +10[V]라 한다.

풀이 $V_A = \dfrac{0\times2^0 + 10\times2^1 + 0\times2^2 + 10\times2^3 + 10\times2^4}{2^5}$

$= \dfrac{10(2+8+16)}{32} = \dfrac{10\times26}{32} = +8.125\,[\mathrm{V}]$

15·4·3 A/D 변환기

(1) 병렬형 A/D 변환기

병렬형은 모든 A/D 변환기 중 가장 간단한 방법으로 동시형(simultaneous type)이라고도 한다.

① 이 변환에는 많은 수의 비교기(comparator)가 사용되므로 A/D변환기중 가장 속도가 빠른 반면 값이 비싸다는 결점이 있다.

② 일반적으로 n비트 디지탈 신호를 얻기 위해서 (2^n-1)개의 비교기가 필요하다. 즉 입력신호를 3비트 디지탈 신호로 바꾸기 위해서는 7개의 비교기가 필요하다.

예제 15－12 2비트 병렬형 A/D 변환기

최대 입력 전압이 V일 때 2bit 동시형 A/D 변환기를 설계하라.

풀이 LSB의 웨이트(weight)가 $V/2^2 = \frac{V}{4}$ 이므로 $V/4$씩 증가하는 기준 전압을 갖는 3개의 비교기가 필요하다.

입력 전압	비교기출력			변환기출력	
	X_3	X_2	X_1	Y_2	Y_1
$0 \sim V/4$	0	0	0	0	0
$V/4 \sim V/2$	0	0	1	0	1
$V/2 \sim 3V/4$	0	1	1	1	0
$3V/4 \sim V$	1	1	1	1	1

(a) 코드 변환 진리표

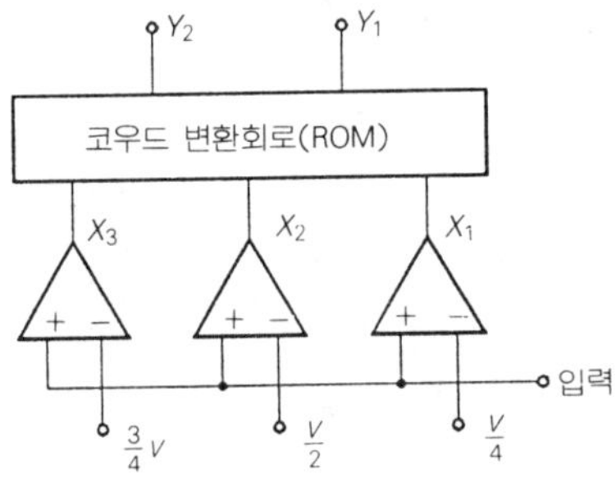

(b) 2bit 동시형 변환기

〈그림 15－27〉

(2) 계수형 A/D 변환기

계단 램프(staircase-ramp)형 A/D 변환기라고도 하며 아날로그 정보를 디지탈로 변환하는 방법 중 가장 속도가 느리다.

〈동작 원리〉

① $V'_A = V_A$로 되는 순간에 비교기 출력이 0이 되어 계수기는 정지하고 이때의 계수기에는 V_A에 대응된 디지탈 신호가 나타난다.

② V_A가 클수록 변환 시간이 길어지므로 고속변환에는 사용곤란하다.

③ V_A와 V'_A가 완전히 일치하지 않으므로 양자화오차(quantization error)가 생긴다.

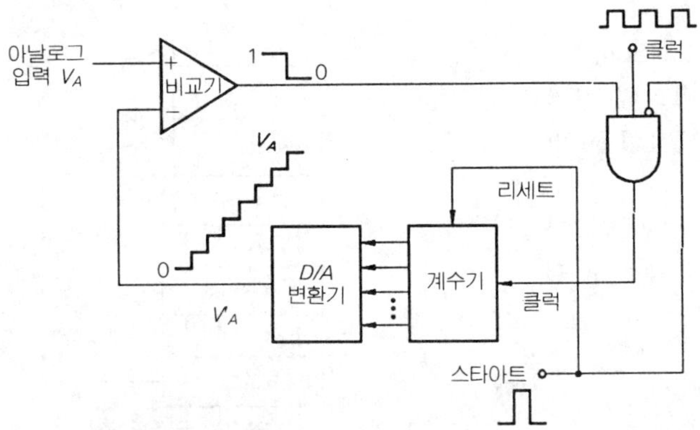

〈그림 15－28〉 계수형 A/D 변환기

예제 15－13 8비트 계수형 A/D 변환기

8비트 계수형 A/D 변환기가 500［kHz］ 클럭에 의해 구동된다고 한다.
(1) 최대 변환 시간
(2) 평균 변환 시간
(3) 최대 변환 속도
를 구하라.

풀이 (1) $2^8=256$개의 계수 상태를 가지므로 500［kHz］ 클럭으로 계수기는 한번 계수에 2［μs］가 걸린다. 256번의 계수에는
$256\times2\times10^{-6}=0.512$［ms］의 시간을 요한다.

(2) 평균 변환 시간 ＝（최대 변환 시간）/2＝$0.512\times10^{-3}/2=0.256$［ms］이다.

(3) 최대 변환 속도 ＝ $1/(0.512\times10^{-3}) \simeq$ 1,953cps

(2) 연속 계단 램프 A/D 변환기

계수형은 업 카운터만을 사용하나 연속형은 계수기에 업·다운 카운터를 사용하여 아날로그 전압의 시간적 변화에 따라 위 아래를 계수 하도록 하므로써 변환시간을 감소시킨 것이다.

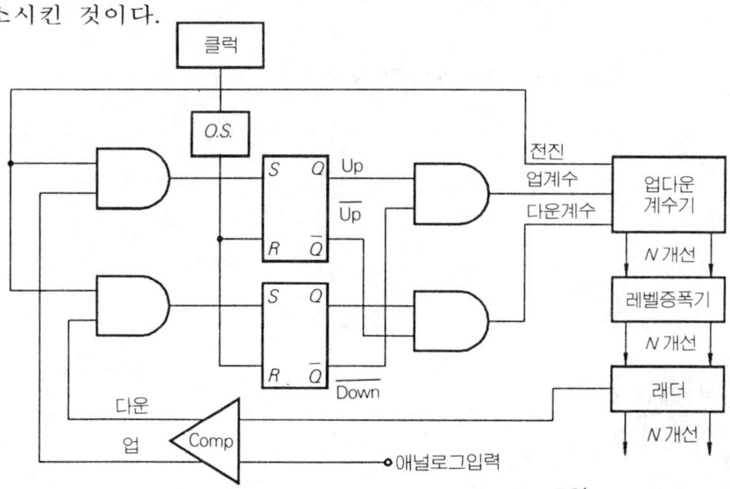

〈그림 15－29〉

(3) 연속 근사 A/D 변환기

연속 근사(successive approximation) 방식이란 MSB로부터 한번에 한 비트씩 처리함으로써 아날로그 전압을 근사시키는 방식이다.

이 연속 근사 A/D 변환기는 변환속도가 빠르고 분해능이 높으며 멀티플렉스가 필요한 경우에 적합하다.

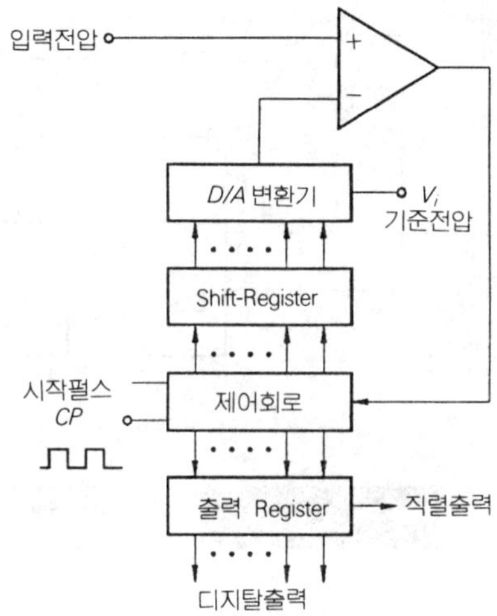

〈그림 15－30〉 연속 근사 A/D 변환기

(4) 램프형 A/D 변환기

이 변환기는 아날로그 입력전압 V_A와 램프전압 V_R을 비교하는 것으로 램프 전압이 직선적으로 증가하여 V_A와 일치할 때까지의 경과시간 Δt에 의하여 아날로그 전압을 알아낸다.

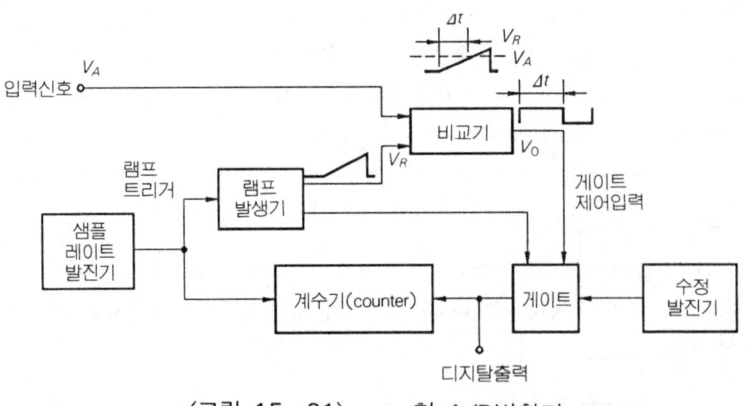

〈그림 15－31〉 ramp형 A/D변환기

出題豫想問題

1. JK 플립－플롭의 특성 방정식은?

가. $Q(t+1)=\bar{J}Q+K\bar{Q}$　　나. $Q(t+1)=J\bar{Q}+\bar{K}Q$

다. $Q(t+1)=\bar{J}\bar{Q}+KQ$　　라. $Q(t+1)=JQ+\bar{K}\bar{Q}$

2. JK 플립－플롭의 여기표에서 K의 행 (　)의 수열은
(단, X는 don't care 조건이다.)

$Q(t)$	$Q(t+1)$	J	K
0	0	0	(
0	1	1	
1	0	X	
1	1	X	)

가. $\begin{pmatrix}0\\X\\1\\0\end{pmatrix}$　　나. $\begin{pmatrix}0\\X\\0\\1\end{pmatrix}$　　다. $\begin{pmatrix}X\\X\\1\\0\end{pmatrix}$　　라. $\begin{pmatrix}X\\X\\0\\1\end{pmatrix}$

3. D형 플립－플롭에서 D와 Q^+가 각각 현재의 입력과 출력이고 Q가 다음 상태의 출력이라고 할 때 다음의 상태표에서 Q^+의 행 (　)의 수열은 어떤 것인가?

D	Q	Q^+
0	0	(
0	1	
1	0	
1	1	)

가. $\begin{pmatrix}0\\1\\1\\0\end{pmatrix}$　　나. $\begin{pmatrix}0\\0\\1\\1\end{pmatrix}$

다. $\begin{pmatrix}1\\0\\0\\1\end{pmatrix}$　　라. $\begin{pmatrix}1\\0\\1\\0\end{pmatrix}$

4. 그림과 같은 상태도(state diagram)를 이용하여 작성하였다. 틀린항은 어느 것인가?

현상태 \ 현입력 x	0	1
① q_0	$q_2/0$	$q_1/0$
② q_1	$q_2/0$	$q_2/0$
③ q_2	$q_0/1$	$q_3/0$
④ q_3	$q_0/0$	$q_2/0$

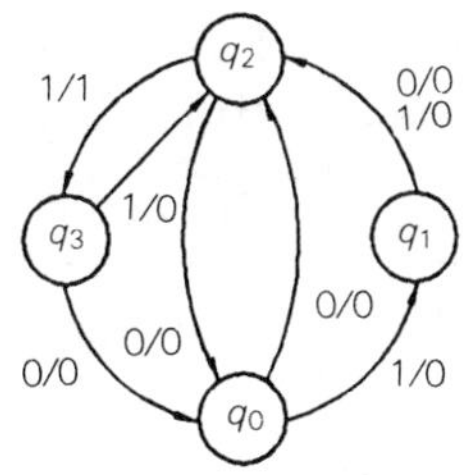

가. ①　　나. ②　　다. ③　　라. ④

해답 1. 나　2. 다　3. 나　4. 다

5. 그림과 같은 상태도(state diagram)에서 입력(x)이 $x(0)=0$, $x(T)=1$, $x(2T)=0$, $x(3T)=1$의 시간적 순서로 들어올 때 초기 상태와 q_2라면 이의 상태 변화는?

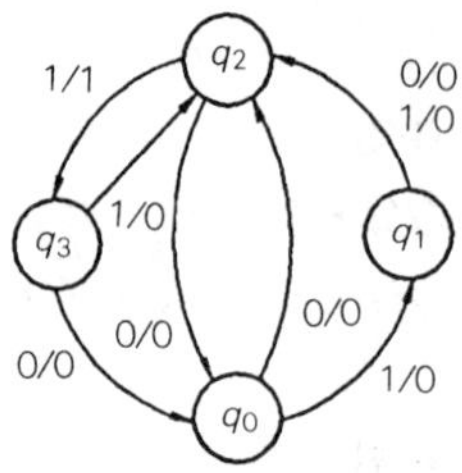

가. $q_3 \rightarrow q_0 \rightarrow q_1 \rightarrow q_2$

나. $q_3 \rightarrow q_2 \rightarrow q_0 \rightarrow q_1$

다. $q_0 \rightarrow q_2 \rightarrow q_1 \rightarrow q_3$

라. $q_0 \rightarrow q_1 \rightarrow q_2 \rightarrow q_3$

해설 초기 상태가 q_2일 때 이에 해당하는 출력은
$Z(0)=0$, $Z(T)=0$, $Z(2T)=0$, $Z(3T)=1$가 된다.

6. 다음은 어떤 순서 논리 회로의 일부분이다. A Flip-flop의 상태 방정식을 바르게 표현한 것은?

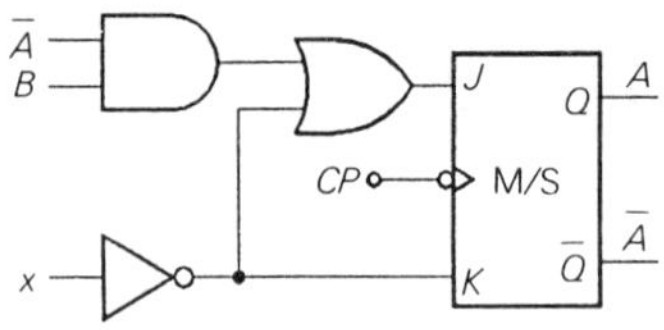

가. $A(t+1)=\bar{A}B+Ax$

나. $A(t+1)=\bar{A}x$

다. $A(t+1)=AB+Ax+\overline{Ax}$

라. $A(t+1)=\bar{A}B+\bar{A}\bar{x}+Ax$

해설 회로에서 A 플립－플롭의 입력 함수를 구하면

$JA=\bar{x}+\bar{A}\cdot B,\ KA=\bar{x}$

JK Flip-flop의 특성식으로부터 Flip-flop의 다음 상태는

$Q(t+1)=J\bar{Q}+\bar{K}Q$

이므로 A플립－플롭의 다음상태는 $A(t+1)$은 다음과 같다.

$A(t+1)=(\bar{x}+\bar{A}\cdot B)\bar{A}+\bar{\bar{x}}\cdot A$

$=\bar{x}\bar{A}+\bar{A}B+Ax$

7. 다음은 SR flip-flop의 여기표이다. 틀린 항의 번호는?
(단, d는 don't care 조건이다.)

	$Q(t)$	$Q(t+1)$	S	R
①	0	0	0	0
②	0	1	1	0
③	1	0	0	1
④	1	1	d	0

가. ① 나. ② 다. ③ 라. ④

8. 다음은 JK 플립－플롭에 대한 여기표(excitation table)이다. 틀린 항은?
(단, d는 don't care 조건이다.)

	$Q(t)$	$Q(t+1)$	J	K
①	0	0	0	d
②	0	1	1	d
③	1	0	d	1
④	1	1	0	d

가. ① 나. ② 다. ③ 라. ④

해답 5. 라 6. 라 7. 가 8. 라

9. 비동기식 5진 계수 회로는 몇 개의 플립－플롭을 필요로 하는가?

가. 2개　　나. 3개　　다. 4개　　라. 5개

해설 N진 계수기의 설계시 필요한 플립－플롭의 수(n)는 $2^{n-1} \leq N \leq 2^n$의 식으로 구해진다.

10. 동기식 카운터의 설명중 옳은 것은?

가. 리플 카운터라고도 한다.

나. 플립－플롭의 단수와 동작 속도와는 무관하다.

다. 전자계산기 회로에는 별로 사용되지 않는다.

라. 전단의 출력이 후단의 트리거(trigger) 입력이 된다.

11. 4개의 플립－플롭의 구성된 업 계수기의 모듈러스(modulus)는 얼마인가?

가. 14　　나. 15　　다. 16　　라. 17

해설 계수기에서 한 계수 사이클 동안에 계수 입력에 들어온 클럭 펄스의 모듈러스(modulus)라 한다. 즉, 4개의 플립－플롭으로 구성되는 2진 계수기는 16번째의 CP에 의하여 완전히 클리어 되므로 그 모듈러스는 16개이다.

12. 5개의 플립－플롭으로 구성된 업계수기의 모듈러스와 이 계수기로 계산할 수 있는 최대계수는?

가. modulo : 5, 최대계수 : 32　　나. modulo : 6, 최대계수 : 32

다. modulo : 31, 최대계수 : 32　　라. modulo : 32, 최대계수 : 31

해설 n개의 플립－플롭으로 구성되는 2진 계수기의 모듈러스는 2^n이다. 또한 이 계수기로 계수할 수 있는 최대계수는 2^n-1이다.

13. 다음 그림의 캐스케이드 계수기의 총 모듈수는?

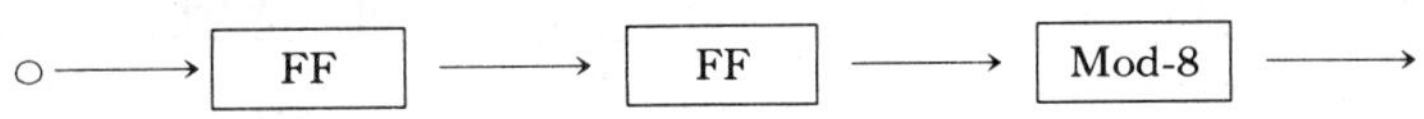

가. Mod-8　　나. Mod-10　　다. Mod-12　　라. MOd-32

해설 다음은 Mod-5, Mod-8 및 단일 플립－플롭을 케스 케이드 접속하여 Mod-4, Mod-16, Mod-25 계수기를 구성한 예이다.

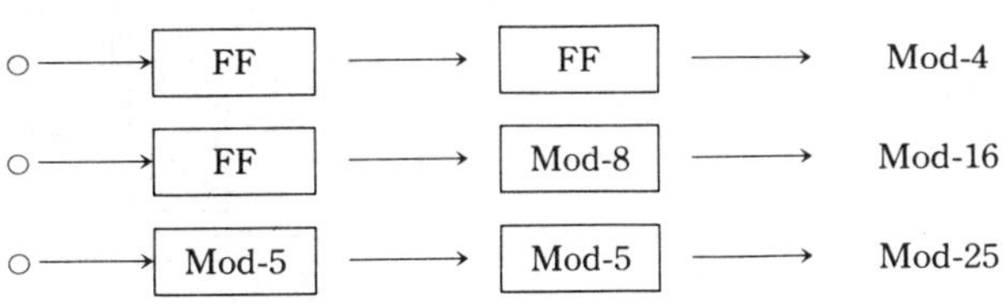

14. 동기식 카운터를 설계하기 위하여 K-map을 작성하려고 한다. JK 플립－플롭을 사용할 때 입력과 출력의 상태를 바르게 설명한 것은? (단, X는 임의 조건(don't care condition) 이다.)

가. $Q(t)=0$에서 $Q(t+1)=1$로 변하면 $J=1$, $K=0$로 표시된다.

나. $Q(t)=0$에서 $Q(t+1)=1$로 변하면 $J=0$, $K=X$로 표시된다.

다. $Q(t)=1$에서 $Q(t+1)=0$로 변하면 $J=X$, $K=1$로 표시된다.

라. $Q(t)=Q(t+1)=1$이면 $J=X$, $K=1$로 표시된다.

해답 9. 나　10. 나　11. 다　12. 라　13. 라　14. 다

15. 다음 그림의 계수기의 초기상태는 $Q_0=Q_1=0$이다. 몇 개의 클럭 펄스가 인가된 후의 $Q_0=Q_1=0$의 상태가 되는가?

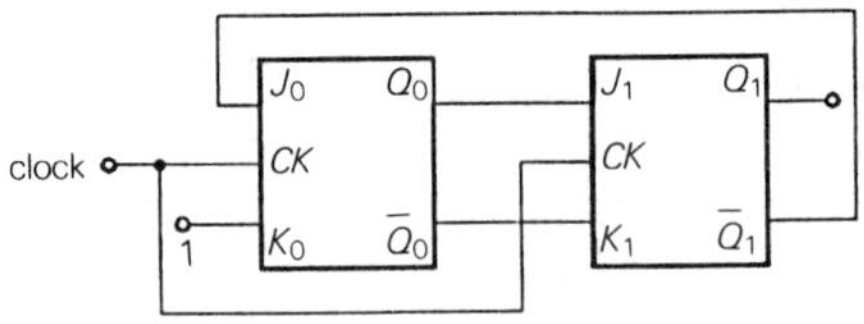

가. 2개
나. 3개
다. 5개
라. 4개

해설

	$Q_0=J_1=\overline{K}_1$	$J_0=\overline{Q}_1$	Q_1
첫째 펄스인가 전	0	1	0
첫번 펄스 후	1	1	0
2번째 펄스 후	0	0	1
3번째 펄스 후	0	1	0

$(Q_0, Q_1)=(0, 0)$에서 시작되어 3번째 펄스 후 동일 출력을 얻으므로 3 : 1 계수기이다.

16. 비동기식 카운터와 관계 없는 것은?

가. 리플 카운터라고 한다.
나. 고속 계수회로에 적합하다.
다. 회로의 설계가 용이하다.
라. 전단의 출력이 다음단의 트리거 입력이 된다.

17. 다음 카운터의 명칭은?

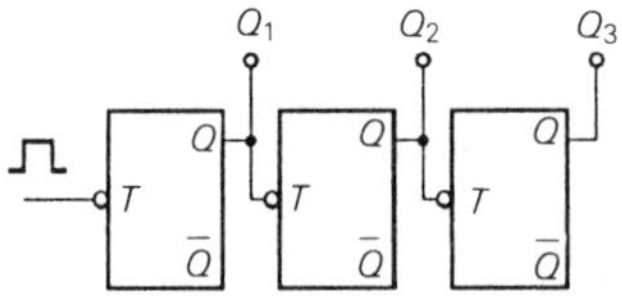

가. 동기식 8진 업 카운터
나. 비동기식 8진 업 카운터
다. 동기식 8진 다운 카운터
라. 비동기식 8진 다운 카운터

18. 다음의 5진 계수회로에서 첫번째 Q_1, Q_2, Q_3가 각각 0, 0, 0 이었다. clock이 두번 들어갔을때의 Q_1, Q_2, Q_3의 상태중 맞는 것은 어느 것인가?

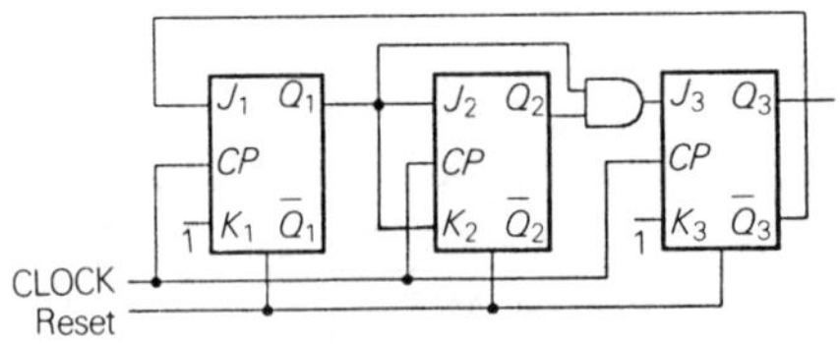

가. $Q_1=1,\ Q_2=0,\ Q_3=1$
나. $Q_1=0,\ Q_2=1,\ Q_3=0$
다. $Q_1=0,\ Q_2=1,\ Q_3=1$
라. $Q_1=1,\ Q_2=1,\ Q_3=0$

19. 다음은 리플 카운터(ripple counter)이다. 초기 상태 $A=0, B=0, C=0$ 이었다면 클럭 펄스가 12개 인가된 후의 상태는?

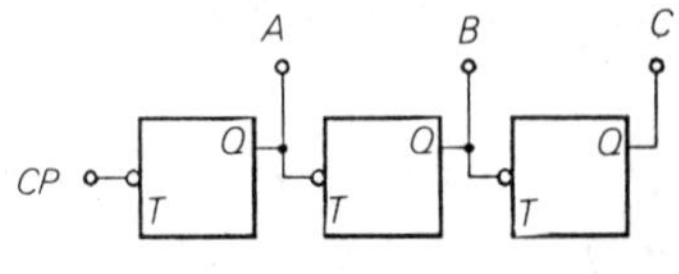

가. $A=0,\ B=0,\ C=1$
나. $A=0,\ B=1,\ C=1$
다. $A=1,\ B=1,\ C=0$
라. $A=1,\ B=0,\ C=0$

해설 8진 카운터이므로 8번째 펄스에 의해 초기상태로 돌아온다. 12=8+4이므로 카운터의 상태 (CBA)는 $4=(100)_2$이다.

해답 15. 나 16. 나 17. 나 18. 나 19. 가

20. 25 : 1의 리플 계수기(ripple counter)를 설계하고자 한다. 몇 개의 플립－플롭이 필요한가?

가. 3개　　나. 4개　　다. 5개　　라. 6개

해설 $2^4 < 25 < 2^5$이므로 5개의 플립－플롭이 필요하다.

21. 다음 계수 회로에서 클럭 펄스가 5개가 인가된 후의 Q_0, Q_1, Q_2의 상태는? (단, 초기상태 $Q_0=0$, $Q_1=0$, $Q_2=1$ 이라고 한다.)

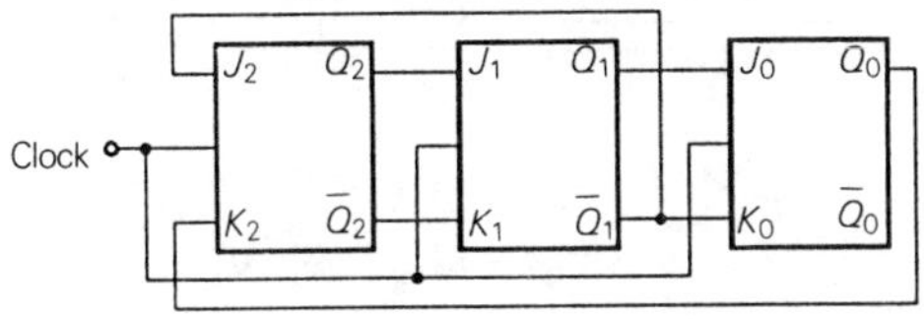

가. 001　　나. 100　　다. 110　　라. 111

해설 처음에 $Q_0=0$, $Q_1=0$, $Q_2=1$ 이라고 할 때 각 펄스가 인가된 후의 Q_1, Q_0, Q_2, J_2 및 K_2의 표를 작성하면 다음과 같다.

	Q_0	Q_1	Q_2	$J_2=\bar{Q}_1$	$K_2=Q_0$
초기 상태	0	0	1	1	0
1번째 펄스 후	0	1	1	0	0
2번째 펄스 후	1	1	1	0	1
3번째 펄스 후	1	1	0	0	1
4번째 펄스 후	1	0	0	1	1
5번째 펄스 후	0	0	1	1	0

5번째 펄스 후 첫번째 펄스 인가전 출력을 얻으므로 이 시스템은 5진 계수기로 동작한다.

22. MOD－32 2진 카운터의 모든 상태를 완전히 디코우드(decode) 하기 위해 필요한 AND 게이트의 수는?

가. 5개　　나. 10개　　다. 16개　　라. 32개

해설 MOD－32 카운터는 32개의 상태를 갖고 있다. 하나의 AND 게이트는 각 상태를 decode 하는데 필요하다. 그러므로 32개의 AND 게이트가 요구된다. $32=2^5$이므로 이 카운터는 5개의 플립－플롭으로 설계된다.

23. 다음 그림에서 초기 조건 $y_1=1$, $y_2=1$일 경우 트리거 입력이 인가시 y_1, y_2의 순차를 구하면?

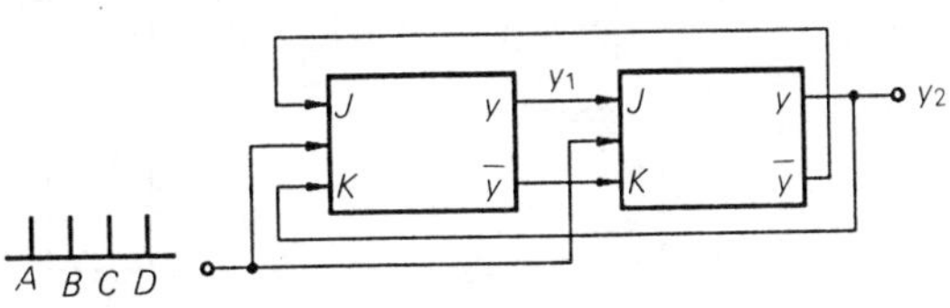

가. 11 → 01 → 00 → 10 → 11　　나. 11 → 01 → 10 → 00 → 11

다. 11 → 10 → 00 → 01 → 11　　라. 11 → 10 → 01 → 00 → 11

해답 20. 다　21. 가　22. 라　23. 가

24. 다음 카운터의 명칭은?

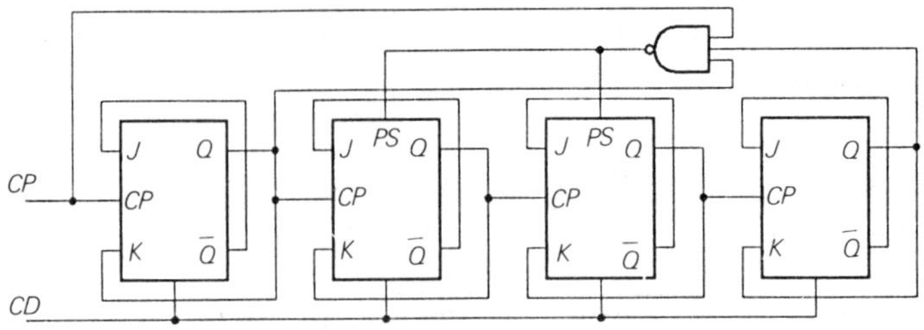

가. 9진 리플 카운터　　나. 10진 리플 카운터

다. 11진 동기 카운터　　라. 12진 리플 카운터

해설 리플 카운터로 N진 계수기의 설계

① 요구되는 플립－플럽의 수를 결정한다.

$2^{n-1} \leqq N \leqq 2^n$; n : 플립－플롭의 수

② 먼저 n개의 플립－플롭으로 2^n진 카운터를 구성한 후 $(N-1)$에대한 2진수를 구한다.

③ $(N-1)$일 때 1인 모든 플립－플롭의 출력 Q와 계수기의 CP 입력으로 NAND 회로를 만든다.

④ NAND회로의 출력을 $(N-1)$일 때 0인 플립－플롭의 프리세트(preset)에 연결한다.

25. 다음 그림은 몇 진 계수회로인가? (단, 초기치는 모두 0이고, 1→0으로 바뀔때 clr가 동작되고, T 플립－플롭을 사용한다.)

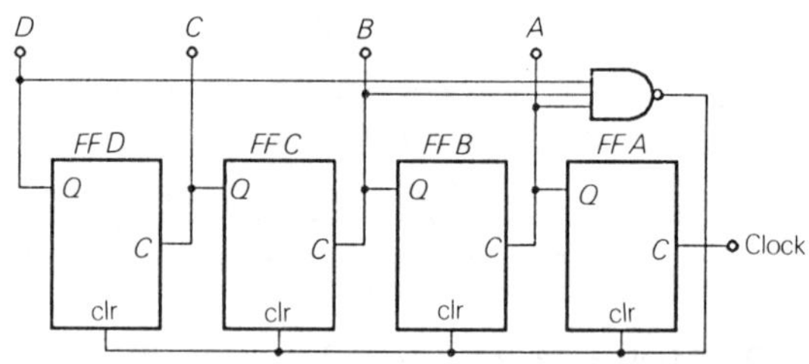

가. 16진

나. 12진

다. 11진

라. 10진

해설 직접 소거에 의한 modulus 제어

필요한 수만큼 계수가 되었을 때 NAND 게이트를 이용하여 모든 플립－플롭이 클리어 되도록 하는 직접 소거의 원리를 적용하므로서 임의의 modulus를 가진 계수기를 쉽게 구성할 수 있다. 그러나 NAND 게이트에 의한 시간지연이 가산되는 단점이 있다.

26. 다음 카운터는 몇 진인가?

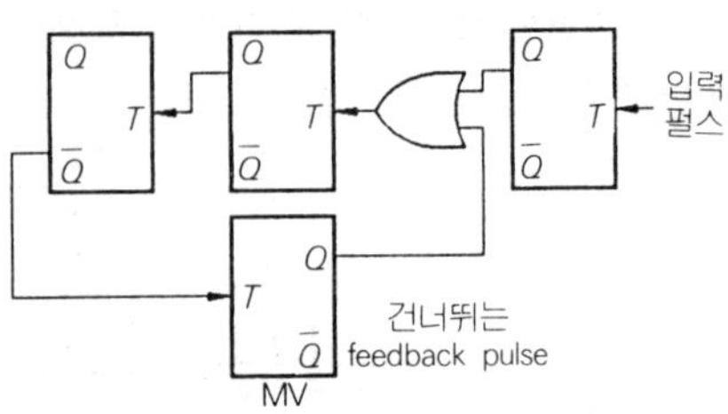

가. 5진

나. 6진

다. 7진

라. 8진

해설 궤환형 비동기식 6진 카운터이다. 먼저 필요한 플립－플롭의 수(n)를 구하여 궤환으로 건너뛰는 숫자(2^n-N)을 구한다. 문제에서 건너뛰는 숫자는 $2^3-6=2$ 이므로 2^1단 입력으로 궤환펄스(feedback pulse)를 인가하여 얻는다.

해답 24. 나　25. 다　26. 나

27. 궤환형(feedback) MOD-25 계수기를 설계하고자 한다. 사용 Flip-flop의 수 n와 궤환시켜야 할 펄스의 수 N는?

가. $n=5$, $N=6$　　나. $n=5$, $N=7$
다. $n=6$, $N=6$　　라. $n=5$, $N=8$

28. 다음 카운터는 몇 진 형인가?

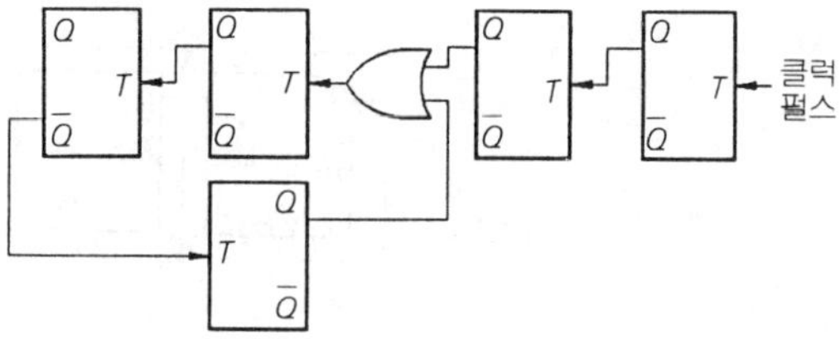

가. 8
나. 11
다. 12
라. 13

29. 단일 플립-플롭과 모듈-5 계수기와 10진 계수기를 갖고 있다. 10[MHz]의 클럭 신호로 62.5[kHz]의 주파수를 얻고자 한다. 이의 방법으로 옳은 것은?

가. 10진 계수기가 3개의 T 플립-플롭으로 연결된다.
나. 10진 계수기가 모듈-5 계수기로 연결된다.
다. 모듈-5 계수기가 5개의 T 플립-플롭으로 연결된다.
라. 4개의 10진 계수기

30. 다음 중 레지스터(register)의 기능은?

가. 펄스(pulse) 발생기이다.
나. 카운터의 대용으로 쓰인다.
다. 회로를 동기시킨다.
라. 데이타(data)를 일시 저장한다.

해설 여러 개의 플립-플롭을 나열하여 각 플립-플롭에 2진 숫자 0 또는 1을 기억하도록 하고 전체로서 하나의 2진 정보를 저장시킬 때 이것을 레지스터 또는 메모리 레지스터(memory register)라 한다.

31. 다음 카운터의 명칭은?

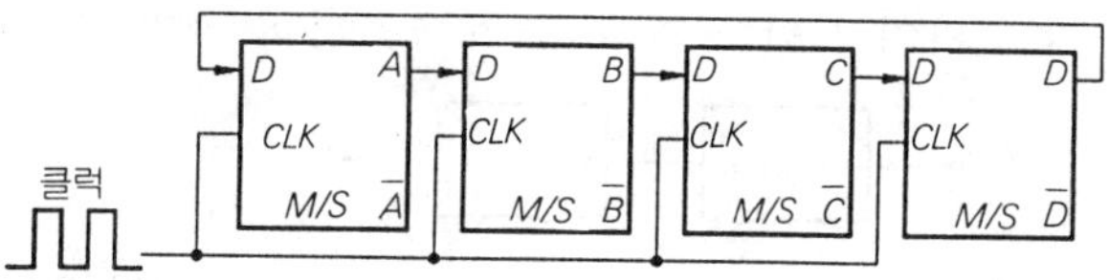

가. 4진 링카운터　　나. BCD 카운터
다. 16진 카운터　　라. 8진 Johnson 카운터

해설 일종의 mod-4 카운터이다.

해답 27. 나 28. 다 29. 다 30. 라 31. 가

32. MOD－8 링 카운터(ring counter)를 설계하고자 한다. 필요한 플립－플롭의 수는?

가. 3개　　나. 4개　　다. 8개　　라. 16개

해설 MOD－8 2진 카운터(binary counter)에서는 단지 3개의 플립－플롭이 요구되나 링 카운터에서는 8개가 필요하다. 즉, MOD－N 링 카운터를 설계시에는 N개의 플립－플롭이 필요하다.

33. 다음 카운터의 명칭은?

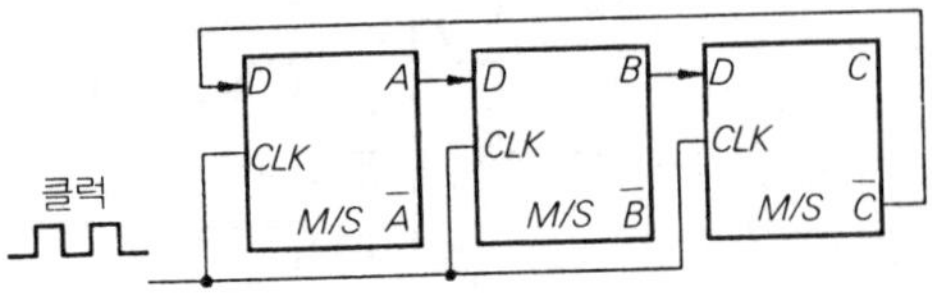

가. 업－다운 계수기(UP/down counter)　　나. BCD 계수기(BCD counter)

다. 링 계수기(ring counter)　　라. 존슨 계수기(Johnson counter)

해설 modulus－6 계수기의 기능을 갖는다.

34. 모듈－12(Modulus－12) 존슨(Johnson) 계수기를 설계하기 위하여 필요한 플립－플롭의 수는?

가. 4개　　나. 6개　　다. 10개　　라. 12개

해설 존슨 카운터에서는 MOD－N카운터(N은 짝수)를 설계하기 위해 N/2개의 플립－플롭이 필요하다.

35. 다음은 Twisted ring counter 회로이다. 몇 진 카운터인가?

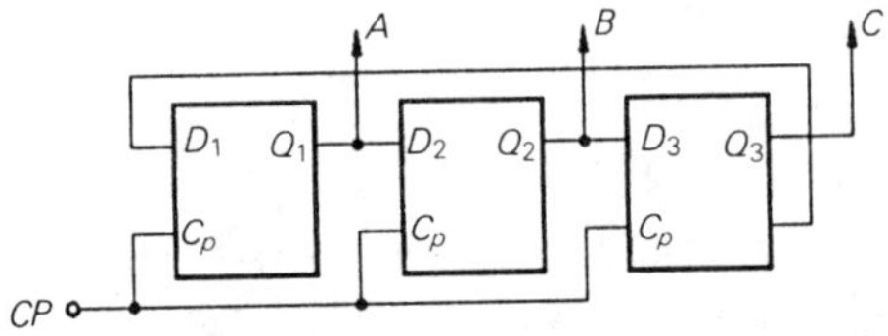

가. 3진　　나. 5진　　다. 6진　　라. 8진

36. 다음 그림의 캐스케이드(Cascade) 계수기의 총모듈(Modulus)을 구하면? (단, 캐스케이드는 어떤 계수기의 마지막 단을 그 다음 계수기의 입력에 연결하는 방식이다.)

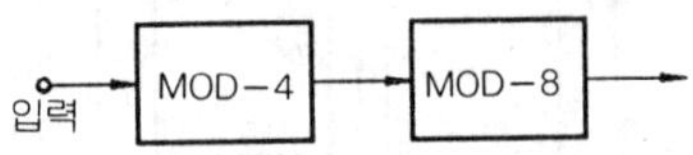

가. 8　　나. 12　　다. 24　　라. 32

37. 시프트 레지스터(shift register)를 구성시 어느 플립－플롭이 가장 이상적인가?

가. *SR*플립－플롭　　나. *RST*플립－플롭

다. *T*형 플립－플롭　　라. *D*형 플립－플롭

해답 32. 다 33. 라 34. 나 35. 다 36. 라 37. 라

38. 다음 그림의 게이트 펄스(gate pulse)의 폭이 5 [sec]일 때 계수 출력은? 단, 클럭 주파수는 257 [Hz]이다.

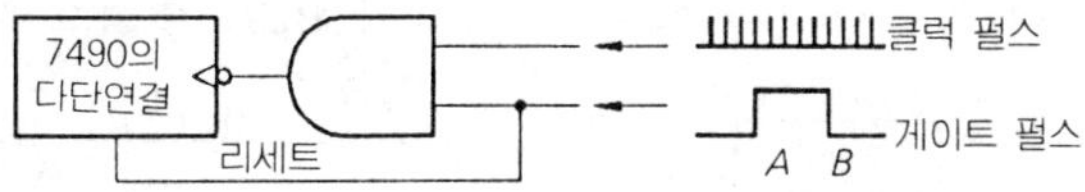

가. 257　　나. 514　　다. 1285　　라. 2570

39. 다음 그림의 디지탈 전압계에서 미지의 전압이 *A/D* 변환기를 거쳐서 나온 구형파의 폭 W= 미지전압(V)$\times 10^{-4}$라고 한다. *CP*로 1 [MHz]의 구형파가 인가되고 있을 때 계수가 1,250개의 펄스를 계수하였다. 미지 전압 V는?

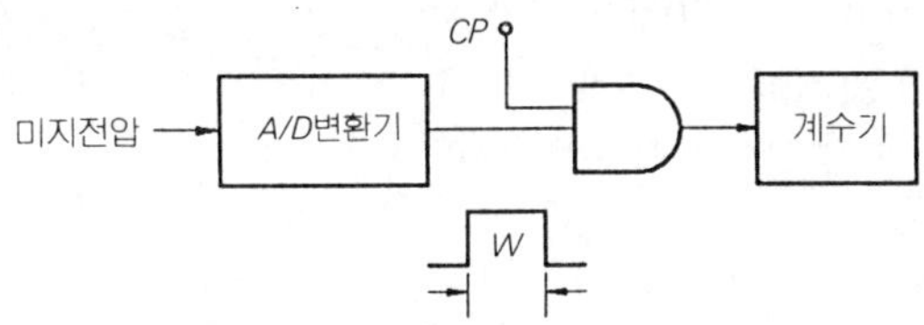

가. *1.24* [V]　　나. 12.5 [V]　　다. 125 [V]　　라. 1,250 [V]

해설 A/D 변환기로 부터의 구형파가 AND gate에 인가된 시간은 1250×10^{-6}초이다. 따라서

$$1250\times 10^{-6} = \text{미지전압 [V]}\times 10^{-4}$$

40. 다음 그림은 정확한 게이팅 펄스(gating pulse)를 발생시킬 수 있는 한 방법을 보인 것이다. 출력 펄스를 구하면?

가. 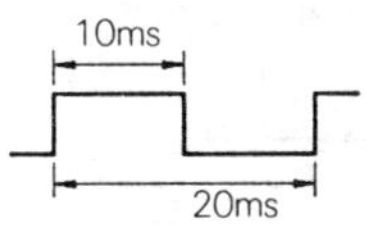

나. 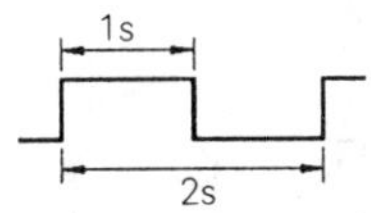

다. 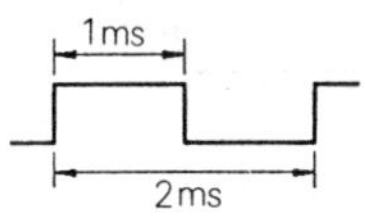

라. 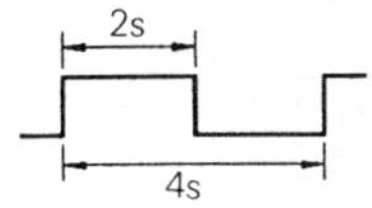

해설 7490 소자는 7400 TTL 시리즈의 MSI 회로로서 10진 계수기이다. 5 [MHz]의 주파수원을 계속적으로 10으로 나누어 7번을 줄여 나간다.

41. 8000까지 카운트하기 위해서는 BCD계수기를 몇 개 종속 접속시켜야 하는가? 또 이때 필요로 하는 플립－플롭의 수는 몇 개인가?

가. BCD 계수기 4개 플립－플롭 13개
나. BCD 계수기 5개 플립－플롭 16개
다. BCD 계수기 4개 플립－플롭 16개
라. BCD 계수기 5개 플립－플롭 13개

해답 38. 다　39. 나　40. 나　41. 다

42. 다음 그림의 게이트 펄스가 정확히 10[sec]의 시간폭을 갖는다고 한다. 만일 클럭 펄스가 579[Hz]의 주파수라면, 게이트 펄스가 끝난 후에는 계수기가 얼마를 계수 하겠는가? 이에 해당되는 7490 소자들의 BCD 출력으로 나타내면?

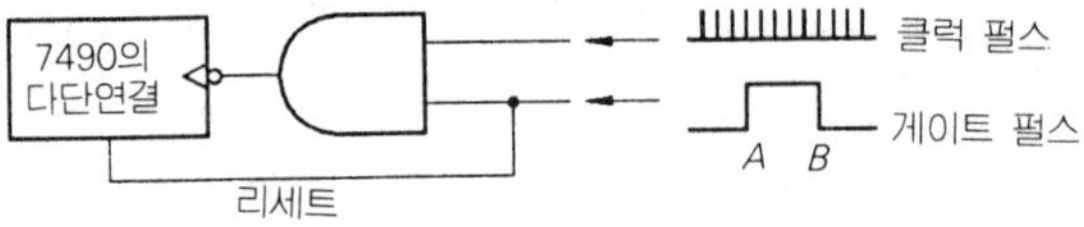

가. 0001 0111 0010

나. 0101 0111 1001

다. 0101 0111 1001 0000

라. 0101 0111 1001 0000 0000

해설 1[sec]동안의 클럭 펄스의 수는 579이다. 따라서 10[sec]동안에는 5,790개의 펄스가 들어올 것이므로 이 시간 동안 계수기는 5790까지 셀 것이다.

43. 다음은 MSI 4－bit 2진 counter를 이용하여 구성된 mod－6카운터의 예이다. 구성이 옳지 못한 것은 어느 것인가?

가.

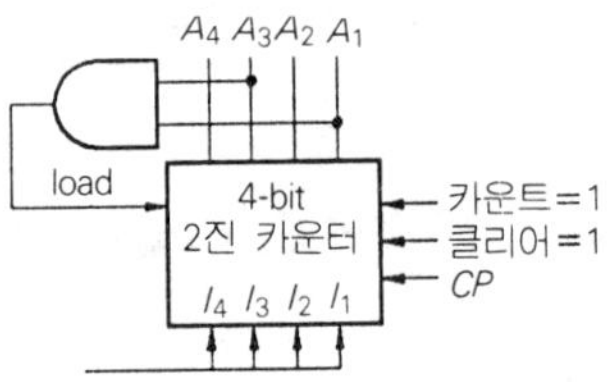

나.

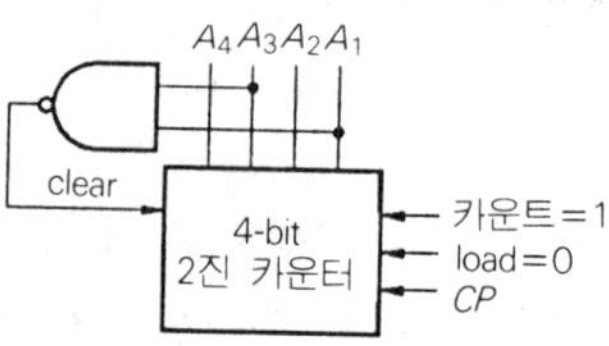

다.

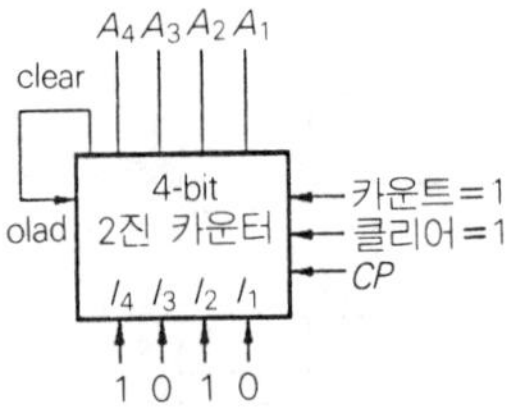

라.

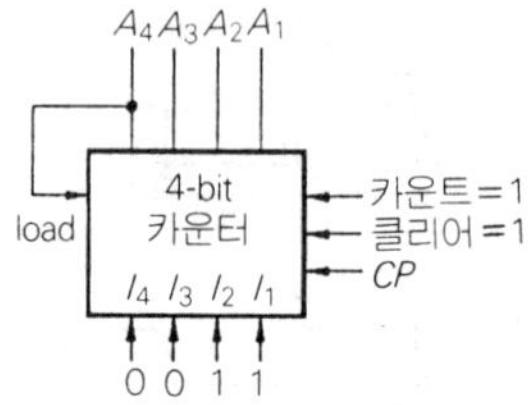

해설 NAND 게이트의 출력이 카운터의 상태가 0110일 때 0이 되도록 하여야 한다. 이 상태가 일어나자 마자 레지스터는 clear되므로 카운터에는 0110의 상태가 존재하지 않는 것처럼 보인다. 이 카운터에서는 0101에서 0110으로 바뀌고 난 후 순간적으로 0000으로 바뀔 때 spike가 발생하므로 이 방법은 좋지 않다. 만약 이 카운터의 클리어 입력이 동기식이라면 0101의 상태이후 다음 펄스에서 카운터를 clear 시키는 것이 가능하다.

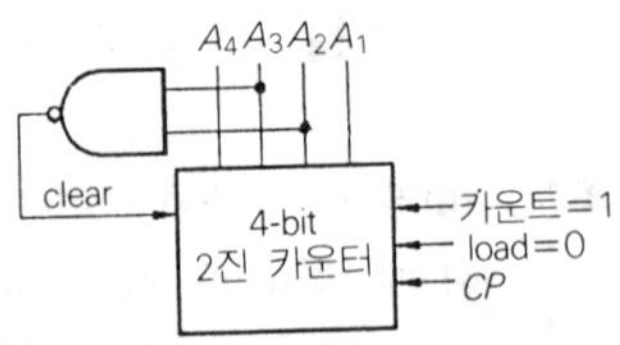

해답 42. 다 43. 나

44. 5 [MHz] 주파수 발생기로 반주기 10 [ms]인 구형파를 얻고자 한다. 10진 계수기 7490 표준 소자를 몇개 사용하여야 하는가?

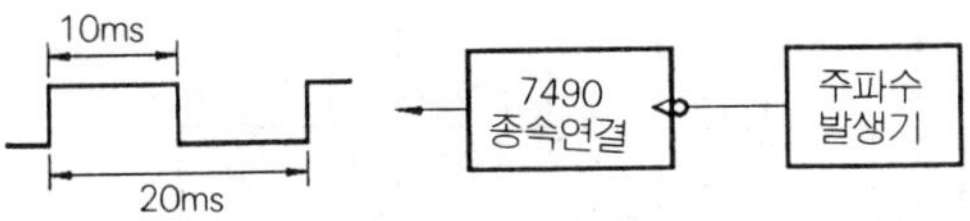

가. 3개 나. 4개 다. 5개 라. 6개

해설 반주기가 10 [ms]인 파형은 한주기가 20 [ms]이다. 이것은 주파수가 50 [Hz]인 신호를 말한다. 5 [MHz]의 구형파를 50 [Hz]로 차례로 1/10씩 줄여 갈려면 5개의 7490소자를 종속 연결해서 사용하면 된다.

45. 디지탈 시계(digital clock)를 구성시 시간, 분 그리고 초를 계산하는 계수기를 설계하고자 한다. 필요한 계수기와 계수기의 수를 옳게 나타낸 것은?

가. BCD 계수기 2개, 6진 카운터 3개
나. BCD 계수기 2개, 6진 카운터 2개, 12진 카운터 1개
다. BCD 계수기 1개, 6진 카운터 2개
라. BCD 계수기 1개, 6진 카운터 2개, 2진 카운터 1개

46. 1,024개의 입력 펄스가 들어올 때마다 한 개의 출력 펄스를 발생시킬 스케일러(scaler)를 제작하기 위해서 몇 개의 T 플립－플롭이 필요한가?

가. 5개 나. 7개 다. 10개 라. 12개

47. 10 [MHz]의 클럭 신호를 입력에 인가하여 500 [kHz]의 주파수를 얻는 회로를 설계하고자 한다. 옳은 것은? 단, JK flip-flop, mod－5, decade 카운터가 있다.

가.
나.
다.
라.

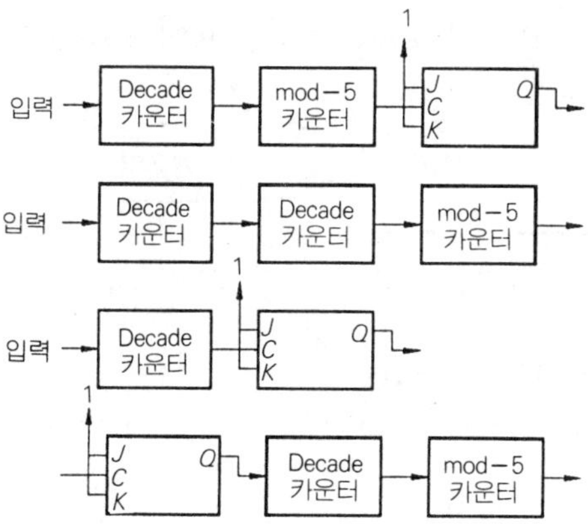

해답 44. 다 45. 나 46. 다 47. 다

48. 다음 그림의 BCD 계수기에 5 [MHz] 신호를 인가하였다. 카운터 3의 출력 주파수는 얼마인가?

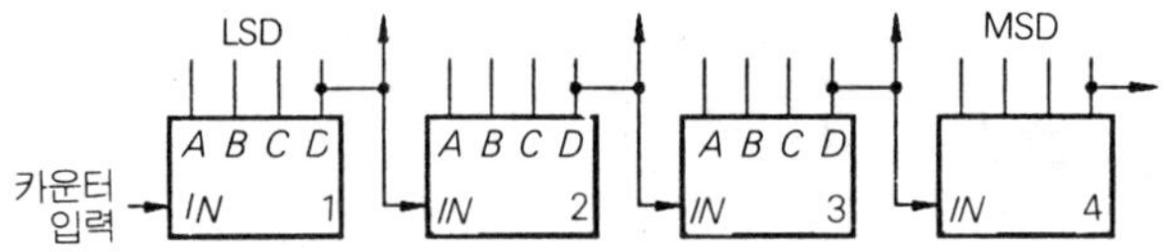

가. 500 [Hz]　　나. 5 [kHz]　　다. 50 [kHz]　　라. 500 [kHz]

49. 다음 그림의 회로에서 출력 주파수는 얼마인가?

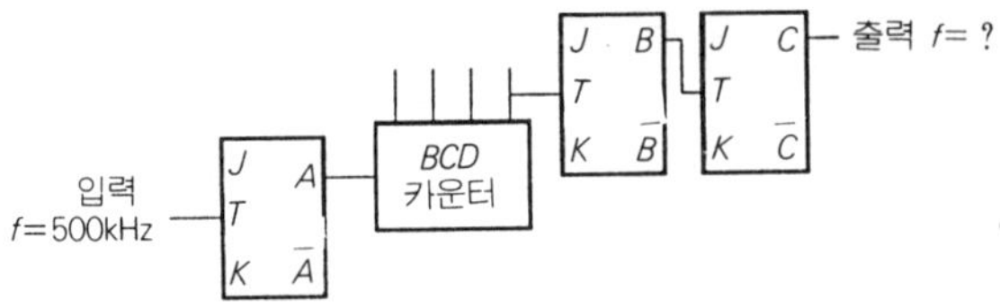

가. 3.9 [kHz]　　나. 6.25 [kHz]　　다. 20 [kHz]　　라. 50 [kHz]

50. 다음 그림의 회로에서 160 [kHz]의 클럭 주파수가 인가시 출력 y에서 펄스의 주파수는 얼마인가?

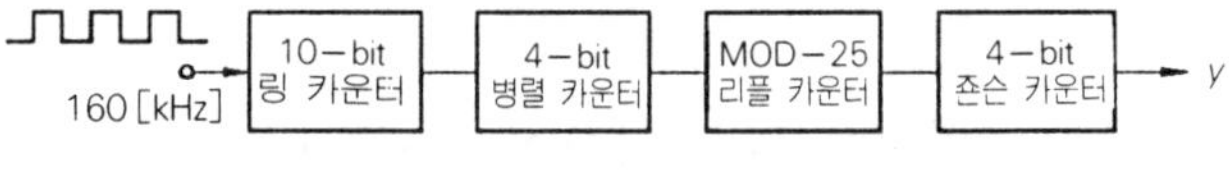

가. 5 [Hz]　　나. 10 [Hz]　　다. 40 [Hz]　　라. 100 [Hz]

51. 그림과 같은 디지탈 주파수계에서 CP가 가하여진 시간이 0.1 [m sec]이고, 이 동안에 계수기가 계수한 펄스의 수가 135라고 한다.

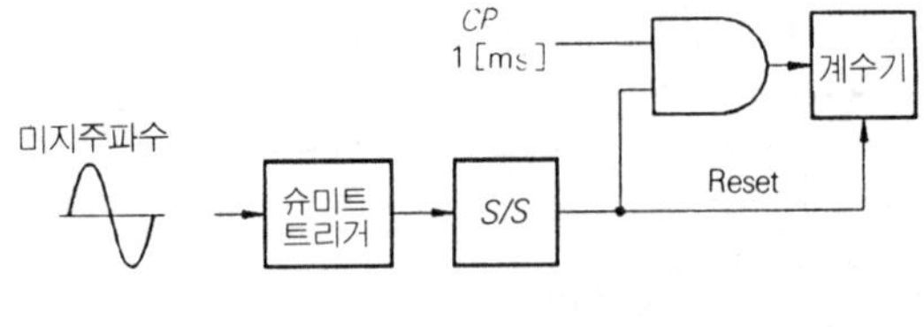

미지의 주파수(unknown frequency)는 얼마인가?

가. 135 [kHz]　　나. 270 [kHz]　　다. 1350 [kHz]　　라. 2700 [kHz]

52. 5비트 저항 분할기에서 LSB에 대한 웨이트는?

가. 1/5　　나. 1/10　　다. 1/31　　라. 1/32

해설 LSB의 웨이트는 $1/(2^n-1)$이다. 여기서 n은 비트수이다.

해답 48. 나　49. 나　50. 가　51. 다　52. 다

53. 그림의 분주 회로에서 출력 T_5 에서의 시(time) 기준은?

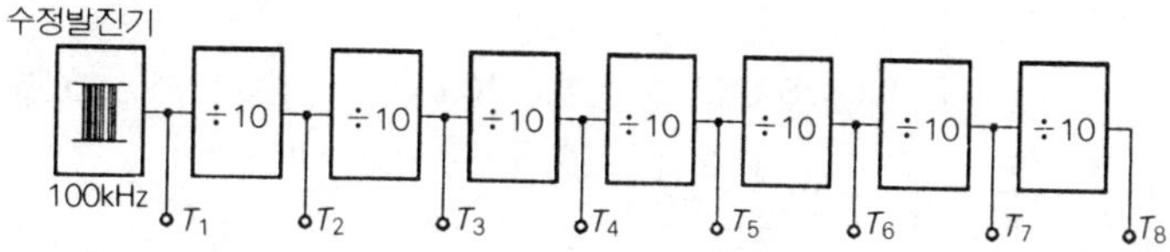

가. 100 [μs]　　나. 10 [ms]　　다. 10 [s]　　라. 100 [ms]

54. 그림은 3개의 디지탈 입력을 가지고 하나의 출력을 가진 저항분할기이다. 이 회로에 디지탈 입력신호 001이 들어 왔을 때 아날로그 출력전압 V_A 는? (단, 0상태는 0 [V], 1상태는 7 [V]이다.)

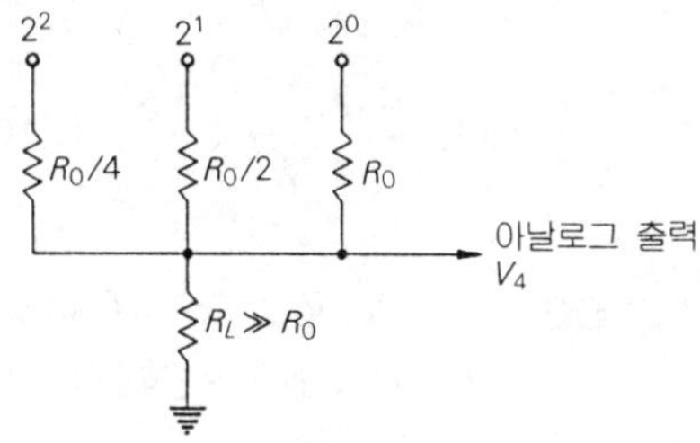

가. 1 [V]
나. 2 [V]
다. 4 [V]
라. 7 [V]

해설

$$V_A = \frac{0\times2^2 + 0\times2^1 + 1\times2^0}{2^3 - 1} \times 7\ [\text{V}]$$

55. 그림의 클럭 시스템(clock system)에서 출력 T_4에서의 클럭 주파수는?

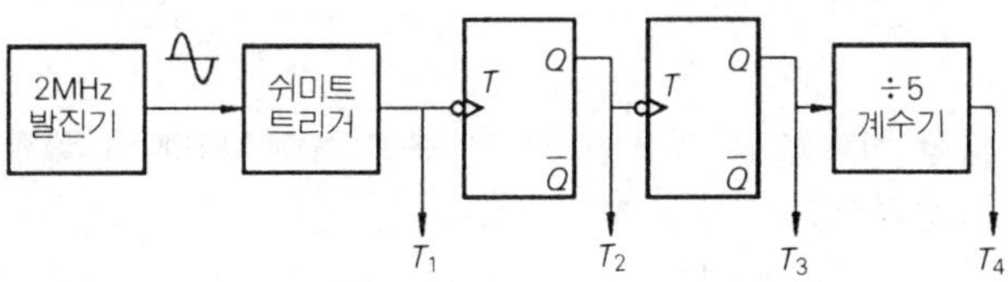

가. 500 [kHz]　　나. 250 [kHz]　　다. 100 [kHz]　　라. 50 [kHz]

56. 5비트 저항분할기(divider)의 디지탈 입력이 10101일 때 출력 전압은? 여기서 0=0 [V]이고 1 = +10 [V]이다.

가. +210 [V]　　나. +2.1 [V]　　다. +6.56 [V]　　라. +6.77 [V]

해설

$$V_A = \frac{10\times2^0 + 0\times2^1 + 10\times2^2 + 0\times2^3 + 10\times2^4}{2^5 - 1}$$

57. 5비트 래더(ladder)에서 입력 레벨이 0=0 [V], 1= +10 [V]라면 디지탈 입력 11010에 대한 출력 전압은?

가. 1.25 [V]　　나. 3.125 [V]　　다. 6.35 [V]　　라. 8.125 [V]

해설

$$V_A = \frac{0\times2^0 + 10\times2^1 + 0\times2^2 + 10\times2^3 + 10\times2^4}{2^5}$$

해답 53. 라　54. 가　55. 다　56. 라　57. 라

58. 5비트 래더(ladder)의 전 스케일(full scale) 출력 전압은?(단, 입력이 0＝0 [V]이고 1＝＋10 [V]이다.)

가. 8.125 [V]　　나. 9.6875 [V]　　다. 10 [V]　　라. 20 [V]

해설
$$V_A = \frac{V}{2} + \frac{V}{4} + \frac{V}{8} + \frac{V}{16} + \cdots \frac{V}{2^n}$$

59. D/A 변환기에서 분해도(resolution)는?

가. $\frac{\text{스텝 치수}}{\text{최대 눈금(FS)}} \times 100\,[\%]$　　나. $\frac{\text{스텝 치수}+1}{\text{최대 눈금(FS)}} \times 100\,[\%]$

다. $\frac{\text{최대 눈금(FS)}}{\text{스텝 치수}} \times 100\,[\%]$　　라. $\frac{\text{최대 눈금(FS)}}{\text{스텝 치수}+1} \times 100\,[\%]$

60. 그림과 같은 래더(ladder)형 D/A 변환기의 입력단 A, B, C에 각각 8 [V]의 입력을 넣었을 때 출력 전압은?

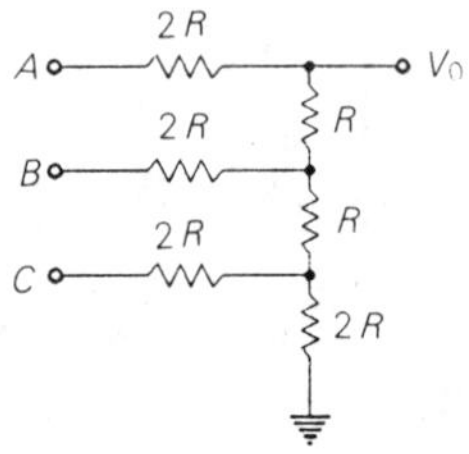

가. 8 [V]

나. 7 [V]

다. 4 [V]

라. 0 [V]

해설 래더형에서 출력 전압 V_0는

$$V_0 = \frac{2^2 + 2^1 + 2^0}{2^3} \times 8\,[\text{V}] = 7\,[\text{V}]$$

61. 8비트(8단) 래더형 회로망을 사용할 때 "카운트" 00011100의 입력에 대한 출력 전압 [V]은? (단, 기준 전압은 51.2 [V]이다.)

가. 33 [V]　　나. 4.5 [V]　　다. 5.6 [V]　　라. 9 [V]

해설
$$V_{out} = \frac{2^4 + 2^3 + 2^2}{2^8} \times 51.2\,[\text{V}]$$

62. ＋10 [V]의 최대 눈금(full scale)을 가진 사다리(ladder) 회로의 D/A 변환기(converter)에서 5 [mV]의 분해능(resolution)을 갖기 위해서는 몇 비트(bit)의 입력을 사용해야 하는가?

가. 10비트(bit)　　나. 11비트(bit)

다. 12비트(bit)　　라. 13비트(bit)

해설 11비트 시스템의 LSB는 분해능이 1/2048이다. 이것은 출력 전압을 1/2048×(＋10) ≃ ＋5 [mV] 단위로 분해할 수 있다.

해답 58. 나　59. 가　60. 나　61. 다　62. 나

63. 5단(5비트) 래더형 회로망에서 상태 "1"은 +6.4 [V], 상태 "0"은 0 [V]로 정하였을 때 10000 "카운트"에 대한 출력 전압은?

가. 2.1 [V] 나. 3.2 [V] 다. 4 [V] 라. 5 [V]

해설 $2^5=32$이며 "10000"은 16이므로 "10000" 때의 출력 전압은 16/32×6.4 [V] = 3.2 [V]이다.

64. 다음 그림은 사다리(ladder)형 D/A 변환기로서 R−2R 저항 회로이다. A, B, C, D의 저항 값이 R이나 2R중 하나라면 맞는 것은?

가. A=R, B=2R, C=R, D=R

나. A=2R, B=2R, C=2R, D=2R

다. A=2R, B=2R, C=R, D=R

라. A=2R, B=2R, C=R, D=2R

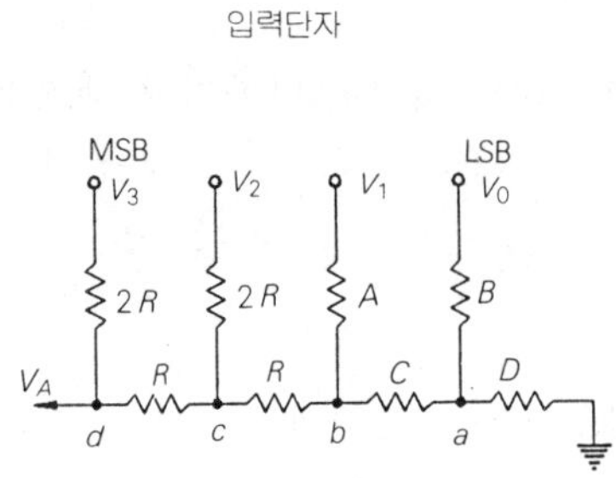

〈R−2R 저항회로〉

65. 다음 회로에서 A=C=4 [V], B=0 [V]일 때 출력 전압 V_a는?

가. 20 [V]

나. 4 [V]

다. 8 [V]

라. 2.5 [V]

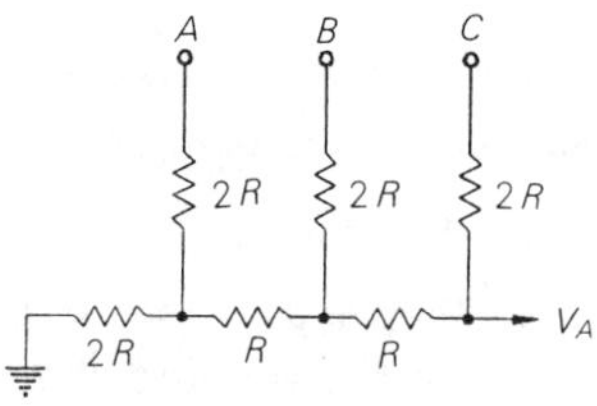

해설 래더 저항망이다.

$$V_a = \frac{4\times2^0+0\times2^1+4\times2^2}{2^3} = \frac{4(1+4)}{8} = 2.5\,[V]$$

66. 변환 속도가 빠르고 분해능이 높으며 multiplexing 신호도 쉽게 처리할 수 있어 멀티플렉싱 채널이나 전자계산기의 입출력을 변환하기 위한 interfacing으로 많이 쓰이는 A/D 변환기는?

가. 계수형(count type)

나. 연속 근사형(successive approximation type)

다. 동시형(simultaneous type)

라. 연속형(continuous type)

67. 다음 중 가장 많은 비교기(comparator)를 필요로 하는 A/D 변환기는?

가. 동시형 나. 계수형 다. 연속형 라. 계속추정형

해답 63. 나 64. 라 65. 라 66. 나 67. 가

68. +5 [V]의 최대 눈금(full scale)을 가진 사다리(ladder) 회로를 사용하는 9비트 D/A 변환기의 분해능은 얼마인가?

가. 4.5 [mV]　　나. 7 [mV]　　다. 9 [mV]　　라. 10 [mV]

해설 9비트 시스템의 LSB는 그 자리값이 1/512이다. 이 변환기는 분해능이 1/512×100 ≃ 0.2 [%]이다. 분해능을 전압으로 표시하면 LSB의 자리값을 최대눈금 출력 전압으로 곱하면 된다.

∴ 분해능 1/512×5 ≃ 10 [mV]

69. 6비트의 D/A변환기의 백분율 분해능은?

가. 6.67 [%]　　나. 1.59 [%]　　다. 0.392 [%]　　라. 0.976 [%]

해설 백분율 분해능 $= \dfrac{1}{2^N - 1} \times 100$ [%]

70. A/D 변환기에서 아날로그 오차의 발생에 가장 영향을 주는 것은?

가. 비교기(comparator)　　나. 래더(ladder) 회로의 저항

다. 기준 전압의 리플(ripple)　　라. 계수기(counter)

해설 A/D 변환기에서의 아날로그 오차는 주로 비교기 때문이다.

71. 12bit 계속 추정(successive approximation) A/D변환기가 1 [MHz]의 클럭으로 동작할 때 변환시간(變換時間)은?

가. 0.1 [μsec]　　나. 1.2 [μsec]　　다. 6 [μsec]　　라. 12 [μsec]

해설 계속 추정(successive approximation) 변환기는 1비트의 변환에 한 clock pulse로 요하므로 n비트의 한 word를 변환하는 데는 nT의 변환 시간이 소요된다. 이에 비해 계수형 *A/D*변환기는 $2^n T$가 걸리므로 계속추정형이 보다 빠른 것을 알 수 있다.

72. 다음 그림의 회로에 대한 출력 전압은?

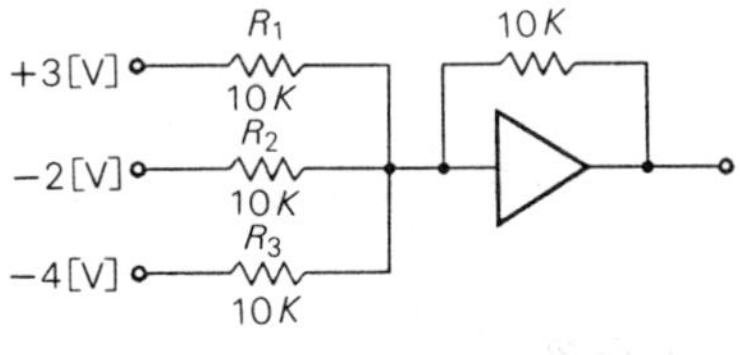

가. +3 [V]

나. −3 [V]

다. +6 [V]

라. −6 [V]

해설 직렬 저항을 통하여 흐르는 전류는

$$I_1 = \frac{E_1}{R_1} = \frac{3}{10} = 0.3 \text{ [mA]}$$

$$I_2 = \frac{E_2}{R_2} = \frac{-2}{10} = -\ 0.2 \text{ [mA]}$$

$$I_3 = \frac{E_3}{R_3} = -\ \frac{4}{10} = -0.4 \text{ [mA]}$$

∴ 출력전압

$$E_0 = -(I_1 + I_2 + I_3)R_f = -(0.3-0.2-0.4)\ (10) = 3.00 \text{ [V]}$$

해답 68. 라　69. 나　70. 가　71. 라　72. 가

73. 12비트의 연속 근사형 A/D 변환기에서 최소한 8000cps(conversions per second)를 얻기 위해서는 얼마의 clock 주파수를 사용해야 하는가?

가. 9.6 [kHz]　　나. 96 [kHz]　　다. 80 [MHz]　　라. 800 [MHz]

해설 변환 시간은 nT이므로

1/(변환 속도) = (비트수)×(1/클럭 주파수)

74. 그림에서 스위치 ABCD가 0110이라고 할 때 출력 전압 E_0는?

가. +12 [V]　　나. －12 [V]

다. +6 [V]　　라. －6 [V]

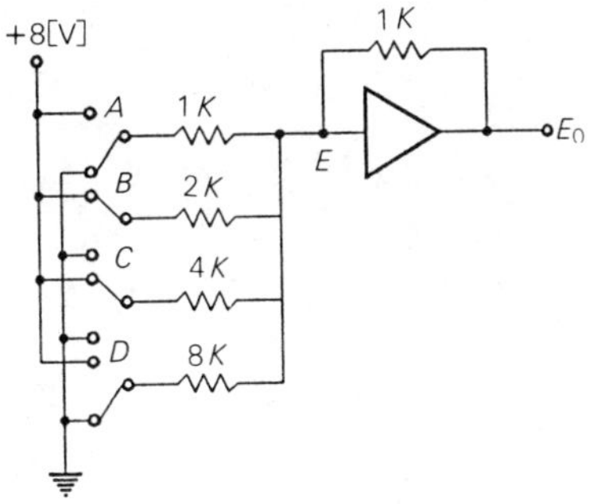

해설 E점으로 나오는 전류는

$I_A = E/R_1 = 0/1 = 0.00$ [mA]

$I_B = E/R_2 = 8/2 = 4.00$ [mA]

$I_C = E/R_3 = 8/4 = 2.00$ [mA]

$I_D = E/R_4 = 0/8 = 0.00$ [mA]

$I_{tot} =$ 6.00 [mA]

그러므로,

$E_0 = I_f R_f = -6 \times 1 = -6.00$ [V]

해답 73. 나 74. 라

MEMO...

도서출판 신화전산기획
SHIN-HWA JUNSAN KIHOEK

www.shj.co.kr

부 록

과년도 기출문제 연습

- 디지털 전자회로 -

1 디지털전자회로 기출문제 연습

1. 멀티 바이브레이터의 단안정, 무안정, 쌍안정의 동작은 무엇에 의해 결정되는가 ?

가. 결합회로의 구성
나. 전원전압의 크기
다. 바이어스전압 크기
라. 전원전류의 크기

◆ 해설 ◆ 결합회로의 구성에 따라 비안정(AC결합), 단안정(AC-DC결합), 쌍안정(DC결합), 멀티바이브레이터로 구분된다.

2. 저항이 2MΩ이고 콘덴서가 1μF인 다음 회로에서 출력전압 Vo에 대한 식으로 맞는 것은 ?

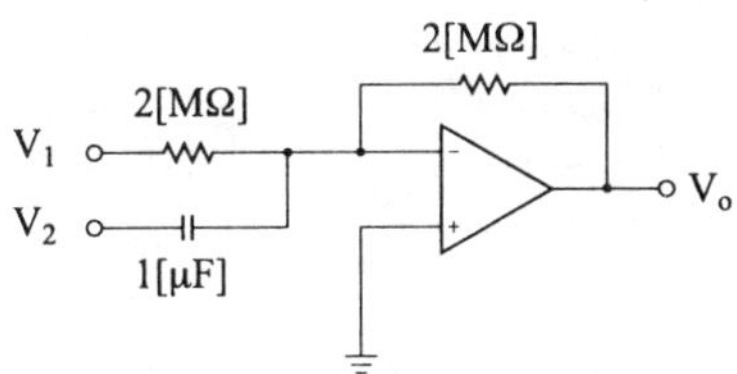

가. $V_o = -(V_1 + 2\int_o^t V_2 dt)$

나. $V_o = -(2V_1 + \frac{dV_2}{dt})$

다. $V_o = (\frac{1}{2}V_1 - \frac{dV_2}{dt})$

라. $V_o = -(V_1 + 2\frac{dV_2}{dt})$

◆ 해설 ◆

$$V_o = -\frac{2M}{2M}V_1 - (1\times10^{-6})(2\times10^{6})\frac{dV_2}{dt}$$
$$= -V_1 - 2\frac{dV_2}{dt} = -(V_1 + 2\frac{dV_2}{dt})$$

3. 다음 카운터의 명칭은?

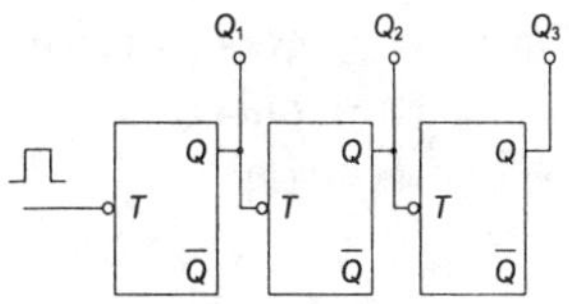

가. 동기식 8진 업카운터
나. 비동기식 8진 업카운터
다. 동기식 8진 다운카운터
라. 비동기식 3진 다운카운터

◆ 해설 ◆ 문제의 카운터는 전단의 출력이 다음단의 CP에 가해지는 비동기식 (리플)카운터이고, Q에서 출력을 얻으므로 업카운터이다. ($\overline{Q}$에서 출력을 취하면 다운 카운터 라고 한다.) 또한 F/F 하나는 2진 카운터인데 3개 이므로 $2^3=8$ 진 카운터가 된다.

4. 부울대수(Boolean algebra) y 의 보수를 취한 결과는?

$$Y = \overline{\overline{X_1}X_2}X_3 + X_1(X_2 + \overline{X_3})$$

가. $\overline{Y} = \overline{X_1}\overline{X_3}$ 나. $\overline{Y} = X_1\overline{X_2}$

다. $\overline{Y} = X_1X_3$ 라. $\overline{Y} = \overline{X_1}\overline{X_2}$

◆ 해설 ◆

$$\overline{y} = \overline{\overline{\overline{x_1}x_2}x_3 + x_1(x_2+\overline{x_3})}$$
$$= \overline{\overline{\overline{x_1}x_2}x_3} \cdot \overline{x_1(x_2+\overline{x_3})}$$
$$= (\overline{\overline{\overline{x_1}x_2}} + \overline{x_3})(\overline{x_1} + \overline{x_2+\overline{x_3}})$$
$$= (\overline{x_1}x_2 + \overline{x_3})(\overline{x_1} + \overline{x_2}\cdot x_3)$$
$$= x_1\overline{x_1}x_2 + x_1x_2\overline{x_2}x_3 + \overline{x_1}\overline{x_3} + \overline{x_2}x_3\overline{x_3}$$
$$= \overline{x_1}\overline{x_3}$$

5. NOR 게이트로 구성된 SR 플립플롭에서 전의 상태를 유지하기 위해서는 SR이 어

해답 1. 가 2. 라 3. 나 4. 가

떤 경우일 때인가 ?

가. SR = 01 일 때　　나. SR = 11 일 때

다. SR = 10 일 때　　라. SR = 00 일 때

◆ 해설 ◆　NOR 게이트로 구성된 SR F/F 에서

SR = 00일 때 : 전 상태 유지

SR = 01일 때 : $Q(n+1) = 0,\ \overline{Q(n+1)} = 1$

SR = 10일 때 : $Q(n+1) = 1,\ \overline{Q(n+1)} = 0$

SR = 11일 때 : 금지

6. 어떤 출력증폭회로의 입력과 출력파형이다. 이 증폭회로의 설명으로 맞는 것은 ?

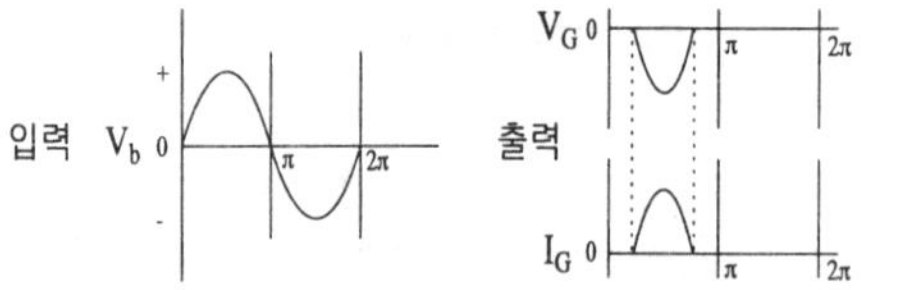

가. C급증폭으로 고주파 대출력에 적합하다.

나. B급증폭으로 중대역 대출력에 적합하다.

다. A급증폭으로 소신호 전압증폭에 적합하다.

라. AB급증폭으로 저주파 전류증폭에 적합하다.

◆ 해설 ◆　C급의 유통각 $\theta < 180°$ 이다.

7. 다음 그림과 같은 회로명은 ?

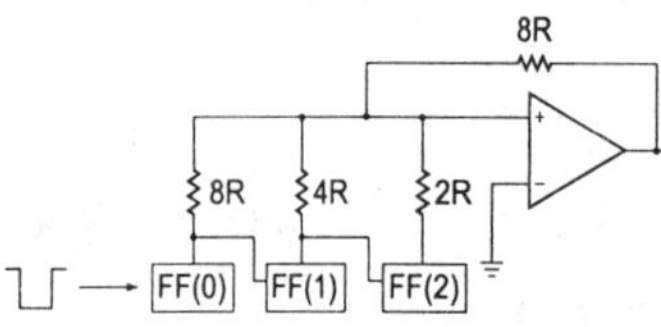

가. 슈미트 트리거 회로

나. 멀티 바이브레이터 회로

다. 계단파 발생회로

라. 펄스 카운터 회로

◆ 해설 ◆　3개의 플립플롭을 직렬로 배치하고 대칭 트리거 펄스를 가하여 출력에는 계단파형을 얻는다.

8. 그림과 같은 ECL 회로의 논리출력은 ? (단, Y, Y'는 출력단자)

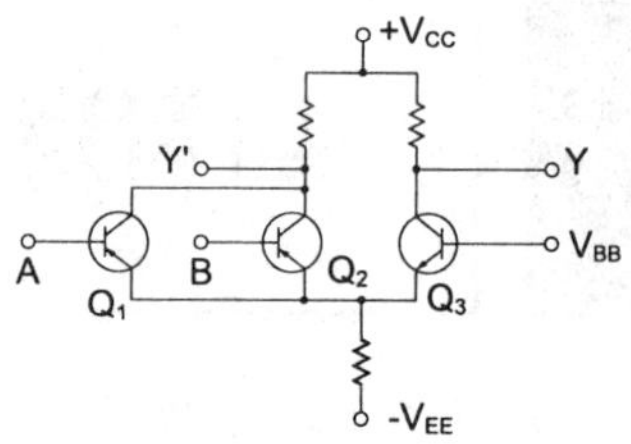

가. Y : NAND, Y': AND

나. Y : AND, Y': NAND

다. Y : NOR, Y': OR

라. Y : OR, Y': NOR

◆ 해설 ◆　ECL은 OR/NOR 출력을 얻는다.

9. 그림은 진폭 V_P가 3[V], 펄스폭 λ가 0.25[ms], 반복주파수가 1[kHz]의 펄스파이다. 평균치를 지시하는 계기로 측정하면 몇[V]가 되는가 ?

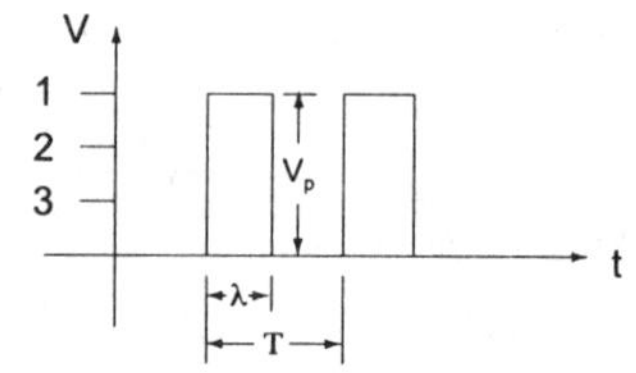

가. 0.75　　나. 1.5

다. 2　　라. 3

◆ 해설 ◆

$$\text{구형파의 평균치} = \frac{\text{펄스폭} \times \text{진폭}}{\text{주기}}$$

$$= \frac{0.25\text{ms} \times 3\text{V}}{(1/1\text{ kHz})} = 0.75$$

10. 다음 중 불연속 레벨 변조에 해당되는 것은 ?

가. PCM　　나. AM

다. PM　　라. FM

11. 다음 중 평형변조회로를 사용하는 가장 적합한 목적은?

가. 변조도를 크게 하기 위해

나. 직진성을 개선하고 변조 일그러짐을 없애기 위해

다. SSB파를 얻기 위해

해답　5. 라　6. 가　7. 다　8. 라　9. 가　10. 가　11. 다

라. 변조 전력을 줄이기 위해

◆ 해설 ◆ 링변조회로, 평형변조회로등은 SSB파를 얻기위해 사용한다.

12. 그림과 같은 회로에서 Zenner 다이오드의 파괴 전압은 50[V]이며, 그 전류 범위는 5~40[mA]이다. 부하저항 R_L에 흐르는 전류 I_L의 최대값은 얼마인가 ?

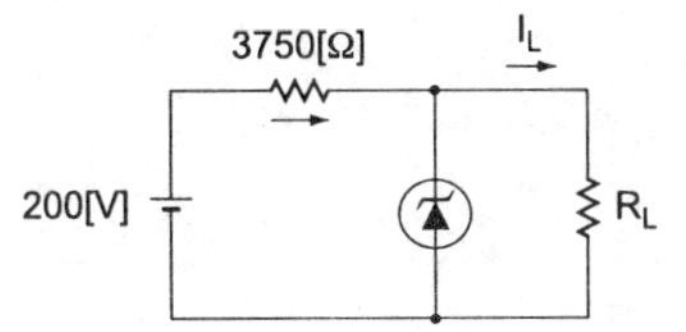

가. 45[mA] 나. 35[mA]
다. 25[mA] 라. 15[mA]

◆ 해설 ◆ 3750[Ω]에 흐르는 전류 I는

$$I = \frac{200-50}{3750} = 0.04\text{ A} = 40\text{ mA}$$

제너다이오드에 흐르는 최소 전류는 5mA이므로 부하저항 R_L에 흐르는 최대값은 35mA가 된다.

13. 다이오드를 사용한 정류회로에서 여러 다이오드(n개)를 직렬로 연결하여 사용하면 어떤 장점이 있는가 ?

가. n배의 출력전압을 얻을 수 있다.
나. 과전압으로 부터 보호할 수 있다.
다. 부하 출력의 맥동률을 감소시킬 수 있다.
라. AC 전원으로 부터 많은 전력을 공급받을 수 있다.

◆ 해설 ◆ 다이오드를 직렬로 연결하면 과전압으로 부터, 다이오드를 병렬로 연결하면 과전류로부터 보호할 수 있다.

14. 그림과 같은 궤환 증폭기에 관한 설명 중 틀린 것은 ?

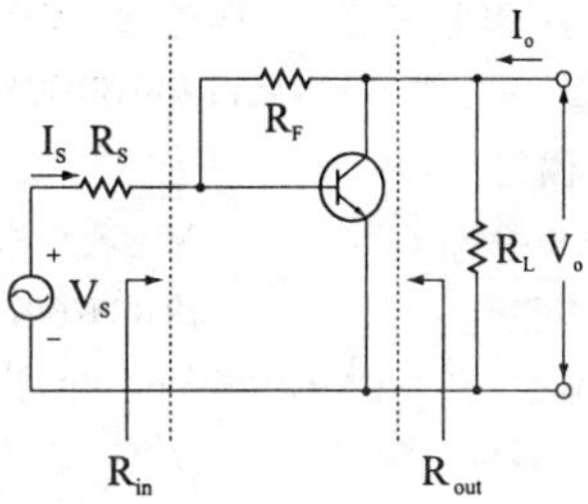

가. 궤환으로 인하여 입력임피이던스 Rin은 감소한다.
나. 궤환으로 인하여 출력임피이던스 Rout는 감소한다.
다. 궤환으로 인하여 전류이득 Io/Is는 감소된다.
라. R_f가 작을수록 Vo는 커진다.

◆ 해설 ◆ 병렬전압부궤환 회로이다. R_f가 작아지면 입력쪽으로 궤환전류가 많이 흐르므로 출력전압 V_o는 작아진다.

15. 디지털데이터를 전송하는데 PSK 변복조 회로와 관계가 없는 것은?

가. 디지털신호에 대응하여 위상이 변조된다.
나. 3, 5, 7, 9 등의 다상방식이 있다.
다. 평형변조회로가 이용된다.
라. 복조시 동기검파를 한다.

16. 다음 발진회로에 대한 설명 중 틀린 것은?

가. CR 발진기는 비교적 낮은 주파수에 적합하다.
나. 수정진동자의 Q는 매우 크다.
다. 부궤환시키면 발진 주파수가 증가한다.
라. 수정발진기는 유도성 리액턴스에서 동작시킨다.

17. 연산 증폭기(Op-Amp)의 응용 회로가 아닌 것은 ?

가. 적분기 나. 디지털 반가산 증폭기
다. 미분기 라. 아날로그 가산 증폭기

해답 12. 나 13. 나 14. 라 15. 나 16. 다 17. 나 18. 라

18. 논리 IC의 종류 중에서 표준특성으로 비교할 때 팬 아우트(fan out)의 수가 가장 많은 것은 ?

가. 표준형 TTL　　나. 쇼트키 TTL
다. ECL　　라. CMOS

◆ 해설 ◆　CMOS가 fan-out의 수가 가장 많다. (〈 50)

19. RC결합 증폭기의 이득이 높은 주파수에서 감소되는 이유는 어떤 것인가 ?

가. 출력회로내에 병렬용량이 있기 때문이다.
나. 부하저항의 영향을 받기 때문이다.
다. 증폭소자의 각 정수가 주파수에 따라 변하기 때문이다.
라. 기생발진을 하기 때문이다.

◆ 해설 ◆　출력회로내의 병렬용량 때문에 높은 주파수에서 이득이 감소된다.

20. 다음 논리식을 간략화 하면?

$$F = AB\overline{C} + A\overline{B}C + \overline{A}BC + ABC$$

가. $\overline{A}B + \overline{B}C + A\overline{C}$　　나. $AB + BC + CA$
다. $AB + CA$　　라. $AB + B\overline{C}$

◆ 해설 ◆

$$F = AB\overline{C} + A\overline{B}C + \overline{A}BC + ABC$$
$$= \sum(6, 5, 3, 7) = AB + AC + BC$$

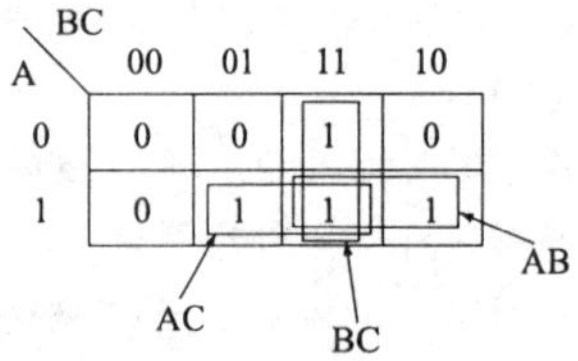

해답　19. 가　20. 나

2 디지털전자회로 기출문제 연습

1. 다음 중 연산증폭기를 이용한 아날로그 컴퓨터(analog computer)의 구성요소로 가장 적합하지 않은 것은?

가. 적분기　　나. 미분기
다. 합산기　　라. 비반전증폭기

◆ 해설 ◆ 아날로그 컴퓨터는 적분기, 승산기, 합산기 그리고 고성능 연산 증폭기로 구성된다. 미분기는 사용하지 않는다.

2. 다음 그림은 어떤 유형의 플립플롭(FF)인가?

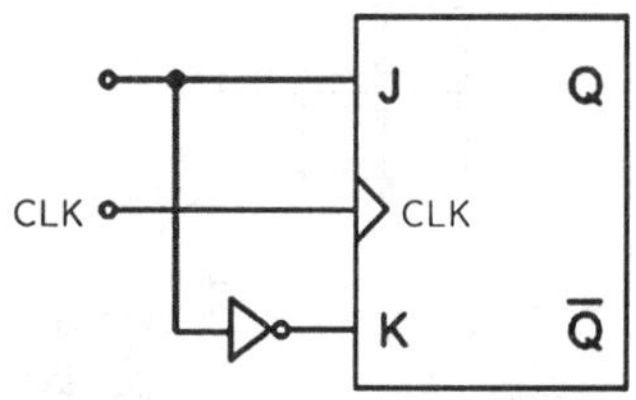

가. M/S FF　　나. RS FF
다. JK FF　　라. D FF

◆ 해설 ◆ J와 K 사이에 인버터를 넣으면 D FF이 된다.

3. 출력전압이 40[V]인 증폭기가 $2-j2\sqrt{3}$ [V]를 궤환시켰다면 궤환율 β는?

가. $\frac{2}{5}\angle 30°$　　나. $\frac{1}{5}\angle 30°$

다. $\frac{1}{10}\angle 60°$　　라. $\frac{2}{5}\angle 60°$

◆ 해설 ◆

$$\beta = \frac{V_f}{V_o} = \frac{\sqrt{2^2+(2\sqrt{3})^2}}{40} = \frac{4}{40} = \frac{1}{10}$$

$$-\theta = \tan^{-1}\frac{2\sqrt{3}}{2} = \tan^{-1}\sqrt{3} = -60°$$

4. 이상적인 연산 증폭기의 구비 조건이 아닌 것은?

가. 입력임피던스가 무한대이어야 한다.
나. 출력임피던스가 0 이어야 한다.
다. CMRR = 1 이어야 한다.
라. 전압이득이 무한대이어야 한다.

◆ 해설 ◆ CMRR = ∞ 이어야 한다.

5. 드레인 접지형 FET증폭기의 특성을 설명한 것 중 옳지 않은 것은?

가. 완충증폭기로 적합하다.
나. 전압이득은 약 1 이다.
다. 입력신호의 전압과 출력전압은 동상이다.
라. 입력저항이 매우 작다.

◆ 해설 ◆ Drain접지는 입력저항이 매우 크고, 전압이득은 거의 1이다. 또한 입출력 위상은 동위상이다.

6. 그림과 같은 원 브리지(Wein bridge) 발진회로의 발진주파수를 구하는 식은?

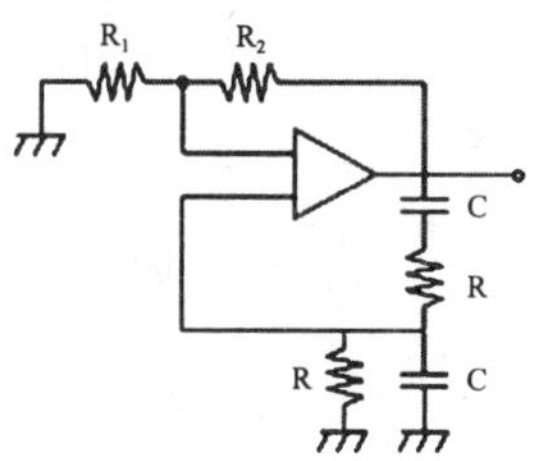

가. $\frac{1}{2\pi R_1 C}$　　나. $\frac{1}{RC}$

다. $\frac{1}{2\pi RC}$　　라. $\frac{1}{2\pi R_2 C}$

◆ 해설 ◆ $f_o = \frac{1}{2\pi CR}$

7. 다음 중 L, C, R 직렬공진 회로의 Q는? (단, ω_r는 공진 각속도)

가. $\frac{L}{CR}$　　나. $\frac{\omega_r L}{R}$

해답 1. 나　2. 라　3. 다　4. 다　5. 라　6. 다

다. $\dfrac{R}{\omega_r C}$　　　　라. $\dfrac{1}{R}\sqrt{\dfrac{C}{L}}$

◆ 해설 ◆　직렬공진회로

$$Q = \frac{\omega_r L}{R} = \frac{1}{\omega_r CR} = \frac{1}{R}\sqrt{\frac{L}{C}}$$

8. 다음 이상적인 연산증폭 회로의 출력전압은?

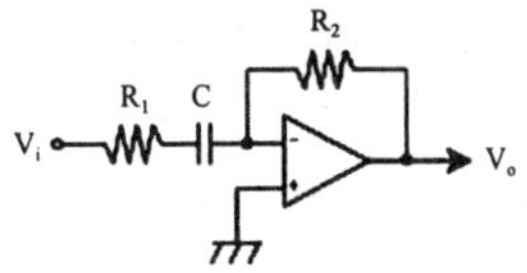

가. $V_o = -R_1 C \dfrac{dV_i}{dt}$　　　　나. $V_o = -\dfrac{R_2}{R_1} C \int V_i dt$

다. $V_o = \dfrac{-j\omega CR_2 V_i}{1 + j\omega CR_1}$　　　　라. $V_o = \dfrac{-j\omega CR_1 V_i}{1 + j\omega CR_2}$

◆ 해설 ◆

$$V_o = -\frac{R_2 V_i}{R_1 + (1/j\omega C)} = \frac{-j\omega CR_2 V_i}{1 + j\omega CR_1}$$

9. 저주파 전력 증폭기의 출력측 기본파 전압이 50[V]이고 제2 및 제3 고조파 전압이 각각 6[V]와 8[V]일 때 전체 왜율은?

가. 5[%]　　　　나. 10[%]

다. 20[%]　　　　라. 25[%]

◆ 해설 ◆

$$D = \frac{\sqrt{V_2^2 + V_3^2 + \cdots}}{V_1} \times 100\ [\%]$$

$$= \frac{\sqrt{6^2 + 8^2}}{50} \times 100 = 20\ [\%]$$

10. 다음 중 평형 변조회로의 주 목적은?

가. 변조도를 크게 하기 위함

나. 직선성 개선하기 위함

다. SSB파를 얻기 위함

라. 복조시 포락선 검파를 하기 위함

◆ 해설 ◆　평형변조회로는 상·하측파대만을 얻는다.

11. 다음 그림은 무슨 회로인가?

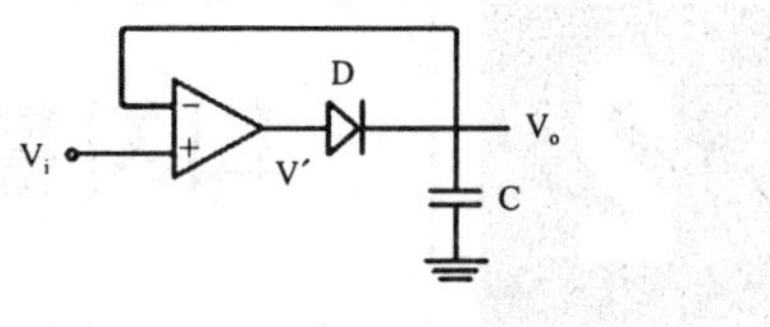

가. Voltage follower　　　　나. Log amplifier

다. Peak detector　　　　라. Integrator

◆ 해설 ◆　피크검출기이다. 레벨이 낮은 작은 신호의 피크값을 검출하고자 하는 경우에 사용한다.

12. 다음 중 그림과 같은 구형파를 미분회로에 통과시킬 경우 출력 파형에 가장 가까운 것은?

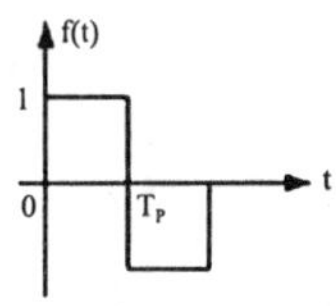

가.

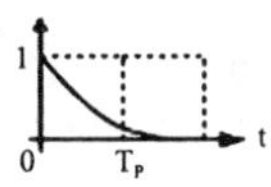

나.

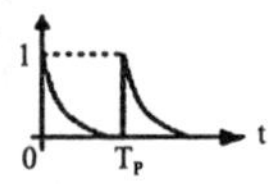

다.

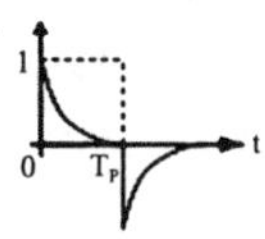

라.

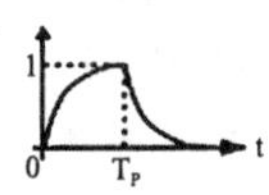

◆ 해설 ◆　짧은 트리거 펄스를 발생시킨다.

13. 그림은 진폭 Vp가 3[V], 펄스폭 λ가 0.25[ms], 주파수가 1[kHz]의 펄스파이다. 평균치를 지시하는 계기로 측정하면 명 [V]가 되는가?

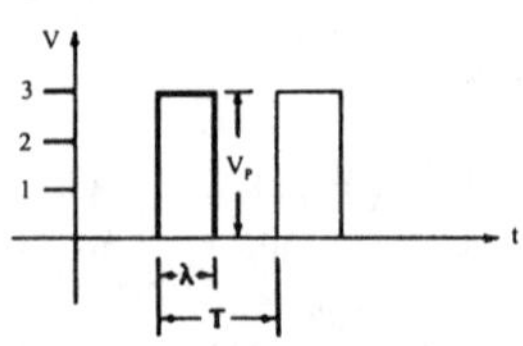

가. 0.75

나. 1.5

다. 2.2　　　　라. 3.5

◆ 해설 ◆　충격계수 D=펄스폭/주기

해답　7. 나　8. 다　9. 다　10. 다　11. 다　12. 다　13. 가

$= 주파수 \times 펄스폭 = 1kHz \times 0.25ms = 0.25$
이다.
$평균치 = 첨두치 \times D = 3 \times 0.25 = 0.75V$

14. 다음 중 시미트 트리거 회로의 응용이 아닌 것은?

가. 전압비교 회로　　나. 구형파 발생
다. 쌍안정 회로　　라. 삼각파 발생

◆ 해설 ◆　시미트 트리거는 일종의 쌍안정 회로로 구형파 발생기, 전압비교기로 사용된다.

15. 다음 그림과 같은 회로의 전달 특성은?(단, $V_{R1} < V_{R2}$)

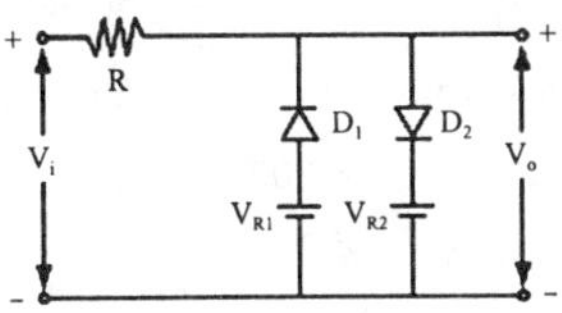

가.
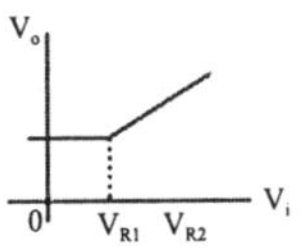

나.
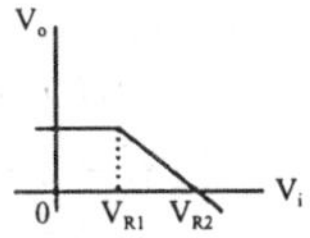

다.
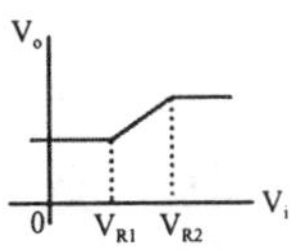

라.
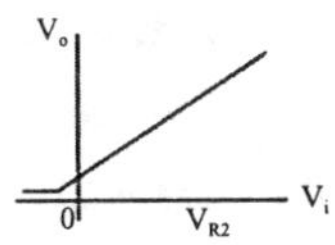

◆ 해설 ◆　슬라이서이다.

16. 1[MHz]을 입력으로 하는 분주 회로에서 출력을 250[kHz]로 만들려면 몇 개의 T 플리플롭이 필요한가?

가. 1　　나. 2
다. 3　　라. 4

◆ 해설 ◆　$1MHz(=1000kHz) \div 2^2 = 250kHz$ 이므로 2개가 필요하다.

17. 다음 회로의 기능으로 옳은 것은?
(단, A, B는 입력이고 X는 출력)

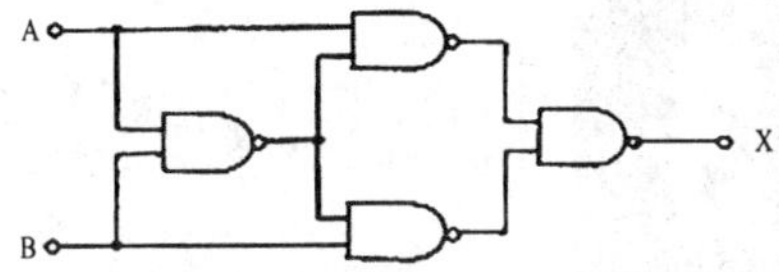

가. JK 플립플롭　　나. T 플립플롭
다. Ex-OR　　라. 가산기

◆ 해설 ◆　NAND 게이트 4개로 배타적 OR를 구성한 것이다.

18. Ex-OR와 Ex-NOR에 해당하는 논리식의 상호 변환이 틀린 것은?

가. $(\bar{A}+B)(A+\bar{B}) = A \oplus B$
나. $\bar{A}B + A\bar{B} = A \oplus B$
다. $(\bar{A}+\bar{B})(A+B) = A \oplus B$
라. $\bar{A}\bar{B} + AB = \overline{A \oplus B}$

◆ 해설 ◆

$$(\bar{A}+B)(A+\bar{B}) = AB + \bar{A}\bar{B} = \overline{A \oplus B}$$

19. 다음 중 플립플롭 회로를 활용할 수 없는 것은?

가. 주파수분할기　　나. 주파수체배기
다. 2진계수기　　라. 기억소자

20. 다음 중 대수증폭기의 동작은 무엇에 기인하는가?

가. 연산증폭기의 선형 동작
나. PN 접합의 대수 특성
다. PN 접합의 역방향 항복 특성
라. RC 회로의 대수적인 충방전

해답　14. 라　15. 다　16. 나　17. 다　18. 가　19. 나　20. 나

3 디지털전자회로 기출문제 연습

1. 트랜지스터의 활성영역에서 베이스 접지시 전류증폭율 α가 0.98, 역포화 전류 I_{CO}가 100[μA], 베이스 전류가 IB = 10[mA]일 때, 콜렉터 전류 I_C 는 ?

가. 495[mA] 나. 49.5[mA]
다. 4.9[μA] 라. 0.5[μA]

◆ 해 설 ◆

$$I_C = \beta I_B + (1+\beta)I_{CO}, \ \beta = \frac{\alpha}{1-\alpha}$$

2. 플립플롭을 구성하는데 주로 이용되는 회로는 ?

가. 쌍안정 멀티바이브레이터
나. 단안정 멀티바이브레이터
다. 비안정 멀티바이브레이터
라. 무안정 멀티바이브레이터

◆ 해 설 ◆ 플립플롭은 일종의 쌍안정 MV로 1비트 기억소자이다.

3. 다음중 그 값이 작을수록 좋은 것은 ?

가. 증폭기 바이어스 회로의 안정계수
나. 차동 증폭기의 동상신호 제거비(CMRR)
다. 증폭기의 신호대 잡음비
라. 정류기의 정류효율

◆ 해 설 ◆ 안정계수 S는 작을수록 좋다. 그러나, CMRR이나 S/N 그리고 정류효율 η 등은 클수록 좋다.

4. 정논리회로에서의 다음 트랜지스터회로의 기능은 ?

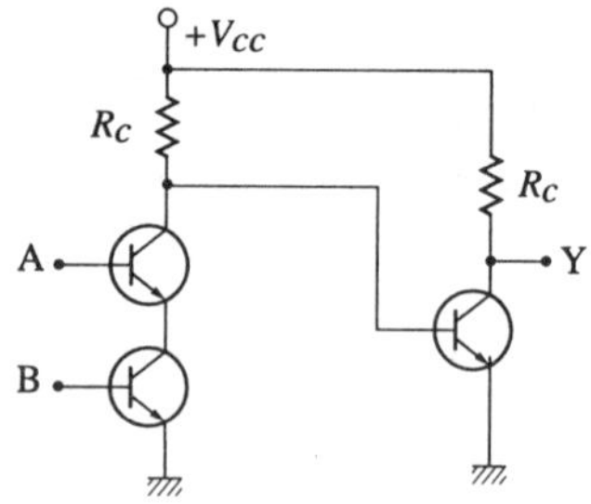

가. OR회로 나. AND회로
다. NAND회로 라. EOR회로

◆ 해 설 ◆ [주] 2001년 9월 23일 시행 1번 해설 참조

5. 전가산기(full adder)의 입출력 구조는 ?

가. 입력 2개, 출력 2개
나. 입력 3개, 출력 2개
다. 출력 3개, 입력 2개
라. 출력 3개, 입력 3개

6. 전원회로에서 무부하시 600[V], 부하시 500[V] 였다면 전압변동률은 얼마인가 ?

가. 20% 나. 30%
다. 35% 라. 45%

7. 다음 연산 증폭기에서 출력 전압의 크기는 ?

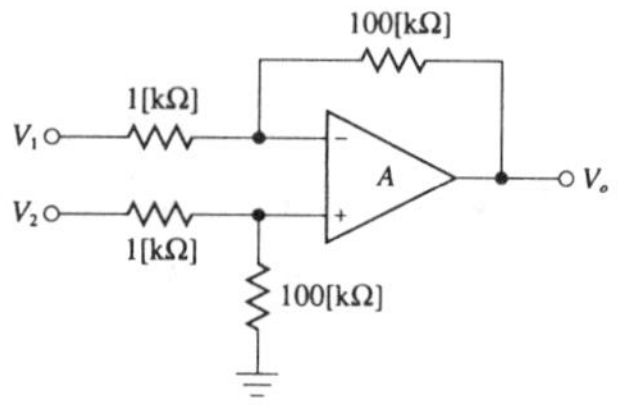

가. $V_o = 100(V_2 - V_1)$ 나. $V_o = V_2 + V_1$
다. $V_o = 99(V_1 - V_2)$ 라. $V_o = V_2 - V_1$

해답 1. 가 2. 가 3. 가 4. 나 5. 나 6. 가 7. 가

8. 다음 그림의 회로는 무슨 회로인가 ?

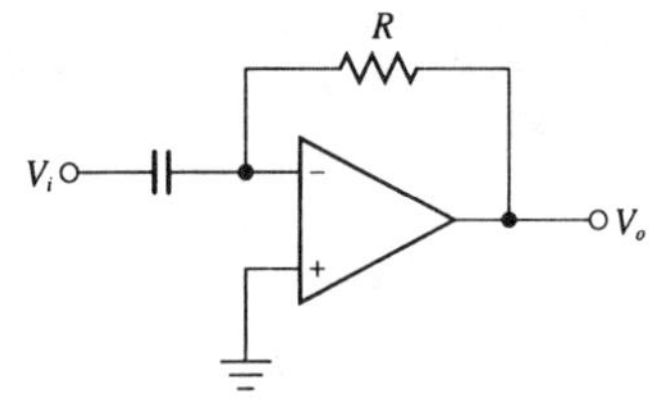

가. 미분기　　나. 적분기
다. 가산기　　라. 증폭기

9. 수정발진회로가 갖는 가장 큰 특징은?

가. 잡음의 경감　　나. 출력의 증대
다. 효율의 증대　　라. 발진주파수의 안정

◆ 해 설 ◆　Q가 $10^4 \sim 10^6$으로 주파수 안정도가 매우 좋다.

10. 다음은 수정편의 리액턴스 특성이다. 발진에 이용될 주파수 범위는 ?

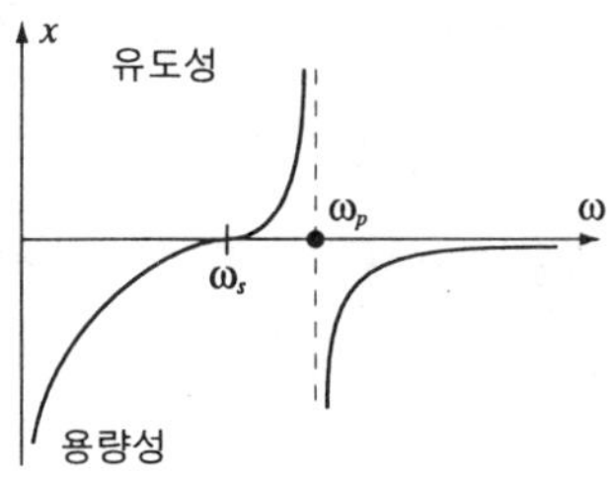

가. $\omega_S < \omega < \omega_P$　　나. $\omega_P < \omega$
다. $\omega_S < \omega$　　라. $\omega_S > \omega > \omega_P$

◆ 해 설 ◆　유도성 범위에서 동작한다.

11. 변조도가 100[%]인 AM파의 출력 전력이 6[kW]라면 반송파 성분의 전력은 얼마인가 ?

가. 2[kW]　　나. 4[kW]
다. 8[kW]　　라. 12[kW]

◆ 해 설 ◆

$$P_c = \frac{P_m}{1+\frac{m^2}{2}} = \frac{6kW}{1+\frac{1}{2}} = 4[\text{kW}]$$

12. 주파수 3[kHz]로 3[MHz]의 반송파를 주파수 변조하였을때최대 주파수 편이가 ±75[kHz]라면 소요 대역폭은 ?

가. 225[kHz]　　나. 156[kHz]
다. 150[kHz]　　라. 112.5[kHz]

◆ 해 설 ◆　$B = 2(f_m + \Delta F)$

13. 두개의 입력이 동시에 1 이 되었을 때에도 불확실한 출력상태가 되지 않도록 두개의 Flip - Flop을 사용한 회로는 ?

가. RS F - F　　나. D F - F
다. Master slave F - F　　라. T F - F

14. R - S Flip - Flop을 J - K Flip - Flop으로 만들고자 할 때 필요한 게이트(gate)는 ?

가. OR gate 2개　　나. AND gate 2개
다. NOR gate 2개　　라. NAND gate 2개

15. 다음 중 연산 증폭기의 특성과 관련 없는 것은?

가. 높은 이득
나. 낮은 CMRR
다. 높은 입력 임피던스
라. 낮은 출력 임피던스

◆ 해 설 ◆　이상적 연산 증폭기에서 CMRR = ∞ 이어야 한다.

16. 다음 부울대수식과 등가인 것은 ?

$$A + B \cdot C$$

가. A · B · (A + C)
나. (A + B) · (A + C)
다. (A + B) · A · C
라. (A + B) · (A + C)

해답　8. 가　9. 라　10. 가　11. 나　12. 나　13. 다　14. 나　15. 나　16. 나

17. 발진이 생성될 수 있는 기본조건은 ?

가. 회로의 증폭률이 최소 5이상 필요하다.

나. 증폭기에 부궤환회로를 부가한다.

다. 공진결합회로가 필요하다.

라. 증폭기에 정궤환회로를 부가한다.

◆ 해 설 ◆ 발진조건은 $\beta A = 1$ 이다.

18. PLL의 구성에 불필요한 것은 ?

가. 위상검출기(PD)

나. 전압제어 발진기(VCO)

다. 저역통과필터(LPF)

라. 자동주파수 제어(AFC)

19. 다음 논리 회로 중 팬 아웃(fan out)의 수가 많은 회로는 ?

가. DTL 게이트 나. TTL 게이트

다. RTL 게이트 라. DL 게이트

20. 다음 중 레지스터의 기능은 ?

가. 펄스 발생기이다.

나. 카운터의 대용으로 쓰인다.

다. 회로를 동기시킨다.

라. 데이터를 일시 저장한다.

해답 17. 라 18. 라 19. 나 20. 라

4 디지털전자회로 기출문제 연습

1. 그림의 증폭 회로에서 S를 단락 시켰을 경우에도 그 값의 변화가 거의 없는것은?

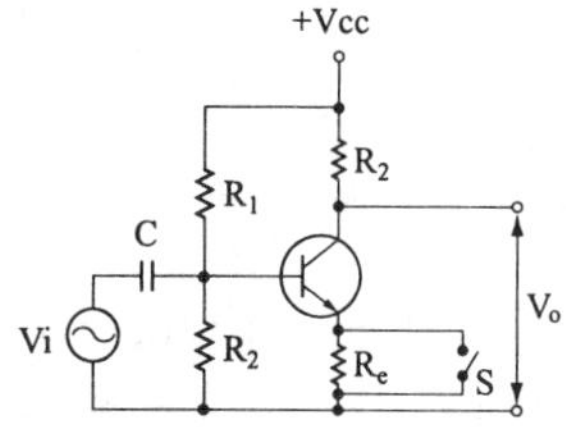

가. 증폭기의 입력 저항
나. 증폭기의 안정도
다. 증폭기의 전류 이득
라. 증폭기의 전압 이득

◆ 해설 ◆ CE 증폭기에 R_e 저항을 달면 입력저항이 증가하여 전압이득은 감소한다. 그러나 증폭기 전류이득은 변화가 없다.

2. 수정편의 등가회로에서 L = 25[mH], C = 1.6[pF], R = 5[Ω]일 때 수정편의 Q는 얼마인가?

가. 25000　　나. 12500
다. 10000　　라. 5000

◆ 해설 ◆ 수정편의 Q

$$Q = \frac{\omega L}{R} = \frac{1}{\omega RC} = \frac{1}{R}\sqrt{\frac{L}{C}}$$

$$\therefore Q = \frac{1}{5}\sqrt{\frac{25\times10^{-3}}{1.6\times10^{-12}}} = \frac{1}{5}\times125{,}000 = 25{,}000$$

3. T 플립플롭을 토글(toggle) 플립플롭이라고 하는 주된 이유는 ?

가. 상태변화를 위해서는 토글스위치가 필요하므로
나. 2개의 입력펄스마다 토글되므로
다. 출력이 스스로 토글되므로
라. 각 입력펄스마다 출력이 토글되므로

◆ 해설 ◆ T 플립플롭은 각 입력펄스가 가해질 때마다 출력이 반전(토글) 된다.

4. 다음표와 같은 Karnaugh map을 최소화하면?

A \ BC	00	01	11	10
0	1	1	0	0
1	1	1	1	0

가. $\overline{B} + AC$　　나. $B + AC$
다. $B + \overline{A}C$　　라. $B + \overline{AC}$

◆ 해설 ◆

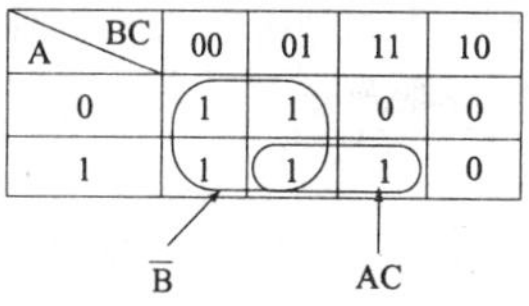

5. 4개의 J-K 플립플롭을 이용하여 구성할 수 있는 분주기의 최대값은 얼마인가?

가. 8분주기　　나. 10분주기
다. 16분주기　　라. 24분주기

◆ 해설 ◆ 1개의 J-K 플립플롭은 2진 카운터이다. 4개이면 최대 2^4 = 16진 카운터를 구성할 수 있다.

6. 다음 그림의 회로는 어떤 역할을 하는가?

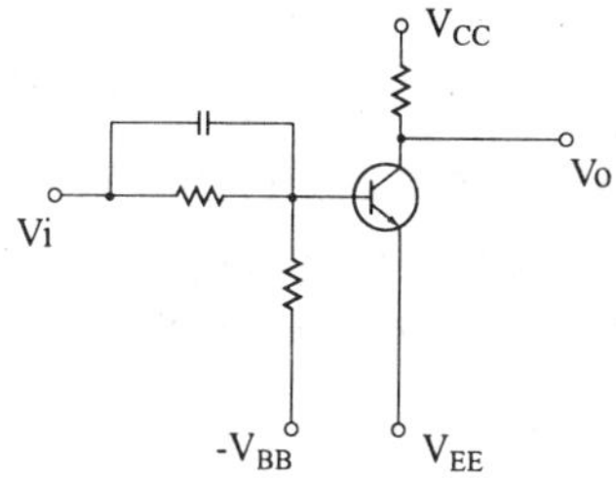

가. NOT 회로 나. AND 회로
다. OR 회로 라. exclusive OR 회로

◆ 해설 ◆ NOT 회로이다. 입력 Vi=+5[V](논리1)가 가해지면 트랜지스터는 포화상태(ON 상태)가 되어 출력 Vo는 0.1~0.2[V](논리0)를 나타낸다.

7. 그림과 같은 회로는 무슨 회로인가?

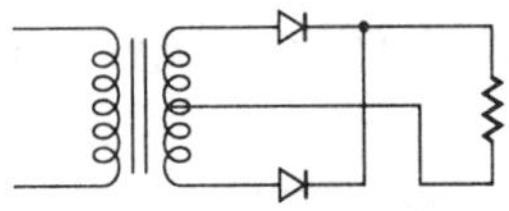

가. 반파 정류회로 나. 전파 정류회로
다. 배 전압회로 라. 필터 회로

◆ 해설 ◆ 전파정류회로이다. (+)반주기에서 위쪽 다이오드가 동작하여 부하 R_L에 (+)반파가 나타나고, 다음 (-)반주기에서는 아래쪽 다이오드가 동작하여 부하 R_L에는 동일 방향의 전류가 흘려 (+)반파를 나타낸다.

8. 다음 중 그림의 회로에서 궤환비(β)는?

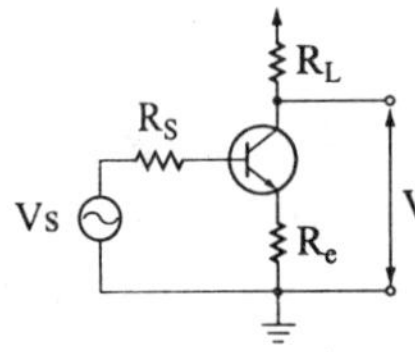

가. $-R_L$ 나. $-(R_e+R_L)$
다. $-(R_eR_L)$ 라. $-R_e$

◆ 해설 ◆ 직렬전류부궤환 회로이다.

$$\beta = \frac{V_f}{I_o} = \frac{-I_oR_e}{I_o} = -R_e$$

9. 그림과 같은 회로에 입력 Vi가 인가되었을 때 출력은 어느 것이 가장 적당한가 ? (단, 펄스의 폭은 1ms 이다.)

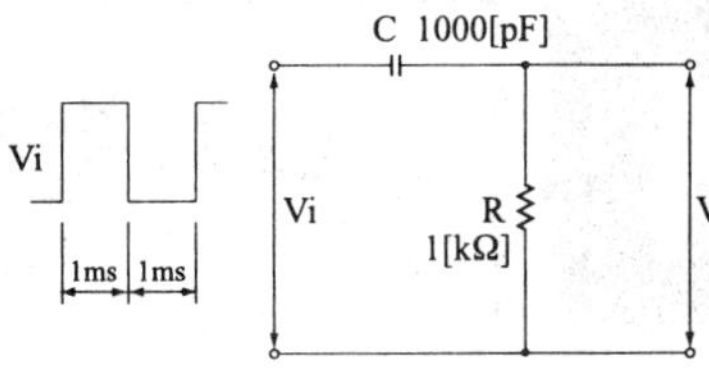

가. 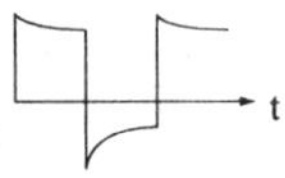

나. 

다. 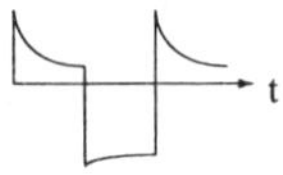

라. 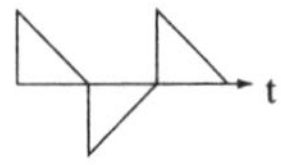

◆ 해설 ◆ CR 미분회로이다. CR≪펄스폭(1ms)의 조건인 구형파를 미분하면 폭이 대단히 좁은 트리거 펄스를 얻는다.

10. RLC 직렬공진 회로에서 공진주파수에 대한 선택도 Q의 값은 ? (단, ω는 각속도)

가. $\frac{R}{\omega C}$ 나. $\frac{L}{RC}$
다. $\frac{1}{R}\sqrt{\frac{C}{L}}$ 라. $\frac{\omega L}{R}$

◆ 해설 ◆ RLC 직렬공진회로에서 선택도 Q는

$$Q = \frac{\omega L}{R} = \frac{1}{\omega RC} = \frac{1}{R}\sqrt{\frac{L}{C}}$$

단, $\omega = \frac{1}{\sqrt{LC}}$

11. 그림에서 입력 전압 V_1및 V_2와 출력 전압 Vo의 관계는?

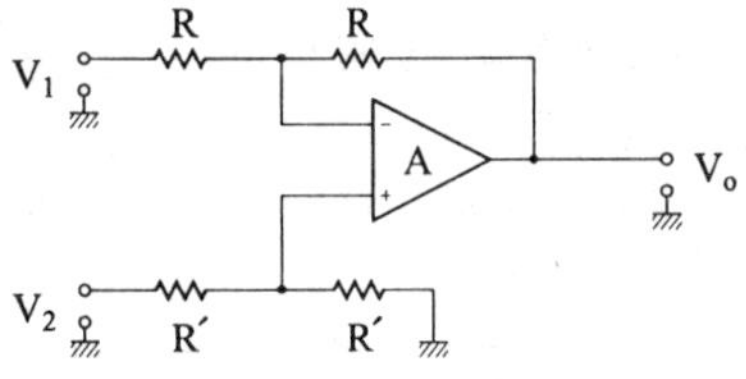

가. $Vo = V_2 - V_1$ 나. $Vo = V_1 - V_2$

다. $Vo = \frac{R}{R'}(V_2 - V_1)$ 라. $Vo = \frac{R}{R'}(V_2 + V_1)$

◆ 해설 ◆ 감산기이다.

$$V_o = -\frac{R}{R}V_1 + (1 + \frac{R}{R})(\frac{R'}{R' + R'} V_2)$$
$$= -V_1 + (2)(\frac{1}{2}) V_2 = V_2 - V_1$$

12. 반송파 $v_c = V_c \sin \omega_c t$를 $v_m = V_m \sin pt$로 진폭변조 했을 때 피변조파 v(t)의 식은?

가. $v(t) = (V_c + V_m)\sin pt$

나. $v(t) = (V_c + V_m \sin pt)\sin \omega_c t$

다. $v(t) = (V_c + V_m)\sin \omega_c t$

라. $v(t) = (V_c \sin \omega_c t + V_m)\sin pt$

◆ 해설 ◆

$$v(t) = (V_c + v_m)\sin \omega_c t$$
$$= (V_c + V_m \sin pt) \sin \omega_c t$$
$$= V_c(1 + m_a \sin pt) \sin \omega_c t$$

단, $m_a = V_m / V_c$ 를 변조도라고 한다.

13. 2진수 1100을 그레이코드로 변환한 것은 ?

가. 1111 나. 1000

다. 1010 라. 0011

◆ 해설 ◆

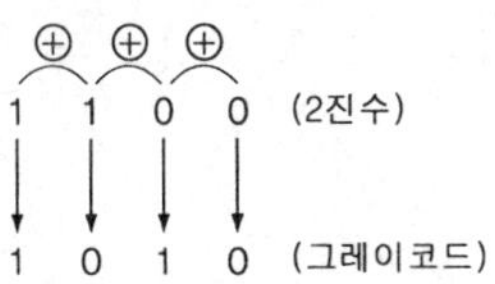

14. R-S Filp-Flop을 J-K Flip-Flop으로 만들고자 할 때 필요한 게이트(gate)는?

가. OR gate 2개 나. AND gate 2개

다. NOR gate 2개 라. NAND gate 2개

◆ 해설 ◆

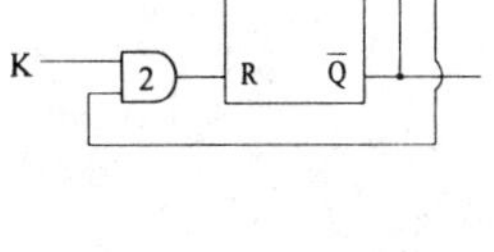

15. 다음 반복 펄스 파형에서 펄스의 점유율은 몇 [%]인가 ?
(단, t=0.5[μs], T=10[μs])

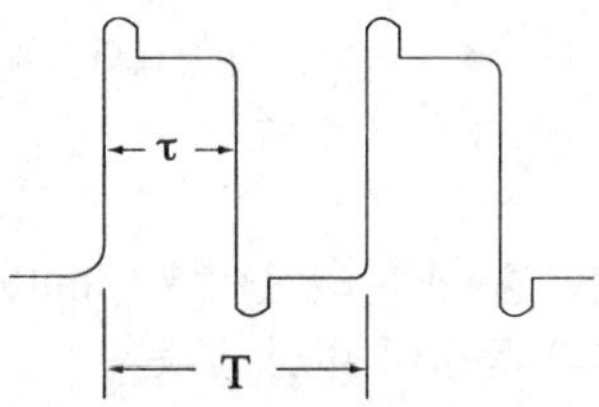

가. 5 [%] 나. 10 [%]

다. 20 [%] 라. 25 [%]

◆ 해설 ◆ 펄스점유율(duty cycle)

$$D = \frac{\text{펄스폭}}{\text{주기}} = \frac{0.5 \times 10^{-6}}{10 \times 10^{-6}} = 0.05 = 5\,[\%]$$

16. 그림과 같은 논리 회로의 출력은?

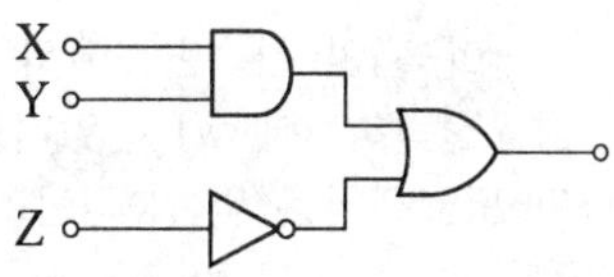

가. $(X + Y)\cdot\overline{Z}$ 나. $(\overline{X} + \overline{Y})\cdot\overline{Z}$

다. $(\overline{X}\cdot\overline{Y}) + Z$ 라. $(X\cdot Y) + \overline{Z}$

17. 논리식 A(A+B+C)를 간단히 하면?

가. A 나. 0

다. 1 라. A+B+C

◆ 해설 ◆

$$A(A + B + C) = AA + AB + AC$$
$$= A + AB + AC$$
$$= A(1 + B + C) = A$$

18. 수정진동자의 지지기(holder)가 갖추어야 할 조건으로 적합하지 않는 것은?

가. 진동 에너지(energy)에 손실을 주지 않을 것

나. 지지기 및 전극과 수정면사이의 상대 위치 변화가 원활할 것

해답 11. 가 12. 나 13. 다 14. 나 15. 가 16. 라 17. 가

다. 외부로부터 기계적 진동이나 충격에 의해서 발진에 지장이 생기지 않을 것

라. 기압, 온도, 습도의 영향을 받지 않는 구조 일 것

◆ 해 설 ◆ 홀더는 진동에너지에 손실을 주지 않아야 한다.

19. 다음 중 에미터 플로워(emitter follower)의 특징이 아닌 것은?

가. 입 출력 임피던스가 대단히 높다.

나. 부하 저항이 변화해도 전류, 전압 이득은 일정하게 유지된다.

다. 전압 이득은 1에 가깝다.

라. 전류 이득이 크다.

◆ 해 설 ◆ 에미터 폴로워는 입력임피던스는 매우 크지만 출력임피던스는 수십 Ω으로 매우 작다.

20. 변조도 40[%]인 진폭변조에서 반송파의 평균전력이 10[kw] 이었다면 피변조파의 평균전력은 몇 [kw]인가?

가. 10.8　　나. 8.3

다. 4.2　　라. 2.5

◆ 해 설 ◆

$$P_m = P_c(1 + \frac{m^2}{2})$$

$$= 10(1 + \frac{0.4^2}{2}) = 10.8 \text{ [kw]}$$

5 디지털전자회로 기출문제 연습

1. 1[kHz]의 주파수를 500[Hz]로 변환하여 사용하고자 할 때 사용되는 Flip-Flop 회로는?

가. RS F-F　　나. JK F-F
다. T F-F　　라. D F-F

◆ 해설 ◆ T F-F 1개는 2진 카운터(÷2)이다.

2. 다음 중 그 값이 작을수록 좋은 것은?

가. 증폭기 바이어스 회로의 안정계수
나. 차동 증폭기의 동상신호 제거비(CMRR)
다. 증폭기의 신호대 잡음비
라. 정류기의 정류효율

◆ 해설 ◆ 안정계수는 작을수록 좋다.

3. 전가산기(full adder)의 입 · 출력 구조는?

가. 입력 2개, 출력 2개
나. 입력 3개, 출력 2개
다. 입력 2개, 출력 3개
라. 입력 3개, 출력 3개

◆ 해설 ◆ HA는 입력 2개, 출력 2개이고 FA는 입력 3개, 출력 2개이다.

4. 다음 RL회로에서 기전력이 E일 때, SW를 닫는 순간 t초 후에 흐르는 전류(i)는?

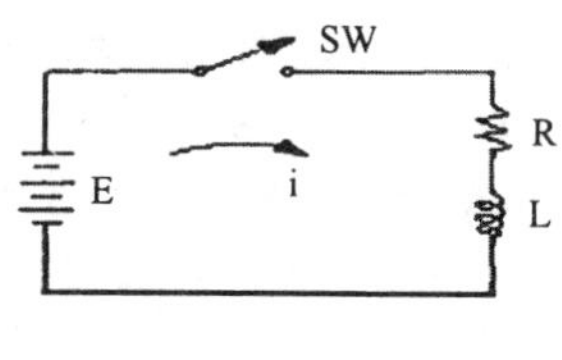

가. $\frac{E}{R}e^{-\frac{R}{L}}$　　나. $\frac{E}{R}(1+e^{\frac{R}{L}t})$

다. $Ee^{-\frac{R}{L}t}$　　라. $\frac{E}{R}(1-e^{-\frac{R}{L}t})$

◆ 해설 ◆ 충전의 경우

① 충전 전류

$$i=\frac{E}{R}(1-e^{-\frac{R}{L}t})$$

② R 양단 전압

$$V_R=i\cdot R=E(1-e^{-\frac{R}{L}t})$$

③ L 양단 전압

$$V_L=L\frac{di}{dt}=E\,e^{-\frac{R}{L}t}$$

5. 다음 그림 회로의 용도는?
(단, 다이오드는 이상적이고, $V_{R1}<V_{R2}$ 이다.)

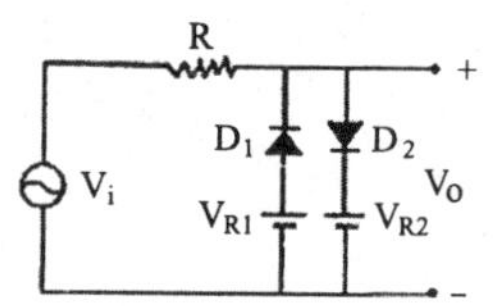

가. 클립핑　　나. 전압배율기
다. 정류기　　라. 피크검출기

◆ 해설 ◆ 슬라이서이다.

6. 다음 중 B급 푸시풀 전력증폭기(push-pull power amp)에서 제거되는 것은?

가. 기본파　　나. 제2고조파
다. 제3고조파　　라. 제5고조파

◆ 해설 ◆ 우수고조파(예:제2, 제4고조파…)가 제거된다.

7. 다음 중 이미터 폴로어(Emitter follower) 증폭기의 특징이 아닌 것은?

가. 부하에 병렬로 존재하는 정전용량의 영향이 적으므로 주파수 특성이 좋아진다.
나. 전압 증폭도는 항상 1보다 크다.
다. 임피던스 정합에 많이 이용된다.
라. 출력 파형의 찌그러짐이 적다.

해답 1. 다 2. 가 3. 나 4. 라 5. 가 6. 나 7. 나

◆ 해설 ◆ 이미터 플로어는 전압증폭도가 거의 1에 가깝다.

8. 변조도 50%의 진폭변조에서 반송파 평균 전력이 500[mW] 일 때 피변조파의 평균 전력은 약 얼마인가?

가. 523[mW] 나. 542[mW]
다. 563[mW] 라. 580[mW]

◆ 해설 ◆

$$P_m = P_C(1+\frac{m_a^2}{2})$$
$$= 500(1+\frac{0.5^2}{2}) = 562.5\ [mW]$$

9. 다음 중 입력신호가 없어도 신호파를 발생시키는 회로는?

가. 적분기 나. 미분기
다. 이상 발진기 라. 시미트 트리거

◆ 해설 ◆ 발진기는 입력신호가 없어도 파를 발생시킨다.

10. 피어스(pierce) B-E형 수정발진회로는 컬렉터 회로의 임피던스가 어떨 때 가장 안정한 발진을 지속하는가?

가. 유도성 나. 용량성
다. 저항성 라. 부저항성

◆ 해설 ◆ 피어스 B-E형은 base와 emitter 간에 X-tal(유도성)이 있으므로 컬렉터 회로도 유도성이어야 한다.

11. 다음 중 DPCM에 대한 설명으로 틀린 것은?

가. 먼저 신호파를 표본화 한다.
나. 양자화한 다음 부호화 한다.
다. 송신측에 예측기가 필요하다.
라. 주파수 분할방식으로 다중화가 쉽다.

12. 다음 펄스 파형에서 펄스의 Duty Cycle 은 몇 [%]인가?

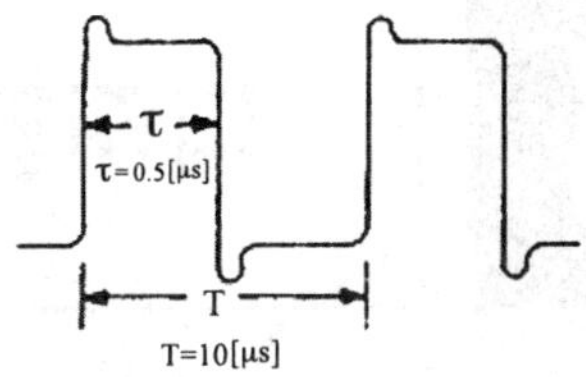

가. 5[%] 나. 10[%]
다. 20[%] 라. 25[%]

◆ 해설 ◆

$$\text{Duty cycle} = \frac{\text{펄스폭}(\tau)}{\text{주기}(T)} \times 100[\%]$$

13. 다음 중 Flip-Flop과 가장 관계없는 것은?

가. RAM 나. Decoder
다. Counter 라. Register

◆ 해설 ◆ 디코더(Decoder)는 조합논리회로이다.

14. 정논리(positive logic)에서 입력이 A, B 일 때 회로의 출력(Y)을 나타내는 논리식은?

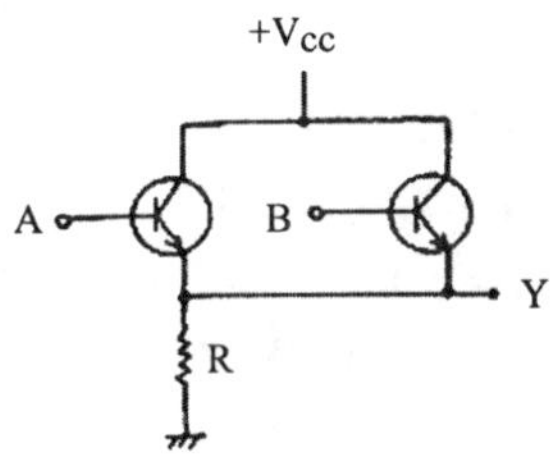

가. AB 나. $A+B$
다. $\overline{AB}$ 라. $\overline{A+B}$

◆ 해설 ◆ 정논리 OR 회로이다. 입력 A 또는 B에 high(또는 +Vcc)가 걸리면 저항 R에 전류가 흘러 생기는 전압강하에 의해 출력 Y=High가 된다.

15. 다음 중 이상적인 차동증폭기에서 동상 모드의 이득은?

가. 0 나. 1
다. 180 라. 무한대

해답 8. 다 9. 다 10. 가 11. 라 12. 가 13. 나 14. 나 15. 가

◆ 해 설 ◆ CMRR = Ad/Ac가 ∞일 때 이상적이므로 이 때 동상모드의 이득 Ac = 0 이어야 한다.

16. 다음 그림에 나타난 연산 증폭기의 회로는?

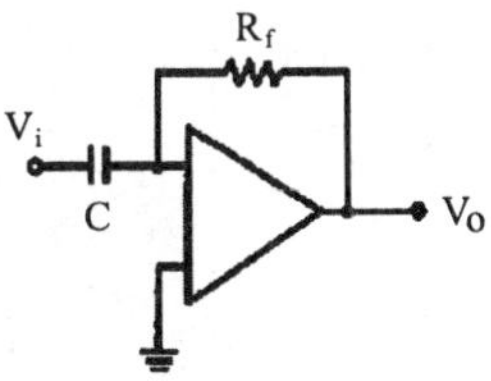

가. 가산기 회로　　나. 적분 회로
다. 미분 회로　　라. 차동증폭 회로

◆ 해 설 ◆

$$V_o = -CR_f \frac{dV_i}{dt}$$

17. 아래와 같은 4변수 카르노도를 간단히 했을 때 논리식은?

CD \ AB	00	01	11	10
00	1			1
01		1	1	
11		1	1	
10	1			1

가. $A\overline{C}+\overline{A}C$　　나. $A\overline{D}+\overline{B}C$
다. $A\overline{B}+AC$　　라. $BD+\overline{B}\,\overline{D}$

18. 다음 중 TTL gate에서 스위칭 속도를 높이기 위해 사용되는 다이오드는?

가. 바랙터 다이오드
나. 제너 다이오드
다. 쇼트키 다이오드
라. 터널 다이오드

◆ 해 설 ◆ 스위칭 속도를 높이기 위해 쇼트키 다이오드를 사용한다.

19. 다음의 논리식을 최소의 NAND 게이트만으로 구성하기 위해 필요로 하는 NAND 게이트의 종류와 개수가 옳은 것은?(단, 인버터는 2입력 NAND 게이트를 사용함)

$$Y = A \cdot B \cdot C + A \cdot \overline{B} \cdot C + \overline{A} \cdot \overline{B}$$

가. 2입력 NAND 3개, 3입력 NAND 4개
나. 2입력 NAND 3개, 3입력 NAND 3개
다. 2입력 NAND 4개, 3입력 NAND 3개
라. 2입력 NAND 2개, 3입력 NAND 4개

◆ 해 설 ◆

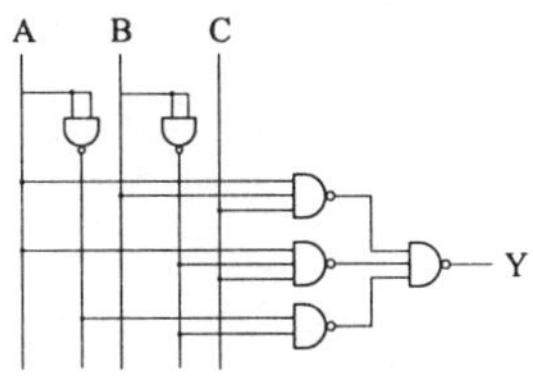

20. 트랜지스터의 스위칭 동작에서 turn-off 시간은?

가. 지연시간(t_d)
나. 지연시간(t_d) + 상승시간(t_r)
다. 축적시간(t_s)
라. 축적시간(t_s) + 하강시간(t_f)

◆ 해 설 ◆ [나]항은 turn-on 시간이다.

해답　16. 다　17. 라　18. 다　19. 나　20. 라

디지털전자회로

2009년 8월 12일 인쇄
2009년 8월 16일 발행

저 자 任黃彬 著
발행자 片淑子

발행처 SHJ 도서출판 신화전산기획
SHIN-HWA JUNSAN KIHOEK
서울시 영등포구 영등포동 1가
618－218 현대빌딩 4층
TEL 833－5145, 6
FAX 848－2498
등록 '92.4.11 제14－118호

값 20,000 원

※ 잘못 만들어진 책은 바꾸어 드립니다.